N. I. NIKITIN

DIE CHEMIE DES HOLZES

N. I. NIKITIN

DIE CHEMIE DES HOLZES

1955

AKADEMIE-VERLAG · BERLIN

Н. И. Никитин
Химия древесины
Verlag der Akademie der Wissenschaften der UdSSR
Moskau-Leningrad 1951

Übersetzt aus dem Russischen von R. Wittwer

Wissenschaftliche Redaktion: Dr. Schorning und Dr. Edelmann,
Institut für Faserstoff-Forschung der Deutschen Akademie der Wissenschaften zu Berlin, Teltow-Seehof

Die Herausgabe dieses Werkes wurde gefördert vom Kulturfonds der Deutschen Demokratischen Republik

Erschienen im Akademie-Verlag Berlin W 8, Mohrenstr. 39
Lizenz-Nr. 202, Druckgenehmigungs-Nr. 100/15/54

Satz und Druck: VEB Leipziger Druckhaus, Leipzig (III/18/203)
Bestell- und Verlagsnummer 5150
Printed in Germany

BEGLEITWORT ZUR DEUTSCHEN ÜBERSETZUNG

Von bedeutenden, umfassenden Darstellungen der Chemie des Holzes existieren augenblicklich in der Weltliteratur lediglich drei:

E. Hägglund, Chemistry of Wood; L. E. Wise, Wood Chemistry und

Н. И. Никитин, Химия древесины.

Nachdem das Buch von N. I. Nikitin im Jahre 1951 neubearbeitet erschienen ist, hielt ich es für wünschenswert, eine Übersetzung aus dem Russischen in das Deutsche dieser Darstellung der Chemie des Holzes durchführen zu lassen. Dafür waren unter anderen folgende Gründe maßgebend:

E. Hägglund hat seine Holzchemie, die 1928 zuerst und dann 1939 in zweiter, unveränderter Auflage erschienen war, nicht mehr in deutscher, sondern 1951 in Amerika in englischer Sprache vollkommen neu bearbeitet herausgebracht; es fehlt deshalb eine größere zusammenfassende neuere Darstellung dieses Gebietes in deutscher Sprache.

In den letzten 35 Jahren ist in der Sowjetunion der Bearbeitung der Chemie des Holzes besondere Beachtung geschenkt worden. Dies zeigt sich in einer großen Anzahl von Veröffentlichungen sowjetischer Wissenschaftler, die neben ihrer wissenschaftlichen Bedeutung für die Entwicklung der sehr wichtigen Verwendung und Verwertung des Holzes große Bedeutung haben. Da in den Büchern von E. Hägglund und L. E. Wise diese sowjetischen Arbeiten überhaupt nicht oder nur in ganz ungenügendem Maße (8 Literaturstellen bei Hägglund) berücksichtigt worden sind, dürfte eine deutsche Übersetzung des Nikitinschen Werkes, das gerade auch die neueren sowjetischen Arbeiten auf dem Gebiete der Holzchemie berücksichtigt, für uns von besonderer Bedeutung sein und auch für die gesamte nicht russisch sprechende oder verstehende wissenschaftliche Welt, die die Resultate dieser Arbeiten nur aus meist mehr oder weniger verständlichen Kurzreferaten kennt, Interesse haben.

Die Übertragung wurde von einem Kollektiv aus Mitgliedern der Abteilung Cellulose-Zellstoff des Institutes für Faserstoff-Forschung der Deutschen Akademie der Wissenschaften zu Berlin in Teltow-Seehof ausgeführt. Es bestand aus Herrn Wittwer, dem fachlich erfahrenen Übersetzer, und den Herren Dr. Edelmann und Dr. Schorning, die eine redaktionelle und wissenschaftliche Überprüfung der Übersetzung übernahmen.

Erich Correns

Mitglied der Deutschen Akademie der Wissenschaften und Direktor des Institutes für Faserstoff-Forschung.

VORWORT

Der chemischen Verarbeitung des Holzes kommt auf Grund des außergewöhnlichen Holzreichtums der UdSSR eine große Bedeutung zu. Die Verarbeitung zum Zwecke der Zellstoff- und Papierherstellung, Gewinnung von Alkohol, Verwendung von Produkten der trocknen Destillation, sowie Herstellung von Kunstfasern, alles das sind wichtige Zweige der chemischen Holzindustrie. Die Eigenschaften des Rohstoffes Holz werden dadurch technisch außerordentlich bedeutsam. Eine große Rolle spielt außerdem die Chemie des Lignins, das als Hauptabfallprodukt bei der Zellstoff- und Hydrolysenindustrie auftritt und noch einer rationellen Verwendung bedarf.

Als Wissenschaft wurde die Chemie des Holzes in der UdSSR erst nach der Großen Sozialistischen Oktoberrevolution voll entwickelt und nicht zuletzt durch das rasche Wachstum der Industrie. In dieser Zeit wurden die gesamten Forschungsinstitute für die chemische Verarbeitung des Holzes und der Cellulose und die ersten Lehrstühle und Laboratorien für Holzchemie gegründet. In den vergangenen 30 Jahren bildeten sich Experimentatoren und ausgezeichnete, wenn auch junge, enthusiastische Wissenschaftler aus. Von ihnen wurden auf dem Gebiete der Holzchemie die Kenntnisse vertieft und die Ergebnisse der Industrie übergeben. Die auf diesem Gebiete herausgegebenen Bücher fanden große Verbreitung und spiegelten die Arbeiten der sowjetischen, aber auch der ausländischen Autoren wider. Auf vielen Gebieten, wie der Hydrolyse und Vergasung des Holzes, wurden die Arbeiten der sowjetischen Autoren führend.

Das Ziel der vorliegenden Ausgabe der „Chemie des Holzes" besteht in der Zusammenstellung neuer Versuchsergebnisse und der Publizierung des wissenschaftlichen Materials, das in der sowjetischen und ausländischen Literatur auf diesem Gebiete veröffentlicht worden ist. Angesichts der Tatsache, daß über die Chemie der Cellulose spezielle Werke entweder bereits existieren oder aber kurz vor der Herausgabe stehen, wurde es nicht für erforderlich gehalten, diesen Abschnitt des Buches zu erweitern. Die Darstellung wurde daher lediglich auf eine kurze Beschreibung der Cellulose und ihrer Derivate beschränkt. Das gleiche gilt für die Abschnitte über den räumlichen Bau der Cellulose, ihre kolloiden und physikalischen Eigenschaften, die Quellung in Alkalien, die Hygroskopizität und Hydrolysierbarkeit. Alle übrigen Holzbestandteile — Lignin, Hemicellulosen und Polyuronide — sind wesentlich ausführlicher behandelt worden, ebenso die wichtigsten technischen Prozesse, wie Sulfit- und Sulfataufschluß, trockene Destillation, Hydrolyse usw. Die Darstellung des Materials soll den Wissenschaftlern und Technologen helfen, die Kenntnisse über den chemischen Bau und die Eigenschaften der Holzbestandteile zu vertiefen. Nicht zuletzt soll sie auch die Gedanken auf weitere Rationalisierungen bei den technischen Prozessen lenken und zur Auffindung neuer Anwendungsmöglichkeiten des Holzes, seiner Bestandteile und besonders des Lignins anregen.

Bei der Zusammenstellung der „Chemie des Holzes“ wirkten hauptsächlich meine Mitarbeiter und Schüler mit. Von mir wurde etwa ein Drittel des Textes geschrieben, außerdem aber der gesamte übrige Text redigiert. Die Abschnitte über „Hemicellulosen“ und „Pentosane“ wurden unter teilweiser Benutzung der ersten Auflage (1935) zusammengestellt, alle anderen Abschnitte jedoch völlig neu geschrieben, wobei nur selten das Material der ersten Auflage verwendet wurde.

Die Autoren der einzelnen Abschnitte sind: 1, 3, 5, 11 und 19 N. I. NIKITIN; 2 Kand. d. techn. Wiss. I. A. NAGRODSKI; 4 Kand. d. phys.-mathem. Wiss. W. N. NIKITIN; 6 und 7 Kand. d. techn. Wiss. N. I. KLENKOWA; 8 A. F. SAITZEWA; 9 Kand. d. techn. Wiss. T. I. RUDNJEWA und A. F. SAITZEWA; 10 Kand. d. techn. Wiss. I. P. ZWETAJEWA; 12 M. M. TSCHOTSCHIJEWA; 13 und 15 Kand. d. techn. Wiss. A. N. PONOMARJEW; 14 Kand. d. chem. Wiss. S. S. MALEWSKAJA; 16 Stalinpreisträger Prof. W. I. SCHARKOW; 17 Stalinpreisträger, Kand. d.techn. Wiss. M. G. ELIASCHBERG; 18 Ing. S. D. ANTONOWSKY.

Den Abschnitt über die Oberflächen- und elektrokinetischen Eigenschaften der Cellulose schrieb auf meine Bitte Dozent W. I. JURJEW. Kand. d. techn Wiss. N. A. ROSENBERGER stellte freundlicherweise Material zur Vervollständigung des Abschnittes über die Delignifizierung des Holzes mit Chlor zur Verfügung. Große Hilfe bei der Ausgestaltung des Buches leistete A. F. SAITZEWA. Ich bin diesen Kollegen zu außerordentlichem Dank verpflichtet.

N. I. NIKITIN
Korr. Mitglied d. Akad. d. Wiss. d. UdSSR

INHALTSVERZEICHNIS

ERSTER ABSCHNITT

Morphologie der pflanzlichen Zellwand

Als anatomische Bauelemente des Holzes sind in der Hauptsache bereits abgestorbene Zellen, denen das Protoplasma und der Kern fehlen, zu nennen. Ihr Inneres ist mit Wasser oder Luft angefüllt. Die Holzmasse besteht zu 90 bis 95% aus derartigen abgestorbenen Zellen, den Tracheiden, Tracheen und Libriformfasern.

Die Abb. 1 zeigt die Frühjahrs- (*A*) und Herbsttracheiden (*B*) von Kiefernholz mit den Hoftüpfeln (*h*) und den gewöhnlichen Tüpfeln (*f*) in 200facher Vergrößerung. Daneben ist ein einzelner Hoftüpfel (*C*) vergrößert dargestellt mit Mittellamelle und Verdickung (Torus) (*t*), der sich zwischen zwei benachbarten Zellwänden befindet. Die Tüpfel sind keinesfalls freie Öffnungen, die zur Verbindung der Hohlräume benachbarter Zellen dienen, sondern sind stets oberflächlich mit einer dünnen Schicht der Zellwand bedeckt. Dabei entspricht jeder Tüpfel in einer Zelle genau einem gleichen in der benachbarten[1]. Bei der Untersuchung der Mittellamelle hat sich herausgestellt, daß sie von außerordentlich feinen, die Verbindung zwischen den Zellen herstellenden Öffnungen durchzogen sind. Im lebenden Zellgewebe sind diese Öffnungen durch dünne, plasmatische Fäden ausgefüllt, so daß das gesamte Plasma des Organismus miteinander in Verbindung steht. Der Hof in den Tüpfeln stellt eine Art Kuppel dar, die sich über dem Torus befindet.

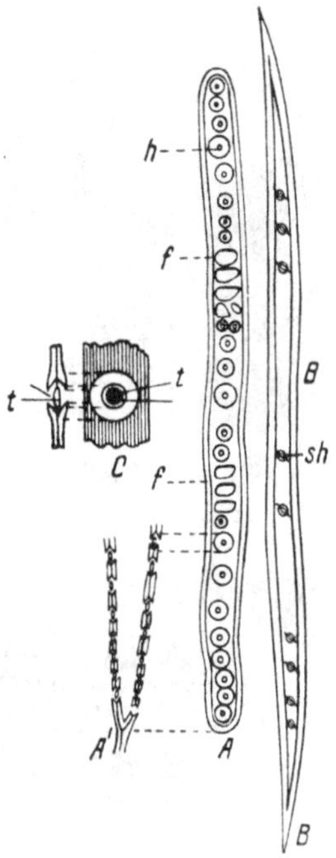

Abb. 1.
Tracheiden der Kiefer

A Frühjahrstracheide, *h* Hoftüpfel, *f* einfacher Tüpfel, *A'* Querschnitt einer Frühjahrstracheide, *B* Herbsttracheide, *sh* Spalttüpfel, *C* vergrößerter Hoftüpfel, *t* Torus

Diese Kuppel entsteht durch das Auswachsen, d. h. Aufschichtung der Sekundärwand bzw. Tertiärlamelle der Zellwand, wovon weiter unten zu sprechen sein wird. Die Tracheiden sind abgestorbene Zellen, die das Wasser von der Wurzel zur Krone leiten. Bei den Nadelhölzern sind es fast die einzigen anatomischen Elemente, wenn man von den in geringer Menge vorhandenen Parenchymzellen absieht: Die Länge der Tracheiden beträgt 1 bis 5 mm. Die Frühjahrstracheiden

[1] В. П. Мальчевский, Строение оболочки растительной клетки. В кн.: Н. Никитин, Коллоидные растворы и эфиры целлюлозы (W. P. Maltschewsky, Bau der pflanzlichen Zellwand. In N. Nikitin, Kolloide Lösungen und Ester der Cellulose) (1929).

besitzen breite Hohlräume und dünne Wände. Beim Übergang zum herbstlichen Teil der Jahresschicht werden sie immer kleiner, während die Wandung gewöhnlich etwas stärker wird. Nach den Angaben von MALTSCHEWSKY beträgt das Verhältnis der Breite zur Länge bei Fichte und Tanne im Falle der Frühjahrstracheiden 1:100, im Herbst dagegen 1:400. Während die Frühjahrstracheiden typische Wasserleitungsgefäße vorstellen, sind die dickwandigen Herbsttracheiden den Sklerenchymfasern ähnlicher, die die Stabilität des Stammes bewirken.

Die lediglich in Laubholz vorkommenden Gefäße oder Tracheen (Abb. 2) werden durch die Vereinigung breiter, kurzer, in der Längsrichtung des Stammes liegenden Zellen gebildet. Sie sind manchmal bereits mit bloßem Auge sichtbar und stellen lange, tote Kapillaren dar, die durch Auflösen der trennenden Scheidewände entstehen. Die Reste dieser Trennwände kann man häufig in entstehenden Gefäßen beobachten in Form von querliegenden Diaphragmen mit einer einzigen runden Öffnung[1]. Die breiten Gefäße dienen meistens der Wasserleitung. Die Breite

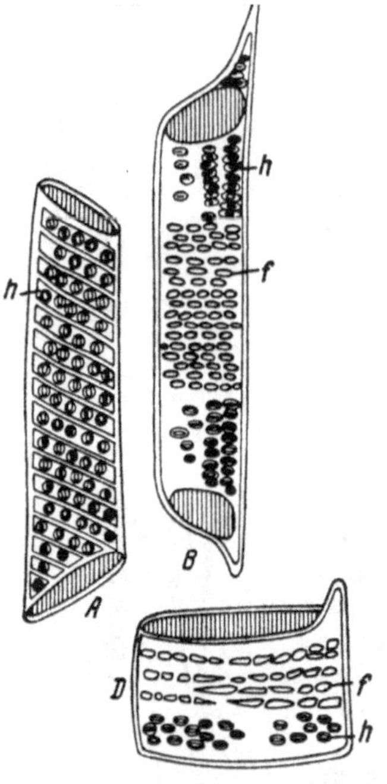

Abb. 2. Verschiedene Gefäße der Linde (A), Rotbuche (B) und Eiche (D)

h Hoftüpfel, *f* einfache Tüpfel an einer Berührungsstelle mit Markstrahlen

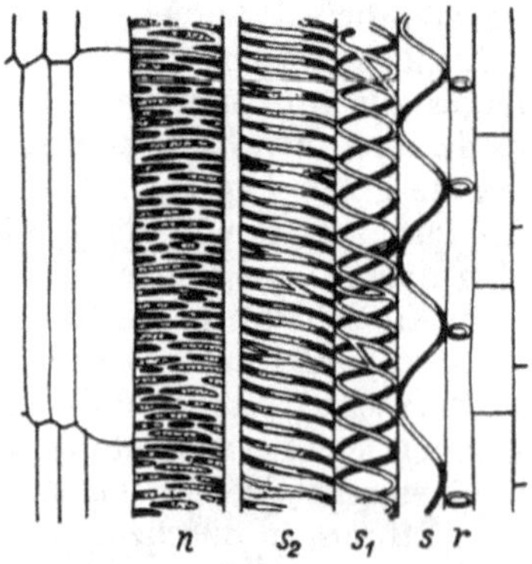

Abb. 3. Formen verschiedener Tracheen

n netzförmig, *r* ringförmig, s, s_1 und s_2 spiralförmig. (Nach L. A. IWANOW)

schwankt in ein und derselben Holzart von 0,02 bis 0,5 mm. Im Frühjahrsholz sind die Gefäße breiter ausgebildet als im herbstlichen. Aus der Abb. 3 ist zu ersehen, daß die Wände der Gefäße spiral-, ring- oder netzförmige Verdickungen aufweisen. Die Gefäßröhren erstrecken sich nicht durch die ganze Pflanze, sie sind stellenweise von Trennwänden unterbrochen. Im allgemeinen beträgt der Abstand zwischen diesen 10 cm, bei Eiche jedoch kann er nach L. A. IWANOW bis zu 2 bis 3 m erreichen. Charakteristisch für die Gefäßwände sind die Hoftüpfel.

Zur Unterstützung der mechanischen Festigkeit des Stammes dienen die toten Zellen des Sklerenchyms oder Festigungsgewebes, die bedeutend stärkere

[1] Л. А. Иванов, Анатомия растений. См. также статью Л. А. Иванова в первом издании „Химии древесны“ (L. A. IWANOW, Anatomie der Pflanzen, S. 40) (1935); (vgl. den Abschnitt von L. A. IWANOW in der 1. Aufl. der „Chemie des Holzes) (1935).

Wandungen aufweisen. Wie aus der Abb. 4 ersichtlich ist, stellen die Sklerenchymfasern lange Zellen von einigen Millimetern Länge dar (bei Flachs und Hanf sogar Zentimeter). Im Längsschnitt (*B*) sind die in ihnen vorhandenen Tüpfel in Form feiner Kanälchen (*p*) zu sehen, die den Charakter von schmalen, schrägen Spalten (*st*) besitzen.

Mit Hilfe von mikrochemischen Reaktionen hat man festgestellt, daß alle diese Bauelemente in mehr oder minder großem Maße durch Ablagerung von Lignin in die Wandungen verholzt sind. Mit Phloroglucin-Salzsäure werden sie rot gefärbt. Nach Entfernung des Lignins auf irgendeine Weise aus der Zellwand wird der Hauptbestandteil der Wände — die Cellulose — durch Chlorzinkjod blauviolett gefärbt, außerdem ist das Zellmaterial nun in Kupferoxydammoniak löslich geworden. Sorgfältige chemische Untersuchungen haben ferner die Anwesenheit von Hemicellulosen und Polyuroniden in den Zellwänden festgestellt. Die die Zellen untereinander verbindende Kittsubstanz besteht aus Lignin, Polyuroniden und wahrscheinlich auch aus den letzteren sehr verwandten Pektinstoffen. Diese Substanz kann durch Chromsäure oder ein Oxydationsgemisch aus Salpetersäure und Kaliumchlorat herausgelöst werden. Dabei wird das Lignin der Primär- und Sekundärwand zerstört und bewirkt so eine Trennung (Maceration) der Zellen. Zellwände, in denen noch Lignin vorhanden ist, werden mit Chlorzinkjod nicht violett, sondern gelb angefärbt[1].

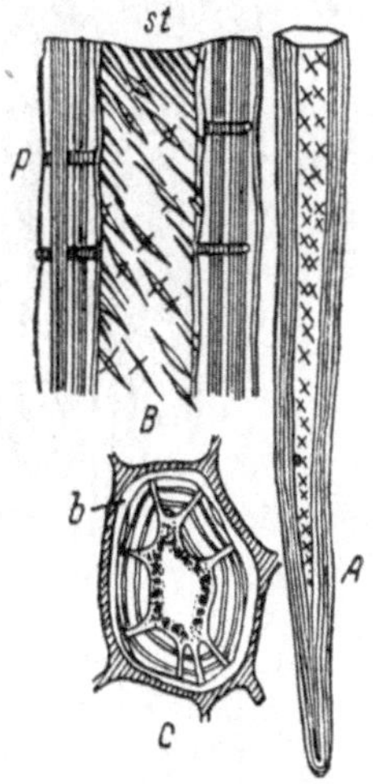

Abb. 4. Schnitte durch das Sklerenchymgewebe

A, *B* Längsschnitte, *p* Porenkanäle im Schnitt, *st* Porenkanäle, in der Zeichenebene (kreuzförmige Spalttüpfel), *C* Querschnitt mit deutlich sichtbarer Schichtung der Wand. (Nach L. A. Iwanow)

Lebende Zellen mit Plasma und Kern nehmen am Aufbau des Holzgewebes nur in geringem Maße teil, man findet sie in der Nähe des Kambiums[2], im Parenchym oder Grundgewebe und in dem Gewebe der Markstrahlen. Sie dienen der Speicherung von Stärke und Fetten während des Winters, die die Pflanze im Frühjahr zur Bildung neuer Blätter benötigt. Im Verhältnis zur Gesamtmasse des Holzes ist die in diesen Zellen gespeicherte Menge an Stärke und Fetten unbedeutend. Es sei darauf hingewiesen, daß diese Speicherstoffe im Laufe des Winters verschiedene Umwandlungen erleiden können, so z. B. können die Kohlenhydrate in Fette umgesetzt werden[3].

Besonders gering ist die Menge dieser Zellen bei Nadelhölzern, bei denen die Speicherung im Winter in den Nadeln stattfindet. Das Parenchym der Nadelhölzer ist an der Bildung von Harz beteiligt, das in besonderen Gängen, den sogenannten Harzgängen, die zwischen den Zellen verlaufen, abgeschieden wird.

---

[1] Zum Nachweis der Pektinstoffe in Holzschnitten dient Rutheniumrot, obwohl durch diesen Farbstoff auch Gummen und Schleime angefärbt werden können. Diese können jedoch von den Pektinen unterschieden werden.

[2] Nach Е. С. Цветкова, труды Л. Т. А. (E. S. Zwetkowa, Arbeiten der Holztechn. Akademie) Nr. 64, S. 48—55 (1948) ist lebendes Protoplasma in den auf das Kambium folgenden zehn Schichten in ca. 50% der Zellen enthalten. Es stirbt gegen Ende der Vegetationsperiode allmählich ab.

[3] Л. А. Иванов, Анатомия растений (L. A. Iwanow, Anatomie der Pflanzen) (1935).

In der Abb. 5 ist ein kleiner Ausschnitt aus dem Holz der Kiefer zu sehen. Dabei bezeichnet *B* einen Radialschnitt, *C* einen Tangentialschnitt, *tr* die Tracheiden, *wr* die Markstrahlen, die aus den lebenden Parenchymzellen bestehen und in radialer Richtung verlaufen. Ferner ist dargestellt ein horizontaler Harzgang (*hrd*), ein vertikaler (*vdr*), dünnwandiges Frühjahrsholz (*sp*), Herbstholz (*sm*), die Dicke eines Jahresringes (*ar*), einfache (*p*) und Hoftüpfel (*bp*). Besonders deutlich tritt in der Tangentialebene ein durchschnittener Harzgang hervor. Die Vergrößerung ist ca. 400fach.

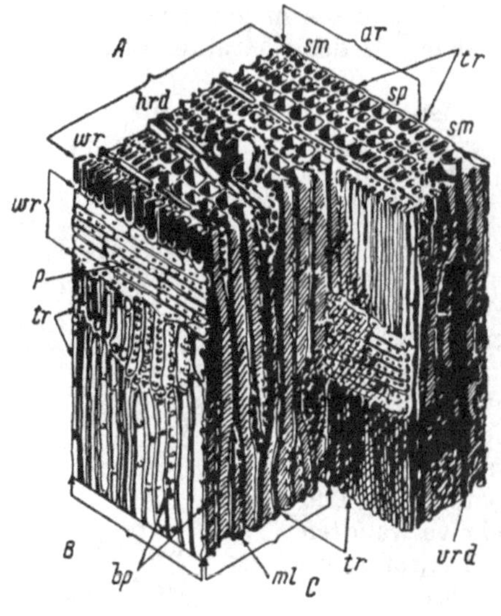

Abb. 5. Mikrostruktur von Kiefernholz

A Querschnitt, *B* Radialschnitt, *C* Tangentialschnitt, *tr* Tracheiden, *sp* Frühholz, *sm* Spätholz, *ar* Jahresring, *wr* Markstrahl aus lebenden Parenchymzellen, *vrd* vertikaler Harzgang, *hrd* horizontaler Harzgang, *p* einfacher Tüpfel, *bp* Hoftüpfel, *ml* Mittellamelle

Die Abb. 6 bzw. 7 zeigt einen Kiefernholzquerschnitt, in dem sich in der Mitte ein Markstrahl (*m*) befindet, der aus einer einzigen Reihe von langgestreckten, rechtwinkligen Parenchymzellen besteht und der in radialer Richtung verläuft. Zum Vergleich bringt die Abb. 7 einen Querschnitt durch Rotbuchenholz. Hier sind die breiten Gefäße (*v*), die dickwandigen Zellen der Libriformfasern (*l*), ebenfalls in radialer Richtung verlaufende Markstrahlen (*m*) und ein aus mehreren Schichten bestehen-

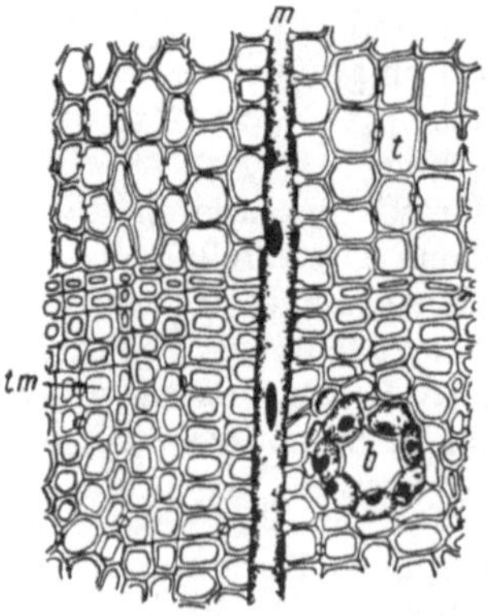

Abb. 6. Querschnitt durch Kiefernholz

t Frühjahrs- (breite) und *tm* Herbsttracheiden, *b* Harzgang, *m* Markstrahl

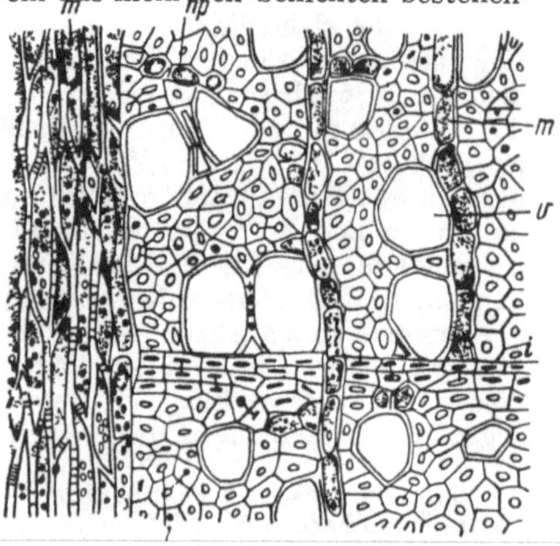

Abb. 7. Querschnitt durch Rotbuchenholz

v Trachee, *l* Libriformfaser mit dicken Wänden, *m* einschichtiger, *m'* mehrschichtiger Markstrahl, *i* Grenze der Schichten, *hp* verholzte Parenchymzelle der Markstrahl (*m'*), der mehrere Reihen lebender Zellen enthält, zu sehen[1].

In der Abbildung kann man außerdem noch einige lebende Zellen erkennen (*hp*), die quer zur Zeichenebene, d. h. in Längsrichtung des Stammes, verlaufen.

Die Breite der Jahresringe schwankt in den verschiedenen Holzarten außerordentlich, sie hängt außerdem noch vom Wachstum ab. Die mechanische Festigkeit des trockenen Holzes hängt von der Art, dem prozentualen Verhältnis zwischen dem dünnwandigen Frühjahrs- und dem dickwandigen Herbstholz und vom Anteil des Porenvolumens im Vergleich zum Volumen des festen Körpers ab. Ferner besitzen ebenfalls die Menge des Parenchymgewebes, die Verteilung der Zellen nach ihrer Größe und andere Faktoren eine Bedeutung. Bemerkt werden muß noch, daß die Bauelemente des Laubholzes (Libriformfasern und Tracheen) eine wesentlich geringere Faserlänge ($^1/_3$) aufweisen als die Tracheiden der Nadelhölzer. Für einige in der Sowjetunion heimische Arten liefert L. A. Iwanow für die Länge und Breite der Fasern (in mm) folgende Angaben:

Nadelholztracheiden

	Länge	Breite
Kiefer ...	2,6 bis 4,4	0,030 bis 0,075
Fichte....	2,6 bis 3,8	0,025 bis 0,069
Tanne....	2,6 bis 3,5	0,024 bis 0,045

Libriformfasern der Laubhölzer

	Länge	Breite
Espe	0,8 bis 1,7	0,020 bis 0,046
Birke	0,8 bis 1,6	0,014 bis 0,040
Pappel ...	0,7 bis 1,6	0,020 bis 0,044

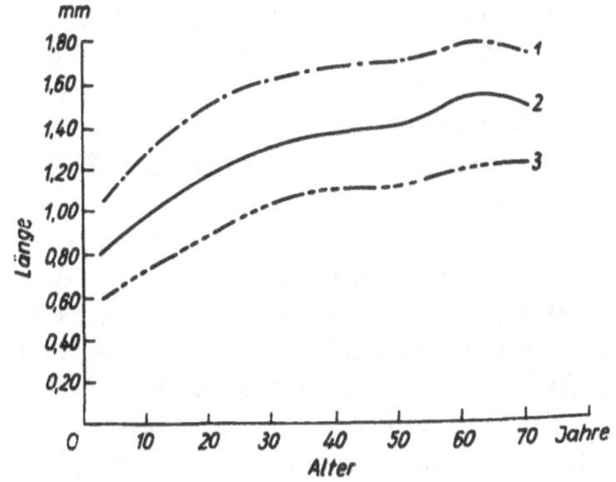

Abb. 8. Änderung der Faserlänge von Espenholz in Abhängigkeit vom Alter des Baumes
1 Maximal-, *2* Durchschnitts- und *3* Minimalwerte

In verschiedenen Jahresringen des Stammes kann die Länge der Fasern ebenfalls recht unterschiedlich sein; in jungem Holz sind sie kürzer als in altem. Eine Vorstellung über die Veränderungen der Faserlängen, z. B. von Espenholz, gibt die Abb. 8 auf Grund der Messungen von L. A. Iwanow und A. M. Grom. Aus den Kurven, die Mittelwerte zahlreicher Messungen darstellen, ist ersichtlich, daß innerhalb jeden Alters und selbst der Jahresringe beträchtliche Unterschiede zwischen den Minima und Maxima der Zellenlänge auftreten können.

Der Zuwachs des Stammholzes findet in radialer Richtung durch die Tätigkeit der Kambialzellen, die sich zwischen dem äußersten Jahresring und dem Bast befinden, statt. In dem letzteren wird der Säftetransport mit den gelösten Produkten der Photosynthese von der Krone zum Stamm, also von oben nach unten, bewerkstelligt. Auf diese Weise erfolgt eine stete Neubildung aller Stoffe des Holzes und Bastes. Das Kambium besteht aus lebenden mit

[1] Das Volumen der Markstrahlzellen macht bei Fichte 3—4 % des Gesamtvolumens des Holzes aus, bei Laubhölzern bis 9 % und bei der Eiche 10—12 %. Die Menge an Stärke und Fett ist von der Anzahl der lebenden Zellen und ihrer Tätigkeit abhängig. Stärke wird dabei durch Blaufärbung mit Jod nachgewiesen.

Plasma gefüllten Zellen mit dünnen Wänden. Im Querschnitt des Stammes sind die Kambialzellen in mehreren Schichten angeordnet, von denen wahrscheinlich nur eine das eigentliche Kambium vorstellt und nach außen neue Bastzellen, nach innen jedoch neue Holzfasern bildet. Die Teilung der Kambialzellen erfolgt in tangentialer Richtung, wobei durch die sich bildenden Trennwände zwei schmale Zellen, eine innere und eine äußere, entstehen. Eine von diesen bleibt aktiv (kambial), die andere wird entweder Bast oder Holz. Da dieser Prozeß im lebenden Baum dauernd stattfindet, ergibt sich daraus ein Dickenwachstum, selbstverständlich auch der Äste. In den letzten Jahren haben die Chemiker besonders genau den Kambialsaft untersucht, um die Bildungsprozesse der höheren Kohlenhydrate des Lignins, der Polyuronide und anderer Stoffe aus den Bestandteilen dieses Saftes aufzuklären.

Die Zellwände des Holzes entstehen durch die Tätigkeit des lebenden Protoplasma. Zuerst erscheint auf der Oberfläche des Protoplasma ein, bei guter Vergrößerung deutlich erkennbares, dünnes Häutchen, das außerordentlich rasch dicker wird. Bald nach der Abtrennung der Zellen von den sie hervorbringenden Kambialzellen erfolgt eine allmähliche Verholzung der Zellwände[1] infolge Ablagerung von Lignin, das vielleicht ein Oxydationsprodukt aromatischer Stoffe ist, die als Katalysator bei den Redoxprozessen der Pflanzenatmung dienen. Die Struktur der Zellwand und die Verteilung von Cellulose, Hemicellulosen und Lignin in ihr, ist seit langem Gegenstand der botanischen Forschung. Besondere Aufmerksamkeit wird dabei dem außerordentlich feinen Bau der Wand und ihrer Schichtung und Streifung gewidmet. Nach Bildung der dünnen Primärwand wird durch das Plasma darauf von innen die Sekundärwand abgelagert. Schließlich wird nach Beendigung dieses Prozesses als letzte innerste Schicht die Tertiärlamelle ausgebildet. Die äußersten Schichten, die Primärwände zweier benachbarter Zellen werden, wie bereits gesagt, mit Hilfe einer Kittsubstanz (Mittellamelle) miteinander verbunden. Beide Schichten erscheinen bei der mikroskopischen Betrachtung ungeteilt und einheitlich sowie als lichtbrechende, spiegelnde Plättchen.

Die Sekundärwand besteht in der Hauptsache aus Cellulose und erreicht eine beträchtliche Dicke. Sie ist außerdem merklich lignifiziert. Infolge der Entwicklung dieser Schichten wird hauptsächlich die Zellwand verstärkt. Über die Gebiete der Primärwand (Tüpfel), in denen keine Anlagerung der Sekundärwand erfolgt, ist bereits gesprochen worden. Durch ungleichmäßige Anlagerung der Sekundärwand können unterschiedliche dicke Stellen entstehen, die einen verschiedenartigen Charakter haben können. So können sie in Form von Spiralen mit unterschiedlicher Steilheit und Häufigkeit der Windungen, manchmal auch als doppelte Spiralen, oder als Ringe verschiedener Stärke oder schließlich als mehr oder weniger komplexes Netz vorkommen. Ähnliche Verdickungen sind, wie schon zum Ausdruck gebracht, für die Tracheen charakteristisch; die Festigkeit der Wände wird dadurch größer.

Die Tertiärlamelle ist im Verhältnis zu der Sekundärwand nicht sehr dick. Abgelagert wird sie auf der gesamten inneren Oberfläche der Wand, auch auf den freien Stellen der Primärwand. Sie unterscheidet sich dadurch von der Sekundärwand und der stark lignifizierten Primärwand, daß sie ihren Cellulosecharakter behält und nicht verholzt.

[1] Die Verholzung kann man auf mikroskopischen Schnitten durch Rotfärbung mit Phloroglucin-Salzsäure nachweisen.

Die Schichtung[1] der hauptsächlich durch die Sekundärwand verdickten Zellwand kann entweder direkt unter dem Mikroskop an Holzschnitten beobachtet werden oder nach entsprechender Vorbehandlung mit Kupferoxydammoniak, heißer konzentrierter Zinkchlorid- oder Kalziumrhodanidlösung usw. Eine derartige Behandlung bewirkt eine Quellung der Zellwand, so daß die Schichtung deutlicher sichtbar wird. Über die gesamte Breite der Sekundärwand erkennt man dabei ineinander übergehende Streifen von dichterer (hell) oder weniger dichter (locker, dunkel) Beschaffenheit.

In einigen Fällen gelang es, bis zu 200 und mehr derartiger Schichten zu erkennen. Die Ansichten über die Ursache dieser Schichtung gingen früher sehr auseinander. Meistens wurde sie als Ergebnis einer ungleichmäßigen Arbeit des Protoplasma bei der Bildung der Sekundärwand angesehen. Läßt man die Zellwandschnitte in Lösungen von Salzen, die miteinander gefärbte Niederschläge ergeben, quellen, kann in den weniger dichten, stärker wasserhaltigen Schichten, eine stärkere Färbung beobachtet werden als in den helleren, weniger Feuchtigkeit enthaltenden Schichten. LÜDTKE beobachtete später mikroskopisch die Quellung von Bambuszellwandmaterial in Kupferoxydammoniak[2] und schloß daraus, daß zwischen den einzelnen Schichten besondere hautartige Trennwände existieren[3]. Er nahm an, daß die Sekundärwand aus einem System von konzentrischen, übereinandergelagerten Röhrchen besteht, ähnlich einem zusammengesetzten Fernrohr. Nach Ansicht einiger Forscher überwiegt in den helleren Bereichen von Holzquerschnitten die Cellulose (Abb. 9), während Lignin und andere Nichtcellulosestoffe in den dunkleren Teilen des Wandmaterials vorherrschen[4]. BOJARKIN fand bei der Betrachtung von Querschnitten von Nesselfasern eine periodische Verholzung in Form konzentrischer Ringe[5]. Er erklärte dies als periodische Adsorption von organischen Stoffen des Zellsaftes durch die Zellwände während des Wachstums.

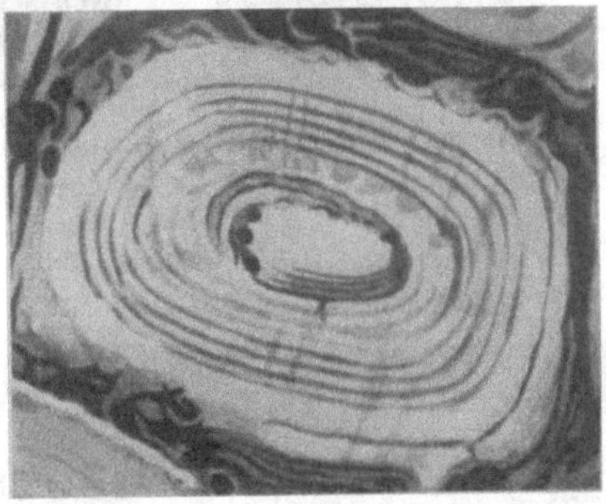

Abb. 9. Konzentrische Schichtung im Querschnitt einer Holzfaser. Cellulose hell, Lignin dunkel

Bei der Untersuchung von Faserquerschnitten von Rohbaumwolle mit 90% reiner Cellulose, neben Pektin, Fetten und Wachsen kann man feststellen, daß diese konzentrische Schichtung in der Zellwand im Verlaufe des Wachstums nicht kontinuierlich entsteht. Das am Tage stattfindende Wachstum jeder Schicht wird durch die Nacht unterbrochen; am nächsten Tage wird dann mit der Bildung einer neuen Schicht begonnen. Infolge dieses sich periodisch

---

1 В. П. Мальчевский. В кн.: Н. Никитин, Коллоидные растворы и эфиры целлюлозы [W. P. MALTSCHEWSKY, in N. NIKITIN: Kolloide Lösungen und Ester der Cellulose (1933). Bau der pflanzlichen Zellwand].

2 Literaturzitate über diese Frage in N. NIKITIN: Kolloide Lösungen und Ester der Cellulose, S. 9—11 (1933).

3 Diese Vorstellung hat sich als unhaltbar herausgestellt.

4 J. W. BAILEY, Ind. Eng. Chem. **30**, 43 (1938).

5 А. Н. Бояркин, За новое волокно (A. N. BOJARKIN, Neue Faser) Nr. 5, 45 (1934).

wiederholenden Prozesses wird die Sekundärwand von Baumwollfasern in Form konzentrischer Ringe aufgebaut[1]. ANDERSON und KERR konnten zeigen, daß bei gleichmäßig belichteten Baumwollpflanzen, gleiche Temperatur vorausgesetzt, das Wachstum ohne Unterbrechung und ohne Ausbildung dieser Schichtung stattfindet (Abb. 10). Bei konstanter Belichtung entsteht ein, äußerlich betrachtet, völlig einheitlicher Stoff. In den Zellen der Hölzer geht das Wachstum der Sekundärwand offenbar ebenfalls periodisch unter Ausbildung konzentrischer Schichten vonstatten. In Schnitten, die mit 72%iger Schwefelsäure behandelt sind, kann man bei sehr guter Vergrößerung neben der konzentrischen Schichtung auch eine radiale Orientierung wahrnehmen, wie die Abb. 11 veranschaulicht. In Querschnitten von Laub- und Nadelhölzern kann man, obwohl sie im übrigen sehr unterschiedlich sind, alle Übergänge von der typischen konzentrischen bis zur radial-konzentrischen Struktur beobachten.

Abb. 10. Querschnitt von Baumwollfasern mit und ohne Wachstumsringe

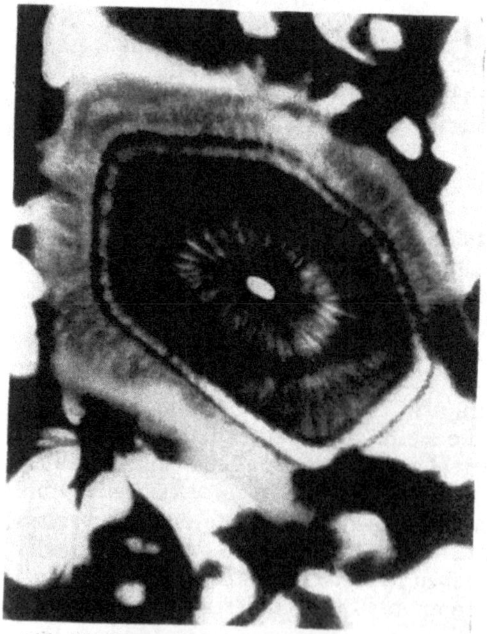

Abb. 11. Querschnitt einer Holzfaser, behandelt mit 72%iger Schwefelsäure und angefärbt. (Nach BAILEY)

Über die Verteilung der verschiedenen Substanzen innerhalb der Schichten der Zellwand hat man heute folgende schematische Vorstellung, wie die Abb. 12 zeigt.

Die Kittsubstanz (Pektin, Lignin) befindet sich in der Mittellamelle (*a*). Die Primärwand (*b*) und die Hauptmasse der Sekundärwand (*d*) bestehen im wesentlichen aus Cellulose, jedoch ist auch Lignin (mittels Phloroglucin-Salzsäure) nachgewiesen worden. Die Cellulose und das Lignin bilden zwei ineinander verschachtelte Systeme[2]. Außer den eben genannten Schichten existieren noch der äußere Teil der Sekundärwand (*c*) und die Tertiärlamelle (*e*), von der bereits erwähnt wurde, daß sie relativ dünn und nicht lignifiziert ist. Zu den bereits

[1] Literatur s. E. HEUSER, The Chemistry of Cellulose 1943.

[2] Vgl. L. G. COTTRALL, Proc. Techn. Sect., Pap. Mak. Ass. 44, 7 (1943).

angeführten Bestandteilen des Holzgewebes wie Cellulose, Lignin, Hemicellulosen und Polyuroniden kommen noch durch verschiedene Lösungsmittel leicht extrahierbare Stoffe wie Harze und Gerbstoffe. Diese gehören jedoch nicht zum Bestand der Zellwand, sondern sind z. T. in den Harzgängen enthalten oder stellen, wie z. B. die Gerbstoffe und Phlobaphene, lediglich intercellulare Einschlüsse dar. Die Gerbstoffe lassen sich mit heißem Wasser leicht entfernen, chemisch sind sie mit den Zellwandbestandteilen nicht verbunden.

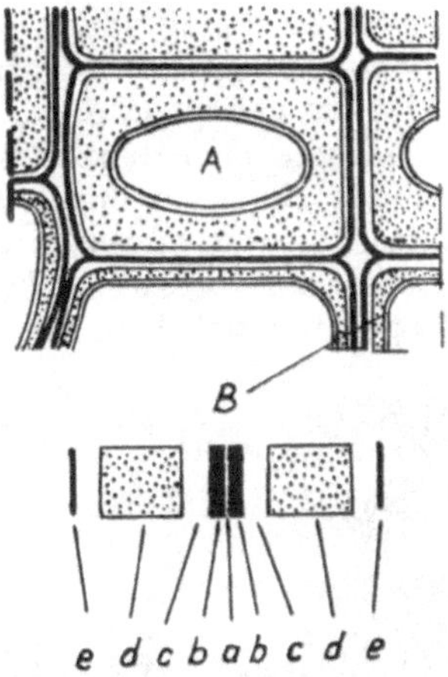

Abb. 12. Schematischer Holzquerschnitt

A Gesamtansicht der Zelle, *B* schematischer Schnitt, *a* Mittellamelle, *b* Primärwand, *c* innerer Teil der Sekundärwand, *d* Sekundärwand, *e* Tertiärlamelle. (Nach BAILEY)

Einige Autoren sind der Ansicht, daß die Cellulose der Sekundärwand mit den chemischen Agenzien nur dann reagieren kann, wenn die Primärwand durchlässig für diese ist[1]. In Baumwollcellulose ist die äußere Wandschicht offensichtlich in chemischer Hinsicht ziemlich beständig. WEIMARN weist in diesem Zusammenhang auf die große Bedeutung der oberflächlichen Kutikulaschicht von Baumwollfasern für die Dispergierung der Cellulose in heißen, gesättigten Kalziumrhodanidlösungen hin[2]. Von HESS wird ferner die Ansicht ausgesprochen, daß die während des Wachstums unter Spannung entstehende Primärwand stark mit wachsartigen Stoffen durchtränkt ist.

Eine weitere Besonderheit der pflanzlichen Zellwand ist das Vorhandensein einer Art Streifung. Betrachtet man nämlich die verdickte Wand, z. B. von Tracheiden oder Libriformfasern, so kann man häufig sehr deutlich eine feine dünne Streifung erkennen, die spiralig von rechts nach links aufwärts verläuft. Die Wand erscheint so in der Art eines Seiles gedreht zu sein.

Diese Spiralstruktur, die ausschließlich in der Sekundärwand auftritt, wird auch durch die Anordnung der Tüpfel bestätigt. Schmale, sogenannte spaltförmige Tüpfel sind für gestreckte und verdickte Zellen charakteristisch und sind gewöhnlich schräg, oft sogar unter einem ziemlich großen Winkel zur Längsachse der Zelle, angeordnet. Häufig kann man nach entsprechender Behandlung und Quellung der Zellwand oder nach leichtem, mechanischem Quetschen zwei sich kreuzende Systeme

Abb. 13. Ramiefaser, zerquetscht (Nach BOJARKIN)

---

[1] K. HESS, Papierfabr. **37**, 25 (1939).

[2] Н. И. Никитин, Коллоидные растворы и эфиры целлюлозы (N. I. NIKITIN, Kolloide Lösungen und Ester der Cellulose) **1933**, S. **96**.

von Streifen erkennen. Sie gehören verschiedenen Schichten der gleichen Zellwand an, die aber in unterschiedlichen Richtungen verlaufen (Abb. 13).

Dementsprechend gibt es auch Tüpfel, deren Spalten auf der äußeren Schicht der Wand schräg nach einer Seite, auf der inneren Schicht aber in entgegengesetzter Richtung verlaufen (sog. kreuzförmige Spalttüpfel, Abb. 4).

Häufig gelingt es durch mechanische Quetschung oder Zerstörung, die Wand in einzelne, sehr dünne Fäden aufzuteilen (Abb. 14), die offenbar ebenfalls gewunden sind und ihrerseits in sehr kleine Körnchen zerbrochen sein können. Diesen schräg angeordneten, dünnsten, das Wandmaterial bildenden Fäden schreibt man die Spiralstruktur zu. In gleicher Weise ist die in mikroskopischen Präparaten sichtbare Streifigkeit der Fasern ein Zeichen ihrer Spiralstruktur.

Jede Schicht der Sekundärwand besteht aus dünnsten Fäden (Fibrillen). Dabei kann die Richtung der Spiralen in benachbarten Schichten aber verschieden sein, z. B. in der einen von links nach rechts, in der anderen umgedreht. Die Spiralstruktur der Zellwände dient ihrer mechanischen Verfestigung gegen Zugbeanspruchungen.

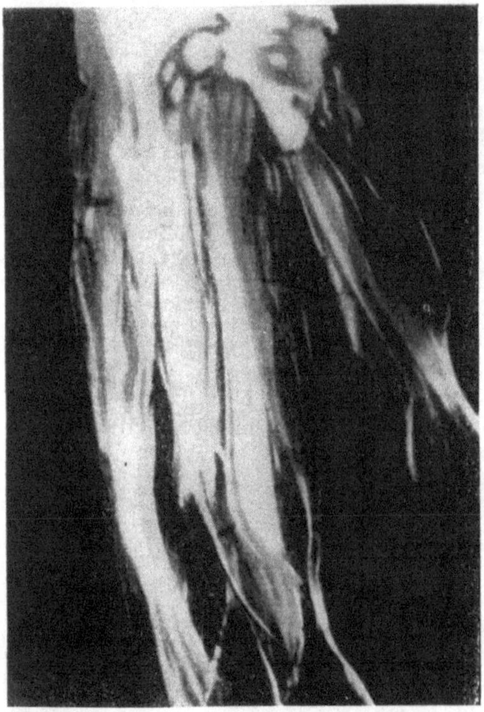

Abb. 14. Holzfaser, zerquetscht (im polarisierten Licht aufgenommen)

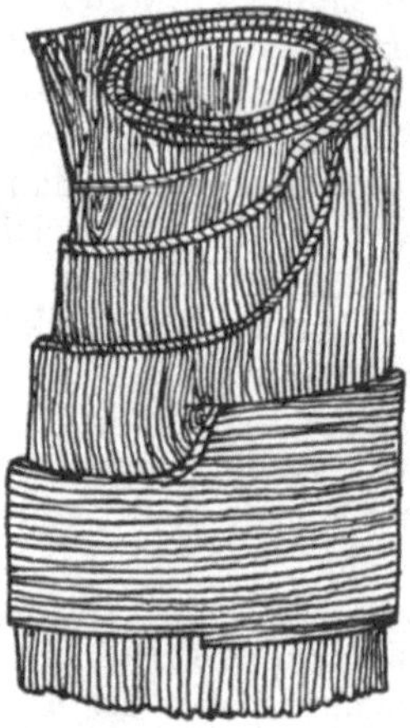

Abb. 15. Schema des Zellwandaufbaues von Nadelhölzern

Sorgfältige Untersuchungen führen zu der Auffassung, daß die Spiralen in der Primärwand fast senkrecht zur Faserachse verlaufen (Abb. 15). Die Hauptmasse der Spiralen (Fibrillen) in der Sekundärwand verlaufen in Richtungen, die mit der Faserachse nur sehr kleine Winkel bilden. In der Tertiärlamelle verlaufen die Fibrillen wieder fast senkrecht zur Faserachse. In der Abb. 15 ist diese Tatsache nicht zu erkennen. Die Abb. 16, eine schematische Wiedergabe der Struktur einer gequollenen Faser, läßt sie jedoch deutlich sichtbar werden. Die Quellung der Cellulosefasern (nach Entfernung des Lignins) erfolgt am leichtesten durch Eintauchen in Kupferoxydammoniak.

Die Quellung der Baumwollfasern, aber auch die der delignifizierten Holzfasern, erfolgt in bezug auf Länge und Breite nicht im gleichen Maße. Während z. B. in Wasser die Quellung quer zur Faserrichtung 20 bis 30% betragen kann, findet unter den gleichen Bedingungen nur eine Längenänderung von 1 bis 2% statt.

Die Zellwände bewirken eine Doppelbrechung des Lichtes, wobei die Brechungsexponenten in den verschiedenen möglichen Richtungen (radial, tangential und längs) nicht gleich sind. Dies entspricht wohl einer unterschiedlichen Ausbreitungsgeschwindigkeit des Lichtes in den angegebenen Richtungen. Zur Erklärung der Anisotropie von pflanzlichen und anderen „organisierten Stoffen" (Cellulose, Stärke, Chitin usw.) wurde von NÄGELI eine Hypothese über den micellaren, orientierten Aufbau dieser Stoffe vorgeschlagen. Diese Hypothese wird in ihrer modernen Form — Längsorientierung der Kettenmoleküle der Cellulose in den Fibrillen — in dem Abschnitt über den Aufbau der Cellulose (S. **36**) behandelt. An dieser Stelle sei lediglich dazu bemerkt, daß es nach dieser Hypothese verschiedene Bereiche in den Fibrillen gibt, in denen sehr lange Celluloseketten, in der Längsrichtung orientiert, vorliegen, und andere Bereiche, in denen eine sehr geringe Orientierung existiert (sog. amorpher Teil der Cellulose). In den heutigen Vorstellungen bezeichnet man oft als Cellulosemicell einen ultramikroskopisch erkennbaren Bereich, in dem die Orientierung der Kettenmoleküle fast vollständig ist.

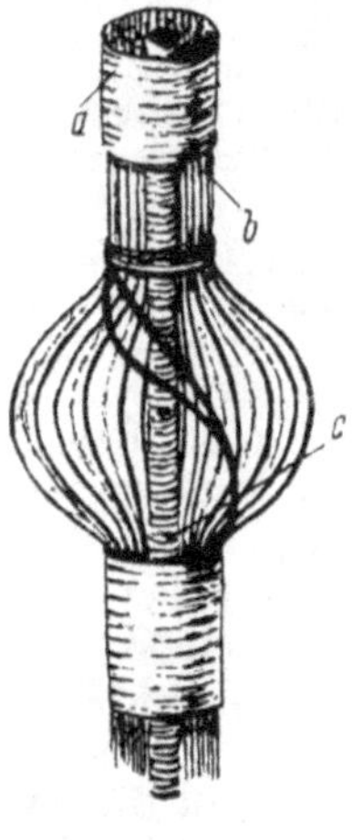

Abb. 16. Schema der Fibrillarstruktur einer in Kupferoxydammoniak gequollenen Faser
a Horizontalwicklung, *b* Längsstreifen der Hauptmasse, *c* innere Streifenwicklung
(Nach GOOK u. SEIFRITZ)

Mit Hilfe neuerer Forschungsarbeiten[1] ist die Existenz von ultramikroskopisch sichtbaren, doppelbrechenden Bereichen, deren Länge nicht mehr als 500 mμ beträgt, in der Feinstruktur des Zellwandmaterials festgestellt worden. Diese „Micellen" kann man also mit Hilfe der Lichtdoppelbrechung nachweisen und findet sie in den spiraligen Fibrillen der Tracheiden und Tracheen, wobei die Orientierung in der Weise erfolgt ist, daß ihre Längsachsen in der gleichen Richtung wie die der Fibrillen verlaufen. Der Durchmesser dieser orientierten Bereiche beträgt nur einige Millionstel eines Millimeters. Grob ausgedrückt sind also einige Hunderte solcher Bereiche im Querschnitt einer einzigen Fibrille enthalten, wobei der Querschnitt nicht mehr als 0,1 μ beträgt. In den Abb. 17 und 18 ist die Anordnung der Micellen in Tracheiden und spiral- und netzförmigen Tracheen schematisch dargestellt. Die Bezeichnungen n_α, n_β und n_γ in der Abb. 18 stellen die Brechungsexponenten in radialer, tangentialer und Längsrichtung der Faser vor. Als Maß für die Doppelbrechung in diesen Richtungen dienen die Differenzen zwischen den einzelnen Brechungsexponenten $n_\gamma - n_\alpha$; $n_\gamma - n_\beta$ und $n_\beta - n_\alpha$.

Auf Grund von Messungen der Doppelbrechung an Ramiefasern (*Boehmeria tenacissima*) liegen die orientierten Bereiche ziemlich dicht; bei Quellung in Wasser machen die mit Feuchtigkeit angefüllten Zwischenräume[2] mehr als 10% des gesamten Wanddurchmessers aus[3]. Mit zunehmender Quellung des

[1] A. FREY, Naturw. **15**, 760 (1927).
[2] Dünne Zwischenräume zwischen den orientierten Bereichen.
[3] A. FREY, Ber. botan. Ges. **46**, 446 (1928).

Wandmaterials in Alkalien und Kupferoxydammoniak wird auch der Abstand zwischen den einzelnen orientierten Bereichen größer. So beträgt z. B. die Zunahme des Faserdurchmessers bei der Quellung in 18%iger Natronlauge bereits über 70%. Bei der Quellung von Nadelholztracheiden, die von den inkrustierenden Stoffen befreit sind, wird ebenfalls ein der Baumwolle ähnliches charakteristisches Quellungsbild beobachtet.

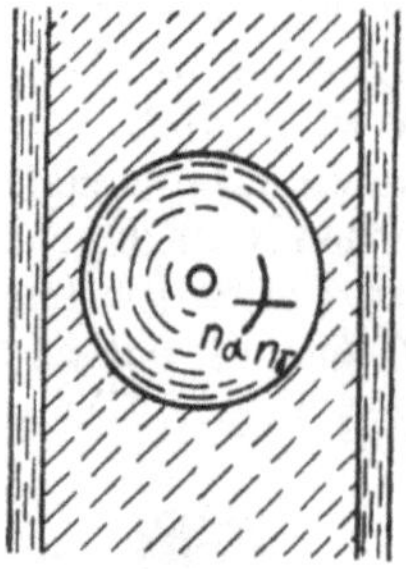

Abb. 17. Anordnung der Micellen in einer Tracheide

n_α, n_γ Brechungsexponenten in radialer bzw. Längsrichtung

WERGIN[1] hat ein Verfahren zur Herstellung von dünnsten Längsschnitten der Sekundärschichten einzelner Baumwollfasern ausgearbeitet. Unter Vermeidung der störenden Quellung der Primärwand konnte er auf diese Weise den Quellungsvorgang in der Sekundärwand in Kupferoxydammoniak genauer verfolgen (Abb. 19).

Dabei beobachtete der Autor nicht nur eine Aufweitung des Fibrillenverbandes senkrecht zu seiner Richtung infolge Quellung der zwischenfibrillaren Bereiche, sondern auch eine Querteilung der Fibrillen (Abb. 20).

Unter dem Mikroskop müßte zwischen den Fibrillen also ein leichter quellbares Medium sichtbar sein. Es ist durchaus möglich, daß dieser Stoff identisch ist mit dem während der nächtlichen Periode abgelagerten[2]. Bei Beobachtung im Dunkelfeld zeigen die sich loslösenden Teilchen der Fibrillen (0,2 μ) BROWNsche Bewegung.

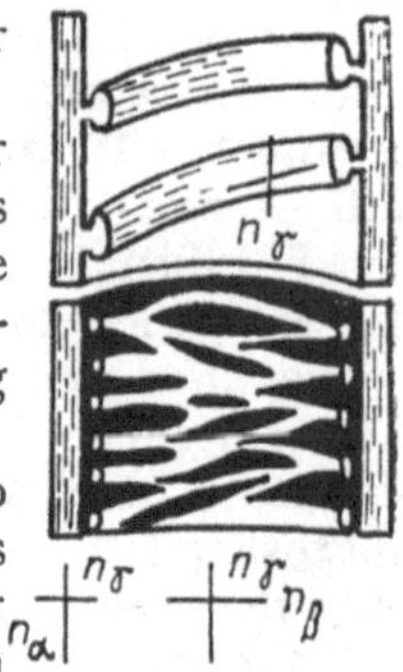

Abb. 18 Anordnung der Micellen in spiral- und netzförmigen Tracheen

n_α, n_β und n_γ Brechungsexponenten in den verschiedenen Richtungen (Nach FREY)

Optische Untersuchungen von FREY-WYSSLING deuten ebenfalls auf die Existenz feiner Hohlräume in der Zellwand hin. Es ist möglich, in diesen Räumen Kristalle von Silber oder Gold (durch Reduktion entsprechender Salzlösungen) von über 100 Å Durchmesser zur Kristallisation zu bringen. Der Autor glaubt zwar, daß bei einer derartigen Kristallisation die Möglichkeit einer Aufweitung kapillarer Zwischenräume nicht ausgeschlossen ist, daß aber außerdem die Existenz großer, freier Räume als gesichert gelten kann. Da man zur Erklärung der Quellungserscheinungen von

[1] K. HESS, Papierfabr. 37, 26 (1939). [2] T. KERR, Protoplasma 27, 229 (1937)

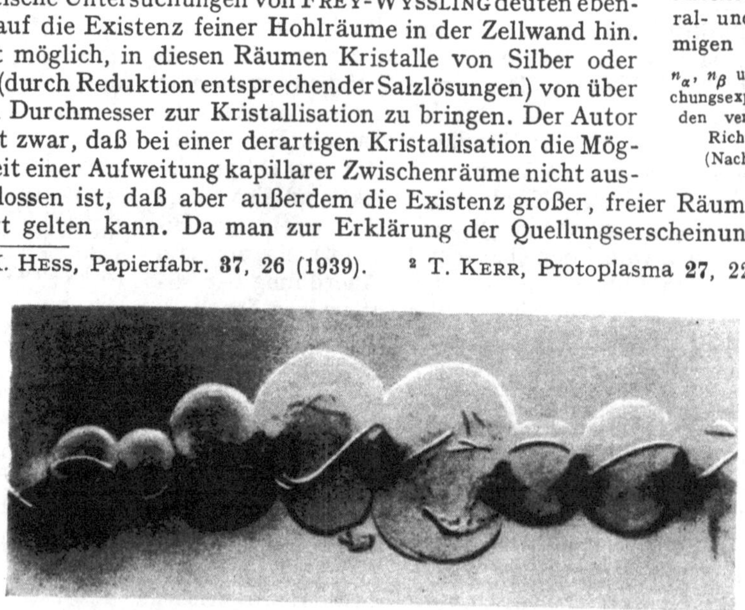

Abb. 19. In Kupferoxydammoniak gequollene Baumwollfaser

Fasern das Vorhandensein von viel feineren Kapillarräumen (Größenordnung 10 Å) annehmen muß, ist es ganz offensichtlich, daß die Zellwand ein ausgesprochen heterokapillares System vorstellt. Auf der einen Seite gibt es die Quellung ermöglichende Kapillaren und auf der anderen Seite viel größere Räume und Spalten, die für die Ablagerung von kolloiden Farbstoffen und möglicherweise auch Lignin zugänglich sind. In der Abb. 31 auf S. 42 ist die Vorstellung über den räumlichen Aufbau der Zellwand zum Ausdruck gebracht worden. Dieses Schema gibt eine Erklärung für den Unterschied zwischen dem wirklichen (1,52) und dem scheinbaren spezifischen Gewicht (1,27) der Cellulose in der Baumwollfaser. In der

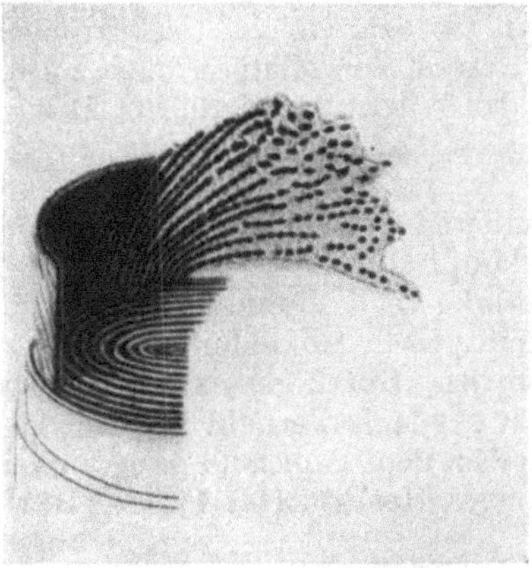

Abb. 20. Schematische Darstellung der Quellung einer Schicht der Baumwollfaser. (Nach WERGIN)

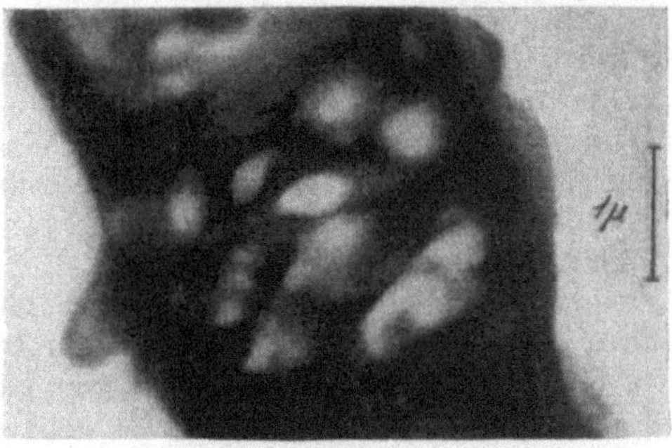

Abb. 21. Querschnitt einer Baumwollfaser unter dem Elektronenmikroskop (16000 ×)

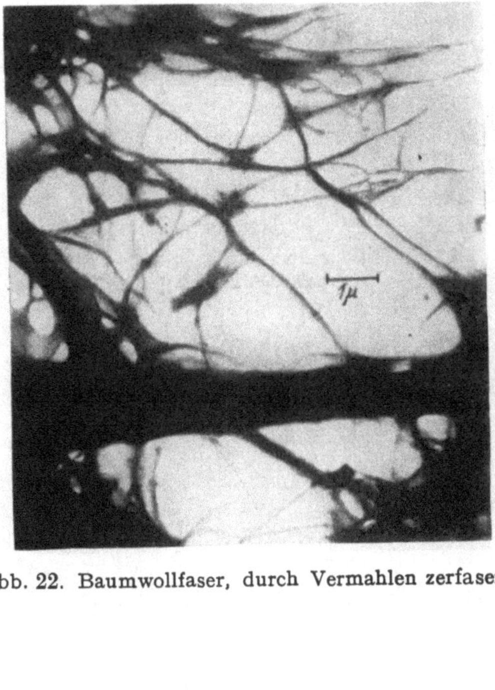

Abb. 22. Baumwollfaser, durch Vermahlen zerfasert

gleichen Weise läßt sich die Saugfähigkeit der Fasern, die Zugänglichkeit für kolloide Farbstoffe und ihre permutoide Reaktionsweise (Veresterung mit Salpeter- oder Essigsäure unter Wahrung der Faserform) erklären. Die Hyphen einiger holzzerstörender Pilze breiten sich ebenfalls anscheinend entlang der spiralförmig angeordneten intermicellaren Hohlräume aus.

Neuere Untersuchungen über den Aufbau der Cellulosefasern mit Hilfe des Elektronenmikroskops[1] bestätigen die Entwicklung früherer Vorstellungen über die Cellulose wie auch über das heterokapillare System. Querschnitte von Baumwollfasern erweisen sich dabei als ein System von relativ großen Kapillaren (200 bis 800 mμ im Durchmesser). In der Wiedergabe der Abb. 21 sind jedoch auch feinere Öffnungen sichtbar. Die Abb. 22 zeigt Baumwollfasern, die durch längeres Mahlen zerfasert wurden.

Das bei der Herstellung von Möbeln und anderen Gegenständen angewandte Dämpfen von Holz mit überhitztem Wasserdampf (160 bis 180°) erwirkt eine Erweichung der Lignin- und Hemicelluloseanteile der Zellwand, wodurch das Wandmaterial eine größere Biegsamkeit erhält. Nach Abkühlung behält das Holz die ihm auf diese Weise gegebene Form bei. Durch gewisse Stoffe, wie Anilin, Formaldehyd u. a., wird die Plastizität des Holzes erhöht. RITTER sagt dazu, daß die dünnwandigen Frühjahrstracheiden dem Papier die Biegsamkeit verleihen, während die dickwandigen Fasern des Herbstholzes für die Härte der Papierbogen verantwortlich sind.

---

[1] Literatur in E. OTT: Cellulose and Cellulose derivatives S. 316—320 (1943).

ZWEITER ABSCHNITT

Beziehungen des Holzes zum Wasser und seine physikalischen Eigenschaften

Bekanntlich saugt ausgetrocknetes Holz, das in Wasser getaucht wird, dieses reichlich unter Quellung auf, ebenso wie Holz die Fähigkeit besitzt, Feuchtigkeit aus der Luft aufzunehmen.

Der Feuchtigkeitsgehalt des Holzes hat einen außerordentlich großen Einfluß auf seine physikalischen und mechanischen Eigenschaften, ebenso wie auf die verschiedenen mechanischen oder chemischen Verarbeitungsprozesse.

Trotz der großen Bedeutung des Fragenkomplexes Holz—Wasser für Theorie und Praxis gelang es bis jetzt noch nicht, völlig klare Vorstellungen über den Charakter der Wechselbeziehungen zu erhalten. Die Erforschung dieser Beziehungen ist infolge der Kompliziertheit des Aufbaues und der chemischen Zusammensetzung eine sehr schwierige Aufgabe.

Das im Holz enthaltene Wasser füllt zum Teil die Hohlräume der Zellen (sog. freie Feuchtigkeit) und zum anderen Teil durchtränkt es die Zellwände (hygroskopische Feuchtigkeit). Die letztere erfüllt die zwischen den orientierenden Bereichen der Cellulose liegenden Räume und scheint teilweise in kolloider Form gebunden zu sein. Die Maximalmenge an hygroskopischer Feuchtigkeit in verschiedenen Holzarten beträgt 25 bis 30% (bezogen auf das Gewicht des absolut trockenen Holzes); die darüber hinaus noch vorhandene Menge Wasser ist freie Feuchtigkeit.

Der Feuchtigkeitsgehalt, welcher einer vollständigen Sättigung der Zellwand bei Abwesenheit von freier Feuchtigkeit entspricht, gibt die Grenze der Hygroskopizität an. Diese Grenze wird vom Holz in mit Wasserdampf gesättigter Atmosphäre erreicht und als Sättigungspunkt bezeichnet. Durch Änderungen des Feuchtigkeitsgehaltes, d. h. Entfernung vom Sättigungspunkt nach der einen oder anderen Seite, macht sich auch ein unterschiedlicher Einfluß auf eine Reihe von Eigenschaften bemerkbar (Raumgewicht, mechanische Festigkeit, elektrische Leitfähigkeit u. a.). Demgemäß besitzt die kritische Feuchtigkeit (Sättigungspunkt) eine sehr wichtige Bedeutung für die Praxis.

Das Holz hat, wie bereits gesagt, ähnlich anderen Gelen, die Fähigkeit zu quellen. Dieser Vorgang ist jedoch begrenzt, da die Volumenvergrößerung bei der Berührung mit Wasser nach einiger Zeit einen Endwert erreicht. Das Maximum der Quellung ist bei dem Sättigungspunkt erzielt.

Das Volumen des gequollenen Holzes ist stets etwas kleiner als die Summe aus dem Volumen des ungequollenen Holzes und dem von ihm aufgenommenen Wasser. Diese Volumenverminderung des Systems bezeichnet man als Kontraktion. Sie findet statt als Folge einer Kompression des Wassers.

Man hat die Kompression des Wassers in Pflanzenfasern durch Bestimmung des spezifischen Volumens der Faser in Wasser und Gelen untersucht[1] (in den letzteren findet weder eine Kontraktion noch Quellung der Faser statt). Aus dem Unterschied der spezifischen Volumina kann man dann auf den Kompressionseffekt schließen. Die Kraft für die Kompression des Wassers im Holz haben STAMM und SEBORG[2] bestimmt. Sie finden, daß sich das Wasser dabei unter Druck von 3000 bis 4000 Atm befindet und infolgedessen auch eine erhöhte Dichte besitzt. Die Angaben zeigen ferner, daß eine Kontraktion bei Erhöhung der Feuchtigkeit des Holzes nur bis zu ca. 6% stattfindet. Die restliche Wassermenge erleidet keine Kompression.

Eine maximale Kontraktion tritt bei dem Beginn der Wasseraufnahme durch das absolut trockene Holz auf, die Kompression ist dabei sehr groß. 1 g Wasser nimmt unter diesen Bedingungen z. B. den Raum von 0,25 cm^3 ein. Ähnliche Erscheinungen sind aus dem Gebiete der lyophilen Kolloide gut bekannt.

Die Aufnahme von Wasser durch das trockene Holz erfolgt unter gleichzeitigem Freiwerden von Wärme (Quellungswärme). Es entfallen dabei auf 1 g absolut trocknen Holzes verschiedener Arten ca. 16 bis 20 cal. Nach Untersuchungen verschiedener Forscher[3] über die bei der Quellung frei werdende Wärmemenge ist festgestellt worden, daß beim Eintauchen von 1 g absolut trockener Substanz in Wasser im Falle der Baumwolle 10 bis 11 cal, Holzcellulose 12 bis 13 cal und Kunstfaser (Viskoseseide u. a.) bis zu 20 cal und mehr auftreten. Auch in diesem Falle erfolgt ein Maximum der Wärmeabgabe bei der Aufnahme der ersten Anteile Wasser durch eine relativ große Menge von Holz, Cellulose und anderer Kolloide.

Für 1 g Wasser werden dabei mehr als 200 cal gefunden. Diese Wärmemenge ist bei Erhöhung des Feuchtigkeitsgehaltes bis zu 6% von der Temperatur unabhängig. Zwischen der Quellungswärme und der Kompression besteht folgende Beziehung: Je größer die Quellungswärme, um so höher auch die Kompression. Die hier angeführten Tatsachen (Quellung, Kontraktion und Wärmeabgabe) dienen als Beweis für eine festere Bindung zwischen dem Holz und der aufgenommenen Feuchtigkeit. Es sei hier noch bemerkt, daß eine vollständige Entfernung der Feuchtigkeit aus dem Holz, wie bereits lange bekannt, mit gewissen Schwierigkeiten verbunden ist und selbst durch Trocknen bei 110° nicht erreicht werden kann. In gewisser Weise kann auch das durch die Festigkeit der Holz-Wasser-Bindung erklärt werden. Ferner wird angenommen, daß in diesem Falle auch eine Erniedrigung der Dampfspannung des Wassers in den ultramikroskopischen intermicellaren Kapillaren stattfindet und die Entfernung der Feuchtigkeit beim Trocknen auf diese Weise erschwert wird.

Der bei Quellung des Holzes entstehende Druck erreicht sehr große Werte. Näherungsweise kann er auf Grund der nebenstehenden thermodynamischen Beziehungen bestimmt werden:

$$P = -\frac{RT}{Mv_0}\ln\frac{p}{p_0},$$

[1] E. HEUSER, The Chemistry of Cellulose 1943.

[2] A. J. STAMM u. R. M. SEBORG, J. phys. Chem. **39**, 133 (1935).

[3] Vgl. die Angaben von J. KATZ in K. HESS, Chemie der Cellulose und ihrer Begleiter (1928) S. 440.

worin P der Quellungsdruck,
p der Dampfdruck der absorbierten Flüssigkeit,
p_0 der Dampfdruck der reinen, die Quellung hervorrufenden Flüssigkeit,
M das Molekulargewicht der Flüssigkeit,
v_0 das spezifische Volumen der Flüssigkeit,
T die absolute Temperatur und
R die Gaskonstante ist.

An quellender Cellulose durchgeführte Messungen des Dampfdruckes der eingedrungenen Flüssigkeit haben nach Berechnung mittels der angeführten Formel gezeigt[1], daß der Quellungsdruck bei einem Feuchtigkeitsgehalt von 3% einige tausend Atm. erreicht.

Besonderes Interesse für die Erforschung der Wechselbeziehungen zwischen Holz und Wasser besitzen die Angaben über die Adsorption der Luftfeuchtigkeit durch die Cellulose. Diese Faktoren sind um so wichtiger, da die Cellulose auf Grund ihrer hydrophilen Eigenschaften und der Tatsache, daß sie Hauptbestandteil des Holzes ist, im wesentlichen auch die Hygroskopizität des letzteren bestimmt. Es ist selbstverständlich, daß auch die anderen Komponenten des Holzes, wie z. B. das ausgesprochen lyophile Xylan und andere Hemicellulosen, einen deutlichen Einfluß auf die Hygroskopizität besitzen.

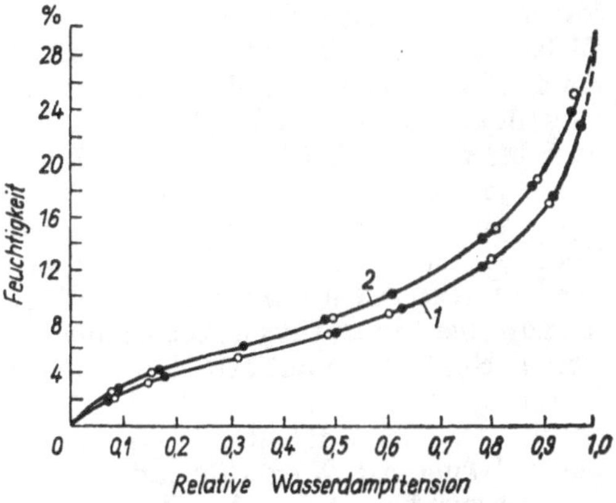

Abb. 23. Adsorption (1) und Desorption (2) von Wasser durch gebleichten Sulfitzellstoff bei 20°. Die Feuchtigkeit ist in % des absolut trockenen Zellstoffs angegeben

Zur Charakterisierung dieser Verhältnisse ist in der Abb. 23 die Adsorption und die Desorption der Luftfeuchtigkeit von gebleichtem Sulfitzellstoff dargestellt. Die Kurve 1 veranschaulicht dabei den Adsorptionsvorgang in Abhängigkeit von der relativen Wasserdampftension[2]. Diese Kurve erinnert im allgemeinen an eine Adsorptionsisotherme, die gewöhnlich bei einer Kapillarkondensation erhalten wird. Diese Art von Isothermen besitzt S-Form, was nach den bereits 1911 ausgesprochenen Vorstellungen von ZSIGMONDY durch die poröse Struktur des Adsorbens bedingt ist, wozu auch die Cellulose gehört.

Im ersten Stadium der Adsorption werden die kleinsten Poren (Kapillaren) durch Zusammenfließen der an den Wänden adsorbierten einzelnen Flüssigkeitsschichten gefüllt. Danach beginnt, nachdem die Dampfspannung über den Kapillarmenisken ihren Sättigungswert erreicht hat, eine Kondensation des Dampfes infolge der Anziehungskräfte der Moleküle der Meniskusoberfläche auf den Dampf. Die Adsorptionskurve zeigt von diesem Augenblick an einen Anstieg, entsprechend einem schnellen Anwachsen der adsorbierten Dampf-

[1] J. R. KATZ, Cellulosechem. **11**, Nr. 2, 19 (1930).
[2] A. J. STAMM, Pulp and Pap. Mag. Canad. **51**, Nr. 10, 90 (1950).

menge, bedingt durch die Kapillarkondensation. Die Erscheinung der letzteren ist also mit einer Verringerung der Dampfspannung über den Menisken des Wassers in den sehr feinen intermicellaren Hohlräumen der Cellulose verbunden.

Die Dampfdruckerniedrigung müßte praktisch bei Kapillardurchmessern unter 0,1 μ wahrnehmbar sein. Die Größe der intermicellaren Hohlräume in der Cellulose bewegt sich um 0,01 μ und weniger. Infolgedessen muß also eine beträchtliche Erniedrigung der Dampfspannung eintreten und der bereits geschilderte Vorgang der Kapillarkondensation stattfinden.

Nach dem soeben beschriebenen Vorgang kann man sich also eine völlig natürliche Adsorption der kapillarkondensierten Feuchtigkeit durch die Cellulose vorstellen. Auf die Gesamtmenge der hygroskopischen Feuchtigkeit von 25 bis 30% entfallen etwa 20 bis 25% auf die Kapillarkondensation. Die in erster Linie aufgesaugte Feuchtigkeit beträgt bei verschiedenen Holzarten, je nach ihrer Porosität, ungefähr 4 bis 6%. Der Mechanismus des Aufsaugens der adsorbierten Feuchtigkeit und die dafür in Betracht kommenden Kräfte besitzen jedoch einen anderen Charakter.

Wie aus der Kolloidchemie bekannt ist[1], existieren heute zwei grundlegende Theorien zur Erklärung der Adsorption, die eine von LANGMUIR, die andere von POLANYI. Nach LANGMUIR ist die Adsorption ein chemischer Prozeß und die adsorbierte Schicht monomolekular. Die Adsorptionskräfte sind seiner Ansicht nach identisch mit den Haupt- und Nebenvalenzkräften. Die Theorie von LANGMUIR wird deshalb auch als chemische bezeichnet. POLANYI behauptet dagegen, daß die Adsorption physikalischer Natur und die adsorbierte Schicht polymolekular ist. Weiterhin nimmt der Autor an, daß die Kräfte identisch mit den VAN DER WAALSchen Kräften sind, welche die gewöhnliche Anziehung der Moleküle untereinander hervorrufen. Sie wirken zwischen den Molekülen der Gase und Dämpfe einerseits und der Oberfläche des Adsorbens andererseits. Ferner treten sie besonders dann auf, wenn die Moleküle große Dipolmomente besitzen. Da an der Oberfläche des Adsorbens freie elektrische Kräfte vorhanden sind, die auf Entfernungen wirken, welche den Durchmesser des zu absorbierenden Moleküls übersteigen, entsteht deshalb auch eine polymolekulare Schicht. Bei der Übertragung dieser theoretischen Überlegungen auf die Adsorption der Feuchtigkeit durch die Cellulose findet also eine Anziehung der Wassermoleküle und die Ausbildung von wäßrigen Schichten in der Cellulose infolge der Dipolkräfte der Moleküle statt. Da die Wassermoleküle große Dipolmomente aufweisen, werden sie energisch adsorbiert.

In den letzten Jahren ist die Aufmerksamkeit besonders auf die sogenannten Wasserstoffbrücken in der Cellulose gelenkt worden. Die Rolle des Wasserstoffatoms als Bindeglied zwischen zwei elektrisch negativen Atcmen ist in der Chemie wahrscheinlich schon lange bekannt. Bereits 1938 hat HUGGINS auf die Bedeutung der Wasserstoffbindung bezüglich der Cellulose hingewiesen. In diesem Falle entsteht die Brücke zwischen dem H-Atom eines Hydroxyls und dem O-Atom einer benachbarten Kette (Abb. 24A). Von W. N. NIKITIN[2]

---

[1] Vgl. И. И. Жуков, Коллоидная химия (I. I. SHUKOW, Kolloidchemie) 1, 172—188 (1949).

[2] В. Н. Никитин, Примеине инфракрасных спектров поглощения к исследованию целлюлозы и ее производных. Вестн. Ленингр. унив. (W. N. NIKITIN, Anwendung der Infrarotspektroskopie zur Untersuchung der Cellulose und ihrer Derivate. Nachr. d. Leningrader Universität) (1950) Nr. 3.

durchgeführte, spektroskopische Untersuchungen haben gezeigt, daß in nativen Fasern bei fast allen Hydroxylen eine Wasserstoffbindung vorliegt.

Der Energieinhalt der Wasserstoffbrücke beträgt ungefähr 5 bis 7 kcal/Mol. Er ist damit etwas höher als der Energieinhalt der VAN DER WAALschen Kraft, jedoch bedeutend kleiner als der von anderen chemischen Valenzkräften.

Die Vorstellungen über die Wasserstoffbrückenbildung (ausführlicher im Abschn. 4) können auch auf die Adsorption von Wasser durch die Cellulose übertragen werden. Die in die Oberfläche der Micellen eindringenden Wassermoleküle bilden mit den Hydroxylen Wasserstoffbrücken, wie das in der Abb. 24 B schematisch dargestellt ist.

In diesem Falle kann man sich den Adsorptionsprozeß folgendermaßen denken. Die zu Anfang in den feinen Kapillaren der Zellwand adsorbierten Feuchtigkeitsteilchen verursachen eine Quellung und stetige Erweiterung, wodurch der weitere Zutritt von Wasser in das Innere der Faser ermöglicht wird. In den amorphen Bereichen der Cellulose werden so Wasserstoffbrücken zwischen den Hydroxylen der Cellulosemoleküle und den Wassermolekülen ausgebildet. In die geordneten Bereiche dringt jedoch die Feuchtigkeit nicht ein. Bestätigt wird dies durch das Fehlen irgendwelcher Veränderungen im Röntgendiagramm der Cellulose bei Aufnahme von Feuchtigkeit[1]. Eine Störung der orientierten Bereiche kann nur durch eine energischere, innermicellare Quellung bewirkt werden, so z. B. durch konzentrierte, wäßrige Lösungen ionisierter Stoffe (Alkalien, Säuren).

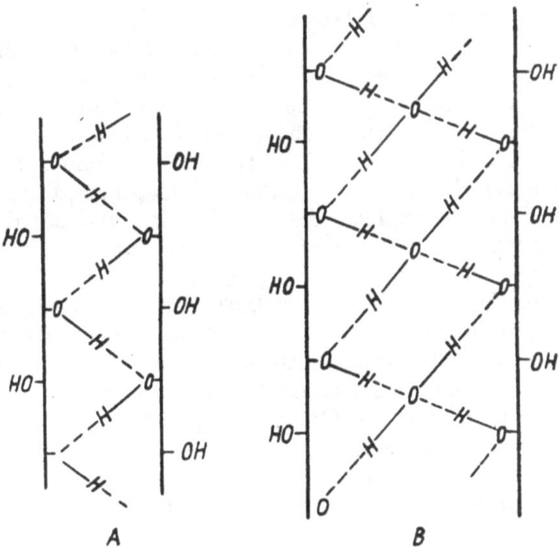

Abb. 24. Schematische Darstellung von Cellulosekettenmolekülen

Es folgt daraus, daß der Grad der Orientierung einen Einfluß auf die Adsorption von Feuchtigkeit besitzt. Das sich bei der Adsorption stets einstellende Gleichgewicht hängt aber auch von der Temperatur ab; gewöhnlich verringert sich die Adsorption mit steigender Temperatur. Jedoch kann in einigen Fällen die Adsorption bei weiterer Temperaturerhöhung größer werden[2]. So haben z. B. URQUHART und WILLIAMS gefunden, daß bei Baumwollcellulose, bei konstanter relativer Luftfeuchtigkeit von über 80%, eine Erhöhung der Temperatur auf 50° zunächst zu einer Verringerung der aufgenommenen Feuchtig-

---

[1] Vgl. J. KATZ in K. HESS, Chemie der Cellulose und ihrer Begleiter (1928), ferner K. MEYER, H. MARK, Aufbau der hochmolekularen organischen Naturstoffe (1930).

[2] А. В. Думанский, Учение о коллоидах [A. W. DUMANSSKY, Lehre von den Kolloiden] 1948, S. 182.

keitsmenge führt, bei weiterer Temperaturerhöhung steigt die Feuchtigkeitsaufnahme wieder an. Die Gründe für die angeführten verschiedenen Einflüsse der Temperatur auf die Adsorption sind noch nicht völlig aufgeklärt.

Genau wie allen quellenden Stoffen, ist auch dem Holz die Erscheinung der Hysteresis eigentümlich, worunter die unvollständige Reversibilität des Adsorptions- und Desorptionsprozesses der Feuchtigkeit zu verstehen ist. Bei der Desorption der Feuchtigkeit in einer Atmosphäre mit stufenweise abnehmendem relativen Wasserdampfdruck ist der Feuchtigkeitsgehalt der Probe etwas größer als vorher bei der Adsorption unter den gleichen Dampfdruckwerten. Die Kurve 2 in der Abb. 23 ist typisch für die Desorption der Feuchtigkeit. Sie ist entsprechend nach links verschoben.

Die Hysteresis wird jedoch nicht nur bei den beschriebenen Sorptionsprozessen beobachtet, sondern auch bei den Volumenänderungen des Holzes (Quellung und Trocknung).

Mit der Erforschung der Hysteresiserscheinungen beschäftigen sich eine große Zahl von Arbeiten. Jedoch sind bis jetzt noch nicht alle Faktoren dieses Problems aufgeklärt. ZSIGMONDY hat nun weiter angenommen, daß die in den Poren eines nicht völlig mit Feuchtigkeit gesättigten Adsorbens befindliche Luft eine weitere Feuchtigkeitsaufnahme bremsen kann. Bei der Trocknung einer Probe nach völliger Sättigung durch hygroskopisch aufgenommene Feuchtigkeit fehlt die Luft bereits, und aus diesem Grunde bleibt bei der Desorption im Holz mehr Wasser zurück. Eine vorherige Entlüftung bewirkt tatsächlich einen Rückgang der Hysteresis, völlig kann sie jedoch nicht verhindert werden. URQUHART und WILLIAMS schreiben den Hydroxylgruppen eine wichtige Rolle bei der Hysteresis zu, da diese in der trockenen Faser zum größten Teil gegenseitig abgesättigt sind und nur sehr langsam in den Adsorptionsprozeß zur Aufnahme der Dipole der Wassermoleküle eingegliedert werden, infolge der Orientierung der Micellen nur mit fortschreitender Quellung und Zerstörung.

Die Hysteresis, die Kontraktion und das Freiwerden von Wärme werden häufig zur Bestätigung der chemischen Natur der Adsorption von Feuchtigkeit herangezogen.

Faßt man die angeführten Tatsachen über die Affinität des Holzes zum Wasser noch einmal kurz zusammen, so muß zweifellos im Anfangsstadium der Adsorption eine Wechselwirkung zwischen den Molekülen des Adsorbens und des Wassers stattfinden. Bewirkt wird dies durch die Anziehung der Dipole des Wassers durch die Hydroxyle der Cellulose und der Hemicellulosen. Eine wichtige Rolle bei der festen Verbindung der Holzkomponenten mit dem Wasser spielen Wasserstoffbrücken, mit deren Hilfe die Wassermoleküle mit den Hydroxylen der benachbarten Ketten verbunden werden. Die weitere Aufnahme von Feuchtigkeit erfolgt durch eine Kapillarkondensation.

Es läßt sich jedoch keine scharfe Trennung zwischen den Prozessen der Adsorption und der Kapillarkondensation durchführen, denn der letztere beginnt bereits, bevor der erstere völlig beendet ist.

Bei der Aufnahme von Feuchtigkeit durch das Holz kann noch das Eindringen des Wassers in die inneren Schichten der Zellwände bis zu besonders hydrophilen, niedermolekularen Fraktionen (Hemicellulosen) einige Bedeutung haben. Das Wasser kann in diesem Falle die Quellung des Holzes infolge Osmose erhöhen.

Das Eindringen von Feuchtigkeit in das Holz hängt aber auch mehr oder weniger von den anderen darin vorkommenden Stoffen ab. Fette und Harze z. B. vermindern die Aufnahmefähigkeit, während Lignin offenbar in geringem Maße hydrophile Eigenschaften zeigt.

Vor der Behandlung der physikalischen Eigenschaften des Holzes muß noch bemerkt werden, daß diese infolge der bedeutenden Unterschiede im Aufbau und der verschiedenen chemischen Zusammensetzung der einzelnen Holzarten in ziemlich weiten Grenzen schwanken. Die physikalischen Eigenschaften dienen als Kriterien bei der Beurteilung des Holzes als Rohstoff für die verschiedensten technischen Zwecke. Ausführlichere Darstellungen sind in der Spezialliteratur zu finden[1]. In diesem Buch werden lediglich die hauptsächlichsten physikalischen Eigenschaften des Holzes besprochen, soweit sie Bedeutung für die chemische Verarbeitung besitzen.

Feuchtigkeit des Holzes. Man unterscheidet folgende, den Feuchtigkeitsgehalt charakterisierende Bezeichnungen: absolut trocken (bei 105° bis zur Gewichtskonstanz getrocknet), lufttrocken (ca. 15 bis 20% Wasser, bezogen auf das Gewicht absol. trocken. Holzes), frisch gefällt (60 bis 100% Wasser, manchmal auch mehr) und naß (nach längerem Einweichen in Wasser, ca. 150% und mehr Wasser).

Aus dem Gesagten geht hervor, daß die Gesamtmenge an Wasser im wachsenden Baum vom Gehalt an freiem Wasser abhängt, da die Menge des hygroskopischen Wassers, wie bereits zum Ausdruck gebracht, konstant ist. Außerdem hängt sie noch von der Porosität des Holzes ab, denn stärker poröse (weniger dichte) Arten enthalten bei gleichen Wachstumsbedingungen mehr Wasser.

Die Verteilung des Wassers im Stamm des wachsenden Baumes ist bei Nadelhölzern nicht gleichmäßig. Im Kernholz ist der Wassergehalt wesentlich niedriger als im Splintholz, bei Kiefer und Fichte fast um das 3,5fache. In der Tabelle 1 sind einige Angaben über den Wassergehalt von Nadelhölzern zusammengestellt[2].

TABELLE 1

Feuchtigkeitsgehalt des Kern- und Splintholzes von grünen Nadelholzbäumen in % des absolut trockenen Holzes

Art und Standort	Feuchtigkeit	
	Splint	Kern
Kiefer, Leningrader Geb.	122	33
Fichte, Leningrader Geb.	145	42
Koreanische Ceder, Ferner Osten. .	126	69
Ajanskfichte, Ferner Osten.	106	38
Tanne, Altai	180	98

Bei Laubhölzern ist die Verteilung des Wassergehaltes innerhalb des Stammes wesentlich gleichmäßiger, das Kernholz enthält jedoch häufig mehr Wasser als das Splintholz.

[1] С. И. Ванин, Древесиноведение — Л. М. Перелыгин, Древесиноведение — А. Ю. Рейхардт и Л. М. Перелыгин, Строение и физические свойства древесины (S. I. Wanin, Holz 1949 — L. M. Perelygin, Holz 1949 — A. J. Reichardt u. L. M. Perelygin, Aufbau und physikalische Eigenschaften des Holzes 1933).

[2] С. И. Ванин, Древесиноведение (S. I. Wanin, Holz) 1949, S. 112.

Der Wassergehalt von verschiedenen Laubhölzern ist nach den Angaben von BASHENOW und WICHROW[1] zum Vergleich in der Tab. 2 zu finden.

TABELLE 2

Feuchtigkeitsgehalt des Kern- und Splintholzes von grünen Laubbäumen in % des absolut trockenen Holzes

Art	Feuchtigkeit	
	Splint	Kern
Eiche	68,0	50,0
Ulme	75,6	109,0
Ulme	82,5	96,0
Esche	34,6	34,2
Espe	69,3	74,5
Linde	61,5	60,5
Linde	53,0	64,5

Das meiste Wasser befindet sich jedoch beim wachsenden Baum in den Wurzeln und Ästen. Längs des Stammes ist die Verteilung ungefähr folgende: unten der größte Gehalt, in der Mitte der geringste, nach oben zur Krone wieder allmähliche Zunahme.

Im allgemeinen ist der Wassergehalt im grünen Baum nicht konstant und ändert sich im Laufe des Jahres, wie aus den Angaben der Tab. 3 ersehen werden kann. Die Tabelle zeigt, daß in den Wintermonaten ein maximaler Wassergehalt erreicht wird; in einzelnen Fällen ist auch ein Maximum im Herbst beobachtet worden. Das Minimum liegt stets in den Sommermonaten. Bei Kiefer und Fichte ändert sich dabei lediglich der Wassergehalt des Splintholzes, im Kernholz bleibt er fast gleich.

TABELLE 3

Änderungen des Wassergehaltes von Kern- und Splintholz in Abhängigkeit von der Jahreszeit in % des absolut trockenen Holzes

Art und Teil des Stammes	Januar	Februar	März	April	Mai	Juni	Juli	August	September	Oktober	November	Dezember
Kiefer:												
Splint	122	116	113	115	102	110	109	100	96	119	123	123
Kern.	33	33	35	33	33	32	31	31	33	34	32	34
Fichte:												
Splint	145	147	142	115	106	112	110	103	112	114	117	144
reifes Holz	42	45	43	38	35	42	38	39	43	36	36	42
Birke:												
Splint.........	80	77	75	72	91	66	51	53	60	74	81	73
Kern..........	86	91	91	84	95	—	60	61	69	85	91	90
Espe:												
Splint.........	123	114	111	105	98	70	64	59	66	95	92	108
Kern..........	110	94	95	92	88	79	90	83	92	90	90	91

Frisch gefälltes Holz, das an der Luft unter natürlichen oder künstlichen Bedingungen liegenbleibt, verliert die Hauptmenge des Wassers bis zur Ein-

[1] В. А. Баженов и В. Е. Вихров, Тр. Инст. леса АН СССР (W. A. BASHENOW und W. E. WICHROW, Arb. d. Holzinst. d. Akad. d. Wiss. d. UdSSR) 4, 57 (1949).

stellung eines Gleichgewichtes, das von der Temperatur und der Feuchtigkeit der umgebenden Luft abhängt. Dabei wird zuerst das freie und dann erst das hygroskopische Wasser abgegeben. Die Intensität der Trocknung hängt von der Temperatur und der Feuchtigkeit, der Dichte des Holzes, von der Verdampfungsfläche und anderen Faktoren ab. Am schnellsten erfolgt die Verdunstung in Längsrichtung des Stammes, etwa 10- bis 50mal schneller als in radialer Richtung, am langsamsten jedoch tangential. An der Oberfläche wird das Wasser schneller verdunstet, als der Transport vom Inneren zur Oberfläche erfolgt. Daraus ergibt sich bei der Trocknung eine Differenz im Feuchtigkeitsgehalt der inneren und äußeren Schichten. Dieser Unterschied kann in dicken Hölzern, besonders bei intensiver Trocknung, ziemlich bedeutend sein.

Schwund des Holzes. Beim Trocknen des Holzes tritt nach Erreichung eines dem Sättigungspunkt der Fasern entsprechenden Feuchtigkeitsgehaltes eine Schrumpfung der Zellwände ein, die eine bedeutende Volumenverminderung (Schwund) bewirkt. Die weitere Verdunstung von Wasser läßt nach. Wie die Verdunstungsgeschwindigkeit, so ist auch die Schwunderscheinung in den verschiedenen Richtungen nicht gleich. So tritt z. B. die größte Schrumpfung in tangentialer Richtung (je nach Art von 6 bis 13%), die geringste dagegen in der Faserrichtung (0,1 bis 0,8%) auf. Verhältnismäßig große Schwunderscheinungen kann man bei dichteren Holzarten feststellen, die dickwandigere Zellen besitzen.

Die Schrumpfung des Holzes beim Austrocknen ist jedoch ein ziemlich verwickelter Vorgang. Als Ursache kann man die Entfernung des Wassers aus den Räumen zwischen den Molekülketten der hydrophilen Komponenten des Holzes (Cellulose und Hemicellulosen) betrachten, wobei sich die letzteren einander wieder nähern. Die Beobachtungen zeigen, daß die Schrumpfung beim Trocknen und die Quellung beim Befeuchten von Holzfasern, aber auch von allen anderen pflanzlichen Fasern, stets quer zur Faserrichtung erfolgt. In der Richtung der Faserachse findet bei der Quellung keine Verlängerung der Faser statt, ja manchmal sogar der umgekehrte Vorgang, nämlich eine Schrumpfung. In dieser Beziehung erinnert die Quellung der einzelnen Tracheiden an diejenige eines aus gedrehten Fäden bestehenden Seiles. Bezüglich der Längenänderung des Holzgewebes als Ganzes bei Quellung oder Schrumpfung zeigt sich gerade dabei die Kompliziertheit seines Aufbaues. Wie bereits zum Ausdruck gebracht, ist die Schrumpfung in radialer Richtung geringer als in tangentialer. Im allgemeinen wird dies durch die Lage der Markstrahlen im Holz (rechtwinklig zur Stammachse) erklärt, wobei die letzteren in Längsrichtung nur ganz unbedeutend schrumpfen und auf diese Weise die Gesamtschrumpfung des Holzes in radialer Richtung verringert wird. In der Praxis sind die Verhältnisse jedoch komplizierter. So findet man z. B. bei einigen Arten, die mit schwächeren und weniger zahlreichen Markstrahlen versehen sind, ganz erhebliche Unterschiede der Schrumpfung in den verschiedenen Richtungen.

Durch eine Erhöhung des Raumgewichtes wird auch der Schrumpfungsgrad des Holzes vergrößert, wie aus den Angaben der Tab. 4 entnommen werden kann.

Die Schrumpfung wird gleichfalls größer, wenn der Anteil an Spätholz (bei Nadelhölzern) erhöht ist. Im Gegensatz zum Frühholz ist sie in ersterem in tangentialer Richtung um ca. das 1,5- bis 2fache, in radialer Richtung um ca. das 3fache größer.

In der Praxis hat sich herausgestellt, daß eine intensivere Trocknung auch eine geringere Schrumpfung zur Folge hat. Man nimmt an, daß hierbei eine ungleichmäßige Entfernung des Wassers aus den Fasern stattfindet, wodurch die Schrumpfung der trockenen Fasern durch benachbarte, noch feuchte verhindert wird, so daß also bei rascher Trocknung keine völlige Schrumpfung erfolgen kann.

TABELLE 4

Abhängigkeit der Schrumpfung des Holzes (in %) vom Raumgewicht

Raumgewicht in g/cm³	Schrumpfung		Volumenschrumpfung
	radial	tangential	
0,30—0,40	3,4	6,3	9,9
0,40—0,50	4,0	7,5	11,1
0,50—0,60	4,6	7,7	12,5
0,60	5,6	7,7	12,5

TABELLE 5

Schrumpfung verschiedener Holzarten in %

Art	Schrumpfung		Volumenschrumpfung
	radial	tangential	
Kiefer .	4,4	8,1	12,5
Fichte .	4,7	9,3	14,1
Lärche .	5,3	10,4	15,1
Espe . . .	4,8	8,2	13,5
Eiche . .	4,7	8,4	12,8
Buche .	4,9	10,8	15,3

In der Tab. 5 sind die Schwundwerte für verschiedene Holzarten nach den Angaben von TSCHULITZKY[1] zusammengestellt.

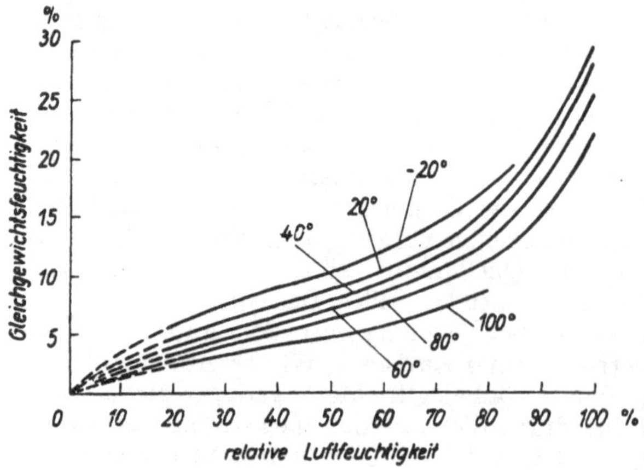

Abb. 25. Änderung des Feuchtigkeitsgleichgewichtes von Holz in Abhängigkeit von der Luftfeuchtigkeit bei verschiedenen Temperaturen

Hygroskopizität des Holzes. Die Aufnahme von Feuchtigkeit aus der Luft durch das Holz — seine Hygroskopizität — hängt bekanntlich von der relativen Luftfeuchtigkeit und der Temperatur ab. Diese Abhängigkeit ist in der Abb. 25[2] dargestellt. Es ist daraus zu ersehen, daß bei gleicher relativer Luftfeuchtigkeit der Wassergehalt im Holz mit steigender Temperatur niedriger wird. Die Erklärung dafür besteht darin, daß einer höheren Temperatur auch eine höhere Wasserdampftension entspricht, wodurch die Einstellung des Gleichgewichtes gestört wird, was schließlich zur Abgabe von Wasser aus dem Holz führt. Die vom Holz aus der Luft aufnehmbare Maximalmenge an Feuchtigkeit beträgt ca. 30% (Sättigungspunkt der Fasern). Durch längere Einwirkung höherer Temperaturen wird die Hygroskopizität

[1] С. И. Ванин, Древесиноведение (S. J. WANIN, Holz) 1949, S. 128.

[2] Siehe И. В. Кречетов, Сушка древесины (I. W. KRETSCHETOW, Trocknen des Holzes) 1949, S. 91.

des Holzes verringert. Von NIKITIN[1] durchgeführte Versuche haben gezeigt, daß bei 70 bis 80° getrocknetes Holz ca. 2% weniger Feuchtigkeit aufnimmt als an der Luft getrocknetes. Diese Tatsache ist auch bei anderen Kolloiden zu finden, deren Adsorptionsfähigkeit durch Trocknen bei erhöhter Temperatur verringert wird. Durch Erhöhung des Gehaltes an hygroskopischer Feuchtigkeit werden die physikalisch-mechanischen Eigenschaften des Holzes verschlechtert, und es treten unerwünschte Deformationserscheinungen auf, weil dadurch die Güte des Werkstückes verringert wird. In der Praxis werden deshalb Maßnahmen zur Erniedrigung der Hygroskopizität des Holzes getroffen. Dies kann, wie aus dem Gesagten hervorgeht, durch eine Wärmebehandlung erfolgen, jedoch werden in diesem Falle gleichzeitig die mechanischen Eigenschaften verschlechtert. Bessere Ergebnisse werden durch Tränken mit Kunstharzen erhalten.

Da die Deformation des Holzes bei dem Aufsaugen der adsorbierten Feuchtigkeit, die z. B. bei Birkenholz maximal 5 bis 6% beträgt, eine sehr große Rolle spielt, muß man zur Verhinderung der Deformation die Adsorptionsfähigkeit des Holzes verringern. Zu diesem Zwecke behandelt SOLETSCHNIK das Holz mit einer 5%igen Aluminiumchloridlösung. Nach Auswaschen des Überschusses mit Wasser wird das Holz getrocknet. Auf diese Weise kann bei Birkenholz die Adsorption von Feuchtigkeit um 5 bis 6% (bezogen auf die adsorbierte Menge) verringert und eine Herabsetzung der Ausdehnung in tangentialer Richtung um 60 bis 75% erreicht werden.

Quellung des Holzes. Die Quellung, d. h. die der Schrumpfung entgegengesetzte Erscheinung äußert sich in einer Vergrößerung der Holzabmessungen bei der Aufnahme von Feuchtigkeit. Jedoch wird diese Erscheinung lediglich bei der Aufnahme der hygroskopischen Feuchtigkeit bis zur Erreichung des Sättigungspunktes beobachtet. Weitere Wasseraufnahme bewirkt keine Quellung mehr. Die Ursache der letzteren besteht in dem Eindringen des Wassers in die zwischen den Kettenmolekülen der hydrophilen Komponenten gelegenen Räume. Die Struktur der eigentlichen Micellen bleibt dabei unverändert.

Es ist bereits angeführt worden, daß die Festigkeit der Bindung zwischen den Molekülen des Holzes und des Wassers durch elektrische Kräfte bewirkt wird. Ferner ist ebenfalls festgestellt worden, daß die Quellung um so stärker ist, je größer die Dielektrizitätskonstante der aufgenommenen Flüssigkeit ist. Da Wasser eine sehr hohe Dielektrizitätskonstante besitzt, bewirkt es auch, wie aus der Tab. 6 ersichtlich, eine maximale Quellung.

TABELLE 6

Tangentialquellung von Birkenholz, bei 105° getrocknet, in % des ursprünglichen Holzes

Flüssigkeit	Quellung
Wasser.......	13,6
Glycerin	13,1
Äthanol	9,4
Aceton	9,1
Äther	4,4
Chloroform ...	4,2
Terpentin	1,8
Benzol	0,7
Petroleum....	0,3
Ligroin.......	0

Die stärkste Quellung erfolgt in tangentialer Richtung, die geringste in der Faserrichtung; so bewirkt sie z. B. in tangentialer Richtung bei verschiedenen

---

[1] Н. Никитин, Н. Солечник и Т. Руднева, Тр. по лесн. опытн. делу (N. NIKITIN, N. SOLETSCHNIK u. T. RUDNJEWA, Arbeiten zur Untersuchung des Holzes) Ausg. 2 (1929).

Hölzern eine Ausdehnung um 6 bis 13%, in Faserrichtung dagegen nur um 0,1 bis 0,8%. In radialer und tangentialer Richtung treten geringere Unterschiede auf, jedoch sind sie bei Hölzern größerer Dichte ebenfalls stärker verschieden.

Zu Beginn der Wasseraufnahme ist die Geschwindigkeit der Quellung am größten. Mit fortschreitender Sättigung der Fasern vermindert sie sich jedoch allmählich. Der Quellungsvorgang ist, wie bereits erwähnt, nicht umkehrbar. Die Kurven einer vollständigen Schrumpfung und nochmaliger Quellung fallen nicht zusammen (Hysteresis).

Saugfähigkeit des Holzes. Beim Befeuchten von ausgetrocknetem Holz füllt das Wasser zuerst die Zellräume aus und dringt anschließend in die Wände ein. Je größer die Porosität des Holzes, um so höher ist auch sein Aufnahmevermögen für Wasser. Bei den Nadelhölzern ist letzteres infolge der ebenfalls vorhandenen Harze niedriger. Das Saugvermögen von Splintholz ist wesentlich größer als das des Kernholzes, da hier die Zellen mit Kernsubstanz angefüllt und manchmal auch durch Thyllen bedeckt sind. So nimmt z. B. Kiefernsplintholz im Laufe eines Jahres 202% Wasser auf, Kernholz dagegen nur 126%, wie Strekalowsky[1] festgestellt hat.

Die Geschwindigkeit des Aufsaugens hängt von der Dichte, dem Wassergehalt, der Temperatur und noch anderen Faktoren ab. Das Aufsaugen von Wasser erfolgt in der Hauptsache in der Faserrichtung. So erfolgt z. B. die Wasseraufnahme bei Fichte und Kiefer in Faserrichtung etwa 15mal schneller als in radialer oder tangentialer Richtung.

TABELLE 7

Menge des von 1 m² Holz verschiedener Arten aufgenommenen Wassers in % des trockenen Holzes

Art	Raumgewicht des trockenen Holzes g/cm³	Anfangsfeuchtigkeit %	Harzgehalt (Ätherextrakt) %	Wasseraufnahme nach			
				1 Tag	2 Tagen	4 Tagen	10 Tagen
Espe	0,44	9,2	1,81	90	109	132	163
Kiefer	0,46	8,4	3,12	76	90	112	141
Fichte	0,48	8,5	2,86	68	70	93	130
Linde	0,50	9,3	2,30	87	01	125	160
Weide	0,57	9,9	1,01	68	83	95	116
Birke	0,72	9,2	1,45	56	159	74	91

In der Tab. 7 sind Angaben über die Saugfähigkeit verschiedener Holzarten zusammengestellt[2].

Diese Angaben sind jedoch keine vollständige Charakteristik für das Saugvermögen irgendeiner Holzart, da innerhalb der Arten und sogar eines Holzstammes beträchtliche Unterschiede auftreten können.

Die Saugfähigkeit hängt sehr wesentlich von dem bereits vorhandenen Feuchtigkeitsgehalt des Holzes ab. So nimmt z. B. Kiefernholz mit einem

[1] Л. М. Перелыгин, Древесиноведение (L. M. Perelygin, Holz) 1949, S. 112.

[2] Ф. Комаров, Лесн. хоз. и лесн. промышл. (F. Komarow, Holzwirtsch. u. Holzind.) Nr. 9, 1931.

Feuchtigkeitsgehalt von 53,0% in 24 Stunden nur noch 6% Wasser zusätzlich auf, während das gleiche Holz in der gleichen Zeit — jedoch bei einem Feuchtigkeitsgehalt von nur 5,5% — 36% Wasser (bezogen auf absolut trockenes Holz) aufsaugt.

Anschließend seien einige Daten über die maximale Wasseraufnahme bei einigen turkestanischen Hartholzarten und Guajakholz nach T. Rudnjewa und N. Nikitin angeführt (Tab. 8).

TABELLE 8

Wasseraufnahme einiger fester Holzarten (Würfel von 9 cm³)

Charakteristik	*Celkowa carpinifolia*		Khakipflaume		Eisenholz		Guajakholz	wilde Pistazie	Eisenbirke
	Kern	Splint	Kern	Splint	Kern	Splint			
Raumgewicht bei der Anfangsfeuchtigkeit in g/cm³	0,91	0,91	0,86	0,88	0,84	0,83	1,3	1,20	0,87
Anfangsfeuchtigkeit in % des abs. trockenen Holzes	35,9	35,8	30,2	31,5	37,8	35,8	18,7	30,0	21,2
Feuchtigkeit bei völliger Sättigung in % des abs. trockenen Holzes	80,8	84,0	90,7	88,7	95,2	96,5	24,9	49,1	74,6

Aus den Angaben der Tabelle ist zu ersehen, daß Guajakholz die geringste, Eisenholz dagegen die größte Saugfähigkeit besitzen. Dem entsprechen auch die Raumgewichtsverhältnisse, Guajakholz 1,3 g/cm³, Eisenholz 0,83 bis 0,84 g/cm³. Bei Dsjelkwa (*Celkowa carpinifolia*) Churma (Khakipflaume), Eisenholz und Eisenbirke wird in 55 Tagen eine Konstanz des Feuchtigkeitsgehaltes, bei Guajakholz und Pistazie sogar schon in 31 Tagen erreicht.

Die Verteilung des aufgenommenen Wassers im Holz und der Feuchtigkeitsausgleich erfolgen außerordentlich langsam. Beim Liegen einer Holzprobe in Wasser, selbst über längere Zeit — 20 Tage — enthalten die äußeren Teile fast doppelt soviel Wasser wie das Zentrum[1].

In der Tab. 9 sind Beispiele für die Saugfähigkeit von Holz in Salzlösungen nach den Angaben von G. Artamonow und N. Nikitin[2] angeführt. Darin wird die Gewichtsänderung von kleinen Holzstücken festgestellt, die 36 Tage in Lösungen von Kochsalz (270 und 310 g/l) bei verschiedenen Temperaturen und zum Vergleich in reinem Wasser gelegen haben.

Die Angaben lassen erkennen, daß die Saugfähigkeit des Holzes bei gleicher Temperatur in Salzlösungen kleiner ist als in reinem Wasser. Durch Temperaturerhöhung vergrößert sich der Exponent, durch Erhöhung der Salzkonzentration wird er wieder kleiner.

Die Saugfähigkeit des Holzes besitzt große praktische Bedeutung, so z. B. bei dem technologischen Prozeß der Zellstoffherstellung. Je schneller und voll-

---

[1] С. И. Ванин, Древесиноведение (S. I. Wanin, Holz) 1949, S. 135.

[2] Н. И. Никитин, Химия древесины (N. Nikitin, Chemie des Holzes) 1935, S. 42—43.

TABELLE 9

Saugfähigkeit von Holz in Wasser und Kochsalzlösungen, in % des absolut trockenen Holzes

Art	Wasseraufnahme bei 15°	Saugfähigkeit in Kochsalzlösungen					
		15°		40°		70°	
		270 g/Ltr.	310 g/Ltr.	270 g/Ltr.	310 g/Ltr.	270 g/Ltr.	310 g/Ltr.
Eiche	48,2	29,1	25,0	49,5	47,6	69,7	65,0
Lärche	43,0	30,5	25,9	40,6	39,6	65,7	52,8
Birke	57,7	40,9	26,3	48,1	44,2	123,9	86,3
Kiefer	50,9	45,1	20,4	70,1	—	107,4	—
Fichte	53,4	35,9	32,0	77,4	76,6	115,6	102,5

ständiger das Holz mit der Kochsäure durchtränkt wird, um so besser verläuft die Kochung und ist die Qualität des Zellstoffes.

Raumgewicht des Holzes. Darunter versteht man gewöhnlich das Gewicht von einem Kubikzentimeter Holz in Gramm ausgedrückt. Es ist in der Hauptsache von der Porosität und dem Feuchtigkeitsgehalt abhängig, denn das spezifische Gewicht des eigentlichen Holzstoffes ist innerhalb verschiedener Arten ziemlich konstant (1,55). Bekanntlich nimmt das Material des Holzes ungefähr 20 bis 50% des Raumes des letzteren ein. Das Raumgewicht selbst von trockenem Holz schwankt deshalb in ziemlich weiten Grenzen. Bei den durch Wachstum und Lagerung bedingten unterschiedlichen Feuchtigkeitsgehalten werden diese Grenzen noch erweitert.

Für absolut trockenes Holz besteht zwischen dem Raumgewicht (e) und dem Porenvolumen (C) folgende Abhängigkeit:

$$C = 100\left(1 - \frac{e}{d}\right),$$

d ist hierbei das spezifische Gewicht des Holzstoffes und beträgt, wie bereits gesagt, 1,55. Das Porenvolumen wird in diesem Falle in Prozenten des Gesamtvolumens des Holzes erhalten.

Zur Feststellung des spezifischen Gewichtes wird das Holz als Mehl (oder mikroskopische Schnitte) in eine Kalziumnitratlösung eingebracht. Die Konzentration wird so gewählt, daß die Teilchen weder untergehen noch oben schwimmen, d. h. sich im Gleichgewicht befinden. Das gesuchte spezifische Gewicht des Holzes ist dann gleich dem direkt bestimmbaren der Lösung. Man kann das Holz in der oben beschriebenen Form in ein Pyknometer mit Petroleum oder Benzin einbringen. Dieses wird dann vor und nach der Beschickung mit Holz gewogen.

Es sei jedoch bemerkt, daß dabei eine gewisse Quellung des Holzes stattfinden kann, die natürlich die Genauigkeit der Resultate beeinträchtigt.

Zur Bestimmung des Raumgewichtes finden ebenfalls mehrere Verfahren Anwendung. Die Unterschiede zwischen den einzelnen Verfahren laufen im wesentlichen auf die verschiedene Bestimmung des Volumens der Holzprobe hinaus, da das Gewicht stets in gleicher Weise (durch Einwaage) ermittelt wird. Zur Volumenbestimmung gibt man dem Holz eine genaue geometrische Form, z. B. eine prismatische, und berechnet dann auf Grund der Messungen der Kantenlängen, oder man benutzt ein Volumeter.

Das Raumgewicht hängt von der Dicke der Jahresringe ab, was nach neuesten Untersuchungen besonders deutlich bei Laubhölzern zutage tritt. Mit zunehmender Dicke der Jahresringe wird auch das Raumgewicht höher. Bei Nadelhölzern konnte eine derartige strenge Beziehung nicht beobachtet werden.

Eine Erhöhung des Spätholzanteils, der eine ungefähr dreimal größere Dichte aufweist als Frühholz, bewirkt ebenfalls eine Gesamterhöhung der Dichte des Holzes. Das Raumgewicht hängt also auch noch, neben den bereits genannten Faktoren, von der Menge des Spätholzes ab, was in der Tab. 10, die nach Angaben von STREKALOWSKI[1] zusammengestellt ist, zum Ausdruck kommt.

TABELLE 10

Einfluß des Sommerholzanteiles von Kiefer auf das Raumgewicht

Sommerholz in %	Raumgewicht in g/cm³ · 1000
11,5	332
14,5	356
17,5	374
20,5	397
23,5	425
26,5	442
29,5	464
32,5	485
35,5	509
38,5	530
41,5	563
44,5	597
47,5	634
50,5	700

Wie bereits erwähnt worden ist, besitzt der Wassergehalt des Holzes einen großen Einfluß auf das Raumgewicht. Für den Fall einer Erhöhung des Feuchtigkeitsgehaltes bis über den Sättigungspunkt der Fasern hinaus, existiert eine lineare Abhängigkeit zwischen dem Raumgewicht und dem Feuchtigkeitsgehalt. Bei der Verdunstung des hygroskopischen Wassers wird das Raumgewicht infolge der einsetzenden Schrumpfung des Holzes kleiner, jedoch nicht streng proportional der abnehmenden Feuchtigkeit, sondern etwas verzögert. Im entgegengesetzten Fall, d. h. bei Erhöhung des Gehaltes an hygroskopischer Feuchtigkeit, steigt das Raumgewicht an, jedoch wegen der dabei auftretenden Quellung ebenfalls verzögert.

Neben den, das Raumgewicht hauptsächlich beeinflussenden Faktoren — Porosität, Feuchtigkeitsgehalt, Anteil des Frühholzes — ist noch der Gehalt an Harzen und ähnlichen Stoffen nur in geringerem Maße wichtig. Die genannten Faktoren hängen nun ihrerseits wieder von den Wachstumsbedingungen des Baumes, wie Klima, Boden, Standort und Wuchs[2], ab.

Aus diesem Grunde schwankt das Raumgewicht, selbst von Holz der gleichen Art, in ziemlich weiten Grenzen, ja es können sogar innerhalb ein und desselben Baumes verschiedene Werte auftreten. Am schwersten ist das Holz an der Basis der Äste (insbesondere bei Nadelhölzern). Stammaufwärts wird es leichter, in den Wurzeln jedoch schwerer. Die relativen Schwankungen betragen dabei 30% und mehr. In radialer Richtung verringert sich das Raumgewicht bei einigen Arten (z. B. Esche) in der Richtung vom Zentrum zur Peripherie, bei anderen Arten jedoch in entgegengesetzter Richtung (Birke). Manchmal nimmt es vom Zentrum bis zu $^2/_3$ des Radius etwas zu und dann wieder etwas ab (Kiefer). Über die großen Unterschiede des Raumgewichtes von Spät- und Frühholz ist bereits gesprochen worden.

[1] А. Ю. Рейхард и Л. М. Перелыгин, Строение и физические свойства древесины (A. JU. REICHARDT u. L. M. PERELYGIN, Aufbau u. physik. Eigensch. d. Holzes) 1933, S. 22.

[2] Über die Abhängigkeit der Eigenschaften des Holzes von den Wachstumsbedingungen. Vgl. die Arbeit von А. И. Калниньш, Тр. Инст. леса АН СССР [A. I. KALNINSCH, Arb. d. Holzforsch. Inst. d. Akad. d. Wiss. d. UdSSR] 4, 98 (1949).

In der Tab. 11 sind die Werte für das Raumgewicht der hauptsächlichsten Nutzholzarten bei 15% Feuchtigkeit zusammengestellt.

Bei einigen Arten ist das Raumgewicht gleich oder sogar bedeutend größer als 1 g/cm³; genannt seien als Beispiele die in der UdSSR wachsenden Arten Buchsbaum und Eisenholz (ca. 1) und Guajakholz mit ca. 1,4 und mehr. Daneben gibt es auch besonders leichte, tropische Arten mit Werten um 0,1 und sogar noch weniger (Balsamholz).

TABELLE 11

Raumgewicht verschiedener Hölzer in g/cm³

Art und Standort	Raumgewicht
Tanne, vollblättrig, Ferner Osten ..	0,39
Kaukasische Tanne, Kaukasus.. ..	0,43
Fichte, nördl. und mittl. Gebiete des europäischen Teiles der UdSSR..	0,48
Linde, Kaukasus	0,48
Linde, mittl. Gebiete des europäischen Teiles der UdSSR	0,50
Kiefer, europäischer Teil der UdSSR	0,51
Birke, Swerdlowsker Gebiet	0,60
Birke, Gorkier Gebiet..............	0,63
Östliche Buche, Kaukasus	0,65
Sommereiche, Wolgagebiet	0,70
Sibirische Lärche, Südural.........	0,72
Espe, Ukraine.....................	0,75

Die *Durchlässigkeit des Holzes für Wasser* hängt von der Art der Anfangsfeuchtigkeit, der Richtung der eindringenden Flüssigkeit (radial, tangential oder in Faserrichtung) und anderen Faktoren ab. Die Nadelhölzer besitzen im allgemeinen eine wesentlich geringere Durchlässigkeit für Wasser als Laubhölzer, was auf den unterschiedlichen Bau der Wasserleitungsgefäße (Tracheiden und Tracheen) zurückzuführen ist. Nach PERELYGIN[1] dringen bei Nadelhölzern, in Form von 1 m hohen Stammschnitten mit einer Stirnfläche von unter 1 m², bei Atmosphärendruck 5 bis 50 cm³ Wasser durch, bei Laubhölzern dagegen 50 bis 150 cm³. Splintholz besitzt eine größere Durchlässigkeit als Kernholz. Die Durchlässigkeit in der Faserrichtung ist um einige hundertmal größer als in tangentialer Richtung. In radialer Richtung ist sie etwas größer als in tangentialer.

Die auftretenden Schwankungen in der Durchlässigkeit von Holz für Wasser selbst innerhalb der gleichen Art sind im wesentlichen durch die unterschiedlichen Abstände der Wasserleitungsgefäße bedingt. So wird z. B. der Widerstand des Holzes gegen das Eindringen von Wasser bei einer großen Zahl von Tracheiden mit geschlossenen Hoftüpfeln (Nadelholz) oder durch Thyllen verstopften Tracheen (Laubholz) erhöht und die Durchlässigkeit infolgedessen geringer.

Wärmeleitfähigkeit des Holzes. Auf Grund der porösen Struktur ist Holz ein sehr schlechter Wärmeleiter. Mit zunehmender Porosität (d. h kleinerem Raumgewicht) wird auch die Wärmeleitfähigkeit schlechter. Eine Erhöhung des Feuchtigkeitsgehaltes dagegen bewirkt auch eine verbesserte Wärmeleitfähigkeit. In der Faserrichtung findet eine bessere Leitung der Wärme statt als quer zur Faser.

Durch die Angaben[2] der Tab. 12 wird die Leitfähigkeit des Holzes für Wärme in der Faserrichtung und quer zu ihr charakterisiert.

---

[1] Л. М. Перелыгин, Древесиноведение (L. M. PERELYGIN, Holz) 1949, S. 113.

[2] ibid. S. 122.

TABELLE 12

Wärmeleitfähigkeitskoeffizienten von Holz in verschiedenen Richtungen

Art	Koeffizient (in cal/sek) auf 1 cm² bei einer Dicke von 1 cm und Temperaturunterschied von 1°
Kiefer	
quer zur Faser....	0,00010
längs zur Faser....	0,00030
Tanne	
quer zur Faser....	0,00009
längs zur Faser....	0,00030

Elektrische Leitfähigkeit des Holzes. Im trockenen Zustande ist Holz ein schlechter Leiter für den elektrischen Strom, weshalb es auch als Isoliermaterial verwendet wird.

Der Widerstand in der Faserrichtung ist geringer als quer zu ihr. Mit zunehmendem Feuchtigkeitsgehalt wird auch die elektrische Leitfähigkeit größer (auf dieser Tatsache beruhen Geräte zur Bestimmung der Feuchtigkeit im Holz). Die größtmögliche Steigerung der Leitfähigkeit wird durch Erhöhung des Feuchtigkeitsgehaltes bis zum Sättigungspunkt erreicht, während eine weitere Erhöhung der Feuchtigkeit nur noch einen geringen Einfluß zeigt.

In der Tab. 13 finden sich Angaben über den spezifischen Widerstand verschiedener Hölzer.

Die angeführten Zahlen ermöglichen jedoch keinerlei Schlußfolgerungen, da außer der Feuchtigkeit noch die gelösten Salze eine Rolle spielen.

TABELLE 13

Spezifischer Raumwiderstand verschiedener Hölzer in Ohm pro Zentimeter

Art und Richtung	Feuchtigkeit %	spezifischer Raumwiderstand
Birke		
radial......	7,05	$8{,}6 \times 10^{11}$
längs.......	8,20	$4{,}2 \times 10^{10}$
Erle, radial ..	7,5	$1{,}6 \times 10^{12}$
Eiche, radial .	—	$1{,}0 \times 10^{10}$
Ceder, radial .	8,8	$2{,}4 \times 10^{11}$
Lärche, radial	9,0	$1{,}4 \times 10^{11}$

Unlängst sind die von A. W. Schubnikow entdeckten piezoelektrischen Eigenschaften des Holzes von Bashenow und Konstantinowa[1] untersucht worden. Die von ihnen gefundenen Werte für den piezoelektrischen Effekt am Holz von Kiefer, Eiche und Birke lassen erkennen, daß dieser bei Harthölzern größer ist als bei Weichhölzern. Zur Ermittlung der die piezoelektrischen Eigenschaften hervorrufenden Komponente des Holzes haben Bashenow und Konstantinowa Kiefernholz untersucht, das sich im dritten Stadium der Zersetzung durch einen Hausschwamm befand und ca. zu 90% aus Lignin bestand, ferner Birkenholz und Espenholz, das sich ebenfalls im dritten Stadium der Zersetzung durch *Fomes fomentarius* befand und 75 bis 80% Cellulose enthielt. Im ersten Falle konnte nur ein geringer piezoelektrischer Effekt nachgewiesen werden, während in den beiden anderen Fällen ein ziemlich kräftiger Effekt, dessen Wirkungswert sogar den für normales Holz übertraf, gefunden wurde. Diese Untersuchungen zeigen, daß das Auftreten des piezoelektrischen Effektes eng mit der Anwesenheit hochorientierter Cellulose verbunden ist. Die Größe des piezoelektrischen Effektes ist ein neues physikalisches Charakteristikum des Holzes, das den Orientierungsgrad seiner Strukturelemente angibt.

[1] В. А. Баженов и В. П. Константинова, Докл. АН СССР (W. A. Bashenow u. W. P. Konstantinowa, Ber. d. Akad. d. Wiss. d. UdSSR) Nr. 2, 283 (1950).

DRITTER ABSCHNITT

Elementarzusammensetzung des Holzes und Aschenbestandteile

Absolut trockenes, im Trockenschrank bei 105° getrocknetes Holz der verschiedenen Arten, ist in seiner elementaren Zusammensetzung fast gleich. Die Angaben der Tab. 14 über den Gehalt an Kohlenstoff, Wasserstoff und Sauerstoff in verschiedenen Hölzern zeigen eine außerordentlich gute Übereinstimmung trotz der Tatsache, daß es sich um verschiedene Laub- und Nadelhölzer handelt.

TABELLE 14

Elementarzusammensetzung verschiedener Hölzer in %

Holzart	C	H	O
Eiche ..	49,4	6,1	44,5
Buche..	49,5	6,3	45,2
Birke ..	48,6	6,4	45,0
Ahorn..	49,8	6,3	43,9
Ulme ..	50,2	6,4	43,4
Esche ..	49,4	6,1	44,5
Linde ..	49,4	6,9	43,7
Pappel .	49,7	6,3	44,0
Kiefer..	49,6	6,4	44,0
Lärche .	50,1	6,3	43,6

Im Durchschnitt enthält absolut trockenes Holz 49,5% C, 6,3% H und 44,2% O.

Die Schwankungen in der Elementarzusammensetzung innerhalb einzelner Teile des Baumes sind nur sehr geringfügig. In der nach Untersuchungen von Lange zusammengestellten Tab. 15 ist der Gehalt an C, H, O und N im Stamm, dicken Ästen und dünnen Zweigen verschiedener Hölzer angegeben. In den Zweigen findet man einen etwas höheren Kohlenstoffgehalt. In einigen Fällen trifft dies auch für Stickstoff zu. Die Ursache dafür ist in der Anwesenheit von grünen, stickstoffhaltigen Bestandteilen in den Zweigen zu suchen. Im großen und ganzen sind die Schwankungen jedoch relativ unbedeutend.

Zum Vergleich seien noch die Angaben von Violett, der die elementare Zusammensetzung der verschiedenen Teile eines 30jährigen Kirschbaumes untersucht hat, in der Tab. 16 zusammengestellt.

Auffallend ist der große Aschegehalt in den Blättern, ferner die Tatsache, daß die Rinde gleichfalls mehr Asche enthält als das Holz selbst. Es ist auch selbstverständlich, daß die lebende Zellen enthaltenden Teile des Baumes, die bei der Assimilation eine Rolle spielen (Blätter), auch die größte Menge anorganischer Verbindungen enthalten[1]. Diese mineralischen Stoffe werden durch das in den äußeren Schichten des Holzes emporsteigende Wasser aus den Wurzeln in die Blätter transportiert, wo sie dann am Aufbau primärer Verbindungen, aus denen schließlich die zum Leben des Baumes notwendigen Stoffe synthetisiert werden, einen außerordentlich wichtigen Anteil haben.

[1] А. П. Щербаков, Докл. АН СССР (A. P. Schtscherbakow, Ber. d. Akad. d. Wiss. d. UdSSR) Nr. 6, 1143 (1950).

TABELLE 15

Elementarzusammensetzung verschiedener Teile des Holzes in %

Art	Stamm				Äste				Zweige			
	C	H	O	N	C	H	O	N	C	H	O	N
Eiche ..	50,64	6,23	41,85	1,28	—	—	—	—	50,89	6,16	41,94	1,01
Buche..	50,89	6,07	42,11	0,93	—	—	—	—	50,08	6,23	42,61	1,08
Birke ..	50,61	6,23	42,04	1,12	—	—	—	—	51,93	6,31	40,69	1,07
Weide..	51,75	6,19	41,08	0,98	—	—	—	—	54,03	6,56	37,93	1,48
Espe ...	50,31	6,32	42,39	0,98	—	—	—	—	51,02	6,28	41,65	1,05
Fichte .	51,39	6,11	41.56	0,94	52,04	6,07	40,77	1,12	—	—	—	—
Kiefer..	—	—	—	—	52,15	6,18	41,09	0,58	—	—	—	—

TABELLE 16

Elementarzusammensetzung eines 30 jährigen Kirschbaumes in %

Teil des Baumes	C	H	O + N	Asche
Blätter..................	45,01	6,97	40,91	7,11
Zweigspitzen:				
Rinde................	52,50	7,31	36,73	3,46
Holz..................	48,35	6,60	44,73	0,30
Mittlerer Teil der Zweige:				
Rinde................	48,85	6,34	41,12	3,68
Holz..................	49,90	6,61	43,35	0,13
Unterer Teil der Zweige:				
Rinde................	46,87	5,57	44,65	2,90
Holz..................	48,00	6,47	45,17	0,35
Stamm:				
Rinde................	46,27	5,93	44,75	2,66
Holz..................	48,92	6,46	44,32	0,30
Oberer Teil der Wurzel:				
Rinde................	49,08	6,02	44,76	1,13
Holz..................	49,32	6,29	44,11	0,23
Mittlerer Teil der Wurzel:				
Rinde................	50,37	6,07	41,92	1,64
Holz..................	47,39	6,26	46,12	0,22
Unterer Teil der Wurzel ..	45,06	5,04	43,50	5,01

Asche. Dadurch, daß die im Saft gelösten Stoffe bis zu 4% des Holzgewichtes betragen und zum größten Teil mineralischer Natur sind, ist es selbstverständlich, daß die beim Verbrennen einer bestimmten Menge Holz zurückbleibende Asche sehr variieren kann, und zwar je nachdem, wann der Baum gefällt worden ist, da der Saftstrom zu verschiedenen Jahreszeiten sehr unterschiedlich ist. Einen großen Einfluß auf die Zusammensetzung der Asche besitzt ferner auch die Beschaffenheit des Bodens. Über den Aschegehalt in trockenem Holz gibt es außerordentlich viele Angaben, die aber selbst innerhalb einer Art sehr stark schwanken können. Im allgemeinen läßt sich sagen, daß der beim Verbrennen von absolut trockenem Holz im Tiegel zurückbleibende Ascherest gewöhnlich 0,3 bis 1% ausmacht. Von dieser Menge sind jedoch nur 10 bis 25% in Wasser löslich. Sie besteht in der Hauptsache aus Pottasche und Soda. Pottasche wurde deshalb auch früher industriell aus Holzasche gewonnen. Die unlöslichen Anteile (75 bis 90% der Gesamtasche) bestehen in der Hauptsache aus Kalk, ferner den Karbonaten, Silikaten und Phosphaten von Magnesium und Eisen.

TABELLE 17

Aschegehalt in % des lufttrockenen Holzes

Art	Gesamtasche	Gehalt der Asche an						
		K_2O	Na_2O	MgO	CaO	P_2O_5	SO_3	SiO_2
Buche.....	0,55	0,09	0,02	0,06	0,31	0,03	0,01	0,03
Birke	0,26	0,03	0,02	0,02	0,15	0,02	0,01	0,01
Lärche	0,27	0,04	0,02	0,07	0,07	0,03	0,01	0,01
Eiche	0,51	0,05	0,02	0,02	0,37	0,03	0,02	0,01
Kiefer.....	0,26	0,04	0,01	0,03	0,14	0,02	0,01	0,04

In der Tab. 17 finden sich Angaben über den Gehalt und die Zusammensetzung der Asche in verschiedenen Hölzern.

Nach diesen Daten ist der Aschegehalt etwas niedriger als die bereits angeführten Durchschnittswerte angegeben. Die Tab. 17 soll jedoch nur das gegenseitige Verhältnis der Aschenbestandteile charakterisieren. Dabei ist Calciumoxyd in jedem Falle als vorherrschende Komponente zu finden.

TABELLE 18

Phosphorgehalt verschiedener Hölzer in % des absolut trockenen Holzes

Art und Teil des Baumes	Krone	Stammmitte	Unterer Teil des Stammes	Mittelwerte
Fichte:				
Rinde	0,049	0,048	0,027	0,036
Splintholz..............	0,010	0,007	0,006	0,007
Mark....................	0,006	0,003	0,002	0,003
Tanne:				
Rinde...................	0,065	0,055	0,047	0,052
Splintholz..............	0,011	0,009	0,009	0,009
Mark....................	0,004	0,003	0,003	0,003
Birke:				
Rinde...................	0,043	0,038	0,032	0,035
Splintholz..............	0,015	0,010	0,008	0,010
Mark....................	0,012	0,007	0,007	0,007
Espe:				
Rinde...................	0,082	0,064	0,048	0,056
Splintholz..............	0,014	0,012	0,009	0,010
Mark....................	0,005	0,003	0,003	0,003

In der Tab. 18 ist der Gehalt an Phosphorverbindungen in verschiedenen Teilen des Holzes nach W. A. KOROBKIN[1] angeführt.

---

[1] В. А. Коробкин, Углежжение (W. A. KOROBKIN, Kohlenbrennerei) (1948).

TABELLE 19

Zusammensetzung von Holzasche in %

Verbindung	Löslicher Anteil				Verbindung	Unlöslicher Anteil			
	Kiefer	Fichte	Linde	Birke		Kiefer	Fichte	Linde	Birke
Karbonat .	2,80	7,76	2,96	2,72	Karbonat	32,77	17,17	35,75	26,04
Sulfat.....	1,67	0,80	0,81	0,37	Phosphat	0,91	3,14	2,51	3,61
Chlorid ...	0,92	0,08	0,19	0,03	Silikat	4,19	5,97	1,80	4,62
Silikat....	0,18	0,20	0,17	0,16	Calciumoxyd ...	38,51	29,72	46,53	43,85
Soda und Pottasche	7,94	16,80	6,55	12,72	Magnesiumoxyd	9,50	3,28	1,97	2,52
					Eisenoxyd	0,09	10,53	0,09	0,42
					Manganoxyd ...	0,36	4,48	0,54	2,94
insgesamt:	13,51	25,14	10,68	16,00	Insgesamt:	86,33	74,29	86,19	84,00

Der Phosphorgehalt in metallurgischer Kohle zeigt einen großen Einfluß auf die Eigenschaften des erhaltenen Eisens, weshalb die in der Tab. 18 zusammengestellten Daten auch ein großes praktisches Interesse besitzen. Aus den Zahlen ist zu ersehen, daß der Phosphorgehalt am höchsten in der Rinde und den obersten Teilen des Stammes ist.

Zum Schluß seien noch die von Bertier bei der Analyse von Holzasche erhaltenen Ergebnisse angeführt[1]. Die Gesamtmenge an Asche wird dabei mit 100% eingesetzt (Tab. 19).

[1] Vgl. L. Bradley, Chem. Met. Eng. **13**, 841 (1915).

VIERTER ABSCHNITT

Aufbau der Cellulose und ihrer Derivate

Entsprechend der großen Bedeutung der Cellulose in der Technik ist eine genaue Kenntnis ihres Aufbaues, der für die physikalisch-chemischen Eigenschaften verantwortlich ist, unbedingt erforderlich. So sind folgende Prozesse bzw. Eigenschaften durch den Bau der Cellulose bedingt: Veresterung, Auflösungsmechanismus, Hygroskopizität, Viskosität der Lösungen, Deformation, Festigkeit der Fäden und Filme, Fähigkeit der Fasern zur Anfärbung usw.

Auf Grund von Untersuchungen mit Hilfe chemischer und physikalischer Methoden kann man annehmen, daß die Cellulose aus langen Kettenmolekülen besteht, die aus sich beständig wiederholenden β-glukosidisch miteinander verbundenen *d*-Glukoseresten bestehen:

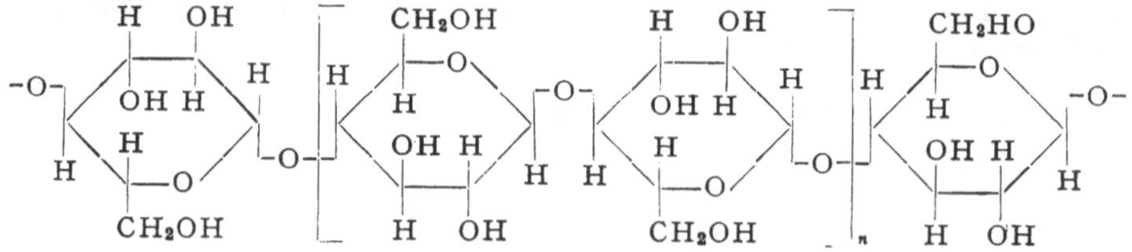

Ketten der Cellulosemoleküle

Diese Strukturformel der Cellulose wird heute allgemein anerkannt. Der Gesamtaufbau der Cellulose wird jedoch durch die gegenseitige Lage der langen Kettenmoleküle bestimmt. Bis zur heutigen Zeit ist die Frage nach dem Aufbau der Cellulose und ihrer Derivate noch nicht eindeutig entschieden, wovon die Existenz von zwei Haupttheorien über den Aufbau der Cellulosesubstanz zeugt (Micellartheorie und die Theorie des amorphen Aufbaues). Eine Reihe von physiko-chemischen Eigenschaften von Hochpolymeren werden durch die beiden Theorien in verschiedener Weise erklärt.

Der vorliegende Abschnitt behandelt die Grundprobleme der Cellulosestruktur, die durch Anwendung physikalischer Untersuchungsmethoden aufgeklärt werden konnten.

Prinzip der Röntgen- und Elektronographie

Die Vorstellungen über die Struktur der Cellulose und ihrer Derivate gründen sich im wesentlichen auf röntgenographischen, später auch elektronographischen Untersuchungen, deren Ergebnis jedoch von den jeweiligen Anhängern der beiden Theorien verschieden interpretiert werden.

Das Prinzip der Strukturanalyse mit Hilfe von Röntgenstrahlen und Elektronenmikroskop ist in einer Reihe von Monographien ausführlich dargestellt[1]. Es sei hier deshalb nur kurz auf die Grundzüge der Methodik eingegangen.

Die Röntgenographie wie auch die Elektronographie stellen eine der wichtigsten Methoden zur Feststellung der räumlichen Anordnung der Atome eines Stoffes dar. Die Röntgenstrahlen selbst sind unsichtbare elektromagnetische Wellen, deren Länge sehr klein ist und im Bereich von 10 Å bis zu Bruchteilen eines Å schwanken kann.

Elektronenstrahlen (schnelle Elektronen) haben noch kleinere Wellenlängen, ungefähr 0,05 Å und weniger.

Beim Durchgang von Röntgen- und Elektronenstrahlen durch einen Stoff findet eine Beugungsinterferenz statt, woraus man auf die Lage der Atome schließen kann.

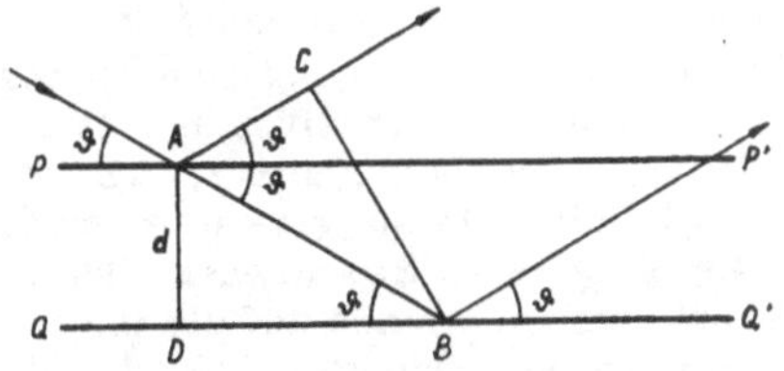

Abb. 26. Schema des Strahlenganges von Röntgenstrahlen bei Interferenz an Kristallflächen

Angenommen, es trifft eine ebene Welle von Röntgen- oder Elektronenstrahlen auf einen Kristall, der aus einer Reihe von parallelen Atomflächen PP', QQ' usw. (Abb. 26) besteht, so wird ein Teil der Strahlen auf Grund der gewöhnlichen Spiegelgesetze an PP' reflektiert. Eine ähnliche Reflexion findet nun auch an der Fläche QQ' statt.

Die auf diese Weise reflektierten Strahlen interferieren miteinander. Für eine Addition der Amplituden der beiden Wellen ist die Übereinstimmung ihrer Phasen Bedingung, d. h. die Amplituden werden dann zusammenfallen, wenn der Unterschied im Gang der von PP' und QQ' reflektierten Strahlen kleiner als die Wellenlänge ist. Der Gangunterschied Δl ist offensichtlich: $\Delta l = AB - AC$.

Aus den rechtwinkligen Dreiecken ABD und ABC ergibt sich:

$$AB = \frac{d}{\sin\vartheta};$$

$$AC = AB\cos 2\vartheta = \frac{d}{\sin\vartheta}\cos 2\vartheta;$$

$$\Delta l = AB - AC = \frac{d}{\sin\vartheta}(1 - \cos 2\vartheta) = \frac{2d\sin^2\vartheta}{\sin\vartheta} = 2d\sin\vartheta.$$

Die gebeugten Strahlen verstärken einander bei Gangunterschieden, die gleich einer ganzen Zahl der Wellenlängen ist:

$$2d\sin\vartheta = n\,\lambda. \tag{1}$$

Hierbei wird durch n, das eine ganze Zahl ist, die Ordnung der Reflexion ausgedrückt. Bei $n = 1$ hat man eine Reflexion erster Ordnung; bei $n = 2$ eine zweiter Ordnung usw. Das bedeutet, daß die Gitterflächen des Kristalls keine kontinuierlichen Reflexionen unter einem beliebigen Winkel geben, wie das bei einem gewöhnlichen Spiegel der Fall ist. Sie reflektieren nur unter einem ganz bestimmten, für den Abstand d der Gitterfläche charakteristischen Winkel. Kennt man den Winkel ϑ und die Wellenlänge λ in der Gleichung (1), so kann man die Gitterkonstante d des zu untersuchenden Kristalls und daraus die Abmessungen des

[1] R. Glocker, Röntgenstrahlen und Materialuntersuchungen (1932). — И. Р. Катц, Рентгенография коллоидов и тканей (I. R. Katz, Röntgenographie der Kolloide und Gewebe) (1937). — М. Бургер, Рентгеновская кристаллография (M. Burger, Röntgen-Kristallographie) (1948). — З. Г. Пинскер, Диффракция электронов (S. G. Pinssker, Elektronenbeugung) (1949). — З. Г. Пинскер, Усп. Хим. (S. G. Pinssker, Fortschr. d. Chemie) **20,** 104 (1951).

elementaren Kristallgitters bestimmen. Die Beziehung (1), bekannt als das BRAGG-WULFFsche Gesetz, dient als Grundlage der gesamten Röntgenspektroskopie.

Wenn ein monochromatisches Bündel von Röntgenstrahlen durch einen feinkristallinen Stoff hindurchgeht (Methode von DEBYE-SCHERRER), z. B. eine dünne Metallfolie, die gewissermaßen ein Aggregat aus Mikrokristalliten darstellt, so sind stets einige von diesen darunter, die mit dem einfallenden Strahlenbündel einen der BRAGG-WULFFschen Gleichung entsprechenden Winkel bilden. Die Röntgenstrahlen werden nun von diesen Kristalliten reflektiert, wobei alle reflektierten Strahlen bei einem gegebenen Winkel ϑ auf einem Kegelmantel liegen. Bringt man nun in den Strahlengang eine photographische Platte senkrecht zur Richtung des Primärstrahles, so erhält man auf ihr eine Reihe von konzentrischen Ringen (Debyediagramm), in deren Zentrum sich ein Fleck befindet, der von dem nicht abgelenkten Strahl nullter Ordnung herstammt. Genau das gleiche Bild erhält man beim Durchgang eines Strahles schneller Elektronen durch eine dünne Metallfolie, wobei die zerstreuten Elektronen auf der photographischen Platte ein System von Interferenzringen ergeben. Für den Fall, daß die Kristallite in dem zu untersuchenden Stoff nicht ungeordnet, sondern in irgendeiner bestimmten Richtung orientiert sind, wird anstatt einer gleichmäßigen Verteilung der gebeugten Strahlen in Form eines Kegelmantels eine Konzentrierung auf bestimmte, von der Richtung der Kristallite abhängigen Richtungen erfolgen. Ist der Orientierungsgrad der Kristallite nicht sehr groß, so ergeben die gebeugten Strahlen bogenförmige Abbildungen. Mit zunehmender Orientierung werden aus den Bögen scharf begrenzte einzelne Flecken.

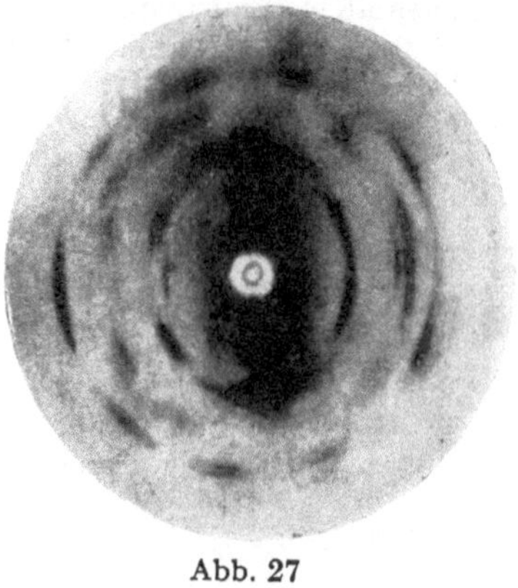

Abb. 27
Röntgendiagramm natürlicher Ramie

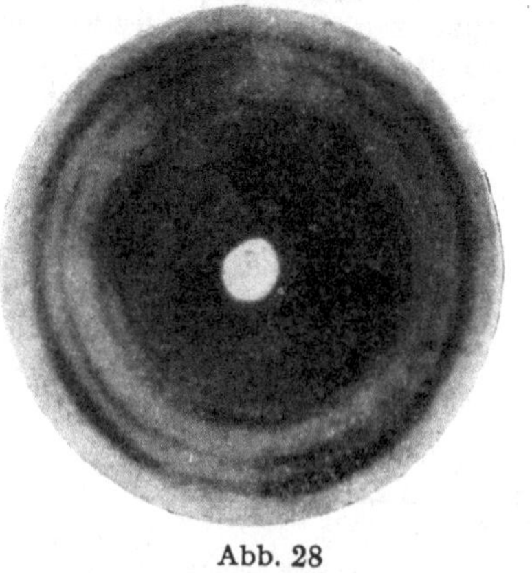

Abb. 28
Röntgendiagramm von Hydratcellulose

Die Abb. 27 und 28 sind Beispiele für derartige Röntgendiagramme von Ramie und Hydratcellulose. Die Anhänger der Micellartheorie nehmen an, daß das Zusammenschrumpfen der Interferenzringe zu Flecken bei Ramie (Abb. 27) durch einen hohen Orientierungsgrad der Kristallite (Micellen) in der Faserrichtung hervorgerufen wird.

Das Auftreten von deutlichen Ringen bei regenerierter Cellulose wird nach dieser Theorie durch das Fehlen jeglicher Ordnung erklärt. Von den Vertretern der Theorie des amorphen Aufbaues der Cellulose wird der Unterschied in den Diagrammen nicht durch einen verschiedenen Orientierungsgrad der Kristalle, sondern der Kettenmoleküle erklärt.

Auf jeden Fall kann man, unabhängig von der jeweiligen Theorie, aus den Diagrammen auf den Grad der Orientierung der Kettenmoleküle schließen. Je ähnlicher das erhaltene Röntgenogramm dem Diagramm einer Faserstruktur (Abb. 27) ist, um so höher ist auch der Orientierungsgrad der Moleküle. Diese Methode besitzt eine außerordentliche technische Bedeutung (z. B. zur Bestimmung des Orientierungsgrades von Kunstseide).

Bereits von HERZOG und JANCKE[1] wird festgestellt, daß die Festigkeit einer gequollenen Faser je nach der Verstreckung um das 3- bis 4fache ansteigt, gleichzeitig geht das Röntgenogramm in das einer hochorientierten natürlichen Cellulose vom Ramietyp über. Große Bedeutung besitzen in diesem Zusammenhang auch die Arbeiten von KARGIN und Mitarbeitern über die Stabilität des orientierten Zustandes der Ketten.

Mit Hilfe der Röntgenographie können auch die Dimensionen der Mikrokristallite von polykristallinen Stoffen ermittelt werden. So wurde z. B. festgestellt, daß die radiale Breite der Interferenzstreifen von den Dimensionen der Mikrokristallite abhängt. Dieser Effekt wird besonders deutlich, wenn die Dimensionen der kristallinen Teilchen unter 10^{-1} liegen. Für kubische Kristallite mit der Kantenlänge A gilt folgende Beziehung:

$$B = 2\sqrt{\frac{\ln 2}{\pi}}\,\frac{\lambda}{A}\,\frac{1}{\cos\frac{\vartheta}{2}}\,.$$

Hierbei ist: B die Breite der Interferenzstreifen,
ϑ der Beugungswinkel,
λ die Wellenlänge.

Von einer Reihe von Forschern sind mit Hilfe dieser oder ähnlicher Beziehungen die Abmessungen der Micellen aus den Röntgendiagrammen von Cellulose berechnet worden.

Die Röntgenstrukturanalyse läßt sich aber auch anwenden, wenn der zu untersuchende Stoff amorph ist. Auch diese Körper zeigen gewisse Gesetzmäßigkeiten in ihrem Aufbau[2], wie die sog. „angenäherte" Ordnung in der Lage der Teilchen. Diese angenäherte Ordnung bringt ebenfalls Beugungsringe hervor, die allerdings sehr diffus sind. Aus den Parametern dieser Ringe kann man den mittleren Teilchenabstand und die Anordnung der Teilchen bestimmen.

Im Falle von polymeren Stoffen können Interferenzen aber nicht nur infoge intermolekularer Streuung auftreten, sondern auch durch die sich im Molekül völlig gesetzmäßig wiederholenden Atome oder Atomgruppen (intramolekulare Streuung).

Theorie der Micellarstruktur der Cellulose

Bei der Untersuchung des morphologischen Aufbaues von Cellulosefasern kam der Botaniker NÄGELI (1858) zu dem Schluß, daß die Faser aus langen submikroskopischen Teilchen — Kristalliten — gebildet wird, die er als Micellen bezeichnete. Die Vorstellung vom Wesen der Micellen wurde durch NÄGELI auf Grund der von ihm entdeckten Doppelbrechung der Fasern, die bekanntlich anisotropen Körpern eigentümlich ist, begründet. AMBRONN[3], der sich anschließend mit der Doppelbrechung der Fasern beschäftigte, sprach sich ebenfalls für die Micellartheorie aus. Durch Einführung der Röntgenstrukturunter-

[1] R. HERZOG u. W. JANCKE, Ber. dtsch. chem. Ges. **53**, 2162 (1920).
[2] Я. И. Френкель, Кинетическая теория жидкостей (JA. I. FRENKEL, Kinetische Theorie der Flüssigkeiten) (1945).
[3] H. AMBRONN, Koll. Z. **18**, 90, 173 (1916); **21**, 185 (1917).

suchungen[1] wurde auch die Theorie immer mehr entwickelt. Bei der erstmaligen Anwendung von Röntgenstrahlen zur Untersuchung natürlicher Fasern kam man zu dem Schluß, daß die Cellulosefaser aus einer Reihe von Kristalliten (Micellen) besteht, die parallel zur Faserachse orientiert sind. Ausgehend von der Voraussetzung einer kristallinen Struktur der Cellulose, haben viele Forscher sowohl die Abmessungen der Kristallite als auch die der Elementarzelle berechnet.

In der ursprünglichen Micellartheorie von MEYER und MARK[2] wurde eine fast völlige kristalline Struktur der Cellulose gefordert. Nach diesen Autoren sollte die Cellulose aus einzelnen Molekülaggregaten (Micellen) aufgebaut sein, die eine reale Oberfläche besitzen und untereinander durch intermicellare Kräfte verbunden sind. Auf Grund von Röntgenuntersuchungen nahm MARK an, daß die Cellulosemicellen lange Stäbchen von ca. 500 Å Länge und ca. 50 Å Breite vorstellen. Durch die Länge der Micellen wird auch die Kettenlänge bestimmt. Unter der Annahme, daß die Länge eines Glukoserestes ungefähr 5,1 bis 5,2 Å beträgt, kamen MEYER und MARK zu dem Schluß, daß die Kettenlänge 100 bis 150 Glukoseresten entspricht. 40 bis 60 solcher Ketten, die miteinander durch Assoziationskräfte verbunden sind, bilden nach Ansicht dieser Autoren die Micelle oder den Kristallit. In der natürlichen Faser sind die Micellen unter einem kleinen, für die betreffende Pflanzenart charakteristischen Winkel zur Faserachse orientiert. Die Abb. 29 stellt eine schematische Wiedergabe der Micellarstruktur der Cellulose nach MEYER und MARK dar. Die einzelnen Glukosereste sind in der Abbildung durch kleine Kreise bezeichnet, die sie verbindenden Hauptvalenzkräfte mit *a*, die Nebenvalenzbindungen mit *b* und die intermicellaren Kräfte mit *c*.

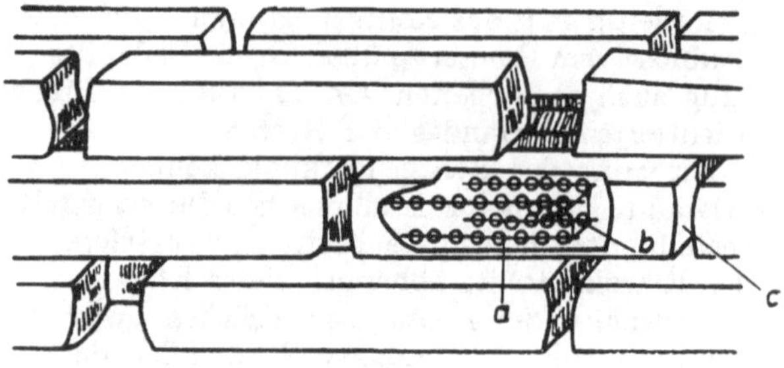

Abb. 29. Schema des micellaren Aufbaues der Cellulose nach MEYER und MARK

a Hauptvalenzkräfte; b Nebenvalenzbindungen; c Micellarkräfte

Aus dem micellaren Aufbau der Cellulose erklären MEYER und MARK auch deren physiko-chemische Eigenschaften. Die chemischen Reaktionen der Cellulose werden von diesen Autoren in oberflächliche, d. h. an der Oberfläche der Micellen verlaufende, und in intramicellare eingeteilt, bei denen das Agens nicht nur mit an der Oberfläche befindlichen Gruppen reagiert, sondern die gesamte Micelle durchdringt und ihre Struktur zerstört. Zur Beurteilung des jeweils vorliegenden Reaktionstyps dient ebenfalls die Röntgenographie. Ist bei einer Reaktion keine Veränderung des Diagramms festzustellen, so liegt eine Oberflächenreaktion vor. Dabei wird die Micellarstruktur nicht zerstört, was dadurch bestätigt wird, daß die Röntgenogramme der ursprünglichen und der bereits durchreagierten Cellulose unverändert sind.

[1] R. HERZOG u. W. JANCKE, Ber. dtsch. chem. Ges. **53**, 2162 (1920), — M. POLANYI, Z. Physik. **7**, 149 (1921). — K. WEISSENBERG, Z. Physik **8**, 20 (1921).

[2] K. MEYER u. H. MARK, Aufbau der hochmolekularen organischen Naturstoffe (1930). — H. MARK, Physik und Chemie der Cellulose (1932).

Verändern sich die Röntgendiagramme bei der Umsetzung der Hydroxylgruppen der Cellulose mit irgendeinem Reagens erst nach einiger Zeit, so spricht man von einer micellar-heterogenen Reaktion. Dabei verläuft die Reaktion im ersten Stadium an der Oberfläche der Micellen, wobei eine Veränderung des Diagramms nicht stattfindet; das folgende Stadium ist mit dem Eindringen des Reagens in das Micellinnere verbunden, was eine Zerstörung des ursprünglichen Aufbaues und damit eine Änderung des Diagramms bewirkt.

Entsprechend den Vorstellungen der Micellartheorie kann man röntgenographisch noch einen weiteren Reaktionstyp unterscheiden, nämlich den molekularen oder permutoiden. Dieser Reaktionstyp wird durch das außerordentlich rasche Eindringen des Reagens in die Micelle und ihr Inneres charakterisiert, wodurch auch starke Veränderungen im Röntgendiagramm sichtbar werden.

Die Micellartheorie ist später von einer ganzen Reihe von Forschern kritisiert worden. So kann z. B. der Quellungsprozeß der Cellulose mit Hilfe der Micellartheorie von MEYER und MARK nicht erklärt werden[1]. Unklar ist dabei die Frage, durch welchen Mechanismus die Micellen bei der Quellung an ihren Stellen verbleiben, wenn die Flüssigkeit zwischen sie eindringt; d. h. die Natur der besonderen, intermicellaren Kräfte ist nicht zu erklären. Ferner haben viskosimetrische Arbeiten von STAUDINGER[2] ergeben, daß die Länge der Kettenmoleküle wesentlich größer ist, als es die Micellartheorie in ihrer ursprünglichen Form verlangt hat.

Zahlreiche Arbeiten sowjetischer Forscher[3], unter ihnen besonders KARGIN und Mitarbeiter, haben ebenfalls auf die Fehlerhaftigkeit der Theorie von MEYER und MARK hingewiesen. Schließlich ist diese Theorie durch die Annahme anderer Vorstellungen über die Micelle verändert worden.

So gehen z. B. eine Reihe von Forscher in ihren Betrachtungen über den Bau der Cellulose von der Abwesenheit einer realen Oberflächenteilung in den Micellen aus. Zu diesen gehören FREY-WYSSLING[4], GERNGROSS[5], KATZ[6], ROGOWIN[7] und andere. Sie fassen die Micellen als Ausdruck stellenweiser Ordnung der Ketten nach den drei Dimensionen auf, wodurch ein Kristallgitter entsteht.

MARK[8] und MEYER[9] haben im Laufe der Zeit ihre ursprünglichen Vorstellungen über die Micelle ebenfalls revidiert.

Eine gute Formulierung der neueren Vorstellungen wird von ROGOWIN[10]

---

[1] И. Р. Катц, Рентгенография коллоидов и тканей (I. R. KATZ, Röntgenographie der Kolloide und Gewebe) (1937), S. 29.

[2] H. STAUDINGER, Die hochmolekularen organischen Verbindungen (1935), S. 101, 104.

[3] З. А. Роговин, Пром. Орг. х. (S. A. ROGOWIN, Organ.-chem. Ind.) **2**, 645 (1936). — В. Каргин, В. Карпов и З. Пинскер (W. KARGIN, W. KARPOW u. S. PINSSKER, Acta phys. chim. URSS) **7**, 648 (1937). — В. Каргин, З. Роговин и С. Папков, ЖФХ (W. KARGIN, S. ROGOWIN u. S. PAPKOW, Z. phys. Chem. [russ.]) **13**, Nr. 2, 206 (1939).

[4] A. FREY-WYSSLING, Protoplasma **27**, 372 (1937).

[5] O. GERNGROSS, K. HERMANN u. W. ABITZ, Biochem. Z. **228**, 499 (1930).

[6] И. Р. Катц, Рентгенография коллоидов и тканей (I. R. KATZ, Röntgenographie der Kolloide und Gewebe) (1937).

[7] З. А. Роговин, Усп. Хим (S. A. ROGOWIN, Fortschr. d. Chem. [russ.]) **7**, 797 (1938).

[8] O. KRATKY u. H. MARK, Z. phys. Chem. **36**, 129 (1937).

[9] K. MEYER, Natürliche und synthetische Hochpolymere (1942).

[10] З. А. Роговин, Усп. хим. (S. A. ROGOWIN, Fortschr. d. Chem. [russ.]) **7**, 797 (1938).

gegeben. Zur Begründung der Existenz von Micellen als Struktureinheiten der Cellulose berücksichtigt er folgende Tatsachen:

1. Das Vorhandensein der Lichtdoppelbrechung und das Auftreten verschiedener Röntgendiagramme. Daraus kann man auf die Anwesenheit bestimmter Bereiche in der Cellulosefaser schließen, in denen einzelne, durch Hauptvalenzen verbundene Ketten mehr oder weniger parallel liegen.

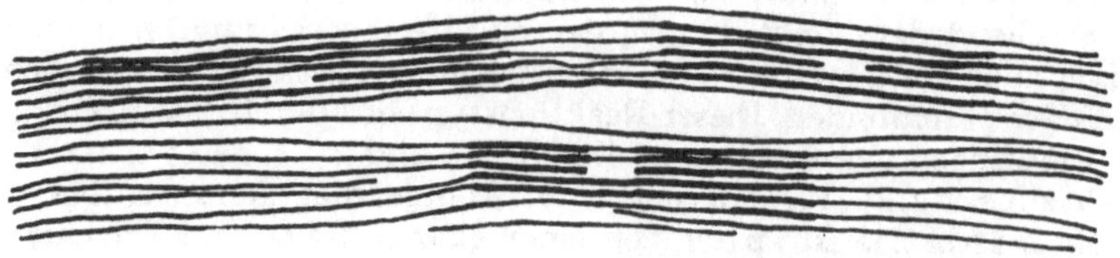

Abb. 30. Schema der Micellarstruktur der Cellulose nach ROGOWIN

2. Das Vorhandensein sogenannter micellarer Oberflächenreaktionen bei der Veresterung der Cellulose unter bestimmten Bedingungen. Diese Frage ist von mehreren Autoren röntgenographisch untersucht worden. Dabei ergibt sich, daß bei der Veresterung (Acetylierung, Nitrierung) unter bestimmten Bedingungen ganz bedeutende Veränderungen in der chemischen Zusammensetzung der Cellulose möglich sind, ohne irgendwelche entsprechenden Veränderungen in den Röntgendiagrammen. So ist von HESS und TROGUS[1] bei der röntgenographischen Untersuchung partiell acetylierter Ramie festgestellt worden, daß bei Einführung von 38,7% Essigsäure pro Glukoserest, d. h. bei einer Substitution von über 50% der Hydroxylgruppen, keine Veränderung des ursprünglichen Röntgendiagramms erhalten wird. Diese Tatsache deutet darauf hin, daß die Einführung neuer Gruppen bei der Veresterung (bis zu einem bestimmten Substitutionsgrad) keine Änderung des Abstandes zwischen den Ketten bewirkt. Nach der Micellartheorie ist dies nur möglich, wenn die Reaktion im nichtorientierten Teil der Cellulose stattfindet.

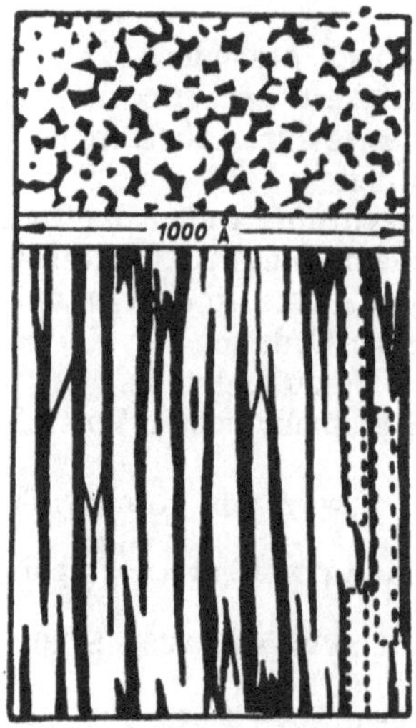

Abb. 31. Schema des micellaren Aufbaues der Cellulose nach FREY-WYSSLING

Die Hohlräume in der Wand sind schwarz wiedergegeben, die punktierten Rechtecke deuten orientierte Bereiche an.

3. Die Anwesenheit der sogenannten intermicellaren Quellung, bei der sich das Volumen der Faser ändert, jedoch nicht das Röntgendiagramm.

ROGOWIN nimmt an, daß man unter dem Ausdruck „Micelle" einen bestimmten Bereich der Ketten verstehen muß, in dem der Abstand zwischen den letzteren minimal ist und der dadurch erhöhte Orientierung und maximale Bindungsenergien aufweist. Diese Vorstellungen über den Bau der Cellulose stellt ROGOWIN schematisch in der Abb. 30 dar, wobei die verstärkten Linien die Bereiche mit einer Parallelorientierung der Ketten charakterisieren.

[1] K. HESS u. C. TROGUS, Z. phys. Chem. **15**, 157 (1931).

Ähnliche Schemata für den Aufbau der Cellulose sind auch von anderen Autoren vorgeschlagen worden. So gibt z. B. die Abb. 31 die Vorstellung von Frey-Wyssling über die Micellarstruktur der Faser wieder. Der obere Teil der Abbildung ist ein Faserquerschnitt, der untere ein Längsschnitt. Durch die schwarzen Stellen werden Kapillarräume dargestellt. Die kristallinen Bereiche (Micellen) sind punktiert.

Nach der neuen Micellartheorie besteht die Cellulose nicht nur aus kristallinen Bereichen (Micellen), in denen die Ketten parallel orientiert und durch intermolekuläre Kräfte fest verbunden sind, sondern auch aus nichtorientierten Bereichen (amorpher Teil), in denen keine vollständige Absättigung der Ketten vorhanden ist und in denen Umsetzungen der Cellulose mit genügender Leichtigkeit stattfinden können. Die langen Hauptvalenzketten erstrecken sich ebenfalls in gleicher Weise durch die kristallinen wie die amorphen Gebiete. Ein einziges Kettenmolekül kann an der Bildung mehrerer Micellen beteiligt sein. Die Ketten sind innerhalb der Micellen unterbrochen. In der Abb. 38 ist das Schema des micellaren Baues der Cellulose nach Kratky[1] dargestellt, das gleichfalls die neuen Vorstellungen der Micellartheorie illustriert.

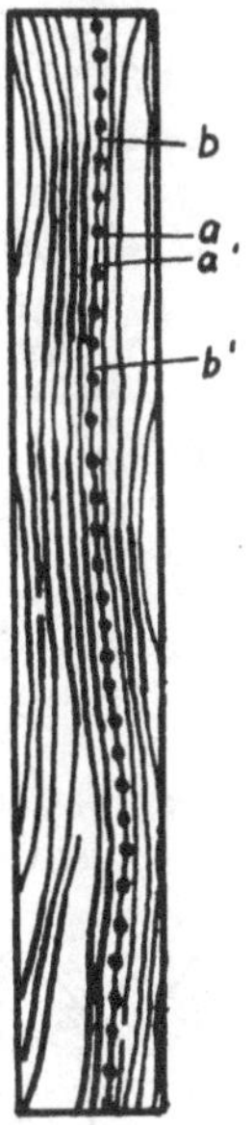

Abb. 32. Schema des micellaren Aufbaues der Cellulose
a und *a'* Kettenenden, *b* und *b'* Grenzen eines orientierten Bereiches

Hier erfolgt die Bindung zwischen den Kettenenden (*a* und *a'*) im kristallinen Bereich, wodurch eine große Festigkeit dieser Bindung erreicht wird. Zwei Ketten, deren Enden im orientierten Bereich liegen, verhalten sich wie ein einziges nicht unterbrochenes Kettenmolekül. Die hohe Festigkeit der Faser kann also durch die ununterbrochenen Ketten erklärt werden, da man zum Zerreißen der Faser alle Ketten zerreißen muß. Eine gute Übereinstimmung dieser Vorstellung ist auch mit Versuchen zur Änderung des Elastizitätsmoduls von Cellulosefasern[2] festzustellen. Einige Proben zeigen einen Modul, den man auch theoretisch unter der Voraussetzung ununterbrochener Ketten erwarten kann.

Wenn in den ersten, der Festlegung der Micellgröße dienenden Arbeiten die Ansicht vertreten wird, daß die Länge 500 Å beträgt, werden in den späteren Arbeiten die Meinungen nicht mehr so präzise ausgedrückt. So waren Kratky und Mark[3], unter Hinweis auf die Unzulänglichkeit der Röntgenmethode, der Ansicht, daß die Länge der Micellen (kristallinen Bereiche) nicht kleiner als 600 Å ist. Andere Autoren[4] nehmen an, daß die Berechnungen aus röntgenographischen Daten nur in dem Falle Beweiskraft besitzen, wenn das Kristallgitter der Cellulose völlig gleichmäßig aufgebaut ist. Die Richtigkeit dieser Annahme kann jedoch nicht bewiesen werden.

Unter der Voraussetzung des micellaren Aufbaues der natürlichen Faser schlagen Meyer und Mark, von röntgenographischen Untersuchungen

[1] O. Kratky, Z. Papier, Pappe, Cellulose, Zellstoff **56**. 149 (1938).
[2] K. Meyer u. W. Lotmar, Helv. chim. Acta **19,** 65 (1936).
[3] O. Kratky, u. H. Mark, Z. phys. Chem. **36,** 129 (1937).
[4] И. Р. Катц, Рентгенография коллоидов и тканеи (I. R. Katz, Röntgenographie der Kolloide und Gewebe) (1937).

ausgehend, ein Modell einer kristallinen Elementarzelle der Cellulose vor, das dann von MEYER und MISCH[1] noch modifiziert worden ist.

Als Grundlage dieses Modells dienen röntgenographische Daten, aus denen die Dimensionen der Elementarzelle der Cellulose berechnet werden. Es zeigt sich, daß die Zelle in der Faserrichtung eine Länge von $b = 10{,}3$ Å besitzt, was interessanterweise der Länge eines Cellobioserestes entspricht. Dadurch wird nicht nur die Lage des Cellobioserestes in der Zelle bestimmt, sondern auch eine Folgerung über die Orientierung der Ketten parallel zur Faserachse ermöglicht. Die Abmessungen der beiden anderen Seiten der Elementarzellen sind: $a = 8{,}35$ Å und $c = 7{,}9$ Å.

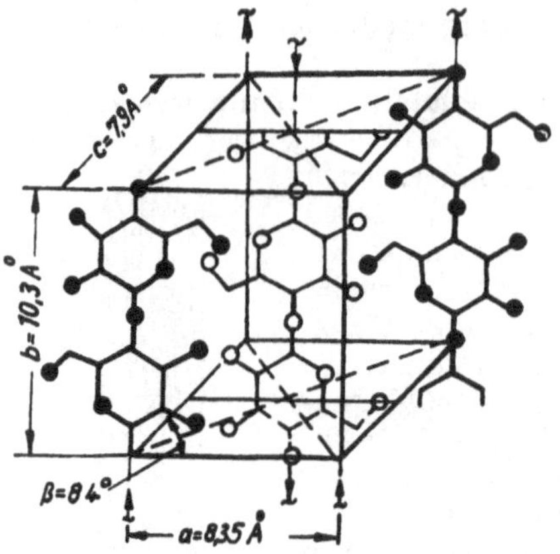

Abb. 33
Raummodell der Elementarzelle der Cellulose (nach MEYER und MISCH)

In der Abb. 33 ist das Modell einer monoklinen Elementarzelle nach MEYER und MISCH dargestellt. Die schwarzen und weißen Kreise entsprechen den Sauerstoffatomen; Kohlenstoff und Wasserstoff sind nicht eingezeichnet. Längs jeder der vier Kanten der Zelle, aber auch längs der vertikalen Mittelachse verläuft eine Cellulosekette, die aus zwei, sich wiederholenden β-d-Glukoseresten gebildet ist. Aus dem Modell ergibt sich, daß die Hälfte der Ketten in der Cellulose auf der einen Seite liegt, die andere Hälfte jedoch auf der entgegengesetzten. Abb. 34 ist eine Projektion der Glukosereste der Zelle auf die Fläche ac, senkrecht zur Achse b. Aus dem Modell ergibt sich, daß die Zentren zweier, in der Richtung der Kante a (Abb. 34) dicht nebeneinanderliegender Sauerstoffatome (Hydroxyl-), die verschiedenen Ketten angehören, einen Abstand von 2,5 Å haben. Daraus kann geschlossen werden[2], daß die Wechselwirkung zwischen dem Wasserstoff des Hydroxyls einer Kette mit dem Hydroxylsauerstoff einer anderen Kette mit Hilfe der Wasserstoffbindung erfolgt. Eine ausführlichere Betrachtung der Wasserstoffbindung findet sich weiter unten.

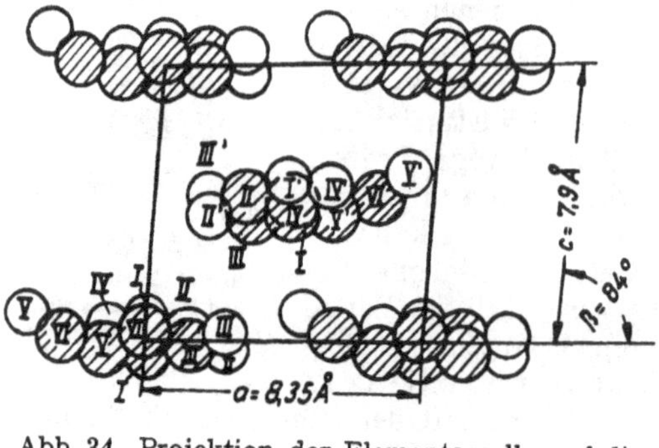

Abb. 34. Projektion der Elementarzelle auf die Ebene ac, senkrecht zu b

Durch das eben beschriebene Modell lassen sich nach Ansicht der Autoren eine Reihe von Eigenschaften der Cellulose erklären, so z. B. die optische (Doppelbrechung), mechanische, intramicellare Quellung u. a. m.

---

[1] K. MEYER u. L. MISCH, Helv. chim. Acta **20**, 232 (1937).
[2] H. MARK, Chem. Rev. **26**, 169 (1940.)

Die oben beschriebene Anordnung der Atome in der Elementarzelle der Cellulose ist jedoch nicht die einzige. So schlug SAUTER[1] ein anderes Modell vor, das auf Grund von wesentlich besseren Röntgendiagrammen aufgestellt wurde. Ebenfalls gab PIERCE[2] unlängst eine neue Auslegung der bei Faserdiagrammen auftretenden Interferenzen und schlug eine Anordnung der Atome in der Elementarzelle vor, die von den zulässigen zwischenmolekularen Wasserstoffbindungen abhängig ist, welche wiederum durch die Drehung der primären Hydroxyle entstanden sind. In der Abb. 35, *A* ist eine Projektion der in der Elementarzelle der Cellulose befindlichen Seitenketten auf die Ebene *ab* nach PIERCE dargestellt. Die Kohlenstoffatome sind dabei durch einfache Kreise, Sauerstoffatome durch doppelte Kreise, primäre Hydroxylsauerstoffatome durch einen vollen und einen punktierten Kreis wiedergegeben. *H* deutet die

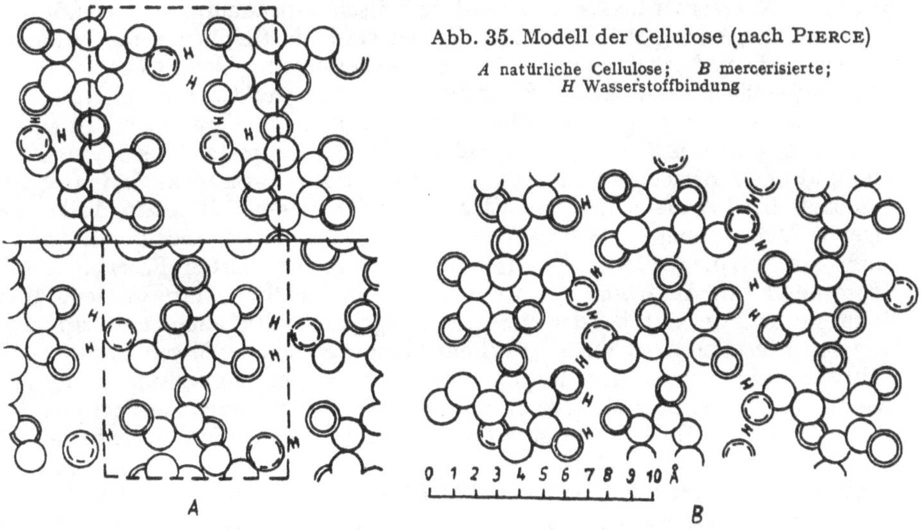

Abb. 35. Modell der Cellulose (nach PIERCE)
A natürliche Cellulose; *B* mercerisierte; *H* Wasserstoffbindung

Existenz einer Wasserstoffbindung an. Wie aus der Abbildung zu ersehen ist, nimmt PIERCE in natürlicher Cellulose sowohl zwischen- als auch innermolekulare Wasserstoffbindungen an, während das Modell von MEYER und MISCH (Abb. 33 und 34) lediglich zwischenmolekulare Bindungen vorsieht.

Aus diesem Überblick geht hervor, daß verschiedene Forscher die Anordnung der Elementareinheiten in der kristallinen Zelle natürlicher Cellulose in sehr unterschiedlicher Weise annehmen. Dies ist auf die Röntgenographie zurückzuführen, mit der die Lage einzelner Atome in derartig komplizierten Stoffen, wie der Cellulose und ihrer Derivate, nicht bestimmt werden kann. Schon von KIESSIG[3] ist darauf hingewiesen worden, daß man aus röntgenographischen Daten kein völlig eindeutiges Strukturmodell der natürlichen Cellulose aufstellen kann.

---

[1] E. SAUTER, Z. phys. Chem. **35**, 83 (1937); **36**, 427 (1937); **37**, 161 (1937).
[2] R. PIERCE, Trans. Farad. Soc. **42**, 546 (1946).
[3] H. KIESSIG, Z. phys. Chem. **35**, 113 (1937); **43**, 294 (1939).

Bisher wurde lediglich der Aufbau der natürlichen Faser betrachtet. Deshalb seien zum Abschluß noch einige Ausführungen der Hydratcellulose oder regenerierten Cellulose gewidmet.

Behandelt man die Faser mit konzentrierter Natronlauge (17 bis 35%) und wäscht mit Wasser aus, so erhält man mercerisierte Cellulose. Das Endprodukt dieser Reaktion kann man in chemischer Hinsicht fast kaum von dem ursprünglichen unterscheiden. Die mercerisierte Faser besitzt jedoch eine größere Hygroskopizität, wird durch organische Farbstoffe intensiver gefärbt und durch Säuren leichter hydrolysiert. In ihren Eigenschaften ähnelt sie gefällter Cellulose. Die Faser quillt bei der Mercerisierung stark und wird um ca. 20 bis 25% verkürzt.

Die beobachteten Änderungen der Fasereigenschaften hängen mit dem Unterschied im Aufbau der natürlichen und der mercerisierten Fasern zusammen. Der Mercerisierungsprozeß wird technisch sehr häufig angewandt (so z. B. zur Herstellung von Viskose). Jedoch sind die Strukturveränderungen bei diesem Prozeß, trotz sehr zahlreicher Arbeiten, bis heute noch sehr ungenügend geklärt. Eine Reihe von Autoren nehmen auf Grund von Röntgenstrukturuntersuchungen an, daß bei der Mercerisierung Veränderungen stattfinden, die ihren Ausdruck in einer Drehung der Glukosereste in der Elementarzelle und einer Bewegung der Ketten senkrecht zur Faserachse finden. Nach ANDRESS[1] besitzt die monokline Elementarzelle dieser Cellulosemodifikation folgende Dimensionen: $a = 8{,}14$ Å, $b = 10{,}3$ Å, $c = 9{,}14$ Å und $\beta = 62°$. Dadurch können die anderen Eigenschaften der mercerisierten Faser (erhöhte Hygroskopizität, Anfärbbarkeit usw.) jedoch noch nicht erklärt werden. Man nimmt deshalb an, daß bei der Mercerisierung gleichzeitig auch eine Auflockerung der intermicellaren Struktur erfolgt (Vergrößerung der Micellenabstände).

PIERCE gibt jedoch den Röntgendiagrammen von mercerisierten Fasern eine neue Deutung und schließt daraus, daß dabei nicht nur eine Drehung der Glukosereste um ihre Achse stattfindet, sondern auch eine Sprengung der innermolekularen Wasserstoffbindungen mit anschließender Entstehung neuer zwischenmolekularer Wasserstoffbrücken (Abb. 35, *B*). Dabei erhöht sich nach PIERCE die Anzahl Wasserstoffbindungen pro Glukoserest. Der Autor schließt daraus, daß mercerisierte Cellulose weniger freie Energie besitzt als natürliche.

Es muß außerdem hinzugefügt werden, daß die röntgenographischen Angaben im Falle der Hydratcellulose weniger zuverlässig sind als bei natürlichen Fasern[2]. Noch viel unzuverlässigere Ergebnisse werden an Cellulosederivaten erhalten.

In einer Reihe von Arbeiten werden der Elementarzelle von verschiedenen Derivaten diese oder jene Abmessungen zugeschrieben. Jedoch kann man nur bei einigen, vollständig substituierten Estern (Trinitrat, Triacetat) von einer Kristallinität sprechen.

Vorstellungen über den amorphen Aufbau der Cellulose und ihrer Derivate

Wie aus dem eben Gesagten hervorgeht, verlangt die moderne Micellartheorie nicht nur die Existenz kristalliner Bereiche, sondern auch amorphe Gebiete in der Cellulose. In der letzten Zeit wurde von sowjetischen Wissen-

---

[1] K. ANDRESS, Z. phys. Chem. **44**, 190 (1939).

[2] H. MARK, Physik und Chemie der Cellulose 1935.

schaftlern eine neue Theorie ausgearbeitet, nach der die Cellulose und ihre Derivate einen amorphen Aufbau besitzen. Entstanden ist sie auf Grund neuer Auslegungen älterer, hauptsächlich röntgenographischer Daten, aber auch als Folge der Anwendung der Elektronenstrukturanalyse auf diese Stoffe.

1937 haben KARGIN, KARPOW und PINSSKER[1] die beim Durchgang von Röntgenstrahlen ($\lambda = 1{,}54$ Å) und Elektronenstrahlen ($\lambda = 0{,}06$ Å) durch Filme von Trinitrocellulose erhaltenen Interferenzen untersucht. Durch Vergleich der Breite der Interferenzstreifen stellen die Autoren fest, daß diese von der Wellenlänge unabhängig ist. KARGIN und Mitarbeiter schließen deshalb daraus, daß in der Nitrocellulose kein regulär gebautes Gitter vorhanden ist.

Später haben KARGIN und LEIPUNSSKAJA[2] Elektronogramme von Hydratcellulosefolien, die drei diffuse Ringe zeigen, erhalten. Diese diffusen Interferenzen zeigten ein Aussehen, das außerordentlich charakteristisch für die Streuung durch ungeordnete Moleküle ist. Ein Vergleich der experimentell gewonnenen Kurven mit den, unter der Voraussetzung einer innermolekularen Streuung, theoretisch errechneten bewies eine gute Übereinstimmung. Aus diesem Ergebnis haben die Autoren gefolgert, daß das beobachtete Interferenzbild durch eine Streuung der Elektronen an den Cellobioseresten (einzelnen Atomen) und nicht an den Flächen eines regelrechten Kristallgitters zustande kommt. Konstant und streng eingehalten sind lediglich die Atomabstände zwischen den Ketten. Die Tatsache, daß bei der Elektronographie keine Interferenzen erhalten werden, die einer für kristalline Stoffe charakteristischen intermolekularen Streuung entsprechen, spricht für das Fehlen von Kristalliten, aber von auch örtlich begrenzten, geordneten Bereichen, sofern man darunter das Auftreten konstanter Abstände zwischen den Ketten versteht. KARGIN und LEIPUNSSKAJA haben, indem sie durch Elektrono- und Röntgenographie erhaltene Interferenzbilder miteinander verglichen, folgende Schlüsse gezogen. Das eine große Zahl von Interferenzen zeigende Röntgendiagramm stellt anscheinend nur ein Abbild der inner- und zwischenmolekularen Streuung dar, wobei ein Mittelwert der Identitätsperioden nur in ausreichend großen Gebieten beobachtet wird. KARGIN und Mitarbeiter glauben eben auf Grund dieser Resultate der Cellulose und ihren Derivaten ein amorphes Bauprinzip zuschreiben zu müssen.

Zu der gleichen Vorstellung sind die genannten Autoren[3] gelangt, indem sie eine Reihe von Cellulosederivaten elektronographisch untersuchten, so das Triacetat und Stearat der Cellulose, Benzylcellulose, Trichloracetylcellulose und Collodiumwolle. Sie stellen schließlich fest, daß die Bestimmung der Parameter des Gitters der Cellulose und ihrer Derivate sinnlos ist. KARGIN und Mitarbeiter behaupten, daß die Cellulose eine amorphe Struktur besitzt, ihre Moleküle ferner nicht orientiert sind und daß zwischen den Ketten nur schwache Kräfte wirken. Diese Vorstellung konnte jedoch durch spektroskopische Untersuchungen nicht bestätigt werden[4].

[1] В. А. Каргин, В. Л. Карпов и З. М. Пинскер (W. A. KARGIN, W. L. KARPOW u. S. M. PINSSKER), Acta phys. chim. URSS **7**, 646 (1937).

[2] В. А. Каргин и Д. И. Лейпунская, ЖФХ (W. A. KARGIN u. D. I. LEIPUNSSKAJA, Z. phys. Chemie [russ.]) **14**, 312 (1940).

[3] desgl. **15**, 1011 (1941).

[4] J. ELLIS u. T. BATH, J. Am. Chem. Soc. **62**, 2859 (1940). — В. Н. Никитин ЖФХ (W. N. NIKITIN), Z. phys. Chem. [russ.] **23**, 775 (1949).

Wie bereits erwähnt, sind die Verfechter der Micellartheorie der Ansicht, daß sich die Hydratcellulose von der natürlichen durch die Lage der Glukosereste in der kristallinen Elementarzelle unterscheidet. KARGIN und LEIPUNSSKAJA haben nun versucht, den bei dem Übergang von natürlicher zu Hydratcellulose auftretenden Veränderungen eine neue Auslegung zu geben. Sie nehmen auf Grund vergleichender Untersuchungen der beiden Formen an, daß sie sich voneinander durch den Bau des Kettenmoleküls unterscheiden. In der Hydratcellulose liegen die beiden Glukosereste des Cellobiosebausteins in einer Ebene, während in natürlicher Cellulose die Ebenen der Glukosereste gegeneinander um 90° gedreht sind.

Die Cellulose zeigt bekanntlich die Erscheinung der Doppelbrechung. Im allgemeinen ist diese Tatsache von den Vertretern der Micellartheorie als Beweis für die Existenz von streng kristallinen Bereichen in der Cellulose ausgelegt worden. KARGIN und KOSLOW[1] weisen jedoch mit Recht darauf hin, daß die der Cellulose eigentümliche Doppelbrechung kein eindeutiger Beweis für ihre Kristallinität sein kann, da auch andere Stoffe mit amorpher oder flüssiger Struktur (beim Fließen, in flüssigen Kristallen usw.) diese Erscheinung zeigen. Die Autoren unterstreichen, daß durch die Doppelbrechung eindeutig lediglich die Existenz einer Orientierung der Moleküle des kristallisierten oder amorphen Stoffes, aber keine strenge Regelmäßigkeit ihrer Anordnung festgestellt wird.

Als weitere Bestätigung für den amorphen Aufbau der Cellulose dienen nach Ansicht von KARGIN, MICHAILOW[2] und anderen[3] die mit Hilfe der Röntgenographie bei der Untersuchung der Deformation der Cellulose erhaltenen Resultate. Es ist bekannt, daß bei der Verstreckung (Dehnung) von Cellulosematerialien in den Röntgendiagrammen eine Textur auftritt, d. h. die Interferenzringe gehen in Segmente[4] über. Diese Methode wird auch zur Bestimmung der qualitativen Beziehung zwischen der Orientierung der Ketten und den mechanischen Fasereigenschaften, die mit steigendem Orientierungsgrad verbessert werden, benutzt.

KARGIN und MICHAILOW[5] haben die Orientierung der Ketten in Kunstfasern und ihre Stabilität bei der Verstreckung röntgenographisch untersucht. Dabei haben sie gefunden, daß die durch Verstreckung der bereits gebildeten Fäden gut orientierten Fasern diese durch Erwärmung und Quellung in Wasser wieder einbüßen. Eine photometrische Auswertung der auf diese Weise von verschieden orientierten Viskosefasern erhaltenen Röntgendiagramme ist in der Abb. 36 dargestellt. Dabei wird der Orientierungsgrad jeweils durch die Höhe der Intensitätsmaxima charakterisiert.

Wenn in der ursprünglichen Viskose die Orientierung nicht allzu groß ist (Abb. 36, Kurve 1), so findet in der gleichen, jedoch verschieden verstreckten Faser eine Erhöhung des Orientierungsgrades statt, was durch einen Anstieg

---

[1] В. А. Каргин и П. В. Козлов, Ж. Кино-фото-хим. пром. [W. A. KARGIN u. P. W. KOSLOW, Z. Kino-Foto-chem. Ind.) **4**, 40 (1940).

[2] В. А. Каргин и Н. В. Михайлов, ЖФХ (W. A. KARGIN u. N. W. MICHAILOW, Z. phys. Chem. [russ.]) **14**, 195 (1940).

[3] П. В. Козлов, Физико-химия эфироцеллюлозных пленок (P. W. KOSLOW, Physikalische Chemie von Celluloseesterfolien) (1948).

[4] R. HERZOG u. W. JANCKE, Ber. dtsch. chem. Ges. **53**, 2162 (1920).

[5] В. А. Каргин и Н. В. Михайлов, ЖФХ (W. A. KARGIN u. N. W. MICHAILOW, Z. phys. Chemie [russ.]) **14**, 195 (1940).

der Intensitätsmaxima deutlich wird (Abb. 36, Kurven *2*, *3* und *4*). Durch Kochen der Faser in Wasser geht jedoch die vorher erreichte Orientierung fast völlig wieder verloren (Kurve *5*). Auf Grund dieser Tatsache sind KARGIN und MICHAILOW zu der Annahme gekommen, daß der natürliche Gleichgewichtszustand seinen Ausdruck nicht in einer hochorientierten Struktur, sondern in einer desorientierten Anordnung der Ketten oder ihrer Aggregate findet. Sie nehmen ferner an, daß ein derartiger Zustand der Cellulosefaser in Analogie zu den amorphen oder flüssigen Systemen steht.

Zur Frage der Orientierung der Faser beim Verstrecken meinen die Autoren, daß dieser Prozeß, ähnlich dem beim Kautschuk beobachteten, lediglich eine elastische Dehnung vorstellt.

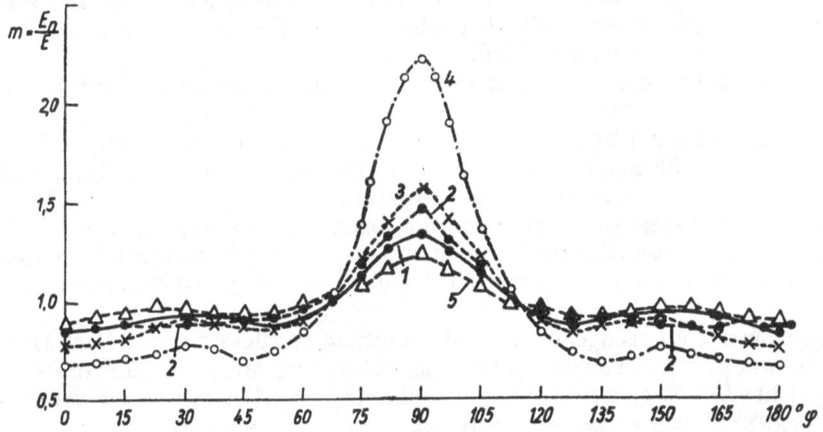

Abb. 36. Photometrische Auswertung eines Röntgendiagramms von Viskosefasern, das den Orientierungsgrad der Ketten charakterisiert

1 Viskoseseide, unbehandelt, *2* verstreckt unter einer Belastung von 20%, *3* Belastung 40%, *4* Belastung 80% *5* 2 Stunden mit Wasser gekocht

Es muß jedoch noch bemerkt werden, daß die Autoren die Möglichkeit einer Annäherung der Cellulose an den kristallinen Zustand keinesfalls gänzlich ablehnen. Sie stellen nur fest, daß dieser Zustand nicht stabil ist. Ferner können die Abstände zwischen den Ketten im kristallinen Zustand, wie das die Micellartheorie fordert, nicht streng konstant sein.

Zu der Auffassung einer amorphen Struktur als der natürlichen sind auch KOSLOW und SUJEWA[1] gekommen. Bei ihren Untersuchungen über die Doppelbrechung gedehnter Hydratcellulosefolien haben sie gezeigt, daß nach Erwärmung der orientierten Filme die Doppelbrechung kleiner wird, was als Zeichen einer Desorientierung der Ketten zu werten ist.

Aus dem eben Gesagten geht hervor, daß nach der Theorie über den amorphen Aufbau der Cellulose und ihrer Derivate in irgendeinem Material die Abstände zwischen den Ketten nicht konstant sind. Dieser Schluß spricht die Ablehnung der Existenz von Micellen aus, sofern man unter diesen assoziierte Bereiche von Ketten mit kristalliner Struktur zu verstehen hat.

[1] П. В. Козлов и Р. В. Зуева, Тр. Научно-иссл. кино-фотоинст. (P. W. KOSLOW u. R. W. SUJEWA, Arb. d. wiss. Kino-Foto-Inst.) 7 (1947).

Die Theorie des amorphen Bauprinzips lehnt aber nicht nur den alten Begriff der Micellen ab, sondern auch den neueren. Aus den Arbeiten von KARGIN und anderen geht die Unhaltbarkeit der ursprünglichen Micellartheorie von MEYER und MARK, wonach die Micellen eine reale Oberfläche besitzen, klar hervor. Nicht weniger deutlich ist es auch, daß in regenerierter Cellulose und ihren Estern klare, kristalline Bereiche fehlen. Unklar ist jedoch die Frage geblieben, ob die Abstände zwischen den Ketten auch in derartig hochorientierten Präparaten, wie der natürlichen Cellulosefaser, überall variieren.

Vor kurzem haben SAIDESS und SINITZKAJA[1] eine interessante elektronographische Untersuchung an natürlicher Ramie durchgeführt. Sie haben die auf röntgen- und elektronographischem Wege erhaltenen Gitterabstände und Identitätsperioden unter Berücksichtigung der Abhängigkeit der Halbwertsbreite der Linien von der Wellenlänge untersucht. Die Autoren zeigen auf diese Weise,.daß es in natürlicher Cellulose im Gegensatz zu den bisher untersuchten Filmen geometrisch geordnete Bereiche mit einer mikrokristallinen Struktur gibt.

Im Lichte dieser neuen Erkenntnisse wird es ganz offensichtlich, daß die in den Abb. 30 bis 32 dargestellten Schemata für den Aufbau natürlicher Fasern die Struktur der Fasern richtig wiedergeben.

Schließlich lassen sich aus dem amorphen Aufbau von nichtorientierten Folien keine für alle Zustandsformen der Cellulose gültigen Schlüsse ziehen. Eine Charakterisierung der gesamten Cellulose als amorph ist deshalb unzweckmäßig.

Ebensowenig überzeugend ist die Behauptung von KARGIN und MICHAILOW[2], daß der natürliche Gleichgewichtszustand einer ungeordneten Lage der Ketten entspricht. Die Ergebnisse späterer Arbeiten von MICHAILOW, KARGIN und BUCHMANN[3] stehen zu den ersten Behauptungen im Widerspruch. Die Autoren haben dabei röntgenographisch die Beständigkeit der Orientierung von Kunstfasern untersucht, die beim Bildungsprozeß (Koagulation) verstreckt worden sind. Die Orientierung dieser Fasern bleibt selbst beim längeren Kochen in Wasser erhalten. Verstreckt man die Fasern jedoch erst nach ihrer Entstehung, so ist das Bild ein ganz anderes[4]. Vergleicht man nun die beiden genannten Arbeiten, so sieht man, daß sich chemisch gleiche Fasern mit annähernd demselben Orientierungsgrad beim Erwärmen in Wasser völlig verschieden verhalten. Die bei der Koagulierung verstreckten Fäden behalten selbst bei längerem Kochen ihre hohe Orientierung, während die später verstreckten Fäden diese rasch verlieren. Alles das bringt MICHAILOW, KARGIN und BUCHMAN zu der Auffassung, daß die irgendeiner Deformation unterworfene Faser das Bestreben hat, zu ihrem ursprünglichen Zustand zurückzukehren, während die nach der Herstellung nicht mehr deformierte Faser sich als stabil erweist.

---

[1] А. Л. Зайдес и И. Г. Синицкая, ДАН (A. L. SAIDESS u. I. G. SINITZKAJA, Ber. d. Akad. d. Wiss. d. UdSSR) **80**, 213 (1951).

[2] В. А. Каргин и Н. В. Михайлов, ЖФХ (W. A. KARGIN u. N. W. MICHAILOW, Z. phys. Chem. [russ.]) **14**, 195 (1940).

[3] Н. В. Михайлов, В. А. Каргин и В. М. Бухман, ЖФХ (N. W. MICHAILOW, W. A. KARGIN u. W. M. BUCHMAN, Z. phys. Chem. [russ.]) **14**, 205 (1940).

[4] В. А. Каргин и Н. В. Михайлов, ЖФХ (W. A. KARGIN u. N. W. MICHAILOW, Z. phys. Chem. [russ.]) **14**, 195 (1940).

Man kann also bei der Untersuchung von verschieden hergestellten Kunstfasern das Auftreten von zwei stabilen Zuständen der Cellulose beobachten; der eine entspricht einer orientierten Anordnung der Ketten, der andere einer nicht orientierten. Es darf angenommen werden, daß diese Ergebnisse, ungeachtet ihres Wertes und ihrer praktischen Bedeutung, nicht in die Reihe der für einen amorphen Aufbau der Cellulose sprechenden Arbeiten gestellt werden können.

Form der Ketten von Hochpolymeren

Eine Reihe von Eigenschaften der Hochpolymeren sowohl in gelöster Form als auch im festen Zustand wird durch die Form ihrer Moleküle bestimmt. Die Erforschung der Kettengestalt ist jedoch mit großen experimentellen und theoretischen Schwierigkeiten verknüpft.

STAUDINGER[1] hat angenommen, daß sich die fadenförmigen Makromoleküle in Lösung wie wirklich harte, unbiegsame Stäbchen verhalten, wobei ihre Länge der Anzahl der Glieder proportional ist. Das Fadenmolekül wird mit einem festen, elastischen Glasfaden verglichen, wobei die Möglichkeit einer gekrümmten Form ausgeschlossen ist. Der Autor hat auch für den festen Zustand dieselbe Form angenommen. Er ist ferner der Ansicht gewesen, daß den Hochpolymeren in fester Form ein micellarer Aufbau zuzuschreiben sei und daß sich bei der Kristallisation aus der Lösung die Fadenmoleküle wie ein Bündel von Glasfäden unter Ausbildung eines Makromolekülgitters vereinigen. Das lineare Molekül stellt danach also ein festes Band vor, das eine durch die Mittelpunkte der Kohlenstoffatome verlaufende Symmetrieebene besitzt. Dabei kann die Lage der benachbarten Kohlenstoffatome in dieser Ebene durch die in der Abb. 37 dargestellten Kreise wiedergegeben werden. Die Kohlenstoffatome werden in der Abbildung durch die großen Kreise bezeichnet, die schwarzen, kleinen stellen die Wasserstoffatome oder substituierenden Radikale dar.

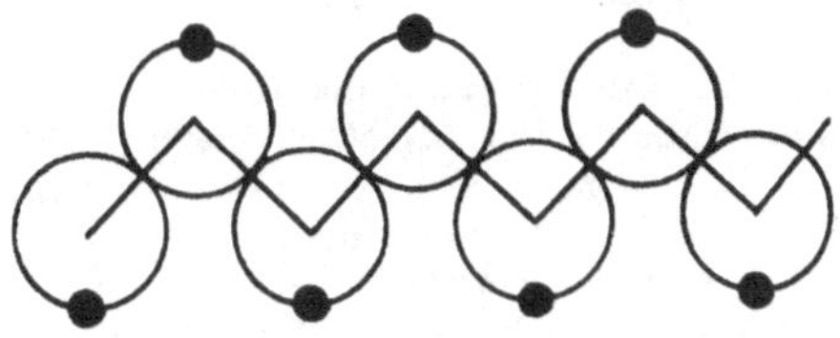

Abb. 37
Kettenmolekül eines Kohlenwasserstoffes

Dieser Standpunkt über die feste Form der Makromoleküle wird jedoch von der Mehrzahl der Forscher nicht geteilt. So nehmen z. B. MARK[2], KUHN[3] und GUTH an, daß die Moleküle in Lösungen eine gekrümmte, verknäuelte Gestalt besitzen. Diese Autoren leiten ihre Vorstellung über die Biegsamkeit der Makromoleküle aus den Ergebnissen der niedermolekularen, organischen Chemie her, wonach in verschiedenen gesättigten, organischen Verbindungen der Form $R_1C—CR_2—CR_3$ eine freie Drehung der Atomgruppen um die Einfachbindungen (C—C) erfolgt. Unter der Voraussetzung, daß die Drehung in derartigen Molekülen um die einfachen Bindungen frei ist, nehmen die genannten Autoren an, daß man die linearen Makromoleküle als völlig biegsame Fäden ansehen muß, die eine beliebige Form annehmen können. Diese muß aber mit einer

[1] H. STAUDINGER u. O. SCHWEITZER, Ber. **62**, 2400 (1929).
[2] H. FIKENTSCHER u. H. MARK, Z. Kautschuk **2** (1930). — H. MARK, Fortschr. d. Chemie **8**, 69 (1939).
[3] W. KUHN, Z. Angew. Chemie **49**, 858 (1936).

unveränderten Länge der Kohlenstoffglieder (1,52 Å) und unverändertem Valenzwinkel (109°) vereinbar sein.

Die Abb. 38 bringt ein Schema der freien Drehung der Einzelglieder im Molekül eines Hochpolymeren nach KUHN; die Abb. 39 stellt nach der Ansicht von KUHN das Fadenmolekül von Kautschuk dar.

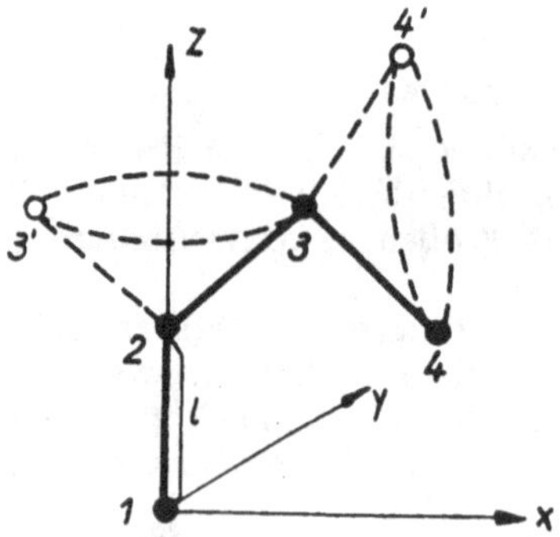

Abb. 38. Freie Drehung der Kohlenstoffatome eines Hochpolymeren (nach KUHN)
1, 2, 3, 4 Kohlenstoffatome, *3', 4'* ihre mögliche Stellung

Mit Hilfe statistischer Berechnungen und des Modells bestimmt KUHN die Wahrscheinlichkeit der Lage aller folgenden Glieder in einem gegebenen System und berechnet die Koordinaten des endständigen C-Atoms der Kette. Dadurch ist die Möglichkeit gegeben, Schlüsse auf die Abmessungen des Moleküls zu ziehen[1]. Auf Grund der von ihm durchgeführten Berechnungen ist das Quadrat des mittleren Abstandes der beiden Kettenenden r_n eines gekrümmten Makromoleküls mit der Gliederzahl n gleich.

$$r_n^2 = l^2 n \frac{1 + \cos\beta}{1 - \cos\beta}.$$

Hierin ist

l die Länge eines Kettengliedes,

β der von einer C—C-Bindung mit der vorhergehenden gebildete Winkel.

Abweichend von STAUDINGER, der eine Proportionalität der Kettenlänge zu n annimmt, ist KUHN der Meinung, daß die lineare Ausdehnung eines Makromoleküls proportional ist $\sqrt{n}$. Die Form der Kette eines gekrümmten, fadenförmigen Moleküls entspricht seiner Auffassung nach einem gestreckten Ellipsoid. Nach seinen Berechnungen beträgt die wirkliche Länge eines Makromoleküls bei $n = 20$ nur ungefähr 40% der Länge des Moleküls in gestreckter Form. Schließlich wird von KUHN gezeigt, daß das Fließverhalten, die Strömungsdoppelbrechung, die Sedimentationsgeschwindigkeit, aber auch die Dielektrizitätskonstante einem gekrümmten Zustand der Moleküle entsprechen.

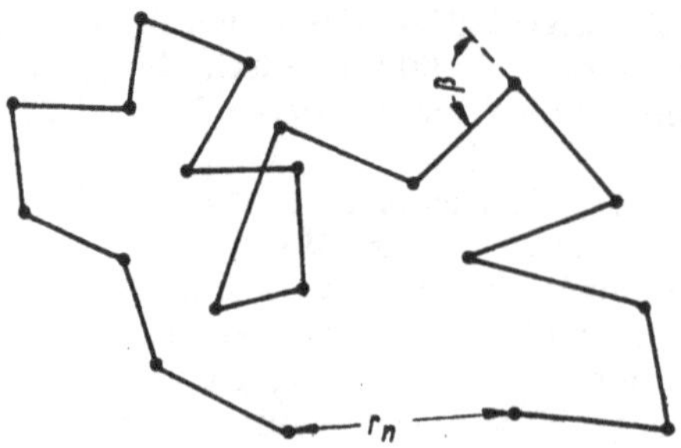

Abb. 39. Schema des Kettenmoleküls eines Hochpolymeren

Die erwähnten Vorstellungen sind beim Studium des Kautschuks gewonnen worden. Man nimmt jedoch im allgemeinen an, daß sie auch für die Fadenmoleküle der Cellulose und ihrer Derivate Gültigkeit besitzen. Eine Ausnahme besteht lediglich darin, daß im Falle der Cellulose die freie Drehung nicht um die C—C-Bindung, sondern die sogenannte Sauerstoffbrücke, erfolgt.

Auf Grund des vorhandenen experimentellen Materials kann man annehmen, daß der Standpunkt STAUDINGERS mindestens im Falle der Kautschukmole-

[1] W. KUHN, Koll. Z. **68**, 2 (1934); **76**, 258 (1936).

küle nicht richtig ist. Gleichzeitig dürfen aber auch die Vorstellungen von KUHN, MARK und GUTH nicht als völlig zuverlässig betrachtet werden. So hat KUHN in seinen Schlußfolgerungen zwei nicht begründete Annahmen gemacht: 1. hat er von einer Kette auf ein analoges Verhalten des Kautschuks als Gesamtheit geschlossen; 2. hat er angenommen, daß die Drehung um die einfache Bindung eine freie ist.

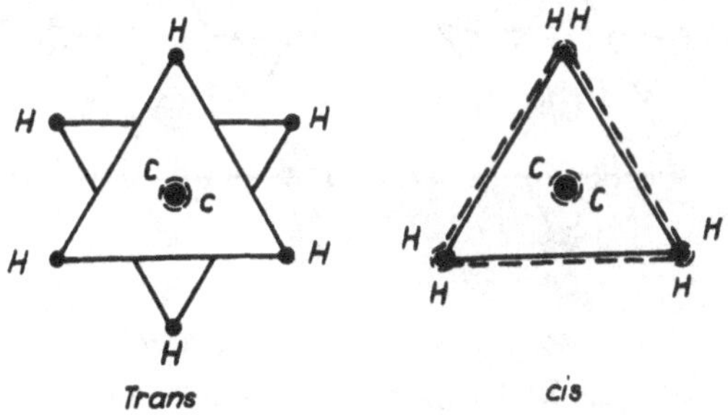

Abb. 40. Drehungsisomere des Äthans

Diese Voraussetzungen sind von den sowjetischen Autoren BRESSLER und FRENKEL[1] einer sorgfältigen Prüfung unterworfen worden. Die letzteren Autoren haben gezeigt, daß die von KUHN, MARK und GUTH angenommene freie Drehung um die einfache Bindung nicht wahrscheinlich ist[2].

Die im Prinzip aus der klassischen Stereochemie herrührende Vorstellung der freien Drehbarkeit um die Einfachbindung ist nicht richtig. Eine ausführliche Untersuchung der physiko-chemischen Eigenschaften der Stoffe hat ergeben, daß die freie Drehbarkeit stets in mehr oder minder großem Maße behindert wird. Ebenso erfordern die Drehungen einen gewissen, wenn auch kleinen Energieaufwand. Als Beispiel wird das Molekül des Äthans H_3C-CH_3 (Abb. 40) betrachtet. Die zu den verschiedenen C-Atomen gehörenden H-Atome stoßen sich gegenseitig ab, was die nachteiligere cis-Konfiguration bewirkt, wobei die H-Atome übereinander angeordnet sind.

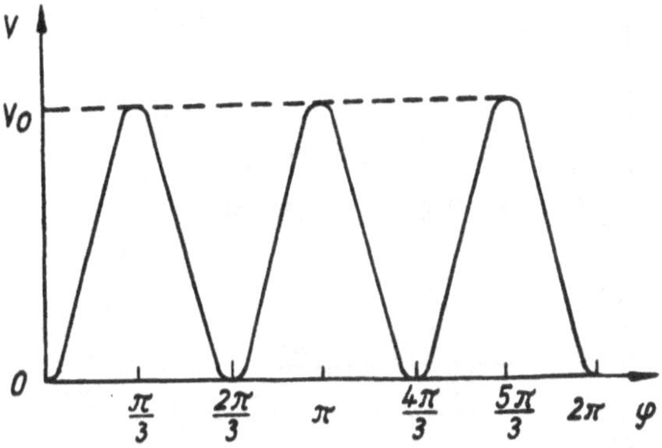

Abb. 41. Abhängigkeit der Energie V vom inneren Drehungswinkel für Äthan

Bei der trans-Konfiguration sind die H-Atome am weitesten voneinander entfernt. Daraus kann geschlossen werden, daß hier die gegenseitige Beeinflussung am geringsten ist. Bei der Untersuchung der thermodynamischen Eigenschaften des Äthans hat sich tatsächlich herausgestellt, daß die trans-Stellung um 3 kcal stabiler ist als die cis-Stellung.

Es läßt sich also daraus schließen, daß das Äthanmolekül die trans-Konfiguration besitzt, da diese der geringsten potentiellen Energie entspricht. Um eine freie Drehung um die C—C-Bindung stattfinden zu lassen, muß eine Energie von 3 kcal oder mehr aufgebracht werden. Eine Berechnung zeigt, daß eine Drehung um 120° vielleicht einmal in 10^{-8} sek. erfolgt; die Abhängigkeit der potentiellen Energie vom Winkel der inneren Drehung ist in Abb. 41 für Äthan dargestellt.

[1] С. Е. Бреслер и Я. И. Френкель, ЖЭТФ (S. E. BRESSLER u. JA. I. FRENKEL, Z. exp. theor. Phys. [russ.]) **9**, 1094 (1939).

[2] G. KISTIAKONSKI, J. LACHER u. F. STIFF, J. Chem. Phys. **7**, 289 (1939); K. PITZER, J. Chem. Phys. **5**, 473 (1937).

Die Existenz einer potentiellen Barriere (3 kcal/mol) im Äthanmolekül bewirkt, daß bei normaler Temperatur die Drehbarkeit behindert ist, da in jedem Falle erst die Barriere überwunden werden muß.

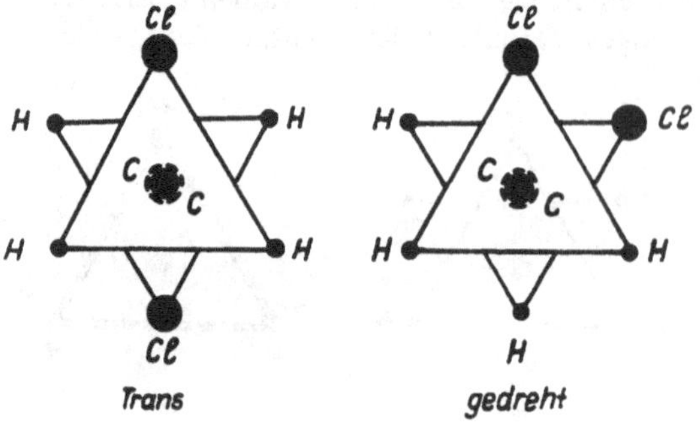

Abb. 42. Drehungsisomere des 1,2-Dichloräthans

Wenn alle Drehungen um 120° zu eindeutigen Konfigurationen führen, so kann in Molekülen mit unsymmetrischen Atomgruppen durch die Bremsung der inneren Drehung die Erscheinung der sogenannten Drehungsisomerie bewirkt werden. So sind z. B. für das 1,2-Dichloräthan die in der Abb. 42 dargestellten verschiedenen Konfigurationen möglich. In diesem Falle besitzt das Potential verschiedene Maxima und Minima, die den unterschiedlichen Stellungen entsprechen (Abb. 43).

Bei dem n-Pentan sind sogar vier Drehungsisomere möglich, die schematisch in der Abb. 44 wiedergegeben sind.

Die Geschwindigkeit der Umlagerung der Isomeren ineinander liegt in der Größenordnung von 10^{-8} bis 10^{-10} sek. Diese relativ große Geschwindigkeit bewirkt die Unmöglichkeit, derartige Drehungsisomere chemisch voneinander zu trennen. Dadurch unterscheidet sich diese Form der Isomerie von allen übrigen.

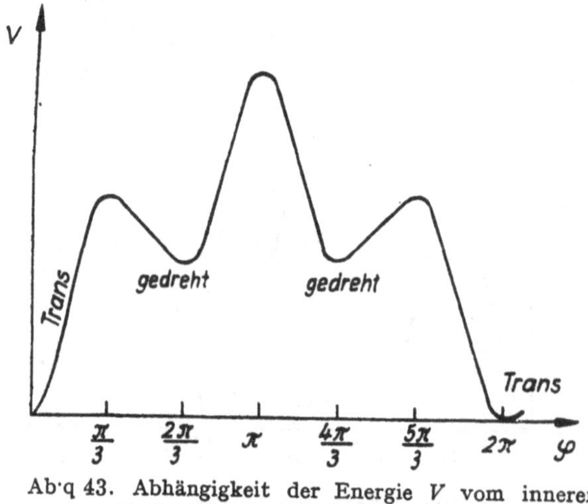

Ab·q 43. Abhängigkeit der Energie *V* vom inneren Drehungswinkel für 1,2-Dichloräthan

Spektroskopisch läßt sich diese Erscheinung jedoch nachweisen[1]. Die ersten Arbeiten sind durch Kombination der üblichen mit der Ultrarotspektroskopie ausgeführt worden.

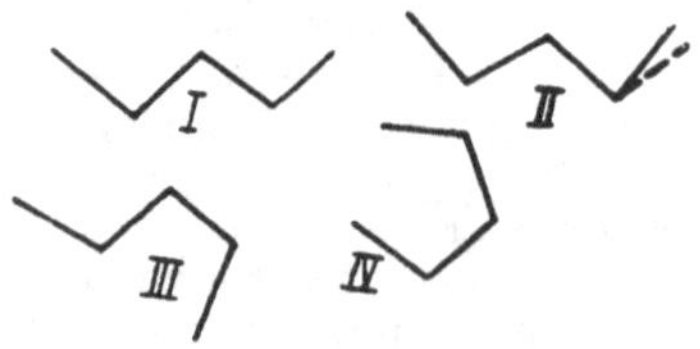

Abb. 44. Drehungsisomere des n-Pentans

Bressler und Frenkel weisen unter Zugrundelegung des in der Abb. 37 dargestellten Kettenmoleküls darauf hin, daß die Drehung jedes Kettengliedes um das vorangehende nur dann wirklich eine freie sein kann, wenn die C-Atome keinerlei „Anhängsel“ in Form von H-Atomen oder irgendwelchen Substitu-

[1] Ausführliche Angaben über die Erscheinung der Drehungsisomerie siehe: М. В. Волькенштейн, Строение молекул (M. W. Wolkenstein, Bau der Moleküle) (1947). — М. В. Волькенштейн, М. А. Ельяшевич, Б. И. Степанов, Колебания молекул (M. W. Wolkenstein, M. A. Jeljaschewitsch u. B. I. Stepanow, Schwingungen der Moleküle) **2,** § 28 (1949).

enten besitzen. Durch die Anwesenheit derartiger Atome bzw. Atomgruppen ist die einem Minimum an potentieller Energie entsprechende trans-Konfiguration wahrscheinlicher. Die Substituenten sind in diesem Falle einander gegenüberliegend angeordnet, was der geringsten gegenseitigen Beeinflussung entspricht. Bei Drehung eines Gliedes um 180° um das vorhergehende sind die „Anhängsel“ auf der gleichen Seite der benachbarten C-Atome. Diese, der cis-Konfiguration entsprechende Stellung ist energetisch ungünstiger. Deshalb erfordert die Drehung der Kettenglieder von Kohlenwasserstoffen eine bestimmte, der Energiedifferenz zwischen cis- und trans-Konfiguration entsprechende Aktivierungsenergie. Bressler und Frenkel sind deshalb der Ansicht, daß eine freie Drehbarkeit bei Hochpolymeren nicht vorhanden ist.

Die genannten Autoren sind ferner der Meinung, daß die Kette sich wie ein System von durch Scharniere verbundenen Stäben verhält, das zwar zu kreisenden Schwingungen, aber nicht zu freien Drehungen in einzelnen Scharnieren befähigt ist. Bei sehr niedrigen Temperaturen sind diese Schwingungen nur gering, das Molekül muß deshalb eine gestreckte Form aufweisen. Man kann sagen, daß sich bei kurzen Ketten die Vorstellung über die Existenz fester stäbchenförmiger Moleküle bestätigt findet. Durch Temperaturerhöhung werden auch die Schwingungen stärker, und die Kettenmoleküle verhalten sich dann wie biegsame Fäden, die alle möglichen Formen annehmen und sogar zu Knäueln verwickeln können. Die gekrümmte Form der Makromoleküle ist nach Bressler und Frenkel das Ergebnis einer Summierung der Drehungen der Einzelglieder, die durch die kreisenden Schwingungen hervorgerufen werden. Außerdem können die Schwingungen bei erhöhter Temperatur durch Drehungen der Kettenglieder abgelöst werden, wenn die zugeführte Energie genügend groß ist, um die Potentialbarriere zu überwinden. Der Krümmungsgrad der Kette wird dadurch ebenfalls noch vergrößert. Zur Bestimmung des Quadrats des mittleren Abstandes zwischen den Enden des Kettenmoleküls r^2 ist folgende von Wolkenstein und Ptizyn[1] verbesserte Formel abgeleitet worden:

$$r^2 = l^2 \frac{2n\,u_0(1+\cos\beta)}{k\,T(1-\cos\beta)}.$$

Hierin ist l die Länge eines Kettengliedes,
n die Anzahl der Glieder,
u_0 die Größe der Energie beim Übergang von der stabilen zur instabilen Konfiguration und
β der von einer C—C-Bindung mit der anderen gebildete Winkel.

In dieser Formel ist, im Gegensatz zu den Vorstellungen von Kuhn und Mark, die Drehungsbehinderung (u_0), aber auch die Abhängigkeit von r^2 von der Temperatur (kT) berücksichtigt worden.

Durch die Arbeiten von Bressler und Frenkel ist zweifellos ein großer Schritt vorwärts in der Entwicklung der Anschauungen über die Form der Kettenmoleküle getan worden. Aber auch in diesem Falle haben nicht alle die Form irgendwie beeinflussender Faktoren Berücksichtigung gefunden. Alle genannten Autoren haben bis jetzt die in dem festen Zustande des Polymeren

[1] М. В. Волькенштейн и О. Б. Птицын, ДАН СССР (M. W. Wolkenstein u. O. B. Ptizyn, Ber. Akad. Wiss. UdSSR) **78**, 657 (1951).

sicher vorhandene gegenseitige Beeinflussung der Moleküle außer acht gelassen. Das Verhalten einer Masse von Kettenmolekülen ist sicher anders als das eines einzelnen Moleküls; der Einfluß der zwischenmolekularen Wechselwirkung auf die Drehungsisomerie ist jedenfalls sehr groß.

WOLKENSTEIN[1] nimmt an, daß in einem realen Molekül eines Hochpolymeren keine beliebigen Drehungen um einzelne Kettenglieder stattfinden, sondern lediglich Drehungen in bestimmten Winkeln, die zum Auftreten relativ beständiger Drehungsisomeren führen. In diesem Sinne stellt das Molekül keine zufällig verdrehte Kette dar, sondern ein „Gemisch von Drehungsisomeren".

Eine der dringlichsten Aufgaben der Physik besteht in der Auffindung einer Molekulartheorie für die realen hochpolymeren Stoffe, einer Theorie, die eine unmittelbare Verbindung zwischen dem chemischen Bau des monomeren Bausteins und den physikalischen Eigenschaften des Polymeren schaffen muß. Als Grundstein dafür wird das systematische Studium der inneren Drehung und der Drehungsisomerie in den Molekülen dienen. Die besten Aussichten für diese Untersuchungen haben optische und insbesondere spektroskopische Methoden[2].

In jüngster Zeit gewonnene experimentelle Resultate haben das Wissen um die Form der Kettenmoleküle vervollständigt. So haben ZWETKOW[3] und Mitarbeiter bei Untersuchungen über die Strömungsdoppelbrechung gezeigt, daß Moleküle mit relativ kleinem Molekulargewicht diese nicht aufweisen.

Die betrachteten Vorstellungen über die Form der Kettenmoleküle beziehen sich in erster Linie auf derartige Polymere wie Kautschuk, da KUHN und MARK, aber auch BRESSLER und FRENKEL, dabei an eine freie oder begrenzte Drehung um die einfache C—C-Bindung in den Kohlenwasserstoffen gedacht haben. Für die Form des Cellulosemoleküls nimmt man gewöhnlich an, daß die genannten Vorstellungen ebenfalls Gültigkeit besitzen, lediglich mit der Ausnahme, daß die Drehung um die Sauerstoffbrücke (C—O-Bindung) erfolgt. Man kann jedoch annehmen, daß die Drehbarkeit um die C—O-Bindung noch begrenzter ist als die um die C—C-Bindung. So ist z. B. die Existenz von innermolekularen Wasserstoffbindungen zwischen primären Hydroxylen und glykosidischen O-Atomen sehr wahrscheinlich[4]. Dadurch wird die Drehbarkeit zweifellos stark begrenzt, da die Potentialbarriere in diesem Falle sehr groß wird. Möglicherweise können die Erscheinungen des Polymorphismus oder der Stereoisomerie durch die in der nativen Cellulose vorhandenen Wasserstoffbindungen und ihr Fehlen in regenerierter Cellulose erklärt werden. Die Drehbarkeit ist auch noch aus dem Grunde begrenzt, da in der festen Phase der Cellulose durch die ebenfalls vorhandenen zwischenmolekularen Wasserstoffbindungen eine sehr starke intermolekulare Wechselwirkung stattfindet. Aus diesen Gründen muß man annehmen, daß die Übertragung dieser oder jener Vorstellung als Ganzes auf die Cellulose in keiner Weise gerechtfertigt erscheint.

---

[1] М. В. Волькенштейн, Изв. АН СССР (M. W. WOLKENSTEIN, Nachr. Akad. Wiss. UdSSR, Phys. Ser.) **14**, 466 (1950).

[2] М. В. Волькенштейн, В. Н. Никитин и Т. В. Яковлева, Изв. АН СССР (M.W. WOLKENSTEIN, W. N. NIKITIN u. T. W. JAKOWLJEWA, Nachr. Akad. Wiss. UdSSR, Phys. Ser.) **14**, 471 (1950).

[3] В. Н. Цветков и В. А. Маринин, ДАН СССР (W. N. ZWETKOW u. W. A. MARININ, Ber. Akad. Wiss. UdSSR) **52**, 67 (1948).

[4] PIERGE, Trans. Farad. Soc. **42**, 546 (1946).

Wasserstoffbindungen in der Cellulose

Gewöhnlich versteht man unter den Van der Waalsschen Kräften die verschiedenartigsten Wechselwirkungen zwischen Molekülen: Polkräfte, Induktionskräfte und Dispersionskräfte. In der letzten Zeit erlangt jedoch in vielen Fragen der physikalischen Chemie eine weitere Form zwischenmolekularer Kräfte immer größere Bedeutung. Es ist die sogenannte „Wasserstoffbindung". Man findet sie in vielen gasförmigen, flüssigen und festen Stoffen vertreten. Eine Folge ihrer Existenz ist die Assoziation dieser Stoffe.

Die Wasserstoffbindung erscheint als Wechselwirkung zwischen Molekülen, von denen das eine stets die F—H-, O—H- oder N—H-Gruppe enthält, während das andere folgende Atome besitzt: F, O, N oder Cl. Die Tendenz zu ihrer Entstehung nimmt in der eben angeführten Reihenfolge ab. Die Wasserstoffbindung führt zur Ausbildung von Aggregaten des Typs A—H ··· B, wobei die Punkte diese Bindungsart versinnbildlichen, A und B dagegen Atome benachbarter Moleküle vorstellen. Die Energie der Wasserstoffbindung liegt etwas höher als die der Van der Waalsschen Kräfte, jedoch wesentlich niedriger als die der normalen chemischen Valenzen; sie beträgt 4 bis 8 kcal/mol.

Am deutlichsten tritt die Wasserstoffbindung hervor, wenn in dem einen Molekül eine Hydroxylgruppe, in dem anderen aber ein Sauerstoffatom (aber auch F oder N) vorhanden ist. Sehr wesentlich ist es, daß diese Bindungsart auf bestimmte Entfernungen wirksam ist. Auf Grund zahlreicher Untersuchungen kann man annehmen, daß der Abstand zwischen den O-Atomen in O—H···O gewöhnlich 2,8 bis 3 Å nicht überschreitet. Wird auf irgendeine Weise der Abstand vergrößert, so kann die Bindung gesprengt werden.

Bei vielen physikalisch-chemischen Problemen tritt die Wasserstoffbindung als Ursache einer starken intermolekularen Kraft auf. Die Assoziation von Flüssigkeiten, wie z. B. Wasser, Alkohol, organische Säuren u. a., wird durch diese Bindungsart bewirkt. Sie erhöht ferner die Bindungsenergie und stellt einen ordnenden Faktor dar.

Des weiteren bestimmt sie die Struktur vieler kristallisierter Stoffe und ihre physikalischen Eigenschaften.

In letzter Zeit hat sich immer mehr bestätigt, daß die Wasserstoffbindung eine wichtige Rolle beim Aufbau hochmolekularer Stoffe, wie den Proteinen[1] und der Cellulose (siehe weiter unten), spielt.

Neben der intermolekularen Wasserstoffbindung kann sich in einigen Verbindungen unter ganz bestimmten Bedingungen auch eine derartige Bindung innerhalb des Moleküls ausbilden, d. h. zwischen den O- und H-Atomen, die dem gleichen Molekül angehören.

In der letzten Zeit haben immer mehr Autoren versucht, die Eigenschaften der Cellulose, von den zwischenmolekularen Kräften ausgehend, zu erklären. So behauptet z. B. HUGGINS[2], daß viele Fasereigenschaften von den in der Cellulose vorhandenen Wasserstoffbindungen abhängig sind.

Bei der Erörterung der kristallinen Elementarzelle der Cellulose hat MARK[3] angenommen, daß die längs der Achse *a* (Abb. 33) liegenden Hydroxyle durch Wasserstoffbindungen besetzt sind. Er hat berechnet, daß die Bindungsenergie 15 kcal/mol beträgt, bezogen auf die drei in einem Glukoserest befindlichen

---

[1] A. BUSWELL, J. DOWNING u. W. RODEBUSH, J. Am. Chem. Soc. **62**, 2759 9 40).

[2] M. HUGGINS, J. org. Chem. **1**, 407 (1936).

[3] H. MARK, Chem. Rev. **26**, 169 (1940).

OH-Gruppen. In Richtung der Achse *c* wirken Van der Waalssche Kräfte mit einer Energie von 8 kcal/mol und schließlich in Richtung *b* chemische Valenzkräfte mit 50 kcal/mol.

Bei der Betrachtung des neuen Modells von PIERCE hat sich ergeben, daß dieses bestimmt wird von den zulässigen Wasserstoffbindungen.

Die angeführten Vorstellungen über das Wesen der zwischenmolekularen Wasserstoffbindungen werden in gewissem Maße durch eine Reihe von experimentellen Ergebnissen bestätigt. Zu nennen sind in diesem Zusammenhang Arbeiten von BLETZINGER[1] und AIKEN[2], einmal über den Einfluß einer Acetylierung der Cellulose auf ihre Fähigkeit, hygroskopische Feuchtigkeit zu binden, zum anderen über die mechanischen Eigenschaften von Papier, das aus teilweise acetyliertem Material hergestellt worden ist. Nach den Angaben der genannten Autoren wird durch die Einführung einer geringen Anzahl von Acetylgruppen in das Cellulosemolekül die Hygroskopizität des Produktes erhöht, wodurch wiederum die mechanischen Eigenschaften des nach Vermahlen und Ausgießen erhaltenen Blattes verbessert werden. Eine weitere Einführung von Acetylgruppen jedoch bewirkt wieder eine Verringerung der Hygroskopizität und parallel dazu eine Verschlechterung der Papiereigenschaften. Diese Ergebnisse können folgendermaßen gedeutet werden. Bei einer partiellen Veresterung der Cellulose findet aus räumlichen Gründen eine Vergrößerung der Kettenabstände statt, wodurch eine Reihe von Wasserstoffbindungen, die ja nur auf Entfernungen unter 2,8 Å wirksam sind, zerstört werden. Eine gegenseitige Absättigung der Hydroxyle kann also nicht mehr erfolgen. Diese Gruppen werden deshalb zusätzlich hydratisiert.

N. NIKITIN[3] und Mitarbeiter haben für die an mercerisierter Cellulose bei Methylierung oder Äthylierung beobachteten Veränderungen eine Erklärung gefunden, die auf die Existenz von Wasserstoffbindungen in der Faser basiert. Sie können die Änderung vieler physikalisch-chemischer Eigenschaften der Fasern durch schwache Alkylierung zeigen.

ROGOWIN[4] bringt in seiner zusammenfassenden Arbeit die große Bedeutung der Vorstellung über die Existenz von Wasserstoffbindungen in der Cellulose zum Ausdruck. Die unterschiedliche Löslichkeit von Cellulosepräparaten und ihre Hygroskopizität wird von ihm auf die Wasserstoffbindungen zurückgeführt. Außerdem spricht er sich für das Vorhandensein dieser Bindungsart in natürlicher Cellulose eher aus als im Falle von regenerierter. Der Autor ist ferner der Ansicht, daß eine der nächsten Aufgaben der Celluloseforschung in der Ausarbeitung genauer Methoden zur Bestimmung des Charakters und der Zahl der Bindungsarten zwischen den Makromolekülen, besonders bei nativer Cellulose, besteht.

MICHAILOW und KARGIN[5] haben bei ihren Untersuchungen über das Zer-

---

[1] J. BLETZINGER, Ind. Eng. Chem. **35**, 474 (1943).

[2] W. AIKEN, Ind. Eng. Chem. **35**, 1206 (1943).

[3] Н. И. Никитин, А. М. Плеханова и Т. И. Руднева, ЖПХ (N. I. NIKITIN, A. M. PLECHANOWA u. T. I. RUDNJEWA, Z. Angew. Chem. [russ.]) **20**, 1185 (1947).

[4] З. А. Роговин, Новое в химии целлюлозы [S. A. ROGOWIN, Neues aus der Chemie der Cellulose) (1945).

[5] Н. В. Михайлов и В. А. Каргин, Тр. 4. конф. по высокомол. соед. Изд. АН СССР (N. W. MICHAILOW, W. A. KARGIN, Arb. 4. Konf. über hochmol. Verbindungen, Akad. Verl. UdSSR) (1948).

reißen von Cellulosefasern ebenfalls die Existenz von Wasserstoffbindungen zum Ausdruck gebracht. Die Autoren stellen zwei verschiedene, mögliche Mechanismen für das Reißen der Fasern zur Diskussion, wobei die Wahrscheinlichkeit der einen oder anderen nur durch eine energetische Beziehung bestimmt werden kann.

1. Reißen der Hauptvalenzbindungen, d. h. der C—O- oder C—C-Bindung (innermolekularer Abbruch).

2. Reißen der Nebenvalenzbindungen, d. h. OH ··· O, also der Wasserstoffbindung und Verschiebung der Kettenmoleküle (zwischenmolekularer Abbruch).

Eine Betrachtung dieser beiden Varianten hat ergeben, daß ein Reißen der Faser durch Abbruch der OH ··· O-Bindung, selbst bei relativ niedrigen Molekulargewichten energetisch schlecht möglich ist. So ist z. B. für eine ideale Faser mit einem Querschnitt von 1 mm^2 und einem einheitlichen Polymerisationsgrad von ca. 300 die Gesamtenergie der zwischenmolekularen Bindungen etwa 14 mal größer als die zum Abbruch der C—O-Bindungen erforderliche. Es wird deshalb für reale Fasern der erstere Mechanismus als in Frage kommend betrachtet. Die Gesamtenergie der Wasserstoffbindung ist so hoch, daß ein Reißen durch Abbruch der zwischenmolekularen Bindungen ausgeschlossen ist.

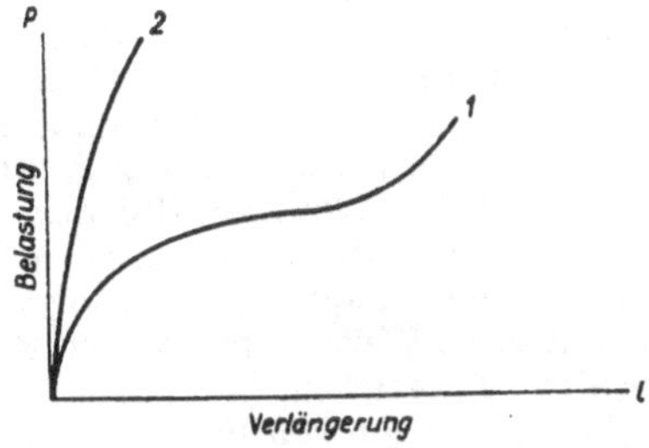

Abb. 45
Diagramm P—l (Belastung—Dehnung) für lufttrockene (*1*) und absolut trockene (*2*) Hydratcellulosefaser

Auf das Vorhandensein starker zwischenmolekularer Kräfte in der trockenen Faser weist auch eine Gegenüberstellung der beiden Kurven in der Abb. 45 hin. Die Kurven beziehen sich auf lufttrockenes Material mit 10 bis 12% Feuchtigkeit, entsprechend 1 bis $1^1/_2$ Mol Wasser pro Glukoserest. Michailow und Kargin nehmen an, daß die Feuchtigkeit in einer derartigen Faser auch ihre Deformation bestimmt. Wenn die lufttrockene Faser nun bei 18 bis 20° ohne merkliche Spannungsvergrößerung deformiert wird (Kurve *1*), so läßt die gleiche Faser bei 120° (absol. trocken) bereits eine wesentlich geringere Deformation erkennen (Kurve *2*). Der Verlauf der Kurve *1* weist darauf hin, daß der Deformationsvorgang durch Schwächung der zwischenmolekularen Kräfte infolge Solvatation erleichtert wird. Die Ketten sind infolgedessen zu einer Verschiebung befähigt. In der gleichen, aber absolut trockenen Faser erreichen die zwischenmolekularen Kräfte hohe Werte, wie die Kurve *2* andeutet. Aus dem Gesagten geht deutlich hervor, daß die physikalisch-mechanischen Eigenschaften der Cellulose in bedeutendem Maße durch die Wasserstoffbindungen bestimmt werden.

Die Ergebnisse vieler Arbeiten können durch die Existenz von Wasserstoffbindungen erklärt werden. Ein direkter Nachweis dieses Bindungstyps ist methodisch noch nicht möglich. Als fruchtbringendste Methode zum Nachweis der Wasserstoffbindungen in der Cellulose hat sich bis jetzt die Untersuchung mit Hilfe der Ultrarotspektroskopie erwiesen.

Anwendung der Ultrarotspektroskopie zur Erforschung der Cellulose und ihrer Derivate

Neben zahlreichen anderen physikalischen und chemischen Methoden zur Untersuchung hochmolekularer Stoffe wird auch die Spektroskopie mit Erfolg angewandt (Ultrarotspektren und Ramanspektren)[1]. Die Schwingungsspektren erlauben unmittelbar Rückschlüsse auf die Struktur des Moleküls, man kann so mit Hilfe der Frequenzen und Intensitäten, z. B. von Ultrarotspektren, direkt die Anwesenheit bestimmter Gruppen oder Bindungen erkennen. Es ist bekannt, daß bestimmten Gruppen oder Bindungen auch bestimmte Frequenzen entsprechen. So zeigt z. B. ein Stoff mit einer Hydroxylgruppe eine charakteristische Frequenz bei ca. 3500 cm^{-1} ($\sim 3\,\mu$). Diese Frequenz ist für die OH-Bindung charakteristisch, sie entspricht der Hauptvalenzschwingung ν dieser Bindung. Der erste Oberton $2\,\nu$ der OH-Frequenz liegt bei 7000 cm^{-1} ($\sim 1{,}40\,\mu$).

Die Ultraspektroskopie spielt eine große Rolle nicht nur bei der Entscheidung dieser oder jener struktur-analytischen Aufgaben, sondern auch beim Studium der zwischenmolekularen Kräfte, wie z. B. der Wasserstoffbindung.

Die Entstehung einer Wasserstoffbindung wird stets von einer wesentlichen Verringerung der Frequenz der OH-Bindung begleitet. Eine Vergrößerung des Abstandes zwischen benachbarten Molekülen (Herabsetzung der Dichte beim Erwärmen, Auflösung in neutralen Lösungsmitteln, Übergang in andere Kristallformen) führt zum Abbruch der Wasserstoffbindung und Wiederherstellung der Eigenschwingung der OH-Gruppen mit der charakteristischen Frequenz. Die Schwingungen der freien Hydroxyle werden durch intensive, scharf begrenzte Banden charakterisiert, die der durch Wasserstoffbindungen besetzten OH-Gruppen durch schwache und verwaschene Absorptionsbanden, die in Richtung zunehmender Wellenlänge (niedrigerer Frequenz) verschoben sind.

Auf diese Weise kann man mittels der Ultrarotspektren direkt die Wasserstoffbindung feststellen.

In einer Reihe von Fällen spielt diese Bindung eine gewisse Rolle bei Auflösungsvorgängen. Diese Erscheinung ist durch den Charakter der zwischenmolekularen Wechselwirkung bedingt. Wenn zwei miteinander mischbare Stoffe fähig zur Ausbildung einer Wasserstoffbindung sind, so kann dies bei dem Vermischen ebenfalls spektroskopisch nachgewiesen werden.

Wie später gezeigt wird, erfolgt die Auflösung von Cellulosederivaten unter Entstehung von Wasserstoffbindungen.

Unter der geringen Zahl von Arbeiten[2], die sich mit der Anwendung der Ultrarotspektroskopie auf die Cellulose und ihre Derivate beschäftigen, ist bis vor kurzem die Arbeit von ELLIS und BATH die einzige gewesen, in der sich

---

[1] R. HERZOG u. K. LASKI, Z. phys. Chem. **121,** 136 (1926). — И. Н. Путилова, Усп. хим. (I. N. PUTILOWA, Fortschr. Chem. [russ.]) **8,** 75 [1939). — A. BUSWELL, J. DOWNING, W. RODEBUSH, J. Am. Chem. Soc. **62,** 2759 (1940). — A. WELLS, J. Appl. Phys. **11,** 137 (1940). — J. ELLIS u. J. BATH, J. Am. Chem. Soc. **62,** 2859 (1940). — А. Гантмахер и З. Медведев (A. GANTMACHER u. S. MEDWEDJEW), Acta physiochem. URSS **16,** 1 (1942). — В. Л. Карпов и Д. И. Лейпунская, Высокомолекулярные соедининия (W. L. KARPOW u. D. I. LEIPUNSSKAJA, Hochmolekulare Verbindungen) **6,** 31 (1947). — J. W. ROWEN, C. M. HUNT u. E. K. PLYLER, J. Res. Nat. Bur. Stand. **39,** 133 (1947). — В. Н. Никитин, ЖФХ (W. N. NIKITIN, Z. phys. Chem. [russ.]) **23,** 775, 786 (1949). — В. Н. Никитин, Вестн. Ленингр. унив. (W. N. NIKITIN, Leningrad. Universitätsbote) Nr. **3,** 33 (1950). — J. W. ROWEN u. E. K. PLYLER, J. Res. Nat. Bur. Stand. **44,** 313 (1950).

[2] R. HERZOG u. K. LASKI, Z. phys. Chem. **121,** 136 (1926). — J. ELLIS u. J. BATH, J. Am. Chem. Soc. **62,** 2859 (1940). — A. WELLS, J. Appl. Phys. **11,** 137 (1940). — J. W. ROWEN, C. M. HUNT u. E. K. PLYLER, J. Res. Nat. Bur. Stand. **39,** 133 (1947).

die Untersuchung auf die Wasserstoffbindungen in der Cellulose erstreckt hat. Von den Autoren wurde natürliches und mercerisiertes Material im Bereich von 1 bis 2,5 μ untersucht und die Existenz von Wasserstoffbindungen in ersterem nachgewiesen.

In neuerer Zeit von W. NIKITIN[1] durchgeführte, ausführlichere spektroskopische Messungen im Bereich von 1 bis 9 μ an verschiedenen Cellulosematerialien haben ergeben, daß die fragliche Bindung nicht nur in natürlicher, sondern auch regenerierter Cellulose vorhanden ist. Gleichzeitig kann in anschaulicher Weise gezeigt werden, daß der Veresterungsprozeß von einem Abbruch der Wasserstoffbindungen an den nicht substituierten Hydroxylen begleitet ist.

TABELLE 20

Absorptionsbanden von Fasern und Folien in μ

Bindung	Schwingungsform	Fasern							Dinitrat (Nitrofilm mit 12 % N)	Folie aus denitrierter Cellulose	Acetylcellulose (55,6 % Acetyl)	Folie aus desacetylierter Cellulose	Äthylcellulose (45,5 % Äthoxyl)
		nativ (Ramie)	mercerisiert	nitriert									
				3% N	5.5% N	7,6% N	12% N	13,7% N					
O–H	2 ν	—	—	1,44	1,44	1,44	1,44	—	1,44	—	—	—	—
O–H···O	2 ν	1,49	1,48	1,48	1,48	1,48	—	—	—	1,48	—	—	—
		1,54											
		1,58	1,58	1,58	1,58	—	—	—	—	1,58	—	—	—
C–H	2 ν	—	—	—	—	—	—	—	1,74	—	1,69 1,74	1,69 1,74	1,69 1,74
O–H	?	—	—	—	—	—	1,91	—	1,91	—	—	—	—
O–H	ν + δ	—	—	—	—	—	2,07	—	2,07	—	—	—	—
O–H···O	ν + δ	2,11	2,09	<2,09	<2,09	<2,09	—	—	—	2,09	—	—	—
O–H	ν	—	—	—	—	—	—	—	2,8	—	2,8	—	2,8
O–H···O	ν	—	—	—	—	—	—	—	—	>2,9	—	2,9	—
C–H	ν	—	—	—	—	—	—	—	3,4	3,4	3,4	3,4	3,4
C=O	ν	—	—	—	—	—	—	—	—	—	5,75	—	—
$-ONO_2$	ν (as)	—	—	—	—	—	—	—	6,1	6,1 schwach	—	—	—
CH_3 (C–H, H, H)	δ	—	—	—	—	—	—	—	—	—	7,3	—	7,3

Die auf diese Weise erhaltenen Ergebnisse sind in der Tab. 20 zusammengestellt. Wie aus der Tabelle ersichtlich ist, zeigt Ramie Absorptionsbanden bei 1,49, 1,54, 1,58 und 2,11 μ, die, wie bereits erwähnt, Hydroxylgruppen entsprechen, die durch Wasserstoffbindungen besetzt sind. ELLIS und BATH haben analoge Banden gefunden.

Bei dem Studium des Ultrarotabsorptionsspektrums von Ramie im polarisierten Licht haben diese Autoren gezeigt, daß in der Faser Hydroxyle existieren, die gewissermaßen zur Faserachse orientiert sind.

---

[1] В. Н. Никитин, ЖФХ (W. N. NIKITIN, Z. phys. Chem. [russ.]) **23**, 775 (1949) — Вестн. Ленингр. унив. (Leningrad. Universitätsbote) Nr. 3, 33 (1950).

Die von W. Nikitin untersuchte mercerisierte Ramie und Baumwolle ergeben identische Spektrogramme, die aber denen von unbehandelten Fasern nicht gleichen. Die ersteren zeigen Absorptionsbanden bei 1,48, 1,58 und 2,09 μ (Tab. 20).

Im Spektrum einer mercerisierten Faser kann man, im Gegensatz zur natürlichen, eine Verschiebung der Absorptionsbanden in Richtung kürzerer Wellenlängen, entsprechend 1,48 und 2,09 μ, beobachten, während die Bande 1,54 μ verschwunden ist. Diese Tatsache weist darauf hin, daß bei der Mercerisierung eine mit einer Schwächung der Wasserstoffbindungen verbundene Änderung stattfindet. Wahrscheinlich erfolgt dabei eine Vergrößerung des mittleren Abstandes zwischen den durch die Wasserstoffbrücke verbundenen Sauerstoffatomen.

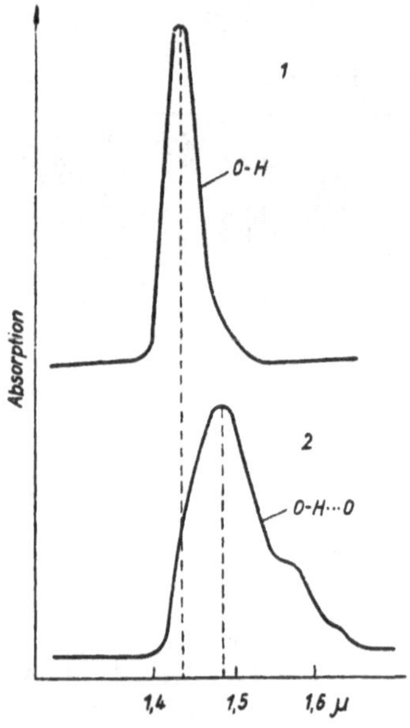

Abb. 46. Spektrogramme von Dinitrat (*1*) und daraus regenerierter Cellulose (*2*)

Hydratcellulosefolien zeigen die gleichen Absorptionsbanden wie eine faserige, mercerisierte Probe. Durch die spektroskopische Untersuchung der Cellulose in verschiedenen Zustandsformen hat sich ergeben, daß die Hydroxyle im allgemeinen durch Wasserstoffbrücken verbunden sind. Es ist ferner anzunehmen, daß bei einer partiellen Substitution der Hydroxylwasserstoffatome durch größere Radikale (Veresterung) die zwischenmolekularen Wasserstoffbindungen zerstört werden, da der Abstand der beiden beteiligten O-Atome größer als 3 Å wird.

Tatsächlich ist bei der spektroskopischen Untersuchung verschieden nitrierter faseriger Proben festgestellt worden, daß mit steigendem Substitutionsgrad ein allmähliches Auftreten der Banden bei 1,44 und 2,07 μ beobachtet wird (Tab. 20), die für freie Hydroxyle charakteristisch sind. Gleichzeitig bemerkt man ein allmähliches Verschwinden der Banden 1,48 und 1,58 μ, die für durch Wasserstoffbrücken besetzte Hydroxyle gelten.

Das Auftreten der freien Hydroxylbanden (1,44 und 2,07 μ) bei Einführung der größeren Nitrogruppe deutet auf eine Zerstörung der Assoziationskräfte in der ursprünglichen Faser und Auflockerung des Molekülverbandes hin. Die in der Abb. 46 dargestellten Spektrogramme geben ein ungefähres Bild der Verhältnisse. Die Kurve *1* gibt einen Teil des Spektrogramms von Cellulosedinitrat als Film wieder. Das scharfe Maximum bei 1,44 μ ist für freie Hydroxyle charakteristisch. Die Absorption von Hydratcellulosefolie wird durch die Kurve *2* dargestellt. Die Verschiebung des Maximums und gleichzeitige Verbreiterung in das Gebiet längerer Wellen ist eine Folge entstandener Wasserstoffbindungen.

Die genannten Tatsachen können ebenfalls durch das Studium an Absorptionsbanden der Hauptvalenzschwingung der Hydroxylgruppe bestätigt werden. Ist die Bande für das Hydroxyl des Dinitrats 2,8 μ, so ist sie bei der Hydratcellulosefolie auf 2,9 μ verschoben (Tab. 20).

Durch die genannten spektroskopischen Angaben wird also festgestellt, daß die zwischen den Ketten von natürlichen, mercerisierten, aber auch regenerierten Cellulosen wirkenden Krätte der Wasserstoffbindung zugeschrieben werden müssen.

Die Existenz der Wasserstoffbindung hat einen wesentlichen Einfluß auf die gegenseitige Lage der Kettenmoleküle und die Eigenschaften der Cellulose.

Wie bereits erwähnt, haben Michailow, Kargin und Buchman[1] gezeigt, daß bei der Regeneration der Cellulose aus ihren Estern die Lage der Ketten so bleibt, wie sie im Augenblick der Regeneration war. Zur Erklärung dieser Tatsache haben Kargin und Mitarbeiter die Existenz von chemischen, sogenannten Esterbindungen angenommen. Dadurch, daß bei der Regeneration neue Wasserstoffbindungen entstehen, kann man aber auch diese für die Fixierung der Lage der Moleküle verantwortlich machen, zumindest als einen der Faktoren. Dies ist um so wahrscheinlicher, als ein experimenteller Nachweis der chemischen Bindung bisher nicht gelungen ist.

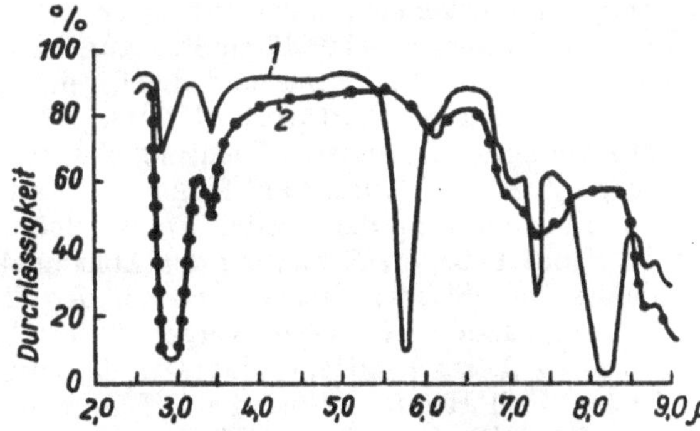

Abb. 47. Absorptionsspektren von Acetylcellulose mit 55,6 % Essigsäure (*1*) und Folie aus desacetylierter Cellulose (*2*)

Die Anwendung der Ultrarotspektroskopie in der Celluloseforschung gestattet jedoch nicht nur eine Klärung der mit den zwischenmolekularen Kräften zusammenhängenden Fragen, sondern gibt auch die Möglichkeit, unbekannte Cellulosematerialien auf Strukturveränderungen zu untersuchen, die bei den verschiedensten chemischen Umsetzungen auftreten können. Das ist möglich dank der Tatsache, daß den verschiedenen Bindungen bzw. Atomgruppen bestimmte Frequenzen eigentümlich sind. Die Absorptionsmaxima der Gruppen O—H, C—H, C=O, CH_3 und NO_2 sind in der Tab. 20 zusammengestellt.

In der Abb. 47 sind die Spektrogramme von Acetylcellolusefilmen mit 55,6% Essigsäure (Kurve *1*) und einer desacetylierten Folie (Kurve *2*) wiedergegeben. Bei dem Acetatfilm ist ein Maximum bei 5,75 μ (ν = 1740 cm^{-1}) zu sehen, das für die Carbonylbindung C=O charakteristisch ist. In dem regenerierten Film fehlt jedoch diese Bande, woraus man schließen kann, daß die Desacetylierung vollständig ist.

Vergleicht man in der Tab. 20 die Intensitäten von Nitrat- und Regeneratfilm, so sieht man, daß die für die ONO_2-Gruppe charakteristische Bande bei 6,1 μ in beiden Fällen vorhanden ist. In diesem Falle ist also die Denitrierung nicht vollständig, was auch chemisch nachgewiesen worden ist.

Interessante Ergebnisse sind durch die Anwendung der Ultrarotspektroskopie auf die Erforschung von Oxydationsprozessen der Cellulose mit ausgesprochen selektiven Oxydationsmitteln wie N_2O_4, HJO_4 und $HClO_2$ erhalten worden[2].

[1] Н. В. Михайлов, В. А. Каргин и В. М. Бухман, ЖФХ (N. W. Michailow, W. A. Kargin u. W. M. Buchmann, Z. phys. Chem. [russ.]) **14**, 205 (1940).

[2] J. Rowen, C. Hunt u. E. Plyler, J. Res. Nat. Bur. Stand. **39**, 133 (1947).

Die Lösungen von Estern der Cellulose

Mit der Erforschung des Lösungsmechanismus von Celluloseestern haben sich eine ganze Reihe von Autoren befaßt. Trotz vieler zur Erklärung vorgeschlagener Hypothesen gibt es keine allgemein anerkannte Theorie über dieses Problem.

Es treten hauptsächlich zwei Fragen in den Vordergrund, die für eine Klärung des Lösemechanismus wichtig sind: 1. Welche Bindung existiert zwischen den einzelnen, in Lösung befindlichen Makromolekülen des Esters, und 2. welchen Charakter besitzt die Wechselwirkung zwischen Molekülen des gelösten Stoffes und des Lösungsmittels?

Die Versuche zur Beantwortung der ersten Frage lassen zwei prinzipielle Standpunkte erkennen. Nach dem einen liegt der hochpolymere Stoff in der Lösung in Form von sekundären Struktureinheiten, den Micellen, vor. Man betrachtet also das Verhältnis und die Eigenschaften derartiger Lösungen vom Standpunkt der Micellartheorie (MEYER, MARK und OSTWALD).

Die Vertreter der anderen Richtung glauben an eine molekulare Lösung der Hochpolymeren (STAUDINGER, KARGIN, ROGOWIN u. a.)

Die Beantwortung der zweiten Frage erfolgt gleichfalls verschieden. So hat z. B. HIGHFIELD[1] zur Erklärung der Abhängigkeit der Löslichkeit von Nitrocellulose vom Stickstoffgehalt eine auf der Theorie von LANGMUIR-HILDENBRAND begründete Hypothese vorgeschlagen. Danach lösen sich polare Stoffe in polaren Lösungsmitteln, unpolare in entsprechend unpolaren Lösungsmitteln. Nach HIGHFIELD ist die OH-Gruppe in Nitrocellulose am stärksten polar, die ONO_2-Gruppe schon bedeutend schwächer und die CH-Gruppe am schwächsten. Die Löslichkeit der Nitrocellulose hängt also von der Wechselwirkung dieser Gruppen mit den entsprechenden des Lösungsmittels und infolgedessen von ihrer Menge ab.

Der genannte Autor ist der Ansicht, daß die besten Lösungsmittel für Nitrocellulose, aber auch für andere Ester, diejenigen sind, die sowohl stark als auch schwach polare Gruppen enthalten. Dabei muß selbstverständlich auch bei einer Änderung des Veresterungsgrades, d. h. des Verhältnisses der unterschiedlich polaren Gruppen zueinander, eine entsprechende Auswahl der Polarität des Lösungsmittels erfolgen. HIGHFIELD erklärt die Löslichkeit der Nitrocellulose in Alkohol-Äther wie folgt. Bei der Auflösung findet eine Wechselwirkung zwischen den polaren Hydroxylen des Esters und des Alkohols (Dielektrizitätskonstante $\varepsilon = 25$) und zwischen den unpolaren Kohlenwasserstoffgruppen und dem Äther (DK $\varepsilon = 4{,}34$) statt. Zur Auflösung von Nitrocellulose mit höherem Stickstoffgehalt muß der Anteil des Äthers am Lösungsmittelgemisch erhöht werden, da die Anzahl der unpolaren ONO_2-Gruppen ebenfalls höher ist.

Diese Theorie ist jedoch in letzter Zeit von einer Reihe von Autoren kritisiert worden. SCHORYGIN[2] hat als wesentlichen Mangel die sehr mechanische Art und Weise der Erklärung der außerordentlich komplizierten Frage des Lösungsmechanismus von Nitrocellulose herausgestellt. Durch die genannte Theorie kann z. B. die Tatsache, daß Aceton, welches ein großes Dipolmoment

---

[1] A. HIGHFIELD, Trans. Farad. Soc. **22**, 57 (1926).

[2] П. П. Шорыгин, Химия целлюлозы (P. P. SCHORYGIN, Chemie der Cellulose), (1939). S. 247.

besitzt und als Universallösungsmittel für verschieden hoch nitrierte Nitrocellulosen dient, nicht erklärt werden.

ROGOWIN[1] nimmt an, daß die Vorstellungen von HIGHFIELD nicht den Tatsachen entsprechen, da die bei der Auflösung sicher stattfindenden Vorgänge nur in ungenügendem Maße erklärt werden. Die Einteilung der Gruppen, wie sie von dem letzteren angegeben ist, entspricht nicht der Wirklichkeit, wie das auch durch spätere Untersuchungen bewiesen worden ist. So hat sich z. B. herausgestellt, daß das größere Dipolmoment der ONO_2-Gruppe und nicht der OH-Gruppe zukommt.

Es fehlt auch nicht an Versuchen[2], eine Erklärung für den Mechanismus der Auflösung von Celluloseestern in den verschiedensten organischen Lösungsmitteln mit Hilfe elektrostatischer Konstanten zu finden. Aber auch auf diese Weise kann keine Übereinstimmung mit den wahren Verhältnissen erreicht werden.

Unter den wichtigsten Theorien über die Auflösung von Nitrocellulose ist noch die von HESS hervorzuheben, die sich auf röntgenographische Daten stützt. Danach geht der Lösung eines Gemisches aus zwei Komponenten die Ausbildung von Additionsverbindungen mit der einen voraus, die sich dann in der zweiten Komponente auflösen. Aus dem röntgenographischen Verhalten von Trinitrocellulose bei der Auflösung in binären, acetonhaltigen Lösungsmitteln schließen HESS, TROGUS und TOMONARI[3], daß zunächst eine Additionsverbindung des Acetons mit der Nitrocellulose gebildet wird, die sich im Überschuß des Lösungsmittels löst. Nach den erwähnten Autoren kommen auf ein Mol $C_6H_7O_2(ONO_2)_3$ drei Mole Aceton. Die gleichen Ergebnisse sind auch im Falle anderer Lösungsmittel erhalten worden.

Auf Grund von Untersuchungen über die Quellung und Auflösung von Cellulose in wäßrigen Elektrolyten nehmen HESS und Mitarbeiter[4] an, daß auch in diesen Fällen zunächst eine chemische Verbindung zwischen der Cellulose und dem Elektrolyten entsteht.

Die Theorie von HESS besitzt zweifellos ihre Vorzüge, aber auch sie kann nicht alle Erscheinungen des komplizierten Auflösungsmechanismus von Celluloseestern erklären.

Zu der Vorstellung einer chemischen Verbindung zwischen dem Cellulosederivat und dem Lösungsmittel sind auch KARGIN und PAPKOW[5] auf Grund von thermodynamischen Untersuchungen gekommen.

Interessante Ergebnisse sind durch die Anwendung der Ultrarotspektroskopie auf das Studium des Auflösungsvorganges von unvollständig substituierten Celluloseestern erhalten worden. Auf diese Weise ist eine direkte Beobachtung der Wechselwirkungen zwischen dem Ester und dem Lösungsmittel möglich.

Wie an anderer Stelle bereits erwähnt, sind in unvollständig veresterten Cellulosederivaten noch freie Hydroxyle vorhanden, die nicht durch Wasser-

[1] З. А. Роговин, Усп. химии (S. A. ROGOWIN, Fortschr. d. Chemie [russ.]) **7**, 798 (1938).

[2] J. SAKURADA, Koll.-Z. **49**, 59, 178 (1929). — W. OSTWALD u. H. ORTLOFF, Koll.-Z. **59**, 25 (1923). — W. HALLER u. H. ORTLOFF, Koll.-Z. **59**, 137 (1923).

[3] C. TROGUS, T. TOMONARI u. K. HESS, Z. phys. Chemie **16**, 351 (1932).

[4] K. HESS u. C. TROGUS, Z. phys. Chem. (A) **145**, 401 (1929); (B) **6**, 1 (1929).

[5] В. А. Каргин и С. П. Папков (W. A. KARGIN u. S. P. PAPKOW), Acta physico chim. URSS **3**, 839 (1935).

stoffbrücken besetzt sind. Es ist deshalb denkbar, daß bei der Auflösung dieser Ester neue Wasserstoffbindungen zwischen den freien Hydroxylen und den polaren Gruppen des Lösungsmittels entstehen. Derartige Veränderungen müßten in den Ultrarotspektrogrammen sichtbar sein.

Tatsächlich haben spektroskopische Untersuchungen von W. Nikitin gezeigt, daß bei der Auflösung von Dinitrocellulose in Aceton, Dioxan, Pyridin, Alkohol-Äther und Eisessig Wasserstoffbindungen zwischen den freien Hydroxylen des Nitrats und den elektrisch negativen Atomen des Lösungsmittels entstehen.

Zur Veranschaulichung sind in den Abb. 48 und 49 die bei der Auflösung von Schießbaumwolle in Aceton und Dioxan erhaltenen Ultrarotspektrogramme dargestellt. Die Kurve *1* in beiden Abbildungen bezieht sich auf das Material

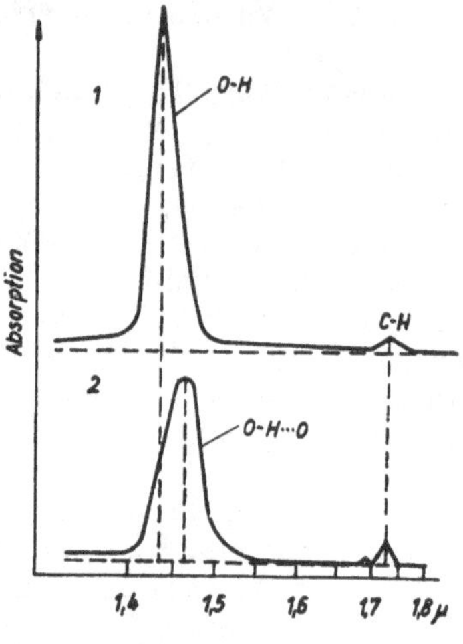

Abb. 48. Spektrogramme von Dinitrat (*1*) und in Aceton gelöstem Dinitrat (*2*)

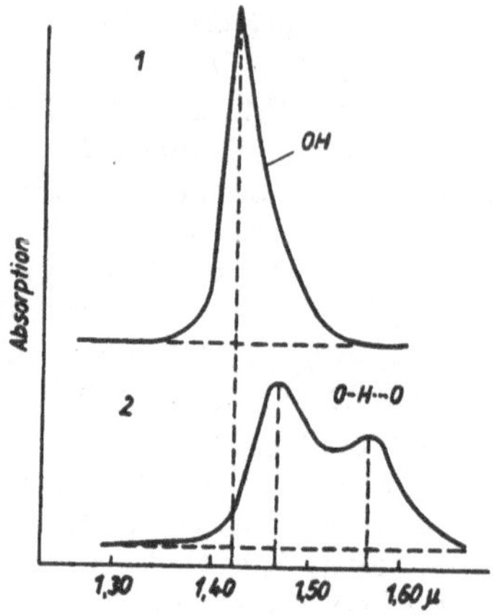

Abb. 49. Spektrogramme von Dinitrat (*1*) und in Dioxan gelöstem Dinitrat (*2*)

vor der Auflösung, die Kurve *2* dagegen auf die Lösung in dem jeweiligen Lösungsmittel. Im ersten Falle ist ein scharfes Maximum jeweils bei 1,44 μ, entsprechend den freien Hydroxylen, zu beobachten. Bei der Lösung sind die Maxima in Richtung größerer Wellenlänge verschoben und die Banden verbreitert. Durch diese Tatsache wird die Entstehung von Wasserstoffbindungen zwischen den freien Hydroxylen des Nitrats und Sauerstoffatomen des Lösungsmittels bestätigt. Formelmäßig läßt sich das folgendermaßen ausdrücken:

$$C_6H_7O_4(NO_2)_2O{-}H \cdots O{=}C(CH_3)_2$$

$$C_6H_7O_4(NO_2)_2O{-}H \cdots O\begin{matrix} \diagup CH_2-CH_2 \diagdown \\ \diagdown CH_2-CH_2 \diagup \end{matrix}O \cdots$$

Durch Untersuchungen an Acetylcelluloselösungen ist man zu gleichartigen Resultaten gelangt.

Die Anwendung der Spektroskopie ermöglicht häufig eine genaue Untersuchung des Auflösungsvorganges von Celluloseestern. So kann man z. B. nach den Vorstellungen von Ostwald nicht erklären, warum Dioxan, das ein kleines

Dipolmoment aufweist (0,4 D), trotzdem ein gutes Lösungsmittel für einige Celluloseester ist. Die Lösefähigkeit des Dioxans wird jedoch sofort verständlich, wenn man seine Befähigung zur Ausbildung von Wasserstoffbindungen berücksichtigt.

Ungeachtet der großen Rolle der Wasserstoffbindungen bei der Auflösung von Celluloseestern müssen zur besseren Aufklärung aber auch die zwischen den übrigen Gruppen des Esters und des Lösungsmittels wirksamen Kräfte (VAN DER WAALSsche Kräfte) Berücksichtigung finden. Es erscheint notwendig, den Auflösungsvorgang des einen oder anderen Esters, aber auch der Cellulose selbst, in jedem Falle gesondert zu untersuchen, da stets andere, zu Wechselwirkungen befähigte Gruppen sowohl im Ester als auch im Lösungsmittel vorhanden sind.

Mit Hilfe der Ultrarotspektroskopie kann man aber nicht nur zur Klärung der eben beschriebenen Probleme beitragen, sondern von Fall zu Fall beurteilen, ob eine micellare oder molekulare Lösung vorliegt. So sind z. B. die Makromoleküle, selbst in konzentrierten Lösungen, stets von Lösungsmittelmolekülen umgeben, die durch Wasserstoffbrücken gebunden sind. Auf Grund dieser Tatsache wird angenommen, daß keine micellaren, sondern molekulare Lösungen vorliegen. Diese Vorstellung befindet sich in guter Übereinstimmung mit der Annahme von KARGIN, PAPKOW und ROGOWIN[1], wonach bei Celluloseestern keine kolloiden, sondern echte Lösungen vorhanden sind.

Nach Ansicht der Autoren sind in Lösungen hochmolekularer Stoffe als Folge der Brownschen Bewegung Zusammenstöße zwischen einzelnen Makromolekülen möglich, wodurch Assoziationsschwärme entstehen können. Diese Gebilde sind aber auf Grund der hohen inneren Energie der Makromoleküle selbst unbeständig und zerfallen deshalb wieder in die Einzelmoleküle. Die Assoziationsschwärme haben jedoch mit den Micellen nichts gemein. Ihr Entstehen und Zerfallen hängt lediglich ab von Änderungen der Konzentration, Temperatur, der Natur des Lösungsmittels und des gelösten Stoffes.

An Hand von Untersuchungen über die Quellung und Auflösung von Celluloseestern kommen KARGIN, PAPKOW, ROGOWIN und KORSCHUNOWA[2] zu folgenden Schlüssen: Das Verhalten des Systems makromolekularer Stoff-Lösungsmittel ist ganz analog dem des Systems Flüssigkeit-Flüssigkeit. Danach entspricht die begrenzte Quellung eines Hochpolymeren der ebenfalls begrenzten Mischbarkeit zweier Flüssigkeiten, die vollständige Auflösung auch einer unbegrenzten Mischbarkeit.

TAGER und KARGIN[3] haben diese Ansicht bestätigt, indem sie der Meinung sind, daß alle bei der Quellung und Auflösung auftretenden Erscheinungen durch die amorphe Natur der Celluloseester eine Erklärung finden können.

---

[1] В. А. Каргин, С. П. Папков и З. А. Роговин, ЖФХ (W. A. KARGIN, S. P. PAPKOW u. S. A. ROGOWIN, Z. phys. Chemie [russ.]) **13**, 206 (1939).

[2] С. П. Папков, З. А. Роговин и В. А. Каргин, ЖФХ (S. P. PAPKOW, S. A. ROGOWIN u. W. A. KARGIN, Z. phys. Chemie [russ.]) **10**, 156, 607, 793 (1937); **13**, 206 (1939). — С. П. Папков и К. Коршунова, ЖПХ (S. P. PAPKOW u. K. KORSCHUNOWA, Z. Angew. Chemie [russ.]) **11**, 859 (1938).

[3] А. Тагер и В. А. Каргин, ЖФХ (A. TAGER u. W. A. KARGIN, Z. phys. Chemie [russ.]) **15**, 1029, 1036 (1941).

Durch eine derartige mehr oder weniger allgemein gehaltene Charakteristik ist das Ziel einer ausführlicheren Erforschung des Wesens der zwischen den Molekülen des Hochpolymeren und des Lösungsmittels wirkenden Kräfte jedoch nicht erreicht.

Die allgemeinen Betrachtungen über die bei der Auflösung der Cellulose oder ihrer Ester stattfindenden physikalisch-chemischen Vorgänge sind deshalb hier erwähnt worden, weil sie für eine Reihe von Industriezweigen eine außerordentlich große Bedeutung besitzen. So u. a. bei der Herstellung von Viskose, Acetylcellulose, Celluloid, Benzylcellulose und der Gelatinierung von Nitrocellulose. Als Rohstoffquelle für den größten Teil dieser Industrien dient heute fast ausschließlich die Cellulose des Holzes.

FÜNFTER ABSCHNITT

Allgemeiner Grundriß der kolloiden und chemischen Eigenschaften der Cellulose[1]

Die Cellulose $(C_6H_{10}O_5)_n$ ist der Hauptbestandteil der Zellwand höherer Pflanzen. Das Holz von Nadel- und Laubbäumen besteht zu 40 bis 50% aus diesem Polysaccharid. Die gesamte Pflanzenwelt der Erde enthält eine, einer Billion Tonnen CO_2 entsprechende Menge Kohlenstoff, der zum größten Teil in Form von Cellulose vorliegt. Obwohl das Holz bereits eine außerordentliche wirtschaftliche Bedeutung besitzt, besteht jedoch kein Zweifel, daß die Verwendung in der Zukunft noch weiter ausgedehnt wird, so z. B. als Energiequelle und als Ausgangsmaterial zur Gewinnung von für das menschliche Leben wichtigen Chemikalien, wenn die natürlichen Kohlen- und Erdölvorräte erschöpft sein werden.

Der Cellulosegehalt in den Zellwänden der Pflanzen ist außerordentlichen Schwankungen unterworfen. Zum Beispiel enthalten junge Blätter ca. 10% (auf das Trockengewicht bezogen), während alte bis zu 20% enthalten können. In Kiefernnadeln finden sich bis zu 29% rohe Cellulose[2]. Eichenholz (*Quercus pedunculata*) enthält 32 bis 37% reine Cellulose, wobei dieser Wert innerhalb der verschiedenen Arten etwas schwanken kann[3]. In der dahurischen Lärche und der sibirischen Tanne sind 43,2% bzw. 48,4% gefunden worden[4]. KALNINSCH[5] hat gefunden, daß der Cellulosegehalt in der lettischen Kiefer durch Verbesserung der Bodenqualität etwas erhöht wird. Baumwolle besteht in ungereinigtem Zustande aus ca. 90% Cellulose und stellt damit den Rohstoff mit dem höchsten Cellulosegehalt dar.

Andere pflanzliche Rohstoffe enthalten ebenfalls große Mengen von Cellulose. Nach den Analysen von PRJANISCHNIKOW und MASCHEWITZKA werden in Maisstengeln 30%, in Sonnenblumenschalen 33,8% und im Schilf 42%

---

[1] Vgl. Н. И. Никитин, Коллоидные растворы и эфиры целлюлозы (N. I. NIKITIN, Kolloide Lösungen und Ester der Cellulose) (1933). — П. П. Шорыгин, Химия целлюлозы (P. P. SCHORYGIN, Chemie der Cellulose) (1939). — E. OTT, Cellulose and Cellulosederivatives (1943). — W. PIGMAN und R. GOEPP, Chemistry of the carbohydrates 529 (1948).

[2] Die nach KÜRSCHNER bestimmte Cellulose enthielt noch viele Kutikulateilchen. Über die chemische Zusammensetzung der Nadeln vgl. И. М. Орлова, Лесохим. пром. (I. M. ORLOWA, Holzchem. Ind.) Nr. 4, 52 (1939).

[3] Н. Никитин, Т. Руднева, А. Зайцева и М. Чочиева, ЖПХ (N. NIKITIN, T. RUDNJEWA, A. SAITZEWA u. M. TSCHOTSCHIJEWA, Z. Angew. Chem. [russ.]) 22, 67 (1949).

[4] В. И. Шарков и С. В. Собецкий, Лесохим. пром. (W. I. SCHARKOW u. S. W. SOBETZKI, Holzchem. Ind.] Nr. 7 (1940).

[5] A. KALNINSCH, Latvias Priedes techn. ipasibas (1930) S. 125.

gefunden. Andere Autoren geben für Stroh von Winterweizen und Hafer 34,2 bis 35,4% an.

In den niedrigeren Pflanzen findet sich die Cellulose ebenfalls sehr verbreitet, obgleich eine genaue Bestimmung ihrer Menge nicht in allen Fällen genügend sorgfältig durchgeführt worden ist. Man hat sich dabei meistens auf einen qualitativen Nachweis mit Chlorzinkjod beschränkt. Durch Isolierung von Cellobiose aus Acetolysaten ist die Anwesenheit von Cellulose in den Gefäßbündeln des Wurzelstocks von Farnkraut (*Pteris aquilina*)[1] und isländischem Moos nachgewiesen worden. SCHARKOW[2] und SARTANIJA haben in verschiedenen Torfmoosen 28 bis 31% Cellulose (nach KÜRSCHNER und HOFFER) und 17,3 bis 21,4% (nach KISEL und SEMIGANOWSKI) gefunden. In der Becherflechte sind nach der letzten Methode 10,9% bestimmt worden.

Die Isolierung und Reinigung der Cellulose von den sie begleitenden Stoffen wird sehr verschieden durchgeführt. So wird z. B. die Reinigung von Baumwoll-Linters, d. h. der beim Entfernen der Wolle an den Samen zurückbleibenden etwa 6 bis 20 mm kurzen Fasern, durch 3- bis 5stündiges Kochen der Samen mit 2- bis 3%iger Natronlauge unter einem Druck von 3 bis 5 at durchgeführt. Danach schließt sich eine Bleiche mit verdünnter Hypochloritlauge, Ansäuerung, Behandlung mit Natriumbisulfitlösung und gründliches Waschen an.

Die reinste Baumwollcellulose für wissenschaftliche Untersuchungen erhält man auf folgendem Wege. Zunächst wird mit heißem Alkohol-Äther zur Entfernung von Fetten und Wachsen extrahiert, schließlich unter Luftabschluß mit 1%iger Natronlauge zur Entfernung von Pektinstoffen gekocht[3]. Eine auf diese Weise gereinigte Baumwolle enthält ca. 99,6% Cellulose und 0,05 bis 0,09% Asche; sie ist in kalter 17,5%iger Lauge praktisch unlöslich.

Aus Holz wird die Cellulose durch Kochen von Holzspänen mit SO_2-haltigen Calciumbisulfitlösungen (bei 140 bis 145°) oder 4- bis 6%iger Natronlauge (170 bis 174°) dargestellt. Bei dieser Behandlung geht das Lignin und ein Teil der begleitenden Hemicellulosen in Lösung[4]. Die gewonnenen Zellstoffe werden anschließend noch gebleicht. Gebleichter technischer Zellstoff ist jedoch nie rein, gewöhnlich enthält er 5 bis 7% Pentosane (Xylan), geringe Mengen Mannan und bis zu 1 bis 1,2% Lignin. Gebleichter Sulfitzellstoff enthält je nach Art und Durchführung der Kochung einige zehntel Prozent Asche und bis zu 1% Harz und Fett.

Molekulargewicht der Cellulose und ihrer Derivate

Von vielen Autoren sind bisher zahlreiche Bestimmungen der Molekulargewichte der verschiedensten Cellulosematerialien und ihrer Derivate durchgeführt worden. Die erhaltenen Werte müssen jedoch mit großer Vorsicht betrachtet werden, da die Bestimmungen mit ziemlichen Schwierigkeiten verbunden und nicht immer genau sind. Das Molekulargewicht kann nur in Lö-

[1] W. HARLOW u. L. WISE, Am. J. Botany **25,** 217 (1938).

[2] В. И. Шарков, Гидролизн. произв. (W. I. SCHARKOW, Hysrolysenindustrie) **1,** 108 (1945).

[3] Über Standardreinigungsverfahren siehe A. COREY u. H. GRAY, Ind. Eng. Chem. **16,** 853, 1130 (1924).

[4] Die chemische Seite dieser technischen Prozesse wird in den Abschnitten 17 und 18 ausführlicher behandelt.

sung ermittelt werden, wobei die Zahl der Lösungsmittel für Cellulose sehr begrenzt ist und bei der Auflösung selbst eine Erniedrigung des Polymerisationsgrades durch Einwirkung des Luftsauerstoffes bewirkt werden kann.

Will man aus Molekulargewichtsbestimmungen an Celluloseestern irgendwelche Rückschlüsse auf das ursprüngliche Material ziehen, darf man nicht vergessen, daß bei der Darstellung der Ester bereits ein Abbau der Ketten stattfinden kann und sicher auch erfolgt. Ferner darf nicht außer acht gelassen werden, daß alle Cellulosepräparate, selbst Baumwolle, in bezug auf Teilchen mit unterschiedlichem Molekulargewicht, mehr oder weniger heterogen sind. Man muß deshalb mit den Molekulargewichten (M) einzelner Fraktionen rechnen. Die Bestimmungsmethoden ergeben im Falle von Hochpolymeren nur Werte für das Durchschnittsmolekulargewicht. Dabei sind jedoch mehrere Auslegungen möglich. Man unterscheidet Zahlenmittel und Gewichtsmittel des Molekulargewichts, je nach der Bestimmungsmethode[1]. Das Zahlenmittel erhält man durch osmotische oder chemische Methoden, wobei die Anzahl der Moleküle für die Berechnung maßgeblich ist. Das Gewichtsmittel dagegen wird durch viskosimetrische Methoden, Bestimmung der Sedimentationsgeschwindigkeit in der Ultrazentrifuge oder Messung der Diffusionskonstanten erhalten. Dabei sind für die Berechnung die Masse, Dimensionen und Form der Teilchen ausschlaggebend. Durch die Ultrazentrifuge kann noch eine andere Art des Mittels bestimmt werden.

Die Berechnung der verschiedenen Arten des Molekulargewichtes nimmt man nach folgenden Formeln vor:

1. Zahlenmittel

$$M_n = \frac{\Sigma\, n_i M_i}{\Sigma\, n_i} = \frac{\Sigma\, w_i}{\Sigma \frac{w_i}{M_i}};$$

2. Gewichtsmittel

$$M_w = \frac{\Sigma\, n_i M_i^2}{\Sigma\, n_i M_i} = \frac{\Sigma\, w_i M_i}{\Sigma\, w_i};$$

3. Zahlenmittel aus Sedimentationsgleichgewichten

$$M_z = \frac{\Sigma\, n_i M_i^3}{\Sigma\, n_i M_i^2} = \frac{\Sigma\, w_i M_i^2}{\Sigma\, w_i M_i}.$$

Hierbei bedeuten n_i die Zahl der Teilchen vom Molekulargewicht M_i
w_i das Gesamtgewicht der Moleküle.

Mit Hilfe von Sedimentationsgleichgewichten kann man alle drei Arten des mittleren Molekulargewichts berechnen. Nach den anderen Methoden findet man nur das eine oder andere Mittel. Im Falle von sehr polydispersen Materialien ergeben die Berechnungen[2] nach den verschiedenen Methoden für die drei Molekulargewichtsmittel recht unterschiedliche Werte. Besteht z. B. ein derartiges polydisperses Gemisch zu 50% aus Teilchen mit $M = 100000$ und zu 50% aus solchen mit $M = 1000$, so ergibt die Berechnung von M_n 1980, M_w dagegen 50000.

[1] W. D. LANSING und E. KRAEMER, J. Am. Chem. Soc. **57**, 1369 (1935).

[2] О. П. Голова и В. И. Иванов, О молекулярном весе целлюлозы (O. P. GOLOWA u. W. I. IWANOW, Das Molekulargewicht der Cellulose), Deutsche Übersetzung 1953, S. 9. In dem Buch sind die verschiedenen Methoden näher ausgeführt.

Hat man aber ein wesentlich einheitlicheres Gemisch, das zu 99% aus Teilchen mit $M = 100000$ und 1% $M = 10000$ besteht, so ergibt sich aus M_w/M_n ungefähr 1,08, wodurch nur noch ein kleiner Unterschied der verschiedenen Mittelwerte ausgedrückt wird. Schließlich sei noch ein Beispiel einer Probe mit Ketten verschiedener Länge angeführt. Die entsprechenden Polymerisationsgrade und relativen Anteile der einzelnen Fraktionen sind in der Tabelle 21[1] angeführt.

TABELLE 21

Verhältnis von Polymerisationsgrad (P) zu den Gewichtsfaktoren (W)

W in g	P	$W:P$		$W \cdot P$	
10	200	10: 200 oder 150:3000	= 330:3000	2000	= 3200
20	500	20: 500 „ 120:3000		10000	
20	1000	20:1000 „ 60:3000		20000	
30	2000	30:2000 „ 45:3000	= 65:3000	60000	= 127000
20	3000	20:3000 „ 20:3000		60000	
100		395:3000	$=\sum [W:P]$	152000	$=\sum W \cdot P$

Zahlenmittel von $P = 100$: [395:3000], oder 760.
Gewichtsmittel von $P = 152000:100$, oder 1520.

Der von den Molekülen der ersten Fraktion bewirkte Effekt entspricht bei osmotischer Bestimmung einem Wert, der dem Verhältnis 10:200 proportional ist. Ist W gleich dem Gewichtsanteil jeder Fraktion im Gemisch, so ist der durch alle Fraktionen bewirkte Effekt $\Sigma(W \cdot DP)$ und das Zahlenmittel des DP (proportional M_n) entsprechend $\Sigma W : \Sigma(W : DP)$ oder gleich 760. Bei der Bestimmung des Gewichtsmittels (die Form der Kettenmoleküle ist unverändert) auf viskosimetrischem oder einem anderen Wege erhalten wir für die erste Fraktion $W \cdot DP$ und für die Gesamtmasse $\Sigma(W \cdot DP)$. Der Wert des Gewichtsmittels ist dann $\Sigma(W \cdot DP) : \Sigma W$ oder gleich 1520. Die einzige absolute Methode zur Bestimmung der Gewichtsmittel besteht in der Auswertung von Sedimentationsgeschwindigkeiten in der Ultrazentrifuge. Das bequemste Verfahren zur Bestimmung des DP von Cellulose ist das viskosimetrische. In der Berechnung findet dabei außerdem noch ein gewisser Vergleich mit den nach anderen Methoden ermittelten Werten statt.

Für ein System von festen, in irgendeiner Flüssigkeit dispergierten kolloiden Teilchen mit sphärischer Gestalt, hat EINSTEIN die bekannte Beziehung zwischen der Viskosität der Lösung (η_c), des Lösungsmittels (η) und dem Gesamtvolumen der dispersen Phase (Φ), bezogen auf das Volumen der Flüssigkeit, abgeleitet:

$$\eta_c = \eta_0 (1 + K\Phi),$$

K bedeutet hierin eine Konstante, die im Idealfalle den Wert 2,5 besitzt. STAUDINGER hat diese Gleichung auf Teilchen angewandt, die die Form fester, elastischer Fäden besitzen, indem er als Volumen (Wirkungssphäre) des Makromoleküls einen durch die Drehung des Moleküls um eine durch seine

[1] Aus der Arbeit von C. B. PURVES in: E. OTT, Cellulose and Cellulose derivatives 1943, S. 90.

Mitte verlaufende Achse entstandenen kleinen Zylinder angenommen hat[1]. Er hat außerdem in seine modifizierte Formel den Begriff der spezifischen Viskosität eingeführt:

$$\eta_{sp} = \frac{\eta_c}{\eta_0} - 1,$$

d. h. eine Größe, die die durch einen gelösten Stoff in einem gegebenen Lösungsmittel hervorgerufene Viskositätserhöhung zum Ausdruck bringt. Schließlich ist von STAUDINGER[2] die folgende empirische Gleichung zur Bestimmung von M mit Hilfe der spezifischen Viskosität bei sehr niedrigen Konzentrationen aufgestellt worden:

$$\eta_{sp} = K_m\, c\, M \quad \text{oder} \quad \eta_{sp} = K_m\, c\, P. \tag{1}$$

Die Größe K_m wird als Viskositätskonstante bezeichnet und ist für die Lösung eines bestimmten Stoffes in einem bestimmten Lösungsmittel charakteristisch. Abhängig ist sie von dem Grade der Solvatation der gelösten Moleküle in den entsprechenden Lösungsmitteln. Anfänglich hat STAUDINGER angenommen, daß diese Größe für alle Glieder einer polymerhomologen Reihe in einem gegebenen Lösungsmittel konstant ist. Zur Festlegung des Wertes von K_m hat er M kryoskopisch von niederen Gliedern der Reihe (z. B. niedermolekulare Celluloseacetate) bestimmt. Aus dem so ermittelten M und dem experimentell gemessenen η_{sp} ist K_m dann berechnet worden $\left(\left(K_m = \frac{\eta_{sp}}{c\,M}\right)\right)$. Später hat sich jedoch herausgestellt[3], daß die K_m-Konstante bei den niedrigsten Gliedern der Reihe viel höhere Werte zeigt als bei den mittleren Gliedern. So beträgt z. B. der Wert für ein Celluloseacetat mit einem Polymerisationsgrad von 8 bis 10 $K_m = 15 \cdot 10^{-4}$, für Acetate mit einem DP um 100 liegt er jedoch bei $6{,}3 \cdot 10^{-4}$. Neuere Bestimmungen der K_m-Konstante sind auf osmotischem Wege durchgeführt worden, da die Messung des osmotischen Druckes auch bei höheren Gliedern der Reihe durchführbar ist.

Die Konzentration des gelösten Stoffes wird häufig in Grundmolen pro Liter (c_{gm}) angegeben. Man versteht darunter das Gewicht eines Grundmoleküls (Elementarglied) in Gramm. Im Falle der Cellulose beträgt es 162.

Für Cellulose und ihre Derivate gibt STAUDINGER[4] folgende, in der Tabelle 22 angeführte Werte für die osmotisch und viskosimetrisch in einem größeren DP-Intervall bestimmte K_m-Konstante an.

Die Bestimmungen haben außerdem ergeben, daß der Wert der K_m-Konstante bei Cellulosenitraten in Abhängigkeit vom Stickstoffgehalt Schwankungen unterworfen ist. Bei hochnitrierten Produkten (über 13% N) liegt er 10% höher, bei schwächer nitrierten (unter 12% N) 10% niedriger als in der Tabelle angegeben.

---

[1] Ausführlicher in: Н. Никитин, Коллоидные растворы и эфиры целлюлозы (N. NIKITIN, Kolloide Lösungen und Ester der Cellulose) (1953) S. 47/50.

[2] Literatur und Details über die viskosimetrische Methode und ihre Anwendung auf Sulfitzellstoff in: И. Цветаева и Н. Никитин, Тр. Ленингр. технол. инст. им. Молотова (I. ZWETAJEWA u. N. NIKITIN, Arb. d. Leningrad. technolog. Molotow-Inst.) **1**, 5 (1949).

[3] H. STAUDINGER u. I. DAUMILLER, Ann. **529**, 219 (1937).

[4] H. STAUDINGER, Organische Kolloidchemie **1940**, S. 141.

TABELLE 22

K_m-Werte aus osmotischen und viskosimetrischen Bestimmungen

Stoff	Lösungsmittel	Untere und obere Grenze von P, innerhalb derer die Bestimmung erfolgt ist	$K_m \cdot 10^4$
Cellulose	Kupferoxydammoniak	20–3000	5
Nitrocellulose (12–13 % N)	Aceton	60–3000	11
Cellulosetriacetat	m-Kresol	20–1800	6,3
Cellit (40–43 % CH_3CO)	Aceton	90–400	9
Methylcellulose			
30–45,6 % CH_3O	Eisessig	200–450	10
22–23 % CH_3O	Wasser	200–500	11
Äthylcellulose			
45–54,9 OC_2H_5	m-Kresol	90–300	11

Die Molekulargewichtsbestimmungen an Cellulose werden häufig durch Viskositätsmessungen an ihren Lösungen in Kupferoxydammoniak durchgeführt, wobei aber auf sorgfältigen Ausschluß des Luftsauerstoffs zu achten ist, da dieser auf die in dem alkalischen Medium gelösten Teilchen sehr leicht oxydierend wirkt. Diese Gefahrenquelle besteht jedoch nicht, wenn man die Cellulose verestert und dann die Viskosität der erhaltenen Nitrate oder Acetate in organischen Lösungsmitteln bestimmt. Durch die Veresterung selbst wird kein Abbau und damit keine Verringerung der Kettenlänge bewirkt. Nach Ermittlung des Veresterungsgrades (Prozentgehalt an Essigsäure bzw. Stickstoff) und Einsetzung des entsprechenden K_m-Wertes kann M nach folgender Formel berechnet werden:

$$M = \frac{\eta_{sp}}{K_m\, c_{gm}}.$$

Durch Umrechnung erhält man dann das Molekulargewicht oder den Polymerisationgrad der ursprünglichen Cellulose.

Streng genommen wird jedoch jede Veresterung der Cellulose, selbst unter den schonendsten Bedingungen, anscheinend von einem gewissen Abbau begleitet. Um dies weitgehend zu verhindern, führt man die Nitrierung heute nicht mehr mit einem Gemisch von Salpetersäure und Schwefelsäure, sondern mit Salpetersäure, Phosphorsäure und Phosphorpentoxyd durch. An Stelle von Phosphorsäure kann zur Vermeidung einer Depolymerisation auch Essigsäureanhydrid benutzt werden.[1] Schließlich arbeitet man zwecks Ausschaltung von hydrolytischen und oxydierenden Einflüssen bei Temperaturen um 0°.

Bei der Ausarbeitung seiner Methode hat STAUDINGER zu wiederholten Malen die viskosimetrisch erhaltenen Molekulargewichte verschiedener Cellulose-

[1] R. L. MITCHELL, Ind. Eng. Chem. **38**, 843 (1946). Ausführliches über das Molekulargewicht von Cellulosenitraten: J. JULLANDER, Arkiv Kemi Mineral, Geol. **21 A**, Nr. 8 (1945).

TABELLE 23

Vergleich von nach verschiedenen Methoden bestimmten Molekulargewichten

Nitrocellulose aus:	M		DP berechnet aus der Viskosität
	osmotisch	viskosimetrisch	
Linters:			
schwach gebleicht	443000	450000	2780
etwas stärker gebleicht ..	176000	210000	1300
sehr stark gebleicht	82000	82000	506
Viskoseseide	51000	59000	364

präparate mit den auf osmotischem Wege erhaltenen verglichen. Die dabei gefundenen Werte sind in der Tab. 23 zusammengestellt.

Aus der Tabelle ist eine ausreichende Übereinstimmung der Größen zu ersehen[1]. Geringe Differenzen lassen sich durch die Polymolekularität der Präparate erklären. Es muß jedoch dazu noch bemerkt werden, daß diese Zahlen keinerlei Anhaltspunkte darüber geben, wieweit bei der Nitrierung irgendwelche Änderungen bezüglich der Kettenlänge stattgefunden haben.

Golowa, Iwanow und Emmanuilowa haben kürzlich die bei der Veresterung stattfindenden Umwandlungen des Cellulosemoleküls untersucht[2]. Die genannten Autoren haben dabei eine Methode zur Bestimmung des Molekulargewichtes von Cellulose durch Viskositätsmessungen in Kupferoyxdammoniak ausgearbeitet. Zur Vermeidung von Abbauerscheinungen haben sie im Hochvakuum (ca. 10^{-6} mm) und mit sehr sorgfältig von Sauerstoff gereinigtem Stickstoff gearbeitet[3]. Auf Grund von Vergleichen der nach ihrer Methode und als Nitrat bestimmten Molekulargewichte sind sie zu den in der Tab. 24 angegebenen Resultaten gekommen.

TABELLE 24

Vergleich des DP von Cellulose und daraus hergestellter Nitrocellulose

DP der Cellulose nach Golowa-Iwanow (Kupferoxydammoniak)	DP der Nitrocellulose
10000	3000
3000	1200
120	60
80	45

Diese erstaunlichen Ergebnisse haben Veranlassung gegeben, die bei der Veresterung der Cellulose erfolgenden Prozesse ausführlicher zu untersuchen, ganz besonders den Einfluß der Temperatur, die Art des wasserentziehenden Mediums und andere Faktoren. Dabei hat sich herausgestellt, daß in allen Fällen eine teilweise Sprengung der Glukosidbindungen in den Cellulosemolekülen stattfindet. Aus naheliegenden Gründen haben sie infolgedessen die Theorie von Staudinger über polymeranaloge Umsetzungen stark in Zweifel gezogen.

---

1 Vgl. E. Husemann und G. V. Schulz, Z. Phys. Chemie **52**, 1 (1942); Ch. A. **37**, 5861 (1943).

2 O. P. Golowa u. W. I. Iwanow, Über das Molekulargewicht der Cellulose. Deutsche Übersetzung **1953**, S. 64ff.

3 О. П. Голова и В. И. Иванов, Изв. АН СССР, ОХН (O. P. Golowa u. W. I. Iwanow, Nachr. Akad. Wiss. UdSSR, Chem. Reihe) **3** (1945); vgl. O. P. Golowa u. W. I. Iwanow, Über das Molekulargewicht der Cellulose. Deutsche Übersetzung **1953**, S. 45ff.

Nach dieser Theorie soll nämlich der Polymerisationsgrad nach einer unter genau kontrollierten Bedingungen stattfindenden Veresterung unverändert bleiben.

GOLOWA und IWANOW haben in den Jahren von 1941 bis 1943 mit Hilfe der von ihnen entwickelten Methode für verschiedene Cellulosematerialien folgende Polymerisationsgrade erhalten:

Baumwollcellulose	9800 bis 10000
Linters, gebleicht	3100
Sulfatzellstoff, gebleicht . . .	2000

GRALÉN[1] hat ebenfalls Werte für den *DP* verschiedener Cellulosematerialien angegeben (Tab. 25). Auch diese Bestimmungen sind mit Kupferoxydammoniak unter sorgfältigem Luftabschluß durchgeführt worden. Zur Berechnung ist einmal die von STAUDINGER und zum anderen die von KRAEMER vorgeschlagene K_m-Konstante benutzt worden.

TABELLE 25

Viskosimetrische Bestimmung des DP verschiedener Cellulosematerialien

Material	DP	
	nach STAUDINGER	nach KRAEMER
Baumwolle..........	2520	3270
Linters:		
ungebleicht	2700	3510
gebleicht..........	920	1200
Flachs	3360	4360
Ramie	2120	2760
Zellstoff:		
Sulfat	940	1220
Sulfit.............	1100	1430
Sulfit umgefällt ...	900	1170
Fichtenholzcellulose .	1000	1300

Anmerkung z. Tab.: Zur Berechnung dient die Formel $[\eta] = K_m P$, in der die „Grenzviskosität“ $[\eta] = \lim_{c \to 0} \left[\frac{\lg \frac{\eta}{\eta_0}}{c}\right]$ ist.

Die hier angegebenen Polymerisationsgrade sind bedeutend niedriger als die von GOLOWA und IWANOW. Das kann seinen Grund darin finden, daß die letzteren Autoren den Luftsauerstoff noch sorgfältiger aus dem Medium entfernt haben.

Durch Vergleich von viskosimetrischen Bestimmungen (Nitrat) mit Messungen der Sedimentationsgeschwindigkeit kommt GRALÉN ebenfalls zu der Ansicht, daß die Nitrierung der Cellulose mit Salpetersäure-Phosphorsäure von einem Abbau begleitet ist. Durch die Einwirkung des Nitriergemisches werden nach seinen Untersuchungen ca. 0,3% aller Glukosidbindungen gesprengt. Trotz dieser Tatsachen hat die Nitratmethode ihre Bedeutung als Schnellverfahren zur *DP*-Bestimmung von Zellstoffen in der Praxis nicht verloren. Die Einfachheit der Methode ist bekannt, hinzu kommt noch, daß irgendwelche Vorsichtsmaßregeln zur Fernhaltung des Luftsauerstoffes nicht erforderlich sind.

ZWETAJEWA und NIKITIN[2] haben mit Hilfe dieses Verfahrens den *DP* einer Reihe von Sulfitzellstoffen bestimmt. Für einen im Laboratorium hergestellten, ungebleichten Zellstoff (4 bis 6% SO_2, bei 130 bis 150° C) wurde ein *DP* von 1000 bis 1300 erhalten, bei Anwendung stärkerer Kochsäure (12 bis 16% SO_2, 115 bis 125° C) sogar etwas höhere Werte, nämlich 1500 bis 2000. In gleicher

[1] N. GRALÉN, Sedimentations- u. Diffusionsmessungen an Cellulose, 1944, S. 91.

[2] Zitiert auf Seite 73.

Weise sind von den Autoren die bei der Bleiche und der Veredlung des Zellstoffs mit heißer 0,5- bis 1%iger Natronlauge auftretenden Änderungen des *DP* untersucht worden. Enthält ein Zellstoff noch Lignin, so empfiehlt es sich, eine Vorbehandlung mit Chlorwasser (bei 0°), das ca. 0,2 bis 0,5% aktives Chlor enthält, durchzuführen. Bei einem ausgesprochenen weichen Zellstoff ist jedoch diese Prozedur nicht immer notwendig. Es darf aber nicht vergessen werden, daß kein Zellstoff reine Cellulose darstellt, sondern noch andere Bestandteile, wie Hemicellulosen u. a., enthält, und die *DP*-Bestimmung infolgedessen einen kleinen Fehler aufweist. Die niedermolekularen Beimengungen müssen jedoch nicht unbedingt einen direkten Einfluß auf die viskosimetrische Bestimmung ausüben. Wesentlich stärker macht sich der Einfluß der Makromoleküle der Cellulose auf die Größe der spezifischen Viskosität bemerkbar als der der Hemicellulosen mit viel kürzeren Ketten, da der nach Gl. (1) (S. 73) berechnete Wirkungsbereich eines Moleküls dem Quadrat seiner Länge proportional ist.

Für relative Molekulargewichtsbestimmungen an technischen Materialien ist auch die von EKENSTAM[1] vorgeschlagene Methode der Viskositätsmessung an Celluloselösungen in Phosphorsäure ganz brauchbar. Auch in diesem Falle ist die Lösung gegen Licht und Luftsauerstoff beständig und hält sich einige Zeit unverändert, so daß die Messungen bequem durchgeführt werden können. Man nimmt dabei an, daß die Cellulose mit der Phosphorsäure eine Additionsverbindung, $C_6H_{10}O_5 \cdot 2H_2O \cdot H_3PO_4$, bildet und daß die spezifische Viskosität dem Molekulargewicht dieser Verbindung entspricht. Der DP wird danach durch Division von *M* durch 296, dem Molekulargewicht der Additionsverbindung, berechnet.

HEUSER[2] hat in seinem Buche einige kritische Bemerkungen über die bei dieser Methode benutzten K_m-Konstanten gemacht, der praktische Wert wird dadurch jedoch im allgemeinen nicht herabgesetzt. Einer weitaus größeren Kritik sind die der viskosimetrischen Methode zugrunde liegenden theoretischen Überlegungen STAUDINGERS ausgesetzt, so z. B. in dem Buch von KORSCHAK[3] und in der bereits zitierten Arbeit von ZWETAJEWA. Von verschiedenen Autoren ist mehrfach festgestellt worden, daß die Viskositätsbeziehung auf einen außerordentlich kleinen Konzentrationsbereich (sehr verdünnte Lösungen) begrenzt ist, so daß bei etwas höheren Konzentrationen durch Schwarmbildung und ähnliche Erscheinungen Komplikationen eintreten können. Die als Ausweg benutzte Extrapolation ist ebenfalls nicht sehr vertrauenerweckend. Auch die zur Berechnung von *M* benutzte K_m-Konstante ergibt niedrigere Werte als die wirklichen usw. Trotz dieser Tatsachen wird die viskosimetrische Methode in der Praxis am häufigsten angewandt und ist für technische Zwecke immer noch die bequemste.

Die von SVEDBERG[4] und Mitarbeitern ausgearbeitete Methode der Sedi-

---

[1] A. E. EKENSTAMM, Ber. **69**, 549 (1936).

[2] E. HEUSER, Cellulosechemie (1944) S. 601.

[3] В. В. Коршак, Химия высокомолекулярных соединений (W. W. KORSCHAK, Chemie der hochmolekularen Verbindungen) (1950) S. 27—31.

[4] SVEDBERG, J. Phys.-Coll. Chem. **51**, 1 (1947); Endeavour **6**, Nr. 2 (1947). — N. GRALÉN, Sedimentations- und Diffusionsmessungen an Cellulose, 1944 — Vgl. O. P. GOLOWA u. W. I. IWANOW, Über das Molekulargewicht der Cellulose. Deutsche Übersetzung 1953; ferner П.В. Козлов, Физико-химия эфироцеллюлозных пленок (P. W. KOSLOW, Phys. Chemie von Celluloseesterfolien) (1948) S. 35.

mentation in der Ultrazentrifuge ist in ausgedehntem Maße auf die Molekulargewichtsbestimmungen von Proteinen, Cellulose u. a. angewandt worden. Dabei wird der Sedimentationsvorgang in einer kleinen Flüssigkeitssäule, in der der zu untersuchende Stoff dispergiert ist, beobachtet. Die Lösung wird in eine Zelle mit planparallelen Beobachtungsfenstern (Spalten) eingebracht und bei konstanter Temperatur und Geschwindigkeit ultrazentrifugiert. Die hierbei entstehende Schwerkraft ist einige hunderttausendmal größer als die Erdanziehung. Die Kolloidteilchen oder Moleküle bewegen sich dabei in radialer Richtung. Die Verteilung der Teilchen in der Lösung wird mit Hilfe der Absorption oder Refraktion der durch die Fenster der Zelle fallenden Lichtstrahlen beobachtet. Jede Molekülart mit bestimmtem Molekulargewicht und bestimmter Gestalt wird auf den Diagrammen in Form von Spitzen oder Ansteigen der Kurven sichtbar. Die Berechnung von M aus den experimentellen Daten wird nach folgender Formel durchgeführt:

$$M = \frac{R\,T\,s}{D(1 - V p)},$$

Dabei bedeuten:

R die Gaskonstante;
T die absolute Temperatur;
S die Sedimentationskonstante, bestimmt durch die Absatzgeschwindigkeit der Teilchen, die Winkelgeschwindigkeit und den Abstand der Teilchen von der Drehachse.
D den Diffusionskoeffizienten;
V das spezifische Teilchenvolumen und
p die Dichte der Lösung.

M kann aber auch aus dem sich in der Ultrazentrifuge zwischen Sedimentation und Diffusion einstellenden, sogenannten Sedimentationsgleichgewicht berechnet werden. Die Tourenzahl der Zentrifuge ist dabei niedriger. Die Gleichgewichtseinstellung ist erfolgt, wenn auf optischem Wege keine Veränderungen in der Säule mehr nachweisbar sind. M wird in diesem Falle wie folgt berechnet:

$$M = \frac{2\,R\,T \lg \frac{c_2}{c_1}}{(1 - V_p)\,\omega^2 (x_2^2 - x_1^2)},$$

hierin sind:

c_1 und c_2 die Konzentrationen des dispergierten Stoffes im Abstand x_1 und x_2;
ω die Winkelgeschwindigkeit.

Mit Hilfe dieser Methode ist festgestellt worden, daß Cellulose, die durch direkte Extraktion von Fichtenholzmehl mit Kupferoxydammoniak gewonnen wurde (5 bis 10% des Holzes gingen dabei in Lösung), im Sedimentationsdiagramm an zwei Stellen ein Maximum zeigt. Das eine entspricht der Cellulose, das andere den Hemicellulosen und anderen Polyosen. Für natürliche Holzcellulose ist auf diese Weise der Wert für $M = 800000$ und $DP = 5000$ als Minimum ermittelt worden.

Durch das Studium des physikalisch-chemischen Verhaltens der Cellulosemoleküle mit Hilfe der Sedimentation, Diffusion und Osmometrie sind bereits sehr interessante Ergebnisse erreicht worden. Die Gestalt der Moleküle und die

Polydispersität bringen jedoch wesentliche Schwierigkeiten sowohl in experimenteller als auch theoretischer Hinsicht mit sich. Nach der Ansicht von SVEDBERG muß die Technik und Theorie der genannten Methoden noch sehr verbessert werden, um zuverlässige Resultate zu erhalten. Für die Entwicklung des ultrazentrifugalen Verfahrens war es ein glücklicher Umstand, daß die ersten Versuche an Proteinen und nicht an der wesentlich größere Schwierigkeiten in sich bergenden Cellulose durchgeführt worden sind.

In bezug auf die Molekulargewichtsbestimmung von Cellulosederivaten (Estern) mit Hilfe der Osmometrie hat man festgestellt, daß in den letzten Jahren eine große Genauigkeit erreicht worden ist, insbesondere durch Anwendung der osmotischen Waage. JULLANDER[1] hat auf diese Weise die Molekulargewichte und die Polydispersität von Nitrocellulose bestimmt. Einige dieser damit verbundenen Fragen werden später bei der Fraktionierung der Holzcellulose besprochen.

Chemische Methoden zur Ermittlung des Molekulargewichtes beruhen auf der quantitativen Bestimmung der Endgruppen der Kettenmoleküle. Dabei wird entweder die Reduktionsfähigkeit der an den Enden befindlichen Aldehydgruppen oder die Menge der bei der Hydrolyse von vollständig methylierter Cellulose entstehenden Tetramethylglukose bestimmt[2]. Leider erlaubt der Charakter des Buches nicht, ausführlicher auf diese Verfahren einzugehen.

Oberflächen- und elektrochemische Eigenschaften der Holzcellulose und anderer Cellulosematerialien

Den Oberflächeneigenschaften der Cellulose kommt eine erhebliche praktische und wissenschaftliche Bedeutung zu. So spielen die Adsorption und die elektrokinetischen Eigenschaften bei dem Vermahlen und Tränken des Papiers, der Blattbildung, dem Bleichen, Färben, Entwässern und Trocknen eine große Rolle. Weitere, mit den elektrochemischen Eigenschaften verbundene Fragen sind die Acidität (p_H) von Fasermaterialien, die Haltbarkeit des Papiers, die Schnelligkeit der Delignifizierung der Cellulose beim Aufschluß und die Solvatation. Der Widerstand von Isolationspapieren hängt von der Ionenadsorptionsfähigkeit der Cellulosematerialien ab. Aber auch für die Entwicklung der Kolloidchemie besitzt das Studium der kolloid-elektrischen Eigenschaften Bedeutung.

Cellulosefasern besitzen eine außerordentlich große Oberfläche, pro Gramm ungefähr einige Millionen cm^2. Ähnlich der Mehrzahl der festen Stoffe wird auch die Oberfläche der Fasern bei Berührung mit Wasser, wäßrigen und nichtwäßrigen Lösungen elektrisch aufgeladen. Diese Ladung ist die Folge einer bevorzugten (spezifischen) Adsorption von Kationen oder Anionen, einer Assoziation von elektrolytisch aktiven Gruppen an der Oberfläche oder schließlich einer Orientierung der in der flüssigen Phase anwesenden Dipole.

Bei Berührung mit Wasser oder wäßrigen Lösungen ein- oder zweiwertiger Ionen erhält die Cellulose eine negative Ladung. Eine Erklärung kann in diesem Falle durch die sauren Eigenschaften der Cellulose gegeben werden. In der Natur findet sie sich nirgends in chemisch reiner Form, stets enthält sie

---

[1] J. J.ULLANDER, Arkiv Kemi Mineral. Geol. **21** A, Nr. 8 (1945).

[2] Diesbezügliche Literatur findet sich in den bereits zitierten Monographien über die Chemie der Cellulose (SCHORYGIN, HEUSER, OTT).

schwer abtrennbare Begleitstoffe. Selbst in reinsten, im Laboratorium hergestellten Präparaten (Standardbaumwollcellulose) sind, wenn auch in geringer Menge, Carboxylgruppen enthalten, die durch Oxydation des primären Hydroxyls am C-Atom 6 entstehen. Die Menge dieser Gruppen kann bekanntlich auf verschiedene Weise bestimmt werden. Selbst in den reinsten Präparaten aus Baumwolle sind ca. 0,03 bis 0,04 % enthalten. Auf Grund von Versuchen, die Stärke der „Cellulosesäure" zu bestimmen, ist man der Meinung, daß sie derjenigen der Essigsäure vergleichbar ist. Diese geringe Menge Carboxylgruppen ist es auch, die zur Erklärung der bei elektrischen Erscheinungen an der Celluloseoberfläche auftretenden Ladungsdichte herangezogen wird. Technische Cellulosematerialien sind stets mehr oder weniger durch Begleitstoffe mit saurem Charakter, die von den Herstellungsbedingungen abhängig sind, verunreinigt, wodurch schließlich die Gesamtzahl der sauren Gruppen erhöht wird. So enthält z. B. Sulfitzellstoff immer noch Lignosulfonsäurekomplexe mit stark saurem Charakter.

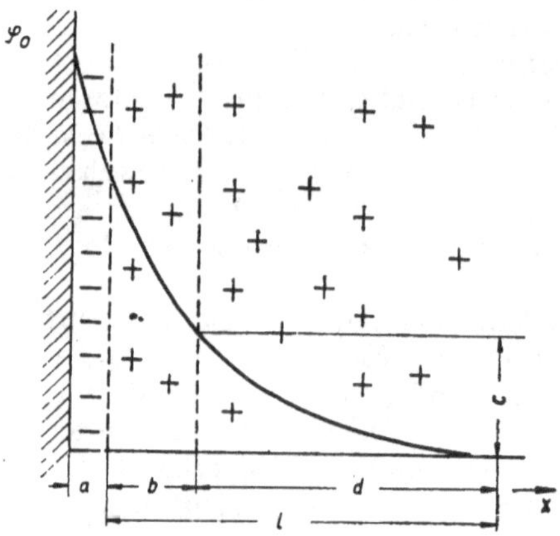

Abb. 50. Ladungsverteilung an einer Mehrschichtenmembran (schematisch)

An der Berührungsfläche fest-flüssig entsteht eine besondere Verteilung der Ladungen, man nennt dies eine elektrische Doppelschicht. Wie aus der Kolloidchemie[1] bekannt, läßt diese Erscheinung sich durch das in der Abb. 50 dargestellte Schema ausdrücken. Auf der Ordinate wird das Potential φ aufgetragen, auf der Abszisse die Entfernung von der festen Oberfläche zur Lösung. Auf diese Weise erhält man eine innere (*a*) und eine äußere (*l*) Belegung. Die innere drückt die Ladung der Oberfläche aus, die äußere erstreckt sich in das Innere der Flüssigkeit und besteht aus zwei Teilen. Der eine (*b*) besteht aus einer Schicht von Ionen, die mit der inneren Belegung (*a*) eng verbunden ist und durch eventuelle Bewegungen der flüssigen Phase nicht mitgerissen wird. Der andere Teil (*d*) besteht aus relativ beweglichen Ionen, deren Verteilung von dem Verhältnis der elektrostatischen Anziehungskraft und der Wärmebewegung abhängt. Die Gesamtladung der äußeren Belegung (*l*) besitzt das entgegengesetzte Vorzeichen der inneren (*a*) und kompensiert diese vollständig. Der diffuse Teil (*d*) der äußeren Schicht wird bei Bewegungen von der flüssigen Phase mitgenommen. Es entstehen dadurch elektro-kinetische Effekte, deren Maß das sogenannte ζ-Potential darstellt.

Zu diesen elektrokinetischen Erscheinungen rechnen: die Elektrophorese, Elektroosmose, Strömungs- und Fällungspotentiale. Das elektrokinetische Potential stellt dabei einen Potentialsprung zwischen dem Anfang der diffusen Schicht und der freien Lösung dar. Es ist infolgedessen ein Maß der „freien" Oberflächenladung. Dabei versteht man unter der „freien" Ladung den Teil,

[1] Vgl. z. B. И. И. Жуков, Коллоидная химия (I. I. SHUKOW, Kolloidchemie) 1 (1949).

der durch die entgegengesetzte Ladung der diffusen Schicht kompensiert wird. Mit einer Erhöhung der Elektrolytkonzentration in der äußeren Lösung geht eine Verringerung der Dicke der diffusen Schicht (d) parallel, wodurch gleichzeitig auch das ζ-Potential kleiner wird. Bei Einführung mehrwertiger Ionen in die Lösung kann nicht nur ein Abfallen des Potentials bis auf Null, sondern auch eine Änderung des Ladungssinnes der Oberfläche selbst stattfinden (Umladung). Daraus ergibt sich ein Umbau der gesamten Schicht.

Zur Bestimmung des elektrokinetischen Potentials von faserigen Cellulosematerialien benutzt man entweder das Strömungspotential oder die Elektroosmose. Drückt man eine Flüssigkeit durch ein Cellulosediaphragma, zu dessen beiden Seiten sich Elektroden befinden, so entsteht an den letzteren eine Potentialdifferenz, die man auch als Potentialgefälle E bezeichnet. Im anderen Falle, bei der Elektroosmose, legt man eine Spannung an, wobei ein bestimmtes Volumen (V) der Flüssigkeit das Diaphragma durchwandert.

Die Berechnung des kinetischen Potentials wird dann nach folgender Formel durchgeführt:

Im Falle des Strömungspotentials

$$\zeta = \frac{4\pi\eta K_0}{D P} E, \tag{1}$$

umgekehrt bei der Elektroosmose

$$\zeta = \frac{4\pi\eta K_0}{D I} V. \tag{2}$$

In den Formeln bedeuten:

π 3,1416,
η den Viskositätskoeffizienten,
K_0 die spezifische Leitfähigkeit,
D die Dielektrizitätskonstante,
I die Stromstärke,
P den Druck, unter dem sich die Flüssigkeit befindet,
E das Potentialgefälle und
V das durch das Diaphragma in der Zeiteinheit durchtretende Flüssigkeitsvolumen.

Die spezifische Leitfähigkeit K_0 stellt dabei die Summe der Leitfähigkeiten der Flüssigkeit im freien Zustande und der Oberfläche dar. Die letztere besitzt im Falle der Cellulose sehr hohe Werte (s. S. 83).

Experimentell ist das kinetische Potential von Cellulosefasern noch wenig untersucht. Die bis jetzt vorhandenen Literaturangaben[1] beziehen sich hauptsächlich auf Baumwolle, erstklassiges Filtrierpapier und Ramie. Sehr spärliche Angaben existieren über das kinetische Potential von Sulfitzellstoff, für Sulfatzellstoff fehlen sie völlig. Seit einer Reihe von Jahren werden am Lehrstuhl für physikalische und Kolloid-Chemie der Holztechnischen Kirow-Akademie Versuche zur Erforschung des kinetischen Potentials der verschiedensten einheimischen Zellstoffsorten unternommen. Aus diesen, von Jurjew und Posin[2] durchgeführten Arbeiten hat sich ergeben, daß das kinetische

[1] Э. Валько, Коллоидно-химические основы технологии текстильных материалов (E. Valko, Kolloidchemische Grundlagen der Technologie von Textilien) I, Kap. 6 (1940).

[2] В. И. Юрьев и С. С. Позин, Мат. Центр. научно-иссл. инст. бумаги (W. I. Jurjew u. S. S. Posin, Material des Zentr. wiss. Papierforsch. Inst.), Ausg. 38 (1950) S. 58.

TABELLE 26

Elektrokinetisches Potential gegen destilliertes Wasser (p_H 6,0 bis 6,2) und 0,001 mol. KCl-Lösung (nach Jurjew und Posin)

Material	Potential in mV	
	gegen Wasser	gegen KCL-Lösung (0,1 mMol/Ltr.)
Sulfitzellstoff ungebleicht technisch.	— 4,1	— 6,2
Sulfatzellstoff ungebleicht technisch	— 4,2	— 6,1
Sulfitzellstoff ungebleicht aschearm.	— 6,8	— 7,6
Sulfatzellstoff ungebleicht aschearm	— 7,3	— 7,8
Viskosezellstoff technisch..........	— 7,6	— 9,9
α-Cellulose	—10,2	—11,1
Viskosezellstoff aschearm...........	—12,0	—13,3
Quantitative aschefreie Filter.......	—14,7	—10,2
Standardbaumwollcellulose.........	—21,4	—16,8

Potential von Cellulosematerialien von der Dichte des Diaphragmas unabhängig und eine praktisch konstante Größe ist, durch die der Zustand der Oberfläche charakterisiert wird. Das Potential von ungebleichten Zellstoffen ist niedriger als das von gebleichten oder Baumwolle. Die höchsten Werte sind gegen reines Wasser bei Standardbaumwolle (—21,4 mV), die niedrigsten dagegen bei Sulfit- und Sulfatzellstoff, ungebleicht (—4,1 bis —4,2 mV) erhalten worden. Durch einen größeren Aschegehalt wird der Wert für das Potential gegen Wasser und stark verdünnte Kaliumchloridlösung herabgesetzt. In der Tab. 26 sind die von den genannten Autoren ermittelten Werte zusammengestellt. Aus den Angaben kann ersehen werden, daß der Reinheitsgrad des Materials, z. B. Gehalt an inkrustierenden Substanzen, Asche und Zersetzungsprodukten, einen wesentlichen Einfluß auf die Größe des kinetischen Potentials besitzt.

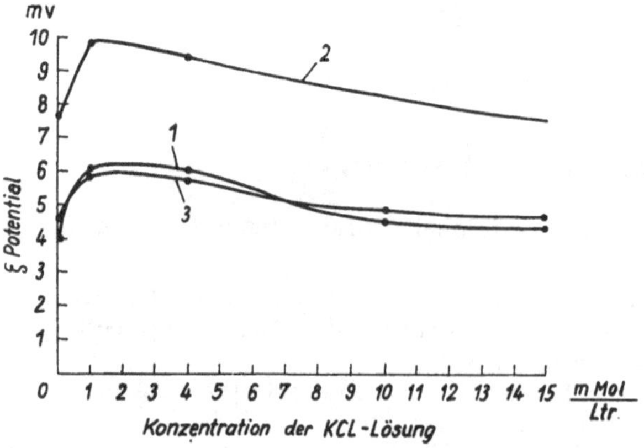

Abb. 51. Kinetisches Potential von Zellstoffen
1 Sulfit ungebleicht, *2* Viskosezellstoff, *3* Sulfat ungebleicht.

In der Abb. 51 ist die Abhängigkeit des Potentials von der Konzentration im Falle der Kaliumchloridlösungen für drei Zellstoffe dargestellt.

Quantitative Untersuchungen über die Oberflächenleitfähigkeit der Cellulose sind bereits vor längerer Zeit von BRIGGS[1] durchgeführt worden. Dieser Autor hat den Einfluß verschiedener Kationen von Chloriden auf die Oberflächenleitfähigkeit von deutschem Filtrierpapier (Schleicher & Schüll Nr. 589)

[1] D. T. BRIGGS, Colloid Symp. Monograph. **6**, 41 (1928).

bestimmt. Im Falle von destilliertem Wasser wird ein Wert gefunden, der ungefähr das 10fache der Leitfähigkeit im Volumen beträgt.

JURJEW und POSIN[1] haben ebenfalls die Oberflächenleitfähigkeit sowohl von Zellstoff als auch Standardbaumwolle gegen Wasser und Kaliumchloridlösungen bestimmt. Sie haben dabei gefunden, daß der Anteil der Oberflächenleitfähigkeit in der Gesamtleitfähigkeit eines Cellulosediaphragmas mit steigender Dichte des letzteren ebenfalls wächst. Er kann z. B. bei einem ungebleichten, aschefreien Sulfitzellstoff im Falle von Wasser und einer Dichte von 0,319 g/cm³ 95,4% betragen, während er bei Baumwolle unter den gleichen Bedingungen nur 68,5% ausmacht. Die höchsten Absolutwerte wurden an ungebleichtem Sulfatzellstoff bestimmt:

Technische Sorte .... $456{,}6 \cdot 10^{-6}\, \Omega^{-1}\, cm^{-1}$
Aschefreie Sorte .... $447{,}9 \cdot 10^{-6}\, \Omega^{-1}\, cm^{-1}$.

Von den erwähnten Autoren ist zuerst festgestellt worden, daß die Oberflächenleitfähigkeit von Holzcellulose in Lösungen einwertiger Elektrolyten (KCl) mit steigender Konzentration zunächst ein Maximum durchläuft, um dann wieder auf Null abzufallen. Bei destilliertem Wasser und stark verdünnten Elektrolytlösungen spielt die Oberflächenleitfähigkeit eine überragende Rolle in der Gesamtleitfähigkeit[2]. Mit steigender Konzentration des Elektrolyten nimmt auch der Anteil der ersteren ab, so daß schließlich für 0,01 n Lösungen 2 bis 13% bei gebleichten und 18 bis 28% bei ungebleichten Zellstoffen gefunden werden.

Allgemein kann aus diesen Ausführungen gefolgert werden, daß ungebleichter Zellstoff eine größere Oberflächenleitfähigkeit besitzt als gebleichter. Die geringste Bedeutung besitzt sie bei der α-Cellulose, gereinigter Baumwolle und quantitativem Filterpapier. Man kann also sagen, daß, bei gleicher Dichte des Diaphragma, die Oberflächenleitfähigkeit um so größer wird, je unreiner das Material ist. Aus den von JURJEW und POSIN erhaltenen Resultaten geht deutlich hervor, daß unter allen elektrokinetischen, an der Oberfläche von Cellulosefasern beobachteten Erscheinungen die Oberflächenleitfähigkeit, besonders in Wasser und verdünnten Salzlösungen, eine überragende Rolle spielt.

Die Fähigkeit einiger fester Stoffe zur Aufnahme von bestimmten Ionen aus einer Salzlösung und Abgabe eigener Ionen in die Lösung ist bereits seit langem bekannt. Die Erforschung der Ionenaustauschadsorption ist Gegenstand unzähliger Arbeiten. Als erstes ist Erde in dieser Hinsicht untersucht worden. So hat der russische Akademiker K. K. GEDROIZ, Professor an dem Leningrader Holzinstitut, in seinen klassischen Arbeiten[3] wesentliche Kenntnisse über die Austauschfähigkeit von Böden vermittelt. Darauf haben sowjetische Forscher wie NIKOLSKI, GAPON, ANTIPOW-KARATAJEW, RABINERSSON u. a. weitere, sehr wesentliche Untersuchungen über die Gesetze des Ionenaustausches an der Oberfläche von Aluminiumsilikaten aufgebaut.

---

[1] loc. cit. S. 81.

[2] Einen Einfluß auf die Größe der Oberflächenleitfähigkeit besitzt auch der Konzentrationsunterschied der Ionen in der diffusen Schicht und der freien Flüssigkeit. Außerdem wird der Anteil der ersteren um so größer, je enger die Kapillaren der Membrane sind.

[3] К. К. Гедройц, Учение о поглотительной способности почв. (K. K. GEDROIZ, Lehre von der Aufsaugfähigkeit von Böden) (1933).

In letzter Zeit haben synthetische Ionenaustauschharze unter den verschiedensten Bezeichnungen wie Organolithe, Wofatite, Amberlite usw.[1] ausgedehnte technische Verwendung zur Wasserreinigung und anderen Zwecken gefunden. Die Cellulose stellt ebenfalls einen derartigen Austauscher dar. Bereits im Jahre 1834 ist die Fähigkeit zur Aufnahme von Kationen aus Salzlösungen erkannt worden. Seitdem ist eine ganze Reihe von Arbeiten über den Ionenaustausch an Cellulosematerialien erschienen[2].

Das Studium der Literatur zeigt, daß die Austauschadsorptionsfähigkeit der verschiedenen Cellulosematerialien experimentell und theoretisch noch nicht in dem Maße erforscht und geklärt ist, wie es notwendig wäre. Die Ansichten über die Natur der Austauschfähigkeit sind unter den verschiedenen Autoren durchaus nicht einheitlich. Als Beispiel seien einige Ergebnisse angeführt. Von JURJEW, POSIN und SKURICHINA[3] ist z. B. der Einfluß des p_H-Wertes einer im Gleichgewicht befindlichen Lösung auf die Größe der Austauschadsorption verschiedener technischer Cellulosematerialien untersucht worden. Dabei ist festgestellt worden, daß zwischen der Austauschadsorptionsfähigkeit[4] (G_i) und dem p_H der Lösung, bei gleichbleibender Konzentration (genauer Aktivität) des Austauschions (C_i), eine lineare Abhängigkeit besteht. Die nachstehende Formel gibt die Verhältnisse exakt wieder:

$$G_i = a + b\,p_H \quad \text{bei} \quad C_i = \text{konst.} \tag{3}$$

Der p_H-Bereich, in dem der Charakter dieser Beziehung, d. h. das Gefälle der Geraden (a) und ursprünglichen Ordinate (b), erhalten bleibt, kann sich mit der Acidität der Lösung, der Art der Cellulose, der Natur des zu adsorbierenden Kations und seiner Konzentration ändern.

In einer 1950 veröffentlichten Arbeit[5] von JURJEW und SKURICHINA ist der Einfluß der Cellulose auf die Austauschadsorption für Ca- und Cu^{II}-Ionen untersucht worden. Die Autoren haben gefunden, daß die Austauschadsorption von Kationen um so geringer ist, je reiner das Cellulosematerial von inkrustierenden Substanzen, Hemicellulosen und Abbauprodukten ist. Die größte Adsorptionsfähigkeit besitzen harte, ungebleichte und durch Abbauprodukte stark verunreinigte Zellstoffe. In der Abb. 52 sind einige von den genannten Autoren erhaltene Kurven dargestellt.

Die geringste Aktivität besitzt danach Baumwollcellulose, die höchste eine Oxycellulose mit einem relativ hohen Carboxylgehalt. Bekanntlich kann man

---

[1] Literatur über synthetische Ionenaustauscher: В. П. Барзаковский, Природа (W. P. BARSAKOWSKI, Natur) **5**, 47 (1947). — Ю. Ю. Лурье, Заводск. лаб. (JU. JU. LURJE, Fabriklab.) **13**, 532 (1947). — R. J. MYERS, Advances in Colloid Sience **1** (1942) S. 317—352.

[2] Bibliographische Übersicht: В. И. Юрьев, С. С. Позин и Г. М. Скурихина, Мат. Центр. научно-иссл. инст. бум. (W. I. JURJEW, S. S. POSIN u. G. M. SKURICHINA, Mat. Zentr. Wiss. Papierforsch. Inst.) **37**, 83 (1948).

[3] loc. cit.

[4] Unter der Austauschfähigkeit versteht man die Menge Kationen in mVal (ohne H-Ionen), die an 100 g absolut trockenem Material adsorbiert, sich mit der Lösung im Gleichgewicht befinden, bei gegebenem p_H und gegebener Konzentration.

[5] В. И. Юрьев и Г. М. Скурихина, Мат. Центр. научно-иссл. инст. бумага (W. I. JURJEW und G. M. SKURICHINA, Mat. d. Zentr. wiss. Papierforsch. Inst.), Ausg. 38, 52 (1950).

auf Grund der Fähigkeit zur Austauschadsorption eines Materials seine spezifische innere Oberfläche abschätzen, indem man folgende Beziehung benutzt[1]:

$$S = 85 \cdot 10^4 \cdot b, \tag{4}$$

darin ist S die tatsächliche spezifische Oberfläche des Adsorbens in cm^2/g und b die Winkelfunktion der Geraden im Koordinatensystem Austausch-p_H-Wert.

Mit Hilfe dieser Formel haben die genannten Autoren versucht, aus ihren experimentell für einen p_H-Bereich von 3 bis 5 ermittelten Werten die angenäherte Größe der spezifischen Oberfläche verschiedener Cellulosematerialien zu berechnen. Die Werte betragen bei hygroskopischer Watte $0{,}28 \cdot 10^6$, Sulfitzellstoff $1{,}29 \cdot 10^6$, gebleichtem Sulfatzellstoff $1{,}51 \cdot 10^6$ und Oxycellulose (mit 1%iger $KMnO_4$-Lösung) $3{,}02 \cdot 10^6$ cm^2/g. In der Größenordnung stimmen diese Werte mit nach anderen Methoden erhaltenen gut überein[2]. Weitere ähnliche Berechnungen haben jedoch ergeben, daß die Austauschadsorption nicht nur von der Größe der inneren Oberfläche abhängt, sondern auch von der chemischen Beschaffenheit der letzteren. Die unterschiedlichen chemischen Eigenschaften der Oberfläche von verschieden behandelten und mit vielen Verunreinigungen behafteten Cellulosematerialien üben einen starken Einfluß auf die Fähigkeit zur Austauschadsorption aus.

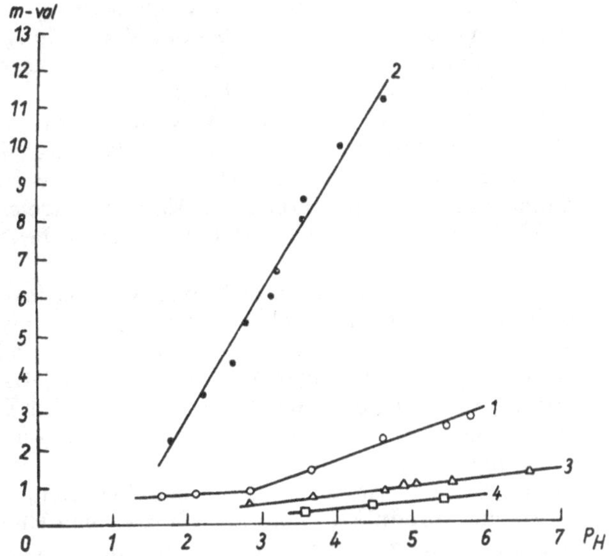

Abb. 52. Adsorption von Ca^{++}-Ionen aus 0,1 n Lösung
1 Viskosezellstoff, *2* Oxycellulose, *3* α-Cellulose, *4* Baumwolle

Heymann und Rabinov[3], die den Kationenaustausch an Cellulose untersuchten, sind zu der Ansicht gekommen, daß die Carboxylgruppen die Acidität stärker beeinflussen als die Hydroxyle. Aus dieser kurzen Betrachtung wird die große Bedeutung offenbar, die die Art der Bearbeitung der Cellulose für die Oberflächeneigenschaften besitzt.

Molekulare Uneinheitlichkeit von Cellulosematerialien

Bereits seit längerer Zeit ist bekannt, daß die Löslichkeit von technischen Zellstoffen in kalter Natronlauge beträchtliche Unterschiede aufweist. So

---

[1] В. И. Юрьев, С. С. Позин и Г. М. Скурихина, Мат. Центр. научно-иссл. инст. бумаги (W. I. Jurjew, S. S. Posin u. G. M. Skurichina, Mat. d. Zentr. wiss. Papierforsch. Inst.), Ausg. 37, 38 (1948). — Vgl. auch Е. Н. Гапон, Колл. журн. (E. N. Gapon, Kolloid-Z. [russ.]) **9**, 29 (1947).

[2] A. J. Stamm u. M. A. Millet, J. phys. Chem. **45**, 43 (1941); vgl. auch die Arbeit von Stamm in: L. E. Wise, Wood Chemistry (1944).

[3] E. Heymann u. G. Rabinov, J. phys. Chem. **45**, 1152 (1941).

haben z. B. FOTIJEW und JAKIMANSKI[1] bei der Behandlung von gebleichtem Sulfitzellstoff mit 17,5%iger Natronlauge bei 18° gefunden, daß 84 bis 88,6% ungelöst bleiben (sogenannte α-Cellulose), während 11,4 bis 16% in Lösung gehen (β- und γ-Cellulose). Verschiedene Sorten gereinigter Baumwolle aus einheimischen Fabriken enthalten nach den Angaben der gleichen Autoren 94,0 bis 98,6% α-Cellulose. Die Menge dieser alkaliresistenten Fraktion, die sich von den anderen durch Moleküle mit größerer Kettenlänge unterscheidet, ist für die Verarbeitung von Sulfitzellstoff zu Viskosefasern außerordentlich wesentlich. Die Konzentration und die Temperatur der Lauge ist für die richtige Durchführung der α-Cellulosebestimmung von großem Einfluß. Bekannt ist, daß die optimale Konzentration der Lauge für eine gute Löslichkeit von Sulfitzellstoff und Baumwollcellulose bei 10 bis 12% liegt. Eine Erniedrigung der Temperatur unter 0° bewirkt gleichzeitig eine Erhöhung der Löslichkeit der Cellulose. So gehen z. B. bei der Behandlung von gebleichtem Linters mit 8%iger Lauge bei 20° nur 1,8% in Lösung, während bei —5° von der gleichen Probe bereits über 10% gelöst werden.

NEIMANN, OBOGI und ROGOWIN[2] haben die Löslichkeit von Linters, Zellstoff und Viskoseseide in Natronlauge bei verschiedenen Konzentrationen und Temperaturen untersucht. Durch stufenweise Erniedrigung der Temperatur kann so eine Fraktionierung des Materials erreicht werden. Dabei ist eine allmähliche Auflösung auch der Fraktionen beobachtet worden, die größere Kettenlängen zeigen.

Die aus dem Holz durch mehr oder weniger intensive Behandlung (Kochung) isolierte Cellulose unterscheidet sich von gereinigter Baumwollcellulose durch einen bedeutend niedrigeren Polymerisationsgrad und größere Löslichkeit in Alkalilauge. Seit geraumer Zeit wird von sowjetischen und anderen Chemikern ständig versucht, den Gehalt an α-Cellulose im Zellstoff zu erhöhen, da dieser für die Qualität der Endprodukte ausschlaggebend ist. In der Praxis hat bis jetzt eine abwechselnde Bleiche und kalte oder warme Laugenbehandlung einige Bedeutung erlangt. Diese alkalische Veredlung bewirkt die Entfernung von Zersetzungsprodukten, aber auch Resten von Hemicellulosen, Lignin und Harz aus der bereits gebleichten Masse. Auf diese Weise ist es möglich, Edelzellstoffe zu erhalten, die 95% und mehr α-Cellulose, nicht mehr als 2 bis 4% β-Cellulose[3], 2 bis 2,5% γ-Cellulose[4], 2 bis 3% Pentosan und nur noch sehr geringe Mengen Lignin enthalten.

Die Ester der Cellulose können mit Hilfe entsprechender organischer Lösungsmittel einer Fraktionierung unterworfen werden. Die Löslichkeiten sind recht unterschiedlich, manchmal auch innerhalb ein und derselben Probe, bei allmählicher Zugabe eines Fällungsmittels (z. B. Wasser zu einer Lösung von Acetylcellulose in Aceton) fallen Fraktionen aus, die sich in der Viskosität, Molekülgröße, Löslichkeit u. a. physikalischen Eigenschaften unterscheiden.

[1] С. А. Фотиев и В. В. Якиманский, Облагораживание целлулозы (S. A. FOTJIEW u. W. W. JAKIMANSKI, Veredlung der Cellulose) (1931).

[2] Нейман, Обоги и З. А. Роговин, Пром. орг. хим. (NEIMANN, OBOGI und S. A. ROGOWIN, Org. Chem. Ind.) Nr. 21, 461 (1936)].

[3] β-Cellulose nennt man die Fraktion, die beim Ansäuern der alkalischen Lösung ausfällt.

[4] γ-Cellulose fällt beim Ansäuern nicht aus, läßt sich jedoch mit Alkohol zur Fällung bringen. Die genannten Bezeichnungen sind rein empirisch.

Häufig zeigen diese Fraktionen die gleiche oder fast gleiche chemische Zusammensetzung. Zellstoffe können ebenfalls auf diese Weise in Natronlauge oder Kupferoxydammoniak entweder nach der Fällungs- oder der Auflösungsmethode fraktioniert werden. Bei der letzteren wird die Konzentration an Ätznatron oder Kupfer und Ammoniak stufenweise erhöht.

Der Grad der molekularen Uneinheitlichkeit der Cellulose besitzt für die Technik eine überragende Bedeutung[1]. Durch ihn werden nicht nur die Materialverluste bei der Mercerisierung oder Veredlung, sondern auch bei der Nitrierung bestimmt. Die physikalisch-mechanischen Eigenschaften der Fasern hängen ebenfalls von der Uneinheitlichkeit ab. Besonders deutlich wird dies bei der Herstellung von Fäden und Filmen durch die Fällung der Cellulose oder ihrer Derivate. Schließlich hängt aber auch die Gleichmäßigkeit der Substitution bei Celluloseestern von der Verteilung der Fraktionen und ihrer Durchschnittsmolekulargewichte ab.

Zur Qualitätsbeurteilung von Handelszellstoffen, aber auch zur physikalischen Charakteristik von Folien und Fasern wird meistens die Bestimmung der Viskosität der Lösungen herangezogen. Bereits vor 20 bis 25 Jahren hat man gewußt, daß zwischen der Viskosität und der mechanischen Festigkeit der Cellulose ein Zusammenhang besteht. Mit abnehmender Viskosität wird auch die Festigkeit geringer.

Die Messung der Durchschnittsviskosität von Zellstoff läßt jedoch noch keine völlig zuverlässigen Rückschlüsse auf die Qualität des Materials zu. Aus diesem Grunde ist eine Fraktionierung mit anschließender Charakterisierung der Einzelfraktionen unbedingt erforderlich. Häufig nitriert man zu diesem Zwecke das Material mit Hilfe von Salpetersäure-Phosphorsäure, da angenommen wird, daß dabei nur ein geringfügiger Abbau stattfindet (S. 74). Die Fraktionierung der erhaltenen Nitrocellulose erfolgt entweder durch fraktionierte Fällung mittels Heptan oder Wasser aus Acetonlösung[2] oder durch fraktionierte Auflösung. Da die Löslichkeit der Celluloseester nicht nur von der Molekülgröße, sondern auch vom Substitutionsgrad abhängig ist, erhält man wirklich eindeutige und reproduzierbare Ergebnisse nur bei einer einheitlichen und möglichst vollständigen Veresterung.

Bei beiden Fraktionierungsmethoden ergibt sich die Notwendigkeit der Abtrennung des Bodenkörpers von der Flüssigkeit. Eine vollständige Trennung der Phasen, ohne daß Verunreinigungen mitgerissen werden, ist praktisch außerordentlich schwierig. Zur Vermeidung dieses Umstandes hat COPPICK[3] ein Verfahren vorgeschlagen, in dem die Trennung durch Zentrifugieren bewirkt wird und durch Viskositätsmessung der überstehenden Lösung der Polymerisationsgrad des gelösten Anteils bestimmt wird.

Der Einfluß der Kettenlängenverteilung in verschiedenen Nitrocelluloseproben auf die mechanischen Eigenschaften ist von SPURLIN untersucht worden, der zu diesem Zweck die fraktionierte Fällung des Esters aus Aceton mit Heptan benutzte[4]. Aus den Fraktionen gegossene Filme sind in bezug auf die

---

[1] Vgl. E. OTT, Cellulose and Cellulose derivatives, S. 931–942 (1943).

[2] H. M. SPURLIN, Ind. Eng. Chem. **30**, 538 (1938). — J. E. TASMAN und A. J. COREY, Pulp and Paper **48**, 166 (1947).

[3] S. COPPICK, Pap. Trade J. **117**, 25 (1943).

[4] H. M. SPURLIN, Ind. Eng. Chem. **30**, 538 (1938).

mechanischen Eigenschaften und die Biegungszahl verglichen worden mit Filmen, die aus unfraktioniertem Material erhalten wurden, und solche, die durch Mischung von Nitrocellulose mit hoher und niedriger Viskosität hergestellt wurden. In allen Fällen kann ein bestimmter Zusammenhang zwischen der Viskosität und der Biegungszahl festgestellt werden. Ferner ist ein unterer Grenzwert der Viskosität erhalten worden, bei dem das Material noch biegsam ist, während es unterhalb dieses Wertes bereits spröder und brüchig wird. Einzelne Fraktionen zeigen eine höhere Biegungszahl als das unfraktionierte Material mit der gleichen Viskosität. Die Filme aus den künstlichen Mischungen ergeben dabei die niedrigsten Biegungszahlen. Durch diese Untersuchungen ist der große Einfluß der Einheitlichkeit des Materials auf seine physikalischen Eigenschaften anschaulich gezeigt worden. Mit der methodischen Seite der Fraktionierung haben sich in letzter Zeit aber auch andere Autoren beschäftigt[1].

TABELLE 27

Fraktionierung von Cellulose aus Kupferoxydammoniak

Fraktion Nr.	Fällung mit Seignettesalz		Fällung mit Aceton		Fällung mit n-Propanol	
	Gew.-%	DP	Gew.-%	DP	Gew.-%	DP
I	19,7	480	46,6	535	18,8	615
II	19,3	478	13,2	392	20,2	465
III	18,3	473	8,5	314	20,8	316
IV	17,5	470	18,4	250	16,6	272
V	13,4	470	8,1	142	9,7	247
VI	13,7	478	—	—	6,1	132

Unter der begrenzten Zahl der Lösungsmittel für die Cellulose ist Kupferoxydammoniak zweifellos das wichtigste. Der Wahl des Fällungsmittels zur Fraktionierung der Cellulose nach der Kettenlänge kommt in diesem Falle eine große Bedeutung zu[2]. Wendet man z. B. dazu eine 5%ige Kaliumnatriumtartratlösung an, so zeigen die erhaltenen Fraktionen keine wesentlichen Unterschiede in der Molekulargewichtsverteilung. Mit Hilfe anderer Fällungsmittel kann man jedoch eine bessere Verteilung erhalten.

Die Tab. 27 bringt einige bei der Fraktionierung von Cellulose aus Kupferoxydammoniak erhaltenen Resultate. Für die Versuche wurde Viskosegarn mit einem DP von 490 benutzt.

Cellulosematerialien lassen sich an Hand ihrer Kettenlängenverteilungsdiagramme voneinander unterscheiden. In der Abb. 53 sind derartige Verteilungkurven für verschiedene Cellulosenitrate wiedergegeben[3].

Von SCHULJATIKOWA und MANDELBAUM[4] ist unlängst eine Methode zur Fraktionierung von Cellulose aus Kupferoxydammoniak mit relativ niedrigem Cu-Gehalt ausgearbeitet worden, die auf der Änderung der Bedingungen bei der Auflösung beruht.

[1] C. MARVIN, C. BROOKS u. M. BADGER, J. Am. Chem. Soc. **72**, 4384 (1950).
[2] O. A. BATTISTA u. W. A. SISSON, J. Am. Chem. Soc. **68**, 915 (1946).
[3] W. SCHIEBER, Papierfabr. **37**, 245 (1939).
[4] Н. В. Шулятикова и Д. И. Мандельбаум, ЖПХ (N. W. SCHULTJATIKOWA u. D. I. MANDELBAUM, J. Angew. Chem. [russ.]) **24**, 263 (1951).

Mit der Erforschung der Polymolekularität der Cellulose hat sich auch L. E. AKIM befaßt. Er hat die Fraktionierung durch Auflösung in Phosphorsäure zunehmender Konzentration durchgeführt. In Abhängigkeit von ihrer Konzentration (zwischen 73 bis 83%) löst Phosphorsäure die Cellulose je nach ihrer Molekülgröße auf. Dabei ist die hydrolysierende Wirkung der Säure unbedeutend. Sie besitzt in dieser Hinsicht nur den tausendsten Teil der Wirksamkeit von Schwefel- oder Salzsäure unter gleichen Bedingungen. Außerdem werden für die Fraktionierung in diesem Falle nicht mehr als 20 Min. benötigt. Hinzu kommt noch die Unempfindlichkeit der in Phosphorsäure gelösten Cellulose gegenüber dem Luftsauerstoff. Von diesem Standpunkt aus betrachtet, ist die Phosphorsäuremethode wesentlich bequemer als die Fraktionierung aus Kupferoxydammoniak.

TABELLE 28

Abhängigkeit zwischen der Konzentration von Phosphorsäure und dem DP der darin gelösten Cellulose

Konzentration in g/100 g	DP bei 20°
73,0	Bis 10
74,0	,, 25
75,0	,, 60
76,0	,, 120
77,0	,, 200
78,0	,, 300
79,0	,, 430
80,0	,, 600
81,0	,, 800
82,0	,, 1050
83,0	,, 1200

Das Nitratverfahren erfordert für eine einzige Probe nicht weniger als 7 bis 10 Tage, während bei der Phosphorsäuremethode eine Aufteilung einer Probe in 7 bis 8 Fraktionen innerhalb von 3 bis 4 Stunden bewirkt werden kann. Unbrauchbar ist die Methode allerdings bei einem relativ hohen DP (über 1200).

Durch die in der Tab. 28 wiedergegebenen Werte (nach EKENSTAM[1]) wird die Beziehung zwischen dem Polymerisationsgrad und der Konzentration der Säure charakterisiert.

Die Löslichkeit der Cellulose wird auch in diesem Falle durch die Temperatur sehr beeinflußt. Mit fallender Temperatur nimmt die Löslichkeit der Phosphorsäure zu.

TABELLE 29

Charakteristische Fraktionen von Zellstoff

Fraktion Nr.	Konzentration der Phosphorsäure in g/100 g	DP bei 20°
I	73,0	Bis 10
II	77,0	,, 200
III	78,0	,, 300
IV	79,0	,, 430
V	80,0	,, 600
VI	82,0	,, 800
VII	83,0	,, 1200

Unter Benutzung der angeführten Tabelle läßt sich ein Zellstoff in 15 verschiedene Fraktionen aufteilen.

Nach Ansicht einiger Autoren genügt es, wenn man das in der Tab. 29 dargestellte Schema zur Charakteristik irgendeines Zellstoffes benutzt.

Gewöhnlich wird man sich auf die Bestimmung der Fraktionen mit einem Polymerisationsgrad bis 200, 800 und 1200 beschränken können, da diese für eine Charakterisierung des Zellstoffes am wesentlichsten sind (vgl. Abb. 53).

In der letzten Zeit sind systematische Untersuchungen über die molekulare Uneinheitlichkeit von Zellstoff und ihre Veränderungen bei den verschiedensten

[1] A. EKENSTAM, Svensk Papperstidning **45**, 61 (1942).

technologischen Prozessen durchgeführt worden. Dabei hat sich ergeben, daß bei der Kochung, Bleiche, Veredlung und Säurebehandlung Änderungen in der Kettenlängenverteilung stattfinden. In einigen Fällen wird die Polydispersität größer, in anderen dagegen kleiner. Die in bezug auf die Polymolekularität eingreifendsten Veränderungen kann man bei dem Aufschluß des Holzes beobachten. Durch die Kochung werden die grundlegenden Eigenschaften des Zellstoffes bestimmt. Je nach den gewählten Kochbedingungen erfolgt ein mehr oder weniger starker Abbau der Cellulose hinsichtlich der Kettenlänge.

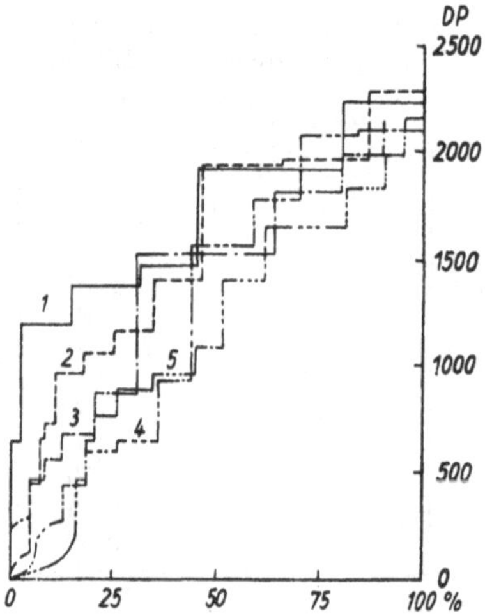

Abb. 53. Kettenlängenverteilungsdiagramme für Nitrocellulosen aus verschiedenen Cellulosematerialien

1 Linters gereinigt und gebleicht,
2 Kiefernsulfatzellstoff gereinigt,
3 Sulfitzellstoff, gereinigt, hochviskos,
4 Buchensulfitzellstoff hochviskos,
5 gewöhnlicher Buchensulfitzellstoff

Bei dem Aufschluß des Holzes mit Chlor findet ein Abbau nur im Anfangsstadium des Prozesses statt, wobei eine selektive Reaktion des Chlors mit dem Lignin erfolgt. Die weitere Chlorierung führt nur noch zu einer geringen Erhöhung des Anteiles der Fraktion mit dem niedrigsten Molekulargewicht, d. h. einem DP bis 10.

Durch eine heiße Alkalibehandlung (Veredlung) wird der Anteil der niedermolekularen Fraktion mit einem DP bis zu 200 verringert und infolge der Auflösung der kurzkettigen, Zersetzungsprodukte und Hemicellulosen enthaltenden Anteile eine relative Erhöhung der langkettigen Fraktionen bewirkt. Eine weitere Folge ist die Verminderung der Polydispersität. Die Entfernung der kurzen Ketten geht um so intensiver voran, je höher die Temperatur und die Konzentration der Lauge ist. Bei zu scharfen Bedingungen werden aber auch lange Ketten abgebaut.

Die hauptsächlich zur Entfernung von Ligninresten durchgeführte Hypochloritbleiche bewirkt, ganz im Gegensatz zu dem Aufschluß mit Chlor, wesentliche Veränderungen in bezug auf die Kettenlängenverteilung. Durch die vorangegangene Alkalibehandlung ist die Cellulose gegen Oxydationsmittel sehr empfindlich geworden. Infolgedessen findet bei der anschließenden Bleiche eine Erniedrigung des hochmolekularen Anteils und Erhöhung der Fraktion mit einem DP bis 10 statt. Erfolgt die Bleiche jedoch in alkalischem Medium, so ist der Effekt genau umgekehrt, und der DP wird in diesem Falle erhöht.

Bei der Säurebehandlung, die eine Erniedrigung des Aschengehalts zum Ziele hat, wird ebenfalls die Kettenlängenverteilung beeinflußt. Wie zu erwarten ist, wird hierbei der Anteil mit einem DP bis 10 erhöht und die Menge der hochmolekularen Fraktionen herabgesetzt.

Sehr ausführlich ist ferner der Einfluß der Kettenlängenverteilung im Zellstoff auf seine mechanischen und chemischen Eigenschaften untersucht worden. Die Untersuchung einer ganzen Reihe von technischen und im Laboratorium hergestellten, gebleichten und ungebleichten Zellstoffe (Sulfit- und Sulfat-

Zellstoffe) haben ergeben, daß man an Hand der Kettenlängendiagramme Rückschlüsse auf die erwähnten Eigenschaften ziehen kann. Alle schwachen Zellstoffe zeichnen sich durch einen bemerkenswerten Gehalt an niedermolekularen Fraktionen (DP bis 200) und geringem Gehalt an hochmolekularen Anteilen (DP über 600) aus. Völlig fehlen in diesem Falle die Anteile mit einem DP über 1200. Charakteristisch für starke Zellstoffe ist der relativ hohe Anteil der hochmolekularen Fraktionen mit einem DP über 600 (bis 75%); der Anteil der höchsten Fraktionen (DP über 1200) erreicht bis zu 20%.

Das unlängst durchgeführte Studium der molekularen Uneinheitlichkeit von Viskosezellstoffen erklärt die große Bedeutung der Kettenlängenverteilung für die Eigenschaften und das Verhalten bei der Weiterverarbeitung. Ein erstklassiger Viskosezellstoff soll nicht nur in chemischer Hinsicht genügend rein sein, sondern auch eine gewisse Einheitlichkeit aufweisen.

Chemische Eigenschaften der Cellulose

Durch die kolloide Natur und den dichten Aufbau der Cellulose der Zellwände erhält man bei kurzer Einwirkung von Mineralsäuren auf das Material eigenartige Produkte. Behandelt man z. B. Filtrierpapier (oder Zellstoff) mit 3%iger Schwefelsäure, preßt nach einiger Zeit den Säureüberschuß ab und trocknet zuerst bei gewöhnlicher Temperatur, anschließend jedoch bei 50 bis 60°, so erscheint das Papier zunächst unverändert. Bei leichtem Zerreiben zerfällt es jedoch zu einem weißen Pulver, der sogenannten Hydrocellulose. Derartige Produkte mit teilweisem oder vollständigem Verlust der Faserstruktur entstehen auch durch Säurebehandlung auf irgendeine andere Weise. Zu lange Einwirkung der Säure bewirkt jedoch eine Verzuckerung. Die Kupferzahl (Reduktionsfähigkeit) der Hydrocellulose ist höher als die des ursprünglichen Materials; diese Tatsache deutet auf das Auftreten neuer Aldehydgruppen hin. An der Oberfläche der zerfallenden und spröde werdenden Fasern entstehen dabei, in Analogie zur Stärke, Cellodextrine. Die Einwirkung der Mineralsäure bewirkt eine Aufspaltung der die monomeren Bausteine zusammenhaltenden Glukosidbindungen, wodurch neue Aldehydgruppen auftreten. Infolge der Kettenspaltung treten auch kürzere Bruchstücke und zusätzliche Hydroxylgruppen auf.

Die geringere Kettenlänge der Hydrocellulose steht in direktem Zusammenhang mit ihrer Löslichkeit in Laugen; in verdünnter Natronlauge ist sie fast vollständig löslich.

Ein brauchbares Verfahren zur Darstellung von in 8- bis 10%iger Natronlauge löslicher Hydrocellulose besteht in der Behandlung von feuchter, regenerierter Cellulose mit gasförmigem Chlorwasserstoff bei gleichzeitiger Kühlung mit Eis[1]. Aus der Lösung in Natronlauge kann die Hydrocellulose entweder durch Ammoniak oder Säuren ausgefällt werden. Die auf diese Weise gewonnene Hydrocellulose ist keineswegs ein einheitliches Produkt. Sie stellt ein Gemisch aus strukturell unveränderter Cellulose, die den Hauptbestandteil bildet, und Cellodextrinen sowie anderen Zwischenprodukten der Hydrolyse vor. Die Kupferzahl der Präparate hängt hauptsächlich von dem Grad der Hydrolyse ab. Wie die ursprüngliche Cellulose, so ist auch die Hydrocellulose

---

[1] E. Knoevenagel u. H. Busch, Cellulosechemie 3, 42 (1922).

optisch aktiv; in Kupferoxydammoniak dreht sie die Ebene des polarisierten Lichtes nach links, jedoch unter einem etwas kleineren Winkel[1].

Rohhydrocellulosepräparate lassen sich nach irgendeiner Methode in zwei Hauptbestandteile aufteilen, nämlich in die niedermolekularen Abbauprodukte (gewöhnlich nicht mehr als einige Prozente) und die Hauptmasse der Faserreste mit Ketten verschiedener Länge. Die niedermolekularen Anteile kann man zum Teil durch kochendes Wasser oder heiße Lauge entfernen[2]. Dadurch wird die Reduktionskraft verringert und solche Hydrolysenprodukte, wie Oligosaccharide, Cellobiose und Dextrine, entfernt. Die Durchschnittskettenlänge der so gereinigten Hydrocellulose ist trotzdem noch niedriger als die der Ausgangscellulose.

DAVIDSON[3] hat Hydrocellulose mit Hilfe heißer Alkalilauge verschiedener Konzentration bei verschiedenen Temperaturen fraktioniert. Die Fraktionen werden durch Ansäuerung der Lösungen erhalten und anschließend ihre Viskosität in Kupferoxydammoniak bestimmt. Die dabei erhaltenen Resultate sind in der Tabelle 30 zusammengestellt.

Aus den Angaben der Tabelle geht hervor, daß die leichtlösliche erste Fraktion offenbar aus den kürzesten Ketten besteht. Die Menge der Fraktionen kann beliebig vergrößert werden, indem man eine entsprechende Konzentration und Temperatur der Lauge wählt, so daß schließlich die Kettenlängen der Einzelfraktionen keine so großen Unterschiede mehr aufweisen wie bei einer kleineren Zahl von Fraktionen.

TABELLE 30

Ausbeute und „Fluidität" von Fraktionen aus Kupferoxydammoniak

	Anteil in % der Ausgangscellulose	„Fluidität" in 2%iger Lösung
Ursprüngliche Hydrocellulose .	100	6,2
Fraktionen:		
I	19	16,6
II	19	10,8
III	29	6,2
IV	33	3,6

Einer stufenweisen Bildung der Hydrocellulose entspricht auch ein allmählicher Verlust der Faserstruktur. So kann man z. B. beim Sulfitaufschluß je nach der Temperatur, Stärke der Kochsäure und Kochdauer ein Produkt erhalten, das zwar eine geringere Viskosität besitzt, aber in mechanischer Hinsicht noch eine wesentliche Festigkeit aufweist. Bei stärkerer Hydrolyse findet eine entsprechende Sprengung der Glukosidbrücken und Schwächung der zwischenmolekularen Kräfte statt, woraus schließlich eine starke Erniedrigung der mechanischen Festigkeit resultiert.

[1] Ausführlichere Angaben (Zahlenwerte) über die optische Drehung, Löslichkeit und Reduktionsfähigkeit von Hydrocellulose sind in Monographien über die Chemie der Cellulose zu finden (Schorygin, NIKITIN u. a.).

[2] K. HESS u. KATONA, Ann. **445**, 221 (1927). — W. HAWORTH, S. PEAT u. WILSON, J. Chem. Soc. (1939) 1904.

[3] G. F. DAVIDSON, J. Text. Inst. **25**, 174, 176, 188 (1934).

Oxydation der Cellulose

Die Cellulose wird in alkalischem Medium durch so milde Oxydationsmittel, wie es der Luftsauerstoff ist, merklich oxydiert. Das beste Beispiel dafür stellt die sogenannte „Vorreife" der von der Lauge abgepreßten Alkalicellulose dar, die für die industrielle Herstellung der Viskose große Bedeutung hat. Das abgepreßte, zerkleinerte Produkt nimmt langsam Sauerstoff auf, wodurch ein allmählicher Viskositätsabfall, eine geringe Abnahme des Gehaltes an resistenter α-Cellulose und Zunahme an Zerfallsprodukten, β- und γ-Cellulose, bewirkt wird. Die letztere ist bereits sehr niedermolekular und kann nicht durch Ansäuern (wie die β-Cellulose), sondern nur durch Alkohol gefällt werden. Ein weiteres Beispiel für die Oxydation im alkalischen Medium ist die rasche Sauerstoffaufnahme einer Lösung von Cellulose in Kupferoxydammoniak.

Teilweise oxydierte Cellulose (sogenannte Oxycellulose) ist in ihrer Zusammensetzung ebenfalls sehr uneinheitlich. Sie besteht in der Hauptsache aus unveränderter Cellulose, deren Oberfläche leicht oxydiert ist. Die Oxydation kann an den endständigen Aldehydgruppen, primären CH_2-OH-Gruppen und sekundären Hydroxylgruppen am C_2 und C_3 der Glukosereste stattfinden. So werden z. B. die Aldehydgruppen durch Jod bei gleichzeitiger Anwesenheit von Alkali, aber auch durch Chlorit in saurem oder neutralem Medium oxydiert[1]. Die Reaktion von Aldosen mit chloriger Säure verläuft nach folgendem Schema:

$$R{-}CHO + 3\,HClO_2 \rightarrow RCOOH + 2\,ClO_2 + HCl + H_2O\,.$$

Die Acidität des Mediums besitzt einen großen Einfluß auf die Oxydationsgeschwindigkeit. Durch Zugabe von Phosphorsäure und infolgedessen durch Änderung des p_H-Wertes von 4,2 auf 2,0 verläuft die Reaktion mit der 10fachen Geschwindigkeit. Dieser Oxydationstyp ist außerordentlich milde.

Perjodsäure ist bekannt als sehr spezifisches Oxydationsmittel; sie greift nur die glykolähnlichen Gruppierungen an, im Falle der Kohlenhydrate also an den C-Atomen 2 und 3. Die Reaktion verläuft offenbar unter Entstehung unbeständiger Zwischenprodukte nach folgendem Schema[2]:

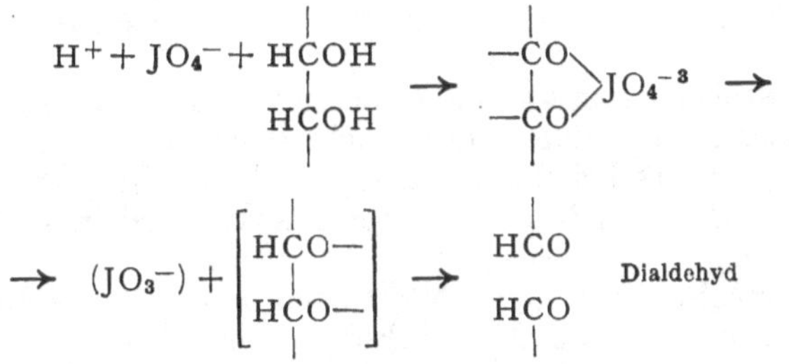

Bei der Oxydation der Cellulose mit Perjodsäure entsteht die sogenannte Dialdehydcellulose, die die Kettenstruktur noch besitzt. Durch weitere

[1] Ausführlicher über die Bestimmung der „Jodzahl" von Zellstoff in den Monographien von P. P. Schorygin und N. Nikitin. Die Verwendung der jodometrischen Endgruppenbestimmung zur Berechnung der Kettenlänge ist mit Widersprüchen verknüpft, da die Oxydation nicht nur auf die Aldehydgruppen beschränkt ist.

[2] R. Criegee, L. Kraft u. B. Rank, Ann. **507**, 150 (1933).

Oxydation unter milden Bedingungen entsteht die Dicarboxylcellulose:

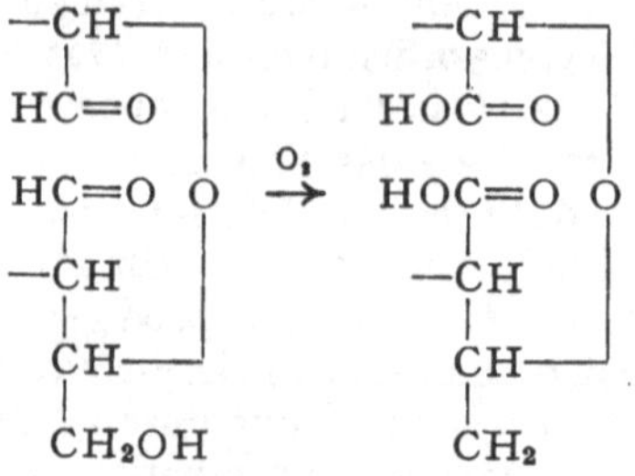

In der Praxis wird bei diesem Oxydationstyp mehr Sauerstoff verbraucht, als in dem ersten Schema angegeben. Diese Tatsache wird durch das Auftreten kleiner Mengen Formaldehyd, Ameisensäure und Kohlendioxyd unter den Oxydationsprodukten erklärt. Bei der Einwirkung von Alkali auf die Dialdehydcellulose findet eine Sekundärreaktion statt, wobei die erhaltene Oxycellulose gegen alkalische Hydrolyse sehr empfindlich ist.

Stickstoffdioxyd ist ebenfalls ein gutes, spezifisches Oxydationsmittel, das lediglich die primäre Hydroxylgruppe (am C-Atom 6) angreift und diese zur Carboxylgruppe oxydiert[1]. Die auf diese Weise erhaltenen Polyuronsäuren sind in ihrem Bau den Pektinen ähnlich und stellen bereits Handelsprodukte dar. Durch Alkalien werden jedoch diese Stoffe leicht gespalten. Nachstehend findet sich die Formel einer derartigen Monocarboxylcellulose, deren COOH-Gehalt theoretisch 25% beträgt.

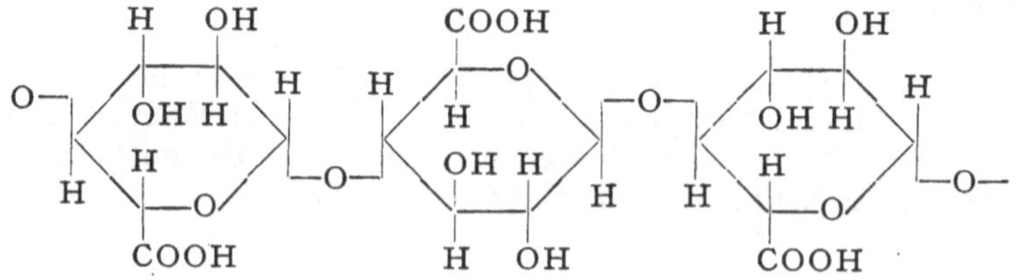

Rogowin, Kondraschtschuk und Malachow[2], die unlängst die Einwirkung von Stickstoffdioxyd auf Cellulose untersucht haben, finden, daß die Viskosität in Kupferoxydammoniak bei einem Gehalt an COOH-Gruppen von 2,5% sehr niedrig ist. Unter Berücksichtigung dieser Tatsache haben sie einen DP von 80 bis 100 berechnet.

Es ist jedoch möglich, daß dieser Wert noch berichtigt werden muß, da die Carboxylgruppen einen gewissen Einfluß auf die Viskosität besitzen. Die letztere wird bekanntlich nicht nur durch die Länge der gelösten Moleküle bestimmt. Die Autoren haben gezeigt, daß ein geringer Carboxylgehalt (am C_6)

[1] E. C. Yackel u. W. O. Kenyon, J. Am. Chem. Soc. **64**, 121 (1942). — C. C. Unruh u. W. O. Kenyon, J. Am. Chem. Soc. **64**, 127 (1942). — Ausführlich in: З. А. Роговин, Новое в химии целлюлозы (S. A. Rogowin, Neues aus der Chemie der Cellulose), S. 47/55 (1945).

[2] З. А. Роговин, Л. Кондращук и Р. Малахов, ЖПХ (S. A. Rogowin, L. Kondraschtschuk u. R. Malachow, Z. Angew. Chem. [russ.]) **23**, 418 (1950).

die Beständigkeit des Produktes gegen Alkalien, Säuren oder Wasser bei erhöhter Temperatur wesentlich herabsetzt. Ein Baumwollgewebe mit einem Gehalt an COOH-Gruppen von 2 bis 3% zerfällt nach dem Kochen mit destilliertem Wasser vollständig zu Pulver. Durch die Einführung der gleichen Menge Carboxylgruppen an den C-Atomen 2 und 3 des Cellulosemoleküls wird dagegen die Beständigkeit des Gewebes unter den gleichen Umständen nicht wesentlich verringert.

ROGOWIN, TREIWASS und JASCHUNSKAJA[1] haben die selektive Oxydation der primären und sekundären Hydroxyle der Cellulose zum Studium der Reaktionsfähigkeit der einzelnen funktionellen Gruppen benutzt. Mit Hilfe von aus verschiedenen Monocarboxylcellulosepräparaten hergestellten Nitraten haben sie gefunden, daß selbst geringe Mengen COOH-Gruppen am C_1 die Löslichkeit der entsprechenden Nitrocellulose in Aceton stark herabsetzen.

TREIWASS, SCHORYGINA, JASCHUNSKAJA und ROGOWIN[2] sind ebenfalls zu der Ansicht gekommen, daß die Löslichkeit von Estern der Monocarboxylcellulose durch die Anwesenheit kleiner Mengen Carboxylgruppen beträchtlich verringert wird. In gleicher Weise bewirkt die Existenz von Uronsäuregruppen eine Geschwindigkeitserniedrigung bei der Acetylierung der Cellulose.

IWANOW und KAWERSNJEWA[3] haben vor kurzem die Oxydation der Cellulose durch Luftsauerstoff im homogenen Medium, nämlich Kupferoxydammoniak, untersucht. Nach Hydrolyse der oxydierten Cellulose mit 0,2 n Säure wird gefunden: Glukuronsäure, Oxalsäure, Ameisensäure, Arabonsäure, Glukonsäure, Essigsäure, Furfurol und Formaldehyd. Der Gehalt an Glukuronsäure beträgt 25 bis 29% aller in Wasser löslichen Produkte. Die Autoren nehmen an, daß in diesem Falle die Oxydation hauptsächlich an der primären OH-Gruppe erfolgt und bis zur Aldehydstufe verläuft, und daß ferner unter dem Einfluß des Alkali eine Isomerisierung stattfindet, wobei zwischen C_4 und C_5 eine Doppelbindung entsteht:

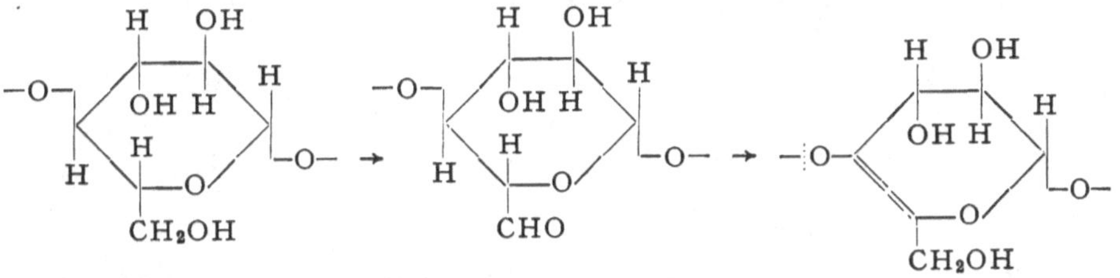

[1] З. А. Роговин, М. Г. Трейвас и А. Г. Яшунская, Тр. 4. конф. по высокомол. соед. (S. A. ROGOWIN, M. G. TREIWASS u. A. G. JASCHUNSKAJA, Arb. 4. Konf. über hochmolekulare Vorb.) S. 36, (1948).

[2] М. Трейвас, Н. Шорыгина, А. Яшунская и З. Роговин, ЖПХ (M. TREIWASS, N. SCHORYGINA, A. JASCHUNSKAJA u. S. ROGOWIN, Z. angew. Chem. [russ.]) 22, 857 (1949). — З. А. Роговин, Реакционная способность функциональных групп целлюлозы, в кн. Исследования в области высокомол. соединений (S. A. ROGOWIN, Reaktionsfähigkeit der funktionellen Gruppen der Cellulose. In „Untersuchungen auf dem Gebiet der hochmolekularen Verbindungen") 160 (1949).

[3] В. И. Иванов и Е. Д. Каверзнева, Тр. 4. конф. по высокомол. соедин. (W. I. IWANOW u. JE. D. KAWERSNJEWA, Arb. d. 4. Konf. über hochmol. Verb.), S. 81 (1948).

Die Autoren sind weiter der Meinung, daß bei der Oxydation der Cellulose mittels Perjodsäure unter Sprengung des Pyranringes in alkalischem Medium eine ähnliche, unbeständige Gruppierung infolge Enolisierung des am C-Atom 3 befindlichen Carbonyls entsteht.

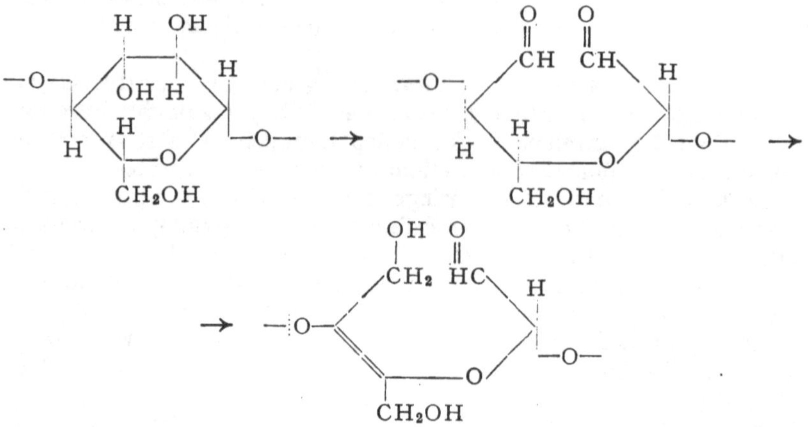

Diese Auffassungen bedürfen jedoch noch weiterer Forschungen zu ihrer Bestätigung. 1951 hat KAWERSNJEWA[1] die Anwesenheit geringer Mengen Ketogruppen in Oxycellulosen festgestellt, die mittels Natriumhypochlorit oxydiert worden sind. Dabei sind die Ketogruppen durch Kondensation mit Hydroxylamin, anschließende Reduktion mit metallischem Ca und Hydrolyse nachgewiesen worden:

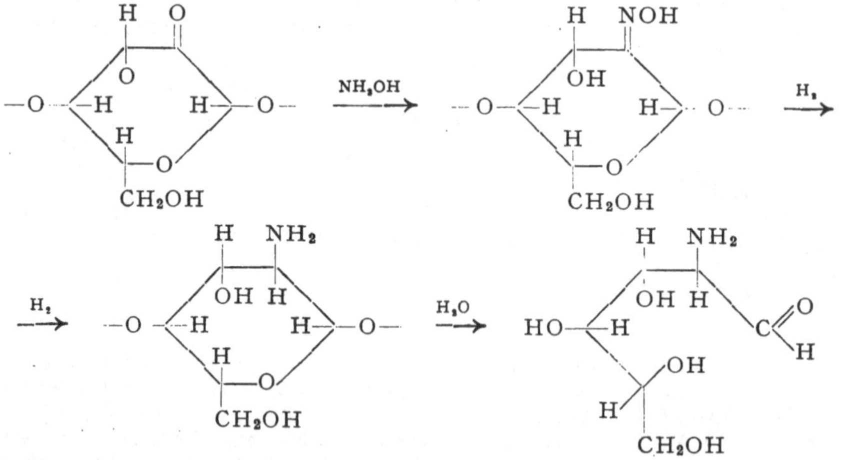

Von der Autorin ist ferner gezeigt worden, daß die Anwesenheit von Laktonbindungen zwischen den Carboxylen am C_6 und den Hydroxylen am C_3 in Oxycellulosen sehr wahrscheinlich ist.

[1] Е. Д. Каверзнева, ДАН СССР (JE. D. KAWERSNJEWA, Ber. Akad. Wiss. UdSSR) Nr. 3, 481 (1951).

Am leichtesten wird die Cellulose bei Gegenwart von Alkali oxydiert, ganz besonders in Kupferoxydammoniak, aber auch bei den verschiedenen Stadien der industriellen Viskoseherstellung. DANILOW[1] weist darauf hin, daß Stoffe, wie Natriumsulfit und -hyposulfit, aber auch hydroxylhaltige organische Verbindungen die Oxydation der Cellulose hemmen. So wird z. B. die Oxydation von mercerisierter Cellulose außer durch Natriumsulfit auch durch ein Gemisch von Natriumsulfid und Naphthol, ganz besonders aber durch Natriumsulfit und -sulfid verzögert.

Derivate der Cellulose

An dieser Stelle sei ein kurzer Überblick über die technisch wichtigen Cellulosederivate eingeschaltet. Durch Umsetzung mit 17- bis 18%iger Natronlauge entsteht unter Wärmeabgabe die sogenannte Alkalicellulose, die stark gequollen ist, ihre Faserstruktur jedoch noch beibehalten hat. Zur Ermittlung der Zusammensetzung wäscht man den Alkaliüberschuß mit Alkohol aus und analysiert den faserigen Rückstand oder bestimmt die von dem Material aufgenommene Menge Alkali an Hand der Konzentrationsänderung der zur Umsetzung verwandten Lauge. Nach dem ersten Verfahren von GLADSTONE und später RASSOW sind Präparate mit der empirischen Zusammensetzung $(C_6H_{10}O_5)_2 \cdot NaOH$ erhalten worden. HIBBERT und PERCIVAL[2] haben nach der ersten Methode hergestellte Alkalicellulose untersucht und dabei gefunden, daß in einem Konzentrationsbereich der Lauge von 12,5 bis 21,5% die Zusammensetzung des Produktes auf das Vorhandensein eines Gleichgewichtes zwischen dem Additionsprodukt und dem Alkoholat deutet:

$$C_6H_{10}O_5 \cdot NaOH \rightleftarrows C_6H_9O_4 \cdot ONa + H_2O.$$

Bei Untersuchungen über die Alkaliaufnahme von Baumwollcellulose hat VIEWEG eine allmählich ansteigende Aufnahme bis zu Alkalikonzentrationen von 16% gefunden. Bei dieser Konzentration ist der erste Knickpunkt in der Sorptionskurve zu verzeichnen. Die aufgenommene Menge an Alkali beträgt dabei ca. 13%, was der oben erwähnten Zusammensetzung außerordentlich nahe kommt. Eine Erhöhung der Konzentration bis 24% bewirkt keine weitere Alkaliaufnahme. Der zweite Knick der Kurve tritt erst bei Konzentrationen um 35 bis 40% auf. Das entspricht der Entstehung einer neuen Verbindung der Zusammensetzung $(C_6H_{10}O_5 \cdot NaOH)$. Spätere Untersuchungen haben jedoch die Existenz des zweiten Knickpunktes nicht bestätigen können[3].

Bis zum heutigen Tage ist jedoch eine endgültige Entscheidung der Frage nach der konstanten Zusammensetzung der Alkalicellulose noch nicht möglich gewesen, da die experimentellen Schwierigkeiten ziemlich bedeutend sind und außerdem auch Alkali von der Faser adsorbiert wird.

---

[1] С. Н. Данилов, Тр. 4. конф. по высокомол. соедин. (S. N. DANILOW, Arb. d. 4. Konf. über hochmolekulare Verb.) S. 64 (1948).

[2] H. HIBBERT, E. PERCIVAL u. E. CUTHBERTSON, J. Am. Chem. Soc. 52, 3257 (1930).

[3] Literatur: П. П. Шорыгин, Химия целлюлозы (P. P. SCHORYGIN, Chemie der Cellulose) S. 127 (1939). — Vgl. ferner Abschnitt 6 dieses Buches. W. D. BANCROFT und J. B. CALKIN [J. Phys. Chem. 39, 1 (1935)] haben mit Hilfe der Zentrifugiermethode gezeigt, daß die Menge an gebundenem Alkali sogar 2 Mol NaOH pro $C_6H_{10}O_5$ betragen kann.

Die Reaktion verläuft anscheinend bei Alkalikonzentrationen unter 8 bis 9% lediglich an der Oberfläche der orientierten Cellulosebereiche (Micellen), da ein unverändertes Röntgendiagramm erhalten wird. Erhöht man die Konzentration der Lauge, so ändert sich auch das Diagramm, es ist eine neue Verbindung entstanden (Natroncellulose I), die das Bild der ursprünglichen Cellulose überlagert. Innerhalb einer Konzentration von 13 bis 19% verschwindet das letztere vollständig, man erhält nur noch das Diagramm der Natroncellulose I. Über 21% Alkali ändert sich das Bild wieder, die hierbei entstandene neue Verbindung ist die Natroncellulose II[1]. Die Art der chemischen Bindung in der Alkalicellulose ist noch nicht genau festgestellt worden. Man nimmt an, daß bei niedriger Alkalikonzentration eine Adsorption, bei höherer jedoch die Bildung von Alkoholaten und Anionen der Cellulose stattfindet:

$$\underset{}{R—\overset{\overset{\large H}{|}}{O}—Na^+}, \quad R—O—Na \text{ (Alkoholat)}, \quad R—O—Na^+ \text{ (Anionenbildung)}$$

Durch kaltes Wasser wird die Alkalicellulose zersetzt; ausgewaschene, mercerisierte Cellulose besitzt die Eigenschaften der Hydratcellulose und zeigt auch ein entsprechendes Röntgendiagramm. Erfolgt die Wäsche mit heißem Wasser, so erhält man ein Gemisch von unveränderter Cellulose und Hydratcellulose. Mercersierte Cellulose (Garn oder Gewebe), durch Behandlung mit starker Lauge unter Verstreckung hergestellt, besitzt nach dem Waschen mit Wasser und Trocknen einen seidigen Glanz, erhöhte Farbaufnahmefähigkeit und eine gute Reißfestigkeit. Nasse, von der Lauge durch Auswaschen befreite mercerisierte Fasern lassen sich chemisch leichter angreifen (vgl. Abschn. 6). Durch eine anschließende Trocknung bei 100° wird die Fähigkeit zu gewissen Umsetzungen, wie z. B. der Acetylierung oder Auflösung in heißer, konzentrierter Kalziumrhodanidlösung, verringert.

Maximale Quellwerte erreichen Cellulosefasern bei Zimmertemperatur in ca. 12%iger Natronlauge. Nach zahlreichen Beobachtungen entsteht dabei die Alkalicellulose $(C_6H_{10}O_5)_2 \cdot NaOH$. Nicht alle Celluloseformen quellen genau bei dieser Laugenkonzentration. Bei niedrigeren Temperaturen, z. B. $-10°$, liegt das Maximum der Quellung bei einer Konzentration von 6%. Aber

---

[1] Nach den Angaben von HESS entspricht die Zusammensetzung der Natroncellulose I und II der Formel $C_6H_{10}O_5 \cdot NaOH$. Die erstere enthält jedoch noch 4 bis 5 Mol Wasser pro $C_6H_{10}O_5$ in gebundener Form, während die letztere wasserfrei ist. S. M. LIPATOFF [Kunststoffe **16**, 221 (1927)] hat ebenfalls eine $C_6H_{10}O_5 \cdot NaOH$ entsprechende Zusammensetzung gefunden. In letzter Zeit ist von einigen Autoren die Ansicht geäußert worden, daß die Alkalicellulose eine Additionsverbindung darstellt und nicht ein Alkoholat.

Nach Betrachtung aller Angaben über die Zusammensetzung der Alkalicellulose ist anzunehmen, daß beide Formen wahrscheinlich gleichzeitig vorhanden sind und sich miteinander im Gleichgewicht befinden. Durch die Anwesenheit des Alkoholats läßt sich die Veresterung und Xanthogenierung der Alkalicellulose gut erklären. Die Entstehung einer Komplexverbindung des Typs $(C_6H_{10}O_5)_2 \cdot NaOH$ oder $C_6H_{10}O_5 \cdot NaOH$ wird analog zu dem Verhalten mehrwertiger Alkohole und einiger Disaccharide angenommen. Laktose lagert z. B. 1 Mol Ätzkali an den Glukoserest und 2 Mol an den Galaktoserest an. Das isomere D saccharid, die Cellobiose, lagert lediglich je 1 Mol an jeden Glukoserest an. Literatur: E. HEUSER, Cellulosechemie S. 71 (1944).

auch andere Basen bewirken eine Quellung und bilden Verbindungen des Typs $(C_6H_{10}O_5)_2MeOH$ (Me = K oder Li) oder $(C_6H_{10}O_5)_3MeOH$ (Me = Rb und Cs). In jedem Falle erhält man eine maximale Quellung nur bei ganz bestimmten Konzentrationen der genannten Basen. Besonders zu beachten sind jedoch die geringen Unterschiede in der Zusammensetzung der Verbindungen der Cellulose mit den erwähnten Hydroxyden, da die stöchiometrischen Gesetze anscheinend nur angenähert Gültigkeit besitzen.

Schorygin und Makarowa-Semljansskaja[1] haben gezeigt, daß durch die Einwirkung von metallischem Natrium in flüssigem Ammoniak auf die Cellulose ein alkoholartiges Produkt, die sogenannte Trinatriumcellulose, entsteht. Irgendwelche größeren Unterschiede in der Reaktionsfähigkeit der Hydroxylgruppen der Cellulose sind dabei nicht beobachtet worden. Nach 15 bis 24 Stunden ist, unter gleichzeitiger Abspaltung von 3 Atomen Wasserstoff, ein Produkt der Zusammensetzung $C_6H_7O_2(ONa)_3$ entstanden. Von Hussey und Scherer[2] ist ein gleichartiges Produkt dargestellt worden.

Nach einigen Autoren besitzt das Hydroxyl am C_2 des Glukoserestes die

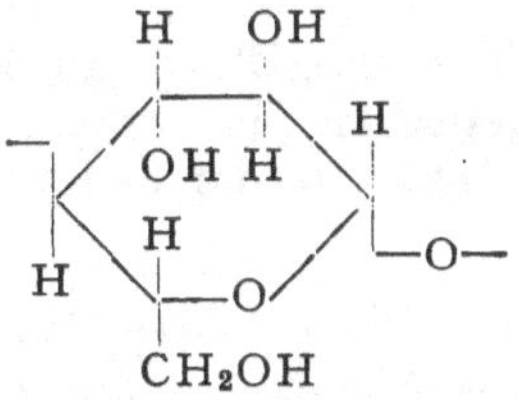

stärksten sauren Eigenschaften. So entsteht z. B. in 35%iger Kalilauge eine Verbindung der Zusammensetzung $C_6H_{10}O_5 \cdot KOH$, in der das Alkali offenbar am C-Atom 2 gebunden ist, da nach Methylierung und anschließender Hydrolyse 2-Methylglukose erhalten wird[3]. Alle drei Hydroxyle des Glukoserestes sind zu einer schwachen Ionisierung befähigt. Der gesamte Hydroxylwasserstoff läßt sich nämlich durch Deuterium ersetzen (mit Hilfe von schwerem Wasser):

$$C_6H_7O_2(OH)_3 + 3D_2O \rightleftarrows C_6H_7O_2(OD)_3 + 3DOH.$$

Diese Reaktion findet im Falle von Filtrierpapier bei 30° in 24 Stunden statt, im Falle von Linters in 36 Stunden.

Ammoniak, Amine und quaternäre Ammoniumbasen können mit der Cellulose reagieren. Letztere adsorbiert Ammoniak ohne irgendwelche Veränderungen im Röntgendiagramm. Flüssiges Ammoniak (—33°) bewirkt dagegen Quellung und einen der Mercerisation ähnlichen Effekt. Das dabei gebildete Reaktionsprodukt ergibt auch ein verändertes Diagramm.

Ebenfalls quillt die Cellulose in wäßrigen Lösungen von Hydrazin oder Äthylendiaminen. In konzentrierten Lösungen kann man sogar ein Eindringen in das Raumgitter der Cellulose beobachten. Starke organische Basen — Tetraäthylammoniumhydroxyd $[(C_2H_5)_4N]OH$, Benzyltrimethylammonium-

---

[1] П. П. Шорыгин и Н. Н. Макарова-Землянская, ЖОХ (P. P. Schorygin u. N. N. Makarowa-Semljansskaja, Z. allgem. Chemie [(russ.)] **7**, 283 (1937).

[2] R. E. Hussey u. P. C. Scherer, J. Am. Chem. Soc. **53**, 2344 (1931).

[3] W. I. Heddle u. E. G. Percival, J. Am. Chem. Soc. **59**, 1690 (1938); **60**, 249 (1939).

hydroxyd und einige andere quaternäre Basen — gehen Verbindungen mit der Cellulose ein und lösen sie auf. Eine maximale Löslichkeit wird mit ca. 2 n wäßrigen Lösungen dieser Stoffe erreicht; mit fallendem Molekulargewicht der Basen wird auch die erforderliche Konzentration kleiner[1]. Interessant ist in diesem Zusammenhang die Verwendung von Dimethyldibenzylammoniumhydroxyd zu Viskositätsmessungen an Cellulose[2]. Ferner sind Verbindungen der Cellulose mit den Hydroxyden des Trimethylsulfons $[(CH_3)_3S]OH$ und des Guanidons $[(NH_2)_3C]OH$ bekannt, wobei 1 Mol der Basen auf 2 Glukosereste entfallen.

Die Löslichkeit der Cellulose in ammoniakalischen Kupferoxydlösungen ist lange bekannt. Ausgewertet wird diese Tatsache bei der Herstellung von Kupferseide. In diesem Lösungsmittel wird die Cellulose bei Abwesenheit von Sauerstoff und Licht nur in sehr geringem Maße verändert. Durch Zugabe von Säure oder Alkali kann sie als Hydratcellulose ausgefällt werden, die nur eine in physikalischer Hinsicht andere Modifikation darstellt. Die Kupferzahlen[3] der ursprünglichen und der regenerierten Cellulose weisen nur geringe Differenzen auf.

Nach den Angaben von Traube, Hess und Messmer, deren Arbeiten in den bereits erwähnten sowjetischen Monographien zur Chemie der Cellulose ausführlich dargestellt sind, reagiert die Cellulose mit dem Kupferkomplex nach folgendem Schema:

$$2\,C_6H_7O_2(OH)_3 + [Cu(NH_3)_4](OH)_2 \rightleftarrows [C_6H_7(OH)_2(O-)]_2[Cu(NH_3)_4] + 2\,H_2O$$

$$[C_6H_7(OH)_2(O-)]_2[Cu(NH_3)_4] + 2\,[Cu(NH_3)_4](OH)_2 \rightleftarrows$$

$$\rightleftarrows 8\,NH_3 + 4\,H_2O + \left[C_6H^8O_2\left(\begin{matrix}O\\O\end{matrix}\!\!>Cu\right)(O-)\right]_2[Cu(NH_3)_4]\,.$$

Es ist daraus zu entnehmen, daß das Kupfer in diesem Falle als Alkoholat in das Anion eintritt und so eine salzartige Verbindung mit dem Kation $[Cu \cdot (NH_3)_4]^{++}$ bildet. Die Cellulose-Kupfer-Komplexverbindung wird durch Ansäuern leicht gespalten und es fällt ein voluminöser Niederschlag von Hydratcellulose aus. Durch Alkalizugabe fällt aus der Lösung eine Kupfer-Alkali-Verbindung mit folgender Zusammensetzung $[(C_6H_8O_5)_2Cu]Na_2$ aus.

Lieser[4] ist auf Grund seiner Untersuchungen zu einer anderen Auffassung über die Zusammensetzung des Cellulose-Kupfer-Komplexes gekommen. Danach verteilt sich das Kupfer nicht zwischen dem Anion und Kation und bildet mit der Cellulose auch kein Alkoholat. Der Autor stellt sich die Struktur der Komplexverbindung wie nachstehend aufgeführt vor:

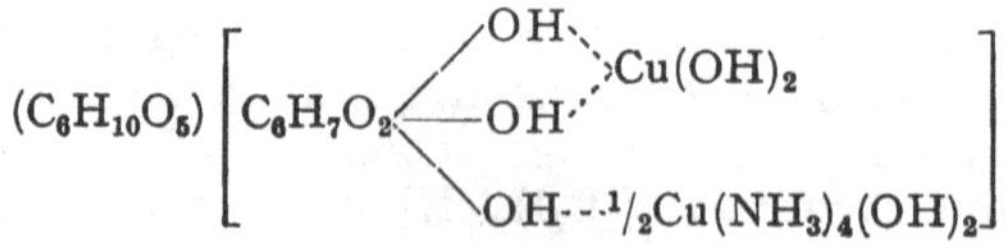

[1] L. H. Bock, Ind. Eng. Chem. **29**, 985 (1937). — T. Lieser, Ann. **528** 276 (1937).

[2] W. Russel u. N. Woodbury, Ind. Eng. Chem., Anal. Ed. **12**, 151 (1940).

[3] Die Menge Kupfer in Gramm pro 100 g Cellulose, die beim Erwärmen der letzeren mit Fehlingscher Lösung ausgeschieden wird.

[4] Th. Lieser, Ann. **528**, 276 (1937).

Nach seiner Ansicht verläuft die Reaktion lediglich an der Oberfläche der Cellulosemicellen, während die inneren Bereiche mit dem Kupferoxydammoniak überhaupt nicht reagieren. Die oben angeführte Formel deutet auf pseudostöchiometrische Verhältnisse. Ferner nimmt der Autor an, daß nur ungefähr die Hälfte der vorhandenen Makromoleküle an der Komplexbildung beteiligt sind. Der mit der Kupferoxydammoniaklösung zusammenhängende Fragenkomplex ist erst unlängst von ARCHIPOW[1], PAKSCHWER[2] und anderen untersucht worden.

Die genaue Feststellung der Verknüpfungsart der Cellulose mit dem Kupfer in den entsprechenden Komplexverbindungen ist womöglich noch schwieriger als die Strukturaufklärung der Alkalicellulose. Vor allem ist dazu eine völlige Klärung der vielen, bei der Auflösung stattfindenden physikalisch-chemischen Einzelprozesse notwendig. Außerdem ist es sogar sehr wahrscheinlich, daß die Entstehung von Wasserstoffbindungen zwischen den Hydroxylen der Cellulose und dem Lösungsmittel und die Solvatation der Moleküle eine große Rolle spielen.

SCHORYGIN[3] ist anderer Auffassung als LIESER über die Erhaltung der Micellen in der Kupferlösung und die Begrenzung der Komplexbildung auf die Oberfläche der geordneten Bereiche. Danach stehen die genannten Punkte im Widerspruch zu den heutigen Ansichten über die kolloide Natur der gelösten Cellulose. Von NIKITIN[4] ist in überzeugender Weise die Entstehung von Wasserstoffbindungen, Isolierung und Solvatation einzelner Moleküle von Dinitraten und Diacetaten der Cellulose in Lösungen von Aceton, Dioxan und anderen sauerstoffhaltigen Lösungsmitteln nachgewiesen worden. Ähnliche Erscheinungen treffen zweifellos auch für die Lösungen in Kupferoxydammoniak zu.

SCHORYGIN hat darauf hingewiesen, daß die von LIESER benutzte Methodik (Ausfällung mit Methanol) keine allzu große Genauigkeit beanspruchen kann und nicht ganz frei von Zweifeln erscheint. Die Frage nach der Existenz einer alkoholatartigen Bindung des Kupfers im Celluloseanion ist noch nicht endgültig entschieden. Von den meisten Autoren wird sie jedenfalls positiv beantwortet. Zur Auflösung der Cellulose bei niedrigen Temperaturen kann der erforderliche Kupfergehalt geringer sein als bei 20°.

Lösungen der Cellulose in Kupferoxydammoniak sind ebenfalls optisch aktiv. Ihre Viskosität wird bereits durch die Aufnahme kleinster Mengen Sauerstoff infolge oxydativer Spaltung der Makromoleküle erniedrigt.

Eine ausführlichere Betrachtung der Quellung und Löslichkeit der Cellulose in konzentrierten heißen Lösungen von Zinkchlorid, Kalziumrhodanid und den Lithiumhalogeniden kann hier nicht erfolgen. Durch die solvatisierende Wirkung der Salze werden die in der orientierten Cellulose vorhandenen Wasserstoffbindungen aufgespalten unter gleichzeitiger Bildung des entsprechenden Salzes: $-C-O-H-O$ in $-C-\underset{\underset{\mathrm{H}}{|}}{O}-Li^+$. Der gleiche Prozeß

---

[1] М. И. Архипов, ЖПХ (M. I. ARCHIPOW, Z. Angew. Chem. [russ.]) **12**, 761 (1949) — Hochmolekulare Verb. Nr. 10 (1950).

[2] А. Пакшвер, Технология медноаммиачных волокон (A. PAKSCHWER, Technologie der Kupferseide) (1948).

[3] П. П. Шоригин, Химия целлюлозы (P. P. SCHORYGIN, Chemie der Cellulose) S. 149 (1939).

[4] В. Н. Никитин, Вестн. Ленингр. унив. (W. N. NIKITIN, Leningr. Univ. Bote) Nr. 3, 33 (1950).

dürfte auch für die Solvatation und Auflösung der Cellulose in starken Säuren verantwortlich sein. Bei bestimmten Konzentrationen entstehen Additionsverbindungen mit Salpetersäure, Chlorsäure[1], Lithiumrhodanid und anderen. Jede dieser Verbindungen besitzt ein charakteristisches Röntgendiagramm.

Durch die Einwirkung von Schwefelkohlenstoff auf von der Lauge (17,5%) befreite Alkalicellulose entsteht das Cellulosexanthogenat, das das Natriumsalz des sauren Dithiokohlensäureesters der Cellulose darstellt. Die Umsetzung der zerkleinerten Alkalicellulose mit dem Schwefelkohlenstoff erfolgt in besonderen Mischern, wobei eine gewisse Quellung des Materials stattfindet. Man erhält schließlich ein orangefarbenes Xanthogenat nach dem Schema:

$$C_6H_9O_4 \cdot ONa + CS_2 \rightarrow C\begin{array}{l} \diagup O \cdot C_6H_9O_4 \\ {=}S \\ \diagdown SNa \end{array}$$

Im allgemeinen beteiligt sich nur eine von den sechs Hydroxylgruppen des Cellobioserestes an der Umsetzung. Die tatsächliche Zusammensetzung der Verbindung wird dann durch nachstehende Formel ausgedrückt:

$$C\begin{array}{l} \diagup O(C_6H_9O_4)(C_6H_{10}O_5) \\ {=}S \\ \diagdown SNa \end{array}$$

Eine weitere Xanthogenierung ist mit Schwierigkeiten verbunden. Unter bestimmten Bedingungen jedoch, z. B. in der Lösung einer quaternären Ammoniumbase, gelingt es, sämtliche Hydroxyle umzusetzen. Die Reaktion verläuft dann wie folgt:

$$C_6H_7O_2(OH)_3 + 3[(C_2H_5)_4 \cdot N]OH \rightleftarrows C_6H_7O_2[ON(C_2H_5)_4]_3 + 3H_2O;$$

$$C_6H_7O_2[ON(C_2H_5)_4]_3 + 3CS_2 = C_6H_7O_2\left[O \cdot C\begin{array}{l} \diagup\!\!\diagup S \\ \diagdown S \cdot N(C_2H_5)_4 \end{array}\right]_3$$

Das bei der normalen Xanthogenierung erhaltene Produkt löst sich in verdünnten Alkalien, man erhält dabei eine einheitliche, kolloide Lösung, die Viskose. Rogowin und Neimann[2] haben gefunden, daß eine Xanthogenierung sogar in 2%iger Natronlauge möglich ist, wenn als Ausgangsprodukt umgefällte und teilweise depolymerisierte Hydratcellulose verwendet wird. N. Nikitin und T. Rudnjewa[3] zeigen, daß sehr niedrig substituierte Xanthogenate, die eine CSSNa-Gruppe auf 20 bis 50 Glukosereste enthalten, nach Gefrieren und Auftauen in 6- bis 8%iger Natronlauge kolloid löslich sind. Diese Lösungen sind stabil, was in erster Linie durch die Abwesenheit größerer Mengen koagulierender Salze wie Na_2CS_3, Na_2CO_3 u. a. erklärt werden kann. Diese Salze entstehen durch Nebenreaktionen des Schwefelkohlenstoffs mit dem Ätznatron.

Jod wirkt auf mit Essigsäure angesäuerte Xanthogenatlösungen unter Bildung von Dixanthogeniden ein, die von Danilow und Kosmina erforscht

---

[1] Th. Lieser u. Fichtner, Ann. **548**, 195 (1941).

[2] З. А. Роговин и Р. Нейман, ЖПХ (S. A. Rogowin u. R. Neimann, Z. Angew. Chemie [russ.]) **12**, 262 (1939).

[3] Н. И. Никитин и Т. Руднева, ЖПХ (N. I. Nikitin u. T. Rudnjewa, Z. Angew. Chemie [russ.]) **13**, 1230 (1940)]; Ber. Akad. Wiss. UdSSR **28**, 240 (1940).

worden sind. Durch Kaliumcyanid wird ein Atom Schwefel abgespalten, es entstehen die Thioanhydride[1]. DANILOW und RISOW[2] haben eine Fraktionierung von Xanthogenaten mittels verschieden konzentrierten Natriumchloridlösungen durchgeführt und dabei die Heterogenität der ersteren gezeigt.

Der weitaus wichtigste Prozeß bei der Verarbeitung von Zellstoff zu Viskosefasern ist die Xanthogenierung des gebleichten sogen. Viskosezellstoffs. Die an einen derartigen Zellstoff gestellten Anforderungen bestehen in einem hohen α-Gehalt (nicht unter 88%)[3], geringem Aschegehalt und möglichst wenig Kalzium in der Asche. Das letztere gibt nämlich mit Xanthogenaten unlösliche Niederschläge.

Ebenfalls sehr wichtig ist die Gleichmäßigkeit der Viskosität und eine weitgehende physikalische Einheitlichkeit. Durch eine kleine Menge von Ketten mit großer Länge wird die Filtration der Viskose außerordentlich erschwert.

Die durch Behandlung mit 17- bis 18%iger Natronlauge erhaltene Alkalicellulose wird nach dem Abpressen und Zerkleinern einem sogenannten Reifeprozeß (Vorreife) unterworfen. Dieser besteht in einer milden oxydativen (Luftsauerstoff) Spaltung der Kettenmoleküle. Nach einiger Zeit wird dieser Vorgang beendet, um ein Produkt mit ganz bestimmter Viskosität zu erhalten. Eine zu lange Dauer der Vorreife ergibt im Endeffekt Kunstseide von schlechterer Qualität. Das andere Extrem bewirkt sehr hochviskose Lösungen und damit eine schlechte Filtrierbarkeit.

Die Lösung des Xanthogenats erfolgt in 8%iger Natronlauge und ist dann etwa 7%ig in bezug auf Cellulose. Diese Lösung macht nun noch eine Nachreife durch. Dabei findet in dem wäßrig-alkalischen Medium eine langsame Hydrolyse und Abspaltung von Dithiokarbonatgruppen (CSSNa) statt[4]. Von der chemischen Seite aus betrachtet scheint dieser Prozeß der Xanthogenierung entgegengesetzt zu wirken, da eine allmähliche Abspaltung von Natriumhydroxyd und Schwefelkohlenstoff stattfindet. Die Formel für das ursprüngliche Xanthogenat muß man sich wie folgt vorstellen:

$$-O-\underset{\substack{|\\ OCSSNa}}{C_6}H_7O(OH)_2-C-C_6H_7O(OH)_3-O-\underset{\substack{|\\ OCSSNa}}{C_6}H_7O(OH)_2-O-C_6H_7O(OH)_3-$$

Bei der Nachreife verlaufen eine ganze Reihe von Nebenreaktionen zwischen dem Ätznatron und dem abgespaltenen CS_2, wobei Salze entstehen[5]. Kolloidchemisch betrachtet ist der Prozeß der Nachreife ziemlich kompliziert. Das Produkt wird infolge der partiellen Abspaltung der Dithiokarbonatgruppen immer schwerer löslich. Nach der Nachreife entfällt eine CSSNa-Gruppe auf ungefähr 4 Glukosereste. Zur Herstellung der Fäden wird die Lösung dann durch feine Düsen in ein Fällbad gedrückt, das starke Elektrolyte enthält:

---

[1] С. Н. Данилов и Н. М. Град (S. N. DANILOW u. N. M. GRAD, Z. allgem. Chem, [russ.]) **17**, 2193 (1947).

[2] С. Н. Данилов и Ризов, Пром. орг. хим. (S. N. DANILOW u. RISOW, Organ. chem. Ind.) Nr. 12, 693 (1937).

[3] А. И. Меос, Вискозный шелк (A. I. MEOSS, Viskoseseide S. 15 (1933); vgl. auch Облагораживание целлюлозы (Veredlung der Cellulose) S. 9 (1931).

[4] Bei der Nachreife werden CS_2 und NaOH abgespalten.

[5] С. Н. Данилов, Н. М. Град и А. Ф. Воробьева, ЖОХ (S. N. DANILOW, N. M. GRAD u. A. F. WOROBJEWA, Z. allgem. Chem. [russ].) **19**, 1257 (1949).

verdünnte Schwefelsäure und Natriumsulfat. Die Fällung der Viskosefaser (Hydratcellulose) erfolgt in nachstehender Weise:

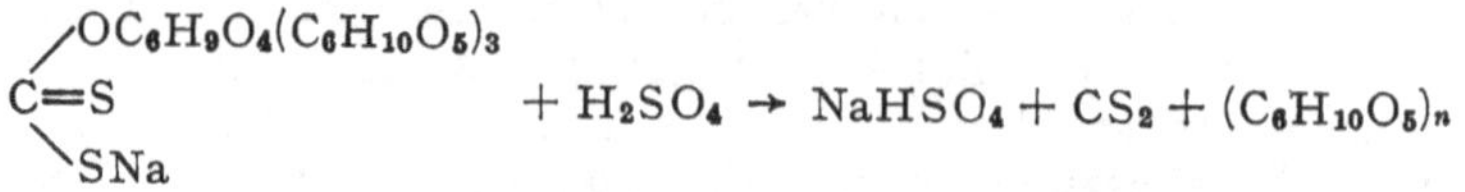

Durch eine gleichzeitig stattfindende Verstreckung der Fäden wird eine höhere Orientierung der Cellulose und eine geringere Quellbarkeit der fertigen Seide erreicht.

Anschließend seien einige Polymerisationsgrade angeführt für die bei der Viskoseherstellung auftretenden Zwischenprodukte :

Sulfit-Zellstoff	→	Alkali-Cellulose vor der Vorreife	→	vorgereifte Alkali-Cellulose	→	Viskose vor der Nachreife	→	fertige Viskose	→	Cellophan
DP = 800–1000		DP ~ 700		DP = 470		DP ~ 370		DP = 360		DP = 358

Das Cellulosexanthogenat kann aber auch als Ausgangsmaterial zur Darstellung neuer Derivate dienen. Bei der Einwirkung von Monochloressigsäure findet z. B. folgende Reaktion statt:

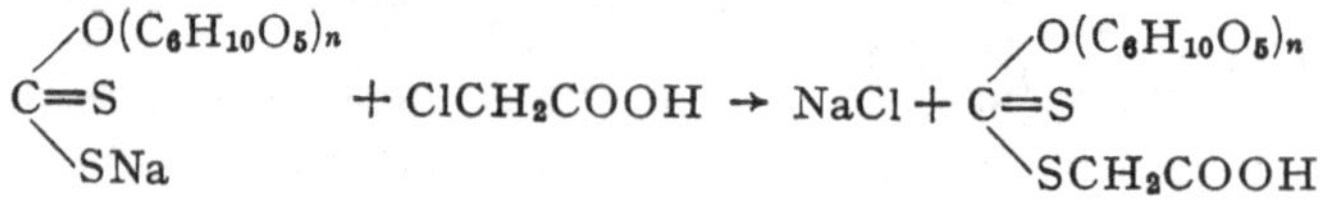

Danilow und Kosmina[1] haben aus Anilin und Dixanthogenat Xanthogenanilide dargestellt:

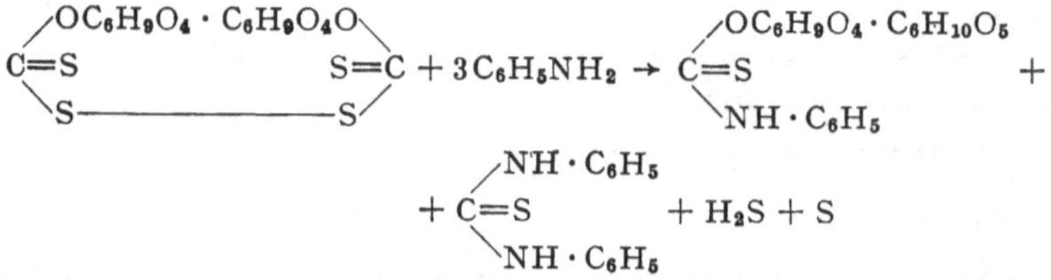

Die *Salpetersäureester* werden durch Nitrierung der Cellulose erhalten. Die dazu notwendige Nitriersäure enthält konzentrierte Salpetersäure und Schwefel- oder Phosphorsäure[2]. Der dreifach substituierte Ester, das Trinitrat, mit 14,14% N läßt sich nur unter besonderen Bedingungen darstellen. Die Umkehrbarkeit der Reaktion

$$C_6H_7O_2(OH)_3 + 3\,HNO_3 \rightleftarrows C_6H_7O_2(ONO_2)_3 + 3\,H_2O$$

zeigt, daß der Wassergehalt die größte Bedeutung für die Gleichgewichtseinstellung besitzt. Die Herstellung der Cellulosenitrate wird ferner durch Nebenreaktionen kompliziert. So findet z. B. stets eine partielle Hydrolyse

---

[1] С. Н. Данилов и О. П. Козмина, ЖОХ (S. N. Danilow u. O. P. Kosmina, Z. allgem. Chem. [russ.]) **16**, 1059 (1946).

[2] Über die Nitrierung mit Salpetersäure-Phosphorsäure siehe: С. Н. Данилов, В. М. Матвеев и В. И. Бухгальтер, ЖОХ (S. N. Danilow, W. M. Matwejew u. W. I. Buchgaltfr, Z. allgem. Chem. [russ.]) **10**, 527 (1940).

mit Sprengung von Glykosidbindungen und die Bildung von teilweise substituierten Schwefelsäureestern statt. Möglicherweise verhindert die Entstehung von gemischten Estern eine vollständige Veresterung.

Die Schwefelsäureester können aber auch zu einem kleinen Teil als Zwischenprodukte bei der Nitrierung der Cellulose mit Salpetersäure-Schwefelsäure auftreten. Die Entfernung der Schwefelsäurereste ist einer der wesentlichsten Punkte bei der Nitrocelluloseherstellung. Dieser Prozeß, Stabilisierung genannt, wird gewöhnlich durch längere Behandlung mit sehr verdünnten Säuren, 0,2%iger Sodalösung und heißem Wasser durchgeführt.

Die Bedingungen für die Darstellung von Nitrocellulose mit genügend hohem Stickstoffgehalt (12,5 bis 12,7%) sind bereits Ende des vorigen Jahrhunderts von dem großen russischen Forscher D. I. MENDELEJEW ausgearbeitet worden. Heute sind mehrere Arten der Nitrocellulose, je nach dem Verwendungszweck, bekannt.

Zur Herstellung von Celluloid verwendet man Collodiumwolle mit 10,7 bis 11,2% N, die in einem Gemisch aus Kampfer und Alkohol löslich ist. Collodiumwolle mit einem Gehalt von 11,2 bis 12,5% N, in Alkohol-Äther löslich, benutzt man zur Herstellung von Nitrolack, Filmen und nicht zuletzt auch für Kunstseide. Nitrate mit 12,6 bis 13,5% N sind in Aceton sehr gut löslich. Die bekannte Löslichkeit der Nitrocellulose in Äthanol und Methanol wird jedoch nur bei sehr niedrigen Temperaturen erreicht. Die Anwesenheit polarer Gruppen (Hydroxyl- und ONO_2-Gruppen) in den Nitrocellulosen erfordert im allgemeinen für eine Auflösung die Anwendung von Lösungsmittelgemischen. Alle Cellulosenitrate sind chemisch betrachtet nicht ganz einheitlich, denn man nimmt an, daß die Nitrierung[1] micellar-heterogen verläuft.

Bei der Umsetzung der Cellulose mit Salpetersäure-Schwefelsäure muß mit einem gewissen oxydativen Abbau gerechnet werden. Diese Tatsache kommt vornehmlich durch Erniedrigung der Viskosität zum Ausdruck. Technische Salpetersäure enthält gewöhnlich 2 bis 2,5% Stickoxyde, außerdem entstehen bei dem Oxydationsprozeß noch geringe Mengen. Durch Temperaturerhöhung werden diese Nebenreaktionen erheblich beschleunigt, man führt deshalb die Nitrierung höchstens bei 30 bis 35° durch. Der Einfluß der Stickoxyde auf die Eigenschaften der Nitrocellulose ist unter anderem von MINDLIN und KUSMINA[2] untersucht worden. Von SCHORYGIN und CHAIT[3] ist gezeigt worden, daß mit zunehmendem N_2O_4-Gehalt der Nitriersäure auch ein erhöhter oxydativer Abbau der Cellulose parallel geht. Die Viskosität der Lösungen wird niedriger, während die Reduktionsfähigkeit (Kupferzahl regenerierter Cellulose) größer wird.

Cellulosenitrate können auch durch Einwirkung von Salpetersäuredämpfen auf die Cellulose erhalten werden. Von ROGOWIN und TICHONOW[4] ist festgestellt worden, daß diese Reaktion außerordentlich langsam verläuft und z. B. ein Stickstoffgehalt von 12,6% erst nach ungefähr 48 Stunden erreicht wird.

---

[1] Die Bezeichnung „Nitrierung" und „Nitrocellulosen" sind rein technisch und entsprechen keineswegs der tatsächlichen Struktur der Ester.

[2] С. С. Миндлин и Л. И. Кузьмина, ЖПХ (S. S. MINDLIN u. L. I. KUSMINA, Z. Angew. Chem. [russ.]) 8, 1415 (1935).

[3] П. П. Шорыгин и Е. В. Хаит, ЖОХ (P. P. SCHORYGIN u. Je. W. CHAIT, Z. allgem. Chemie [russ.]) 7, 188 (1937).

[4] S. A. ROGOWIN u. K. TICHONOW, Cellulosechemie 104 (1934).

Auch der Verlauf der Nitrierung mit Nitromethan ist unlängst untersucht worden[1].

Eine Denitrierung der Cellulosenitrate, z. B. zur Herstellung von Kunstseide, wird meist nicht durch alkalische Verseifung bewirkt, da hierbei stets oxydative Nebenreaktionen stattfinden, die von partieller Zersetzung und Auflösung begleitet sind. Zur Vermeidung dieser unerwünschten Prozesse behandelt man die Nitrocellulose mit alkalischen Natriumsulfhydratlösungen, die reduzierend wirken. Die Reaktion verläuft dabei nach dem Schema:

$$C_6H_7O_2(OH)(ONO_2)_2 + 2\,NaSH \rightarrow C_6H_7O_2(OH)_3 + 2\,NaNO_2 + 2\,S.$$

Untersuchungen über die Zersetzung der Nitrocellulose bei der Denitrierung sind von ROGOWIN und SCHLJACHOWER[2], die eine relativ große Erniedrigung der spez. Viskosität feststellten, durchgeführt worden. Eine künstliche Herabsetzung der Viskosität, wie das zur Herstellung von Nitrolacken notwendig ist, wird häufig durch Erwärmen mit Wasser oder verdünntem Ammoniak (0,02 bis 0,05%) auf 120 bis 130° bewirkt. Untersuchungen in dieser Richtung sind von ROGOWIN[3] und DANILOW[4] durchgeführt worden.

ROGOWIN und GLASMAN haben Nitrocellulose mit Aceton-Wasser-Gemischen verschiedener Konzentration fraktioniert. Das ursprüngliche, 11,3 bis 11,5% N enthaltende Produkt kann auf diese Weise in 6 Fraktionen zerlegt werden, die in der Viskosität starke Unterschiede zeigen. Die erste Fraktion enthält 10,2%, die sechste 12% N.

Ester mit organischen Säuren, die in der Patentliteratur außerordentlich häufig beschrieben sind[5], werden nach dem ersten Weltkrieg technisch in steigendem Maße angewandt. Die Herstellung von großen Mengen, für Flugzeuglacke benutzter Acetylcellulose hat zu einer sorgfältigen Erforschung des Veresterungsprozesses geführt.

Die Ester von organischen Säuren mit Molekulargewichten, die größer als das der Essigsäure sind, verändern ihre physikalisch-chemischen Eigenschaften sehr rasch mit zunehmender Komplikation der Säureradikale. Diese Ester besitzen unterschiedliche Löslichkeit in organischen Lösungsmitteln, verschiedene Hygroskopizität und Fähigkeit zum Mischen mit Weichmachern. Die Hygroskopizität fällt mit zunehmender Länge des Säureesters.

Eine große Bedeutung besitzen einige gemischte Ester auf Grund ihrer Eigenschaften. Durch die Qualität der Folien, erhöhte Löslichkeit und geringe Hygro-

---

[1] З. А. Роговин, К. Тихонов и Маслова, ЖПХ (S. A. ROGOWIN, K. TICHONOW u. MASSLOWA, Z. Angew. Chemie [russ.]) **19**, 659 (1946).

[2] З. А. Роговин и М. Шляховер, Иск. волокно (S. A. ROGOWIN u. M. SCHLJACHOWER, Kunstfaser) Nr. 2, 104 (1935).

[3] Zitiert in: П. П. Шорыгин, Химия целлюлозы (P. P. SCHORYGIN, Chemie der Cellulose) S. 245 (1939).

[4] С. Н. Данилов, ЖОХ (S. N. DANILOW, Z. allgem. Chem. [russ.]) **4**, 817 (1934); ЖПХ (Z. angew. Chem. [russ.]) **4**, 13338 (1934).

[5] Н. И. Никитин, Коллоидные растворы и эфиры целлюлозы (N. I. NIKITIN, Kolloide Lösungen u. Ester der Cellulose) (1933). — С. Н. Ушаков, Эфиры целлюлозы и пластические массы на их основе (S. N. USCHAKOW, Celluloseester und plastische Massen) (1941). — W. W. PIGMAN u. R. M. WOLFROM, Advances in carbohydrate chemistry **1** (1945). — П. В. Козлов, Физико-химия эфироцеллюлозных пленок (P. W. KOSLOW, Physikal. Chemie von Celluloseesterfolien) (1947). — А. П. Закощиков, Нитроцеллюлоза (P. A. SAKOSCHTSCHIKOW, Nitrocellulose) (1950).

skopizität haben sie vor den Acetaten gewisse Vorzüge. Wichtig geworden sind vor allem die Acetopropion- und Acetobuttersäureester zur Herstellung von Filmen, plastischen Massen und Lacken. Aber auch Ester der Cellulose mit mehrwertigen Säuren sind bekannt. Lange Zeit ist zur Herstellung dieser Ester nur Baumwolle benutzt worden, bis man eine Möglichkeit zur Verwendung von Zellstoff gefunden hat. Die Produktion von Edelzellstoff bietet die Grundlage für derartige Anwendungen.

Das allgemeine Verfahren zur Darstellung von Acetylcellulose besteht bekanntlich in einer Behandlung des Materials mit Essigsäureanhydrid[1], Eisessig, der gleichzeitig Lösungsmittel für das entstandene Acetat ist, und einem Katalysator. Zu diesem Zweck wird meistens Schwefelsäure, manchmal aber auch Zinkchlorid oder andere Stoffe benutzt. Chlorsäure ist zwar ein guter Katalysator, greift jedoch die Apparatur an. Das Triacetat

$$[C_6H_7O_2(OCOCH_3)_3]_n$$

enthält 62,5% Essigsäure (gebunden) und wird nach beendeter Umsetzung mit Wasser ausgefällt. Löslich ist dieses Produkt in Eisessig, Chloroform und einigen anderen organischen Lösungsmitteln. Durch eine teilweise Hydrolyse, bei der ca. $^1/_6$ der Acetylgruppen abgespalten wird, entsteht das „Sekundäracetat", das in Aceton löslich ist[2]. Bei der Acetylierung entsteht zunächst aus der Schwefelsäure und dem Acetanhydrid ein Zwischenprodukt der Formel $CH_3CO \cdot OSO_2OH$ und Essigsäure. Diese Acetylschwefelsäure bewirkt dann die Acetylierung der Cellulose, wobei die Schwefelsäure wieder frei wird.

Es finden sich übrigens auch Hinweise dafür, daß die Schwefelsäure mit der Cellulose unter Esterbildung reagiert und erst später, im weiteren Verlauf der Reaktion, die Sulfatgruppen durch die Acetylreste ersetzt werden.

Fertig behandelte Acetate enthalten nur sehr geringe Mengen gebundenen Schwefels (als Sulfoacetate).

Verwendet man bei der Herstellung ein Medium, das keine Auflösung des Triacetats bewirkt, so behält das Produkt die ursprüngliche Faserstruktur bei. So kann man z. B. in Benzol oder Tetrachlorkohlenstoff faserige Triacetate erhalten. Interessant ist die Tatsache, daß bei saurer Hydrolyse von Acetylcellulose wasserlösliche Produkte entstehen, die 14- bis 18% Acetylgruppen enthalten. Acetate, die durch unvollständige Acetylierung mit geringeren Mengen Essigsäureanhydrid oder durch Erwärmen von regenerierter Cellulose mit Essigsäure erhalten werden, sind keinesfalls in Wasser löslich. Diese Differenzen lassen sich offenbar durch einen unterschiedlichen Hydrolysengrad und eine ungleichmäßige Verteilung der Acetylgruppen innerhalb des Moleküls und auch unter den einzelnen Ketten erklären. Nach einigen Angaben darf der DP von Celluloseacetaten nicht kleiner als 250 sein, da sonst keine brauchbaren Filme oder Fäden erhalten werden[3]. Oberhalb dieses Grenzwertes nimmt die Festigkeit mit steigendem Molekulargewicht rasch zu.

---

[1] Durch Essigsäure allein wird Cellulose bei gewöhnlicher Temperatur fast überhaupt nicht acetyliert.

[2] Nach Angaben von Deripasko [Cellulosechemie **12**, 254 (1931)] enthält ein in Aceton lösliches Sekundäracetat 49–60% Essigsäure. Fordyce weist darauf hin, daß die heute hergestellten Acetate 37–41% Acetylgruppen aufweisen, d. h. der Veresterungsgrad beträgt 2,2–2,6.

[3] Vgl. E. Ott, Cellulose, S. 1007 (1943).

Ein anderes Verfahren zur Herstellung von Celluloseacetaten besteht in der Einwirkung von gasförmigem Keten auf Cellulose, die in Eisessig suspendiert ist, bei Anwesenheit von Schwefelsäure als Katalysator.

$$C_6H_7O_2(OH)_3 + 3CH_2:C:O \rightarrow C_6H_7O_2(OCOCH_3)_3.$$

Vor der Nitrocellulose hat die Acetylcellulose den Vorteil der Unbrennbarkeit, größerer Transparenz und Lichtbeständigkeit.

In der Spezialliteratur über die Chemie der Cellulose sind eine Reihe von Arbeiten zur Darstellung von Estern der Cellulose mit anderen Fettsäuren angeführt[1], so z. B. die Ester der Ameisen-, Propion- und Buttersäure sowie noch höherer Fettsäuren. Die Propionate und Butyrate sind den Acetaten ähnliche Produkte. Ihre Darstellung kann entweder aus den entsprechenden Anhydriden oder den Säurechloriden durch Erwärmen in Pyridin erfolgen. Die Ester der höheren Fettsäuren werden aus den Säurechloriden, z. B. Stearylchlorid oder Palmitylchlorid, durch Umsetzung mit Alkalicellulose oder reiner Cellulose bei Anwesenheit organischer Basen wie Pyridin oder Chinolin erhalten. Die Schwierigkeit zur Veresterung wird jedoch mit steigendem Molekulargewicht der Fettsäure immer größer. Zur Erreichung einer möglichst weitgehenden Substitution ist eine starke Erwärmung notwendig. Die höheren Fettsäureester der Cellulose zeichnen sich durch eine große Hydrophobizität aus. Die Tripalmitate und Tristearate sind in den gewöhnlichen Lösungsmitteln schwer löslich, wenn sie nicht gerade stark abgebaut sind.

Es sind aber auch Arbeiten über die Darstellung von Estern der Cellulose mit Benzoesäure, Zimtsäure und Phthalsäure bekannt. Für diese Zwecke ist eine Vorquellung und Vergrößerung der „inneren“ Oberfläche sehr wesentlich. I. ORLOWA[2] und F. KORTSCHEMKIN[3] haben die Eigenschaften von Phthalsäureestern erforscht, die durch Umsetzung von Phthalsäureanhydrid oder Phthalylchlorid mit Cellulose bei Gegenwart organischer Basen durch Erwärmen dargestellt worden sind:

$$\text{I}\quad C_6H_4(CO)_2O + C_6H_9O_4(OH) \xrightarrow[\text{Erwärmung}]{\text{Pyridin}} C_6H_9O_4 \cdot O \cdot CO \cdot C_6H_4COOH;$$

$$\text{II}\quad C_6H_4(COCl)_2 + C_6H_8O_3(OH)_2 \xrightarrow[\text{Erwärmung}]{\text{Pyridin}} C_6H_8O_3(OOC)_2C_6H_4.$$

Im ersten Fall erhält man saure, in organischen Lösungsmitteln lösliche Ester, im zweiten dagegen unlösliche. Der Grund für die Unlöslichkeit der letzten ist anscheinend darin zu suchen, daß das Phthalylchlorid mit verschiedenen Ketten der Cellulose unter Vernetzung reagiert. KORTSCHEMKIN hat gezeigt, daß durch eine vorangehende Mercerisierung, Wasserwäsche und Entfernung des Wassers durch Pyridin, ohne Zwischentrocknung, ein wesentlich schnellerer Reaktionsablauf (etwa 10fach) bewirkt wird. Noch schneller reagiert umgefällte und anschließend in der beschriebenen Weise behandelte Cellulose.

---

[1] Vgl. E. HEUSER, Cellulose, S. 284—292 (1944).

[2] Н. И. Никитин и И. М. Орлова, ЖПХ (N. I. NIKITIN u. I. M. ORLOWA, Z. angew. Chemie [russ.]) **8**, 1410 (1935).

[3] Н. И. Никитин и Ф. И. Корчемкин, ЖПХ (N. I. NIKITIN u. F. I. KORTSCHEMKIN, Z. angew. Chemie [russ.]), **13**, 743 (1940).

Alkyl- und ganz besonders Arylisocyanate reagieren mit Cellulose oder partiell acetylierten Produkten unter Entstehung der entsprechenden Ester, den Carbamaten[1]:

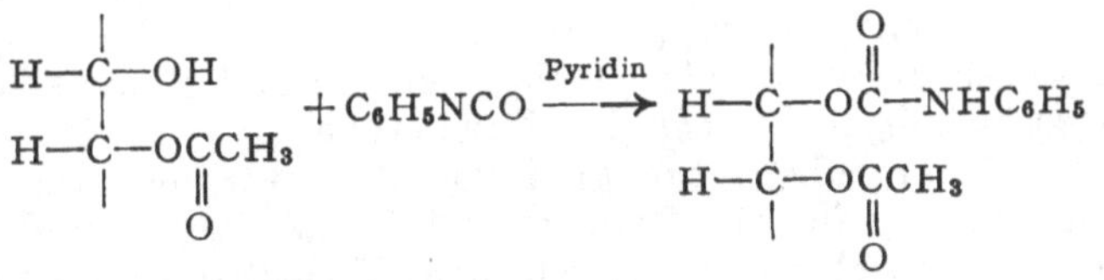

Die Carbamylgruppen sind in diesen Estern relativ beständig. Unter Bedingungen, bei denen die Acetylgruppen bereits abgespalten werden, wie saurer oder alkalischer Hydrolyse, gelingt eine Entfernung der Carbamylgruppen nicht.

Tosylester (Tosyl = *p*-Toluolsulfonsäurerest) der Cellulose lassen sich durch Einwirkung von *p*-Toluolsulfochlorid auf die erstere und Erwärmen in Pyridin darstellen:

$$C_6H_9O_4OH + ClSO_2C_6H_4CH_3 \rightarrow C_6H_9O_4OSO_2C_6H_4CH_3 + HCl.$$

Eine Vorbehandlung der Cellulose, sei es durch Umfällen aus Kupferoxydammoniak oder eine entsprechende Quellung, beschleunigt den Reaktionsablauf, führt jedoch nicht immer zu den vollständig veresterten Produkten. Der Substitutionsgrad beträgt im allgemeinen 2 bis 2,5 Tosylreste pro Glukoserest. Die Tosylester enthalten meistens etwas Chlor in gebundener Form. Führt man die Veresterung bei 70° oder noch höheren Temperaturen durch, so enthalten die Produkte auch noch etwas Stickstoff infolge Addition von Pyridin. Tosylcellulose kann auch durch Einwirkung von Tosylchlorid auf Cellulose bei Gegenwart von Alkali erhalten werden.

Angewandt wird die Tosylierung bei 20° in Pyridin zur Bestimmung der Lage der Acetylgruppen in teilweise hydrolysierten Acetaten und anderen unvollständig substituierten Estern. Durch die Einhaltung einer niedrigen Temperatur wird die Einführung von Stickstoff und Chlor weitgehend vermieden. Eine Abspaltung von Acetylgruppen findet unter diesen Bedingungen ebenfalls nicht statt. Eine Tosylierung kann nur an den Kohlenstoffatomen stattfinden, an denen sich eine freie Hydroxylgruppe befindet. Beim anschließenden Erwärmen der Produkte mit Natriumjodid in Aceton werden, analog den tosylierten Zuckern[2], nur die Tosylreste am C_6 durch Jod substituiert. Auf diese Weise kann man also die relative Lage der Acetylgruppen in irgendeinem Acetat bestimmen:

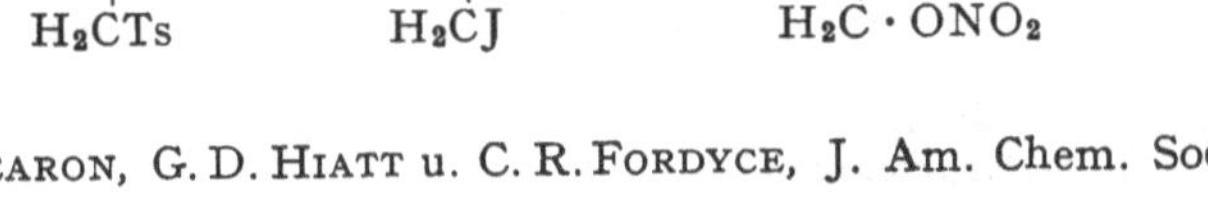

---

[1] W. M. HEARON, G. D. HIATT u. C. R. FORDYCE, J. Am. Chem. Soc. **65**, 829, 833 (1943).

[2] Ausführlicher in W. PIGMAN u. R. GOEPP, Chemistry of the carbohydrates, S. 171 (1948).

Die dabei aufgenommene Menge Jod wird mit Silbernitrat gefällt und bestimmt. KRAMER und PURVES haben auf ähnliche Weise gefunden, daß in einem untersuchten Sekundäracetat von 0,56 freien Hydroxylen pro Glukoserest ungefähr 40% auf primäre Gruppen entfallen.

Für die einzelnen Hydroxyle haben GARDNER und PURVES[1] die relativen Reaktionsgeschwindigkeiten bei der Tosylierung an einer löslichen Acetylcellulose mit einem Substitutionsgrad von 2,44 ermittelt. Die relative Geschwindigkeit beträgt für das Hydroxyl am C_2 2,2, C_3 0,11 und C_6 23. Diese Unterschiede lassen sich auf das verschiedene Verhalten der Hydroxylgruppen und den Einfluß der Acetylreste zurückführen. Besonders deutlich wird dies an der außerordentlich geringen Veresterungsgeschwindigkeit des C-Atoms 3, bei dem offenbar ein sterischer Einfluß des Substituenten am C_2 zutrifft.

KAWERSNJEWA und IWANOW[2] haben festgestellt, daß durch Tritylierung der Cellulose am C_6 Produkte entstehen, die weder in organischen Lösungsmitteln noch in Kupferoxydammoniak löslich sind.

Die gleichen Autoren[3] haben Tosylcellulose zur Synthese von 6-Desoxycellulose, d. h. einem Produkt mit einem Maximalgehalt an reduzierenden Glukoseresten und ohne Hydroxylgruppen in 6-Stellung, benutzt.

Viele Celluloseester werden, wie bereits zum Ausdruck gebracht, industriell verwertet. Celluloseacetate mit einem Essigsäuregehalt von 52 bis 57% werden zu Kunstseide verarbeitet[4]. Hergestellt wird diese durch ein Trockenspinnverfahren, wobei eine Lösung der Acetylcellulose in Aceton durch Düsen in einen Luftschacht gedrückt wird, wo das Lösungsmittel rasch verdunstet. Aus Celluloseacetobutyraten mit hohem Butyryl-Gehalt wird Kunstleder hergestellt. Die Lösung des gemischten Esters wird zu diesem Zwecke noch mit einem Weichmacher versetzt. Diese Kunstprodukte besitzen selbst bei niedrigen Temperaturen noch eine genügende Elastizität und haben aus diesem Grunde den Vorzug vor Produkten, die Nitrocellulose enthalten.

Eine ausgedehnte Verwendung finden die Celluloseester in der Industrie von Filmen, Blättern und dünnen Folien für Verpackungszwecke, Fotografie usw. Kinofilme müssen z. B. eine große mechanische Widerstandsfähigkeit besitzen und ihre Abmessungen dürfen sich bei der Projektion nicht verändern. Filme aus Acetylcellulose sind zwar nicht entflammbar, werden aber in bezug auf Hygroskopizität und Festigkeit von Nitrocellulose übertroffen. Außerdem werden sie in sehr trockner Luft etwas spröder als die letzteren. Im Hinblick auf diese Eigenschaft sind Filme aus Celluloseacetobutyrat brauchbarer. Eine sehr vielseitige Anwendung erfährt bis auf die heutige Zeit das Celluloid, zu dessen Herstellung neben Baumwolle auch gebleichter Sulfitzellstoff benutzt wird.

---

[1] T. S. GARDNER u. C. B. PURVES, J. Am. Chem. Soc. **64**, 1539 (1942).

[2] Е. Д. Каверзнева и В. И. Иванов, Тр. 4. конф. по высокомол. соединен. (JE. D. KAWERSNJEWA u. W. I. IWANOW, Arb. d. 4. Konf. über hochmolekulare Verb.) S. 56 (1948).

[3] desgl., vgl. aber auch Е. Д. Стахеева-Каверзнева, В. И. Иванов и А. С. Салова, Изв. АН СССР (JE. D. STACHEJEWA-KAWERSNJEWA, W. I. IWANOW u. A. S. SALOWA, Nachr. Akad. Wiss. UdSSR, chem. Abt. S. 369 (1949).

[4] C. FORDYCE, Celluloseester in W. PIGMAN u. M. WOLFROM, Advances in carbohydrate chemistry **1**, 309 (1945).

Einfache Äther der Cellulose erhält man durch Umsetzung mit Alkylsulfaten oder Alkylhalogeniden bei Gegenwart von Alkali:

$$\text{I}\quad C_6H_7O_2(OH)_3 + 2(CH_3)_2SO_4 + 3NaOH \rightarrow C_6H_7O_2(OCH_3)_3 + Na_2SO_4 + Na(CH_3)SO_4 + 3H_2O;$$

$$\text{II}\quad C_6H_7O_2(OH)_3 + 3C_2H_5Cl + 3NaOH \rightarrow C_6H_7O_2(OC_2H_5)_3 + 3NaCl + 3H_2O.$$

Die Bildung von Methylcellulose aus Dimethylsulfat und Cellulose beginnt bereits bei Zimmertemperatur bei gleichzeitiger Wärmeabgabe; die Temperatur des Reaktionsgemisches kann dabei bis zu 60° ansteigen. Mit Diäthylsulfat verläuft die Reaktion ebenfalls bei geringer Erwärmung. Zur Darstellung hochsubstituierter Produkte ist eine wiederholte Behandlung der Cellulose mit dem Alkylsulfat und Alkali erforderlich.

Das zweite Verfahren, d. h. die Umsetzung mit Halogenalkylen (Äthylchlorid, Butylchlorid usw.) bei Gegenwart von Alkali, erfordert das Arbeiten bei erhöhter Temperatur (100 bis 130°), wozu Autoklaven benutzt werden. Die Reaktionsdauer beträgt 6 bis 9 Stunden. Will man relativ hoch substituierte Produkte, z. B. Diäthylcellulose, erhalten, so muß mit einem großen Überschuß an Halogenalkyl und Alkali gearbeitet werden.

Die einfachen Celluloseäther sind gegen heiße Säuren und Alkalien sehr beständig. Diese, aber auch gemischte Äther, werden in letzter Zeit in der Technik in mannigfacher Form verwendet. Zu ihrer Herstellung kann in vielen Fällen auch Zellstoff benutzt werden.

Besonders wesentlich für die Anwendungsmöglichkeiten der Äther ist ihre Löslichkeit in organischen Lösungsmitteln. Eine große Rolle spielen dabei Substitutionsgrad und Gleichmäßigkeit in der Verteilung der Alkylreste. Die chemische Zusammensetzung der einfachen Äther wird gewöhnlich durch Bestimmung der Alkylgruppen und Elementaranalyse ermittelt.

In der sowjetischen chemischen Literatur[1] existieren Monographien über die Äther der Cellulose, weshalb sich an dieser Stelle eine ausführlichere Abhandlung erübrigt. Von USCHAKOW und SCHNEJER[2], später NIKITIN und RUDNJEWA[3] ist die Reaktion der Verätherung der Cellulose mit Äthylchlorid bei Anwesenheit von Alkali ausführlich untersucht worden. Diese Autoren haben die optimalen Reaktionsbedingungen ermittelt und die erhaltenen Produkte in chemischer und physikochemischer Hinsicht charakterisiert. Außerdem sind die Bedingungen für einen minimalen Verbrauch an Alkylchlorid und Alkali festgelegt worden.

USCHAKOW und GELLER[4] haben eine Fraktionierung von Äthylcellulose durch Fällung mit Benzin aus Lösungen in Benzol durchgeführt und die mechanischen Eigenschaften von aus den Einzelfraktionen dargestellten Filmen

---

[1] Vgl. die auf S. 106 zitierte Fachliteratur.

[2] С. Н. Ушаков и И. М. Шнеер, Журн. „Пластические массы" вып. (S. N. USCHAKOW u. I. M. SCHNEJER, Zeitschr. „Plastische Massen" Ausg.) 1—2 (1931).

[3] Н. И. Никитин и Т. И. Руднева, ЖПХ (N. I. NIKITIN u. T. I. RUDNJEWA, Z. Angew. Chemie [russ.]) **6, 45,** 710 (1933).

[4] С. Н. Ушаков, Эфиры целлюлозы и пластические масссы на их основе (S. N. USCHAKOW. Celluloseester und Plastische Massen) S. 331 (1941).

ermittelt. Während das Ausgangsmaterial 47,5% Äthoxyl enthielt, schwankte der Gehalt in den Fraktionen von 45,7 bis 48,5%. Eine Reihe von systematischen Versuchen zur Darstellung von Propyl-, Butyl- und Amyläthern der Cellulose durch Umsetzung entsprechender Alkylhalogenide (Cl, Br, J) mit Alkalicellulose ist von NIKITIN und ORLOWA[1] durchgeführt worden. Dabei ist festgestellt worden, daß eine Vergrößerung des Molekulargewichtes des Alkylradikals die Verätherungsreaktion der Cellulose erschwert und vor allem die Geschwindigkeit und Tiefe beeinflußt. Unter den untersuchten Alkylhalogeniden erweisen sich die Jodide als die reaktionsfähigsten, die Umsetzung findet bereits bei relativ niedrigen Temperaturen statt.

Die Darstellung von Propylcellulose mit Hilfe des *n*-Propylchlorids haben USCHAKOW und KUTSCHERENKO[2] ausführlicher erforscht. Ein Substitutionsgrad von 2 bis 2,2 läßt sich bei Anwendung von 10 Mol Alkylchlorid auf 1 Mol Alkalicellulose mit einem Gehalt von 32 bis 35% Alkali und 35 bis 36% Wasser erreichen. Die Reaktionstemperatur beträgt 130°, die Dauer der Erwärmung 12 bis 24 Stunden. In bezug auf die mechanische Festigkeit und Plastizität von Filmen bleibt jedoch die Propylcellulose hinter dem Äthylderivat zurück.

Mit der Darstellung von Butylcellulose haben sich NOWAKOWSKY[3], aber auch USCHAKOW und KONKOWA[4] beschäftigt. Die von den letzteren aus Butylchlorid und Cellulose im Autoklaven bei 123 bis 125° erhaltene Dibutylcellulose stellt ein in Benzol, Alkohol-Benzol und anderen organischen Lösungsmitteln lösliches, weißes Pulver dar. Das Produkt ist nur wenig hygroskopisch und darin der Äthylcellulose überlegen; nur die mechanischen Eigenschaften sind schlechter als bei dieser.

Benzylcellulose mit wechselndem Substitutionsgrad erhält man durch Einwirkung von 6 bis 8 Mol Benzylchlorid auf mit 25- bis 30%iger Natronlauge mercerisierte Cellulose bei 100°. In der zweiten Stufe der Reaktion wird zusätzlich noch festes Natriumhydroxyd zugegeben. Von den den Substitutionsgrad beeinflussenden Faktoren sind zu nennen die Reaktionsdauer, Entfernung des gebildeten Wassers, Konzentration und Gesamtmenge an Alkalien[5]. Von USCHAKOW und Mitarbeitern ist ein einstufiges Benzylierungsverfahren (ohne Alkalizugabe) ausgearbeitet worden. Auf diese Weise ist ein lösliches, zweifach substituiertes Produkt bei einem minimalen Verbrauch an Arylchlorid erhalten worden. Gemischte Äther wie Benzyläthylcellulose und Butyläthylcellulose sind ebenfalls dargestellt und untersucht worden[6].

---

[1] Н. И. Никитин и И. М. Орлова, ЖПХ (N. I. NIKITIN u. I. M. ORLOWA, Z. Angew. Chemie [russ.]) **6**, 1093 (1933).

[2] С. Н. Ушаков и С. Кучеренко, Журн. „Пластические массы", вып. (S. N. USCHAKOW u. S. KUTSCHERENKO, Z. „Plastische Massen", Ausg.) **3**, 12—17 (1934).

[3] A. NOWAKOWSKY, Cellulosechem. **13**, 105 (1932).

[4] С. Н. Ушаков и В. А. Конкова, Журн. „Пластические массы", вып. (S. N. USCHAKOW u. W. A. KONKOWA, Z. „Plastische Massen" Ausg.) **5**, 2 (1934).

[5] Н. И. Никитин и М. А. Авидон, ЖПХ (N. I. NIKITIN u. M. A. AWIDON, Z. angew. Chemie [russ.]) **6**, 710 (1933). — С. Н. Ушаков и В. И. Грибкова в кн.: С. Н. Ушаков, Эфиры целлюлозы и пластические массы (S. N. USCHAKOW u. W. I. GRIBKOWA in: S. N. USCHAKOW, Celluloseester und Plastische Massen) S. 349. (1941),

[6] Н. И. Никитин и Т. И. Руднева, ЖПХ (N. I. NIKITIN u. T. I. RUDNJEWA, Z. angew. Chemie [russ.]) **6**, 716 (1933). — С. Н. Ушаков и сотр., Журн. „Пластические массы" (S. N. USCHAKOW u. Mitarb., Z. „Plastische Massen" Ausg.) **1**, 8 (1934); Nr. **3**, 40 (1939).

Sehr interessante, in verdünnter Natronlauge und Wasser lösliche Oxyäthyläther der Cellulose haben SCHORYGIN und RYMASCHEWSKAJA[1] durch Umsetzung von Äthylenoxyd und Alkalicellulose in Aceton unter Druck bei 30° erhalten:

$$C_6H_9O_4(OH) + \underset{\diagdown O \diagup}{CH_2{-}CH_2} \rightarrow C_6H_9O_4(OCH_2{-}CH_2OH).$$

Durch nochmalige Behandlung läßt sich der Diäther darstellen. In diesem Falle findet die Verätherung unter Erhaltung der Faserstruktur statt. Der Monoäther ist in Wasser löslich und kann mit Aceton ausgefällt werden. Der Diäther ist außer in Wasser auch in Alkohol löslich. Zu den gleichen Produkten kann man auch durch direkte Erwärmung der Ausgangsstoffe ohne Aceton als vermittelndes Medium gelangen[2]. Die Eigenschaften dieser Produkte sind Gegenstand mannigfacher Untersuchungen gewesen. Durch eine leichte Behandlung von Alkalicellulose mit Äthylenoxyd werden die lyophilen Eigenschaften der Fasern gewaltig vergrößert, sie werden gewissermaßen aktiviert.

DANILOW und KONKOWA[3] haben durch Einwirkung von Pseudobutylenoxyd auf Alkalicellulose unter Erwärmung die entsprechenden Oxybutyläther dargestellt. Die Produkte lassen sich durch nachstehende Formel darstellen:

$$C_6H_{10-x}O_{5-x}\left[\begin{matrix} O\cdot \underset{\displaystyle CH_3}{\underset{|}{C}H}\cdot CH(OH)\cdot CH_3 \end{matrix}\right]_x$$

Bei den angeführten Versuchen ist ein Verätherungsgrad $x = 0{,}2$ bis 2 erhalten worden. Die faserigen Produkte zeigen Quellungserscheinungen und lösen sich in verdünnter Natronlauge. SCHORYGIN und RYMASCHEWSKAJA haben die Darstellung von Glycerinäthern der Cellulose aus Alkalicellulose und α-Monochlorhydrin beschrieben:

$$\text{Cell.}{-}OH + ClCH_2{-}CHOH{-}CH_2OH \rightarrow$$
$$\rightarrow \text{Cell.}{-}O{-}CH_2{-}CHOH{-}CH_2OH + HCl.$$

Bei Einwirkung von Dichlorhydrin auf Cellulose und gleichzeitiger Anwesenheit von Alkali werden unlösliche, vernetzte Produkte erhalten. HELFFERICH und KOESTER[4] haben Trithyläther der Cellulose mit Hilfe von Triphenylchlormethan dargestellt.

SCHORYGIN, MAKAROWA-SEMLJANSSKAJA und WEIZMAN[5] haben sich gleichfalls mit diesen Produkten befaßt. Durch Methylierung der Monotritylcellulose $C_6H_7O_2(OH)_2 \cdot [OC(C_6H_5)_3]$ ist ihnen ohne Abspaltung der Tritylgruppe lediglich die Einführung einer Methylgruppe gelungen.

---

[1] P. P. SCHORYGIN u. RYMASCHEWSKAJA, Ber. **66**, 1014 (1933). — П. П. Шорыгин, Химия целлюлозы (P. P. SCHORYGIN, Chemie der Cellulose) S. 323 (1939).

[2] Н. И. Никитин и Т. И. Руднева, ЖПХ (N. I. NIKITIN u. T. I. RUDNJEWA, Z. Angew. Chemie [russ.]) **8**, 1023, 1176 (1935).

[3] С. Н. Данилов и В. А. Конькова, ЖПХ (S. N. DANILOW u. W. A. KONKOWA, Z. Angew. Chemie [russ.]) **9**, 1863 (1936).

[4] B. HELFFERICH u. KOESTER, Ber. **57**, 587 (1924).

[5] П. П. Шорыгин, Н. Н. Макарова-Землянская и А. Е. Вейцман, ЖОХ (P. P. SCHORYGIN, N. N. MAKAROWA-SEMLJANSSKAJA u. A. E. WEIZMAN, Z. allgem. Chemie [russ.]) **7** (1937).

Celluloseäther mit einer Carboxylgruppe (Celloglykolsäure) können durch Einwirkung von Monochloressigsäure auf Alkalicellulose dargestellt werden[1].

$$C_6H_7O_2(OH)_3 + NaOH + ClCH_2 \cdot COOH \rightarrow C_6H_7O_2(OH)_2CH_2COOH + $$
$$+ NaCl + H_2O\,.$$

Zum Schluß dieses kurzen Überblickes sei noch darauf hingewiesen, daß die alkalilöslichen Oxyäthyläther hauptsächlich zur Appretur von Geweben verwendet werden[2]. Die entsprechenden wasserlöslichen Produkte werden dagegen für verschiedene Zwecke angewendet, so als Klebe- und Bindungsmittel, Schutzkolloide und Farbstoffträger im Zeugdruck[3].

---

[1] CHOWDHURY, Bioch. Z. **148**, 76 (1924). — С. Н. Данилов и сотр., Журн. „Пластические массы“ (S. N. DANILOW u. Mitarb., Z. „Plastische Massen“) Ausg. 4 (1935).

[2] Encycloped. of Chemical Technology, Edited by R. Kirk u. D. Othmer, **3**, 390 (1949).

[3] T. TIMELL, Svensk. Papperstidning **52**, 3, 61, 7, 165 (1949)

SECHSTER ABSCHNITT

Quellung der Cellulose in Laugen und deren Einfluß auf ihre Eigenschaften

Die Erscheinung der Quellung von Cellulose in Alkalilauge wird durch eine Reihe von mehr oder weniger miteinander zusammenhängenden physikalischen und chemischen Prozessen bewirkt. Der dabei sichtbare wichtigste physikalische Effekt besteht in der Zunahme des Durchmessers (Quellung) und Verkürzung der Länge (Schrumpfung) der Faser. Die Gründe für diese Tatsachen sind bis jetzt noch nicht ausreichend geklärt. Nicht minder wichtig ist offenbar die Rolle der Faserstruktur und der physikalischen Heterogenität der Cellulose bei dem Quellungsvorgang. Auf Grund der heutigen Anschauungen über die Feinstruktur der Faser[1] wird angenommen[2], daß die bei der Quellung auftretenden physikalischen Veränderungen mit einem höheren Orientierungsgrad der Micellen in der Faserrichtung verbunden sind. Durch die in die zwischen den orientierten Bereichen liegenden, ungeordneten Gebiete eindringenden Alkalilösungen wird eine Strukturauflockerung und damit ein weniger geordneter Zustand der Materie bewirkt. Die Sprengung der sekundären Bindungen infolge der Strukturheterogenität erfolgt jedoch offenbar nicht vollständig. Die Celluloseketten beeinflussen sich gegenseitig in gewissem Maße und die Form der Faser kann sich lediglich anisotrop ändern, d. h. vorzugsweise nur in einer einzigen Richtung. Der Vorgang der Quellung und Schrumpfung der Faser durchläuft bei bestimmter Alkalikonzentration ein Maximum[3].

Die physikalische Heterogenität der Cellulose, d. h. die gleichzeitige Anwesenheit von geordneten Bereichen, die durch unzählige Wasserstoffbrücken fest verbunden sind, und ungeordneten Bereichen, in denen diese Bindung noch unvollständig ist, führt zur Entstehung micellarer und intermicellarer Prozesse. Diese können eine gute Erklärung für die bei der Quellung in verschieden konzentrierter Lauge auftretenden Unterschiede abgeben[4]. Röntgenographisch können in der Cellulose bei der Berührung mit Natronlauge, die nicht über 12% Alkali enthält, keine Veränderungen nachgewiesen werden. Es wird deshalb angenommen, daß bei diesen Alkalikonzentrationen lediglich die amorphen Bereiche des Materials quellen. Bei höheren Konzentrationen nimmt die Reaktion einen intramicellaren Charakter an, und im Röntgendiagramm lassen sich bestimmte Veränderungen bemerken.

---

[1] В. И. Иванов, Тр. 4. конф. по высокомолек. соединениям (W. I. IWANOW, Arb. d. 4. Konf. über hochmol. Verb.) 1948, S. 5–7. — Н. Никитин, А. Плеханова, Т. Руднева, ЖПХ (N. NIKITIN, A. PLECHANOWA u. T. RUDNJEWA, Z. Angew. Chem. [russ.]) **22**, 1187, 1188 (1947).

[2] E. OTT, Cellulose and Cellulose derivatives, 1943, S. 321–345, 709.

[3] ibid.

[4] И. Катц, Рентгенография коллоидов и тканей (I. KATZ, Röntgenographie der Kolloide und Gewebe) 1937.

Den größten Einfluß auf den Grad der Quellung und die Adsorption von Alkali besitzt die Konzentration der Lauge und die Temperatur. Ebenfalls ausschlaggebend sind noch die Natur des Cellulosematerials und seine Vorbehandlung. Im allgemeinen ist die Quellung von gereinigter Baumwolle oder Ramie geringer als bei regenerierter Cellulose. Zellstoff nimmt in dieser Beziehung gewöhnlich eine Mittelstellung ein. Die Unterschiede in der Quellfähigkeit sind anscheinend von dem Orientierungsgrad sowohl der Moleküle als auch der verschiedensten Aggregate abhängig. Man nimmt an, daß mit abnehmender struktureller Organisierung die Fähigkeit und das Ausmaß der Quellung zunehmen[1].

Die Schrumpfung der Fasern in Faserrichtung findet bei der Mercerisierung statt, wenn keine Spannung vorhanden ist. Unter gleichen Bedingungen hängt das Ausmaß der Schrumpfung von der angewandten Dehnung ab. Röntgenographisch kann man zeigen, daß der Orientierungsgrad von Cellulose bei der spannungsfreien Mercerisierung abnimmt. Beim Anlegen einer ausreichenden Spannung dagegen bleibt die Orientierung des Materials erhalten oder nimmt sogar noch zu[2]. Dieser Vorgang variiert jedoch, gleiche Bedingungen vorausgesetzt, unter dem Einfluß einiger Faktoren, wie Faserart, Oberflächenbeschaffenheit und Alkalikonzentration[3].

Kargin, Michailow und Jelinek[4] haben im Verlaufe von Untersuchungen über die Dehnbarkeit von Hydratcellulosefasern eine Verstreckung der letzteren um 180 bis 200% erreicht. Dabei hat sich herausgestellt, daß diese Faser einen höheren Orientierungsgrad besitzt als native Ramie. Auf Grund von Röntgendiagrammen derartig verstreckter Fasern sind die genannten Autoren zu der Ansicht gekommen, daß die Zunahme der Textur nicht von der Kristallisation der Cellulose abhängig ist. Durch die Erzielung so hoher Orientierungsgrade in Hydratcellulosefasern ist es möglich geworden, eine der nativen Faser ähnliche Struktur zu erhalten.

Über die Quellungserscheinungen existieren mehrere Theorien, die jedoch alle nur relativ sind und nicht alle Vorgänge dieses komplizierten Prozesses erklären können. Die einen nehmen an, daß die Zellwand wie eine semipermeable Membran wirkt, in deren Innerem infolge des Donnan-Gleichgewichtes ein osmotischer Druck entsteht. Andere sind der Meinung, daß der Quellungseffekt durch eine Hydratisierung der Alkalicellulose bedingt wird. Wieder andere glauben, die Quellung auf die elektrostatische Abstoßung der Celluloseteilchen infolge Ionisation zurückführen zu können.

Katz[5] hat an einer großen Zahl von Präparaten eine Analogie zwischen der Quellung und der echten Auflösung feststellen können. Er ist der Meinung, daß beide Prozesse den gleichen Gesetzen gehorchen:

---

[1] E. Ott, Cellulose and Cellulose derivatives, 1943, S. 321, 709.

[2] G. Clark, Ind. Eng. Chem. **22**, 474 (1930).

[3] C. Nodder u. B. Rinkead, J. Text. Inst. **14**, T 133 (1923) — M. Calvert, J. Text. Inst. **21**, T 293 (1930). — G. Collins, J. Text. Inst. **16**, T 123 (1925).

[4] Н. В. Михайлов, В. А. Каргин и В. И. Елинек, Исслед. в обл. высокомол. соединений (N. W. Michailow, W. A. Kargin u. W. I. Jelinek, Unters. auf d. Geb. hochmol. Verb.) **1949**, S. 281/88 und 315/28.

[5] С. М. Липатов, Высокополимерные соединения (S. M. Lipatow, Hochpolymere Verbindungen) 1943, S. 34/39.

1. die Quellung wird von Wärmeabgabe begleitet, der Prozeß ist deshalb überwiegend exotherm;
2. bei der Quellung wird eine deutliche Kontraktion des Systems beobachtet;
3. der Dampfdruck des gequollenen Gels ist kleiner als der des reinen Lösungsmittels.

In der Quellung befindliche Systeme sind zur Leistung mechanischer Arbeit fähig (Quellungsdruck). Unter diesen Gesichtspunkten läßt sich der Quellungsprozeß als Entstehungsvorgang einer festen Lösung auffassen, während das für die Volumenvergrößerung des Systems verantwortliche Grundprinzip in der Hydratation liegt. Es ist auch eine allgemeine thermodynamische Theorie der Quellung entwickelt worden, die in der Hauptsache besagt, daß die Quellungsarbeit gleich dem Wärmeeffekt des Prozesses ist.

Auf empirischem Wege[1] hat man gefunden, daß die Quellungswärme durch nachstehende Gleichung ausgedrückt werden kann:

$$Q = \frac{\alpha i}{\beta + i},$$

dabei bedeuten α und β zwei Konstanten und i die Menge an gebundener Flüssigkeit in Gramm, bezogen auf 1 g des trockenen Stoffs.

An Hand des Charakters der von i abhängigen Änderungen kann man die Quellungswärme mit der Adsorptionswärme vergleichen, da die erstere besonders dann hoch ist, wenn die Quellung noch weit vom Maximum entfernt ist. Entsprechend deutlich wird dies durch die Einführung des Differentials der Quellungswärme q, wodurch die von 1 g Flüssigkeit und einer sehr großen Stoffmenge (mit dem Quellungsgrad i) frei werdende Wärmemenge bezeichnet wird. Durch Differenzierung der obigen Formel erhält man

$$\frac{dQ}{di} = q = \frac{\alpha \beta}{(\beta + i)^2},$$

Den größten Wert erreicht q bei $i = 0$, d. h. zu Beginn der Quellung. Zu dieser Zeit ist die Quellungswärme

$$q_0 = \frac{\alpha}{\beta}.$$

TABELLE 31

Bestimmung der Quellungswärme

g NaOH in 100 ml Lösung	Wärmemenge in cal je g Material	Wärmemenge in cal nach Abzug des Wertes für reines Wasser je g Material
0	3,6	0
7,4	6,7	3,1
10,2	9,3	5,7
13,0	16,1	12,5
18,6	22,5	18,5
21,3	25,9	22,3
25,0	29,5	25,9

Ein Vergleich von den Werten der Quellungswärme mit denen der Lösungswärme hat gezeigt, daß, wie bei der letzteren, der Wärmeeffekt der Quellung in erster Linie durch die Aktivität des Stoffes gegen das Lösungsmittel charakterisiert wird.

In der Tabelle 31 sind einige Daten aus der Arbeit von BARRETT und LEWIS[2] angeführt, in der die Autoren die beim Eintauchen von trockner Baumwolle

[1] С. М. Липатов, Физико-химия коллоидов (S. M. LIPATOW, Physikalische Chemie der Kolloide) 1948, S. 279/90.

[2] K. HESS, Chemie der Cellulose und ihrer Begleiter, 1928.

in Natronlauge verschiedener Konzentrationen frei werdende Wärmemenge bestimmen.

Thermodynamische Berechnungen[1] zum Vergleich der von quellenden Stoffen bei Änderung ihrer Gesamtmenge geleisteten Arbeit haben ergeben:

$$A = (p_1 - p_2)\, v_0 = \frac{RT}{M} \ln \frac{p_1}{p_2} = -F.$$

Hierbei ist A die Arbeit, zu der ein quellender Stoff beim Übergang von einem Zustand in einen anderen fähig ist, v_0: das Anfangsvolumen, p_1 und p_2 die relativen Dampfspannungen im ersten und zweiten Zustand.

Mit Hilfe dieser Gleichung läßt sich der Quellungsdruck bei dem jeweiligen Dampfdruck berechnen. Der Unterschied des gesamten Energievorrates u des Gels ist gleich der Differenz der bei der Absorption von 1 g Flüssigkeit im ersten und zweiten Zustand frei werdenden Wärmemengen, d. h. gleich dem Unterschied der Differentiale der einzelnen Quellungswärmen

$$u = q_1 - q_2.$$

Eine gute experimentelle Übereinstimmung der Werte von A und u bedeutet, daß die bei der Quellung frei werdende Energie praktisch vollständig in mechanische Arbeit umgewandelt wird und als Quellungsdruck in Erscheinung tritt. Dieser Druck kann recht beträchtliche Werte erreichen, durch Zugabe von Flüssigkeit wird er jedoch stark reduziert. Nach der Hydratationstheorie ist die Quellung, wie bereits erwähnt, nur durch die Hydratation bedingt und besitzt einen exothermen Verlauf. Nach dem Prinzip von Le Chatelier muß der Temperaturkoeffizient negativ sein: $\frac{dQ}{dT} < 0$. In vielen Fällen werden aber gerade entgegengesetzte Resultate gefunden, und zwar $\frac{dQ}{dT} > 0$.

Die Quellung verläuft in zwei Stadien: 1. Hydratation, begleitet von Wärmeentwicklung bei praktisch unverändertem Volumen, und 2. die eigentliche Quellung ohne Wärmeabgabe, aber mit der Absorption großer Flüssigkeitsmengen verknüpft. Die Theorie von Katz ist lediglich auf Untersuchungen über die erste Stufe aufgebaut.

Als thermochemische Gleichung der Quellung dient folgende Formel:

$$Q = q - c,$$

darin bedeuten:

Q die Quellungswärme,
q die Adsorptions- oder Hydratationswärme und
c die Sprengungswärme der Bindungen in dem System.

Da c im Vergleich zu q sehr klein ist, so wird in erster Näherung $Q \approx q$.

Gut und Rogowin[2] sind zu der Ansicht gekommen, daß die Einführung eines neuen Gliedes in die allgemeine Quellungsgleichung erforderlich ist, wodurch die Arbeit zur Zerstörung der assoziierten Teilchen des Lösungsmittels ausgedrückt wird.

---

[1] С. М. Липатов, Высокополимерные соединения (S. M. Lipatow, Hochpolymere Verbindungen) 1943, S. 43/39. — С. М. Липатов, Физико-химия коллоидов (S. M. Lipatow, Physikalische Chemie der Kolloide) 1948, 279/90.

[2] Е. Гут и З. Роговин, Колл. журн. (Je. Gut und S. Rogowin, Kolloidzeitschr. [russ.]) **2**, 863/73 (1936).

Die zweite Stufe der Quellung verläuft praktisch ohne irgendeinen Wärmeeffekt. FRICKE[1] hat an Hand von Berechnungen der Quellungswärme und -arbeit gezeigt, daß bei geringem Flüssigkeitsgehalt, d. h. wenn i wesentlich kleiner ist als der Maximalwert, $Q > A$ ist. Im umgekehrten Fall, wenn i nahe dem Sättigungspunkt liegt, ist $Q < A$. Im wesentlichen bedeutet das, daß bei großen Werten für A ein Teil der Flüssigkeit auf die zweite Stufe des Prozesses entfällt und ihre Arbeit gleich A_2 ist:

$$A = Q + A_2.$$

Nach dem ersten Hauptsatz der Thermodynamik ist

$$dQ = dA + du$$

oder

$$T\,dS = p\,dv + du,$$

wobei T die absolute Temperatur und dS die Entropieänderung des Systems bedeuten.

Bei Differenzierung dieser Gleichung nach dv wird der Quellungsdruck

$$p = T\left(\frac{dS}{dv}\right)_T - \left(\frac{du}{dv}\right)_T.$$

Da die Wärmeabgabe bereits nach der Absorption der ersten geringen Flüssigkeitsmengen aufhört, so wird das Glied $\left(\frac{du}{dv}\right)_T$ gleich oder nahe Null bei unwesentlichen Volumenänderungen des Systems. Aus diesem Grunde erfolgt die im zweiten Stadium stattfindende Volumenänderung ($dS > 0$) infolge Erhöhung der Entropie. Diese geht wiederum mit einer Vergrößerung der Beweglichkeit der Moleküle und wesentlich ungeordneterer Anordnung im Raum parallel. Einer bestimmten gegebenen Temperatur entspricht deshalb auch ein bestimmter kinetischer Effekt, der durch den thermischen Druck der Teilchen bedingt ist. LIPATOW und andere Autoren bezeichnen das zweite Stadium als osmotische Quellung. Nach dieser Vorstellung muß mit zunehmender Temperatur auch die Quellung stärker werden, entsprechend der Gleichung

$$p = RTc,$$

worin c die Konzentration des gelösten Stoffes bedeutet.

Bei einer Reihe von Quellungssystemen (Gelatine, Leim u. a.) wird die Quellung bei Temperaturerhöhung immer stärker, bis bei einer für das System charakteristischen Temperatur der Übergang zur Auflösung stattfindet. Offenbar findet mit steigender Temperatur eine fortschreitende Schwächung der zwischenmolekularen Kräfte des Systems bis zur völligen Auflösung statt.

Die Theorien[2], die die Quellung als osmotischen Prozeß ansehen, basieren auf der Vorstellung, daß die Cellulose eine schwache, einbasische Säure ist und das Natriumsalz in annähernder Übereinstimmung mit dem Massenwirkungsgesetz bildet. Zur Erläuterung sei das folgende Schema angeführt:

$$\begin{array}{ccccc} H & Na^+ & H & Na^+ & Na^+ \\ -A^- & -A^- & -A^- & -A^- & -A^- - . \end{array}$$

---

[1] R. FRICKE, Ztschr. Elektrochem. 36, 309 (1930).

[2] E. OTT, Cellulose and Cellulose derivatives, 1943, S. 710/24.

A bedeutet dabei eine negative Ladungseinheit oder ein Radikal, das einem Wasserstoffion entspricht.

In verdünnter Lösung sind einige dieser Wasserstoffatome durch Natrium ersetzt. Die Substitution erfolgt durch die Bewegung der Kationen entlang dem Gitter, und unter bestimmten Bedingungen wird ein gewisser dynamischer Gleichgewichtszustand erreicht. In diesem Augenblick ist eine definierte Menge von Natriumionen, Wasserstoffionen und nichtdissoziierten Hydroxylen vorhanden. Es wird angenommen, daß das Alkali in die Cellulose entsprechend der DONNAN-Beziehung für das Membrangleichgewicht hineindiffundiert. Beim Waschen mit Wasser wird das Natriumsalz hydrolytisch gespalten, der osmotische Druck sinkt ab und die Cellulose ist chemisch wieder unverändert, während sie physikalisch nicht mehr die gleiche ist, je nach dem Maximum des osmotischen Druckes. Zahlreiche Untersuchungen[1] haben ergeben, daß die Quellung der Cellulose bei bestimmten Alkalikonzentrationen ein Maximum erreicht. Die Erklärung dieses Prozesses läßt sich mit Hilfe der Theorie von DONNAN durchführen. Durch den osmotischen Druck wird auch die Quellung eines gegebenen Systems charakterisiert. Der Druck steigt so lange, bis die Spannungsgrenze des Systems erreicht ist.

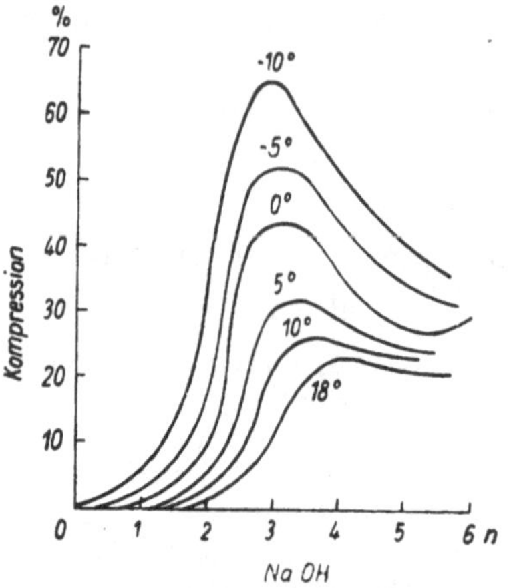

Abb. 54. Längsschrumpfung der Baumwollfaser nach Behandlung mit Natronlauge

Es hat sich jedoch herausgestellt, daß eine Erklärung der Quellung mittels osmotischer Vorgänge allein nicht möglich ist, da z. B. die Quellung der Cellulose mit fallender Temperatur größer wird, während sie nach der Theorie geringer werden muß. Der Temperaturkoeffizient ist im Falle der Cellulose $\frac{dQ}{dT} > 0$.

Die Erhöhung der Quellung bei der Cellulose mit fallender Temperatur ist von BIRTWELL[2] und Mitarbeitern, EDELSTEIN[3] und anderen festgestellt worden. Die Abb. 54 gibt die Werte der Längsschrumpfung für Baumwolle nach Behandlung mit Natronlauge verschiedener Konzentration bei verschiedenenen Temperaturen wieder.

Je niedriger die Temperatur, um so größer muß die zur Vermeidung einer Schrumpfung notwendige Spannung sein. Die der Quellung parallelgehende Löslichkeit der Cellulose erreicht bei einer bestimmten Alkalikonzentration ein Maximum; mit fallender Temperatur wird dieses Löslichkeitsmaximum

[1] Н. И. Никитин, Коллоидные растворы и эфиры целл. (N. I. NIKITIN, Kolloide Lösungen u. Ester der Cellulose) 1932, S. 101/ 8. — П. П. Шорыгин, Химия целлюлозы (P. P. SCHORYGIN, Chemie der Cellulose) 1939, S. 27/31. — В. И. Шарков, Химия вискозы (W. I. SCHARKOW, Chemie der Viskose) 1931. — В. И. Шарков, Иск. волокно (W. I. SCHARKOW, Kunstfaser) Nr. **2**, 2 (1931). — K. HESS, Chemie der Celluloseu. ihrer Begleiter 1928. — E. OTT, Cellulose and Cellulose Derivatives S. 326/45.

[2] C. BIRTWELL, D. CLIBBENS, A. GEAKE u. B. RIDGE, J. Text. Inst. **21**, T 85 (1930).

[3] S. EDELSTEIN, Am. Dyestuff Reptr. **25**, P 458, P 724 (1936); **26**, P 420 (1937).

ebenfalls höher und die Konzentration wird niedriger[1]. Man hat festgestellt[2], daß dem Quellungsmaximum bei bestimmter Temperatur und Konzentration ein Löslichkeitsmaximum der Cellulose entspricht.

NEIMANN, ROGOWIN und OBOGI[3], die die Löslichkeit verschiedener Cellulosematerialien (Linters, Zellstoff und Viskoseseide) in Natronlauge bei verschiedenen Bedingungen untersuchten, haben auf die Möglichkeit einer Fraktionierung in Alkalien hingewiesen. Dabei wird durch allmähliche Herabsetzung der Temperatur eine stufenweise Lösung immer kürzerer Ketten bewirkt.

Ganz besonders interessant ist der Vorgang des Einfrierens von Cellulosefasern in Alkalien. Man nimmt an, daß durch die Entstehung der Eiskristalle in den submikroskopischen Hohlräumen der Cellulose in der Struktur Risse auftreten, in die beim Auftauen weitere Lauge eindringt. Der Feinbau wird gedehnt, und die Quellungs- und Auflösungseffekte werden verstärkt. So haben z. B. T. RUDNJEWA und N. NIKITIN[4] das Verhalten der Fasern nach der Mercerisierung mit anschließendem Einfrieren und Wiederauftauen unter dem Mikroskop beobachtet. Dabei konnte der außerordentlich große Einfluß des Einfrierens auf die Quellung der Fasern, besonders bei relativ geringer Laugenkonzentration (bis 10%), gezeigt werden. Die Abb. 55 stellt eine Mikroaufnahme von Baumwollfasern dar, die in 8%iger Natronlauge eingefroren wurden.

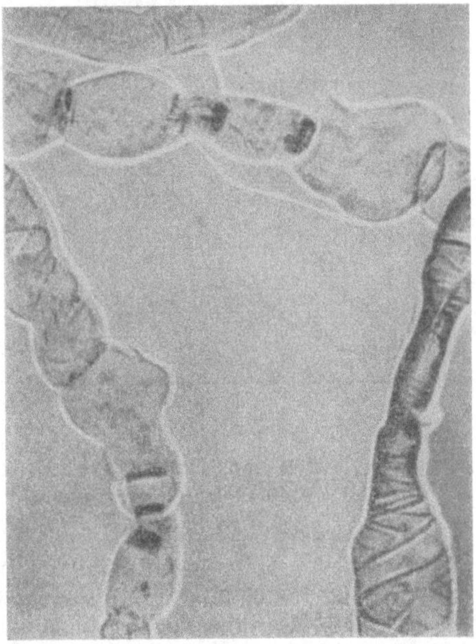

Abb. 55. Baumwollfasern in 8%iger Natronlauge bei −15° (150×)

Die Quellung der Cellulose in Alkalilauge und die dadurch bedingten Eigenschaftsänderungen der Fasern haben eine erhebliche technische Bedeutung erlangt. Spektroskopische Untersuchungen im Ultrarot von W. NIKITIN[5] zeigen, daß die Strukturveränderungen der Cellulose infolge der Alkalibehandlung eine Schwächung der Wasserstoffbindungen zur Folge haben.

Durch die Quellung, Schwächung der intermolekularen Bindungen und

[1] С. О. Папков, Пром. орг. х. (S. O. PAPKOW, Organ. chem. Ind.) Nr. 10, 623 (1938) — K. HESS, Chemie d. Cellulose u. ihrer Begleiter, 1928.

[2] G. F. DAVIDSON, J. Text. Inst. **25,** T 174 (1934); **27,** T 112 (1936); **28,** T 27 (1937).

[3] Р. Нейман, З. Роговин и Р. Обоги, Пром. орг. х. (R. NEIMAN, S. ROGOWIN u. R. OBOGI, Organ. chem. Ind.) Nr. 21, 461 (1936).

[4] Т. Руднева и Н. Никитин, Пром. орг. х. (T. RUDNJEWA u. N. NIKITIN, Organ. chem. Ind.) Nr. 7, 398 (1939).

[5] В. Н. Никитин, ЖФХ (W. N. NIKITIN, Z. phys. Chem [russ.]) Nr. 7, 775, 786 (1949).

Desorientierung der Moleküle entstehen Produkte (nach dem Waschen mit Wasser und Trocknung) mit aufgeweiteter Struktur. Dadurch wird nun wiederum eine Abnahme der Dichte[1], eine Zunahme der Adsorptionseigenschaften und Reaktionsfähigkeit der Fasern bewirkt[2]. Die Schwächung der Wasserstoffbindungen hat eine Vergrößerung der aktiven inneren Oberfläche zur Folge und damit eine bessere Zugänglichkeit für die verschiedensten Agenzien.

Vom Standpunkt der Thermodynamik aus betrachtet, muß infolge der Strukturveränderungen und des zunehmenden Anteiles an amorphem Material bei der Mercerisierung ein Unterschied im Energieinhalt nativer und mercerisierter Cellulose auftreten. OKAMURA[3] und MORRISON, CAMPBELL und MAAS[4] haben eine Lösung dieser Frage versucht, indem sie die Reaktionswärme bei der Umsetzung der Cellulose mit der Natronlauge bestimmt haben. Bei bestimmten Alkalikonzentrationen ergeben beide Modifikationen (native und mercerisierte Cellulose) das gleiche Produkt. Der Unterschied in der Reaktionswärme entspricht dann dem verschiedenen Energiegehalt. OKAMURA hat für diese Versuche Ramie benutzt (Abb. 56). Bei der Konzentration Null, d. h. in reinem Wasser, zeigt die mercerisierte Form (Kurve *1*) eine außerordentlich starke Quellung, entsprechend einer großen „inneren Oberfläche". Bei der nativen Ramie (Kurve *2*) beobachtet man bis zu einer Konzentration von 5% Alkali nur ein sehr geringes Anwachsen der frei werdenden Wärme; oberhalb dieser Konzentration steigt sie jedoch rasch an. Die Quellungswärme der mercerisierten Faser nimmt bis zu einer Alkalikonzentration von 10% rasch zu, dann bleibt sie jedoch bis 18% fast konstant. Oberhalb einer Konzentration von 20% bleibt der Unterschied zwischen den Beträgen der Quellungswärme von nativer und mercerisierter Faser annähernd gleich. Diese Differenz ist sogar geringer als bei der Quellung in reinem Wasser. Sie beträgt 1,5 cal/g und entspricht genau dem Unterschied im Energiebetrag der beiden Formen, wobei die mercerisierte den höheren Wert besitzt.

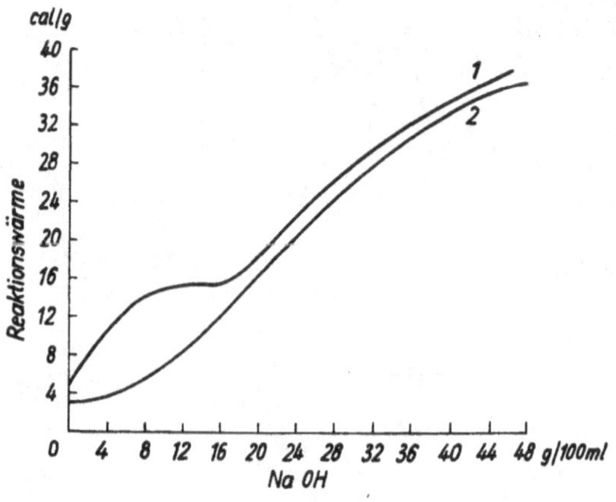

Abb. 56. Wärmetönung der Reaktion von mercerisierter (*1*) und nativer (*2*) Ramie mit NaOH

MORRISON, CAMPBELL und MAAS haben an gebleichter Baumwolle ähnliche Resultate erhalten; die Differenz des Energieinhaltes ist jedoch dreimal so groß (Abb. 57). Die absoluten Werte der frei werdenden Wärmemengen be-

[1] G. F. DAVIDSON, J. Text. Inst. **18,** T 275 (1927).

[2] C. BIRTWELL, D. CLIBBENS u. B. RIDGE, J. Text. Inst. **21,** T 85 (1930). — E. OTT, Cellulose and Cellulosederivatives, 1943, S. 324/30.

[3] S. OKAMURA, Naturwiss. **21,** 393 (1933).

[4] J. MORRISON, W. CAMPBELL u. O. MAAS, Canad. J. Res. **18 B,** 168 (1940).

tragen ebenfalls das Dreifache als bei Ramie, so daß das Verhältnis der Energiedifferenzen zur absoluten Größe praktisch konstant ist. In diesem Falle hat die mercerisierte Form (Kurve *2*) einen um 6,6 cal/g größeren Energiegehalt als die native Form (Kurve *1*).

Zu den den Zustand der Cellulosestruktur charakterisierenden Faktoren gehört auch die Hygroskopizität. Eingehende Untersuchungen haben ergeben, daß diese Erscheinung in der Hauptsache durch die Anwesenheit polarer Hydroxylgruppen bedingt ist. Die Adsorption der Flüssigkeit findet an den aktiven Zentren der „inneren Oberfläche" statt, in denen nur wenige Wasserstoffbrücken vorhanden sind. Ein weiteres Eindringen in die orientierten Bereiche ist den Dipolmolekülen des Wassers nicht ohne weiteres möglich. In Wasser quellende Cellulose kann röntgenographisch von der ursprünglichen nicht unterschieden werden. Durch das Wasser wird eine sogenannte intermicellare Quellung bewirkt. Außer der durch freie Hydroxyle adsorbierten Feuchtigkeit wird ein anderer Teil durch Kapillarkondensation gebunden[1].

Aus den Arbeiten der letzten Jahre[2] ist hervorgegangen, daß die Hygroskopizität durch den Packungsgrad der Cellulose oder ihre „Kristallinität" bestimmt werden kann.

Durch eine Behandlung der Cellulose mit Laugen nimmt ihre Hygroskopizität zu. Genaue Untersuchungen in dieser Richtung sind von URQUHART und WILLIAMS[3] durchgeführt worden. In der Abbildung 58 ist die Sorption von Wasser durch native und spannungsfrei mercerisierte Baumwolle bei unterschiedlicher relativer Luftfeuchtigkeit dargestellt.

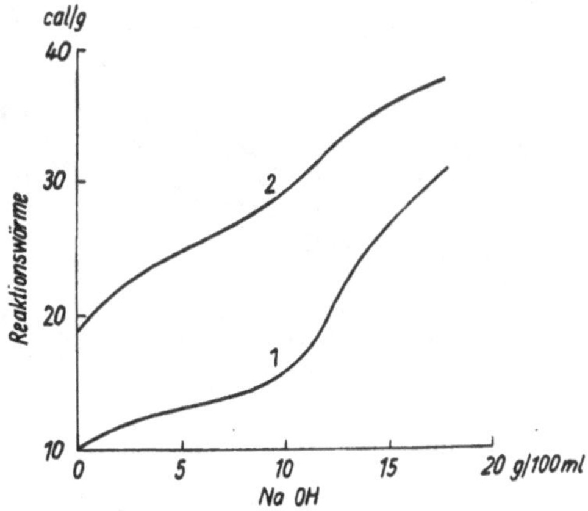

Abb. 57.
Wärmetönung der Reaktion von nativer (*1*) und mercerisierter (*2*) Baumwolle mit NaOH

Das Verhältnis der Wasseraufnahme der beiden Formen zueinander ist bei jeder Luftfeuchtigkeit annähernd konstant. Nach der Behandlung mit 15%iger Natronlauge nimmt die Faser $1^1/_2$ mal mehr Wasser auf als vorher. Dieser Betrag ist jedoch von der Konzentration der Lauge, der angelegten Dehnung und der Temperatur abhängig. BIRTWELL, CLIBBENS, GEAKE und RIDGE[4] haben z. B. den Einfluß der Temperatur (bei -10° und $+18^\circ$) und der Laugenkonzentration auf die Reaktionsfähigkeit der Cellulose untersucht. Die von

[1] Н. И. Никитин, Коллоидные растворы и эфиры целлюлозы (N I. NIKITIN, Kolloide Lösungen und Ester der Cellulose) 1932, S. 101. — E. HEUSER, Chemistry of Cellulose, 1942. — E. OTT, Cellulose and Cellulose derivatives 1943, S. 379/422.

[2] P. HERMANS, Beiträge zur Physik der Cellulosefaser, 1946. — P. HERMANS, H. WERMAAS, Y. HERMANS, Koll. Z. **109**, 9 (1944).

[3] A. URQUHART u. H. WILLIAMS, J. Text. Inst. **16**, T 155 (1925); **18**, T 55 (1927).

[4] C. BIRTWELL, D. CLIBBENS, A. GEAKE u. B. RIDGE, J. Text. Inst. **21**, T 85 (1930).

unbehandelter und mit Lauge verschiedener Konzentration bei den angegebenen Temperaturen behandelter Faser aufgenommene Wassermenge ist in der Abb. 59 dargestellt.

Ein weiterer Faktor, der, ähnlich wie die Hygroskopizität, den Zustand der inneren Struktur und den Kristallisationsgrad charakterisiert, ist die Hydrolysierbarkeit der Cellulose[1]. Von NICKERSON ist festgestellt worden, daß die Hygroskopizität der Hydrolysierbarkeit direkt proportional ist. Durch die Arbeiten sowjetischer[2] und anderer Autoren konnte gezeigt werden, daß die Hydrolyse vor allem die zugänglichen, nicht orientierten Bereiche der Cellulose angreift, in denen keine vollständige Ordnung der Ketten und nur wenige, das Eindringen von Agenzien erschwerenden Wasserstoffbindungen vorhanden sind.

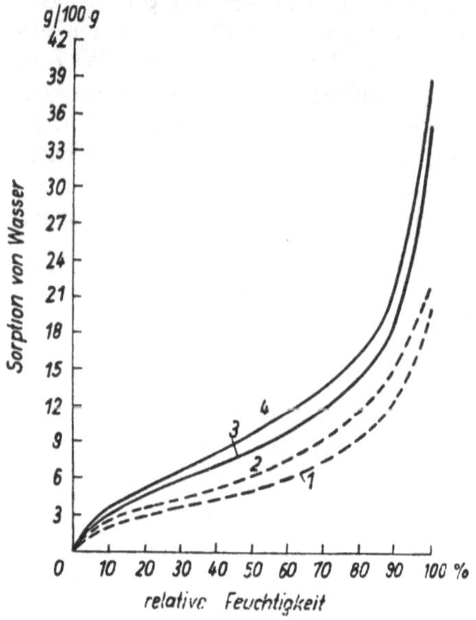

Abb. 58. Sorption von Wasser durch native und mercerisierte Baumwolle

(1) Adsorption und (2) Desorption von nativen Fasern; (3) Adsorption und (4) Desorption von mit 15%iger Natronlauge mercerisierten Fasern

Die Behandlung mit Alkalilauge bewirkt eine Desorientierung und Auflockerung der Struktur, wodurch schließlich ein relativ leicht hydrolysierbares System entsteht.

Die Fähigkeit der Cellulose, nach der Mercerisation eine bessere Hydrolysierbarkeit zu zeigen, ist erstmalig 1906 von dem russischen Forscher LOSINSSKI[3] beobachtet worden. Späterhin haben sich auch andere Autoren mit dieser Frage beschäftigt[4].

Einen wesentlichen Einfluß auf die Reaktionsfähigkeit der Fasern nach der Alkalibehandlung (und Wäsche) besitzt

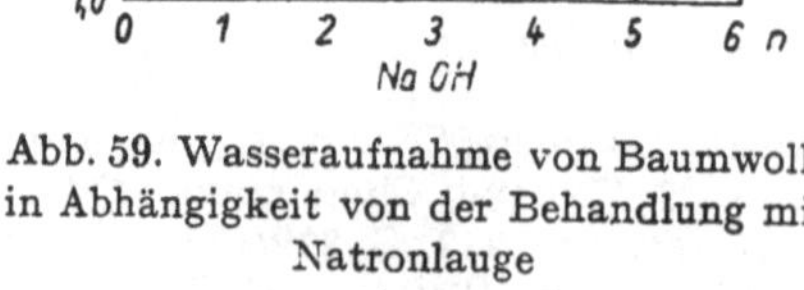

Abb. 59. Wasseraufnahme von Baumwolle in Abhängigkeit von der Behandlung mit Natronlauge

[1] R. NICKERSON, Ind. Eng. Chem. **33,** 1022 (1941); **34,** 85, 1149, 1480 (1942). — R. NICKERSON u. HABRIES, Ind. Eng. Chem. **38** (1946). — R. NICKERSON u. J. HABRLE, Ind. Eng. Chem. **39**, 1507 (1947).

[2] В. И. Шарков, Г. Д. Парамонова и В. С. Муромцева, ЖПХ (W. I. SCHARKOW, W. S. MUROMZEWA, G. D. PARAMONOWA, Z. Angew. Chem. [russ.]) **21,** 1037 (1948).

[3] В. Лозинский, Лесопром. вестн. (W. LOSINSSKI, Holzwirtsch.) Nr. 21, 197 (1906).

[4] Т. И. Руднева, Н. И. Никитин, Пром. орг. х. (T. I. RUDNJEWA, N. I. NIKITIN, Organchem. Ind.) Nr. 7, 389 (1939). — В. И. Шарков, Г. Д. Парамонова и Н. М. Кликашева, ЖПХ (W. I. SCHARKOW, G. D. PARAMONOWA u. N. M. KLIKASCHEWA, Z. Angew. Chem. [russ.]) **21,** 1073 (1948).

TABELLE 32

Farbstoffaufnahme von Baumwolle in g/100 g

Material	Benzopurpurin 4 B	Chrysophenin
Mercerisiert und gefärbt, ohne Trocknung.......	2,49	0,97
Mercerisiert, lufttrocken, ungefärbt............	1,57	0,77
Mercerisiert, bei 110° getrocknet, ungefärbt.....	1,27	0,54
Unbehandelt..................................	0,80	0,31

TABELLE 33

Einfluß von Natronlauge auf die Eigenschaften von Baumwolle

Nr.	Bedingungen	Ausbeute in %	DP	Hygroskopizität bei 18° in % bei relativer Feuchtigkeit				Hydrolysierbarkeit in % reduzierter Substanz (des Ausgangsmaterials) Kochen mit 5%ig. H_2SO_4	
				100	76,6	44,6	11,9	4^h	8^h
1	Unbehandelt......	—	1370	19,4	14,2	6,1	2,9	8,2	10,0
	Mit 8%iger NaOH behandelt								
2	bei 20°	98,2	880 860	20,5	14,7	6,4	2,9	5,6	8,2
3	bei 0°	95,0	1113 1050	22,7	16,2	7,1	3,1	10,2	12,9
4	bei −5 bis −6° ..	90,3	974 953	21,8	14,6	8,0	3,5	10,9	14,9
	Mit 12%iger NaOH behandelt								
5	bei 20°	97,2	946 950	22,5	14,5	7,3	3,4	12,0	17,4
6	bei 0°	91,5	1050 1075	25,6	17,0	9,6	4,4	—	18,1
7	bei −9 bis −10 °.	89,0	920 985	25,2	16,9	9,0	4,2	12,7	20,4
	Mit 17,5%iger NaOH behandelt								
8	bei 20°	95,1	900 960	23,5	16,2	8,8	4,0	11,0	16,6
9	bei 0°	96,6	1140 1080	27,7	19,1	9,0	4,2	10,8	17,7
10	bei −9 bis −10° .	95,1	940 931	27,2	18,9	9,5	4,7	11,4	15,8

auch die Trocknung, wie aus Arbeiten von KNECHT[1], NIKITIN[2], ROGOWIN[3] und anderen hervorgeht.

Es ist festgestellt worden[4], daß die Faser nach einer Trocknung weniger Wasser aufnimmt als im feuchten Zustande nach der Mercerisierung und Wäsche. KNECHT hat den Einfluß der Trocknung von mercerisierten Fasern auf ihr Adsorptionsvermögen für Farbstoffe untersucht. Einige von ihm erhaltene Ergebnisse sind in der Tabelle 32 zusammengestellt.

Der Einfluß der Alkalibehandlung bei verschiedenen Temperaturen (von 20° bis zur Gefriertemperatur der Lösung) auf die Hygroskopizität und Hydrolysierbarkeit verschiedener Cellulosen (Baumwolle, gebleichter Sulfitedelzellstoff und Viskosefasern) und die DP-Änderungen sind von N. NIKITIN und N. KLENKOWA[5] untersucht worden. Für Baumwolle sind einige Angaben in der Tabelle 33 angeführt.

Durch die Alkalibehandlung wird die Hygroskopizität und Hydrolysierbarkeit, wie zu erwarten, gegenüber dem Ausgangsmaterial erhöht. Mit abnehmender Temperatur wird das Ausmaß dieser Erhöhung immer größer. Aber auch die Löslichkeit steigt an; die beste Lösefähigkeit besitzt eine Lauge mit 10 bis 12% NaOH bei −8 bis −10°. Infolge der verstärkten Quellung und dadurch bedingten größeren Beweglichkeit der Moleküle sowie Fähigkeit zur Hydratisierung findet eine allmähliche Auflösung statt. Je größer die Aufweitung und Desorientierung, um so höher ist die Hygroskopizität und Hydrolysierbarkeit des Systems nach dem Auswaschen des Alkali und Trocknung.

Zum Vergleich sind in der Tabelle 34 die Ergebnisse im Falle eines gebleichten, veredelten Sulfitzellstoffs angeführt. Auch hierbei ist der gleiche Effekt zu beobachten, mit fallender Temperatur steigt die Löslichkeit des Materials an. Infolge der größeren Desorientierung und Zugänglichkeit des Zellstoffs treten die Hydratationserscheinungen der Quellung stärker hervor als bei der natürlichen Cellulose, der Baumwolle. In gleicher Weise ist auch die Löslichkeit bei 20° bereits bedeutend höher.

Durch die Alkalibehandlung wird die Hydrolysierbarkeit des Zellstoffs ebenfalls verstärkt, die Erniedrigung der Temperatur ruft im Gegensatz zur Baumwolle keine derartig gesetzmäßigen Steigerungen der Fähigkeit zur Hydrolyse hervor. Offenbar wirkt die Lauge bereits bei 20° so stark auflockernd auf die Struktur, daß bei niedriger Temperatur keine weitere Beeinflussung mehr möglich ist und lediglich die kürzesten Ketten in Lösung gehen. Durch das Einfrieren wird jedoch wieder eine neue Schwächung der noch vorhandenen, zwischenmolekularen Bindungen erreicht und ein weiterer Anstieg der Hydrolysierbarkeit bewirkt.

Das Fehlen irgendeiner Gesetzmäßigkeit für die Änderungen der Eigenschaften nach der Behandlung mit Alkali bei Erniedrigung der Temperatur

---

[1] E. KNECHT, J. Soc. Dyers Colour. **24**, 68, 107 (1908).

[2] Н. И. Никитин, Коллоидные растворы и эфиры целлюлозы (N. I. NIKITIN, Kolloide Lösungen und Ester der Cellulose) 1932, S. 66, 96.

[3] З. А. Роговин, Новое в химии целлюлозы (S. A. ROGOWIN, Neues aus der Cellulosechemie) 1945.

[4] A. URQUHART, W. BOSTOCK u. N. ECKERSALL, J. Text. Inst. **23**, T 135 (1932).

[5] Н. И. Никитин и Н. И. Кленкова, Исследования в области высокомолекулярных соединений (N. I. NIKITIN u. N. I. KLENKOWA, Untersuchungen auf dem Gebiete hochmolekularer Verbindungen) 1949, S. 138.

TABELLE 34

Einfluß einer Alkalibehandlung auf Edelsulfitzellstoff

Behandlung	Ausbeute in %	DP	Hydrolysierbarkeit in % reduzierter Substanz nach 5 stündigem Kochen mit 5%iger H_2SO_4
Unbehandelt	—	1053	10,8
Mit 12 %iger NaOH			
bei 20°	8,61	—	15,0
bei 0°	85,7	—	16,2
bei −7 bis −10°	81,1	900	15,4
eingefroren bei −15°	78,2	885	15,9
Mit 10 %iger NaOH			
bei 20°	86,3	—	15,0
bei 0°	82,2	—	14,3
bei −5 bis −6°	81,4	850	16,0
eingefroren bei −15°	76,0	855	19,3
Mit 8 %iger NaOH			
bei 20°	89,5	—	10,5
bei 0°	82,7	—	13,3
bei −5 bis −6°	78,7	960	14,7
eingefroren bei −12°	73,5	990	20,6

TABELLE 35

Einfluß einer Alkalibehandlung auf Viskosefasern

Behandlung	Ausbeute in %	DP	Hydrolysierbarkeit in % reduzierter Substanz nach Kochen mit 5%iger H_2SO_4 8 Stunden
Unbehandelt	—	392	33,6
Mit 17,5 %iger NaOH			
bei 20°	89,9	357	24,7
bei 0°	72,7	280	24,5
Mit 12 %iger NaOH			
bei 20°	73,8	255	25,9
bei 0°	52,4	316	—
Mit 8 %iger NaOH			
bei 20°			
bei 0° [1]	77,6	470	—
Mit 4 %iger NaOH			
bei 20°	99,5	400	29,3
bei 0°	98,6	357	25,9
eingefroren	65,1	329	—

[1] Die gesamte Masse wird gelförmig und läuft beim Filtrieren durch G[1] durch. DP des regenerierten Materials 210.

ist auch für Viskosefasern charakteristisch. Dies ist auch durchaus verständlich, da in der regenerierten Cellulose von einer Ordnung der Moleküle keine Rede sein kann. Durch die Quellung, Wäsche und Trocknung eines derartigen Systems wird nur wieder eine neue, irgendwie zufällige Unordnung herbeigeführt, aber in keinem Falle eine gesetzmäßige Auflockerung des Systems wie bei den natürlichen Fasern. Die an Kunstseide gewonnenen Ergebnisse sind in der Tabelle 35 dargestellt.

Wie bereits erwähnt, bewirkt das Einfrieren und Wiederauftauen der Cellulose in wäßrigem Alkali eine verstärkte Quellung des Systems. Besonders deutlich tritt dieser Effekt in stärker verdünnten Lösungen hervor. Es wird dabei eine zusätzliche Schwächung der intermolekularen Bindungsenergien

TABELLE 36

Einfluß einer Alkalibehandlung auf die Eigenschaften von Baumwolle

Behandlung	Ausbeute in %	DP	Hygroskopizität bei 18° in % bei relativer Feuchtigkeit				Hydrolysierbarkeit in % reduzierter Substanz nach Kochen mit 5%iger H_2SO_4	
			100	76,6	44,6	11,9	4^h	8^h
Unbehandelt	—	1370	19,4	14,2	6,1	2,9	8,2	10,0
Mit 4 % iger NaOH								
bei 0°	96,0	1207	16,6	11,6	5,9	2,9	5,8	12,0
eingefroren (−4 bis −7°)	91,3	1117 1090	20,9	14,6	7,7	3,9	13,2	15,9
5mal eingefroren	88,3	956 970	25,2	17,3	9,4	4,4	—	—
Mit 5 % iger NaOH								
bei −5 bis −6°	90,3	974 953	21,8	14,6	8,0	3,5	10,9	14,9
eingefroren bei −7 bis −10°	79,7	810 864	28,1	19,6	10,0	4,7	11,8	18,2
Mit 12 % iger NaOH								
bei −9 bis −11°	89,0	920 985	25,2	16,9	9,0	4,2	12,7	20,4
eingefroren bei −12 bis −15°	88,9	903 917	28,1	17,6	9,3	4,3	12,9	21,0

und eine stärkere Desorientierung der Makromoleküle bewirkt und auch eine Erhöhung der Reaktionsfähigkeit nach dem Auswaschen und Trocknen. Die leichtere Hydrolysierbarkeit der Cellulose nach dem Einfrieren ist bereits 1939 von T. RUDNJEWA und N. NIKITIN[1] festgestellt worden.

[1] Т. Руднева и Н. Никитин, Пром. орг. х. (T. RUDNJEWA u. N. NIKITIN, Organ. chem. Ind.) Nr. 7, 398 (1939).

Ausführlich haben sich N. NIKITIN und N. KLENKOWA[1] mit dieser Frage beschäftigt. Unter anderem ist von ihnen der Einfluß einer alkalischen Einfrierung auf die Löslichkeit, Hygroskopizität, Hydrolysierbarkeit und DP von Baumwollcellulose untersucht worden. Die Ergebnisse sind in der Tab. **36** zu finden.

Ein Vergleich der genannten Eigenschaften beim Einfrieren und bei nur wenig höherer Temperatur zeigt, daß im ersteren Falle eine stärkere Aufweitung des Systems mit größerer Hygroskopizität und leichterer Hydrolysierbarkeit stattgefunden hat.

Auch im Falle eines Sulfitzellstoffes ist, wie aus der Tab. **34** ersichtlich, eine leichtere Hydrolysierbarkeit auf Grund dieses Effektes nachzuweisen. Aber auch die Löslichkeit der Cellulose wird dadurch größer, da anscheinend durch Eisbildung[2] neue Wege infolge Rißbildung für das Eindringen der Lauge in die weniger zugänglichen Bereiche entstehen.

Die technische Bedeutung des Einfrierprozesses in Alkalien liegt vor allem in einer wesentlichen Verbesserung vieler Eigenschaften der Fasern. So werden z. B. die Saugfähigkeit, die Wasserdurchlässigkeit und der α-Cellulosegehalt erhöht, andererseits die Luftdurchlässigkeit herabgesetzt. In einigen Fällen ist auch eine Verbesserung der mechanischen Eigenschaften zu beobachten[3].

Das interessanteste Phänomen bei der Alkalibehandlung von Cellulose ist jedoch die Verringerung des DP. In den Arbeiten von STAUDINGER[4] und DAVIDSON[5] ist erstmalig davon die Rede.

Aus den Tabellen **33**, **34** und **35** geht deutlich hervor, daß die Behandlung mit Alkali verschiedener Konzentration in dem angeführten Temperaturintervall (von 20° bis zur Gefriertemperatur), wie nicht anders zu erwarten, eine abbauende Wirkung auf die Cellulose hervorruft. Die Versuche 3, 4, 6 und 7 (Tab. 33) lassen klar erkennen, daß durch Temperaturerniedrigung von 0° bis dicht an die Gefriertemperatur ein immer stärkerer Abbau stattfindet, der anscheinend dann am größten ist, wenn das Maximum der Quellung erreicht ist. Durch eine Reihe von Arbeiten[6] kann man heute als gesichert betrachten, daß die Cellulose, wie auch andere Hochpolymere, ein polydisperses Produkt ist, das in Fraktionen mit unterschiedlicher Teilchengröße getrennt werden kann (sog. physikalische Heterogenität). Die partielle Auflösung der Cellulose in Alkalilösungen stellt bereits eine derartige Fraktionierung dar, da eine Abtrennung der Anteile mit den kleinsten Kettenlängen stattfindet. Besonders klar sind diese Tatsachen in der Arbeit von NEIMAN, ROGOWIN und OBOGI[7] zum Ausdruck gebracht.

---

[1] Н. Никитин и Н. Кленкова, ЖПХ (N. NIKITIN u. N. KLENKOWA, Z. Angew. Chem. [russ.]) **24**, 296 (1951).

[2] A. W. SHORGER u. M. J. SHOEMAKER, Ind. Eng. Chem. **29**, 114 (1937). — Н. И. Никитин, А. М. Плеханова и Т. Руднева, ЖПХ (N. I. NIKITIN, A. M. PLECHANOWA u. T. I. RUDNJEWA, Z. Angew. Chem. [russ.]) **20**, 1187 (1947).

[3] А. А. Кантор, Бумажн. пром. (A. A. KANTOR, Papierind.) Nr. 3, 10 (1941). — L. RYS u. P. TREKA, Zellst. u. Papier, Nr. 1 u. 2 (1941).

[4] H. STAUDINGER, Die hochmolekularen organischen Verbindungen, 1932.

[5] G. F. DAVIDSON, J. Text. Inst. **29**, T 195 (1938).

[6] З. А. Роговин, Усп. хим. (S. A. ROGOWIN, Fortschr. d. Chem.) **9**, 738/70 (1940). — З. А. Роговин, Новое в химии целлюлозы (S. A. ROGOWIN, Neues aus der Cellulosechemie) 1945.

[7] Р. Нейман, З. Роговин и Р. Обоги, Пром. орг. х. (R. NEIMAN, S. ROGOWIN u. R. OBOGI, Organ. chem. Ind.) Nr. 21, 461 (1936).

Nimmt man an, daß kein Abbau erfolgt, so muß der DP infolge Abtrennung der niedermolekularen Anteile größer werden. Aus den Angaben der Tab. 33 ist jedoch zu ersehen, daß eine Temperaturerniedrigung von 0 auf —6° (8%ige Lauge) und von 0 auf —10° (12%ige Lauge) trotz der verstärkten Auflösung der Fraktionen mit den kleinsten Kettenlängen eine Herabsetzung des DP nach sich zieht.

Wodurch läßt sich nun die Verkürzung der Ketten, die bei der Einwirkung von Alkali auf die Cellulose beobachtet wird, erklären?

Gewiß besitzt der Luftsauerstoff einigen Einfluß infolge oxydativer Abbaureaktionen. Aber selbst bei völligem Sauerstoffausschluß findet der Abbau statt, wie von einigen Autoren[1] festgestellt worden ist. So hat z. B. DAVIDSON an verschiedenen Cellulosematerialien nach der Behandlung mit kalter Lauge einen starken Anstieg der reduzierten Viskosität gefunden. Um auch die Möglichkeit eines oxydativen Abbaues durch eventuell in der Lauge gelösten Sauerstoff auszuschließen, sind alle möglichen Vorsichtsmaßregeln getroffen worden. Die Ergebnisse sind jedoch unverändert. In diesem Zusammenhange verdient die Untersuchung von WELTZIEN[2] über die Reaktion von natürlicher Cellulose mit Alkali bei Abwesenheit von Sauerstoff Beachtung. Der Autor hat dabei festgestellt, daß sich der DP von nativer Baumwolle durch Behandlung mit Alkalilauge verschiedener Konzentrationen und Temperatur von 2200 auf 1500 erniedrigt. Durch mehrfach wiederholte Behandlung hat, unabhängig von der Zahl, keine Änderung des DP stattgefunden. ROGOWIN nimmt an, daß unter den genannten Bedingungen nur die normalen Glukosidbindungen beständig sind, während die schwächeren gesprengt werden.

Auch N. NIKITIN und N. KLENKOWA[3] haben bei ihren Versuchen den Einfluß des Luftsauerstoffs ausgeschlossen (sie arbeiteten in einer Stickstoffatmosphäre). Irgendwelche Änderungen des DP und des in Lösung gehenden Anteils sind ebenfalls nicht beobachtet worden. Der Luftsauerstoff wirkt offenbar nur äußerst langsam auf die Cellulose in dem alkalischen Medium ein. Es ist festgestellt worden, daß Baumwollcellulose nach anderthalbstündigem Stehen bei 20° in 8%iger Natronlauge mit einer Ausbeute von 98,2% und einem DP von 860 wiedergewonnen werden kann. Nach 29 Stunden lag der DP bei 830, und erst nach 5tägiger Dauer der Behandlung war er auf 670 heruntergegangen, bei einer Wiedergewinnung von 97,2%.

Von einigen Autoren[4] wird darauf hingewiesen, daß die Nitratviskosität niedriger sein kann, wenn das Material vor der Nitrierung mit Lauge behandelt worden ist. Diese Erscheinung wird jedoch nur an Oxycellulosen beobachtet, Hydratcellulose zeigt keine Veränderungen. Bei der Natronlauge-Behandlung von gereinigter Baumwolle, Edelzellstoff und Viskosefasern, die alle keine Oxycellulose darstellen und infolgedessen relativ schwer zerstörbare Valenzbindungen besitzen, wird ebenfalls ein Absinken der DP-Werte festgestellt.

[1] ibid. — G. F. DAVIDSON, J. Text. Inst. **29**, T 195 (1938). — E. BERL, Ind. Eng. Chem. **36** (1944).

[2] З. А. Роговин, Новое в химии целлюлозы (S. A. ROGOWIN, Neues aus der Cellulosechemie) 1945.)

[3] Н. Никитин и Н. Кленкова, ЖПХ (N. NIKITIN u. N. KLENKOWA, Z. Angew. Chemie [russ.]) **24**, 296 (1951).

[4] G. F. DAVIDSON, J. Text. Inst. **29**, T 195 (1938). — E. OTT, Cellulose and Cellulose derivatives, 1943, S. 321/45.

Daraus kann man schließen, daß jedes beliebige Cellulosematerial bei ganz bestimmten Quellungsbedingungen einen Abbau erleiden kann.

Sehr wenig Wahrscheinlichkeit dürfte die Vorstellung von STAUDINGER[1] besitzen, wonach in der nativen Cellulose irgendwelche Esterbindungen vorhanden sind, die in Kupferoxydammoniak völlig zerstört werden und auf diese Weise einen niedrigeren DP ergeben, als er nach dem Nitratverfahren bestimmt wird. Das Hauptargument gegen diese Annahme ist durch die Arbeit von RYS und TREKA gegeben worden. Diese Autoren haben nämlich gezeigt, daß die Kupferoxydammoniak-Viskosität verschiedener Zellstoffproben durch Einfrieren und Wiederauftauen der Cellulose in Natronlauge erniedrigt wird. Eine Zerstörung der sog. Esterbindungen findet nach Ansicht einiger Forscher nicht nur durch Kupferoxydammoniak, sondern auch durch Natronlauge statt. Wenn dies wirklich der Fall ist, so dürfte kein Absinken der Viskosität in Kupferoxydammoniak nach der Behandlung mit der Lauge beobachtet werden.

Mit einiger Berechtigung darf angenommen werden, daß der Abbau der Cellulose während einer Alkalibehandlung nicht nur auf einen oxydativen oder hydrolytischen Zerfall zurückzuführen ist. Eine wesentliche Rolle dürften dabei auch die bei der Quellung entstehenden Kräfte spielen, die infolge der heterogenen Struktur des Systems eine ungleichmäßige Wirkung ausüben. Wie bereits erwähnt, vermag die bei der Quellung entstehende Wärme, die ziemlich hohe Werte erreichen kann, ohne weiteres in mechanische Arbeit, den Quellungsdruck, umgewandelt werden. Die die Dipolmoleküle des Wassers mit sich nehmenden Alkaliionen können nicht auf einmal in die Bündel der außerordentlich dichten, orientierten Bereiche eindringen, sondern zunächst lediglich durch die feinen submikroskopischen Kanäle an die aktiven Zentren der ungeordneten Bereiche gelangen. Auf diese Weise kann in dem System eine Spannung entstehen, die eine Sprengung von Hauptvalenzbindungen nach sich zieht. Die dichte Packung der Cellulosemoleküle in den orientierten Bereichen und der durch Wasserstoffbindungen außerordentlich gefestigte Querverband, andererseits die gewisse Unordnung und Entfernung der Moleküle voneinander in den amorphen Bereichen kann dazu führen, daß die Gesamtkräfte der Ketten in den dichteren Bereichen größer sein können als die eines einzelnen Moleküls.

Die Vorstellung über das Auftreten einer Spannung in dem Material bei der Quellung wird durch die beim Einfrieren und Auftauen in Alkalilauge erhaltenen Ergebnisse bestätigt, wie man aus der Tab. 36 entnehmen kann. Durch das Einfrieren wird ein zusätzlicher Abbau bewirkt, was in der Erniedrigung des DP zum Ausdruck kommt. Besonders deutlich wird dieser Effekt bei relativ kleinen Alkalikonzentrationen, wie z. B. in 8%iger Natronlauge. Von Baumwoll-Linters, die mit Lauge dieser Konzentration bei —5 bis —6° behandelt worden sind, gehen ungefähr 10% in Lösung. Bei Temperaturen von —7 bis —10° lassen sich nochmals 10% in Lösung bringen. Trotz dieser „Fraktionierung“ wird der DP des Rückstandes nur von 960 auf 840 herabgesetzt. Der mit Hilfe von Essigsäure aus der Lösung wieder ausgefällte Anteil (16% des ursprünglichen Gewichts) zeigt einen DP von 310.

Durch wiederholtes Einfrieren und Auftauen in 8%iger Lauge läßt sich

[1] H. STAUDINGER u. A. SOHN, Ber. **72**, 1709 (1939); J. Prakt. Chemie **155**, 177 (1940).

keine Änderung der Löslichkeit oder des DP mehr feststellen, während durch 4%ige Lauge auch bei mehreren Wiederholungen der Abbau verstärkt wird. Bei Anwendung von 12%iger Lauge wird weder eine Erhöhung der Löslichkeit noch eine Abnahme des DP beobachtet, sondern nur eine gewisse Aufweitung der Struktur, wodurch die Hygroskopizität und die Hydrolysierbarkeit verstärkt werden.

Offenbar findet in den Fällen, in denen das System bereits genügend aufgelockert, wo die Quellung tief genug eingedrungen ist und keine allzu geordneten Bereiche mehr vorhanden sind, durch das Einfrieren kein weiterer Abbau mehr statt. Ist die Cellulosestruktur bereits sehr stark aufgelockert und elastisch, und besitzt das Material einen niedrigen DP, so bewirkt die Alkalibehandlung bei Temperaturen um den Erstarrungspunkt nur eine Erhöhung des löslichen Anteils, aber keinen Abbau mehr. STAUDINGER und SORKIN[1] ist es gelungen, Hydrocellulose mit einem DP von 200 bis 500 durch 50 maliges Einfrieren und Auftauen in 8%iger Natronlauge vollständig in Lösung zu bringen, ohne daß der DP sich geändert hat. Ein weiteres Beispiel haben N. NIKITIN und N. KLENKOWA an der Behandlung niedrig substituierter Xanthogenate durch Einfrieren in 8%iger Natronlauge gegeben. Die nach der Methode von N. NIKITIN und T. RUDNJEWA[2] erhaltene, schwach sulfidierte Alkalicellulose ist mit 8%iger Natronlauge bei −5, −6° und der Erstarrungstemperatur behandelt worden. Im ersten Fall bleibt eine faserige Cellulose zurück, während im zweiten Fall eine fast vollständige Auflösung stattfindet und eine klare Viskose erhalten wird. Durch Fällung mit Essigsäure konnte in beiden Fällen das gelöste Material wiedergewonnen werden. In der Tab. 37 sind einige Daten aus dieser Arbeit angeführt.

TABELLE 37

Einfluß einer Alkalibehandlung auf verschiedene Eigenschaften von regenerierter Cellulose

Behandlung	Ausbeute in %	DP	Hygroskopizität bei 18° in % bei relativer Feuchtigkeit					Hydrolysierbarkeit in % reduzierter Substanz nach Kochen mit 5%iger H_2SO_4
			100	87,7	69,8	40,6	6,7	
Unbehandelt	96,5	482 440 445	28,6	14,9	10,6	7,4	2,1	10,1
nach Einfrieren bei −8 bis −11°	96,4	484 490 440	31,7	18,9	12,3	9,0	3,8	16,8

Ungeachtet der Tatsache, daß das Material bei einer etwas über dem Erstarrungspunkt liegenden Temperatur noch seine Faserstruktur behält, ist der

[1] H. STAUDINGER u. M. SORKIN, Ber. **70**, 1565 (1937).

[2] Н. И. Никитин и Т. И. Руднева, ЖПХ (N. NIKITIN u. T. I. RUDNJEWA, Z. Angew. Chemie [russ.]) **13** (1940); ДАН СССР (Ber. Akad. Wiss. UdSSR) **28**, Nr. 3, 241 (1940).

DP durch das Einfrieren nicht verändert worden. In diesem Fall hat lediglich eine Entfernung der Kettenmoleküle voneinander und damit eine Auflockerung des Materials stattgefunden. Als weitere Folge ist die Erhöhung der Hygroskopizität und der Hydrolysierbarkeit anzusehen. Die vorangegangene starke Quellung und der relativ niedrige DP (durch die Vorreife der Alkalicellulose) haben die völlige Auflösung nach dem Einfrieren ermöglicht. Außerdem macht sich auch ein gewisser Einfluß der Xanthogenatgruppen bemerkbar.

Aus der Tab. 35 ist ersichtlich, daß ein starker Abbau allein, ohne gleichzeitiges Vorhandensein der Elastizität des Systems, zur Verhinderung von Brüchen durch die bei der Quellung und dem Einfrieren entstandene Spannung nicht ausreichend ist.

Vergleicht man das Verhalten von Holz beim Einfrieren in 4%iger Natronlauge, so zeigt sich gegenüber reiner Cellulose nur ein geringer Einfluß auf die Löslichkeit. Dieser Umstand, aber auch die große Frostbeständigkeit des Holzes unter natürlichen Bedingungen, ist offenbar durch die Anwesenheit des Lignins und anderer inkrustierender Stoffe bedingt, wodurch ein tieferes Eindringen irgendwelcher Agenzien in die Feinstruktur der Zellwand verhindert wird.

Die angeführten Tatsachen über das Verhalten der Cellulose beim Einfrieren in wäßrigen Alkalien finden eine weitere Bestätigung, wenn man die Lauge durch reines Wasser ersetzt. Auch in diesem Falle wird durch die bei der Kristallbildung entstehende Spannung eine zerstörende Wirkung beobachtet. So ist z. B. festgestellt worden[1], daß der DP von Baumwolle nach dem Einfrieren in reinem Wasser bei Temperaturen bis zu $-20°$ von 1365 auf 990 bis 1200 herabgesunken ist.

Der Abbau der Cellulose durch das Einfrieren deutet darauf hin, daß eine Zerstörung der Makromoleküle nicht nur durch chemische Reaktionen erfolgen kann, sondern auch durch den Einfluß von physikalisch-chemischen Kräften, die Spannungen in dem heterogenen Material hervorrufen.

---

[1] Н. И. Никитин и Н. И. Кленкова, Исследования в области высокомолекулярных соединений (N. I. Nikitin u. N. I. Klenkowa, Untersuchungen auf dem Gebiete der hochmolekularen Verbindungen) 1949, S. 137.

SIEBENTER ABSCHNITT

Einfluß schwacher Alkylierung auf die Cellulose

Im vorigen Abschnitt ist erwähnt worden, daß die Hygroskopizität und die Hydrolysierbarkeit in vorzüglichem Maße zur Beurteilung des inneren Zustandes der Cellulose geeignet sind.

Die Hygroskopizität des Materials hängt in erster Linie von der Anwesenheit freier Hydroxylgruppen ab. Ersetzt man diese durch hydrophobe Radikale, so nimmt die Hygroskopizität mit steigender Zahl der eingeführten Gruppen ab. Als Beispiel mögen die in der Tab. 38 angeführten Daten von Lorand[1] für die Hygroskopizität einfacher Celluloseäther dienen.

TABELLE 38

Hygroskopizität verschiedener Celluloseäther

	Äthylcellulose	Butylcellulose	Amylcellulose
Substitutionsgrad berechnet auf $C_6H_{10}O_5$ ...	2,15	2,28	1,91
Wasseraufnahme	3,0	1,673	0,975

Das gleiche Bild erhält man auch bei den Estern, wobei die Hygroskopizität in dem Maße abnimmt, wie die Zahl der Kohlenstoffatome des substituierenden Radikals zunimmt. Als Beispiel seien einige Werte für die Hygroskopizität (bei 30° in gesättigter Atmosphäre bestimmt) einer Reihe von Celluloseestern angeführt:

Triacetat	10% (Gew.-%)
Tripropionat	2 bis 3%
Tributyrat	1,8%
Trivalerianat	1,6%
Tristearat	1,0%

Eine wesentliche Verminderung der Hygroskopizität des Materials wird jedoch nur bei einem ausreichend hohen Substitutionsgrad der Cellulose beobachtet. Sind nur relativ wenige Hydroxyle substituiert, so kann man den entgegengesetzten Effekt, nämlich eine größere Hygroskopizität, feststellen.

Bletzinger und Aiken[2], die die Eigenschaften von Papier aus teilweise acetylierter Cellulose untersucht haben, finden, daß durch die Einführung

---

[1] E. J. Lorand, Ind. Eng. Chem. **30**, 528 (1938).

[2] J. C. Bletzinger, Ind. Eng. Chem. **30**, 474 (1943). – W. H. Aiken, Ind. Eng. Chem. **35**, 1026 (1943).

einer geringen Menge (bis 6%) Acetylgruppen die Hygroskopizität und die Hydratisierbarkeit nach dem Vermahlen zunehmen. In gleicher Weise findet auch eine Erhöhung der mechanischen Eigenschaften statt. Mit steigendem Acetylgehalt wird jedoch der hydrophobe Charakter immer ausgeprägter, bis er schließlich die Hydratisierbarkeit vollständig zurückgedrängt hat.

JAYME und FROUNDJIAN[1] haben einen allmählichen Anstieg der Hygroskopizität an schwach methylierter Cellulose beobachtet, indem sie den Methoxylgehalt bis auf 13,6% erhöht haben.

Zu der gleichen Feststellung sind N. NIKITIN, A. PLECHANOWA und T. RUDNJEWA[2] gelangt, die Alkalicellulose mit dampfförmigem Jodmethyl behandelten. Die erhaltenen, faserigen, niedrigsubstituierten Produkte zeigen dabei eine erhöhte Hygroskopizität und Hydrolysierbarkeit.

Die Tatsache, daß eine relativ kleine Menge hydrophober Gruppen die hydrophilen Eigenschaften der Cellulose erhöhen, kann folgendermaßen erklärt werden. Die einen verhältnismäßig großen Raum einnehmenden Radikale bewirken eine teilweise Sprengung von Wasserstoffbrücken, wodurch Risse in den orientierten Bereichen entstehen. Die benachbarten Hydroxyle können infolgedessen leichter hydratisiert werden. Diese Vorstellung ist durch Untersuchungen von W. N. NIKITIN[3] an Nitrocellulose mit unterschiedlichem Stickstoffgehalt mit Hilfe der Ultraspektroskopie weitgehend bestätigt worden. In den Spektrogrammen von derartigen Cellulosenitraten mit geringem Substitutionsgrad finden sich nämlich Absorptionsbanden, die für freie, d. h. nicht durch Wasserstoffbrücken besetzte Hydroxyle charakteristisch sind und die in der ursprünglichen Cellulose fehlen.

Die einen großen Raum einnehmenden Radikale bewirken durch ihre sterische Hinderung, daß die Abstände zwischen den Ketten erhöht und die vorhandenen Wasserstoffbrücken gesprengt werden.

Es ist nun anzunehmen, daß der erwähnte Effekt auch durch die Entfernung noch größerer Radikale erhöht wird. LORAND[4] hat tatsächlich zeigen können, daß selbst eine sehr kleine Menge von Benzylgruppen in dieser Richtung wirkt. Es entstehen dabei Produkte, die außerordentlich wasserabweisend sind.

N. NIKITIN und N. KLENKOWA[5] haben das Verhalten von faserigen Methyl- und Äthylcelluloseproben aus Baumwolle mit unterschiedlichem Verätherungsgrad in bezug auf die Hygroskopizität und Hydrolysierbarkeit untersucht. Die Ergebnisse sind in den Tab. 39 und 40 zusammengestellt.

Die Verätherung ist mit Hilfe des entsprechenden dampfförmigen Alkyljodids bei 50° innerhalb von 22 Stunden durchgeführt worden. Das hygroskopische Verhalten der erhaltenen Produkte ist in den Abbildungen 60 und 61 in Form der Desorptionsisothermen dargestellt worden.

---

[1] G. JAYME u. A. FROUNDJIAN, Cellulosechem. **18**, 9 (1940).

[2] Н. Никитин, А. Плеханова и Т. Руднева, ЖПХ (N. NIKITIN, A. PLECHANOWA u. T. RUDNJEWA, Z. Angew. Chemie [russ.]) **20**, 1185 (1947).

[3] В. Н. Никитин ЖФХ (W. N. NIKITIN, Z. physik. Chemie [russ.]) **23**, 775, 786 (1949).

[4] E. J. LORAND, Ind. Eng. Chem. **30**, 528 (1938).

[5] Н. И. Никитин и Н. И. Кленкова, Исследования в области высокомолекуляр ных соединений (N. I. NIKITIN u. N. J. KLENKOWA, Untersuchungen auf dem Gebiete hochmolekularer Verbindungen) 1949, S. 137.

TABELLE 39

Hygroskopizität schwach methylierter Cellulose

Behandlung	Hygroskopizität in % bei 15° bei einer relativen Feuchtigkeit von:						
	100	83,7	68,2	58,3	37,0	16,2	0,5
Unbehandelt	22,6	9,8	7,2	6,7	4,9	2,6	1,2
Mercerisiert (17,5 % ige NaOH) 22 Stunden bei 50° getrocknet	28,1	14,9	10,9	10,4	7,2	4,7	2,1
Methyliert							
mit 1,7 % OCH_3	27,9	14,9	10,7	10,4	6,9	4,9	2,1
mit 1,9 % OCH_3	—	15,1	10,6	9,8	6,6	4,2	2,0
mit 3,5 % OCH_3	—	15,6	10,5	10,2	6,6	4,4	2,0
mit 7,1 % OCH_3	36,2	19,2	13,7	13,1	8,7	4,0	1,2
mit 12,4 % OCH_3	—	20,9	15,3	14,1	9,0	4,3	1,3

TABELLE 40

Hygroskopizität schwach äthylierter Cellulose

Behandlung	Hygroskopizität in % bei 19° und relativer Feuchtigkeit von:					
	100	87,7	69,8	40,6	16,4	6,7
Unbehandelt	22,4	12,9	7,9	5,6	2,7	1,7
Mercerisiert (17,5 % ige NaOH) 22 Stunden bei 50° getrocknet	30,1	15,9	10,7	7,5	—	1,5
Äthyliert						
mit 1,9 % OC_2H_5	30,9	17,9	11,1	8,6	4,3	2,5
mit 3,9 % OC_2H_5	32,2	19,8	12,2	9,4	4,4	2,4
mit 5,9 % OC_2H_5	37,7	20,2	12,9	8,9	3,4	1,2
mit 8,2 % OC_2H_5	38,5	21,8	13,9	9,3	3,5	1,9

Durch die der Alkylierung vorangehende Mercerisierung wird an und für sich schon eine Erhöhung der Hygroskopizität bewirkt, wie aus dem vorigen Abschnitt zu ersehen ist. Durch die Einführung einer geringen Menge der hydrophoben Methyl- und Äthylgruppen wird eine Steigerung der Hygroskopizität bewirkt. Durch eine größere Menge findet ebenfalls noch eine Verstärkung statt. Aus den Tabellen 39, 40 und den Abbildungen 60 und 61 geht hervor, daß die Äthoxylgruppen in dieser Beziehung wirksamer sind als die Methoxyle. Während bereits ein Äthoxyl-Gehalt von 1,9 %, d. h. 1 OC_2H_2 auf 14 Glukosereste, eine merkliche Erhöhung der Hygroskopizität bewirkt, ist zur Erzielung des gleichen Effektes ein Methoxylgehalt von 3,5 %, d. h. 1 OCH_3 pro 5 Glukosereste, erforderlich. Zweifellos findet die Alkylierung an der Oberfläche und in den größten Kapillarräumen des Cellulosematerials statt. Die Methoxylgruppen bewirken infolge ihrer kleineren Raumbeanspruchung auch nur eine

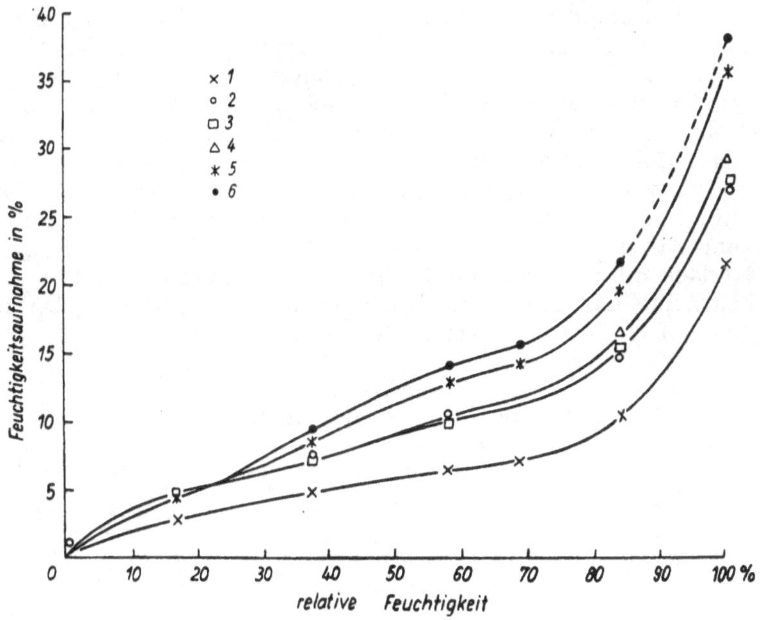

Abb. 60. Hygroskopizität von methylierter Cellulose

1 Ausgangsmaterial, *2* mercerisiert, *3* mit 1,2% OCH_3, *4* 3,5% OCH_3, *5* 7,1% OCH_3, *6* 12,4% OCH_3

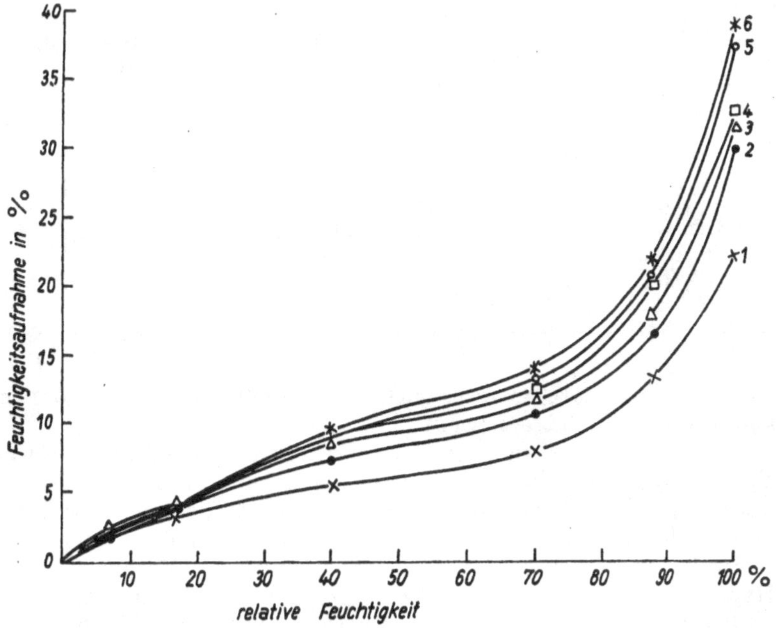

Abb. 61. Hygroskopizität von Äthylcellulose

1 Ausgangsmaterial, *2* mercerisiert, *3* 1,9% OC_2H_5, *4* 3,9% OC_2H_5, *5* 5,9% OC_2H_5, *6* 7,2% OC_2H_5

geringere Aufweitung der Struktur. Möglicherweise wird sogar der Effekt der Hygroskopizitätserhöhung anfangs von der Hydrophobizität der Methoxylgruppen überdeckt. Die größeren Äthoxylgruppen bewirken gleich von Anfang an eine größere Aufweitung des Systems und sprengen eine höhere Zahl von Wasserstoffbindungen. Durch die Auflockerung des Systems und Schwächung der Wasserstoffbindungen infolge schwacher Alkylierung wird aber auch die Hydrolysierbarkeit bzw. Zugänglichkeit für Agenzien jeder Art erhöht. Die Tab. 41 bringt Angaben über die Hydrolysierbarkeit von niedrig substituierten Methyl- und Äthyläthern der Baumwollcellulose. Die Reaktionsfähigkeit der Proben ist dabei durch Kochen mit 5 %iger Schwefelsäure während verschieden langer Zeiträume und durch nachfolgende Bestimmung der Zucker in den Hydrolysaten nach BERTRAND ermittelt worden.

TABELLE 41

Hydrolysierbarkeit von Methyl- und Äthylcellulose

Behandlung	Hydrolysierbarkeit in % reduzierter Substanz nach Kochen mit 5% iger H_2SO_4				
	1^h	2^h	4^h	6^h	9^h
Unbehandelt	1,5	—	8,0	9,7	—
Mercerisiert und 22 Stunden bei 50° getrocknet	4,1	—	12,2	—	22,0
Methyliert					
mit 1,3 % OCH_3	5,1	10,8	17,5	19,4	28,7
mit 3,3 % OCH_3	9,5	19,5	—	34,1	—
mit 7,1 % OCH_3	21,3	48 4	62,9	—	72,6
mit 12,8 % OCH_3	18,3	22,8	39,8	—	53,6
Äthyliert					
mit 1,9 % OC_2H_5	6,6	9,9	16,2	—	20,9
mit 3,9 % OC_2H_5	6,5	14,1	23,4	—	40,4
mit 5,9 % OC_2H_5	—	—	31,3	—	—
mit 7,8 % OC_2H_5	5,3	—	17,5	—	29,0
mit 9,5 % OC_2H_5	—	—	14,2	—	—

Die Abb. 62 gibt die Hydrolysierbarkeit von methylierter Cellulose in Abhängigkeit von der Kochdauer wieder.

Die angeführten Ergebnisse zeigen den Einfluß des Gehaltes an Methoxyl- bzw. Äthoxylgruppen auf die Zugänglichkeit von Cellulose unterhalb bestimmter Grenzen. Steigt der Alkylgehalt über diese Grenze, so nimmt die Hydrolysierbarkeit wieder ab. Äthoxylgruppen lassen in diesem Falle jedoch einen geringeren Einfluß auf die Reaktionsfähigkeit erkennen als Methoxylgruppen.

Die Hydrolysierbarkeit wie auch die Hygroskopizität hängen also offenbar von der Strukturauflockerung und der Hydrophobizität der Alkylradikale ab. Die Äthoxylgruppen, die einen größeren Raum einnehmen und stärker hydrophob sind als die Methoxyle, rufen eine größere Schwächung und Auflockerung der Cellulosestruktur hervor. Dies kommt z. B. in der stärkeren Hygroskopizität zum Ausdruck. Andererseits erschwert die hohe Hydrophobizität der Äthoxyle das Eindringen eines hydrolytisch wirkenden Agens oder übt irgendeinen Einfluß auf die Kettenmoleküle aus. Zur Sichtbarmachung dieses Effektes ist bereits eine kleine Menge derartiger Gruppen ausreichend.

Versuche zur Feststellung eines Einflusses der Kettenlänge auf die erwähnten Eigenschaften von niedrig substituierten Celluloseäthern sind bis jetzt negativ verlaufen. Die innere Ordnung des Systems, die Schwächung der zwischenmolekularen Bindungen und die Auflockerung der Struktur sind alles Gründe für die Fähigkeit des Materials, Feuchtigkeit in unterschiedlichem Maße aufzunehmen und sich als mehr oder weniger zugänglich zu erweisen. Die Abb. 63 gibt die Reaktionsfähigkeit schwach methylierter Cellulose in Abhängigkeit vom Methoxylgehalt

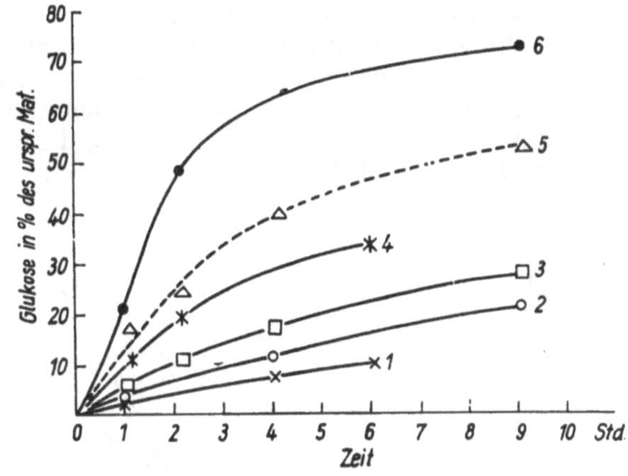

Abb. 62. Hydrolysierbarkeit von Methylcellulose
1 Ausgangsmaterial, *2* mercerisiert, *3* 1,6% OCH_3, *4* 3,5% OCH_3, *5* 12,8% OCH_3, *6* 7,0% OCH_3

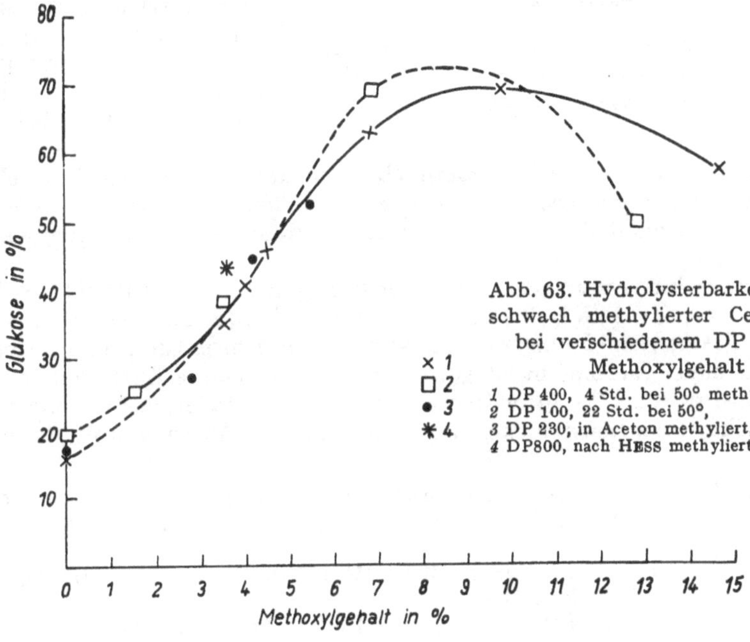

Abb. 63. Hydrolysierbarkeit von schwach methylierter Cellulose bei verschiedenem DP und Methoxylgehalt
1 DP 400, 4 Std. bei 50° methyliert,
2 DP 100, 22 Std. bei 50°,
3 DP 230, in Aceton methyliert,
4 DP800, nach HESS methyliert

für Proben mit verschiedenem DP wieder (die DP-Bestimmung ist lediglich orientierend).

Der Verlauf der Kurve 1 zeigt eine gute Übereinstimmung der Proben mit unterschiedlichem DP. Kleinere Abweichungen der bei 50° methylierten Proben können, trotz des bei dieser Temperatur stattfindenden Abbaus, nicht durch einen kleineren DP erklärt werden. Vielmehr ist sicher ein großer Teil der Cellulose nach der Methylierung beim Auswaschen in Lösung gegangen. So haben sich z. B. bei der Darstellung des Präparates mit 12,8% OCH_3 ungefähr 35% des Materials aufgelöst. Die Ermittlung der Daten hat in jedem Falle nach der Entfernung der wasserlöslichen Anteile stattgefunden. Das System hat zweifellos nach diesem Prozeß irgendeine neue innere Struktur erhalten. Aus diesem Grunde ist eine Änderung der Eigenschaften in der gleichen Weise, wie bei den unlöslichen Produkten, mit einem relativ hohen DP nicht möglich gewesen.

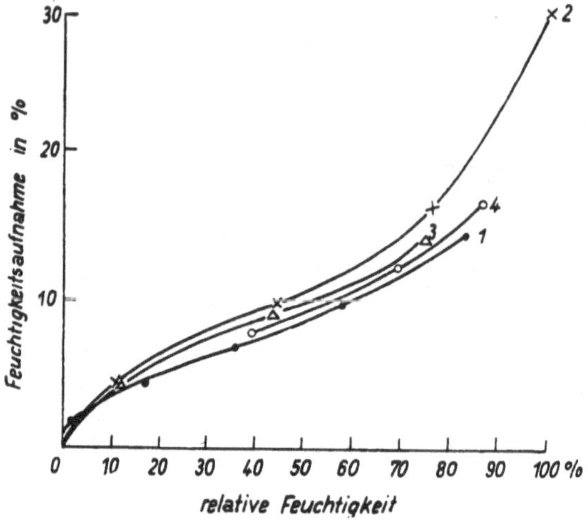

Abb. 64. Hygroskopizität schwach methylierter Cellulose (3,5% OCH) bei verschiedenem DP

1 DP 100, *2* DP 200, *3* DP 400, *4* DP 800

Typische Kurven für das hygroskopische Verhalten von verschiedenen Proben schwach methylierter Cellulose (3,5% OCH_3) mit unterschiedlichem Polymerisationsgrad sind in der Abb. 64 wiedergegeben.

Es bestehen zwar geringe Unterschiede in der Hygroskopizität, die aber nicht durch die DP-Änderungen hervorgerufen sein können, sondern eher von unterschiedlichen Darstellungsverfahren herrühren. Die Natur der Kapillarräume kann in dem einen oder anderen Falle nicht die gleiche sein und auf diese Weise einen gewissen Einfluß ausüben.

Besonders interessant scheinen niedrig substituierte Oxyäthylderivate der Cellulose zu sein. Eine Reihe von Autoren wie Schorygin und Rymaschewskaja[1], Nikitin und Rudnjewa[2], Schorger und Schomaker[3] haben sich dem Studium dieser Verbindungen gewidmet. Der besondere Charakter von teilweise substituierten Oxyäthyläthern liegt darin begründet, daß sie eine wesentlich erhöhte Reaktionsfähigkeit aufweisen und als Ausgangsstoff für weitere

[1] П. П. Шорыгин и Ю. А. Рымашевская, Иск. волокно (P. P. Schorygin u. Ju. A. Rymaschewskaja, Kunstfaser) Nr. 6 (1933); Z. allgem. Chemie [russ.]) **6**, 1632 (1936).

[2] Н. И. Никитин и Т. Руднева, ЖПХ (N. I. Nikitin u. T. Rudnjewa, Z. angew. Chemie [russ.]) **8**, 1023 (1935).

[3] A. Schorger u. M. Schoemaker, Ind. Eng. Chem. **29**, 114 (1937).

TABELLE 42

Hygroskopizität und Hydrolysierbarkeit von Oxyäthylcellulose

Material	Ausbeute in %	DP	Hygroskopizität in % bei 28° und relativer Feuchtigkeit: 100	76,6	44,6	11,9	Hydrolysierbarkeit in % reduzierter Substanz nach Kochen mit 5% iger H_2SO_4 4^h	8^h
Unbehandelt	—	1360	22,6	—	6,0	—	—	10,0
Mercerisiert	96,0	960	—	—	—	—	—	20,4
Oxyäthylcellulose								
mit 5,5 % OCH_2CH_2OH	101,5	962	24,9	15,9	9,0	4,1	41,9	52,3
mit 6,1 % OCH_2CH_2OH	102,6	—	25,5	16,6	9,5	4,1	—	58,6
mit 8,7 % OCH_2CH_2OH	103,6	900	26,9	17,3	9,5	4,0	58,5	69,4
mit 10,8 % OCH_2CH_2OH	105,6	—	30,5	18,0	9,6	3,9	63,3	70,2
mit 12,9 % OCH_2CH_2OH	106,1	810	31,3	18,1	9,7	3,5	63,2	66,1
mit 13,1 % OCH_2CH_2OH	102,4	—	—	—	—	—	61,8	65,0

Umsetzungen, wie Xanthogenierung, Acetylierung, Verätherung usw, dienen können.

N. Nikitin und N. Klenkowa[1] haben die Änderung einiger Eigenschaften von oxyäthylierter Baumwollcellulose in Abhängigkeit vom Substitutionsgrad untersucht. Die dabei erhaltenen Resultate sind in der Tab. 42 zusammengestellt. Durch Variation des Darstellungsverfahrens haben die genannten Autoren noch zwei weitere Reihen von Oxyäthylderivaten mit niedrigem DP erhalten[2]. Die bei der Untersuchung dieser Präparate gefundenen Werte für die Hydrolysierbarkeit sind in der Abb. 65 gegen den Substitutionsgrad aufgetragen. Dadurch hat sich ebenfalls gezeigt, daß diese Eigenschaft des Cellulosematerials von dem Verätherungsgrad völlig unabhängig ist.

Bei einem Vergleich des hygroskopischen Verhaltens von Oxyäthyläthern mit Methyl- und Äthyläthern der Cellulose stellt sich heraus, daß nicht nur hydrophobe, sondern auch hydrophile Radikale eine Aufweitung der Struktur und Schwächung der intermolekularen Kräfte bewirken können. Trotz der fast gleich großen Dimensionen des Äthoxyl- und Oxyäthoxylradikals erhält die Cellulose durch das letztere eine wesentlich größere Zugänglichkeit für hydrolysierende Agenzien, wie aus der Abb. 65 ohne weiteres zu ersehen ist. Offenbar hindern die hydrophoben Gruppen das hydrolytisch wirksame Agens am Eindringen oder festigen die Glukosidbindungen in irgendeiner Weise. Dieser Einfluß vergrößert sich mit zunehmender Länge des Radikals. Andererseits kann man bei einem Vergleich von methylierter und oxyäthylierter Cellulose feststellen, daß die Methylgruppen, trotz ihrer kleinen Dimensionen in bezug auf die Zugänglichkeit des Materials, den gleichen Effekt

[1] Н. И. Никитин и Н. И. Кленкова, Иссл. в области высоко-молекулярных соед. (N. I. Nikitin u. N. I. Klenkowa, Unters. auf d. Gebiet d. hochmol. Verb.) 1949, S. 137.

[2] Н. И. Никитин и Н. И. Кленкова, ЖПХ (N. I. Nikitin u. N. I. Klenkowa, Z. Angew. Chemie [russ.]) 24, 296 (1951).

bewirken können wie die Oxyäthylradikale. Der einzige Unterschied liegt in der etwas größeren Menge der ersteren zur Erzielung des gleichen Effektes. Um z. B. eine Hydrolysierbarkeit von 50% (berechnet auf Glukose) zu erreichen, ist das notwendige Verhältnis von Alkyl zu Glukoseresten bei Methoxyl 1:3 bis 4, bei Oxyäthoxyl nur 1:6. Durch diese Untersuchungen ist der große Einfluß von geringen Mengen Alkylresten auf den inneren Zustand der Cellulosestruktur deutlich gemacht worden. Durch einen Vergleich von nativer, mercerisierter und schwach methylierter Baumwolle kann man erkennen, wie groß die Änderung der Zugänglichkeit für irgendwelche Agenzien durch die Einführung der Alkylgruppen wird. Wenn von nativer Baumwolle durch 5%ige

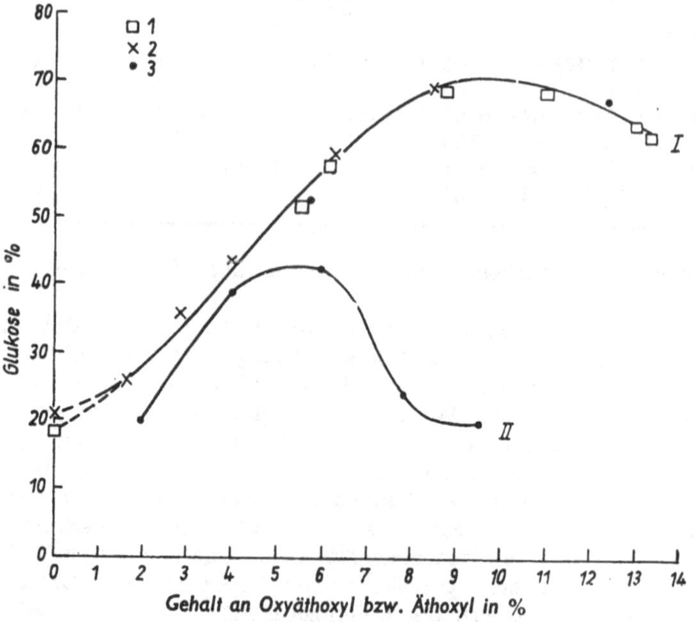

Abb. 65. Hydrolysierbarkeit von Oxyäthyl- (*I*) und Äthylcellulose (*II*)

1 DP 900 bis 960, *2* 570 bis 600, *3* 245 bis 290

Schwefelsäure nach 8 Stunden lediglich 10% hydrolysiert sind, so ergibt das mercerisierte Produkt bei optimalen Quellbedingungen bereits 20 bis 21%. Methyl- und Oxyäthylcellulose mit einem Alkylgehalt von 7 bis 8% lassen die Hydrolyse unter den gleichen Bedingungen dagegen bis zu 75 und 80% verlaufen[1].

Aber auch andere Eigenschaften von alkylierten Cellulosefasern, wie die Löslichkeit in Wasser und wäßrigen Alkalien, lassen sich auf die gleichen Ursachen zurückführen, nämlich die durch die Alkylradikale bewirkte Auflockerung und Schwächung der Wasserstoffbindungen. Mindestens sind es die Hauptfaktoren. Normalerweise kann man bereits im Anfangsstadium der

[1] Aus Viskose regenerierte Cellulose ergibt unter den gleichen Bedingungen 30–32%.

Alkylierung eine partielle Löslichkeit in Wasser beobachten. Die Löslichkeit erreicht in Abhängigkeit vom Gehalt an Alkoxylgruppen ein Maximum, um danach wieder bis auf Null abzufallen, d. h. sehr hoch substituierte Derivate sind praktisch unlöslich. Die entsprechenden Daten sind in der Tab. 43 angeführt[1].

Zu der Auflösung in Wasser ist anscheinend eine sehr weitgehend aufgelockerte Struktur und eine möglichst große Zahl von freien, hydratisierten Hydroxylgruppen erforderlich. Bei einem sehr hohen Alkoxylgehalt ist die Hydratisierbarkeit von der Hydrophobizität der Alkylgruppen übertroffen worden, und infolgedessen nimmt die Löslichkeit wieder ab. Die relativ lockere Struktur von Regeneratcellulose bewirkt eine gleichmäßige Alkylierung und dementsprechend größere Löslichkeit der entstandenen Produkte, als das bei nativer Cellulose mit ihrer wesentlich dichteren Struktur der Fall ist. Es be-

TABELLE 43

Wasserlöslichkeit von Methylcellulose verschiedenen Ursprungs

Ausgangsmaterial	OCH_3 in %	Löslichkeit in %
Baumwolle	17,42	13,5
	24,62	15,5
	26,06	14,0
	28,54	13,2
	31,58	11,8
	33,23	10,0
	34,79	0,0
	38,1	0,0
	43,9	0,0
Baumwolle, aus Cuoxam umgefällt	10,66	16,32
	18,25	49,05
	22,37	64,27
	32,55	43,80
	34,09	40,06
	36,68	21,72
	40,8	7,14
	42,0	0,0
	44,9	0,0

steht aber auch kein Zweifel, daß die Wasserlöslichkeit von Alkylderivaten außerdem noch in ziemlichem Ausmaß durch den DP des Materials beeinflußt wird. Die kürzeren Ketten können viel schneller in Lösung gebracht werden als die längeren, die an viel mehr Stellen untereinander durch Brücken verbunden sind.

Die Fähigkeit zur Auflösung in Wasser ist von verschiedenen Autoren an Methyl-, Äthyl-, Oxyäthyl- und Acetylcellulose bei verschiedenen Substitutionsgraden, allerdings abhängig von der Darstellungsmethode, beobachtet worden.

---

[1] E. Berl u. H. Schupp, Cellulosechem. **10**, 44 (1929). — E. Heuser u. N. Hiemer, Cellulosechem. **6**, 105 (1925).

Bereits längere Zeit bekannt ist die wesentlich größere Löslichkeit von niedrig substituierten Alkylderivaten in verdünnten Laugen, wozu schließlich auch die Quellung beiträgt. Besonders tritt dieser Effekt bei niedrigen Temperaturen auf, wobei er durch Einfrieren und Auftauen noch weiter verstärkt wird. Schon 1938 haben N. NIKITIN und T. RUDNJEWA[1] anläßlich einer Überprüfung der von SCHORGER und SCHOEMAKER erhaltenen Resultate bestätigt, daß Umsetzungsprodukte von Äthylenoxyd mit Alkalicellulose, die eine Oxyäthoxylgruppe auf 30 bis 35 $C_6H_{10}O_5$-Reste enthielten, bereits in 6%iger Natronlauge bei $-7°$ teilweise löslich waren. Nach Einfrieren (bei $-10°$) und Auftauen hat eine vollständige Auflösung stattgefunden.

1944 haben N. NIKITIN, A. PLECHANOWA und T. RUDNJEWA[2] Arbeiten über die Darstellung von niedrig substituierten, faserigen Methyl- und Äthylderivaten und deren Verhalten gegen 4%ige Natronlauge in der Kälte und beim Gefrieren begonnen. Dabei hat sich herausgestellt, daß nur 4 bis 6% OCH_3- oder OC_2H_5-Gruppen in das Material eingeführt zu werden brauchten, um nach dem Einfrieren und Auftauen vollständige Auflösung zu bewirken.

Alle eben angeführten Tatsachen lassen die außergewöhnliche Bedeutung der Auflockerung der Cellulosestruktur durch die Alkylradikale für eine verstärkte Zugänglichkeit durch Agenzien erkennen. Die Löslichkeit der Alkylderivate in Wasser und Laugen ist in technischer Hinsicht sehr wertvoll[3]. Wasserlösliche Produkte werden z. B. als Klebstoffe, Appreturmittel, zur Herstellung von Emulsionen usw. verwandt.

Sehr interessant und möglicherweise auch von praktischem Wert ist die Erforschung niedrig substituierter Cellulosexanthogenate. Auch in diesem Falle bewirken die eingeführten Gruppen eine Schwächung der Wasserstoffbindungen und, dadurch bedingt, eine Auflockerung der Struktur, womit ferner auch eine erhöhte Reaktionsfähigkeit parallel geht. N. NIKITIN und T. RUDNJEWA[4] haben 1940 eine Arbeit über faserige Xanthogenate mit geringem Substitutionsgrad veröffentlicht. Linters und gebleichter Sulfitzellstoff sind zunächst mercerisiert und dann mit 10%igem Schwefelkohlenstoff behandelt worden. Die auf diese Weise erhaltenen niedrig substituierten Xanthogenate haben die Faserform nicht verloren. In diesen Produkten entfällt eine CSSNa-Gruppe auf ca. 20 bis 50 Glukosereste. Das Wesentlichste an der genannten Arbeit ist jedoch die Tatsache, daß die Autoren durch Einfrieren des faserigen Materials in 6- bis 8%iger Natronlauge kolloide Lösungen erhalten haben, die die gleichen Eigenschaften wie übliche Viskoselösungen zeigten. Im Laboratorium konnte gezeigt werden, daß es prinzipiell möglich ist, Viskoselösungen herzustellen, zu denen nur der dritte Teil des in der Praxis angewandten Schwefelkohlenstoffs erforderlich ist.

---

[1] Н. И. Никитин и Т. И. Руднева, Пром. орг. х. (N. I. NIKITIN u. T. I. RUDNJEWA, Organ. chem. Ind.) Nr. 7, 398 (1939).

[2] Н. И. Никитин, А. М. Плеханова и Т. И. Руднева, ЖПХ (N. I. NIKITIN, A. M. PLECHANOWA u. T. I. RUDNJEWA, Z. Angew. Chem. [russ.]) **20**, 1185 (1947).

[3] A. MAESBERG, Chem. Abstr. **41**, 1104 (1948).

[4] Н. И. Никитин и Т. И. Руднева, ЖПХ (N. I. NIKITIN u. T. I. RUDNJEWA, Z. Angew. Chem. [russ.]) **13**, (1940); ДАН СССР (Ber.) Akad. Wiss. UdSSR) **38**, 240 (1940).

ACHTER ABSCHNITT

Hemicellulosen und Polyuronide

In den Zellwänden des Holzes bildet die Cellulose ein poröses ununterbrochenes Gewebe mit feinen, langen Kapillarräumen. In diesen Hohlräumen sind die amorphen Komponenten des Wandmaterials, das Lignin und die Hemicellulose, abgelagert, die ebenfalls ein mehr oder weniger ununterbrochenes, ineinander übergehendes Gewebe vorstellen. Nach neueren Untersuchungen darf man annehmen, daß die gegenseitige Verknüpfung dieser Stoffe nicht nur einen physikalischen, sondern auch chemischen Charakter trägt.

Gewöhnlich versteht man unter den Hemicellulosen denjenigen Kohlenhydratanteil des Holzes, der, im Vergleich zur Cellulose, von verdünnten Säuren leichter angegriffen wird. Dabei findet durch die Hydrolyse ein Abbau zu einfachen Zuckern statt. Zu diesen Hemicellulosen gehören polymere Kohlenhydrate, deren Grundmoleküle fünf, aber auch sechs C-Atome enthalten. Die entsprechenden Summenformeln sind $(C_5H_8O_4)_n$ und $(C_6H_{10}O_5)_n$. Die ersteren nennt man Pentosane, die letzteren Hexosane[1]. Aus den Pentosanen entstehen bei der Hydrolyse Pentosen:

$$(C_5H_8O_4)_n + n\,H_2O = n\,C_5H_{10}O_5.$$

Aus den verschiedensten Pentosanen können Xylose und Arabinose erhalten werden. Bei der hydrolytischen Zersetzung der Hexosane entstehen Hexosen:

$$(C_6H_{10}O_5)_n + n\,H_2O = n\,C_6H_{12}O_6.$$

Unter den Hydrolyseprodukten von Hexosanen sind Galaktose, Mannose und Fruktose nachgewiesen worden.

Die Pentosane und Hexosane sind also die polymeren Anhydride der Pentosen und Hexosen. Ihre Benennung richtet sich nach den sie aufbauenden einfachen Zuckern. Entsteht bei der Hydrolyse Xylose, so nennt man das ursprüngliche Produkt Xylan. In Analogie dazu kennt man also noch Araban, Galaktan, Mannan usw. Es sind aber auch gemischte Hemicellulosen bekannt, die bei der Hydrolyse zwei verschiedene Zucker gleichzeitig ergeben, z. B. Arabinose und Galaktose. Das entsprechende Ausgangsprodukt heißt dann Arabogalaktan[2].

Über die in den verschiedensten Hölzern enthaltenen Mengen an Hemicellulosen gibt die Tab. 44 Aufschluß.

Aus den Angaben ist ersichtlich, daß der Gehalt an Hemicellulosen im Holz von 17 bis 41% schwankt. Die Art und Menge hängt im Einzelfall sehr vom Alter des Baumes ab. So hat sich z. B. an bestimmten, unter genau gleichen Bedingungen aus Buchenholz erhaltenen Fraktionen gezeigt, daß sie einem

[1] Ausführlicher über Pentosane und Hexosane in den Abschnitten 9 und 10.

[2] Ausführlicher über Arabogalaktan im Abschnitt 9.

TABELLE 44

Hemicellulosengehalt verschiedener Hölzer[1]

Lfd. Nr.	Holzart	Hemicellulosen in %
1	Kiefer	21,48
2	Kiefer (*Pinus silvestris*)	18,98
3	Kiefer (*Pinus silvestris*)	20,5
4	Apfelbaum (*Pirus malus*)	37,28
5	Apfelbaum (*Pirus malus*), Kaukasus	30,84
6	Fichte (*Picea excelsa*)	20,67
7	Fichte (*Picea Schrenciana*)	27,35
8	Schwarzfichte	17,14
9	Tanne	22,25
10	Birke	27,81
11	*Betula tianschanica*	41,18
12	Pappel	18,53
13	Buche	22,15
14	Buche, Kaukasus (*Fagus L.*)	36,91
15	Eiche	24,99
16	*Quercus sessiliflora*	29,10
17	Roteiche	23,3
18	Weide	21,80
19	Erle	19,55
20	Schwarzerle (*Alnus glutinosa*)	30,78
21	Espe (*Populus tremula*)	23,38
22	Aprikose (*Prunus Armeniaca*)	38,68
23	Apfel, Kaukasus (*Pirus communis*)	31,31
24	Ceder, Ferner Osten (*Pinus koraiensis*)	21,0

Acetylierungsgemisch[2] gegenüber ein unterschiedliches Verhalten an den Tag legten. In diesem Falle sind zwei Bäume analysiert worden, von denen der eine 80 Jahre und der andere wesentlich älter war. Von dem jüngeren Baum ließen sich 80% der Hemicellulosen leicht acetylieren, vom älteren dagegen nur 20%. Der Grund dafür ist offenbar in unterschiedlichen, vom Alter abhängigen kolloiden und chemischen Eigenschaften zu suchen.

Die Hemicellulosen nehmen ihrer Menge nach einen wesentlichen Platz unter den Holzkomponenten ein. Ihre biochemische Rolle im Leben des Baumes ist jedoch noch nicht endgültig geklärt. Besonders erschwert wird diese Frage durch die Schwierigkeiten bei der Identifizierung der Einzelbestandteile der

---

[1] Nr. 1, 9, 10, 12, 13, 15, 18, 19 nach J. König u. E. Becker, Z. Angew. Chemie **32**, 155 (1919). — 1, 6, 21 nach Ф. Комаров и А. Яковлев, Бум. пром. (F. Komarow u. A. Jakowljew, Papierind.) Nr. 2, 13 (1932). — 3, 4, 7, 11, 16, 20, 22 nach В. И. Шарков и С. В. Собецкий, ЖПХ (W. I. Scharkow u. S. W. Sobjezki, Z. Angew. Chemie [russ.]) **21**, 659 (1948). — 5, 14, 23, 24 nach В. И. Шарков и С. В. Собецкий, Лесохим. пром. (W. I. Scharkow u. S. W. Sobjezki, Holzchem. Ind.) Nr. 8, 17 (1940). — 8, 17 nach L. E. Wise u. E. K. Ratcliff, Analyt. Chem. **19**, 459, (1947).

[2] Н. И. Никитин, Химия древесины (N. I. Nikitin, Chemie d. Holzes) 1935, S. 83.

Hemicellulosen infolge der Unzulänglichkeit der bisherigen Methoden. Einerseits sind die Hemicellulosen von der Cellulose verschieden, andererseits haben sie aber auch nicht den Charakter der sogenannten Reservekohlenhydrate, wie die Stärke.

Die Bezeichnung „Hemicellulosen" stammt bereits aus dem Jahre 1891. Damit sollte eine Reihe von im Holz vorkommenden Kohlenhydraten bezeichnet werden, die bei der Hydrolyse Xylose, Arabinose, Galaktose usw. ergaben. Diese Stoffgruppe zeichnet sich vor der Cellulose durch eine geringere Beständigkeit gegen verdünnte Säuren aus. Von verdünnten Laugen lassen sie sich in der Wärme auflösen. Auch in kalter 5%iger Natronlauge sind sie löslich, der Prozeß verläuft lediglich langsamer. Nach der Extraktion der Hemicellulosen aus dem Holz durch Alkali werden sie ganz oder teilweise in kaltem oder heißem Wasser löslich[1].

In Fichtensulfitzellstoff ist die Anwesenheit von fest gebundenen Pentosanen in geringer Menge nachgewiesen worden. Man kann daraus schließen, daß nicht alle Anteile gleich leicht aus dem Holz entfernt werden können. Nach welchem Verfahren die Isolierung der Cellulose auch stattfindet, stets enthält sie kleine Mengen fester gebundener Hemicellulosen. Diese verhalten sich also bei der Hydrolyse unterschiedlich; auch aus dem Holz werden sie nicht in gleicher Weise durch Alkali extrahiert[2].

Die häufigsten Begleiter der Cellulose im Holz sind Xylan und Mannan. In einem Sulfitzellstoff aus Fichtenholz konnten nach Totalhydrolyse und Bestimmung der Zucker folgende Hemicellulosen ermittelt werden: Mannan 6%, Xylan 4,5% und Fruktosan 2,5%. Dieser Zellstoff enthält also noch 13% Hemicellulosen, die der Hydrolyse bei der Sulfitkochung entgangen sind. Bei einem Mannangehalt bis zu 0,5 kann dieser vollständig durch Extraktion mit 17%iger Lauge entfernt werden. Bei größeren Mengen bereitet die völlige Entfernung jedoch wesentlich mehr Schwierigkeiten[3].

Ein Sulfitzellstoff aus Rotbuchenholz[4] enthält ca. 7,5% Pentosan, dabei hat sich herausgestellt, daß der fester mit der Cellulose verbundene Anteil gegen eine Hydrolyse genau so beständig ist wie die Cellulose selbst. Aber schließlich enthält nicht nur Sulfitzellstoff noch Begleitkohlenhydrate, sondern z. B. auch die nach der Methode von CROSS und BEVAN durch Chlorierung isolierte Cellulose. Die Hemicellulosen dürfen aber nicht mit eventuell bei der Chlorierung entstehenden Oxydationsprodukten der Cellulose verwechselt werden. Einige Eigenschaften dieser Produkte, besonders die Tatsache, daß sie bei der Destillation mit 12%iger Salzsäure Furfurol[5] abgeben, täuschen die Anwesenheit von Pentosanen vor.

Bisher hat man die Hemicellulosen stets als polymere Anhydride von Pentosen und Hexosen angesehen, wenigstens im strengeren Sinne des Wortes. Die Forschungen der letzten Jahre haben jedoch gezeigt, daß bei der sauren

[1] E. HUSEMANN, Fortschr. d. Chem., Phys. u. Techn. d. makromol. Stoffe 1942, S. 75.

[2] В. И. Шарков, М. Н. Кликашева и Н. Е. Трухтенкова, Сб. тр. Всесоюзн. научно-иссл. инст. гидрол. и сульф.-спирт пром. (W. I. SCHARKOW, M. N. KLIKASCHEWA u. N. JE. TRUCHTJENKOWA, Gesamm. Arb. d. Inst. f. Hydrolysenindustrie u. Sulfitsprit) 3, 5 (1950).

[3] Н. И. Никитин, Химия древесины (N. I. NIKITIN, Chemie d. Holzes) 1935, S. 84.

[4] ibid., S. 85.

[5] vgl., S. 149.

Hydrolyse von Hemicellulosen auch geringe Mengen von Hexuronsäuren entstehen:

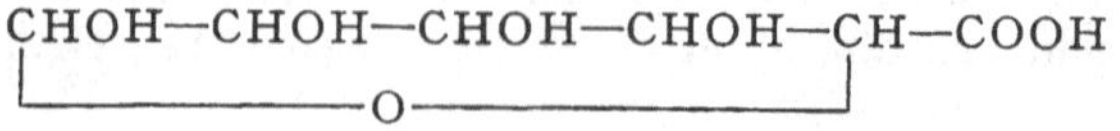

Diese Verbindungen werden aus den sogenannten Polyuroniden gebildet, d. h. aus denjenigen Hemicellulosen, deren Moleküle außer Anhydrozuckerresten ($C_6H_{10}O_5$ bzw. $C_5H_8O_4$) noch Glieder mit Carboxylgruppen aufweisen[1]. Man kann die Polyuronide also als Polysaccharide auffassen, die einen oder mehrere Uronsäurereste im Molekül enthalten. Zu dieser Klasse von Verbindungen gehören alle Pektinstoffe, Pflanzengummen, viele Pflanzenschleime, Hemicellulosen, gelbildende Stoffe und einige Polysaccharide von Bakterien[2]. In der Natur kommen folgende Uronsäuren vor: *d*-Galakturonsäure, *d*-Glukuronsäure und *d*-Mannuronsäure[3].

Sicher nachgewiesen werden konnten in den Hydrolysenprodukten von polyuronidischen Hemicellulosen bis jetzt Glukuron- und Galakturonsäure. Beide Verbindungen unterscheiden sich voneinander nur durch ihre Konfiguration[4].

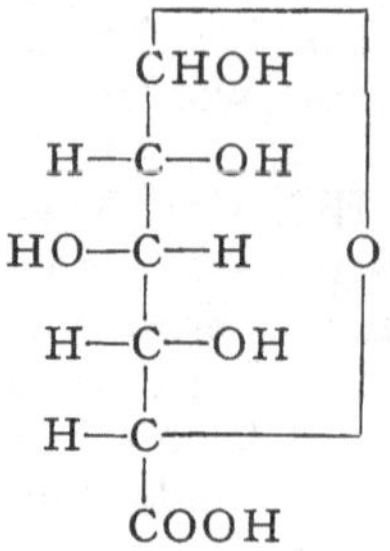

d-Glukuronsäure

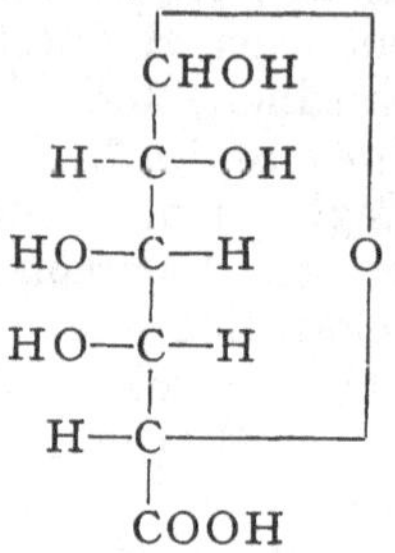

d-Galakturonsäure

---

1 C. DORÉE, Methods of cellulose chemistry, 1950, S. 405/50.

2 E. ANDERSON u. L. SANDS, Advances in carbohydrate chemistry, 1945, S. 329. — S. SAVERBORN, A contribution to the knowledge of the acid polyuronides, 1945, S. 7/15.

3 Glukuronsäure kommt ferner im Harn und Blut von Menschen und Tieren, an Phenole, Alkohole usw. gebunden, vor. Die im Leben der Pflanzen eine wichtige Rolle spielende Galakturonsäure ist in den weitverbreiteten Pektinstoffen enthalten. Mannuronsäure ist Bestandteil der Alginsäuren, die in den weitverbreiteten Braunalgen enthalten sind und die für die Textilindustrie einige Bedeutung erlangt haben. Vgl. П. Шорыгин, Химия целлюлозы (P. SCHOGYGIN, Chemie der Cellulose) 1939, S. 364. — W. W. PIGMAN u. R. M. GOEPP, Chemistry of the carbohydrate 1948, S. 616.

4 Strukturformel der Mannuronsäure in der Aldehyd- (I) und Laktonform (II):

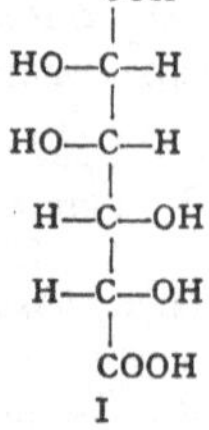

I

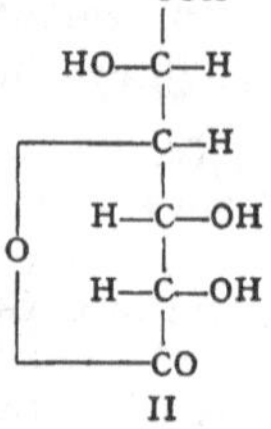

II

vgl. П. Шорыгин, Химия углеводов (P. SCHORYGIN, Chemie der Kohlenhydrate) 1938, S 114.

Die quantitative Bestimmung der Uronsäuren ist auf Grund der Tatsache möglich, daß sie bei der Hydrolyse von Polyuroniden mit 12%iger Salzsäure bei 140° CO_2 abspalten[1].

Glukuronsäure Pentose (Xylose)

Von N. NIKITIN und M. AWIDON[2] sind Versuche durchgeführt worden mit dem Ziele, die bei der CO_2-Bestimmung störenden Einflüsse anderer Holzkomponenten auszuschalten[3].

Der Gehalt an Uronsäure in Laubhölzern zeigt innerhalb der verschiedenen Arten nur geringe Unterschiede, außerdem ist er höher als in Nadelhölzern, wie aus der Tab. 45 hervorgeht.

TABELLE 45
Uronsäuregehalt in europäischen Hölzern

Art	CO_2 in %	Uronsäure-anhydrid in %
Birke (*Betula pubescens*)	1,27	5,08
Rotbuche	1,34	5,36
Espe (*Populus tremula*) . .	1,21	4,84
Kiefer (*Pinus silvestris*) .	0,73	2,92

Die für Uronsäure gefundenen Werte sind von den Autoren mit den aus Pentosanbestimmungen nach TOLLENS mit 12%iger Salzsäure erhaltenen verglichen worden. Sowohl die Uronide als auch die Pentosane ergeben dabei zunächst Pentosen, wobei die ersteren jedoch gleichzeitig CO_2 abspalten. Durch weiteres Erhitzen mit der Säure entsteht Furfurol

TABELLE 46
Pentosangehalt einiger Hölzer in %

Art	Gefunden	Berechnet[4]
Birke (*Betula pubescens*)	25,61	23,89
Rotbuche	24,70	22,87
Espe (*Populus tremula*) . .	22,12	20,48
Kiefer (*Pinus silvestris*) . .	11,07	10,08

[1] Н. И. Никитин, Химия древесины (N. I. NIKITIN, Chem. d. Holzes) 1935, S. 89.
[2] ibid.
[3] Eine andere Methode mit 19%iger Salzsäure wird kaum angewandt. Vgl. R. M. McCREADY, H. A. SWENSON u. W. D. MACLAU, Ind. Eng. Chem., Anal. Ed. 18, 290 (1946).
[4] Aus Polyuronsäuren entsteht nur ein Drittel der theoretischen Menge an Furfurolphloroglucid. Nach KRÖBER ergeben 176 g Polyuronsäurelakton 180 g Phloroglucid, tatsächlich findet man jedoch nur 60 g. Bei der Berechnung muß man also mit einem Faktor (0,34) arbeiten. Beispiel: Für Birke sind 5,08% Uronsäureanhydrid gefunden, nach Multiplikation mit dem Faktor erhält man 5,08 × 0,34 = 1,72%. Diesen Betrag zieht man vom Gesamtpentosangehalt ab: 25,61 — 1,72 = 23,89%.

aus beiden Verbindungsklassen.

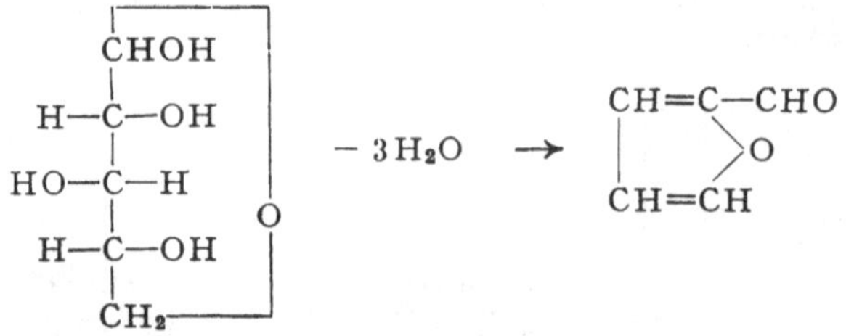

Pentose (Xylose) Furfurol

Wenn man nun die Menge des abgespaltenen CO_2 kennt, kann man den Gehalt an ursprünglich vorhandener Uronsäure berechnen. Ferner läßt sich dann an Hand der gefundenen Furfurolmenge eine Berichtigung anbringen, wonach man schließlich den tatsächlichen Pentosangehalt des Holzes ermitteln kann. In der Tab. 46 sind einige diesbezügliche Beispiele angeführt.

Die Tab. 47 gibt außerdem noch den Gehalt an Uronsäuren von einigen anderen Hölzern an[1].

Die große Verbreitung der Uronsäuren in pflanzlichen Geweben ist schon seit längerer Zeit bekannt[2]. So hat man z. B. im Pektin von Flachs und Rüben hautpsächlich Galakturonsäure gefunden, im Stroh dagegen Glukuronsäure und in Algen nur Manuronsäure. Aber auch in Tabakstengeln kommen Uronsäuren (bis 10,5%) vor[3].

TABELLE 47

Uronsäuregehalt in amerikanischen Hölzern

Art	CO_2 in %	Uronsäure-anhydrid in %
Weißbirke	1,22	4,88
Weißfichte	1,00	4,00
Westliche Lärche	0,71	2,84

Zur Bestimmung werden die Stengel bei 60° getrocknet und zerkleinert. Nun wird mit 0,5 %iger Ammoniumoxalatlösung 12 Stunden bei 70°, anschließend mit 0,5 %iger wäßrig-alkoholischer Natronlauge bei Zimmertemperatur und 5 %iger Natronlauge 48 Stunden bei 70° extrahiert. Der Uronsäuregehalt wird dann in den jeweiligen Fraktionen mit Hilfe der CO_2-Abspaltung bestimmt. Ebenfalls mittels CO_2 sind die in Kartoffelstärke, Cellulose und anderen Polysacchariden[4] enthaltenen sauren Gruppen ermittelt worden, wobei bis zu 0,9 % CO_2 gefunden wird.

Die Anwesenheit von Polyuronsäuren im Holz ist zuerst bei der Analyse von amerikanischer Eiche festgestellt worden. Galakturonsäure und Glukuronsäure als Bestandteile der Buchenholzpolyuronide ließen sich 1926 durch milde Hydrolyse des Buchenholzes sicher nachweisen[5]. Verschiedene Hemicellulosefraktionen des Buchenholzes enthalten polyuronidische Komponenten.

[1] Н. И. Никитин, Химия древесины (N. I. Nikitin, Chem. d. Holzes) 1935, S. 90.

[2] В. И. Шарков, Лесохим. пром. (W. I. Scharkow, Holzchem. Ind.) Nr. 3/4, 16 (1938). — В. И. Палладин и В. В. Левченко, Изв. АН (W. I. Palladin u. W. W. Lewtschenko, Nachr. d. Akad. Wiss.) Reihe 6, Nr. 14, 1267 (1916).

[3] B. Bennett, Ind. Eng. Chem. 29, 933 (1937).

[4] W. Campbell, E. Hirst u. G. Joung, Nature 142, 912 (1938).

[5] M. H. O'Dwyer, Biochem. J. 20, 656 (1926).

Entsprechend vorbehandelte Buchenholzsägespäne werden mit 4 %iger Natronlauge extrahiert. Bei Zugabe von überschüssigem Eisessig zu dem Filtrat erhält man die erste Fraktion. Das saure Filtrat der ersten Fällung wird mit dem doppelten Volumen Alkohol versetzt, wobei die zweite Fraktion entsteht. Um reproduzierbare Ergebnisse zu erhalten, ist die sorgfältige Einhaltung der Fällungsbedingungen erforderlich. So ist z. B. die erste Fällung nur bei einem charakteristischen p_H-Wert vollständig, dieser muß deshalb von Fall zu Fall gesondert bestimmt werden.

Einige Autoren schlagen vor, die Isolierung der Hemicellulosen (Polyuronide + Pentosane + alkalilösliche Hexosane) durch eine zweimalige Behandlung mit kalter 4 %iger Natronlauge (je 24 Stunden) durchzuführen. Zwischen den beiden Extraktionen wird zur Entfernung des Lignins mit Chlor behandelt. Sollen hauptsächlich Polyuronide erhalten werden, so wird statt der Natronlauge eine 2 %ige Sodalösung empfohlen, wobei ebenfalls zweimal mit einer zwischendurch stattfindenden Chlorierung extrahiert wird[1].

Die erste Hemicellulosefraktion von Buchenholz enthält nach den Angaben des Autors 11% Uronsäure, die zweite dagegen 64%. Andererseits ist festgestellt worden, daß der Uronsäuregehalt in der zweiten Fraktion auch wesentlich kleiner sein kann. So haben z. B. NIKITIN und AWIDON[2] zwei Hemicellulosefraktionen aus Espenholz erhalten, von denen die erste 11% und die zweite nur 19,5% Uronsäure enthielten, also wesentlich weniger als im Falle der Buche. SCHARKOW und JEFIMOW[3] sind der Ansicht, daß bei der Hydrolyse von Laubhölzern (Birke, Espe und mandschurische Esche) in der Hauptsache Glukuronsäure entsteht. Anläßlich von Untersuchungen des Hemicelluloseanteils von Nadelhölzern haben die gleichen Autoren[4] festgestellt, daß die darin vorkommenden Polyuronide eine sehr unterschiedliche Hydrolysierbarkeit aufweisen. Die sehr interessanten Polyuronide der Hölzer sind eingehend studiert worden[5].

Alle Polyuronide sind amorphe Stoffe und in starkem Alkohol unlöslich. In Wasser, Alkalilaugen, Ammoniak und Sodalösung sind jedoch die meisten löslich. Beim Befeuchten und Quellen werden sie klebrig, glitschig und gelatinös. Durch Rutheniumrot lassen sie sich anfärben, die Naphthoresorcinprobe auf Uronsäuren fällt stets positiv aus. Im nativen Zustand besitzen die Uronide keine Reduktionsfähigkeit. Es wird angenommen[6], daß die polyuronidischen Hemicellulosen von Laubhölzern aus Monomethoxyuronsäure, verbunden mit mehreren Xyloseresten (von 7 bis 19, die Menge schwankt jedoch sehr) bestehen. Wahrscheinlich ist die Säure Glukuronsäure, sicher konnte sie bisher noch nicht identifiziert werden. Das Methoxyl kann esterartig an die Säure gebunden sein, genau ist seine Lage und die Bindungsart jedoch noch nicht bekannt. Möglich sind drei verschiedene Bindungsarten in den

---

[1] A. G. NORMAN, Biochem. J. **31**, 1597 (1937).

[2] Н. И. Никитин, Химия древесины (N. I. NIKITIN, Chemie d. Holzes) 1935, S. 89.

[3] В. И. Шарков и В. А. Ефимов, ЖПХ (W. I. SCHARKOW u. W. A. JEFIMOW, Z. Angew. Chem. [russ.]) **21**, 1053 (1948).

[4] ibid. S. 1045.

[5] В. И. Шарков и В. С. Муромцева, Лесохим. пром. (W. I. SCHARKOW u. W. S. MUROMZJEWA, Holzchem. Ind.) Nr. **4**, 5 (1940). — Н. И. Никитин, Т. И. Руднева, А. Ф. Зайцева и М. М. Чочиева, ЖПХ (N. I. NIKITIN u. T. I. RUDNJEWA, A. F. SAIZEWA, M. M. TSCHOTSCHIJEWA, Z. angew. Chem. [russ.]) **22**, **67** (1949).

[6] E. ANDERSON, M. SEELEY, W. STEWART u. a., J. Biol. Chem. **135**, 189 (1940).

Polyuroniden: ätherartig, esterartig und glukosidisch[1]. Die häufig in den Pektinen vorkommenden einfachen Ätherbindungen lassen sich durch verdünnte Alkalien oder Enzyme nicht sprengen. Esterartig gebundene Methylgruppen, die besonders in den Pflanzengummen gefunden werden, sind gegen eine alkalische oder saure Hydrolyse weniger beständig.

Neuere Untersuchungen haben ergeben, daß in den Hemicellulosen des Holzes die Uronsäuren glukosidisch mit den Polysacchariden verbunden sind. Noch nicht erforscht ist bis jetzt die Frage nach der Stellung der an der Bindung beteiligten C-Atome und nach der Konfiguration (α- oder β-)[2]. Einige Tatsachen weisen auf eine β-glukosidische Bindung für Polyglukuronsäure und *d*-Bindung für Polygalakturonsäure hin. Viele Autoren[3] sind der Ansicht, daß die in der Natur vorkommenden Polyuronsäuren ebenfalls aus langen Kettenmolekülen bestehen.

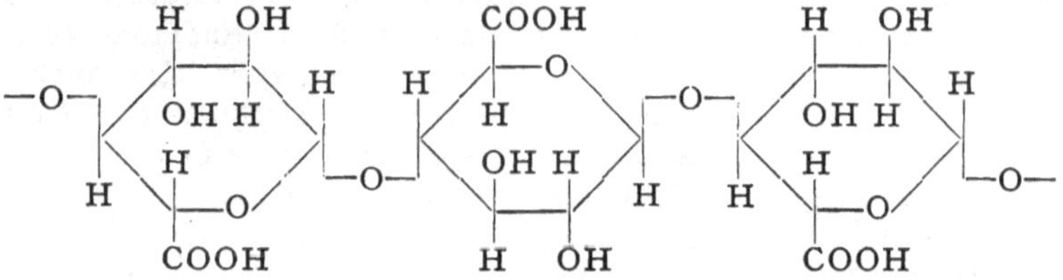

Polyglukuronsäure

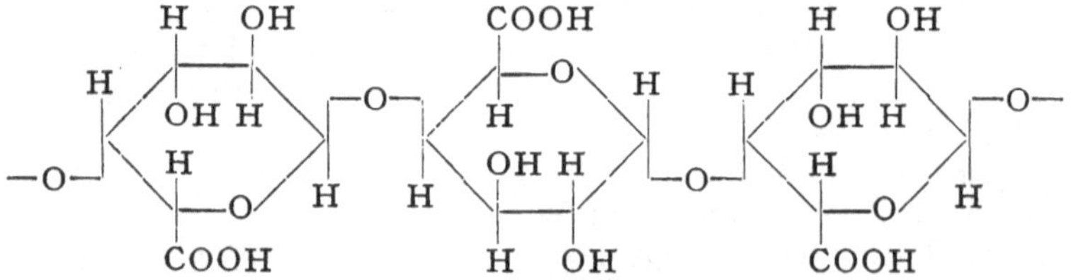

Polygalakturonsäure

Viele polyuronidische Hemicellulosen enthalten *d*-Glukuronsäurereste, die mit *d*-Xylose oder *d*-Rhamnose verbunden sind, in denen aber keine Hexosen vorkommen:

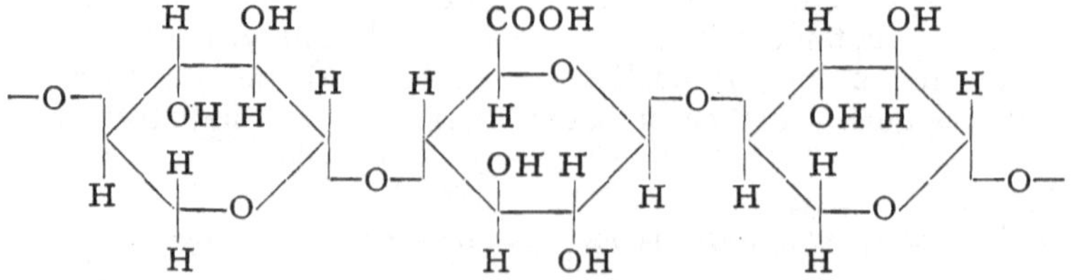

Kette aus *d*-Xylose und *d*-Glukuronsäureresten

[1] E. ANDERSON u. L. SANDS, Advances in carbohydrate chemistry, 1945, S. 353.

[2] П. П. Шорыгин, Органическая химия (P. P. SCHORYGIN, Organische Chemie) 1940, S. 246. — E. ANDERSON, R. KASTER u. M. SEELEY, J. Biol. Chem. **144**, 767 (1942).

[3] П. П. Шорыгин, Химия целлюлозы (P. P. SCHORYGIN, Chemie der Cellulose) 1939, S. 359. — K. I. PALMER, J. Appl. Phys. **17**, 405 (1946).

Es sind aber auch Verbindungen bekannt, deren Moleküle aus Glukose-, Xylose- und Glukuronsäureresten aufgebaut sind[1]:

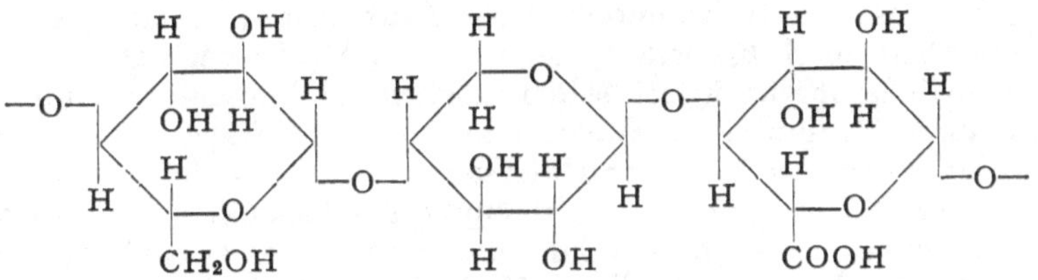

Kette aus *d*-Glukose, *d*-Xylose und *d*-Glukuronsäure

Man nimmt an, daß die erwähnten Hemicellulosen in der Zellwand durch biochemische Veränderungen der Cellulose entstehen, wobei zunächst reine Polyuronsäuren gebildet werden, deren Moleküle durch partielle CO_2-Abspaltung dann auch Xylosereste enthalten[2]. Die C_6-Atome der die Cellulosekette bildenden Glukosereste (I) werden im pflanzlichen Organismus zu Carboxylgruppen oxydiert, wodurch Polyglukuronsäuren entstehen. Durch enzymatische Abspaltung von CO_2 gehen die Uronsäurereste (II) in Xylosereste (III) über.

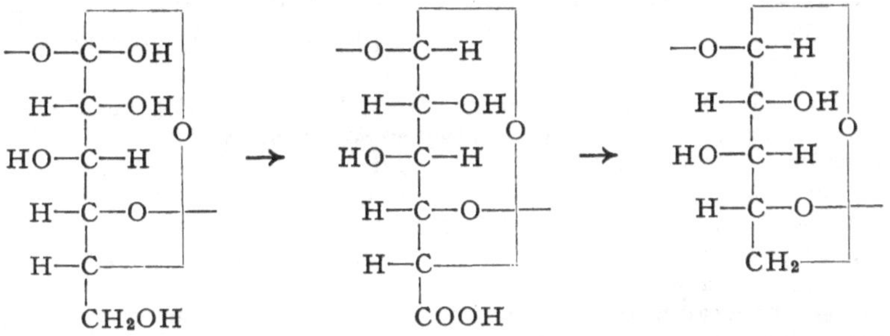

I II III

Dieser Prozeß verläuft höchstwahrscheinlich relativ langsam, so daß nicht sämtliche Glukosereste des Makromoleküls auf einmal umgewandelt werden. Dadurch läßt sich dann auch das Auftreten von gemischten Hemicellulosemolekülen erklären, obwohl die experimentellen Beweise dafür noch ausstehen.

Die wichtigsten, in den Polyuroniden vorkommenden Zucker sind: Galaktose, Glukose, Mannose, Xylose, Arabinose und Rhamnose. Einige Polyuronide enthalten nur eine einzige Zuckerart, häufiger kommen jedoch zwei oder drei vor. Mehr als vier verschiedene Arten im gleichen Molekül sind selten. Methoden zur Trennung und quantitativen Bestimmung der Zuckerarten sind in einer Reihe

[1] П. Шорыгин, Химия углеводов (P. SCHORYGIN, Chemie der Kohlenhydrate) 1938, S. 297. — K. MEYER u. H. MARK, Aufbau der hochmolekularen, organischen Naturstoffe, 1932, S. 112.

[2] П. Шорыгин, Химия углеводов (P. SCHORYGIN, Chemie d. Kohlenhydrate) 1938, S. 296.

von Monographien ausführlich beschrieben[1]. Die Identifizierung der Uronsäuren in den Polyuroniden ist eine ziemlich schwierige Aufgabe, da ein großer Teil bereits während der Hydrolyse zerstört wird und durch Zersetzungsprodukte der Begleitstoffe verunreinigt ist. Zwar kann man häufig prinzipiell ihre Anwesenheit durch Farbreaktionen und CO_2-Abspaltung nachweisen, eine genaue Identifizierung ist jedoch selten möglich. Glukuronsäure kann oft mit Hilfe des sauren Bariumsalzes[2], Galakturonsäure durch Oxydation zu Schleimsäure[3] nachgewiesen werden. Zur Untersuchung auf das Vorhandensein von Uronsäuren geht man meistens von methylierten Produkten aus. Nach vollständiger Methylierung kann man dann die methylierten Uronide als Laktone oder Methyläther identifizieren. Diese Methode der Analyse von Hydrolysenprodukten von vollständig methylierten Polysacchariden leistet bei der Strukturaufklärung derartiger Stoffe große Dienste[4].

Aus dem Vorkommen von Uronsäure, besonders Galakturonsäure in den Hemicellulosen des Holzes und anderen pflanzlichen Geweben, hat man auf eine Verbindung der Hemicellulosen mit den Pektinstoffen geschlossen.

Pektine

Als Pektinstoff bezeichnet man gallertbildende Kohlenhydrate mit saurem Charakter, die aus methylierten Galakturonsäureresten aufgebaut sind. Sie sind in der Natur außerordentlich weit verbreitet und in einigen pflanzlichen Rohstoffen als Begleiter der Cellulose ebenfalls an der Bildung der Skelettsubstanz beteiligt.

Man unterscheidet in kaltem Wasser lösliche und unlösliche Pektine. Die ersteren sind in den Pflanzensäften, Früchten und Beeren enthalten, die letzteren in den Wurzeln, Wurzelgewächsen (Mohrrüben, Rüben) und Früchten (Äpfel, Birnen, Zitronen, Kirschen). Aber auch im Flachs und Stroh kommen Pektine vor, sowie in Baumwolle und nach neueren Arbeiten in geringen Mengen auch im Holz.

Alle Pektinstoffe sind in heißem Wasser löslich, aus der Lösung können sie durch Alkohol als Gel gefällt werden.

Obwohl die Entdeckung des Pektins schon im Jahre 1825 erfolgt ist und viele Forscher sich mit dieser Frage beschäftigt haben[5], gibt es heute noch keine ausreichend zufriedenstellenden Isolierungsverfahren, wie auch klare Vorstellungen über ihre Struktur fehlen. Die Ursachen sind darin zu suchen, daß die Reinigung und Untersuchung der Pektine nicht nur durch ihre physikalischen und chemischen

---

[1] Н. Я. Демьянов и Н. Д. Прянишников, Общие приемы анализа растительных веществ (N. JA. DEMJANOW u. N. D. PRJANISCHNIKOW, Allgemeine Methodik der Analyse von Pflanzenstoffen) 1934, S. 122. — В. Г. Панасюк, Лесохим. пром. (W G. PANASSJUK, Holzchem. Ind.) Nr. 3, 17 (1940). — C. BROWNE u. F. ZERBAN, Methods of Sugar Analysis, 1941, S. 686. — W. PIGMAN u. R. GOEPP, Chemistry of the carbohydrates (1948).

[2] Die Zucker geben dabei Saccharate, deren Natur noch nicht geklärt ist (Alkoholate oder Komplexe?). — Vgl. П. Шорыгин, Химия углеводов (P. SCHORYGIN, Chemie der Kohlenhydrate) 1938, S. 37. — M. O'DWYER, Biochem. J. **34**, 149 (1940).

[3] Н. Я. Демьянов и Н. Д. Прянишников, Общие приемы анализа растительных веществ (N. JA. DEMJANOW u. N. D. PRJANISCHNIKOW, Allgemeine Methodik der Analyse von Pflanzenstoffen) 1934, S. 138.

[4] P. LEVENE u. L. KREIDER, J. Biol. Chem. **120**, 591; **121**, 155 (1937).

[5] П. Шорыгин, Химия углеводов (P. SCHORYGIN, Chemie der Kohlenhydrate) 1938, S. 302. Dort finden sich auch Literaturhinweise.

Eigenschaften (amorpher Zustand, Fehlen charakteristischer Reaktionen), sondern auch dadurch erschwert wird, daß sie stets im Gemisch mit anderen Kohlenhydraten vorkommen, von denen sie nur unter großen Schwierigkeiten abgetrennt werden können.

Lange Zeit hindurch hat man angenommen, daß die Pektinmoleküle sowohl Galakturonsäure als auch Arabinose und Galaktose enthalten. Durch spätere Arbeiten hat man jedoch festgestellt[1], daß im Pektinmolekül weder Arabinose noch Galaktose chemisch mit Galakturonsäure verbunden vorkommen, sondern daß sie lediglich Begleitzucker darstellen. Nach den heutigen Ansichten bestehen die Pektine lediglich aus Polygalakturonsäure, die esterartig gebundene Methoxylgruppen enthalten. Das Pektinmolekül besteht aus Ketten von *α-d*-Galakturonsäureresten, von denen ca. 75 % methyliert sind, wie aus der nachstehenden Formel hervorgeht:

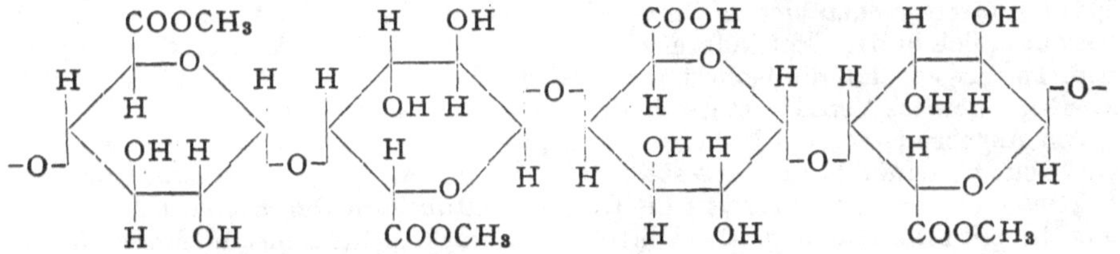

Zum Vergleich seien die Formeln der Cellulose (I), der Polyglukuronsäuren (II) und des Xylans (III) angeführt:

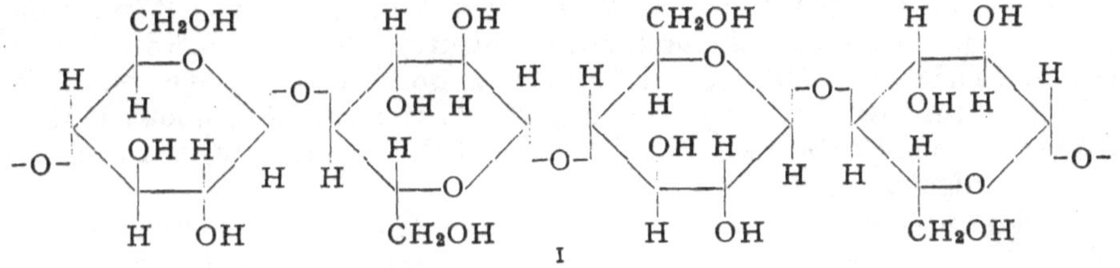

I

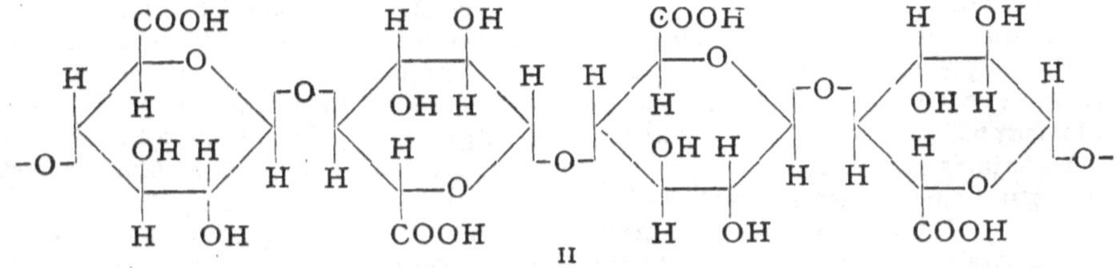

II

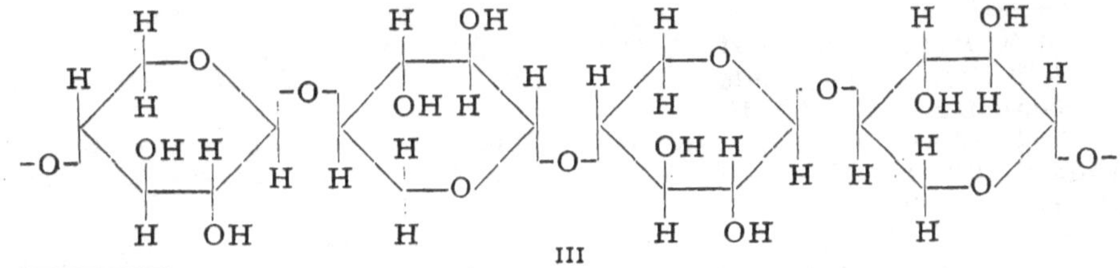

III

[1] E. Anderson u. L. Sands, Advances in carbohydrate chemistry, 1945, S. 341/44. — — П. П. Викторов и Вильд, ЖПХ (P. P. Wiktorow u. Wild, Z. Angew. Chemie [russ.]) **9**, 709 (1937). — М. М. Чиликин и З. С. Розова, ЖПХ (M. M. Tschilikin u. S. S. Rosowa, Z. Angew. Chem. [russ.]) **10**, 709 (1937).

Durch enzymatische Hydrolyse von Pektin wird kristallisierte *d*-Galakturonsäure in 85%iger Ausbeute erhalten[1]. Bei der Analyse eines reinen Pektinpräparates findet man 96% Galakturonsäure. Der Methoxylgehalt beträgt 11,6%[2].

Aus dem Molekulargewicht des Pektins, je nach den Herstellungsbedingungen 90000 bis 280000, geht klar hervor, daß es zu den makromolekularen Stoffen gehört. Die älteren Vorstellungen, nach denen das Pektinmolekül lediglich aus vier Galakturonsäureresten besteht, sind dafür überholt[3].

Die Eigenschaften der Pektinstoffe sind sehr weitgehend von dem Molekulargewicht und dem Veresterungsgrad abhängig. So tritt z. B. die Gelatinierfähigkeit eines Pektins erst oberhalb eines Molekulargewichts von 20000 auf[4], während der Veresterungsgrad für die Löslichkeit in Wasser verantwortlich ist. Einem höheren Methoxylgehalt entspricht eine bessere Löslichkeit.

Die verschiedenen, in der Natur vorkommenden Pektine (Früchte, Gemüse, Flachs) unterscheiden sich in ihren Eigenschaften mehr oder weniger voneinander, hauptsächlich in dem Molekulargewicht und der Löslichkeit. Man muß dabei jedoch berücksichtigen, daß die Isolierungsverfahren noch ihre Mängel aufweisen, wodurch zweifellos gewisse Veränderungen in den Pektinen bewirkt werden.

Am eingehendsten sind bisher die Fruchtpektine untersucht worden, da sie relativ leicht in reiner Form dargestellt werden können. Zur Charakterisierung eines Pektins bestimmt man meistens die CO_2-Abspaltung (im Durchschnitt 17 bis 22%) und die optische Drehung. Die Pektine sind stark rechtsdrehende Stoffe, für eine 2%ige Lösung in Ammoniak ist z. B. $[\alpha]_D = +250°$. Manchmal bestimmt man auch noch die bei der Destillation mit Salzsäure entstehende Menge an Furfurol (ca. 19%).

Die sehr lebhaft diskutierte Frage nach dem Vorkommen von Pektinstoffen im Holz hat längere Zeit hindurch nicht eindeutig entschieden werden können. Die Versuche einiger Autoren[5], Holzpektin zu isolieren, sind lange ohne Erfolg geblieben. Erst 1925 ist die Gewinnung von Pektin aus Buchenholz, 1931 aus Buchsbaumholz (0,4%) gelungen. Später sind Pektine auch in vielen anderen Hölzern aufgefunden worden.

Es wird angenommen, daß aus den Pektinen auf biochemischem Wege die Hemicellulosen gebildet werden. Durch Reduktion der Galakturonsäurereste entstehen die Hexosane, durch Decarboxylierung die Pentosane. Neuere Untersuchungen haben jedoch die Unrichtigkeit dieser Hypothese gezeigt. Bei der Erforschung des Pektinkomplexes von Erdbeeren und Äpfeln, in dem außer Pektin noch Araban und Galaktan enthalten ist, hat man festgestellt[6], daß das Pektin kettenförmig aus *α*-*d*-Galakturonsäureresten in der Pyranoseform aufgebaut ist. Das Araban besteht aus *α*-*l*-Arabofuranoseresten und besitzt eine verzweigte Struktur (vgl. Abschn. 10). Galaktan dagegen enthält unverzweigte Ketten von *β*-*d*-Galaktopyranose (vgl. Abschn. 9). Daraus geht ganz klar hervor, daß das Galaktan nicht durch Reduktion und das Araban nicht durch Decarboxylierung aus dem Pektin entstanden sein kann.

---

[1] W. W. Pigman u. R. Goepp, Chemistry of the carbohydrates, 1948, S. 607/14.

[2] Ф. В. Церевитинов, Химия пищевых продуктов (F. W. Zerewitinow, Chemie der Nahrungsmittel) **1**, 378 (1940).

[3] П. П. Шорыгин, Химия углеводов (P. P. Schorygin, Chemie der Kohlenhydrate) 1938, S. 307. — Т. К. Гапоненко, ЖОХ (T. K. Gaponenkow, Z. Allgem. Chemie [russ.]) **9**, 1752 (1939).

[4] H. Bock u. R. Einsele, J. prakt. Chem. **155**, 225 (1940).

[5] Literaturangaben in: В. И. Шарков, Лесохим. пром. (W. I. Scharkow, Holzchem. Ind.) Nr. 4, 8 (1939).

[6] G. H. Beavan u. J. K. N. Jones, J. Chem. Soc. (1947), S. 1218. — E. L. Hirst u. J. K. N. Jones, desgl. S. 1221. — E. L. Hirst, J. K. N. Jones u. W. O. Walder, desgl., S. 1225.

Nach einigen Autoren entsteht Lignin aus dem Pektin, wobei die Hemicellulosen als Zwischenprodukte auftreten. Andere lehnen jedoch diese Annahme ab. Bis heute ist das Problem der genetischen Verbindung des Pektins mit den anderen Holzkomponenten noch nicht eindeutig geklärt.

Zur Isolierung des Pektins sind verschiedene Methoden angewandt worden. Einige Autoren[1] haben mit einer verdünnten Ammoniumoxalatlösung extrahiert, andere mit kochendem Wasser[2] oder wäßrigem Ammoniak, wobei durch eine entsprechende Vorbehandlung die Stärke und die Hemicellulosen entfernt werden[3]. Die Notwendigkeit einer derartigen Behandlung wird durch die enge Vermischung (oder Bindung) des Pektins mit den übrigen Holzkomponenten erklärt.

Besonders schwierig ist die Abtrennung des Pektins von der Stärke und den Hemicellulosen, durch die Entfernung der ersteren wird der Reinigungsprozeß erleichtert. Die Abtrennung der Hemicellulosen verfolgt aber noch einen anderen Zweck. Die Pektine sind nämlich im Holz so, von anderen Stoffen verdeckt, abgelagert, daß sie infolgedessen einen guten Schutz vor irgendwelchen lösenden Agenzien besitzen. Die Entfernung dieser Schutzschichten vereinfacht natürlich die Gewinnung des Pektins. Ferner nimmt man an, daß die wasserlöslichen Pektine als Methylester vorhanden sind, während die unlöslichen als Kalziumsalze vorliegen. Es empfiehlt sich deshalb, vor der Extraktion mit wäßrigem Ammoniak, eine Behandlung des Materials mit Ammoniumoxalatlösung oder verdünnter Salzsäure vorzunehmen. Es werden also zunächst Stärke und Hemicellulosen entfernt, das Kalziumpektinat in eine lösliche Form übergeführt und schließlich das Holz mit Ammoniak extrahiert.

Aus diesem Extrakt läßt sich das Pektin nach Ansäuern mit Alkohol ausfällen. Die weitere Reinigung erfolgt über die schwerlöslichen Ba- oder Ca-Salze, aus denen schließlich gereinigte Polygalakturonsäure wiedergewonnen wird.

Die Analyse eines derartigen, aus Holz isolierten Pektins hat ergeben, daß es die gleiche Zusammensetzung aufweist wie Citruspektin. Die Galakturonsäure wird als Schleimsäure qualitativ bestimmt.

Nach dem eben beschriebenen Verfahren hat man das Holz- und das Kambialgewebe der Robinie (*Robinia pseudacacia*) auf Pektin untersucht. Im Holz sind nicht mehr als 3% enthalten, im Kambium dagegen wesentlich mehr, nämlich bis zu 13%.

Später ist das Verfahren etwas modifiziert worden, wodurch noch weitere geringe Pektinmengen aus dem Holzrückstand gewonnen werden[4]. Dabei wird der Rückstand von der oben erwähnten Behandlung in Wasser suspendiert und 4 Stunden der Einwirkung von Chlorgas ausgesetzt. Zur Entfernung der Chlorierungsprodukte wird mit Alkohol ausgekocht und der ausgewaschene Holzrückstand nochmals mit Ammoniak extrahiert. Durch Ansäuern und Fällen mit Alkohol wird noch eine kleine Menge Pektin erhalten.

Danach sind in verschiedenen Hölzern folgende Mengen an Pektinen, in % des Holzgewichtes, enthalten:

Robinie (*Robinie pseudacacia*)	
Kernholz	1,3
Splintholz	1,7
Zitronenbaum (*Citrus limonia*)	3,4
(*Prosopis juliflora*)	0,66[5]
Weymouth-Kiefer (*Pinus strobus*)	0,60

---

[1] M. LÜDTKE, Holz als Roh- und Werkstoff **5**, 38 (1942).
[2] В. И. Шарков, Лесохим. пром. (W. I. SCHARKOW, Holzchem. Ind.) Nr. 4, 8 (1939).
[3] E. ANDERSON, J. Biol. Chem. **112**, 531 (1935—1936).
[4] E. ANDERSON u. Mitarb., J. Biol. Chem. **121**, 165 (1937).
[5] E. ANDERSON, R. KASTER u. M. SEELEY, J. Biol. Chem. **144**, 767 (1942).

In Nadelhölzern ist offenbar weniger Pektin enthalten als in Laubhölzern. In physikalischer und chemischer Hinsicht bestehen jedoch zwischen den Pektinen der beiden Holzarten und auch anderen Pflanzen keine Unterschiede. Die CO_2-Abspaltung schwankt zwischen 16,5 bis 20,6% und $[\alpha]_D$ von + 246 bis + 261°.

Gleichfalls enthalten ist Pektin im Holz der amerikanischen Pappel[1].

Da sich im Verlaufe der erwähnten Untersuchungen herausgestellt hat, daß die Isolierung von Pektin aus Nadelhölzern schwieriger ist als aus Laubhölzern, ist das Verfahren nochmals variiert worden[2]. Danach wird das Holz zunächst in Holocellulose (das ist der nach Entfernung des Lignins übrigbleibende Kohlenhydratanteil, über die Holocellulose siehe weiter unten) übergeführt, die dann mit 2,5 %igem Ammoniak extrahiert wird. Nach Ansäuern wird das Pektin mit Alkohol gefällt. Die Reinigung erfolgt über das Ca-Salz. Auf diese Weise hat man Pektin in Mengen um 0,5 % im Holz nachstehender Arten gefunden: Douglasfichte, (*Pseudotsuga taxifolia*), Hemlockfichte (*Tsuga heterophilla*), westl che Rotceder (*Thuja plicata*), Terpentinkiefer (*Pinus talda*) und Schwarzfichte (*Picea mariana*). Die beschriebenen Verfahren zur Isolierung und Reinigung von Pektin aus Holz sind jedoch noch nicht zufriedenstellend und vor allem nicht quantitativ. Da zweifellos dabei eine gewisse Hydrolyse stattfindet, wird das Pektin stets in etwas veränderter Form anfallen. Die Existenz von Pektinen im Holz kann trotzdem als gesichert angesehen werden.

Nach Angaben von SCHARKOW und SARTANIJA[3], die aus Kiefern- und Fichtenholz Pektin mit Hilfe von Ammoniumoxalat extrahiert haben, nimmt der Pektingehalt mit zunehmendem Alter des Baumes ab[4]. In der ersten Hälfte des ersten Jahresringes werden 5%, bezogen auf absolut trockenes Holz, gefunden, während der Gehalt im 9. bis 11. Jahresring auf 1,5 % abgesunken ist. Auch in Birkenholz sind Pektinstoffe aufgefunden worden[5]. Durch Extraktion bei 55 und 100°C sind nachstehend aufgeführte Mengen (in % des Ausgangsmaterials) in Lösung gebracht worden, die hauptsächlich aus Pektin, aber auch geringen Mengen Hemicellulosen bestehen:

Aus dem Stammholz einer 50–80jährigen Birke 3,74 %
aus dem Holz junger Triebe:
14 Tage alt 12,54
5 Tage alt 14,92

Auch in diesem Falle ist die Menge der mit kochendem Wasser extrahierbaren Stoffe, wozu auch das Pektin gehört, mit zunehmendem Alter geringer geworden. Die Pektinstoffe befinden sich offenbar in der Mittellamelle und gehören zu der intercellularen Kittsubstanz.

Das Kambialgewebe, die Blätter und Triebe enthalten stets mehr Pektinstoffe als das bereits verholzte Gewebe. So sind z. B. im Kambium der Douglasfichte 8 % Pektin gefunden worden[6]. SCHARKOW hat gezeigt, daß sich relativ bedeutende Mengen in Rinde und Bast von Fichte und Birke[7] und im Bast der

---

[1] E. ANDERSON, R. KASTER u. M. SEELEY, J. Biol. Chem. **144**, 767 (1942).

[2] E. ANDERSON, J. Biol. Chem. **165**, 233 (1946).

[3] В. И. Шарков и Ф. А. Сартания, Тр. Лесотехн. акад. им. С. М. Кирова (W. I. SCHARKOW u. F. A. SARTANIJA, Arb. d. Holztechn. Kirow-Akad.) Nr. 50, 3 (1938).

[4] В. И. Шарков и Ф. А. Сартания, Лесохим. пром. (W. I. SCHARKOW u. F. A. SARTANIJA, Holzchem. Ind.) Nr. 3/4, 17 (1938).

[5] В. И. Шарков, Лесохим. пром. (W. I. SCHARKOW, Holzchem. Ind.) Nr. 4,8 (1939).

[6] E. ANDERSON u. Mitarb., J. Biol. Chem. **121**, 165 (1937).

[7] В. И. Шарков, З. И. Тягунова и В. Н. Калнина, Лесохим. пром. (W. I. SCHARKOW, S. I. TJAGUNOWA u. W. N. KALNINA, Holzchem. Ind.) Nr. 2, 2, 9 (1938).

Kiefer[1] finden lassen. Im Bastgewebe der Fichte hat er ca. 16 %, bei Birke 11 % gefunden. Aus dem Bast von Kiefer sind mit Wasser bei Temperaturen von 10 bis 100° C 11,2 % Pektin erhalten worden[2], mit Wasser und Alkohol werden sogar 35 % gefunden[3]. Nach anderen Autoren lassen sich in der inneren Rindenschicht der Schwarzfichte bis zu 10 % nachweisen[4]. Die Anwesenheit von Pektin im Holz ist auch bei technischen Prozessen nicht ganz unwesentlich. So läßt sich z. B. Pergament nur bei gleichzeitigem Vorhandensein von Pektinstoffen aus der Cellulose herstellen[5].

Die physiologische Bedeutung der Pektine ist noch nicht genügend erforscht. Sicher ist sie sehr groß, trotz der geringen Mengen, in denen die Pektine im Holz vorkommen.

Stärke

Man ist heute der Ansicht, daß bei der Photosynthese im Blatt als Primärprodukt ein stärkeähnlicher Stoff entsteht, der dann sekundär auf enzymatischem Wege zu einfachen Zuckern abgebaut wird[6]. Diese Umwandlunsgprodukte werden dabei zunächst in lösliche Verbindungen übergeführt, mit dem Säftestrom im Bastgewebe nach unten transportiert und in den äußeren Schichten des Kambiums zu den zum Aufbau der Zellwände benötigten Polysacchariden resynthetisiert.

Alle grünen Pflanzen enthalten Stärke, die ihnen als Reservestoff dient[7]. Über das Vorkommen der Stärke im Holz existieren nur sehr wenige Angaben. Zum Nachweis der ersteren kann man ihre Fähigkeit benutzen, von gewissen Fermenten, wie Diastase, Amylase usw., leicht hydrolysiert zu werden.

In der letzten Zeit ist häufig die nachstehend beschriebene Methode zur quantitativen Bestimmung benutzt worden: 12 bis 15 g des gut zerkleinerten Rohmaterials werden in einem Kolben mit 250 ml siedendem Wasser übergossen und 20 Minuten im Wasserbad unter ständigem Schütteln zur Quellung der Stärke weiter erhitzt. Um eine Hydrolyse der Stärke durch die aus dem Holz dabei entstehende Essigsäure zu verhindern, macht man das Wasser vorher durch einige Tropfen 5 %iger Natronlauge alkalisch und achtet während des Erhitzens ständig darauf, daß die Reaktion neutral bleibt (Lyphanpapier). Danach wird die Flüssigkeit bis auf Zimmertemperatur abgekühlt und eine Bestimmung der reduzierenden Substanz nach BERTRAND durchgeführt. Zu der Lösung werden nun 25 bis 30 Tropfen einer Standardlösung von Diastase in Glycerin, deren Reduktionskraft gesondert bestimmt wird, zugegeben. Zur Umwandlung der Stärke in Maltose wird die Flüssigkeit 4 Stunden bei 55 bis 60° C gehalten. Anschließend wird filtriert und der Rückstand mit Wasser ausgewaschen. Das mit den Waschwässern vereinigte Filtrat wird auf ein bestimmtes Volumen aufgefüllt und der Reduktionswert bestimmt. Die Differenz der Werte vor und nach der Diastasebehandlung entspricht der gebildeten Maltose. Durch

---

[1] В. И. Шарков и А. Л. Гирчиц, Лесохим. пром. (W. I. SCHARKOW u. A. L. GIRTSCHIZ, Holzchem. Ind.) Nr. 2, 7 (1939).

[2] В. И. Шарков, А. Л. Гирчиц и Ф. А. Сартания, Лесохим. пром. (W. I. SCHARKOW, A. L. GIRTSCHIZ u. F. A. SARTANIJA, Holzchem. Ind.) Nr. 3, 40 (1939).

[3] В. И. Шарков и А. Л. Гирчиц, Лесохим. пром. (W. I. SCHARKOW u. A. L. GIRTSCHIZ, Holzchem. Ind.) Nr. 2, 9 (1939).

[4] W. PIGMAN, E. ANDERSON u. R. LEAF, J. Am. Chem. Soc. **70**, 432 (1948).

[5] O. WURZ, Papierfabr. **35**, 185 (1937), vgl. M. LÜDTKE, Holz als Roh- und Werkstoff, **5**, 338 (1942).

[6] Н. И. Никитин, Бум. пром. (N. I. NIKITIN, Papierind.) Nr. 1, 6 (1947), Literaturangaben sind dort angeführt.

[7] П. П. Шорыгин, Химия углеводов (P. P. SCHORYGIN, Chemie der Kohlenhydrate) 1938, S. 224.

Multiplikation mit dem Faktor 0,93 kann auf Stärke umgerechnet werden. Da die Diastase die Stärke unter diesen Bedingungen nur zu 75% in Maltose umwandelt, muß man zur Ermittlung des wirklichen Gehaltes die gefundenen Werte durch 0,75 dividieren[1].

In der Tab. 48 sind Angaben über den Gehalt an Stärke in verschiedenen Hölzern zusammengestellt worden.

Nach Angaben von CAMPBELL wird aus Eichen- und Haselnußholz isolierte Stärke von Takadiastase langsamer verzuckert als Kartoffelstärke. Diese Stärke besteht zu 90% aus reinen Glukoseresten und zu 10% aus teilweise methylierten Glukose- und Glukuronsäureestern. Nach neueren Untersuchungen[3] ist Stärke auch im Holz der Pappel, des Zitronenbaumes und im Splintholz der Akazie nachgewiesen worden. Bei der Analyse der aus diesen Hölzern erhaltenen Hemicellulosen ist eine Verbindung aus Monomethyluronsäure mit Xylose festgestellt worden. Außerdem scheinen im Molekül des isolierten Xylans noch Anhydroglukosereste enthalten zu sein. Es ist denkbar, daß die letzteren von der die Hemicellulose begleitenden Stärke herrühren. In Nadelhölzern ist Stärke bis jetzt noch nicht nachgewiesen worden. Das kann möglicherweise durch eine Verharzung der Stärke erklärt werden.

TABELLE 48

Stärkegehalt verschiedener Holzarten [2]

Lfd. Nr.	Art	Schlagzeit	Stärke in %
1	Amerikanische Birke	Mai	4,9–5,4
2	Amerikanische Birke	Oktober	3,5–3,7
3	Birke (*Betula rubescens*), Splint	–	1,9
4	Birke (*Betula rubescens*), Splint	–	0,8
5	Birke (*Betula rubescens*), Kern	–	1,3
6	Pflaume	–	3,4–4,1
7	Erle	Januar	3,0
8	Apfelbaum	–	2,2–3,3
9	Zuckerahorn	Oktober	1,9–2,4
10	Amerikanische Eiche	–	1,3
11	Nußbaum	–	0,4

Stärke besteht aus zwei Komponenten, dem Amylopektin und der Amylose. Das erstere verkleistert in kochendem Wasser und wird durch Jod gelblichbraun gefärbt. Die Amylose dagegen ergibt klare Lösungen und wird von Jod intensiv blau gefärbt. Das Innere des Stärkekörnchens besteht hauptsächlich aus Amylose, während

[1] С. И. Пронин, Диастаз (S. I. PRONIN, Diastase) 1937, S. 37.

[2] Nr. 1, 2, 7, 9, nach E. HÄGGLUND, Holzchemie, 1939, S. 113. – Nr. 3, 5 nach Н. Н. Иванов, Методы физиологии и биохимии растений (N. N. IWANOW, Methoden der Physiologie und Biochemie der Pflanzen) 1946. – Nr. 4 nach В. И. Шарков и В. А. Ефимов, ЖПХ (W. I. SCHARKOW u. W. A. JEFIMOW, Z. Angew. Chemie [russ.]) **21**, 1053 (1948). – Nr. 6, 8 nach TOTTINGHAM u. GERHARDT, Ind. Eng. Chem. **16**, 139 (1924). – Nr. 10, 11 nach W. CAMPBELL, Biochem. J. **29**, 1068 (1935); Nature **136**, 299 (1935).

[3] E. ANDERSON, M. SEELEY, W. STEWART, J. REDD u. D. WESTERBECK, J. Biol. Chem. **135**, 189 (1940). – E. ANDERSON, A. KASTER u. M. SEELEY, J. Biol. Chem. **144**, 767 (1942).

die Hülle Amylopektin enthält[1]. Beim Erwärmen von Stärke in Wasser wird die ursprüngliche körnige Struktur zerstört, wobei die Stärke in einen anderen Dispersionszustand übergeht[2].

Die Strukturaufklärung der Stärke ist nach verschiedenen Verfahren erfolgt. Einige Autoren[3] haben die Stärke methyliert und die Hydrolysenprodukte untersucht. Sie sind dabei zu dem Ergebnis gekommen, daß eine Kettenstruktur vorliegt. Aus dem Verhältnis der bei der Hydrolyse erhaltenen Mengen an Tri- und Tetramethylglukose haben sie die Kettenlänge berechnet. Danach besteht das Stärkemolekül aus 11 parallelen Ketten, deren jede 24 bis 30 Glukosereste enthält:

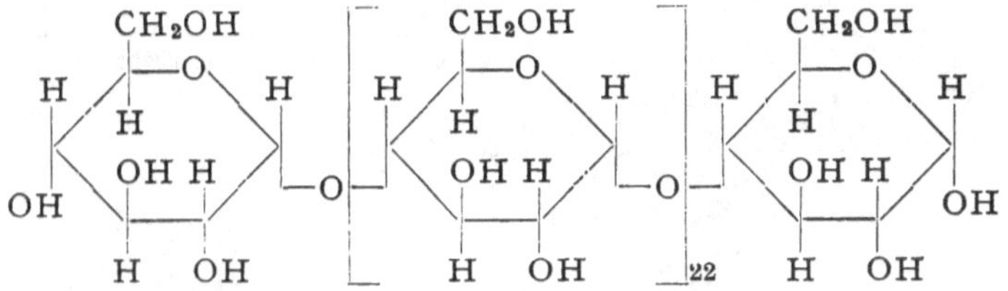

Andere Autoren, wie STAUDINGER[4], sind auf Grund des viskosimetrischen Verhaltens zu anderen Auffassungen gekommen. Sie stellen sich die Stärke als aus Makromolekülen aufgebaut vor. Die geringe Beständigkeit von Stärkelösungen (Viskositätsänderungen beim Altern oder Anwesenheit von Elektrolyten) ist aller Wahrscheinlichkeit nach durch die Existenz von esterartig am C_6 gebundener Phosphorsäure bedingt[5]:

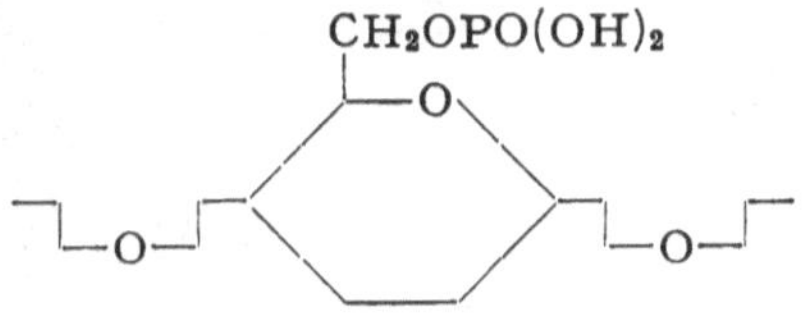

Um eine Erklärung für die Divergenz zwischen dem hohen Molekulargewicht und der Anwesenheit einer großen Zahl endständiger Glukosereste zu finden, hat man die Annahme von Verzweigungen im Stärkemolekül vorgeschlagen. Infolge der hohen Endgruppen entsteht nämlich bei der Hydrolyse von methylierter Stärke eine relativ große Menge Tetramethylglukose. Die Zahl freier Aldehydgruppen ist dagegen sehr klein. Es wird daher angenommen, daß die Seitenketten glukosidisch mit der Hauptkette verbunden sind[6]. Nach der als Zwischenprodukt auftretenden Maltose zu urteilen sind die Glukosereste α-glukosidisch in 1,4-Stellung miteinander verbunden[7]. An den Verbindungsstellen mit den Seitenketten können aber auch 1,3- oder 1,6-Bindungen auftreten. Denn bei der Hydrolyse vollständig methylierter Stärke lassen sich auch, außer den bereits erwähnten Glukosederivaten, 2,3- und

---

[1] С. И. Пронин, Усп. хим. (S. I. PRONIN, Fortschr. d. Chemie [russ.]) **7**, 824/56 (1938). — W. PIGMAN u. R. GOEPP, Chemistry of the carbohydrates 1948, S. 546.

[2] В. И. Назаров, Усп. хим. (W. I. NASAROW, Fortschr. d. Chemie [russ.]) **6**, 1105 (1937).

[3] W. BAIRD, W. HAWORTH u. E. HIRST, J. Chem. Soc. (1935), S. 1201, 1216, 1299.

[4] H. STAUDINGER, Die hochmolekularen organischen Verbindungen Kautschuk und Cellulose, 1932. — H. STAUDINGER, Fortschr. d. Chemie [russ.]) **3**, 452/67 (1938).

[5] K. MEYER, Advances in colloid sciences **1**, 158 (1942).

[6] H. STAUDINGER u. Mitarb., Ber. **67**, 84 (1934).

[7] H. STAUDINGER u. E. HUSEMANN, Fortschritte der Chemie, Physik u. Technik der makromolekularen Stoffe, 1942, S. 97/98. — E. HIRST, Chem. Ind. **14**, 117 (194?).

2,6-Dimethylglukose in annähernd gleichen Mengen nachweisen. In der Hauptkette befindet sich stets zwischen zwei Zuckerresten mit Seitenketten ein Rest, der keine Seitenkette trägt.

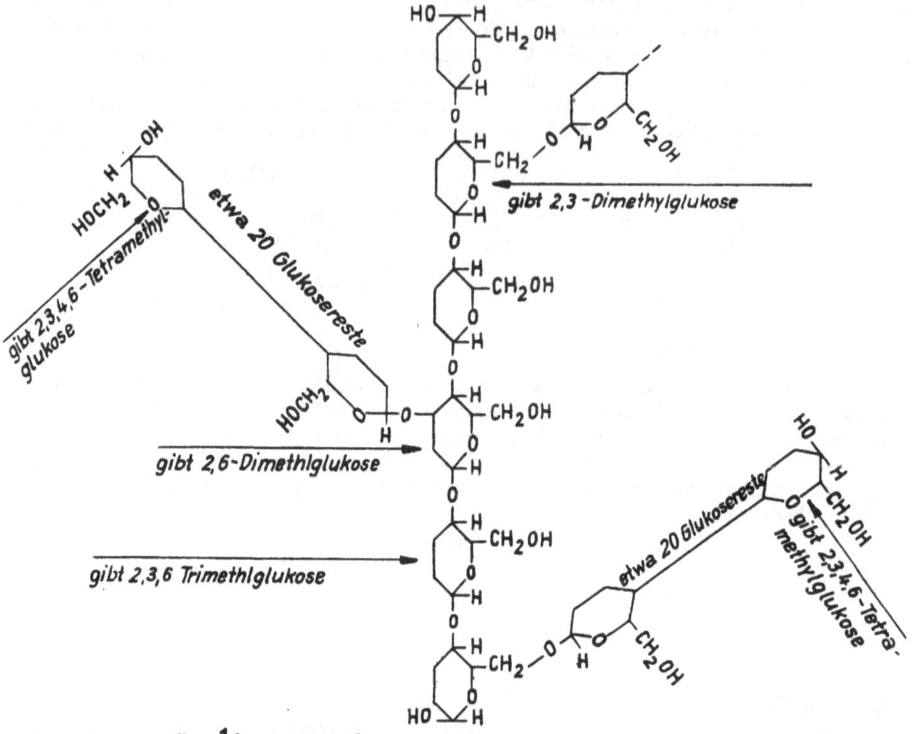

Struktur der Stärke[1] (schematisch); unverzweigt - Amylose
verzweigt - Amylopektin

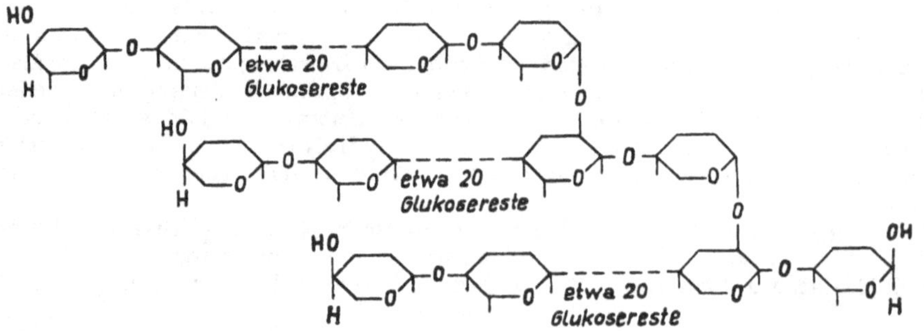

Schematische Stärkeformel ohne Hauptkette[2]

[1] П. П. Шорыгин, Химия углеводов (P. P. Schorygin, Chemie der Kohlenhydrate) 1938, S. 222. — В. В. Коршак, Химия высокомол. соединений (W. W. Korschak, Chemie der hochmolekularen Verbindungen) 1950, S. 449.

[2] H. Staudinger u. E. Husemann, S. 117, loc. cit. S. 161.

1940 ist eine Formulierung für die Struktur der Stärke gefunden worden. Danach besteht die Stärke aus zwei Anteilen: der unverzweigten Amylose und dem verzweigten Amylopektin.

Diese Strukturformel ist lange umstritten gewesen. Es ist eingewendet worden, daß eine derartige Einteilung in Fraktionen wohl kaum der Wirklichkeit entspricht. Eher darf angenommen werden, daß die Stärke ein Gemisch von Polyglukosiden mit unterschiedlichem Verzweigungsgrad ist. Lediglich nach der Aufteilung in reine Fraktionen wird die Doppelstruktur der Stärke nicht bezweifelt[1]. Für das Amylopektin beträgt die Zahl der Zuckerreste in der Hauptkette zwischen zwei Seitenketten annähernd 10, die Länge der Seitenketten schwankt zwischen 15 und 20 Glukoseresten.

K. H. Meyer hat eine mehrfach verzweigte Struktur (Abb. 66, *B*) vorgeschlagen, die im Unterschied zum Modell Staudingers (Abb. 66, *A*) keine Hauptkette aufweist.

Die Hauptaufgabe bei der Strukturaufklärung der Stärke besteht im wesentlichen in der Ermittlung des Durchschnittspolymerisationsgrades beider Stärkekomponenten und der Verzweigungsstellen im Amylopektin.

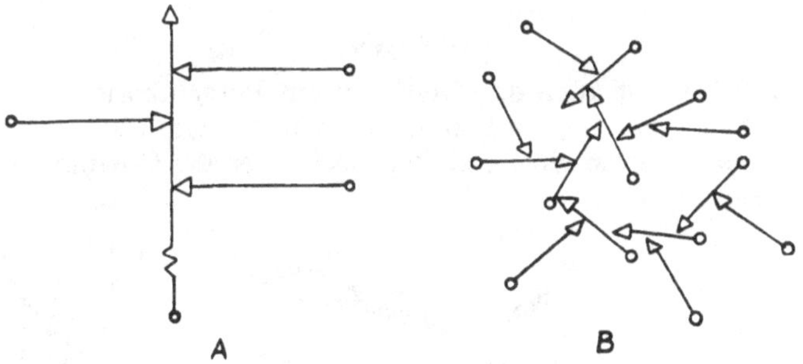

Abb. 66. Struktur der Stärke schematisch
A nach Staudinger, *B* nach K. H. Meyer

Zur Bestimmung des Polymerisationsgrades verwendet man häufig eine Endgruppenmethode, die auch noch sehr kleine Mengen von Aldehydgruppen erfaßt[2].

Das Molekulargewicht von Stärke schwankt je nach dem Typ etwas. Bei Kartoffelstärke findet man z. B. auf osmometrischem Wege für die Amylopektinkomponente 207000, für Amylose 82000 bis 130000. Aus Roggen gewonnene Stärke ergibt für Amylose Werte von 10000 bis 60000 und Amylopektin von 50000 bis zu 1000000[3].

Lipatow, Karzownik und Schulman[4] haben anläßlich von Molekulargewichtsbestimmungen an verschiedenen Kartoffelstärken gefunden, daß das

[1] С. Я. Френкель, Усп. хим. (S. Ja. Frenkel, Fortschr. d. Chemie [russ.]) **19**, 489 (1950). Dort ist die entsprechende Literatur angeführt.

[2] K. H. Meyer u. Mitarb., Helv. Chim. Acta **31**, 103 (1948). — K. H. Meyer, P. Bernfeld u. Mitarb., J. Phys. Coll. Chem. **53**, 319 (1949).

[3] W. Pigman u. R. Goepp, Chemistry of the carbohydrates, 1949, S. 570.

[4] С. М. Липатов, Б. А. Карцовник и М. С. Шульман, Колл. журн. (S. M. Lipatow, B. A. Karzownik u. M. S. Schulman, Kolloid-Ztschr.) **12**, 286 (1950).

osmotisch bestimmte Molekulargewicht bei mechanischer Dispergierung ungefähr die Hälfte seines ursprünglichen Wertes beträgt. Nach Bestimmung der Kupferzahl meinen die Autoren, daß durch die, eine starke Erhöhung der Löslichkeit bewirkende, mechanische Dispergierung das Molekül nicht zerstört wird.

In den Pflanzen kommt die Stärke gewöhnlich in Form von Körnern vor, die in kaltem Wasser unlöslich sind. Bei höherer Temperatur jedoch findet bereits eine teilweise Auflösung statt, in der Wand entstehen schwache Stellen, durch die das Wasser in das Korninnere dringen kann. Das Stärkekorn quillt dabei sehr stark, manchmal um das Hundertfache. Durch eine weitere Erhöhung der Temperatur wird immer mehr Amylose und Amylopektin herausgewaschen, der osmotische Druck im Korninneren fällt. Bei einer Temperatur von 109° C ist das Korn vollständig zerfallen. Den Vorgang der Stärkeverkleisterung hat NASAROW[1] besonders ausführlich in kinetischer Hinsicht untersucht.

Trotz der ungeheuren Zahl von Arbeiten auf dem Stärkegebiet kann man von einer einheitlichen und endgültigen Ansicht über die Struktur der Stärke noch nicht sprechen.

Glykogen

Ähnlich der Stärke ist auch das Glykogen ein Polyglukosid, dessen Kettenmoleküle aus in 1,4-Stellung miteinander verbundenen Glukopyranoseresten bestehen. Die Seitenketten sind α-glukosidisch über die C-Atome 1 und 6 mit

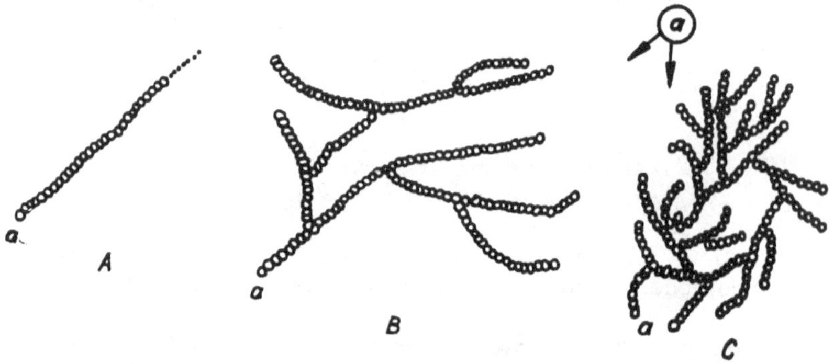

Abb. 67. Schematische Darstellung der Kettenmoleküle von Amylose (*A*), Amylopektin (*B*) und Glykogen (*C*)

a aldehydische Endgruppen; die Kreise stellen Glukosereste dar

der Hauptkette verbunden. Im Gegensatz zur Stärke enthält das Glykogen keine Fraktion mit unverzweigten Molekülen. Es ist wesentlich verzweigter als Amylopektin, bildet keine Körner und neigt leicht zur Entstehung von polymolekularen amorphen Aggregaten. Glykogen findet sich hauptsächlich

[1] В. И. Назаров, Усп. хим. (W. I. NASAROW, Fortschr. der Chemie [russ.]) **6**, 1105 (1937). — В. И. Назаров и А. В. Николаев, ДАН СССР (W. I. NASAROW u. A. W. NIKOLAJEW, Ber. Akad. Wiss. UdSSR) **20**, 573 (1938); **24**, 262 (1939). — В. И. Назаров, ЖПХ (W. I. NASAROW, Z. Angew. Chemie [russ.]) **12**, 1745 (1939).

im tierischen Gewebe, ist aber auch in einigen Getreidearten (z. B. im Mais) nachgewiesen worden[1].

Zum Vergleich der verschiedenen Molekülform von Amylose (*A*), Amylopektin (*B*) und Glykogen (*C*) ist die Abb. 67 angeführt.

Lichenin

Lichenin ist im isländischen Moos, aber auch in anderen Moosen und Flechten enthalten. Neuerdings ist auch in Haferspelzen ein ähnliches Polysaccharid gefunden worden[2]. Man gewinnt das Lichenin aus dem isländischen Moos durch Extraktion mit heißem Wasser. Beim Abkühlen fällt es gallertartig aus, um sich bei neuem Erwärmen wieder zu lösen. Das Molekulargewicht übersteigt 37000 nicht[3]. Seine Struktur ist noch nicht restlos geklärt. Einige Autoren rechnen das Lichenin zu den Hemicellulosen, da es von einem Enzym, der Lichenase, quantitativ zu Glukose abgebaut wird, während Cellulose unter den gleichen Bedingungen nicht angegriffen wird. Nach Methylierung und Hydrolyse wird in der Hauptsache 2,3,6-Trimethylglukose erhalten und durch Vakuumdestillation bei 12 mm Lävoglukosan[4].

Laminarin

Es ist in Meeresalgen enthalten, aus denen es durch Extraktion mit Barytwasser und schwacher Salzsäure gewonnen wird. Durch Hydrolyse mit Mineralsäuren entsteht Glukose mit einer Ausbeute von 98,5% der Theorie[5]. Behandelt man das Laminarin mit Oxalsäure oder Fermenten, so wird ein Disaccharid — 3-[β-*d*-Glukosido]-glukose — erhalten. Die starke negative spezifische Drehung in alkalischer Lösung deutet auf die Existenz von β-glukosidischen Bindungen hin[6].

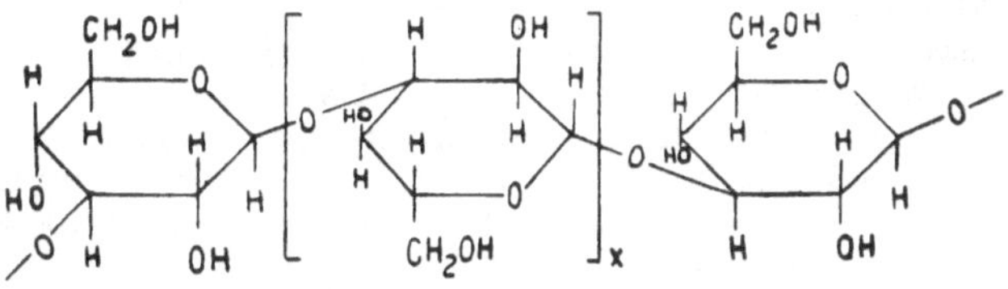

Strukturformel des Laminarins

Holocellulose

Angesichts der nahen Verwandtschaft zwischen den Hemicellulosen und den anderen Kohlehydraten des Zellwandmaterials ist es sehr schwierig, geeignete Bedingungen zur Trennung dieser heterogenen Stoffgemische zu finden.

Preece[7] hat den Versuch gemacht, zwischen „freien" und „gebundenen" Hemicellulosen zu unterscheiden. Als Merkmal hat ihm dabei das verschieden-

---

[1] K. H. Meyer u. M. Fuld, Helv. Chim. Acta **32**, 757 (1949).
[2] D. Morris, J. Biol. Chem. **142**, 881 (1942).
[3] S. Car er u. B. Record, J. Chem. Soc. (1939), S. 664.
[4] P. Karrer u. K. Nishida, Helv. Chim. Acta **7**, 363 (1924).
[5] V. Barry, Chem. Abstr. **1**, 2893 (1938).
[6] V. Barry, J. Chem. Soc. (1942), S. 578.
[7] J. Preece, Biochem. J. **25**, 1304 (1931); **34**, 251 (1940); **35**, 659 (1941).

artige Verhalten der Hemicellulosen gegenüber einer Extraktion mit 4%iger Natronlauge gedient. Ein Teil kann bereits in der Kälte herausgelöst werden, während der andere nur bei erhöhter Temperatur in Lösung geht. Der Autor hat ferner die Existenz eines einheitlichen Lignin-Polyuronid-Hemicellulose-Komplexes als sehr wahrscheinlich angenommen, obgleich eine Isolierung dieses Komplexes nicht gelungen ist.

Bis jetzt ist noch nichts über die Natur einer Bindung zwischen den Hemicellulosen und dem Lignin bekannt. Für ihre Existenz spricht auch die Tatsache, daß eine Extraktion der Hemicellulosen mit Alkali bei Gegenwart von Lignin sehr schwierig ist, während ihre Löslichkeit nach einer Delignifizierung außerordentlich ansteigt. Eine genetische Verbindung des Lignins mit den Kohlenhydraten des Holzes wird heute nicht mehr bestritten[1]. Eine Trennung dieser Stoffe voneinander mit völlig indifferenten Reagenzien ist praktisch unmöglich. Man nimmt deshalb zur Oxydation, Chlorierung oder anderen ähnlich aggressiven Methoden Zuflucht.

In den letzten Jahren ist eine Reihe von Arbeiten zur Erforschung der Holocellulose veröffentlicht worden. Unter dem Begriff „Holocellulose" versteht man den gesamten Kohlenhydratanteil des Holzes, der nach der Entfernung des Lignins durch Chlor mit anschließendem Auswaschen der Chlorierungsprodukte übrigbleibt. Als Lösungsmittel finden Alkohol-Pyridin, Äthanolamin und andere Verwendung. In der Holocellulose sind infolgedessen enthalten: die gesamte Cellulose, die Pentosane, Hexosane und Polyuronide. Die Ausbeute an Holocellulose beträgt bei Nadelhölzern 70 bis 73%, bei Laubhölzern 72 bis 78%[2]. Die Holocellulose ist für die Erforschung der Hemicellulosen außerordentlich geeignet, letztere können bequem mit Hilfe von Natronlauge, Sodalösung, Wasser oder anderen Lösungsmitteln aus dem Komplex herausgelöst werden.

Bekanntlich hat man nach Wegen gesucht, um den Kohlenhydratanteil des Holzes ohne das störende Lignin untersuchen zu können. Dabei ist die sogenannte „Skelettsubstanz" durch Behandlung des Holzes mit schwacher Chlordioxydlösung und Auswaschen mit Natriumsulfitlösung oder wäßrigem Pyridin erhalten worden. Außer den Oxydationsprodukten werden dabei die Chlorierungsprodukte des Lignins und ein Teil der Hemicellulosen entfernt.

Es ist nachgewiesen worden[3], daß Xylan und Cellulose in der „Skelettsubstanz" stets im gleichen Mengenverhältnis enthalten sind. Dabei entfällt auf drei Glukosereste ein Xyloserest. Andere Autoren, die Chlorwasser statt des Chlordioxyds verwendeten, konnten diese Angaben nicht bestätigen.

---

[1] Н. И. Никитин, Бум. пром. (N. I. Nikitin, Papierind.) Nr. 6, 17 (1935). — Н. И. Никитин и И. М. Орлова, ЖПХ (N. I. Nikitin u. I. M. Orlowa, Z. Angew. Chemie [russ.]) 9, 2216 (1936). — Н. И. Никитин, М. А. Авидон и И. М. Орлова, ЖПХ (N. I. Nikitin, M. A. Awidon u. I. M. Orlowa, Z. Angew. Chemie [russ.]) 9, 2210 (1936). — Н. И. Прянишников и Е. Д. Нестерова, ЖПХ (N. I. Prjanischnikow u. Je. D. Nesterowa, Z. Angew. Chemie [russ.]) 11, 955 (1938). — Л. П. Жеребов, Бум. пром. (L. P. Sherebow, Papierind.) Nr. 3/4, 14 (1946) — Larinkari, J. Pappers och travarce tidskrift for Finland 28, 55 (1946).

[2] Т. И. Руднева и С. Д. Антоновский, Руководство к практическим работам по химии древесины и целлюлозы (T. I. Rudnjewa u. S. D. Antonowski, Anleitung zum praktischen Arbeiten in der Chemie des Holzes und der Cellulose) 1951.

[3] Н. И. Никитин, Химия древесины (N. I. Nikitin, Chemie des Holzes) 1935, S. 87.

Bei der Behandlung von Ahornholz, abwechselnd mit Chlor und Alkohol-Pyridin, wird das gesamte Lignin entfernt, während der Kohlenhydratanteil fast unverändert geblieben ist. Den Rückstand hat man als Holocellulose bezeichnet, die sich mit der von anderen Autoren ebenfalls aus Ahornholz erhaltenen „Skelettsubstanz" identisch erwiesen hat. Die Gründe für all diese Beziehungen müssen offenbar auch noch in dem unterschiedlichen kolloidchemischen Zustand der Hemicellulosen und der Art ihres Einbaues in die Zellwand gesucht werden.

Im folgenden wird eine Methode zur quantitativen Bestimmung der Holocellulose beschrieben[1]. Das Material, am besten Holzmehl, wird mit Alkohol-Benzol oder Äther erschöpfend extrahiert. Anschließend wägt man 2 g vom Rückstand in einen Glasfiltertiegel ein, der auf eine Saugflasche gesetzt wird, und befeuchtet das Holzmehl mit kaltem Wasser, dessen Temperatur nicht höher als 8° sein soll. Nach Absaugen des Wassers wird der Tiegel oben mit einem Gummistopfen verschlossen, durch den ein Glasrohr in den Tiegel führt. Man leitet nun zunächst 3 Minuten Chlorgas durch, unterbricht, um das Material durchzumischen, und chloriert nochmals 2 Minuten. Zur Entfernung des Chlors und der gebildeten Salzsäure wird mit Alkohol gewaschen. Den chlorfreien Rückstand übergießt man darauf mit einer 3%igen Lösung von Monoäthanolamin in 95%igem Alkohol, deren Temperatur nicht unter 75° betragen darf und saugt nach 2 bis 3 Minuten ab. Material aus Laubhölzern färbt sich dabei rot, aus Nadelhölzern braun.

Die Chlorierung und das Auswaschen wird so lange wiederholt, bis das Holzmehl sich nicht mehr verfärbt. Zum Abschluß der Behandlung wäscht man mit Alkohol, Wasser, nochmals Alkohol und verdrängt diesen durch Äther. Die erhaltene Holocellulose wird zunächst an der Luft, schließlich aber im Trockenschrank bei 105° bis zur Gewichtskonstanz getrocknet.

Nach der beschriebenen Methode haben MITCHELL und RITTER[2] Holocellulose aus Ahornholz in einer Ausbeute von 74%, auf extraktfreies, trockenes Holz bezogen, erhalten. Durch anschließende Behandlung der Holocellulose mit heißem Wasser (1 Std.), kalter 2%iger Sodalösung (48 Std.), kalter 4%iger Natronlauge (1 Std.) und heißer 10%iger Natronlauge (1 Std.) haben sie vier verschiedene Hemicellulosefraktionen isolieren können. Die erste ist nochmals unterteilt worden: *A* durch Fällung mit Aceton und *B* mit 95%igem Alkohol.

Bei den wasserlöslichen Polyuroniden ist interessanterweise die Anwesenheit von Acetylgruppen festgestellt worden, die offenbar aus der Hemicellulose stammen. In den alkalischen Extrakten fehlen sie, da bereits eine Verseifung stattgefunden hat. Mit Hilfe von DP-Bestimmungen haben die Autoren für die Fraktion *A* eine Kettenlänge von ungefähr 10 Einheiten, für die Fraktion *B* dagegen 20 gefunden.

Andere Autoren[3] haben aus Espenholzholocellulose drei verschiedene Hemicellulosefraktionen isolieren können. Die erste Fraktion, durch Extraktion mit heißem Wasser erhalten, beträgt 2%, die zweite, mit 1%iger Natronlauge, ergibt 1%, und die dritte, mit 5%iger Natronlauge, macht 7% des ursprünglichen Materials aus. Die Molekulargewichte dieser Fraktionen sind sowohl viskosimetrisch als auch auf osmotischem Wege bestimmt worden. Die Werte schwanken von 8000 bis 11000. Die Unterschiede in der Löslichkeit werden

---

[1] W. BE'KUM u. G. RITTER, Paper Trade J. **104**, Nr. 19, 49; **105**, Nr. 18, 127 (1937). — G. HAJNY u. G. RITTER, Paper Trade J. **113**, Nr. 13, 83 (1941).

[2] R. MITCHELL u. G. RITTER, J. Am. Chem. Soc. **62**, 1958 (1940). — R. MITCHELL, S. ROGES u. G. RITTER, Analyt. Chem. **19**, 1029 (1947); Ind. Eng. Chem. **40**, 1528 (1948).

[3] M. MILLETT u. A. STAMM, J. Phys. Coll. Chem. **51**, 134 (1947).

nach Ansicht der Autoren durch die verschiedene chemische Zusammensetzung bedingt.

SHEREBOW und PALEJEW[1] haben Holocellulose aus Roggenstroh nach einem etwas modifizierten Verfahren dargestellt. Als Waschflüssigkeit nach erfolgter Chlorierung verwenden sie Alkohol-Pyridin (1:1). Bei sorgfältiger Einhaltung der Arbeitsbedingungen beträgt die Ausbeute 73,8% mit einem Fehler von ± 0,14%. Nach Meinung der Autoren stellt dieses Produkt den vollständigen und einheitlichen Kohlenhydratkomplex des Zellwandmaterials dar. Er unterscheidet sich von dem ursprünglichen Stroh in chemischer Hinsicht nur durch das Fehlen des Lignins.

Zu den gleichen Ergebnissen ist PALEJEW[2] gelangt, indem er zum Auswaschen der Chlorierungsprodukte Alkohol-Benzol benutzt hat. JAYME[3] hat Holocellulose durch Behandlung des Holzes mit Natriumchlorit dargestellt, wobei fast kein Verlust an Polysacchariden aufgetreten ist. Das Produkt enthält die gesamten, im Holz vorkommenden Hemicellulosen. Der Autor hat z. B. aus Pappelholz eine fast ligninfreie Holocellulose in 79%iger Ausbeute erhalten.

Durch Behandlung der Holocellulose mit 10%iger Natronlauge unter Stickstoff sind 42% in Lösung gegangen, was 33,2% des ursprünglichen Holzes entspricht. Aus Buchenholz erhält man 78,2%, aus Kiefer 71,7% Holocellulose.

Die Erforschung der Holocellulose führt zu interessanten, für die Praxis bedeutsamen Folgerungen. So ist z. B. gezeigt worden, daß Holocellulose 2 bis 6% mehr α-Cellulose enthält als die nach CROSS und BEVAN isolierte Cellulose und etwa 13,4% mehr als der entsprechende Zellstoff. Ferner finden sich Hinweise, daß die Holocellulose ein ausgezeichnetes Ausgangsmaterial zur Herstellung von hochviskosen α-Zellstoffen für die verschiedensten technischen Zwecke vorstellt. Besonders hergestellte Blätter aus Espenholzholocellulose[4] (70% Holocelluloseausbeute) eignen sich hervorragend für mechanische Untersuchungen.

Bei der Isolierung von Holocellulosen aus Stroh, Kartoffelkraut, Espartogras, Sonnenblumenstielen, Tabakstengeln usw. erhält man eine um etwa 10% höhere Ausbeute an Cellulose als nach irgendeinem anderen Verfahren. Der Gehalt an α-Cellulose beträgt im Durchschnitt 80%. In der Festigkeit gleichen diese Produkte guten Holzzellstoffen[5].

Cellulosane

Die Hemicellulosen der verschiedenen Holzarten unterscheiden sich in bezug auf ihre chemische Zusammensetzung sehr stark voneinander. So sind z. B. im Kiefernholz hauptsächlich Hexosane, Pentosane und geringe Mengen von Polyuronsäuren enthalten. Im Buchenholz findet man dagegen im wesentlichen Pentosane und Polyuronide. Außerdem enthalten beide Arten aber noch

---

[1] Л. П. Жеребов и А. М. Палеев, Бум. пром. (L. P. SHEREBOW u. A. M. PALEJEW, Papierind.) Nr. 13, 16 (1936).

[2] А. М. Палеев, Биохимия (A. M. PALEJEW, Biochemie) **1**, 654 (1936).

[3] G. JAYME, Papierfabr. Nr. 9 295 (1944). — G. JAYME u. S. Mo, Papierfabr. **39**, 193 (1941); Cellulosechem. **20**, 43 (1942).

[4] R. E. MARSH, Paper Trade J. **21**, 51 (1948).

[5] A. W. SOHN, Autorreferat nach einem Vortrag (1942). — F. REIFF, Papierfabr. **40**, 1 (1942).

leicht alkalilösliche kurzkettige Polysaccharide, die zum Teil zu den sogenannten Cellulosanen gehören. Diese stellen Polysaccharide mit geringer Kettenlänge dar, die in orientierter Form von den längeren Cellulosemolekülen eingeschlossen sind. Sie enthalten keine Carboxylgruppen. Die Cellulosane können relativ leicht durch Alkali extrahiert werden und sind leicht hydrolysierbar. Man nimmt an, daß sie zum Bestand der Cellulose selbst gehören und lediglich die Anteile mit den kürzesten Ketten vorstellen.

Die Erforschung dieser Stoffklassen ist wesentlich leichter durchzuführen als bei den polyuronidischen Hemicellulosen, da sie in verhältnismäßig reiner Form aus Holocellulose durch alkalische Extraktion erhalten werden können.

In der Literatur finden sich Hinweise, daß die Cellulosane den Hauptanteil der mit β-Cellulose bezeichneten Fraktion vom technischen Zellstoff bilden[1]. Wie angenommen wird, sind die Cellulosane enger mit der Cellulose verbunden, die polyuronidischen Hemicellulosen dagegen mit dem Lignin (vgl. Schema).

Schematische Verteilung der Hemicellulosen

alkalilösliche Hemicellulosen

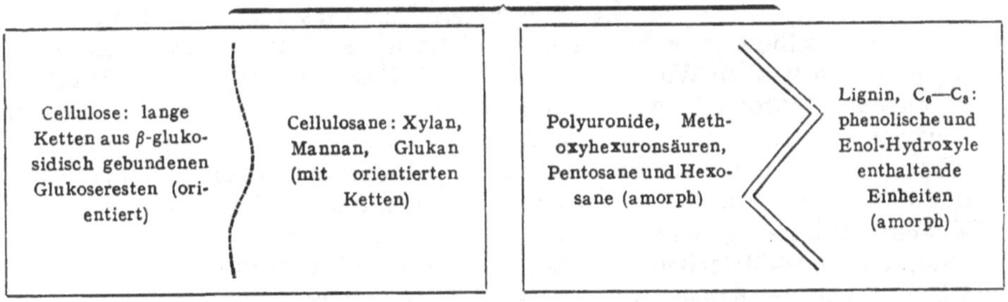

Bei der Hydrolyse des Glukans wird, wie auch im Falle der Cellulose, d-Glukose erhalten. Nach Literaturangaben[2] beträgt der Gehalt an Glukan im Fichtenholz 7 bis 8% (34% aller bei der Hydrolyse in einer Ausbeute von 20,6% des Holzes erhaltenen Zucker). Mit Hilfe einer Stufenhydrolyse mit 0,5%iger Schwefelsäure bei 7 atm. hat Scharkow[3] im Kiefernholz 5% und im Birkenholz 11,5% Glukan gefunden. Die Erforschung des Glukans steckt in den Anfängen. Es ist durchaus möglich, daß die bei einer schwachen Hydrolyse des Holzes auftretende Glukose nicht nur aus dem Glukan, sondern auch aus dem leicht zugänglichen, amorphen Teil der Cellulose stammt.

Wesentlich besser untersucht ist ein aus Bierhefe in einer Menge von 1,5%[4] isoliertes Glukan (abwechselnd Extraktion mit heißer Lauge und 3%iger Salzsäure). Dieses Produkt enthält ausschließlich Glukose, es unterscheidet sich in seinen Eigenschaften sehr von der Cellulose und Stärke (unlöslich in heißem Wasser und Kupferoxydammoniak, löslich dagegen in 40- bis 42%iger Salzsäure, aus der es beim Verdünnen wieder ausfällt). Durch partielle Hydrolyse ist ein Disaccharid erhalten worden, das weder mit Cellobiose, Maltose

[1] Н. И. Никитин, Бум. пром. (N. I. Nikitin, Papierind.) Nr. 1, 6 (1947).
[2] E. Hägglund, Holzchemie, 1939, S. 113.
[3] В. И. Шарков и В. С. Муромцева, Лесохим. пром. (W. I. Scharkow u. W. S. Muromzewa, Holzchem. Ind.) Nr. 4, 5 (1940).
[4] L. Zechmeister u. G. Tóth, Biochem. Ztschr. **270**, 309 (1934).

noch Gentiobiose identisch ist. Methylierung und anschließende Hydrolyse des Glukans ergibt 2,4,6-Trimethylglukose. Es ist deshalb anzunehmen, daß die Glukosereste in 1-3-Stellung miteinander verbunden sind. Andere Autoren[1] sind bei der Darstellung von Derivaten dieses Produktes zu den gleichen Ergebnissen gelangt.

Wäßrige Extrakte von Hemicellulosen

Die bei der Isolierung der Holzkomponenten in reiner und unveränderter Form auftretenden Schwierigkeiten sind, wie bereits erwähnt, hauptsächlich durch die Kompliziertheit des Aufbaues der Zellwand und die entsprechend engen Bindungen zwischen den Einzelbestandteilen bedingt. Für die Tatsache, daß der eine Teil der Hemicellulose leicht entfernbar ist, der andere dagegen wesentlich fester gehalten wird, kann bis jetzt noch keine Erklärung gegeben werden. Möglicherweise ist der erstere leichter zugänglich für irgendwelche Agenzien und kann infolgedessen schneller gelöst werden. Der andere Teil befindet sich entweder an geschützteren Stellen oder besitzt eine andere kolloidchemische Zustandsform und erweist sich eben deshalb als schwerer zugänglich.

Es gibt im Holz Polyosen, die einen gemischten Charakter besitzen und die eine für Hemicellulosen etwas ungewöhnliche Eigenschaft besitzen. Sie lösen sich nämlich in heißem Wasser sehr leicht auf. KLASON[2] hat durch Extraktion von jungem Fichtenholz mit heißem Wasser ungefähr 10% des Holzes in Lösung bringen können. Diese leicht löslichen Stoffe bezeichnet man als „Holzgummi". Der wäßrige Extrakt enthält jedoch nicht nur eine Komponente, sondern stellt ein Gemisch verschiedener Kohlenhydrate dar, unter denen ca. 25% Pentosane nachgewiesen sind.

SHEREBOW und Mitarbeiter[3] haben bei der Extraktion mit Wasser aus der sibirischen Lärche Mengen von 9 bis 20% derartiger Gummistoffe isolieren können. Im Kernholz der dahurischen Lärche sind, wie NIKITIN, ZWETAJEWA und MUKOWNIKOWA gefunden haben, bis zu 10 bis 20% eines wasserlöslichen, komplexen Polysaccharids, Arabogalaktan, enthalten. Im Splintholz ist dagegen nur eine Menge von 1% nachgewiesen worden. Durch 200- bis 250-stündige Wasserkochung von Torfmoosen hat KURBATOW[4] Hemicellulosen mit einer Ausbeute von 40% extrahiert, die aus Xylose (26%), Mannose 6,4%), Galaktose (23 bis 30%) und Glukose (40%) bestehen. Wahrscheinlich sind diese Zucker infolge der relativ langen Dauer der hydrolytischen Wirkung des Wassers aus den entsprechenden Polysacchariden entstanden.

Bei der Untersuchung der Komponenten von Baumwollsamenschalen haben ODINZOW, ZYPKINA und JEGOROW[5] wiederholte Extraktionen mit heißem Wasser, insgesamt 23 zu je 2 Stunden, durchgeführt. Dabei haben sie fest-

[1] K. FREUDENBERG u. E. PLANKENHORN, Ann. **536**, 257 (1938).

[2] E. HÄGGLUND, Holzchemie, 1939.

[3] Л. П. Жеребов, С. Р. Зубкова-Гитлер и Р. С. Залманзон, Тр. Центр. лесохим. инст. (L. P. SHEREBOW, S. R. SUBKOWA-GITLER u. R. S. SALMANSON, Arb. d. Zentr. Holzchem. Inst.) Heft 2, 82 (1933).

[4] И. М. Курбатов, Состав сфагновых мхов. Сб. работ Белорусск. Гос. политехн. инст. (I. M. KURBATOW, Zusammensetzung von Torfmoosen, Gesamm. Arb. d. Weißruss. staatl. polytechn. Inst.) Heft 17, 107 (1938).

[5] П. Одинцов, М. Цыпкина и Л. Егоров, ЖПХ (P. ODINZOW, M. ZYPKINA u. L. JEGOROW, Z. Angew. Chemie [russ.]) **9**, 118 (1936).

stellen können, daß das Verhältnis zwischen den in Lösung gehenden Pentosanen und Polyuronsäuren stets gleich geblieben ist. Die Autoren schließen daraus, daß zwischen diesen Komponenten eine chemische Bindung vorhanden ist.

JEFIMENKO[1] hat aus wäßrigen Extrakten trockner Wurzeln von Ferulaarten[2] durch Fällung des eingeengten Konzentrats mit der 5fachen Menge Alkohol Gummen isoliert. Insgesamt sind 47,6 % wasserlösliche Stoffe erhalten worden, davon ließen sich 30,2 % mit Alkohol fällen. Ferner ist ein aus dem Milchsaft verschiedener Ferulaarten entstehendes und am Stengel knapp über dem Wurzelansatz austretendes Harzgummi untersucht worden. An wasserlöslichen Stoffen sind dabei 6,6 bis 12,5 % gefunden worden. Der durch Alkohol fällbare Anteil beträgt entsprechend 4,5 bis 9,2 %. Aus den erhaltenen Resultaten wird gefolgert, daß die Gummen kompliziert aufgebaute Stoffe sind, deren Hauptanteil jedoch Polysaccharide bilden, die bei der Hydrolyse Glukose, Arabinose, Xylose und einige andere Zucker ergeben.

Durch wiederholte Extraktion eines Haferstrohzellstoffes mit heißem Wasser (20mal) ist es gelungen, ca. 35% in Lösung zu bringen, wovon die Hälfte aus Xylan besteht[3]. Der größte Teil der Autoren ist der Meinung, daß für den Verlauf der wäßrigen Hydrolyse die abgespaltene Essig- und Ameisensäure eine große Rolle spielen. Diese sollen als Katalysatoren bei der Sprengung der Lignin-Kohlenhydrat-Bindungen wirken und so eine allmähliche Hydrolyse der Polysaccharide verursachen[4].

Die im allgemeinen bei der Anwendung von Mineralsäuren stattfindende Humifizierung wird bei der milden wäßrigen Hydrolyse fast völlig zurückgedrängt. SCHARKOW und JEFIMOW[5] haben durch 6stündige Extraktion von zerkleinertem Kiefernholz mit Wasser bei 100° 5,6% Hemicellulosen (auf Holz bezogen) in Lösung bringen können. 1-stündige Kochung im Autoklaven bei 174° hat bereits eine Ausbeute von 12 bis 13% ergeben. Durch eine verlängerte Kochdauer unter den zuletzt genannten Bedingungen sind bis zu 16% herausgelöst worden.

SCHÜTZ und SARTEN[6] haben 5 bis 35% von Birkenholz in Lösung gebracht, indem sie Kochungen mit Wasser bei 100°, 135° und 165° durchführten. Die gleichen Autoren haben ferner gezeigt, daß das Holz ohne Veränderung der elementaren Zusammensetzung insgesamt als Komplex in Lösung gebracht werden kann. SCHÜTZ und SARTEN sind deshalb geneigt, die Existenz des Lignins im Holz als individueller aromatischer Stoff zu verneinen. Denn das Lignin weist einen hohen Kohlenstoffgehalt auf, durch den es sich vom Holz als Gesamtheit differenziert.

A. SAIZEWA und N. NIKITIN[7] haben in ihrer Arbeit über die chemische

---

[1] О. Ефименко, ЖПХ (O. JEFIMENKO, Ž. Angew. Chemie [russ.]) 12, 102 (1939).

[2] Ferulaarten sind typische Vertreter der Flora Zentralasiens. Sie unterscheiden sich unter anderem durch den Gehalt an ätherischen Ölen voneinander.

[3] L. E. WISE, Wood chemistry, 1944, S. 97/105.

[4] W. OVERBECK u. K. MÜLLER, Ber. 75, 547 (1942); vgl. G. JAYME, Papierfabr. Nr. 9, 295 (1944).

[5] В. Шарков, Гидролизное производство (W. SCHARKOW, Hydrolysenindustrie) 1, 180 (1945).

[6] F. SCHÜTZ u. P. SARTEN, Cellulosechem. 22, 1 (1944).

[7] А. Ф. Зайцева и Н. И. Никитин, ЖПХ (A. F. SAIZEWA u. N. I. NIKITIN, Z. Angew. Chemie [russ.]) 24, 392 (1951).

Zusammensetzung von Eichenholz mit Hilfe milder Hydrolyse und Delignifizierung die erwähnten Vorstellungen kritisiert und als unrichtig bezeichnet. Die Autoren haben Eichenholz mit Wasser gekocht und die Flüssigkeit jeweils nach 4 Stunden durch frisches Wasser ersetzt. Die Ausbeuten an wasserlöslichen Anteilen betrugen nach 50 Stunden 11,2%, nach 100 Stunden 32,0%, nach 500 Stunden 51,5% und nach 1000 Stunden 65,6%. Die elementare Zusammensetzung der unlöslichen Rückstände und der in Lösung gegangenen Anteile zeigt tatsächlich keine großen Unterschiede. Der Kohlenstoffgehalt schwankt zwischen 48,8 und 50,2%, der Wasserstoffgehalt von 5,9 bis 6,1%.

Die einzelnen Komponenten des Holzes zeigen jedoch unterschiedliche Geschwindigkeiten bei der Auflösung infolge der wäßrigen Hydrolyse. Am schnellsten werden die Pentosane und Polyuronide, etwas langsamer bereits das Lignin und sehr allmählich erst die Cellulose aufgelöst. So ist es z. B. gelungen, durch eine wäßrige Extraktion von 1000 Stunden Dauer 90% des gesamten, im Holz vorhandenen Pentosans, 95% der Polyuronsäure, 75% des Lignins und nur 36% der Cellulose in Lösung zu bringen. Die Versuche haben ferner ergeben, daß das Holz nicht als einheitliches Komplex aufgelöst wird, sondern daß eine mehr oder weniger selektive Lösung der Einzelkomponenten stattfindet. Die Existenz des Lignins kann auf Grund der erwähnten Versuche nicht nur vermutet werden, sondern sie wird direkt bestätigt.

In einer Reihe von Arbeiten über die Wirkung von überhitztem Wasserdampf (~ 270°) auf Holz wird angegeben, die Anwesenheit von Stoffen mit Kohlenhydratcharakter in den thermischen Zersetzungsprodukten könne dadurch erklärt werden, daß die Cellulose zu Lävoglukosan umgewandelt wird, welches mit dem Dampf übergeht[1]. Ferner hat sich bei diesen Untersuchungen ergeben, daß die größten Veränderungen bei den Pentosanen und zum Teil auch im Lignin stattfinden[2].

Einige Mitteilungen über die Einwirkung von Wasser auf das Pflanzengewebe bei hohen Temperaturen hat SCHARKOW[3] geliefert. Der Autor ist der Ansicht, daß dabei mehrere Reaktionen nacheinander ablaufen, wobei etwa nachstehende Reihenfolge zu beobachten ist. Zunächst findet eine Hydrolyse bis zu den monomeren Bausteinen statt. Sekundär entstehen daraus Furfurol, Oxymethylfurfurol, organische Säuren und Huminstoffe.

Industrielle Verwertung der Hemicellulosen

Wie bereits zum Ausdruck gebracht, beträgt der Anteil der Hemicellulosen im Holz 17 bis 41%, je nach der Art. Es ist deshalb nicht sehr verwunderlich, daß man in den letzten 15 Jahren nach Möglichkeit zu einer industriellen Ausnutzung dieser bisher nicht erschlossenen Rohstoffquelle gesucht hat. So werden z. B. aus dem Xylan kristallisierte Xylose und deren Derivate hergestellt, ferner Furfurol, Xylit, Trioxyglutarsäure, aber auch eiweißhaltige Kraftfuttermittel. Die in den Holzhydrolysaten anfallenden Hexosane können zu Alkohol vergoren werden. Durch Oxydation oder Reduktion stellt man Methylglyoxal, Erythronsäure, Glycerinsäure, Erythrit, Glycerin, Glykol, Propylenglykol u. a. m. aus den Hemicellulosen her[4].

---

[1] А. С. Лапшина, ЖПХ (A. S. LAPSCHINA, Z. Angew. Chemie [russ.]) **11**, 65 (1938).

[2] Б. П. Осанов, Лесохим. пром. (B. P. OSSANOW, Holzchem. Ind.) Nr. 6, 57 (1939).

[3] В. И. Шарков, Гидролизное производство (W. I. SCHARKOW, Hydrolysenindustrie) **2**, 115 (1948).

[4] В. А. Смирнов, Усп. хим. (W. A. SMIRNOW, Fortschr. d. Chemie [russ.]) **17**, 468 (1948).

Einen großen Einfluß besitzen die Hemicellulosen auf die Papiereigenschaften[1]. Es ist festgestellt worden, daß z. B. die Hydratisierung von Holocellulose beim Vermahlen wesentlich schneller stattfindet als bei einem weniger Hemicellulosen enthaltenden Zellstoff. Die mechanische Festigkeit eines aus Holocellulose hergestellten Papiers ist ebenfalls bedeutend größer. Isolierte Fasern aus Holocellulose mit relativ viel niedermolekularen Hemicelluloseanteilen sind weniger fest, da die letzteren nur eine geringe Klebekraft besitzen.

Entfernt man aus der Holocellulose lediglich die Hemicellulosen mit den niedrigsten Molekulargewichten, so wird sofort die Festigkeit erhöht[2]. Es ist festgestellt worden, daß die Zugabe von reinem Xylan beim Vermahlen von Cellulose (Lumpen) eine raschere Hydratisierung der Masse bewirkt, wie auch eine wesentliche Verbesserung der Festigkeit. Ein völlig von Hemicellulosen befreiter Zellstoff (mit 99% α-Cellulose) ist auch trotz langer Mahldauer zur Papierherstellung ungeeignet. Zum Abschluß sei noch auf einige spezielle Arbeiten über die Verwertung der Hemicellulosen hingewiesen[3].

---

[1] B. Thomas, Pap. Ind. **26**, 1281; **27**, 374 (1945). — H. Houtz u. E. Kurth, Paper Trade J. **109**, 38 (1939). — W. Beckum u. G. Ritter, Paper Trade J, **108**, 27 (1939).

[2] Л. П. Жеребов, Бум. пром. (L. P. Sherebow, Papierind.) Nr. 7, 21 (1927). — Я. Г. Хинчин, Бум. пром. Ja. G. Chintschin, Papierind.) Nr. 10 (1927); Nr. 12, 4 (1939).

[3] В. А. Смирнов, Усп. хим. (W. A. Smirnow, Fortschr. d. Chemie [russ.]) **17**, 468 (1948).

NEUNTER ABSCHNITT

Hexosane

Die hauptsächlichsten Vertreter der Hexosane sind das Mannan und das Galaktan, aus denen durch Hydrolyse Mannose bzw. Galaktose entstehen. Weniger erforscht sind das Lävulan oder Fruktosan und das Glukosan, deren Hydrolyse Fruktose bzw. Glukose ergibt. Das Glukosan unterscheidet sich von der Cellulose durch seine leichtere Hydrolysierbarkeit. Außerdem finden sich in der Pflanzenwelt noch Hexosane gemischten Charakters, wie Fruktomannan, Glukomannan, Arabogalaktan, Glukoaraban u. a.

Die Hexosane bestehen aus kettenförmig miteinander verbundenen Hexoseanhydridresten. Es sind jedoch auch einige bekannt, deren Moleküle verzweigte Ketten enthalten. Der Charakter der Hexosanketten ist der gleiche wie bei der Cellulose, Unterschiede bestehen lediglich in der verschiedenen räumlichen Anordnung der H-Atome und OH-Gruppen:

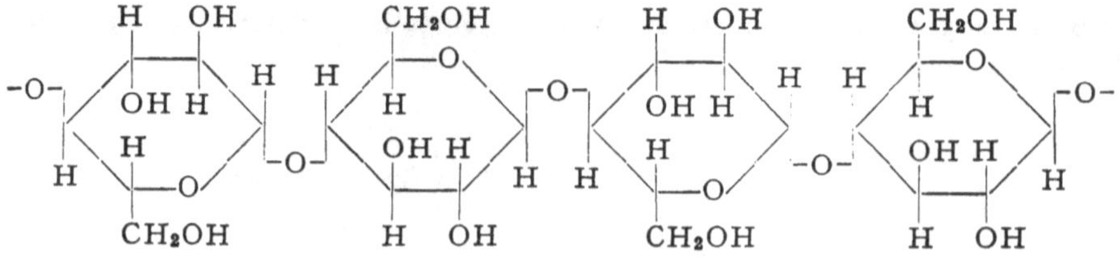

Cellulosekette

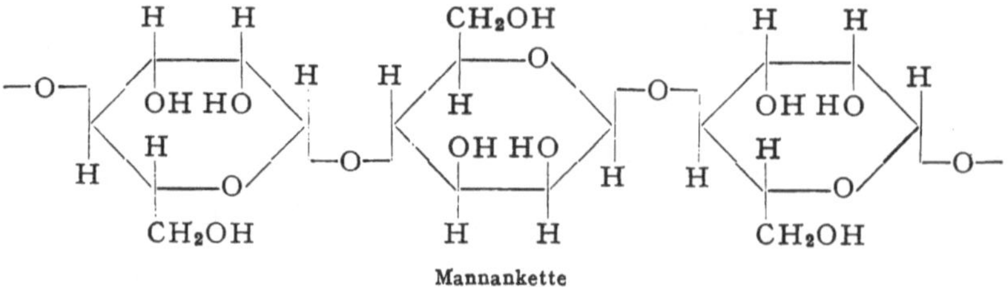

Mannankette

Die Kettenlänge der Hexosane ist wesentlich geringer als die der Cellulose. Die Stellung der substituierenden Atome und Radikale hängt von der jeweiligen Konfiguration der das Hexosan aufbauenden monomeren Zuckern ab:

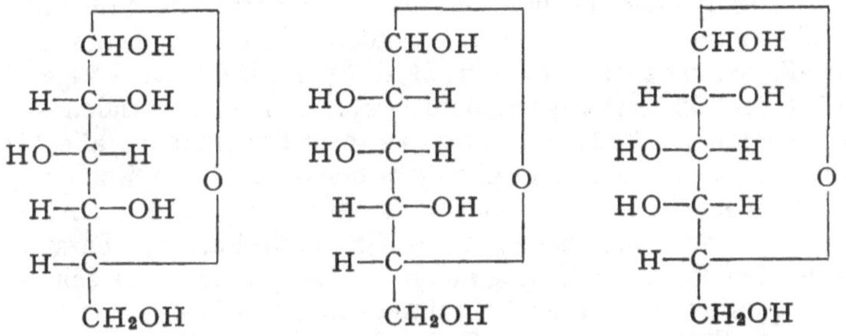

Glukose Mannose Galaktose

Die Anwesenheit von Hexosanen in irgendeinem Material erkennt man an dem Auftreten entsprechender einfacher Zucker bei der Hydrolyse. Identifiziert werden diese durch ihre Derivate. Durch quantitative Bestimmung der Zucker und Umrechnung wird der Hexosangehalt des Materials ermittelt.

Charakteristisch für Mannose ist das Phenylhydrazon, das in Aceton unlöslich ist und bei 204 bis 205° schmilzt. Die gleichen Dienste leistet auch das *p*-Bromphenylhydrazon.

Galaktose kann als solche, in kristallisierter Form, als Methylphenylhydrazon (F.190 bis 191°) oder durch Oxydation zu Schleimsäure charakterisiert werden.

Fruktose identifiziert man als α-Methylphenylhydrazon (F. 147 bis 148°).

Wird bei der Hydrolyse nur eine einzige Zuckerart gefunden, so kann man daraus folgern, daß das ursprüngliche Polysaccharid nur aus den Monoseresten dieser Art aufgebaut ist. Findet man dagegen verschiedene Zucker, so kann das Polysaccharid entweder ein Gemisch von in sich einheitlichen polymeren Stoffen sein oder aber die verschiedenen Zuckerreste chemisch miteinander verbunden im gleichen Molekül enthalten. Infolge der mannigfaltigen Kombinationen bei der Anordnung der Zuckerreste in den Polysaccharidmolekülen ist es unmöglich, die Untersuchung lediglich auf die Hydrolysenprodukte zu beschränken. Für eine genauere Erforschung ist es deshalb notwendig, von den isolierten und gereinigten Polysacchariden auszugehen.

Da geeignete Methoden zur vollständigen Reindarstellung derartiger Produkte, besonders aus Holz, bis heute noch nicht bekannt sind, hat man nur wenige Hexosane in reiner Form erhalten können. In den letzten Jahren ist gezeigt worden, daß aus verschiedenen Materialien Polysaccharidpräparate dargestellt werden können, die bei der Hydrolyse zwar die gleiche Zuckerart ergeben, sich aber trotzdem in vielen Eigenschaften sehr stark voneinander unterscheiden.

Ein allgemein anwendbares Verfahren zur Gewinnung der Hexosane, wie auch der Hemicellulosen als Gesamtheit, besteht in der Behandlung des gut zerkleinerten Rohmaterials mit Alkalilaugen geringer Konzentration. Manchmal führt auch Wasser bereits zum Ziel. Aus den Alkaliextrakten kann man die Hexosane als alkalischen Kupferkomplex fällen. Durch Ansäuern und Fällung mit Alkohol erhält man schließlich das Endprodukt. Für den Fall, daß das Polysaccharid in Wasser unlöslich ist, genügt eine einfache Neutralisation des alkalischen Auszuges, wobei das Hexosan ausfällt. Aus wäßrigen Extrakten lassen sie sich unmittelbar mit Alkohol fällen.

Die in reiner Form isolierten Hexosane sind gewöhnlich in schwachen Laugen löslich, in Wasser quellen sie und lösen sich nur in geringem Maße auf. Ihre Hydrolyse erfolgt bereits unter wesentlich milderen Bedingungen als für die Cellulose notwendig. So ist z. B. schon eine Hydrolyse mit 0,5- bis 1%iger Schwefelsäure bei 100 bis 108° unter normalem Druck in 4 bis 5 Stunden vollständig.

Eine allgemeine Methode zur quantitativen Bestimmung aller Hexosane, ähnlich wie bei den Pentosanen, gibt es bisher nicht. Beim Kochen der Hexosane mit 12%iger Salzsäure werden diese zunächst zu den entsprechenden Hexosanen abgebaut, aus denen dann Oxymethylfurfurol entsteht. Unter den herrschenden Reaktionsbedingungen ist dies jedoch nicht sehr beständig. Es wird zum größten Teil unter Aufnahme von 2 Mol Wasser zu Ameisensäure und Lävulinsäure umgewandelt. Diese Reaktion verläuft nach folgendem Schema:

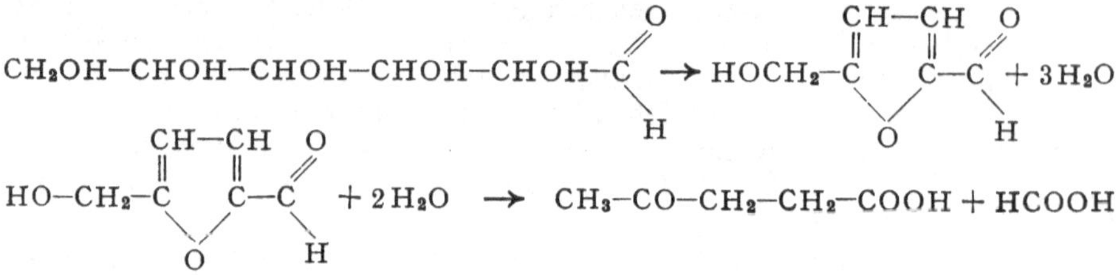

In den meisten Fällen erfolgt die quantitative Bestimmung der Hexosane im Holz mit Hilfe der bei der Hydrolyse entstehenden Zucker. Wie bereits erwähnt, lassen sich die Hexosane im allgemeinen leichter hydrolysieren als die Cellulose, jedoch kommen im Holz auch schwerer hydrolysierbare vor. Zu den ersteren gehören z. B. das Galaktan und der größte Teil des Mannans. Diese werden durch 0,5- bis 1%ige Schwefelsäure bei 100 bis 103° bereits vollständig hydrolysiert. Zu den schwerer hydrolysierbaren gehören der kleinere Teil des Mannan und Fruktosan. In diesem Falle hilft nur eine Totalhydrolyse des gesamten Kohlenhydratanteils des Holzes weiter. Unter den Bedingungen des Sulfitaufschlusses wird das gesamte Galaktan entfernt, ebenso ein Teil des Mannans. Das restliche Mannan und das gesamte Fruktosan sind stets noch im Zellstoff zu finden. Dagegen wird bei einem Aufschluß des Holzes mit Chlor das Galaktan nur zum Teil entfernt. So ist z. B. in einem Fichtenzellstoff

TABELLE 49

Hexosangehalt in verschiedenen Holzarten[1]

Lfd. Nr.	Art	Hexosan in %
1	Fichte (*Picea excelsa*) ...	10,16
2	Kiefer (*Pinus silvestris*) ..	8,54
3	Kiefer	12,78
4	Espe (*Populus tremula*) ..	0,67
5	Tanne	13,58
6	Birke	4,61
7	Pappel	2,60
8	Buche	4,36
9	Eiche	5,70
10	Weide	5,05
11	Erle	3,65

[1] Nr. 1, 2, 4 nach Ф. Комаров и А. Яковлев, Бум. пром. (F. KOMAROW u. A. JAKOWLJEW, Papierind.) Nr. 3, 13 (1932). – Nr. 3, 5 bis 11 nach J. KÖNIG u. E. BECKER Z. Angew. Chemie **32**, 55 (1919).

nach der Chlorierung ein Galaktosegehalt von 1% festgestellt worden. Im ursprünglichen Holz beträgt der Galaktangehalt 1,4%, 40% des Galaktans sind also im Zellstoff verblieben[1].

Nadelhölzer enthalten wesentlich mehr Hexosane als Laubhölzer. Zur Orientierung über den Gehalt an leicht hydrolysierbaren Hexosanen dienen die in der Tab. 49 angeführten Daten.

Die angegebenen Werte sind zum Teil von KOMAROW und JAKOWLJEW aus dem Gesamtgehalt an Mannan plus Galaktan ermittelt, zum Teil von KÖNIG und BECKER aus der Summe der vergärbaren Zucker. Letztere haben mit 0,4%iger Schwefelsäure bei 0,5 bis 3,5 atm., je nach Holzart, 4 bis 5 Stunden hydrolysiert. SCHARKOW und JEFIMOW[2] bestimmten den Hexosangehalt aus der Menge der vergärbaren Zucker und kamen zu dem Ergebnis, daß die Menge an leicht hydrolysierbaren Hexosanen bei Laub- und Nadelhölzern von der Mitte des Stammes nach außen hin zunimmt.

Mannan

Mannan ist in allen bisher untersuchten Nadelhölzern gefunden worden, in Laubhölzern kommt es dagegen selten vor. Erstmalig ist seine Anwesenheit im Holz im Jahre 1889 festgestellt, eine quantitative Bestimmungsmethode allerdings erst erheblich später ausgearbeitet worden[3]. Man verfährt dazu wie folgt: Die gut zerkleinerte Holzprobe wird mit 5%iger Salzsäure ($d = 1{,}025$) $3^1/_2$ Stunden unter Rückfluß gekocht. Die entstandene Mannose wird anschließend als Phenylhydrazon bestimmt. Daraus berechnet man dann den Mannangehalt, der auf das Holz bezogen wird.

Im allgemeinen wird das beschriebene Verfahren benutzt. Unlängst ist jedoch nachgewiesen worden[4], daß im Holzrückstand von der Salzsäurebehandlung nach Totalhydrolyse mit 72%iger Schwefelsäure kleinere Mengen Mannan bestimmt werden können. Das mit 5%iger Salzsäure bestimmte Mannan stellt demzufolge den leichter hydrolysierbaren Anteil dar, während mit 72%iger Schwefelsäure auch das schwerer zugängliche erfaßt wird.

Etwas später ist ein anderes Verfahren zur Bestimmung des schwer hydrolysierbaren Mannans ausgearbeitet worden[5]. Dazu werden 5 g fein zerkleinertes Holz, das vorher mit Aceton extrahiert worden ist, 4 Stunden mit 45 ml 72%iger Schwefelsäure behandelt. Anschließend wird mit 95 ml Wasser verdünnt und 6 Stunden bei Raumtemperatur stehengelassen. Danach wird noch einmal verdünnt, und zwar auf 1500 ml, und 6 Stunden am Rückflußkühler gekocht. Bei dieser Prozedur fällt gelöstes Lignin aus. Nach Abfiltrieren neutralisiert man einen Teil des Filtrats mit Bariumkarbonat, engt ein und bestimmt die Mannose als Phenylhydrazon[6]. Aus der erhaltenen Menge rechnet man dann

---

[1] E. HÄGGLUND, Holzchemie 1939, S. 115.

[2] В. И. Шарков и В. А. Ефимов, ЖПХ (W. I. SCHARKOW und W. A. JEFIMOW, Z. Angew. Chemie [russ.]) **21**, 1046, 1053 (1948).

[3] Н. И. Никитин, Химия древесины (N. I. NIKITIN, Chemie des Holzes) 1935, S. 111.

[4] E. HÄGGLUND, Holzchemie 1939.

[5] E. HÄGGLUND u. L. BRATT, Papierfabr. **34**, 100 (1936).

[6] Quantitativ fällt das Mannosephenylhydrazon nur dann aus, wenn die Mannosekonzentration nicht unter 1% liegt. Vgl. A. NOWOTNOWA, Biochem. J. **30**, 2177 (1936).

auf Mannan um. Diese Methode ist im Laufe der Zeit etwas modifiziert worden[1].

In der Tab. 50 sind Angaben über den Gehalt an leicht hydrolysierbarem Mannan in verschiedenen Nadelholzarten zusammengestellt. Die Werte sind mit 5%iger Salzsäure erhalten worden.

TABELLE 50

Gehalt an leicht hydrolysierbarem Mannan in verschiedenen Nadelhölzern[2]

Lfd. Nr.	Art	Mannan in %
1	Kiefer (*Pinus laricio*)	8,4
2	Kiefer (*Pinus taeda*)	5,1
3	Kiefer (*Pinus palustris*)	4,7
4	Kiefer (*Pinus ponderosa scopulorum*)	4,6
5	Kiefer (*Pinus ponderosa*)	6,3
6	Kiefer (*Pinus lambertiana*)	6,6
7	Kiefer (*Pinus silvestris*)	7,02
8	Sumpfkiefer	4,7
9	Kanadische Fichte	7,1
10	Fichte (*Picea excelsa*)	7,55
11	Schwarzfichte	8,0
12	Tanne (*Abies pectinata*)	9,6
13	Douglasfichte	6,6
14	Eibe (*Taxus baccata*)	9,10
15	Cypresse (*Cupressus torulosa*)	3,4
16	Westliche Lärche (*Larix occidentalis*)	5,1
17	Thuja (*Thuja occident.*)	1,4
18	Mammutbaum (*Sequoia sempervirens*)	3,2

Aber auch in einigen Laubholzarten ist die Anwesenheit von Mannan festgestellt worden, so z. B. im Espenholz in Mengen von 0,27 bis 0,71%. In den Hemicellulosen der amerikanischen Eiche hat man sogar 30% gefunden[3] (berechnet auf die 10% des Holzes ausmachenden Hemicellulosen). Andere

---

[1] Die hauptsächlichsten Änderungen sind: 1. Verkürzung der Behandlung mit 72%iger Schwefelsäure; 2. Bestimmung der Zucker im Hydrolysat vor und nach der Neutralisaton; 3. Zugabe von Pyridose zur neutralen Lösung, wodurch irgendwelche Fermentwirkungen verhindert werden. Sehr wesentlich ist dieser Punkt während des Sommers. Die Bestimmung der Mannose wird dadurch nicht gestört; 4. Verwendung eines größeren Volumens des Hydrolysates; 5. Bei geringen Konzentrationen Zugabe von Mannose, um eine 1%ige Lösung zu erhalten; 6. Ersatz des Waschalkohols durch eine gesättigte Mannosephenylhydrazonlösung. Vgl. L. W. Wise, E. K. Ratcliff u. B. L. Browning, Analyt. Chem. **20**, 825 (1948).

[2] Nr. 1, 12, 14, 15 nach G. Bertrand, Compt. rend. **129**, 1025 (1899). — Nr. 2, 3, 4, 9, 13, 16, 17 nach A. Schorger, Ind. Eng. Chem. **9**, 748 (1917). — Nr. 5, 6, 18 nach C. Dorée, Ind. Eng. Chem. **12**, 476 (1920). — N 7, 10 nach Ф. Комаров и А. Яковлев, Бум. пром. (F. Komarow u. A. Jakowljew, Papierind.) Nr. 3, 13 (1932). — Nr. 8, 11 nach L. E. Wise u. E. K. Ratcliff, Analyt. Chem. **19**, 549 (1947).

[3] M. O. Dwyer, Biochem. J. **17**, 501 (1923).

Autoren[1] jedoch haben bei der Untersuchung einer großen Zahl von Laubhölzern kein Mannan nachweisen können.

Bei der Bestimmung des Mannangehaltes in Nadelhölzern mit 72%iger Schwefelsäure werden etwas höhere Werte gefunden als bei der Hydrolyse mit 5%iger Salzsäure (Tab. 51).

TABELLE 51[2, 3]

Gehalt an leicht und schwer hydrolysierbarem Mannan

Art	Mannan nach Hydrolyse mit	
	5% iger HCl	72% iger H_2SO_4
Fichte (*Picea excelsa*) ...	8,0	10,5
Kiefer (*Pinus silvestris*) ..	7,5	9,6

Über die Verteilung des Mannans auf die verschiedenen Hemicellulosefraktionen von Kiefern und Schwarzfichte ist folgendes festgestellt worden[4]. Bei beiden Holzarten enthalten die durch Alkali leicht hydrolysierbaren Anteile nur wenig Mannan, wogegen die alkaliresistenteren Fraktionen wesentlich mehr aufweisen. Der weitaus größte Teil des Mannans verbleibt dagegen in der in Laugen unlöslichen α-Cellulose (Tab. 52).

TABELLE 52

Mannangehalt in verschiedenen Hemicellulosefraktionen

Art	Mannan in %	
	Kiefer	Schwarzfichte
Hemicellulose		
A	1,3	1,2
B	0,7	0,9
C	0,8	0,4
α-Cellulose	6,1	5,9
Summe	8,9	8,4
Ursprüngliches, nicht extrahiertes Holz	10,0	10,3

Genaue Untersuchungen an verschiedenen Holzarten haben ergeben, daß der Mannangehalt in verschiedenen Teilen des Stammes Unterschiede aufweist.

[1] E. Hägglund, Holzchemie, 1939. — В. И. Шарков и В. А. Ефимоф, ЖПХ (W. I. Scharkow u. W. A. Jefimow, Z. Angew. Chem. [russ.]) **21**, 1053 (1948). — Н. И. Никитин с сотр., ЖПХ (N. I. Nikitin u. Mitarbeiter, Z. Angew. Chem. [russ.]) **22**, 67 (1949).

[2] E. Hägglund, Holzchemie 1939, S. 110.

[3] В. И. Шарков и В. С. Муромцева, Лесохим. пром. (W. I. Scharkow u. W. S. Muromzewa, Holzchem. Ind.) Nr. 4, 37 (1937).

[4] L. E. Wise u. E. K. Rattclff, Arch. Biochem. **19**, 292 (1948).

Vom Zentrum des Stammes zur Peripherie nehmen die Werte für Mannan zu, in der Längsrichtung nehmen sie von unten nach oben ab (Tab. 53).

Im Jahre 1928 ist erstmalig ein aus Fichtensulfitzellstoff in reiner Form isoliertes Mannan untersucht worden[1]. Der Zellstoff wurde zu diesem Zweck zunächst mit 2%iger Natronlauge und anschließend mehrmals mit 8%iger Lauge behandelt. Mannan und andere Polysaccharide gingen dabei in Lösung und wurden aus dieser mit Essigsäure ausgefällt. Die Trennung des Mannans

TABELLE 53

Mannangehalt in verschiedenen Teilen des Stammes[2]

Lfd. Nr.	Art	Mannan in %	
		Splintholz	Kernholz
1	Kiefer (*Pinus heterophylla*)	9,22	5,81
2	Westliche Weißkiefer	7,44	7,13
3	Kiefer (*Pinus coulteri*)	6,28	5,40
4	Kiefer	11,68	9,15

von den Begleitkohlenhydraten erfolgte über den Kupferkomplex, Ansäuern und Fällen mit Methanol. Zur Reinigung wurde mehrere Male mit Kupferoxydammoniak behandelt. Nach der Reinigung ist der Drehwert in 1 n-Natronlauge konstant. Bei der Hydrolyse dieses Produktes ist nur Mannose nachgewiesen worden, so daß angenommen werden kann, daß das aus Fichtensulfitzellstoff isolierte Mannan lediglich aus Mannoseresten aufgebaut ist.

Vor nicht allzu langer Zeit ist die Isolierung von Mannan unmittelbar aus Fichtenholz durchgeführt worden[3]. Das Holzmehl wird zur Entfernung von Lignin mit einer 0,25%igen Chlordioxydlösung behandelt. Danach extrahiert man mit 8%iger Natronlauge unter Luftabschluß. Nach Ausfällen mit Methanol wird wieder in 8%iger Lauge gelöst und mit Methanol fraktioniert. Auf diese Weise sind insgesamt 8 Fraktionen erhalten worden, die sich weitgehend voneinander unterscheiden. Die beiden ersten Fraktionen zeigen Drehwerte zwischen 20 und 25°, die übrigen von 40 bis 44°. Der Methoxylgehalt der ersten vier Fraktionen beträgt 0,55 bis 0,92% OCH_3, der der letzten Fraktionen 1,02 bis 3,12%. Diese sind auch in kaltem Wasser und Calciumchloridlösung leicht löslich. Die ersten Fraktionen sind dagegen nur in Natronlauge und Kupferoxydammoniak löslich. Nach nochmaliger Reinigung der letzten drei Fraktionen ist die spezifische Drehung gleich derjenigen des aus Sulfitzellstoff isolierten Mannans, es darf also Identität der beiden Proben angenommen werden. An Derivaten sind dargestellt worden der Salpetersäureester, teilweise löslich in Aceton und das Benzoylacetylmannan, das in Chloroform vollständig löslich ist. Dieser gemischte Ester enthält zwei Benzoyl- und eine Acetylgruppe pro Mannoserest.

[1] K. Hess u. M. Lüdtke, Ann. **466**, 18 (1928).

[2] Nr. 1—3 nach Н. И. Никитин, Химия древесины (N. I. Nikitin, Chemie des Holzes) 1935, S. 113. — Nr. 4 nach G. Jayme u. B. Blischnok, Holz als Roh- und Werkstoff **1**, 538 (1938).

[3] E. Husemann, J. prakt. Chem. **155**, 18 (1940).

Das Molekulargewicht des Mannans oder des Benzoylacetylmannans kann entweder auf osmotischem Wege oder viskosimetrisch in Calciumchloridlösung bzw. Chloroform bestimmt werden. Auf Grund derartiger Messungen hat man für Mannan einen Polymerisationsgrad von **160** und für Benzoylacetylmannan **147** berechnet. Es ist damit gezeigt worden, daß das im Holz vorhandene Mannan eine hochmolekulare Verbindung ist, deren Polymerisationsgrad zwar wesentlich niedriger als der der Cellulose, aber in der gleichen Größenordnung liegt wie beim Xylan. Die gute Löslichkeit des Mannans in Wasser wird durch die in ihm vorhandenen Methoxylgruppen verursacht, die eine Schwächung der intermolekularen Assoziationskräfte bewirken. Für Mannan aus Kiefernholz hat man z. B. gefunden, daß es eine Methoxylgruppe auf acht Mannosereste enthält. Außerdem findet man noch eine Carboxylgruppe auf ungefähr zwanzig Mannosereste[1].

Mannan kommt jedoch, außer im Holz, auch noch in den Zellwänden von Bohnen, einigen Knollengewächsen und Hefen vor. Am genauesten untersucht worden ist bis jetzt das in der Steinnuß der amerikanischen Palme enthaltene Mannan. Dieses besitzt die gleiche spezifische Drehung und zeigt das gleiche Röntgendiagramm wie das aus Fichtenholz isolierte Mannan.

Bereits 1889 ist die Anwesenheit von Mannan in der Steinnuß durch Hydrolyse festgestellt[2] und etwas später durch Extraktion mit 5 %iger Natronlauge das Mannan selbst isoliert worden[3]. Manchmal[4] wurde dieser Extraktion eine Behandlung mit Chlordioxyd und Natriumsulfit vorgeschaltet. Aus dem alkalischen Extrakt fällt das Mannan bei der Neutralisation in pulvriger Form aus. Später[5] ist festgestellt worden, daß in der Steinnuß außer dem, mit 5 %iger Natronlauge extrahierbaren, noch ein in Laugen unlösliches Mannan vorhanden ist.

Nach Behandlung mit Chlordioxyd und Extraktion mit 5 %iger Natronlauge erhält man 31 % Mannan aus der Steinnuß. Dieses wird gewöhnlich als Mannan A bezeichnet. Es kristallisiert in Form von Stäbchen[6]. Durch Auflösung des Steinnußrückstandes in Kupferoxydammoniak und Fällung mit 2 n-Natronlauge wird ein anderes Mannan in Form des Kupferalkalikomplexes erhalten. Nach Zerstörung des Komplexes mit Essigsäure und Zugabe von Methanol fällt das mit B bezeichnete Mannan in reiner Form in einer Menge von 17,5 % des Ausgangsmaterials aus. Sowohl das Mannan A als auch B sind in Wasser unlöslich. Im Gegensatz zu B besitzt A eine größere Löslichkeit in 5 %iger Natronlauge, kann schneller und vollständiger methyliert werden. Die Drehwerte der beiden Mannanformen in 15 %iger Natronlauge zeigen ebenfalls Unterschiede. Sie betragen z. B. für Mannan A $[\alpha]_D^{18} = -44{,}6°$, für B $[\alpha]_D^{18} = -38{,}2°$. Mannan B wird, ähnlich wie die Cellulose, durch Chlorzinkjod violett gefärbt, während A farblos bleibt. Das Mannan A scheint, nach der Drehung und den Röntgendiagrammen zu urteilen, mit dem aus Fichtensulfitzellstoff dargestellten identisch zu sein.

Durch Methylierung und anschließende Hydrolyse[7] hat man 2,3,6-Trimethylmannose und 2,3,4,6-Tetramethylmannose als Anilide isolieren können. Aus dem Mannan A erhält man dabei 1,15 bis 1,14 % des Tetramethylderivates, aus B dagegen nur 0,1 %. Die beiden Formen des Mannans bestehen also nur aus Mannoseresten,

[1] E. Husemann, Fortschritte der Chemie, Physik und Technik der makromolekularen Stoffe, 1942, S. 75/96.

[2] R. Reiss, Ber. **22**, 609 (1889).

[3] E. Backer, Pope, Chem. Abstr. **16**, 72, 847 (1900).

[4] H. Pringsheim u. H. Seifert, Z. physiol. Chem. **123**, 205 (1922).

[5] M. Lüdtke, Ann. **456**, 202 (1927).

[6] A. Jundt, J. Am. Chem. Soc. **71**, 757 (1949).

[7] F. Klages, Ann. **509**, 159; **512**, 185 (1934).

die β-1,4-glukosidisch miteinander verbunden sind. B weist eine wesentlich größere Kettenlänge auf als A, für das durch Endgruppenbestimmung ein Polymerisationsgrad von 71 bis 86 ermittelt worden ist. Die Tatsache der unterschiedlichen Molekülgröße wird ferner auch dadurch bestätigt, daß das acetylierte Mannan B aus Lösungen in Chloroform in Filme gegossen werden kann, während A die Fähigkeit zur Filmbildung nicht besitzt. Die Struktur eines β-Glukosids wird durch das optische Verhalten des acetylierten Mannans und der bei der Acetolyse darstellbaren Acetylmannose und Acetylmannobiose erklärt[1].

Das aus Salepknollen isolierte Mannan wird allgemein als Salepmannan bezeichnet. Es dient der Pflanze als Reservekohlenhydrat. Die Anwesenheit des Mannans in dem Schleim der Knollen ist 1888 durch Hydrolyse festgestellt worden[2].

Wesentlich später erst hat man das Mannan aus den Orchideenknollen durch Extraktion mit Wasser und Fällung mit Alkohol dargestellt[3]. Zur weiteren Untersuchung ist es bei niedrigen Temperaturen in Pyridin acetyliert worden. Einige Autoren[4] haben auf diese Weise bis zu 30% Salapmannan extrahieren können. Durch erschöpfende Methylierung und anschließende Hydrolyse hat man 2,3,6-Trimethylmannose und 2,3,4,6-Tetramethylmannose, letztere in einer Menge von 1,7%, isoliert. Daraus läßt sich schließen, daß auch das Salepmannan nur aus Mannose aufgebaut ist, und daß es Moleküle mit annähernd der gleichen Kettenlänge besitzt wie das Steinnußmannan A. Die spezifische Drehung beträgt für das Salepmannan in Wasser $[\alpha]_D^{18} = -35°$. In bezug auf die Löslichkeit verhält sich dieses Mannan jedoch anders als das Steinnußmannan. Ähnlich dem acetylierten Mannan B besitzt auch das Salepmannan die Fähigkeit zur Bildung von Filmen aus Lösungen in Chloroform. Weitere Untersuchungen[5] haben ergeben, daß das Salepmannan bei Behandlung mit Wasser fermentativ abgebaut wird. Nach Ausschaltung des die Spaltung verursachenden Fermentes zeigt das Mannan ein wesentlich höheres Molekulargewicht. Mit Hilfe der Fraktionierung von nitriertem Salepmannan ist festgestellt worden, daß das native Produkt ein Gemisch aus verschieden großen Molekülen darstellt. Diese Tatsache ist nach Ansicht verschiedener Autoren für alle Reservekohlenhydrate charakteristisch, da diese sich unter dem Einfluß von Fermenten in einem zwischen Aufbau und Abbau herrschenden beweglichen Gleichgewicht befinden.

Durch Behandlung mit Säuren oder Alkalien verliert das Salepmannan seine Fähigkeit, sich in Wasser leicht aufzulösen. Es hat sich herausgestellt, daß dabei geringe Mengen esterartig gebundener Essigsäure abgespalten werden. Im Durchschnitt entfällt eine Acetylgruppe auf 11 Monosereste.

Auch in der Bäckerhefe ist Mannan enthalten[6], das jedoch einen gänzlich anderen Aufbau besitzt. Isoliert worden ist es durch Extraktion mit 6%iger Natronlauge und Überführung in den Kupferalkalikomplex. Das auf osmotischem Wege bestimmte Molekulargewicht ($M \approx 100000$) entspricht einem Polymerisationsgrad von 500. Seine Struktur ist noch nicht mit Sicherheit

---

[1] F. KLAGES u. MAURENBRECHER, Ann. **535**, 175 (1938).
[2] GANS u. B. TOLLENS, Ber. **21**, 2150 (1888).
[3] H. PRINGSHEIM u. LISS, Ann. **460**, 32 (1927).
[4] F. KLAGES u. C. NIEMANN, Ann **523**, 224 (1936).
[5] E. HUSEMANN, J. prakt. Chem. **155**, 241 (1940).
[6] W. HAWORTH, E. HIRST u. ISHERWOOD, J. Chem. Soc. (1937), 784.

festgestellt. Durch Methylierung und Hydrolyse hat man 2,3,4,6-Tetramethylmannose, 2,3,4-Trimethylmannose und 3,4-Dimethylmannose isoliert. HAWORTH ist deshalb der Ansicht, daß dieses Mannan aus Mannopyranoseresten aufgebaut ist, zwischen denen abwechselnd eine 1,6- und eine 1,4-Bindung existiert. In landwirtschaftlichen Nebenprodukten, wie Stroh und Maisstrünken, ist ebenfalls Mannan in Mengen bis zu 6% der reduzierenden Substanz nachgewiesen worden[1].

Außer den nur aus Mannose aufgebauten Mannanen sind aber auch noch solche aus zwei oder mehr Zuckerarten bestehende bekannt. So ist z. B. aus einer japanischen Araceenart das sogenannte Konjakmannan isoliert worden, das ein Glukomannan darstellt. Durch die Einwirkung einer sporenbildenden Bakterienart entsteht durch Abbau des Polysaccharids ein Trisaccharid[2], das aus zwei Mannoseresten und einem Glukoserest besteht. Man hat deshalb angenommen, daß das Mannanmolekül ebenfalls in dieser Weise aufgebaut ist. Durch spätere Untersuchungen ist diese Annahme bestätigt worden[3]. Bei schonender Acetolyse entsteht nämlich ein acetyliertes Trisaccharid, das zu einem feinkristallinen Zucker verseift werden kann. Durch Hydrolyse dieses Zuckers erhält man zwei Teile Mannose und einen Teil Glukose. Die entsprechenden Disaccharide Glukomannobiose und Mannobiose entstehen als Acetate bei etwas energischerer Acetolyse. Aus dem Konjakmannan hat man ferner das Benzylderivat dargestellt[4], das in einer großen Zahl von organischen Lösungsmitteln löslich ist und an Stelle der Benzylcellulose als Lackrohstoff verwendet werden kann. In Japan wird das Konjakmehl als Nahrungsmittel benutzt[5].

Neben dem Konjakmannan gibt es noch andere Glukomannane, in denen das Verhältnis zwischen Glukose und Mannose allerdings ein anderes ist[6]. In den Knollen der japanischen Orchidee *Cremastra variabilis Nakai* ist das Cremastromannan enthalten. In diesem ist das Verhältnis von Mannose zu Glukose wie 3:1. Das in den Knollen der Orchidee *Bletilla striata* vorhandene Mannan zeigt ein noch höheres Mannose-Glukose-Verhältnis, nämlich 4:1. Diese zuletzt erwähnten Polysaccharide sind in ihren Eigenschaften ziemlich ähnlich, zeigen aber kleine Unterschiede in der optischen Drehung.

Galaktan

In Laub- und Nadelhölzern findet man im allgemeinen relativ geringe Mengen an Galaktan, und bei manchen Arten fehlt es vollständig. In der Tab. 54 sind die Werte für den Galaktangehalt in verschiedenen Hölzern angegeben.

Zur quantitativen Bestimmung im Holz wird das Galaktan durch Salpetersäure zu Schleimsäure oxydiert, die in kaltem Wasser und Alkohol unlöslich

[1] В. Г. Панасюк, Лесохим. пром. (W. G. PANASSJUK, Holzchem. Ind.) Nr. 3, 17 (1940). — Н. А. Сычев, ЖПХ (N. A. SYTSCHEW, Z. Angew. Chem. [russ.]) **14**, 674 (1941).

[2] T. OHTSUKI, Acta Physicochim. **4**, 1 (1928).

[3] Н. И. Никитин, Химия древесины (N. I. NIKITIN, Chemie des Holzes) 1935, S. 114.

[4] SHINODA u. T. INAGAKI, Cell. Ind. **11**, 17 (1935).

[5] W. PIGMAN u. R. GOEPP, Chemistry of carbohydrates, 1948, S. 615.

[6] T. OHTSUKI, Acta Physicochim. **10**, 29 (1937).

ist (F. 213°)[1]. Formelmäßig läßt sich die Reaktion wie folgt ausdrücken:

$$(C_6H_{12}O_5)_n + nH_2O \rightarrow nC_6H_{12}O_6;$$
$$CH_2OH\text{—}(CHOH)_4\text{—}CHO \rightarrow COOH(CHOH)_4\text{—}COOH.$$

An dieser Stelle sei die Methode zur Bestimmung des Galaktans kurz beschrieben. Zu 5 g Holzmehl gibt man 60 ml HNO_3 ($d = 1{,}15$) und dampft bis auf 20 ml ein. Nun wird mit 75 ml heißem Wasser verdünnt und filtriert. Das Filtrat engt man noch mal bis auf 10 ml ein und läßt auskristallisieren. Anfangs bilden sich große Kristalle von Oxalsäure, und nach einiger Zeit bemerkt man dann die Schleimsäure. Durch Zugabe von 20 ml kaltem Wasser wird die Oxalsäure gelöst, während die Schleimsäure übrigbleibt, die ausgewaschen und gewogen wird.

TABELLE 54

Galaktangehalt in verschiedenen Holzarten [2]

Lfd. Nr.	Art	Galaktan in %
1	Fichte	0,70
2	Fichte (*Picea excelsa*)	2,61
3	Kiefer (*Pinus silvestris*)	1,52
4	Gelbkiefer	0,78
5	Zuckerkiefer	0,50
6	Kiefer (*Pinus silvestris*)	3,00
7	Kiefer	4,30
8	Espe (*Populus tremula*)	0,67
9	Birke	0,0
10	Mammutbaum	0,50
11	*Haloxylon ammodendron*	9,0

Da die Ausbeute an Schleimsäure bei der Oxydation reiner Galaktose hinter der theoretischen Menge zurückbleibt, muß ein experimentell ermittelter Faktor in die Berechnung eingehen. Die gefundene Menge an Schleimsäure wird also bei der Umrechnung auf Galaktan nicht mit dem theoretisch erforderlichen Faktor 0,77 multipliziert, sondern mit dem Wert 1,1, der bereits die geringere Ausbeute berücksichtigt. Eine später ausgearbeitete Variation[3] der Methode vermeidet im wesentlichen die direkte Einwirkung der 25%igen Salpetersäure auf das Holz. Danach ist zunächst eine Hydrolyse mit 3%iger Säure vorgeschlagen worden und anschließend erst die Oxydation des Hydrolysates mit stärkerer Salpetersäure.

Bei der Oxydation des im Holz befindlichen Galaktans entsteht jedoch nicht nur Schleimsäure, sondern auch Galakturonsäure und dementsprechend Polyuronide.

Unter den in der letzten Zeit veröffentlichten Arbeiten über die Strukturaufklärung der verschiedensten Polysaccharide befassen sich auch einige mit dem Galaktan[4]. Aus diesen Arbeiten ergibt sich, daß aus dem Samen der weißen Lupine isoliertes Galaktan aus *d*-Galaktopyranoseresten in β-glukosidischer Bindung besteht. Das nicht völlig von Pektin und Araban befreite Produkt weist eine Drehung von $[\alpha]_D = +38°$ in Wasser auf. Nach Reinigung durch

---

[1] B. Tollens u. H. Elsner, Kurzes Handbuch der Kohlenhydrate, 4. Aufl. 1935.

[2] Nr. 1 nach E. Hägglund u. L. Larsson, Papierfabr. **35**, 475 (1937). — Nr. 2, 3, 8 nach Ф. Комаров и А. Яковлев, Бум. пром. (F. Komarow u. A. Jakowljew, Papierind.) Nr. 3, 13 (1932). — Nr. 4, 5, 10 nach C. Doree, Ind. Eng. Chem. **12**, 476 (1920). — Nr. 6 nach В. И. Шарков и В. С. Муромцева, Лесохим пром. (W. I. Scharkow u. W. S. Muromzewa, Holzchem. Ind.) Nr. 4, 3 (1940). — Nr. 7, 9 nach W. Pigman u. R. Goepp, Chemistry of the carbohydrates, 1948, S. 627. — Nr. 11 nach И. М. Орлова, ЖПХ (I. M. Orlowa, Z. Angew. Chem. [russ.]) **6**, 1120 (1933).

[3] A. Schorger, Chemistry of Cellulose and Wood 1928, S. 538.

[4] G. Beavan u. J. Jones, J. Chem. Soc. (1947), 1218. — E. Hirst u. J. Jones, J. Chem. Soc. (1947), S. 1221, 1225.

Methylierung und Entfernung der Beimengungen mittels Äther zeigt das in Äther unlösliche Material $[\alpha]_D^{20} = -12°$ in Essigsäure. Auf Grund der Linksdrehung hat man angenommen, daß die Zuckerreste im Galaktan β-glukosidisch verbunden sind. Methyliertes Galaktan ist interessanterweise gegen eine Hydrolyse beständig. Durch Methanolyse des methylierten Galaktans werden geringe Mengen 2,3,4,6-Tetramethyl-d-galaktopyranose und im wesentlichen 2,3,6-Trimethylgalaktose erhalten. Die Galaktosereste sind infolgedessen in 1,4-Stellung miteinander verbunden. Die Menge des Tetramethylderivats entspricht ungefähr einer Endgruppe auf 100 Galaktosereste:

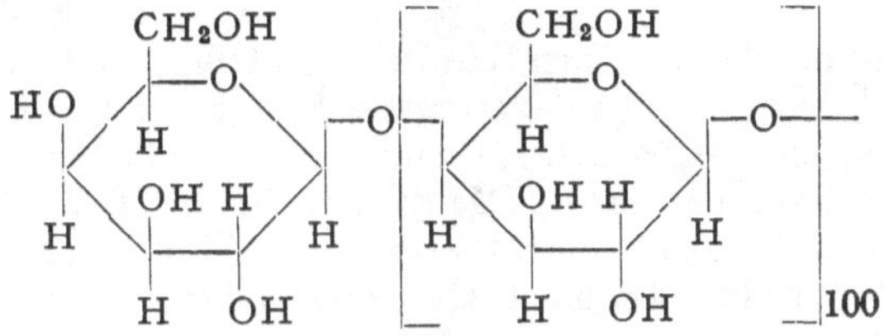

Aus den Samen von Luzerne, Bohnen und Gerste ist ein δ-Galaktan[1] isoliert worden, das in Wasser löslich ist und eine spezifische Drehung von $[\alpha]_D = + 84,6°$ zeigt. Bei der Gewinnung des Rübenzuckers kann ebenfalls ein Galaktan, als γ-Galaktan bezeichnet, erhalten werden. Letzteres ist in kaltem Wasser löslich, seine Drehung ist $[\alpha]_D^{20} = + 238°$. Schließlich ist Galaktan noch im Agar-Agar gefunden worden. Seine Eigenschaften sind in vielen Beziehungen denen von Pflanzenschleimen und Pektinstoffen ähnlich. In Küstenalgen ist bis zu 4,97% Galaktan enthalten[2].

Arabogalaktan

1916 ist ein gemischtes Polysaccharid — das Arabogalaktan — im Lärchenholz aufgefunden worden, mit dessen Konstitutionsaufklärung man sich bis in die heutige Zeit beschäftigt hat. Schorger und Smith[3] haben es durch Extraktion mit heißem Wasser aus dem Holz der amerikanischen Lärche isoliert. Das durch Alkohol aus dem Extrakt ausgefällte Polysaccharid ist ein weißes, amorphes, in heißem und kaltem Wasser wie auch in Essigsäure leicht lösliches Pulver. Es ist in dem Lärchenholz in einer Menge von 0 bis 19% des Holzes enthalten, seine Drehung in Wasser ist $[\alpha]_D^{20} = + 12,11°$.

Bei der Destillation mit 12%iger Salzsäure entstehen 6,18% Furfurol, was einer Menge von 10,54% Pentosan entspricht. Unter den genannten Hydrolysenprodukten haben die genannten Autoren jedoch nur Galaktose nachweisen können, die sie in kristallisierter Form erhalten haben. Der Drehwert und die elementare Zusammensetzung dieser Galaktose unterscheiden sich in keiner Weise von authentischen Proben.

---

[1] П. Шорыгин, Химия целлюлозы (P. Schorygin, Chemie der Cellulose) 1939, S. 353.

[2] И. В. Кизеветтер, ЖПХ (I. W. Kisewetter, Z. Angew. Chemie [russ.]) 14, 250 (1941).

[3] A. Schorger u. F. Smith, Ind. Eng. Chem. 8, 494 (1916).

WISE[1] und Mitarbeiter haben 1930 diese Untersuchung wiederholt. Es ist ihnen dabei gelungen, die Anwesenheit von Arabinose in den Hydrolysenprodukten nachzuweisen und sie quantitativ als Benzylphenylhydrazon (*F.* 174,5°) oder Diphenylhydrazon (F. 197°) abzutrennen. Die Menge entspricht genau dem bei der Destillation mit Salzsäure entstehenden Furfurol. An Hand der quantitativen Bestimmungen, sowohl der Arabinose als auch der Galaktose, haben die Autoren festgestellt, daß dieses Polysaccharid aus der amerikanischen Lärche auf 6 Galaktosereste einen Arabinoserest enthält. Es ist also als Arabogalaktan zu bezeichnen und besitzt die Formel $[(C_6H_{10}O_5)_6 \cdot C_5H_8O_4]_n$ mit einem theoretischen Gehalt von 88,1% Galaktose und 11,9% Arabinose.

Ein Arabogalaktan der gleichen Zusammensetzung und mit den gleichen Eigenschaften, allerdings in etwas geringerer Menge, ist später auch aus einer anderen amerikanischen Lärchenart[2] und der europäischen Lärche isoliert worden. Im ersten Falle beträgt die Menge 4%, im zweiten 3%. Die sibirische Lärche enthält, nach Angaben von SHEREBOW und Mitarbeitern[3], 8,4 bis 19,3% wasserlösliches Rohprodukt (je nach Alter mehr oder weniger).

Dieses rohe Material ist nicht sehr eingehend untersucht worden, es finden sich lediglich Hinweise darauf, daß Lärchengummi im wesentlichen Galaktan enthält. Es ist vorgeschlagen worden, diesen Gummi als Ersatz für nicht einheimische Stoffe, wie Gummiarabikum, oder Traganth als Klebstoff oder in der Textilindustrie zu verwenden[4]. TSCHESSNOKOW[5] hat zu diesem Zweck ein Verfahren zur Gewinnung des Gummi aus Lärchenholz ausgearbeitet.

Besser erforscht ist das in der dahurischen Lärche vorkommende Arabogalaktan. N. NIKITIN, I. ZWETAJEWA und M. MUKOWNIKOWA haben im Kernholz der dahurischen Lärche 19 bis 20% Arabogalaktan gefunden, im Splintholz dagegen nur etwa 1%. Die Zusammensetzung dieses Arabogalaktans ist die gleiche wie bei den anderen Abarten (88% Galaktose und 12% Arabinose). Durch 2,5%ige Schwefelsäure läßt es sich in 6 Stunden bei 100° vollständig hydrolysieren, d. h. es kann zu den leicht hydrolysierbaren Hemicellulosen gerechnet werden.

In der Literatur finden sich Hinweise[6] über das Vorkommen eines wasserlöslichen Polysaccharids im Holz der Schwarzfichte, das aus Galaktose, Arabinose und einer Uronsäure im Verhältnis 4:1:1 besteht.

Arabogalaktan ist ebenfalls acetyliert worden und zwar mit Essigsäureanhydrid und Natriumacetat bei 50°. Das Acetylierungsprodukt ist in Wasser unlöslich, löslich dagegen in Alkohol. Der Veresterungsgrad entspricht 2 bis 2,5, bezogen auf reines Galaktan. Bei der Methylierung des Arabogalaktans der

---

[1] L. E. WISE u. F. PETERSON, Ind. Eng. Chem. **22**, 632 (1930).

[2] L. WISE, F. HAMMER u. F. PETERSON, Ind. Eng. Chem. **25**, 184 (1933).

[3] Л. П. Жеребов, Л. В. Гордон и В. Комаровский, Тр. Центр. лесохим. инст. (L. P. SHEREBOW, L. W. GORDON u. W. KOMAROWSKI, Arb. d. Zentr. Holzchem. Inst.) Heft 2, 52/81 (1933).

[4] Л. П. Жеребов, С. Р. Зубкова-Гитлер и Р. С. Залманзон, также (L. P. SHEREBOW, S. R. SUBKOWA-GITLER u. R. S. SALMANSON), desgl. Heft 2, 82 (1933).

[5] Л. М. Хандросс, Лесохим. пром. (L. M. CHANDROSS, Holzchem. Ind.) Nr. 9, 9 (1939). — Ф. А. Чесноков, Лесохим. пром. (F. A. TSCHESSNOKOW, Holzchem. Ind.) Nr. 8, 9 (1940).

[6] W. PIGMAN u. R. GOEPP, Chemistry of the carbohydrates, 1948, S. 630.

sibirischen Lärche mit Dimethylsulfat und Alkohol haben N. NIKITIN und I. SOLOWJEW[1] ein vollständig methyliertes Produkt der Formel $[C_6H_7O_2 \cdot (OCH_3)_3]_6 \cdot C_5H_6O_2(OCH_3)_2$ erhalten. Durch Benzylierung des Arabogalaktans mit Benzylchlorid und Alkali bei 60 bis 80° werden, wie die gleichen Autoren gezeigt haben, von den 20 im Grundmolekül enthaltenen Hydroxylgruppen nur 2 substituiert. Eine etwas bessere Substitution läßt sich durch die Benzylierung nach der Methode von SCHOTTEN-BAUMANN erreichen, das Verhältnis beträgt in diesem Fall 20:7.

Die Frage, ob das Arabogalaktan wirklich ein individueller Stoff mit einer bestimmten Struktur und konstanter chemischer Zusammensetzung ist oder einfach ein Gemisch von Araban und Galaktan darstellt, ist zu wiederholten Malen gestellt worden. Bis heute ist sie jedenfalls noch nicht endgültig beantwortet worden. Um eine Aufklärung zu erhalten, sind Versuche mit dem Ziel durchgeführt worden, eine Fraktionierung des Arabogalaktans zu bewirken. Sowohl aus wäßriger Lösung wie auch aus 0,1 n-Calciumchloridlösung sind bei sorgfältigem Arbeiten durch Fällen mit Äthanol bzw. Methanol Fraktionen erhalten worden. Irgendwelche Unterschiede in der Reduktionskraft, im Arabinosegehalt, Hydrolysengrad bei gleicher Zeit und im optischen Verhalten sind jedoch nicht aufgefunden worden. Man hat daraus gefolgert, daß das Arabogalaktan ein individuelles, einheitlich zusammengesetztes Polysaccharid ist.

Weitere Untersuchungen, insbesondere an Estern des Arabogalaktans[2], haben zu anderen Schlußfolgerungen geführt. Zu diesem Zweck sind das Propionat, Benzoat und Acetat des Arabogalaktans dargestellt worden und mit Hilfe von Petroläther aus Lösungen in Chloroform fraktioniert worden. Die hierbei erhaltenen Fraktionen zeigen größere Differenzen, so z. B. in der spezifischen Drehung, der Viskosität und dem Arabinosegehalt. Die Autoren nehmen an, daß unter den von ihnen gewählten milden Acetylierungsbedingungen keine Abspaltungen stattfinden. Als Beweis dafür führen sie die unveränderte Reduktionsfähigkeit des nach der Acetylierung verseiften Produktes im Vergleich zu dem ursprünglichen Arabogalaktan an. Auf Grund dieser Tatsachen kommen die Autoren zu der Ansicht, daß die von ihnen dargestellten Ester uneinheitlich sind. Aller Wahrscheinlichkeit nach ist auch das Arabogalaktan kein individueller Stoff, sondern ein Gemisch von Polysacchariden[3].

Auch andere Autoren[4] kommen an Hand von Untersuchungen über die Hydrolysenprodukte von methyliertem Arabogalaktan zu der gleichen Ansicht, daß dieses Polysaccharid ein Gemisch von Araban und Galaktan ist. Es ist anzunehmen, daß das Galaktan des Ausgangsmaterials durch eine milde, saure Hydrolyse nicht angegriffen wird, während das Araban leicht hydrolysiert wird. Als Erklärung dafür dient die Tatsache, daß die Arabinosereste im Araban anscheinend in der Furanoseform vorliegen, während die Galaktose Pyranoseform besitzt. Ein vollständig von Arabinose befreites Galaktan ergibt bei der Methylierung ein völlig substituiertes Derivat. Dieses ist identisch mit

[1] Н. И. Никитин и И. А. Соловев, ЖПХ (N. I. NIKITIN u. I. A. SOLOWJEW, Z. Angew. Chemie [russ.]) 8, 1016 (1935).

[2] F. PETERSON, A. BARRY, H. UNKRAUT u. L. WISE, J. Am. Chem. Soc. **62**, 2316 (1940).

[3] W. G. CAMPBELL, E. L. HIRST u. J. K. N. JONES, J. Chem. Soc. (1948), 774.

[4] E. L. HIRST, J. K. N. JONES u. W. G. CAMPBELL, Nature **147**, 25 (1941).

einem aus den Methylierungsprodukten des ursprünglichen Arabogalaktans abgetrennten methylierten Galaktan. Auf Grund der angeführten Ergebnisse ist anzunehmen, daß zwischen der Arabinose und der Galaktose im Arabogalaktan keinerlei chemische Bindungen existieren, ferner, daß das Galaktan aus sich wiederholenden Galaktoseresten besteht.

WHITE ist dagegen der Ansicht, daß das Arabogalaktan kein Gemisch von zwei Polysacchariden ist, sondern ein individueller Stoff, in dem das Verhältnis zwischen Galaktose und Arabinose gleich 6:1 ist. Durch Methanolyse und Stufenhydrolyse des methylierten Arabogalaktans ist die Lage der Sauerstoffbrücken, der Arabinosereste im Molekül und die Struktur der Grundeinheit von ihm festgestellt worden[1]. Der Autor schließt daraus, daß das Arabogalaktan aus verzweigten Ketten von Galaktoseresten besteht, die sowohl 1,3- als auch 1,6-Bindung besitzen. Die endständigen Arabofuranose- und Galaktopyranosereste sind stets in 1,6-Stellung mit den benachbarten Galaktoseresten verbunden. Die Bindung der Arabinose an einen Galaktoserest kann man sich folgendermaßen vorstellen:

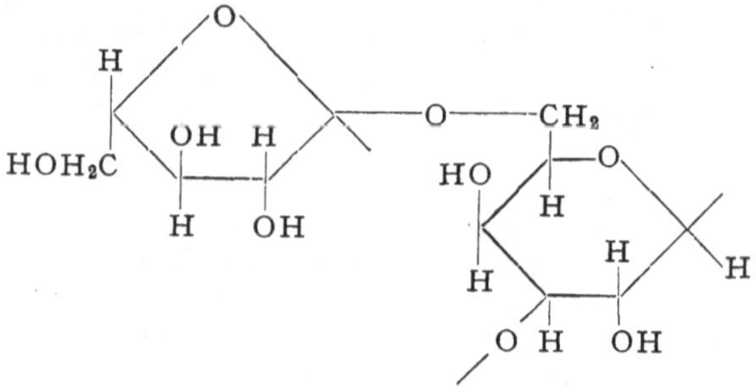

Aber auch dreifache Bindungen in der Stellung 1,3,6 können in der Hauptkette vorkommen. Methyliertes Arabogalaktan besitzt danach die auf S. 189 dargestellte schematische Struktur, wobei in der Formel R entweder I oder II sein kann, aber nicht beide zusammen:

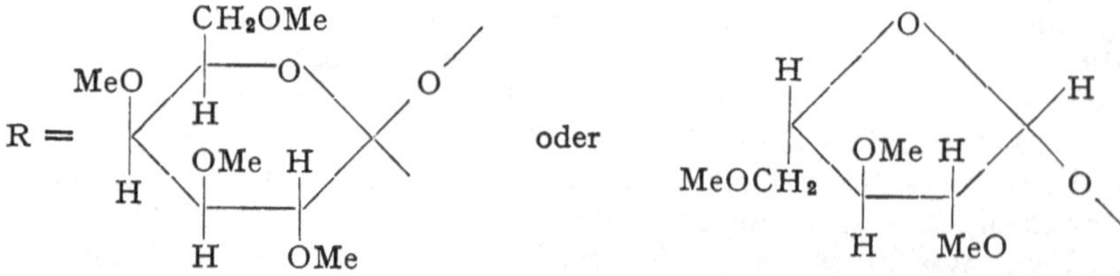

I II

Die Anzahl der sich im Arabogalaktan wiederholenden Grundeinheiten ist nicht bekannt. Aus viskosimetrischen und osmotischen Messungen hat man für das Arabogalaktan berechnet, daß der Polymerisationsgrad sich zwischen 180 und 280 bewegt. Daraus kann auf eine starke Verzweigung des Moleküls geschlossen werden. Es ist selbstverständlich durchaus möglich, daß die von WHITE aufgestellte Formel noch nichts Endgültiges darstellt.

[1] E. WHITE, J. Am. Chem. Soc. **64**, 1507, 2838 (1942). – W. Low u. E. WHITE, J. Am. Chem. Soc. **65**, 2430 (1943).

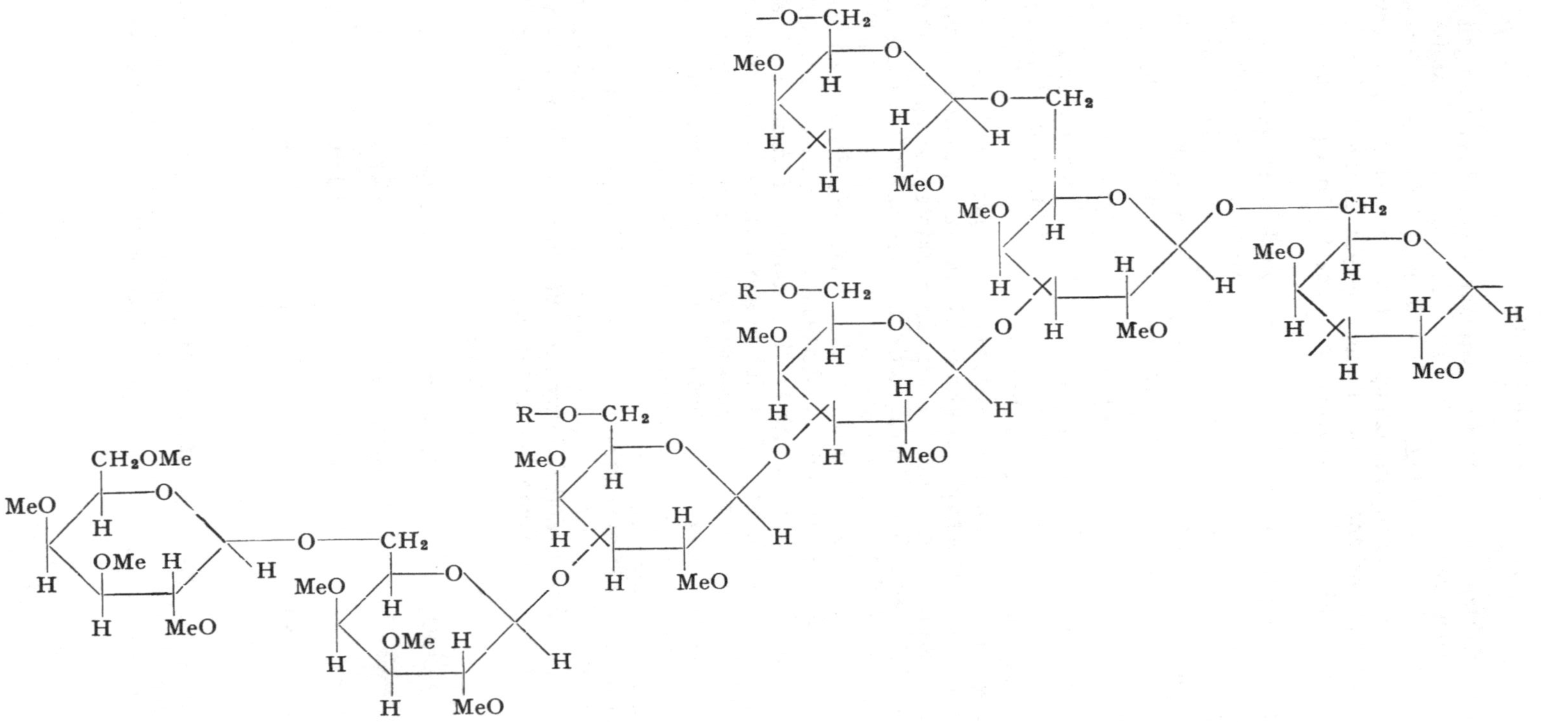

Strukturformel von methyliertem Arabogalaktan

Das Arabogalaktan besitzt offenbar, wie aus Viskositätsmessungen in wäßriger Lösung hervorgegangen ist, Teilchen mit sphärischer Gestalt[1]. Untersuchungen mit der Ultrazentrifuge[2] lassen erkennen, daß in diesem Polysaccharid zwei vollständig homogene Komponenten mit den Molekulargewichten 16000 und 100000 vorhanden sind. Ferner besteht Grund zu der Annahme, daß im Arabogalaktan des Lärchenholzes keine Carboxylgruppen enthalten sind.

Der anfangs aufgefundene geringe Methoxylgehalt ist offenbar nur von kleinen Ligninverunreinigungen vorgetäuscht worden. Aber auch nach sorgfältigster Reinigung ist noch ein geringer Methoxylgehalt nachgewiesen worden. Es wird deshalb angenommen, daß das Polysaccharid selbst 1 bis 3% OCH_3-Gruppen enthält. Auch in diesem Falle kann noch nichts Endgültiges ausgesagt werden.

Lävulan

Das Lävulan, oder auch Fruktosan genannt, gehört zu den schwer hydrolysierbaren Hemicellulosen. Unter den üblichen Bedingungen für die Hydrolyse der Hemicellulosen entsteht noch keine Fruktose. Erst durch wesentlich stärkere Hydrolyse werden die Fruktosane abgebaut. Bestimmt wird diese entweder direkt oder als α-Methylphenylhydrazon (F 147 bis 148°). In den Ablaugen des Sulfitaufschlusses findet man nur Spuren von Fruktose; nachgewiesen werden kann sie jedoch bei einer Totalhydrolyse des Sulfitzellstoffs. Berechnet auf den Zellstoff beträgt der Gehalt etwa 2,5%, auf Holz bezogen 1,2%[3]. Im Fichtenholz sind nach vollständiger Hydrolyse 1,9% Fruktose gefunden worden. Das als Reservestoff in der Jerusalemartischocke vorkommende Polysaccharid Inulin enthält große Mengen Fruktose. Die genannte Pflanzenart ist sehr anspruchslos und gibt gute Ernten. Pro Hektar gewinnt man ebensoviel Zuckerstoffe wie bei der Zuckerrübe. Die Fruktose besitzt eine höhere Süßkraft als Rübenzucker und wird vom menschlichen Organismus gut vertragen. Man bemüht sich deshalb seit einiger Zeit, ein billiges Verfahren zur fabrikmäßigen Herstellung der Fruktose zu finden.

Nachstehend sind die möglichen Formeln und Formen der Fruktose dargestellt. Die offene Ketoform oder α-Fruktose besitzt die Formel I, die beiden beständigen zyklischen α- und β-Formen der Fruktopyranose entsprechen der Formel II, der unbeständigen γ-Form oder Fruktofuranose kommt die Formel III zu.

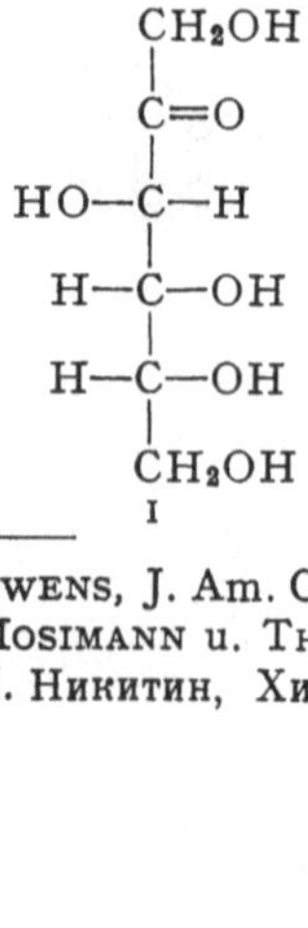
I

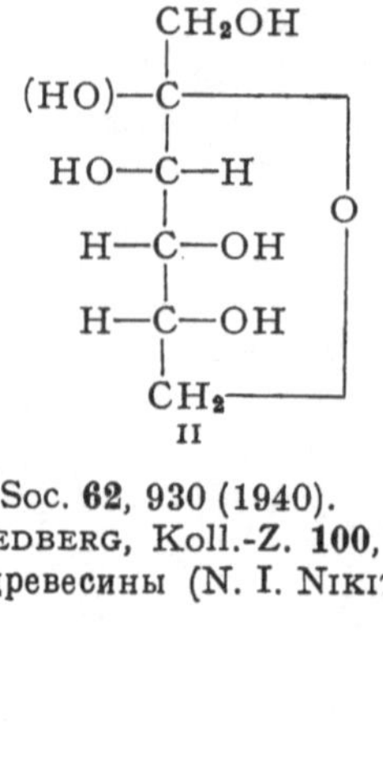
II

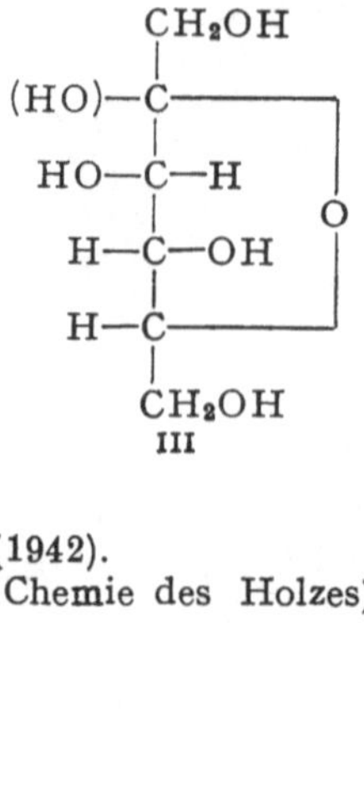
III

[1] L. Owens, J. Am. Chem. Soc. **62**, 930 (1940).

[2] H. Mosimann u. The Svedberg, Koll.-Z. **100**, 99 (1942).

[3] Н. И. Никитин, Химия древесины (N. I. Nikitin, Chemie des Holzes) 1935, S. 118.

In den natürlichen Polysacchariden (Rübenzucker, Inulin) liegt die Fruktose in der Furanoseform vor. Im Augenblick der Hydrolyse jedoch lagert sie sich in die beständige Pyranoseform (II) um[1].

Die verschiedensten Fruktosantypen kommen vor in Dahlienknollen, Zichorienwurzeln, Artischocken, Hyazinthen, Narzissen und anderen, weniger bekannten Gewächsen. Fruktosane entstehen aber auch durch die Einwirkung einiger Bakterien auf Rohrzucker. Diese Polysaccharide dienen der Pflanze, ähnlich wie die Stärke, als Reservekohlenhydrate. In den Fruktosanen sind zwei verschiedene Bindungsarten bekannt. Verbindung der Zuckerreste in 1,2-Stellung, z. B. im Inulin, und 2,6-Stellung, die z. B. in dem aus Rohrzucker durch Bakterien gebildeten Polysaccharid vorhanden ist. Ausführlicher untersucht von den verschiedenen Fruktosanen sind bis jetzt das Inulin[2] und das Irisin[3].

—2 Fruktofuranose	1—2 Fruktofuranose	1—2 Fruktofuranose 1—
4	4	4
|	|	|
1	1	1
Fruktofuranose	Fruktofuranose	Fruktafuranose

Irisin

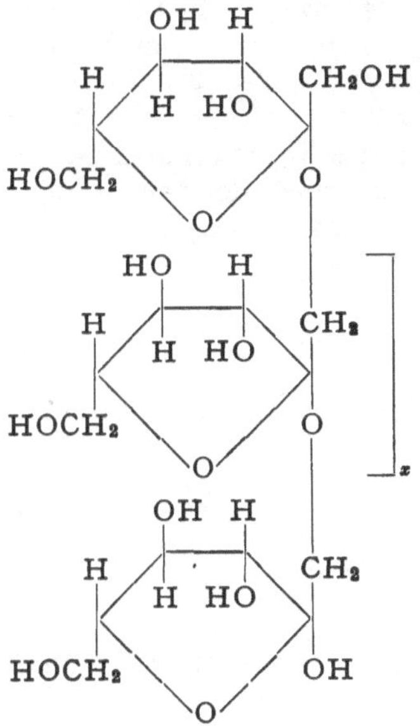

Inulin

[1] П. П. Шорыгин, Курс органической химии (P. P. SCHORYGIN, Lehrbuch der organischen Chemie) 1940, S. 266.

[2] W. HAWORTH, E. HIRST u. E. PERCIVAL, J. Chem. Soc. 1923, S. 2384.

[3] В. В. Коршак, Химия высокомолекулярных соединений (W. W. KORSCHAK, Chemie der hochmolekularen Verbindungen) 1950, S. 450.

ZEHNTER ABSCHNITT

Pentosane

Der Hauptvertreter der Pentosane ist das Xylan, aus dem bei der Hydrolyse Xylose erhalten wird. Ferner ist noch das Araban zu nennen, das jedoch seltener und in geringeren Mengen vorkommt und weniger gut erforscht ist. Aus dem letzteren entsteht durch Hydrolyse Arabinose. Außer den bereits genannten kommen in einigen Holzarten noch Methylpentosane der Formel $(C_5H_7O_4 \cdot CH_3)_n$ vor.

Die Pentosane sind lange Kettenmoleküle, die aus Pentoseanhydriden aufgebaut sind und die allgemeine Formel $(C_5H_8O_4)_n$ besitzen. Der Polymerisationsgrad dieser Verbindungen ist wesentlich niedriger als der der Cellulose. In ihrem Charakter unterscheiden sie sich aber nicht allzusehr von dieser. Die größten Unterschiede werden durch das Fehlen des sechsten C-Atoms in den Grundmolekülen hervorgerufen. Im übrigen ist der Aufbau der Ketten dem der Cellulose analog.

Auch in diesem Falle hängt die räumliche Anordnung der Hydroxyle und Wasserstoffatome von den das Polysaccharid bildenden individuellen Monosen ab. Nachstehend seien die Formeln der beiden hauptsächlich im Holz in polymerer Form vorkommenden Zucker angeführt.

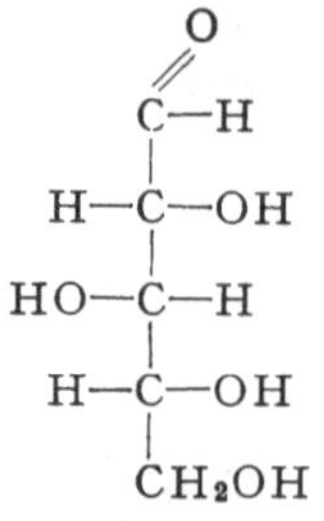

d-Xylose

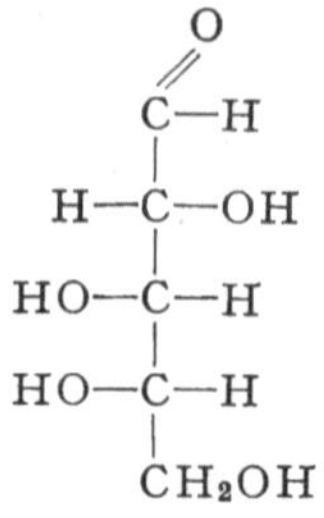

l-Arabinose

Das Xylan besitzt also nach den heutigen Anschauungen[1] folgende Strukturformel:

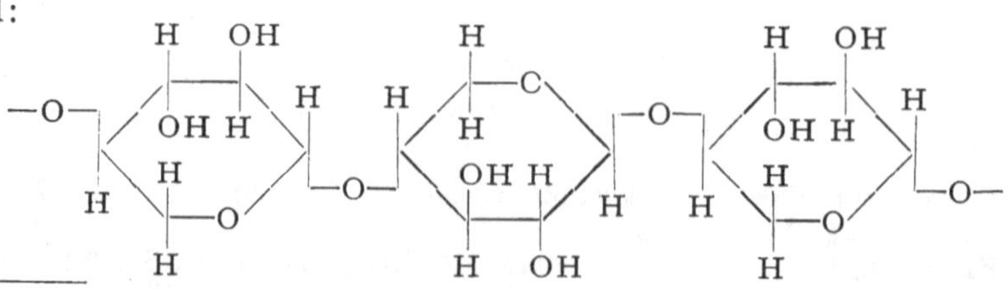

[1] W. Haworth, W. Hampton u. E. Hirst, J. Chem. Soc. 1929, S. 1739.

Über den Pentosangehalt irgendeines Holzmaterials kann man sich durch Hydrolyse bis zu den monomeren Zuckern unterrichten. Diese lassen sich quantitativ in Form ihrer Derivate, z. B. als Hydrazone, bestimmen. Durch eine einfache Umrechnung gelangt man dann zu der ursprünglich vorhandenen Menge des Polysaccharids. Angewandt wird diese Methode besonders dann, wenn man die Zusammensetzung und relativen Mengenverhältnisse eines Pentosans wissen will.

Zur quantitativen Erfassung des gesamten Pentosangehalts benutzt man allerdings ein anderes Verfahren. Eine direkte Bestimmung im Holz ist nicht möglich, da bei ihrer Extraktion stets Beimengungen von anderen Kohlenhydraten erhalten werden. Aus diesem Grunde werden die Pentosane zunächst einer Hydrolyse unterworfen und die gebildeten Pentosen mit 12%iger Salzsäure erhitzt. Dabei wird Furfurol abgespalten, das mit der Salzsäure überdestilliert. Die Menge des entstandenen Furfurols wird schließlich mit Hilfe einer geeigneten Methode quantitativ bestimmt[1]. Die Reaktion verläuft also in zwei Stufen. In der ersten werden die Pentosane zu den entsprechenden Pentosen hydrolysiert, während die letzteren in der zweiten Stufe unter Wasserabgabe in Furfurol übergehen:

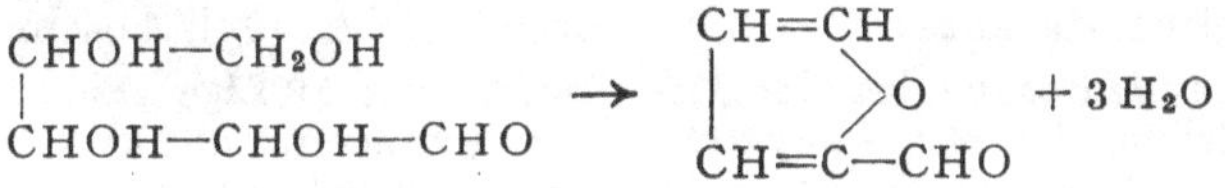

Pentose Furfurol

Das Furfurol kann entweder gravimetrisch durch Überführung in eine unlösliche Verbindung oder auf maßanalytischem Wege ermittelt werden. Trotz der vielen, sich gerade mit dieser Frage beschäftigenden Arbeiten gibt es bis jetzt noch kein völlig zufriedenstellendes Verfahren. Weitaus am häufigsten ist die gravimetrische Methode angewandt worden, wobei als Fällungsmittel für das Furfurol entweder Phloroglucin, Barbitursäure oder Thiobarbitursäure benutzt worden sind.

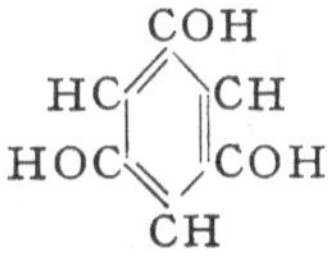

Phloroglucin

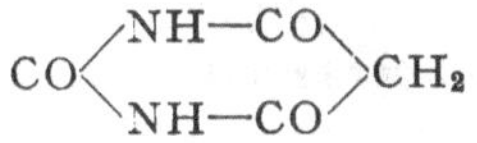

Barbitursäure

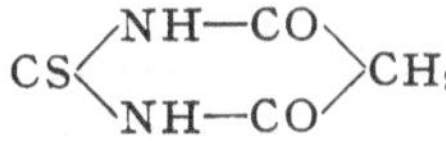

Thiobarbitursäure

Dabei findet eine Kondensation des Furfurols mit den genannten Stoffen bei gleichzeitiger Entstehung unlöslicher Verbindungen statt:

$$C_5H_4O_2 + C_6H_6O_3 \rightarrow C_{11}H_6O_3 + 2H_2O$$

Furfurol Phloroglucin Phloroglucid

[1] Literatur zur Pentosanbestimmung: Н. И. Никитин, Химия древесины (N. I. NIKITIN, Chemie d. Holzes) 1935, S. 96. — Н. Я. Демьянов и Н. Д. Прянишников, Общие приемы анализа растительных веществ (N. JA. DEMJANOW u. N. D. PRJANISCHNIKOW, Allgemeine Methoden zur Analyse von Pflanzenstoffen) 1933, S. 167. — А. Р. Кизель, Практическое руководство по биохимии растений (A. R. KISEL, Praktikum zur Biochemie der Pflanzen) 1934, S. 17. — Н. Н. Иванов, Методы физиологии и биохимии растений (N. N. IWANOW, Methoden der Physiologie und Biochemie der Pflanzen) 1935, S. 134.

oder

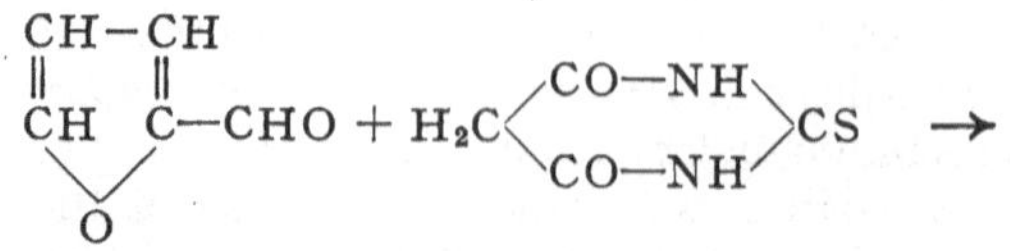

Furfurol Thiobarbitursäure

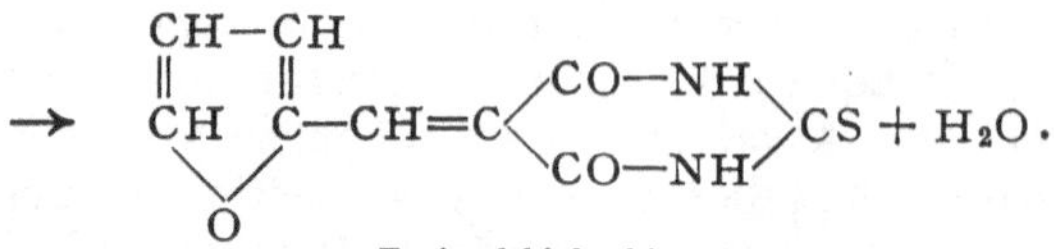

Furfurolthiobarbitursäure

Als Hauptgrund für die Ungenauigkeit dieser Methode wird allgemein die Tatsache, daß ein Teil des entstandenen Furfurols bei der Destillation mit der Säure zerstört wird und eine quantitative Ausbeute infolgedessen nicht zu erhalten ist, betrachtet. Andererseits geben auch andere im Holz vorkommende Stoffe unter den gleichen Bedingungen Furfurol bzw. dessen Derivate und etwas Formaldehyd, die außerordentlich störend wirken (vgl. Abschn. 11, S. 234).

Während die Pentosane bei der Destillation mit 12%iger Salzsäure Furfurol liefern, entsteht aus den Methylpentosanen Methylfurfurol und aus den Hexosanen Oxymethylfurfurol, wie man aus dem nachstehenden Schema ersehen kann.

Pentosan → Pentose → Furfurol 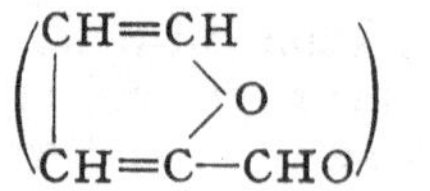

Methylpentosan → Methylpentose → Methylfurfurol 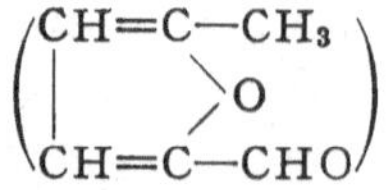

Hexosan → Hexose → Oxymethylfurfurol 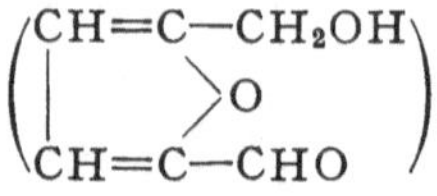

Oxymethylfurfurol ist unter diesen Verhältnissen jedoch nicht sehr beständig, es wird durch die Säure zu Ameisensäure und Lävulinsäure abgebaut.

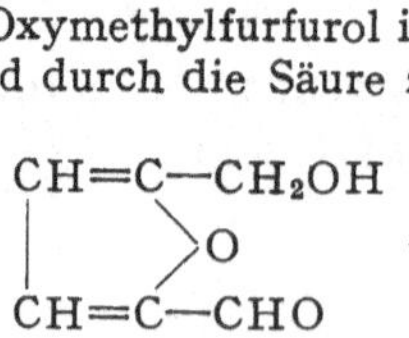 $+ 2H_2O \rightarrow HCOOH + CH_3{-}CO{-}CH_2{-}CH_2{-}COOH$

Ameisensäure Lävulinsäure

Ein kleiner Teil wird nicht zerstört und gelangt somit auch in das Destillat. Eine Störung durch Methylfurfurol wird kaum zu befürchten sein, da die Anwesenheit von Methylpentosanen im Holz noch sehr fraglich ist. Man hat also in einem Destillat von Holz mit 12%iger Salzsäure sicher zu rechnen mit Furfurol, Oxymethylfurfurol, eventuell auch Methylfurfurol und geringen Mengen Formaldehyd. Besondere Untersuchungen haben ergeben, daß alle genannten Verbindungen zu einer Kondensation mit Phloroglucin unter Entstehung von unlöslichen Niederschlägen befähigt sind. Bei der Anwendung von Phloroglucin zur Bestimmung der Furfurolmenge werden deshalb stets zu hohe Werte gefunden.

In verdünnter Salzsäure, in der ja letzten Endes die Fällung stattfindet, ist das Phloroglucid des Furfurols aber auch etwas löslich. Ferner ist die Bildungsgeschwindigkeit des Furfurols aus den beiden Pentosen, Xylose und Arabinose, nicht gleich. Man benutzt deshalb zur Berechnung die von KRÖBER zusammengestellte Tabelle. In dieser sind bereits Korrekturen für die Löslichkeit des Phloroglucids angebracht und auch die unterschiedliche Bildung aus Xylose und Arabinose berücksichtigt. KRÖBER hat bei der Ausarbeitung seiner Tabelle angenommen, daß das Verhältnis zwischen Xylan und Araban im Holz annähernd gleich ist. Diese Annahme ist jedoch rein willkürlich und konnte später nicht bestätigt werden.

Das Phloroglucid des Methylfurfurols ist in Äthanol löslich. Diese Tatsache wird zu seiner Abtrennung von dem entsprechenden Furfurolkondensationsprodukt benutzt. Auf diese Weise kann also der Gehalt an Methylpentosan im Holz oder anderen pflanzlichen Rohstoffen bestimmt werden. Eine gewisse Komplikation findet jedoch durch eine geringe Löslichkeit des Oxymethylfurfurolphloroglucids in Alkohol statt. Nimmt also bei der Behandlung aller Phloroglucide mit Alkohol die Ausbeute etwas ab, so kann dies zum Teil auf das ebenfalls vorhandene Oxymethylfurfurolphloroglucid zurückgeführt werden.

Die Fällung des Furfurols mit Barbitursäure besitzt vor dem oben beschriebenen Verfahren eine Reihe von Vorzügen. So wird z. B. Oxymethylfurfurol nicht mitgefällt. Ferner ist die Furfurolbarbitursäure in der Säure praktisch unlöslich. Eine wirklich quantitative Fällung erfolgt jedoch nur bei der Anwendung eines großen Überschusses von Barbitursäure.

Noch bessere Resultate werden mit Thiobarbitursäure erhalten. Aber auch in diesem Falle wird, wie auch durch Barbitursäure, das Methylfurfurol mitgefällt. Außerdem entsteht auch mit dem ebenfalls anwesenden Formaldehyd eine Fällung. Obwohl durch die Verwendung von Barbitursäure oder ihren Derivaten im Verhältnis zu Phloroglucin niedrigere Werte erhalten werden, sind diese noch immer nicht zufriedenstellend. TISCHTSCHENKO und KOSCHKIN[1] haben zur Bestimmung des Furfurols Diphenylthiobarbitursäure vorgeschlagen.

Die gleichfalls brauchbaren maßanalytischen Verfahren ergeben bestenfalls Resultate, die sich mit den nach der Phloroglucinmethode erhaltenen vergleichen lassen.

Die Bromid-Bromat-Methode[2] beruht darauf, daß ein Mol Furfurol vier Atome Brom anlagern kann. Man gibt deshalb zu der salzsauren Furfurollösung eine abgemessene Menge einer Lösung, die Natriumbromid und Natriumbromat enthält. Nach einiger Zeit wird Kaliumjodid zugefügt und das ausgeschiedene Jod mit Thiosulfat zurücktitriert.

Ein anderes Verfahren[2] benutzt die mit Hydroxylaminhydrochlorid stattfindende Umsetzung der Aldehydgruppe des Furfurols, die nach folgendem Schema verläuft:

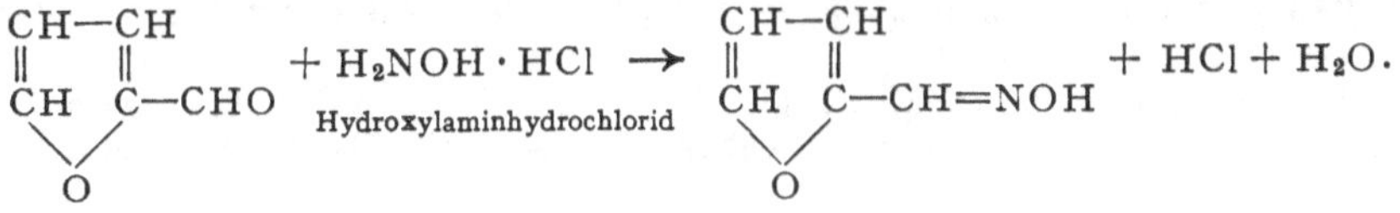

Furfurol

Die dabei frei werdende Salzsäure wird mit 0,1 n-Natronlauge titriert.

---

[1] В. Е. Тищенко и Н. В. Кошкин, ЖПХ (W. E. TISCHTSCHENKO u. N. W. KOSCHKIN, Z. Angew. Chem. [russ.]) 7, 1307 (1934).

[2] R. SIEBER, Die chemisch-technischen Untersuchungsmethoden der Zellstoff- u. Papierindustrie, 1951, S. 62ff.

Aus den in den Hemicellulosen enthaltenen Uronsäuren entsteht bei der Destillation mit Salzsäure gleichfalls Furfurol, wenn auch in geringeren Mengen[1]:

$$\text{Uronsäure} \rightarrow CO_2 + \text{Pentose} \rightarrow \text{Furfurol} + 3\,H_2O$$

Bei der Pentosanbestimmung ist also außer den oben erwähnten Korrekturen noch eine weitere anzubringen. Diese schwankt jedoch etwas und macht im Durchschnitt 1 bis 2% des Holzgewichtes aus. Die in letzter Zeit vorgeschlagenen Verfahren zur Pentosanbestimmung[2] beruhen alle auf einem der oben genannten Prinzipien, es sind lediglich methodische Verbesserungen durchgeführt worden.

Obwohl die Pentosane bedeutend leichter hydrolysiert werden als die Cellulose, gibt es im Holz leicht und schwer hydrolysierbare Pentosane. So wird z. B. ein Teil des Xylans und Arabans bereits durch 3- bis 5stündige Erhitzung mit 2- bis 2,5%iger Schwefelsäure auf dem Wasserbad hydrolysiert. Das restliche Xylan kann jedoch erst durch Totalhydrolyse zusammen mit der Cellulose gespalten werden. Nach SCHARKOW[3] werden diese Differenzen nicht durch eine unterschiedliche Natur der Polysaccharide, sondern durch strukturelle Unterschiede bewirkt. Der leichter zugängliche Anteil befindet sich an der Oberfläche der Zellwände, während der andere, schwerer angreifbare mit dem Lignin zusammen zwischen den Struktureinheiten der Cellulose gelagert ist. Ein Angriff durch irgendein Agens kann also erst nach Auflösung der Cellulose erfolgen.

Von anderen Autoren wird das im Holz vorhandene Xylan als weitgehend uneinheitlich angesehen. Das aus dem Holz unter relativ milden Bedingungen isolierte, leicht lösliche Xylan unterscheidet sich in Eigenschaften und Charakter wesentlich von dem schwer löslichen[4]. Zur Vermeidung von Irrtümern sei hier darauf hingewiesen, daß die Begriffe „leicht hydrolysierbar" und „leicht löslich" keineswegs miteinander identisch sind.

Sehr interessant sind in diesem Zusammenhang die Angaben von KELLER[5], der Xylan aus Weizenstroh durch Extraktion mit 10%iger Natronlauge isoliert hat. Durch eine anschließende Fraktionierung mit 5%iger Lauge konnte das Xylan in einen leichter und einen schwerer löslichen Anteil getrennt werden. Bei der Hydrolyse der beiden Fraktionen hat sich herausgestellt, daß die schwer lösliche Fraktion bedeutend leichter hydrolysiert wird als die leicht lösliche. Der Autor nimmt deshalb für die beiden Formen einen unterschiedlichen Aufbau an. Der gesamte Fragenkomplex ist aber anscheinend immer noch nicht vollständig aufgeklärt.

Über die Entstehung der Pentosane und allgemein der Hemicellulosen im Holz kann bis jetzt nur sehr wenig ausgesagt werden. Ein Vorschlag läuft darauf

---

[1] Die Ausbeute ist nicht quantitativ, es entsteht ca. nur $^1/_3$ der theoretischen Menge. Vgl. Н. Никитин, Химия древесины (N. NIKITIN, Chemie des Holzes) 1935, S. 99.

[2] G. JAYME u. P. SARTEN, Biochem. Z. **308**, 109; **310**, 1 (1941). — J. SAVARD, A. LECLERCQ u. J. REYGROBELLET, Agron. trop. **2**, 170 (1947); Chem. Abstr. **41**, 5820 (1947). — SISTER VIRGINIA HEINES, Arch. Biochem. **11**, 531 (1946).

[3] В. И. Шарков, Гидролизное производство (W. I. SCHARKOW, Hydrolysenindustrie) **1**, 42 (1945).

[4] W. VOSS, R. BAUER u. J. PFIRSCHKE, Ann. **534**, 135 (1938). — W. VOSS u. G. BUTTER, Ann. **534**, 161 (1938).

[5] Р. Э. Келлер, ЖПХ (R. E. KELLER, Z. Angew. Chemie [russ.]) **10**, 2041 (1937).

hinaus, daß die Bildung der Hemicellulosen in der Pflanzenwelt über die Uronsäuren verläuft. Danach entsteht das Araban auf biochemischem Wege durch Decarboxylierung aus der Galakturonsäure, während Hexosane (Galaktan) durch Reduktion des letzteren gebildet werden. Wie im Abschnitt 8 dargestellt, zeigen jedoch die Arbeiten der letzten Jahre, daß ein Übergang von Pektinen zu Pentosanen durch einfache Decarboxylierung nicht möglich ist. Das gleiche trifft für die Entstehung von Galaktan aus Galakturonsäure durch direkte Reduktion zu. Auf Grund der Tatsache, daß die genannten drei Stoffe

TABELLE 55
Pentosangehalt in verschiedenen Hölzern[1]

Lfd. Nr.	Art	Pentosan in %
1	Kiefer	10,80
2	Kiefer (*Pinus silvestris*)	11,02
3	Kiefer (*Pinus silvestris*)	11,05
4	Fichte (*Picea excelsa*)	11,30
5	Fichte (*Picea excelsa*)	10,51
6	Tanne	11,48
7	Sibirische Lärche (*Larix sibirica*)	9,30
8	Sibirische Zeder (*Pinus sibirica*)	8,64
9	Birke	25,86
10	Birke	24,01
11	Espe (*Populus tremula*)	22,71
12	Espe (*Populus tremula*)	22,90
13	Buche	24,30
14	Esche	23,68
15	Weide	23,31
16	Erle	22,94
17	Pappel	22,71
18	Ulme (*Ulmus laevis*)	19,65
19	Ahorn (*Acer platanoides*)	25,62
20	Linde (*Tilia cordata*)	23,31
21	*Populus nigra*	23,40
22	Wintereiche (*Quercus sessiliflora*)	22,78

einen unterschiedlichen Aufbau besitzen, sind derartige Übergänge ziemlich ausgeschlossen. Jedenfalls können diese Veränderungen in keinem Falle an den Polysacchariden selbst erfolgen. Dazu ist zunächst ein Abbau bis zu den Monosacchariden erforderlich, die dann erst auf enzymatischem Wege strukturell umgebaut werden können[2]. Von einer endgültigen Klärung ist dieses Problem aber noch weit entfernt.

[1] Nr. 1, 6, 9, 10, 13—17 nach J. König u. E. Becker, Z. Angew. Chemie **32**, 155 (1919). — Nr. 2, 4 nach C. Schwalbe u. E. Becker, Z. Angew. Chemie **32**, 229 (1919). — Nr. 3, 5, 11, 12 nach Ф. Комаров и А. Яковлев, Бум. пром. (F. Komarow u. A. Jakowljew, Papierind.) Nr. 3, 13 (1932). — Nr. 7, 18—22 nach В. И. Шарков и С. В. Собецкий, ЖПХ (W. I. Scharkow u. S. W. Sobjezki, Z. Angew. Chemie [russ.]) **21**, 659 (1948). — Nr. 8 nach В. И. Шарков и С. В. Совецкий, Лесохим. пром. (W. I. Scharkow u. S. W. Sobjezki, Holzchem. Ind.) **3**, 17 (1940).

[2] H. G. Beavan, E. L. Hirst, J. K. N. Jones u. W. O. Walder, J. Chem. Soc. (1947), S. 1218. — E. L. Hirst, J Chem. Soc. (1949), S. 522.

Die Bedeutung der Hemicellulosen für das Leben der Pflanze ist außerordentlich groß. Sie dienen als Aufbau- und auch Reservestoffe und nehmen eine Stellung zwischen der Cellulose und der Stärke ein. Im Holz sind bis zu 41%, wie bereits erwähnt, enthalten, wobei in den Nadelholzarten die Hexosane, in den Laubhölzern dagegen die Pentosane vorherrschend sind. Die Tab. 55 gibt einen Überblick über den Pentosangehalt in verschiedenen Holzarten.

Die Menge an Pentosanen ist jedoch im Stamm nicht überall gleich (Tab. 56). KOMAROW und JAKOWLJEW[1] haben gefunden, daß in den Ästen von Fichte, Kiefer und Espe mehr Pentosan enthalten ist als im Stamm. Besonders deutlich tritt diese Tatsache bei der Espe hervor.

TABELLE 56

Pentosangehalt im Stamm und den Ästen verschiedener Hölzer

Art	Stamm			Äste
	Basis	Mitte	Krone	
Fichte	11,42	9,62	10,49	—
Fichte	10,11	8,60	9,85	12,86
Kiefer	9,24	10,97	11,08	—
Kiefer	9,63	10,64	12,89	13,15
Espe.............	22,59	22,37	23,18	—
Espe.............	23,04	21,79	23,89	35,90

In jungen Kiefernschößlingen haben SHEREBOW und WEINOW[2] bis zu 19% Pentosane nachgewiesen (ohne Abzug des durch die Uronsäure entstehenden Furfurols). Der Pentosangehalt ist gewöhnlich im Spätholz anders als im Frühholz[3], das gleiche trifft für Kern- und Splintholz zu[4].

Methylpentosane sind von SCHARKOW und JEFIMOW[5] in den Hydrolyseprodukten von Nadelholzhemicellulosen nachgewiesen worden. Sie kommen aber nur in geringen Mengen vor. Zu ihrer quantitativen Bestimmung ist von anderen Autoren die Löslichkeit des Methylfurfurolphloroglucids in Äthanol benutzt worden. Die dabei erhaltenen Werte sind in der Tab. 57 zusammengestellt[6]. Der Gehalt an Methylpentosan ist in Nadelhölzern etwas höher als in Laubhölzern.

Zur Isolierung der Pentosane (auch Hemicellulosen allgemein) behandelt man Holzmehl mit Natronlauge, wobei die Menge der in Lösung gehenden Mengen an Pentosanen von der Konzentration der Lauge abhängig ist[7]. Ge-

[1] Ф. Комаров и А. Яковлев, Бум. пром. (F. KOMAROW u. A. JAKOWLJEW, Papierind.) Nr. 3, 13 (1932).

[2] Л. П. Жеребов и К. А. Вейнов, Лесохим. сб. (L. P. SHEREBOW u. K. A. WEINOW, Sammelband Holzchemie) Heft 1 (1932).

[3] В. И. Шарков и С. В. Собецкий, ЖПХ (W. I. SCHARKOW u. S. W. SOBJEZKI, Z. Angew. Chemie [russ.]) **21**, 659 (1948)

[4] G. RITTER u. L. FLECK, Ind. Eng. Chem. **15**, 1055 (1923); **18**, 608 (1926).

[5] В. И. Шарков и В. А. Ефимов, ЖПХ (W. I. SCHARKOW u. W. A. JEFIMOW, Z. Angew. Chemie [russ.]) **21**, 1045 (1948).

[6] C. SCHWALBE u. E. BECKER, Z. Angew. Chemie **32**, 299 (1919).

[7] Н. И. Никитин, Химия древесины (N. I. NIKITIN, Chemie des Holzes) 1935, S. 101.

wöhnlich benutzt man eine 4- bis 5%ige Natronlauge, da durch Laugen höherer Konzentration bereits andere Holzbestandteile mit angegriffen werden. N. NIKITIN und Mitarbeiter haben festgestellt, daß die Menge der bei 15° in 24 Stunden extrahierbaren Hemicellulosen bei einer Laugenkonzentration von 4% ihr Maximum erreicht (Tab. 58).

TABELLE 57

Methylpentosangehalt verschiedener Hölzer

Art	Methylpentosan in %
Fichte	**3,00**
Kiefer	**2,23**
Buche	**1,02**
Birke	**0,84**
Espe	0,72
Erle	—

Bekanntlich hat man früher die mit Alkalilauge aus dem Holz extrahierbaren Stoffe als „Holzgummi" bezeichnet. Bei der Hydrolyse eines derartigen, aus Laubholz erhaltenen Gummis findet man neben einigen anderen Zuckern in der Hauptsache Xylose. Bei dieser alkalischen Behandlung geht also im wesentlichen Xylan, neben etwas Araban und Hexosan, in Lösung. Auf Grund seiner außerordentlichen Verbreitung ist das erstere wesentlich eingehender untersucht als das Araban. Die Verfahren zu seiner Isolierung sind gleichfalls gut ausgearbeitet sowohl im Falle des Holzes als auch anderer pflanzlicher Rohstoffe.

Die Darstellung des Xylans aus den alkalischen Extrakten in reiner Form erfordert die Entfernung der begleitenden Kohlenhydrate. SALKOWSKI[1] hat zu diesem Zweck folgendes Verfahren vorgeschlagen. Der Extrakt wird zunächst mit FEHLINGscher Lösung versetzt. Die Pentosane fallen dabei als Kupferkomplexverbindungen aus. Zur Zerstörung des Komplexes wird das Material in Alkohol suspendiert und gasförmiger Chlorwasserstoff eingeleitet. Die Hauptmenge des auf diese Weise aufgearbeiteten Pentosans besteht aus Xylan, während Araban nur in relativ geringen Mengen anwesend ist. Auf Grund seiner guten Löslichkeit in Wasser kann das letztere auf diesem Wege entfernt werden. Das resultierende, reine Xylan wird zum Schluß noch mit Alkohol gewaschen. Es hat sich jedoch als unmöglich herausgestellt, dieses Verfahren zur Reindarstellung des Arabans anzuwenden. Soweit bekannt, ist das letztere bis jetzt infolge der großen experimentellen Schwierigkeiten noch nicht in reiner Form aus Holz dargestellt worden. Die Isolierung des rohen Xylans aus dem alkalischen Extrakt kann auch durch Ausfällen mit Säure oder Alkohol bewerkstelligt werden[2].

TABELLE 58

Einfluß der Konzentration von Natronlauge auf die Hemicellulosen- und Holzausbeute bei Eichenholz

Konzentration NaOH in %	Holzausbeute in %	Extraktrückstand in % des Holzes
2	85,90	14,10
3	82,13	17,87
4	81,75	18,25
5	82,11	17,89
6	82,17	17,83

[1] E. SALKOWSKI, Z. phys. Chemie **34**, 162; **35**, 240 (1902); **117**, 49 (1921).

[2] Die Alkalibehandlung (nicht nur mit FEHLINGscher Lösung, sondern auch bereits normales Alkali) kann möglicherweise dazu führen, daß das isolierte Xylan bereits etwas verändert ist. Auf diese Weise können nämlich die in gewissen Xylanpräparaten nachgewiesenen Carboxylgruppen abgespalten werden.

Xylan

Das Xylan ist ein weißes, amorphes, geruchloses Pulver, das in Alkalien leicht löslich ist und in Wasser stark quillt.

Neben der Cellulose ist das Xylan eines der am häufigsten vorkommenden Polysaccharide. In wechselnden Mengen findet man es in fast allen verholzten, pflanzlichen Zellwänden. Außer im Holz ist es in Stroh, Spreu, Samenschalen, Espartogras, Kirsch-, Pflaumen- und anderen Fruchtkernen enthalten. Das Xylan ist in allen Hölzern anzutreffen und macht den Hauptanteil des Pentosans aus.

Durch Hydrolyse erhält man fast ausschließlich Xylose. Es ist deshalb lange Zeit angenommen worden, daß das Xylan nur aus Xyloseresten aufgebaut ist.

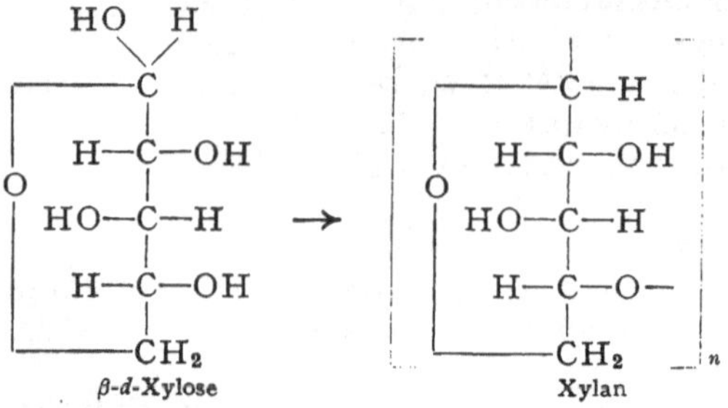

β-d-Xylose Xylan

Mit verbesserten Analysenmethoden konnte jedoch nachgewiesen werden, daß das Xylan nicht nur aus Xylose besteht. Unter den Hydrolysenprodukten hat man nämlich auch Uronsäuren gefunden. Selbst in sehr sorgfältig gereinigten Präparaten finden sich Carboxyl- und Methoxylgruppen[1].

Wie bereits erwähnt, sind einige Autoren der Meinung, daß die im Xylan vorhandenen Uronsäuren als Zwischenprodukte bei der Umwandlung von Hexosen zu Pentosen aufgefaßt werden können[2]. Danach wird die primäre Hydroxylgruppe biochemisch zur Carboxylgruppe oxydiert. Durch Abspaltung von CO_2 ist der Übergang zu Pentose ohne weiteres gegeben. Das Xylan ist bekanntlich aus *β-d*-Xyloseresten aufgebaut, während die Cellulose aus *β-d*-Glukose besteht. Bei der Oxydation der letzteren und Decarboxylierung der als Zwischenprodukt auftretenden *β-d*-Glukuronsäure entsteht die Xylose, deren Molekül die gleiche Konfiguration besitzt wie die Glukose. Ein genetischer Zusammenhang zwischen dem Xylan und der Cellulose ließe sich auf diese Weise erklären. Da der beschriebene Prozeß aber nur sehr langsam verläuft, so müßte man in den Xylanketten neben den reinen Pentoseresten auch solche mit einer Carboxylgruppe (und sogar die CH_2OH-Gruppe) finden:

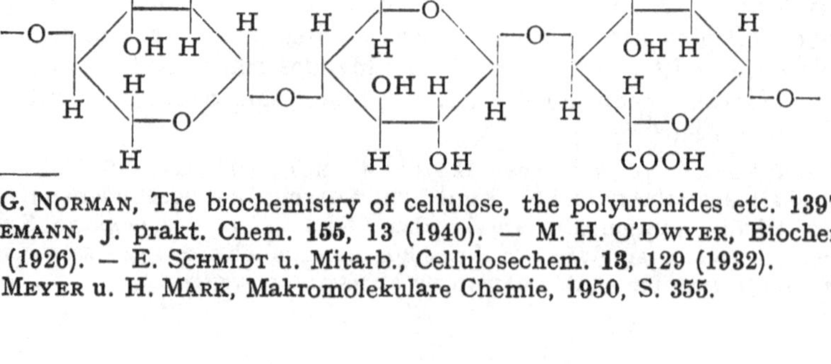

---

[1] A. G. NORMAN, The biochemistry of cellulose, the polyuronides etc. 1397; vgl. E. HUSEMANN, J. prakt. Chem. **155**, 13 (1940). — M. H. O'DWYER, Biochem. J. **20**, 656 (1926). — E. SCHMIDT u. Mitarb., Cellulosechem. **13**, 129 (1932).

[2] K. MEYER u. H. MARK, Makromolekulare Chemie, 1950, S. 355.

Irgendwelche experimentellen Bestätigungen für diese Ansicht sind bis jetzt noch nicht erhalten worden. Neuere Arbeiten haben ergeben, daß dieses genetische Schema mindestens im Falle des Arabans und Galaktans nicht gut möglich sein kann. Bei den genannten beiden Stoffen sind nämlich Konfiguration und Bindungsart gänzlich verschieden[1]. Es ist deshalb nicht anzunehmen, daß die Pentosane in der Natur auf dem erwähnten Wege entstehen. Trotzdem wird die oben angeführte Strukturformel des Xylans von den meisten Autoren anerkannt. Man hat in letzter Zeit auch in anderen Hemicellulosen die Anwesenheit von Uronsäuregruppen festgestellt. Bis zum gegenwärtigen Zeitpunkt ist jedoch eine Abgrenzung der COOH-Gruppen enthaltenden Polysaccharide von den keine Gruppen besitzenden noch nicht möglich. Das Xylan enthält anscheinend neben den reinen Xyloseresten auch noch andere Reste. Zwar finden sich in der Literatur Hinweise darauf, daß auch carboxylfreie Xylanpräparate dargestellt worden sind. Es ist jedoch auch in diesen Fällen sehr unwahrscheinlich, daß die Ketten lediglich aus Xyloseresten aufgebaut sind. Einige Autoren haben die Anwesenheit von Arabinose, andere die von Glukose in Xylanpräparaten festgestellt.

Die im Xylan enthaltenen Uronsäuren sind zum Teil methyliert, wobei die Methoxyle ätherartig gebunden sind. N. W. LEBEDJEW hat eine gewisse Menge an Methoxylgruppen im Xylan aus Roggenstroh nachweisen können.

Aus den Arbeiten von O'DWYER geht hervor, daß in der aus Eichenholz isolierten Hemicellulose A jeweils auf 11 Xylosereste 1 Methoxyhexuronsäurerest kommt. In der Fraktion B ist das Verhältnis 6:1. Nach Ansicht verschiedener Autoren bestehen die polyuronidischen Hemicellulosen der Laubhölzer gewöhnlich aus einer Monomethoxyuronsäure, die mit einer unterschiedlichen Anzahl von Xyloseresten, meistens 7 bis 19, verknüpft ist[2]. Diese Tatsache ist durch Untersuchungen an der amerikanischen Pappel bestätigt worden. Auch die Hemicellulosen des Ahorns sind in der gleichen Weise aufgebaut[3].

1934 hat man im Xylan aus Espartogras l-Arabinose aufgefunden, die in der Furanoseform vorliegt und in einem bestimmten und konstanten Mengenverhältnis zur Xylose vorhanden ist[4]. Bei der Methylierung und Hydrolyse dieses Xylanpräparates erhält man 90 % 2,3-Dimethylxylose und 6 % 2,3,5-Trimethyl-l-arabofuranose, die als Lakton oder Amid charakterisiert werden kann[5].

Es gibt also Xylanpräparate, die Arabinose in gebundener Form enthalten. Findet man unter den Hydrolysenprodukten das 2,3,5-Trimethylderivat, so liegt die Arabinose in der Furanoseform vor und ist endständig.

---

[1] G. H. BEAVAN, E. L. HIRST, J. K. N. JONES u. W. O. WALDER, J. Chem. Soc. (1947), 1218.
[2] E. ANDERSON, R. KASTER u. M. SEELEY, J. Biol. Chem. **144**, 767 (1942).
[3] R. L. MITCHELL, S. C. ROGERS u. G. J. RITTER, Ind. Eng. Chem. **40**, 1528 (1948).
[4] W. N. HAWORTH, E. L. HIRST u. E. OLIVER, J. Chem. Soc. (1934), 1917.
[5] Strukturbeweis:

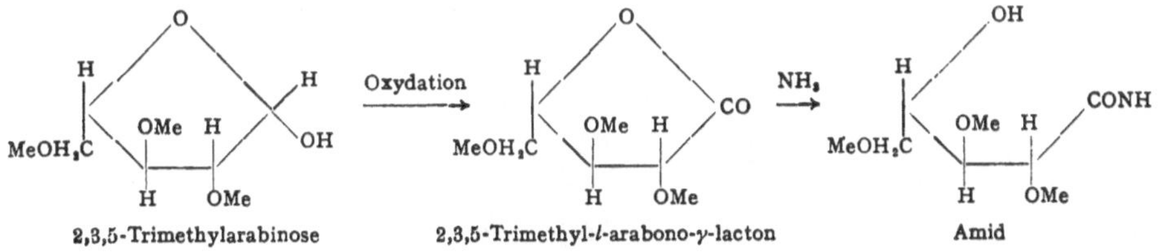

Die quantitative Erfassung der Arabinose ist folgendermaßen durchgeführt worden. Aus dem nach der Hydrolyse des Xylans erhaltenen Sirup entfernt man die auskristallisierte Xylose. Die übrigbleibende Flüssigkeit wird weiter eingeengt und α-Benzylphenylhydrazin zugeführt. Nach Stehen über Nacht ist das Benzylphenylhydrazon der Arabinose (F. 172°) ausgefallen. Auf diese Weise ist festgestellt worden, daß ein Arabinoserest mit 18 bis 20 Xyloseresten verbunden ist. Die Autoren haben nachstehende Strukturformel vorgeschlagen:

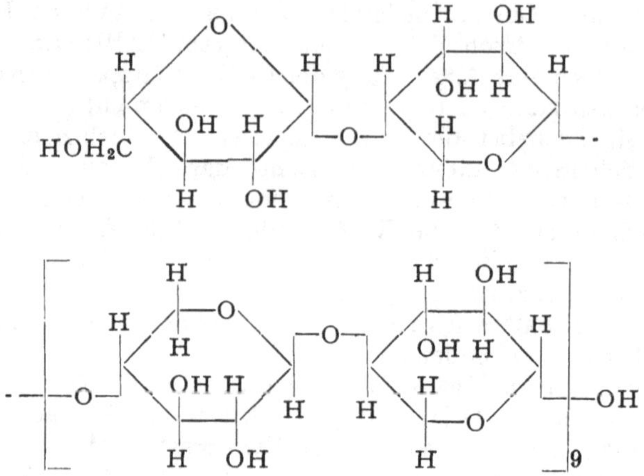

Dabei ist die Möglichkeit einer Verbindung von einzelnen Xylanketten untereinander nicht ausgeschlossen:

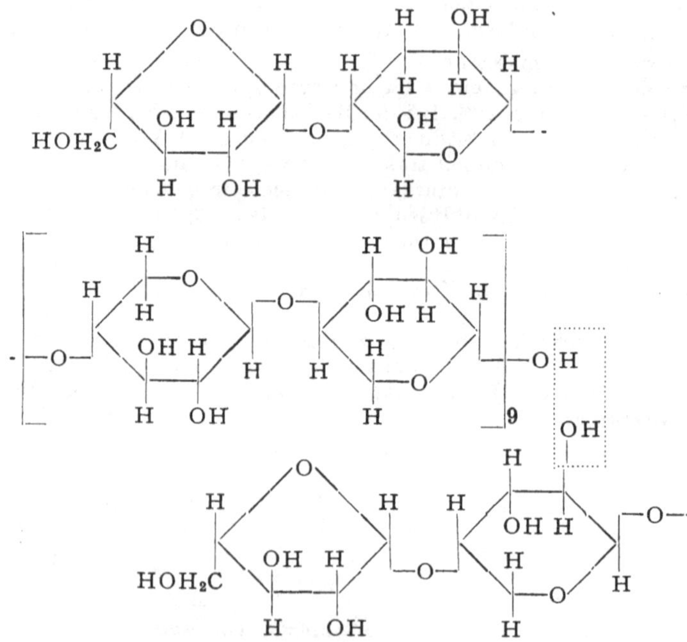

Auch durch andere Autoren[1] wird die Existenz von Arabinoseeinheiten im Xylanmolekül bestätigt. In diesem Falle beträgt das Verhältnis von Xylose zu Arabinose allerdings 8:1. Die gleichen Autoren haben ebenfalls OCH_3-Gruppen im Xylan aufgefunden (etwa 1,5%). Untersucht worden sind von ihnen Xylanpräparate aus Buchenholz, Schalen von Pflaumen- und Kirschkernen und Walnüssen. Zur Isolierung ist die Methode von SCHMIDT benutzt worden. Danach wird das zerkleinerte Material zunächst unter bestimmten Bedingungen mit Chlordioxyd behandelt und dann mit 0,2%iger und anschließend 5%iger Natronlauge extrahiert. Jeder dieser Extrakte wird besonders aufgearbeitet.

In dem mit 0,2%iger Lauge extrahierbaren (leichtlöslichen) Xylan beträgt der Gehalt an Uronsäuren 24,2 bis 25,5%, im schwerlöslichen (5%ige Lauge) dagegen nur 8,5 bis 15%[2]. Die beiden Fraktionen unterscheiden sich durch ihre Drehwerte in Natronlauge. Für die leichtlösliche Fraktion sind Werte zwischen $-54{,}7^\circ$ und $-66{,}1^\circ$ gefunden worden, für die schwerer löslichen Werte von $-80{,}6^\circ$ bis $-92{,}2^\circ$. Ihr Verhalten gegen abbauend wirkende Fermente ist ebenfalls unterschiedlich. So wird z. B. das schwerlösliche Xylan wesentlich weniger beeinflußt und langsamer gespalten als das leichtlösliche. Die Frage nach den verschiedenen Eigenschaften und dem Aufbau von unter veränderten Bedingungen isolierten Xylanpräparaten ist jedoch noch keineswegs als geklärt zu betrachten.

In der Literatur ist die Angabe zu finden, daß Stroh-Xylan ebenfalls Arabinose enthält[3]. Es sei aber an dieser Stelle darauf hingewiesen, daß, nach unlängst veröffentlichten Arbeiten[4], der Arabinosegehalt im Xylan nicht konstant ist und von den jeweils gewählten Extraktionsbedingungen abhängig ist. Ferner hat man gefunden, daß es möglich ist, unter sehr milden Reinigungsbedingungen ein nicht abgebautes Xylan zu isolieren, das keine Arabinose enthält. Es wird deshalb neuerdings angenommen, daß das Xylan möglicherweise nur aus Xyloseresten aufgebaut ist. Die fast stets ebenfalls vorhandene Arabinose scheint demnach nur eine Verunreinigung zu sein, die sehr wahrscheinlich, wie auch die hin und wieder im Xylan vorkommende Galakturonsäure, aus den begleitenden Pektinstoffen stammt. Es ist zu hoffen, daß die weitere Verbesserung und Verfeinerung der Isolierungs- und Reinigungsmethoden in nicht allzu weiter Ferne eine endgültige Klärung der Zusammensetzung und Struktur des Xylans bewirken werden.

Über die Gestalt und die Größe des Xylanmoleküls ist bis jetzt noch nicht sehr viel bekannt. Auf Grund von osmotischen Molekulargewichtsbestimmungen hat HUSEMANN einen Polymerisationsgrad von 150 berechnet[5]. Ferner wird angenommen, daß das Xylanmolekül eine gestreckte, kettenförmige Gestalt besitzt. Wenn irgendwo Verzweigungen vorhanden sind, so können diese nur sehr kurz und selten sein. Einen größeren Einfluß auf die Form des Moleküls können sie jedenfalls nicht ausüben.

---

[1] W. VOSS, R. BAUER u. J. PFIRSCHKE, Ann. **534**, 135 (1938).
[2] W. VOSS u. G. BUTTER, Ann. **534**, 161 (1938).
[3] G. JAYME u. M. SÄTRE, Ber. **75**, 1840 (1942).
[4] E. L. HIRST, J. Chem. Soc. (1949), S. 522.
[5] E. HUSEMANN, J. Prakt. Chemie, **155**, 13 (1940).

Interessant sind die Untersuchungen der gleichen Autorin über die Polydispersität des Xylans. Bekanntlich enthalten derartige makromolekularen Stoffe, wie die Cellulose, eine große Anzahl von Ketten mit recht unterschiedlicher Länge. Die Autorin hat zu klären versucht, ob sich das Xylan ebenso verhält oder nicht. Zu diesem Zweck ist das Xylan aus Buchenholz (unter Luftabschluß) mittels 8%iger Natronlauge extrahiert worden. Die Fällung des Polysaccharids ist durch Eingießen des Extraktes in Methanol bewirkt worden. Zur Entfernung von mitgerissenen Spuren von Lignin wird das schwachgelbliche Produkt mit einer 0,2%igen Chlordioxydlösung behandelt. Ein Abbau des Xylans unter diesen Bedingungen findet nicht statt. Danach wird mit Methanol und Äther gewaschen. Das Präparat zeigt danach in 6%iger Natronlauge $[\alpha]_D = -87°$[1].

Zur Fraktionierung wird eine 2%ige Lösung des Präparats in 6%iger Natronlauge mit Methanol bis zur beginnenden Trübung versetzt. Nach längerem Stehen wird der entstandene Niederschlag abzentrifugiert und die überstehende Lösung wieder in der gleichen Weise mit Methanol behandelt. Auf diese Weise sind insgesamt 5 Fraktionen erhalten worden[2]. Von den einzelnen Fraktionen wurde die Drehung und die Viskosität nach STAUDINGER[3] bestimmt. Die dabei erhaltenen Ergebnisse sind in der Tab. 59 zusammengestellt.

TABELLE 59

Fraktionierung von Buchenholzxylan

Fraktion	Menge in g	Menge in %	$\frac{\eta_{sp}}{c}$	$[\alpha]_D$
I	0,11	5,0	0,074	−88°
II	0,27	12,3	0,075	−88
III	1,10	50,0	0,075	−88
IV	0,60	27,2	0,072	−85
V	0,12	5,5	0,052	−74

Die Länge des Moleküls übt bekanntlich einen Einfluß auf die Viskosität der Lösung aus. Mit zunehmender Kettenlänge steigt auch die Viskosität an. Aus der Tabelle kann ersehen werden, daß die ersten vier Fraktionen in ihrem Verhalten fast keine Unterschiede aufweisen. Demnach bestehen etwa 95% des Xylans aus Molekülen gleicher Länge, von einer Polymolekularität kann also nicht die Rede sein. Die gleichen Resultate sind an Weizenstrohxylan erhalten worden, wobei ca. 90% des Materials aus gleich langen Molekülen besteht. In dem untersuchten Xylan hat man 0,85% Methoxylgruppen gefunden, entsprechend einer OCH_3-Gruppe auf 27 Xylosereste.

Der Carboxylgehalt von Xylan hat sich, unabhängig von den jeweiligen Isolierungsbedingungen, als gleichbleibend ergeben, im Durchschnitt kommt eine COOH-Gruppe auf 16 Xylosereste[4]. Durch Umrechnung auf Uronsäure kommt man auf einen Gehalt von 7%.

---

[1] Nach verschiedenen Autoren schwankt $[\alpha]_D$ für Xylan von —70 bis —96°. Vgl. П. П. Шорыгин, Химия углеводов (P. P. SCHORYGIN, Chemie der Kohlenhydrate) 1938, S. 295.

[2] Die Fraktionierung beruht auf der unterschiedlichen Löslichkeit verschieden großer Moleküle im gleichen Lösungsmittel.

[3] Die Messung ist im OSTWALD-Viskosimeter bei 20° durchgeführt worden. Vgl. Abschn. 5, Teil 2.

[4] E. HUSEMANN, Fortschritte der Chemie, Physik und Technik der makromolekularen Stoffe, 1942, S. 75/96.

Erwähnt sei an dieser Stelle noch, daß in einer unlängst erfolgten Untersuchung[1] der Polymerisationsgrad für Xylan aus Birkenholz zu 35 bestimmt worden ist. Dieser Wert steht im Gegensatz zu dem oben erhaltenen von 150. Es läßt sich aber vorläufig noch keine Aussage über die Richtigkeit der einen oder anderen Bestimmung machen.

Dadurch, daß zwei freie Hydroxyle in jedem Xyloserest vorhanden sind, kann das Xylan Äther und Ester bilden. So ist z. B. die Nitrierung von Buchenholzgummi (Hauptbestandteil Xylan) bereits 1895 durchgeführt worden. Bei der Behandlung mit roter, rauchender Salpetersäure erhält man ein Produkt, das im Mittel 1,5 ONO_2-Gruppen pro Xyloserest enthält.

Durch Nitrierung von reinem, aus Stroh isoliertem Xylan ist ein Nitroxylan[2] dargestellt worden, das etwas mehr als eine ONO_2-Gruppe pro Zuckerrest enthält. Es ist in Alkohol-Äther zum Teil löslich. Der unlösliche Rückstand kann jedoch in Amylacetat und Äthylacetat gelöst werden. Der Stickstoffgehalt des letzteren ist etwas höher als in dem in Alkohol-Äther löslichen Anteil.

Eine später von SOLETSCHNIK[3] durchgeführte Nitrierung des Xylans hat zu sehr ungleichen Ausbeuten (14 bis 82%) geführt, die offenbar auf eine während der Nitrierung stattfindende Hydrolyse zurückzuführen sind. 1950 ist es KONKIN und ROGOWIN[4] gelungen, Nitroxylan in einer fast theoretischen Ausbeute zu erhalten. Dabei haben die Autoren gefunden, daß die Nitroester des Xylans in den gewöhnlichen Lösungsmitteln nur teilweise löslich sind (Aceton, Alkohol-Äther).

Durch Acetylierung von Holzgummi und Weizenstrohxylan[5] sind sowohl die Mono- alsauchDiacetylderivate dargestellt worden. SOLETSCHNIK[6] hat zeigen können, daß die Acetylierung von Xylan aus Birkenholz durch eine vorangehende Vakuumtrocknung über Phosphorpentoxyd erschwert wird. Der Grund dafür ist wahrscheinlich in einer Verdichtung der Struktur zu suchen. Bei der Acetylierung von Xylan, das mit Aceton entwässert worden ist und noch geringe Acetonreste gebunden enthält, entsteht sehr leicht das Diacetat. Dieses ist in Eisessig, Pyridin und Chloroform-Alkohol löslich, beim Verdunsten des Lösungsm ttels entsteht ein Film.

Von den Äthern des Xylans besitzen das Methyl- und Benzylxylan einiges Interesse. Die Methylierung mit Dimethylsulfat und Alkali[7] ergibt Produkte mit 1 bis 1,5 OCH_3 pro Xyloserest. Durch zusätzliche Behandlung mit Silberoxyd und Methyljodid gelangt man erst zu dem vollständig substituierten Dimethylxylan. Beide Derivate sind in kaltem Wasser, Chloroform und anderen Lösungsmitteln leicht löslich.

Die Benzylierung mit Benzylchlorid und Alkali hat nach SOLETSCHNIK[8] ein Produkt mit der Zusammensetzung $C_{15}H_{18}O_6OH(OCH_2C_6H_5)_5$ ergeben, das etwas weniger als zwei Benzylgruppen pro Xyloserest enthält. In Benzol ist das Benzylxylan

---

[1] A. JUNDT, J. Am. Chem. Soc. **71**, 757 (1949).

[2] B. RASSOW u. E. DÖRR, J. prakt. Chemie **108**, 144 (1924).

[3] Н. Я. Солечник, ЖПХ (N. JA. SOLETSCHNIK, Z. Angew. Chem. [russ.]) **6**, 93 (1933).

[4] А. А. Конкин и З. А. Роговин, ЖПХ (A. A. KONKIN u. S. A. ROGOWIN, desgl.) **23**, 536 (1950).

[5] Н. И. Никитин, Химия древесины (N. I. NIKITIN, Chemie des Holzes) 1935, S. 104.

[6] Н. Я. Солечник, Лесохим. пром. (N. JA. SOLETSCHNIK, Holzchem. Ind.) Nr. 5/6, 20 (1934).

[7] E. HEUSER u. W. RUPPEL, Ber. **55**, 2084 (1922).

[8] Н. Я. Солечник, ЖПХ (N. JA. SOLETSCHNIK, Z. Angew. Chemie [russ.]) **7**, 1029 (1924).

zum Teil löslich, vollständig dagegen in Alkohol-Benzol, wobei unter Umständen durch Entfernung des Lösungsmittels ein Film zurückbleibt. Von den gleichen Autoren sind orientierende Versuche zur Darstellung höherer Fettsäureester — Stearinsäure und Ölsäure — durchgeführt worden. Das 1,5-Stearat des Xylans ist in Benzol, Chloroform und Xylol löslich. Das Monooleat des Xylans ist dagegen in den gewöhnlichen organischen Lösungsmitteln unlöslich.

Wie bereits erwähnt, entsteht bei der Hydrolyse von Xylan Xylose, die ein außerordentlich wertvolles Produkt für die Volkswirtschaft darstellt. Einmal kann sie als Nahrungsmittel für Tiere dienen (besonders Wiederkäuer nehmen sie gut auf) und zum anderen in der Medizin und Pharmazie verwendet werden. Für die Darstellung der inaktiven Xylosetrioxyglutarsäure ist sie ein ausgezeichneter Rohstoff. Ferner kommt die Xylose als Ausgangsmaterial zur Gewinnung von Futterhefe und Furfurol in Betracht[1].

Zur Gewinnung von Xylose können außer dem Holz auch die bis zu 35% Pentosan enthaltenden landwirtschaftlichen Abfälle wie Stroh, Spreu, Samenschalen, Maiskolben usw. dienen. Sowohl mit der technologischen als auch der wissenschaftlichen Untersuchung der dafür in Betracht kommenden Verfahren haben sich SOKOLOW[2], KELLER[3], PANASSJUK und PODOBAJEWA[4] sowie viele andere[5] beschäftigt.

Früher hat man angenommen, daß die Pentosen unvergärbar sind. Später ist jedoch gezeigt worden, daß gewisse Bakterien eine Vergärung der Xylose bewirken, wobei Produkte wie Aceton, Butanol, Äthanol u. a. entstehen können[6]. Einige Arten wandeln die Pentosen in Zitronensäure und Oxalsäure um[7]. Das entstehende Endprodukt hängt im allgemeinen von der Wahl der Bakterienart ab. Versuche, die Vergärung von pentosehaltigen Hydrolysaten mit Hefe zu bewerkstelligen, haben zu keinem Erfolg geführt. Einige Hefearten können zwar auf Pentosen wachsen, vergären sie jedoch nicht. Diese Hefearten sind dann als Viehfutter sehr wertvoll.

Neben Nährhefe *Monilia murmanica* kommen noch die von PLEWAKO aus Algen und von KARASSIK[8] isolierten Hefen in Betracht, die alle auf pentosehaltigen Nährböden ganz ausgezeichnet wachsen[9]. Gleichfalls gut gedeihen auf Xylose die Hefestämme *Torula 7a* und *Torula* E_{20}. Auf die Verwendung der Pentosen in der Sulfitablauge der Zellstoffindustrie als Nährstoffe für gewisse Hefen, die Fette (den Pflanzenfetten ähnlich) und Proteine bilden, wird in der Literatur ebenfalls hingewiesen[10].

---

[1] Н. А. Сычев, ЖПХ (N. A. SYTSCHEW, Z. Angew. Chemie [russ.]) **14**, 674 (1941).
[2] В. Ф. Соколов, ЖПХ (W. F. SOKOLOW, Z. Angew. Chemie [russ.]) **9**, 113 (1936).
[3] Р. Э. Келлер, ЖПХ (R. E. KELLER, Z. Angew. Chemie [russ.]) **10**, 1041 (1937).
[4] В. Г. Панасюк и Л. В. Подобаева, ЖПХ (W. G. PANASSJUK u. L. W. PODOBAJEWA, Z. Angew. Chemie [russ.]) **18**, 353 (1945); **22**, 145 (1945).
[5] Siehe В. И. Шарков, Гидролизное производство (W. I. SCHARKOW, Hydrolysenindustrie) **1**, 96, 103 (1945); **2**, 308/44 (1948).
[6] П. П. Шорыгин, Химия углеводов (P. P. SCHORYGIN, Chemie der Kohlenhydrate) 1938, S. 84.
[7] Лесохим. пром. (Holzchem. Ind.) Nr. **7**, 21 (1945).
[8] Е. Л. Карасик, Лесохим. пром. (JE. L. KARASSIK, Holzchem. Ind.) Nr. 3, 78 (1939).
[9] Н. А. Сычев, ЖПХ (N. A. SYTSCHEW, Z. Angew. Chemie [russ.]) **14**, 674 (1941).
[10] A. O. WINTER, Finn. Pap. Timb. J. **27**, 73 (1945).

Durch Oxydation der Xylose entsteht die optisch inaktive Xylotrioxyglutarsäure, wobei die Reaktion über die Xylonsäure nach folgendem Schema verläuft:

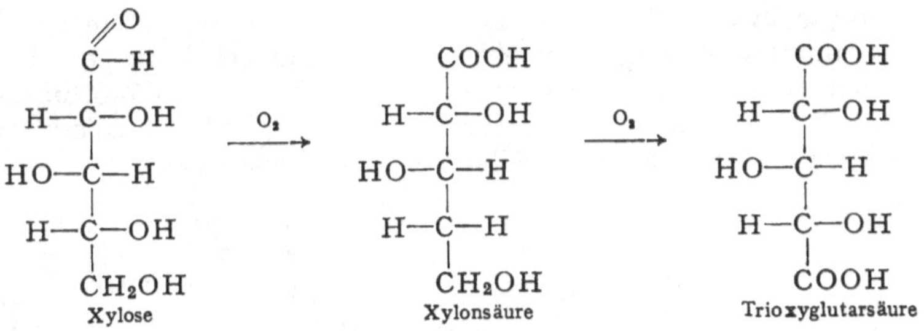

Infolge ihres angenehmen Geschmacks kann die Xylotrioxyglutarsäure in der Nahrungsmittelindustrie als Ersatz für Zitronen- und Weinsäure dienen. SYTSCHEW[1] hat, neben anderen Autoren, Trioxyglutarsäure durch Oxydation von Xylose mit Salpetersäure in einer Ausbeute von 37% dargestellt. Der Versuch, diese Verbindung an Stelle von Seignettesalz zur Bestimmung der reduzierenden Substanz nach BERTRAND zu verwenden, hat gute Ergebnisse gezeigt.

Die besten Ausbeuten an Trioxyglutarsäure durch Oxydation der Xylose mit Salpetersäure in Höhe von 58 bis 62% hat TSCHALOW[2] erhalten. Als optimale Reaktionsbedingungen werden angegeben: 170 bis 180 g HNO_3 (55 bis 60 Gew.-%) (Menge auf 100%ige bezogen) auf 100 g Xylose, Temperatur 60°, Dauer 2 Stunden. Danach Steigerung der Temperatur in 30 Minuten auf 90° und 10 Minuten bei dieser Temperatur belassen. Der Autor glaubt, daß eine Ausbeute über 60% nicht erhalten werden kann, da die als Zwischenprodukt entstehende Xylonsäure offenbar zum Teil in das, eine Amylenoxydbrücke enthaltende, beständige δ-Lacton umgewandelt wird.

Trioxyglutarsäure kann aber auch durch direkte Oxydation des Xylans ohne Zwischenisolierung der Xylose dargestellt werden. In diesem Falle werden Ausbeuten bis zu 21,7% der Theorie erhalten[3].

Bei der Einwirkung von 10%iger Perjodsäure auf Xylan tritt Ringspaltung zwischen den C-Atomen 2 und 3 und Oxydation der beiden Hydroxyle zu Aldehyden ein. Durch Hydrolyse mit verdünnten Mineralsäuren entstehen Glycerinaldehyd und Glyoxal[3]:

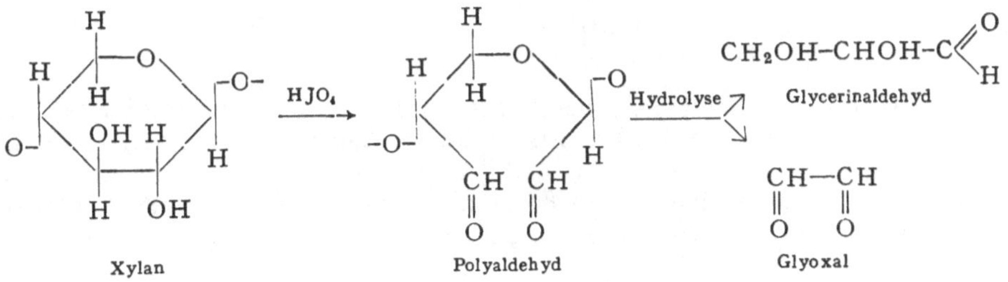

[1] Н. А. Сычев, ЖПХ (N. A. SYTSCHEW, Z. Angew. Chemie [russ.]) **11**, 68 (1938).
[2] Н. В. Чалов, ЖПХ (N. W. TSCHALOW, Z. Angew. Chemie [russ.]) **21**, 486 (1948).
[3] В. А. Смирнов, Усп. хим. (W. A. SMIRNOW, Fortschr. d. Chemie [russ.]) **17**, 468 (1948).

Aus dem Glycerinaldehyd lassen sich Methylglyoxal oder Glycerinsäure gewinnen. Die letztere und Glyoxalsäure kann man auch darstellen, wenn der polymere Aldehyd zu der entsprechenden Carbonsäure oxydiert und dann erst die Hydrolyse durchgeführt wird. Durch Hydrierung des polymeren Aldehyds unter bestimmten Bedingungen entsteht ein analoger Polyalkohol, aus dem durch Hydrolyse und weitere Hydrierung Glycerin und Glykol in einer Ausbeute von 51,5%, auf Xylan berechnet, nach folgendem Schema entstehen. Das Gemisch besteht aus 76,5% Glycerin und 23,5% Glykol[1].

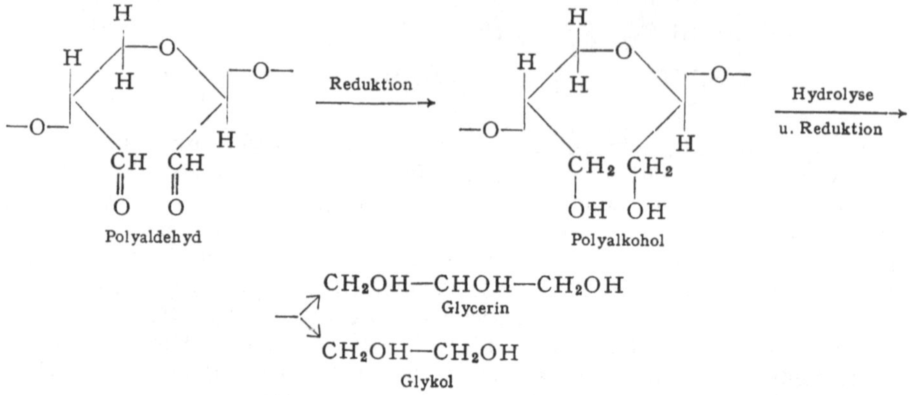

JAYME und Mitarbeiter[2] haben ebenfalls Glycerinaldehyd, Glycerin und Glykol aus Xylan dargestellt. Die Oxydationsprodukte des Xylans bzw. der Xylose stellen wertvolle Industrierohstoffe dar. Durch Reduktion der Xylose gelangt man ebenfalls zu interessanten Stoffen. Bekanntlich entsteht dabei der optisch inaktive, fünfwertige Alkohol Xylit:

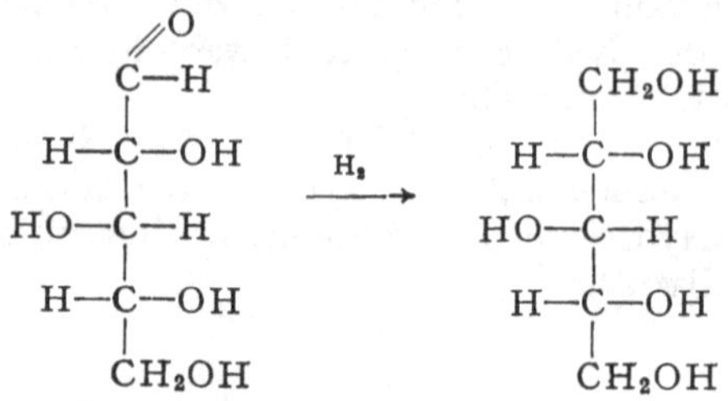

Bereits 1891 ist Xylit als süßer, nicht kristallisierender Sirup, der bei 216 bis 217° siedet, erhalten worden. Erst in letzter Zeit ist es gelungen, den Xylit in kristallisierter Form (F. 61 bis 61,5°) zu isolieren. Bei längerem Liegen an der Luft geht er in eine andere Form über, die bei 93 bis 94,5° schmilzt. Die Kristalle sind in heißem Alkohol gut löslich[3]. Durch Dehydratisierung ent-

[1] В. А. Смирнов, Усп. хим. (W. A. SMIRNOW, Fortschr. d. Chemie [russ.]) **17**, 468 (1948).

[2] G. JAYME u. M. SÄTRE, Ber. **75**, 1840 (1942); **77**, 242, 248 (1944).

[3] Literatur in В. А. Смирнов, Усп. хим. (W. A. SMIRNOW, Fortschr. d. Chemie [russ.]) **17**, 468 (1948).

steht das Anhydrid des Xylits. Zu den bekannten Derivaten gehört auch das Pentanitrat. Xylit läßt sich als Ersatz für Glycerin in der pharmazeutischen Industrie und, infolge seiner Fähigkeit zur Komplexbildung, in der analytischen Chemie verwenden.

Neuerdings hat man aus Xylit einen neuen Kunststofftyp, die sogenannte Xyphthale[1], dargestellt. Erhalten werden diese Stoffe durch Veresterung von Xylit mit Phthalsäureanhydrid unter bestimmten Bedingungen. Die Kunstharze sind in den üblichen organischen Lösungsmitteln gut löslich und sind für die Industrie der Plaste von Bedeutung. Versuche zur Herstellung von Filmen auf der Basis der Xyphthalharze haben zufriedenstellende Ergebnisse gezeigt.

Araban

In der Natur kommt das Araban seltener und in geringeren Mengen vor als Xylan, es ist deshalb auch nicht so gut erforscht wie das letztere. Hauptsächlich ist es im Holz, verschiedenen Pflanzen, Rüben und Früchten enthalten. In den Pflanzengummen von *Prosopis juliflora*, Lärche und Kirsche findet man ein zusammengesetztes Polysaccharid, das Arabinose enthält. Das Arabogalaktan des Lärchengummi besteht aus Arabinose und Galaktose. Im Mezquitegummi (aus *Prosopis juliflora*) sind Arabinose, Galaktose und Methoxyglukuronsäure nachgewiesen worden[2].

Bei der Hydrolyse des Arabans entsteht Arabinose. Da jedoch eine unmittelbare Isolierung aus dem Holz mit sehr großen Schwierigkeiten verbunden ist und bisher praktisch noch nicht durchgeführt worden ist, schließt man gewöhnlich aus dem Auftreten von Arabinose unter den Hydrolyseprodukten auf seine Anwesenheit im Holz. Auf diese Weise ist die Anwesenheit von Araban in der Weißfichte[3] und der amerikanischen Fichte[4], in dieser bis zu 1,3%, festgestellt worden. Nach anderen Angaben beträgt der Arabangehalt im Fichtenholz 0,5 bis 1%[5]. In geringen Mengen ist die Existenz von Arabinose in der Zuckerkiefer, der westlichen Weißkiefer und der Virginiakiefer (Hydrolyse mit 0,01 n-H_2SO_2) nachgewiesen worden[6]. Von JEFIMOW werden folgende Angaben über den Arabinosegehalt in Nadelholzhydrolysaten (bezogen auf absolut trocknes Holz) gemacht:

Fichte	1,08	
Kiefer	1,88	
Lärche	1,33	(die Arabinose gehört in diesem Falle wahrscheinlich zum Arabogalaktan).

Auch in Laubhölzern ist Araban enthalten, die Menge ist im Verhältnis zu Nadelhölzern etwas größer. In dem Holz der Weißeiche ist Arabinose in einer Menge von 2% des Holzgewichtes nachgewiesen und als Diphenylhydrazon charakterisiert worden. Ebenfalls festgestellt ist die Anwesenheit im Buchenholz[7].

---

1 А. И. Лазарев, Хим. пром. (A. I. LASARJEW, Chem. Ind. [russ.]) Nr. 3, 14 (1945).
2 E. WHITE, J. Am. Chem. Soc. 68, 272 (1946).
3 E. SHERRARD u. G. BLANCO, Ind. Eng. Chem. 15, 611 (1923).
4 E. F. KURTH u. G. J. RITTER, J. Am. Chem. Soc. 56, 2720 (1934); nach E. HÄGGLUND, Holzchemie, 1939, S. 116.
5 L. STOCKMANN u. E. HÄGGLUND, Svensk Papperstidn. 51, 269 (1948).
6 L. WISE u. R. RITTENHOUSE, Techn. Ass. Pulp. Pap. Ind. 32, 397 (1949).
7 C. BROWNE u. B. TOLLENS, Ber. 35, 1457 (1902). — M. O'DWYER, Biochem. J. 17, 501 (1923); 20, 656 (1926).

JEFIMOW gibt für den Gehalt in Laubhölzern folgende Werte an:

Birke	4,2 %	Mandschurische Esche	1,7 %
Espe	1,6 %	Kornelbaum (Kaukasus)	3,2 %

Aus den angeführten Daten läßt sich deutlich erkennen, daß der Arabangehalt im Holz nicht sehr hoch ist. Die Hauptmengen der Pentosane werden daher von dem Xylan gestellt. So hat man z. B. im Buchenholz von ca. 24% Gesamtpentosen ungefähr 20% als Xylan identifizieren können.

Araban wird relativ leicht, z. B. durch verdünnte Schwefelsäure bei 100° im Verlaufe von 4 bis 5 Stunden, hydrolysiert.

In pflanzlichen Geweben kommt das Araban häufig zusammen mit Pektinstoffen vor. Die Trennung dieses Komplexes ist derart schwierig, daß sie lange Zeit nicht möglich gewesen ist. Erst vor nicht allzulanger Zeit hat man diese Verbindungen voneinander trennen können, z. B. in der Erdnuß[1]. Gelungen ist sie in der Hauptsache durch eine außerordentlich lange Extraktion (8 Wochen bei Raumtemperatur) mit 70%igem Alkohol. Dabei geht das Araban allmählich in Lösung. Durch Acetylierung und Verseifung ist es dann gereinigt worden. Das reine Produkt zeigt eine starke Linksdrehung: $[\alpha]_D = -160°$ in Wasser. Es ist ein leicht hygroskopisches Pulver, das bei der Hydrolyse 95% kristallisierte *l*-Arabinose ergibt.

Über das Bauprinzip ist bis jetzt noch nicht sehr viel bekannt. Das Araban ist nach der Ansicht einiger Autoren ähnlich wie das Xylan aufgebaut, nämlich aus langen Ketten. Die Arabinose liegt dabei in der Pyranoseform vor:

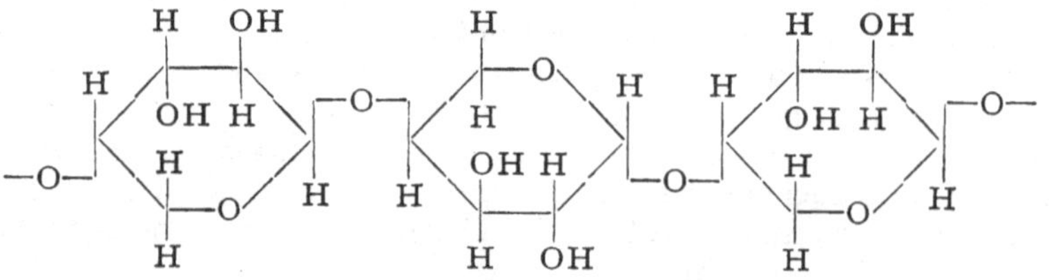

In jüngster Zeit sind aber auch andere Meinungen laut geworden. Bei der Trennung des Arabans von den Pektinstoffen in der Erdnuß, die unter anderem auch durch Methylierung[1] durchgeführt worden ist, hat man ein methyliertes Araban erhalten. Durch eine Hydrolyse ist die Anwesenheit von 2,3,5-Trimethylarabofuranose, 2,3-Dimethylarabinose und 3-Methylarabinose nachgewiesen worden. Bei einer Wiederholung der Arbeiten unter wesentlich sorgfältigeren Bedingungen konnte im Falle der Erdnuß, aber auch von Zuckerrüben[2] festgestellt werden, daß die Monomethylarabinose nicht in der 3-Stellung, sondern am C_2 substituiert ist. Die genannten drei Methylderivate der Arabinose werden bei der Hydrolyse in gleichen Molverhältnissen erhalten.

Auf Grund des Umstandes, daß das gesamte Araban leicht hydrolysierbar ist und eine starke Linksdrehung zeigt, folgert man, daß das Araban lediglich aus Arabofuranoseresten aufgebaut ist, die α-glukosidisch miteinander verbunden sind. Sehr wahrscheinlich ist folgendes Strukturschema, das auch

[1] E. L. HIRST u. J. K. N. JONES, J. Chem. Soc. (1938), S. 496; (1939), S. 452.
[2] E. L. HIRST u. J. K. N. JONES, J. Chem. Soc. (1947), S. 1221; (1948), S. 2311.

Verzweigungen aufweist:

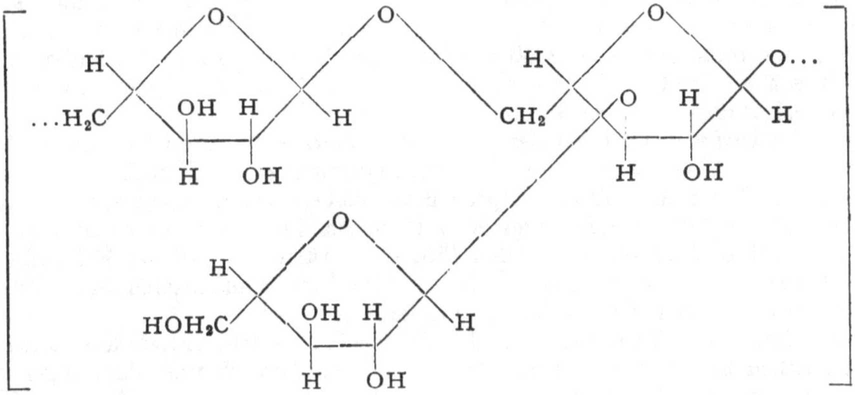

Das in der Erdnuß enthaltene Araban scheint mit dem aus Zitronen, Äpfeln und Zuckerrüben darstellbaren identisch zu sein, der Drehwert beträgt $[\alpha]_D^{20} = -114°$.

Die physikalisch-chemischen Eigenschaften des Arabans der Zuckerrübe sind von GAPONENKOW[1] untersucht worden. Zur Isolierung hat der Autor den Pektinkomplex der Rübe mit der 20fachen Menge 70%igen Alkohols 72 Stunden bei Zimmertemperatur extrahiert. Die alkoholische Lösung wurde eingeengt und durch Dialyse gereinigt. Die Ausfällung des Arabans erfolgte schließlich durch langsames Eintropfen der Lösung in absoluten Alkohol. Nach dem Waschen und Trocknen stellt das Araban ein amorphes, lockeres, hellgraues Pulver dar. In Wasser ist es leicht löslich, nicht dagegen in Alkohol und Äther. FEHLINGsche Lösung wird fast nicht reduziert. Durch saure Hydrolyse entsteht *l*-Arabinose in einer Ausbeute von 97 bis 98,5%. Das Araban ist außerordentlich hygroskopisch.

Da angenommen wird, daß das Araban ein polydisperses Produkt ist, hat der genannte Autor den Versuch einer Fraktionierung unternommen. Von 7 g Ausgangsmaterial sind 0,9 g in 80%igem Alkohol löslich, 2,6 g in 75%igem und 3,1 g in 70%igem. Alle Fraktionen besitzen gleich gute Löslichkeit in Wasser, in reinem Alkohol und Äther sind sie jedoch nicht löslich. Die Molekulargewichtsbestimmung des Arabans und der Fraktionen ist osmometrisch durchgeführt, dabei sind folgende Werte bestimmt worden:

	M	DP
Unfraktioniertes Araban.....	6215, 6380, 6390	48
1. Fraktion (80%iger Alkohol)	5675, 5660	43
2. Fraktion (75%iger Alkohol)	6590, 6600	50
3. Fraktion (70%iger Alkohol)	7710, 7630	58

Danach scheint das Araban kein einheitliches Produkt, sondern ein Gemisch von Fraktionen mit unterschiedlicher Kettenlänge zu sein. Der Autor nimmt im Durchschnitt einen Polymerisationsgrad von 40 bis 50 an.

[1] Т. К. Гапоненков, Колл. журн. (T. K. GAPONENKOW, Kolloid-Ztschr. [russ.]) 2, 561 (1936).

Zur Nachprüfung der erhaltenen Resultate hat der Autor[1] Molekulargewichtsbestimmungen nach verschiedenen Verfahren durchgeführt, und zwar auf kryoskopischem, osmotischem, viskosimetrischem Wege und durch Endgruppenbestimmung. Die größte Wahrscheinlichkeit kommt offenbar den osmotisch ermittelten Werten zu. Nach diesen Untersuchungen beträgt der Polymerisationsgrad etwa 38 bis 47.

Das im Diffusionssaft bei der Zuckerrübenverarbeitung enthaltene Araban besitzt einen wesentlichen Einfluß auf die verschiedensten Fabrikationsstufen. So wird z. B. der Kristallisationsprozeß des Rübenzuckers erschwert. Andererseits wird die Gelatinierfähigkeit von Pektinen durch Araban bedeutend erhöht. An diesen kurzen Beispielen läßt sich erkennen, daß die Erforschung des Arabans nicht nur vom theoretischen Standpunkt aus interessant, sondern auch für die Praxis von großer Wichtigkeit ist.

Auf Grund der Tatsache, daß die Eigenschaften von Xylan aus anderen pflanzlichen Rohstoffen dem des Holzxylans sehr ähnlich sind, darf angenommen werden, daß das im Holz enthaltene Araban die gleichen Eigenschaften wie die der bisher bekannten Formen besitzt.

Die quantitative Bestimmung der Xylose und Arabinose beruht im wesentlichen auf der Überführung in für diese Zucker charakteristische Derivate, die in bezug auf die Kristallform oder den Schmelzpunkt für eine Erkennung geeignet sind. Die dabei auftretenden Schwierigkeiten liegen in den nur zum Teil quantitativ verlaufenden Reaktionen und der manchmal sehr schwierigen Darstellung der Derivate. Die geringste Abweichung von den Standardbedingungen führt bereits zu einer Verfälschung der Ergebnisse. Noch komplizierter werden die Verhältnisse, wenn ein Gemisch von Zuckern vorliegt, wie es z. B. bei Holzhydrolysaten der Fall ist. Eine Trennung dieser Stoffe ist deshalb besonders schwierig, da zwischen den chemischen und physikalischen Eigenschaften oftmals nur sehr geringe Unterschiede vorhanden sind.

Am genauesten für die beiden Zucker ist noch immer die Bestimmung der Reduktionsfähigkeit, die durch die Anwesenheit von aldehydischen Gruppen bedingt und allen Aldosen eigentümlich ist. Ebenfalls brauchbar ist die Destillation mit Salzsäure und Bestimmung des entstandenen Furfurols. Für Gemische von Zuckern sind jedoch beide Methoden nicht anwendbar. Xylose kann in diesem Falle als Bromkadmiumdoppelsalz der Xylonsäure $(C_5H_9O_6)_2Cd + CdBr_2 + 2\,H_2O$[2] bestimmt werden, dessen Kristalle sehr charakteristisch sind. Ferner kommen noch in Betracht Xylosodiformal, m-Nitrophenylhydrazon und das Dimethylacetat der Benzylidenxylose[3]. Gewöhnlich wendet man jedoch das erstere Verfahren an. Man gibt zu 50 bis 100 mg Xylose, gelöst in wenig Wasser, 200 bis 400 mg $CdCO_3$ und 15 bis 20 Tropfen Brom. Nach beendeter Oxydation (meist über Nacht) entfernt man das unverbrauchte Brom durch Erhitzen im siedenden Wasserbad. Danach wird kurz aufgekocht und noch heiß vom $CdCO_3$ abfiltriert. Das mit der Waschflüssigkeit vereinigte Filtrat wird nun bis auf 1 bis 2 ml eingeengt und das Doppelsalz durch Zugabe von 6 bis 10 ml Äthanol gefällt. Nach diesem Verfahren lassen sich 88,7 bis 91,8% der eingesetzten Xylose wiederfinden.

Arabinose kann als α-Benzylphenylhydrazon, *p*-Bromphenylhydrazon, β-Naphthylhydrazon oder Diphenylhydrazon bestimmt werden. Die genannten Verbindungen sind schwerer löslich als die entsprechenden Hydrazone anderer Zucker und aus diesem Grunde für eine Abtrennung der Arabinose geeignet.

---

[1] Т. К. Гапоненков, ЖОХ (T. K. Gaponenkow, Z. allgem. Chemie) 7, 1729 (1937).
[2] B. Tollens u. H. Elsner, Kurzes Handbuch der Kohlenhydratchemie.
[3] L. Breddy u. J. K. N. Jones, J. Chem. Soc. (1945), S. 738.

Zur Bestimmung der Arabinose als Diphenylhydrazon gibt man zu der konzentrierten Lösung (z. B. 5 g Zucker in 30 ml Wasser) 6 g Diphenylhydrazin, gelöst in 50 ml 96 %igen Alkohols[1]. Die Mischung wird danach eine halbe Stunde im Wasserbad am Rückflußkühler gekocht. Nach 24stündigem Stehen filtriert man das entstandene Diphenylhydrazon ab, wäscht und trocknet. Die eingesetzte Menge an Arabinose wird zu 91,8 bis 98,5 % wiedergefunden.

Die Berechnungen der ursprünglich vorhandenen Zucker werden mit Hilfe der Molekulargewichte der an der Reaktion beteiligten Stoffe durchgeführt. Falls erforderlich, wird ein empirisch ermittelter Faktor benutzt.

Neben den eben beschriebenen Methoden besitzt die Bestimmung der spezifischen Drehung für die quantitative Analyse sowohl von reinem Zucker als auch von Gemischen einige Bedeutung[2].

---

[1] C. Neuberg u. J. Wohlgemut, Z. physik. Chem. **35**, 31 (1902).

[2] C. A. Browne u. F. W. Zerban, Physical and chemical methods of sugar analysis (1941), S. 685, 725, 964, 968.

ELFTER ABSCHNITT

Lignin

Das Lignin ist in Mengen von 18 bis 28% im Holz enthalten und stellt ein Abfallprodukt dar, dem eine große wirtschaftliche Bedeutung zukommt. Bei der Zellstoffherstellung aus Holz nach dem Sulfitverfahren fallen große Mengen von Ablaugen an, die Lignin in Form von Kalziumsalzen verschiedener Ligninsulfosäuren enthalten. Dieses gebundene Lignin verwendet man als Bindemittel für Formsand, in der Zementindustrie und als Austauschmittel für Gerbstoffe. Geringere Mengen werden zur Vanillinherstellung benötigt. Durch die genannten Beispiele sind aber noch längst nicht alle Möglichkeiten zur Anwendung dieses von der chemischen Seite her außerordentlich wertvollen Rohstoffes erschöpft. Sehr häufig dampft man die Sulfitablaugen bis zur Trockne ein und verwendet den Rückstand als Brennstoff für die Kesselanlagen der Zellstoff-Fabriken. Der größte Teil der Ablaugen wird jedoch durch die Abwässer in die Flüsse und Seen geleitet, wo sie für die Fischwirtschaft sehr schädlich wirken.

Bei der Sulfatzellstoffherstellung wird das in den Schwarzlaugen enthaltene Lignin zur Regeneration des Ätznatrons verbrannt und die entstehende Wärme als Heizquelle ausgenutzt. In einigen Ländern fällt man das Lignin durch die Kohlensäure der Abgase aus und verwendet es zur Herstellung von plastischen Massen und Kunstharzen.

Das bei der Hydrolyse des Holzes anfallende Lignin wird mit Hilfe der Rauchabgase getrocknet und als Heizmaterial benutzt. Dieses Lignin kann auch als oberflächenaktiver Stoff zur Erleichterung beim Vermahlen von Klinkern zu Zement dienen. Durch Kondensation mit Phenol können plastische Massen hergestellt werden. In den südlichen Gebieten der UdSSR hat man Versuche angestellt, das bei der Hydrolyse von Baumwollsamenschalen übrigbleibende Lignin als Kunsthumus, mit anderen Mineralien zusammen als Kunstdünger zu verwenden. In der Weltpatentliteratur findet man unzählige Vorschläge zur Verwendung des Lignins für die verschiedensten Zwecke.

Überall arbeitet man an Verfahren, die eine rationelle, industrielle Verwertung des Lignins ermöglichen sollen. Die täglich in den großen Zellstoff-Fabriken der Welt anfallenden Tausende von Tonnen zeigen so recht die große Bedeutung dieses Problems. Mit der Erforschung des chemischen Aufbaues und der Eigenschaften des Lignins beschäftigen sich die Chemiker der ganzen Welt bereits seit über hundert Jahren. Die nahe Zukunft wird hoffentlich eine wesentlich bessere Ausnutzung des Lignins als bisher mit sich bringen.

In der UdSSR ist die Chemie des Lignins seit etwa 1890 Gegenstand eingehender Forschungen. Die ersten russischen Veröffentlichungen über den

Chemismus des Sulfitaufschlusses stammen von L. P. SHEREBOW. Aber erst unter der Sowjetmacht, etwa um 1930, hat der große Aufschwung der Ligninchemie begonnen und sind die ersten Anfänge einer industriellen Verwertung zu verzeichnen. In den ersten Abschnitten dieses Kapitels wird ein Überblick über die bisherige Entwicklung der Ligninchemie in der UdSSR und den anderen Ländern gegeben, während die folgenden über den Stand der neuesten Forschungen in der UdSSR berichten.

Vorkommen des Lignins

Im Jahre 1838 ist es erstmalig gelungen, das Holz durch geeignete Agenzien in seine Hauptbestandteile zu trennen, nämlich die Cellulose und die Nichtcellulose (sogenannte inkrustierende Substanz), die einen wesentlich höheren Kohlenstoffgehalt als die erstere aufweist. Spätere Untersuchungen haben ergeben, daß der Nichtcelluloseanteil aus Lignin und Kohlenhydraten besteht. Die Bezeichnung ,,inkrustierende Substanz" stammt von PAYEN, der lediglich eine mechanische Umhüllung der Cellulose in der Zellwand darin gesehen, aber keinerlei chemische Bindungen angenommen hat. Seit dieser Zeit haben sich die Chemiker und Botaniker mit dem Studium des Lignins, sowohl bezüglich der Zusammensetzung und des Aufbaues als auch im Hinblick auf seine Entstehung in jungen, verholzenden Zellen und seine Lage inmitten der Kohlenhydrate, beschäftigt.

Auf mikrochemischem Wege[1], mit Hilfe von Farbreaktionen, hat man schon 1874 festzustellen versucht, zu welchem Zeitpunkt der Entwicklung erstmalig eine deutliche Verholzung nachweisbar wird. An jungen Kiefern- und Fichtenkeimen ist ein sichtbares Auftreten von Lignin bereits nach 14 bis 16 Tagen[2] beobachtet worden. Nach den Angaben von *Burgerstein* verholzen zuerst die Gefäße, danach die anderen Zellen und das Parenchymgewebe. Am spätesten ist die Verholzung in den Markstrahlen zu erkennen. Mit zunehmendem Alter steigt auch der Ligningehalt rasch an. In den ersten Tagen nach der Entstehung enthält die Zellwand noch kein Lignin, sondern besteht nur aus Cellulose. Im Verlaufe der Lignifizierung läßt sich das Lignin in der Mittellamelle, aber auch in der hauptsächlich aus Cellulose bestehenden Sekundärwand beobachten. Sehr bemerkenswert ist dabei die Tatsache, daß die Zellwand bei der Verholzung immer fester und dicker wird. Die Ablagerung des Lignins in den Zellwänden bewirkt eine Abnahme der Elastizität, andererseits aber eine Zunahme der Festigkeit. Die Haupteigenschaft der Fasern, die Reißfestigkeit, wird durch das Lignin anscheinend nicht verbessert, wie Versuche an entsprechendem Material gezeigt haben[3]. Der Einfluß des Lignins auf die Frostbeständigkeit des Holzes soll ebenfalls erwähnt werden.

Bei den weiteren Untersuchungen über die in den verschiedenen Hölzern enthaltenen Ligninmengen ist ein Isolierungsverfahren ausgearbeitet worden, das in der Hauptsache auf der Behandlung des Holzes mit konzentrierten Mineralsäuren beruht. Dabei wird der Kohlenhydratanteil des Holzes verzuckert, während das nicht hydrolysierbare Lignin zurückbleibt. Die Mehrzahl der

[1] В. Фукс, Химия лигнина (W. FUCHS, Chemie des Lignins) 1936, S. 209.

[2] In anderen Pflanzen schon nach 2 bis 3 Tagen.

[3] Л. А. Иванов, Анатомия растений (L. A. IWANOW, Anatomie der Pflanzen) 1931, S. 26.

Forscher nimmt an, daß das Lignin, im Gegensatz zu den hydrolysierbaren Polysacchariden, ein aromatischer Körper oder ein Gemisch derartiger Stoffe ist.

Während des Bildungsprozesses des Lignins in den Zellen, z. B. von Roggenstroh[1], altert dieses, d. h. es ändert seine Zusammensetzung. Innerhalb von 80 Tagen (vom 192. bis 274. Wachstumstag) steigt der Methoxylgehalt von 3 auf 13,4% an. Am Anfang der Verholzung enthalten die Zellen noch Protoplasma, späterhin jedoch werden die Lebensfunktionen ganz eingestellt und der Zellinhalt ist gänzlich verschwunden.

Wie von SHEREBOW[2] festgestellt worden ist, enthalten ganz junge Kieferntriebe noch keine Methoxylgruppen. Daß der absolute Gehalt an Lignin und Methoxyl in den zwischen den Knoten liegenden Stengelteilen von Roggenstroh in verschiedenen Reifestadien allmählich ansteigt, hat PALEJEW[3] beobachten können.

Während der Milchreife des Korns erreicht der Gehalt ein Maximum, wird jedoch wieder geringer in der vollständigen Reife. Die Menge an Methoxylgruppen im Lignin des älteren und jüngeren Gewebes ist sehr unterschiedlich. Ein Teil des Methoxyls kommt im Stroh an Kohlenhydrate gebunden vor[4].

PHILLIPS und GOSS haben im Lignin aus jungen Gerstenhalmen lediglich 4,4% OCH_3 nachgewiesen, während der Vollreife lassen sich jedoch bis zu 16% finden. Gleichzeitig wird darauf hingewiesen, daß selbst Lignin aus den allerjüngsten Pflanzen stets geringe Mengen Methoxylgruppen enthält.

Mit dem Problem der quantitativen Bestimmung des Lignins in jungen Kieferntrieben haben sich SHEREBOW, WEINOW, PESSKOWA, MOROSOWA, GLEBOWA u. a. beschäftigt[5]. Die Untersuchungen haben ergeben, daß bei der Behandlung von ganz jungen Trieben mit konzentrierten Mineralsäuren (72%ige Schwefelsäure, 41%ige Salzsäure) im Rückstand große Mengen von Polyuroniden und anderen, nicht näher untersuchten Kohlenhydraten gefunden werden, die durch die Säurebehandlung sehr leicht unlösliche, fälschlich für Lignin gehaltene Produkte ergeben können. Die erwähnten Kohlenhydrate besitzen anßerdem einen relativ hohen Methoxylgehalt, den man früher ausschließlich als dem Lignin zugehörig betrachtet hat. Für die erste Woche der Wachstumsperiode der jungen Triebe glaubt SHEREBOW auf Grund seiner Versuche nur unwesentliche Mengen von aromatischen ligninartigen Stoffen annehmen zu können. Auch andere Autoren[6] haben nach schonender Hydrierung von $2^1/_2$ Wochen alten Fichtentrieben keinerlei hydroaromatische Produkte erhalten. Am Ende der Vegetationsperiode ist dagegen die Anwesenheit von n-Propylcyclohexanol festgestellt worden. Die Menge beträgt ca. $^1/_5$ derjenigen, die durch Hydrierung von 35 bis 40 Jahre altem Holz erhalten wird. Es ist also

[1] E. BECKMANN, O. LISCHE u. F. LEHMANN, Biochem. Ztschr. **139**, 491 (1923).

[2] Л. П. Жеребов, Бум. пром. (L. P. SHEREBOW, Papierind.) Nr. 9, 27 (1936).

[3] А. М. Палеев, Биохимия (A. M. PALEJEW, Biochem.) **1**, 654 (1936), **2**, 3 (1937); **3**, 258 (1938); **5**, 93 (1940).

[4] Über den Methoxylgehalt von Pektinen und Polyuroniden vgl. Abschn. 8 bis 10.

[5] Л. П. Жеребов и К. Вейнов, Тр. Центр. инст. древесины, Лесохим. сб. (L. P. SHEREBOW u. K. WEINOW, Art d. Zentr. Holzinst., Holzchem. Abt.) Nr. 1 (1932). — Л. П. Жеребов, Бум. пром. (L. P. SHEREBOW, Papierind.) Nr. 5, S. 6; Nr. 6, S. 21; Nr. 7, S. 10 (1947).

[6] BOWER, COOK u. HIBBERT, J. Am. Chem. Soc. **65**, 1195 (1943).

anzunehmen, daß die Bildung von aromatischen Ligninstoffen nur langsam stattfindet.

CREIGHTON, GIBBS und HIBBERT[1] haben an über 50 verschiedenen Holzarten und anderen Gewächsen die Ausbeute an aromatischen Aldehyden — Vanillin (I) und Syringaaldehyd (II) — bestimmt, indem sie das Holz in schonender Weise mit Nitrobenzol in alkalischem Medium oxydiert haben.

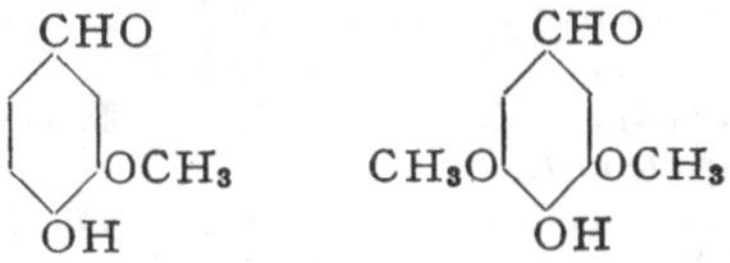

I II

Dabei entsteht aus dem Lignin der Laub- und Nadelhölzer entweder Vanillin oder ein Gemisch von diesem mit Syringaaldehyd. Der größte Teil der Ergebnisse ist in der Tab. 60 zusammengestellt.

Aus den Angaben geht hervor, daß die gewöhnlichen nacktsamigen Gewächse bei dieser Oxydation nur Vanillin ergeben (15 bis 24% bezogen auf Klason-Lignin). Die zweikeimblättrigen Arten, zu denen unter anderem auch die Laubhölzer zählen, geben ein Gemisch von Vanillin und Syringaaldehyd in einer Gesamtmenge von 31 bis 51%. Das Verhältnis zwischen dem Vanillin und dem Syringaaldehyd beträgt ungefähr 1 : 3. In einigen einkeimblättrigen Pflanzen, besonders Gräsern, findet man neben den bereits genannten Aldehyden noch einen dritten, nämlich den *p*-Oxybenzaldehyd, der keine Methoxylgruppen enthält. Die gleichen Autoren haben ferner zwischen dem Gehalt an Syringaaldehyd in den Oxydationsprodukten und der positiven MÄULE-Reaktion (Rotfärbung) eine völlige Parallelität festgestellt. Von den Gymnospermen, aus denen der genannte Aldehyd nicht entsteht, wird diese Reaktion nicht gegeben.

Einige interessante Ausnahmen unter den Nackt- und Bedecktsamigen seien noch genannt. Drei zu den Coniferen gehörende Arten, *Podocarpus amatus*, *P. pedunculatus* und *Tetraclinis articulata* (in der Tabelle nicht angeführt), aber auch alle zur Familie der *Gnetales* (Tab. 60, Nr. 17 bis 19) rechnenden Arten ergeben neben Vanillin auch größere Mengen Syringaaldehyd. Entsprechend ist die MÄULE-Reaktion in diesen Fällen ebenfalls positiv. Zu erwähnen ist ferner noch die zu den bedecktsamigen Pflanzen zählende *Belliolum haplopus* (Nr. 39), aus der sowohl Vanillin als auch Syringaaldehyd entsteht. Ein analoges Verhalten zeigen auch die Familien *Magnoliaceae*, *Winteraceae* und *Trochodendraceae*, die keine Gefäße besitzen. Es erscheint durchaus möglich, die Tatsache des verschiedenartigen, chemischen Verhaltens bei der Oxydation mit Nitrobenzol zu einer botanischen Klassifizierung der Arten auszunutzen.

Zum Zwecke einer phylogenetischen Erforschung des Lignins hat MANSSKAJA[2] einige Algen, Moose, Schachtelhalm- und Farnkrautarten untersucht. Der „Ligninrückstand" ist von ihr durch Hydrolyse der Pflanzen einmal mit siedender 2%iger, zum anderen mit kalter 72%iger Schwefelsäure ermittelt

[1] R. H. CREIGHTON, GIBBS u. H. HIBBERT, J. Am. Chem. Soc. **66**, 32 (1944).

[2] C. M. Манская, ДАН СССР (S. M. MANSSKAJA, Ber. Akad. Wiss. UdSSR) Nr. 7, 611 (1946).

TABELLE 60

Ergebnisse der Oxydation mit Nitrobenzol und Alkali bei verschiedenen Holzarten

Lfd. Nr.	Gruppe und Art	Klason-Lignin in % des Holzes	Aldehyde gesamt in %	Vanillin in %	Syringaaldehyd in %	Verhältnis von Vanillin zu Syringaaldehyd
	Farnkräuter und Gymnospermen					
1	Farn (*Pteridium latiusculum*)	28,1	21,8	20,5	0	—
2	*Cycas revoluta*	15,6	2,7	2,5	0	—
3	Blaufichte (*Picea glauca*)	28,6	23,7	23,5	0	—
4	Hemlocktanne (*Tsuga canad.*)	31,1	23,2	22,1	0	—
5	*Pinus strobus*	34,9	20,1	18,5	0	—
6	Thuja (*Thuja plicata*)	33,9	24,6	24,0	0	—
7	Mammutbaum (*Sequoia sempervirens*)	31,8	24,8	23,5	0	—
8	Kanad. Eibe (*Taxus canad.*)	32,5	22,0	20,7	0	—
9	*Agathis australis*	30,8	19,9	18,7	0	—
10	*Podocarpus neriifolius*	—	vorh.	vorh.	0	—
11	*P. acutifolium*	34,9	20,2	19,8	0	—
12	*P. macrophyllus*	39,9	17,4	15,1	?	—
13	*P. amarus*	32,1	30,7	12,5	12,5	1:1
14	*P. pedunculatus*	30,7	31,7	13,9	14,7	1:1
15	*Callitris rhomboidea* (gymnosperm)	34,8	19,7	18,8	0	—
16	*Ginkgo biloba*	32.8	25,7	25,3	0	—
17	*Ephedra trifurca*	23,3	39,6	9,3	27,7	1:3
18	*Gnetum indicum*	24,7	26,8	6,8	16,5	1:2,5
19	*Welwitschia mirabilis*	16,5	4,9	2,0	2,4	1:1,2
	Zweikeimblättrige Gewächse					
	Rotahorn (*Acer rubrum*):					
20	Gesamtholz	22,0	46,0	10,2	34,7	1:3,4
21	Kern	23,6	39,2	9,7	28,5	1:2,9
22	Splint	20,6	44,5	9,1	33,6	1:3,7
23	Zuckerahorn (*Acer saccharinum*)	18,8	51,0	12,7	35,2	1:2,8
24	Espe (*Populus tremula*)	17,0	43,3	9,1	33,4	1:3,7
25	Nördl. Rotbuche (*Quercus borealis*)	18,4	47,2	10,5	34,3	1:3,3
26	Gelbbirke (*Betula lutea*)	19,6	44,9	11,0	33,7	1:3,1
27	Esche (*Fraxinus americana*)	18,5	48,6	10,5	37,2	1:3,5
28	Ulme (*Ulmus fulva*)	23,0	41,7	9,0	29,1	1:3,2
29	Ulme (*Ulmus americana*)	21,3	40,9	9,8	30,7	1:3,1
30	Linde (*Tilia americana*)	23,8	35,2	8,9	23,8	1:2,7
31	Nußbaum (*Juglans cinerea*)	19,0	45,2	11,1	31,0	1:2,8
32	Jute (*Chorchorus sp.*)	22,3	39,0	9,4	24,5	1:2,6
33	Eberesche (*Sorbus americana*)	18,5	48,0	9,5	37,8	1:4,0
34	*Robinia pseudacacia*	21,2	39,8	9,4	27,6	1:2,9
35	*Paulownia imperialis*	18,9	44,6	10,6	32,8	1:3,1
36	*Liriodendron tulipifera*	20,0	49,2	11,0	36,5	1:3,2
37	*Trochodendron sp.*	24,0	40,4	9,5	29,5	1:3,1
38	*Drimys Winteri*	24,3	35,3	8,2	22,0	1:2,7
39	*Belliolum haplopus*	36,9	29,6	13,9	16,2	1:1,1
	Einkeimblättrige Gewächse					
40	Bambus	22,5	28,5	15,1	11,5	1:0,8
41	Reisstroh	20,2	30,5	14,1	15,3	1:1
42	Maisstroh	19,9	17,8	9,5	7,8	1:0,8

worden. In der Tab. 61 sind die durch Oxydation des „Lignins" erhaltenen Mengen an Gesamtaldehyd und Vanillin angeführt.

Der Methoxylgehalt in diesen niederen Pflanzen ist außerordentlich gering. Die Angaben von MANSSKAJA ergänzen die Tab. 60 und stellen das Fehlen von Lignin in den primitiven Pflanzenfamilien fest. Zu erwähnen ist in diesem Zusammenhang, daß WINOGRADOW und BOITSCHENKO[1] in Algen gleichfalls kein Lignin nachgewiesen haben. STADNIKOFF und Mitarbeiter[2] haben zwar aus zwei Algen 12 bzw. 19% eines „Ligninrückstandes" isolieren können. Jedoch ist

TABELLE 61

Gehalt an „Lignin" und Oxydationsprodukten in einigen einfachen Pflanzen

Art	Lignin in %	Oxydationsprodukte mit Nitrobenzol und Alkali in % des Lignins		Phloroglucin-reaktion
Braunalge (*Fucus serratus*)	5,5	1	Spuren	—
Laubmoos (*Politrichum commune*) ...	18,0	1	Spuren	—
Schachtelhalm (*Equisetum limosum*)	6,6	2	0,1	+
Farn (*Cystopteris fragilis*)	13,0	12	4,8	+++

auch in diesen Fällen der Methoxylgehalt sehr niedrig, und die Isolierung irgendwelcher individuellen aromatischen Stoffe ist nicht gelungen. Derartige unlösliche Rückstände dürften nach den heutigen Anschauungen wohl schwerlich als Lignin bezeichnet werden.

MANSSKAJA und KOTSCHNJEWA[3] haben im Jahre 1948 einige baumartige Farnkrautarten, ähnlich den fossilen, heute noch in den Sumpfwäldern der südlichen Erdhalbkugel erhaltenen, mit Hilfe mikrochemischer Reaktionen und der Lumineszenzanalyse untersucht. In gleicher Weise sind einige Cycasarten und primitive Bedecktsamige herangezogen worden. Unter dem Einfluß von ultravioletten Strahlen fluoresziert das Holzgewebe der meisten Pflanzen dunkelblau bzw. grünlichblau, einige jedoch gelb, rot oder braun. Durch die Beobachtungen von MANSSKAJA und KOTSCHNJEWA ist festgestellt worden, daß diejenigen Pflanzen, die kein Lignin enthalten und eine negative Phloroglucinreaktion ergeben, schwachgelb fluoreszieren. Dagegen leuchten die Gewächse mit deutlich ausgeprägtem Holzcharakter grünlichblau bis dunkelblau. Die Nadelhölzer und nahestehende andere Pflanzen, bei deren Oxydation mit Nitrobenzol lediglich Vanillin entsteht, ergeben ein anderes Lumineszenzbild als das Holzgewebe von Bedecktsamigen, die eine positive MÄULE-Reaktion zeigen und bei der Oxydation neben Vanillin auch Syringaaldehyd liefern. Von den erwähnten Autoren sind ferner reine Vanillin- und Coniferinpräparate untersucht worden. Das erstere fluoresziert mit dunkler, milchigblauer Farbe, das letztere dagegen grünlichblau.

---

[1] А. П. Виноградов и Бойченко, ДАН СССР (A. P. WINOGRADOW u. BOITSCHENKO, Ber. Akad. Wiss. UdSSR) Nr. 9 (1943).

[2] STADNIKOFF, BAKUSCHINSKAJA u. PUTSCHILLO, Brennstoff-Chemie **17**, 185 (1936).

[3] С. М. Манская и Кочнева, ДАН СССР (S. M. MANSSKAJA u. KOTSCHNJEWA, Ber. Akad. Wiss. UdSSR) **62**, 505 (1948).

An dieser Stelle sei noch auf ein Verfahren zur Herauslösung des Lignins eingegangen, das von HOLMBERG[1] auf mehr als 50 verschiedene Arten von Pflanzen angewandt worden ist. Die Methode beruht auf der Fähigkeit der Thioglykolsäure $HSCH_2 \cdot COOH$, bei Gegenwart von 2 n Salzsäure als Katalysator mit dem Lignin lösliche Verbindungen zu bilden. Beim Erhitzen von z. B. 10 g Holzmehl mit 5 g Thioglykolsäure und 50 ml Salzsäure im Wasserbad entstehen Lignothioglykolsäuren der empirischen Formel $C_{40}H_{40}O_{12} \cdot n\,(HSCH_2 \cdot COOH)$, die nach Waschen des Rückstandes mit Alkohol in 0,5 n Natronlauge löslich sind. Über die Zusammensetzung des in diesen Verbindungen enthaltenen Lignins kann man eine Vorstellung erhalten, indem man den Gehalt an Schwefel, Methoxyl, Kohlenstoff, Wasserstoff und Sauerstoff ermittelt. An Hand der gefundenen Schwefelmenge berechnet man die im Komplex enthaltene Thioglykolsäure und erhält schließlich durch Abzug der entsprechenden Werte die Zusammensetzung des Lignins. Die aus Nadelhölzern auf diese Weise extrahierten Ligninpräparate enthalten 63 bis 66% C, 5,4 bis 6,6% H und 14 bis 17,8% OCH_3. Das Lignin der Mehrzahl von 45 untersuchten bedecktsamigen Pflanzen entspricht ungefähr dieser Zusammensetzung, im allgemeinen ist jedoch der Gehalt an Methoxyl und Kohlenstoff etwas höher. Aus 7 Tallophytenarten — Algen, Flechten und Pilzen — sind keine dieser Zusammensetzung entsprechenden Stoffe erhalten worden. In dem Baumschwamm (*Polyporus fomentarius*) sind anscheinend Verbindungen vorhanden, die ihrer Zusammensetzung nach als Lignin angesprochen werden können, jedoch keine Methoxylgruppen enthalten. Die gleichen Ergebnisse werden bei Lebermoos (*Marchantia polymorpha*), Haarmoos (*Polytrichum commune*), Schachtelhalm (*Equisetum arvense* und *E. palustre*) gefunden. Im Torfmoos (*Sphagnum subsecundum*) sind dagegen nur Spuren von unlöslichen Thioglykolsäurekomplexen nachweisbar. Die Blattadern und Gefäßbündel von Farnkräutern (*Pteris aquilina* und *Dryopteris filix mas*) ergeben geringe Mengen von Lignothioglykolsäuren, deren Zusammensetzung den aus Nadelhölzern erhaltenen ähnlich ist. Aus den Stielen des Bärlapps (*Lycopodium annotinum*), den Blattadern und wahrscheinlich auch Gefäßbündeln von *Cycas revoluta* und *Gingko biloba* erhält man Lignothioglykolsäuren mit der gleichen Zusammensetzung wie bei Nadelhölzern. Alle zuletzt genannten Gewächse, Moose, Schachtelhalm und, bis zu einem gewissen Grade auch Farnkräuter und Cycas, enthalten in dem Lignothioglykolsäurekomplex noch Stoffe, die nicht ligninartig sind, wahrscheinlich aber zum Teil aus verändertem Lignin bestehen und den Kohlenhydraten mehr oder weniger verwandt sind.

Natur der Lignin-Kohlenhydrat-Bindungen

Über die Frage nach der Verbindung des Lignins mit der Cellulose und den anderen Kohlenhydraten der Zellwand ist bereits viel gearbeitet worden. In der UdSSR hat sich in der Hauptsache SHEREBOW mit diesem Problem befaßt. Zugunsten der älteren Vorstellung über eine rein mechanische Verbindung[2] spricht die mikroskopische Betrachtung von Zellwandresten, aus denen die Kohlenhydrate vollständig mittels Hydrolyse entfernt worden sind, so daß

---

[1] B. HOLMBERG, Skrift, Utgivna Ingeniörsvetenskapsakadem, 1934, S. 131.

[2] Das Lignin und andere „Inkrusten" sind nach der Ansicht von PAYEN rein mechanisch, ohne irgendwelche chemischen Bindungen in die Zellwand eingelagert.

lediglich Lignin übrigbleibt. Wie KÖNIG[1] beobachtet hat, bleibt dabei die Form der Zelle noch deutlich genug erhalten. Das gleiche Bild läßt sich erkennen, wenn Holzmehl mit Äthylenoxyd und Alkali zur Entfernung der Kohlenhydrate behandelt wird. Das nach leichter Hydrolyse erhaltene alkylierte Lignin behält nach RUDNJEWA ebenfalls die Zellenform bei. Im umgekehrten Falle, bei der Entfernung des Lignins nach irgendeiner Methode aus den Zellwänden, zeigt die erhaltene, faserige Cellulose gleichfalls eine Zellstruktur. Auf diese Weise ist der Eindruck eines innigen, mechanischen Gemisches, eines ineinander Verwachsenseins der Zellwandkomponenten entstanden. Die Tatsache, daß sich bestimmte Bereiche des Holzes nach einer entsprechenden mechanischen Behandlung (Verschiebung der Zellelemente) durch Chlorzinkjod violett anfärben lassen, wird als Beispiel für eine Öffnung dieser Bezirke durch die mechanische Einwirkung angeführt. Auch Untersuchungen mit Hilfe des Polarisationsmikroskops und der Röntgenstrahlen sprechen für eine mechanische „Inkrustationstheorie" über die Verknüpfung der Zellwandkomponenten. Aus dem Holz isolierte Cellulose und das Holz selbst ergeben übereinstimmende Röntgendiagramme[2]. Das Lignin ist offenbar nur in sehr geringem Maße orientiert oder sogar völlig amorph.

ABRAMS[3] ist auf Grund von Untersuchungen über die Verteilung der Komponenten in der Zellwand zu dem Ergebnis gekommen, daß die letztere aus Cellulose und Lignin besteht, während die Mittellamelle „Pektocellulose" und Hemicellulosen enthält. Nach seinen Angaben wirken auflösende oder hydrolysierende Agenzien (Kupferoxydammoniak oder 72%ige H_2SO_4) in gleichem Maße auf die Zellwand und die Mittellamelle, während Oxydation (Chromsäure, Bleichlaugen usw.) in erster Linie auf die Wand wirken. Die üblicherweise zur Entfernung der Inkrusten und Herstellung von Cellulosefasern benutzten technischen Stoffe, wie Bisulfitlauge und Ätznatron, wirken lösend auf die Mittellamelle. ABRAMS spricht sich auf Grund seiner Versuche ebenfalls für die alte Inkrustationstheorie aus.

FREUDENBERG[4] betrachtet die Verholzung als ein Eindringen von Ligninstoffen in die den Hauptteil der Zellwand ausmachende Cellulose. Seine Vorstellungen basieren auf Untersuchungen über die Doppelbrechung der Zellwand und der wesentlich schwächeren des Lignins selbst. Der Autor ist der Ansicht, daß hierfür nicht das Lignin verantwortlich ist, das amorph und isotrop ist, sondern die Form der nach der Entfernung der Cellulose übrigbleibenden Hohlräume. Die spiralförmig in den Wänden verlaufenden Fibrillen, deren Durchmesser 3000 bis 6000 Å beträgt, bestehen aus freiliegenden Micellbündeln von Cellulose. Jedes Bündel besitzt dabei einen Durchmesser von ca. 600 Å. Das nach den Vorstellungen FREUDENBERGs nur aus kurzen Ketten bestehende Lignin umgibt danach die Cellulosebündel filzartig. Das Lignin dringt zwar in das Innere der Fibrillen ein, isoliert jedoch die einzelnen Micellen nicht voneinander. Die Fibrillen selbst besitzen nach FREUDENBERG keine festgelegten Abmessungen, sie können aus wenigen, aber auch zehn oder hundert Micellbündeln bestehen. Außer dem Lignin befinden sich aber noch die Hemicellulosen

[1] J. KÖNIG u. RUMP, Chemie und Struktur der Pflanzenzellmembrane, 1914.
[2] Literatur in K. HESS, Die Chemie der Cellulose, 1928, S. 35.
[3] ABRAMS, Ind. Eng. Chem. 13, 786 (1921).
[4] K. FREUDENBERG, Cellulosechemie 12, 267 (1931).

in den intermicellaren Räumen, die gelartig von den ersteren ausgefüllt sind. Die dichten Hüllen des Lignins um die Cellulose verhindern das Eindringen von lösend auf die letztere wirkenden Reagenzien.

LÜDTKE[1] hat an Hand von mikroskopischen Untersuchungen über die Quellung von Bambus in Kupferoxydammoniak auf die Existenz von besonderen „hautartigen" Scheidewänden zwischen den einzelnen Schichten der Sekundärwand geschlossen. Ähnliche längs, radial oder quer angeordnete Trennungswände verhindern die Auflösung der Cellulose. Derartige Strukturelemente in Cellulosefasern sind auch von SAKOSCHTSCHIKOW und TUMARKIN[2] aufgefunden worden.

Nach diesen Autoren sollen sie bei der Mercerisierung, Bleiche und einigen anderen chemischen Behandlungen der Faser erhalten bleiben. Es hat jedoch nicht an Einwendungen gefehlt, die aber hier nicht angeführt werden können[3].

Vergleicht man die Herauslösung der Cellulose durch Kupferoxydammoniak aus Holzmehl, Holzschliff und gewöhnlichen Sägespänen, so findet man für die jeweils gelöste Menge 21%, 10,3° und 3,5%. Verschiedene Autoren erklären die unterschiedliche Löslichkeit der Cellulose bei intensiver Vermahlung des Holzmehls durch eine allmähliche Zerkleinerung der Fadenmoleküle, Zerstörung der Bindungen mit dem Lignin und infolgedessen leichtere Dispergierbarkeit[4].

Im Gegensatz zu der Inkrustationstheorie haben sich eine Reihe von Autoren, bereits seit etwa 1873, für die Hypothese einer sehr wahrscheinlichen chemischen Bindung zwischen dem Lignin und der Cellulose ausgesprochen. Einige betrachten diese Bindung als esterartig, andere (HOLMBERG) nehmen eine acetalartige an, d. h., die alkoholischen Gruppen der Kohlenhydrate reagieren mit den Carbonylgruppen des Lignins. Das Lignin wird in diesem Zusammenhang, im Unterschied zum Kohlenhydratanteil des Zellwandmaterials, als Gesamtheit der mehr oder weniger miteinander verwandten aromatischen Verbindungen angesehen. Als Begründung für ihre Theorie einer chemischen Bindung zwischen dem Lignin und den Kohlenhydraten wird von den Anhängern angeführt, daß die Herauslösung des Lignins aus dem Holzkomplex mit Hilfe organischer Lösungsmittel (Eisessig, Phenol, Dioxan usw.) nicht möglich ist, ohne daß, wenn auch manchmal nur in geringen Mengen, Mineralsäuren als Katalysatoren zur Spaltung irgendwelcher Acetal- oder Esterbindungen benötigt werden. Bekanntlich erfolgt die Herauslösung der Cellulose aus dem Holz mit Kupferoxydammoniak wesentlich besser, wenn das Material vorher wiederholt mit 1%iger Schwefelsäure gekocht wird. Die Säure bewirkt offenbar nicht nur eine teilweise Entfernung der Hemicellulosen und damit eine bessere Zugangsmöglichkeit zur Cellulose, sondern auch eine Spaltung der zwischen den Kohlenhydraten und dem Lignin vorhandenen chemischen Bindungen.

---

[1] L. LÜDTKE, Ber. **61**, 465 (1928); Ann. **466**, 27 (1928); Cellulosechemie **13**, 169 (1932). Über die Elemente der Querstruktur in Cellulosefasern vgl. Закощиков и Тумаркин, Иск. волокно (SAKOSCHTSCHIKOW u. TUMARKIN, Kunstfaser) Nr. 5, 5 (1934); Nr. 3, 175 (1935).

[2] Закощиков и Тумаркин, Иск. волокно (SAKOSCHTSCHIKOW u. TUMARKIN, Kunstfaser) Nr. 5, 5 (1934); Nr. 3, 175 (1935).

[3] А. Н. Бояркин, За новое волокно (A. N. BOJARKIN, Neue Fasern) Nr. 5, 45 (1934).

[4] H. STAUDINGER, E. DREHER u. EKENSTAM, Ber. **69**, 1099 (1936). — H. STAUDINGER, Organische Kolloidchemie, 1940, S. 40.

Zugunsten dieser Theorie sprechen noch folgende Tatsachen. Bei der Methylierung von Holz mit Dimethylsulfat und Alkali hat URBAN[1] ein Produkt mit 41% OCH_3 erhalten, was auf eine vollständige Methylierung sowohl der Cellulose als auch des Lignins schließen läßt. Reine, methylierte Cellulose zeigt einen Methoxylgehalt von 44,5% und ist in Chloroform löslich. Methyliertes Lignin dagegen (32% OCH_3) ist in diesem Lösungsmittel unlöslich. Das methylierte Holz läßt sich jedoch bei Behandlung mit Chloroform ungeteilt in Lösung bringen, was ebenfalls im Sinne einer chemischen Verbindung der Komponenten ausgelegt worden ist[2].

Wie NORMAN[3] gezeigt hat, lassen sich die Hemicellulosen aus Tannenholz nur dann mit heißer Natriumsulfitlösung extrahieren, wenn das Holz vorher zur Spaltung der chemischen Bindungen mit Chlor behandelt wird. LIESER und SCHWIND[4] haben aus Versuchen zur acetolytischen Spaltung von Fichtenholz gefolgert, daß das Lignin mit der Cellulose in der Zellwand äther- und esterartig verbunden ist. Dieser Komplex ist ferner in überkonzentrierter Salzsäure bei niedrigen Temperaturen vollständig löslich. Temperaturerhöhung bewirkt eine Aufspaltung der Bindungen.

Durch verschiedene Methoden aus Holz isolierte Cellulose wird nach PETERSON und anderen[5] durch thermophile Bakterien in unterschiedlichem Maße gespalten. Dabei hat sich herausgestellt, daß weder extrahiertes noch in der Kugelmühle bearbeitetes Holz von den Bakterien angegriffen wird. Die nach der Entfernung des Lignins verbleibende Holocellulose läßt sich jedoch leicht spalten. Auf Grund dieser Tatsachen nehmen die Autoren an, daß das Lignin mit den Kohlenhydraten nicht mechanisch, sondern chemisch verbunden ist. HÄGGLUND hat sich an Hand von längeren Untersuchungen über den Chemismus des Sulfitaufschlusses ebenfalls für die Existenz einer chemischen Bindung ausgesprochen.

1944 ist NORMAN[6] für das Vorhandensein einer chemischen Bindung zwischen dem Lignin und den Polyuroniden eingetreten, wobei anscheinend ein einheitlicher Komplex gebildet wird. Wenn auch die Isolierung einer derartigen Verbindung aus dem Holz bisher nicht möglich gewesen ist, so wird doch die Existenz irgendwelcher chemischen Bindungen zwischen dem Lignin und den Kohlenhydraten durch die nachstehend angeführten Beobachtungen sehr wahrscheinlich gemacht.

1. Bei der Isolierung der Cellulose aus dem Holz durch abwechselnde Behandlung mit Chlor und Natriumsulfit ist die Chlorierung in gleicher Weise zur Entfernung des Lignins als auch der polyuronidischen Hemicellulosen erforderlich, obgleich offenbar keine direkte Einwirkung auf die letzteren sichtbar ist.

---

[1] H. URBAN, Cellulosechemie **7**, 73 (1926).

[2] Diese Versuche sind leider nicht eindeutig, da die Unlöslichkeit des methylierten, isolierten Lignins durch Veränderungen in der chemischen oder kolloiden Natur bei der Isolierung hervorgerufen sein kann.

[3] A. NORMAN, The Biochemistry of Cellulose, Polyuronides, Lignin etc., 1938, S. 61.

[4] LIESER u. SCHWIND, Ann. **532**, 104 (1937).

[5] E. HÄGGLUND, Holzchemie, 1939, S. 210; vgl. OLSON, PETERSON u. SHERRARD, Ind. Eng. Chem. **29**, 1026 (1937).

[6] L. E. WISE, Wood Chemistry, 1944, S. 267.

2. Die Extraktion der Hemicellulosen mit Natronlauge in der Kälte wird durch eine vorangehende Chlorierung, wodurch anscheinend chemische Bindungen gespalten werden, wesentlich erleichtert.

3. Die Löslichkeit der polyuronidischen Hemicellulosen aus den verschiedensten Holocellulosepräparaten ist erheblich größer als im Falle von nicht mit Chlor behandeltem Holz.

4. Während isoliertes Lignin relativ leicht vollständig methyliert werden kann, stößt die Einführung von weiteren Methoxylgruppen in natives Lignin unter den gleichen Bedingungen auf ziemliche Schwierigkeiten. Beseitigt werden können diese durch eine Säurebehandlung des Holzes, wodurch die mit dem Lignin verbundenen Polysaccharide hydrolysiert werden. Aus den nächsten Tatsachen kann der Eindruck entstehen, daß die Hydroxylgruppen des nativen Lignins nicht frei sind.

5. Durch Entfernung des Lignins aus dem Holzkomplex wird die Angreifbarkeit der Hemicellulosen für eine enzymatische Spaltung stark erhöht. So wirken z. B. Enzympräparate aus dem Magensaft der Weinbergschnecke *Helix pomatia* auf Lindenholz nur sehr geringfügig ein. Die aktivsten Präparate lösen innerhalb von 8 Tagen nur etwa 14% des Holzes auf[1]. Extrahiert man jedoch das Holz mit einer Lösung von Kupferoxyd in Äthylendiamin[2], so wird die durch Ansäuerung ausgefällte Fraktion (im wesentlichen aus Polysacchariden bestehend) durch die Enzyme sehr leicht abgebaut.

Untersuchungen über die schonende Entfernung des Lignins aus Laub- und Nadelhölzern mittels Dioxan[3] haben ergeben, daß zur Spaltung des Holzkomplexes unbedingt eine gewisse, manchmal auch sehr geringe Menge eines Katalysators (0,1%ige HCl) erforderlich ist, ohne die das Lignin nicht in Lösung geht. Hieraus kann ebenfalls auf die Existenz von Lignin-Kohlenhydrat-Bindungen geschlossen werden. Diese Hypothese wird seit längerer Zeit bereits von Sherebow[4] und neuerdings auch von Schorygina[5] vertreten. Auf diese Arbeiten wird später bei der Besprechung des Aufbaues des Lignins ausführlicher eingegangen.

Hauptmethoden zur Isolierung, Farbreaktionen und Zusammensetzung des Lignins

Vom chemischen Standpunkt aus besitzt die Cellulose ein wesentlich einfacheres Bauprinzip als das Lignin, das bei den verschiedenen Abbauprozessen eine Reihe von aromatischen Stoffen ergibt. Der Ligningehalt ist in den Coni-

[1] Ploetz, Ber. 72, 1885 (1939); 73, 57, 74 (1940).

[2] Aus dem Lindenholz gehen dabei in Lösung: 18,9% Cellulose, 79,7% Pentosane und 30% des Lignins. Durch Ansäuern der Lösung fallen in erster Linie Polysaccharide aus. Die durch enzymatische Hydrolyse erhaltenen Zucker bestehen zu 70% aus Pentosanen.

[3] Н. И. Никитин и И. М. Орлова, ЖПХ (N. I. Nikitin u. I. M. Orlowa, Z. Angew. Chemie [russ.]) 9, 2210 (1936). — Н. И. Никитин, М. А. Авидон и И. М. Орлова, ЖПХ (N I. Nikitin, M. A. Awidon u. I. M. Orlowa, Z. Angew. Chemie [russ.]) 9, 2216 (1936). — И. М. Орлова и Н. И. Никитин, ЖПХ (I. M. Orlowa u. N. I. Nikitin, Z. Angew. Chemie [russ.]) 12, 76 (1939).

[4] Л. П. Жеребов, Бум. пром. (L. P. Sherebow, Papierind.) Nr. 5, 6; Nr. 6, 21; Nr. 7, 10 (1947).

[5] Literatur im Abschnitt über die Spaltung des Lignins mit Natrium in flüssigem Ammoniak, S. 298ff.

feren größer als in Laubhölzern, wie aus der Tab. 62 nach Angaben von KOMAROW und JAKOWLJEW[1] ersichtlich ist.

Aus Untersuchungen von JANSSON[2] geht hervor, daß der Ligningehalt im Früh- und Spätholz von Fichte bis zu einem gewissen Grade davon abhängig ist, von welchem Teil des Stammes die Probeentnahme stattgefunden hat. Danach ist im unteren Teil der Ligningehalt des Spätholzes geringer, im mittleren Teil gleich und im oberen Teil größer als in den entsprechenden Gebieten des Frühholzes. Der gleiche Autor hat festgestellt, daß der Ligningehalt eines schief stehenden Stammes auf der Seite größer ist, die der Druckbeanspruchung stärker ausgesetzt ist.

Der Ligningehalt in den Jahresringen des Früh- und Spätholzes der Fichte ist je nach der Einfallrichtung des Lichtes nach den Angaben von JANSSON verschieden. Mit Hilfe von 296 Analysen an vier Bäumen sind folgende Werte für Frühholz 25,2 bis 29,5% Lignin und für Spätholz 22,3 bis 34,0% Lignin ermittelt worden. Der höchste Ligningehalt wird etwas unterhalb der Krone gefunden. Irgendwelche Beziehungen zwischen der Stärke der Jahresringe und dem Ligningehalt sind nicht festgestellt worden. JANSSON nimmt an, daß das Lignin und die Gerbstoffe der Rinde gewissermaßen Konkurrenten bei ihrer Bildung aus den aromatischen Ausgangsstoffen sind. Wird der größte Teil der letzteren zum Aufbau des Lignins benötigt, so bleibt nur wenig für die Bildung der Gerbstoffe übrig und umgekehrt[3].

TABELLE 62

Verteilung des Lignins in einigen Hölzern

Art und Teil	Lignin in %
Fichte (*Picea excelsa*):	
Stammbasis	29,1
Mitte des Stammes	27,3
Astholz	34,4
Kiefer (*Pinus silvestris*):	
Stammbasis	26,5
Mitte des Stammes	26,4
Astholz	27,4
Espe (*Populus tremula*):	
Stammbasis	20,3
Mitte des Stammes	21,1
Astholz	25,9

Sehr eingehend ist von SHEREBOW[4] die Zusammensetzung großer Kiefernäste, beginnend von der Basis bis zum Ende, untersucht worden. Dabei hat der Autor gefunden, daß die untere und die obere Seite, die also besonders stark durch Zug und Druck beansprucht werden, eine unterschiedliche Zusammensetzung aufweisen. Das weniger elastische und gegen Druck beständigere Lignin ist an der Unterseite der Äste in größerer Menge (35,7%) als an der Oberseite (30,9%) vorhanden. Erwähnt sei noch, daß in der einschlägigen Literatur (JANSSON) Angaben über den Einfluß der Luftfeuchtigkeit und der Windstärke während der Vegetationsperiode auf den Ligningehalt zu finden sind[5].

[1] Ф. Комаров и А. Яковлев, Бум. пром. (F. KOMAROW u. A. JAKOWLJEW, Papierind.) Nr. 2 (1932).

[2] Н. Янсон, Тр. Инст. лесохоз. пробл. АН Латв. ССР (N. JANSSON, Arb. d. Inst. f. Holzwirtsch. d. Akad. d. Wiss. d. Lett. SSR), Heft 2, 127 (1950).

[3] Н. Янсон, Изв. АН Латв. ССР (N. JANSSON, Nachr. Akad. Wiss. d. Lett. SSR) Nr. 9 (14), 79/100 (1948).

[4] Л. П. Жеребов, Бум. пром. (L. P. SHEREBOW, Papierind.) Nr. 3, 4 (1946).

[5] Ausführlichere Angaben über die Bildung des Lignins S. 319.

Die Isolierung des Lignins für laboratoriumsmäßige Untersuchungen findet gewöhnlich durch Entfernung der Kohlenhydrate aus dem Holz (Sägespäne) durch Hydrolyse mit überkonzentrierter (42%iger) Salzsäure nach WILLSTÄTTER und ZECHMEISTER statt.

Gute Dienste für wissenschaftliche Zwecke leistet auch die Methode der abwechselnden Behandlung des Holzes mit kochender 1%iger Schwefelsäure und Kupferoxydammoniak. Die ferner angeführten Verfahren mit Hilfe von Phenol, Dioxan und anderen organischen Lösungsmitteln bei Anwesenheit von Säuren als Katalysatoren sind jedoch nicht quantitativ. Die nach den verschiedenen Methoden isolierten Ligninpräparate unterscheiden sich jedoch irgendwie von dem nativen Lignin.

Zur Darstellung des Lignins nach WILLSTÄTTER verfährt man folgendermaßen: 200 g mit Wasser und Aceton extrahierte Sägespäne von Fichtenholz werden 4 Stunden mit 4 l überkonzentrierter Salzsäure (*d* 1,21) bei Zimmertemperatur unter häufigem Umschütteln behandelt. Nach Ablauf dieser Zeit gibt man 1300 g zerstoßenes Eis zu und läßt weitere 18 Stunden bei Raumtemperatur stehen. Danach wird mit 1300 ml Wasser verdünnt und durch einen Leinenfilter abfiltriert, mit viel 18%iger Salzsäure und anschließend mit Wasser gewaschen. Zur endgültigen Entfernung der Säure wäscht man noch mit heißem Wasser und schwacher Sodalösung. Die auf diese Weise gewonnenen Ligninpräparate enthalten meist etwas über 1% Asche und geringe Mengen von Kohlenhydraten. Die Ausbeute beträgt im Falle des Fichtenholzes 26 bis 28%, bei Rotbuche 23%. Über die bei der Isolierung nach diesem Verfahren stattfindenden Veränderungen des nativen Lignins wird in einem späteren Abschnitt gesprochen. Alle mittels konzentrierten Säuren dargestellten Ligninpräparate enthalten mehr oder weniger Kondensations- und Verharzungsprodukte von Kohlenhydraten.

Die Isolierung des Lignins nach dem Kupferoxydammoniakverfahren findet in der nachstehend beschriebenen Weise statt. Zunächst wird das Holzmehl mit einem aus gleichen Teilen bestehenden Gemisch von Alkohol und Benzol 48 Stunden extrahiert. Danach behandelt man das Holz zweimal je 24 Stunden mit kalter 5%iger Natronlauge unter häufigem Umschütteln. Anschließend wäscht man mit Wasser, verdünnter Essigsäure und wieder Wasser. Pentosane und andere Hemicellulosen werden nun durch 3- bis 4stündiges Kochen mit 1%iger Schwefelsäure entfernt. Das gewaschene und getrocknete Mehl wird anschließend 12 Stunden unter ständigem Rühren mit Kupferoxydammoniak behandelt. Danach zentrifugiert man ab und wäscht in der Zentrifuge zunächst mit Kupferoxydammoniak und schließlich mit konzentriertem Ammoniak. Das Material wird danach in Wasser übergeführt, mit HCl angesäuert und an der Wasserstrahlpumpe mit Wasser gewaschen[1]. Die Behandlung mit der 1%igen Schwefelsäure und dem Kupferoxydammoniak wiederholt man noch 2- bis 3mal.

Nach dieser Methode erhält man aus Fichtenholz 16% Lignin, während mit 66%iger Schwefelsäure 25% gefunden werden. Zur Verbesserung und Erzielung höherer Ausbeuten ist vorgeschlagen worden, die Extraktion mit Kupferoxydammoniak bei 0° und unter Luftabschluß durchzuführen, wodurch die Ausbeute bis auf 26% steigt.

---

[1] K. FREUDENBERG, ZOCHER u. DÜRR, Ber. **62**, 1814 (1929); **71**, 1810 (1938).

Im Laboratorium benutzt man häufig die Isolierungsverfahren des Lignins mit Hilfe 72%iger H_2SO_4 und 40- bis 42%iger HCl zur quantitativen Bestimmung[1].

Zur Bestimmung des Lignins in frischen Pflanzengeweben (Stroh usw.) ist unlängst eine Methode vorgeschlagen worden, die ohne Vortrocknung des Materials auskommt und das Einbringen von stickstoffhaltigen und anderen Verunreinigungen weitgehend vermeidet[2].

TABELLE 63

Einige Farbreaktionen auf Lignin

Verbindung	Formel	Färbung
Phenol	C_6H_5OH	blaugrün
m-Kresol	$C_6H_4(CH_3)OH$	blau
Resorcin	$C_6H_4(OH)_2$	blauviolett
Phloroglucin	$C_6H_3(OH)_3$	purpur
α-Naphthol	$C_{10}H_7OH$	blaugrün
Anilin	$C_6H_5NH_2$	gelb
β-Naphthylamin	$C_{10}H_7NH_2$	gelborange
p-Phenylendiamin	$C_6H_4(NH_2)_2$	blauorange
Benzidin	$H_2NC_6H_4C_6H_4NH_2$	gelborange

Eine qualitative Erkennung des Lignins in verholzten Geweben, aber auch in Papier, das häufig Holzschliff enthält, läßt sich mit Hilfe von Farbreaktionen durchführen. Die weitaus am häufigsten angewandte ist die Reaktion mit Phloroglucin-Salzsäure, wobei eine purpurrote Färbung entsteht. Die Anzahl der Farbreaktionen des Lignins ist recht groß, so entstehen Färbungen mit Phenol-, Naphtholderivaten, aromatischen Aminen usw. Die Tab. 63 enthält einige der wichtigsten Verbindungen und die entsprechenden Färbungen.

Wie bereits erwähnt, verwendet man in der Praxis am häufigsten Phloroglucin. Das eine orangegelbe Färbung hervorrufende Anilin wird als Hydrochlorid angewandt. Durch Behandlung mit Ammoniak läßt sich diese Färbung zum Verschwinden bringen, durch Einwirkung der Kohlensäure der Luft kehrt sie jedoch allmählich wieder. Natron- und Kalilauge wirken in der gleichen Weise wie Ammoniak.

Verschiedene Autoren haben öfters die Ansicht vertreten, daß die Farbreaktionen des Lignins mit Phloroglucin und anderen Verbindungen nicht auf das Lignin selbst zurückzuführen sei, sondern auf irgendwelche anderen, im Holz in geringer Menge vorkommenden Stoffe. So hat z. B. CZAPEK durch Einwirkung von Zinn(II)-chloridlösung auf Holz in der Wärme durch Extraktion der Flüssigkeit mit Benzol einen von ihm mit „Hadromal" bezeichneten Stoff (1 bis 2% des Holzes) darstellen können. Diese Verbindung gibt mit Phloro-

[1] Über die Bestimmung des Lignins und anderer Holzkomponenten vgl. Т. И. Руднева и С. Д. Антоновский, Краткое руководство к лабораторным занятиям по хими древесины и целлюлозы (T. I. RUDNJEWA u. S. D. AN ONOWSKI, Kurze Laboratoriumsanleitung zur Chem. des Holzes und der Cellulose) 1951. — R. SIEBER, Die Chemisch-Techn. Untersuchungsmethoden der Zellstoff- u. Papierindustrie (1951). — L. WISE, Wood Chemistry, 1944.

[2] McDOUGALL u. DE LONG, Canad. J. Research **26**, 468 (1948).

glucin und anderen die gleichen Farbreaktionen wie das Lignin. Später ist jedoch festgestellt worden[1], daß Hadromal kein einheitliches Produkt ist, sondern ein Gemisch von Vanillin, Brenzkatechin, Tannin und Holzgummi. Ferner hat man ebenfalls gefunden[2], daß bei der Extraktion von Holzmehl mit organischen Lösungsmitteln keine Stoffe erhalten werden, die mit Phloroglucin eine Farbreaktion ergeben. Dagegen läßt sich feststellen, daß eine positive Phloroglucinreaktion stets auf die Anwesenheit von Lignin hinweist. Bei sehr schonend isolierten Ligninpräparaten tritt sie ebenfalls auf, anscheinend ist sie mit denjenigen Gruppen des Lignins verknüpft, die bei einer Abtrennung des Lignins aus dem Holz leicht verändert werden. So ergibt z. B. der bei der Behandlung des Holzes mit Äthylenoxyd und Alkali bei 50 bis 75° erhaltene Rückstand eine positive Reaktion. Die Frage nach der Zugehörigkeit der Farbreaktionen zum Lignin ist sehr viel diskutiert worden[3], sie kann an dieser Stelle jedoch nicht mit der nötigen Ausführlichkeit besprochen werden.

Aber auch mit anderen als den erwähnten Stoffen gibt das Lignin eine farbige Reaktion, wie z. B. mit gewissen anorganischen Verbindungen. Die bekannteste unter diesen ist die Reaktion von Mäule. Dabei wird das verholzte Gewebe 5 Minuten in eine 1%ige Permanganatlösung eingetaucht, gewaschen, mit verdünnter Salzsäure behandelt, gewaschen und schließlich in Ammoniak getaucht. Die verholzten Gewebe zeigen nach dieser Behandlung eine rote Farbe. Jedoch fällt nicht bei allen Holzarten diese Reaktion positiv aus. So hat z. B. Schorger[4] gefunden, daß die Bedecktsamigen eine gute Reaktion geben, während bei den Nacktsamigen nur eine unbestimmte bräunlichgraue Tönung entsteht. Die gleichen Ergebnisse sind von Sharma[5] bei der Untersuchung von 40 bedecktsamigen und 27 nacktsamigen Arten erhalten worden. Mit Hilfe dieser oxydativen Farbreaktion ist die Möglichkeit zur Unterscheidung dieser beiden Pflanzengruppen gegeben.

Die Permanganatreaktion zeigt eine gewisse Parallelität zu der Einwirkung von Chlor und Natriumsulfit auf verholztes Gewebe und Lignin. Infolge der Reaktion des Chlors mit dem Lignin wird das Holz gelb gefärbt. Nach dem Auswaschen der Reaktionsprodukte mit Natriumsulfitlösung (z. B. bei der Cellulosebestimmung nach Cross und Bevan) wird das Filtrat rosenrot bzw. purpurfarben. Die Bedecktsamigen ergeben dabei eine intensivere Färbung als die Nacktsamigen. Andere Autoren[6], die sich mit der gleichen Reaktion beschäftigt haben, geben an, daß diese Reaktion möglicherweise für Phenole, die 1,2,3-Trioxybenzolkerne enthalten (z. B. Pyrogallol, Tannin usw.), spezifisch ist. Später ist von Campbell und Mitarbeitern gezeigt worden, daß auch methylierte Pyrogallolderivate mit höchstens einer freien OH-Gruppe, wie z. B. $C_6H_3(OCH_3)_2(OH)$, eine rosa oder rote Färbung ergeben. Diese Färbung wird aber auch mit anderen Oxydantien, nicht nur mit Chlor erhalten, wenn nach der Oxydation eine Behandlung mit schwachem Alkali oder Natriumsulfit statt-

[1] H. Pauly u. K. Feuerstein, Ber. **62**, 297 (1929).
[2] B. Rassow u. H. Gabriel, Cellulosechemie **12**, 319 (1931).
[3] Vgl. z. B. F. Podbreznik, Pulp and Paper Mag. Canad. **27**, 229 (1929).
[4] A. W. Schorger: The Chemistry of Cellulose and Wood, N. Y. 1926, S. 124.
[5] P. Sharma, J. Forestry **2**, 476 (1922).
[6] W. Campbell, S. Bryant u. G. Swann, Biochem. J. **31**, 1285 (1937). — W. Campbell, J. McGowan u. S. Bryant, Biochem. J. **32**, 2138 (1938); Nature **143**, 1022 (1939).

findet. Auch für den Fall, daß alle Hydroxyle des Pyrogallols veräthert sind, entsteht die Färbung nach Chlorierung und Sulfitbehandlung. Diese Beobachtungen sind deshalb von großem Interesse, da Derivate des Dimethylpyrogallols zweifellos im Lignin von Laubhölzern enthalten sind.

Die von den verschiedensten Autoren angegebene elementare Zusammensetzung des Lignins zeigt bezüglich der C- und H-Werte gewisse Schwankungen, die unter anderem auch in bedeutendem Maße von der Darstellungsmethode des Lignins aus dem Holz abhängen können. Wie bereits erwähnt, kann das Lignin durch Behandlung des Holzes mit 72%iger H_2SO_4, 42%iger HCl, kochender Natronlauge (vgl. S. 240) und ähnlichen Verfahren keinesfalls in unveränderter Form erhalten werden. Salzsäurelignin gibt z. B. bei längerem Kochen mit 12%iger Salzsäure merkliche Mengen von Furfurol, das anscheinend in Form von bei der Darstellung des Lignins gebildeten Kondensationsprodukten vorliegt[1]. Schwefelsäurelignin enthält stets etwa 0,5 bis 0,9% gebundene H_2SO_4 und ist auch sonst nicht ganz unverändert. Alle diese Ligninarten enthalten, wie auch später gezeigt wird, außerdem noch Kondensations- und Verharzungs-

TABELLE 64

Zusammensetzung von Lignin verschiedener Holzarten je nach der Art der Isolierung

Isolierung und Holzart	C	H	OCH_3	Asche	Pentosan
Schwefelsäurelignin					
Tanne	64,8	4,9	16,4	—	—
Tanne	—	—	13,9	—	—
Buche	65,1	4,9	17,4	—	—
Fichte	66,6	5,5	14,5	—	—
Fichte	63,9	5,3	—	—	1,7
Fichte	65,20	5,34	14,2	—	nicht
Kiefer	65,29	5,38	15,1	—	nicht
Espe	65,12	5,26	17,2	—	nicht
Salzsäurelignin					
Tanne	62,6	5,2	—	—	—
Buche	60,9	6,2	—	—	—
Fichte	64,5	6,1	14,8	0,4	—
Kochen mit 1 %iger HCl bei 5 Atm.					
Tanne	68,6	5,1	14,2	0,6	—
Buche	68,8	4,9	16,3	1,1	—
Flachs	68,7	5,8	2,6	0,9	—
Roggenspelzen	69,3	7,8	1,9	1,2	—
Sulfataufschluß					
Tanne	60,5	5,2	13,5	—	—
Kiefer	62,0	6,3	15,5	—	5,3
Roggenstroh	62,8	5,6	14,8	—	—
Flachs	63,9	5,8	14,9	—	—

[1] W. Fuchs, Die Chemie des Lignins, 1926.

produkte von Kohlenhydraten, die durch die Einwirkung der konzentrierten Säuren entstanden sind. Bei der Analyse des Lignins ist diesem Umstand deshalb stets Rechnung zu tragen. Die Tab. 64 enthält Angaben über die Elementarzusammensetzung von nach verschiedenen Methoden isoliertem Lignin.

Die Daten der Tabelle, die von verschiedenen Autoren stammen, zeigen, daß z. B. der Kohlenstoffgehalt von Tannenlignin, mit 41%iger HCl isoliert, 62,6% beträgt, während aus dem gleichen Holz durch Druckkochung mit 1%iger HCl dargestelltes Lignin 86,6% C enthält. Aus diesem Beispiel ist ersichtlich, daß die Schwankungen in der Zusammensetzung je nach den Herstellungsbedingungen sehr beachtlich sein können. Man hat deshalb in letzter Zeit zahlreiche Versuche angestellt, um eine schonendere Isolierung mit vergleichbaren Resultaten zu finden. Als geeignet in diesem Zusammenhang erscheint die abwechselnde Behandlung des Holzes mit siedender 1%iger Schwefelsäure und kaltem Kupferoxydammoniak.

HOLMBERG[1] hat, wie schon erwähnt, Thioglykolsäure zur Extraktion des Lignins aus Holzmehl angewandt. Aus seinen Untersuchungen des Lignins einer ganzen Reihe von Pflanzen ergibt sich, daß das unter gleichen Bedingungen aus Nacktsamigen erhaltene Lignin 3 bis 5% Kohlenstoff mehr enthält als das aus Bedecktsamigen. In den letzteren ist dafür der Sauerstoffgehalt entsprechend höher.

Bis zur heutigen Zeit existieren noch keine endgültigen Vorstellungen über den Aufbau des Lignins. Die von vielen Autoren vorgeschlagenen verschiedenen Formeln sind ebenfalls noch nicht genügend bewiesen. Es ist bekannt, daß der Ligninkomplex außer aromatischen Kernen noch Methoxyl-, Hydroxyl- und Carbonylgruppen enthält. Einige Autoren haben sich ferner bemüht, im Lignin die Anwesenheit von geringen Mengen von Oxymethylengruppen ($-O-CH_2-O-$) nachzuweisen. Zur Aufklärung dieses Fragenkomplexes hat man die verschiedensten Wege beschritten.

Funktionelle Gruppen des Lignins

Unter den im Lignin vorhandenen Gruppen sind die Methoxylgruppen sehr charakteristisch. Ihre Bindung ist ätherartig. Die Methoxylgruppen lassen sich durch konzentrierte Jodwasserstoffsäure bei höherer Temperatur in gleicher Weise wie aliphatisch gebundene Methoxyle abspalten[2]. Es kann heute als vollständig bewiesen gelten, daß nicht alle OCH_3-Gruppen des Holzes aus dem Lignin stammen. Ein Teil von ihnen kommt, wie bereits in früheren Abschnitten dargelegt worden ist, an Kohlenhydrate, besonders Polyuronide, gebunden vor.

Die Abspaltung durch konzentrierte Jodwasserstoffsäure erfolgt gemäß folgender Gleichung:

$$ROCH_3 + HJ \rightarrow ROH + CH_3J$$

Das dabei entstehende Methyljodid wird durch einen Kohlendioxydstrom ausgetrieben und in einer alkoholischen Silbernitratlösung aufgefangen. An Hand des erhaltenen Silberjodids wird die Menge der vorhandenen OCH_3-Gruppen ermittelt (Methoxylbestimmung nach ZEISEL). VIEBÖCK, SCHWAP-

[1] B. HOLMBERG, Ber. 69, 115 (1936). — L. E. WISE, Wood Chemistry, 1944, S. 292.
[2] E. HÄGGLUND, Holzchemie, 1939, S. 198.

PACH[1] und BRECHER[2] haben vorgeschlagen, das Jodmethyl in bromhaltigem Eisessig aufzufangen. Das Brom reagiert mit dem Jodmethyl unter Entstehung von CH_3Br und JBr. Letzteres wird durch überschüssiges Brom oxydiert und in HJO_3 übergeführt, die maßanalytisch bestimmt werden kann.

Sehr charakteristisch sind ferner für das nach verschiedenen Methoden isolierte Lignin freie Hydroxylgruppen, die sowohl methyliert als auch acetyliert werden können. Die Menge der freien OH-Gruppen schwankt je nach dem Darstellungsverfahren. Der Gesamtgehalt an Hydroxylen wird meistens durch Acetylierung mit Essigsäureanhydrid in Pyridin bestimmt[3].

Einige Autoren sind der Ansicht[4], daß durch die Anwendung von Dimethylsulfat und Alkali zur Methylierung keine vollständige Substitution erreicht wird. Offenbar besitzt etwa die Hälfte der vorhandenen Hydroxyle sauren Charakter. Diese lassen sich mit Diazomethan in ätherischer Lösung nach folgendem Schema methylieren:

$$ROH + CH_2N_2 \rightarrow ROCH_3 + N_2$$

Die Reaktion von Diazomethan mit Phenolen verläuft bekanntlich bereits bei gewöhnlicher Temperatur genügend rasch. Die Enolform tautomerer Stoffe läßt sich ebenfalls auf diese Weise methylieren. Nach den Angaben von BRAUNS[5] sind im nativen Lignin sowohl Phenol- als auch Enolhydroxyle enthalten (vgl. S. 232). In Ligninpräparaten, die durch Alkoholyse von Holz (bei Gegenwart geringer Mengen wasserfreier HCl) erhalten werden, hat man phenolische Hydroxyle gefunden. Diese Präparate lassen sich aus alkalischen Lösungen durch überschüssige Kohlensäure ausfällen.

FREUDENBERG hat in schonend isoliertem Kupferoxydammoniak-Lignin das Fehlen freier phenolischer Hydroxyle nachgewiesen. Bei der Umsetzung von *p*-Tolulsulfochlorid mit Alkoholen des Typs ROH bei Gegenwart von Alkali entstehen die entsprechenden Sulfonsäureester nach dem Schema:

$$CH_3C_6H_4SO_2Cl + RONa \rightarrow NaCl + CH_3C_6H_4SO_2 \cdot OR$$

Im Falle von Phenolen verläuft die Reaktion mit anschließender Einwirkung von Hydrazin auf den Estern folgendermaßen:

$$\underset{\text{Phenyltosylester}}{C_6H_5O \cdot SO_2 \cdot C_6H_4CH_3} + N_2H_4 = \underset{\text{Phenol}}{C_6H_5OH} + \underset{\text{Tosylhydrazid}}{H_2N \cdot NH \cdot SO_2 \cdot C_7H_7}$$

Das entstehende Sulfohydrazid wird durch überschüssiges Hydrazin augenblicklich reduziert.

$$H_2N{-}NH \cdot SO_2C_7H_7 + \frac{1}{2} N_2H_4 = \frac{N_2}{2} + \underset{\text{Toluolsulfinsäurehydrazin}}{H_4N_2 \cdot OH \cdot SO \cdot C_7H_7}$$

---

[1] VIEBÖCK u. SCHWAPPACH, Ber. **63**, 2818 (1930).

[2] VIEBÖCK u. BRECHER, Ber. **63**, 3207 (1930). — Vgl. auch die von E. SAMSEL u. J. MCHARD vorgeschlagene Modifikation, zitiert in L. E. WISE, Wood Chemistry, 1944, S. 578.

[3] VERLEY u. BÖLSING, Ber. **34**, 3354 (1901). — PETERSON, WEST, J. Biol. Chem. **74**, 379 (1927); Ann. **433**, 230 (1923).

[4] E. HÄGGLUND, Holzchemie, 1939, S. 199.

[5] F. BRAUNS, J. Am. Chem. Soc. **61**, 2120 (1939); Paper Trad, J. **111**, 33 (1940).

Sind in der zu untersuchenden organischen Verbindung andere als phenolische Hydroxyle vorhanden, so verläuft die Reaktion der entsprechenden *p*-Toluolsulfosäureester mit dem Hydrazin, wie von FERNS und LAPVORS, wie auch von FREUDENBERG und HESS[1] festgestellt worden ist, in völlig anderer Weise. Die Tosylester (Tosyl = *p*-Toluolsulfosäurerest) primärer aliphatischer Alkohole reagieren dann mit dem Hydrazin nach folgendem Schema:

$$\mathrm{RO \cdot SO_2 \cdot C_6H_4CH_3 + H_2N{-}NH_2 \longrightarrow \underset{\text{Alkylhydrazin}}{R \cdot HN{-}NH_2} + \underset{\text{Toluolsulfonsäure}}{HO \cdot SO_2 \cdot C_6H_4CH_3}}$$

Die Reaktion der Tosylester von sekundären Alkoholen mit Hydrazin verläuft entweder ebenso wie bei den primären oder aber in der Hauptsache wie folgt:

$$\begin{array}{l} \mathrm{R \cdot CH_2} \\ \quad | \\ \mathrm{R_1 \cdot CH \cdot OSO_2 \cdot C_6H_4 \cdot CH_3} \end{array} + \mathrm{N_2H_4} \longrightarrow \underset{\text{Äthylenkohlenwasserstoff}}{\begin{array}{l} \mathrm{R \cdot CH} \\ \quad \| \\ \mathrm{R_1 \cdot CH} \end{array}} + \underset{\text{Toluolsulfonsäurehydrazin}}{\mathrm{NH_2{-}NH_2 \cdot HO \cdot SO_2 \cdot C_7H_7}}$$

Die Phenole lassen sich also mit Hilfe dieser Reaktion von primären und sekundären aliphatischen Alkoholen dadurch unterscheiden, daß als Endprodukte leicht zu identifizierende Tosylderivate entstehen. Tertiäre Alkohole sind offenbar mit Tosylchlorid nicht zur Reaktion zu bringen.

Die in letzter Zeit mit Hilfe dieses Verfahrens durchgeführten Untersuchungen[2] von Kupferoxydammoniak-Lignin haben ergeben, daß dieses Lignin etwa 1,5% phenolische Hydroxyle enthält. Die entsprechenden Werte betragen bei Salzsäurelignin 1,8% und Lignin aus Sulfitablauge 2,5%. Aus diesen Zahlen geht hervor, daß in den entsprechenden Ligninpräparaten nur ein relativ kleiner Teil der gesamten Hydroxyle (9 bis 10%) phenolischen Charakter besitzt, während der größere Teil der Hydroxyle in den Seitenketten des Lignins gelegen ist. Ihr Charakter scheint zum Teil sekundär und zum Teil tertiär zu sein[3].

Aus von Harz und anderen extrahierbaren Stoffen befreitem Schwarzfichtenholz hat BRAUNS[4] durch Behandlung mit Äthanol bei gewöhnlicher Temperatur 23% „natives" Lignin isoliert. Das durch Umfällen aus Dioxan gereinigte Produkt zeigt eine gute Übereinstimmung mit der empirischen Formel, die fünf Phenylpropanreste verlangt, und besitzt ein Molekulargewicht von 840. Von den fünf in dieser Formulierung vorhandenen OH-Gruppen zeigt eine phenolischen Charakter und eine zweite stellt ein Enolhydroxyl dar.

$$\underset{\text{Ketoform des nativen Fichtenlignins}}{\begin{array}{l} \mathrm{CH_3O} \\ \mathrm{CH_3O} \\ \mathrm{CH_3O} \\ \mathrm{CH_3O} \\ \end{array} \mathrm{C_{41}H_{32}O_6} \begin{array}{l} \mathrm{OH^*} \\ \mathrm{OH} \\ \mathrm{OH} \\ \mathrm{OH} \\ \mathrm{C{=}O} \end{array}} \qquad \underset{\text{Enolform des nativen Lignins}}{\begin{array}{l} \mathrm{CH_3O} \\ \mathrm{CH_3O} \\ \mathrm{CH_3O} \\ \mathrm{CH_3O} \\ \end{array} \mathrm{C_{41}H_{31}O_6} \begin{array}{l} \mathrm{OH^*} \\ \mathrm{OH} \\ \mathrm{OH} \\ \mathrm{OH} \\ \rangle\mathrm{COH} \end{array}}$$

---

[1] K. FREUDENBERG u. K. HESS, Ann. **448**, 121 (1926).

[2] K. FREUDENBERG u. WALCH, Ber. **76**, 305 (1943).

[3] K. FREUDENBERG, Tannin, Cellulose und Lignin, 1933, S. 122; Ber. **80**, 149 (1947).

[4] W. FUCHS hat ebenfalls gefunden, daß eine Grundeinheit des Lignins ($M = 800$) ein phenolisches Hydroxyl enthält, das mit Diazomethan in ätherischer Lösung methyliert werden kann. W. FUCHS u. HORN, Ber. **62**, 1691 (1929).

Die Anwesenheit von Ketogruppen im nativen Fichtenlignin hat der Autor deshalb angenommen, weil es möglich gewesen ist, durch Behandlung mit heißem Methanol unter Anwesenheit von Chlorwasserstoff in dieses Lignin zwei neue Methoxylgruppen einzuführen, die anscheinend acetalartig gebunden sind. Beide Methoxyle können jedoch durch Einwirkung von 72%iger Schwefelsäure wieder abgespalten werden. Bewiesen worden ist die Anwesenheit von Ketogruppen im Lignin ferner durch die Reaktion mit Phenylhydrazin, wobei ein Hydrazon entsteht. Die von BRAUNS angeführten Daten über die Zusammensetzung des letzteren scheinen jedoch nicht sehr überzeugend zu sein[1].

$$\begin{array}{lcl} CH_3O & & OH^* \\ CH_3O & \multirow{2}{*}{$C_{41}H_{32}O_6$} & OH \\ CH_3O & & OH \\ CH_3O & & OH \\ & & C(OCH_3)_2 \end{array} \qquad \begin{array}{lcl} CH_3O & & OCH_3 \\ CH_3O & C_{41}H_{32}O_6 & OH \\ CH_3O & & OH \\ CH_3O & & OH \\ & & C{=}O \end{array}$$

Methanollignin — Mit Diazomethan behandeltes natives Fichtenlignin

Wenn das Lignin enolisierbare Ketogruppen aufweist, so darf man annehmen, daß es sowohl in der Keto- als auch in der Enolform reagieren kann. Das phenolische Hydroxyl läßt sich mit Diazomethan in Äther methylieren. Natives Fichtenlignin dagegen kann mit Diazomethan in Dioxan methyliert werden, wobei in diesem Falle das Phenol- als auch das Enolhydroxyl veräthert wird.

Zur Extraktion einer größeren Menge von „nativem" Lignin aus koreanischem Cedernholz, das von dem Pilz *Poria vaporaria* befallen ist, hat TSCHUDAKOW[2] mit Erfolg eine Behandlung mit Methanol im Autoklaven bei 90° angewendet. Durch die Einwirkung des Pilzes auf das Holz entstehen bedeutende Mengen an Zersetzungsprodukten der Cellulose und des Lignins. Der auf diese Weise freigelegte, an der Oberfläche zum Teil humifizierte Ligninkomplex enthält wasserlösliche Stoffe. Das befallene und getrocknete Cedernholz wird zunächst zur Entfernung der Harze mit Alkohol-Benzol extrahiert, anschließend mit Wasser und heißer 5%iger Natriumbicarbonatlösung zur Abtrennung der Huminsäuren. Zuletzt werden durch Extraktion mit Methanol die in der Tab. 65 angeführten Fraktionen erhalten.

Das hauptsächlich in der dritten Fraktion erhaltene „native" Cedernlignin zeigt folgende Elementarzusammensetzung: 63,3% C, 6,4% H und 11,6% OCH_3. Nach erschöpfender Methylierung mit Dimethylsulfat werden 18,5% Methoxyl gefunden. Die Acetylierung ergibt ein Produkt mit 21,4% Acetylgruppen. An Hand der auf diese Weise erhaltenen Resultate und unter Zugrundelegung eines Molekulargewichtes von 800 hat der Autor für das „native" Cedernlignin die nachstehende empirische Formel berechnet.

$$\begin{array}{l} CH_3O- \\ CH_3O- \\ CH_3O- \end{array} \left[C_{39}H_{37}O_{10} \right] \begin{array}{l} -OH \\ -OH \\ -OH \\ -OH \end{array}$$

[1] In der Literatur finden sich mehrfach Hinweise über die Fähigkeit des Lignins, mit Phenylhydrazin zu reagieren, völlig eindeutige Hydrazone mit konstanter Zusammensetzung sind jedoch noch nicht erhalten. W. FUCHS, Chemie des Lignins, 1926. — Vgl. auch BELL u. WRIGHT, Canad. J. Research **27**, 565 (1949). Die letzeren Autoren glauben unlängst Beweise für die Existenz von Carbonylgruppen in mit Eisessig aus Birkenholz isoliertem Lignin gefunden zu haben. Ihre Versuche besitzen jedoch wohl nur einen mehr oder weniger orientierenden Charakter.

[2] М. И. Чудаков, ДАН СССР (M. I. TSCHUDAKOW, Ber. Akad. Wiss. UdSSR) Nr. 6, 783 (1948).

TABELLE 65

Fraktionierung von Lignin mit Methanol

Fraktion	Gewinnung	OCH_3 in %	Ausbeute in % des Gesamtlignins
I	Extraktion mit Methanol bei 65°	8,25	12—15
II	10stündige Extraktion mit Methanol bei 90°	11,0	3— 5
III	Längere, viermalige Extraktion mit Methanol bei 90°	11,6	bis 30
	Zusammen	—	bis 50

Eine der darin enthaltenden Hydroxylgruppen scheint phenolischen Charakter zu besitzen, die restlichen sind offenbar alkoholische Gruppen. Die Existenz von Carbonylgruppen hat der Autor nicht nachweisen können. Möglicherweise sind diese durch eine leichte Dismutatationsdrehung in die entsprechende Enolform übergegangen.

Die angeführten empirischen Formeln geben die Kompliziertheit des Ligninkomplexes in sehr anschaulicher Weise wieder. Es versteht sich von selbst, daß bei der Isolierung des Lignins mit Hilfe der wesentlich wirksameren hydrolytischen Methoden die Verhältnisse infolge des Auftretens von Verharzungsprodukten einiger Holzpolyosen, besonders Polyuroniden, noch unübersichtlicher werden. Es ist ferner klar, daß Schlußfolgerungen über den Aufbau des Lignins durch diese Umstände sehr erschwert werden und ganz besonders kritisch betrachtet werden müssen.

Die Existenz von Äthylenbindungen im Lignin ist bis jetzt noch nicht überzeugend nachgewiesen worden. Eine Bromierung des Lignins unter Bedingungen, die eine Oxydation ausschließen, bewirkt eine Substitution der Wasserstoffatome, aber keine Addition von Brom. Bei der Bromierung oder Chlorierung in Tetrachlorkohlenstoff beobachtet man in einigen Fällen eine Addition des Halogens, in anderen dagegen Substitution unter Entstehung von HBr oder HCl[1]. MOORE und HIBBERT[2] haben gefunden, daß erschöpfend methyliertes Fichtenlignin mit einem Gehalt von 34 bis 35% OCH_3 einer Reduktion mit Wasserstoff und Raney-Nickel in Äthanol oder Eisessig bei 55 bis 60° und 3 Atm nicht zugänglich ist.

Kupferoxydammoniaklignin besitzt eine relativ hohe Anzahl Doppelbindungen (1,7%), die durch Anlagerung von $OCOCH_3$ bei der Umsetzung mit Bleitetraacetat ermittelt worden sind. In Ligninpräparaten, die nach anderen Methoden dargestellt worden sind, hat man bis jetzt keine nennenswerten Doppelbindungen auffinden können.

Aus FREUDENBERG-Lignin lassen sich beim Erhitzen mit 12%iger Salzsäure etwa 1 bis 1,4% Formaldehyd abspalten, woraus man auf die Anwesenheit von geringen Mengen Dioxymethylengruppen $-O-CH_2-O-$ geschlossen hat[3]. Es wird angenommen, daß diese im Lignin in Form von Piperonylgruppen (I) vorliegen. Bekanntlich spalten auch andere, die Dioxymethylengruppe enthaltende Verbindungen, wie Piperonalsäure, Narkotin, Narcein, Safrol usw., beim Er-

[1] Literatur in E. HÄGGLUND, Holzchemie, 1939, S. 201.

[2] H. HIBBERT u. MOORE, Canad. J. Research (B) 14, 404 (1936).

[3] Ausführlicher darüber in П. П. Шорыгин, Химия целлюлозы (P. P. SCHORYGIN, Chemie der Cellulose) 1939.

hitzen mit Salzsäure Formaldehyd ab. Für den tatsächlichen Gehalt an gebundenem Formaldehyd im Lignin hat man etwa 2% angenommen, da ein Teil des frei werdenden Aldehyds Kondensationsprodukte mit den Brenzkatechinkernen des Lignins geben kann. Diese Frage ist später auch von anderen Autoren

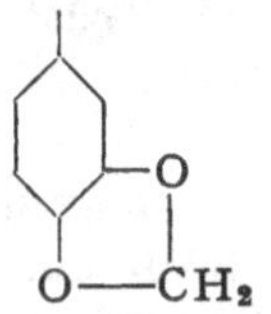

I

untersucht worden. So hat z. B. SARKAR[1] beim Erhitzen von Jutelignin mit 28%iger Schwefelsäure 2,6% Formaldehyd erhalten. Die Anwesenheit von Dioxymethylengruppen in bestimmter Menge im Lignin hat er ebenfalls als sicher angenommen. Die Reduktionsfähigkeit von hydrolysiertem Lignin erklärt er mit dem Freiwerden von zwei phenolischen Hydroxylen, die sich in ortho-Stellung befinden. HUNTER und andere[2] sind dagegen der Ansicht, daß der Formaldehyd nicht aus eventuell im Lignin vorhandenen Dioxymethylengruppen gebildet wird, sondern daß er ein Zersetzungsprodukt von chemisch mit dem Lignin verbundenen oder von ihm absorbierten Hexosen darstellt. Zur Bestätigung ihrer Angaben haben die Autoren verschiedene Zucker mit 12%iger HCl, 14-, 28- und 42%iger H_2SO_4 erhitzt. Fruktose hat unter diesen Bedingungen die höchste Ausbeute an Formaldehyd ergeben, die jedoch 0,15% nicht überstiegen hat.

Für den Fall der Existenz von Piperonylgruppen im Lignin ist zu erwarten, daß bei der Äthanolyse (vgl. S. 288) des Holzes das α-Äthoxypropiopiperonylon (II) entsteht, das jedoch nicht nachgewiesen worden ist[3].

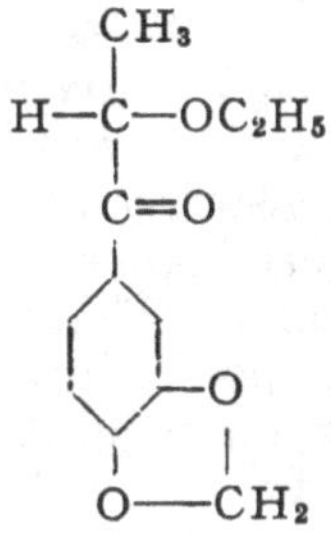

II

HIBBERT glaubt, daß ein eventuell im Lignin vorhandener sehr geringer Gehalt an Piperonylgruppen keinen wesentlichen Einfluß auf den Aufbau besitzt.

Erwähnt sei noch, daß man zur quantitativen Bestimmung des bei der Hydrolyse des Lignins frei werdenden Formaldehyds diesen zunächst mit Wasserdampf übertreibt und anschließend mit Dimedon (Dimethyldihydroresorcin)

[1] L. E. WISE, Chemistry of Wood, 1944, S. 300.
[2] M. HUNTER, G. WRIGHT u. H HIBBERT, Ber. 71, 734 (1938).
[3] M. HUNTER u. H. HIBBERT, J. Am. Chem. Soc. 61, S. 2196 (1939).

fällt. Das nach folgendem Schema entstehende Produkt ist gut kristallisiert und zur gravimetrischen Bestimmung geeignet.

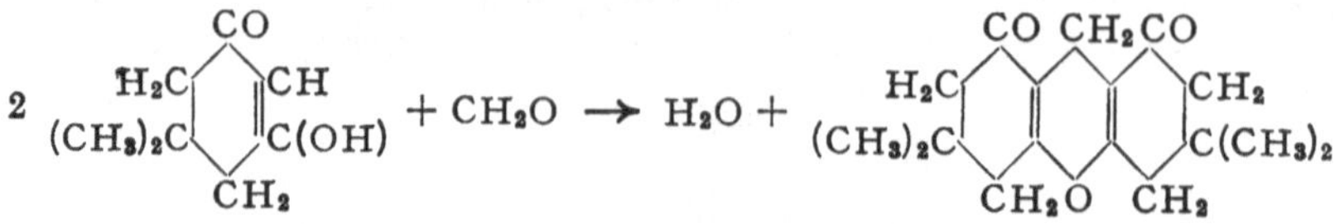

Auf andere mit diesem Problem verbundene Arbeiten kann nicht näher eingegangen werden. Erwähnt sei nur noch, daß man in letzter Zeit nachgewiesen hat[1], daß Lignin aus dem sehr viel Safrol enthaltenden Sassafrasholz ebenfalls keine Dioxymethylengruppen enthält.

KUCHARENKO[2] hat unlängst mit Hilfe der Chemisorption im Kiefernlignin geringe Mengen von Carboxylgruppen gefunden. Für den Gesamtgehalt an aktiven Gruppen (phenolische und Carboxyle) ist von ihm sowohl mit Bariumhydroxyd als auch durch Methylierung mit Methanol und Dimethylsulfat 4,75 mVal pro Gramm Lignin angegeben worden. Der Carboxylgehalt beträgt 0,58 bis 0,59 mVal/g (bestimmt mittels Kalziumacetats oder durch Methylierung mit Methanol). In technischen Ligninprodukten werden im allgemeinen 2,3 mVal/g COOH-Gruppen gefunden. Es ist jedoch sehr schwierig, zu beurteilen, ob die Carboxylgruppen aus dem Lignin selbst oder nur aus Verunreinigungen stammen.

Oxydationsprodukte des Lignins

Lignin läßt sich im Vergleich zur Cellulose bedeutend leichter oxydieren, wobei es möglich ist, die Oxydation sowohl in saurem, neutralem als auch alkalischem Medium durchzuführen. Natives und isoliertes Lignin (H_2SO_4, HCl) besitzt gegenüber Fehlingscher Lösung ein relativ großes Reduktionsvermögen. Die Kupferzahl schwankt jedoch, je nach den Darstellungsmethoden, sehr stark. So hat z. B. ORLOWA im Falle von Salzsäurelignin nach der Methode von STAUDE und GRAY 11,5 und nach BRAIDY nur 3,5 gefunden.

Die leichte Oxydierbarkeit des Lignins wird häufig in der Technik ausgenutzt, so z. B. beim Bleichen von Sulfitzellstoff mit Chlorkalk. Dabei findet außer einer Chlorierung auch die Oxydation der Ligninreste statt. Ein gebleichter Zellstoff enthält stets weniger Lignin als ein ungebleichter. Zur Feststellung der im Zellstoff noch vorhandenen Ligninmengen benutzt man als Oxydationsmittel auch oft eine 0,02 n Kaliumpermanganatlösung. An Hand der zur Oxydation verbrauchten ml der Lösung wird die „Härte" des Zellstoffs beurteilt.

Bei der Oxydation von Salzsäurelignin mit Ozon in neutralem oder essigsaurem Medium[3] erhält man sehr stark abgebaute Produkte, hauptsächlich niedere Fettsäuren, wie Ameisensäure, Essigsäure, Oxalsäure und Kohlensäure. Durch genügend lange Erhitzung von Lignin mit 30%igem Wasserstoffperoxyd in neutralem Medium wird das erstere fast vollständig aufgelöst. Nach Verdampfen der Lösung erhält man Kristalle von Oxalsäure. Andere Autoren haben

---

[1] BOND, GODDARD u. WRIGHT, Canad. J. Research 25, 535 (1947).
[2] Т. А. Кухаренко, ЖПХ (T. A. KUCHARENKO, Z. Angew. Chem. [russ.]) 21, 291 (1948).
[3] F. KÖNIG, Cellulosechemie, 2, 105, 117 (1921).

bei analoger Behandlung der verschiedensten Ligninpräparate Kohlensäure, Ameisensäure, Essigsäure und im unlöslichen Rückstand Malonsäure und Bernsteinsäure gefunden. Die Ausbeute an Essigsäure beträgt bis zu 7 und 10%, an Ameisensäure 4 bis 5% des ursprünglichen Lignins. Die Menge der Bernsteinsäure ist noch geringer. Die höchste Ausbeute an Oxalsäure ist bei der Oxydation des Lignins mit Ozon in Essigsäure gegeben. Durch diese sehr tief eingreifende Spaltungsreaktion wird jedoch ein Einblick in den Aufbau des Ligninkomplexes und der in ihm enthaltenen aromatischen Stoffe nicht erhalten.

Bei der sauren Oxydation des Lignins haben die meisten Autoren in der Hauptsache nur Essigsäure und Oxalsäure gefunden. CROSS und BEVAN[1] haben durch Oxydation von Jute mit verdünnter Salpetersäure in der Wärme etwa 14 bis 18% Essigsäure, 4 bis 5% Oxalsäure und außerdem noch etwa 5% eines stickstoffhaltigen Zwischenproduktes erhalten. Im Falle von Sulfitablaugen-Lignin (das ausgefällte Bariumsalz der Ligninsulfonsäure) ist von KÖNIG lediglich Oxalsäure und etwas Bernsteinsäure nachgewiesen worden. Außerdem entstehen rotbraune, nitrierte, anscheinend aromatische Stoffe.

Die Verwendung von rauchender Salpetersäure zur Oxydation von Salzsäurelignin hat nur Essigsäure und nicht definierte Nitroprodukte ergeben, gewöhnliche konzentrierte HNO_3 ($d = 1{,}42$) dagegen 20% Oxalsäure[2]. Von DOREE und HALL[3] sind unter Benutzung von 32%iger HNO_3 ebenfalls Oxalsäure und stickstoffhaltige Produkte gefunden worden. Erwähnt sei schließlich noch die Oxydation des Lignins mit Chlordioxyd in wäßriger Lösung, wobei neben Spaltstücken Ameisensäure, Oxalsäure und Maleinsäure gefunden werden. Letztere entsteht bekanntlich bei der Oxydation aromatischer Stoffe, wie Benzol, Hydrochinon usw., unter bestimmten Bedingungen, so daß ihr Auftreten unter den Oxydationsprodukten des ebenfalls aromatischen Lignins nicht zu verwundern braucht. Maleinsäure bildet sich z. B. durch Oxydation von Hydrochinon mit Silberoxyd wie folgt:

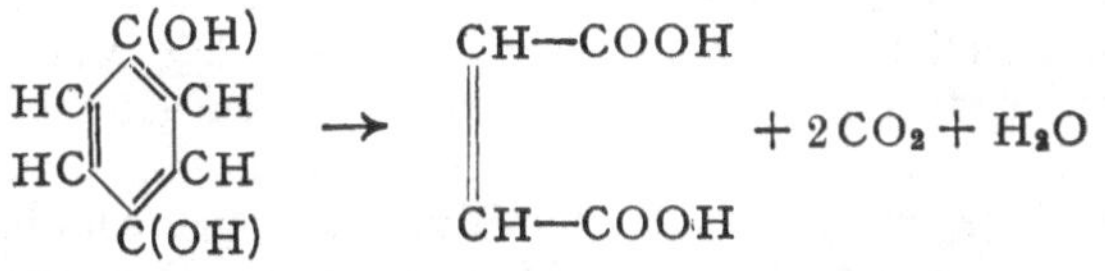

Im allgemeinen findet man bei der Oxydation des Lignins im sauren oder neutralen Medium unter den Oxydationsprodukten hauptsächlich stark abgebaute Verbindungen, wie ein- oder zweibasische organische Säuren. Zwischenprodukte, die irgendwelche Hinweise auf die Ringstruktur des aromatischen Kernes geben, werden bei dieser Art der Oxydation nicht erhalten.

Unter den Versuchen zur Oxydation des Lignins in alkalischem Medium finden die Arbeiten von FISCHER und Mitarbeitern[4] besondere Beachtung, denen es

---

[1] CROSS u. BEVAN, Cellulose, 1903, S. 145. Bei diesen Versuchen hat lediglich eine Oxydation des Lignins stattgefunden, während die Kohlenhydrate der Jute in einer Menge von 63 bis 66 % unverändert geblieben sind. Durch saure Oxydation der Fasern mit Chromsäure ist Eisessig mit einer Ausbeute von über 30%, bezogen auf Lignin, erhalten worden.

[2] E. HEUSER, ROESCH u. GUNKEL, Cellulosechemie 2, 17, 18 (1921).

[3] C. DOREE u. HALL, Ind. Eng. Chem. 43, 257 (1924).

[4] F. FISCHER u. H. SCHRADER, Brennstoff-Chemie 3, 65 (1922).

gelungen ist, bei der Oxydation des Lignins durch Luftsauerstoff bei Gegenwart von Alkali nicht nur Fettsäuren, sondern auch die verschiedensten aromatischen Säuren nachzuweisen. Als Beweis für diese Versuche hat die Beobachtung einer energischen Aufnahme des Luftsauerstoffes durch das Lignin beim Erhitzen des letzteren mit Alkali gedient. Die dabei entstehenden Spaltprodukte sind in Alkalien löslich. Durch Anwendung höherer Temperaturen und Drücke kann die Oxydationsgeschwindigkeit erheblich gesteigert werden. Beim Erhitzen von Salzsäurelignin im Autoklaven mit Sodalösung auf 200 bis 250° unter gleichzeitigem Durchblasen von Luft findet bereits eine beachtliche Reaktion statt. Die Autoren haben auf diese Weise etwa 7% an flüchtigen Säuren gefunden und etwa 13% nichtflüchtige, in denen die folgenden Verbindungen in geringen Mengen nachgewiesen worden sind: Benzolpentacarbonsäure $C_6H(COOH)_5$, Mellithsäure $C_6(COOH)_6$[1], Pyromellithsäure $C_6H_2(COOH)_4$, Trimellithsäure $C_6H_3(COOH)_3$, Phthalsäure $C_6H_4(COOH)_2$, 1,3-Isophthalsäure und Benzoesäure. Unter den Fettsäuren ist außer den bereits erwähnten noch Fumarsäure gefunden worden.

Bei sehr milden Oxydationsbedingungen haben die genannten Autoren außerdem noch die Bildung von hochmolekularen Huminsäuren, ähnlich den Humusstoffen, beobachtet. Die bei dieser Art der Oxydation auftretenden aromatischen Säuren haben vielfach als Beweis für die aromatische Natur des Lignins gedient. Versuche mit Cellulose haben unter den gleichen Bedingungen keine aromatischen Stoffe ergeben. In diesem Fall sind Oxalsäure, Bernsteinsäure, Fumarsäure und Furanderivate nachgewiesen worden[2]. In späteren Arbeiten hat man aus dem Lignin 30% an wasserlöslichen, nichtflüchtigen Säuren erhalten.

LEONOW[3], der Lignin im Autoklaven unter einer Sauerstoffatmosphäre mit Kalk erhitzt hat, findet unter den Reaktionsprodukten bis zu 50% Oxalsäure und bis zu 30% Essigsäure.

Zu wesentlich bestimmteren Resultaten ist man 1940 mit Hilfe des von FREUDENBERG entwickelten Verfahrens gekommen. Die Methode beruht auf einer sehr milden Oxydation des Lignins durch Erhitzen (160°) mit Nitrobenzol und Alkali. Auf diese Weise hat man aus Nadelholz-Lignin über 25% Vanillin, aus Laubhölzern dagegen über 50% Vanillin und Syringaaldehyd erhalten[4]. Diese Arbeiten sind bereits früher (S. 216 ff) erwähnt worden und die Ergebnisse in einer entsprechenden Tabelle (Tab. 60) zusammengestellt. Diese wie auch nach anderen, später beschriebenen Verfahren (S. 288) erhaltenen Ergebnisse haben die Existenz von aromatischen Gruppen mi Lignin weitgehend bestätigt.

---

[1] Mellithsäure entsteht u. a. bei der Oxydation von Graphit und Holzkohle. Die Entstehung der höheren Homologen der Benzoesäure führen verschiedene Autoren auf die Existenz von einem kondensierten Ringsystem im Lignin zurück, durch dessen Sprengung bei der Oxydation die erwähnten Säuren gebildet werden.

[2] Über die Darstellung von Furfurol und Oxymethylfurfurol aus Kohlenhydraten vgl. S. 441.

[3] Леонов, Пром. орг. хим. (LEONOW, Organ. Chem. Ind.) Nr. 7, (1938).

[4] K. FREUDENBERGE, W. LAUTSCH und K. ENGLER, Ber. 73, 167 (1940). — F. SCHULZ, A. P. 2187366 (1940). — W. LAUTSCH, PLANKENHORN u. KLINK, Angew. Chemie 53, 450 (1940). — W. LAUTSCH u. PIAZOLO, Ber. 73, 317 (1940). — CREIGHTON, MCCARTHY u. H. HIBBERT, J. Am. Chem. Soc. 63, 312, 1049 (1941).

Der schonende Verlauf der Oxydation mit Nitrobenzol hat andere Autoren[1] zur Suche nach anderen, ebenso mild wirkenden Oxydationsmitteln veranlaßt. So kann man z. B. durch Verwendung von Fehlingscher Lösung aus Sulfitablaugen-Lignin, Butanol-Lignin und „Meadol[2]" Vanillin in Ausbeuten von 10 bis 20% erhalten. In der Tab. 66 sind die von PEARL angewandten Bedingungen und die Ausbeuten an Vanillin für die drei genannten Ligninpräparate angeführt. Um das Vanillin zu bestimmen, wird das angesäuerte Reaktions-

TABELLE 66

Vanillinausbeute bei milder Oxydation des Lignins

Nr.	Reaktionsgemisch	g	Temperatur in °C	Zeit in h	Vanilin in % des Lignins
1	Suliftablaugen-Lignin	40	160	5	21,9
	NaOH	70			
	$CuSO_4 \cdot 5H_2O$	80			
	H_2O	400			
5	Butanol-Lignin	5	102	10	12,0
	NaOH	20			
	$CuSO_4 \cdot 5H_2O$	25			
	H_2O	150			
7	„Meadol"	10	102	3	3,7 + 11,5 Syringaaldehyd
	Fehlingsche Lösung	600			
8	Sulfitablaugen-Lignin	25	160	8	15,6
	CaO	100			
	$CuSO_4 \cdot 5H_2O$	500			
	H_2O	100			

gemisch zunächst mit Äther[3] extrahiert, dieser wiederum mit Bicarbonatlösung und Natronlauge. Nach Vereinigung und Ansäuern der beiden alkalischen Extrakte fällt man das Vanillin mit 2,4-Dinitrophenylhydrazin. Der bei der Oxydation des „Meadols" entstehende Syringaaldehyd fällt mit dem Vanillin zusammen aus.

Leider ist es nicht möglich, an Hand der entstandenen Mengen von Vanillin und Syringaaldehyd auf die Struktur der im nativen Lignin enthaltenen Seitenketten zu schließen. Die beiden Stoffe sind lediglich Produkte eines oxydativen Abbaues. Wesentlich bessere Aufklärung in dieser Richtung erzielt man mit Hilfe der Äthanolyse (vgl. S. 288). Obgleich die Abbauprodukte in diesem Falle nur in geringen Mengen auftreten, so stellen sie doch stabile, aus dem viel aktiveren nativen Lignin gebildete Endprodukte dar.

---

[1] PEARL u. DEHN, J. Am. Chem. Soc. **60**, 57 (1938); **64**, 1429 (1942).

[2] Aus der Schwarzlauge mit Kohlensäure ausgefälltes Lignin von Laubhölzern.

[3] PEARL, J. Am. Chem. Soc. **68**, 2180 (1946). Aus dieser Arbeit geht u. a. hervor, daß beim Erhitzen von Vanillin mit Alkali auf 240—245° Vanillinsäure mit großer Ausbeute entsteht, während sich unterhalb dieser Temperatur nur Protokatechinsäure $C_6H_3(OH)_2COOH$ bildet.

Gute Erfolge hat MANSSKAJA[1] durch die Entstehung des Vanillins aus der Oxydation von Lignin mit Nitrobenzol zum Nachweis des ersteren in niederen Pflanzen erzielt.

Einwirkung von Natronlauge auf Lignin

Behandelt man Holzspäne bei Temperaturen um 160 bis 170° mit Natronlauge, so findet eine Auflösung des Lignins unter Bildung einer phenolartigen Verbindung statt. Auf dieser Reaktion beruht bekanntlich der alkalische Aufschluß des Holzes oder das sogenannte „Sulfatverfahren" zur Gewinnung von Zellstoff. Die Erforschung des für den Verlauf der alkalischen Kochung wichtigen Chemismus wird durch die relativ hohe Kochtemperatur beträchtlich erschwert, weil dadurch erhebliche Veränderungen des Lignins möglich sein können. Die nach 4- bis 6stündiger Druckkochung anfallende alkalische Lösung enthält das Lignin in mehr oder weniger dispergierter Form. Je nach den angewandten Bedingungen schwankt der Kohlenstoff- und Wasserstoffgehalt des durch Ansäuern der „Schwarzlauge" ausfällbaren Lignins in gewissen Grenzen. HESS ist ganz allgemein der Ansicht, daß die aus Schwarzlaugen dargestellten, veränderten und verunreinigten Ligninpräparate kaum geeignete Objekte für Strukturuntersuchungen darstellen.

Besonders auffällig ist die Tatsache, daß Getreidestroh, im Gegensatz zu Holz, bei entsprechender Behandlung mit verdünnter Natronlauge oder Lösungen von Ätznatron und Natriumsulfat besonders leicht aufgeschlossen wird, d. h. eine Auflösung des Lignins erfolgt. Bereits bei 95 bis 100° gelingt es, den größten Teil der im Stroh enthaltenen Nichtcellulosebestandteile, im besonderen Lignin, in Lösung zu bringen. Die Tab. 67 bringt die von N. A. ROSENBERGER[2] beim alkalischen Aufschluß von Roggenstroh, Espen- und Fichtenholz erhaltenen Ergebnisse. Das Stroh ist in 15 bis 25 mm langen Stücken, das Holz in Form von Sägespänen angewandt worden. Die Kochung hat 2 Stunden mit 1%iger Natronlauge bei 95° stattgefunden. Zur Ligninbestimmung ist 72%ige Schwefelsäure benutzt worden.

TABELLE 67

Ausbeute an Alkalilignin aus Holz und Stroh

Nr.	Material	Ausbeute in %	Lignin in %		
			im Ausgangsmaterial	im Rückstand	in Lösung gegangen (bez. auf Lignin)
1	Fichtenholz	84,8	29,1	23,1	20,8
2	Espenholz	78,6	21,5	14,6	31,9
3	Roggenstroh	62,9	23,8	4,9	79,2

Während aus dem Fichtenholz nur 21% des Lignins und dem Espenholz 32% in Lösung gegangen sind, hat der entsprechende Anteil beim Stroh bereits 79%

[1] С. М. Манская, ДАН СССР (S. M. MANSSKAJA, Ber. Akad. Wiss. UdSSR) Nr. 7, 611 (1946).

[2] Н. А. Розенбергер, Мат. Инст. Бумаги (N. A. ROSENBERGER, Arb. d. Papierinst.) Heft 1, 19/20 (1933).

erreicht. Es ist bereits davon gesprochen worden, daß das Lignin im alkalischen Medium besonders bei erhöhter Temperatur sehr leicht durch Luftsauerstoff oxydiert werden kann. Aber auch bei gewöhnlicher Temperatur verläuft diese Reaktion schon merklich, wenn das alkalifeuchte Lignin längere Zeit offen stehengelassen wird.

Bereits 1882 hat man festgestellt, daß das Lignin beim Erhitzen mit Lösungen von Alkalikarbonaten nicht verändert oder aufgelöst wird, während durch Natronlauge unter den gleichen Bedingungen Auflösung erfolgt. Sehr wesentlich hängt die Geschwindigkeit der Auflösung des Lignins und damit der Delignifizierung des Holzes von der angewandten Temperatur ab. So gehen z. B. bei der Behandlung von WILLSTÄTTER-Lignin mit 10%iger Natronlauge in 2 Stunden bei 100° nur etwa 15% in Lösung. Wird die Temperatur jedoch auf 170° erhöht, so kann man, selbst bei verdünnterer Lauge, innerhalb von 3 Stunden bis zu 98% auflösen (HÄGGLUND). Bei der Durchführung der Kochung unter Druck spielt praktisch nur die Temperatur eine Rolle, die Höhe des Druckes ist fast bedeutungslos. Diese Tatsache ergibt sich aus Untersuchungen von N. NIKITIN und I. ORLOWA[1], die Schwefelsäurelignin aus Fichtenholz 2 Stunden mit 10%iger Natronlauge in zugeschmolzenen Glasröhren im Bombenofen erhitzt haben. Die Versuche sind einmal mit einem Anfangsdruck von 1 Atm. und zum anderen unter Wasserstoff[2] mit 30 Atm. Anfangsdruck durchgeführt worden. Die Ergebnisse sind in der Tab. 68 enthalten. Das Verhältnis von Flüssigkeit zu Lignin betrug 20:1.

TABELLE 68

Veränderungen des Lignins beim Erhitzen im Bombenrohr mit 10%iger NaOH (2h)

Nr.	Temperatur in °C	Anfangsdruck in Atm.	Druck während der Kochung in Atm.	Unlöslicher Rückstand in %	In Lösung gegangen in %
1	130	30	43,0	86,9	13,1
2	150—154	1	7,2	56,0	44,0
3	150—154	30	45,0	51,5	48,4

Aus den Daten geht hervor, daß der Druck keine große Rolle spielt. Das gleiche Ergebnis läßt sich aus den Angaben der Tab. 69 entnehmen, die mit Espenholz unter den gleichen Bedingungen erhalten wurden. Alle Werte sind auf absolut trockene Substanz bezogen.

TABELLE 69

Veränderungen von Espenholz beim Erhitzen im Bombenrohr mit 10%iger NaOH (2h)

Nr.	Temperatur in °C	Anfangsdruck in Atm.	Druck während der Kochung in Atm.	Unlösbarer Rückstand in %	In Lösung gegangen in %
4	130	1	5,5	60,2	39,8
5	130	30	43,0	59,6	40,4
6	150—154	30	45,7	46,4	53,6

[1] Н. И. Никитин, Химия древесины (N. I. NIKITIN, Chemie des Holzes) 1935, S. 135.

[2] Bei Temperaturen unterhalb von 155° ist Wasserstoft praktisch indifferent.

Da der Druck während der Kochung praktisch gleich bleibt, kann angenommen werden, daß eine Entstehung von irgendwelchen gasförmigen Stoffen in dem erwähnten Temperaturbereich nicht stattfindet.

Mit der Untersuchung von aus Schwarzlaugen ausgefällten Ligninpräparaten der verschiedensten Holzarten hat man sich seit den neunziger Jahren des vorigen Jahrhunderts beschäftigt[1]. LANGE, der allerdings sehr konzentrierte Lauge benutzt hat, ist zu dem Schluß gekommen, daß das Alkalilignin sauren Charakter besitzt und keine einheitliche Zusammensetzung zeigt. Ein Teil dieses durch Ansäuern ausgefällten Lignins ist in Alkohol löslich gewesen, wogegen ein anderer Teil unlöslich geblieben ist. Der Autor hat das ausgefällte Produkt als Ligninsäure bezeichnet unter der Annahme, daß das Lignin in der Lösung als Salz der Ligninsäure vorliegt.

Bei der weiteren Erforschung des Alkalilignins ist festgestellt worden, daß eine Fällung außer mit den gewöhnlichen Mineralsäuren selbst mit sehr schwachen Säuren wie der Kohlensäure möglich ist. Da diese nicht in der Lage ist, selbst die schwächsten organischen Säuren aus ihren Salzen zu verdrängen, ist man zu der Annahme gekommen, daß die sauren Eigenschaften des gelösten Lignins durch seine phenolische Natur erklärt werden können. Bekanntlich sind Phenole in Alkalien gut löslich, indem Phenolate entstehen, die durch Kohlensäure leicht gespalten werden. Nach den Angaben von FREUDENBERG enthält aber schonend isoliertes Lignin nur sehr wenige freie phenolische Hydroxyle, so daß Grund zu der Vermutung besteht, daß diese nur während des Kochprozesses entstanden sein können. Sicher entsteht ein Teil von ihnen durch Abspaltung von Methoxylgruppen bei der Kochung.

Acetyliertes Alkalilignin ist in kalter Natronlauge nicht mehr löslich[2], worauf das Fehlen von Carboxylgruppen im Molekül dieses Lignins geschlossen worden ist. Die Frage nach der Reaktionsweise des Lignins bei der alkalischen Kochung ist bis jetzt noch nicht restlos geklärt. Besonders erschwerend wirken die im Lignin stattfindenden Veränderungen, der peptisierende Einfluß des Alkalis und ähnliche Faktoren. Nach Angaben von ATKINS, FRANK und BLUM[3] wird das Lignin bei dem technischen Sulfataufschluß zyklisiert.

Mit der Erforschung der Zusammensetzung des Alkalilignins haben sich 1924 und 1925 POWELL und WHITTAKER beschäftigt, die in ihre Untersuchungen Lignin von Kiefer, Fichte, Lärche, Birke, Esche, Pappel und Flachs einbezogen haben. Zum Aufschluß wurde das Holz 6 bis 10 Stunden bei 140 bis 160° mit 8- bis 12%iger Natronlauge gekocht. Die Ausfällung des Lignins aus der Schwarzlauge hatte noch heiß mit einem geringen Überschuß von Salzsäure stattgefunden. Durch Anwendung verschiedener Bedingungen sind auf diese Weise Ligninpräparate erhalten worden, die sich in ihrer elementaren Zusammensetzung und im Methoxylgehalt mehr oder weniger voneinander unterscheiden. Aus den analytischen Daten der durch mehrfache Umfällung aus wäßrigem Aceton mit heißer 20%iger Salzsäure gereinigten Ligninpräparaten haben die Autoren folgendes geschlossen: Die Präparate aus den verschiedenen Holzarten stellen alle nur Abkömmlinge desselben Polyhydroxylkomplexes dar, der von ihnen mit „Lignol" bezeichnet worden ist und die empirische

[1] Literatur in: E. HÄGGLUND, Chemie des Holzes, 1939.

[2] W. POWELL u. H. WHITTAKER, J. Chem. Soc. **125**, 357 (1924); **127**, 132 (1925).

[3] LEWES, Chem. Ing. News **23**, 1074 (1945).

Formel $C_{41}H_{40}O_{16}$ besitzt[1]. Zum Zwecke einer Strukturaufklärung haben die Autoren versucht, mit Hilfe der Methylierung und Acetylierung die Anzahl der Hydroxyle und der Aldehydgruppen mittels Phenylhydrazin zu bestimmen.

Nach den heutigen Anschauungen treffen die erwähnten Schlußfolgerungen jedoch nicht zu, da inzwischen bekanntgeworden ist, daß Nadelholzlignin ein Abkömmling des Brenzkatechins ist, während Lignin aus Laubhölzern sowohl aus Brenzkatechin als auch Pyrogallolderivaten besteht. Die Arbeit von Powell und Whittaker zeigt, unter modernen Gesichtspunkten betrachtet, die ganze Schwierigkeit und Unzulänglichkeit der Betrachtungsweise des Lignins als eines einheitlichen, auf die eine oder andere grobe Art aus dem Holz isolierten Komplexes.

Aus neueren Untersuchungen hat sich ergeben, daß zum Bestand des Lignins offenbar nicht nur einer, sondern mehrere, sehr ähnliche aromatische Stoffe gehören, die enolische Hydroxyle in den Seitenketten aufweisen und stark zur Tautomerie neigen. Auch die unvermeidlich bei derartig aggressiven Isolierungsverfahren mitentstehenden Verharzungsprodukte von Kohlenhydraten erschweren die ganze Situation außerordentlich. Ferner ist am Beispiel neuerer Arbeiten gezeigt worden, daß es wesentlich mehr Erfolg verspricht, wenn man das Lignin zum Zwecke der Strukturaufklärung in relativ einfache Verbindungen spaltet, deren Aufbau leichter zu bestimmen ist.

Holmberg und Wintzell[2] haben Lignin aus der Schwarzlauge in zwei Fraktionen trennen können (α- und λ-Alkalilignin). Die erste dieser Fraktionen ist in Alkohol unlöslich und besitzt einen um 1,2% niedrigeren Kohlenstoffgehalt als die zweite. Die Autoren sind zu der Ansicht gekommen, daß auf jede C_{40}-Gruppe des Lignins 4 OCH_3-Gruppen entfallen. Durch Methylierung mit Dimethylsulfat und Alkali ist ihnen die Einführung von zwei weiteren Methoxylen gelungen.

Odinzow und Winokurowa[3] haben das Lignin aus der Schwarzlauge einer Kiefernholzkochung mit Hilfe von Schwefelsäure und Kohlensäure ausgefällt. Die Bedingungen der Fällung, einmal bei Zimmertemperatur, zum anderen bei 90 bis 96°, haben praktisch keinen Einfluß auf die Ligninausbeute gezeigt. Dagegen spielt die Wahl des Fällungsmittels eine wesentliche Rolle. Im Falle der Kohlensäure sind nur 52% des mit Schwefelsäure fällbaren Lignins erhalten worden.

Mit Kohlensäure gefälltes und bis zur Gewichtskonstanz getrocknetes Lignin löst sich je nach den angewandten Molverhältnissen in kalter oder warmer Natronlauge. Für die optimale Fällung des Alkalilignins mit Kohlensäure geben die Autoren folgende Bedingungen an: 3stündige Kochung bei 90 bis 96° mit anschließender Neutralisation durch CO_2 bis zu einem p_H von 8,5 bis 8,6. Infolge der starken Quellung des Alkalilignins in heißem Wasser wird praktischerweise bei 30 bis 40° abfiltriert und mit kaltem Wasser nachgewaschen. Das auf diese Weise aus Schwarzlauge (insbesondere von Laubhölzern)

[1] Die von den verschiedensten Autoren für Ligninpräparate unterschiedlicher Herkunft angegebenen empirischen Formeln haben lediglich eine rein rechnerische Bedeutung. Sie geben keinerlei Auskunft über den wirklichen Polymerisationsgrad des Stoffes.

[2] B. Holmberg u. T. Wintzell, Ber. **54**, 2417 (1921).

[3] П. Н. Одинцов и Винокурова, Бюлл. АН Узб. ССР (P. N. Odinzow u. Winokurowa, Bull. Akad. Wiss. d. Usbek. SSR Nr. 5 3 (1945).

gewonnene Alkalilignin ist außerordentlich reaktionsfähig und für eine Weiterverarbeitung zu plastischen Massen geeignet.

Die Leichtigkeit, mit der das Lignin durch wäßrige oder alkoholische Laugen aus dem Holz entfernt werden kann, hängt bis zu einem gewissen Grade von der Natur des Pflanzengewebes selbst ab. So läßt sich ein gewisser Teil des Lignins aus Stroh, Maiskolben und -strünken bereits in der Kälte extrahieren, während beim Holz eine stärkere Behandlung bei höherer Temperatur erforderlich ist. Aus diesem Grunde haben einige Autoren zur schonenden Darstellung von Alkalilignin neben Holz auch andere pflanzliche Rohstoffe benutzt.

Beckmann und Mitarbeiter[1] haben Alkalilignin aus Winterroggenstroh durch Extraktion mit 1,5%iger wäßriger oder 2%iger alkoholischer Natronlauge in der Kälte isoliert. Im ersten Falle ist außer dem Lignin noch ein Teil der alkalilöslichen Kohlenhydrate mit in Lösung gegangen. Zur Entfernung der letzteren war entweder durch Kochen mit 2%iger Salzsäure nachhydrolysiert oder wiederholt mit Alkohol umgefällt worden. Die Elementarzusammensetzung der erhaltenen Ligninpräparate beträgt 62,5% C und 5,64% H. Der Methoxylgehalt liegt im Mittel bei 15,2%, was einem Verhältnis von 1 OCH_3 auf 10 bis 11 C-Atome entspricht. Durch vorsichtige Benzoylierung des Lignins mit Benzoylchlorid und Alkali nach Schotten-Baumann[2] oder mit Pyridin[3] ist pro C_{10}- oder C_{11}-Rest jeweils ein Benzoylrest eingeführt worden. Daraus ist gefolgert worden, daß in der erwähnten Ligningruppe ein zur Benzoylierung befähigtes Hydroxyl vorhanden ist[4].

Sherebow und Maljutin[5] haben das Lignin aus Holz auf eine ähnliche Weise durch Behandlung mit wäßrig-alkoholischer Lauge bei niederer Temperatur extrahiert. Dieses Lignin ist im Gegensatz zu den Säureligninen (72%ige H_2SO_4; 42%ige HCl) in organischen Lösungsmitteln wie Pyridin, Chinolin, Ameisensäure, Essigsäure, wäßrigem Alkohol und Aceton löslich.

Die Einwirkung von Natron- oder Kalilauge auf Lignin bei Temperaturen über 200° führt zu wesentlichen Veränderungen des Lignins, unter anderem wird der Anteil des Kohlenstoffs erhöht. Fischer und Schrader[6] haben z. B. bei 3stündiger Erhitzung von Salzsäure-Lignin mit 4 bis 5 n Alkali bei 200° die Bildung eines dunklen, kohligen Stoffes und eine teilweise Auflösung des veränderten Lignins beobachtet. Eine Abspaltung von Methoxylgruppen hat bei dieser Temperatur so gut wie nicht stattgefunden. Dies wird erst unter Entstehung von Methylalkohol bei Temperaturen um 300° erreicht:

$$R \cdot OCH_3 + NaOH = RONa + CH_3OH$$

---

[1] E. Beckmann u. O. Lische, Z. Angew. Chemie **34**, 285 (1921); Biochem. Z. **121**, 293 (1921).

[2] Schema der Benzoylierung:

$$ROH + NaOH + C_6H_5COCl = ROCO \cdot C_6H_5 + NaCl + H_2O$$

[3] Das Pyridin bindet die entstehende Salzsäure:

$$ROH + C_6H_5COCl = ROCOC_6H_5 + HCl$$

[4] Vgl. die auf S. 284 angeführte Ligninformel.

[5] Die Autoren haben 9615 g Holzmehl mit einer Lösung von 1250 g Ätznatron in 1500 ml Äthanol und 2885 ml Wasser behandelt. Nach 4 bis 5 Tagen war abfiltriert und mit 60%igem Alkohol gewaschen worden. Auf diese Weise konnten $^4/_5$ des gesamten Lignins extrahiert werden.

[6] F. Fischer u. H. Schrader, Brennstoff-Chemie **3**, 65 (1922).

Erhitzung des Salzsäurelignins mit reinem Wasser auf 400° unter Druck bewirkt ebenfalls keine Abspaltung. Bei der Behandlung von Salzsäurelignin mit 4 bis 5 n Kalilauge bei 200° entstehen lösliche, den Huminsäuren ähnliche Produkte. Der dunkelgefärbte, in der Lauge unlösliche Rückstand erinnert an Huminstoffe. Die Tab. 70 bringt die Elementarzusammensetzung dieser Produkte im Vergleich zu der des Lignins.

TABELLE 70

Zusammensetzung der beim Erhitzen von Lignin mit Alkali entstehenden Produkte in %

Stoff	Temperatur in °C	C	H	OCH_3
Lignin	—	62,7	5,2	14,0
Alkalilösliche Huminstoffe	200	69,6	5,0	14,0
	300	68,2	3,9	0,4
Unlösliche Huminstoffe	300	70,6	3,2	0,7

Aus der Tabelle ist ersichtlich, daß die entstandenen Reaktionsprodukte einen höheren Kohlenstoffgehalt aufweisen, während der Wasserstoffgehalt niedriger ist. Wie auch in anderen Fällen einer thermischen Behandlung von hochmolekularen Pflanzenstoffen unter Luftabschluß, werden diese in einer Weise verändert, für die eine mehr oder weniger starke Abspaltung von Wasser und anderen Zerfallsprodukten, sowie eine gewisse „Verkohlung" charakteristisch ist.

TABELLE 71

Bei der Erhitzung des Lignins mit Alkalien unter Druck bei 250 bis 300° entstehende Produkte in %

Stoff	10 n KOH 3^h	10 n NaOH 5^h
Kohlensäure	—	16,9
Terpentinähnliches Öl	0,6	—
Unlöslicher Rückstand	7,7	16,2
Huminsäuren	38,6	40,4
Flüchtige Säuren	8,9	8,4
Wasser- und ätherunlösliche Produkte	10,1*)	10,3**)
Adipinsäure	1,2	—
Oxalsäure	—	3,7

*) u. a. Phenolcarbonsäuren
**) u. a. Phenolcarbonsäuren und Bernsteinsäure

Da die Abspaltung vom Methoxyl unterhalb 200° nur sehr gering ist, tritt auch bei der Sulfatkochung unter technischen Bedingungen (170°) nur relativ wenig Methylalkohol auf. Im allgemeinen erhält man 13 kg pro Tonne Zellstoff, die beim Abblasen des Dampfes aus dem Kessel entfernt und durch Destillation gereinigt werden können. Je höher die Kochtemperatur ansteigt, um so schneller erfolgt die Abspaltung des Methoxyls von den in Lösung gehenden Ligninsäuren („Huminsäuren"), bei 300° ist sie fast vollständig. FISCHER und TROPSCH haben beim Erhitzen von Lignin mit Alkali auf 300° unter Druck die Bildung folgender Säuren beobachtet: Kohlensäure, Ameisensäure, Essigsäure, Oxalsäure, Protocatechusäure und Adipinsäure[1]. Die relativen Ausbeuten dieser Produkte sind in der Tab. 71 wiedergegeben.

Es sei aber hier noch darauf hingewiesen, daß die in Lösung gehenden Ligninsäuren ihren phenolischen Charakter nicht verloren haben und durch Kohlensäure aus ihren Natriumsalzen verdrängt werden können. Der unlösliche Rückstand ist anscheinend ein Kondensationsprodukt aus den Ligninsäuren und den Humifizierungsprodukten der Kohlenhydratbeimengungen.

Beim Zusammenschmelzen von WILLSTÄTTER-Lignin mit Ätzkali bei Temperaturen von 240 bis 295° werden 9 bis 10% Protokatechusäure erhalten, wie von FREUDENBERG und Mitarbeitern[2] nach sorgfältiger Reinigung der Reaktionsprodukte festgestellt worden ist.

Die Bildung von Protocatechusäure und Brenzcatechin beim Schmelzen von Lignin mit Ätzkali ist auch früher schon von mehreren Autoren beobachtet worden. HEUSER hat auf die oxydative Wirkung des Luftsauerstoffs bei dieser Reaktion und den Einfluß des metallischen Tiegelmaterials hingewiesen. Im Falle von Nickel erhält man bei Luftzutritt Protokatechusäure in größerer Ausbeute.

Das Auftreten von Protocatechusäure unter den Reaktionsprodukten der Alkalischmelze hat als wichtiger Beweis für die für das Lignin vorgeschlagenen Strukturformel gedient. Eine ausführlichere Betrachtung erfolgt jedoch erst weiter unten.

Einwirkung wäßriger Chlordioxydlösungen auf Lignin. Perjodatlignin

Von E. SCHMIDT und Mitarbeitern[3] ist eine Reihe von Arbeiten über die Einwirkung schwacher, wäßriger Chlordioxydlösungen auf Lignin veröffentlicht worden. Bei wiederholter Behandlung von Holz mit Chlordioxydlösung bei Zimmertemperatur ist eine Auflösung des Lignins und von Teilen der Pentosane und Hexosane beobachtet worden. Nach den Angaben des Autors findet bei Verwendung von 0,3%igen Lösungen keine oxydative oder sonstige Veränderung der Cellulose[4], des Xylans und anderer Polysaccharide oder auch einfacher Zucker statt. Mit Hilfe der Behandlung mit Chlordioxyd lassen sich die Stoffe der pflanzlichen Zellwand in zwei Gruppen trennen. Zu der ersteren gehören die „Skelettsubstanzen", zur zweiten die inkrustierenden Stoffe, wie aus nachstehendem Schema hervorgeht:

Zellwand

Inkrusten	Skelettsubstanz
Hexosane und Pentosane, sowie mit Clordioxyd reagierende Stoffe	Cellulose in Verbindung mit Pentosanen und anderen Hemicellulosen

[1] W. FUCHS, Die Chemie des Lignins, 1926.

[2] K. FREUDENBERG, M. HARDER u. L. MARKERT, Ber. **61**, 1760 (1928).

[3] E. SCHMIDT u. E. GRAUMANN, Ber. **54**, 1860 (1921). — E. SCHMIDT u. BRAUNSDORF, Ber. **55**, 1529 (1922). — E SCHMIDT, E. GEISLER, P. ARNDT u. F. IHLOW, Ber. **56**, 23 (1923).

[4] Aber auch Oxycellulose und mercerisierte Cellulose.

SCHMIDT hat ferner vorgeschlagen, als Lignin die Gesamtmenge der mit Chlordioxyd reagierenden Stoffe zu bezeichnen. Es erscheint jedoch unmöglich, einen derartig komplizierend wirkenden Begriff anzuerkennen.

Zur Entfernung der Inkrusten aus zerkleinertem und entharztem Kiefernholz benötigt man 13,5% ClO_2, bezogen auf trocknes Holz. Ursprünglich ist zum Aufschluß des Holzes die Anwendung einer 5- bis 6%igen ClO_2-Lösung und anschließendes Auswaschen mit 2%iger Natriumsulfitlösung vorgeschlagen worden. Ein Teil der Inkrusten geht sofort bei der Chlordioxydbehandlung in Lösung, während der Rest sich erst in der heißen Natriumsulfitlösung auflöst. Aus der ersten Lösung entfernt man das Chlordioxyd durch Verdampfen und dialysiert längere Zeit zur Entfernung von mineralischen Bestandteilen. Die Sulfitlösung wird in gleicher Weise aufgearbeitet. Die beim Eindampfen der Lösungen im Vakuum erhaltenen festen Rückstände werden vereinigt und erneut mit Chlordioxyd behandelt.

Nach der zweiten Operation wird, wie beschrieben, aufgearbeitet und mit siedendem Alkohol behandelt. Auf diese Weise erfolgt eine Trennung der aus dem Holz herausgelösten Stoffe in zwei Fraktionen, von denen die erste die in Alkohol unlöslichen Pentosane und andere Polysaccharide enthält, die andere dagegen die löslichen, mit Chlordioxyd umgesetzten, inkrustierenden Substanzen. Von den im Holz vorhandenen Pentosanen gehört also offenbar ein Teil zur Skelettsubstanz, während der andere Teil in anderer Form vorliegt. Aus dem eben Gesagten ist jedoch zu ersehen, daß der Begriff „Skelettsubstanz" dem bereits früher erwähnten der „Holocellulose" sehr ähnlich ist.

In späteren Arbeiten[1] über die Extraktion des Lignins mit Chlordioxyd sind Angaben enthalten, wonach die Skelettsubstanz von Buchen- und Fichtenholz von der Chlordioxydlösung bei Konzentrationen nicht über 0,3% nicht angegriffen oder irgendwie verändert wird. Auch die zum Auswaschen benutzte 2%ige Natriumsulfitlösung ist in dieser Beziehung völlig indifferent.

Die Entfernung der Reaktionsprodukte aus dem Holzrückstand kann außer mit Natriumsulfit auch mit Natriumkarbonatlösung, schwefliger Säure, Phenolen, Pyridin und einigen anderen Stoffen erfolgen. Bei einer derartigen abwechselnden Behandlung werden zusammen mit dem Lignin Kohlenhydrate wie Galaktan und Araban aus dem Holz entfernt, während die Cellulose, Xylan und Mannan in der Skelettsubstanz zurückbleiben.

Aus harzfreiem und mit kaltem Wasser extrahiertem Buchenholz (*Fagus silvatica*) erhält man nach dem beschriebenen Verfahren etwa 78% Skelettsubstanz. SCHMIDT hat nach eingehender Untersuchung dieses Materials angegeben, daß in dem mit 0,04- bis 0,2%iger Natronlauge behandelten Anteil Cellulose und Xylan in fast stöchiometrischem Verhältnis 3 $C_6H_{10}O_5$: 1 $C_5H_8O_4$ enthalten sind. Der Autor hat daraus auf die Existenz einer chemischen Verbindung zwischen der Cellulose und dem schwerlöslichen Anteil des Xylans geschlossen. Dieses konstante Verhältnis ist ebenfalls nach den Angaben von SCHMIDT weder vom Alter des Baumes noch von den Bedingungen der Chlordioxydbehandlung abhängig[2].

---

[1] E. SCHMIDT u. A. MIERMEISTER, Ber. **56**, 1438 (1923). — E. SCHMIDT u. G. MALYOTH, Ber. **57**, 1834 (1924). — E. SCHMIDT u. Mitarb., Cellulosechemie **11** (1930) Heft 3; **12**, 201 (1931); **13**, 129 (1932).

[2] Vgl. Abschnitt 10.

Eine interessante Methode zur Isolierung des Lignins aus harzfreiem Holzmehl beruht auf der Oxydation des Kohlenhydratanteils mit Hilfe von 5%iger wäßriger Natriumparaperjodatlösung $(Na_3H_2JO_6)$ bei p_H 4 und 20°[1]. Die Oxydationsprodukte werden durch kochendes Wasser bei p_H 7 entfernt und die ganze Prozedur mehrere Male wiederholt. Die Cellulose wird bekanntlich[2] durch Oxydation mit Perjodsäure bei Raumtemperatur wasserlöslich und fast quantitativ in die leicht spaltbare Dialdehydcellulose umgewandelt:

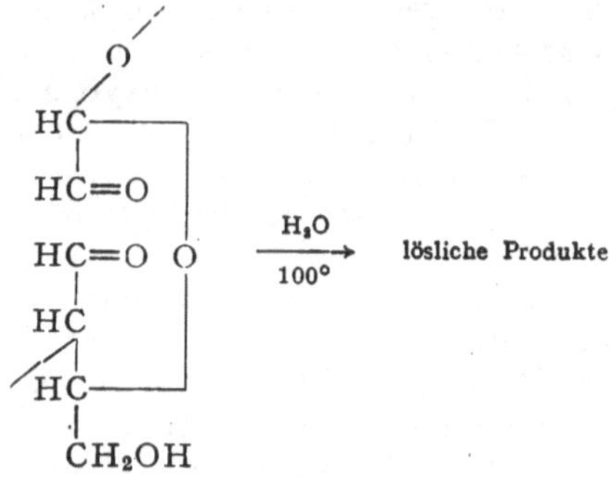

Aus späteren Arbeiten geht hervor, daß der Umfang der Nebenreaktionen bei p_H 4 nur äußerst geringfügig ist. Ferner hat man festgestellt, daß Xylan, Stärke und andere Polysaccharide bei der Oxydation unter den angegebenen Bedingungen gleichfalls in heißem Wasser lösliche Produkte ergeben. Bereits vorher hat FREUDENBERG[3] gezeigt, daß eine Veränderung des Lignins durch die Einwirkung des Perjodats anscheinend nicht stattfindet, obzwar der Methoxylgehalt von 16% auf 10% erniedrigt wird.

RITCHIE und PURVES haben durch mehrfache Behandlung des Holzes mit Perjodat und heißem Wasser ein von ihnen als Perjodatlignin bezeichnetes, goldbraunes Pulver erhalten, das die morphologische Struktur weitgehend erhalten zeigt und in organischen Lösungsmitteln, wie Methanol, Chloroform, Dioxan u. a., unlöslich ist. Aus dem Holz der Schwarzfichte isoliertes Perjodatlignin ergibt bei Behandlung mit Schwefelsäure 92 bis 97% KLASON-Lignin, die Ausbeuten sind also fast die gleichen. Aus Laubhölzern (Ahorn, Birke und Buche) erhält man nur 76 und 85% des mit 66%iger H_2SO_4 bestimmbaren Lignins. Die angeführten Perjodatligninpräparate sind anscheinend doch in geringem Maße oxydativ verändert. Zum Ausdruck kommt dies hauptsächlich in dem etwas niedrigeren Kohlenstoffgehalt (55 bis 61%) und im Falle des Schwarzfichtenlignins im geringeren Methoxylgehalt (12%).

In bezug auf sein Verhalten gegenüber der Äthanolyse (vgl. S. 288) bei der Hochdruckhydrierung, der Oxydation mit Nitrobenzol und Alkali, sowie dem Aufschluß mit Kalziumbisulfit ist das Perjodatlignin des Fichtenholzes dem nativen Lignin nach den Angaben der Autoren sehr ähnlich. Besondere Beachtung verdient der letztere Umstand, da alle anderen Ligninpräparate bei dem Bisulfitaufschluß nicht in Lösung gehen. Die Autoren glauben, daß voll-

[1] RITCHIE u. PURVES, Pulp and Paper 48, 74 (1947).

[2] JACKSON u. HUDSON, J. Am. Chem. Soc. 59, 2049 (1937). — G. JAYME, Ber. 75, 1840 (1943); 77, 242 (1944).

[3] K. FREUDENBERG u. Mitarb., Ann. 518, 62 (1935).

ständig von Kohlenhydraten befreites Perjodatlignin ein vorzügliches Ausgangsmaterial zur Erforschung der Eigenschaften des nativen Lignins darstellt. Die Zukunft wird lehren, ob diese Hoffnung berechtigt ist, insofern als das Perjodatlignin ein sehr schwieriger, teilweise oxydierter Komplex ist. Infolge der leichten Veränderlichkeit dieses Lignins durch Einfluß irgendwelcher Agenzien werden jedenfalls noch viele Schwierigkeiten auftreten.

Einwirkung von Phenolen, Äthylenoxyd, Dioxan, Benzaldehyd, Glykol, anderer Alkohole und Eisessig auf Lignin

Natives Lignin, aber auch Salzsäurelignin, läßt sich durch Behandlung des Holzes mit Phenol bei 180° in Lösung bringen[1]. In gleicher Weise wirken ferner Resorcin, 1,3-Kresole und andere Derivate von ein- und mehrwertigen Phenolen. Mit Hilfe von Resorcin läßt sich z. B. WILLSTÄTTER-Lignin bereits bei niedrigen Temperaturen (um 125°) auflösen. Durch die Anwesenheit von geringen Mengen Mineralsäuren kann die Reaktionstemperatur stark herabgesetzt werden, da die Säuren eine hydrolytische Spaltung der Lignin-Kohlenhydrat-Bindungen bewirken. So läßt sich z. B. feines Fichtenholzmehl durch Phenol mit 1% Salzsäure bereits in 1 Stunde bei 90° vollständig aufschließen. In verschiedenen Patenten[2] ist vorgeschlagen, die bei der Hydrolyse des Holzes anfallenden Ligninabfälle auf diese Weise in Lösung zu bringen. FUCHS gibt in seinem wiederholt zitierten Buch eine Vorschrift zur Darstellung von faseriger Cellulose mit Hilfe von Phenol mit 0,03% Salzsäure. Dabei erfolgt die Entfernung des Lignins durch 15- bis 30minütiges Erhitzen auf dem Wasserbad. Die Phenol-Lignin-Verbindung läßt sich aus dem Filtrat entweder durch Äther ausfällen oder als Rückstand bei der Wasserdampfdestillation des Filtrates erhalten. Beim Filtrieren des heißen, flüssigen Reaktionsgemisches bleibt die Cellulose in feinfaseriger Form zurück. Das Phenollignin kann durch mehrfaches Umfällen aus Aceton-Äther oder Alkohol-Äther gereinigt werden. Es stellt ein mehr oder weniger gefärbtes, amorphes Pulver dar, das nach Literaturangaben bei 190 bis 195° zu schmelzen beginnt. Löslich ist das Phenollignin in Aceton, Methanol, Äthanol, Pyridin, geschmolzenem Phenol und Dioxan. Eine technische Anwendung hat dieses Delignifizierungsverfahren aus rein wirtschaftlichen Erwägungen heraus nicht gefunden. Trotzdem ist die Frage nach der Natur der Bindung zwischen dem Phenol und dem Lignin nicht nur zur Charakterisierung der Reaktionsweise des Lignins, sondern auch wegen der Verwendung des Phenollignins zur Herstellung plastischer Massen nicht ohne Interesse.

HILLMER stellt sich die Umsetzung der aromatischen Kerne des Lignins mit dem Phenol als eine Kondensation unter Austritt von zwei Mol Wasser vor. Das erste Mol Wasser soll danach durch Reaktion eines der Hydroxyle des Lignins mit dem in ortho-Stellung zur Hydroxylgruppe des Phenols stehenden Wasserstoffatom abgespalten werden. Das zweite Mol entsteht aus dem Hydroxyl des Phenols und einem Wasserstoff der aromatischen Reste des Lignins. Aus diesem Grunde ist die OH-Gruppe des Phenols im Phenollignin nicht frei.

---

[1] A. HILLMER, Cellulosechemie **6**, 169 (1925). — E. WEDEKIND u. KATZ, Ber. **62**, 1172 (1929). — E. WEDEKIND, O. ENGEL, K. STORCH u. L. TAUBER, Cellulosechemie **12**, 163 (1931). Vgl. F. BRAUNS u. H. HIBBERT, J. Am. Chem. Soc. **55**, 4720 (1933); Cellulosechemie **15**, 70 (1934).

[2] W. FUCHS, Die Chemie des Lignins, 1926.

WEDEKIND hat gegen diese Vorstellung an Hand eigener Versuche eine Reihe von Einwänden geltend gemacht. Er ist der Ansicht, daß das Hydroxyl des Phenols frei bleibt und die Reaktion auf einem anderen Wege stattfindet. Phenollignin ist in wäßriger Natronlauge, ähnlich anderen Phenolen, wobei Phenolate entstehen, gut löslich. Durch Acetylierung von Phenollignin erhält man ein in Alkalien unlösliches Acetat, das nach Verseifung jedoch wieder die alte Löslichkeit in Natronlauge zeigt. Genau wie Phenol ist auch das Phenollignin in kalter Sodalösung unlöslich und verdrängt auch die Kohlensäure nicht. Diese und andere Tatsachen deuten auf die Existenz eines freien phenolischen Hydroxyls im Phenollignin hin, so daß die Bindung zwischen den Komponenten auf irgendeine andere Weise bewerkstelligt werden muß. Eine der möglichen Reaktionsweisen des Lignins mit dem Phenol besteht in der Kondensation der Carbonylgruppe des Lignins mit dem in para-Stellung befindlichen Wasserstoffatom des Phenols.

USCHAKOW und MATWEJEW[1] sind zu der Schlußfolgerung gekommen, daß die Wasserabspaltung bei der Bildung des Phenollignins nicht auf Kosten der Hydroxyle des Lignins oder des Phenols stattfindet, sondern durch die im Laufe der Reaktion entstehenden neuen OH-Gruppen im Lignin. Die Autoren haben gefunden, daß pro Mol Phenol auch ein Mol Wasser entsteht, wobei das phenolische Hydroxyl erhalten bleibt und in jedem Mol des gebildeten Phenollignins bireaktive Phenolreste enthalten sind. Aus den kryoskopisch ermittelten Molekulargewichten von fraktioniertem und unfraktioniertem Phenollignin haben die Autoren berechnet, daß auf jedes Molekül der Komplexverbindung mindestens zwei Phenolreste kommen.

BRAUNS und HIBBERT[2] haben Phenollignin aus Tannenholz und daraus dargestellte, sorgfältig gereinigte Methyl- und Acetylderivate in bezug auf die Zusammensetzung mit Glykol- und Methanollignin verglichen. Die Autoren haben dabei gefunden, daß im Phenollignin drei Moleküle Phenol durch Kernkondensation gebunden sind und ein weiteres ätherartig. Unter der Voraussetzung, daß der Grundkomplex sowohl in Cuoxamlignin als auch Salzsäurelignin in gleicher Weise enthalten ist,

$$(CH_3O)_5[C_{42}H_{32}O_6](OH)_5$$

ist von den Autoren folgendes Schema für die Formel des Phenollignins vorgeschlagen worden:

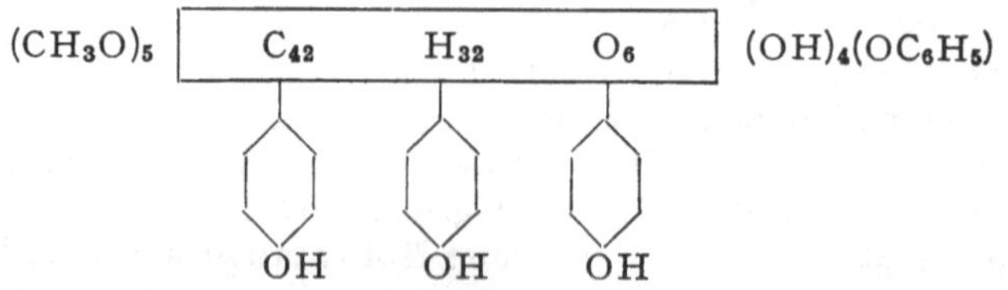

Aus den wenigen angeführten Arbeiten über das Phenollignin geht deutlich genug hervor, daß dieses ebenfalls große Schwierigkeiten bei der Erforschung

[1] С. Н. Ушаков и И. И. Матвеев, Гидролизн. пром. (S. N. USCHAKOW u. I. I. MATWEJEW, Hydrolysenind.) Nr. 4 (1948).

[2] F. BRAUNS u. H. HIBBERT, J. Am. Chem. Soc. **55**, 4270 (1933); Cellulosechemie **15**, 70 (1934).

mit sich bringt. Bis jetzt kann man mit genügender Sicherheit nur sagen, daß die phenolische Hydroxylgruppe bei der Kondensation frei bleibt. Es besteht kaum ein Zweifel daran, daß diese Reaktion über die Carbonylgruppe des Lignins verläuft.

N. NIKITIN und I. ORLOWA[1] haben gezeigt, daß Salzsäurelignin beim Erhitzen mit Benzaldehyd auf 120 bis 130° unter Kondensation reagiert. Dabei erfolgt Lösung ohne Anwendung eines Katalysators in 5 bis 7 Stunden. Durch Fällung mit Äther und Petroläther lassen sich aus der Lösung zwei Fraktionen isolieren, die eine wechselnde Zusammensetzung aufweisen. Für die Hauptfraktion (65 bis 70%) sind gefunden worden: 66 bis 69% C, 5 bis 6% H, 14,3% OCH_3 und 9,1% freie Hydroxyle. Die etwas schwankende Zusammensetzung der gefällten Produkte deutet auf das Fehlen einfacher, stöchiometrischer Verhältnisse zwischen dem Lignin und dem Benzaldehyd hin. Das Studium dieser Produkte wird ferner durch die Veränderungen, die das Lignin selbst beim Erhitzen erleidet, erschwert.

So haben die Autoren zeigen können, daß eine 5stündige Erhitzung von Lignin in zugeschmolzenen Rohren auf 130 bis 150° eine Erhöhung des Kohlenstoffgehaltes von 64,5 auf 67,0% bewirkt[2]. Bei nochmaliger Erhitzung des Kondensationsproduktes aus Lignin und Benzaldehyd auf 130 bis 150° findet eine teilweise Zersetzung statt. Diese Beobachtungen müssen auch bei anderen thermischen Reaktionen des Lignins beachtet werden.

Die Reaktion von Salzsäurelignin und nativem Lignin mit Äthylenoxyd bei Gegenwart von Alkali haben N. NIKITIN und T. RUDNJEWA[3] untersucht. In Analogie zur Umsetzung von Äthylenoxyd mit Cellulose nach folgendem Schema[4]

$$R\cdot OH + (CH_2)_2O \longrightarrow R\cdot OCH_2-CH_2OH$$

wird angenommen, daß auch im Falle des Lignins die Reaktion nach dem gleichen Schema verläuft. Eine Bestätigung findet diese Annahme dadurch, daß das Reaktionsprodukt beim Erhitzen mit Jodwasserstoffsäure auf 130 bis 140° $-CH_2-CH_2OH$-Gruppen abspaltet, was auf die Existenz von Ätherbindungen schließen läßt[5]. Bei der Hydrolyse mit anderen Mineralsäuren (5%iger H_2SO_4) findet keine derartige Abspaltung statt.

Aus Äthylenoxyd und WILLSTÄTTER-Lignin, das zuvor mit 18- bis 25%iger Natronlauge behandelt worden ist, läßt sich nach Kochen mit 5%iger Schwefelsäure ein amorphes, unlösliches „Oxyäthyllignin" isolieren, das 60,0% C, 7,0% H, 38,7% Methoxyl- und Äthoxylgruppen und 5,18% aktive acetylierbare

---

[1] Н. И. Никитин и И. М. Орлова, ЖПХ (N. I. NIKITIN u. I. M. ORLOWA, Z. Angew. Chemie [russ.]) 8, 1402 (1935).

[2] Bei Anwesenheit von Wasser ändert sich die Zusammensetzung nur sehr geringfügig.

[3] Н. И. Никитин и Т. И. Руднева, ЖПХ (N. I. NIKITIN u. T. I. RUDNJEWA, Z. Angew. Chem. [russ.]) 8, 1176 (1935).

[4] П. П. Шорыгин и Ю. Рымашевская, ЖПХ (P. P. SCHORYGIN u. JU. RYMASCHEWSSKAJA, Z. Angew. Chem. [russ.]) 9, 1624 (1936).

[5] Bei der Abspaltung von JCH_2-CH_2OH-Gruppen nach der Methode von ZEISEL findet eine Reduktion der endständigen Hydroxyle statt. Nur auf diese Weise kann die bei Oxyäthyllignin u. Oxyäthylcellulose erfolgende Abspaltung von flüchtigem Jodäthyl erklärt werden.

OH-Gruppen enthält. Im Falle von mit 18%iger Natronlauge extrahiertem Holz lassen sich die Reaktionsprodukte der Kohlenhydrate mit dem Äthylenoxyd durch Wasser, vollständiger jedoch durch Hydrolyse mit 5%iger Schwefelsäure entfernen. Das zurückbleibende Oxyäthyllignin besitzt fast die gleiche Zusammensetzung wie das aus Salzsäurelignin dargestellte. Letzteres neigt ganz besonders dazu, bei längerer Hydrolyse (5 Stunden) mit 5%iger Schwefelsäure beträchtlich an Gewicht (bis 21,6%) zu verlieren. Die dabei erhaltenen Spaltprodukte reduzieren jedoch Fehlingsche Lösung nicht.

Eine schwache Behandlung des Holzes mit Äthylenoxyd und Alkali bewirkt eine violette Färbung und einen raschen Anstieg der Quellfähigkeit und Hygroskopizität. Wie auch im Falle reiner Cellulose, werden die lyophilen Eigenschaften und die Hydrolysierbarkeit stark erhöht.

In schonender Weise haben N. NIKITIN und I. ORLOWA[1] aus Fichtenholzmehl Lignin durch 28stündige Extraktion mit Dioxan bei 90 bis 95° bei Anwesenheit von nur 0,1% Salzsäure isoliert. Das erhaltene Präparat ist sehr hell und gut löslich in Pyridin, Eisessig, verdünnter Natronlauge, Kupferoxydammoniak, Ammoniak und anderen Flüssigkeiten. Zwecks Reinigung war das mit Äther aus der Dioxanlösung ausgefällte Produkt durch Kochen mit Wasser von wasserlöslichen Produkten (17 bis 37%) befreit worden. Das gereinigte Präparat zeigt die gleiche Elementarzusammensetzung wie Salzsäurelignin, der Methoxylgehalt liegt bei 15,2 bis 15,8%. Je nach den Darstellungsbedingungen und mehr oder weniger vorsichtiger Trocknung ist die Löslichkeit des Dioxanlignins in Ammoniak entweder vollständig und reversibel oder geht nur bis zu 70 und 80%. Nach der beschriebenen Methode isoliertes Dioxanlignin wurde mit Alkali geschmolzen, methyliert und nach dem Verfahren von FREUDENBERG (vgl. S. 281) oxydiert. Dabei konnten 12,5% Veratrumsäure erhalten werden, was auf die Existenz von aromatischen Ringen hinweist. Ein Teil der gebildeten Veratrumsäure ist zweifellos bei der Oxydation zerstört worden. Dioxanlignin hat man ferner auf sein spektroskopisches Verhalten im Ultraviolett in Lösungen in verdünnter Natronlauge untersucht[2]. Dabei hat sich ergeben, daß die Absorptionskurve ein Maximum bei 283 mμ aufweist. Das gleiche Maximum haben HERZOG und HILLMER[3] an nach anderen Verfahren isolierten Ligninpräparaten gefunden, es entspricht dem des Isoeugenols. Die Anwesenheit von aromatischen Verbindungen in dem unter schonenden Bedingungen isolierten Dioxanlignin erscheint auf diese Weise gesichert zu sein.

Fast das gesamte im Buchenholz enthaltene Lignin haben NIKITIN, AWIDON und ORLOWA[4] mit Dioxan in der beschriebenen Weise isolieren können. Die Zusammensetzung der gereinigten Präparate ist identisch mit der des Salzsäurelignins aus Buchenholz. Der Methoxylgehalt beträgt 20,9%, ebenfalls gleich dem des gewöhnlichen Buchenlignins.

---

[1] Н. И. Никитин и И. М. Орлова, ЖПХ (N. I. NIKITIN u. I. M. ORLOWA, Z. Angew. Chemie [russ.]) 9, 2210 (1936); Ber. 69, 2434 (1936). Vgl. DRP Nr. 581 806 (1933) von ENGEL und WEDEKIND.

[2] И. М. Орлова и Н. И. Никитин, ЖПХ (I. M. ORLOWA u. N. I. NIKITIN, Z. Angew. Chemie [russ.]) 12, 76 (1939).

[3] HERZOG u. HILLMER, Ber. 60, 365 (1927); 62, 1600 (1929); 64, 1288 (1931). — HILLMER, Ber. 66, 1600 (1933).

[4] Н. И. Никитин, М. А. Авидон и И. М. Орлова, ЖПХ (N. I. NIKITIN, M. A. AWIDON u. I. M. ORLOWA, Z. Angew. Chemie [russ.]) 9, 2216 (1936).

KOSLOW, OLIFSSON und GOLDINA[1] haben auf diesem Isolierungsverfahren eine quantitative Methode zur Ligninbestimmung aufgebaut. Danach behandelt man 1 g Holz bei 100° mit 15 ml Dioxan, dem einige Tropfen konzentrierte Salzsäure zugesetzt sind. Der Rückstand wird dann ausgewaschen und getrocknet. Später haben KOSLOW, OLIFSSON und SCHAPIRO[2] das Lignin mit Glykolacetat aus dem Holz extrahiert und gefunden, daß die Ausbeute an Lignin bei Gegenwart von einigen hundertstel Prozent HCl etwa 14,5% beträgt. Bei höherer Säurekonzentration, um 0,4 bis 0,8% HCl, macht sich bereits eine Verharzung der Kohlenhydrate bemerkbar.

Ende des vorigen Jahrhunderts, in den neunziger Jahren, sind viele Arbeiten über die Extraktion des Lignins mit heißen Alkoholen bei Gegenwart saurer Katalysatoren veröffentlicht worden. Die Anstrengungen sind in der Hauptsache auf die bei der Extraktion stattfindenden chemischen Prozesse gerichtet worden. Wesentlich erschwert worden ist die Aufgabe, wie bereits wiederholt zum Ausdruck gebracht, durch die komplexe Natur der Stoffe und die Unbeständigkeit des Lignins unter den herrschenden Bedingungen.

KLASON[3] hat Fichtenholz 6 bis 10 Stunden mit 5%iger alkoholischer Salzsäure erhitzt, wobei 28 bis 32% des Holzes in Lösung gingen. Es besteht kein Zweifel daran, daß in diesem Falle neben dem Lignin auch andere Stoffe herausgelöst worden sind. In einer anderen Arbeit[4] wird die Entfernung des Lignins aus mit Salzsäure befeuchtetem Holz durch längeres Kochen mit absolutem Alkohol beschrieben. Nach Einengen des Filtrats wird mit Wasser fraktioniert und dabei das Lignin in Form eines weißen Niederschlages ausgefällt. Ähnliche Versuche[5] sind mit extrahiertem und mit 5%iger Natronlauge behandeltem[6] Holz, das zuvor 2 Tage mit 17%iger Salzsäure zur Spaltung der Lignin-Kohlenhydrat-Bindungen stehengelassen worden ist, durchgeführt. Das so vorbereitete Holz wurde anschließend 8 bis 10 Stunden mit 96%igem Alkohol gekocht. Die Ausfällung des Lignins fand nach dem Einengen des Filtrats auf etwa ein Drittel mit Wasser statt. Das gewaschene und getrocknete helle Produkt unterscheidet sich wesentlich in der Farbe von den gewöhnlich braunen anderen Ligninpräparaten. Es enthält 64,2% C, 6,5% H und 20,9% OCH_3. Dieses aktive, in Aceton, Eisessig, Äthylacetat u. a. organischen Lösungsmitteln leicht lösliche Lignin haben die Autoren als „primäres" Lignin bezeichnet, um dadurch seine nahe Verwandtschaft zum nicht verharzten, nativen Lignin zu unterstreichen. Es sei jedoch bemerkt, daß der nach der Methode von ZEISEL bestimmte hohe Methoxylgehalt darauf hinweist, daß der Alkohol zum Teil selbst mit dem Lignin reagiert hat und infolgedessen bei der Bestimmung der Methoxyle zu hohe Werte erhalten worden sind. Bei der Besprechung der Arbeiten von HIBBERT über die Äthanolyse des Lignins wird ausführlicher auf dieses Problem eingegangen werden.

Außer dem Äthanol hat man häufig zur Extraktion des Lignins auch Methanol

[1] Козлов, Олифсон и Голдина, Бум. пром. (KOSLOW, OLIFSSON u. GOLDINA, Papierind.) **15**, 16 (1936).

[2] Козлов, Олифсон и Шапиро, Бум. пром. (KOSLOW, OLIFSSON u. SCHAPIRO, Papierind.) **5**, 33 (1937).

[3] KLASON, Tekn. Tidskr. Afd. Kemi **23**, 55 (1893).

[4] GRÜSS, Ber. Botan. Ges. **41**, 48 (1923); **38**, 361 (1921).

[5] FRIEDRICH u. DIWALD, Monatsh. Chem. **46**, 31 (1925).

[6] Die Alkalibehandlung dient der Entfernung der leicht löslichen Hemicellulosen.

mit 2% wasserfreiem Chlorwasserstoff bei 90 bis 110°[1] und Isoamylalkohol[2] benutzt. HÄGGLUND hat die Vermutung ausgesprochen, daß die Alkohole mit dem Lignin unter Acetalbildung reagieren, wobei das Lignin aus der ebenfalls acetalartigen Bindung mit den Kohlenhydraten frei gemacht wird (sog. Umacetalisierung). Die Entstehung von Acetalbindungen des Lignins bei der Behandlung mit heißem Methanol bei Gegenwart von Salzsäure nimmt auch BRAUNS, wie bereits erwähnt, an (vgl. S. 233). Sicherer scheint jedoch heute die Bildung von Ätherbindungen zwischen dem Lignin und den aliphatischen Alkoholen zu sein. Demnach verläuft die Reaktion mit Äthanol z. B. über die Hydroxyle der Seitenketten der Propylphenylreste des Lignins folgendermaßen:

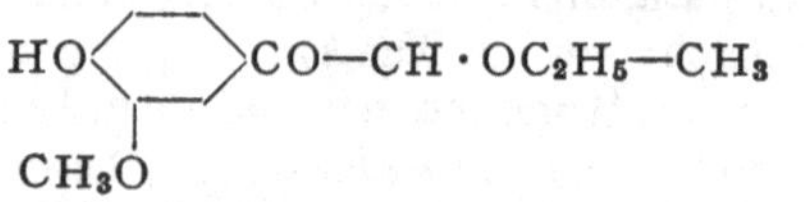

Ähnliche Verbindungen sind auch von anderen Autoren[3] bei sehr sorgfältigen Untersuchungen über die Äthanolyse des Holzes identifiziert worden. Darüber wird jedoch erst später zu sprechen sein.

Die meisten der bis etwa 1939 erschienenen Arbeiten über die Extraktion des Lignins mit Alkoholen sind in dem bereits mehrfach zitierten Werk von HÄGGLUND angegeben. Es erübrigt sich deshalb, hier näher darauf einzugehen.

Aber auch durch Erhitzen mit Glykol[4] oder Methylglykol[5] läßt sich das Lignin mit Hilfe saurer Katalysatoren aus dem Holz entfernen. Es existieren sogar Patente[6] zur technischen Zellstoffherstellung auf dieser Basis, für die Praxis ist das Verfahren jedoch zu teuer und hat deshalb keinen Eingang gefunden.

Besondere Beachtung verdient die Einwirkung von Wasser-Alkohol-Gemischen auf das Holz und das Lignin. So wird z. B. Holz bei 180° C von 50%igem Äthanol in genügend reine unzerstörte Cellulose und Lignin gespalten, wobei das letztere sich ohne Mitwirkung von Katalysatoren (Mineralsäuren) in Lösung bringen läßt. Es ist jedoch anzunehmen, daß die Rolle der Katalysatoren von den bei dieser Temperatur sich bildenden organischen Säuren, wie Ameisen- und Essigsäure, übernommen wird. Interessant ist in diesem Zusammenhang, daß Laubhölzer ihr Lignin unter diesen Bedingungen leichter abgeben als Nadelhölzer. Die auf diese Weise isolierten Ligninpräparate sind von heller Farbe und erweichen in kochendem Wasser zu einer harzartigen Masse, die beim Abkühlen wieder spröde wird. In bezug auf die Löslichkeit und die chemischen Eigenschaften sind diese Präparate den mit reinem Alkohol isolierten sehr ähnlich, sie enthalten jedoch keine merklichen Mengen an überschüssigen Äthoxylgruppen.

---

[1] BRAUNS u. HIBBERT, Canad. J. Research **13 B**, 28 (1935). — COMPTON, GRIG u. HIBBERT, Canad. J. Research **14 B**, 115 (1936).

[2] HÄGGLUND u. URBAN, Cellulosechemie 8, 69 (1927); 9, 49 (1928).

[3] CRAMER u. HIBBERT, J. Am. Chem. Soc. **61**, 2394 (1939). — HUNTER u. HIBBERT, J. Am. Chem. Soc. **61**, 2130 (1939).

[4] B. RASSOW u. H. GABRIEL, Cellulosechemie Nr. 8—11 (1931).

[5] W. FUCHS, Angew. Chemie **44**, 111 (1931).

[6] DRP Nr. 329566.

Die Extraktion des Lignins mit Butanol bei Gegenwart von Wasser oder Alkali ist von BAILEY[1] an dem Beispiel der langnadligen Kiefer und der Espe untersucht worden. Seine Ansicht, mit Hilfe dieser Methode Butanollignin isoliert zu haben, ist später von anderen Autoren[2] nicht bestätigt worden. Erfolgt nämlich die Extraktion in Gegenwart von Alkali, so erhält man Alkalilignin, das sich aus der Lösung ausfällen läßt und 14,8% OCH_2 enthält. Bei der Extraktion mit Butanol-Wasser ist aus der langnadligen Kiefer ein Produkt mit 16% OCH_3 dargestellt worden. Genau das gleiche Präparat entsteht aber auch, wenn das Butanol durch Dioxan ersetzt wird. In seiner Zusammensetzung entspricht es eher dem gewöhnlichen KLASON-Lignin. Vergleichsweise dargestelltes tatsächliches Butanollignin besitzt einen höheren Alkoxylgehalt (19,7%). Es ist nach dem Dargelegten kaum sehr wahrscheinlich, daß BAILEY wirkliches Butanollignin erhalten hat.

Der Einfluß von Alkohol-Wasser-Gemischen und anderer organischer Lösungsmittel auf die Herauslösung des Lignins aus Espenholz ist von ARONOVSKY[3] eingehend untersucht worden. Die Anwesenheit der Alkohole in diesen Gemischen bewirkt offenbar eine Verringerung der abbauenden Wirkung des

TABELLE 72

Eignung von Alkoholen und anderen organischen Verbindungen zur Delignifizierung von Espenholz

Verbindung	Aus dem Holz extrahierte Stoffe in % des ursprünglichen Gehalts				
	Gesamtholz	Lignin	Cross- und Bevan-Cellulose	α-Cellulose	Pentosan
Wasser	36,6	42,8	23,4	25,2	85,2
Alkohole:					
Methylalkohol	29,8	58,4	8,0	0,7	51,0
Äthylalkohol	37,5	67,4	15,4	5,5	65,8
n-Propylalkohol	40,0	76,7	16,1	5,5	72,3
Isopropylalkohol	33,9	62,0	14,0	3,3	61,9
n-Butylalkohol	45,9	87,2	20,2	8,8	77,4
Isobutylalkohol	42,9	80,5	18,1	7,8	78,1
tert. Butylalkohol	31,9	56,0	14,4	4,8	58,7
n-Amylalkohol	48,5	82,0	25,7	16,4	89,7
Isoamylalkohol	47,4	84,1	23,8	14,7	89,0
tert. Amylalkohol	39,8	60,7	21,5	18,8	82,6
Dioxan	36,6	65,6	15,1	4,8	67,1
Äthylenglykol	46,8	87,9	21,3	15,0	89,0
Glycerin	45,1	72,0	24,3	19,7	90,3
d-Glukose	32,1	2,6	30,5	29,0	94,2
d-Mannit	41,9	49,1	28,5	32,5	92,9
Harnstoff	24,1	25,5	8,3	2,4	38,7

[1] A. BAILEY, Paper Trade J. **110**, Nr. 1, 29; Nr. 2, 29; Nr. 6, 27; Nr. 7, 27; **111**, Nr. 9, 86 (1940).

[2] H. CHARBONNIER, Paper Trade J. **114**, Nr. 11, 31 (1942).

[3] S. ARONOVSKY u. R. GORTNER, Ind. Eng. Chem. **28**, 1270 (1936).

Wassers auf den Kohlenhydratanteil des Holzes. Die besten Resultate sind mit n-Butyl-, n-Amyl- und Isoamylalkohol, aber auch Äthylenglykol erhalten worden. Die Eignung der normalen Alkohole für eine Delignifizierung nimmt mit steigendem Molekulargewicht zu, wogegen Alkohole mit verzweigten Ketten dieser Regel nicht gehorchen. Nach der Ansicht des Autors muß der Alkohol mindestens vier C-Atome aufweisen, von denen sich drei in einer geraden Kette befinden, um überhaupt zur Extraktion des Lignins fähig zu sein. Anscheinend spielt bei diesem Verfahren die Orientierung der Moleküle an der Grenze der flüssigen und festen Phase für die Entfernung des Lignins aus dem Holz eine wesentliche Rolle. Der Autor findet eine Beziehung zwischen dem an der Grenzfläche Cellulose-Alkohol herrschenden elektrokinetischen Potential und der Fähigkeit zur Delignifizierung. Das n-Butanol besitzt ein hohes Potential und eine gute Lösefähigkeit für das Lignin. Für den Fall, daß die benutzten Alkohole in Wasser unlöslich sind, finden sich fast alle aus dem Holz herausgelösten organischen Stoffe in der alkoholischen Schicht. Die Ergebnisse von ARONOVSKY und GORTNER sind in der Tab. 72 wiedergegeben.

BAILEY[1] hat Butanollignin aus der Hemlockfichte mit 50%igem wäßrigem Butanol bei Gegenwart von 0,25 n HCl als Katalysator 3 Stunden bei 160° behandelt.

Dabei sind von ihm folgende flüchtigen Produkte erhalten worden:

Methanol	2,5 %
Allylalkohol	2,5 %
Ameisensäure	11,4 %
Butyraldehyd	1,6 %
Aceton	1,9 %
β-Äthyl-α-methylakrolein	2,8 %
Propanol	4,8 %
Insgesamt:	27,5 %

Später hat derselbe Autor noch geringere Mengen an flüchtigen Hydrolysenprodukten mittels Hochvakuumdestillation erhalten:

Resorcinmonomethyläther	7,3 %
Guajakol	0,3 %
m-Kresol	6,7 %
Vanillin	0,2 %
n-Buttersäure	1,0 %
Insgesamt:	15,5 %

Außer diesen Produkten konnten ferner geringe Mengen harzartiger, alkalilöslicher Stoffe und 0,6% höhere Phenole gefunden werden. Die Gesamtmenge der durch schonende Hydrolyse aus dem Hemlocklignin erhaltenen destillierbaren Produkte betrug 44,3%. Der Autor nimmt an, daß außer der Hydrolyse noch eine schwache Oxydation stattfindet. Die Ausbeute läßt sich größenordnungsmäßig mit der von HIBBERT beim Erhitzen von Ahornlignin mit Äthanol und Salzsäure erhaltenen vergleichen. Eine weniger gute Übereinstimmung besteht im Aufbau der Produkte. HIBBERT hat hauptsächlich Phenylpropanderivate gefunden, BAILEY dagegen Benzolderivate, in Form von Kresol, Monomethylresorcin, Guajakol und Vanillin. Allerdings ist von verschiedenen Ausgangsmaterialien (Ahorn und Hemlockfichte) ausgegangen worden. Das Auftreten derartiger, auf eine *m*-Konfiguration im Lignin hinweisender, aromatischer Stoffe bei der Hydrolyse des Hemlock-Lignins ist jedenfalls nicht zu erwarten gewesen.

[1] A. BAILEY, J. Am. Chem. Soc. **64**, 22 (1942); **69**, 575 (1947). Vgl. auch **65**, 1165 (1943).

Vor nicht allzulanger Zeit ist eine detaillierte Untersuchung des Lignins der Schwarzfichte, das durch Erhitzen des Holzes mit Eisessig und Magnesiumchlorid als Katalysator dargestellt wurde, durchgeführt worden[1].

Ein Verfahren zur Delignifizierung von Holz mit Eisessig und Schwefelsäure als Katalysator ist bereits 1916 beschrieben worden. Der gleiche Autor[2] hat 1921 eine Isolierung von Lignin mit 85%iger Essigsäure mit 0,3% Schwefelsäure durchgeführt. Auf ähnliche Weise ist auch von anderen Verfassern[3] gearbeitet worden.

FRIEDRICH hat z. B. nach Reinigung des Lignins durch Lösen in Alkohol und Fällen mit Wasser nur 10,5% OCH_3 gefunden und aus diesem Grunde angenommen, daß bei der Darstellung des Lignins mit Hilfe von Essigsäure eine teilweise Acetylierung des Produktes stattfindet. Es ist ihm gelungen, den Methoxylgehalt nach Verseifung und Reinigung durch Umfällen aus Chloroform mit Äther bis auf 14,4 und 14,6% zu erhöhen.

Die Extraktion des Lignins mit Essigsäure und Magnesiumchlorid ist von einigen Autoren[4], besonders auch FREUDENBERG und PLANKENHORN[5] vor einiger Zeit benutzt worden. Die letzteren haben festgestellt, daß durch wiederholte Behandlung die Entfernung fast des gesamten Lignins möglich ist. Nach ihren Beobachtungen zeigen sich in der chemischen Zusammensetzung der einzelnen Fraktionen keine Unterschiede. Der Methoxylgehalt der Präparate liegt bei 13,2%, der Acetylgehalt bei 10,2%. Durch Verseifung ist der erstere auf 14,6% gestiegen. Eine Behandlung des Präparates mit 72%iger Schwefelsäure ergibt einen Gewichtsverlust von 21,2%. Dieser Verlust setzt sich aus 10,2% abgespaltenem Acetyl und 11% löslichen Kohlenhydraten zusammen. Der Gehalt an phenolischen Hydroxylgruppen im verseiften Essigsäurelignin ist mit 2,1% gefunden worden, entsprechend einer Phenolgruppe auf eine $C_{46}H_{48}O_{15}$-Einheit ($M = 840$). Der Gehalt an phenolischen Hydroxylen im Cuoxamlignin beträgt dagegen nur 0,75%.

PAULY[6] hat gefunden, daß beim Kochen mit Essigsäure (mit 0,3% H_2SO_4) das gesamte Lignin in Lösung geht und außerdem eine Spaltung aller Äther-Sauerstoff-Bindungen, mit Ausnahme der Methoxyle, stattfindet. Die auf diese Weise erhaltenen Produkte hat der Autor als „Lignole" bezeichnet. Der Gehalt an phenolischen Hydroxylgruppen ist relativ hoch.

Die Frage der Spaltung der Ätherbindungen des Lignins anläßlich seiner Extraktion aus dem Holz mit kochender Essigsäure und Mineralsäuren oder Magnesiumchlorid als Katalysatoren ist von BRAUNS einer eingehenden experimentellen Nachprüfung unterzogen worden. Auf diese Weise isoliertes Lignin muß infolge der Spaltung der Sauerstoffbrücken einen höheren Hydroxylgehalt besitzen als mit siedendem Methanol isoliertes „natives" Lignin[7]. Der Autor stützt sich dabei auf eine der neuesten Formeln des Lignins (vgl. S. 284) und

[1] BRAUNS u. BUCHANAN, J. Am. Chem. Soc. 67, 645 (1945).
[2] PAULY, FOULON u. Mitarb., Ber. 67, 1177 (1934).
[3] ROUTALA u. SEVON, Ann. Acad. Sci. Fennicae 29A, Nr. 11, 48 (1927). — FRIEDRICH, Z. physiol. Chem. 176, 127 (1928).
[4] SCHÜTZ u. KNACKSTEDT, Cellulosechemie, 20, 15 (1942).
[5] FREUDENBERG u. PLANKENHORN, Ber. 75, 857 (1942).
[6] PAULY, Ber. 76, 864 (1943).
[7] Über die Isolierung des Lignins mittels Methanol vgl. S. 232, aber auch F. BRAUNS, J. Am. Chem. Soc. 61, 2120 (1939).

schlägt folgendes Schema für die Spaltung der Furan- oder Pyranringe und der Ätherbrücken in den „Ketten" des Lignins vor:

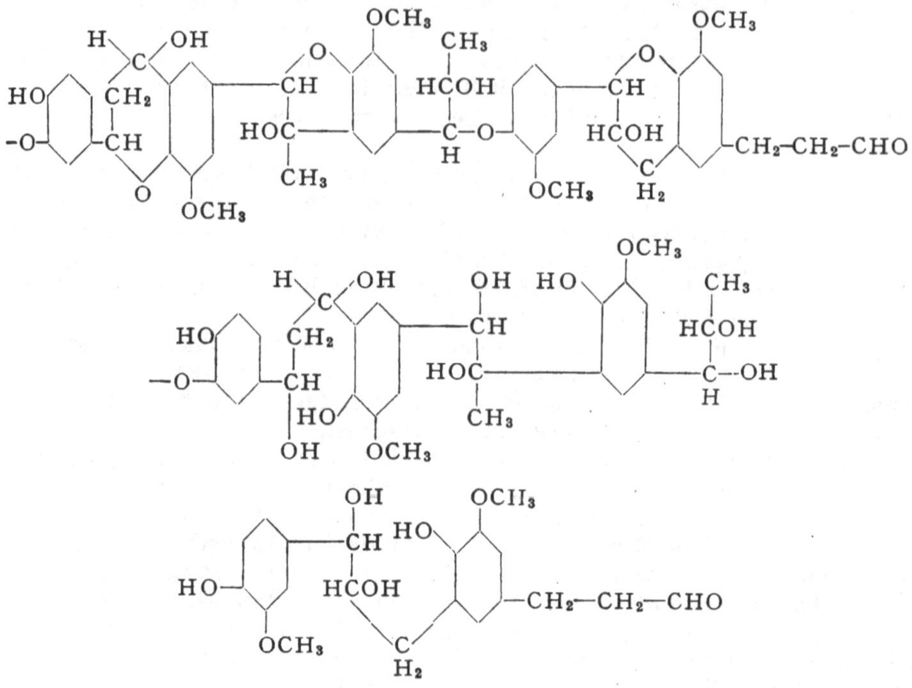

Die Erhöhung der Anzahl freier phenolischer Hydroxyle muß sich bei einer Methylierung mit Diazomethan bemerkbar machen. Die neuentstandenen alkoholischen Hydroxylgruppen lassen sich durch erschöpfende Methylierung mit Dimethylsulfat nachweisen. Mit Hilfe verhältnismäßig komplizierter Berechnungen hat der Autor die nachstehenden Präparate miteinander verglichen: 1. natives Fichtenlignin, 2. Essigsäurelignin ($MgCl_2$) und 3. aus Willstätter-Lignin durch Behandlung mit Essigsäure und $MgCl_2$ dargestelltes Lignin. Der Autor hat dabei festgestellt, daß die Anzahl der Hydroxylgruppen in allen Fällen die gleiche ist.

Die Versuche von Brauns stehen damit im krassen Widerspruch zu den oben erwähnten Vorstellungen über die Spaltung der Ätherbindungen. Besonders deutlich wird dadurch ferner, wie groß die Schwierigkeiten sind, die bei den Untersuchungen der nach irgendeiner Methode isolierten Ligninpräparate auftreten können. In den weiteren Ausführungen soll versucht werden zu zeigen, wie trotzdem doch bestimmtere Angaben und wertvolle Ergebnisse mit Hilfe anderer Methoden erhalten werden können.

Nitrierung und Alkylierung des Lignins

Durch die Nitrierung des Lignins werden keine wesentlich neuen Ergebnisse für die Strukturaufklärung erhalten. Die Delignifizierung des Holzes mit Salpetersäure ist jedoch häufig Gegenstand wissenschaftlich-technischer Untersuchungen gewesen. Besondere Aufmerksamkeit ist dabei auf die Darstellung von Zellstoff aus landwirtschaftlichen Abfällen und die Erhöhung des Gehaltes an α-Cellulose verwandt worden.

Die Nitrierung des Lignins geht relativ leicht vor sich, weshalb bereits seit längerer Zeit die Annahme eines phenolischen Charakters für das Lignin als ziemlich sicher betrachtet wird. FISCHER und TROPSCH[1] haben Salzsäurelignin mit 5 n Salpetersäure zuerst in der Kälte, dann unter Anwärmen so lange behandelt, bis das Produkt sich nicht mehr verfärbte. Zur Reinigung haben die Autoren das Produkt in Alkohol gelöst und unter Eiskühlung trocknen Chlorwasserstoff zur Ausfällung durchgeleitet. Aus 20 g Rohmaterial wird auf diese Weise nur etwas mehr als die Hälfte an gereinigtem Material, das die Zusammensetzung $C_{42}H_{37}N_3O_{24}$ zeigt, erhalten. Auch aus anderen pflanzlichen Rohstoffen isoliertes und nach dem gleichen Verfahren nitriertes Lignin hat stets die gleiche Zusammensetzung.

Sehr leicht reagiert Lignin mit gasförmigem Stickstoffdioxyd. Anfänglich ist lediglich eine Absorption des letzteren zu beobachten. Nach kurzer Zeit jedoch findet infolge von Sekundärreaktionen eine Abspaltung von Stickstoff statt. Bei der Einwirkung von Stickstoffdioxyd auf methyliertes Lignin ist diese Abspaltung nicht beobachtet worden. Jedoch erfolgt eine Abspaltung eines Teiles der Methoxylgruppen in Form von Methanol. Unter günstigen Umständen beträgt das Verhältnis des eingeführten Stickstoffs zu den ursprünglich vorhandenen, aromatischen Methoxylen 1 : 1.

Die Abspaltung von Methoxylgruppen läßt sich folgendermaßen erklären[2]. In der ersten Stufe findet eine Anlagerung von NO_2 und Bildung von HNO_2 nach dem Schema

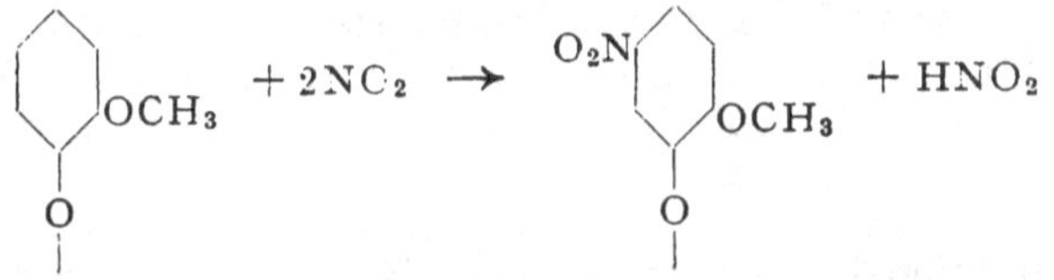

statt. Im weiteren Verlauf der Reaktion entsteht nun eine Dinitroverbindung, in der wahrscheinlich das Methoxyl mit der benachbarten Nitrogruppe reagiert. Schließlich wird Methylnitrit abgespalten, und es bleibt ein Nitrophenol übrig.

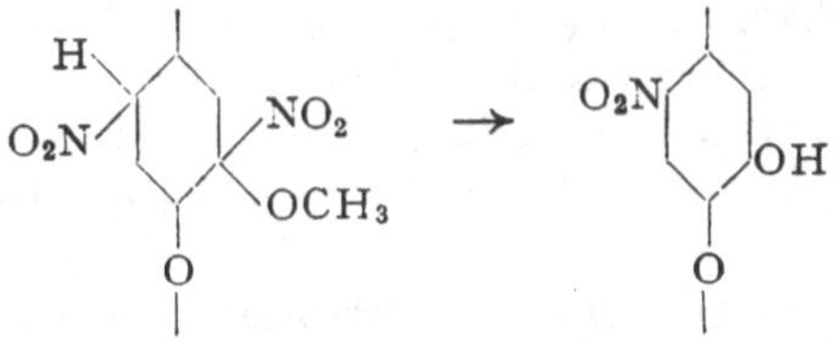

Zur quantitativen Entfernung von Nitrierungsprodukten des Lignins aus Holzmehl haben KÜRSCHNER und HOFFER[3] alkoholische Salpetersäure benutzt.

[1] L. E. WISE, Wood Chemistry, 1944, S. 311.

[2] K. FREUDENBERG u. DÜRR, Ber. **63**, 2713 (1930).

[3] K. KÜRSCHNER u. A. HOFFER, Techn. Chem. Papier u. Zellstoff-Fabr. **26**, 125 (1929); **31**, 1, 17 (1934). — K. KÜRSCHNER u. H. PEIKERT, ibid. **31**, 53 (1934). — K. KÜRSCHNER, Zellstoff-Faser **33**, 1 (1936). — W. RUZICKA u. K. KÜRSCHNER, J. prakt. Chem. **145**, 18 (1936).

[1 Teil HNO_3 ($d = 1,4$) auf 4 Teile Alkohol]. Durch die Anwesenheit des Alkohols wird die hydrolysierende und abbauende Wirkung der Salpetersäure sehr stark herabgesetzt, obwohl unter diesen Bedingungen auch ein Teil der Hemicellulosen in Lösung geht. Das aus der Lösung ausgefällte Nitrolignin ist später ausführlich untersucht worden. Aus der leichten Nitrierbarkeit und der Fähigkeit zur Reaktion mit Brom hat KÜRSCHNER auf einen aromatischen Aufbau des Lignins geschlossen. Der gesamte Stickstoff ist offenbar in Form von Nitrogruppen gebunden, da der nach DUMAS bestimmte Gesamtstickstoff mit dem als NO_2 vorliegenden übereinstimmt. Bemerkt sei jedoch an dieser Stelle, daß der in Form von NO_2 vorliegende Stickstoffgehalt in Nitrolignin aus verschiedenen Ausgangsmaterialien gewissen Schwankungen unterworfen ist (von 9,7 bis 14,6%).

Die Delignifizierung von Holz mit Hilfe verdünnter, wäßriger Salpetersäure (2 bis 7%) bei Temperaturen um den Siedepunkt führt ebenfalls zu stickstoffhaltigen Abbauprodukten des Lignins. Es wird gewöhnlich angenommen, daß dieser Stickstoff ebenfalls in Form von Nitrogruppen gebunden ist, ein experimenteller Beweis steht jedoch noch aus[1].

Häufig schließt man an die heiße Behandlung mit verdünnter Salpetersäure zur Darstellung von faseriger Cellulose noch eine zusätzliche Alkalibehandlung zur Entfernung der löslichen Reaktionsprodukte an. Die hierfür in Betracht kommenden Arbeiten und Patente sind von ARONOVSKY[2] und Mitarbeitern zusammengestellt worden.

Neben der Nitrierung des Lignins finden beim Erhitzen von Holz mit Salpetersäure gleichzeitig noch oxydative und hydrolytische Prozesse statt. So entstehen infolge der Oxydation des Lignins und anderer Reaktionen gasförmige Stoffe wie Kohlenoxyd, Kohlendioxyd und Blausäure, aber auch geringe Mengen Oxalsäure. Auf Grund hydrolytischer Reaktionen wird Essigsäure gebildet. SCHAARSCHMIDT[3] hat gefunden, daß sich ein Drittel des im Lignin vorhandenen Kohlenstoffs nach Behandlung von Buchenlignin mit siedender 7%iger Salpetersäure in den genannten Abbauprodukten wiederfinden läßt. Gleichzeitig findet jedoch eine Reduktion der Salpetersäure und Bildung verschiedener Stickoxyde wie N_2O, NO, N_2O_3 und N_2O_4 statt. Nach CROSS und BEVAN ist das Auftreten von Distickstoffoxyd für die Delignifizierung sehr wesentlich. Entfernt man N_2O aus der Reaktionsmasse und gibt Harnstoff zu, so ist die Wirkung der Salpetersäure die gleiche wie die der anderen, nicht oxydierenden Mineralsäuren. Der Einfluß der anderen Stickoxyde auf das Lignin ist ebenfalls untersucht worden. Die meisten der wissenschaftlich-technischen Arbeiten über die Delignifizierung des Holzes mit Salpetersäure haben praktischen Zwecken gedient.

SOLETSCHNIK[4] hat Espenholz mit der 15fachen Menge 7%iger Salpetersäure auf dem Wasserbad gekocht. Die Versuche haben ergeben, daß die Delignifizierung bei einer Spanngröße von $20 \times 10 \times 0,3$ mm in 1,5 bis 2 Stunden vollständig ist. Die Ausbeute an weichem Zellstoff nach Auswaschen mit heißem Wasser beträgt 53 bis

---

[1] L. E. WISE, Wood Chemistry, 1944, S. 314.

[2] S. ARONOVSKY u. a., Pap. Ind. **21**, 41, 151, 355 (1939).

[3] A. SCHAARSCHMIDT u. P. NOWAK, Cellulosechemie **13**, 143 (1932).

[4] Н. Я. Солечник, Бум. пром. (N. JA. SOLETSCHNIK, Papierind. [russ.]) Nr. 4, 30 (1935); Лесохим. пром. (Holzchem. Ind.) Nr. 10, 21 (1936).

54 %. Die etwas erhöhte Kupferzahl dieses Materials kann durch eine alkalische Behandlung auf den Normalwert heruntergedrückt werden. Die Behandlung mit stark verdünnter Natronlauge (0,05- bis 0,2 %ig) hat sich außerdem zur Erzielung einer entsprechenden hellen Farbe des Fasermaterials als notwendig erwiesen. Wird statt 7 %iger Säure nur 3 %ige angewandt, so erhöht sich die Kochdauer auf 8 Stunden. Der auf diese Weise erhaltene Zellstoff zeichnet sich durch einen sehr niedrigen Aschegehalt aus (etwa 0,07 bis 0,13 %). Besonders wichtig für die Zellstoffherstellung nach diesem Verfahren ist die Löslichkeit des Lignins in verdünnter Natronlauge, da das Lignin in einem halboxydierten Zustand aus dem durch die Oxydation mit Salpetersäure vorbereiteten Holz durch eine zusätzliche Alkalibehandlung entfernt werden kann. Zum Vergleich hat der Autor Salzsäurelignin mit 3 %iger, 7 %iger und 25 %iger Salpetersäure oxydiert und dabei eine Verringerung der Anzahl der Hydroxyle und Methoxyle im Lignin, ferner eine Zunahme der Reduktionsfähigkeit und das Auftreten großer Mengen saurer Gruppen festgestellt. Die zur Neutralisation dieser Gruppen benötigte Menge NaOH beträgt etwa 60 bis 70 % des Lignins.

Nepenin und Starostenko[1] haben vor kurzem die Bedingungen zur Darstellung von Zellstoff nach dem Salpetersäureverfahren aus Silberpappel- und Espenholz untersucht. Dabei ist die Behandlung in zwei Stufen durchgeführt worden. 1. Tränken der Späne mit 6- bis 8 %iger Salpetersäure unter Vakuum und 4stündige Kochung mit stufenweiser Erhöhung der Temperatur von 60 auf 100°. 2. Anderthalb- bis zweistündige Behandlung des oxydierten Holzes mit 4 %iger Natronlauge bei 80 bis 100°. Aus Espenholz läßt sich ungebleichter Zellstoff in einer Ausbeute von 49,3 % gewinnen, die Härte nach Bergmann beträgt 34°, der Gehalt an α-Cellulose 91,2 %. Der Zellstoff zeigt eine Viskosität von 807 cP und eine Kupferzahl von 1,3. Der Verbrauch an Salpetersäure bewegt sich unter Laboratoriumsbedingungen um 20 % des absolut trocknen Holzgewichtes.

Aus der Gasphase lassen sich etwa 15 bis 19 % der Säure wiedergewinnen. Nach der Bleiche und Kaltveredelung enthält der Zellstoff 98 % α-Cellulose und 1,7 bis 2,5 % Pentosan. Das Material hat sich für eine Acetylierung geeignet erwiesen.

Das Salpetersäureverfahren hat in jüngster Zeit zur industriellen Herstellung von Buchenzellstoff Anwendung gefunden. Für Nadelhölzer ist es weniger gut brauchbar, da das Holz in diesem Falle von der Säure schlechter durchtränkt wird. Es sind auch Versuche zur Darstellung von stabilen, für die Praxis brauchbaren Nitroprodukten aus teilweise oder gar nicht delignifiziertem Holz durchgeführt worden. Jahn und Coppick[2] haben dabei gefunden, daß die sonst zur Nitrierung von Baumwolle oder Zellstoff angewandten Bedingungen zur Übertragung auf unverändertes Holz nicht brauchbar sind. Zur Vermeidung eines zu stürmischen Reaktionsverlaufes und eines starken Abbaues muß bei niedrigerer Temperatur und infolgedessen längerer Dauer gearbeitet werden. Die Autoren haben ein Nitriergemisch, bestehend aus 72 % H_2SO_4, 17,2 % HNO_3 und 18,0 % H_2O (Gew.-%) benutzt. Die Nitrierung fand während 5 Stunden bei 10° statt.

Die zur Untersuchung herangezogenen Proben von 10 verschiedenen Holzarten haben bei dieser Bearbeitung ihre ursprüngliche Form beibehalten, die Farbe ist gelb bis bräunlichorange. Nach Extraktion mit heißem Wasser besitzen sie eine bräunliche Farbe. Diese Produkte lassen sich jedoch mit Hypochlorit oder Chlordioxyd leicht bleichen. Die Rohprodukte sind bei mehrstündigem Erhitzen auf 105° stabil, dunkeln jedoch etwas nach. Alle Produkte sind zu etwa 90 % in Aceton löslich. Die aus teilweise delignifiziertem Holz hergestellten Nitrate lösen sich fast vollständig

---

[1] Н. Н. Непенин и Н. П. Старостенко, Изв. Ленингр. лесотехн. акад. (N. N. Nepenin u. N. P. Starostenko, Nachr. Leningr. Holztechn. Akad.) Heft 1 (1951).

[2] Jahn u. Coppick, Ind. Eng. Chem. 33, 678 (1941); vgl. H. Friese u. Fürst, Ber. 70, 1463 (1937).

auf (99,5%). Nach Verdunsten des Lösungsmittels werden verhältnismäßig feste, gelbe Filme erhalten. Die Ausbeute an Nitroprodukten ist bei Nadelhölzern etwas höher als bei Laubhölzern. Die Holznitrate können mit Wasser-Aceton fraktioniert werden, der Stickstoffgehalt in ihnen beträgt etwa 10 bis 11%.

Alkylierungsprodukte des Lignins, besonders methyliertes Lignin, sind häufig zur Bestimmung der Zahl und Art der Hydroxylgruppen Gegenstand ausführlicher Untersuchungen gewesen. Zur Methylierung der sauren Hydroxyle dient Diazomethan, während durch Dimethylsulfat und Alkali alle übrigen, außer den in den Carboxylgruppen enthaltenen, methyliert werden können. BRAUNS[1] nimmt an, daß Lignin, welches mit HCl als Katalysator isoliert worden ist, ebenfalls veräthert ist. Allerdings sind die in diesen Präparaten vorhandenen zwei Alkylgruppen acetalartig gebunden; durch Einwirkung starker Mineralsäuren können sie wieder abgespalten werden. Diese Tatsache ist jedoch bereits erwähnt worden, eine schematische Darstellung befindet sich auf S. 233. An dieser Stelle ist auch bereits dargelegt, daß nach den Angaben des genannten Autors bei der Methylierung von nativem Lignin mit Diazomethan in ätherischer Suspension lediglich die phenolischen Hydroxyle methyliert werden, während mit Diazomethan und Dioxan (bis zu 21,4% OCH_3) eine Enolisierung der Ketogruppe stattfindet und sowohl phenolische als auch enolische Hydroxyle methyliert werden:

$$\begin{array}{lcl} CH_3O & & OCH_3 \\ CH_3O & \multirow{2}{*}{$C_{41}H_{31}O_6$} & OH \\ CH_3O & & OH \\ CH_3O & & OH \\ & & \rangle COCH_3 \end{array}$$

Natives Fichtenlignin mit Diazomethan in Dioxan methyliert

Die gleichen Verhältnisse findet man bei nativem Fichtenlignin, das mit kaltem Äthanol ohne Mithilfe irgendwelcher sauren Katalysatoren isoliert worden ist. Die Menge des auf diese Weise extrahierbaren Lignins beträgt jedoch nur 2 bis 3% des Holzes, und es ist kaum anzunehmen, daß ein Rückschluß auf die im Holz verbleibende Hauptmasse des Lignins gerechtfertigt ist. Außerdem entsteht, sowie man zur heißen alkoholischen Extraktion des Lignins saure Katalysatoren anwendet, sofort die Frage nach der Spaltung der natürlichen Lignin-Kohlenhydrat-Bindungen und nach der Entstehung neuer Gruppen, aber auch nach der eventuellen Acetalisierung des Lignins durch die Alkohole. Wie schwierig es ist, völlig eindeutige Schlüsse über die Zahl und Natur der in schonend, z. B. mittels Eisessig, isolierten Ligninpräparaten vorhandenen Hydroxylgruppen zu erhalten, geht aus unlängst von BELL und WRIGHT[2] veröffentlichten Arbeiten hervor.

Die Autoren haben das Lignin mit Eisessig aus Birkenholz extrahiert und das isolierte Präparat anschließend mit der stärker dissoziierten Ameisensäure gekocht. Bei der Methylierung des erhaltenen Produktes mit Diazomethan ist festgestellt worden, daß die Verluste an freien Hydroxylgruppen geringer sind als die erzielte Erhöhung der Methoxylgruppen. Parallel zur Zunahme an Methoxylen hat auch

[1] F. BRAUNS, J. Am. Chem. Soc. **61**, 2120 (1939).
[2] BELL und WRIGHT, Canad. J. Research **27**, 565 (1949); J. Am. Chem. Soc. **72**, 1495 (1950).

eine verstärkte Anlagerung von GRIGNARD-Reagens stattgefunden, woraus die Autoren auf die Anwesenheit einer Laktonbindung im isolierten (aber nicht im nativen) Birkenlignin geschlossen haben:

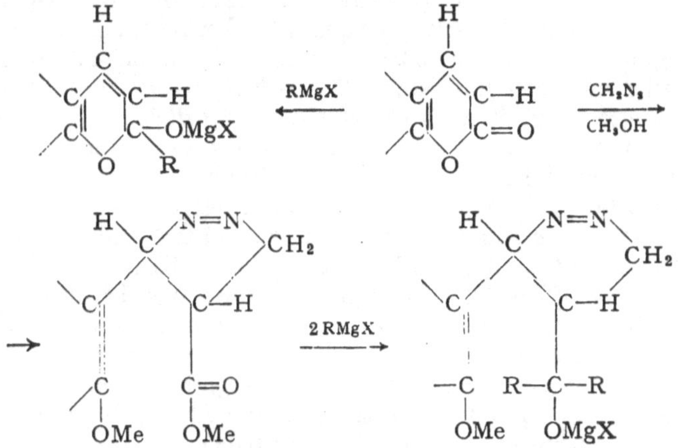

Danach muß der Erhöhung der Anzahl Methoxyle im methylierten Lignin auch eine Erhöhung der Additionsfähigkeit für GRIGNARD-Reagens ohne Verringerung der Menge an aktiven Hydroxylgruppen entsprechen. Als Beweis für die Richtigkeit ihrer Annahme führen die Autoren entsprechende Daten an (OCH_3-Gehalt, Hydroxylgehalt, Menge des angelagerten RMgX usw.). All das zeigt jedoch nur, mit welchen Schwierigkeiten die Bestimmung des Gehaltes an aktiven Hydroxylgruppen in verschieden isolierten Ligninpräparaten verbunden ist.

Aus diesen Gründen lassen sich die von verschiedenen Autoren für die Anzahl und die Art der Hydroxylgruppen des Lignins gemachten Angaben, selbst für die gleiche Holzart, nicht miteinander vergleichen, sobald das Lignin nach verschiedenen Verfahren isoliert ist. Die in vielen Standardwerken zitierten alten Werte von POWELL, WHITTAKER und anderen[1] für die methylier- und acetylierbaren Hydroxyle des durch den relativ kräftigen, alkalischen Aufschluß isolierten Lignins können ebenfalls kaum als Grundlage für zuverlässige Aussagen über den Aufbau des nativen Lignins dienen. Durch die Behandlung mit 6- bis 8%iger Natronlauge bei 140 bis 160° werden zweifellos gewisse Veränderungen bewirkt. Außerdem ist nicht anzunehmen, daß das aus der Lösung ausgefällte Alkalilignin frei von Verunreinigungen ist.

Andere Autoren[2] haben Salzsäurelignin in 10%iger Natronlauge suspendiert und durch allmähliche Zugabe der 6fachen Menge Dimethylsulfat bei 60° methyliert. Der Methoxylgehalt stieg dabei von 14,6 auf 20,7%. Durch wiederholte Behandlung ist es gelungen, ein Produkt mit 26,29% OCH_3 zu erhalten. Ein Ligninpräparat, das vor der Methylierung mit Natronlauge im Autoklaven auf 170° erhitzt worden war, zeigte schließlich einen Methoxylgehalt von 24,69%[3].

---

[1] Ausführlicher in der älteren Auflage Н. И. Никитин, Химия древесины (N. I. NIKITIN, Chemie d. Holzes) 1935, S. 139.

[2] E. HEUSER, R. SCHMIDT u. L. GUNKEL, Cellulosechemie 2, 81 (1921).

[3] E. HEUSER, S. SAMUELSEN, Cellulosechemie 3, 78 (1922).

Harris und Mitarbeiter[1] haben durch stufenweise Methylierung von Fichtenlignin (mit 70%iger H_2SO_4 isoliert) mittels Dimethylsulfat und verschiedenen Alkalikonzentrationen Produkte mit 20,9, 24,1 und 32,2% OCH_3 darstellen können. Lignin aus Laubhölzern (Zuckerahorn) läßt sich mit Dimethylsulfat wesentlich leichter, selbst bei sehr geringen Alkalikonzentrationen, methylieren. Methanollignin aus Fichtenholz kann mit Dimethylsulfat und Aceton bei 20° mit einem geringen Überschuß (5 bis 10%) an Natronlauge methyliert werden[2]. In analoger Weise verläuft auch die Methylierung der Lignosulfonsäure[3].

Vor einigen Jahren[4] ist ein etwas praktischeres Verfahren zur Darstellung der verschiedensten Äther des Lignins beschrieben worden. Als Ausgangsmaterial ist das mit Hilfe von Kohlensäure aus der Schwarzlauge des Sulfataufschlusses ausfällbare Alkalilignin verwandt worden[5]. Die wäßrige Lösung des Alkalilignins wird zunächst mit neutralem oder basischem Bleiazetat behandelt, wobei das „Bleisalz" des Lignins ausfällt, das dann zur Umsetzung mit den Alkylhalogeniden dient. Das Bleisalz ist nach Angabe der Autoren anscheinend ein Gemisch aus zwei Komponenten. In der ersten ist ein Atom an zwei OH-Gruppen des Grundmoleküls des Lignins ($M = 840$), dargestellt S. 233, gebunden, in der zweiten dagegen sind drei Atome Blei mit zwei Grundmolekülen Lignin verbunden. Auf diese Weise haben die Autoren den Methyl-, Propyl-, Butyl-, Amyl-, Benzyl-, Stearyl- und andere Äther des Alkalilignins von Laubholz dargestellt. Im allgemeinen verläuft die Reaktion mit den Jodalkylen etwas schneller als mit den entsprechenden Bromderivaten. Ebenfalls sind die Halogenalkyle mit den kürzeren Alkylresten reaktionsfähiger als diejenigen mit langen Resten. So reagiert z. B. Stearylbromid bei 210° in 5 bis 6 Stunden, während das Jodid bereits mit Leichtigkeit bei 180° zur Umsetzung fähig ist. Es ist jedoch anzunehmen, daß die von den Autoren angegebenen hohen Temperaturen zweifellos ziemlich wesentliche Veränderungen des Lignins während der Alkylierung hervorrufen.

Von verschiedenen Autoren ist auch die Acylierung des Lignins zur Bestimmung der aktiven Hydroxylgruppen herangezogen worden. Pringsheim[6] hat zu diesem Zweck Salzsäurelignin mit Essigsäureanhydrid und Pyridin azetyliert. Im Falle von Nadelholzlignin ist es gelungen, Produkte mit 19,8% Essigsäure, bei Weißbuche sogar 37,8% und Stroh 27,2% zu erhalten.

Durch direkte Azetylierung von Fichtenholz mit Essigsäureanhydrid und sehr wenig Schwefelsäure als Katalysator hat Fuchs[7] ein Produkt mit 41% CH_3CO in einer Ausbeute von 150% und vollständiger Holzstruktur dargestellt. Eine Wiederholung der Behandlung bewirkte nur noch eine unwesentliche Erhöhung des Azetylgehaltes. Die Analyse des Materials ergab, daß es fast vollständig aus Triazetylcellulose (44,5% Azetyl) und azetyliertem Lignin (33% Azetyl) besteht. Bei Behandlung mit Lösungsmitteln, die eine gute Lösefähigkeit für Celluloseazetat besitzen, geht jedoch nur ein relativ geringer

---

[1] E. Harris, E. Sherrard u. R. Mitchell, J. Am. Chem. Soc. 56, 889 (1934).
[2] B. Compton u. H. Hibbert, Canad. J. Research 15B, 38 (1937).
[3] Vgl. z. B. D. M. Ritter, Olleman u. a., J. Am. Chem. Soc. 72, 1347 (1940).
[4] F. Brauns u. Lewis, Ind. Eng. Chem. 37, 70 (1945).
[5] Ausführlicher in Plungian, Ind. Eng. Chem. 32, 1399 (1940).
[6] H. Pringsheim u. H. Magnus, Z. physiol. Chem. 105, 109 (1919).
[7] W. Fuchs, Ber. 60, 957 (1927).

Anteil in Lösung. Behandelt man das azetylierte Material nach der Methode von CROSS und BEVAN mit Chlor und Natriumsulfit, so läßt sich das Lignin fast quantitativ entfernen.

Das azetylierte Holz enthält in seinem Ligninanteil eine größere Zahl von azetylierten Hydroxylgruppen als entsprechend behandeltes isoliertes Salzsäurelignin. Im letzteren findet man lediglich ein CH_3CO und folglich auch nur ein aktives Hydroxyl je Methoxylgruppe. Bei längerem Liegenlassen des Holzazetates ist eine teilweise Abspaltung von Azetylgruppen festzustellen.

Benzoylderivate[1] des „Primärlignins" und andere Ligninester sind ebenfalls dargestellt worden. BRAUNS[2] hat z. B. durch Einwirkung der entsprechenden Säurechloride auf die salzartige Bleiverbindung des Lignins aus Laubhölzern Ester der Propionsäure, Ölsäure, Benzoesäure und Stearinsäure gewonnen. Auch andere Metallverbindungen des Lignins sind isoliert und zur Synthese von Estern benutzt worden. Zur Veresterung wird die Metallverbindung in Dioxan suspendiert und mit dem jeweiligen Säurechlorid am Rückflußkühler erhitzt. Der gebildete Ligninrest löst sich in dem Lösungsmittel auf und kann durch Äther oder Wasser ausgefällt werden. Durch die Analyse ist gefunden worden, daß im Falle der niederen Vertreter der Fettsäurereihe mit einer Grundeinheit des Lignins ($M = 840$) drei Acylgruppen reagieren. Mit zunehmender Kettenlänge des Acylrestes wird die Stärke der Acylierung geringer.

N. NIKITIN und T. RUDNJEWA[3] haben aus Salzsäurelignin und Monochloressigsäure den entsprechenden Ester erhalten. Die Reaktion verläuft bei 100 bis 120° in einigen Stunden, wobei sich das Lignin im Überschuß des Reagens auflöst. Nach Beendigung der Reaktion wird filtriert und mit viel Äther gefällt. Zur Reinigung wird das Produkt mit wasserfreiem 15%igem, alkoholischem Ammoniak und schließlich mit Alkohol gewaschen. Aus dem letzteren läßt sich Chloracetamid (F. 116 bis 117°) mit 37,5% Cl isolieren. Der Monochloressigsäureester des Lignins ist in Aceton nur in frisch gefälltem Zustand löslich, nach Trocknen bei 105° ist er unlöslich. In der Farbe unterscheidet sich der Ester von gewöhnlichem Salzsäurelignin in keiner Weise.

Bei direkter Einwirkung von Monochloressigsäure auf Fichtenholz gehen ca. zwei Drittel des veresterten Lignins und ein Teil der Kohlenhydrate in Lösung. Die Gegenüberstellung der Werte für die Elementarzusammensetzung, aber auch den Methoxyl- und Chlorgehalt im gereinigten Chloracetat des Lignins mit den nach der Formel von FREUDENBERG berechneten ergibt, daß etwa $^3/_4$ aller Hydroxylgruppen des Lignins verestert werden.

Einführung in die Strukturuntersuchung von Lignin aus Sulfitablaugen

Die bereits 1892 aus den Ablaugen der Sulfitzellstoffherstellung isolierte sogenannte „Lignosulfonsäure" ist bis in die heutige Zeit Gegenstand zahlreicher, sehr eingehender Untersuchungen. Mit dem Chemismus des Sulfitaufschlusses von Holz befaßt sich ein besonderer Abschnitt dieses Buches, an dieser Stelle seien die mit der Strukturaufklärung der Lignosulfonsäure verbundenen Arbeiten angeführt, die für die Entwicklung der Ligninchemie seit 1910 von

[1] A. FRIEDRICH u. J. DIWALD, Monatsh. **46**, 31 (1925).
[2] F. BRAUNS u. LEVIS, Ind. Eng. Chem. **37**, 70 (1945).
[3] Н. И. Никитин и Т. И. Руднева, ЖПХ (N. I. NIKITIN u. T. I. RUDNJEWA, Z. Angew. Chemie [russ.]) **10**, 1915 (1937).

großer Bedeutung sind. In dieser Zeit sind bis zu einem gewissen Grade die grundlegenden Vorstellungen über den Aufbau der im Lignin enthaltenen aromatischen Verbindungen entstanden[1].

Bisher sind unzählige Strukturformeln für das Lignin aufgestellt worden, für die jedoch nur unzureichendes experimentelles Material vorliegt und die deshalb nicht als bewiesen angesehen werden können. Zur Begründung dieser Formeln ist man von der charakteristischen Anordnung der funktionellen Gruppen, von Angaben über Zerfallsprodukte und von den verschiedenen Derivaten ausgegangen. Ebenso beachtet worden sind aber auch Molekulargewichtsbestimmungen, die Elementarzusammensetzung und das spektroskopische Verhalten.

Klason hat sich bei seinen Arbeiten über die Natur des Lignins auf die nahe Verwandtschaft der im Ligninkomplex enthaltenen aromatischen Kerne mit der Protocatechusäure $C_6H_3(COOH)(OH)_2$—1,3,4 gestützt. Die letztere erhält man beim Schmelzen von Lignin mit Ätzkali, aber auch aus Coniferylalkohol

$$C_6H_3(CH{=}CH{-}CH_2OH)\cdot(OCH_3)\cdot(OH){-}1,3,4$$

oder Coniferylaldehyd $C_6H_3(CH{=}CH{-}CHO)(OCH_3)(OH)$. Zu der gleichen Klasse von Verbindungen, die der Autor häufig zu Vergleichen herangezogen hat, gehört auch das Vanillin, das die Seitengruppen in gleicher Anordnung enthält, und der Zimtaldehyd $C_6H_5{-}CH{=}CH{-}CHO$. Vanillin und Protocatechusäure sind in ihrem Bau ähnlich den substituierten Phenolen, die bei der trocknen Destillation von Nadelholz oder der thermischen Zersetzung von Lignin entstehen. In geringen Mengen hat man Vanillin schon vor längerer Zeit in Sulfitablaugen aufgefunden. Bei vorsichtiger „Sublimation" der verschiedensten Ligninpräparate auf dem Uhrglas ist stets ein deutlicher Vanillingeruch wahrnehmbar. Coniferylalkohol kommt in geringen Mengen als Glukosid, Coniferin im Frühjahr im Kambialsaft der Kiefer vor. Für das Coniferin hat sich folgender Aufbau ergeben:

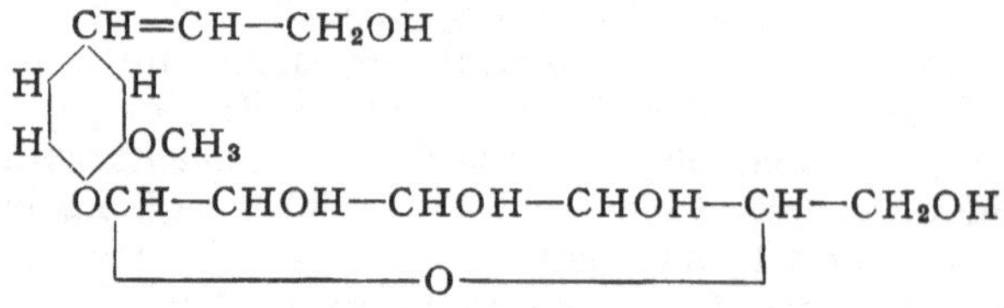

Durch das Ferment Emulsin wird Coniferin hydrolytisch gespalten. Unter Wasseraufnahme entsteht Coniferylalkohol und Glukose.

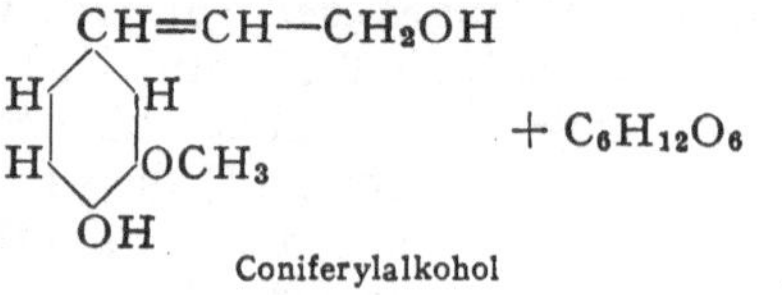

Coniferylalkohol

Die zur Gruppe der Protocatechusäure und den Derivaten des Zimtalkohols gehörenden Stoffe sind in der Pflanzenwelt allgemein sehr verbreitet. Eine

[1] Literaturübersicht in P. Klason, Cellulosechemie **13**, 113 (1932). Ausführlichere Angaben über die Sulfitkochung siehe im Abschn. **17** dieses Buches.

erste Verallgemeinerung über die Verwandtschaft der aromatischen Ligninstoffe mit den genannten Verbindungen hat KLASON anläßlich von Untersuchungen über das Verhalten von Lignin und Zimtaldehyd gegen schweflige Säure ausgesprochen, wobei der Autor für die Addition der Säure die in den Seitenketten des Lignins vorhandenen Doppelbindungen verantwortlich gemacht hat. Zum Beispiel wird beim Erhitzen von Zimtaldehyd mit einer wäßrigen Lösung von schwefliger Säure diese nach folgendem Schema angelagert.

$$C_6H_5 \cdot CH{=}CH{-}CHO + H_3SO_3 \rightarrow C_6H_5 \cdot CH_2{-}CH(SO_3H){-}CHO$$

Nach Ansicht KLASONs entsteht aus einem Teil der H_2SO_3 eine Hydrosulfonsäure, der andere Teil kann jedoch mit den Aldehydgruppen des Lignins unter Bildung der Bisulfitverbindung reagieren.

$$R{-}CHO + NaHSO_3 \rightarrow R \cdot CH(OH) \cdot SO_3Na$$

Die Anwesenheit von Aldehydgruppen im Lignin hat der Autor aus dem analogen Verhalten einfacher Aldehyde gefolgert. Aus Sulfitablaugen isoliertes Lignin enthält stets gebundenes SO_2, das mit Mineralsäuren oder Alkalien abgespalten werden kann, ähnlich wie aus den Bisulfitverbindungen einfacher Aldehyde. Der andere Teil der schwefligen Säure, der an die Doppelbindungen angelagert ist, scheint fester gebunden zu sein, wie das auch bei den entsprechenden Hydrosulfonsäuren des Zimtaldehyds, Coniferylalkohols und ähnlichen Stoffen der Fall ist[1]. Gibt man zu der Sulfitablauge gesättigte Calciumchloridlösung, so fällt ein Teil (70%) des darin enthaltenen Lignins als α-Lignosulfonsäure[2] aus, während die restlichen 30% sich durch Schwermetallsalze, wie Bleiacetat, als β-Ligninsulfonsäure fällen lassen. Die erstere kann auch durch β-Naphthylaminhydrochlorid ausgefällt werden. In diesem Falle erhält man einen charakteristischen gelben Niederschlag, der in gleicher Form und Farbe auch mit der Hydrosulfonsäure des Zimtaldehyds entsteht. Dieser Umstand hat KLASON ebenfalls in der Annahme einer engen Verwandtschaft zwischen diesen Stoffen bestärkt.

Bei der Einwirkung von β-Naphthylamin auf die Hydrosulfonsäure des Zimtaldehyds sind zwei mögliche Reaktionen denkbar. 1. Ähnlich wie bei anderen Aminen entsteht durch die Wirkung von Säuren das entsprechende Salz einer substituierten Ammoniumbase:

$$C_{10}H_7NH_2 + C_6H_5CH_2 \cdot CH\begin{cases}SO_3H\\CHO\end{cases} = \underset{\text{Naphthylammoniumsalz}}{C_6H_5 \cdot CH_2 \cdot CH\begin{cases}SO_2ONH_3C_{10}H_7\\CHO\end{cases}}$$

2. Die andere Reaktion kann über die Carbonylgruppe des Zimtaldehyds verlaufen, dabei bilden sich aus aromatischen Aldehyden und Aminen die sogenannten Anile oder Schiffsche Basen:

$$\underset{\text{Naphthylamin}}{C_{10}H_7NH_2} + \underset{\text{Zimtaldehyd}}{C_6H_5CH{=}CH{-}CHO} \rightarrow \underset{\text{Anil}}{C_{10}N_7N{=}CH{-}CH{=}CH{-}C_6H_5} + H_2O$$

[1] In neuerer Zeit sind von HÄGGLUND und anderen abweichende Theorien über die Anlagerung der schwefligen Säure durch das Lignin aufgestellt worden. Die leicht abspaltbare H_2SO_3 wird danach nicht an die Carbonylgruppen des Lignins, sondern an die Aldehydgruppen der in der Ablauge vorhandenen Zucker angelagert.

[2] Genauer als Ca-Salz dieser Säure: $[R_1CH_2{-}CH(SO_2O){-}CHO]_2Ca$, wobei R_1 den Ligninrest bedeutet.

Nach KLASON verläuft die Reaktion zwischen dem Naphthylaminhydrochlorid und der Hydrosulfonsäure des Zimtaldehyds unter Entstehung eines gelben Niederschlags eines zyklischen Salzes, das durch Wasseraustritt und Ringschluß aus dem Naphthylammoniumsalz entsteht[1]:

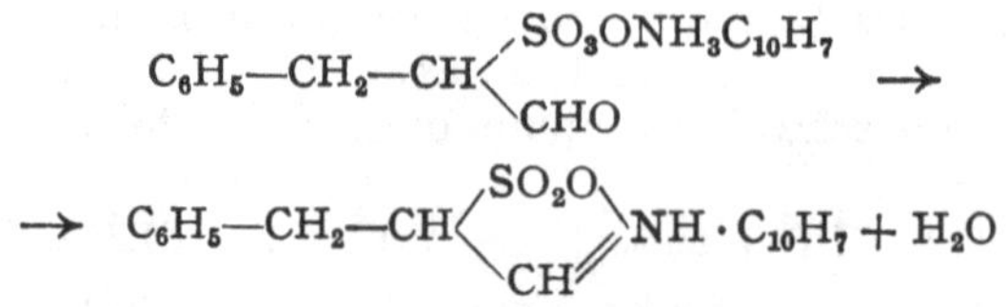

Gelbes Komplexsalz

Bei der Analyse der Verbindung von β-Naphthylamin mit der Hydrosulfonsäure des Zimtaldehyds hat KLASON gefunden, daß der Stickstoff- und Schwefelgehalt dem atomaren Verhältnis entspricht. Das gleiche Ergebnis ist im Falle der Verbindung von β-Naphthylamin mit Lignosulfonsäure erhalten worden. Auch die weitere Untersuchung der Naphthylammoniumverbindung der Lignosulfonsäure hat die enge Verwandtschaft mit der entsprechenden Verbindung des Zimtaldehyds im Sinne KLASONs ergeben. Andere Auslegungen werden weiter unten besprochen (S. 270).

An Hand der analytischen Daten kommt KLASON schließlich zu der Schlußfolgerung, daß bei dem Sulfitaufschluß von Nadelholz der größte Teil des Lignins in der Lösung als Hydrosulfonsäure des trimeren Coniferylaldehyds $(C_{10}H_{10}O_3)_3 \cdot H_2SO_3$ vorliegt. Die empirische Formel des entsprechenden zyklischen β-Naphthylammoniumsalzes lautet dann $(C_{10}H_{10}O_3)_3 \cdot H_2SO_3 \cdot C_{10}H_7NH_2$, bei der Bildung wird ein Mol Wasser frei: Die für die Elementarzusammensetzung, den Gehalt an Schwefel, Stickstoff und Methoxyl gefundenen Werte zeigen mit den nach dieser Formel berechneten eine gute Übereinstimmung. Von diesen Untersuchungen ausgehend nimmt der Autor für den größten Teil des Nadelholzlignins (70%) die empirische Formel des trimeren Coniferylaldehyds an:

$$[C_6H_3(CH{=}CH{-}CHO)(OCH_3)(OH)]_3$$

KLASON hat ferner gefunden, daß bei energischerer Sulfitkochung von Nadelholz noch ein Naphthylammoniumsalz etwas anderer Zusammensetzung $(C_{10}H_{10}O_3)_2 \cdot H_2SO_3 \cdot C_{10}H_7NH_2$ erhalten werden kann. Er nimmt deshalb an, daß das Sulfitlignin von Nadelhölzern in seinem Aufbau der trimeren oder dimeren Form des Coniferylaldehyds entspricht. Auf Grund der Tatsache, daß mit Hilfe von Schwermetallsalzen noch weitere Ligninmengen aus der Sulfitablauge ausgefällt werden können, die eine andere empirische Zusammensetzung besitzen, nimmt der Autor ferner an, daß das Nadelholzlignin kein chemisch einheitlicher Stoff ist, sondern aus sehr ähnlichen aromatischen Verbindungen aufgebaut ist (vgl. S. 283).

Die nahe Verwandtschaft der α-Lignosulfonsäure mit den entsprechenden Derivaten des Coniferylaldehyds wird indirekt durch die Oxydation der Lignosulfonsäure bestätigt, wobei von anderen Autoren Vanillin erhalten worden ist.

[1] Von KLASON ist wahrscheinlich für Sulfitlignin auch eine dem zyklischen Salz isomere Verbindung erhalten worden, möglicherweise aber auch eine Verbindung der Lignosulfonsäure mit 2 Mol Naphthylamin.

Zur Erhärtung seiner Ansichten über die Natur des Lignins hat KLASON noch einige Synthesen durchgeführt, über die kurz berichtet werden soll.

Bei langsamer Oxydation von Coniferylalkohollösung unter Luftzutritt, die durch Platinmohr beschleunigt werden kann, entsteht Coniferylaldehyd, der durch die Rotfärbung mit Phloroglucin-Salzsäure erkannt werden kann. Der Alkohol selbst gibt diese spezifische Ligninreaktion nicht. Durch Zugabe von Naphthylaminhydrochlorid zu der Lösung wird ein Niederschlag erhalten, der aus den Anilen des di- und trimeren Coniferylaldehyds besteht. Wird jedoch die Lösung zunächst mit SO_2 gesättigt und erhitzt, um dann die Fällung mit dem Naphthylamin durchzuführen, so entsteht ein gelber Niederschlag, der in seinen Eigenschaften und seiner Zusammensetzung mit dem aus α-Lignosulfonsäure darstellbaren identisch ist. Der Autor hat angenommen, daß ihm auf diese Weise die Synthese der in der Sulfitablauge enthaltenen α-Lignosulfonsäure, die etwa $^2/_3$ des Ligninkomplexes ausmacht, gelungen ist.

Andererseits hat KLASON angenommen, daß eine Synthese der α-Lignosulfonsäure auch möglich ist, wenn vom Vanillin ausgegangen wird, das mit Acetaldehyd unter Aldolkondensation reagiert, wobei dann Vanillylaldol entsteht:

$$C_6H_3(CHO)(OCH_3)(OH) + CH_3CHO \rightarrow$$

$$\rightarrow \begin{matrix} CH_3O \\ HO \end{matrix}\!\!>\!C_6H_3 \cdot CH(OH) \cdot CH_2 \cdot CHO$$

Das Vanillylaldol geht unter Abspaltung des Aldolwassers in den aktiven Coniferylaldehyd über, der zur Reaktion mit schwefliger Säure und Bildung der entsprechenden Hydrosulfonsäure fähig ist[1]. Die aliphatische Seitengruppe des Lignins besitzt nach Ansicht KLASONs Aldolcharakter. Danach ist auch die Doppelbindung im nativen Lignin nicht vorgebildet, sondern entsteht erst durch Einwirkung der schwefligen Säure und ähnlicher Agenzien auf das Holz. Durch die Erhitzung findet die Abspaltung des Aldolwassers statt, und an die entstandene Doppelbindung lagert sich dann H_2SO_3 an. Das native α-Lignin kann durch folgende Formel ausgedrückt werden:

$$C_6H_3(CH{\cdot}OH-CH_2-CHO) \cdot (OCH_3)(OH)_3, \text{ d. h. } (C_{10}H_{12}O_4)_3$$

Die Ansichten KLASONs über die Zusammensetzung des β-Lignins sind durch neuere Untersuchungen nicht bestätigt worden. Die thermischen Veränderungen des Lignins bei der Kochung, die Umsetzungen und Spaltungen sind von ihm nicht in genügender Weise berücksichtigt worden.

Die Bindung zwischen den einzelnen Coniferylaldehydringen im trimeren Molekül des α-Lignins hat KLASON für acetalartig gehalten, d. h. über die Aldehyd- und phenolischen Hydroxylgruppen:

$$HO \cdot R \cdot CH\!\!<\!\!\begin{matrix} OH \\ O \cdot R \cdot CH\!\!<\!\!\begin{matrix} OH \\ O \cdot R \cdot CHO \end{matrix} \end{matrix}$$

---

[1] PAULY und FEUERSTEIN [Ber. 62, 297 (1929)] haben nachgewiesen, daß KLASON bei der Synthese überhaupt keinen Coniferylaldehyd erhalten hat und daß dieser auch nicht zur Polymerisation geneigt ist.

Es ist bereits oben zum Ausdruck gebracht worden, daß die Untersuchungen KLASONs über das Sulfitlignin in dieses schwierige Gebiet etwas Licht gebracht und unzählige Arbeiten nach sich gezogen haben. Seine Vorstellungen über die Natur des α-Lignins sind deshalb hier ohne die in den vergangenen Jahren erfolgten Einwendungen, besonders infolge der Arbeiten von HÄGGLUND[1] über das Sulfitlignin, besprochen worden. Die Sulfitlignine stellen thermisch und hydrolytisch veränderte Produkte dar, in denen wohl schwerlich einfache stöchiometrische Verhältnisse zu finden sein werden. Mit größerer Wahrscheinlichkeit darf angenommen werden, daß das α-Lignin ein modifizierter Teil des nativen Lignins ist, der durch die energischere Behandlung mit der Kochsäure erhalten wird. N. NIKITIN und I. ORLOWA[2] haben am Beispiel der Kondensationsprodukte von Salzsäurelignin mit Benzaldehyd gezeigt, daß das Lignin bei 130 bis 150° thermische Veränderungen erleidet und in verschiedene Teile gespalten wird.

In gleicher Weise geht auch aus den Arbeiten anderer Autoren hervor, daß die elementare Zusammensetzung verschiedener Lignosulfonsäurepräparate in Wirklichkeit nicht konstant ist (27,4 bis 34,1 C-Atome pro Atom S) und daß auch keine Rede von den bei KLASON angeführten einfachen, stöchiometrischen Verhältnissen sein kann. So hat auch FREUDENBERG auf die wechselnde Zusammensetzung von unter verschiedenen Bedingungen erhaltenen Lignosulfonsäuren und die bei dieser Reaktion herrschenden pseudostöchiometrischen Beziehungen hingewiesen. KLASON hat bei seinen Versuchen amorphe Stoffe isoliert und untersucht, und es ist wohl kaum anzunehmen, daß die von ihm erforschten α- und β-Lignosulfonsäuren völlig einheitliche Verbindungen gewesen sind.

Die Vorstellung von KLASON, daß die Äthylenbindungen im Lignin erst während des Kochprozesses entstehen, wird in ähnlicher Form auch von anderen Autoren geteilt. So hat z. B. FREUDENBERG einmal angenommen, daß ungesättigte Bindungen im Lignin für gewöhnlich in geringer Menge vorhanden sind. Ihre Bildung kann durch Wasserabspaltung aus benachbarten $—CH_2—CHOH$- oder —CHOH—CHOH-Gruppen der Seitenketten erfolgen.

Mit Hilfe von Mineralsäuren oder durch Extraktion mit organischen Verbindungen isolierte Ligninpräparate sind in heißen Bisulfitlösungen unlöslich. Jedoch kann die Löslichkeit von Salzsäurelignin in Bisulfitlauge je nach den Isolierungsbedingungen variieren. Hydrolysenlignin ist einer Sulfonierung kaum zugänglich. Je weiter die Kondensation des Lignins fortgeschritten ist, um so weniger wird es bei der Bisulfitbehandlung angegriffen. Dabei entsteht zunächst in der festen Phase eine unlösliche Lignosulfonsäure, deren allmähliche Auflösung von der Acidität der Lösung abhängig ist. Bei Gegenwart von freier H_2SO_3 verläuft die Sulfonierung des Lignins schneller als z. B. lediglich mit Kaliumbisulfit[3].

Es ist ferner nachgewiesen worden[4], daß mit Diazomethan zwecks Blockierung der phenolischen Hydroxyle methyliertes Fichtenholz sich nur sehr

[1] E. HÄGGLUND, Zellst. u. Papier **13**, 261 (1933).

[2] Н. И. Никитин и И. М. Орлова, ЖПХ (N. I. NIKITIN u. I. M. ORLOWA, Z. Angew. Chemie [russ.]) **8**, 1402 (1935).

[3] E. HÄGGLUND u. T. JOHNSON, Biochem. Z. **202**, 439 (1928). — E. HÄGGLUND, EKWALL u. HOSTOMSKY, Wochenbl. Papierfabr. **63**, Nr. 23A, 26 (1932).

[4] F. BRAUNS u. D. BROWN, Ind. Eng. Chem. **30**, 779 (1938).

schwer sulfonieren läßt. Die bei der Kochung dieses Holzes entstehende Lignosulfonsäure enthält nur die Hälfte an gebundenem Schwefel, wie eine aus nicht methyliertem Holz dargestellte. Die Autoren folgern daraus, daß sich die freien Phenolgruppen des Lignins an der Sulfonierung beteiligen. Dieser Schluß ist jedoch etwas zweifelhaft, da bei der Behandlung des Holzes mit Diazomethan nicht nur die phenolischen Hydroxylgruppen blockiert werden, sondern auch die Lyophilität und Quellbarkeit des Materials stark verändert werden, was ein erschwertes Eindringen der Bisulfitlauge zur Folge hat. Bekannt ist, daß das mit Dimethylsulfat methylierte Flachslignin (25,6% OCH_3) sogar in Alkalien unlöslich wird[1].

HÄGGLUND und CARLSSON[2] haben die Hypothese über das Auftreten von Äthylenbindungen im Lignin während der Sulfitkochung einer kritischen Betrachtung unterzogen. Wenn wirklich entsprechende Bindungen infolge Dehydratisierung der $—CH_2—CHOH-$ bzw. CHOH—CHOH-Gruppen auftreten, so muß nach der Sulfonierung eine Abnahme der methylierbaren Hydroxyle zu beobachten sein. Dies ist jedoch nicht der Fall, wie die genannten Autoren gezeigt haben.

HOLMBERG[3] hat gefunden, daß einige Verbindungen mit alkoholischen Hydroxylgruppen beim Erhitzen mit schwefliger Säure und Bisulfit leicht unter Bildung stabiler Sulfonsäuren reagieren. So lassen sich z. B. Phenylmethylkarbinol $(C_6H_5)(CH_3)(CHOH)$ und Diphenylkarbinol mit Bisulfit, Thioglykolsäure oder Äthanol (bei Gegenwart von HCl) nach folgendem allgemeinem Schema umsetzen:

$$C_6H_5CH(OH)CH_3 \xrightarrow{H_2SO_3} C_6H_5CH(SO_3H)CH_3 + H_2O$$

In ähnlicher Weise können die Hydroxylgruppen durch folgende Radikale substituiert werden: $—S—CH_2—COOH$, $—O—C_2H_5$ oder $—SCH_3$. Auch Vanillylalkohol $C_6H_3(CH_2OH)(OCH_3)(OH)—1,3,4$ reagiert sehr leicht mit schwefliger Säure. Allerneueste Arbeiten haben ergeben, daß auch das Lignin in der gleichen Weise reagieren kann. Dabei werden durch die HSO_3-Gruppen diejenigen Hydroxyle ersetzt, die bei der Äthanolyse (vgl. S. 000) Äthoxyäther ergeben. Dieses Sulfonierungsschema ist durch die neuesten Forschungen bestätigt worden[4].

Daß die Sulfonierung des Lignins unter gleichzeitiger Sprengung der Sauerstoffbrücke nach dem Schema

$$—CH_2—\underset{\diagdown O \diagup}{CH—CH_2} + H_2SO_3 \rightarrow —CH_2—CH\cdot SO_3H—CH_2OH$$

stattfinden kann, ist bereits von verschiedenen Autoren[5] zum Ausdruck gebracht worden. FREUDENBERG und Mitarbeiter[6] haben darauf hingewiesen, daß die aus dem Isoeugenol synthetisch darstellbare „ERDTMANsche Säure“ in diesem Falle eine geeignete Modellsubstanz darstellt.

[1] W. POWELL u. H. WHITTAKER, J. Chem. Soc. **125**, 357 (1924).
[2] E. HÄGGLUND u. CARLSSON, Biochem. Z. **257**, 467 (1933).
[3] B. HOLMBERG, Ber. **69**, 115 (1936).
[4] E. HÄGGLUND, Das Papier, Heft 3/4 (1951), S. 38.
[5] E. HÄGGLUND u. CARLSSON, Biochem. Z. **257**, 467 (1933).
[6] K. FREUDENBERG, M. MEISTER u. E. FLICKINGER, Ber. **70**, 500 (1937).

Unter den Bedingungen der Sulfitkochung ergibt diese Verbindung eine lösliche, nicht kristallisierbare Sulfonsäure, für die FREUDENBERG nachstehende Strukturformel aufgestellt hat. Er nimmt ferner an, daß die Sulfonierung des Lignins in ganz analoger Weise verläuft.

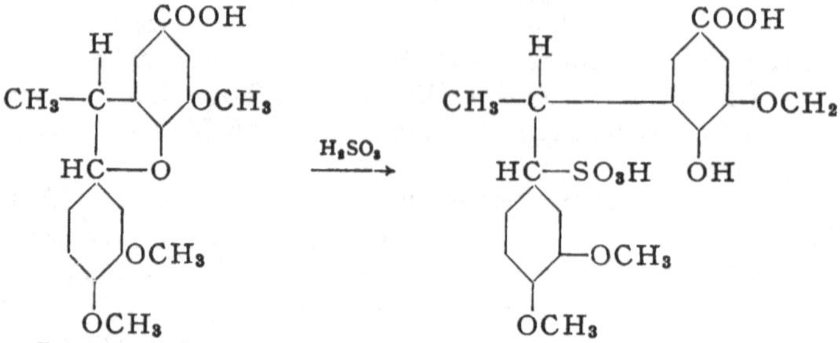

Erdtmansche Säure

Danach findet auch beim Lignin die Anlagerung der schwefligen Säure unter gleichzeitiger Spaltung des heterozyklischen Ringsystems statt, möglicherweise sogar in zwei Stufen. Zur Bestätigung seiner Annahme hat der Autor gefunden, daß das neugebildete Hydroxyl tatsächlich phenolischer Natur ist. HIBBERT hat bestätigen können, daß die Anlagerung der Sulfongruppe am C-Atom 1 der Seitenketten erfolgt.

Leider sind auch mit diesem Schema noch nicht alle Fragen nach der Bildungsweise der Lignosulfonsäure geklärt. Es sind deshalb weitere sorgfältige Untersuchungen angestellt worden, die sich hauptsächlich mit der Methylierung von Lignin selbst und den Lignosulfonsäuren mit unterschiedlichem Schwefelgehalt befassen[1].

Aus diesen Arbeiten geht deutlich hervor, daß die Anzahl der methylierbaren Hydroxyle nach der Sulfonierung in keinem Falle zugenommen hat. Eine Erklärung dafür könnte nur darin bestehen, daß in den Seitenketten des nativen Lignins bereits ungesättigte Bindungen vorgebildet sind, an die dann eine direkte Anlagerung der Sulfongruppen möglich sein kann.

Verläuft die Anlagerung der Sulfongruppen jedoch als Veresterungsreaktion, so kann davon höchstens die Hälfte des Ligninmoleküls betroffen werden. Um keine Herabsetzung der Anzahl methylierbarer Hydroxyle zu bewirken, muß die Sulfonierung des restlichen Anteils mit der Bildung neuer, freier OH-Gruppen, z. B. durch Sprengung der Sauerstoffbrücke, parallel gehen.

BRAUNS[2] hat später einen anderen Reaktionsmechanismus vorgeschlagen, wonach die Anlagerung der Sulfongruppe über die Ketogruppe erfolgt:

CH_3		OH	CH_3O		OH
CH_3	$C_{41}H_{32}O_6$	OH	CH_3O	$C_{41}H_{32}O_6$	OH
CH_3		OH	CH_3O		OH
CH_3		OH	CH_3O		OH
		C=O			$C(OH)(SO_3H)$
Natives Lignin, Ketoform					Lignosulfonsäure

[1] E. HÄGGLUND, Holzchemie 1939, S. 147.

[2] F. BRAUNS, Paper Trade J. **111**, 33 (1940); Pulp and Paper **14**, 42 (1940).

Er hat zu diesem Zweck eine schematische Ligninformel benutzt, die fünf Phenylpropanreste mit jeweils einem phenolischen und einem enolischen Hydroxyl enthält. Die Existenz dieser funktionellen Gruppen hat der Autor mit großer Sorgfalt bewiesen. Aus zahlreichen Untersuchungen der Lignosulfonsäuren ist jedoch bekannt, daß die Sulfonierung des Lignins in Wirklichkeit in verschiedenen leicht und schwer spaltbaren Formen stattfindet. Das Schema von BRAUNS zwingt zu der Annahme irgendeiner anderen Sulfonierungsweise, es erschöpft deshalb nicht den gesamten Fragenkomplex.

An dieser Stelle sei auf eine Reihe von spektroskopischen Untersuchungen über die Sulfonierung ausführlicher eingegangen. AULIN-ERDTMAN und Mitarbeiter[1] nehmen an, daß bei der Sulfitkochung des Holzes mehrere Reaktionen mit den aktiven Gruppen stattfinden, von denen einige zur Sulfonierung und andere zu inaktiven Gruppen führen.

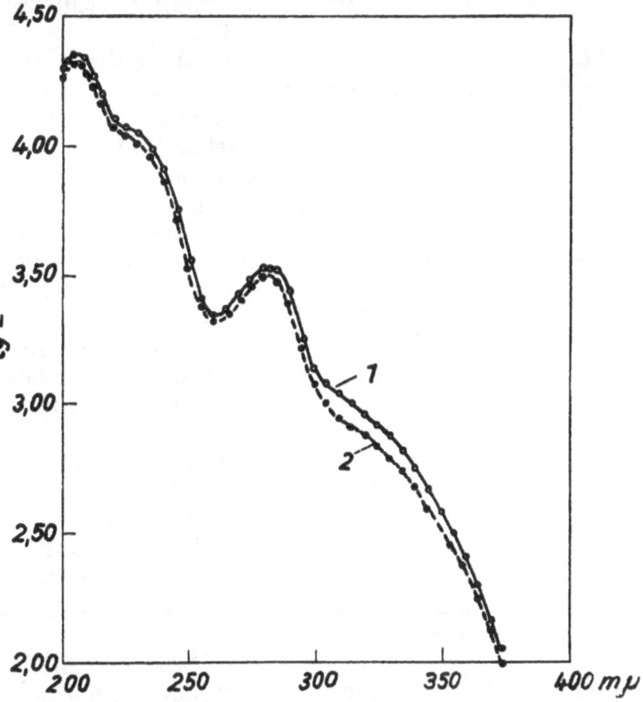

Abb. 68. UV-Absorptionsspektren von schwach (*1*) und stärker (*2*) sulfonierten Ligninpräparaten

Nach den Angaben der Autoren ist die Absorption von schwach sulfonierten Ligninpräparaten und daraus dargestellten stärker sulfonierten Produkten im Ultraviolett zwischen 200 und 375 mμ praktisch gleich. Die Autoren schließen daraus, daß bei der Sulfonierung von Lignin weder ein Verschwinden noch eine Neubildung von ungesättigten Bindungen (—C=C— oder C=O), die mit den aromatischen Kernen des Lignins verknüpft sind, stattfinden (Abb. 68).

[1] AULIN-ERDTMAN, A. BJÖRKMAN, H. ERDTMAN u. S. HÄGGLUND, Svensk Papperstidn. **11 B**, 81 (1947).

LANGE[1] hat in seinen Arbeiten über die UV-Absorption von nativem Lignin (im Holz) auf die große Ähnlichkeit der Kurven hingewiesen, die beim Lignin und bei bekannten Stoffen mit Furan- oder Pyranringen des Typs A oder B erhalten werden.

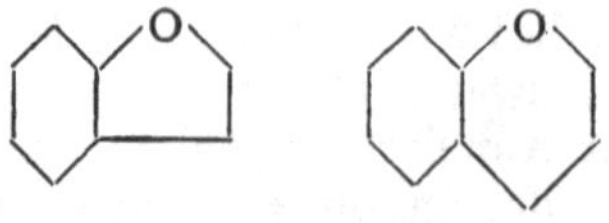

Der Autor hat die Absorption von verschiedenen nativen Ligninpräparaten mit der von aus verschiedenen Stadien des Sulfitaufschlusses stammenden sulfonierten Ligninproben verglichen (Abb. 69).

Die Betrachtung der Kurven zeigt, daß die bei der Sulfonierung auftretenden Veränderungen des Lignins keine entsprechenden im UV-Absorptionsspektrum nach sich ziehen. Es ist deshalb anzunehmen, daß durch die Sulfonierung im Faserverband keine tiefgreifenden Veränderungen in der Struktur des Lignins erfolgen (offenbar wird keine Sprengung der Sauerstoffbrücken hervorgerufen). Ferner nimmt der Autor an, daß während der Kochung keinerlei ungesättigte, mit den aromatischen Ringen verbundene Systeme verschwinden oder neu gebildet werden (das Maximum bei 2800 Å bleibt unverändert bestehen).

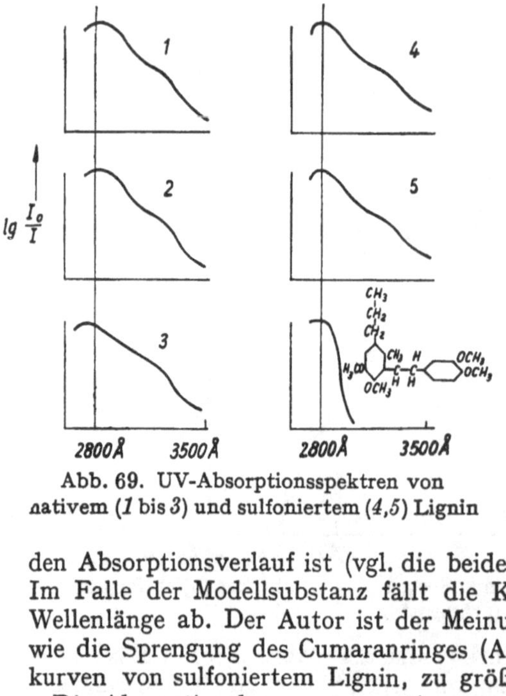

Abb. 69. UV-Absorptionsspektren von nativem (*1* bis *3*) und sulfoniertem (*4*,*5*) Lignin

In der Abb. 69 ist ebenfalls die UV-Absorptionskurve einer Modellsubstanz, die keinen Furan- oder Pyranrest enthält, dargestellt, um festzustellen, wie groß der Einfluß einer Sauerstoffbrückenspaltung auf den Absorptionsverlauf ist (vgl. die beiden Verbindungen des Typs A oder B). Im Falle der Modellsubstanz fällt die Kurve relativ steil mit zunehmender Wellenlänge ab. Der Autor ist der Meinung, daß ein derartig tiefer Eingriff wie die Sprengung des Cumaranringes (A), auch im Verlauf der Absorptionskurven von sulfoniertem Lignin, zu größeren Unterschieden führen muß.

Die Absorptionskurven von nativem und sulfoniertem Lignin zeigen jedoch einen etwas fließenden Verlauf und nur ein einziges charakteristisches Maximum. In diesem Falle wäre ein direkter Vergleich mit synthetischen Modellsubstanzen (Dimeren) ähnlichen Aufbaues mit einem Furanring und einem gesprengten Ring zur Gewinnung noch besserer Einblicke wünschenswert.

Von der Vorstellung ausgehend, daß das Lignin ein Kohlenstoffskelett des Cumarantyps besitzt und daß die Sulfonierung möglicherweise über die durch Acetalisierung maskierten Carbonylgruppen erfolgt, die infolgedessen im ge-

[1] LANGE, Svensk Papperstidn. **47**, 262 (1944); **48**, 241 (1945); **11B**, 130 (1947).

wöhnlichen Bereich der UV-Strahlen nicht in Erscheinung treten, haben AULIN-ERDTMAN und Mitarbeiter die spektroskopische Untersuchung von Verbindungen folgenden Typs (I) durchgeführt.

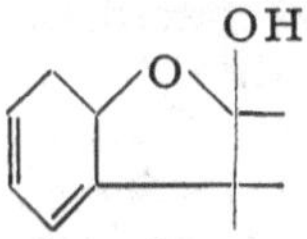

I

Ähnliche halbacetalartige Verbindungen kommen vielleicht auch im Lignin vor, wobei die Acetalbildung entweder durch die alkoholischen Gruppen der Kohlenhydrate oder die phenolischen Gruppen des Lignins selbst erfolgen kann (vgl. S. 231). Die Anwesenheit dieser oder ähnlicher Verbindungen erklärt auch die Fähigkeit des Holzes zur Sulfonierung sowie die Auflösung der primär entstehenden festen Lignosulfonsäure, die gewöhnlich bei der Sulfitkochung beobachtet werden kann.

Es sind nicht allzu viele Verbindungen des beschriebenen Typs bekannt, den hervorragendsten Vertreter stellt das 2-Oxy-2,5-dimethylcumaranon-3 (II) dar.

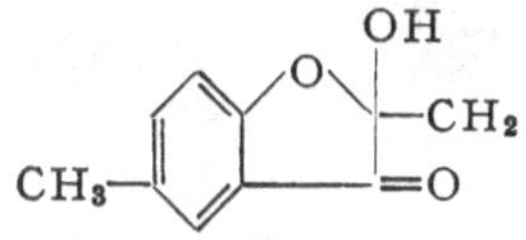

II

Genannt seien ferner noch das 2-(2,4-Dimethylphenoxy)-3,5,7-trimethylcumaran (III) und das Acetal des Typs (IV).

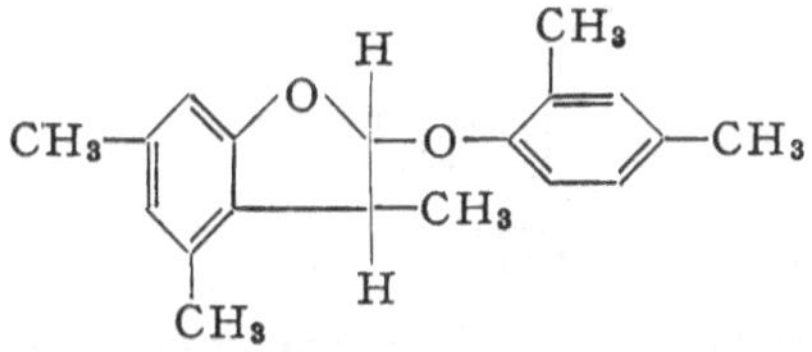

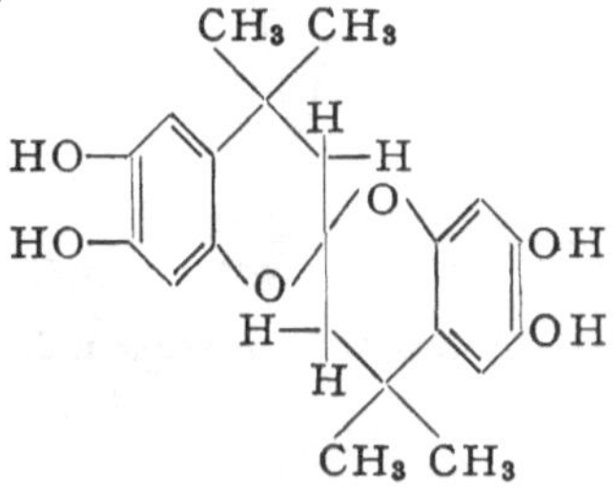

III

IV

Von den aufgeführten Stoffen ist IV anscheinend sehr stabil und reagiert kaum mit Bisulfit. Die Verbindung III spaltet bei der Sulfitkochung Xylenol ab und gibt eine bisher noch nicht näher untersuchte Sulfonsäure. Das Cumaronolon (II) reagiert relativ leicht mit der Kochsäure und ergibt eine durch ihr kristallisiertes Ba-Salz charakterisierte Sulfonsäure in quantitativer Ausbeute. Die Analyse dieses Produktes ergibt, daß bei der Sulfonierung die OH-Gruppe durch die SO_3H-Gruppe substituiert wird. Der Sulfonsäure kommt die Formel IIa zu.

IIa

Diese als Modellsubstanz sehr interessante Verbindung ist in optisch aktiver Form dargestellt und ausreichend identifiziert worden. Gegen Erhitzung mit 2 n Alkali oder Säure ist die Verbindung sehr stabil und kann in dieser Hinsicht mit der Lignosulfonsäure verglichen werden. Nach 10stündiger Erhitzung ist die optische Aktivität auf die Hälfte des ursprünglichen Wertes abgefallen.

In der Abb. 70 ist der Verlauf der UV-Absorption der Verbindung II und des Bariumsalzes der Verbindung IIa wiedergegeben. Die Kurven verlaufen in beiden Fällen praktisch gleich, unterscheiden sich jedoch sehr wesentlich von den in der Abb. 69 dargestellten Kurven für die Lignosulfonsäuren.

Aus den Kurven der Abb. 70 läßt sich ersehen, daß bei der Sulfonierung keine Aufspaltung der Sauerstoffbrücke oder des Furanringes stattgefunden

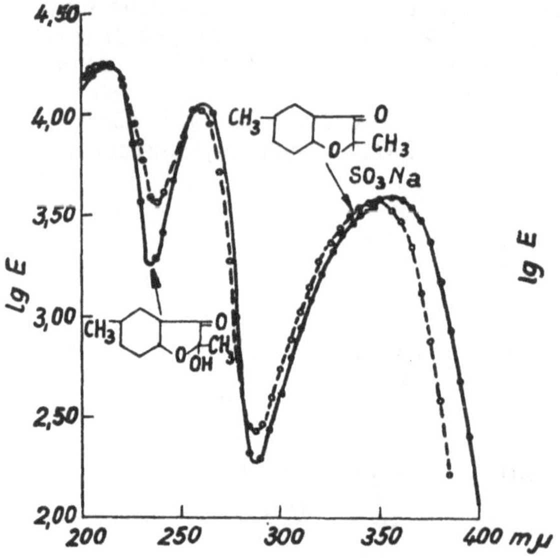

Abb. 70. UV-Absorptionsspektren der Verbindungen II und IIa

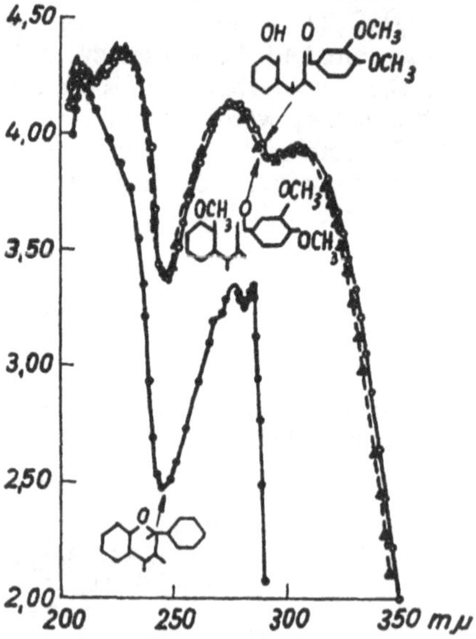

Abb. 71. UV-Absorptionsspektren einiger synthetischer Stoffe

hat. Hieraus ergibt sich die Möglichkeit, auch im Falle der Sulfitkochung des Lignins auf einen ähnlichen Reaktionsablauf zu schließen. Überzeugend wird jedoch diese Annahme erst dann, wenn sich die Gültigkeit des Absorptionsverlaufes für einen einzigen Furanring und nicht die ganze Verbindung II bzw. IIa nachweisen läßt. Festgestellt ist lediglich, daß durch die Einführung der Sulfongruppe keinerlei charakteristische Veränderungen im spektroskopischen Bild hervorgerufen worden sind. Es ist deshalb die Frage zu stellen, ob mit dieser Methodik überhaupt klare und eindeutige Resultate erhalten werden können. In der gleichen Arbeit haben die Autoren jedoch gezeigt, daß andere Verbindungen mit Pyranringen, je nachdem, ob der Ring erhalten bleibt oder gesprengt wird, unterschiedliche Spektrogramme ergeben (Abb. 71). Es bedarf jedoch noch weiterer, ausführlicherer Untersuchungen in dieser Richtung, um die Frage nach der Brauchbarkeit dieser Methode zur Aufklärung des Chemismus der Ligninsulfonierung zu beantworten.

Anschließend seien noch einige andere Hypothesen über die Anlagerung der schwefligen Säure an das Lignin im Verlauf des Sulfitaufschlusses angeführt. Aus verschiedenen Erwägungen heraus sind sie aber alle mehr oder weniger abgelehnt worden. So hat man sich z. B. vorgestellt, daß die Sulfonierung des Lignins über die Benzolkerne analog zu den Gerbstoffen folgendermaßen stattfindet.

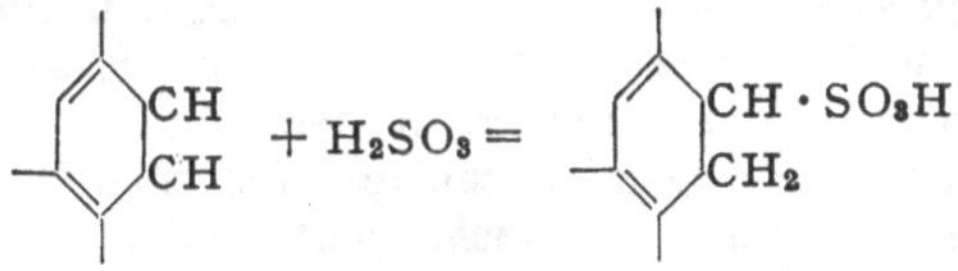

Die während der Sulfitkochung erfolgende partielle Disproportionierung des SO_2 hat man durch eine zweite Reaktion zu erklären versucht.

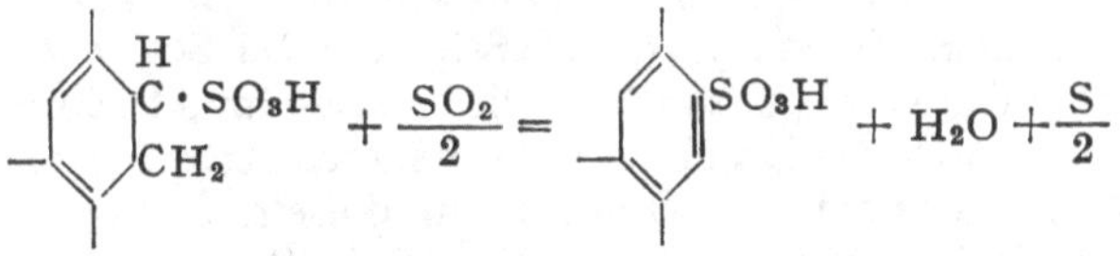

Später[1] ist darauf hingewiesen worden, daß ein derartiges Sulfonierungsschema nicht diskutabel sein kann, da der frei werdende Schwefel als Katalysator für eine Oxydation der schwefligen Säure zu Schwefelsäure wirkt. Auf diese Weise werden zweifellos sogenannte „Schwarzkochungen" erhalten, d. h., es findet eine Verharzung der in der Lauge enthaltenen organischen Stoffe infolge der erhöhten Acidität statt (vgl. Abschnitt 17).

Eine andere Vorstellung[2] über den Verlauf der Sulfonierung beruht auf dem Verhalten des Resorcins, das in der tautomeren Ketoform reagiert:

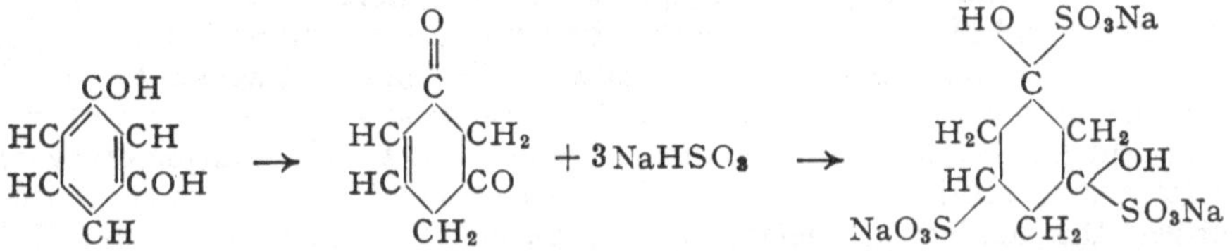

Von den drei in die Reaktion eintretenden Molekülen $NaHSO_3$ wird eines fester an die Doppelbindung zwischen dem C_5 und C_6 angelagert, während die anderen beiden in einer lockeren, durch Säuren oder Alkalien wieder leicht abspaltbaren Form an die beiden Carbonylgruppen addiert werden. Pyrogallol und andere mehrwertige Phenole reagieren in der gleichen Weise.

Hägglund hat in einer kritischen Betrachtung dieser Hypothese gezeigt, daß die Reaktion von mehrwertigen Phenolen mit Bisulfit außerordentlich langsam verläuft, was bei der Umsetzung des Lignins mit schwefliger Säure und Bisulfit nicht der Fall ist. Außerdem müßte die Lignosulfonsäure dann nach den oben gemachten Ausführungen mindestens ebensoviel locker gebundenen Schwefel enthalten wie fester gebundenen, was aber in der Praxis noch nicht beobachtet worden ist.

---

[1] E. Hägglund, Holzchemie, 1939, S. 146.

[2] Fuchs u. Mitarb., Ber. **52**, 2281 (1919); **53**, 886 (1920); **54**, 245 (1921); **55**, 658 (1922); **57**, 1225 (1924); **60**, 209 (1927); vgl. auch Bucherer, Z. Angew. Chemie **17**, 1068 (1904); Ber. **53**, 1457 (1920).

In den letzten Jahren erschienene Arbeiten[1] haben ergeben, daß neben der Lignosulfonsäure in der Sulfitablauge auch andere Stoffe vorhanden sind, die zur Bildung von Bisulfitverbindungen befähigt sind. So ist z. B. festgestellt worden, daß der in der Ablauge enthaltene Formaldehyd als Bisulfitverbindung vorliegt. Auch andere Zuckerzersetzungsprodukte, wie Triosen und Methylglyoxal, können äquivalente Mengen von H_2SO_3 binden. Furfurol nimmt anscheinend nur geringe Mengen schwefliger Säure auf (vor der Neutralisation der Lauge). Bei sehr harten Kochungen werden ziemlich bedeutende Mengen schwefliger Säure locker an irgendwelche anderen nichtflüchtigen Carbonylverbindungen, deren Konstitution noch nicht geklärt ist, gebunden. Man nimmt sogar an, daß die Lignosulfonsäure in frischen Sulfitablaugen vor der Neutralisation, in Form einer lockeren Bisulfitverbindung, vorliegt.

Über die „Sulfonsäuren" der Kohlenhydrate, die beim Erhitzen der in der Lauge vorkommenden Zucker mit $NaHSO_3$ und Na_2SO_3 entstehen und in fester Form gebundenes SO_2 enthalten, wird später im Abschnitt 17 berichtet werden. Dort sind auch die Ergebnisse der neueren Arbeiten einer Reihe von sowjetischen Autoren angeführt. Obwohl auf diesem Gebiet eine große Zahl von Arbeiten in den verschiedensten Fachzeitschriften veröffentlicht worden ist, ist das Problem als solches von einer endgültigen Klärung jedoch noch weit entfernt.

* * *

Je nach den Kochbedingungen, der Stärke der Sulfonierung und der Art der Fällung zeigen die Lignosulfonsäuren eine mehr oder weniger schwankende Elementarzusammensetzung. Zur Reinigung werden die Salze der Lignosulfonsäure mehrere Male sorgfältig umgefällt und dialysiert.

Olleman und Mitarbeiter[2] haben an gereinigten Lignosulfonsäuren Messungen der Diffusionskonstanten durchgeführt. Zu diesem Zwecke haben die Autoren Ammoniumlignosulfonat durch Kationenaustauscher entascht und in das entsprechende Ba-Lignosulfonat übergeführt. Durch Fraktionierung des letzteren aus wäßriger Lösung mittels Aceton sind drei Fraktionen erhalten worden. Die mittlere und letzte dieser Fraktionen hat man erneut mit Hilfe von Chinolinhydrochlorid fraktioniert gefällt. Dabei wurden wieder drei Fraktionen erhalten, die sich entweder in Wasser, Chinolin oder Äther lösen. Die in Chinolin lösliche Hauptfraktion ist dann zur Diffusionsmessung und Bestimmung der relativen Viskosität herangezogen worden. Für die in der letzten Fraktion (Acetonfällung) enthaltenen Lignosulfonate haben die Autoren aus den Diffusionsmessungen Molekulargewichte um 1500 berechnet, die nur wenig Streuung zeigen. Die Sulfonate der mittleren Fraktionen zeigen sehr stark streuende Werte über 1500 mit einem annähernden, durchschnittlichen Molekulargewicht von 20000.

Von anderen Autoren[3] ist die Lignosulfonsäure mit Benzacridin gefällt worden. Die erste von neun Fraktionen zeigt dabei den geringsten Schwefelgehalt. Die Verfasser haben die Elementarzusammensetzung der Fraktionen bestimmt und außerdem festgestellt, daß eine quantitative Fällung mit

---

[1] Adler, Svensk Papperstidn. **11B**, 9 (1947).

[2] Olleman, Penington u. G. Ritter, Chem. Abstr. **42**, 6206 (1948).

[3] K. Freudenberg, W. Lautsch u. Piazolo, Chem. Abstr. **39**, 2403 (1945).

Hilfe einer bei 415 bis 435° siedenden Steinkohlenteerfraktion, die Benzacridin enthält, möglich ist. Auf diese Weise läßt sich die ganze Operation in einem etwas größeren Maßstab durchführen.

Vor kurzer Zeit ist auch Propylalkohol zur Fraktionierung der Lignosulfonsäuren benutzt worden[1].

Länger bekannt ist die Tatsache, daß beim Erhitzen von Ca- oder Ba-Lignosulfonaten mit Alkalilaugen oder Kalk infolge alkalischer Hydrolyse geringe Mengen Vanillin entstehen[2]. KÜRSCHNER[3] hat die beim Erhitzen von Sulfitablauge mit Kali- oder Natronlauge erhaltenen Ausbeuten an Vanillin bestimmt. Die Erhitzung ist unter verschiedenen Bedingungen, entweder mit Rückflußkühler mit oder ohne Durchleiten von Luft oder im Autoklaven bei 6 Atm. durchgeführt worden[4]. Von anderen Verfassern[5] wurde festgestellt, daß das Durchleiten von Luft durch die siedende, alkalische Flüssigkeit die Vanillinausbeute herabsetzt. Die von KÜRSCHNER erhaltene maximale Ausbeute beträgt 3,2 g/l. In diesem Falle sind 20 ml Ablauge 20 Stunden mit 12 g Ätznatron am Rückflußkühler gekocht worden. Bei Verringerung der Ätznatronmenge auf 3 g und Behandlung im Autoklaven (6 Atm.) konnten 2,48 g/l Vanillin erhalten werden.

SCHORYGIN und SMOLJANINOWA[6] haben 300 ml Sulfitablauge mit 9% Trockensubstanz 7 Stunden mit 36 g Ätznatron am Rückflußkühler gekocht und dabei 0,33 g/l Vanillin erhalten. Zur Isolierung des letzteren wird angesäuert und mit organischen Lösungsmitteln ausgeschüttelt.

1937 hat RAFANOWA[7] eine Untersuchung über die optimalen Bedingungen zur Darstellung von Vanillin aus Sulfitablaugen durchgeführt und dabei den Einfluß der Alkalikonzentration, der Reaktionsdauer und anderer Faktoren auf die Vanillinausbeute bestimmt. Beim Kochen mit 24- bis 40%iger Natronlauge unter normalem Druck hat RAFANOWA 2,2 bis 2,3% Vanillin, berechnet auf Lignosulfonsäure, erhalten, während die gleiche Ausbeute bei einer Druckkochung (6 Atm.) bereits mit 6- bis 12%iger Lauge erzielt wird. Zur Isolierung des Vanillins mußten die alkalische Lösung neutralisiert und die löslichen organischen Stoffe mit Äther extrahiert werden. In dem aus flüssigen und kristallinen Anteilen bestehenden Extrakt nach Verdampfen des Äthers wird das Vanillin nach HANUS durch Fällung mit *m*-Nitrobenzhydrazin bestimmt.

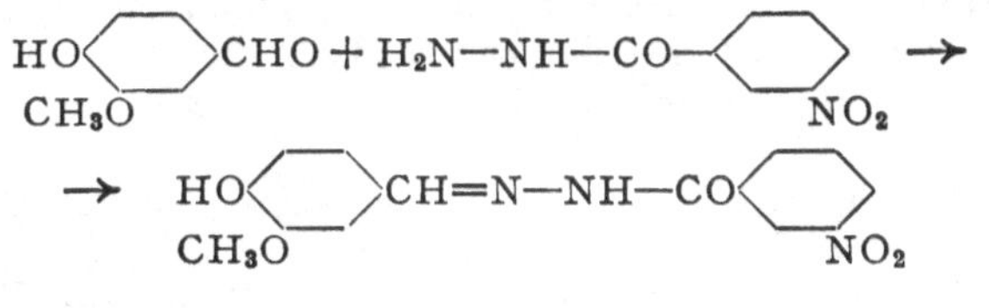

[1] Chem. Abstr. **42**, 1420 (1950).

[2] Literatur in: L. E. WISE, Wood Chemistry, 1944, S. 321/5.

[3] K. KÜRSCHNER, J. prakt. Chemie **118**, 238 (1928).

[4] K. KÜRSCHNER u. W. SCHRAMEK, Techn.-chem. Papier u. Zellstoff-Fabr. **28**, 65 (1931); **29**, 35 (1932).

[5] M. HÖNIG u. W. RUZIEZKA, Z. Angew. Chemie **44**, 845 (1931).

[6] П. П. Шорыгин и Смолянинова, ЖОХ (P. P. SCHORYGIN u. SMOLJANINOWA, Z. Allgem. Chemie) **4**, 1428 (1934).

[7] Р. Я. Рафанова, Центр. научно-иссл. инст. конд. пром. (R. JA. RAFANOWA, Zentr. wiss. Forsch. Inst. d. Kondit.-Ind.) Heft **61**, 1 (1937).

Aus den Arbeiten anderer Autoren[1] geht hervor, daß die Ausbeute an Vanillin nicht nur von der Dauer der alkalischen Kochung abhängig ist, sondern auch von der beim Sulfitaufschluß angewandten Temperatur und der Stärke der Sulfonierung des Lignins. Bei Zunahme des Schwefelgehaltes in den Lignosulfonaten von 4,4 bis 9,6% entsprechen die Ausbeuten an Vanillin, berechnet auf ursprüngliches Lignin, 3,0 bis 6,8%.

Früher (S. 217) ist bereits von der außerordentlich schonenden Oxydation mit Nitrobenzol und Alkali gesprochen worden[2], wobei aus Nadelholzlignin über 25% Vanillin und aus Laubholzlignin bis zu 50% Vanillin und Syringaaldehyd erhalten worden sind. Aber nicht nur aus Sulfitlignin, sondern auch aus Präparaten anderen Ursprungs, ja selbst aus Holz direkt entsteht Vanillin in größerer Menge. PEARL und DEHN[3] haben durch milde Oxydation von Lignosulfonaten mit Kupferhydroxyd und Alkali bei 160° bis zu 21,9% Vanillin erhalten. Die Autoren haben aber auch andere Ligninpräparate, u. a. auch Alkalilignin, in ähnlicher Weise oxydiert. Interessant ist die Feststellung, daß durch Oxydation von Sulfitlignin mit Kupfersulfat und Kalk an Stelle von Ätznatron bei 160° bis zu 15,6% Vanillin entstehen.

Die industrielle Darstellung des Vanillins aus Sulfitlaugen ist erst vor nicht allzulanger Zeit aufgenommen worden. Der Bedarf an Vanillin ist jedoch nicht entfernt so groß, wie die Masse der anfallenden Sulfitablaugen liefern könnte. Man ist deshalb in der letzten Zeit außerordentlich bemüht, die verschiedensten Zweige der chemischen und anderen Industrien an einer verstärkten Verwendung des Vanillins und seiner Derivate zu interessieren.

Unlängst hat man gefunden, daß beim Zusammenschmelzen von Vanillin mit Alkali bei 240 bis 245° Vanillinsäure in sehr hoher Ausbeute (90%) entsteht, während bei stärkerer Erhitzung neben einer Abspaltung von Methoxylgruppen lediglich Protocatechusäure (85 bis 99%) erhalten wird. Ester der Vanillinsäure lassen sich als ungiftige Konservierungsstoffe in der Nahrungsmittelindustrie[4], aber auch als Desinfektionsmittel und zur Absorption von ultravioletten Strahlen verwenden. Es besteht deshalb ein ständig steigender Bedarf in der Nahrungsmittel-, kosmetischen, pharmazeutischen und chemischen Industrie. Aus der letzten der zitierten Arbeiten ist ersichtlich, daß ein Gemisch aus Ätzkali und Ätznatron mit einem Gehalt von 20 bis 60% an letzterem für die Oxydation des Vanillins am günstigsten ist. In einer neueren Veröffentlichung wird auf die Fehlerhaftigkeit der quantitativen Vanillinbestimmung durch Fällung mit Dinitrophenylhydrazin hingewiesen.

---

[1] G. TOMLINSON u. H. HIBBERT, J. Am. Chem. Soc. **58**, 345, (1936); **58**, 348 (1936); vgl. auch E. HÄGGLUND, Holzchemie, 1939.

[2] K. FREUDENBERG, W. LAUTSCH u. K. ENGLER, Ber. **73**, 167 (1940). — MCCARTHY u. HIBBERT, J. Am. Chem. Soc. **63**, 312, 3049 (1941). — CREIGTON, GIBBS u. HIBBERT, J. Am. Chem. Soc. **66**, 32 (1944); vgl. auch die auf S. 219 angegebene Literatur.

[3] PEARL u. DEHN, J. Am. Chem. Soc. **60**, 57 (1938); **64**, 1429 (1942); **68**, 2180 (1946).

[4] PEARL u. BEYER, Ind. Eng. Chem. **42**, 376 (1950); vgl. auch J. Am. Chem. Soc. **72**, 2309 (1950). In dieser Arbeit sind Hinweise über die Darstellung anderer Vanillinderivate enthalten: Acetovanillin, Dehydrovanillin usw. Entsprechende Derivate des Syringaaldehyds können durch Oxydation von Lignosulfonsäuren aus Laubhölzern hergestellt werden.

Im Zusammenhang mit der Konstitutionsaufklärung des Lignins und seiner Zerfallsprodukte verdient auch das sogenannte „Sulfitablaugenlakton" erwähnt zu werden. Es kann in kleineren Mengen aus der Sulfitablauge isoliert werden und besitzt die nachstehende Strukturformel:

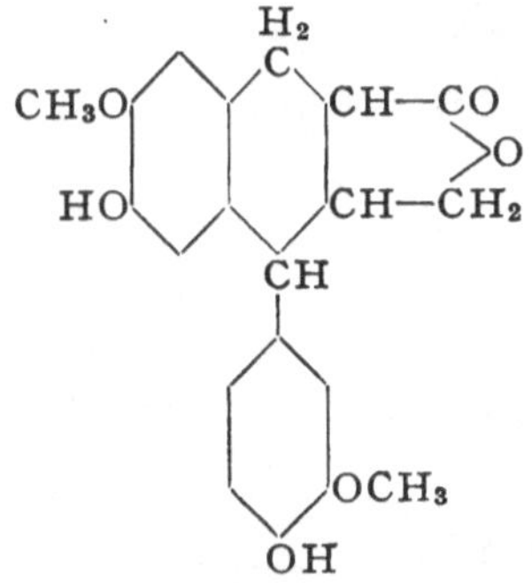

Diese, gewissermaßen zwei Propylphenylreste (C_6—C_3—) enthaltende, nunmehr anerkannte Formel ist auf Grund der Arbeiten einer Reihe von Autoren aufgestellt worden[1]. Erstmalig ist das Lakton durch Extraktion mit Äther aus der Sulfitablauge isoliert worden. Es hat von Anfang an als Beweis für die aromatische Natur des Lignins gedient.

Ausführlichere Angaben über die Zusammensetzung der Sulfitablauge und die Beziehungen des gesamten Holzkomplexes zum Sulfitaufschluß sind im Abschnitt 17 dargestellt.

Die Verwendung der Sulfitablauge durch Vergärung des Kohlenhydratanteiles, aber auch zur Herstellung von Hefe, Gußmassen und Gerbstoffen ist in den Arbeiten von SCHARKOW[2] und BUJEWSKI[3] dargestellt.

Produkte der Alkalischmelze von Lignin

Vor längerer Zeit ist festgestellt worden, daß beim Schmelzen von Lignin zusammen mit Ätzkali Brenzcatechin und Protocatechusäure entstehen. Aus Nadelholzlignin lassen sich bis zu 9 bis 10% der reinen Säure gewinnen[4]. Da angenommen wird, daß während der Alkalischmelze eine partielle Zersetzung der beiden Verbindungen stattfindet, hat FREUDENBERG ein Verfahren zur quantitativen Untersuchung der Umsetzungsprodukte bei der Alkalischmelze des Lignins ausgearbeitet. Die durch vorsichtiges Schmelzen bei 170 bis 210° mit 70%iger KOH erhaltenen phenolischen Spaltprodukte werden durch Methylierung mit Diazomethan und Dimethylsulfat stabilisiert und anschließend in schonender Weise mit Permanganat oxydiert. FREUDENBERG hat auf diese

[1] H. ERDTMAN, Ann. 513, 229 (1934). — G. HAWORTH u. G. SHELDRIK, J. Chem. Soc. 1935, S. 636.

[2] В. И. Шарков, Гидролизное производство (W. I. SCHARKOW, Hydrolysenindustrie) 3 (1950).

[3] А. В. Буевской, Химическая переработка древесины (Технология сульфитных щелоков) (A. W. BUJEWSKI, Chemische Verarbeitung des Holzes [Technologie der Sulfitlaugen]) 1938.

[4] K. FREUDENBERG, M. HARDER u. L. MARKERT, Ber. 61, 1760 (1928); vgl. E. HEUSER u. A. WINSVOLD, Ber. 56, 902 (1923).

Weise ca. 14% (bezogen auf Cuoxamlignin aus Fichtenholz) Veratrumsäure (I), 4% Isohemipinsäure (II) und 3% Dehydrodiveratrumsäure (III) isolieren können.

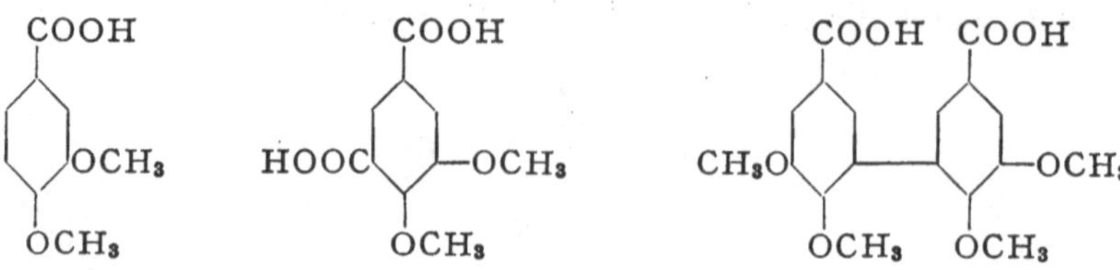

I II III

Die bei den ersten Versuchen dieser Art erhaltene Gesamtmenge an aromatischer Säure beträgt 20%, nach Angabe des Autors wird jedoch ein Drittel bzw. die Hälfte der Veratrumsäuren während der Schmelze zerstört. Zur Erforschung der Verhältnisse sind Kontrollversuche durch Schmelzen von Veratrumsäure, aber auch Vanillin und Isoeugenol, mit KOH durchgeführt worden. Durch besondere Versuche ist festgestellt worden, daß die Dehydrodiveratrumsäure sekundär während der Schmelze durch Dehydrierung von zwei Molekülen Veratrumsäure entsteht[1].

Mit Hilfe der beschriebenen Methode haben T. RUDNJEWA und N. NIKITIN[2] aus Salzsäurelignin von Lärchenholz 11,3% Veratrumsäure erhalten. Aus Dioxanlignin von Fichtenholz haben I. ORLOWA und N. NIKITIN[3] 12,2% der Säure darstellen können. Außerdem finden sich in diesen Arbeiten einige beachtenswerte Details über die Alkalischmelze von Lignin.

In späteren Arbeiten über die Produkte der Alkalischmelze von Fichten- und Buchenlignin hat FREUDENBERG zur Erzielung eines milderen Reaktionsablaufes bei niedrigeren Temperaturen (165 bis 170°) gearbeitet. Die wesentlichste Änderung gegenüber den früheren Versuchen besteht in der Verwendung von bereits mit Diazomethan und Dimethylsulfat methyliertem Ausgangsmaterial. Die Ausbeuten an aromatischen Säuren sind dadurch erhöht worden. Es sind dabei, berechnet auf Fichtenlignin, erhalten worden:

Veratrumsäure	20%
Dehydrodiveratrumsäure	4%
Isohemipinsäure	6—12%

Unter Berücksichtigung des durch die teilweise Zerstörung der Säure notwendigen Korrekturfaktors erhöht sich die Menge an Veratrumsäure bis auf 30%. Nach Ansicht des Autors ist die Isohemipinsäure gegen die Oxydation mit

[1] K. FREUDENBERG, F. SOLMS, W. DÜRR u. C. NIEMANN, Cellulosechemie **12**, 263 (1931); Ber. **66**, 262 (1933); spätere Literaturangaben in H. Никитин, Химия древесины (N. NIKITIN, Chemie des Holzes) 1935, S. 163. — Vgl. auch K. FREUDENBERG, F. SOLMS u. A. JANSON, Ann. **518**, 62 (1935). — K. FREUDENBERG, A. JANSON, E. KNOPF u. A. HAAG, Ber. **69**, 1415 (1936). — K. FREUDENBERG, M. MEISTER u. E. FLICKINGER, Ber. **70**, 500 (1937). — K. FREUDENBERG, Ber **71**, 1810, 1821 (1938); **72**, 1805 (1939).

[2] Т. И. Руднева и Н. И. Никитин, ЖПХ (T. I. RUDNJEWA u. N. I. NIKITIN, Z. Angew. Chemie [russ.]) **12**, 72 (1939).

[3] И. Орлова и Никитин, ЖПХ (I. ORLOWA u. N. NIKITIN, Z. Angew. Chemie [russ.]) **12**, 76 (1939).

Permanganat sehr empfindlich und kann deshalb, wie aus besonderen Versuchen hervorgeht, nur mit etwa $^1/_8$ bis $^1/_{10}$ der theoretisch möglichen Ausbeute isoliert werden. FREUDENBERG hat vorgeschlagen, die gefundene Menge zur Korrektur mit dem doch etwas hohen und nicht ganz zweifelsfreien Faktor 9 zu multiplizieren. Tatsächlich soll sich seiner Meinung nach Isohemipinsäure aus Nadelholzlignin mit etwa 80% Ausbeute gewinnen lassen.

Auf Grund der bei der alkalischen Schmelze, Methylierung und Oxydation von schonend isoliertem Cuoxamlignin gewonnenen Erkenntnisse und der zweifellosen Verwandtschaft der aromatischen Reste des Lignins mit Verbindungen des Phenylpropantyps (IV) hat FREUDENBERG eine Hypothese über den Aufbau des Lignins aufgestellt.

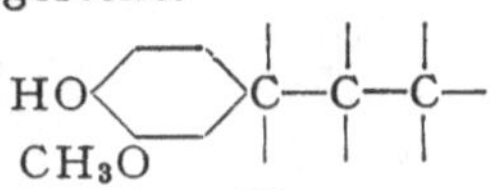
IV

Danach sind die Grundbausteine Derivate des 3,4-Dioxyphenylpropans:

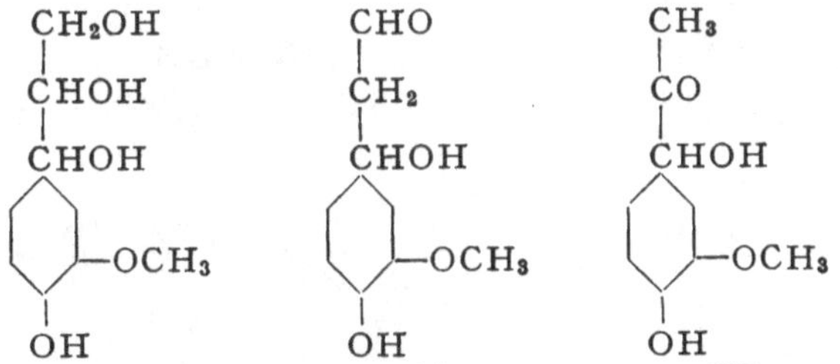
V VI VII

Bei der biochemischen Synthese des Lignins aus diesen Einheiten entsteht, nach Ansicht des Autors, zunächst eine Kette aus etwa 6 bis 7 Gliedern mit Ätherbrücken vom Typ VIII. Danach bilden sich in der bereits abgestorbenen

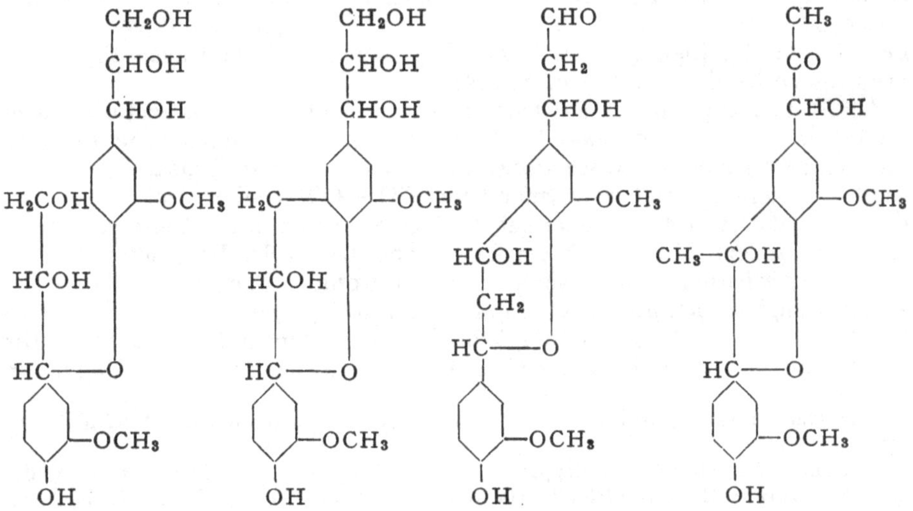
VIII IX X XI

Zellwand mit Hilfe einer sekundären Kernkondensation (aber auch durch chemische Einwirkungen, z. B. bei der Isolierung mittels Säuren) Verbindungen des Typs IX und X[1], die neben den Sauerstoffbrücken auch noch ein ununterbrochenes Kohlenstoffskelett aufweisen. Darunter gibt es auch Stoffe mit einem Furanring (XI), die durch Kondensation von zwei Molekülen des Typs VII entstehen.

Beim Schmelzen mit 70%iger KOH findet, nach den Vorstellungen des Autors, vor allem eine Spaltung der heterozyklischen Systeme statt, so daß z. B. aus dem Hauptkondensationsprodukt XII die Verbindung XIII mit Phenolateigenschaften entsteht:

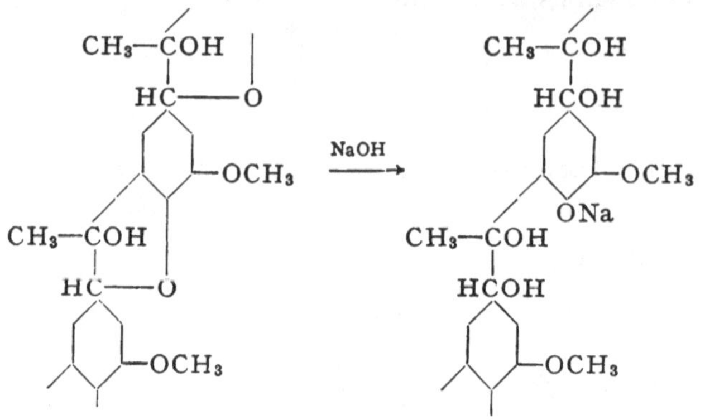

XII XIII

Das Kondensationsprodukt XII ist in bezug auf den Gehalt an Hydroxyl- und Methoxylgruppen aber auch in der Elementarzusammensetzung dem Cuoxamlignin sehr ähnlich. Für das letztere sind folgende Werte gefunden worden: 66% C, 6,2% H, 16% OCH_3 und 9,5% OH. Außerdem hat FREUDENBERG auf Grund der Abspaltung von 0,9 bis 1,4% Formaldehyd bei der Hydrolyse des Cuoxamlignins mit 12%iger siedender Salzsäure angenommen, daß in den Ketten des Lignins in geringer Menge (an den Enden) auch Piperonylgruppen vorhanden sind[2] (vgl. S. 234).

Als Bestätigung für die Existenz eines durchlaufenden Kohlenstoffgerüstes im Lignin hat FREUDENBERG die Beständigkeit des letzteren beim Erhitzen mit konzentrierter Jodwasserstoffsäure, wobei Sauerstoffbrücken gesprengt werden, angeführt. Die Anwesenheit von CH_3—COH<-Gruppen ist von ihm durch Oxydation des in Wasser suspendierten Lignins mit aktiviertem Sauerstoff und andererseits mit Chromsäure, wobei bis zu 6% Essigsäure (berechnet 8,8%) erhalten worden sind, bewiesen worden. Phenolische Hydroxylgruppen sind jedoch im Cuoxamlignin nicht nachgewiesen worden. Ebenfalls hat der Autor mittels Bromierung keine Doppelbindungen finden können. Die Bromierung hat unter Bedingungen stattgefunden, bei denen eine Oxydation

[1] Letztere entsteht durch Kondensation von zwei monomeren Molekülen des Typs VI.

[2] Andere, die Dioxymethylengruppe ($-O-CH_2-O-$) ebenfalls enthaltende, bekannte Stoffe (Piperonylsäure, Narkotin, Narcein) spalten beim Kochen mit 12%iger Salzsäure gleichfalls Formaldehyd ab.

nach Möglichkeit ausgeschlossen ist, ferner bei Gegenwart von Bromwasserstoff, um die Bildung von bromiger Säure zu verhindern. Unter diesen Bedingungen findet hauptsächlich die Substitution des Wasserstoffs nach folgendem Schema statt[1].

$$RH + Br_2 = RBr + HBr$$

Dabei kann je Methoxylgruppe ein Atom fester gebundenes Brom in das Lignin eingeführt werden:

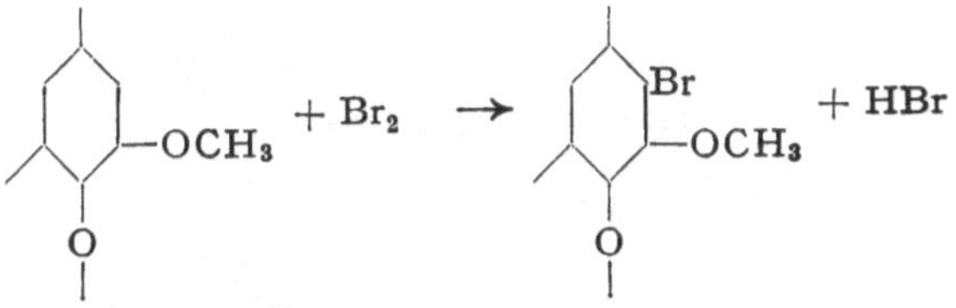

In Wirklichkeit wird jedoch etwas mehr als ein Atom Brom in Bromwasserstoffsäure übergeführt. Von den Methoxylen ist bei der Bromierung ungefähr der dritte Teil abgespalten worden, wodurch ein entsprechender Teil des Lignins in Chinon verwandelt worden ist. Später wurde eine geringe Menge von ungesättigten Bindungen (1,7%) durch Umsetzung des Cuoxamlignins mit Bleitetraacetat gefunden. Als Grundlage dient hierbei die Menge der an die Doppelbindungen angelagerten $OCOCH_3$-Gruppen.

Die aromatische Natur des Lignins ist von Freudenberg mit Hilfe der Reaktion mit Quecksilberacetat nach Dimroth bestätigt worden[2]:

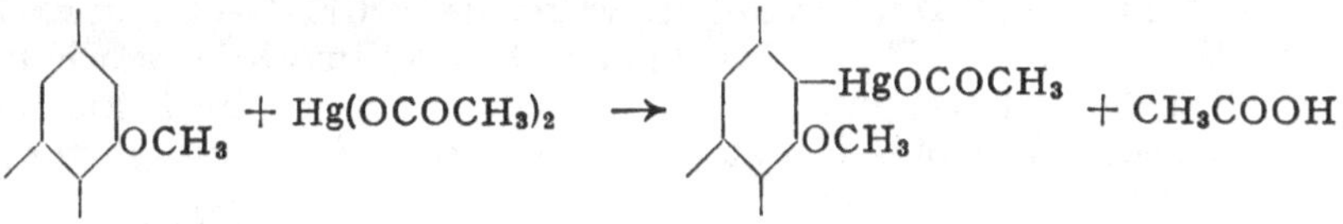

Die Quecksilberacetatreste können quantitativ durch Jod substituiert werden, das durch Erhitzen mit KOH auf 110° nicht abgespalten werden kann. Eine weitere Bestätigung der aromatischen Natur des Lignins und das Fehlen von Doppelbindungen ist auch durch die Reaktion mit Stickstoffdioxyd gegeben worden. Im Falle von aliphatischen Verbindungen lagern sich zwei Moleküle NO_2 an die Doppelbindung an, bei aromatischen Stoffen findet zunächst der gleiche Vorgang statt, durch anschließende Abspaltung von HNO_2 entsteht jedoch eine aromatische Nitroverbindung[3]:

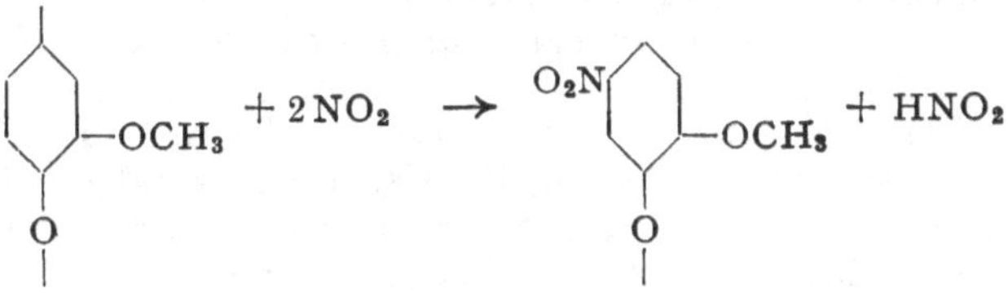

[1] Ausführlicher über die Bromierung des Lignins in E. Hägglund, Holzchemie, 1939, S. 180.

[2] K. Freudenberg, W. Belz u. C. Niemann, Ber. **62**, 1559 (1929). — П. Н. Одинцов, Лесохим. пром. (P. N. Odinzow, Holzchem. Ind.) Nr. 10, 16 (1939).

[3] K. Freudenberg u. Mitarb. Cellulosechemie **12**, 263 (1931).

Großes Interesse für die Konstitutionsaufklärung des Lignins besitzt nach FREUDENBERG die bereits erwähnte, aus Isoeugenol synthetisch darstellbare ERDTMANsche Säure (XIV). Bei der Oxydation dieser Verbindung hat man 32% Veratrumsäure an Stelle von 55% der Theorie erhalten. Unterwirft man die Säure der Alkalischmelze, methyliert und oxydiert dann, so erhält man 21% Veratrumsäure und 5% Isohemipinsäure.

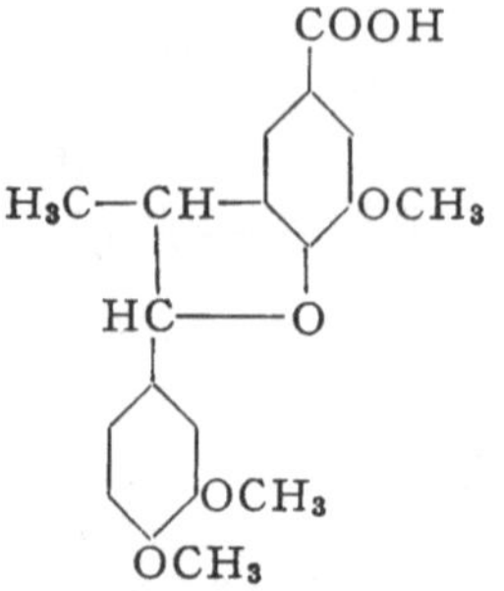

XIV

Beim Schmelzen von Buchenlignin mit KOH ist nicht nur Protocatechusäure, sondern auch Gallussäure isoliert worden, wodurch der etwas abweichende Aufbau des Laubholzlignins bestätigt wird.

FREUDENBERG und MÜLLER[1] haben Buchenholz mit Diazomethan methyliert, der Methoxylgehalt ist dabei von 5,8 auf 10% gestiegen. Anschließend behandelten sie dreimal mit Dimethylsulfat, wobei der OCH_3-Gehalt etwa 30% erreichte. Das methylierte Produkt wurde nun bei 190° mit KOH geschmolzen und nach dem Aufschluß erneut methyliert. Nach Oxydation mit Permanganat konnten folgende Phenolkarbonsäuren, berechnet auf Ausgangslignin, erhalten werden:

		Nach Korrektur
Isohemipinsäure	1,5 %	13,5 %
Veratrumsäure	5,0 %	7,0 %
Trimethylgallussäure	7,5 %	14,0 %
	14,0 %	34,5 %

Aus der kurzen Übersicht über die Arbeiten FREUDENBERGs geht hervor, daß sich der Autor das Lignin der Nadelhölzer als ein Gemisch von miteinander verwandten aromatischen Stoffen vorstellt, die mehr oder weniger nach dem gleichen oder einem ähnlichen Prinzip durch Kondensation aufgebaut sind. Wie am Beispiel der Verbindung XII gezeigt worden ist, enthält das Lignin neben Sauerstoffbrücken auch wesentlich stabilere C—C-Bindungen, d. h. ein durchlaufendes Kohlenstoffgerüst. In der Kette des gebildeten Lignins sind nach Meinung des Autors etwa sieben aromatische Ringe vereinigt.

Besonders ausführlich hat sich der gleiche Autor mit den Kondensationsprozessen zwischen Alkoholen und Benzolderivaten beschäftigt, da er eine Analogie zwischen diesen Reaktionen und der Bildung des Kohlenstoffskeletts des Lignins angenommen hat. Als Beispiel für eine derartige Kondensation sei

[1] K. FREUDENBERG u. H. MÜLLER, Ber. 71, 1821 (1938).

die bekannte Reaktion zwischen Benzylalkohol und Benzol mit konzentrierter Schwefelsäure als Katalysator angeführt:

$$C_6H_5CH_2OH + C_6H_6 \rightarrow C_6H_5 \cdot CH_2 \cdot C_6H_5 + H_2O$$

Coniferylalkohol polymerisiert nach Ansicht von Freudenberg nach dem gleichen Schema, indem das alkoholische Hydroxyl der Seitenkette mit einem Wasserstoff des aromatischen Kernes eines zweiten Moleküls reagiert. Der Autor nimmt an, daß diese Art von Kondensation eine wichtige biologische Rolle spielt und daß ähnliche Vorgänge sowohl beim Lignin als auch bei Gerbstoffen des Catechintyps zu größeren Komplexen mit einem gemeinsamen Kohlenstoffskelett führen.

In einigen Arbeiten spricht Freudenberg die Vermutung aus, daß in der endständigen Seitenkette des letzten Gliedes des Lignins möglicherweise Doppelbindungen vorhanden sind, die eine erhöhte Neigung zur Polymerisation

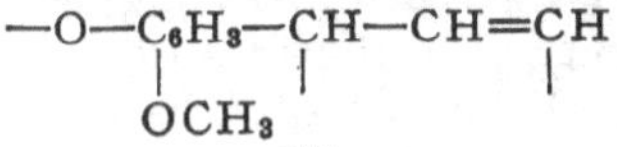

XV

bewirken. Durch eine derartige Polymerisation, so nimmt der Verfasser an, entsteht das aus vielen Ketten bestehende „Sekundärlignin" mit einem Molekulargewicht von 50000 und mehr. Ähnliche Prozesse finden nach dem Absterben des Holzgewebes, bei der Isolierung des Lignins mit Hilfe konzentrierter Säuren usw. statt. Die Lignosulfonsäure ist danach ebenfalls ein Derivat des „Sekundärlignins", dessen dreidimensionale räumliche Anordnung der Autor mit einem Eisengerüst vergleicht.

Bei einer kritischen Betrachtung der letzten Vorstellungen Freudenbergs entstehen jedoch berechtigte Zweifel an dem Mechanismus der Kondensation des Lignins mit Hilfe endständiger, polymerisierbarer Gruppen. Die Wahrscheinlichkeit für einen gegenseitigen Kontakt dieser Gruppen ist nur sehr gering, die diesbezüglichen Gesichtspunkte des Autors scheinen wohl mehr oder weniger einen spekulativen Charakter zu besitzen. Das Verdienst Freudenbergs um die Entwicklung der Ligninchemie wird dadurch jedoch in keiner Weise geschmälert. Seine Arbeiten haben eine Verbesserung der Untersuchungsmethoden erbracht und die Existenz von aromatischen Einheiten, Derivaten des Phenylpropans, im Lignin sichergestellt.

Der stärkste Einwand gegen die Ausführungen Freudenbergs besteht darin, daß die für die Ausbeute an Isohemipinsäure angebrachte Korrektur in 8- bis 10facher Höhe des gefundenen Wertes als stark übertrieben bezeichnet wird. Die Hypothese Freudenbergs über die Existenz eines einheitlichen Kohlenstoffgerüstes basiert gerade auf der nach der Alkalischmelze, Methylierung und Oxydation des Lignins erhaltenen Isohemipinsäure.

Die Verbindung der einzelnen Monomeren im Lignin mittels durchlaufender C—C-Bindungen darf man als noch nicht vollständig bewiesen ansehen. Die Beständigkeit des Lignins beim Erhitzen mit konzentrierter Jodwasserstoffsäure ist ebenfalls noch nicht sicher nachgewiesen, denn die Spaltprodukte sind nicht flüchtig und lassen sich mit der Methode von Zeisel nicht abfangen. Es ist deshalb nicht ausgeschlossen, daß die monomeren Phenylpropanreste auch durch Sauerstoffbrücken miteinander verbunden sein können, was Schorygina auf Grund ihrer Arbeiten ausgesprochen hat (vgl. S. 298). Freu-

DENBERG hat ursprünglich ebenfalls ätherartige Bindungen zwischen den monomeren Resten des Lignins angenommen. Diese Frage wird jedoch im folgenden noch ausführlich behandelt.

Untersuchung des Ligninaufbaues mittels Äthanolyse

Seit den dreißiger Jahren hat man begonnen, die Konstitution des Lignins mit Hilfe der Äthanolyse aufzuklären. Das Wesen der Methode besteht in einer längeren (über 40 Stunden) Kochung von entharztem Holzmehl mit absolutem Alkohol bei Gegenwart von 2 bis 3% wasserfreiem Chlorwasserstoff. Zur Verhinderung einer Oxydation wird der Extrakt im Kohlensäurestrom eingeengt und das Konzentrat in Wasser eingegossen. Der entstehende Niederschlag stellt das wasserunlösliche, amorphe Äthanollignin dar. Aus dem wäßrigen Filtrat lassen sich durch Ausschütteln mit Benzol noch bedeutende Mengen aromatischer Produkte gewinnen. Der Benzolauszug kann durch aufeinanderfolgende Extraktion mit 20%iger Bisulfitlösung, 8%iger Bicarbonatlösung und 5%iger Natronlauge in einige Fraktionen aufgeteilt werden. Auf diese Weise ist ein Gemisch von wasserlöslichen, destillierbaren Substanzen erhalten worden, deren Menge bei Fichtenholz 8,2% (bezogen auf mit H_2SO_4 bestimmbares Lignin), bei Ahorn bis zu 20% beträgt. Die Ausbeuten an Äthanollignin haben im Falle von Fichte 10 bis 14%, Ahorn 29 bis 34%, berechnet auf Schwefelsäurelignin, ergeben.

Aus den wasserlöslichen Produkten hat man mit Hilfe von Natronlauge folgende Stoffe in Form ihrer Äthyläther isolieren können: α-Oxypropiovanillon (XVI aus Fichte und Ahorn) und α-Oxypropiosyringon (XVII nur aus Ahorn)[1]. HIBBERT und Mitarbeiter haben diese Verbindung synthetisiert und anschließend nachgewiesen, daß unter den Bedingungen der Äthanolyse tatsächlich die entsprechenden α-Äthoxyäther entstehen[2].

Die gleichen Autoren haben 1940 festgestellt, daß die in der Bisulfitlösung lösliche Fraktion im Falle des Fichtenholzes aus Guajacylderivaten besteht: Vanillin (XVIII) und Vanilloylmethylketon (XIX). Beim Ahorn entsprechend Syringaaldehyd (XX) und Syringoylmethylketon (XXI):

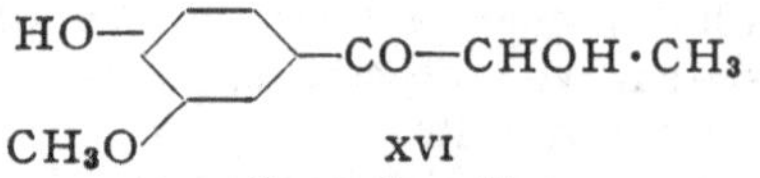

XVI
α-Oxypropiovanillon

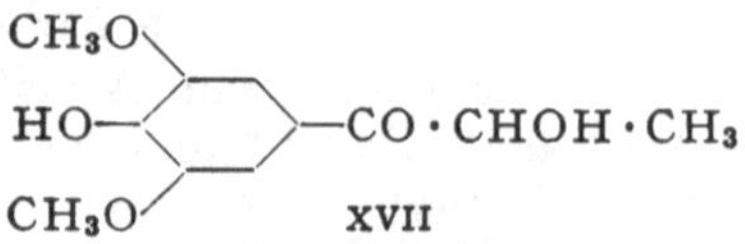

XVII
α-Oxypropiosyringon

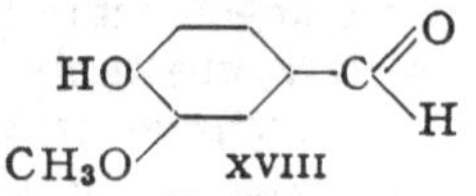

XVIII
Vanillin

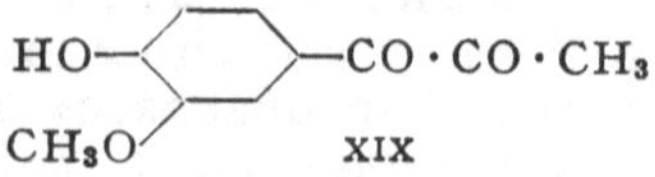

XIX
Vanilloylmethylketon

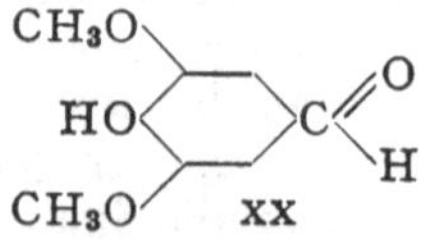

XX
Syringaaldehyd

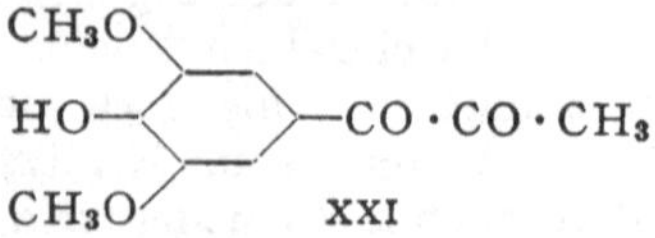

XXI
Syringoylmethylketon

[1] A. CRAMER, M. HUNTER u. H. HIBBERT, J. Am. Chem. Soc. **61**, 509, 561 (1939).

[2] A. CRAMER u. H. HIBBERT, J. Am. Chem. Soc. **61**, 2394 (1939). — M. HUNTER u. H. HIBBERT, J. Am. Chem. Soc. **61**, 2130 (1939).

Die beiden Diketone XIX und XXI sind von HIBBERT und Mitarbeitern[1] ebenfalls auf synthetischem Wege dargestellt worden. Die synthetischen Produkte haben sich als identisch mit den bei der Äthanolyse von Holz erhaltenen herausgestellt. Weitere, aus der Bisulfitfraktion isolierte Produkte sind das 1-(4-Oxy-3-methoxyphenyl)-2-propanon (XXII) und das 1-(4-Oxy-3,5-dimethoxyphenyl)-2-propanon (XXIII):

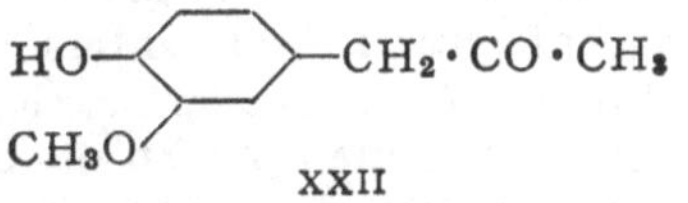

XXII

1-(4-Oxy-3-methoxyphenyl)-2-propanon

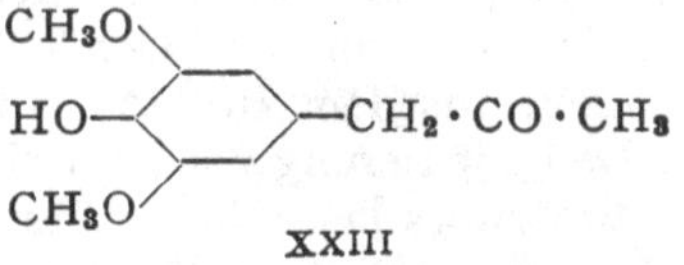

XXIII

1-(4-Oxy-3,5-dimethoxyphenyl)-2-propanon

Unter den, bei der Äthanolyse von Fichtenholz erhaltenen, stabilen Produkten sei noch das 1-Äthoxy-1-(4-oxy-3-methoxyphenyl)-2-propanon (XXIV) erwähnt:

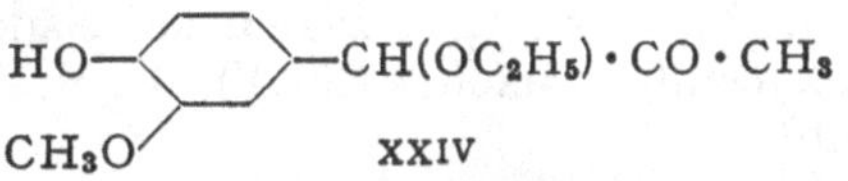

XXIV

1-Äthoxy-1-(4-oxy-3-methoxyphenyl)-2-propanon

Bei der Äthanolyse von Eichenlignin, das durch schonende Acetylierung isoliert worden ist, sind ölige Produkte in einer Ausbeute bis zu 36% erhalten worden[2]. Die Fraktionen dieser Stoffe zeigen das gleiche charakteristische Bild wie die aus Ahornholz isolierten. Es ist also auf diese Weise gelungen, isoliertes Lignin in Produkte umzuwandeln, die offenbar primäre Struktureinheiten desselben darstellen. Die weiteren Untersuchungen haben den heterogenen Aufbau der nach verschiedenen Methoden dargestellten Ligninpräparate ergeben. So haben sich z. B. mittels Fraktionierung von Birkenlignin, das durch Ameisensäure isoliert worden ist, erhebliche Unterschiede im Methoxyl- und Hydroxylgehalt erkennen lassen. Aus dem amorphen, wasserlöslichen Äthanollignin von Ahornholz lassen sich ebenfalls unterschiedliche Fraktionen darstellen[3].

1941 haben die gleichen Autoren[4] den Einfluß der Bedingungen bei der Äthanolyse, die Dauer, Teilchengröße des Holzes und andere Faktoren, auf die Ausbeute an Ligninbruchstücken untersucht. Durch Variation der Kochdauer von 1 bis 48 Stunden gelingt eine allmähliche Steigerung der Ausbeute an Ölen bis zu 26% des Lignins, gleichzeitig nimmt der Ligningehalt des Holzes ebenso allmählich ab, bis er bei etwa 30% des ursprünglichen Wertes konstant bleibt.

An Hand des ständig kleiner werdenden Quotienten

$$R = \frac{\text{äthanollösliche, wasserunlösliche Produkte (Äthanollignin)}}{\text{wasserlösliche Produkte (destillierbare Öle)}}$$

---

[1] L. BRICKMAN, LINCOLN u. H. HIBBERT, J. Am. Chem. Soc. **63**, 2149 (1941). — KULKA, HAWKINS u. HIBBERT, J. Am. Chem. Soc. **63**, 2371 (1941).

[2] PENIGTON u. H. HIBBERT, J. Am. Chem. Soc. **61**, 530 (1939).

[3] PATTERSON, WEST, LEVELL, HAWKINS u. HIBBERT, J. Am. Chem. Soc. **63**, 3965 (1941).

[4] H. HIBBERT u. Mitarb., J. Am. Chem. Soc. **63**, 3041, 3045 (1941).

nehmen die Autoren an, daß die wasserlöslichen Stoffe äthanolytische Spaltprodukte des nativen Holzlignins sind. Die gleichzeitige Bildung des unlöslichen Äthanollignins deutet auf den Ablauf von Kondensations- und Polymerisationsprozessen hin. Die Verfasser sind der Ansicht, daß das Wesen der Äthanolyse in dem gleichzeitigen Ablauf von Abbau- und Aufbaureaktionen besteht, wobei sowohl einfache destillierbare Verbindungen als auch in Äthanol unlösliche Polykondensate entstehen. Durch stufenweise Änderung des Chlorwasserstoffgehaltes im Extraktionsgemisch ist es möglich, praktisch das gesamte Lignin aus dem Holz zu entfernen. Auf Grund ihrer Untersuchungen über die Delignifizierung von Ahornholz mit reinem Äthanol oder bei Gegenwart eines Katalysators bei höheren Temperaturen haben die Autoren die Behauptung aufgestellt, daß die *p*-Propylphenoleinheiten im Holz nicht in monomerer Form vorkommen, sondern an andere, gleiche Einheiten oder Kohlenhydrate oder schließlich irgendwelche, in Äthanol unlösliche Aggregate gebunden sind. Über den für die Sprengung dieser Bindungen verantwortlichen Mechanismus hat HIBBERT ebenfalls genauere Aussagen gemacht.

HIBBERT nimmt an, daß das native Lignin der Nadelhölzer aus dem sehr reaktionsfähigen β-Oxyconiferylalkohol (XXV), der in der Ketoform (XXVI) vorliegt, gebildet wird.

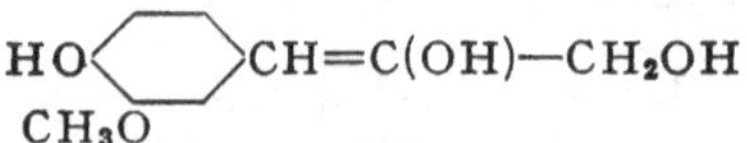

XXV

β-Oxyconiferylalkohol

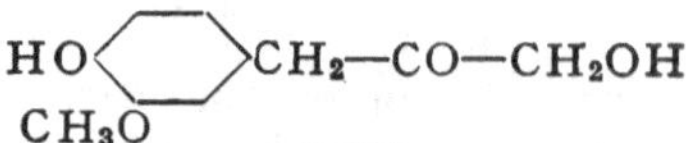

XXVI

Ketoform des β-Oxyconiferylalkohols

Durch Synthese[1] des Veratrylderivates des Ketoalkohols XXVI und Äthanolyse des erhaltenen Produktes unter den gleichen Bedingungen wie beim Holz ist man zu folgenden Produkten mit einer Gesamtausbeute von 80% gelangt: 1-Äthoxy-1-(3,4-dimethoxyphenyl)-2-propanon (XXVII) und 2-Äthoxy-1-(3,4-dimethoxyphenyl)-1-propanon (XXVIII)

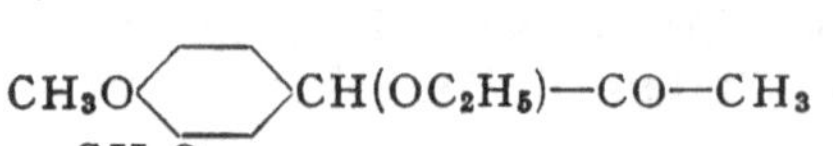

XXVII

1-Äthoxy-1-(3,4-dimethoxyphenyl)-2-propanon

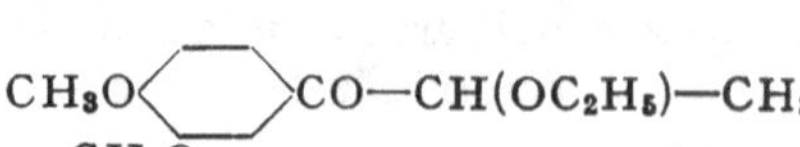

XXVIII

2-Äthoxy-1-(3,4-dimethoxyphenyl)-1-propanon

Im weiteren Verlauf der Arbeiten[2] sind wesentliche Beweise für innermolekulare Veränderungen erhalten worden, die die sehr reaktionsfähigen Seitenketten der Phenylpropanreste nach folgendem Schema erleiden:

$$\mathrm{R{-}CH_2{-}CO{-}CH_2OH \rightleftarrows R{-}CH{=}C(OH){-}CH_2OH \rightleftarrows R{-}CH(OH){-}C(OH){=}CH_2 \rightleftarrows}$$
$$\mathrm{\rightleftarrows R{-}CHOH{-}CO{-}CH_3 \rightleftarrows R{-}C(OH){=}C(OH){-}CH_3 \rightleftarrows R{-}CO{-}CH(OH){-}CH_3}$$

XXIX

(R = 4-Oxy-3-methoxyphenyl im Falle von Nadelholzlignin;
R = 4-Oxy-3,5-dimethoxyphenyl im Falle von Laubholzlignin)

---

[1] F. FISCHER, KULKA u. H. HIBBERT, J. Am. Chem. Soc. **66**, 598 (1944).
[2] MITCHELL u. H. HIBBERT, J. Am. Chem. Soc. **66**, 602 (1944). — GARDNER u. H. HIBBERT, J. Am. Chem. Soc. **66**, 607 (1944).

Die Autoren glauben, daß die tatsächlich bei der Äthanolyse des Holzes erhaltenen Produkte wie α-Oxypropiovanillon (XVI), Vanilloylmethylketon (XIX) usw. wahrscheinlich alle aus der Ketoform des β-Oxyconiferylalkohols entstehen, der damit als Baustein des nativen Lignins anzusprechen ist. Angesichts der großen Bedeutung dieses Alkohols für die Konstitutionsaufklärung des Lignins ist unlängst seine Synthese aus Vanillin durchgeführt worden[1]. Die Ketoform stellt ein weißes Kristallpulver mit schwachem Vanillingeruch und F. 81 bis 82° dar.

An dieser Stelle sei besonders darauf aufmerksam gemacht, daß aus den letzten Arbeiten über die Äthanolyse mit großer Wahrscheinlichkeit hervorgeht, daß die Seitenketten der Phenylpropanreste an ihren Enden keine Methylgruppen tragen, wie FREUDENBERG früher angenommen hat. Die in den bei der Äthanolyse auftretenden Spaltprodukten befindlichen endständigen Methylgruppen sind nach Ansicht von HIBBERT sekundär entstanden, d. h. durch die Äthanolyse selbst. Das oben angeführte Schema (XXIX) der in den Seitenketten möglichen Umlagerungen zeigt, wie die endständige CH_2OH-Gruppe des β-Oxyconiferylalkohols in eine CH_3-Gruppe umgewandelt werden kann. Die Annahme, daß im nativen Lignin keine endständigen Methylgruppen vorhanden sind, ist 1944 durch die Oxydation des Holzes und des Lignins mit Chromsäure bestätigt worden[2]. Weder bei Fichten- noch bei Ahornholz ist in diesem Falle Essigsäure nachgewiesen worden. Für Äthanollignin aus Fichtenholz hat man nur eine geringe Zahl von CH_3—C-Gruppen, etwa 1 auf 4 bis 5 Phenylpropanreste, finden können.

Im Zusammenhang mit den äthanolytischen Arbeiten HIBBERTs ist noch zu erwähnen, daß das native Protolignin von ihm als ein Gemisch aus verschiedenen Stoffen angesehen wird, die aus relativ einfachen Phenylpropanresten gebildet werden. Nach Versuchen des Autors und seiner Mitarbeiter[3] besteht der größte Teil des nativen Fichtenlignins aus einem oder mehreren Polymeren des β-Oxyconiferylalkohols (XXX):

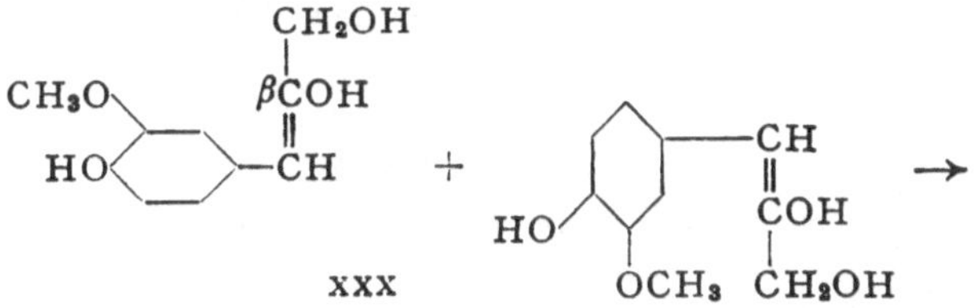

XXX

Durch Dimerisierung entsteht daraus vermutlich Dehydrodi-β-oxyconiferylalkohol (XXXI):

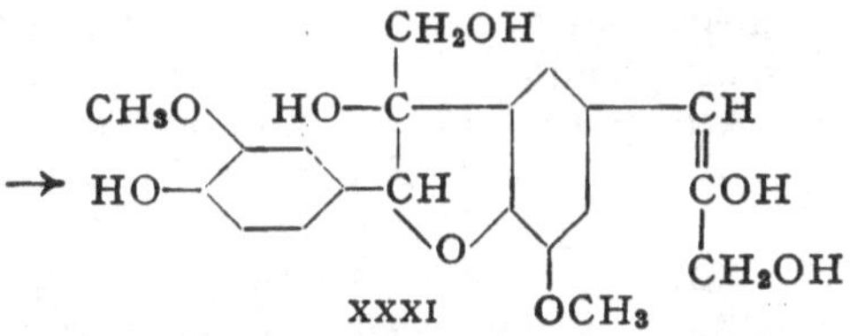

XXXI

[1] F. FISCHER u. H. HIBBERT, J. Am. Chem. Soc. **69**, 1208 (1947).
[2] MC GREGOR, EVANS u. HIBBERT, J. Am. Chem. Soc. **66**, 41 (1944).
[3] H. HIBBERT, Biochem. Rev. **11**, 183 (1942).

Die Bildung des Dehydrodioxyconiferylalkohols ist um so wahrscheinlicher, als ERDTMAN[1] und HAWORTH[2] gezeigt haben, daß dieser Alkohol ein typischer Bestandteil der dimeren Pflanzenharze oder Lignane ist (vgl. S. 331).

Da bei der Äthanolyse ein Teil des Lignins in einer weniger komplexen Form auftritt (wasserlösliche Produkte) als der in Wasser unlösliche Rückstand, so liegt die Annahme nahe, daß die löslichen Äthanolysenprodukte auch aus weniger kompliziert aufgebauten Formen stammen. HIBBERT hat drei verschiedene Typen relativ einfacher Verbindungen vorgeschlagen (Glukoside, Hemiketale und Äther), die ähnliche Produkte wie aus dem Holz bei der Äthanolyse ergeben können. Zu den Glukosiden gehören die Verbindungen XXXII, XXXIII und XXXIV:

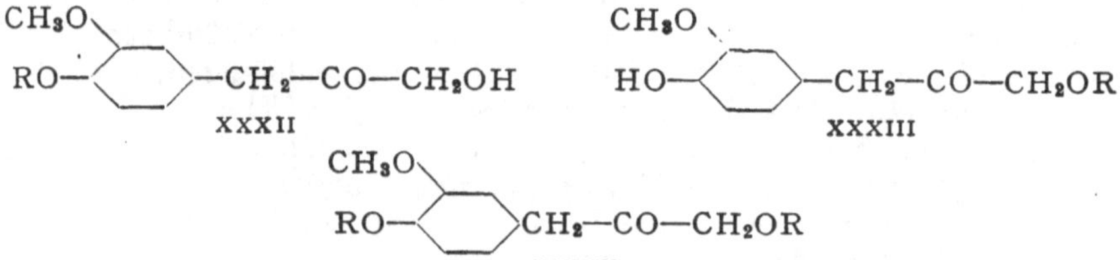

XXXII XXXIII XXXIV

(R = Kohlenhydratrest)

Vertreter der Hemiketale sind XXXV und XXXVI, als Beispiel für die Äther dient XXXVII:

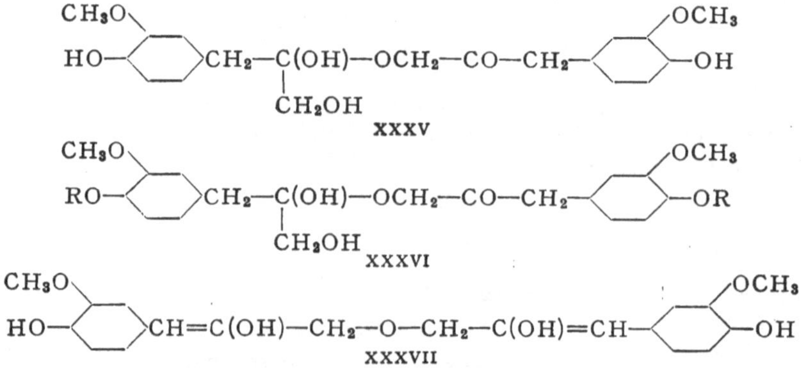

XXXV XXXVI XXXVII

(R = Kohlenhydratrest)

Während der Äthanolyse kann aus diesen Stoffen die Ketoform des β-Oxyconiferylalkohols entstehen, woraus dann infolge Dismutation und Umwandlungen die üblichen Äthanolysenprodukte des Holzlignins gebildet werden.

Die Anwendung der Äthanolyse zur Strukturaufklärung des Lignins hat durchaus positive Ergebnisse gezeitigt. Neben der Vertiefung der Kenntnisse über das im Holz vorhandene Lignin ist vor allem die Frage der strukturellen Grundeinheiten und der Endgruppen einer Klärung näher geführt worden. Aus den Ergebnissen der Äthanolyse läßt sich auf einen wesentlich niedrigeren

[1] H. ERDTMAN, Pulp and Paper Mag. of Canada, Febr. 1942.
[2] R. HAWORTH, Nature **147**, 255 (1944).

„Polymerisationsgrad" des nativen Lignins schließen, als ihn FREUDENBERG mit etwa 7 Phenylpropaneinheiten angenommen hat. Die hier wiedergegebenen Resultate werden im folgenden durch andere Methoden bestätigt.

Hydrierungsprodukte des Lignins

Um eine Vorstellung über den Aufbau des Ligninkomplexes zu gewinnen, hat man auch die bei der Reduktion des Lignins unter verschiedenen Bedingungen auftretenden Produkte untersucht. So haben bereits WILLSTÄTTER und KALB[1] Salzsäurelignin aus Fichtenholz in zugeschmolzenen Rohren mit konzentrierter Jodwasserstoffsäure und rotem Phosphor[2] auf 250° erhitzt. Als Reaktionsprodukt hat man dabei ein Gemisch von flüssigen und festen Kohlenwasserstoffen erhalten, das zum Teil in Äther, zum Teil in Aceton löslich ist, aber auch einen ätherlöslichen, schwach sauren, harzartigen Stoff und einen unlöslichen Rückstand. Alle Fraktionen sind nicht einheitlich gewesen und stellen Gemische mehrerer Stoffe dar. Durch Vakuumdestillation des acetonlöslichen Anteils sind mehrere Fraktionen erhalten, in denen das Verhältnis von H : C von 1,82 auf 1,64 abnimmt, während das Durchschnittsmolekulargewicht von 166,7 auf 347,1 steigt. Der Siedepunkt dieser Produkte steigt mit zunehmendem Molekulargewicht ebenfalls rasch an.

Die Autoren glauben, daß in diesen engen Fraktionen mehrkernige, hydrierte Ringsysteme anwesend sind, die jedoch auch bei einer entsprechenden Behandlung aus Kohlenhydraten entstehen können. Kontrollversuche mit Glukose, Xylose und Cellulose haben ergeben, daß aus diesen aliphatischen Stoffen ebenfalls fünf-[3] und sechsgliedrige, hydrierte Ringe erhalten werden können, was durch Kondensation, Polymerisation und Ringschluß neben der Spaltung erklärt werden kann.

Die Identifizierung der bei den beschriebenen Versuchen erhaltenen Stoffgemische ist infolge der dabei auftretenden Schwierigkeiten nicht durchgeführt worden. Dieser kurze Abriß zeigt bereits, daß durch Hydrierung des Lignins mittels Jodwasserstoffsäure und Phosphor keine Einblicke in die Bestandteile des Lignins erhalten werden können.

KARRER und BODDING-WIGER[4] haben daher die Reduktion auf andere Weise durchzuführen versucht. Zu diesem Zweck haben sie Salzsäurelignin mit Zinkpulver im Wasserstoffstrom auf dunkle Rotglut erhitzt und dabei etwa 17% (berechnet auf Lignin) an flüssigen Produkten aufgefangen. Mit Hilfe der fraktionierten Destillation sind eine Reihe von Fraktionen mit Siedepunkten von 66° bis 280° erhalten worden. Auch diese Fraktionen sind nicht einheitlich gewesen, die Charakterisierung hat sich infolgedessen lediglich auf die Bestimmung des gebundenen Methoxyls (1,9 bis 3,5%), des nicht ätherartig gebundenen Sauerstoffs, des Molekulargewichtes und ähnlicher Daten beschränkt. Aus den letzten Fraktionen ist ein Kohlenwasserstoff der Zusammensetzung $(C_6H_5)_x$ in geringer Menge isoliert worden, der gewisse Ähnlichkeit mit mehrkernigen aromatischen Verbindungen besitzt. Das Auftreten eines

---

[1] R. WILLSTÄTTER u. Mitarb., Ber. 55, 262 (1922).

[2] Reduktion des Lignins mit Wasserstoff und Bildung von Zerfallsprodukten.

[3] Offenbar Furanderivate, die durch Ringschluß bei den angewandten hohen Temperaturen entstehen (vgl. Abschn. 15).

[4] W. FUCHS, Die Chemie des Lignins, 1926.

derartigen Stoffes ist ebenfalls nicht für das Lignin charakteristisch, da bei der pyrogenen Zersetzung von Kohlenhydraten und anderen aliphatischen Stoffen, ebenfalls infolge sekundärer Reaktionen, aromatische Produkte entstehen können.

Ebenso erfolglos sind die ersten Versuche zur Hydrierung des Lignins in einer unter hohem Druck stehenden Wasserstoffatmosphäre mit Nickel als Katalysator verlaufen[1]. Bei einem Druck von 200 bis 300 Atm. und einer Anfangstemperatur von 240°, die bis auf 450° gesteigert wurde, sind von 500 g Salzsäurelignin bei Gegenwart von Nickelhydroxyd etwa 50 l Wasserstoff, d. h. 1% aufgenommen worden. Diese Zahl zeigt, daß trotz der Anwesenheit des Katalysators nur eine sehr geringe Reduktion stattgefunden hat. Die erhaltenen flüssigen Produkte stammen anscheinend in der Hauptsache aus der thermischen Zersetzung des Lignins, wobei der Ablauf von Sekundärreaktionen durch die Anwesenheit des Wasserstoffs verhindert worden ist[2]. Die Tab. 73 gibt eine Vorstellung von den bei der Behandlung von 500 g Lignin, aber auch Holz und Cellulose entstehenden Produkten.

TABELLE 73
Druckhydrierung von Lignin bei 200 Atm.

Material	Katalysator	Brennbarer Rückstand in g	Gesamtdestillat in g	Wasserdestillat in g	Säuregehalt des Wasserdestillats in %	Teer in g	Leicht flüchtiger Anteil, bei − 80° erstarrend, in g	Asche, Gase und Verlust in %
Lignin	Ni	78,0	334,0	251,0	1,6	89,0	12,0	88,0
Holz	Ni	18,0	401,0	272,5	2,1	128,5	29,0	81,0
Cellulose ...	Ni	5,1	410,0	256,0	1,9	168,0	54,6	84,9
Cellulose ...	—	159,0	194,0	152,0	6,3	38,0	4,0	147,0

Der bei der Hydrierung von Lignin und Cellulose anfallende Teer ist näher untersucht worden. In 89 g Ligninteer wurden 39 g Phenole gefunden, in 168 g Celluloseteer 11,9 g Phenole. Das wäßrige Destillat enthält Methyl-, Äthyl- und Isopropylalkohol, sowie Ketone und ähnliche Stoffe. Unter den aus Cellulose erhaltenen neutralen Produkten finden sich Kohlenwasserstoffe, Ketone u. a.

Diese ersten Arbeiten zeigen, daß auf dem bisher beschrittenen Wege keine näheren Einblicke in den Aufbau des Lignins zu erhalten sind.

Moldawsski und Wainschtein[3] haben die Hydrierung von Lignin mit 75% Feuchtigkeit und etwas freier Schwefelsäure in einem horizontal drehbaren Autoklaven mit Wasserstoff von 50 bis 70 Atm. bei 400 bis 450° und Molybdändisulfid als „Katalysator" durchgeführt. Den Autoren ist eine vollständige Umwandlung des Lignins in flüssige (44%) und gasförmige Produkte gelungen.

Bobrow und Kolotowa[4] haben Sulfitlignin hydriert, wobei sich der Wasserstoffverbrauch bei der Hydrierung infolge des im Trockenrückstand der Ab-

---

[1] H. Fierz-David u. M. Hannig, Helv. Chim. Acta 8, 900 (1925).

[2] Vgl. Abschnitt 15.

[3] Молдавский и Вайнштейн, Хим. тверд. топл. (Moldawsski u. Wainschtein, Chemie d. festen Brennstoffe) 6, 560 (1935).

[4] П. А. Бобров и Л. И. Колотова, „Сб. Научные работы химических инст. АН СССР" (P. A. Bobrow u. L. I. Kolotowa, „Wissenschaftl. Arb. d. chem. Institute d. Akad. Wiss. UdSSR") 1940, S. 92.

lauge enthaltenen Schwefels (bis zu 7%) erhöhte. Die in bedeutender Menge entstandenen flüssigen Produkte zeigen folgende Zusammensetzung: Fraktion bis 150°: 6,9% ungesättigte, 69,8% aromatische und 23,3% gesättigte Kohlenwasserstoffe. Fraktion 150 bis 200°: 14,9% ungesättigte, 51,1% aromatische, 10,8% gesättigte Kohlenwasserstoffe und 26% Phenole.

Die Methode der Hydrierung ist weiterentwickelt worden, indem man unter verschiedenen Bedingungen und mit den verschiedensten Katalysatoren gearbeitet hat. Im allgemeinen erhält man zwar sehr gute Ausbeuten an flüssigen Produkten, das ganze Wesen der Methode neigt jedoch mehr zu einer Stabilisierung als zur Zersetzung der Ligninbestandteile.

1938 ist von Harris und Mitarbeitern[1] die Hydrierung von Methanollignin in Dioxan bei 260° mit einem Kupfer-Chrom-Katalysator durchgeführt worden. Neben einer relativ großen Menge Methanol (28%) konnten etwa 44% an Derivaten des n-Propylzyklohexans und einige höhersiedende Produkte erhalten werden. Später ist die Hydrierung in 1%iger Alkalilauge[2] und von Methanollignin aus Ahornholz[3] in Wasser bei 250° mit Nickelkatalysatoren ausgeführt worden. Bei diesem Versuch haben die Autoren eine Reihe von individuellen Stoffen, wie 4-Äthylzyklohexanol, 4-n-Propylzyklohexanol, 2-Methoxy-4-äthylzyklohexanol, einige andere Zyklohexanderivate sowie Äthylen- und Diäthylenglykol identifiziert. Versuche zur Erzielung wirtschaftlich lohnender Ausbeuten aus technischen Ligninprodukten sind bisher nicht gelungen.

Von einiger Bedeutung für die Strukturaufklärung des Lignins sind in diesem Zusammenhang auch einige Arbeiten von Hibbert und Mitarbeitern[4], in denen über die Druckhydrierung von monomeren Phenylpropanderivaten berichtet wird. Erhalten worden sind mit Kupfer-Chrom-Katalysatoren Derivate des Propylzyklohexans in relativ großen Mengen (bis zu 78%). Die Hydrierung eines reinen 3-(4-Oxyzyklohexyl)-1-propanol (XXXVIII) mit Cu-Cr-Katalysator bei 250° in Dioxan bewirkt den Verlust von mindestens 60% der primären Alkoholgruppen und die Bildung des 4-n-Propyl-zyklohexanols (XXXIX), das als eines der Hauptprodukte bei der Hydrierung von Lignin entsteht. Diese Beobachtung besitzt außerdem noch große Bedeutung für die Entscheidung der Frage, ob die Seitenketten des nativen Lignins endständige Methylgruppen enthalten oder ob diese erst sekundär entstehen.

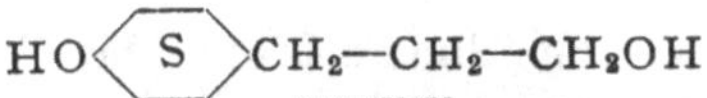

XXXVIII

3-(4-Oxycyclohexyl)-1-propanol

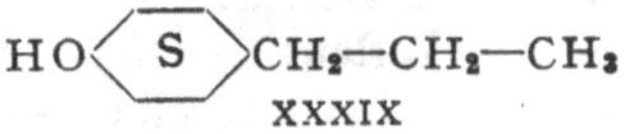

XXXIX

4-n-Propylcyclohexanol

1943 hat man unter den Hydrierungsprodukten des Holzes, aber auch von Äthanollignin aus Ahorn ein neues Produkt, das 3-Cyclohexyl-1-propanol (XL), gefunden:

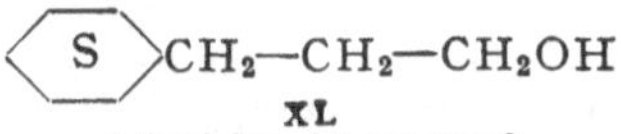

XL

3-Cyclohexyl-1-propanol

[1] E. Harris u. H. Adkins, Paper Trade J. **107**, 58 (1938). — E. Harris I. D'Janny u. H. Adkins, J. Am. Chem. Soc. **60**, 1467 (1938).

[2] E. Harris, E. Sherrard u. Saeman, Ind. Eng. Chem. **32**, 440 (1940).

[3] J. Saeman u. E. Harris, J. Am. Chem. Soc. **68**, 2507 (1946).

[4] Cooke, McCarthy u. H. Hibbert, J. Am. Chem. Soc. **63**, 3052, 3056 (1941). — Godart, McCarthy u. H. Hibbert, J. Am. Chem. Soc. **63**, 3062 (1941).

Mit der Darstellung dieses Produktes aus Ahornholz besitzen mindestens 65% aller Propylzyklohexanderivate endständige —CH_2OH- oder —CH_2—O-Gruppen in den Seitenketten. Nach Ansicht der Autoren ist im nativen Lignin wahrscheinlich der Prozentsatz der Seitenketten mit derartigen Endgruppen noch höher. Außerdem ist festgestellt worden, daß bei der Hydrierung eines synthetischen 3-Oxy-1-(4-oxy-3-methoxyphenyl)-1-propanon (XLI) ein ziemlich wesentlicher Teil der endständigen Alkoholgruppen abgespalten wird und 4-n-Propylzyklohexanol (XLII) entsteht.

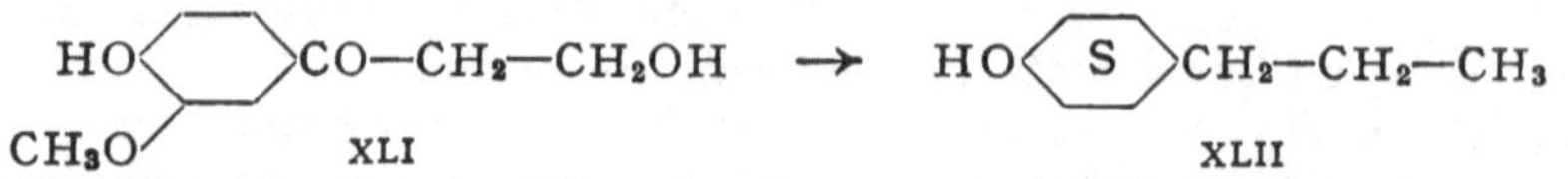

XLI — 3-Oxy-1-(4-oxy-3-methoxyphenyl)-1-propanon

XLII — 4-n-Propylcyclohexanol

Auch diese Versuche sind für die Beurteilung der verschiedenen vorgeschlagenen Strukturformeln des Lignins von Bedeutung. In den letzten Arbeiten der genannten Autoren wird außerdem auf die Wahrscheinlichkeit der Existenz von Ätherbrücken (oder Acetalbindungen) zwischen den Propylphenolresten des Lignins hingewiesen.

Die in den Jahren 1947 bis 1950 veröffentlichten neuesten Arbeiten von SCHORYGINA[1] über die Spaltung des Lignins mit metallischem Natrium in flüssigem Ammoniak haben ergeben, daß ein großer Teil der Struktureinheiten des Lignins nur durch Sauerstoffbrücken miteinander verbunden sind. Durch die Einwirkung des Natriums findet eine allmähliche Abspaltung von monomeren Resten statt, die jedoch beim Vorhandensein einer ununterbrochenen Kohlenstoffkette nicht erfolgen kann.

In den letzten Jahren sind aber auch über die Hydrierung noch neuere Arbeiten veröffentlicht worden[2]. So hat HIBBERT z. B. ein neues Verfahren zur Hydrierung von Ahornholz in wäßrigem Alkohol mit RANEY-Nickel als Katalysator beschrieben. Es ist zwar gelungen, 75% des Lignins aus dem Holz zu entfernen, die Ausbeuten an Reaktionsprodukten sind jedoch nicht wesentlich erhöht worden. Die dabei erhaltenen neuen Derivate des Propylphenols sind deshalb von einiger Bedeutung, weil in ihnen endständige —CH_2OH-Gruppen nachgewiesen worden sind und sie damit anscheinend primäre Reaktionsprodukte darstellen.

Im weiteren Verlauf der Arbeiten[3] sind einige dimere Propylphenolderivate synthetisiert worden, die eine gewisse Beziehung zum Lignin besitzen:

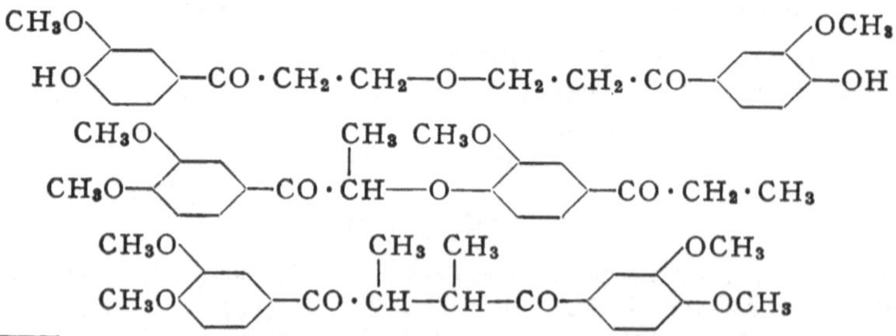

[1] Vgl. die auf S. 298 angeführte Literatur.

[2] BREWER, COOK u. HIBBERT, J. Am. Chem. Soc. **70**, 57 (1948).

[3] BAKER, EVANS u. HIBBERT, J. Am. Chem. Soc. **70**, 63 (1948).

Werden diese Verbindungen der Äthanolyse mit Alkohol und 2% Chlorwasserstoff unterworfen, so erhält man nicht die gewöhnlichen, bei der entsprechenden Behandlung des Holzes auftretenden monomeren Spaltprodukte. Es darf deshalb angenommen werden, daß die synthetischen Verbindungen sich in irgendeiner Weise von den den leicht spaltbaren Teil des nativen Lignins bildenden Stoffen unterscheiden. Die Autoren[1] haben daraufhin diese Substanzen unter den üblichen Bedingungen hydriert. Die Ätherbindungen sind in diesem Falle gesprengt worden, und es werden Produkte erhalten, die den bei der Hydrierung von Fichtenholz entstehenden ähnlich sind. Die Verbindung ohne Sauerstoffbrücke hat sich unter den gleichen Bedingungen nicht spalten lassen, die Anlagerung von Wasserstoff hat lediglich in den Kernen stattgefunden. Diese Tatsache hat HIBBERT zu der Überzeugung gebracht, daß die bei der Hydrierung des Holzes auftretenden dimeren, trimeren und ähnlichen Stoffe nicht durch Spaltung der Kohlenstoffkette entsprechend höher polymerer Verbindungen entstehen, sondern bereits im Holz selbst vorhanden sind. Die Verfasser nehmen deshalb an, daß das native Lignin kein besonders hochpolymerer oder hochkondensierter Stoff ist.

FREUDENBERG[2] hat ebenfalls Fichtenlignin in 5%igem wäßrigem Alkali mit Hilfe verschiedener Katalysatoren bei 260 und 340° hydriert. Bei 260° und nicht zu hochaktiven Katalysatoren entstehen fast ausschließlich phenolartige Stoffe (45 bis 50% des Lignins), von denen ein Drittel aus monozyklischen Verbindungen besteht (Guajakol, Brenzcatechin usw.). Daneben treten noch kernhydrierte Spaltstücke des Lignins in unbedeutenden Mengen auf. Wendet man unter sonst gleichen Bedingungen hochaktive Katalysatoren (z. B. RANEY-Nickel) an, so werden fast nur kernhydrierte Produkte (36 bis 40%) gebildet, unter denen sich etwa 15% (berechnet auf Lignin) Zyklohexanolderivate befinden. Zur gleichen Zeit ist festgestellt worden[3], daß bei der trockenen Destillation von Lignin im Wasserstoffstrom und in Gegenwart von Katalysatoren (auf dem Lignin gefälltes, metallisches Nickel) 35% an Phenolen erhalten werden, die zum großen Teil aus Phenol und Guajakol bestehen. Diese Ergebnisse bestätigen ebenfalls, daß der größte Teil des Lignins aromatischer Natur ist.

Die Hydrierung des Holzes zur Gewinnung von Glycerin, Glykol, Phenol und anderen Produkten ist unlängst Gegenstand einer Untersuchung[4] gewesen, in welcher die für den Ablauf der Reaktion günstigsten Bedingungen ermittelt worden sind. Als optimal hat sich ergeben: 1. die Verwendung verdünnter Laugen als Lösungsmittel; 2. reduziertes, nickelhaltiges Eisen als Katalysator und 3. 6stündige Erhitzung auf 250° bei einem Anfangsdruck von 70 Atm. Die Ausbeute an Glycerin beträgt nach Angaben der Autoren 5 bis 16%, von Äthylenglykol 5 bis 18%.

Im Zusammenhang mit der Hydrierung haben HIBBERT und Mitarbeiter[5] vor einiger Zeit Untersuchungen über die Frage durchgeführt, in welchem Wachstumsstadium das Lignin in jungen Fichtenkeimen in Erscheinung tritt. Nach früheren Angaben[6] ist der Ligningehalt (mit Salzsäure bestimmt)

[1] BAKER u. HIBBERT, J. Am. Soc. **70**, 63 (1948).
[2] K. FREUDENBERG, W. LAUTSCH u. a., Ber. **74**, 171 (1941).
[3] K. FREUDENBERG u. ADAM, Ber. **74**, 387 (1941).
[4] YOSHIKAZU, HACHIHAMA u. a., Chem. Abstr., S. 7040 (1948).
[5] BOWER, COOKE u. HIBBERT, J. Am. Chem. Soc. **65**, 1195 (1943).
[6] PHILLIPS, GOSS, DAVIS u. STEVENS, J. Agr. Research **59**, 319 (1939).

in den Stengeln, Hüllen und Blättern von Hafer in den ersten 6 Wochen der Wachstumsperiode relativ niedrig (2 bis 2,5%) und konstant. Danach steigt er verhältnismäßig rasch und gleichmäßig bis zur Reife (15 Wochen) an und beträgt dann 11%. Hibbert und Mitarbeiter haben nun Fichtenholz verschiedenen Alters unter vergleichbaren Bedingungen in Dioxan mit Cu-Cr-Katalysatoren hydriert. Zur Untersuchung ist sowohl reifes Holz eines 30- bis 35jährigen Baumes als auch das Gewebe von jungen Trieben, einmal $2^1/_2$ bis 3 Wochen und zum anderen $3^1/_2$ bis 4 Monate alt, benutzt worden. Unter den Hydrierungsprodukten der jüngsten Triebe ließen sich auch nach sorgfältiger Fraktionierung keine Propylzyklohexanderivate nachweisen. Daraus läßt sich auch auf das Fehlen von Lignin in den $2^1/_2$ bis 3 Wochen alten Trieben schließen. Aus den älteren Trieben, am Ende der Vegetationszeit entnommen, ist 4-n-Propylzyklohexanol erhalten worden, jedoch nur in einer Menge, die etwa $^1/_5$ der aus dem vollständig ausgereiften Holz darstellbaren beträgt. Zum Vergleich sei angeführt, daß A. N. Simakowa und N. Nikitin[1] aus etwas älteren einjährigen Ahorntrieben bei der Alkalischmelze ca. 12% Veratrumsäure erhalten haben, was auf die Anwesenheit relativ bedeutender Mengen an Lignin schließen läßt.

Bei der Hydrierung von Fichtensprößlingen mit vorher zugegebenem synthetischem 3-Oxy-1-(4-oxy-3 methoxyphenyl)-1-propanon haben Hibbert und Mitarbeiter diese Verbindung quantitativ in Form von 4-n-Propylzyklohexanol und 3-Zyklohexyl-1-propanol zurückgewinnen können. Dieser Umstand spricht für das Fehlen einer Spaltung der Propylphenoleinheiten unter den gegebenen Bedingungen. Die Arbeit zeigt ferner, wie falsch die Vorstellungen über den mit Hilfe von konzentrierten Säuren bestimmten Ligningehalt in jungen Trieben sein können. Außerdem weisen die Versuche auf eine zweifelsfreie Anwesenheit von aromatischen Ligninstoffen im Holzgewebe älterer Triebe gegen Ende der Vegetationsperiode hin.

Zersetzung des Lignins mit Natrium in flüssigem Ammoniak

Auf Grund der Arbeiten von Schorygin und Skoblinsskaja[2] sowie Schorygin und Makarowa-Semljansskaja[3] und anderen über die Spaltung von einfachen Ätherbindungen durch metallisches Natrium in flüssigem Ammoniak haben Schorygina (Makarowa-Semljansskaja) und Kefeli[4] eine Spaltung der im Lignin vorhandenen Ätherbindungen mit Hilfe der erwähnten Methode durchgeführt. Beim Vorhandensein derartiger Bindungen im Lignin müssen diese nach dem von Schorygin[5] aufgestellten Schema gespalten werden.

$$\underset{\text{Äther}}{\mathrm{ROR'}} + 2\,\mathrm{Na} \begin{cases} \nearrow \mathrm{RONa} + \mathrm{R'Na} \rightarrow \mathrm{ROH} + \mathrm{RH} \\ \searrow \mathrm{R'ONa} + \mathrm{RNa} \rightarrow \mathrm{R'OH} + \mathrm{RH} \end{cases}$$

[1] Н. И. Никитин, Новые исследования по химии лигнина (N. I. Nikitin, Neue Untersuchungen in der Ligninchemie) 1941, S. 30.

[2] П. Шорыгин и Скоблинская, ДАН СССР (P. Schorygin u. Skoblinsskaja, Ber. Akad. Wiss. UdSSR) **14**, 505 (1937).

[3] П. Шорыгин и Н. Макарова-Землянская, ДАН СССР (P. Schorygin u. N. Makarowa-Semljansskaja, Ber. Akad. Wiss. UdSSR) **14**, 509 (1937). — Н. Н. Шорыгина, ЖОХ (N. N. Schorygina, Z. allgem. Chemie) **14**, 825 (1944).

[4] Н. Н. Шорыгина и Т. Кефели, ЖОХ (N. Schorygina u. T. Kefeli, Z. allgem. Chemie) **17**, 2058 (1947); **18**, 528 (1948).

[5] Schorygin, Ber. **56**, 176 (1932); **57**, 1627 (1924).

In den vorangegangenen Ausführungen ist bereits darauf hingewiesen worden, daß die Mehrzahl der Forscher sich für die Existenz von zwei verschiedenen Bindungstypen im Lignin ausgesprochen hat: —C—C— (Verbindung der Monomeren) und —C—O—C— (in den Furanringen). Zugunsten der Anwesenheit von Ätherbrücken spricht zum Teil auch der latente Charakter eines wesentlichen Teiles der Hydroxylgruppen des Lignins. So finden sich z. B. im Alkalilignin mehr Hydroxylgruppen, insbesondere phenolische, als in anderen Ligninpräparaten[1]. Die Annahme von ätherartigen Bindungen wird durch die Beständigkeit des Lignins gegenüber der Hydrolyse nicht ausgeschlossen. Die Stabilität beim Kochen mit Jodwasserstoffsäure und die Entstehung von Isohemipinsäure bei der Alkalischmelze scheint auf die Anwesenheit von —C—C-Bindungen zwischen den monomeren Einheiten des Lignins hinzudeuten.

Wie SCHORYGIN und SKOBLINSSKAJA festgestellt haben, werden Aryl- und Alkylaryläther durch metallisches Natrium in flüssigem Ammoniak bei —33° glatt gespalten, wobei die Reaktion im Falle der Alkylaryläther vorzugsweise nach folgendem Schema verläuft.

$$\mathrm{ArOR} + 2\,\mathrm{Na} \longrightarrow \mathrm{ArONa} + \mathrm{RNa}$$

Die entstehenden hochaktiven natriumorganischen Verbindungen reagieren weiter mit Ammoniak und nicht umgesetztem Äther:

$$\mathrm{RNa} + \mathrm{NH_3} \longrightarrow \mathrm{RH} + \mathrm{NaNH_2}$$

$$\mathrm{RNa} + \mathrm{ROR'} \longrightarrow \mathrm{RONa} + \mathrm{R} + \mathrm{R'}$$

Aus den gebildeten Radikalen entsteht entweder ein Gemisch von Dimeren oder von gesättigten und ungesättigten Kohlenwasserstoffen.

SCHORYGINA und KEFELI haben mit Hilfe dieser Methode verschieden isolierte Ligninpräparate von Fichtenholz, aber auch das Holz selbst untersucht. Indem sie bei —33° und gewöhnlichem Druck arbeiteten, konnten Nebenreaktionen und Umlagerungen vermieden werden. Die Reaktion verläuft in diesem Temperaturbereich außerordentlich langsam (8 bis 12 Tage). Bei insgesamt neunmaliger Wiederholung der Behandlung erfolgt jeweils eine Abnahme des Methoxylgehaltes und Abspaltung von 15 bis 30% niedermolekularer Stoffe. Nach der neunten Behandlung sind etwa 89% des ursprünglichen Cuoxamlignins in niedermolekulare Verbindungen gespalten worden. Die Anzahl der Hydroxylgruppen ist nach der ersten Operation auf 1,78 je Struktureinheit (Monomer) gestiegen und bei den weiteren Arbeitsgängen fast unverändert geblieben.

Nach beendeter Reaktion wird der Ammoniak durch Verdampfen entfernt, die natriumorganischen Verbindungen mit feuchtem Äther zersetzt und zu dem alkalischen Reaktionsgemisch Wasser zugegeben. Die Reaktionsprodukte befinden sich danach vollständig in der wäßrig-alkalischen Lösung. Die neutralen niedermolekularen Produkte können durch Ausschütteln mit Äther aus dem Gemisch entfernt werden. Nach Ansäuern der wäßrigen Lösung mit Schwefelsäure fällt das den Hauptanteil der Reaktionsprodukte bildende Lignin in nur wenig veränderter Form aus. Aus dem sauren Filtrat lassen sich nun die sauren Spaltprodukte (Säuren und Phenole) ebenfalls mit Äther extrahieren.

---

[1] Н. Н. Шорыгина и Т. Я. Кефели, ЖОХ (N. N. SCHORYGINA u. T. JA. KEFELI, Z. allgem. Chemie) **17**, 2058 (1947); **18**, 528 (1948).

Die restliche Lösung wird mit Alkali neutralisiert und im Vakuum unter Wasserstoff eingedampft. Nach neunmaliger Behandlung sind auf diese Weise isoliert worden: 8,4% neutrale und 19,3% saure, niedermolekulare Stoffe, 11,3% eines festen, höhermolekularen, in Wasser und Äther unlöslichen Stoffes mit Phenolcharakter und ca. 50% wasserlösliche und andere Produkte.

Im Falle des Cuoxamlignins sind insgesamt 28% an monomeren, aromatischen Verbindungen erhalten worden[1]. Der Hauptanteil der neutralen Stoffe entfällt auf das Dihydroeugenol:

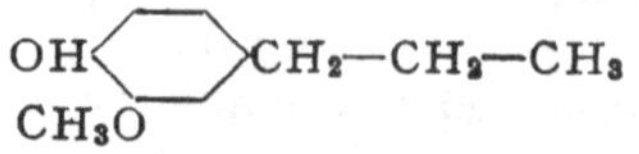

Charakterisiert wurde das Produkt durch die Elementaranalyse, physikalische Daten und einige Derivate, wie das Benzoat (F. 74 bis 75°) und das Phenylurethanat (F. 122°). Interessant ist, daß sich das Dihydroeugenol trotz des phenolischen Hydroxyls mit Äther aus der alkalischen Lösung extrahieren läßt.

Unter den sauren Spaltprodukten des Lignins findet sich das 1-(4-Oxy-3-methoxyphenyl)-propanol-2, d. h. ein oxydiertes Eugenol:

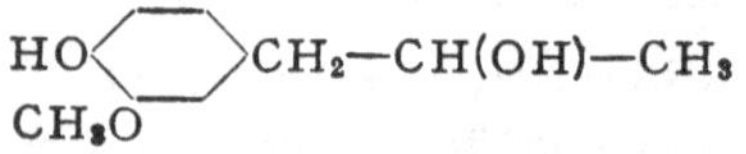

Diese Verbindung ist in einer Menge von 12% des ursprünglichen Lignins erhalten worden. Die genannten Stoffe entstehen offenbar durch die Spaltung von Sauerstoffbrücken nach dem von SCHORYGIN aufgestellten Schema und diese begleitenden Nebenreaktionen. SCHORYGINA und Mitarbeiter nehmen für die Bildung des oxydierten Dihydroeugenols aus dem Lignin folgendes Reaktionsschema an:

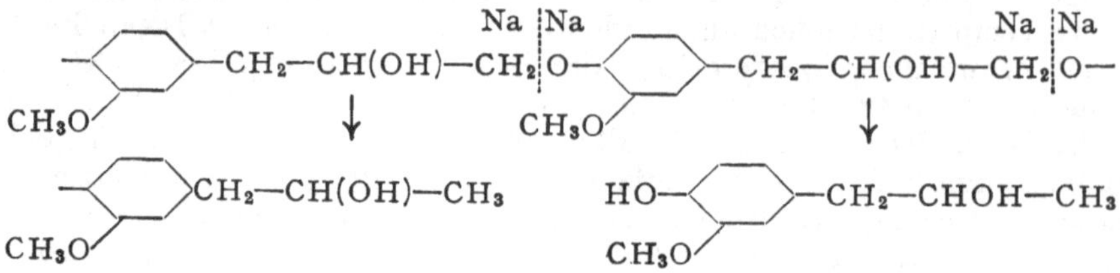

Dihydroeugenol entsteht wahrscheinlich durch Hydrierung des bei der Reaktion entstehenden Phenolderivates. Die Möglichkeit einer derartigen Reduktion von alkalischen Hydroxylen durch Natrium in flüssigem Ammoniak ist von den genannten, aber auch anderen Autoren experimentell bewiesen worden.

Die Arbeiten der sowjetischen Autoren sprechen gegen die Hypothese von FREUDENBERG über den Charakter der chemischen Bindungen zwischen den Struktureinheiten des Lignins. Letzterer nimmt an, daß in jeder Struktur-

[1] Н. Н. Шорыгина, Т. Я. Кефели и А. Ф. Семечкина, ДАН СССР (N. N. SCHORYGINA, T. JA. KEFELI u. A. F. SEMETSCHKINA, Ber. Akad. Wiss. UdSSR) Nr. 5, 689 (1949); Гидролизн. пром. (Hydrolysenind.) Nr. 2, 6 (1949).

einheit des Typs I oder eines ähnlichen eine Spaltung des Furanringes stattfindet und im Durchschnitt etwa 0,5 neue Hydroxylgruppen entstehen.

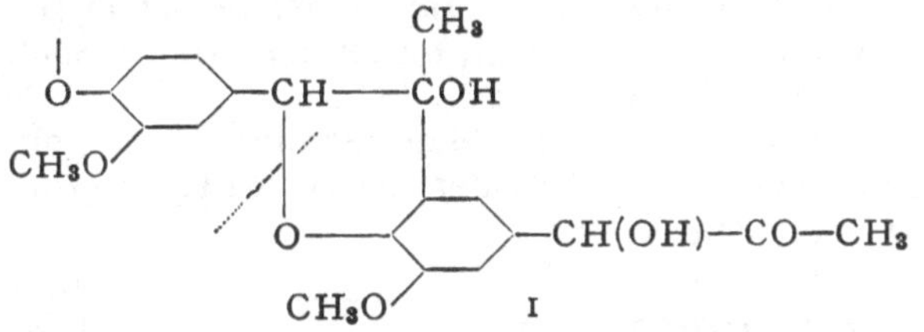

I

Diese Ansicht hat auch der Autor durch Versuche mit Modellsubstanzen des Benzofurantyps (Cumaron und Cumaran) scheinbar bestätigen können. Danach bleibt nach der Spaltung der Furanringe ein Ligninskelett zurück, in dem die monomeren Reste ausschließlich durch direkte Kohlenstoffbindungen miteinander verbunden sind.

Die Entstehung von relativ großen Mengen monomerer Produkte bei der Spaltung des Lignins mit metallischem Natrium in flüssigem Ammoniak spricht aber gegen die Vorstellung von FREUDENBERG, wonach das native Lignin hauptsächlich aus Benzofuranringen aufgebaut ist. Bei Anwesenheit derartiger Einheiten müßte nach der Einwirkung des Natriums ein unverändertes Kohlenstoffgerüst zurückbleiben, was aber nicht der Fall ist.

Nach Ansicht von SCHORYGINA und KEFELI ist ein großer Teil der Struktureinheiten des Lignins nur durch Ätherbrücken miteinander verbunden. Die Sprengung dieser Bindungen durch Natrium und Ammoniak erfolgt allmählich und unter ständiger Bildung von monomeren Stoffen. In der gleichen Weise wird das Molekulargewicht des Lignins allmählich kleiner. Nach der ersten Behandlung zeigt das Lignin einen osmotisch bestimmten Wert von $M = 4400$, nach der neunten Behandlung $M = 3000$. Die Autoren bestreiten in keiner Weise die Existenz einer geringeren Anzahl von C—C-Bindungen zwischen den Monomeren des Lignins.

Die Vorstellungen über die Verbindung eines großen Teiles der Struktureinheiten des Lignins mittels Sauerstoffbrücken finden durch die bei der Äthanolyse (vgl. S. 288ff) erhaltenen Ergebnisse eine weitgehende Bestätigung. Die Anerkennung einer durchlaufenden Kohlenstoffkette stützt sich in der Hauptsache auf die scheinbare Beständigkeit des Lignins beim Kochen mit konzentrierter Jodwasserstoffsäure und auf die Entstehung von Isohemipinsäure bei der Alkalischmelze. Diese Argumente von FREUDENBERG sind jedoch nicht sehr überzeugend. So kann z. B. bei der Einwirkung von Jodwasserstoffsäure nicht nur eine Spaltung von Ätherbindungen, sondern auch eine Kondensation des Lignins stattfinden. Die Ausbeute an Isohemipinsäure nach Alkalischmelze, Methylierung und Oxydation des Lignins beträgt nur einige Prozent des letzteren. Der Standpunkt von SCHORYGINA scheint deshalb sehr beachtenswert zu sein.

FREUDENBERG[1] hat ebenfalls Versuche zur Spaltung von Fichtenlignin mit metallischem Kalium bzw. Kaliumamid in flüssigem Ammoniak, jedoch bei

[1] K. FREUDENBERG, Ber. 71, 1813 (1938). — Vgl. H. Никитин, Новые исследования по химии лигнина (N. NIKITIN, Neue Untersuchungen in der Chemie des Lignins) 1941, S. 14.

20°, durchgeführt. Durch wiederholte Behandlung lassen sich jeweils 15 bis 25% des Lignins in Lösung bringen. Der Methoxylgehalt beträgt nach zweimaliger Bearbeitung statt 15% nur noch 6%, während der Gehalt an Hydroxylgruppen ansteigt. Irgendwelche wasserlöslichen, niedermolekularen Spaltprodukte sind auf diese Weise nicht erhalten worden.

Auf Grund der Annahme, daß das bei der Spaltung des Lignins mit Natrium und Ammoniak erhaltene 1-(4-Oxy-3-methoxyphenyl)-propanol-2 im Lignin folgendermaßen gebunden ist

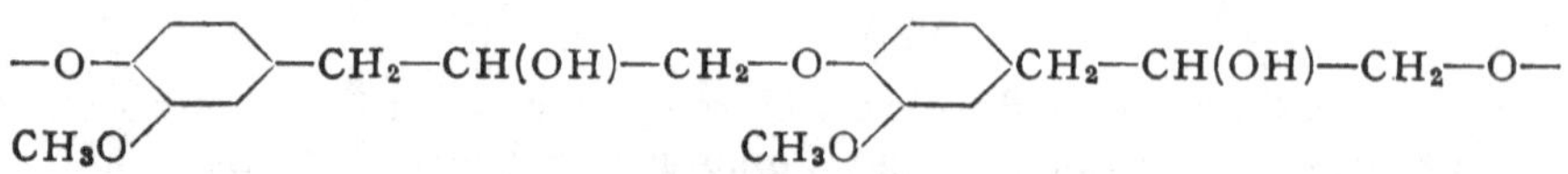

schließen SCHORYGINA und Mitarbeiter, daß als Grundelement des Lignins nur entweder β-Oxyhydroconiferylalkohol (II) oder β-Oxyconiferylalkohol (III) in Betracht kommen können. Zu dem gleichen Resultat kann man auch an Hand der äthanolytischen Arbeiten (vgl. S. 291) kommen.

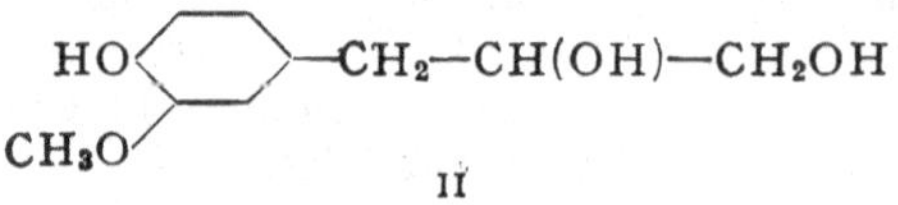

II

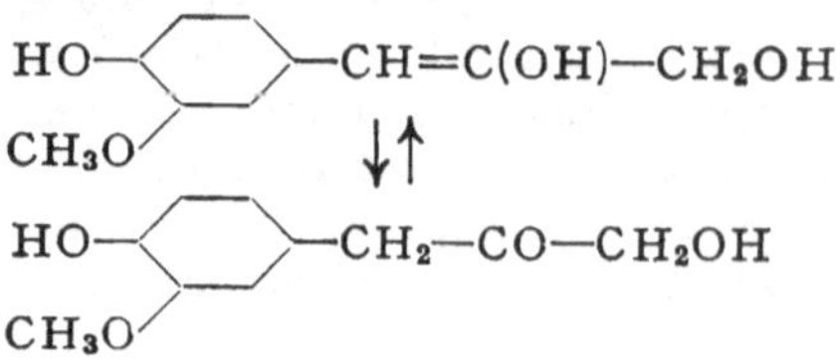

III

Die letztere Verbindung besitzt nach Ansicht der Autoren die größere Wahrscheinlichkeit, da das Lignin im Holz offenbar aus dem Coniferin des Kambialsaftes gebildet wird. Dafür spricht auch die von MANSSKAJA[1] nachgewiesene Existenz von oxydativen Fermenten im Kambialsaft, die eine Oxydation des Coniferylalkohols bewirken können.

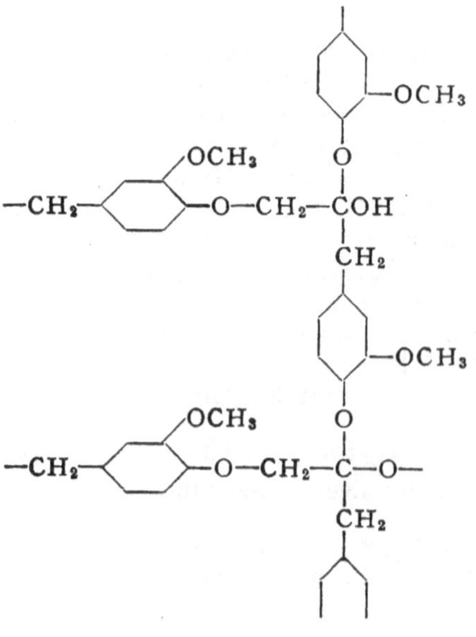

Das von SCHORYGINA aufgestellte Schema für den Aufbau des Lignins besitzt eine verzweigte Struktur und berücksichtigt die Tatsache, daß im nativen Lignin ein Teil der Hydroxyle leicht hydrolysierbare Bindungen bildet, die entweder acetal- oder halbacetalartig aus den phenolischen, vielleicht aber auch den Kohlenhydrathydroxylen entstehen (siehe nebenstehende Formel).

[1] С. М. Манская, ДАН СССР (S. M. MANSSKAJA, Ber. Akad. Wiss. UdSSR) 62, Nr. 3 (1948).

Durch saure Hydrolyse werden die Acetalbindungen gesprengt. Es entstehen danach aktive Phenoxyketongruppierungen:

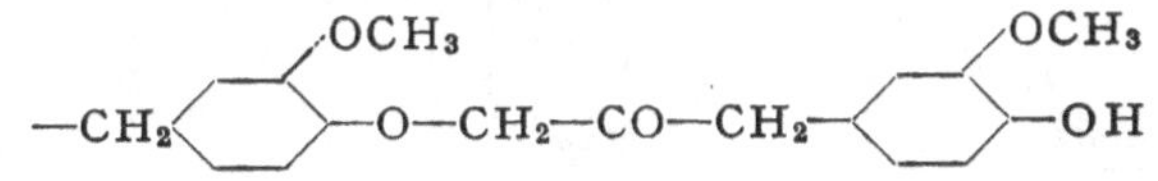

In dem sauren Medium kann möglicherweise auch Kondensation stattfinden, wodurch Ringsysteme gebildet werden.

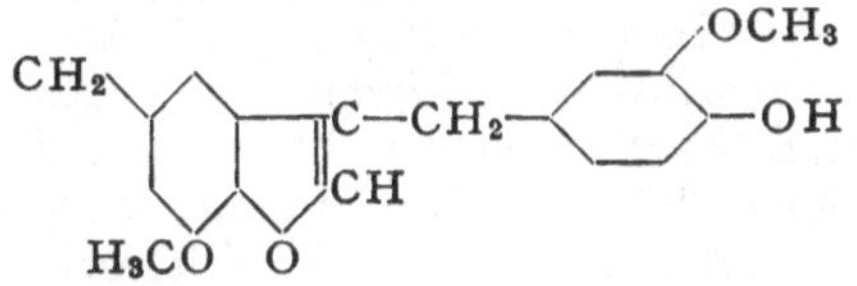

Durch eine ähnliche Reaktion entsteht z. B. bei der Einwirkung von konzentrierter Schwefelsäure auf Phenoxyaceton $C_6H_5—O—CH_2—O—CH_3$ Methylcumaron:

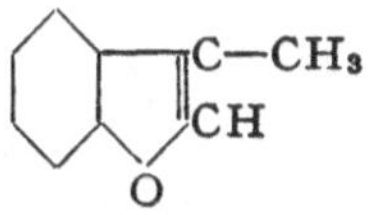

Die Arbeit der sowjetischen Autoren über die Spaltung des Lignins mit Natrium in flüssigem Ammoniak umfaßt die verschiedensten mit der Strukturaufklärung im Zusammenhang stehenden Probleme. So nimmt SCHORYGINA an, daß die im isolierten Säurelignin auftretenden Furangruppen erst durch die Einwirkung der zur Isolierung benutzten Säuren entstehen. Das Hauptmerkmal des Schemas von SCHORYGINA ist das Fehlen eines durchgehenden Kohlenstoffgerüstes im Lignin.

Es bedarf jedoch noch weiterer, sorgfältiger Untersuchungen zur Bestätigung der beschriebenen interessanten Vorstellungen über die Existenz, hauptsächlich von Sauerstoffbrückenbindungen, zwischen den Phenylpropaneinheiten des Lignins.

Unklar ist, wie die experimentell durchgeführte Methylierung mit Dimethylsulfat oder Acetylierung bis zu den beobachteten Substitutionsgraden möglich ist, wenn alle aliphatischen Hydroxyle des Lignins an der Bildung der Ätherbrücken beteiligt sind und eine so große Anzahl von Halbacetalbindungen, wie in der Formel von SCHORYGINA dargestellt, existieren.

Einige andere Arbeiten über Lignin

Zum Abschluß der Besprechung der wichtigsten Arbeiten über den Aufbau des Lignins und seiner Eigenschaften seien noch einige neuere Veröffentlichungen erwähnt.

RUSSELL[1] hat unlängst ein Strukturschema für das Lignin vorgeschlagen,

[1] A. RUSSELL, Chem. and Eng. News **25**, 2894 (1947); J. Am. Chem. Soc. **70**, 1060, 2864 (1948); **71**, 956 (1949).

das auf hydrierten γ-Benzopyronderivaten aufgebaut ist:

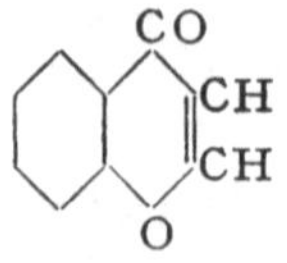

Auf Grund der Tatsache, daß unter den Spaltprodukten von Nadelholzlignin Guajakolderivate zu finden sind, spricht sich der Autor ebenfalls für den Aufbau des Lignins aus n-Propylbenzoleinheiten aus. Aus der relativ kleinen Anzahl von gewöhnlichen Pflanzenstoffen mit sehr kompliziertem chemischem Aufbau schließt der Autor, daß das Lignin analog den Flavonen, Flavononen und Anthocyanen, d. h. Farbstoffen der Pflanzen und Blüten, aufgebaut ist. Das Lignin ist danach ein Poly-8-methoxydihydrobenzopyron. Durch Reaktion von Vanillinacetat mit Aluminiumchlorid (Friesesche Umlagerung) ist ein ähnliches Produkt synthetisch dargestellt worden. Es entsteht zunächst 2-Oxy-3-methoxy-5-formylacetophenon:

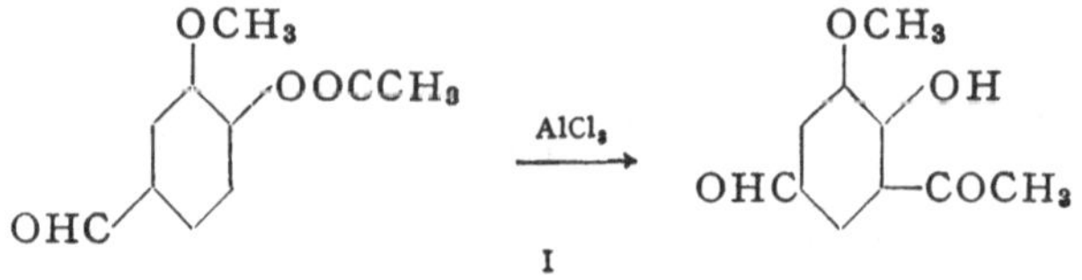

I

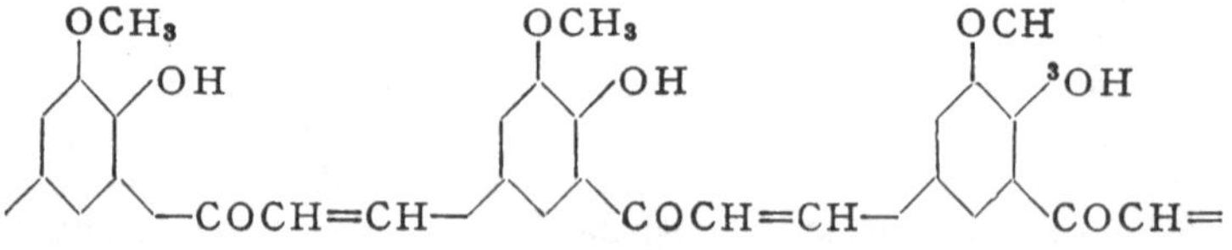

II

Das Produkt I polymerisiert sich unter den Reaktionsbedingungen (Aldolkondensation) und ergibt II, in dem schließlich Ringschluß stattfindet. Das resultierende Produkt ist dann das bereits erwähnte Poly-8-methoxydihydrobenzopyron (III):

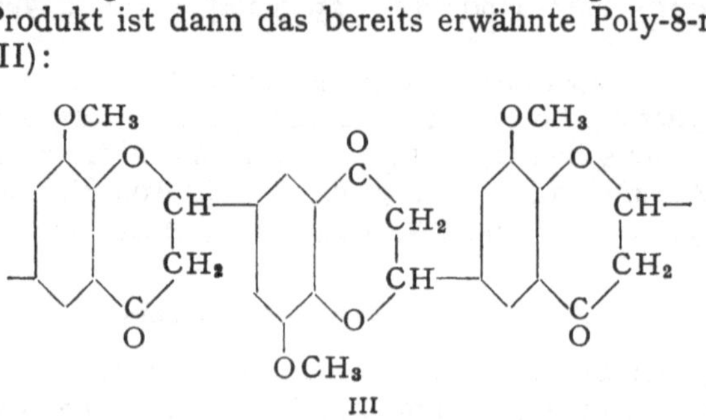

III

Zwischen der linearen Form II und der zyklischen Form III besteht, nach Ansicht des Autors, unter gewöhnlichen Bedingungen ein Gleichgewicht. Das Produkt zeigt ein dem Lignin ähnliches Verhalten. So läßt es sich in den gleichen Lösungsmitteln lösen, auch in Natriumbisulfitlösung, der Methoxylgehalt ist jedoch niedriger. Die Methoxylgruppen sind bekanntlich mit Aluminiumchlorid leicht abspaltbar. Die übrigen analytischen Daten stimmen mit denen von Nadelholzlignin einigermaßen überein. Das synthetische Produkt besitzt auch acetylierbare Hydroxylgruppen (vgl. II). Die Fähigkeit zur Halogenierung, die spektroskopische und röntgenographische Untersuchung befinden sich ebenfalls, nach Angaben des Autors, in Übereinstimmung mit den Eigenschaften des Lignins.

Aber auch andere ähnliche Verbindungen sind in diesem Zusammenhang synthetisch dargestellt und auf ihre Fähigkeit zur Polymerisation untersucht worden: 2,4-Dioxy-3-formylacetophenon, 2,6-Dioxy-3-formylacetophenon usw. Solange jedoch noch keine weiteren Angaben über die Übereinstimmung der Eigenschaften des als Modell für das Lignin vorgeschlagenen Produktes mit dem ersteren vorhanden sind, ist es außerordentlich schwierig, ein klares Urteil abzugeben. In der chemischen Literatur der letzten $1^1/_2$ bis 2 Jahre fehlt noch jeglicher Widerhall auf die Veröffentlichungen des Autors. Das „synthetische Lignin" selbst bedarf noch sehr eingehender experimenteller Überprüfungen seitens der Ligninforscher.

Berlin[1] ist, auf Grund von Untersuchungen über die Oxydation des Holzes mit Wasserstoffsuperoxyd, ebenfalls zu der Ansicht gekommen, daß der niedermolekulare Teil des Lignins (Protolignin) acetal- oder halbacetalartig mit der Cellulose und den Hemicellulosen verbunden ist. Diese Bindungen sind zum Teil mit Hilfe von heißem Wasser und verdünnten Säuren hydrolysierbar. Der Autor vermutet, daß die Protolignin-Cellulose-Verbindung eine räumliche Struktur aufweist, was jedoch nur an der Oberfläche der Micellen und Fibrillen der nicht orientierten Cellulosebereiche möglich ist. Unter Zugrundelegung von α-Oxyketongruppen $R-CH_2-CO-CH_2OH$ als Struktureinheiten des Lignins ist folgende schematische Darstellung der Lignocellulose vorgeschlagen worden:

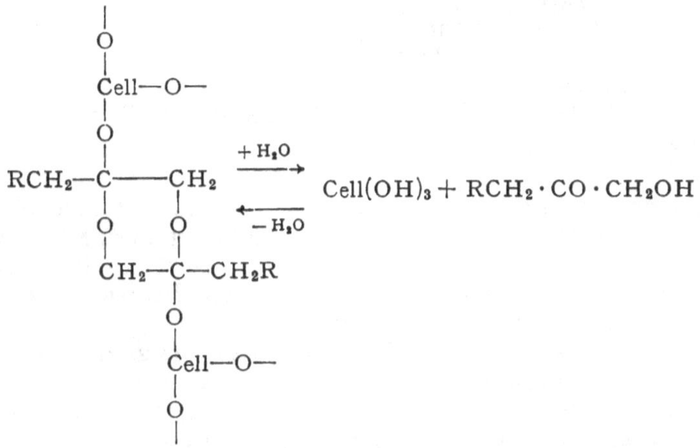

Die Erscheinung der Thermoplastizität des Holzes ist nach Berlin offenbar eine Folge der Wechselwirkung eines gewissen Teiles des an ein Polysaccharidmakromole-

[1] А. А. Берлин, Тр. Четвертой конференции по высокомолекулярным соединениям (A. A. Berlin, Arbeiten der 4. Konferenz über hochmolekulare Verbindungen) 1948, S. 172; Высокомол. соед. (Hochmolekulare Verbindungen) Nr. 7 (1948).

kül „angehefteten" Protolignins mit entsprechenden Stoffen. Bei dieser Reaktion entstehen dann aus den Bestandteilen des Holzes thermoplastische oder in den bekannten Flüssigkeiten lösliche Verbindungen. So kann z. B. der reaktionsfähigere Teil des Lignins mit einigen Amiden in folgender Weise reagieren:

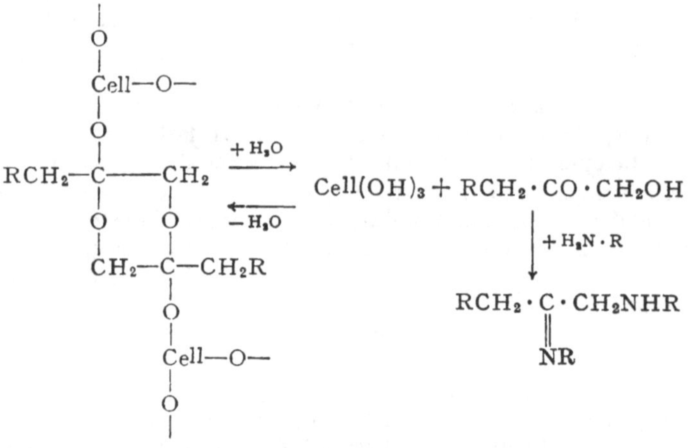

1946 sind von GRALÉN[1] Molekulargewichtsbestimmungen von Ligninpräparaten mit Hilfe der Ultrazentrifuge durchgeführt worden, wobei zur Berechnung nachstehende Formel herangezogen wurde:

$$M = \frac{R\,T\,s}{D(1 - V p)},$$

wobei

R die Gaskonstante,
T die absolute Temperatur,
s die Sedimentationskonstante,
D die Diffusionskonstante,
V das spezifische Teilchenvolumen des gelösten Stoffes,
p die Dichte der Lösung

bedeuten.

Alle Messungen sind in 0,2-n-Natronlauge, die zur Verhinderung elektrostatischer Aufladungen der Teilchen mit der fünffachen Menge Natriumchlorid versetzt wurde, durchgeführt worden. In der Tab. 74 sind die Molekulargewichte und andere Daten von verschiedenen, aus Fichtenholz dargestellten Lignothioglykolsäurepräparaten[2] angeführt.

Die in der Tabelle enthaltenen DP-Werte des Lignins sind unter Zugrundelegung von Phenylpropanresten und unter Berücksichtigung der Zusammensetzung der Produkte berechnet. Aus den Angaben geht hervor, daß der DP der meisten Präparate verhältnismäßig konstant ist und bei etwa 36 bis 39 liegt. Von den Ausnahmen ist z. B. das Präparat 5 durch Extraktion des Holzes mit Salzsäure auf dem Wasserbad dargestellt worden. Das relativ hohe Molekulargewicht ist in diesem Falle wohl durch Kondensation und gleichzeitige Veresterung entstanden. Der gleiche Effekt läßt sich bei den Präparaten 12 und 13

---

[1] GRALÉN, J. Coll. Sci. 1946, S. 453.

[2] R · $HSCH_2$—COOH, vgl. die Angaben auf S. 220.

beobachten, die durch 3monatige Behandlung des Holzes mit Thioglykolsäure bei Gegenwart von HCl bei gewöhnlicher Temperatur dargestellt worden sind. Das Präparat 9 ist nach der Isolierung mit Salzsäure gekocht worden, während 10 einer gleichen Behandlung mit Alkali unterzogen worden ist. Unter diesen Bedingungen hat anscheinend ein Abbau des Lignins stattgefunden.

TABELLE 74

Molekulargewichte und andere Konstanten verschiedener Lignothioglykolsäurepräparate

Lfd. Nr.	M	P	f/f_0 [1]	Achsenverhältnis
1	9500	38	1,28	5,4
2	9600	36	1,14	3,4
3	8700	33	1,23	4,7
4	10400	45	1,36	6,7
5	33900	146	1,32	6,1
6	12800	50	1,28	5,4
7	13300	56	1,17	3,8
8	10200	39	1,25	4,9
9	4000	14	—	—
10	4000	18	—	—
11	4400	19	1,04	1,9
12	27300	104	1,88	17,0
13	25200	100	2,00	20,0

In der gleichen Arbeit finden sich Hinweise auf andere Autoren, die mit Hilfe anderer Methoden annähernd die gleichen Molekulargewichte für Äthanol-, Alkali- oder Schwefelsäurelignin erhalten haben. In der letzten Spalte der Tab. 74 ist das Achsenverhältnis für das Ligninmolekül dargestellt. Die Werte zeigen, daß im Falle des Lignins keine langgestreckten Kettenmoleküle vorliegen wie bei der Cellulose oder den Hemicellulosen.

Der Autor hat ferner Versuche zur Bestimmung des Molekulargewichtes von Lignin, das durch 2stündige alkalische Kochung bei 170° isoliert worden ist, mit Hilfe der Diffusionsmethode durchgeführt. Auch in diesem Falle liegen die Molekulargewichte in der gleichen Größenordnung (etwa 7500) wie bei den Lignothioglykolsäuren. Es ist jedoch möglich, daß ein Teil des Lignins durch die Wirkung der heißen 1-n-Lauge so weitgehend zerstört worden ist, daß es beim Ansäuern nicht mit ausfällt und sich so der Beobachtung entzogen hat. Mit Essigsäure isolierte Ligninpräparate haben Molekulargewichte von 13000 bis 15000 ergeben (DP = 74 bis 75).

Anteil der Kohlenhydrate am Aufbau des nativen und isolierten Lignins

In den vorangegangenen Unterabschnitten sind die Ergebnisse der Strukturuntersuchungen der verschiedensten Ligninpräparate sowie die Hypothesen über die am Aufbau beteiligten aromatischen Stoffe und ihre Verbindung untereinander ausführlich dargestellt worden. Von den hauptsächlich vorkommenden Formen scheint bisher das Sulfitlignin am wenigsten sicher erforscht zu sein.

Die bei der industriellen Holzverarbeitung anfallenden wichtigsten Ligninprodukte sind das Sulfit-, Alkali- und Hydrolysenlignin, über deren Verwendungsmöglichkeiten in allen Ländern eifrig gearbeitet wird. Trotz der schwierigen Charakterisierung und Strukturaufklärung dieser Stoffe hat die organische

[1] Das Friktionsverhältnis f/f_0 wird aus den experimentellen Daten berechnet, f ist dabei die gefundene molekulare Friktionskonstante und f_0 ist die für ein nichthydratisiertes, kompaktes, sphärisches Teilchen vom gleichen Molekulargewicht berechnete. Nimmt man für das Molekül die Form eines gestreckten Ellipsoides an, so kann das Achsenverhältnis aus f/f_0 berechnet werden. Vgl. THE SVEDBERG u. K. PEDERSEN, Die Ultrazentrifuge 1940.

Chemie bereits sehr wertvolle Beiträge in dieser Richtung geliefert. Man darf wohl annehmen, daß die Forschung sich auf dem richtigen Wege befindet und daß die vollständige chemische Verwertung des Lignins eine Angelegenheit der nächsten 15 bis 20 Jahre ist.

Mehrfach, besonders in der letzten Zeit, ist die Behauptung aufgestellt worden, daß die durch mehr oder weniger energische Verfahren dargestellten Ligninpräparate sekundäre, stark modifizierte Produkte sind, die aus den natürlich im Holz vorkommenden sehr labilen Kohlenhydraten bei ihrer Isolierung durch chemische Agenzien entstehen. Einige Autoren sind der Ansicht, daß das eigentliche native Lignin (Protolignin) richtiger als Gesamtheit irgendwelcher, noch nicht erforschter und unbeständiger methylierter Kohlenhydrate anzusehen sei. Die Anwesenheit von aromatischen Stoffen im nativen Lignin wird von ihnen abgelehnt.

Die hier angeschnittene Frage ist für die Biochemie und Physiologie der Pflanzen außerordentlich interessant. Sie muß gewissermaßen gesondert, in Verbindung mit dem Vorkommen des Lignins, betrachtet werden. Es bestehen keine Zweifel daran, daß die Erforschung der Umwandlungen des einen oder anderen Teiles der labileren Kohlenhydrate des Holzes in ligninartige aromatische Propylphenolderivate den Bildungsprozeß und das Vorkommen des Lignins stark erhellen würde. Aber selbst eine völlige, positive Bestätigung dieser Theorie kann die auf experimentellem Wege gewonnenen und in den letzten Jahren wohlbegründeten Erkenntnisse über das Auftreten von Propylphenolderivaten unter den Spaltprodukten von wissenschaftlichen und technischen Ligninpräparaten nicht einfach verneinen.

Unter den Vertretern der Theorie, die dem nativen Lignin keinen aromatischen Charakter, sondern eine Kohlenhydratnatur zuschreibt, ist besonders L. P. SHEREBOW zu nennen, der diesen Standpunkt bereits seit längerer Zeit in seinen interessanten, sich mit der Bildung des Lignins beschäftigenden Arbeiten[1] verteidigt.

Indem er auf die Schwankungen in der Ausbeute des aus dem gleichen Holz nach verschiedenen Methoden[2] isolierten Lignins in der Zusammensetzung beispielsweise von Fichtenlignin (62 bis 64% C) und im Methoxylgehalt von Nadelholzlignin (12 bis 16%) hinweist, schließt der Autor völlig richtig auf die Uneinheitlichkeit des Lignins. Er führt außerdem andere Autoren[3] an, die gezeigt haben, daß vorsichtig isoliertes Salzsäurelignin (aber nur dieses!) bei sehr langer und wiederholter Hydrolyse bis zu 25% an Zuckern ergibt.

SCHMIDT hat ebenfalls in Chlordioxydlignin Pentosane und Hexosane in großer Menge gefunden. HILPERT schreibt dem gesamten Lignin Kohlenhydratcharakter zu (vgl. S. 313). SHEREBOW sagt, daß man über das native Lignin noch sehr wenig weiß, und daß der Grund für diese Unkenntnis in den überholten Vorstellungen über das Holz, als aus einzelnen, chemisch individuellen Stoffen bestehend, liegt. Tatsächlich stellt es aber einen außerordentlich schwierigen Komplex dar, in dem, mit Ausnahme der Extraktivstoffe, alle

[1] Л. П. Жеребов, Бум. пром. (L. P. SHEREBOW, Papierind.), Nr. 5, 6; Nr. 6, 21; Nr. 7, 10 (1947).

[2] Zum Beispiel aus Fichtenholz mit Salzsäure bestimmbar 93%, wenn das mit Schwefelsäure bestimmbare mit 100% angenommen wird.

[3] E. HÄGGLUND u. S. BJÖRKMANN, Biochem. Z. **147**, 74 (1924).

Bestandteile offenbar chemisch miteinander verbunden sind. Der Autor ist der Meinung, daß es mit den bisherigen Verfahren nicht möglich ist, natives Lignin in der im Holz vorliegenden Form zu isolieren, wenn es überhaupt als solches existiert. Er weist ferner auf die Arbeit von SCHÜTZ und SARTEN[1] hin, denen es gelungen ist, Birkenholz durch Kochen mit Wasser bei 100, 135 und 165° in Mengen von 5 bis 35% in Lösung zu bringen. Die C- und H-Werte in den Trockenrückständen der wäßrigen Hydrolysate sind den entsprechenden Durchschnittswerten des ursprünglichen Holzes ähnlich. Das nach den Kochungen verbleibende Holzmaterial zeigt ebenfalls keine großen Veränderungen in der Elementarzusammensetzung.

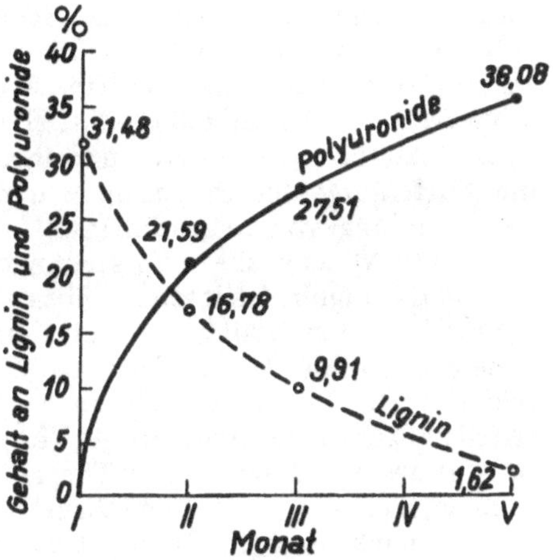

Abb. 72. Abnahme des Ligningehaltes junger Kieferntriebe mit zunehmender Entfernung der Polyuronide (1946)

SHEREBOW, WEINOW und andere haben wiederholt junge Kieferntriebe untersucht und dabei gefunden, daß der Gehalt an mit Schwefelsäure und Salzsäure bestimmbarem „Lignin" in ihnen etwa von Anfang Mai bis Ende August praktisch konstant ist (29 bis 32%). Diesen nicht hydrolysierbaren Rückstand „Pseudolignin" fassen die Autoren keinesfalls als aus aromatischen Stoffen, sondern aus Kohlenhydraten, Polyuroniden bestehend auf. Bei stufenweiser Entfernung der Polyuronide aus dem Holz junger Kieferntriebe nimmt der Gehalt an Säurelignin, wie SHEREBOW und Mitarbeiter festgestellt haben, ebenfalls allmählich ab (Abb. 72). Methyliert oder acetyliert man die Triebe zur Blockierung der freien Hydroxyle der Kohlenhydrate, die an der Bildung des „Pseudolignins" durch Kondensation beteiligt sind, so findet man mit Hilfe der Säuremethoden konstant ein Drittel weniger, d. h. 20%. Die Abb. 73 gibt Lignin- und Methoxylbestimmungen an jungen, im Jahre 1939 gesammelten Kieferntrieben wieder. Kurve *1* zeigt den konstanten Verlauf des Gehaltes an KÖNIG-Lignin; *2* den Gehalt von acetyliertem Holz; *3* und *4* den

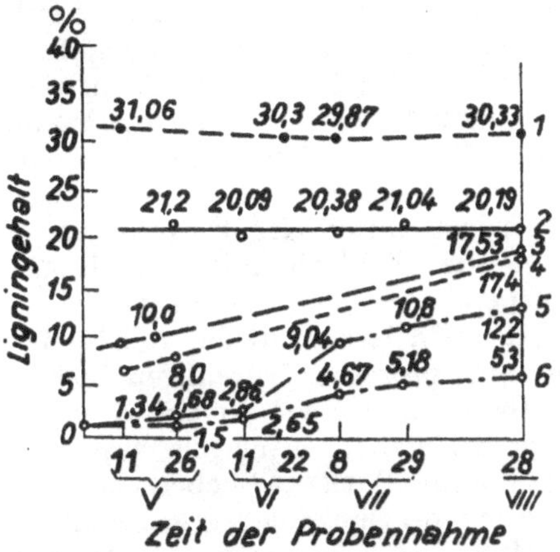

Abb. 73. „Lignin"-Gehalt junger Kieferntriebe unter verschiedenen Bedingungen nach KÖNIG bestimmt

1 konstanter Ligninspiegel im Jahre 1939, *2* Ligningehalt nach Acetylierung, *3*, *4* Ligningehalt nach der Cuoxammethode, *5*, *6* Zunahme des Methoxylgehaltes im Lignin

[1] F. SCHÜTZ u. P. SARTEN, Cellulosechemie Nr. 4 (1944).

Ligningehalt mit Cuoxam bestimmt; *5* und *6* den OCH_3-Gehalt im „Lignin" und im Holz der Triebe.

SHEREBOW glaubt also, das nach Blockierung der OH-Gruppen durch Veresterung fehlende Drittel des Schwefelsäurelignins als Kohlenhydrat ansprechen zu müssen. Er äußert aber auch große Zweifel an der aromatischen Natur der restlichen zwei Drittel. Werden die Triebe mit 0,05-n-HCl und anschließend mit kalter 0,05-n-NaOH behandelt, so läßt sich danach fast das ganze Material hydrolysieren und in Lösung bringen. Anscheinend kann durch die Entfernung der Polyuronide und leicht humifizierbaren Hemicellulosen keine Bildung von „Pseudolignin" in den jungen Trieben erfolgen.

SHEREBOW dehnt diese Vorstellungen auch auf das reife Holz aus und nimmt an, daß das Lignin des letzteren ebenfalls aller Wahrscheinlichkeit nach Kohlenhydratcharakter besitzt und erst bei seiner Isolierung durch Säuren und andere Agenzien durch Kondensationsprozesse aus den Kohlenhydraten gebildet wird. Die Fähigkeit mancher Zucker, durch die Einwirkung konzentrierter Säuren in ligninartige Huminstoffe umgewandelt zu werden, legt SHEREBOW zugunsten seiner Theorie aus[1].

Es werden von ihm einige Ergebnisse von Ligninbestimmungen in jungen Trieben nach der von CROSS, BEVAN und BRIGGS vorgeschlagenen Methode zur quantitativen Bestimmung des Holzschliffes im Papier angeführt. Das Verfahren beruht auf der Bestimmung der von dem zerkleinerten Material, das zu verschiedenen Zeiten während der Vegetationsperiode entnommen worden ist, aufgenommenen Menge Phloroglucin. Dabei hat sich herausgestellt, daß junge Nadelholztriebe (mit einem durchschnittlichen OCH_3-Gehalt von 1,3%), die offenbar kein „aromatisches Lignin" enthalten, fast die gleiche Phloroglucinaufnahme (3,6 bis 3,9%) zeigen wie mehrjähriges Holz (4,7 bis 4,8%)[2]. Zum Vergleich sei die Phloroglucinaufnahme der Cellulose mit 0,5% und des Xylans mit 1,33% angeführt. SHEREBOW glaubt, daß in allen Fällen nicht die Phenylpropangruppen des eventuellen Lignins mit dem Phloroglucin reagieren, sondern irgendein unter der Einwirkung der 12%igen Phloroglucin-Salzsäure entstehendes Kohlenhydrat. Im übrigen betrachtet der Autor selbst diese Versuche als reichlich empirisch.

Er weist ferner auf die vollständige oder teilweise Umkehrbarkeit des Verholzungsprozesses bei einigen Zellwandformen hin. Wie ALEXANDROFF[3] festgestellt hat, werden die spiral- und ringförmigen Tracheen an der Innenseite von Sonnenblumenstengeln fast stets wieder entholzt und aufgesaugt. SHEREBOW und PALEJEW[4] haben ebenfalls das Verschwinden des Lignins in Roggenhalmen bei eintretender Milchreife des Korns beobachtet (Verwendung zum Aufbau des Ährengewebes). SHEREBOW sagt aus, daß infolge mangelnder Kenntnisse über Fälle von Übergängen aromatischer Verbindungen in Kohlenhydraten „die Entholzung und Vermehrung der Zellen auf Grund des erhaltenen Materials oder die Wanderung des Lignins an neue Wachstumspunkte

[1] Vgl. die Angaben von HILPERT über die Humifizierung von Zuckern, S. 313ff.

[2] Nach DORÉE nimmt Nadelholz 6,7% Phloroglucin auf.

[3] W. G. ALEXANDROFF u. O. G. ALEXANDROWA, Planta 7, 340 (1929).

[4] А. Жеребов и А. Палеев, Мат. Центр. научно-иссл. лесохим. инст. (A. SHEREBOW u. A. PALEJEW, Mat. d. Zentr. wiss. Holzforsch. Inst.) 1935. — А. Палеев, Биохимия (A. PALEJEW, Biochemie) 1, 654 (1936); 2, 3 (1937); 3, 258 (1938); 5, 93 (1940).

zur Bildung von Kohlenhydratgewebe, zu der Schlußfolgerung über die Kohlenhydratnatur des Lignins führt". In dem gleichen Sinne beurteilt der Autor auch einige andere Arbeiten, wie z. B. die von EICHLER über die mit Hilfe der Fluoreszenz beobachtete abwechselnde schnelle Ver- und Entholzung von Tracheen.

Der hier in sehr gedrängter Form wiedergegebene Standpunkt von SHEREBOW ist zumindest, was die Ablehnung der aromatischen Anteile des Ligninmoleküls, selbst in geringen Mengen, betrifft, wohl sehr zweifelhaft. Als Haupteinwand läßt sich geltend machen, daß eine Verallgemeinerung der an ganz jungen Trieben gewonnenen Erkenntnisse auf reifes Holz keineswegs zulässig ist. Bezüglich der chemischen Zusammensetzung bestehen sicherlich große Unterschiede. Versuche zur Hydrierung von jungen Fichtentrieben[1] zeigen ganz deutlich, daß die jüngsten Sprößlinge keinerlei aromatisches Lignin enthalten und daß infolgedessen in den Hydrierungsprodukten keine Derivate des Propylzyklohexans vorhanden sind. Lediglich in älteren Trieben, am Ende der Vegetationsperiode, hat man 4-n-Propylzyklohexanol gefunden, und zwar in Mengen, die etwa $^1/_5$ des im reifen Holz vorhandenen Lignins entsprechen.

Ferner erhält man bei der Isolierung von Lignin aus lebendem Pflanzengewebe mit konzentrierten Säuren, wie ODINZOW und SERGEJEWA[2] festgestellt haben, Produkte, die stark stickstoffhaltig sind. Außer dem Lignin befinden sich also in dem nicht hydrolysierbaren Rückstand noch Eiweißspaltprodukte. Die üblichen, für reifes Holz ausgearbeiteten Ligninbestimmungsmethoden sind nach diesen Autoren auf Bestimmungen in Fichtenknospen und Baumwollblättern ebenfalls nicht anwendbar. Offenbar enthält auch das mit Hilfe von Säuren aus jungen Trieben isolierte „Lignin" relativ bedeutende Mengen Stickstoff.

Im folgenden werden noch eine Reihe anderer Einwände gegen die Hypothese von SHEREBOW behandelt, wobei festzustellen ist, daß die zweifellos vorhandenen genetischen Bindungen des Lignins mit den Kohlenhydraten, mit denen es durch die gemeinsame Entstehung aus den primären Produkten der Photosynthese verbunden ist, nicht bestritten werden sollen. Gleichfalls nicht abgelehnt wird die Teilnahme der Kohlenhydrate an der Bildung einer komplexen Verbindung mit dem Lignin. Zunächst sei hier auf die Versuche von SCHÜTZ und SARTEN näher eingegangen:

Wie A. SAIZEWA und N. NIKITIN[3] vor kurzem gezeigt haben, läßt sich Eichenholz durch wiederholte und sehr lange dauernde Extraktion mit kochendem Wasser bei 100°, bei 250 Einzeloperationen in 1000 Stunden, bis zu 65% in Lösung bringen. Die Elementaranalyse des ungelösten Rückstandes und des in Lösung gegangenen Anteils ergibt tatsächlich eine sehr ähnliche Zusammensetzung. Die Annahme, daß das Holz dabei als einheitlicher Komplex in Lösung geht, ist jedoch unrichtig. Unter den Versuchsbedingungen sind 90% der Pentosane, 95% der Uronsäure, 75% des Lignins und nur 36% der Cellulose aufgelöst worden. Die Bestandteile des Holzes werden also jeweils gesondert entfernt.

---

1 BOWER, COOK u. H. HIBBERT, J. Am. Chem. Soc. **65**, 1195 (1943).

2 П. Н. Одинцов и Сергеева, Тр. инст. лесохоз. пробл. АН Латв. ССР (P. N. ODINZOW u. SERGEJEWA, Arb. d. Holzwirtsch. Inst. d. Akad. Wiss. d. Lett. SSR) Heft 1, 181 (1949).

3 А. Ф. Зайцева и Н. И. Никитин, ЖПХ (A. F. SAIZEWA u. N. I. NIKITIN, Z. Angew. Chemie [russ.]) **24**, 392 (1951).

Es wäre niemals möglich, auf die beschriebene Weise ein wäßriges Hydrolysat zu erhalten, dessen Elementarzusammensetzung (49,9% C und 6,14% H) derjenigen des ursprünglichen Holzes (48,8% C und 6,15% H)[1] ähnlich ist, wenn im Holz kein aromatisches Lignin mit 64 bis 66% C vorhanden gewesen wäre. Die Kohlenhydrate gehen nur in partiell abgebauter Form in Lösung, durch Nachhydrolyse mit 5%iger Schwefelsäure wird die Reduktionskraft des Hydrolysates um das 4- bis 5fache erhöht[2].

Unter den Bedingungen der Bestimmung des Lignins (Pseudolignins) in jungen Trieben mittels konzentrierten Säuren findet anscheinend eine Humifizierung der Polyuronide statt. Es sollte demzufolge eine verstärkte Forschung in Richtung einer schonenden Isolierung und Fraktionierung dieser Polyuronide und einer genaueren Strukturaufklärung einsetzen. Ohne diese immerhin schon schwierige Arbeit sind jedoch keine konkreten Ergebnisse in der Klärung der genetischen Verbindung des Lignins mit den Kohlenhydraten zu erwarten. Auf Grund der CO_2-Abspaltung hat man etwa 3 bis 5% an Polyuroniden im Holz nachgewiesen (vgl. Tab. 45, S. 149). Diese Mengen können jedoch in keiner Weise mit dem normalerweise im reifen Holz zu etwa 18 bis 28% vorkommenden Lignin verglichen werden. Es ist deshalb anzunehmen, daß das Lignin im Holz als besonderer Stoff gebildet worden ist, obwohl es aller Wahrscheinlichkeit nach genetisch mit den Polyuroniden verbunden ist.

Bei der Abtrennung des Lignins aus dem Holz von konzentrierten Säuren findet eine teilweise „Verharzung" der labileren, eng mit dem Lignin verbundenen Kohlenhydrate statt. Dies erklärt auch die Tatsache, warum die nach verschiedenen Verfahren isolierten Ligninpräparate weder in der Zusammensetzung noch in den Eigenschaften untereinander vergleichbar sind. Obwohl die Hauptmasse des isolierten Lignins aus reifem Holz aus Derivaten des Phenylpropans besteht, ist eine Teilnahme von Kohlenhydraten am Aufbau dieser Komplexe durchaus nicht ausgeschlossen.

Über die Versuche zur Fixierung von Phloroglucin durch junges Pflanzengewebe ist nur zu sagen, daß sie wohl kaum eine große Beweiskraft besitzen, da die Methode als denkbar grob und ungenau anzusehen ist. Was die von Palejew[3] gefundene partielle Entholzung und Verschwinden fast der Hälfte des Lignins in Roggenhalmen während der Vorreife betrifft, auf die Sherebow ebenfalls hingewiesen hat, so ist dazu zu bemerken, daß die grundlegenden Tatsachen gar nicht abgestritten werden, daß aber Palejew nicht festgestellt hat, welche besonderen Stoffe des Lignins bei der Entholzung abgebaut werden. Man kann sich vorstellen, daß gerade die sehr labilen methylierten Kohlenhydrate (Pseudolignin) abgebaut werden und verschwinden, nicht aber die aromatischen Stoffe.

Durch die angeführten Einwände wird die von Alexandrow beobachtete

[1] Die Pentosane enthalten 45,4% C, die Cellulose 44,4%.

[2] Die Auflösung des Lignins hängt stark von den Bedingungen der wäßrigen Hydrolyse ab. Bei zu hohen Temperaturen findet wahrscheinlich eine Kondensation des Lignins statt, wodurch es unlöslich wird. Wie Bobrow und Kolotowa gefunden haben, werden bei einer zweistündigen Druckkochung von Fichtenholz mit Wasser bei 180° fast quantitativ nur die Hemicellulosen entfernt, während von der Cellulose und dem Lignin nur geringe Mengen in Lösung gehen. Der Rückstand zeigt folgende Zusammensetzung: 60,7% Cellulose, 39,1% Lignin und 2% Pentosan.

[3] А. Палеев, Биохимия (A. Palejew, Biochemie) 5, 97 (1940).

Erscheinung der Entholzung und die Möglichkeit des Ablaufens derartiger biochemischer Prozesse keineswegs abgelehnt.

In den Jahren 1934 bis 1935 sind in diesem Zusammenhang sehr interessante Arbeiten von HILPERT[1] erschienen. Darin werden die mit Hilfe konzentrierter Säuren arbeitenden Isolierungsmethoden einer Kritik unterworfen. Die durch Hydrolyse entstehenden Zucker erleiden starke Veränderungen und ergeben zum Teil unlösliche, mehr oder weniger dem Lignin ähnliche Produkte. Am Beispiel reiner Zucker ist gezeigt worden, daß aus Fruktose, selbst in verdünnten Säuren, bei gewöhnlicher Temperatur unlösliche Produkte in Mengen bis zu 25% erhalten werden. Fruktosehaltige Polyosen, wie Rohrzucker und Inulin, zeigen die gleiche Erscheinung. Aus Xylose entstehen mit 72%iger Schwefelsäure bis zu 36% eines ligninähnlichen Stoffes. „Lignin" aus Arabinose enthält 61% C und 4,5% H und nähert sich damit, mit Ausnahme des Methoxylgehaltes, der Zusammensetzung des Holzlignins.

Die aus den Zuckern erhaltenen Humifizierungsprodukte reagieren mit Chlor, genau wie echtes Lignin, unter Ausbildung charakteristischer gelber Verbindungen und Abspaltung von Salzsäure. Ein aus Fruktose dargestelltes chloriertes Huminprodukt zeigt fast den gleichen Chlorgehalt (25,8%) wie entsprechend behandeltes Lignin (26%). Auf Grund dieser Tatsachen ist die Vorstellung entstanden, daß im Holz Zucker vorkommen, die gegen eine Verharzung sehr empfindlich sind und die sich weder durch saure noch alkalische Hydrolyse ohne gleichzeitig stattfindende Verharzung isolieren lassen. Im ersteren Falle entstehen unlösliche Produkte, die nach dem Abfiltrieren als Lignin angesprochen werden. Durch die Einwirkung von Alkali bei höherer Temperatur gehen die entstehenden Produkte in Lösung. Ferner darf angenommen werden, daß auch bei der Isolierung des Lignins mit Hilfe organischer Lösungsmittel eine Verharzung der Kohlenhydrate durch die Anwesenheit von sauren Katalysatoren oder sogar schon durch die erhöhte Temperatur möglich ist. Besonders eingehend hat man sich in diesem Zusammenhang mit den Veränderungen von methylierten Zuckern beschäftigt, die ja bekanntlich auch Methoxylgruppen enthalten. Die Ähnlichkeit der Produkte, die bei der Einwirkung von Jodwasserstoffsäure und rotem Phosphor auf Zucker, aber auch auf Lignin, erhalten werden, hat viel zur Aufstellung dieser Hypothese beigetragen. Roggenstroh kann durch Hydrolyse bei —10° vollständig in Lösung gebracht werden. Der mit 42%iger Salzsäure aus Buchenholz bei —10° erhaltene Rückstand (I) beträgt nur noch 12%, die Werte der Elementaranalyse liegen etwa in der Mitte zwischen denen des Holzes und des üblichen Lignins. So hat man z. B. gefunden (in %):

	C	H	OCH_3
Buchenholz	49,3	6,0	6,2
Rückstand I	56,1	5,6	12,8
Lignin I	60,0	6,2	16,7

Das Lignin I ist durch nochmalige Behandlung des Rückstandes I mit 42%iger HCl bei 15 bis 20° dargestellt worden. Die Zusammensetzung nähert sich bereits der des gewöhnlichen Buchenlignins.

[1] R. HILPERT u. E. LITTMANN, Ber. 67, 1551 (1934); 68, 16 (1935). — R. HILPERT u. A. WAGNER, Ber. 68, 371 (1935).

Aus dem bei —10° erhaltenen Buchenhydrolysat kann durch Fällung mit Wasser noch eine Fraktion isoliert werden, die bis zu 50% des Holzgewichtes betragen kann und folgende Zusammensetzung zeigt: 47,59% C, 6,15% H und 5,16% OCH_3. HILPERT nimmt an, daß dieses Produkt ein methyliertes Glukoseanhydrid mit einem Methoxyl darstellt: $2[2\,C_6H_{10}O_5—H_2O] + CH_2$. Durch Behandlung des Fällungsproduktes mit 41%iger HCl bei gewöhnlicher Temperatur wird wieder gewöhnliches Buchenlignin (I) erhalten. Aus diesen Versuchen glaubt HILPERT schließen zu müssen, daß das gesamte Lignin ein Verharzungsprodukt von methylierten Kohlenhydraten, ähnlich dem erwähnten „methylierten Glukoseanhydrid" ist.

Der Autor hat sich in den folgenden Jahren bemüht, seine Hypothese über die Kohlenhydratnatur des Lignins durch weitere Versuche zu erklären. Bei der Einwirkung von Soda- und Natriumsulfatlösung in der Hitze auf Fichten- und Buchenholz[1], aber auch beim Behandeln des Holzes mit verdünnten Mineralsäuren und organischen Säuren läßt sich beobachten, daß Lignin und Kohlenhydrate gleichzeitig in den im Holz vorhandenen Mengenverhältnissen in Lösung gehen. Durch Einwirkung von 35- bis 60%iger Alkalilauge auf Fichtenholz[2] findet eine allmähliche Auflösung des Materials statt. Der unlösliche Rückstand unterscheidet sich in seiner Zusammensetzung nur wenig von dem Ausgangsmaterial. Nach nochmaliger Behandlung mit der Lauge beträgt die Ausbeute an unlöslichem Rückstand nur noch 17%, die Elementaranalyse gibt fast die der Cellulose entsprechende Zusammensetzung, jedoch mit etwa 1% OCH_3. Weitere Versuche zur Bestätigung eines einheitlichen Holzkomplexes mit Hilfe der Benzylierung und Xanthogenierung des Holzes haben fast vollständig in Alkohol-Benzol und Wasser lösliche Produkte ergeben.

Eine ausführliche Kritik des HILPERTschen Standpunktes ist bereits in der ersten Auflage dieses Buches[3] gegeben worden. In seinen Versuchen hat gleichzeitig eine Dispergierung und Auflösung der Kohlenhydrate und des Lignins durch die Wirkung der konzentrierten Säure bei —10° stattgefunden. Beide Teile haben dabei als Schutzkolloide gewirkt, wodurch die Hydrolyse der Cellulose bis zu einfacheren Zuckern, die Kondensation des Lignins und infolgedessen Bildung eines unlöslichen Rückstandes verhindert worden ist. Der mit Wasser aus dem Buchenholzhydrolysat ausfallende Niederschlag kann ebenfalls nicht als individueller Stoff, als methyliertes Glukoseanhydrid angesprochen werden. Eher ist anzunehmen, daß dieses Produkt ein Gemisch von Kohlenhydraten und Lignin darstellt, das in seiner Zusammensetzung rein zufällig der angeführten Formel entspricht.

Versuche von AWIDON und NIKITIN zeigen, daß reine Baumwollcellulose in 42%iger Salzsäure nur sehr langsam hydrolysiert wird. Selbst nach 24 Stunden läßt sich ein Teil der in Lösung gegangenen Cellulose mit Wasser ausfällen. Aus der Elementarzusammensetzung des von HILPERT erhaltenen Niederschlages läßt sich die Anwesenheit von etwa 70% unvollständig hydrolysierter Cellulose und ca. 30% mit dieser sehr eng verbundenen Lignins schließen.

---

[1] R. HILPERT u. H. HELLWAGE, Ber. **68**, 380 (1935).

[2] R. HILPERT u. O. PETERS, Ber. **68**, 1575 (1935); **70**, 113, 514 (1937). — R. HILPERT, Ber. **70**, 413 (1937).

[3] Н. И. Никитин, Химия древесины (N. I. NIKITIN, Chemie des Holzes) 1935, S. 188.

Irgendwelche Versuche, den Niederschlag als individuellen Stoff zu charakterisieren, sind nicht erfolgt.

Außerdem sei noch erwähnt, daß es für die quantitative Isolierung des Lignins aus dem Buchenholz nicht ohne Einfluß ist, ob die Abtrennung des Niederschlages durch Filtrieren vor oder nach Verdünnung des Hydrolysates mit Wasser durchgeführt wird. Es ist seit längerer Zeit bekannt[1], daß z. B. mit 64%iger H_2SO_4 ohne Verdünnung der Lösung nur 12% Lignin aus Buchenholz erhalten werden, während man mit Verdünnung 24% findet. Das bedeutet, daß ein Teil des Lignins in der konzentrierten Schwefelsäure, aber auch in 42%iger Salzsäure, löslich ist.

Ebenfalls der Hypothese von HILPERT widersprechende Ergebnisse sind von NIKITIN und ORLOWA[2] bei Versuchen zur schonenden Isolierung des Lignins aus Fichtenholz mit Dioxan und 0,1% HCl bei 90 bis 95° erhalten worden. Das mit heißem Wasser gewaschene Produkt besitzt die gleiche Zusammensetzung (64,8% C, 5,6% H und 15,3% OCH_3) wie gewöhnliches Salzsäurelignin. Nach HILPERT bewirkt jedoch die Anwesenheit von 0,1% HCl im Dioxan keinerlei feststellbare Verharzung der Zucker. Geht man von seiner Hypothese aus und nimmt an, daß im Holz kein aromatisches Lignin vorhanden ist, so bleibt restlos unklar, wie mit Hilfe von Dioxan und Chlorwasserstoff aus Fichten- oder Buchenholz Lignin mit einer derartigen Zusammensetzung isoliert werden kann.

Von ORLOWA[3] ist eine Untersuchung des Dioxanlignins bezüglich des Absorptionsverhaltens im Ultraviolett in schwachen Alkalilösungen durchgeführt worden. Das Maximum bei 283 mμ entspricht vollständig dem auch bei anderen Ligninpräparaten und dem Isoeugenol auftretenden (vgl. S. 273). Die Anwesenheit aromatischer Stoffe im Dioxanlignin ist ferner durch die Alkalischmelze, Methylierung mit Dimethylsulfat und Diazomethan und Oxydation, wobei 12,5% Veratrumsäure gefunden worden sind, bestätigt worden. Ein Teil der letzteren wird zweifellos bei der Oxydation zerstört.

KOMAROW und FILIMONOWA[4] haben verschiedene Ligninpräparate und Humifizierungsprodukte der Fruktose acetyliert. Das Acetylierungsgemisch bestand entweder aus Essigsäureanhydrid und Pyridin oder Essigsäureanhydrid, Essigsäure und Schwefelsäure. Im Falle des Lignins sind Produkte mit 33% Essigsäure erhalten worden, während die humifizierte Fruktose nur 15% aufgenommen hat. Die letztere enthält infolgedessen nur 4,2% Hydroxylgruppen, an Stelle von 9 bis 10% wie das Lignin. Zwischen dem Lignin und dem Huminstoff scheinen also doch wesentliche Unterschiede zu bestehen.

Auf S. 285 ist bereits von der Merkurierung des Lignins nach der für aromatische Verbindungen eigentümlichen Reaktion die Rede gewesen:

$$ArH + Hg(OCOCH_3)_2 \longrightarrow ArHgOOCCH_3 + CH_3COOH$$

---

[1] K. STORCH, Ber. 68, 2367 (1936).

[2] Н. И. Никитин и И. М. Орлова, ЖПХ (N. I. NIKITIN u. I. M. ORLOWA, Z. Angew. Chemie [russ.]) 9, 2210 (1936).

[3] И. М. Орлова и Н. И. Никитин, ЖПХ (I. M. ORLOWA u. N. I. NIKITIN, Z. Angew. Chemie [russ.]) 12, 76 (1939).

[4] Ф. П. Комаров и Г. Н. Филимонова, ЖПХ (F. P. KOMAROW u. G. N. FILIMONOWA, Z. Angew. Chemie [russ.]) 9, 1096 (1936).

Zum Nachweis für die Existenz von aromatischem Lignin im Holz hat ODINZOW[1] letzteres mit einer alkoholischen Quecksilberlösung gekocht. Zum Vergleich hat der Autor auch Huminstoffe aus Glukose und Cellulose, dargestellt durch Einwirkung von 42%iger Salzsäure auf Glukose und Linters während 48 Tagen bei Zimmertemperatur, herangezogen. Aus Glukose sind auf diese Weise 14,5% und aus Cellulose 40% an Huminstoffen erhalten worden. Fichtenholz addiert Quecksilber, das quantitativ mit Jod in atomarem Verhältnis austauschbar ist. Die Anlagerung von Quecksilber und Jod erfolgt proportional dem Ligningehalt des Holzes. Durch Vergleich mit WILLSTÄTTER-Lignin ist festgestellt worden, daß der mit Quecksilber und Jod reagierende Bestandteil des Holzes lediglich das Lignin ist. Die Huminprodukte der Kohlenhydrate unterscheiden sich jedoch von dem Lignin im Verhalten gegen Quecksilber und durch ihre große Reduktionsfähigkeit. Während die Quecksilberaufnahme bei Salzsäurelignin 32% beträgt, nimmt der Huminstoff aus Glukose 17,8%, aus Cellulose 17,1% auf, d. h. nur reichlich die Hälfte.

Später hat ODINZOW[2] Huminstoffe aus Fruktose, Xylose und Glukose untersucht und gefunden, daß Essigsäure und Quecksilberacetat an aliphatische Doppelbindungen dieser Produkte angelagert werden. Durch Acetylierung entstehen Produkte mit 11,1, 11 und 9,7% Acetyl, während verschiedene Ligninpräparate 17,9 bis 21,7% Acetyl nach entsprechender Behandlung enthalten. Die Huminstoffe ODINZOWS unterscheiden sich also von Lignin durch die geringere Anzahl von Hydroxylgruppen. Holz, das einen Monat lang der Zersetzung durch den Pilz *Coniophora cerebella* ausgesetzt worden ist, nimmt wesentlich mehr Jod auf als gesundes Holz. Hierin ist ebenfalls eine Bestätigung für die Reaktion des Lignins und nicht der Kohlenhydrate mit Quecksilber und Jod zu erblicken.

Die Bromierung von Holz und Salzsäurelignin, aber auch Huminstoffen aus Glukose und Cellulose ist ebenfalls von ODINZOW[3] zur Klärung der Verhältnisse herangezogen worden. Zur Reaktion ist eine 22%ige Lösung von Brom in Tetrachlorkohlenstoff benutzt worden. Obwohl die bromierten Huminstoffe im allgemeinen die gleiche Menge Brom (37,1 bis 40,2%) aufgenommen haben wie das Lignin, so erweisen sie sich aber als sehr unbeständig. Die Hälfte des Broms wird beim Trocknen bei 100° wieder abgespalten, einige Präparate werden sogar schon im Vakuum bei 35° zersetzt.

Ligninähnliche Huminstoffe aus Glukose, Saccharose und Fruktose sind auch durch Einwirkung von Ameisensäure und Eisessig ohne andere saure Katalysatoren dargestellt worden[4]. Die Versuche wurden unter den gleichen Bedingungen, wie zur Isolierung von Lignin aus Fichtenholz mit Hilfe dieser Säuren erforderlich sind, durchgeführt. Die in Ausbeuten von 1 bis 35% erhaltenen Produkte sind in gewisser Beziehung dem nach dem gleichen Verfahren isolierten Lignin ähnlich. Unter Berücksichtigung des Veresterungsgrades kann angenommen werden, daß die Formyl- und Acetylzahlen nahe bei denen des Lignins liegen. Bei der Reaktion mit Methylmagnesiumjodid in Pyridin zeigen

---

[1] П. Н. Одинцов, Лесохим. пром. (P. N. ODINZOW, Holzchem. Ind.) Nr. 19, 16 (1936).

[2] П. Н. Одинцов, Лесохим. пром. (P. N. ODINZOW, Holzchem. Ind.) Nr. 1, 10 (1939).

[3] П. Н. Одинцов, ЖПХ (P. N. ODINZOW, Z. Angew. Chemie [russ.]) 12, 901 (1939).

[4] A. BELL, CRAMER, G. WRIGHT u. H. HIBBERT, Ber. 71, 746 (1938).

die Huminstoffe ein dem Lignin analoges Verhalten. Fruktosehumin enthält saure, phenolische Hydroxyle.

In bezug auf andere Eigenschaften haben sich jedoch zwischen den Huminstoffen und dem Lignin Unterschiede herausgestellt. So ist z. B. mit Diazomethan und Dimethylsulfat behandeltes Fruktosehumin in organischen Lösungsmitteln unlöslich, während Lignin nach der gleichen Behandlung eine erhöhte Löslichkeit aufweist. Aus dem Huminprodukt ist nach der Alkalischmelze, Methylierung und Oxydation überhaupt keine Veratrumsäure erhalten worden.

Die obigen Ausführungen zeugen in der Mehrzahl der Fälle von einem unterschiedlichen chemischen Verhalten der Huminstoffe und des Lignins und sprechen im allgemeinen nicht zugunsten der Hypothese von HILPERT.

Vor kurzem[1] ist eine Untersuchung von nativem Fichtenlignin, das durch Äthanol bei gewöhnlicher Temperatur isoliert worden ist, mit Hilfe der Ultrarotspektroskopie durchgeführt worden. Dabei sind die für aromatische und aliphatische C—H-Gruppen charakteristischen Banden, aber auch die Anwesenheit geringer Mengen Karbonylgruppen (schwache Bande bei 163 cm^{-1}) festgestellt worden. Die Untersuchung einer großen Zahl von „Modell-Lignin-Substanzen" hat in keinem Falle eine vollständige Übereinstimmung der Spektren mit dem des Lignins ergeben. Die Ultrarotspektroskopie hat außerdem die Anwesenheit einer großen Anzahl von Wasserstoffbindungen im Lignin ergeben. 1951 haben sich KUDSIN und andere ebenfalls mit der spektroskopischen Untersuchung befaßt.

Die Arbeiten, in denen Zweifel an der Existenz von aromatischen Stoffen im nativen Lignin ausgesprochen werden, stellen einen extremen Standpunkt in der Betrachtungsweise des Lignins dar und sind deshalb von der erdrückenden Mehrheit der Forscher nicht anerkannt worden. Die genannten Arbeiten sind aber trotzdem wertvoll, weil in ihnen der Frage nach der Existenz von eng mit dem Lignin verbundenen methylierten Kohlenhydraten große Aufmerksamkeit gewidmet wird. Wie von ORLOWA[2] festgestellt worden ist, enthält aus Fichtenholz mit Dioxan extrahiertes und mit Äther gefälltes Lignin von 17 bis 37% heißwasserlösliche Stoffe, die ca. 7% Methoxylgruppen enthalten. Die durchschnittliche Elementarzusammensetzung beträgt 44,7% und 6,4% H, die etwa den Kohlenhydraten entspricht. Nach der Nachhydrolyse zeigen diese methylierten Kohlenhydrate eine große Reduktionsfähigkeit (72% der Glukose). Die Menge an acetylierbaren Hydroxylgruppen beträgt 23,8% und kommt damit den Pentosanen sehr nahe[3]. Berechnet auf Holz, sind diese wasserlöslichen, methylierten Stoffe in mehreren Versuchen mit 2 bis 4% gefunden worden. Die erwähnten Produkte sind gegen Erwärmen, Trocknen usw. sehr empfindlich.

Von SCHORYGINA[4] sind bei Versuchen über die Spaltung von Cuoxamlignin mit metallischem Natrium in diesem Ligninpräparat ca. 30% Kohlenhydrate gefunden worden.

[1] G. D. JONES, J. Am. Chem. Soc. 70, 1984 (1948).

[2] И. М. Орлова и Н. И. Никитин, ЖПХ (I. M. ORLOWA u. N. I. NIKITIN, Z. Angew. Chemie [russ.]) 12, 76 (1939).

[3] Für Xylan sind 25,8% berechnet worden.

[4] Н. Н. Шорыгина, Тезисы докладов Чертвертой конференции по высокомолекулярным соединениям (N. N. SCHORYGINA, Leitsätze d. 4. Konf. über hochmol. Verb.) 1946, S. 21.

Die Beteiligung von Kohlenhydraten an der Bildung eines gemeinsamen Komplexes mit dem Lignin ist auch bei der Einwirkung von Schwefeltrioxyd und Pyridin auf Fichtenholz festgestellt worden[1]. Die Reaktion des Lignins und der Kohlenhydrate mit der SO_3-Pyridin-Verbindung verläuft nach dem Schema: $ROH + SO_3 \rightarrow ROSO_3H$. Die Zusammensetzung des schwach gefärbten Stoffes zeigt, daß auf jeden Glukoserest und jede Propylphenoleinheit des Lignins ein Mol Schwefeltrioxyd angelagert wird. Aus dem Produkt sind mehrere Fraktionen erhalten worden. Zur weiteren Fraktionierung wird die Unlöslichkeit des Kaliumsalzes in Kalilauge ausgenutzt. Die ligninhaltigen Anteile bleiben dabei in Lösung und können durch Neutralisation gefällt werden. Zwischen den beiden extremen Fraktionen der reinen Polysaccharidester und den kohlenhydratfreien Ligninestern gibt es eine ganze Reihe von Zwischenstufen, die Verbindungen der Kohlenhydrate mit Ligninsubstanzen darstellen. Andere Autoren[2] haben anläßlich der partiellen Acetolyse von Kiefernholz ähnliche Verbindungen erhalten.

Die bei der Isolierung des Lignins aus dem Holz mittels Säuren entstehenden Huminstoffe sind nach der Ansicht einiger Autoren nicht als Verunreinigungen im Lignin, sondern eher als wesentliche Teile des Komplexes, die bei der Isolierung Veränderungen unterworfen worden sind[3], zu betrachten.

Erwähnt sei noch, daß Hibbert und Mitarbeiter synthetisch Glukoside des Xylans mit α-Oxypropiovanillon (vgl. S. 288), α-Oxypropiosyringon, Acetovanillon, Guajakol und anderen phenolischen Stoffen dargestellt haben und auf diese Weise Modellsubstanzen des nachstehenden Typs zur Untersuchung erhalten haben.

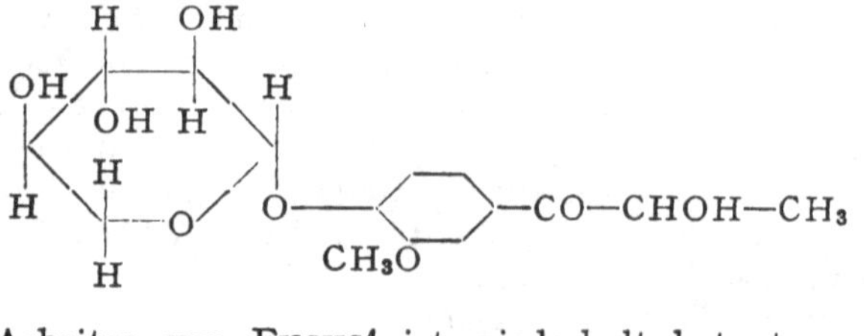

In älteren Arbeiten von Fuchs[4] ist wiederholt betont worden, daß der Kohlenhydratanteil im Lignin mit den aromatischen Stoffen in Form eines glukanartigen Komplexes gebunden vorliegt:

$$\underbrace{CH{=}CH{-}CHOH{-}CHOH{-}CH}_{O}{-}CH_2OH$$

Eine Bestätigung dieser Ansicht ist jedoch nicht erfolgt.

Aus den angeführten Arbeiten über die Beziehungen zwischen den aromatischen und aliphatischen Teilen des Ligninkomplexes geht hervor, daß die Einnahme eines „mittleren" Standpunktes über die Eigenschaften des nativen Lignins am gerechtfertigtsten erscheint. Die Mehrzahl der Forscher plädiert für die Existenz eines Komplexes, der neben den aromatischen Stoffen auch

---

[1] K. Freudenberg u. E. Keller, Ber. 73 (1940).
[2] H. Friese u. Ademeit, Ber. 71, 1307 (1938).
[3] A. Bell, Cramer, G. Wright u. H. Hibbert, Ber. 71, 746 (1938).
[4] Literaturübersicht auf S. 174 der ersten Ausgabe dieses Buches.

chemisch mit diesen verbundene Kohlenhydrate enthält. Dieser Standpunkt darf auch wohl als der richtigere angesehen werden.

Zum Schluß sei noch einmal daran erinnert, daß bei der Druckhydrierung von Lignin (vgl. S. 295) bis zu 45% Zyklohexanderivate erhalten worden sind[1]. Bei milderen Bedingungen und weniger aktiven Katalysatoren werden 40 bis 50% fast ausschließlich phenolische Produkte nachgewiesen[2]. Große Mengen von Phenylpropanderivaten entstehen ebenfalls bei der Spaltung von Cuoxamlignin durch Natrium.

Bei der Betrachtung industrieller Holzverarbeitungsprozesse, wie des Sulfit- und Sulfataufschlusses der Vanillingewinnung aus Sulfitablaugen, aber auch der Kondensation des Lignins mit Phenol und anderen Stoffen, wird das Lignin fast nur als aromatischer Stoff in Rechnung gestellt.

Bildung des Lignins in der Pflanze

Über den Bildungsmechanismus des Lignins im Holz ist bisher noch keine Aufklärung erhalten worden. Die Ansichten der verschiedenen Autoren über dieses Problem gehen sehr auseinander und widersprechen sich teilweise sogar und erschweren dadurch eine einheitliche Darstellung. Es wird deshalb hier nur der Versuch unternommen, dem Leser dieses schwierige Problem etwas näher zu bringen.

Die das Zellwandmaterial von Laub- und Nadelhölzern bildenden Stoffe entstehen im Verlauf der Photosynthese aus der Kohlensäure der Luft und dem aus den Wurzeln emporsteigenden Wasser. Nach der alten und auch heute noch verbreiteten Hypothese entsteht in den Blättern der Pflanze bei Gegenwart von Licht und Chlorophyll Formaldehyd als Zwischenprodukt auf Grund der endothermen Reaktion

$$H_2O + CO_2 \rightarrow CH_2O + O_2,$$

der durch die Einwirkung der Stoffe des Zellsaftes in Zucker nach dem vereinfachten Schema umgewandelt wird.

$$6\,CH_2O \rightarrow C_6H_{12}O_6$$

Die Annahme, daß bei der Photosynthese Formaldehyd entsteht, beruht auf den Beobachtungen von BUTLEROW. Danach läßt sich polymerisierter Formaldehyd, Trioxymethylen im Laboratorium mit Hilfe von Alkali weiter polymerisieren, wobei tatsächlich ein zuckerähnlicher Stoff entsteht.

Die Hypothese von A. v. BAEYER über das Auftreten von Formaldehyd als Zwischenprodukt bei der Photosynthese der Kohlenhydrate hat in den vergangenen 80 Jahren keine wesentliche experimentelle Bestätigung finden können, da es niemandem gelungen ist, irgendwelche nachweisbaren Mengen des Aldehyds in den Blättern aufzufinden. Außerdem zeigt Formaldehyd den meisten Gewächsen gegenüber eine ausgesprochene Giftwirkung. 1918 hat WILLSTÄTTER eine andere Hypothese aufgestellt, derzufolge aus der Kohlensäure und dem Wasser unter der katalytischen Wirkung des Chlorophylls eine besonders aktive Form des Aldehyds gebildet wird. Unter Überspringung des

---

[1] E. HARRIS, I. D'JANNY u. H. ADKINS, J. Am. Chem. Soc. **60**, 1467 (1938).

[2] K. FREUDENBERG, W. LAUTSCH u. Mitarb., Ber. **74**, 171 (1941).

Aldehydzustandes wird diese aktive Form sofort zu den Kohlenhydraten polymerisiert. Zur Unterstützung dieser Hypothese ist die Tatsache herangezogen worden, daß sich Formaldehyd im Laboratorium aus Kohlensäure und Wasser in Quarzgefäßen unter der Wirkung ultravioletter Strahlen synthetisieren läßt. Ebenso ist auf diesem Wege eine Polymerisation des Aldehyds zu Zuckerstoffen gelungen. Die Fachliteratur auf diesem Gebiete hat bereits einen erheblichen Umfang angenommen. Trotz alledem ist die Aufklärung der Kohlenhydratbildung in der Pflanze aus einer anderen Richtung gekommen, als erwartet worden ist.

1939 konnte mit Hilfe von radioaktivem Kohlenstoff festgestellt werden[1], daß nicht Formaldehyd, sondern Carbonsäureverbindungen des Typs RCOOH als Primärprodukte bei der Assimilation der Kohlensäure in der Pflanze entstehen. Danach findet vor der eigentlichen Photosynthese noch eine Reaktion statt, die im Dunkeln verlaufen kann. Diese Reaktion findet zwischen dem CO_2 und bereits vorher in dem Blatt angesammelten organischen Stoffen nach folgendem Schema statt:

$$\mathrm{RH} + \mathrm{CO_2} \rightleftarrows \mathrm{RCOOH}$$

Ruben ist der Ansicht, daß dabei irgendein Aldehyd als Akzeptor für das CO_2 dient, daß ferner das entstehende Primärprodukt eine α-Ketosäure ist, die in der zweiten Reaktion (Photoreaktion) in einen Oxyaldehyd umgewandelt wird.

$$\text{Dunkelreaktion:}\quad \mathrm{R{-}C}\begin{smallmatrix}\nearrow\!\!\!\!\!\!= \mathrm{O}\\ \searrow \mathrm{H}\end{smallmatrix} + \mathrm{CO_2} \longrightarrow \mathrm{R{-}C}\begin{smallmatrix}\nearrow\!\!\!\!\!\!= \mathrm{O}\\ \searrow \mathrm{COOH}\end{smallmatrix}$$

$$\text{Photoreaktion:}\quad \mathrm{R{-}C}\begin{smallmatrix}\nearrow\!\!\!\!\!\!= \mathrm{O}\\ \searrow \mathrm{COOH}\end{smallmatrix} \longrightarrow \mathrm{RCHOHCOOH} \longrightarrow \mathrm{RCHOHCHO}$$

Bei der Sekundärreaktion findet eine Reduktion statt, wobei als Wasserstoffdonator das Wasser fungiert und Sauerstoff frei wird. Die für den Ablauf der Reaktion erforderliche Energie wird vom Chlorophyll von der Sonne aufgenommen und zur Verfügung gestellt. Die beiden Reaktionen finden ständig nebeneinander statt, wodurch dann schließlich eine Kohlenhydratkette entsteht.

Nach den alten Vorstellungen wird die Cellulose und die anderen ihr verwandten Kohlenhydrate aus den entsprechenden, einfachen, bei der Photosynthese gebildeten Zuckern aufgebaut. Danach ist also z. B. die Glukose die Vorstufe für Polysaccharide des Typs $(C_6H_{10}O_5)_n$. Die neuen Untersuchungen haben aber gezeigt, daß die einfachen Zucker keine Vorstufen für die Bildung der pflanzlichen Polysaccharide darstellen. Die Makromoleküle der letzteren werden bereits in ihrer endgültigen Form aus den erwähnten sauren Zwischenprodukten bei der Photosynthese erhalten.

Für das Molekulargewicht des primären photosynthetischen Produktes der Alge *Chlorella pyranoidosa* hat man z. B. etwa 1000 gefunden. Im Lichte dieser neuen Vorstellungen darf man eher annehmen, daß die Pflanzenstärke die Vorstufe für einfache Zucker ist und nicht umgekehrt die erstere aus diesen aufgebaut wird.

---

[1] E. Ruben, J. Am. Chem. Soc. **61**, **661** (**1939**); **62**, **3443**, **3450**, **3451** (**1940**).

In Übereinstimmung mit dieser Hypothese hat man gefunden[1], daß einfache, im Saft der Birke vorkommende Zucker, wie Glukose und Cellobiose, aus löslicher Stärke auch im Laboratorium erhalten werden können, wenn man die letztere mit dialysiertem Birkensaft bei 50° und p_H 6 behandelt.

Das primäre Produkt ist also offenbar die Stärke, die dann im Holzsaft auf enzymatischem Wege in einfache Zucker umgewandelt werden kann. Die Spalt- und Umwandlungsprodukte des bei der Photosynthese entstehenden hochmolekularen, stärkeähnlichen Stoffes werden durch den Saft in gelöster Form nach unten transportiert. In der äußeren Schicht des Kambiums erfolgt dann aus ihnen der Aufbau der Zellwandpolysaccharide.

Das Lignin der verholzten Zellwände gehört zwar chemisch betrachtet nicht zu den Kohlenhydraten, wird aber offenbar ebenfalls aus irgendwelchen gelösten Produkten der Photosynthese gebildet.

Das Volumenverhältnis des bei der Photosynthese frei werdenden Sauerstoffs zu der aufgenommenen Kohlensäure beträgt gewöhnlich um 1 herum. Die beobachtete Abweichung vom Wert 1 deutet auf die Entstehung auch anderer Stoffe hin. So sind z. B. in einigen Versuchen Werte von 1,03 bis 1,05 gefunden worden. Diese Tatsache spricht für die Möglichkeit der Entstehung geringer Mengen Eiweiß, Fett und anderer Produkte.

Ferner hat man in den Blättern die Anwesenheit organischer Phosphorverbindungen beobachtet, denen eine wichtige Rolle bei der Photosynthese zugeschrieben wird. Möglicherweise dienen sie sogar als Energieüberträger[2]. Glukosephosphorsäureester sind in *Elodea densa*, Weizen- und Roggenkeimen, Flachsblättern und anderen Pflanzen gefunden worden. Neben wasserlöslichen Phosphorsäureverbindungen der Kohlenhydrate enthalten die Blätter aber auch fettlösliche (lipoide) Phosphorverbindungen. Versuche mit Radiokohlenstoff an *Chlorella* haben ergeben, daß nach kurzer Belichtung (30 und 90 sek.) die Hauptmenge des assimilierten Kohlenstoffs in Form von Glycerinphosphorsäure, Triosephosphat und Hexosephosphat vorliegt.

Die Vorstellungen über die Photosynthese und den Transport der entstandenen Produkte zum Kambialgewebe haben schon seit längerer Zeit das Interesse an den im Zellsaft des Holzes enthaltenen Stoffen hervorgerufen. Schon KLASON[3] hat den absteigenden Saft der Fichte untersucht und dabei gefunden, daß der etwa 10% ausmachende Trockenrückstand hauptsächlich aus Zuckern besteht. Vor der Inversion sind 36% des Rückstandes, nach der Inversion 60% festgestellt worden. Durch Vergärung sind bedeutende Mengen Saccharose nachgewiesen worden. Xylose hat man ebenfalls aufgefunden.

Von anderen Autoren[4] ist die Zusammensetzung des Kambialsaftes von Fichte, Kiefer und Buche etwas ausführlicher untersucht worden. In dem Abdampfrückstand mit 8,4, 6,4 und 7,5% sind folgende Aschenmengen 4,98, 6,86 und 4,28% und reduzierende Zucker 35,4, 31,5 und 40,0%, bezogen auf absolut trockenen Rückstand, ermittelt worden. Die Bestimmung der vergärbaren Zucker nach der Hydrolyse hat 66,4 bis 72,7% für Fichte und 69,2 bis 73,9% für Buche ergeben. Der qualitative Nachweis von Glukose und

---

[1] BOIS u. CHUBB, Canad. J. Research, **20 B**, 114 (1942). — BOIS u. G. NADEAU, Canad. J. Research **16 B**, 114, 121 (1938).

[2] Н. А. Максимов и А. А. Нечипорович, Фотосинтез растений (N. A. MAXIMOW u. A. A. NETSCHIPOROWITSCH, Photosynthese der Pflanzen) **8**, 16, 29 (1950).

[3] P. KLASON, Ber. **62**, 635 (1929).

[4] C. SCHWALBE u. NEUMANN, Cellulosechemie **11**, 113 (1930).

Fruktose ist durch Farbreaktionen erfolgt. Galaktose ist nur bei Buche mit 0,44% gefunden worden. Der Gehalt an Pentosen im Kambialsaft der drei Holzarten ist relativ niedrig, er beträgt bei Fichte 2,2%, Kiefer 2,2% und Buche 3,5% des Abdampfrückstandes. Die genannten Autoren nehmen an, daß die Pentosen lediglich sekundär durch Oxydation und Decarboxylierung aus den Hexosen entstehen.

In der Literatur[1] finden sich Hinweise auf die Bildung von Xylose auf biochemischem Wege durch Reduktion von Glukuronsäure durch Fäulnisbakterien. Möglicherweise kann besonders die biochemische Umwandlung der Glukose in Xylose auch erklären, warum Xylan den Hauptanteil der Hemicellulosen im Holz bildet. Arabinose dagegen, die durch Oxydation von Galaktose entstehen kann, ist hauptsächlich auch mit dieser vergesellschaftet, z. B. im Arabogalaktan der sibirischen Lärche.

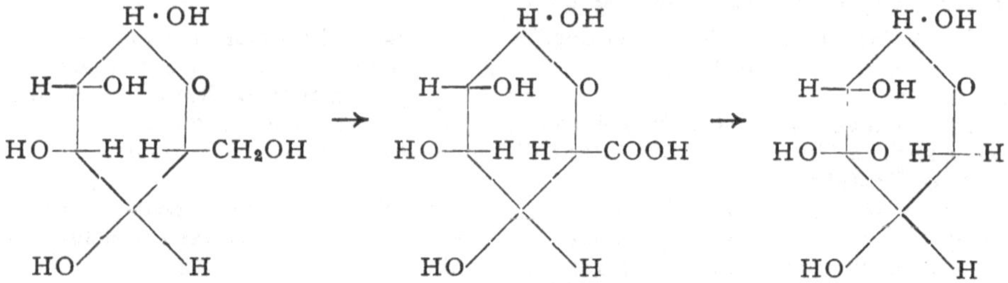

d-Galaktose *d*-Galakturonsäure *d*-Arabinose

Polyglukuronsäure, die als Zwischenprodukt bei der biochemischen Oxydation der Glukose entsteht, ist in Buchenholzholocellulose in Mengen von 13% enthalten. Reifes Buchenholz enthält etwa 5% Polyuronide.

WISLICENUS und Mitarbeiter[2] haben sich ebenfalls mit der Untersuchung des Kambialsaftes der Fichte beschäftigt. Neben einem klebrigen Niederschlag sind von ihnen hauptsächlich Glukose und Fruktose, aber auch Mannit und andere Stoffe gefunden worden. Im Saft der Weißbuche hat man außerdem noch Pentosen, Pentosane, Gerbstoffe und andere Produkte nachweisen können. Die Menge der von ihnen gefundenen Fruktose ist jedoch wesentlich geringer als die der Glukose. Der von den Autoren als „Primärlignin" bezeichnete, klebrige Niederschlag ist vermutlich ein Zersetzungprodukt der Fruktose, die sich durch eine leichte Oxydierbarkeit und andere ähnliche Reaktionen auszeichnet. Dieser Niederschlag löst sich in 75%iger H_2SO_4 nur zu 60%, er enthält ferner auch keine Methoxylgruppen, die aber vielleicht erst infolge einer sekundär stattfindenden Methylierung in das Lignin eintreten. Der Kohlenstoffgehalt des Produktes liegt bei 65% und ist damit gleich dem für das Lignin charakteristischen Wert. Die Bildung und Ablagerung des Primärlignins stellt sich WISLICENUS wie folgt vor: Die beiden Bestandteile des Rohrzuckers, die Glukose und Fruktose, werden von den Blättern mit Hilfe des absteigenden Saftes durch die Siebröhren des Bastes in das Kambialgewebe transportiert. Hier findet eine Kolloidfiltration durch das Bastgewebe statt, wobei die höhermolekularen Stoffe, wie Eiweiß, Harze und Fette, in der Rinde abgelagert werden, während der Rohrzucker und seine Inversionsprodukte, aber auch

[1] H. PRINGSHEIM, Die Polysaccharide, 1931, S. 125.

[2] H. WISLICENUS, Papierfabr. Festheft (1933); Z. Angew. Chemie 41, 1316 (1928).

noch stärker niedermolekulare Produkte, in der Richtung des Holzes durch die Membranen hindurch diffundieren. Im Verlauf der Polymerisations-, Aggregations- und Ablagerungsprozesse in den Zellwänden entsteht die Cellulose aus der Glukose und das Lignin aus der Fruktose, genauer aus deren Oxydations- und Kondensationsprodukten. Der Autor führt an, daß die Cellulose etwa 50% des gesamten Holzes ausmacht, was durch den Anteil der Glukose an der Saccharose bedingt ist. Die Fruktose erleidet zunächst infolge ihrer Empfindlichkeit gegen Oxydation und innere Kondensation Ringschluß zu einem Pyranring, der weiter in ein carbozyklisches System vom Zyklohexantyp übergeht. Durch weitere Wasserabspaltung entstehen dann Ringsysteme mit 1, 2 oder 3 Doppelbindungen und schließlich Benzolderivate.

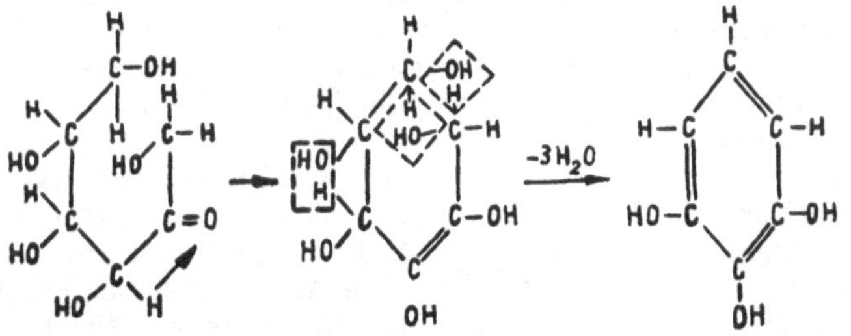

Der Autor unterstreicht die Verbindung zwischen den angeführten Aromatisierungsprozessen und der Bildung von Ringsystemen bei der Entstehung von Sekreten des Baumes, wie ätherische Öle und Harze. Das native Lignin kommt nach seiner Ansicht in den Zellwänden in verschiedenen Oxydations- und Dehydratisierungsstufen vor und ist infolgedessen ein Gemisch und kein individueller Stoff. Ferner ist möglich, daß die im Holz entstehenden, sehr empfindlichen C_6-Produkte durch oxydative Spaltung in Ketten mit drei C-Atomen übergehen. Aus dieser kurzen Beschreibung geht hervor, daß die dargestellten Gesichtspunkte der experimentell festgestellten Tatsache der Existenz sowohl von aromatischen Stoffen als auch Kohlenhydraten im Lignin einigermaßen näher kommen. Diese sehr allgemein gehaltenen und auf experimentellem Wege noch nicht bestätigten Ansichten sind hier jedoch nur zu dem Zweck behandelt worden, um eine Einführung in die Frage nach der Bildung des Lignins im Holz zu erhalten. Die Ansichten der meisten Forscher über dieses Problem widersprechen sich zum größten Teil. Den Bildungsmechanismus des Bastgewebes der Kiefer aus dem Kambialsaft haben Scharkow und Girtschiz[1] untersucht. Zu diesem Zweck ist von ihnen eine Analyse des Saftes einer 120jährigen Kiefer durchgeführt worden. Aus der abgeschälten Rinde wird der Saft auf der Bastseite mit stumpfen Messern herausgedrückt, gesammelt, filtriert und durch Kochen sterilisiert. Bereits bei 60 bis 65° koaguliert ein Teil der Inhaltsstoffe, etwa 3% des Volumens. Die Analyse ergibt die Anwesenheit von ca. 54% Eiweiß. Dieses stammt nach Ansicht der Autoren aus dem mitausgedrückten Protoplasma. Der abfiltrierte Bastsaft ist eingedampft und auf seine Inhaltsstoffe untersucht worden. In dem 11,6% ausmachenden

[1] В. Шарков и А. Гирчиц, Лесохим. пром. (W. Scharkow u. A. Girtschiz Holzchem. Ind.) Nr. 3, 7 (1940).

Trockenrückstand sind folgende Produkte nachgewiesen worden (in % des Rückstandes):

Vergärbare Zucker	58,4	Galaktose	—
Unvergärbarer Rückstand	41,5	Leicht abspaltbares Methoxyl (an Uronsäuren gebunden)	1,3
Ätherlösliche Stoffe	0,02	Gerbstoffe	6,8
Asche	5,06	Eiweiß	0,6
Gesamtmethoxyl	3,14	Schwefelsäurelignin	9,3
Uronsäuren	6,46	Pektin	3,4
Pentosan	—	Hexosan[1]	3,9
Mannose	—		

Auf Grund der optischen Aktivität der Zucker des Bastsaftes kommen die Autoren zu der Überzeugung, daß neben Saccharose und Glukose auch freie Fruktose vorhanden ist. Pentosen, aber auch Mannose und Galaktose, fehlen anscheinend völlig. Der negative Ausfall der Schleimsäurereaktion deutet darauf hin, daß Galakturonsäure ebenfalls fehlt, d. h., daß die vorhandenen Uronsäuren hauptsächlich aus Glukuronsäure bestehen.

Die Stoffe mit Kohlenhydratcharakter (Saccharose, Invertzucker, Uronsäuren u. a.) betragen 69% aller im Saft gelösten Substanzen. Die zweite Gruppe stellen methoxylhaltige Verbindungen (Lignin, Gerbstoffe u. a.) dar, deren Gesamtmenge bei etwas über 16% liegt. Zum Vergleich haben SCHARKOW und GIRTSCHIZ die Zusammensetzung des Bastgewebes selbst ermittelt. Letzteres enthält nur 1,2% vergärbare Zucker, aber 24,2% Cellulose, 24% Lignin und Gerbstoffe, 17% Hexosane, 13,6% Pentosane und Methylpentosane sowie 2% Fette und Harze. Der Uronsäuregehalt in den Bastzellwänden beträgt 9,4%. Die Autoren gelangen zu der Ansicht, daß als hauptsächlichstes Baumaterial für die Zellwände des Bastes ein Gemisch von Hexosen (Glukose und Fruktose) in Betracht kommt. Durch Berechnung ist von SCHARKOW[2] festgestellt worden, daß der relative Anteil der Kohlenhydrate an der organischen Substanz des Bastsaftes beim Übergang in das Zellwandmaterial unverändert bleibt. SCHARKOW beschäftigt sich in den genannten Arbeiten hauptsächlich mit den Bildungsprozessen der Polysaccharide der Zellwände. Er weist darauf hin, daß die Natur der Ligninbildung, wie auch bei den Gerbstoffen, vorerst noch ungeklärt bleibt[3].

Ebenfalls untersucht worden ist die Zusammensetzung der dem Kambium zunächst gelegenen Holzschicht[4]. Das 1939 geschnittene junge Frühjahrsholz von Kiefer ist auf seine Bestandteile hin analysiert worden. Die Ergebnisse

[1] Zur Bestimmung der „Hexosane" wird der Saft zur Entfernung der Hexosen vergoren und dann mit 2,5 %iger H_2SO_4 hydrolysiert. Nach Neutralisation mit $CaCO_3$ werden zunächst die reduzierenden Substanzen nach BERTRAND bestimmt, anschließend die Hexosen vergoren. Danach bestimmt man wieder die Reduktionsfähigkeit. Aus den auf diese Weise erhaltenen Werten vor und nach dem Vergären ermittelt man die Menge der Hexosane. Diese Bestimmung besitzt jedoch lediglich orientierenden Charakter.

[2] В. И. Шарков, Лесохим. пром. (W. I. SCHARKOW, Holzchem. Ind.) Nr. 5, 9 (1940).

[3] В. И. Шарков и А. Гирчиц, Лесохим. пром. (W. I. SCHARKOW u. A. GIRTSCHIZ, Holzchem. Ind.) Nr. 3, 12 (1940).

[4] В. И. Шарков и А. Гирчиц, Лесохим. пром. (W. I. SCHARKOW u. A. GIRTSCHIZ, Holzchem. Ind.) Nr. 6, 2 (1940).

TABELLE 75

Bestandteile der dem Kambium zunächst gelegenen Holzschicht in g pro m² Tracheidenoberfläche

Probe	Cellulose	Pentosan	Uronsäuren	Wasserlösliche Stoffe	Lignin	Gesamt-OCH_3	Asche
am 6. Juli ...	0,128	0,111	0,087	0,500	—	0,023	0,030
am 18 Juli...	0,457	0,267	0,204	0,540	0,100	0,039	0,031
reifes Holz ...	4,360	0,834	0,218	0,100	2,104	0,351	0,035

sind auf 1 m² Tracheidenoberfläche, ermittelt aus ihrem Gewicht, der Wandstärke und dem spezifischen Gewicht des Holzes (1,4), umgerechnet worden. Die Tab. 75 bringt eine Zusammenstellung der Resultate.

Es ist deutlich zu erkennen, daß das Lignin bei der Bildung der Schichten des Frühjahrsholzes in den ersten Stadien weniger als 20% der gebildeten Cellulose beträgt, wogegen der Anteil im reifen Holz 50% ist. Pentosane sind im sehr jungen Holz in Mengen von 85 bis 90% der Cellulose vorhanden. Im alten Holz ist der Anteil auf 19% gesunken. Die Angaben der Tabelle weisen darauf hin, daß in den jüngeren Entwicklungsstadien des Holzes die Cellulose und Pentosane im Vergleich zum Lignin vorherrschen. Die Hauptablagerung des letzteren findet anscheinend erst in späteren Stadien statt. Das im Anfang abgelagerte Lignin zeigt einen geringeren Methoxylgehalt, die Phloroglucinreaktion ist jedoch positiv.

Wie SCHARKOW und ZWETKOWA[1] gefunden haben, enthält ein großer Prozentsatz von Tracheiden aus den dem Kambium benachbarten Holzschichten von Kiefern, auf Grund der Anfärbbarkeit mit Eosin, lebendes Protoplasma. Der neu entstehende Jahresring enthält im Juni oder Juli ungefähr 55 bis 57% lebender Tracheiden, deren Zahl mit zunehmender Entfernung der Zellen vom Kambium absinkt. Am Ende der Vegetationsperiode beträgt der Gehalt des neuen Jahresringes an lebenden Tracheiden nur noch 11%. Die Autoren führen mehrere Analysen von sorgfältig herauspräparierten jüngsten Holzschichten an. Da die Werte durch die gleichfalls vorhandenen löslichen Stoffe des Zellsaftes, aber auch durch Harze und Fette verfälscht sein können, sind die Angaben, um ein klareres Bild zu erhalten, auf Holz bezogen, das mit Äther und heißem Wasser extrahiert worden ist. Die entsprechenden Daten sind in der Tab. 76 enthalten. Die Probe 1 ist aus den ersten 0,2 bis 0,5 mm der äußersten Schicht, 2 aus den letzten 0,2 mm dieser Schicht und 3 aus dem Jahresring des vergangenen Jahres entnommen.

TABELLE 76

Gehalt an Cellulose, Hemicellulosen und Lignin von absolut trockenem Holz nach Extraktion mit Äther und Wasser

Probe	Cellulose	Hemicellulosen	Lignin
1	57	28	14,2
2	47	34	18,4
3	51	21	28,2

Bei Betrachtung der Tabelle kann man ebenfalls eine allmähliche Ablagerung des Lignins in den Zellwänden feststellen. Die Änderungen im Cellulose- und Hemicellulosengehalt zeigen keine klare Tendenz für die Zu- und Abnahme

[1] В. И. Шарков и Е. С. Цветкова, Тр. Всесоюзн. Научно-иссл. гидролизн. инст. (W. I. SCHARKOW u. JE. S. ZWETKOWA, Arb. d. Allunions-Forsch. Inst. d. Hydrolysenind. Nr. 3 (1950).

bei derartiger Auswertung der Analysenresultate. Es steht fest, daß dieses Problem noch eines eingehenden Studiums bedarf. Ferner bleibt zu überprüfen, ob die üblichen Analysenverfahren auf die Untersuchungen neu gebildeter, noch im Streckungswachstum begriffener Holzschichten überhaupt Anwendung finden können.

In der unlängst erschienenen Veröffentlichung von SCHARKOW, KUSNJEZOWA und GIRTSCHIZ[1] ist die Ansicht von EHRLICH[2] über die Bildung des Lignins aus Pektinstoffen unmittelbar in der Zellwand kritisiert worden. Nach Meinung der ersteren Autoren reicht die in jungen, noch nicht verholzten Zellwänden festgestellte Menge von 5% Polyuroniden zur Bildung des Lignins nicht aus. Für die wahrscheinlichere Ursache der Lignifizierung hält SCHARKOW die Durchdringung der Zellwände durch von dem Protoplasma der lebenden Zellen abgeschiedene Ligninstoffe. So ist Coniferin in einer Menge von 6,2% aus der Trockensubstanz des Zellsaftes isoliert worden. Die Autoren haben außerdem an einer Kiefer eine Einkerbung rings um den Stamm vorgenommen. Dabei findet man, daß unterhalb der Kerbe gebildetes junges Holz etwa um ein Viertel weniger Lignin enthält als das gleiche Holz oberhalb der Kerbe. Durch die verzögerte Zufuhr von Nähr- und Aufbaustoffen aus der Krone ist anscheinend auch die Verholzung der unterhalb der Kerbe befindlichen Zellwände behindert worden.

HIBBERT, der die Struktur der Propylphenoleinheiten, aus denen das Lignin aufgebaut ist, untersucht hat (vgl. S. 288), nimmt an, daß die von ihm isolierten Stoffe als Katalysatoren der pflanzlichen Atmung dienen. Für die Umwandlungen dieser Atmungskatalysatoren der Zellen auf der Basis aromatischer C_6-C_3-Einheiten führt er nachstehendes Schema an. Dieses Schema wird von ihm mit der C_4-Dicarbonsäure des Redoxsystems von SZENT-GYÖRGYI für die tierische Zelle verglichen.

$$\begin{array}{cc}
R\cdot CH_2\cdot CO\cdot CH_2OH & R'\cdot CH_2\cdot CO\cdot R' \\
-2H \downarrow\uparrow +2H & -2H \uparrow\downarrow +2H \\
R\cdot CH_2\cdot CHOH\cdot CH_2OH & R'\cdot CH_2\cdot CHOH\cdot R' \\
\downarrow -H_2O & \downarrow -H_2O \\
R\cdot CH{=}CH\cdot CH_2OH & R'\cdot CH{=}CH\cdot R' \\
-2H \uparrow\downarrow +2H & -2H \uparrow\downarrow +2H \\
R\cdot CH_2{-}CH_2\cdot CH_2OH & R'\cdot CH_2\cdot CH_2\cdot R' \\
\text{System } C_6{-}C_3 & \text{System } C_4 \\
(R = \text{Guajacyl- oder Syringyl-}) & (R' = COOH)
\end{array}$$

Der Autor weist auf die gute Übereinstimmung der Eigenschaften der von ihm bei der Äthanolyse der Propylphenoleinheiten des Lignins erhaltenen wasserlöslichen Fraktion mit den von anderen Autoren[3] bei der Züchtung des Schimmelpilzes *Penicillium brevicompactum* auf Glukose erhaltenen Phenol-

[1] В. И. Шарков, М. И. Кузнецова и А. Л. Гирчиц, Тр. Всесоюзн. Научно-иссл. гидролизн. инст. (W. I. SCHARKOW, M. I. KUSNJEZOWA u. A. L. GIRTSCHIZ, Arb. d. Allunionsforsch. Inst. d. Hydrolysenind.) Nr. 3 (1950).

[2] F. EHRLICH, Cellulosechemie **11**, 161 (1930).

[3] Ausführlicher siehe С. М. Манская, Усп. совр. биолог. (S. M. MANSSKAJA, Fortschr. d. modernen Biologie), **28** 203 (1947).

säuren hin. Anscheinend werden sowohl bei höheren als auch niederen Pflanzenformen monomolekulare Propylphenolstoffe synthetisiert, um die Funktion von Atmungskatalysatoren zu übernehmen. Bei den niederen Formen werden diese Stoffe oder stabilere Umwandlungsprodukte in saurem Medium als solche abgeschieden. In den höheren Formen dagegen werden diese Katalysatoren im abgestorbenen Zustand kräftiger Oxydation und einer Reihe anderer komplizierter Umwandlungen unterworfen (Dehydrogenisierung, Kondensation und Polymerisation), wodurch schließlich Lignin als Endprodukt entsteht.

Anläßlich von Untersuchungen über die in der lebenden Pflanzenzelle stattfindenden Prozesse einer natürlichen fermentativen Oxydation von phenolischen Stoffen hat sich MANSSKAJA[1] unlängst auch mit den im Kambialgewebe erfolgenden chemischen Reaktionen beschäftigt. Ferner sind von ihr Modellversuche zur fermentativen Oxydation der phenolartigen Vorstufen des Lignins durchgeführt worden. Die Probenentnahme von Kambiumgewebe und jüngsten Holzschichten von Kiefer und Fichte hat sich über vier Jahre erstreckt. Untersucht worden ist die Aktivitätsänderung der im Kambialsaft aufgefundenen Oxydationsfermente. Gleichzeitig hat SCHORYGINA die Dynamik der Bildung und die Weiterverwendung des Coniferins an Hand der zu verschiedenen Zeiten der Vegetationsperiode auftretenden Mengen erforscht. Man ist dabei von der Annahme ausgegangen, daß das Kambium ein lebendes, stark atmendes Gewebe vorstellt, und daß die in ihm vorhandenen Oxydationsfermente, die Peroxydase und Polyphenoloxydase, an der Atmung beteiligt sind, indem sie als Katalysatoren für die reversible Oxydation der organischen Verbindungen dienen[2].

---

[1] С. М. Манская, ДАН СССР (S. M. MANSSKAJA, Ber. Akad. Wiss. UdSSR) 62, Nr. 3 (1948); Тр. Четвертой конференции по высокомолек. соед. (Arb. d. 4. Konf. über hochmolekul. Verb.) 1948, S. 158.

[2] Bei der Erforschung der pflanzlichen Atmungsprozesse hat die von W. I. PALLADIN und A. N. BACH eingeschlagene Richtung einige Bedeutung erlangt. PALLADIN hat, ausgehend von der alten Vorstellung über die Oxydation der Kohlenhydrate bei der Atmung durch den Sauerstoff des Wassers, die Vermutung ausgesprochen, daß die gesamte, dabei frei werdende Kohlensäure anaeroben Ursprungs ist. BACH und BATELLI haben festgestellt, daß die Entstehung der Kohlensäure bei der Atmung nicht mit molekularem Sauerstoff verbunden ist. Indem er die Oxydation durch den Sauerstoff des Wassers untersucht hat, ist von BACH festgestellt worden, daß die Reaktion bei gestörtem Dissoziationsgleichgewicht des Wassers verläuft. Weiterhin ist aufgeklärt worden, daß bei der Oxydation der organischen Verbindungen in den Pflanzen der Ablauf dieser Reaktion von der Anwesenheit wasserstoffabgebender Verbindungen abhängen muß. Daraus ist dann die Vorstellung über die Wasserstoffakzeptoren entstanden. PALLADIN hat in den Jahren 1912 bis 1919 die außerordentliche Verbreitung dieser Stoffe, die er als „Atmungsfermente" bezeichnet, in der Pflanze nachgewiesen. Das bei der Atmung Wasserstoff aufnehmende Ferment R wird in die Leukoverbindung RH_2 umgewandelt, die „Atmungschromogen" heißt. Die Oxydation der Zucker wird nach diesen Vorstellungen folgendermaßen dargestellt.

$$1)\quad C_6H_{12}O_6 + 6H_2O + 12R \rightarrow 6CO_2 + 12RH_2$$

$$2)\quad 12RH_2 + 6O_2 \rightarrow 12H_2O + 12R$$

Auf diese Weise wird der gesamte, von den Akzeptoren erhaltene Wasserstoff in Wasser umgewandelt. Die Fermente spielen bei dieser Redoxreaktion eine außerordentlich große Rolle. Diese Vorstellungen PALLADINS bilden die Grundlage für die weiteren Forschungen von OPARIN und anderen Autoren.

In der Abb. 74 ist die Aktivitätsänderung der Peroxydase im Zellsaft der jüngsten Holzschicht und die entsprechenden Änderungen des Coniferingehaltes im Zellsaft des Kambiums in der Zeit von Mai bis August 1947 dargestellt. Der Kurvenverlauf ergibt für die dem Kambium benachbarte Holzschicht eine hohe Peroxydaseaktivität. In der gleichen Schicht ist in ähnlicher Weise auch eine hohe Polyphenoloxydaseaktivität festgestellt worden. Anfang Juli tritt ein Aktivitätsmaximum auf. Bis zum Herbst fällt die Aktivität bis fast auf Null. Dem Maximum der Fermentaktivität entspricht ein Minimum des Coniferingehaltes und umgekehrt (Kurven *1* und *3*). MANSSKAJA nimmt auf Grund

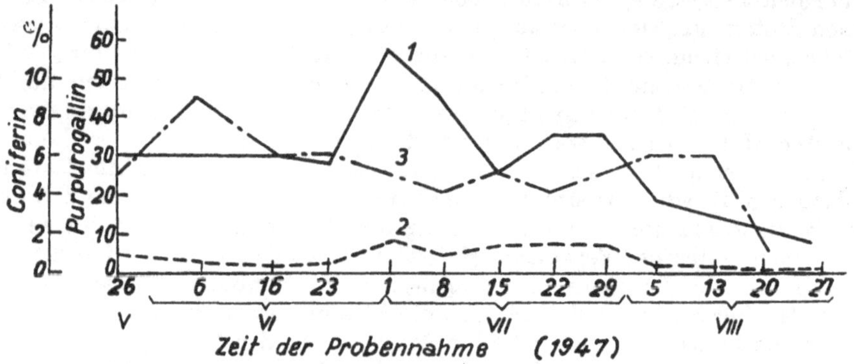

Abb. 74. Peroxydaseaktivität (in mg Purpurogallin pro g Trockensubstanz)

1 in der dem Kambium zunächst gelegenen Holzschicht, *2* im Kambialsaft, *3* Ausbeute an Coniferin in % der Trockensubstanz des Kambialsaftes. (Nach MANSSKAJA)

dieser Tatsache an, daß das Coniferin oder seine Derivate den Fermenten als Substrat dienen. Gegen Ende des Sommers nimmt der Coniferingehalt rasch ab, wahrscheinlich infolge Aufhörens der Neubildung[1].

Unter der Voraussetzung, daß das Coniferin den Fermenten als Substrat dient, sind von MANSSKAJA Versuche zur Oxydation von Coniferin und Coniferylalkohol mit Hilfe von Polyphenoloxydase und Peroxydase angestellt worden. Gibt man Peroxydase und Wasserstoffsuperoxyd zu einer 5%igen alkoholischen Coniferylalkohollösung, die mit Phosphatpuffer auf p_H 6,8 eingestellt ist, so wird ein kristalliner Niederschlag erhalten, der ein Gemisch von Oxydationsprodukten ist. Die Autorin nimmt ferner an, daß Verbindungen des Guajacyl- oder Syringyltyps, die aus Holz oder Kambialsaft isoliert worden sind, ebenfalls durch die Wirkung der Oxydase zu den ligninähnlichen Oxydationsprodukten umgewandelt werden können.

Diese Hypothese befindet sich nach Ansicht der Autorin in Übereinstimmung mit neueren Untersuchungen an Kartoffelkeimen[2]. KRATZL hat aus etiolierten Keimen lösliche, methoxylhaltige, aromatische Stoffe, wie z. B. Vanillin, isolieren können, die als biologische Vorstufen des Lignins angesehen werden können. Im Kambium geht eine erhöhte Sauerstoffaufnahme mit einer verstärkten Atmung parallel, besonders in der Zeit der größten Aktivität des

[1] Die in der Abbildung nicht dargestellte Aktivitätskurve der Polyphenoloxydase hat einen etwas anderen Verlauf.

[2] KRATZL, Experimentia 4, Heft 3 (1948).

Kambialgewebes. Der Prozeß der allmählichen Verholzung der Wände neugebildeter Zellen wird von einer verstärkten Sauerstoffaufnahme im Splintholz begleitet.

MANSSKAJA weist ferner auf das im Kambium vorhandene Gleichgewicht zwischen den Oxydations- und Reduktionsprozessen hin, wodurch in den Kambialzellen kein Auftreten von Oxydationsprodukten der Polyphenole beobachtet wird. Beim Absterben der Zellen verschiebt sich das Gleichgewicht zugunsten der Oxydationsprozesse, so daß schnelle Reduktion der Polyphenole zu den Chromogenen erfolgen kann. Die Oxydationsprodukte der Phenole beginnen sich dann in Form von Lignin abzulagern. Nach Ansicht von MANSSKAJA ist die Ablagerung des Lignins unmittelbar mit dem Aufhören der Atmungstätigkeit der Zellen verbunden.

In der genannten Arbeit wird ebenfalls ein Schema für den wahrscheinlichen Ablauf der Oxydation und Reduktion des Coniferylalkohols im Kambialgewebe mit Hilfe von Fermenten angeführt.

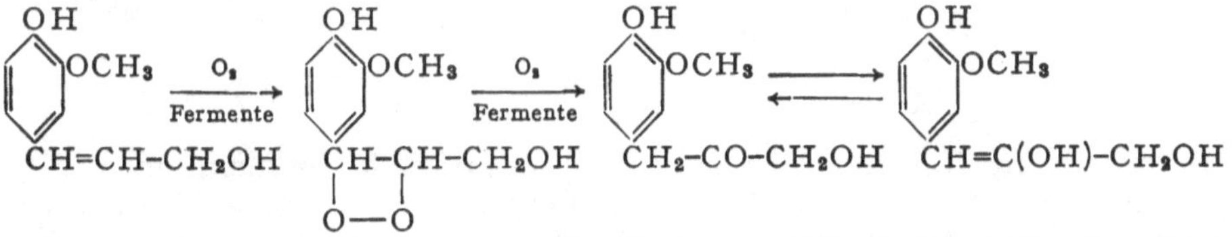

Die auf diesem Wege erhaltenen Oxydationsprodukte werden durch weitere Kondensation in Lignin umgewandelt, das sich dann in der Zellwand ablagert.

Als Bestätigung dieser Vorstellungen über die Bildung des Lignins aus dem Coniferin des Kambialsaftes dient die jüngst veröffentlichte Untersuchung von KORTSCHEMKIN[1] über die methylierten Stoffe des Kambialsaftes von Kiefern. Danach geben die Stoffe des frisch gewonnenen Saftes keine Reaktion auf Lignin. Läßt man den Saft jedoch längere Zeit unter Vermeidung einer Gärung stehen, so entsteht ein Niederschlag, der mit Phloroglucin-Salzsäure eine positive Ligninreaktion ergibt. Ferner hat sich ergeben, daß aus älterem Saft größere Mengen[2] methylierte Stoffe erhalten werden als aus frischem Saft. Der Autor vermutet ebenfalls die Möglichkeit der Bildung von methylierten Stoffen aus dem Coniferin. Dafür spricht auch die Unmöglichkeit der Isolierung von Coniferin aus altem Saft, während in jedem Falle aus frischem, zur Inaktivierung der Fermente aufgekochtem Saft Coniferin in kristallisierter Form erhalten werden kann. Eine Vorstellung von der im Saft enthaltenen Menge Coniferin gibt die Tab. 77.

TABELLE 77

Coniferingehalt des Kambialsaftes in Abhängigkeit von der Jahreszeit

Zeit der Probenahme	Alter des Baumes (Jahre)	Coniferin in %
1947		
30. Juni	75	7,65
23. Juli	71	4,42
21. August..	70	7,70
1948		
17. Juni	59	6,17
22. Juli	60	5,50
24. August..	—	3,09

[1] Ф. И. Корчемкин, Биохимия (F. I. KORTSCHEMKIN, Biochemie) **14**, 258 (1949).

[2] Durch Waschen des Trockenrückstandes mit Alkohol und Äther.

Überblickt man die besprochenen Arbeiten zur Frage der Ligninbildung im Holz, so läßt sich sagen, daß die Hypothese über die Ablagerung des Lignins bei der Zerstörung des Atmungsapparates der Zellen sehr beachtenswert ist. Die Teilnahme aromatischer Propylphenolvorstufen des Lignins an dem Atmungsprozeß der Pflanze scheint den wirklichen Verhältnissen bereits sehr nahe zu kommen. Dieses Gebiet ist für die Forschungen der Chemiker und Pflanzenphysiologen gleichermaßen interessant und erfolgversprechend.

Die Entstehung der aromatischen Ligninvorstufen findet bei Gymnospermen in den Nadeln selbst statt. Es sei daran erinnert, daß in den Nadeln junger Fichten etwa 10% Chinasäure enthalten ist (Kisel), die in Chinon umgewandelt werden kann. Es ist bekannt, daß die Chinone, wie z. B. das aus Pyrogallol

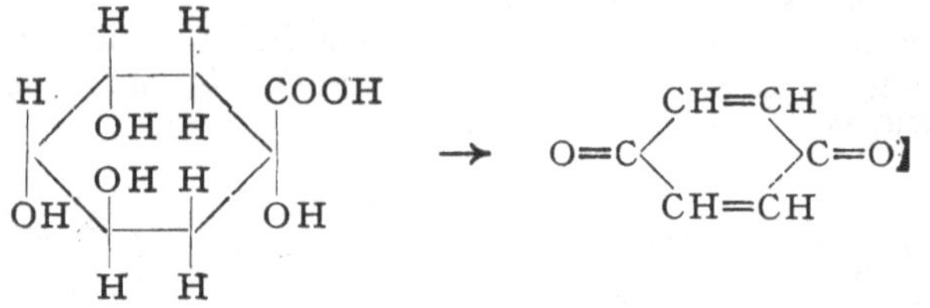

darstellbare 2,6-Dimethoxychinon[1], einigen natürlich vorkommenden Pigmenten, z. B. Schimmelpilzfarbstoffen (Fumigatin, Spinulosin u. a.), sehr verwandt ist, die an den Redoxprozessen der Atmung dieser Mikroorganismen beteiligt sind. Wahrscheinlich zeigt auch die Bildung des bei den Redoxvorgängen im jungen Holz teilnehmenden Coniferins gewisse Analogien zu der Bildung der genannten Pigmente.

In dieser kurzen Darstellung ist eine gewisse Wahrscheinlichkeit für die Bildung des Lignins aus aromatischen Stoffen unterstrichen worden, die in den Nadeln synthetisiert und zur lebenden Kambialschicht des Stammes transportiert werden. Zum Schluß sei noch bemerkt, daß Klason[2] ebenfalls der Ansicht gewesen ist, daß die Bildung des Lignins eng mit dem Atmungsprozeß verbunden ist und über Coniferylalkohol erfolgt. Seiner Ansicht nach entsteht der Alkohol in den Nadeln aus Pentosen und Methylpentosen:

$$C_5H_{10}O_5 + C_5H_9O_4(OCH_3) = C_{10}H_{12}O_3 + CO_2 + 5\,H_2O$$

Gewisse Unterstützung hat die Hypothese auch von anderen Autoren[3] erhalten, die allerdings neben dem Coniferylalkohol auch die Bildung anderer, verwandter Alkohole der Zimtgruppe annehmen. In dieser auch heute nicht uninteressanten Arbeit ist ein Schema angeführt, wie aus den synthetisierten und zum Kambium transportierten aromatischen Stoffen vermutlich folgende

1

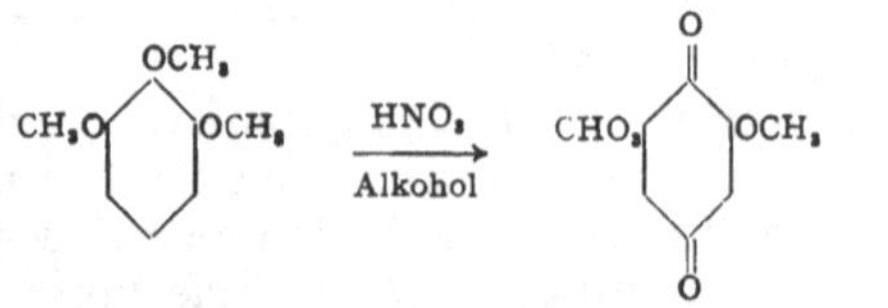

Trimethyläther des Pyrogallols — Dimethoxybenzochinon

² P. Klason, Ber. **63**, 1548 (1930).

³ C. von Euler, Cellulosechemie **2**, 128 (1921); **3**, 1 (1923).

Produkte entstehen: 1. das Lignin und 2. die dem Lignin verwandten Gerbstoffe der Rinde. Aus einem Teil der aromatischen Stoffe entstehen Harze, Gerbstoffe und andere Produkte in den Nadeln selbst.

In späterer Zeit[1] ist die Aufmerksamkeit auf die Anwesenheit von dem Lignin verwandten Bausteinen in den ätherischen Ölen, wo sie mit den Terpenen und Propylbenzolderivaten assoziiert sind, und in den Harzen, in denen sie zusammen mit Diterpenen vorkommen, gerichtet worden. Der Autor glaubt deshalb eine formale Beziehung zu erkennen: Terpene — Diterpene und Propylbenzolderivate — Lignaneinheiten[2]. Den letzteren wird folgende Struktur zugeschrieben:

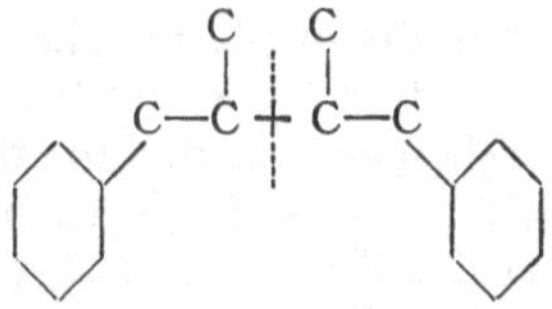

Die Verarbeitung des Lignins zu plastischen Massen ist in diesem Grundriß der Chemie, Struktur und Bildung des Lignins, nicht behandelt worden. Über diese Frage kann man sich am besten an Hand der einschlägigen Fachliteratur[3] in den Arbeiten von USCHAKOW, MATWEJEW, IW, LOSSEW, KAMINSSKI, NIKITIN, MICHAILOWA und anderen orientieren.

---

[1] HAWORTH, J. Chem. Soc. 448 (1942).

[2] Als „Lignane" bezeichnet HAWORTH Naturstoffe mit zwei Phenylpropanresten, wie z. B. das Lariciresinol.

[3] Vgl. die „Holzchemische Industrie" und die „Organisch-chemische Industrie" der Jahrgänge 1937 bis 1939, aber auch die Referate der Arbeiten der chemischen Abteilung der Akad. d. Wiss. d. UdSSR im Jahre 1944 und später.

ZWÖLFTER ABSCHNITT

Chemische Analyse des Holzes

Das Holz ist, wie auch alle anderen pflanzlichen Gewebe, ein Komplex von chemisch unterschiedlichen Stoffen. Die Bestimmung der chemischen Zusammensetzung ist unumgänglich notwendig für die richtige Ausnutzung der pflanzlichen Rohstoffe bei ihrer technischen Verarbeitung, für die eingehendere wissenschaftliche Erforschung des Komplexes, aber auch für die Biochemie und Physiologie sowie für viele andere Zwecke.

Die ersten Untersuchungen in dieser Richtung erfolgten Anfang des 19. Jahrhunderts, wobei lediglich die Elementarzusammensetzung untersucht worden ist. Man hat seinerzeit das Holz als einfaches Kohlenhydrat betrachtet, das je nach Art Kohlenstoff und Wasserstoff in unterschiedlichen Mengenverhältnissen enthält. In der Tab. 78 sind die in den Jahren 1830 bis 1840 von verschiedenen Forschern[1] erhaltenen Daten zusammengestellt.

TABELLE 78

Elementarzusammensetzung von Holz in % nach verschiedenen Autoren

Autor	C	H	N	Asche
TENARD und GAY-LUSSAC ..	~53,0	~5,2	—	—
PETERSON und SCHODLER...	48,2—50,2	5,35—6,9	—	—
PAYEN	49,3—52,9	6,9 —6,2	—	—
CHEVANDIER	49,9—51,8	6,07—6,32	1,0 —1,3	0,78—3,67
GOTTLIFB	48,9—50,4	5,9 —6,3	0,04—0,10	0,28—0,57

Als erster hat PAYEN[1] 1838 auf die Uneinheitlichkeit des Holzes hingewiesen und zwei Bestandteile angenommen, die Cellulose und die „inkrustierenden Stoffe". Seit dieser Zeit sind die Zusammensetzung des Holzes und die dazu erforderlichen Analysenmethoden häufig Gegenstand manchmal auch rein zufälliger Untersuchungen gewesen.

Die stärker detaillierte Erforschung des Holzes hat etwa 1916 bis 1919 eingesetzt. In diese Zeit fällt auch die Erkenntnis der Abhängigkeit der chemischen Zusammensetzung des Holzes von verschiedenen Faktoren: Art und Teil des Baumes (Kern, Splint, Stammbasis, Krone u. a.), Standort, Alter, Fällungszeit, Fäulnisbefall usw. Im gleichen Tempo, wie neue chemische oder physikalische Eigenschaften der einzelnen Holzkomponenten aufgefunden wurden,

[1] L. E. WISE, Wood Chemistry, 1944, S. 553.

[2] L. F. HAWLEY u. L. E. WISE, Wood Chemistry, 1931, S. 29.

fand auch eine Verbesserung der alten Analysenverfahren und die Einführung neuer statt.

Bis heute ist es aber noch nicht gelungen, die Bestandteile des Holzes in ihrer genuinen Form zu isolieren, da in diesem Falle stets einige Veränderungen vor sich gehen. Außerdem ist eine Isolierung der Bestandteile ohne gleichzeitiges Mitreißen von mehr oder weniger verwandten Stoffen kaum möglich. Eine Erklärung finden diese Tatsachen in dem außerordentlich komplizierten Aufbau der verholzten Zellwand und der engen Verbindung zwischen den Bestandteilen, die nach heutigen Anschauungen chemischer Natur ist. Alle im Holz enthaltenen Stoffe gehören zu der Klasse der hochmolekularen Verbindungen. Deshalb kann infolge der Einwirkung irgendwelcher Agenzien neben den chemischen Reaktionen auch eine Änderung der Molekülgröße durch Hydrolyse, Oxydation usw. stattfinden.

Das Holz von verschiedenen Arten enthält im großen und ganzen fast die gleichen Stoffe, lediglich in zum Teil recht unterschiedlichen Mengenverhältnissen. Die wichtigsten dieser Stoffe, die Cellulose, die Hemicellulosen und das Lignin, bilden das Material für die Zellwände und umfassen 90 bis 95% des absolut trockenen Holzes. Die restlichen 5 bis 10% gehören zu der Gruppe der Extraktstoffe, d. h., sie lassen sich durch verschiedene Lösungsmittel (Wasser, organische Lösungsmittel) ohne merkliche Änderung ihrer Zusammensetzung herauslösen. Die Stoffe der Zellwand selbst erleiden dagegen bei der Abtrennung stets irgendwelche Veränderungen. Nachstehend wird eine schematische Klassifikation der verschiedenen Holzkomponenten gegeben:

I. Hauptbestandteile der Zellwände

- A. Kohlenhydratfraktion
  - 1. Cellulose
  - 2. Hemicellulosen und Polyuronide
    - a) Pentosane
      - a) Xylan
      - b) Araban
    - b) Hexosane
      - a) Mannan
      - b) Glukan
      - c) Galaktan u. a.
    - c) Polyuronsäure
      - a) Glukuronsäure
      - b) Galakturonsäure
    - d) Pektine
    - e) Gummen
- B. Lignin

II. Extraktstoffe

A. Ätherische Öle und Harzsäuren, flüchtige Säuren.
B. Fette, Öle.
C. Natürliche Farbstoffe und ihre Vorstufen.
D. Tannide.
E. Einige lösliche Polysaccharide und Glukoside.
F. Asche (Mineralsalze).
G. Organische Stickstoffverbindungen.
H. Andere organische, den Harzen, Phytosterinen u. a. ähnliche Komponenten[1].

---

[1] Ausführlichere Aufteilung der Extraktivstoffe in L. E. Wise, Wood Chemistry, 1944, S. 385.

Methoden zur Analyse des Holzes

Zu der Analyse des Holzes gehören sowohl die Bedingungen der Probenentnahme, deren Vorbereitung für die Analysen als auch die Durchführung der Analysen selbst.

Ein allgemein anerkanntes Prinzip bei der Entnahme der Proben ist bis jetzt noch nicht aufgestellt worden, obwohl es auch darüber eine Reihe von Untersuchungen gibt[1]. Da, wie erwähnt, die Zusammensetzung des Holzes von einer Reihe von Faktoren abhängig ist, hat man bei der Auswahl der Proben unbedingt folgende Gesichtspunkte zu beachten:

1. Art des Baumes;
2. Standortbedingungen (Waldtyp, Klima u. a.);
3. Charakteristik des Baumes (Durchmesser in Brusthöhe, Höhe, Pilzbefall, evtl. Art der Pilze);
4. Alter des Baumes;
5. Schlagzeit (Jahreszeit);
6. Teil des Baumes (Kern, Splint, Basis, Krone);
7. Länge, Durchmesser und Zahl von Teilstücken;
8. Art der Probenzusammenstellung zur Erzielung des Durchschnitts.

Soll der Einfluß irgendeines Faktors auf die Zusammensetzung des Holzes, z. B. Pilzbefall, untersucht werden, so müssen die anderen Faktoren durch eine entsprechende Wahl der Proben ausgeschlossen werden.

Für die Analysen verwendet man das Holz am besten in Form von Sägespänen, deren Zerkleinerungsgrad von großer Wichtigkeit ist. Die Späne müssen von gleicher Größe sein, was durch Mahlen in besonderen Holzmühlen und nach Siebfraktionierung erreicht werden kann.

Es gibt bis heute noch keine allgemein anerkannte Ansicht über die optimale Teilchengröße, obgleich deren Einfluß auf die Resultate nachgewiesen ist[2]. Wie Komarow[3] festgestellt hat, findet man z. B. mittels Chlorierung in Fichtenholzmehl 55,2% Cellulose, während bei Verwendung von Sägespänen mit einer durchschnittlichen Länge von 1,25 bis 2 mm 59,43% gefunden werden.

Am häufigsten werden Sägespäne angewandt, die durch ein 1 mm-Sieb durchgehen, vom 0,5 mm-Sieb jedoch zurückgehalten werden. Das Holz muß zur Analyse lufttrocken sein.

Vor der Beschreibung der Analysenmethoden selbst sei noch bemerkt, daß die Bestimmung der Holzkomponenten entweder direkt (Cellulose, Lignin) oder an Hand irgendwelcher Reaktionsprodukte erfolgen kann. So bestimmt man z. B. die Pentosane als Furfurol, das Mannan als Mannosehydrazon, Galaktan in Form von Schleimsäure und schließlich die Polyuronsäure auf Grund ihrer CO_2-Abspaltung. Die Ermittlung der Extraktstoffe findet gruppenweise statt. So werden z. B. durch heißes Wasser Gerbstoffe, Zuckerstoffe, Stärke, Pektin, einige Hemicellulosen usw. herausgelöst. Harze, Fettsäuren, ätherische

[1] L. F. Hawley u. L. E. Wise, Wood Chemistry, 1931. — Ф. П. Комаров, Бум. пром. (F. P. Komarow, Papierind.) Nr. 3 (1932); Nr. 2 (1934).

[2] A. J. Watson, J. Council Sci. Ind. Research 20, 289 (1947).

[3] Ф. П. Комаров, Руководство к лабораторным работам по химии древесины и целлюлозы (F. P. Komarow, Laboratoriumshandbuch für die Chemie des Holzes und der Cellulose) 1934, S. 27.

Öle, Phytosterine u. a. erhält man bei der Extraktion mit organischen Lösungsmitteln. Durch diese summarische Extraktion gewinnt man eine Vorstellung über die für die vorliegende Holzart charakteristischen Extraktstoffe.

Bei der Analyse des Holzes ist unbedingt eine festgelegte Reihenfolge der Operationen zu beachten, da die Bestimmung der Hauptbestandteile des Zellwandmaterials durch einige Extraktstoffe gestört wird. Es muß deshalb für eine vorherige Entfernung dieser Stoffe auf die eine oder andere Weise Sorge getragen werden.

Bekannt sind heute folgende Schemata zur chemischen Analyse des Holzes:

A. Analytische Methoden von SCHORGER[1].

B. Summarisches Verfahren von DORÉ.

C. Verfahren von KÖNIG und BECKER.

Nach SCHORGER wird die Analyse in der nachstehenden Reihenfolge durchgeführt:

1. Bestimmung der löslichen Anteile des Holzes:
   a) in kaltem Wasser,
   b) in heißem Wasser,
   c) in Äther,
   d) in 1%iger Natronlauge.
2. Im Rückstand wird der Gehalt an Cellulose, Pentosan, Lignin, Methylpentosan und Asche bestimmt.

Nach diesem Schema werden jedoch unwahrscheinliche Werte erhalten, denn die Summe der Holzbestandteile beträgt in keinem Falle 100%.

DORE gibt für Nadelhölzer und Laubhölzer verschiedene Schemata an. Die Reihenfolge ist wie nachstehend beschrieben:

1. Bestimmung des Verlustes beim Trocknen auf 100°,
2. Extraktion mit Benzol,
3. Extraktion mit Alkohol.

In dem so vorbehandelten Material werden dann Cellulose, Lignin und Pentosan bestimmt. Die Ermittlung des Mannan- und Galaktangehaltes erfolgt im unbehandelten Material.

Bei Laubhölzern schließt sich an die Trocknung, Benzol- und Alkoholextraktion noch eine solche mit kaltem Wasser und 1%iger Natronlauge an. Im Falle einiger amerikanischer Holzarten sind auf diese Weise Gesamtausbeuten von 101,5 bis 102,5% erhalten worden. SCHORGER[2] und auch andere Autoren[3] haben auf folgende Fehler in diesem System aufmerksam gemacht:

a) durch die Einwirkung der Lauge werden für Cellulose und Lignin zu niedrige Werte gefunden,
b) der Gesamtpentosangehalt ist ebenfalls geringer,
c) in der Bilanz ist der Aschegehalt unberücksichtigt.

---

[1] Н. И. Никитин, Химия древесины (N. I. NIKITIN, Chemie des Holzes) 1935, S. 239.

[2] A. SCHORGER, Chemistry of Cellulose and Wood, 1926, S. 38.

[3] L. F. HAWLEY u. L. E. WISE, Wood Chemistry, 1931.

Das von KÖNIG und BECKER vorgeschlagene Schema beruht auf der Berechnung der Cellulose als Differenz der Summe von Lignin, Asche, Harzen, Hexosanen und Pentosanen zu 100%.

Jedoch ist die von den Autoren benutzte Methode zur Bestimmung der Hexosane und Pentosane nicht genau genug. Aus diesem Grunde ist auch dieses Schema nicht zufriedenstellend.

FREEMAN und PETERSON[1] haben ebenfalls ein Verfahren vorgeschlagen. Die Autoren bestimmen Asche, in heißem Wasser und Alkohol-Benzol lösliche Stoffe, Lignin und Holocellulose. Am Beispiel einiger amerikanischer Laubhölzer ist gezeigt worden, daß die Bilanz bis auf $\pm$ 1% einen Wert von 100% ergibt.

Alle angeführten Schemata helfen bis zu einem bestimmten Grade bei der Aufklärung der Grundbestandteile des Holzes und ihren mengenmäßigen Verhältnissen mit. Heutzutage wird die Analyse des Holzes sehr häufig ohne Benutzung eines der genannten Systeme durchgeführt, indem man lediglich die für die Bestimmung der Einzelkomponenten gültigen Regeln beachtet. Aber nur durch die Anwendung ein und derselben Methoden lassen sich vergleichbare Resultate erhalten.

Anschließend wird nur eine kurze Charakteristik der einschlägigen Methoden angeführt. Im übrigen sei auf die entsprechende Spezialliteratur verwiesen[2].

Feuchtigkeitsbestimmung von Holzmehl

Lufttrockene Sägespäne enthalten stets noch gewisse Mengen an Feuchtigkeit, die von der relativen Luftfeuchtigkeit und Temperatur abhängig sind. Will man zu vergleichbaren Resultaten über die Mengen der Komponenten gelangen, so müssen alle Angaben auf absolut trockenes Holz bezogen werden. Zu den Analysen verwendet man das Holz gewöhnlich in lufttrockener Form, wobei der Feuchtigkeitsgehalt an einer gesonderten Probe ermittelt wird. Das verbreitetste Verfahren hierzu besteht in dem Trocknen der Probe (1 g) bei 100 bis 105° bis zur Gewichtskonstanz. Bei der relativ hohen Temperatur können jedoch neben der Feuchtigkeit auch andere flüchtige Stoffe des Holzes, wie z. B. ätherische Öle, entweichen. Andererseits kann durch die lange Trockendauer eine Aufnahme von Sauerstoff aus der Luft durch das Holz erfolgen, wodurch unter Umständen eine Gewichtszunahme eintreten kann. Schließlich ist auch eine ungleichmäßige Abkühlung der Sägespäne vor der Auswaage möglich. Aus diesen Gründen kann man diese Methode nur als bedingt zuverlässig betrachten.

Andere Methoden basieren auf dem Abdestillieren des Wassers zusammen mit organischen Lösungsmitteln wie Toluol oder Xylol, die mit Wasser nicht mischbar sind. Das im Destillat sich abscheidende Wasser wird dann unmittelbar volumetrisch bestimmt. Für dieses Verfahren müssen jedoch große Einwaagen (25 bis 50 g) angewandt werden. Die Bestimmung selbst wird in Spezialapparaturen durchgeführt. Die Vorteile dieser Methodik lassen sich in

---

[1] R. FREEMAN u. F. PETERSON, Ind. Eng. Chem. **13**, 803 (1941).

[2] Т. И. Руднева и С. Д. Антоновский, Руководство к практическим работам по химии древесины и целлюлозы (T. I. RUDNJEWA u. S. D. ANTONOWSSKI, Anleitung zum Praktikum der Holz- und Cellulosechemie) 1951. — R. SIEBER, Chem.-techn. Untersuchungsmethoden der Zellstoff und Papierindustrie, 1951.

folgenden Punkten zusammenfassen: 1. es findet eine vollständigere Entfernung des Wassers statt, 2. außer Wasser werden keine anderen Stoffe entfernt, 3. die Auswaage entfällt, und 4. es wird die Möglichkeit einer Oxydation des Holzes vermieden.

Eine ausführlichere Beschreibung der Methodik erübrigt sich hier, dazu wird auf die erwähnte Spezialliteratur verwiesen.

Bestimmung der Asche

Die Asche ist der Glührückstand der im Saft des Holzes, aber auch an Pektin und andere Stoffe gebundenen mineralischen Bestandteile des Holzes. Im Mittel findet man 0,4 bis 0,6%. Diese Menge kann jedoch je nach den Zirkulationsbedingungen des Saftes etwas schwanken (Frühjahr, Sommer und Winter). Die Bodenbeschaffenheit besitzt einen gewissen Einfluß auf die in der Asche vorkommenden Elemente. Die Rinde enthält relativ viel Asche (1,5 bis 1%), ebenfalls die Wurzeln. 25% der Aschenbestandteile sind wasserlösliche Stoffe wie Soda und Pottasche. Die den Hauptanteil bildenden unlöslichen Produkte entstehen aus den Carbonaten, Silikaten und Phosphaten von Ca, Mg und Fe. Bestimmt wird die Asche als Glührückstand einer Einwaage von 1 g Holz.

Bestimmung der mit heißem Wasser extrahierbaren Stoffe

Holz aller Arten enthält einen gewissen Prozentsatz an Stoffen, die in heißem Wasser löslich sind. Die Menge hängt von der Art und dem Alter des Baumes sowie der Lagerzeit im gefällten Zustand ab. Zu den auf diese Weise extrahierbaren Stoffen gehören Mineralsalze, Gerbstoffe, Zucker, Stärke, Pektin, einige Hemicellulosen und Farbstoffe. Außerdem kann bei längerer Einwirkung eine teilweise Hydrolyse infolge der Entstehung von organischen Säuren stattfinden. Der Gehalt an heißwasserlöslichen Extraktstoffen schwankt innerhalb der verschiedenen Holzarten von 0,3% (Schwarzbirke) bis 14,2% (Eiche).

Bestimmt wird die Menge der Extraktstoffe gewöhnlich durch 3stündiges Erhitzen einer Probe von 2 g mit 100 ml Wasser im siedenden Wasserbad unter Rückfluß. Anschließend wird das Material mit heißem Wasser gewaschen, bis das Filtrat farblos ist. Nach einem anderen Verfahren läßt man die Einwaage von 5 g Holzmehl mit 125 ml Wasser 45 Minuten im Wasserbad bei 85 bis 90° stehen. Diese Prozedur wird so lange wiederholt, bis die Flüssigkeit nicht mehr gefärbt ist. Zur Auswertung bestimmt man nun entweder den Gewichtsverlust des Holzes oder den Abdampfrückstand des Extraktes.

Die ebenfalls in dem Extrakt vorhandenen Gerbstoffe werden nach einer Standardmethode ermittelt. Die Menge der übrigen Bestandteile schwankt zwischen 0,3 bis 4,6%. Ihre Einzelbestimmung ist mit großen Schwierigkeiten verbunden, da die Methodik zur Zeit noch nicht genügend ausgearbeitet ist.

Bestimmung der mit organischen Lösungsmitteln extrahierbaren Stoffe

Die in Laub- und Nadelhölzern enthaltenen Harz- und Fettsäuren, Phytosterine, ätherischen Öle, Wachse und ähnliche Stoffe werden insgesamt als in organischen Lösungsmitteln lösliche Stoffe bestimmt. Zur Verwendung gelangen Äther, Alkohol, Benzol, Alkohol-Benzol-Gemische, Petroläther u. a. m. Die Verteilung der Harze, Wachse und ätherischen Öle im Holz ist ungleichmäßig, der Gehalt an diesen Stoffen schwankt auch mit der Jahreszeit. Diese

Verbindungen können leicht durch den Luftsauerstoff oxydiert werden und werden dann in den genannten Lösungsmitteln unlöslich.

Am häufigsten verwendet man Äther, da dieser ein gutes Lösevermögen für Harze, Fette, Wachse und Phytosterole besitzt. Dank der relativ guten Mischbarkeit des Äthers mit Wasser wird eine gute Durchdringung des Holzes und infolgedessen eine fast vollkommene Extraktion erzielt. Alkohol ist für die Fette und Wachse kein geeignetes Lösungsmittel, gut löst er jedoch die Tannine und teilweise auch niedermolekulare Kohlenhydrate. Benzol ist zwar ein ausgezeichnetes Lösungsmittel für Harz und Fett, es dringt jedoch nicht so gut in das Holz ein. Alkohol-Benzol-Gemisch (1:3) wird häufig angewandt, wenn eine möglichst vollständige Entfernung von Harz und Fett erforderlich ist.

Die Extraktion ist meist nach 5 bis 6 Stunden beendet, sie wird entweder im SOXHLET-Apparat oder im Auskochapparat von WISLICENUS durchgeführt[1]. Die Menge der vorhandenen Extraktstoffe wird durch Eindampfen des Extraktes und Wägung des Trockenrückstandes bestimmt. Schwankungen in den Resultaten können auftreten durch Verflüchtigen von Extraktstoffen bei der Trocknung, unvollständige Entfernung des Lösungsmittels, Substanzverluste infolge von Zerstäubung oder schließlich durch Oxydation eines Teiles der Extraktstoffe bei der Trocknung.

Bestimmung der in verdünnten Alkalien löslichen Stoffe

Die Bestimmung der in verdünnten Alkalien löslichen Stoffe wird durch 2- bis 3stündige Extraktion mit 1%iger Natronlauge bei 18 bis 20° durchgeführt. Der Rückstand wird sorgfältig mit heißem Wasser ausgewaschen und der Gewichtsverlust durch Trocknen bis zur Gewichtskonstanz ermittelt. In Lösung gehen bei diesem Verfahren Hemicellulosen, stark abgebaute Cellulose und etwas Lignin. Nach Literaturangaben[2] beträgt bei amerikanischen Hölzern die Menge der in 1%iger Natronlauge löslichen Stoffe 10 bis 25% des Holzes (atro). Bei russischen Holzarten schwankt die Menge zwischen 2 und 10%[3].

Die Konzentration der Lauge besitzt einen großen Einfluß auf die Löslichkeit des Holzes[4], das Maximum liegt bei 4%. Bei Rotbuchenholz hat man mit 4%iger Lauge nach 24stündigem Stehen bei Zimmertemperatur Werte zwischen 14,3 und 22,3% gefunden. 60% der extrahierten Stoffe haben sich mit Methanol fällen lassen, es sind also Hemicellulosen. Der Ligninanteil macht etwa 10% aus. Die Natur der restlichen 30% ist nicht festgestellt worden.

Cellulosebestimmung

Die Bestimmung der Cellulose läuft auf ihre Isolierung durch Entfernung des Lignins und der Hemicellulosen aus dem Holz hinaus. Die Cellulose wird dabei teilweise abgebaut, selbst unter sehr schonenden Bedingungen.

Das erste Verfahren zur quantitativen Bestimmung von Rohcellulose ist 1857 von SCHULZE-HENNEBERG vorgeschlagen worden. Zum Aufschluß des Holzes ist von ihm ein Gemisch von Salpetersäure mit Kaliumchlorat benutzt

[1] Ausführliche Beschreibung der Arbeitsmethodik in R. SIEBER, Chemisch-technische Untersuchungsmethoden der Zellstoff- und Papierindustrie, 1951, S. 54.

[2] L. E. WISE, Wood Chemistry, 1944, S. 653ff.

[3] Н. И. Никитин, Химия древесины (N. I. NIKITIN, Chemie des Holzes) 1935, S. 251.

[4] K. STORCH u. O. MÜLLER, Cellulosechemie **19**, 24 (1941).

worden. Die resultierende Cellulose ist jedoch noch längst nicht von Verunreinigungen wie Lignin und Pentosan frei. Späterhin sind viele neue Bestimmungsmethoden beschrieben und die vorhandenen alten verbessert worden. Alle basieren auf der im Vergleich zur Cellulose relativ leichten Oxydierbarkeit des Lignins und der leichten Hydrolysierbarkeit des größten Teiles der Hemicellulosen.

Heutzutage werden hauptsächlich Methoden benutzt, die auf der Einwirkung von Chlor, Chlordioxyd, Natriumhypochlorit und wäßriger oder alkoholischer Salpetersäure auf das Holz beruhen. Am verbreitetsten ist wohl die bereits 1895 vorgeschlagene Chlorierungsmethode von CROSS und BEVAN. Dabei wird das angefeuchtete, gut zerkleinerte Material mit gasförmigem Chlor behandelt. Die Umwandlungsprodukte des Lignins entfernt man durch Waschen mit heißer, verdünnter Natriumsulfitlösung oder schwacher Lauge. Die Hemicellulosen werden durch die gleichzeitig entstehende Salzsäure zum Teil hydrolysiert. Die auf diese Weise erhaltene Cellulose (Ausbeute 63 bis 67%) enthält nicht mehr als 1% Lignin, dagegen aber noch bis zu 75% aller im Holz enthaltenen Pentosane.

Die erwähnte Methode ist mehrfach modifiziert worden, ohne daß eine grundlegende Änderung des Prinzips erfolgt ist.

SIEBER und WALTER[1] haben folgendes Verfahren vorgeschlagen: 1 g lufttrockenes, entharztes Material wird in einen Glasfiltertiegel gebracht, der sich mit einer Kühlvorrichtung versehen auf einer Saugflasche befindet. Die Probe wird zunächst mit Wasser angefeuchtet, das wieder abgesaugt wird. Nun wird der Kühlbehälter mit Eiswasser gefüllt. Der Filtertiegel wird darauf mit einem durchbohrten Gummistopfen verschlossen, durch den das Chloreinleitungsrohr hindurchführt. Die Einleitung des Chlors erfolgt 3 bis 4 Minuten unter schwachem Saugen mit einer Geschwindigkeit von etwa 1 bis 2 Blasen pro Sekunde. Danach wird zunächst mit Wasser und darauf mit heißer 3%iger Natriumsulfitlösung gewaschen, wobei das Material mit einem Glasstab gut durchgerührt wird.

Die rotbraun gefärbte Lösung wird abgesaugt und die Wäsche so lange wiederholt, bis das Filtrat farblos abläuft. Zur Entfernung des überschüssigen Na_2SO_3 wird schließlich noch mit heißem Wasser gewaschen. Die Chlorierung und die anschließenden Operationen werden so oft wiederholt, gewöhnlich 5- bis 7mal, bis die Sulfitlösung farblos bleibt. Die resultierende Cellulose wird mehrere Male mit heißem Wasser gewaschen und bei 105° bis zur Gewichtskonstanz getrocknet. Der Cellulosegehalt wird in Prozenten des ursprünglichen, nicht entharzten, absolut trockenen Holzes angegeben. Die so erhaltene Cellulose ist fast frei von Lignin und nur sehr geringfügig geschädigt.

Ein Nachteil dieser Methode ist das nicht zu umgehende Arbeiten mit Chlorgas. Ferner sind im Vergleich zu der bereits erwähnten Salpetersäuremethode relativ viel Arbeitsgänge notwendig.

Nadelholz hat sich gegen die Einwirkung des Chlors etwas beständiger erwiesen als Laubholz. Von dieser Tatsache ausgehend hat deshalb KOMAROW vorgeschlagen, das Holz nur eine genau festgelegte Zeit mit einer bestimmten Menge Chlor zu behandeln, wobei die Abhängigkeit des Chlorverbrauchs und der Chlorierungszahl von der Holzart zu berücksichtigen ist. In der Praxis ist

[1] R. SIEBER u. E. WALTER, Papierfabr. 11, 1179 (1914).

diese Modifikation auch nicht immer sehr bequem. Eine beträchtliche Verkürzung der Zeit läßt sich durch Chlorierung unter Druck in einer Spezialapparatur erreichen[1].

Eine andere, ebenfalls sehr häufig benutzte Methode ist 1929 von KÜRSCHNER und HOFFER vorgeschlagen worden. Das Holz wird in diesem Falle mit einem Gemisch aus konzentrierter Salpetersäure und Äthanol behandelt. Das nitrierte und zum Teil oxydierte Lignin löst sich in dem Gemisch auf. Die Hemicellulosen werden zum größten Teil hydrolysiert und gehen ebenfalls in Lösung. Die resultierende Cellulose enthält jedoch noch etwa 25% der ursprünglich vorhandenen Menge. Der Restligningehalt beträgt ca. 1 bis 3%. Die Cellulose selbst wird bei diesem Verfahren in Ausbeuten von 48 bis 52% erhalten und ist etwas stärker abgebaut als bei der Chlorierungsmethode.

Nach KÜRSCHNER bestimmt man die Cellulose folgendermaßen: 1 g lufttrockenes Holz wird in einen 200 bis 250 ml fassenden Kolben eingewogen und mit 25 ml eines aus 1 Vol. konzentrierter Salpetersäure und 4 Vol. Äthanol bestehenden Gemisches übergossen. Man erhitzt die Mischung nun 1 Stunde unter Rückfluß auf dem siedenden Wasserbad. Zu vermeiden ist auf jeden Fall Siedeverzug, da dadurch leicht Holz in den Rückflußkühler gelangen und zu Substanzverlusten führen kann. Nach beendeter Kochung läßt man absitzen und gießt die überstehende Flüssigkeit durch einen Glasfiltertiegel. Die auf das Filter gelangenden Partikelchen werden quantitativ mit 25 ml des frischen Gemisches in den Reaktionskolben zurückgespült. Die Operation wird nun 3- bis 4mal wiederholt. Als Kontrolle dient dabei der negative Ausfall der Phloroglucin-Salzsäure-Reaktion oder der Chlorzinkjod-Reaktion. Nach Abschluß der Behandlungen wird der Rückstand auf einen eingewogenen Filtertiegel überführt, zunächst mit 10 ml Salpetersäure-Alkohol, danach mit heißem Wasser bis zur neutralen Reaktion gewaschen. Schließlich wird bei 105° bis zur Gewichtskonstanz getrocknet. Der Cellulosegehalt wird in Prozenten des absolut trocknen Ausgangsmaterials angegeben. Diese Methode besitzt infolge ihrer Einfachheit und Bequemlichkeit viele Vorzüge.

KOMAROW[2] hat Cellulosepräparate, die nach den beiden Methoden erhalten worden sind, untersucht und ihre analytischen Daten miteinander verglichen (Tab. 79).

TABELLE 79

Charakteristik von Zellstoff aus verschiedenen Hölzern, mittels Salpetersäure bzw. Chlor gewonnen[3]

Art	Salpetersäure				Chlor			
	Cellulose in %	Kupferzahl	Lignin in %	Pentosan in %	Cellulose in %	Kupferzahl	Lignin in %	Pentosan in %
Kiefer (*Pinus silvestris*) . .	49,08	4,15	2,91	5,27	63,5	2,23	0,94	11,63
Fichte (*Picea excelsa*) . . .	48,41	4,67	1,19	6,03	65,7	2,03	0,64	10,02
Espe (*Populus tremula*) . .	46,3	3,12	1,83	9,17	64,8	1,0	0,93	23,42

[1] M. BRAY u. R. ROE, Paper Trade J. 91, 123 (1930).

[2] Ф. П. Комаров, Руководство к лабораторным работам по химии древесины и целлюлозы (F. P. KOMAROW, Praktikum der Holz- und Cellulosechemie) 1934, S. 89.

[3] Die Angaben beziehen sich auf den Oberteil des Stammes. Der Cellulosegehalt ist in % des Holzes (atro) angegeben, Lignin und Pentosan in % der Cellulose (atro).

Es läßt sich erkennen, daß mit der Chlormethode höhere Ausbeuten aus der gleichen Holzart erhalten werden als nach dem Salpetersäureverfahren. Dies liegt an der unvollständigen Entfernung der Pentosane. Bei der Chlorierung wird etwa nur $^1/_4$ dieser Stoffe entfernt, während durch die Salpetersäure ca. $^3/_4$ in Lösung gebracht werden. Es ist deshalb erforderlich, in den Cellulosepräparaten außerdem noch den Pentosan- und im Falle von Nadelhölzern auch Hexosangehalt besonders zu ermitteln, um zu eindeutigen Ergebnissen bezüglich des Cellulosegehaltes im Holz zu gelangen. Nach Abzug der Pentosane ist aber bei der Chlormethode die Celluloseausbeute immer noch höher als bei der Methode von KÜRSCHNER.

Aus den Kupferzahlen und dem Gehalt an α-Cellulose kann man Anhaltspunkte über die Schädigung der Cellulose erhalten. Nach der Chlorierung findet man in den Präparaten ca. 76% α-Cellulose, während die nach KÜRSCHNER isolierte Cellulose nur etwa 60% enthält. Die Viskosität in Kupferoxydammoniak beträgt im ersten Falle 22,4 cP, im letzteren nur 3,1 cP, wodurch ebenfalls auf die stärkere Schädigung der KÜRSCHNER-Cellulose hingewiesen wird.

In den vergangenen Jahren sind auch noch andere Verfahren zur Bestimmung der Cellulose im Holz ausgearbeitet worden. So z. B. in Form von Holocellulose (s. S. 165), mit Hilfe von Dioxan usw. KOSLOW, OLIFSSON und GOLDINA[1] haben vorgeschlagen, die Cellulose mittels Dioxan mit 0,04% HCl aus dem Holz zu isolieren. Der Restgehalt an Lignin beträgt dabei 0,6 bis 1,5%, an Pentosanen 2,2 bis 5,7%. Die Celluloseausbeuten bewegen sich bei diesem Verfahren um 48 bis 57%. In der Tab. 80 ist ein Vergleich zwischen den Ergebnissen dieser Methode und der von KÜRSCHNER durchgeführt worden.

Bezüglich der Celluloseausbeuten unterscheiden sich diese beiden Verfahren nur unwesentlich voneinander. Die mit Hilfe von Dioxan isolierte Cellulose ist weniger verändert und enthält weniger Pentosan und Lignin.

TABELLE 80

Charakteristik von Zellstoff aus verschiedenen Hölzern mittels Salpetersäure bzw. Dioxan gewonnen[2]

Art	Salpetersäure					Dioxan				
	Cellulose in %					Cellulose in %				
	1. Bestimmung	2. Bestimmung	Kupferzahl	Restlignin in %	Pentosan in %	1. Bestimmung	2. Bestimmung	Kupferzahl	Restlignin in %	Pentosan in %
Fichte (*Picea excelsa*) ...	57,35	56,43	4,5	2,1	6,2	56,5	56,9	3,5	1,58	5,2
Kiefer (*Pinus silvestris*) ..	55,13	55,21	4,2	2,28	5,25	56,1	55,5	2,6	0,68	2,2
Birke (*Betula alba*)	46,68	46,35	4,7	1,75	6,4	48,11	48,35	4,05	0,84	5,7
Erle (*Alnus incana*)	47,22	47,57	—	—	—	50,2	50,5	3,3	1,32	5,2

[1] Н. С. Козлов, Л. Е. Олифсон и С. М. Гольдина, Бум. пром. (N. S. KOSLOW, L. E. OLIFSSON u. S. M. GOLDINA, Papierind.) Nr. 10, 15 (1936).

[2] Der Cellulosegehalt ist auf Holz berechnet, Pentosan und Lignin auf die Cellulose.

Aus dem Gesagten geht hervor, daß die mit Hilfe der verschiedenen Methoden isolierte Cellulose keineswegs als reines Produkt anzusprechen ist, sondern noch Beimengungen anderer Stoffe enthält. Bei der chemischen Analyse des Holzes ist deshalb der Begriff „Cellulose" nur bedingt brauchbar. Es ist stets anzugeben, nach welchem Verfahren die Isolierung vorgenommen worden ist.

Ligninbestimmung

Das übliche Verfahren zur quantitativen Abtrennung des Lignins als nicht hydrolysierbarer Rückstand des Holzes besteht in der Anwendung konzentrierter Mineralsäuren, die den Kohlenhydratanteil hydrolysieren und in lösliche Produkte überführen.

Als Säuren verwendet man 64- bis 72%ige Schwefelsäure, 42- bis 43%ige Salzsäure, aber auch Gemische von Schwefel- und Salzsäure und Schwefel- und Phosphorsäure. 1940 ist sogar die Anwendung von Fluorwasserstoffsäure vorgeschlagen worden[1]. Am häufigsten wird das Lignin jedoch nach der Schwefelsäuremethode bestimmt. Die Konzentration der Säure zeigt einen beträchtlichen Einfluß auf die Verzuckerung der Kohlenhydrate und die Eigenschaften des Lignins[2]. So kann durch eine etwas zu hohe Konzentration eine Humifizierung einiger Monosaccharide (Xylose, Arabinose, Fruktose) stattfinden, wobei unlösliche Verbindungen entstehen, die Lignin vortäuschen. Bei zu niedrigen Konzentrationen kann eine unvollständige Hydrolyse einiger schwer hydrolysierbarer Kohlenhydrate möglich sein, wodurch diese ebenfalls im Rückstand mitgewogen werden und so die Resultate verfälschen.

Die an einigen Holzarten durchgeführten Untersuchungen über den Einfluß der Konzentration der Säure[3] haben ergeben, daß für jede Holzart die Bedingungen andere sind. Sie müssen so gewählt werden, daß einerseits eine vollständige Entfernung der Kohlenhydrate gewährleistet ist, andererseits aber noch keine Humifizierung stattfinden kann. Als Kriterium mag der Methoxylgehalt des isolierten Lignins herangezogen werden. Danach ist diejenige Konzentration in Anwendung zu bringen, bei der in dem isolierten Lignin der höchste OCH_3-Gehalt bei der niedrigsten Ausbeute gefunden wird. So wird z. B. für die Ligninbestimmung in Rotbuchenholz 66,4%ige Säure angegeben, bei Holunder 66,5%ige, Linden- und Fichtenholz 70,75%ige Säure. Bei der kritischen Beurteilung dieser Angaben darf jedoch nicht vergessen werden, daß nicht nur das Lignin Methoxylgruppen enthält, sondern auch die Polyuronide. Dies zeigt die Unzulässigkeit einer Festlegung des Ligningehaltes lediglich durch die Anwesenheit von Methoxyl.

Zur Ligninbestimmung in Laubhölzern ist die Verwendung von 64%iger Schwefelsäure vorgeschlagen worden[4]. Dabei gehen jedoch etwa 50% des Lignins in Lösung, die nur nach Verdünnen mit Wasser und Aufkochen wieder ausgefällt werden können. Dieser Anteil des Lignins ist auch nach Trocknung bei 105° noch in Alkalien löslich.

---

[1] K. Wiechert, Cellulosechemie **18**, 57 (1940).

[2] A. Kiesel u. Semiganovsky, Ber. **60**, 332 (1927). — R. Hilpert, Ber. **67**, 1551 (1934); **68**, 16 (1935).

[3] K. Freudenberg, Ber. **73**, 754 (1940).

[4] K. Storch u. O. Müller, Cellulosechemie **19**, 24 (1941).

Der Vorzug dieser Methode besteht in der weniger langen (16 Std.) Einwirkung der Starksäure auf das Holz, wodurch nur eine geringere Verharzung des Kohlenhydratanteiles bewirkt wird. Das auf diese Weise isolierte Lignin enthält geringe Mengen an gebundenem Schwefel, was gleichfalls günstig ist. Als Nachteil ist zu nennen, daß diese Methode auf Nadelhölzer nicht anwendbar ist. In diesem Falle erhält man, durch unvollständige Hydrolyse bedingt, zu hohe Werte.

Das älteste Verfahren ist das von KLASON im Jahre 1908 vorgeschlagene. Mit einigen Verbesserungen[1] wird diese Methode auch heute noch angewandt. Die Bestimmung wird, wie nachstehend beschrieben, ausgeführt: Extraktfreies Holz (1 bis 1,3 g) wird 1 Stunde bei 105° getrocknet. Nach Abkühlung im Exsikkator wird das Material mit 66%iger Schwefelsäure behandelt, indem man langsam unter ständigem Rühren 50 ml der Säure zugibt. Die Mischung wird nun 48 Stunden bei Zimmertemperatur unter gelegentlichem Umrühren sich selbst überlassen. Danach gießt man das Gemisch in dünnem Strahl in 400 ml kaltes destilliertes Wasser. Nach dem Absitzen wird durch ein getrocknetes und gewogenes Filter filtriert und mit heißem Wasser bis zur vollständigen Entfernung der Schwefelsäure gewaschen. Das Filter mit dem Niederschlag wird nun in ein kleineres Becherglas überführt, mit 50 ml 0,5%iger Salzsäure übergossen, mit einem Uhrglas bedeckt und 12 Stunden im siedenden Wasserbad gehalten. Das verdampfte Wasser wird in Abständen wieder nachgefüllt. Zum Schluß wird mit heißem Wasser bis zur neutralen Reaktion nachgewaschen und bei 105° bis zur Gewichtskonstanz getrocknet. Die Berechnung erfolgt in Prozenten des nicht extrahierten Holzes.

Dieses Verfahren ist auch auf Nadelhölzer anwendbar. Die in diesem Falle notwendige, lange Reaktionsdauer ist für Laubhölzer nicht unbedingt erforderlich.

Weitaus häufiger wird jedoch die Methode von KÖNIG (72%ige Schwefelsäure) in ihren verschiedenen Modifikationen angewandt[2]. So ist z. B. von KOMAROW vorgeschlagen worden, bei einer bestimmten, etwas erhöhten Temperatur (25°) zu arbeiten. Dadurch wird die Reaktionsdauer auf $2^1/_2$ Stunden verkürzt, während nach der ursprünglich von KÖNIG vorgesehenen Arbeitsweise 48 Stunden erforderlich sind. Außerdem wird dadurch ebenfalls die Möglichkeit einer Verharzung weitgehend vermieden.

Die Einwaage von 1 g extraktfreiem Holz wird in einem Kölbchen mit Schliff- oder Korkstopfen mit 15 ml 72%iger Schwefelsäure übergossen und $2^1/_2$ Stunden bei 24 bis 25° gehalten. Zur Vermeidung von Klumpenbildung wird der Inhalt in längeren oder kürzeren Abständen durchgemischt. Anschließend verdünnt man mit 200 ml Wasser und kocht 1 Stunde am Rückflußkühler. Nach Absitzen des Lignins wird durch ein getrocknetes und gewogenes Filter filtriert. Man wäscht mit Wasser bis zur neutralen Reaktion und trocknet bis zur Gewichtskonstanz.

42%ige Salzsäure, die 1914 von WILLSTÄTTER vorgeschlagen worden ist, wird seltener zur Ligninbestimmung benutzt. In diesem Falle wird wie folgt gearbeitet:

---

[1] P. KLASON, Cellulosechemie **4**, 81 (1923); **12**, 37 (1931).

[2] Ф. П. Комаров, Руководство к лабораторным работам по химии древесины и целлюлозы (F. P. KOMAROW, Praktikum der Holz- und Cellulosechemie) 1934, S. 55.

1 g extraktfreies Holz wird 4 Stunden bei Zimmertemperatur in einem verschlossenen Kolben mit 20 ml 42%iger Salzsäure ($d = 1,21$) unter häufigem Umschütteln behandelt. Nach der Zugabe von 7 g fein zerstoßenem Eis bleibt das Gemisch noch 18 Stunden bei Raumtemperatur stehen. Danach werden noch 7 g Wasser zugefügt und der Niederschlag nach dem Absitzen auf einem vorbereiteten Filter gesammelt. Gewaschen wird zunächst mit 12- bis 18%iger Salzsäure, heißem Wasser und 1- bis 2%iger Sodalösung, wonach das Präparat praktisch chlorfrei ist. Zum Schluß wird nochmals mit heißem Wasser gewaschen und bei 105° bis zur Gewichtskonstanz getrocknet.

Durch die Anwendung von Salzsäure wird eine geringere Verharzung der Kohlenhydrate bewirkt, außerdem fehlt natürlich in den Präparaten der Schwefelgehalt. Das Verfahren ist in seiner Durchführung jedoch nicht so bequem.

Es sind noch mehrere andere Methoden zur Ligninbestimmung bekannt, auf die hier jedoch nicht näher eingegangen werden soll. Erwähnt sei eine Methode von FREUDENBERG[1], wonach das Lignin durch abwechselnde Behandlung des Holzes, das zuvor mit kalter, 5%iger Natronlauge extrahiert worden ist, mit siedender 1%iger Schwefelsäure und kaltem Kupferoxydammoniak während 12 Stunden isoliert wird. Durch das Kupferoxydammoniak wird aber neben der Cellulose auch ein Teil des Lignins entfernt. In gleicher Weise wirkt die alkalische Vorbehandlung des Holzes, so daß im Endresultat zu niedrige Werte gefunden werden. Das auf diese Weise isolierte Lignin wird als Cuoxamlignin bezeichnet, es enthält etwa 16% Methoxylgruppen (Fichte).

Ein sehr schonendes Isolierungsverfahren für das Lignin besteht in einer 28stündigen Extraktion des Holzes mit Dioxan und 0,1% Salzsäure als Katalysator im siedenden Wasserbad. Die Methode stammt von ENGEL und WEDEKIND. NIKITIN, AWIDON und ORLOWA[2] haben nach diesem Verfahren Lignin aus Buchen- und Fichtenholz mit einer Ausbeute von 19,3% (Buche) isoliert. Der Methoxylgehalt des Präparates beträgt 16,3%. Nach Behandlung mit Wasser zur Entfernung der Hemicellulosen liegt der OCH_3-Gehalt bei 20,9%. Die Elementarzusammensetzung ist ähnlich derjenigen von Säurelignin. Das Ligninpräparat löst sich in Kupferoxydammoniak, Ammoniak, Pyridin, Eisessig, kalten, verdünnten Alkalien u. a. Gegen eine Hydrolyse hat es sich als beständig erwiesen. Im UV-Absorptionsspektrum wird ein charakteristisches Maximum gefunden, das auch bei den anderen Ligninpräparaten auftritt. Auf Grund der schonenden Isolierung ist anzunehmen, daß das Dioxanlignin dem nativen Lignin sehr nahe kommt.

Vor kurzem haben N. NIKITIN und TSCHOTSCHIJEWA durch Extraktion mit Dioxan aus mit Alkali vorbehandeltem Eichenholz Lignin in einer Ausbeute von 19,7%, berechnet auf Holz, oder 71,3%, berechnet auf das gesamte, im Holz vorhandene Lignin, isoliert. Der Methoxylgehalt ist mit 19,2% gefunden worden, nach Behandlung mit heißem Wasser 22,4%. Die Elementarzusammensetzung (60,1% C, 5,63% H) ist der von mit 64%iger Schwefelsäure gewonnenem Lignin (60,8% C, 5,11% H, 20,3% OCH_3) sehr ähnlich.

[1] L. E. WISE, Wood Chemistry, 1944, S. 283 u. 637.

[2] Н. Никитин, М. Авидон и И. Орлова, ЖПХ (N. NIKITIN, M. AWIDON u. I. ORLOWA, Z. Angew. Chemie [russ.]) 9, 2210 (1936). — Н. Никитин и И. Орлова, ЖПХ (N. NIKITIN u. I. ORLOWA, Z. Angew. Chemie [russ.]) 9, 2216 (1936).

Durch diese Ergebnisse wird die Individualität des Lignins im Holz noch einmal bestätigt.

Die Tab. 81 gibt die Elementarzusammensetzung von Fichtenligninpräparaten an, die nach verschiedenen Methoden isoliert worden sind[1]. Wie zu ersehen ist, erhält man mittels Schwefel- bzw. Salzsäure die höchsten Ausbeuten, beide Produkte sind jedoch durch Verharzungsprodukte der Kohlenhydrate verunreinigt.

TABELLE 81

Ausbeute und Zusammensetzung von verschieden dargestellten Ligninpräparaten in % des absolut trockenen Holzes

Methode	Ausbeute	C	H	OCH_3
KÖNIG, modifiziert von KOMAROW ...	28,00	65,90	5,25	15,85
WILLSTÄTTER	27,88	63,38	5,84	15,75
FREUDENBERG	20,85	62,0	5,55	16,14
Dioxanlignin	19,30	60,28[2]	6,23[2]	20,88[2]

Die beiden anderen Methoden sind zwar milder und ergeben im allgemeinen reinere Präparate. Genaue Angaben über den Ligningehalt des Holzes lassen sich mit ihrer Hilfe ebenfalls nicht machen.

Außer den beschriebenen direkten Bestimmungsmethoden sind noch indirekte bekannt, die allerdings nur angenäherte Werte ergeben. Sie beruhen entweder auf der Bestimmung der im Lignin enthaltenen Methoxylgruppen oder der vom Lignin aufgenommenen Menge Chlor, d. h., die Bestimmung der sogenannten Chlorzahl.

Das letztere Verfahren besitzt jedoch nur technische Bedeutung. Es wird zur Ermittlung des in technischen Zellstoffen noch vorhandenen Restlignins angewandt.

Bestimmung der Methoxylgruppen

Der Gehalt an Methoxylgruppen im Säurelignin aus Nadelhölzern beträgt 15 bis 16%, bei Laubhölzern 17 bis 20%. Aus den Forschungen der letzten Jahre ist hervorgegangen, daß jedoch nicht alle Methoxyle des Holzes auf das Lignin entfallen. Ein Teil dieser Gruppen (10 bis 15%) sind in etwas lockerer Form an Kohlenhydrate, wie Polyuronide, Xylan[3], Pektine, gebunden. Die schwerer abspaltbaren Methoxyle sind mit den aromatischen Resten des Lignins verknüpft. Der Gehalt an Methoxylgruppen im Holz dient deshalb als allgemeine Charakteristik.

Die quantitative Bestimmung der Methoxylgruppen beruht auf der Tatsache, daß sie durch Jodwasserstoffsäure abgespalten werden können, wobei ein Alkohol und leicht flüchtiges Jodmethyl entsteht:

$$ROCH_3 + HJ \rightarrow CH_3J + ROH$$

---

[1] Ф. П. Комаров и Г. Филимонова, ЖПХ (F. P. KOMAROW u. G. FILIMONOWA, Z. Angew. Chemie (russ.) **9**, 1096 (1936).

[2] Die Werte für C, H und OCH_3 sind für Buchenlignin angegeben, das zur Entfernung der Hemicellulosen mit heißem Wasser extrahiert worden ist.

[3] E. HÄGGLUND, Holzchemie, 1939, S. 102.

Das letztere kann entweder gravimetrisch (nach ZEISEL) oder volumetrisch bestimmt werden, wobei die Methode von VIEBÖCK und SCHWAPPACH am genauesten und schnellsten ist[1].

Die gravimetrische Bestimmung gründet sich auf folgende Reaktion:

$$ROCH_3 + HJ \rightarrow ROH + CH_3J$$

$$CH_3J + AgNO_3 + H_2O \rightarrow AgJ + HNO_3 + CH_3OH$$

Aus der gefundenen Menge an Silberjodid rechnet man auf OCH_3 um und gibt den Gehalt in Prozenten des absolut trockenen Ausgangsmaterials an.

Zur maßanalytischen Bestimmung wird das Methyljodid in Eisessig aufgefangen, der Brom enthält. Dieses reagiert mit dem Methyljodid nach

$$CH_3J + Br_2 \rightarrow CH_3Br + JBr$$

Durch überschüssiges Brom wird das Jod zu Jodsäure oxydiert:

$$JBr + 2Br_2 + 3H_2O \rightarrow HJO_3 + 5HBr$$

Zu der Jodsäure enthaltenden Lösung gibt man Kaliumjodid zu und säuert mit Schwefelsäure an. Das frei werdende Jod wird nun mit Thiosulfat titriert:

$$HJO_3 + 5HJ \rightarrow 3J_2 + 3H_2O$$

Da den bei der Titration entstehenden 6 Atomen Jod nur 1 Atom im Methyljodid entspricht, kommt man bei der maßanalytischen Bestimmung mit geringeren Einwaagen aus als bei der gravimetrischen Methode.

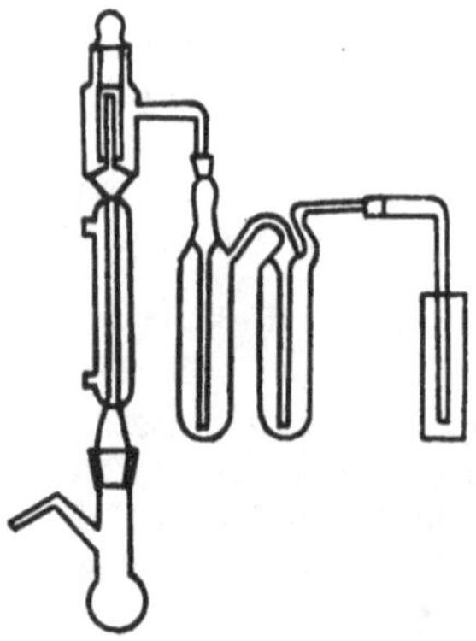

Abb. 75. Apparatur zur Methoxylbestimmung

Die Abb. 75 gibt die zur Methoxylbestimmung benutzte Apparatur wieder.

Das 20 bis 30 ml fassende Reaktionskölbchen ist mit einem seitlichen Ansatzrohr versehen und mit einem kurzen senkrechten Kühler durch Schliffe verbunden. An den Kühler schließt sich, fest mit diesem verschmolzen, das Waschgefäß an, von dem eine Schliffverbindung zu den Auffanggefäßen führt. In das Waschgefäß bringt man nun 3 bis 5 ml Wasser und etwas roten Phosphor. In das Absorptionsgefäß werden 10 ml einer Lösung von 20 g Kaliumacetat in 200 ml Eisessig und 10 Tropfen Brom eingefüllt. Durch vorsichtiges Schwenken bringt man etwa $^1/_3$ der Lösung in das zweite Absorptionsgefäß. In das Auffangreagenzglas werden einige ml 10%iger Natriumacetatlösung und Ameisensäure zur Zerstörung von Bromdämpfen eingebracht.

Nach der Einwaage von 0,07 bis 0,09 g des Materials in das Reaktionskölbchen, werden 5 ml Jodwasserstoffsäure und 0,2 g roter Phosphor zugegeben. Nun verbindet man das seitliche Rohr mit einem Kippschen Apparat und läßt einen langsamen Kohlensäurestrom durch die Apparatur strömen. Das Kölbchen wird in ein Ölbad eingesetzt und dieses auf 140° erhitzt und bei

[1] Ausführliche Beschreibung der Methoden in: R. SIEBER, Chemisch-technische Untersuchungsmethoden der Zellstoff- und Papierindustrie 1951, S. 98, 152.

dieser Temperatur gehalten. Das Wasser im Kühler soll 55 bis 60° betragen, um das bei 45° siedende Jodmethyl entweichen zu lassen, jedoch die bei 127° siedende Jodwasserstoffsäure zu kondensieren. Nach $1^1/_2$stündiger Erhitzung ist die Reaktion beendet, die Absorptionsgefäße werden abgenommen, einige Milliliter Wasser zugegeben und der Inhalt in einen 250 ml-Erlenmeyerkolben übergeführt, in den man vorher 10 bis 15 ml einer 10%igen Natriumacetatlösung gebracht hat.

Die Gefäße werden einige Male mit Wasser durchgespült, das ebenfalls in den Erlenmeyerkolben gegossen wird. Zu der Lösung, deren Volumen jetzt 100 bis 150 ml betragen soll, gibt man einige Tropfen Ameisensäure und schüttelt gut durch. Die Farbe des Broms muß dabei in einigen Sekunden verschwunden sein, anderenfalls nochmals Natriumacetatlösung zugegeben werden muß. Nach einigen Minuten prüft man mit Methylrot auf die Abwesenheit von Brom. Bleibt die Rotfärbung bestehen, so ist kein freies Brom mehr vorhanden. Schließlich gibt man 0,5 bis 1 g Kaliumjodid zu, säuert mit Schwefelsäure an und titriert mit Thiosulfat. 1 ml 0,1 n Thiosulfatlösung entspricht 0,51706 mg OCH_3.

In der Tab. 82 findet sich ein Vergleich zwischen dem nach ZEISEL und nach VIEBÖCK bestimmten Methoxylgehalt verschiedener Hölzer.

TABELLE 82

Methoxylgehalt des Holzes nach verschiedenen Methoden

Holzart	Methoxylgehalt in %	
	nach ZEISEL	nach VIEBÖCK und SCHWAPPACH
Espe, Kernholz	5,76—5,48	5,94—5,88
Birke, amerikanisch, Splintholz	6,14—6,06	6,58—6,40
Buche, Kernholz	6,51—6,37	6,58—6,63
Zuckerahorn	6,36—6,32	6,54—6,32

Die beiden Methoden liefern nach den Angaben der Tabelle gut übereinstimmende Werte.

Der Vorteil der volumetrischen Methode besteht in dem geringeren Verbrauch an Jodwasserstoffsäure und in der größeren Genauigkeit. Die benötigte Zeit ist ebenfalls kürzer.

Auch einige Mikromethoden zur Bestimmung der Methoxylgruppen sind beschrieben worden, die jedoch hier nicht mehr erwähnt werden können[1].

Bestimmung der Pentosane

Im Gegensatz zu anderen Bestandteilen des Holzes beruht die quantitative Bestimmung der Pentosane nicht auf der direkten Isolierung der Produkte in „reiner Form", sondern auf der Bestimmung von gewissen Reaktionsprodukten, also auf indirektem Wege.

Die Bestimmung der Pentosane in Form von Furfurol ist zuerst von TOLLENS im Jahre 1891 durchgeführt worden. Seit dieser Zeit sind mehrfach Verbesse-

[1] C. DORÉE, The methods of cellulose chemistry, 1950, S. 398.

rungen vorgeschlagen worden, die die Beseitigung störender Einflüsse auf die Bildung, Destillation und Bestimmung zum Ziel haben[1].

Die heute allgemein benutzte Methode beruht auf der Hydrolyse der Pentosane zu Pentosen und Überführung in Furfurol, das in Form gewisser Derivate bestimmt wird. Dazu wird das Material mit 12%iger Salzsäure[2] auf 160 bis 165° erhitzt und das gebildete Furfurol langsam abdestilliert. Den Reaktionsverlauf kann man durch folgendes Schema ausdrücken:

$$(C_5H_8O_4)_n + nH_2O \rightarrow nC_5H_{10}O_5$$
$$C_5H_{10}O_5 \rightarrow C_5H_4O_2 + 3\,H_2O$$

Die Arbeitsweise sei nachstehend beschrieben: 2 g Holzmehl, bei Laubhölzern nur 1 g, wird in einem Destillierkolben mit aufgesetztem Tropftrichter eingewogen. Der Kolben ist durch Schliffverbindung mit einem absteigenden Kühler versehen. Als Vorlage dient ein Maßzylinder. Zu dem Holz fügt man nun 100 ml 12%ige Salzsäure ($d = 1{,}06$) zu und bringt den Kolben in ein Ölbad ein. Alsbald nach dem Beginn des Siedens erscheinen auch die ersten Tropfen in der Vorlage. Die Destillationsgeschwindigkeit wird nun so einreguliert, daß in 10 Minuten ca. 30 ml abdestillieren, wobei jeweils aus dem Tropftrichter ebenfalls 30 ml frischer Säure zugelassen werden. Insgesamt fängt man 360 ml Destillat auf. Als Kontrolle der vollständigen Entfernung des Furfurols aus der Reaktionsphase dient mit Anilinacetat getränktes Filterpapier. Bei Abwesenheit von Furfurol im Destillat entsteht auf dem damit befeuchteten Papier keine Färbung mehr.

Das entstandene Furfurol kann gravimetrisch oder maßanalytisch bestimmt werden. Im ersten Falle benutzt man meist die Fähigkeit des Fur furols mit Phloroglucin oder Barbitursäure zu kondensieren, wobei mehr oder weniger unlösliche Produkte entstehen (vgl. S. 193).

Zur volumetrischen Bestimmung verwendet man entweder die Bromid-Bromat-Methode oder die Reaktion des Furfurols mit Hydroxylaminhydrochlorid[3].

Die zur vollständigen Fällung des Furfurols erforderliche Menge an Phloroglucin wird nach folgender Formel berechnet:

$$\frac{1 \cdot 15 \cdot 162{,}05}{100 \cdot 96{,}03} = 0{,}25\,\mathrm{g},$$

wobei

1 die Einwaage in g (bei Laubholz)
15 die maximal aus der gegebenen Einwaage darstellbare Menge Furfurol in %,
162,05 das Molekulargewicht des Phloroglucins und
96,03 das Molekulargewicht des Furfurols bedeutet.

Zur Fällung wird Phloroglucin im Überschuß angewandt, d. h., man nimmt das Doppelte der berechneten Menge plus 0,15 g, insgesamt also 0,65 g, die in Salzsäure vom spez. Gew. 1,06 zu einer 0,75%igen Lösung aufgelöst werden.

---

[1] E. L. Wise, Wood Chemistry, 1944, S. 613.

[2] 1941 ist ein Verfahren mit Hilfe von Bromwasserstoffsäure vorgeschlagen worden, das jedoch keine große Verbreitung gefunden hat. Vgl. Jayme u. Sarten, Biochem. Z. **308**, 109 (1941).

[3] L. E. Wise, Wood Chemistry, 1944, S. 613.

Diese Lösung wird zu dem Destillat gegeben. Da die Kondensation und Ausfällung nur langsam erfolgt, muß man sie zur Vervollständigung über Nacht stehen lassen. Zur Zusammenballung des Niederschlages wird noch $1^1/_2$ Stunden auf dem Wasserbad bei 80 bis 85° gehalten. Nach Abkühlung überführt man auf ein vorbereitetes Filter, wäscht mit 50 ml Wasser, trocknet 4 Stunden bei 95 bis 98° und wägt aus.

Zur Umrechnung aus der gefundenen Menge des Phloroglucids auf Pentosane benutzt man entweder die von KRÖBER aufgestellten Tabellen oder eine der nachstehenden empirischen Formeln:

1. Bei einer Phloroglucidauswaage unter 0,03 g
$$p = (a + 0{,}0052) \cdot 0{,}8949;$$
2. bei einer Auswaage von 0,03 bis 0,3 g
$$p = (a + 0{,}0052) \cdot 0{,}8866;$$
3. bei einer Auswaage über 0,3 g
$$p = (a + 0{,}0052) \cdot 0{,}8824.$$

Dabei bedeutet p Pentosan in g,
a gefundene Menge Phloroglucid,
0,0052 die in Lösung verbleibende Menge des Phloroglucids.

Dieses Verfahren zur Pentosanbestimmung besitzt eine Reihe von Unzulänglichkeiten. Wie festgestellt worden ist, werden die in dem Untersuchungsmaterial vorhandenen Polyuronide unter den gleichen Bedingungen ebenfalls hydrolysiert und ergeben Furfurol. Schematisch läßt sich die Reaktion wie folgt ausdrücken:

$$(C_5H_7O_4COOH)_n + nH_2O \rightarrow nC_5H_9O_5COOH$$
$$C_5H_9O_5COOH \rightleftarrows C_5H_{10}O_5 + CO_2$$
$$C_5H_{10}O_5 \rightarrow C_5H_4O_2 + 3H_2O$$

Auf experimentellem Wege hat man nachweisen können, daß die Polyuronide jedoch nur ein Drittel der theoretischen Furfurolmenge bilden[1].

Durch die Anwesenheit von Methylpentosan[2] und Hexosanen entstehen bei der Destillation mit 12%iger Salzsäure in entsprechender Weise Methylfurfurol und Oxymethylfurfurol, wodurch die Resultate ebenfalls verfälscht werden können.

Eine weitere Erhöhung der Pentosanwerte kann außerdem durch Kondensationsprodukte von Formaldehyd[3] mit Phloroglucin bewirkt werden. Eine andere Fehlerquelle ist noch die Anwesenheit von Proteinen und Fetten im Holz[4]. Alle angeführten Tatsachen bewirken eine Erhöhung der Furfurolausbeute.

---

[1] Vgl. S. 150.
[2] Vgl. S. 195.
[3] Formaldehyd bildet sich in geringen Mengen bei der Einwirkung von Mineralsäuren auf Lignin.
[4] L. E. WISE, Wood Chemistry, 1944, S. 625.

Andererseits geben Lignin und Tannin unter den Bedingungen der Pentosanbestimmung mit dem Furfurol Kondensationsprodukte, wodurch die vorhandene Menge des letzteren verringert wird. Außerdem kann bei längerer Dauer der Reaktion eine Zersetzung des Furfurols selbst stattfinden, wobei Verluste bis zu 25% beobachtet worden sind[1].

Zur Bestimmung der tatsächlich im Holz vorhandenen Menge an Pentosanen muß man die gefundene Furfurolmenge durch Abzug der aus Polyuroniden und Methylpentosanen entstehenden Mengen korrigieren. Im übrigen nimmt man allgemein an, daß die anderen Fehler bei der Phloroglucinmethode sich gegenseitig kompensieren. Trotz der genannten Fehlermöglichkeiten ist diese Methode eine der genauesten und wird sehr oft angewandt.

Die von POWELL und WHITTAKER[2] vorgeschlagene Bromid-Bromat-Methode ist in bezug auf ihre Anwendbarkeit auf Zellstoff und Holz von ROSENBERGER[3] näher untersucht worden. Das Verfahren beruht auf der Umsetzung von 1 Mol Furfurol mit 4 Atomen Brom bei Gegenwart von Salzsäure. Man verfährt dabei folgendermaßen: Das furfurolhaltige Destillat wird mit 12%iger Salzsäure auf 500 ml aufgefüllt. Danach pipettiert man in vier gut verschließbare Kölbchen je 25 ml einer 0,1 n Natriumbromid-Bromat-Lösung, die im Liter 2,515 g $NaBrO_3$ und 11,577 g $NaBr \cdot H_2O$ enthält[4]. Zwei der Ansätze dienen als Blindversuche, statt des Destillates gibt man eine gleiche Menge Salzsäure zu. Zu den anderen beiden Ansätzen werden je 200 ml Destillat gegeben, die Kolben verschlossen und die Ansätze 1 Stunde im Dunkeln stehengelassen[5]. Dabei findet die Umsetzung nach folgendem Schema statt:

$$C_5H_4O_3 + 2Br_2 \rightarrow C_5H_4O_3Br_4$$

Anschließend werden jedem Ansatz 10 ml 10%iger Kaliumjodidlösung zugefügt. Durch das nicht verbrauchte Brom wird Jod frei gemacht, das mit 0,1 n Thiosulfat titriert wird. Nach Abzug des Blindwertes kann das vorhandene Furfurol unmittelbar aus der Anzahl der verbrauchten Milliliter der Thiosulfatlösung berechnet werden, 1 ml 0,1 n Thiosulfatlösung entspricht 0,0024 g Furfurol. Aus dem im Gesamtdestillat ermittelten Furfurol berechnet man durch Multiplikation mit dem empirischen Faktor 1,88 die Menge der Pentosane. In der Tab. 83 sind Vergleichsanalysen nach beiden, hier beschriebenen Methoden angeführt worden[6].

Mit Hilfe der maßanalytischen Methode werden etwas niedrigere Werte erhalten, die Unterschiede übersteigen jedoch bei einer großen Zahl von untersuchten Materialien 0,8% nicht. Im allgemeinen werden Differenzen von 0,3 bis 0,77% gefunden. Fichtenholz bildet eine Ausnahme, bezogen auf Pentosan

[1] C. HURD u. L. ISENHOUR, J. Am. Chem. Soc. **54**, 317 (1932).

[2] W. POWELL u. H. WHITTAKER, J. Soc. Chem. Ind. **48**, 35 (1924).

[3] Н. А. Розенбергер, Мат. Инст. бумаги (N. A. ROSENBERGER, Material d. Papierinstituts) Heft 1, 109 (1932).

[4] Es kann auch Kaliumbromid und -bromat benutzt werden (10 g KBr und 1,392 g $KBrO_3$ im Liter).

[5] Später hat man zur Verkürzung der Reaktionsdauer bis auf 4 bis 5 min. 10 ml Ammoniummolybdatlösung (25 g/Ltr.) als Katalysator zugesetzt. Vgl. R. SIEBER, Chemisch-technische Untersuchungsmethoden der Zellstoff- und Papierindustrie, 1951, S. 74.

[6] Н. А. Розенбергер, Мат. Инст. бумаги (N. A. ROSENBERGER) loc. cit.

TABELLE 83
Pentosanbestimmungen mit Hilfe verschiedener Verfahren

Material	Fällung mit Phloroglucin		Bromid-Bromat-Verfahren	
	Furfurol	Pentosan	Furfurol	Pentosan
Maisstengel (Mark)	13,16	23,66	12,99	23,35
Fichtenholz (Doppelbestimmung)	6,67	11,47	5,54	9,34
	6,87	11,78	5,65	9,55
Roggenstroh	15,31	27,57	15,06	27,18
Fichtensulfatzellstoff	5,65	9,55	5,35	9,01

beträgt der Unterschied in diesem Falle 2,2%. Die Abweichungen innerhalb von Doppelbestimmungen sind nur sehr unbedeutend. Aus diesem Grunde und wegen ihrer Schnelligkeit ist die volumetrische Methode vorzuziehen. Es werden nur 4 bis 5 Stunden benötigt, während für die gewichtsanalytische Methode 2 Tage erforderlich sind[1].

Zusammensetzung verschiedener Hölzer

Wie bereits erwähnt, besitzt das Studium der chemischen Zusammensetzung des Holzes eine große theoretische und praktische Bedeutung. So lassen sich z. B. biologische Veränderungen während des Wachstums der Pflanze oder irgendwelcher Zersetzungsprozesse, wie die Fäulnis, verfolgen. Ferner kann man die Verteilung einzelner Bestandteile in verschiedenen Teilen des Gewächses, so z. B. im Kern- und Splintholz, im Stamm, in der Rinde und den Zweigen, untersuchen. Erst durch die Kenntnis der chemischen Zusammensetzung ist eine richtige Beurteilung des Holzes als Ausgangsmaterial für die verschiedensten technischen Verarbeitungsprozesse möglich. Aus diesen Gründen ist die Zahl der Arbeiten, die sich mit der Zusammensetzung des Holzes und ihre Beeinflussung durch verschiedene Faktoren beschäftigt haben, außerordentlich groß.

Chemische Zusammensetzung von Holz verschiedener Art

Die verschiedensten Holzarten bestehen fast immer aus ein und denselben Hauptbestandteilen. Die Unterschiede werden im wesentlichen nur durch die mengenmäßige Verteilung der Komponenten hervorgerufen. Dabei existiert eine deutliche Trennung in zwei Hauptgruppen, die Laub- und die Nadelhölzer, die eine jeweils ganz charakteristische Zusammensetzung zeigen.

Über die Zusammensetzung verschiedener, in der UdSSR vorkommender Holzarten haben hauptsächlich SCHARKOW und Mitarbeiter[2] ausführliche Untersuchungen angestellt. Von ihnen sind 69 Laub- und Nadelhölzer analysiert

---

[1] Andere Pentosanbestimmungsmethoden in: R. SIEBER, Chemisch-technische Untersuchungsmethoden der Zellstoff- und Papierindustrie, 1951, S. 62ff.

[2] В. И. Шарков и В. С. Муромцева, Лесохим. пром. (W. I. SCHARKOW W. S. MUROMZEWA, Holzchem. Ind.) Nr. 4, 3 (1940). — В. И. Шарков и С. В. Собецкий, Лесохим. пром. (W. I. SCHARKOW, S. W. SOBJEZKI, Holzchem. Ind.) Nr. 8, 17 (1940); ЖПХ (Z. Angew. Chemie, [russ.]) 21, 659 (1948). — В. И. Шарков, Лесохим. пром. (W. I. SCHARKOW, Holzchem. Ind.) Nr. 4, 8 (1939).

TABELLE 84

Chemische Zusammensetzung verschiedener Holzarten in % des absolut trockenen Holzes

Art	Cellulose nach Kürschner	Hemicellulosen	Pentosan	Pentosan in der Cellulose	Cellulose nach Kürschner ohne Hemicellulose	Lignin nach König	Extraktstoffe			Asche
							ätherlöslich	alkohollöslich	wasserlöslich	
Leningrader Bezirk										
Faulbaum (*Prunus Padus*)	46,49	38,06	27,55	2,53	41,17	20,24	0,52	0,72	0,56	0,19
Wacholder (*Juniperus*)	48,27	29,11	15,45	1,91	40,77	21,72	6,3	2,61	0,51	0,22
Cotoneaster vulgaris	44,32	42,97	31,26	3,59	36,85	22,39	0,52	1,44	0,44	0,43
Kiefer (*Pinus silvestris*)	53,8	20,5	11,2	2,0	51,9	28,20	1,56	1,0	0,60	0,23
Zentrales Schwarzerdegebiet										
Ahorn (*Acer platanoides*)	48,0	33,28	25,62	4,01	41,50	23,12	0,45	2,02	0,53	0,28
Krim										
Olivenbaum (*Olea europaea*)	32,5	35,06	23,86	0,22	29,24	19,76	2,36	14,12	0,95	1,11
Tamariske (*Tamarix gallica*)	34,54	33,84	20,54	1,49	30,87	18,29	0,67	7,65	8,48	5,43
Sibirien										
Sibirische Lärche (*Larix sibirica*)	45,8	—	9,3	—	—	29,45	1,83	1,75	5,11	1,0
Sibirische Tanne (*Abies sibirica*)	50,99	23,13	5,30	—	—	29,89	0,87	2,17	1,4	0,70
Sibirische Zeder (*Pinus sibirica*)	52,47	20,44	8,64	—	—	30,06	2,4	2,6	1,5	0,11
Mittelasien										
Tienschanbirke (*Betula tienschanica*)	43,06	41,18	32,35	0,86	36,75	18,56	2,19	2,27	0,59	0,32
Picea Schrenkiana	41,40	27,35	12,66	2,48	39,57	32,51	0,57	1,79	0,96	0,55
Salzbaum (*Haloxylon aphyllum*)	32,16	37,10	21,14	—	—	27,84	0,66	1,25	3,41	2,9
Ferner Osten										
Koreanische Zeder (*Pinus koraiensis*)	46,57	21,0	12,34	—	—	24,98	2,32	2,22	5,89	0,14
Schwarzbirke (*Betula dahurica*)	50,02	30,01	26,92	—	—	19,35	1,64	2,02	0,33	0,22
Kalopanax ricinifolia	54,31	20,82	21,47	—	—	21,83	0,81	1,48	2,75	0,47
Amurlinde (*Tilia amurensis*)	43,22	30,09	23,14	—	—	17,67	7,7	3,5	1,61	0,68

TABELLE 84 (Fortsetzung)

Art	Cellulose nach KÜRSCHNER	Hemicellulosen	Pentosan	Pentosan in der Cellulose	Cellulose nach KÜRSCHNER ohne Hemicellulosen	Lignin nach KÖNIG	Extraktstoffe			Asche
							ätherlöslich	alkohollöslich	wasserlöslich	
Kaukasus										
Götterbaum (*Ailanthus glandulosus*) ...	56,05	31,4	18,07	2,31	52,62	13,97	6,0	3,18	2,67	0,90
Kornelbaum (*Cornus*)	36,99	20,35	16,21	4,92	36,16	23,59	7,16	10,72	2,62	0,58
Zelcowa carpinifolia	33,38	18,91	20,59	2,69	31,67	20,41	1,74	15,35	1,40	0,77
Elsebeere (*Sorbus torminalis*)	41,77	36,96	27,41	2,96	39,21	25,59	0,44	1,42	0,34	0,67
Buche (*Fagus*)	45,98	36,91	29,32	3,84	42,21	20,77	0,47	1,24	0,64	0,50
Guajakholz (*Guajacum officinale*)	34,9	25,5	19,47	2,57	33,61	24,17	17,4	5,2	1,77	0,34

worden, wobei beachtliche Unterschiede festgestellt worden sind. Die Tab. 84 bringt die Analysendaten einiger dieser Versuche.

Aus der Tabelle ist zu ersehen, daß der höchste Gehalt an mit Äther extrahierbaren Stoffen bei folgenden Arten auftritt: Guajakholz (17,4%), Kornelbaum (7,16%) und Wacholder (6,3%). Den geringsten Harz- und Fettgehalt zeigen: Elsebeere (0,44%), Ahorn (0,45%) und kaukasische Buche (0,47%). Ebenfalls ergeben sich Unterschiede im Gehalt an Gerbstoffen, oxydierten Harzen, Phytosterinen usw., die mit Alkohol extrahierbar sind. Die gefundenen Extraktmengen bewegen sich zwischen 0,72% (Faulbaum), 1,0% (Kiefer) und 14,2% (Olivenbaum), sowie 15,35% (*Celcowa carpinifolia*).

Der Gehalt an heißwasserlöslichen Stoffen, wie Polysaccharide, Tannide, Glukoside und Mineralsalze, schwankt zwischen 0,33% (Schwarzbirke), 0,34% (Elsebeere) und 5,11% (sibir. Lärche), 5,89% (korean. Zeder), 8,48% (Tamariske).

Den gleichen Schwankungen ist auch der Pentosangehalt unterworfen. Von den Nadelhölzern enthält die sibirische Tanne am wenigsten (5,30%), am meisten Wacholder mit 15,45%. Bei den Laubholzarten bewegt sich der Gehalt zwischen 16,21% (Kornelbaum) und 32,55% (Tienschanbirke). Laubhölzer enthalten also wesentlich mehr Pentosan als Nadelhölzer.

Die höchsten Ligninausbeuten (Schwefelsäure) erhält man bei *Picea Schrenk* (32,15%) und der sibirischen Zeder (30,06%). Am wenigsten Lignin enthalten der Götterbaum (13,98%) und die Amurlinde (17,67%). Der Ligningehalt in Nadelhölzern liegt stets hoch, zwischen 28,2 und 32,51%. Bei Laubhölzern schwankt er innerhalb eines breiteren Intervalls von 13,98% bis 30,04%.

Der nach der Methode von KÜRSCHNER bestimmte Cellulosegehalt bewegt sich zwischen 56,05 und 32,5%. Der niedrige Gehalt an Cellulose in vielen untersuchten Holzarten geht mit einem erhöhten Gehalt an Extraktstoffen parallel.

Leicht hydrolysierbare Hemicellulosen sind in Mengen von 18,91 bis 42,97% vorhanden.

Der Aschegehalt schwankt in den Grenzen von 0,11% bis 5,43%.

SHEREBOW, GORDON und KOMAROWSSKI[1] haben die Zusammensetzung von Lärchenholz untersucht, das aus verschiedenen Gebieten Ostsibiriens stammt. Sie haben dabei gefunden, daß der Cellulosegehalt nach CROSS und BEVAN im gesunden Holz, trotz der verschiedenen Standorte, nur sehr unbedeutende Schwankungen aufweist.

Von ORLOWA[2] ist die Zusammensetzung des Holzes vom Salzbaum untersucht worden (der Salzbaum ist der hauptsächlichste Baum der mittelasiatischen Wüsten und des südlichen Teiles der Kirgisischen SSR.). Dieses Holz unterscheidet sich von den gewöhnlichen europäischen Laubhölzern durch den hohen Galaktangehalt (9%). Galaktan ist normalerweise nur in Nadelhölzern enthalten.

TABELLE 85

Zusammensetzung einiger amerikanischer Holzarten in % des absolut trockenen Holzes

Art	Cellulose	Pentosan	Methylpentosan	Lignin	Methoxyl	Extraktstoffe				Essigsäure	Asche	In der Cellulose	
						kaltwasserlöslich	heißwasserlöslich	ätherlöslich	in 1%iger NaOH lösl.			Pentosan	Methylpentosan
Chamaecyparis nootkanensis	53,86	7,87	3,42	31,32	5,25	2,47	3,11	2,55	13,41	1,59	0,43	7,30	1,78
Libocedrus decurrens	41,60	10,65	1,35	37,68	6,24	3,64	5,38	4,31	17,69	0,91	0,34	9,08	1,99
Sequoia sempervirens	48,45	7,80	2,75	34,21	5,21	7,36	9,86	1,07	20,00	1,08	0,21	7,40	2,09
Pinus monticola	59,71	6,97	3,22	26,44	4,56	3,16	4,49	4,26	14,78	1,03	0,20	5,33	1,95
Pinus ponderosa	57,41	7,35	1,62	26,65	4,49	4,09	5,05	8,52	20,3	1,09	0,46	6,82	1,98
Pseudotsuga taxifolia	61,47	6,02	4,41	—	4,95	3,54	6,50	1,02	16,11	1,04	0,38	5,34	1,20
Quercus densiflora	58,03	19,59	—	24,85	5,74	4,10	5,60	0,80	23,96	5,23	0,83	22,82	—
Eucalyptus globulus	57,62	20,09	2,33	25,07	6,73	4,67	6,98	0,56	18,57	1,85	0,24	20,96	2,46
Tilia americana	61,24	19,93	3,73	—	6,00	2,12	4,07	1,96	23,76	5,79	0,86	24,28	1,54
Betula lutea	61,31	24,63	2,69	—	6,07	2,67	3,97	0,60	19,85	4,30	0,52	28,30	1,16
Acer saccharum	60,78	21,71	2,39	—	7,25	2,65	4,36	0,25	17,64	4,46	0,44	24,48	0,96

Untersuchungen über die Zusammensetzung von Fichten-, Kiefern- und Espenholz sind von KOMAROW und JAKOWLJEW[3] durchgeführt worden unter Berücksichtigung des Alters und der Qualität der Bäume bei gleichen Wachstumsbedingungen.

N. NIKITIN und Mitarbeiter[4] haben die Zusammensetzung von Eichenholz in Abhängigkeit von dem Waldtypus studiert (vgl. S. 363).

---

[1] Л. П. Жеребов, Л. В. Гордон и В. Н. Комаровский, Тр. Центр. научно-иссл. лесохим. инст. (L. P. SHEREBOW, L. W. GORDON u. W. N. KOMAROWSSKI, Arb. d. Zentr. Holzforsch. Inst.) **11**, 52 (1933).

[2] И. М. Орлова, ЖПХ (I. M. ORLOWA, Z. Angew. Chemie [russ.]) **6**, 1120 (1933).

[3] Ф. П. Комаров и А. Яковлев, Бум. пром. (F. P. KOMAROW u. A. JAKOWLJEW, Papierind.) Nr. 3, 13 (1932).

[4] Н. И. Никитин, Т. И. Руднева, А. Ф. Зайцева и М. М. Чочиева, ЖПХ (N. I. NIKITIN, T. I. RUDNJEWA, A. F. SAIZEWA u. M. M. TSCHOTSCHIJEWA, Z. Angew. Chemie [russ.]) **22**, 67 (1949).

Ferner haben sich mit der Zusammensetzung von Holzarten SCHWALBE und BECKER[1] (Fichte, Kiefer, Buche, Birke, Espe), KÖNIG und BECKER[2] (Tanne, Kiefer, Birke, Pappel, Weide) und eine Reihe anderer Autoren[3] beschäftigt.

In der Tab. 85 ist die chemische Zusammensetzung einiger amerikanischer Holzarten angegeben[4]. Offensichtlich ist dabei der Gehalt an Stoffen, die mit kaltem oder heißem Wasser und Äther extrahierbar sind, im Falle der Nadelholzarten größer als bei den Laubhölzern. Die große Menge ätherlöslicher Stoffe ist durch die Anwesenheit wesentlicher Mengen an Harzen und Terpenen bedingt. Dagegen finden sich in den Laubhölzern größere Mengen abspaltbarer Essigsäure. Der Pentosangehalt der Laubhölzer ist fast doppelt so hoch wie der der Nadelhölzer, die dafür wieder mehr Lignin enthalten. Die Laubholzarten enthalten wesentlich weniger pentosanfreie Cellulose als die Nadelholzarten.

Bemerkt sei zum Schluß noch, daß die angeführten Verallgemeinerungen nicht auf alle Fälle zutreffen, es kommen auch beträchtliche Ausnahmen vor.

Chemische Zusammensetzung der Äste

In einer Untersuchung über die Zusammensetzung der Äste von Fichte, Kiefer und Espe von KOMAROW und JAKOWLJEW[5] ist gefunden worden, daß das Holz der Äste einen niedrigeren Cellulosegehalt aufweist (43,9 bis 48,2%) als das Stammholz (52 bis 59,3%) der entsprechenden Arten. Dagegen enthalten die Äste mehr Pentosan, Lignin und heißwasserlösliche Stoffe. Das Astholz der Nadelhölzer unterscheidet sich vom entsprechenden Stammholz durch einen geringeren Mannangehalt.

Die Bestandteile der Äste und Zweige von Eichen haben N. NIKITIN und Mitarbeiter[6] untersucht. Nach ihren Beobachtungen unterscheiden sich dünne Äste (4 bis 5 cm Durchmesser) nur sehr geringfügig vom Stammholz. Geringe Abweichungen sind nur im Cellulosegehalt festgestellt worden (31,4% im Stamm und 29,7% in den Ästen). Das Holz von Zweigen (1,5 bis 2 cm Durchmesser) enthält mehr Uronsäuren (6,9 gegen 4,4%), Pentosane (20,7 gegen 19,3%) und in 4%igem Alkali lösliche Stoffe (18,6 gegen 16,5%). Der Ligningehalt dagegen ist in den Zweigen etwas niedriger (20,3%) als im Stamm (23,17%). Große Unterschiede treten im Gerbstoffgehalt auf, die Zweige enthalten nur 2%, während im Stamm 9,6% gefunden werden. Die Zweige enthalten etwas mehr Aschenbestandteile (0,7%) als der Stamm (0,2%).

SHEREBOW[7] hat eine Untersuchung über die Zusammensetzung einzelner Teile von Kiefernästen in Abhängigkeit von der von ihnen ausgeübten

---

[1] C. SCHWALBE u. E. BECKER, Z. Angew. Chemie 32, 229 (1919).

[2] J. KÖNIG u. E. BECKER, Z. Angew. Chemie 32, 155 (1919).

[3] K. STORCH u. O. MÜLLER, Cellulosechemie, 19, 24 (1941). — CHIA-TUNG-CHUNG, Chem. Abstr. 38, 2193 (1944). — G. JAYME u. FINCK, Cellulosechemie 22, 102 (1944). — L. E. WISE, M. MURPHY u. A. A. D'ADDIECO, Paper Trade J. 122, Heft 2 (1946). — L. E. WISE u. E. K. RATCLIFF, Trop. Woods, Nr. 91, 40 (1947).

[4] L. F. HAWLEY u. L. E. WISE, Wood Chemistry, 1931.

[5] Ф. П. Комаров и А. Яковлев, Бум. пром. (F. P. KOMAROM u. A. JAKOWLJEW, Papierind.) Nr. 3, 13 (1932).

[6] Н. И. Никитин, Т. И. Руднева, А. Ф. Зайцева и М. М. Чочиева, ЖПХ (N. I. NIKITIN, T. I. RUDNJEWA, A. F. SAIZEWA u. M. M. TSCHOTSCHIJEWA, Z. Angew. Chemie [russ.]) 22, 67 (1949).

[7] Л. П. Жеребов, Бум. пром. (L. P. SHEREBOW, Papierind.) Nr. 3/4, 14 (1946).

TABELLE 86

Zusammensetzung von Kiefernästen in Abhängigkeit von Zug- oder Druckbeanspruchung

Entfernung vom Stamm in m	Cellulose ohne Pentosan		Pentosan						Lignin		Harze u. Fette		Asche	
			gesamt		an Cellulose gebunden		frei							
	Astseite													
	obere	untere	obere	untere	obere	untere	obere	untere	obere	untere	obere	untere	obere	untere
0,08	45,15	39,98	16,06	16,28	7,06	7,41	9,00	8,87	31,91	38,49	6,31	6,32	0,25	0,24
1	46,58	41,12	16,39	15,67	7,40	6,52	8,99	8,43	31,35	37,01	5,00	4,90	0,31	0,28
2	47,46	42,25	16,14	15,21	7,92	6,45	8,22	8,75	31,28	34,51	5,45	5,34	0,55	0,55
3	46,36	40,69	16,94	16,22	8,46	5,72	8,78	10,50	30,79	34,00	6,40	6,50	0,54	0,46
4	47,28	40,93	15,82	15,95	7,36	6,32	8,46	9,63	30,08	35,67	5,90	5,72	0,42	0,30
5	45,36	39,66	17,14	15,49	9,04	5,11	8,10	10,38	30,05	34,61	6,13	8,57	0,22	0,29
Mittelwerte..	46,37	40,80	16,41	15,80	7,79	6,26	8,59	9,43	30,91	35,70	5,86	6,23	0,36	0,35

mechanischen Funktion durchgeführt. Die Ergebnisse sind in der Tab. 86 zusammengestellt.

Auf Grund seiner Studien kommt der Autor zu nachstehenden Schlußfolgerungen: 1. Durch die Gewichtszunahme der Äste wird eine ungleichmäßige Ablagerung des Baumaterials bewirkt. Die Ringe im oberen Teil der Äste sind dünner als in dem unteren Teil. 2. Die Erhöhung des Achsendruckes auf den im Aufbau begriffenen Kohlenhydratkomplex des Jahresringes bewirkt eine verstärkte Ligninbildung und hat eine Verringerung des Cellulosegehaltes zur Folge. Der Ligningehalt im unteren Teil beträgt 35,7%, im oberen dagegen nur 30,91%. 3. Bei Zugbeanspruchung erhöht sich der Cellulosegehalt, während die Bildung des Lignins gebremst wird, dessen Menge in diesem Falle nicht über dem Normalwert der betreffenden Holzart liegt. Der Cellulosegehalt im oberen Teil beträgt 46,37%, im unteren lediglich 40,8%. 4. Die Pentosane beteiligen sich sowohl am Cellulose- als auch Ligninkomplex, wobei beide Komplexe chemisch miteinander verbunden sind.

Werden jedoch nur physiologische Funktionen ausgeübt, so ist das Verhältnis zwischen dem Lignin, der Cellulose und den Pentosanen gleich dem für diese Holzart normalerweise zu beobachtenden. Bei der Ausübung von mechanischen Funktionen übersteigt der Gehalt an Cellulose im oberen Teil des Astes, an Lignin im unteren Teil und an Pentosanen am Ende eines 5 m langen Astes die Normalwerte um einige Prozente. Für Lignin und Cellulose sind um 5 bis 6% höhere Werte beobachtet worden.

Änderung der Zusammensetzung mit der Stammhöhe

Eingehend untersucht worden ist die Zusammensetzung der verschiedenen Stammabschnitte, Basis, Mitte und Krone von KOMAROW und JAKOWLJEW[1],

[1] Ф. Комаров и А. Яковлев, Бум. пром. (F. KOMAROW u. A. JAKOWLJEW, Papierind.) Nr. 3, 13 (1932).

TABELLE 87

*Zusammensetzung verschiedener Teile einer 65jährigen Eiche in % **

Stammhöhe in m bzw. Teile des Baumes	Cellulose nach KÜRSCHNER	Pentosan	Methylpentosan	Galaktan	Uronsäure	Gerbstoffe	Heißwasserlösl. Stoffe ohne Gerbstoffe	Lignin	Methoxyl		In 4%iger NaOH lösliche Stoffe	Ätherextrakt	Asche
									gesamt	leicht abspaltbar			
1,25— 1,35	31,42	19,33	0,54	0,82	4,42	9,6	4,65	21,67	6,00	1,51	16,56	0,72	0,22
7,45— 7,55	31,82	19,72	0,35	0,06	5,10	9,85	3,94	23,12	5,79	1,11	16,71	0,66	0,21
9,55—10,05	32,04	19,59	0,05	0,12	5,50	8,86	4,86	23,17	6,00	1,41	17,18	0,61	0,26
Ältere Äste	29,76	20,71	0,61	0,28	5,56	8,50	4,80	22,15	6,09	1,66	17,42	0,59	0,39
Jüng. Äste	30,31	20,76	0,17	0,36	6,97	2,06	6,84	20,90	5,90	1,96	18,66	0,65	0,70

* Mannan ist nicht gefunden worden.

NIKITIN und Mitarbeitern[1] und verschiedenen anderen Autoren[2]. Die Ergebnisse bei Eichenholz sind in der Tab. 87 zusammengestellt.

Danach sind die Änderungen im Gehalt der Hauptbestandteile mit zunehmender Stammhöhe nur unwesentlich, was mit den Angaben anderer Autoren im Falle anderer Holzarten gut übereinstimmt[3]. Bemerkenswert ist lediglich ein geringer Anstieg der Ligninwerte von unten nach oben, von 21,6 auf 23,1%. In gleicher Weise erhöht sich der Uronsäuregehalt von 4,4 auf 5,5%. Die Gerbstoffe nehmen in der gleichen Richtung von 9,6 auf 8,8% ab.

Zusammensetzung des Kern- und Splintholzes

Mit der Erforschung der Zusammensetzung des Kern- und Splintholzes verschiedener Holzarten befassen sich Arbeiten von N. NIKITIN und Mitarbeitern[4], aus dem Forest Product Laboratory[5] und anderen. Die Tab. 88 bringt die Analysendaten für einige Holzarten.

Aus den Angaben der Tabelle geht hervor, daß sich das Kern- und das Splintholz in bezug auf ihre Zusammensetzung unterscheiden. Die Differenzen sind je nach der Holzart verschieden. Die Menge und Verteilung der Bestandteile sind vom Alter und den Wachstumsbedingungen abhängig. Der Gehalt an Extraktstoffen im Kernholz ist bei Nadelholzarten größer als im Splintholz. Das erstere enthält dagegen weniger Cellulose und Lignin. Bei allen Nadelhölzern und der Mehrzahl der Laubhölzer findet man im Splintholz einen höheren Acetylgehalt als im Kernholz[6].

[1] Н. И. Никитин и др., ЖПХ (N. I. NIKITIN u. a., Z. angew. Chemie [russ.]) **22**, 75 (1949).

[2] G. JAYME, U. SCHENCK u. L. ROTHAMEL, Das Papier **3**, 1 (1949).

[3] Н. И. Никитин, Химия древесины (N. I. NIKITIN, Chemie des Holzes) 1935, S. 249.

[4] Н. И. Никитин, Т. И. Руднева, А. Ф. Зайцева и М. М. Чочиева, ЖПХ (N. I. NIKITIN, T. I. RUDNJEWA, A. F. SAITZEWA u. M. M. TSCHOTSCHIJEWA, Z. Angew. Chemie [russ.]) **22**, 67 (1949).

[5] G. RITTER u. L. FLECK, Ind. Eng. Chem. **15**, 1056 (1923). — R. FREEMAN u. F. PETERSON, Ind. Eng. Chem. Anal. Ed. **13**, 803 (1941). — A. ANDERSON, Ind. Eng. Chem. **36**, 662 (1944).

[6] L. F. HAWLEY u. L. E. WISE, Wood Chemistry, 1931.

TABELLE 88

Zusammensetzung des Kern- und Splintholzes verschiedener Holzarten in %

Art	Cellulose nach KÜRSCHNER pentosanfrei	Pentosan	Heißwasserlösliche Anteile	Lignin	Ätherextrakt	Essigsäure	Asche
Weißesche:							
Splint	50,38	19,85	6,41	26,95	1,17	3,23	0,61
Kern	53,56	19,90	3,40	27,39	0,43	2,31	0,30
Gelbpappel:							
Splint	58,13	18,37	1,98	23,08	0,27	3,12	0,48
Kern	59,57	18,47	2,08	22,19	0,43	2,89	0,39
Gelbbirke:							
Splint	58,91	21,36	1,18	24,69	0,48	2,34	0,26
Kern	56,88	20,37	5,69	26,62	0,81	1,78	0,40
Weißeiche:							
Splint	49,53	23,25	4,11	32,34	0,43	3,44	0,57
Kern	48,68	21,82	10,15	32,74	0,71	2,59	0,43
Kiefer:							
Splint	54,25	9,31	5,15	26,51	5,46	1,68	0,23
Kern	50,23	8,56	7,68	26,14	3,62	1,43	0,42

TABELLE 89

Zusammensetzung des Holzes der Markstrahlen

Art	Cellulose (durch Bromierung)	Gesamtpentosan	Cellulose, pentosanfrei	Pentosan an Cellulose gebunden	Lignin		Heißwasserlösliche Stoffe	Alkohol-Benzol-Extrakt		Asche
					Hackschnitzel	Sägemehl		Schnitzel	Mehl	
Eiche „Flameshe“										
Markstrahlen	32,6 bis 32,4	11,8 bis 11,6	26,5	18,5	37,5 bis 36,7	—	—	19,9 bis 20,2	—	0,19 bis 0,21
Holz........	38,8 bis 39,8	12,9 bis 13,2	33,0	15,2	30,0 bis 30,3	27,9 bis 28,4	10,8 bis 10,7	18,7 bis 18,9	22,2 bis 21,7	0,078 bis 0,072
Weißeiche										
Markstrahlen	41,8 bis 42,1	28,5	28,2	32,6	32,7 bis 31,8	—	7,5	—	—	0,19
Holz........	55,0 bis 55,2	27,3	39,6	28,0	25,8 bis 26,0	—	5,8	—	—	0,20 bis 0,19

Zusammensetzung der Markstrahlen

Hawley und Wise[1] haben 1928 aus Eichenholz herauspräpariertes Gewebe von Markstrahlen auf seine Zusammensetzung untersucht. Die Resultate der Arbeit sind in der Tab. 89 enthalten, wobei die Werte auf absolut trockenes Holz berechnet sind.

Nach den Angaben wird im Gewebe der Markstrahlen mehr Lignin und weniger Cellulose gefunden als im Gesamtholz. Die Autoren haben festgestellt, daß das Markstrahlgewebe etwa ein Viertel bis ein Drittel des Gesamtvolumens des untersuchten Eichenholzes ausmacht. Für die Mehrzahl der anderen Holzarten ist der Einfluß der Markstrahlen viel weniger wesentlich, da sie nur einen kleinen Anteil am Gesamtholz haben.

Zusammensetzung des wachsenden Holzgewebes

Die erste systematische Untersuchung über die chemische Zusammensetzung des Holzes während des Wachstums ist von Sherebow und Weinow[2] ausgeführt worden. Später haben sich auch Scharkow und Mitarbeiter[3] und andere Autoren[4] mit dieser Frage beschäftigt. Die von den letzteren Autoren

TABELLE 90

Zusammensetzung des Kambiums, neuen Holzes und des Splintholzes einiger Arten

Art	Cellulose	Lignin	Pektin	Proteine	Gesamt-furfurol	Gesamt-uronsäure-anhydrid	Furfurol in den Hemicellulosen
Esche							
Kambium	20,2	4,6	21,6	29,4	10,6	20,2	1,66
Neues Holz	51,9	23,2	3,85	5,56	17,3	8,2	4,13
Splint	58,3	20,9	1,58	1,37	15,2	5,25	4,95
Ulme							
Kambium	20,7	13,5	9,91	30,0	10,3	12,5	3,66
Neues Holz	53,0	25,5	3,72	5,19	15,1	7,86	3,12
Splint	57,5	24,8	1,68	1,73	14,2	6,44	4,04
Schottlandkiefer							
Kambium	25,1	8,56	16,6	20,8	13,0	15,7	6,48
Splint	61,8	26,1	0,96	0,83	6,42	3,71	2,64

an Esche, Ulme und Kiefer erhaltenen Ergebnisse sind in der Tab. 90 wiedergegeben. Die Werte sind auf Material bezogen, das zuvor mit Alkohol extrahiert worden ist.

[1] W. M. Hawley u. L. E. Wise, Ind. Eng. Chem. **20**, 720 (1928).

[2] Л. П. Жеребов и К. А. Вейнов, Лесохим. сб. Иист. древесины (L. P. Sherebow u. K. A. Weinow, Holzchem. Sammlung des Holzinst.) Nr. 1 (1932).

[3] В. И. Шарков и Е. С. Цветкова, Сб. тр. Всесоюзн. Научно-иссл. инст. гидролизн. и сульфитноспирт. пром. (W. I. Scharkow u. Je. S. Zwetkowa, Gesamm. Arb. d. Allunions Forsch. Inst. d. Hydrolysenindustrie) **3**, 69 (1950). — В. И. Шарков и Ф. А. Сартания, Лесохим. пром. (W. I. Scharkow u. F. A. Sartanija, Holzchem. Ind.) Nr. 3/4 (1938).

[4] A. Alsopp u. P. Misra, Biochem. J. **34**, 1078 (1940).

Für ein frühes Entwicklungsstadium der Zellwand ist offensichtlich ein relativ hoher Gehalt an Pektinen, Proteinen und Polyuroniden charakteristisch. Mit fortschreitender Entwicklung nimmt die Menge dieser Stoffe allmählich ab. Auf der anderen Seite ist anfangs nur wenig Cellulose und Lignin vorhanden, deren Gehalt mit fortschreitender Entwicklung aber schnell ansteigt. Von den Autoren ist festgestellt worden, daß selbst nach der Ausbildung von Gefäßen noch geringe Änderungen in der Zusammensetzung stattfinden können, die sich in einer Erniedrigung des Pektingehaltes und einer geringen Erhöhung des Pentosangehaltes auswirken.

Unterschiede in der Zusammensetzung des Früh- und Spätholzes

Im Zusammenhang mit dieser Frage sind die Untersuchungen von SCHARKOW und SOBJEZKI[1], aber auch von RITTER und FLECK[2] zu nennen. Die letzteren Autoren haben eine Reihe von amerikanischen Holzarten in dieser Hinsicht erforscht. Die Ergebnisse von SCHARKOW und SOBJEZKI sind in der Tab. 91 angeführt. Durch einen Vergleich der Angaben läßt sich feststellen, daß die

TABELLE 91

Unterschiede in der Zusammensetzung von Früh- und Spätholz

Art	Raumgewicht des abs. trockenen Holzes	Cellulose nach KÜRSCHNER	Cellulose nach Entfernung der Hemicellulosen	Hemicellulosen	Pentosan	Methylpentosan	Uronsäuren	Lignin	Methoxyl im Lignin	Gesamtmethoxyl	Extraktstoffe			Asche
											ätherlöslich	alkohollöslich	wasserlöslich	
Sibirische Lärche														
Frühholz	0,421	45,39	—	--	9,50	0,65	2,88	29,57	11,02	4,77	2,01	1,64	8,18	1,45
Spätholz	0,863	46,13	—	—	9,08	0,59	1,10	29,39	—	4,28	1,32	1,85	3,65	0,72
Kiefer														
1. Probe														
Frühholz	0,323	53,18	51,40	20,68	12,22	0,89	3,56	28,45	15,09	4,80	1,83	1,29	0,62	0,23
Spätholz	0,779	54,42	52,68	20,36	10,90	0,63	2,58	27,86	12,55	4,02	1,35	0,84	0,57	0,24
2. Probe														
Frühholz	—	55,08	—	24,00	13,25	0,75	2,72	29,48	15,61	4,29	2,48	1,29	0,35	0,25
Spätholz	—	54,68	—	24,36	10,85	0,89	1,89	29,35	14,39	4,18	2,47	0,99	0,36	0,26

Unterschiede bezüglich der Hauptbestandteile nur gering sind. Das spezifische Gewicht des Sommerholzes in den untersuchten Proben ist jedoch fast doppelt so hoch wie das des Frühholzes. Der Cellulosegehalt des Frühholzes liegt in allen Fällen um ein geringeres niedriger als bei dem entsprechenden Spätholz.

---

[1] В. И. Шарков и С. В. Собецкий, ЖПХ (W. I. SCHARKOW u. S. W. SOBJEZKI, Z. Angew. Chem. [russ.]) 21, 664 (1948).

[2] G. J. RITTER u. L. C. FLECK, Ind. Eng. Chem. 18, 608 (1926).

Andererseits ist der Gehalt an Lignin, Pentosan, Polyuroniden und Methoxylgruppen im Frühholz etwas höher[1].

Eine Erklärung dafür besteht darin, daß die an Lignin und Pektinen relativ reicheren Mittellamellen im Frühholz einen größeren Anteil am Holz besitzen als im Spätholz.

Der lettische Forscher JANSSON[2] hat den Ligningehalt in den Jahresringen von Holz bestimmt, dessen Proben einmal von der Nord- und zum anderen von der Südseite des Stammes entnommen worden sind. Dabei hat der Autor zeigen können, daß der Ligningehalt des Frühholzes zwischen 25,2% (Nordseite) und 29,6% (Südseite) schwankt, im Falle des Spätholzes von 22,3% (Nordseite) bis 34,0% (Südseite). Die Anreicherung des Lignins auf der einen Seite des Stammes ist von einer Verarmung in den anderen Teilen begleitet. Der Autor nimmt deshalb an, daß die Ausgangsstoffe für die Ligninbildung nicht die gleichen sind, aus denen der Kohlenhydratteil des Holzes entsteht. In einer anderen Arbeit[3] über die Zusammensetzung des Lignins und der Gerbstoffe der Rinde kommt derselbe Autor zu der Annahme, daß das Lignin entweder direkt aus den Gerbstoffen gebildet wird, wobei es in der Zellwand bei gleichzeitiger Methylierung fixiert wird, oder daß Lignin und Gerbstoffe aus einem gemeinsamen, aromatischen Rohstoff entstehen. Nach Ansicht JANSSONS stellen diese beiden Bestandteile Konkurrenten bei der Inanspruchnahme der aromatischen Ausgangsstoffe dar.

Zusammensetzung von Holz verschiedenen Alters

Über den Einfluß des Alters, des Standorts und ähnlicher Faktoren auf die chemische Zusammensetzung des Holzes existieren in der Literatur die verschiedensten Angaben. Von einigen Autoren[4] ist festgestellt worden, daß mit zunehmendem Alter des Holzes eine Erhöhung des Cellulose- und Ligningehaltes parallel geht.

TABELLE 92

Veränderungen der Zusammensetzung mit zunehmendem Alter der Bäume

Art	Alter in Jahren	Cellulose	Holocellulose	Lignin	Alkohol-Benzol-Extrakt
Erle	9	39,63	—	22,70	—
	14	43,30	—	23,25	—
	70	45,50	—	25,00	—
Pappel	17	—	80,12	19,29	2,00
	22	—	76,66	22,13	2,20
	43	—	74,94	24,30	2,30

---

[1] RITTER u. FLECK sind zu den gleichen Ergebnissen über die Verteilung der Hauptbestandteile gekommen.

[2] Н. Я. Янсон, Тр. Инст. лесохоз. пробл. (N. JA. JANSSON, Arb. d. Holzwirtsch. Inst.) Heft 2, 127 (1950).

[3] Н. Я. Янсон, Изв. АН ЛССР (N. JA. JANSSON, Nachr. d. Akad. Wiss. d. Lett. SSR) Nr. 9, 79 (1948).

[4] Ф. П. Комаров, Руководство к лабораторным работам по химии древесины и целлюлозы (F. P. KOMAROW, Praktikum der Holz- u. Cellulosechemie) 1934, S. 85.

TABELLE 93

Zusammensetzung von Eichenholz aus verschiedenen Gebieten und Waldtypen

Gebiet und Waldart	Cellulose nach Kürschner, pentosanfrei	Pentosan	Methylpentosan	Galaktan	Uronsäuren	Gerbstoffe	In heißem Wasser lösliche Stoffe ohne Gerbstoffe	Lignin	Leicht abspaltbares Methoxyl	Ätherextrakt	Asche
Woronesher Bezirk											
Waldtyp:											
A. Bergwald (I Bonität)..	35,0	20,86	0,47	0,11	5,28	8,7	3,26	20,67	1,82	0,54	0,23
B. Auenwald (II Bonität)	36,48	19,29	0,47	0,14	5,31	6,0	3,96	22,35	1,25	0,61	0,22
C. Eichenwälder a. Salzböden (IV Bonität)....	32,89	19,34	0,48	0,55	5,40	8,0	4,34	22,18	1,32	0,75	0,23
Mittelwerte für A und B .	35,74	20,07	0,47	0,12	5,29	7,3	3,61	21,51	1,53	0,57	0,22
Maximaldifferenzen											
zwischen A und B.....	1,68	1,74	0,22	0,17	0,49	2,8	1,7	1,40	0,47	0,09	0,19
innerhalb der Typen...	1,48	1,57	0,0	0,0	0,03	2,7	0,7	1,68	0,57	0,07	0,01
Moskauer Bezirk											
Waldtyp: Fichtenmischwald mit eingestreuten Eichen	37,05	22,60	0,44	0,21	4,67	4,63	2,36	22,50	1,15	0,53	0,27
Größte Unterschiede zwischen einzelnen Bäumen des Typs	1,61	3,46	0,07	0,05	0,67	2,20	0,57	2,50	0,32	0,20	0,06
Nordwestkaukasus											
Waldtyp:											
I Eichen-Weißbuchen-Mischwald............	33,84	17,70	0,28	0,36	4,86	6,20	3,35	24,19	1,40	0,55	0,22
II Eichen-Linden-Mischwald............	34,15	19,58	0,19	0,47	4,63	7,14	2,75	22,94	1,18	0,51	0,28
Mittelwerte aus den beiden Typen	33,99	18,64	0,23	0,41	4,74	6,67	3,05	23,56	1,29	0,53	0,25
Größte Unterschiede											
zwischen Bäumen des gleichen Typs	2,26	3,21	0,08	0,37	0,38	2,86	0,59	1,73	1,09	0,11	0,20
zwischen den verschiedenen Typen	0,31	1,88	0,09	0,11	0,23	0,94	0,60	1,25	0,22	0,01	0,06
Unterschiede zwischen den Mittelwerten der verschiedenen Gebiete	3,06	3,97	0,24	0,29	0,62	2,67	1,25	2,05	0,40	0,04	0,05

Andere Autoren[1] sind der Ansicht, daß mit dem Alter auch eine Zunahme des Aschegehaltes, des Lignins und von in organischen Lösungsmitteln löslichen Stoffen Hand in Hand geht. Der Anteil der Cellulose und der Pentosane geht dagegen zurück. Die Tab. 92 gibt einen Überblick über den Einfluß des Alters auf die Zusammensetzung von Erlen- und Pappelholz.

Die Autoren stellen jedoch fest, daß die altersbedingten Veränderungen sehr verschieden sein können.

Den Einfluß der Waldart auf die Zusammensetzung von Eichenholz haben N. NIKITIN und Mitarbeiter[2] untersucht. Zu den Analysen sind 16 Bäume aus verschiedenen Waldtypen und geographischen Zonen benutzt worden. In der Tab. 93 sind die Mittelwerte für 2 bis 3 Bäume jeden Typs angegeben.

Aus der Tabelle läßt sich entnehmen, daß irgendwelche besonderen Unterschiede nicht gefunden werden. Die geringen Schwankungen von 1 bis 2% bei den Holzbestandteilen liegen innerhalb der bei Analysen von Einzelbäumen des gleichen Standortes beobachteten Fehlergrenze von 3 bis 4%. Die Zusammensetzung der Bäume wird also anscheinend durch individuelle Faktoren wie Licht, Vorherrschaft, Entwicklung der Krone usw. beeinflußt.

In der Literatur[3] finden sich Hinweise über die Zusammensetzung von versteinertem Holz. Erwähnt sei hier, daß dabei mehr Mineralstoffe und weniger Extraktstoffe, Cellulose und Pentosane gefunden werden als im normalen Holz. Beobachtet worden ist ferner eine Erhöhung des Ligningehaltes, offenbar auf Kosten anderer Bestandteile. Unter bestimmten Bedingungen ist das Lignin anscheinend wesentlich beständiger als der Kohlenhydratkomplex.

Die Zusammensetzung von Eichenholz, das etwa 1000 bis 5000 Jahre unter Wasser gelegen hat, ist ebenfalls untersucht worden[4]. Dabei hat sich ergeben, daß ein höherer Gehalt an Asche und heißwasserlöslichen Stoffen vorliegt, während die Menge der Hemicellulosen niedriger ist. Praktisch unverändert dagegen ist der Gehalt an Cellulose und Lignin.

Auch der Einfluß einer Lufttrocknung (126 Tage) und einer künstlichen Trocknung bei erhöhter Temperatur ist untersucht worden[5]. In beiden Fällen findet eine Verringerung des Pentosangehaltes und entsprechende Erhöhung des Ligninanteils statt.

Zu ähnlichen Ergebnissen gelangt man beim Erhitzen des Holzes ohne Luftzutritt. Auch in diesen Fällen ist eine Umwandlung der Kohlenhydratbestandteile in ligninähnlichen Stoffen beobachtet worden[6].

Um die Änderungen der Zusammensetzung beim Gefrieren des Holzes festzustellen, sind ebenfalls Untersuchungen durchgeführt worden[7]. Die Tab. 94 gibt die nach dem Gefrieren des Holzes von *Gleditschia monosperma* bei —16 bis —30° erhaltenen Resultate wieder.

---

[1] G. JAYME u. F. REH, Cellulosechemie **22**, 65 (1944). — L. E. WISE, Wood Chemistry, 1944, S. 652.

[2] Н. И. Никитин, и др. ЖПХ (N. I. NIKITIN u. a. Z. Angew. Chem. [russ.]) **22**, 67 (1949).

[3] L. E. WISE, Wood Chemistry, 1944, S. 653ff.

[4] В. И. Шарков и С. В. Собецкий, ЖПХ (W. I. SCHARKOW u. S. W. SOBJEZKI, Z. Angew. Chemie [russ.]) **21**, 665 (1948).

[5] L. E. WISE, Wood Chemistry, 1944, S. 653ff.

[6] desgl.

[7] desgl.

TABELLE 94

Zusammensetzung von gefrorenem Holz

Holz	Roh-cellulose	Pentosan	Lignin, aschefrei	Methoxyl	Extraktstoffe			Tannide	Kupferzahl	Asche
					kaltwasserlöslich	heißwasserlöslich	acetonlöslich			
Normales...	40,37	25,30	22,46	3,52	7,92	11,37	8,21	5,63	18,57	0,90
Gefrorenes .	39,35	23,34	28,69	4,50	5,72	9,89	7,89	3,94	16,19	1,25

Aus der Tabelle ist ersichtlich, daß die Menge der in Wasser und Aceton löslichen Pentosane und der Cellulose nach dem Gefrieren niedriger ist. Möglicherweise findet eine dispergierende, tiefe Einwirkung feinster Eiskriställchen statt, wobei die Zellwände zerstört werden. Dabei entstehen niedermolekulare und unbeständige Abbauprodukte, die leicht humifiziert werden können und auf diese Weise die Ligninwerte verfälschen.

Zusammensetzung der Rinde

Mit der Erforschung der Rindenbestandteile haben sich viele Autoren aus aller Herren Ländern beschäftigt[1]. Die Rinde ist entweder insgesamt oder ge-

TABELLE 95

Zusammensetzung der Rinde verschiedener Hölzer

Art	Cellulose, pentosanfrei	Pentosan	Hexosan	Uronsäuren	Lignin	Methoxyl, außer dem im Lignin enthaltenen	wässeriger Extrakt, aschefrei	alkoholischer Extrakt	flüchtige Säuren	Suberin	Gesamtasche
Kiefer											
Bast	18,22	12,14	16,30	6,04	17,12	1,84	20,84	3,85	1,73	0,00	2,19
Kork	16,43	6,76	6,00	2,17	43,63	3,70	14,20	3,48	1,25	2,85	1,39
Fichte											
Bast	23,20	9,65	9,30	5,98	15,57	1,90	33,08	1,70	1,11	0,00	2,33
Kork	14,30	7,10	7,70	3,95	27,44	2,90	27,91	2,62	0,69	2,82	2,31
Espe											
Bast	8,31	11,80	7,00	3,56	27,70	3,78	31,32	7,50	1,60	0,91	2,73
Birke											
Bast	17,40	12,50	5,10	7,35	24,70	0,70	21,40	13,10	0,77	0,00	2,42

[1] Arbeiten von SCHARKOW u. Mitarbeitern in der Zeitschrift „Holzchemische Industrie" der Jahrgänge 1938—1940. Ferner: В. И. Шарков, ЖПХ (W. I. SCHARKOW, Z. Angew. Chemie [russ.]) **11**, (1938); Бум. пром. (Papierind.) Nr. 8 (1938). — A. WACEK u. A. SCHÖN, Holz als Roh- und Werkstoff **4**, 18 (1941). — E. LEHMANN u. G. WILKE, Cellulosechemie **20**, 73 (1942). — L. E. WISE, Wood Chemistry, 1944, S. 664. — G. H. SEGALL u. C. B. PURVES, Pulp Pap. Mag. Canad. **47**, 149 (1946).

trennt nach Bast und Kork untersucht worden. Bezüglich der Zusammensetzung unterscheidet sich die Rinde außerordentlich vom Holz. So sind z. B. in der Rinde große Mengen an Extraktstoffen enthalten, bei der Tanne bis zu 30%, ferner „Lignin", in der Weißbirke bis zu 49%.[1] Der Pentosan- und Cellulosegehalt, 8,3 bis 17,5% bzw. 18 bis 20%, liegt wesentlich unter dem des Holzes. Laub- und Nadelhölzer zeigen im Pentosangehalt der Rinde keinen Unterschied. Bei der Cellulosebestimmung in der Rinde werden die besten Ergebnisse mit der Methode von Kürschner und Hoffer erhalten. Die Tab. 95 bringt Angaben über die Zusammensetzung der Rinde einiger in der UdSSR vorkommenden Hölzer nach Scharkow[2].

Auch Bast und Kork unterscheiden sich in ihrer Zusammensetzung. Im Bast sind mehr Extraktstoffe, Uronsäuren und Pentosane, aber weniger Lignin enthalten als im Kork. Die Umwandlung von Bast in Kork äußert sich in der Ansammlung von Stoffen mit ligninähnlichem Charakter und im Auftreten von Suberin[3].

---

[1] Die Ligninausbeute hängt wesentlich von der Isolierungsmethode ab, da die in der Rinde ebenfalls anwesenden Tannide stören. Die besten Ergebnisse werden mit der Methode von Freudenberg erhalten. Die Ausbeute hat im Falle von Buchenrinde 18% betragen, der Methoxylgehalt des Präparates liegt bei 15,45%. Bei der Oxydation mit Nitrobenzol sind 16,7% Vanillin erhalten worden. Das Rindenlignin enthält weniger OCH_3 als das aus Holz.

[2] В. И. Шарков, Бум. пром. (W. I. Scharkow, Papierind.) Nr. 8, 32 (1938).

[3] Aus Platzmangel ist nur eine kurze Übersicht gegeben, es wird auf die angeführte Spezialliteratur verwiesen.

DREIZEHNTER ABSCHNITT

Natürlicher Zerfall des Holzes

Die Zerstörung von Holz und verholzten Pflanzenrückständen ist einer der verbreitetsten Prozesse in der Natur, dem eine bedeutende Rolle im Kreislauf der Stoffe zugewiesen ist. Seinem Charakter nach ist der Zerfall ein biochemischer Vorgang, der hauptsächlich durch Mikroorganismen bewirkt wird. Zum Ablauf der Zerfallsreaktionen ist aber ebenfalls die Teilnahme äußerer Faktoren, wie Luft, Temperatur, Licht und Feuchtigkeit von ausschlaggebender Bedeutung.

Der Chemismus des Zerfallsprozesses und die Natur der entstehenden Produkte hängen von den Zersetzungsbedingungen und der Art der beteiligten Mikroorganismen ab. In gleicher Weise wirkt die chemische Zusammensetzung des zerfallenden Materials. Die Beständigkeit der Cellulose, der Hemicellulosen und des Lignins gegenüber den Mikroorganismen ist außerordentlich verschieden. Die genannten Stoffe werden entweder überhaupt nicht oder in sehr unterschiedlichem Maße angegriffen. Unter natürlichen Bedingungen läßt sich daher der Ablauf einer größeren Zahl von Prozessen gleichzeitig beobachten. In einigen Fällen ist die Zersetzung fast vollständig, während in anderen eine Ansammlung von organischen Stoffen in Form von Humus, Torf, Kohle oder Schiefer stattfindet.

Bei den Bakterien und Pilzen, die bei der Zersetzung des Holzes und seiner Bestandteile die Hauptrolle spielen, findet die Nahrungsaufnahme durch Osmose, d. h. durch die gesamte Oberfläche statt. Als direkte Nährstoffe können deshalb nur solche Stoffe dienen, die in gelöster Form vorliegen und durch die Hülle der Zellen hindurch diffundieren können, d. h. relativ einfache organische Verbindungen wie Zucker, organische Säuren, Alkohole usw. Alle unlöslichen Verbindungen werden deshalb vorher durch enzymatische Hydrolyse in lösliche Formen übergeführt.

Zersetzung der Cellulose

Trotz ihrer chemischen Beständigkeit wird die Cellulose nicht nur in reiner Form, sondern auch als Hauptbestandteil der pflanzlichen Zellwand durch Mikroorganismen unter verschiedenen Bedingungen relativ schnell zersetzt. Zu den dazu fähigen Organismen gehören einige anaerobe und aerobe Bakterien, viele Formen höherer Pilze und Actinomyceten, verschiedene Protozoen und einige Formen von Insekten und Wirbellosen, wie Würmer und Schnecken. Einige von diesen Organismen, besonders die Bakterien, sind geradezu auf die Cellulose spezialisiert, die ihre einzige Energiequelle vorstellt. Andere Bakterien, alle Pilze und Actinomyceten brauchen zum Leben nicht unbedingt die Cellulose als Nahrungsgrundlage.

Die genannten Organismen besitzen die Fähigkeit, die Cellulose zu zersetzen, da sie in der Lage sind, ein spezifisches, hydrolytisch wirkendes Enzym zu erzeugen, die sogenannte Cellulase, so z. B. die thermophilen Bakterien, die Weinbergschnecke und der Holzwurm. Es gibt auch Organismen, die keine Cellulase erzeugen, sich aber trotzdem von der Cellulose ernähren. In diesem Falle wird die Zersetzung durch eine Symbiose mehrerer Formen bewirkt, wobei die von der einen gebildeten Produkte von der anderen ausgenutzt werden. So ist z. B. bekannt, daß bei pflanzenfressenden Tieren, Insekten und Würmern die Verdauung der Cellulose durch die in den Verdauungsorganen anwesenden Bakterien und Infusorien erfolgt, die durch direkte Enzymabscheidung die Cellulose völlig selbständig zersetzen[1].

Je nach den äußeren Bedingungen sind an der Zersetzung der Cellulose die einen oder anderen Formen der Mikroorganismen beteiligt. Unter anaeroben Verhältnissen erleidet die Cellulose eine Zersetzung nach Art der Buttersäuregärung[2]. Bewirkt wird diese Gärung durch zwei verschiedene Bakterien, von denen die eine Art Methan liefert (Methangärung) und die andere Wasserstoff (Wasserstoffgärung). Die übrigen Gärungsprodukte, Butter- und Essigsäure, Äthylalkohol und Kohlendioxyd, sind bei beiden Formen die gleichen. Je nach der stattfindenden Gärungsart sind jedoch die Mengenverhältnisse verschieden. Der anaerobe Abbau der Cellulose unter dem Einfluß der von OMELJANSSKI entdeckten Bakterien findet hauptsächlich bei überschüssiger Feuchtigkeit statt, d. h. überwiegend in morastigen Böden, Sümpfen, im See- und Flußschlamm und in den Gedärmen von Tieren. Heute nimmt man an, daß die Bakterien von OMELJANSSKI nur aus einer Form bestehen und zu den Buttersäurebakterien gehören. Typisch für diese Art ist die Wasserstoffgärung, deren Chemismus gewöhnlich durch folgendes, angenähertes Schema wiedergegeben wird:

$$(C_6H_{10}O_5)_n + {}_nH_2O \xrightarrow{\text{Hydrolyse}} {}_nC_6H_{12}O_6$$

$$C_6H_{12}O_6 \rightarrow CH_3CH_2CH_2COOH + CH_3COOH + H_2 + CO_2 + x \text{ Kal.}$$

Die Methangärung ist nach der heutigen Ansicht nur eine Abart der Wasserstoffgärung. Es entsteht sekundär nach

$$CO_2 + 4H_2 \rightarrow CH_4 + 2H_2O$$

oder

$$CH_3COOH \rightarrow CH_4 + CO_2$$

Unter aeroben Bedingungen wird die Cellulose durch spezielle Bakterien zersetzt, die zu den in der Natur häufig vorkommenden systematischen Gruppen der Myxobakterien und Vibrionen gehören[3].

---

[1] Die relative Verwertung roher Cellulose durch Tiere kann durch folgende Zahlen ausgedrückt werden: Rindvieh 56%, Pferd 40,6%, Schwein 28,8%, Geflügel 0%. Da sich die Angaben auf Rohmaterial, das noch Lignin und andere Stoffe enthält, beziehen, liegen die Werte bei reiner Cellulose entsprechend höher. Vgl. Н. Н. Иванов, Методы физиологии и анатомии растений (N. N. IWANOW, Methoden der Pflanzenphysiologie und -anatomie) 1935, S. 132.

[2] В. Л. Омелянский, Арх. биолог. наук (W. L. OMELJANSSKI, Archiv d. biolog. Wiss.) 7 (1889).

[3] А. Имшенецкий и А. Солнцева, Изв. АН СССР, биол. сер. (A. IMSCHENEZKI u. A. SOLNZJEWA, Nachr. d. Akad. d. Wiss. d. UdSSR, biolog. Reihe) 6, 1115 (1936).

Spezifische Stämme der Cellulosebakterien sind *Cytophaga, Polangium* und *Sorangium*[1]. Die Zersetzung der Cellulose wird nur von einigen zu diesen Arten gehörenden Formen hervorgerufen, die auch im wesentlichen für den Abbau der Cellulose im Waldboden und in der Erde verantwortlich sind.

Nach ihrer Fähigkeit zur Aufnahme verschiedener Kohlenhydrate lassen sich die Cellulosebakterien in zwei Gruppen einteilen[2].

Die erste besteht aus Formen, die ausschließlich auf Cellulose wachsen, den sogenannten obligaten Cellulosebakterien. Ein typischer Vertreter der Art ist *Cytophaga*, bei der die Affinität zur Cellulose so stark ausgeprägt ist, daß ein Wachstum auf einem anderen Medium praktisch nicht möglich ist. Die Zersetzung der Cellulose durch diese Bakterien erfolgt außerordentlich energisch und ist mit dem Auftreten eines charakteristisch gefärbten Schleims verbunden. Die Art *Cytophaga ellipsospora* kann z. B. innerhalb von 10 Tagen 46 % der Cellulose zerstören. Die Zersetzung kann auch bei nur begrenztem Luftzutritt stattfinden, dauert dann aber entsprechend länger.

Zur zweiten Gruppe gehören Bakterien, die auch auf anderen Kohlenhydratsubstraten gedeihen können. Man bezeichnet diese als fakultative Cellulosebakterien. Der Angriff der Cellulose erfolgt nur langsam, eine vollständige Zersetzung ist nicht beobachtet worden. Von *Sorangium cellulosum* werden in 10 Stunden 26,5 % zerstört.

Die Gruppe der Cellulosevibrionen (*Cellvibrio*) enthält typische Formen, die bedeutend weniger spezialisiert sind, d. h., ihre Entwicklung ist auch auf anderen Kohlenstoff liefernden Substraten möglich. Die Zerstörung der Cellulose durch die Vibrionen erfolgt rasch, ist jedoch im Gegensatz zu den Myxobakterien nicht von einer Schleim- und Pigmentbildung begleitet.

Für den Abbau der Cellulose unter aeroben Bedingungen hat man zwei Phasen festgestellt[3]. In der ersten findet Hydrolyse statt, während in der zweiten die Hydrolysenprodukte zu Kohlensäure und Wasser oxydiert werden. Irgendwie geartete andere Produkte, wie Zucker, Alkohol und Säuren, entstehen dabei nicht. Die Reaktionen lassen sich durch folgendes kurzes Schema darstellen:

$$C_6H_{10}O_5 + H_2O \rightleftharpoons C_6H_{12}O_6$$
$$C_6H_{12}O_6 + 6\,O_2 \rightarrow 6\,CO_2 + 6\,H_2O$$

Auf Grund des Auftretens von Uronsäuren in den Schleimstoffen haben einige Autoren[4] die Vermutung ausgesprochen, daß die Zersetzung der Cellulose durch aerobe Bakterien einen Oxydationsprozeß darstellt, wobei Oxycellulose entsteht. Die Schleimstoffe sind aber, wie festgestellt worden ist[5], keine

---

[1] Die Schleimbakterien zeigen einen eigenartigen Entwicklungszyklus. Im ersten Stadium, dem vegetativen Wachstum, findet eine rasche Vermehrung durch Teilung statt, wobei viel Schleim entsteht, der Plasmodien vortäuscht. Im zweiten Stadium (Fruchtstadium) erfolgt an einigen Stellen des Plasmodiums eine Anhäufung von Zellen, wodurch dann Cysten entstehen. Aus diesen werden Fruchtkörper gebildet, die häufig die Form von stecknadelkopfartigen Schwellungen besitzen.

[2] А. Имшенецкий и А. Солнцева, Микробиология (A. Imschenezki u. A. Solnzewa, Mikrobiologie **6**, 3 (1937).

[3] А. Имшенецкий, Микробиология (A. Imschenezki, Mikrobiologie) **7**, 683 (1938).

[4] S. Winogradski, Ann. Inst. Past. **43**, 549 (1929). — М. Лойцянская, ДАН СССР (M. Loizjansskaja, Ber. Akad. Wiss. UdSSR) **14**, 38 (1937). — W. Walker u. F. Waren, Biochem. J. **32**, 31 (1938).

[5] М. Кононова и И. Александрова, Микробиология (M. Kononowa u. I. Aleksandrowa, Mikrobiologie) **18**, 42 (1949).

Zwischenprodukte beim Zerfall, sondern entstehen infolge der resynthetisierenden Tätigkeit der Bakterien. Die Vorstellung über den oxydativen Charakter des aeroben Abbaues ist deshalb aus den angeführten Gründen abzulehnen.

Aber auch thermophile Bakterien können an dem Abbau der Cellulose beteiligt sein. Diese Bakterien bewirken eine Vergärung der Cellulose, sie sind in der Natur als ausgesprochen anaerobe Bakterien[1] verbreitet, ihre Thermophilität ist echt. Das Temperaturoptimum liegt in diesem Falle bei 60 bis 65°, während es bei anderen, ebenfalls Cellulose vergärenden Bakterien 30 bis 35° beträgt. Man hat bei den thermophilen Cellulosebakterien die Anwesenheit von Cellulase[2] festgestellt, die auf die Cellulose hydrolysierend wirkt. Der Reaktionsverlauf ist sehr energisch, es entstehen dabei große Mengen wertvoller Produkte. Aus diesem Grunde besitzt diese Bakterienart auch ein erhebliches technisches Interesse. Ihr Vorkommen ist festgestellt in Pferde- und Kuhdung, faulendem Heu und anderen Abfällen.

Die Art und Menge der bei der Zersetzung der Cellulose durch thermophile Bakterien entstehenden Produkte hängt davon ab, ob die Gärung mit reinen oder Mischkulturen stattgefunden hat. Nach Untersuchungen von IMSCHENEZKI[3] entsteht im Falle von reinen Kulturen stets Zucker in reichlichen Mengen. Meist findet man bis zu 50%, manchmal sogar bis zu 74% der Cellulose. Unter den etwa 25% ausmachenden Säuren steht an erster Stelle Essigsäure, es folgen in einigem Abstand Milchsäure und Buttersäure. Ameisensäure entsteht nur in Spuren, Äthylalkohol fehlt vollständig. Die gleichzeitig gebildeten Gase enthalten Wasserstoff und Kohlendioxyd. Ebenfalls bemerkenswert ist die völlige Abwesenheit von Methan.

Bei der Vergärung der Cellulose durch Mischkulturen aus Pferdedung entsteht, wie PERWOSWANSSKI und TSCHELZOWA[4] festgestellt haben, 18 bis 20% Äthylalkohol, in einigen Fällen sogar bis zu 27%. Flüchtige Säuren, wie Ameisensäure, Essigsäure und Buttersäure, machen 30 bis 40% aus. Die Menge der ebenfalls gebildeten Milchsäure ist gewöhnlich nicht sehr groß, in Ausnahmefällen kann sie jedoch 20 bis 30% erreichen. Zucker und leicht hydrolysierbare Polysaccharide treten dabei nicht auf. Das Gas besteht aus 62 bis 75% CO_2, 21 bis 34% H und 0,4 bis 2,4% CH_4. Diese unterschiedliche Entstehung von Gärungsprodukten läßt sich dadurch erklären, daß die in den Mischkulturen ebenfalls anwesenden anderen Bakterien eine Umwandlung der durch die Wirkung der thermophilen Bakterien gebildeten Zucker und Säuren bewerkstelligen, wobei Methan entsteht. Häufig ist diese Tatsache nicht berücksichtigt worden, und man hat den thermophilen Cellulosebakterien die Fähigkeit zur Methanbildung zugeschrieben.

Die Vergärung durch thermophile Bakterien verläuft etwas schneller als die

[1] Von IMSCHENEZKI und SOLNZEWA ist die Ansicht ausgesprochen worden, daß die thermophilen Bakterien die thermophile Modifikation der mesophilen Bakterien darstellen, die durch Gewöhnung der letzteren an höhere Temperaturen gebildet wird. Mikrobiologie **19**, 418 (1950).

[2] H. PRINGSHEIM, Z. physiol. Chemie **78**, 266 (1922).

[3] А. А. Имшенецкий, Микробиологические процессы при высоких температурах (A. A. IMSCHENEZKI, Mikrobiologische Prozesse bei hohen Temperaturen) 1944, S. 66.

[4] В. В. Первозванский и Ю. С. Чельцова, Микробиология (W. W. PERWOSWANSSKI u. JU. S. TSCHELZOWA, Mikrobiologie) **5**, 385 (1936).

durch die Bakterien von Omeljansski bewirkte. Eine reine thermophile Kultur kann in 14 Tagen 70 bis 80% der Cellulose vergären[1], eine Mischkultur sogar noch schneller, in 5 bis 8 Tagen bis zu 90%.

Die rasche Vergärung der Cellulose und die Entstehung wertvoller Produkte lassen die Verwendung der thermophilen Bakterien in der Gärungstechnik als aussichtsreich erscheinen. Stark verholztes Gewebe wird aber von diesen Bakterien anscheinend nicht angegriffen. Versuche zur Vergärung von Bambus, Blättern, Spänen der kanadischen Kiefer, Zuckerahorn, Eiche und Birke haben keine positiven Ergebnisse gebracht[2].

Nach Beobachtungen von Imschenezki[3] lassen sich Sägespäne von Nadelhölzern durch thermophile Bakterien erst dann gut vergären, wenn der Ligningehalt verringert worden ist. Von einigen Autoren[4] wird sogar angenommen, daß der Ligningehalt zur besseren Vergärung der Cellulose unterhalb 1% liegen muß.

Die Mikrostruktur der Cellulose wirkt sich auf die Vergärbarkeit vorteilhaft aus, besonders begünstigt wird diese durch den lockeren, fibrillären Aufbau. Durch gute mechanische Zerkleinerung (Vermahlen) kann auch Holz dem Angriff der thermophilen Bakterien zugänglich gemacht werden. In einigen Fällen ist ein Abbau bis zu 70% beobachtet worden[5].

Unter den Schimmelpilzen besitzen viele Formen die Fähigkeit, Cellulose abzubauen. Besonders charakteristisch tritt sie bei den auf den Pflanzen wachsenden Pilzen auf. Die aerobe Zersetzung der Cellulose im Boden ist hauptsächlich auf die Tätigkeit von Fäulnis und einigen anderen parasitären Schimmelpilzen, wie *Aspergillus*, *Penicillium*, *Cladosporium*, *Fusarium*, *Botrytis* u. a. zurückzuführen. Hauptsächlich findet der Abbau durch diese Pilze in sauren Böden bei $p_H < 6{,}0$ statt, obwohl ihre Rolle auch in neutralen Böden nicht geringer ist. Bei einem Feuchtigkeitsgehalt bis zu 25% können sie sogar vor den Bakterien den Vorrang besitzen[6].

Aber auch viele Actinomyceten zeigen die Fähigkeit, Cellulose abzubauen, wenn auch ihre Wirkung weniger aktiv ist als bei den Bakterien und Pilzen[7]. In Frage kommen vor allem die pigmentbildenden Formen, die bei der Zersetzung der Cellulose neben den Schimmelpilzen tätig sind. Sie können sich auf Papier entwickeln, wobei in einigen Fällen eine Verfärbung auftritt, in anderen eine stärkere Zerstörung, nämlich Umwandlung in Schleim.

Über die bei der Spaltung der Cellulose mit Hilfe dieser Art von Organismen stattfindenden chemischen Prozesse ist bis jetzt noch nichts bekannt. Einige

---

[1] Б. С. Алеев, Введение в техническую микробиологию (B. S. Alejew, Einführung in die technische Mikrobiologie) 1944, S. 161.

[2] А. А. Имшенецкий, Микробиологические процессы при высоких температурах (A. A. Imschenezki, Mikrobiologische Prozesse bei hohen Temperaturen) 1944, S. 78.

[3] desgl.

[4] L. E. Wise, Wood Chemistry, 1944, S. 854.

[5] Virtunen u. Hukki, Chem. Abstr. **41**, 5255 (1947).

[6] И. В. Тюрин, Органическое вещество почв (I. W. Tjurin, Die organischen Stoffe der Böden) 1937, S. 49.

[7] Die Actinomyceten oder Strahlenpilze sind den Schimmelpilzen verwandt. Sie bilden ein sehr dünnes, strahliges Mycel. Ihren Namen haben die Pilze erhalten, weil sie dichte Kolonien mit strahligem Aufbau bilden. Sie kommen im Eiter von an Actinomycose erkrankten Personen vor.

Actinomyceten sind thermophil und spielen eine große Rolle bei dem Celluloseabbau im Kompost, wobei Temperaturen von 60 bis 65° auftreten.

Unter den höheren Pilzformen spielen zweifellos die Basidiomyceten in dieser Richtung eine Hauptrolle[1]. Die unter natürlichen Bedingungen in Frage kommenden Formen sind folgende: Echter Hausschwamm (*Merulius lacrymans*), *Poria vaporaria*, *Coniophora cerebella*, *Paxillus panuoides*, *Fomes pinicola*, *Fomes fomentarius*, *Fomes igniarius*, *Polyporus betulinus*, *Polyporus sulphureus*, *Polyporus Schweinitzii*, *Lensites sepiaria*, *Lentinus lepideus*, *Trametes odorata*, *T. roseus*, *T. serialis*, *Armillaria mellea*, *Stereum hirsutum*, *S. sanguinolentum* und viele andere[2].

Einige Arten entwickeln sich auf dem lebenden Holz, andere dagegen vorzugsweise auf Baumstümpfen und bewirken auf diese Weise die Zerstörung, die man gewöhnlich als Faulen des Holzes bezeichnet. Auf den Fäulnisprozeß wird weiter unten noch näher eingegangen werden.

Die Mitwirkung der wirbellosen Lebewesen bei der Zersetzung der Cellulose ist noch sehr unzureichend erforscht. Die Cellulose wird von einigen Insekten und anderen Wirbellosen als Nahrungsmittel verwertet. Unklar ist bisher jedoch, ob der Abbau durch Enzyme des Magensaftes dieser Tiere bewirkt wird, oder ob in dem Verdauungstrakt lebende Mikroorganismen, oder schließlich in dem cellulosehaltigen Material befindliche Enzyme dafür verantwortlich sind.

In vielen Fällen ist mit Sicherheit nachgewiesen worden, daß die Verdauung der Cellulose bei Wirbellosen durch eine Symbiose ermöglicht wird, wobei die Partner celluloseabbauende Bakterien sind, die im Verdauungstrakt der ersteren leben. Ein Beispiel dieser Art ist *Patosia cuprea*. Die gleichen Verhältnisse sind auch bei Termiten gefunden worden, die in den tropischen und subtropischen Ländern auch Holz sehr stark angreifen. Diese Insekten können infolge der Anwesenheit von Mikroorganismen, hauptsächlich Protozoen, in ihrem Darm außerordentlich lange von Holz und Cellulose leben. Werden die Protozoen aus irgendeinem Grunde vernichtet, so gehen die Termiten innerhalb von 10 bis 20 Tagen ein. Die Kohlenhydrate des Holzes bilden für die Termiten eine Hauptnahrungsquelle. Die unverdaulichen Rückstände werden von ihnen zum Aufbau der Nester verwandt. Durch die Tätigkeit der Termiten wird der Cellulosegehalt des Holzes von 54,6 auf 18% herabgesenkt, während der Pentosangehalt von 18 auf 8,5% heruntergeht[3]. Daraus ist zu ersehen, daß auch die Hemicellulosen von ihnen angegriffen werden.

---

[1] Die besondere Bedeutung der Basidiomyceten bei diesem Prozeß besteht darin, daß die Cellulose im Holz an Lignin und Kohlenhydrate gebunden ist und so in einer Form vorliegt, die für Organismen, die nur reine Cellulose anzugreifen vermögen, nicht zugänglich ist. Die verholzte Zellwand wird deshalb wesentlich langsamer abgebaut als reine Cellulose. Es sind auch Organismen bekannt, die die im Holz eingebaute Cellulose überhaupt nicht angreifen. Die Basidiomyceten dagegen wirken auch auf diese Form der Cellulose rasch ein und geben dadurch den anderen Organismen die Möglichkeit, die auf diese Weise frei gewordene Cellulose ebenfalls anzugreifen.

[2] Eine ausführlichere Beschreibung der holzzerstörenden Pilze ist in dem Buch von С. И. Ванин, Лесная фитопатология (S. I. Wanin, Phytopathologie des Holzes) 1948 gegeben.

[3] L. E. Wise, Wood Chemistry, 1944, S. 835.

Ein direkter Abbau der Cellulose kann bekanntlich auch durch die Weinbergschnecke stattfinden, in deren Bauchspeicheldrüse Cellulase gefunden worden ist. Diese Cellulase vermag jedoch Baumwollcellulose nicht so schnell zu spalten wie Hydratcellulose[1].

Auf Holz wirken Enzympräparate aus dem Magensaft der Weinbergschnecke so gut wie gar nicht ein. Durch die aktivsten unter ihnen wird Lindenholz im Verlauf von 8 Tagen erst zu ungefähr 14% aufgelöst[2]. Dagegen läßt sich der hauptsächlich aus Polysacchariden bestehende Anteil des Holzes, den man durch Extraktion mit einer Lösung von Kupferoxyd in Äthylendiamin und Ausfällen des Gelösten durch Ansäuern erhält, mit Leichtigkeit auf enzymatischem Wege spalten.

Der Holzwurm gehört ebenfalls zu den Lebewesen, die die Fähigkeit zur unmittelbaren Zersetzung von Cellulose besitzen. Dieser im Holz lebende Wurm bohrt sich langsam durch dieses hindurch, wobei er das entstandene Holzmehl als Nahrungsmittel verwendet. Das Holz verliert dabei 80% Cellulose und bis zu 56% der Hemicellulosen[3].

Zersetzung der Hemicellulosen

Auf Grund der unterschiedlichen chemischen Natur der Hemicellulosen ist auch ihr Verhalten beim natürlichen Zerfall des Holzes recht verschieden. Der größte Teil, z. B. wie das Mannan, die Pentosane und die ähnlich aufgebauten Pektinstoffe, werden durch verschiedene Bakterien, Pilze, Actinomyceten und Wirbellose relativ leicht abgebaut. Andere dagegen, wie einige Galaktane und Polyuronide, erweisen sich wesentlich beständiger und werden nur von sehr wenigen, spezifischen Mikroorganismen angegriffen.

Gewöhnlich findet die Zersetzung der Hemicellulosen relativ rasch im Anfangsstadium des natürlichen Zerfalls statt. Wenn der größere Teil der Hemicellulosen bereits gespalten ist, verlangsamt sich dieser Prozeß, und der Abbau der Cellulose beginnt. Die letztere wird fast vollständig entfernt, im Rückstand findet man dann noch die resistenteren Hemicellulosen. Als Beispiel für diesen Verlauf sei der Bildungsprozeß von Torf und Humus angeführt, in denen stets größere Mengen von Hemicellulose nachweisbar sind, Cellulose dagegen völlig fehlt, oder nur in Spuren vorhanden ist[4].

Eine derartige Änderung des Hemicellulosegehaltes kann offenbar nicht nur durch ihre Heterogenität, wodurch einige schneller als die anderen abgebaut werden, erklärt werden, sondern auch durch Entstehung von Furfurol beim Zerfall einiger Hemicellulosen, das auf die Lebenstätigkeit der Organismen hemmend wirkt. Aber auch die Synthese neuer stabiler Produkte durch die Mikroorganismen kann der Grund sein.

Die Vorstellung über den hemmenden Einfluß des Furfurols auf die Zerfallsgeschwindigkeit beruht auf der Beobachtung, daß der Uronsäuregehalt bei der Zersetzung von Stroh nur sehr wenig herabgesetzt wird. Zu dieser Sta-

---

[1] П. П. Шорыгин, Химия целлюлозы (P. P. Schorygin, Chemie der Cellulose) 1939, S. 201.

[2] T. Ploetz, Ber. **72**, 1885 (1935); **73**, 74 (1940).

[3] L. Hawley u. L. E. Wise, Wood Chemistry, 1931.

[4] И. В. Тюрин, Органическое вещество почв (I. W. Tjurin, Die organischen Stoffe der Böden) 1937, S. 58.

bilität befindet sich aber die Tatsache im Widerspruch, daß die aus Polygalakturonsäure bestehenden Pektinstoffe durch die verschiedenen Schimmelpilze und Bakterien relativ leicht gespalten werden.

Bei der Torfbildung findet ebenfalls ein starker Abbau der Uronsäuren statt, wobei der im Moos enthaltene Polyuronidkomplex sich als weniger beständig erweist. Die Annahme, daß die Polyuronide gegenüber dem mikrobiologischen Abbau relativ stabil sind, muß aus diesen Gründen zurückgewiesen werden.

Ohne auf die an der Zersetzung der Hemicellulosen beteiligten Mikroorganismen ausführlicher einzugehen, sei lediglich bemerkt, daß, wie auch im Falle der Cellulose, unter aeroben Bedingungen hauptsächlich Pilze und Bakterien, unter anaeroben Verhältnissen aber fast ausschließlich Bakterien die Hauptrolle spielen.

Unter den die Hemicellulosen angreifenden Pilzen sind die Phycomyceten von besonderem Interesse, da sie zum Abbau von Cellulose nicht befähigt sind. Viele dieser Pilze zersetzen die Hemicellulosen und Pektinstoffe außerordentlich gut. Es läßt sich aber auch eine gewisse Spezialisierung beobachten, die ihren Ausdruck darin findet, daß die Hemicellulosen bestimmter Pflanzen von einigen Pilzen leicht abgebaut werden, die gleichen Pilze jedoch auf die Hemicellulosen anderer Pflanzen überhaupt nicht einwirken. Eine Spaltung der Hemicellulosen durch Hefearten ist überhaupt nicht möglich.[1]

Es hat sich herausgestellt, daß Mischkulturen wirksamer sind als reine Kulturen. So ist z. B. gefunden worden, daß viele reine Bakterienkulturen Pentosane, aber auch Galaktane, Mannane und Lävulane überhaupt nicht angreifen. Durch Mischkulturen wird dagegen ein energischer Abbau, besonders von Pentosanen, hervorgerufen. Galaktane sind im allgemeinen wesentlich resistenter und werden häufig von den Mikroorganismen gar nicht angegriffen.[2]

Der Abbau der Hemicellulosen und Pektine beginnt anscheinend, genau wie bei der Cellulose, mit einer durch die von den Bakterien und Pilzen erzeugten Enzyme bewirkten Hydrolyse. Am besten erforscht von den Hemicellulosen ist die Xylanase. Die im Verlauf der Hydrolyse entstehenden Pentosen und Hexosen erleiden dann durch Gärung und Oxydation weitere Umsetzungen. Das Verhalten der Uronsäuren bei diesem Prozeß ist noch nicht vollständig aufgeklärt.

Der größte Teil der Untersuchungen über den Zerfall der Hemicellulosen ist an nativem pflanzlichem Material durchgeführt worden. Nur in wenigen Fällen ist mit isolierten Hemicellulosefraktionen gearbeitet worden, die im wesentlichen jedoch nicht aus Holz dargestellt worden sind. Die bisher bekannten Tatsachen können deshalb nur bedingt zur Charakterisierung der Zersetzung des Hemicelluloseanteils des Holzes herangezogen werden. So sind z. B. Untersuchungen über die Spaltung von Hemicellulosen durch Phycomyceten an Gräsern durchgeführt worden, wobei die Ergebnisse offensichtlich nicht ohne weiteres auf Holz übertragen werden können.

Am genauesten von den isolierten Hemicellulosen ist wohl das Xylan untersucht worden. Sein Zerfall kann durch die Wirkung höherer Pilze und verschiedener Bakterien hervorgerufen werden. Man hat auch eine Spezialisierung einiger Bakterien (z. B. *Bact. xylanophagus*) auf das Xylan gefunden. Im Ver-

[1] B. TOLLENS und J. GLAUBITZ, Landw. **45**, 98 (1897).
[2] L. E. WISE, Wood Chemistry, 1944, S. 847.

dauungstrakt höherer Tiere kommen ebenfalls anaerobe, xylanspaltende Bakterien vor, so daß die Tiere das Xylan zum Teil verdauen können. Rinder verwerten 63,4%, Pferde 45,5%, Schweine 47,9% und Geflügel 23,9% des Xylans. Es existieren ferner Angaben[1], daß auch Methylpentosane von den anaeroben Bakterien gespalten werden können. Die Wirkung der Darmbakterien auf das Xylan hängt von der Anwesenheit der Xylanase ab[2].

Andere Hemicellulosen, wie z. B. Mannan, sind für viele Bakterien ausgezeichnet nutzbar. Die Frage des Galaktanzerfalls ist bis jetzt noch nicht restlos geklärt. Fest steht, daß die Galaktane für die Mikroorganismen wesentlich schwerer angreifbar sind. Die Tatsache jedoch, daß viele galaktosehaltige Hemicellulosen durch einige spezifische Bakterien leicht gespalten werden[3], deutet darauf hin, daß es auch Organismen gibt, die zum Abbau von Galaktan befähigt sind.

Am Zerfall der Pektine sind verschiedene Mikroorganismen beteiligt, die sich nach MAKRINOW[4] durch eine gewisse Spezifität auszeichnen, d. h., jede Pflanze wird nur von ganz bestimmten, darauf spezialisierten Bakterien angegriffen[5].

Unter anaeroben Bedingungen, wie sie z. B. bei der Flachsmazeration herrschen, wirkt hauptsächlich *Granulobacter pectinovorum*. Bei der Gärung entstehen außer Buttersäure noch Essig-, Ameisen- und Milchsäure, sowie geringe Mengen von Alkohol, schließlich Wasserstoff und Kohlensäure. In ähnlicher Weise wirkt auch der energische Erreger *Bacter. felsineus*, der in der Industrie zur Flachsgärung benutzt wird.

Aber auch thermophile Bakterien können, wie IMSCHENEZKI und SOLNZEWA[6] unlängst festgestellt haben, eine Zersetzung der Pektine unter anaeroben Verhältnissen herbeiführen. In diesem Falle wird der Zerfall infolge der höheren Temperatur durch die entsprechenden Bakterien außerordentlich energisch betrieben. Eine der von den genannten Autoren isolierten Arten zeigt eine große Ähnlichkeit mit *B. felsineus* und ist anscheinend dessen thermophile Modifikation.

Bei aeroben Bedingungen erfolgt die Zersetzung der Pektine hauptsächlich durch Schimmelpilze, aber auch einige aerobe Bakterien. Ein sehr energischer Vertreter ist *Pectinovorum amylophillum*, der von MAKRINOW[7] aus dem Boden isoliert worden ist.

---

[1] L. E. WISE, Wood Chemistry, 1944, S. 848.

[2] H. IWATA, Bull. Imp. Coll. Agr. Forestry (Jap.) **21**, 24, 36 (1935).

[3] S. WAKSMAN u. R. DIEHM, Soil. Sci. **32**, 73, 97, 119 (1931).

[4] И. А. Макринов, Биологическая мацерация растительных тканей (I. A. MAKRINOW, Biologische Mazeration von Pflanzengeweben) 1941, S. 9.

[5] И. А. Макринов, Арх. биолог. наук (I. A. MAKRINOW, Arch. d. Biologie) **32** (1932).

[6] А. А. Имшенецкий и Л. И. Солнцева, Микробиология A. A. IMSCHENEZKI u. L. I. SOLNZEWA, Mikrobiologie) **19**, 418 (1950).

[7] Der Abbau der Pektinstoffe durch Mikroorganismen bewirkt eine Mazeration der Gewebe, was bei der technischen Gewinnung von Bastfasern häufig angewandt wird. Die Mazeration wird in der Weise durchgeführt, daß zwar eine Ablösung der Bastfaserbündel von dem übrigen Gewebe und den verholzten Teilen erfolgt, ein Angriff der die Einzelfäserchen im Bündel miteinander verbindenden Mittellamellen jedoch nicht stattfindet.

Der Abbau der Pektinstoffe erfolgt unter der Mitwirkung einer ganzen Reihe von Enzymen. Zu dem Komplex gehören Polyase und Arabanase, die eine Umwandlung des Protopektins in Hydratopektin bewirken, ferner Esterase und Pektase, die die Methoxylgruppen abspalten und das Pektin dadurch unlöslich machen, schließlich Pektolase oder Pektinase, die für den Abbau der Polygalakturonsäure verantwortlich sind. Außerdem nimmt man an, daß im Pektinasekomplex noch einige andere, noch nicht bekannte Enzyme beteiligt sind[1].

Zersetzung des Lignins

Das Lignin ist im Vergleich zur Cellulose und den Hemicellulosen zweifellos wesentlich beständiger gegen die unter natürlichen Verhältnissen stattfindende Einwirkung der Mikroorganismen. Diese Widerstandsfähigkeit ist derartig beträchtlich, daß man darauf eine Theorie über die Entstehung von Torf und Braunkohle aus Lignin aufgebaut hat. Einige Vertreter der Theorie verneinen die Möglichkeit einer mikrobiologischen Zersetzung des Lignins pflanzlicher Rückstände.

Im Gegensatz zu diesen Ansichten stehen Untersuchungsergebnisse, die unzweifelhaft zeigen, daß das Lignin der Pflanzen oder von in Zersetzung befindlichen pflanzlichen Materialien ebenfalls durch die Tätigkeit einiger Mikroorganismen abgebaut werden kann. Die Frage, ob auch isoliertes Lignin von ihnen zersetzt werden kann, ist zur Zeit noch nicht entschieden.

Bis jetzt ist die Natur der ligninzerstörenden Mikroorganismen noch nicht vollständig geklärt. Am energischsten wirken Pilze, besonders aus der Klasse der Basidiomyceten. Da diese Pilze, aber auch Actinomyceten, unter anaeroben Verhältnissen nicht gedeihen können, bleibt das Lignin in diesem Falle unzerstört zurück[2]. Unter aeroben Bedingungen wird es dagegen ebenfalls abgebaut, nur wesentlich langsamer als die Cellulose. Es existieren allerdings einige Basidiomyceten, die einen ebenso raschen Zerfall bewirken können.

Über die Zersetzung von Ligninpräparaten durch Mikroorganismen sind unterschiedliche Angaben gemacht worden. Versuche zum Abbau von Salzsäurelignin durch Organismen, die in Gartenerde vorkommen, aber auch durch Kulturen, denen Zucker oder Malzextrakt zugegeben worden ist, haben ein negatives Ergebnis gezeigt[3]. Die gleiche Beständigkeit zeigt auch ein auf biologischem Wege erhaltenes Ligninpräparat[4].

Andererseits wird Alkalilignin, in Form der Ammoniakverbindung, durch die im Waldboden vorkommenden Mikroorganismen ziemlich stark abgebaut (40 bis 60%)[5]. Der dabei erhaltene Rückstand weist gegenüber dem ursprünglichen Material eine erhöhte Löslichkeit in Alkohol, höhere Kohlenstoffwerte und einen niedrigen Methoxylgehalt auf.

---

[1] А. И. Опарин, Карбогидразы, Сб. „Ферменты" под ред. А. Н. Баха и В. А. Энгельгардта (A. I. OPARIN, Karbohydrasen, in „Fermente" unter d. Red. von A. N. BACH u. W. A. ENGELHARDT) 1940, S. 97.

[2] ACHARAJA, BORUFF u. BUSWELL (vgl. L. E. WISE Wood Chemistry, 1944, S. 856) haben eine Zersetzung des Lignins auch unter anaeroben Bedingungen beobachtet.

[3] W. FUCHS, Die Chemie des Lignins, 1926.

[4] L. E. WISE, Wood Chemistry, 1944, S. 854.

[5] H. PRINGSHEIM u. W. FUCHS, Ber. **56**, 2085 (1923).

Ein ähnlich starker Abbau des Lignins ist auch im Falle eines anderen Derivates, der Lignosulfonsäure, beobachtet worden. Man hat zu diesem Zweck Sulfitablauge der Einwirkung einiger holzzerstörender Pilze, besonders der im Waldhumus[1], aber auch aus Meeres- und Flußschlamm isolierter anaerober Bakterien[2] ausgesetzt.

Durch neuere Untersuchungen wird ebenfalls eine Zersetzung des isolierten Lignins sehr wahrscheinlich gemacht. Bei der Einwirkung verschiedener Pilze auf ein künstliches Gemisch von Lignin und Cellulose[3] ist festgestellt worden, daß das erstere nicht nur die Spaltung der Cellulose nicht aufhält, sondern auch selbst in beträchtlichem Maße abgebaut wird[4]. So beträgt z. B. der Gewichtsverlust von reiner Cellulose, die 6 Monate lang der Einwirkung von *Trichoderma, Fusarium* und einer Bodensuspension ausgesetzt worden ist, 263 bis 610 mg, im Gemisch mit Lignin dagegen 377 bis 402 mg. Ein Teil des Lignins ist durch andere Organismen abgebaut worden: *Trichoderma* 8 mg, *Fusarium* und Suspension 134 bis 142 mg, *Coprinus radians* 170 bis 180 mg (Versuchsdauer 60 Tage), aber auch *Coniophora cerebella.* Unterschiede infolge verschiedener Herkunft des Lignins (Moos, Stroh) sind nicht entdeckt worden.

Die strittige Frage des biologischen Zerfalls von isoliertem Lignin, insbesondere durch reine Kulturen, ist noch nicht endgültig entschieden. Nach allem ist jedoch anzunehmen, daß einige gegen reine Kulturen resistentere, isolierte Ligninpräparate durch natürlich vorkommende Mischkulturen, wie sie im Waldhumus vorkommen, zweifellos ebenfalls abgebaut werden. Die Stabilität der mit Hilfe von Säuren oder auf biologischem Wege isolierten Ligninpräparate kann durch die bei der Darstellung stattfindenden, eingreifenden Veränderungen erklärt werden.

Wie bereits erwähnt, zeigen Pilze aus der Klasse der Basidiomyceten die größte Fähigkeit zum Abbau von Lignin. Aber auch hier ist die Wirksamkeit je nach der Art des Pilzes recht unterschiedlich. Das Verhalten des Lignins bei der Zersetzung dient als einer der charakteristischen Unterschiede der von FALK[5] festgestellten zwei Arten von Holzfäule: die Korrosionsfäule und die destruktive Fäulnis. Bei der ersteren zerfällt das Lignin zusammen mit der Cellulose, meist sogar noch rascher. Bei dem zweiten Typ werden nur die Cellulose und die Pentosane abgebaut, während das Lignin nicht zersetzt wird und nur chemisch verändert wird[6].

Trotz vieler Bemühungen bleibt der Chemismus des natürlichen Ligninzerfalls noch ungeklärt. Die erste Stufe besteht wahrscheinlich in der Ab-

---

[1] А. С. Казанский, Лесохим. пром. (A. S. KASANSSKI, Holzchem. Ind.) Nr. 11, 16 (1936).

[2] П. П. Шорыгин, Химия целлюлозы (P. P. SCHORYGIN, Chemie der Cellulose) 1939, S. 415.

[3] Filtrierpapier wird mit einer konzentrierten alkoholischen Lösung von Phenollignin oder Alkalilignin getränkt und bis zur völligen Entfernung des Alkohols getrocknet. Das Lignin bedeckt danach die Cellulose mit einer gleichmäßigen Schicht. Für die Versuche sind jeweils 2 g Gemisch angewandt worden.

[4] Zitiert in: Микробиология (Mikrobiologie) 7, 806 (1938).

[5] R. FALK, Ber. Botan. Ges. 44, 10 (1926). — R. FALK u. W. HUAG, Ber. 60, 225 (1927).

[6] Ausführlicher weiter unten.

spaltung der Methoxylgruppen, wodurch es eine größere Alkalilöslichkeit erlangt[1]. Eine ähnliche allmähliche Abnahme des Methoxylgehaltes kann man unter Bedingungen beobachten, die zur Anhäufung von Lignin geeignet sind, wie z. B. in Torfmooren. Bei aerobem Zerfall pflanzlicher Materialien wird das Ligninmolekül als Gesamtheit gespalten, so daß der Methoxylgehalt im Restlignin unverändert bleibt[2].

Das nach der Zersetzung des pflanzlichen Materials zurückbleibende Material ist ohne Zweifel teilweise verändert. Ungeachtet dieser Tatsache ist ein Verfahren zur Isolierung von Lignin aus dem Holz mit Hilfe holzabbauender Pilze (z. B. *Merulius lacrymans*) vorgeschlagen worden. Die auf diese Weise dargestellten Präparate, die „Meruliuslignin" genannt werden, sind nicht frei von Cellulose. Sicher sind sie, trotz der Ähnlichkeit des UV-Absorptionsspektrums, mit dem anderer Präparate irgendwie vom nativen Lignin verschieden.

Zur biologischen Darstellung von reinem Lignin aus Holz entfernt man zunächst die Zerfallsprodukte durch aufeinanderfolgende Extraktion mit Alkohol-Benzol, heißem Wasser und Bikarbonatlösung. Danach wird das Lignin durch organische Lösungsmittel, wie Methanol, Aceton u. a., herausgelöst. Ein derartig dargestelltes Präparat ist nach der Ansicht von TSCHUDAKOW[3] mit nativem Lignin identisch.

Fäulnis des Holzes

Holz und anderes verholztes Zellwandmaterial ist ohne Zweifel gegen die zerstörende Wirkung von Mikroorganismen relativ beständig. Die Ursache liegt darin, daß die Kohlenhydrate infolge der Lignifizierung in einer Form vorliegen, die dem Einfluß der gewöhnlichen Zerstörungsfaktoren für Cellulose und Hemicellulosen nur in geringem Maße zugänglich ist. So sind z. B. thermophile Bakterien, wie bereits erwähnt, nicht in der Lage, verholzte Cellulose zu vergären. Nach einer nicht allzu starken Säurebehandlung des Holzes, wodurch anscheinend die Lignin-Kohlenhydratbindungen zerstört werden, wird die Cellulose für diese Bakterien in ausreichendem Maße zugänglich[4].

Eine energische Zersetzung der Cellulose durch thermophile Bakterien (bis zu 70%) erfolgt ebenfalls, wenn das Holz fein vermahlen wird[5]. Offenbar wird die Cellulose auch nach einer mechanischen Zerkleinerung des Holzes einem fermentativen Angriff zugänglich. Fügt man zu dem „freie" Cellulose enthaltenden Substrat Säurelignin oder Holzschliff hinzu, so wird die Zersetzung der ersteren nicht beeinträchtigt[6].

Eine teilweise Entfernung des Lignins aus dem Holz beschleunigt ebenfalls den Abbau der Cellulose. Bei einem Ligningehalt von 8% ist die Zersetzungsgeschwindigkeit der Cellulose bei Verwendung von Schimmelpilzen nur halb so groß wie im Falle reiner Cellulose. Beträgt dagegen der Ligningehalt nur

---

[1] C. SCHWALBE u. A. EKENSTAM, Cellulosechemie 8, 13 (1927).
[2] S. WAKSMAN u. H. SMITH, J. Am. Chem. Soc. **56**, 225 (1934).
[3] М. И. Чудаков, ЖПХ (M. I. TSCHUDAKOW. Z. Angew. Chemie [russ.]) **22**, 392 (1949).
[4] G. HAJNI, C. GARDNER, G. RITTER u. E. COY, J. Bact. **56**, 141 (1948).
[5] A. VIRTANEN u. J. HUKKI, Chem. Abstr. **41**, 5255 (1947).
[6] F. OLSON, W. PETERSON u. E. SCHERARD, Ind. Eng. Chem. **29**, 1026 (1937).

1,5%, so besteht zwischen den Zersetzungsgeschwindigkeiten kein Unterschied mehr. Es wird angenommen, daß die Hemmwirkung des Lignins auf die Zersetzung der Cellulose nicht auf das Lignin an sich zurückzuführen ist, sondern auf den Einfluß der Bindungen zwischen diesem und der Cellulose, wobei die letztere im Holz nicht in einer entsprechend „freien" Form vorliegt[1].

Infolge der Anwesenheit von wasserlöslichen Extraktstoffen im Holz, die gewissermaßen antiseptisch wirken, ist das letztere als Gesamtkomplex ebenfalls gegen Mikroorganismen beständiger. Derartige Stoffe sind im Holz vieler tropischer Bäume gefunden worden, wie z. B. in *Clarisia racemosa* und *Chetontella mexicana*[2]. Die geringe Angreifbarkeit einheimischer Holzarten, wie Eiche und Robinie, durch Pilze wird von WANIN mit der Anwesenheit von Stoffen, z. B. den Gerbstoffen der Eiche, erklärt, die auf diese Pilze eine Giftwirkung ausüben.

Obwohl das Holz zweifellos in biologischer Hinsicht recht beständig ist, so ist doch seine Zerstörung unter natürlichen Bedingungen eine außerordentlich verbreitete Erscheinung, die als Fäulnis des Holzes bezeichnet wird. Verantwortlich dafür sind in erster Linie verschiedene Formen von Saprophyten und Schimmelpilzen, hauptsächlich aus der Klasse der Basidiomyceten. Bakterien dagegen, die Holz und Lignin im allgemeinen nicht abbauen können, spielen nur eine untergeordnete Rolle[3].

Von der Fäulnis befallen wird das Holz lebender Bäume, hauptsächlich Abfälle und anderes Material, das in den Boden oder andere günstige Verhältnisse gelangt. In gleicher Weise wirken aber auch die Basidiomyceten auf hölzerne Baumaterialien, Schwellen, Pfähle, Schiffsteile und andere Holzmaterialien ein. Unter günstigen Umständen greifen die Organismen auch Holzschliff, Papier, Pappe und Bücher an. Wo die Gefahr der Zerstörung für das Holz besonders groß ist, wendet man Schutzanstriche an, die die Entstehung günstiger Bedingungen für die Entwicklung der Pilze verhindern. Auch eine Tränkung mit antiseptischen Stoffen (Fungiciden) kann zur Verhinderung der Fäulnis angewandt werden. Besonders gern benutzt man dieses Verfahren bei Eisenbahnschwellen, Telegraphenmasten und dem Einfluß von Wasser ausgesetzten Holzbauteilen.

Für eine gute Entwicklung der Pilze sind ein entsprechender Feuchtigkeitsgehalt, Luftzutritt und geeignete Temperatur Voraussetzung, Faktoren, die je nach der Art des Pilzes unterschiedlich sind. Von den herrschenden Bedingungen, aber auch von der Holzart, hängt es ab, welche Pilzart sich entwickeln kann.

Bei der Zersetzung von abgestorbenem Holz, die mehrere Jahre dauert, durchläuft der Fäulnisprozeß mehrere Stadien, in denen die beteiligten Mikroorganismen einander abwechseln. TSCHASTUCHIN und NIKOLAJEWSSKAJA[4]

---

[1] Zitiert in: Микробиология (Mikrobiologie) **7**, 806 (1938).

[2] A. WATERMAN, Chem. Abstr. **42**, 7474 (1948).

[3] Die unlängst von REDGE aufgestellte mineralische Theorie der Fäulnis, wonach diese unter dem Einfluß von im Holz entstehendem Kalziumbikarbonat bei ganz bestimmten Feuchtigkeitsverhältnissen stattfindet, hat keine Anerkennung gefunden. REDGE lehnt die biologische Fäulnis zwar nicht ab, schreibt ihr jedoch nur eine nebensächliche Rolle zu.

[4] В. Я. Частухин и М. А. Николаевская, Микробиология (W. JA. TSCHASTUCHIN u. M. A. NIKOLAJEWSSKAJA, Mikrobiologie) **17**, 1 (1948).

haben im Falle von Fichtenholz vorgeschlagen, drei verschiedene Zerfallsstadien zu unterscheiden.

Im ersten Stadium werden die Reservestoffe, wie Stärke, Zucker und andere von Saprophyten leicht angreifbare Verbindungen, abgebaut, und zwar hauptsächlich durch Ascomyceten, die eine Verfärbung des Holzes nach Blau bewirken, aber auch durch einige andere Pilze. Die Reservekohlenhydrate können aber auch durch Bakterien, besonders aus der Gruppe *Achromobacter* angegriffen werden. Die genannten Organismen sind aber nicht in der Lage, den stabileren Lignin-Cellulose-Komplex zu spalten. Sie sterben infolgedessen ab, sobald die von ihnen spaltbaren Stoffe dem Holz entzogen worden sind.[1]

Die zweite Phase wird durch die Entwicklung holzzerstörender Pilze, die zur Spaltung der stabileren Stoffe der Zellwände befähigt sind, charakterisiert. Die Polysaccharide werden dabei vorher mit Hilfe von Fermenten gespalten. Da dieser Prozeß außercellular verläuft, werden Bedingungen geschaffen, die auch für die Entwicklung einer Bakterienflora günstig sind. Die Bakterien können sich jedoch infolge der durch Abspaltung organischer Säuren aus dem Holz langsam sich ausbildenden sauren Reaktion des Mediums nur unvollkommen entwickeln. Die zweite Phase dauert, je nach den Verhältnissen, 1 bis 10 Jahre.

Das dritte Stadium des Holzzerfalls wird im wesentlichen durch verschiedene Hutpilze, hauptsächlich aus der Familie der *Agaricaceen*, bewerkstelligt. Der Prozeß verläuft außerordentlich langsam und erstreckt sich, in Abhängigkeit von den Bedingungen und den Pilzarten, über mehrere Jahrzehnte. Charakteristisch für das dritte Stadium ist die Anwesenheit von großen Mengen abgestorbener Pilzmycele. Diese an organischer Substanz reichen Mycele sind ein geeigneter Nährboden für Bakterien, die in dem dritten Stadium auch in großer Zahl nachgewiesen werden können.

Unter gewissen Bedingungen beschränkt sich die Wirkung der Mikroorganismen lediglich auf die erste Phase. In diesem Falle ändert sich die mikroskopische Struktur des Holzes wenig oder so gut wie gar nicht. Das gleiche trifft für die physikalischen Eigenschaften und die chemische Zusammensetzung zu. Es ist lediglich eine intensive Verfärbung zu beobachten, die durch die von den Pilzen abgeschiedenen Pigmente oder die Farbe der Hyphen selbst bedingt ist. Dieser Vorgang ist unter der Bezeichnung „Verfärbung des Holzes" bekannt, während die entsprechenden Pilze als „holzfärbende Pilze" bezeichnet werden. Ein typischer Vertreter ist ein Pilz der Art *Ceratostomella*, der eine graublaue Verfärbung bewirkt.

Soviel in großen Zügen zur Charakteristik der Änderungen der Mikrobenflora während der verschiedenen Stadien beim Zerfall von abgestorbenem Fichtenholz. Innerhalb gewisser Grenzen kann sie auch bei anderen Holzarten und Holzmaterialien zutreffen, wenn diese in fäulnisbegünstigende Verhältnisse geraten.

Ein etwas anderes Bild entsteht anscheinend bei der Fäulnis von Holz lebender Bäume. In diesem Falle fällt einerseits die erste Phase manchmal aus, während andererseits die dritte Phase überhaupt nicht zustande kommt. Das heißt, die Zersetzung ist lediglich auf die zweite Phase beschränkt, die auch für

---

[1] М. А. Николаевская и В. Я. Частухин, Почвоведение (M. A. NIKOLAJEWSSKAJA u. W. JA. TSCHASTUCHIN, Bodenkunde) Nr. 8, 403 (1945).

die Fäulnis lebenden Holzes charakteristisch ist[1]. Das Holz erleidet in diesem Falle, der das größte theoretische und praktische Interesse besitzt, eine allmähliche charakteristische Veränderung sowohl der mikroskopischen Struktur als auch der physikalischen und chemischen Eigenschaften. Diese Art von Veränderungen wird durch „holzzerstörende" Pilze verursacht. Je nach der Stärke der Veränderungen unterscheidet man drei Fäulnisstadien.

Die bei der Holzfäule sichtbaren Veränderungen werden durch Fermente hervorgerufen, die infolge der Lebenstätigkeit der Pilze von diesen abgeschieden werden. Die Fermente der holzzerstörenden Pilze sind bis jetzt nur sehr wenig erforscht. Obwohl die Cellulase, die eine hydrolytische Spaltung der Cellulose bis zur Cellobiose bewirkt, als Stoffwechselprodukt der Basidiomyceten noch nicht isoliert worden ist, besteht jedoch kein Zweifel an ihrer Existenz in den Produkten dieser Pilze. Die überwiegende Mehrheit dieser Pilze ist dazu befähigt, sowohl verholzte als auch reine Cellulose abzubauen. Nach Versuchen von TSCHASTUCHIN[2] zersetzt eine reine Kultur von *Coniophora cerebella* Cellulose (Filterpapier) innerhalb von 4 Monaten zu 91%, eine Kultur von *Merulius lacrymans* in einem Monat zu 25%.

Es wird angenommen, daß die holzzerstörenden Pilze außerdem noch ein besonderes Ferment, Ligninase genannt, hervorbringen, das zur Zersetzung von Lignin in der Lage ist. Eine Isolierung dieses Fermentes aus Pilzen und anderen Lignin angreifenden Organismen ist bis jetzt noch nicht gelungen.

Die Zersetzung der Hemicellulosen erfolgt ebenfalls auf fermentivem Wege, die entsprechenden Fermente heißen Xylanase, Arabanase usw.

Außer diesen spezifischen Fermenten findet man bei den holzzerstörenden Pilzen noch Saccharase, Maltase, Amylase, Inulase und eine Reihe anderer Fermente. Bei *Coniophora cerebella* ist die Existenz der genannten Stoffe sicher nachgewiesen, bei anderen ist diese Frage jedoch noch nicht genügend erforscht worden[3].

Mikroskopische Veränderungen beim Faulen des Holzes

Die einfachsten mikroskopischen Veränderungen finden in Holz statt, das von holzfärbenden Pilzen befallen ist. Die Hyphen dieser Pilze erstrecken sich hauptsächlich auf die Zellen der Markstrahlen und des Parenchyms, seltener auf die Tracheen und Tracheiden. Diese zur Zerstörung der Zellwand nicht befähigten Pilze nähren sich von dem Zellinhalt (Stärke, Zucker, Fett und Eiweiß). Meistens dringen die Hyphen durch die Tüpfel von einer Zelle in eine andere. Es kommt aber auch vor, daß sie sich durch die Zellwand durchbohren.

Infolge der von den Pilzen ausgeschiedenen Pigmente und der Eigenfarbe der Hyphen nimmt das befallene Holz verschiedene Färbungen an, graublau, rosarot, gelb, braun u. a. m.

Die mikroskopisch sichtbaren Veränderungen beim Befall des Holzes durch holzzerstörende Pilze sind wesentlich eingreifender und mannigfach. Am Anfang (Stadium I) beobachtet man das Auftreten von Hyphen in den Hohlräumen des Holzes (Tracheiden, Tracheen, Markstrahlen) und eine Anhäufung

[1] Die dritte Phase stellt gewissermaßen eine sekundäre Erscheinung dar, d. h. ihre Entwicklung erfolgt auf der Basis der zweiten Phase.

[2] В. Я. Частухин, Эксп. ботан. (W. JA. TSCHASTUCHIN, Experimentelle Botanik) 3 435, (1938).

[3] desgl.

von gefärbten Stoffen des Humintyps, wodurch das Holz eine braune Farbe erhält. Im weiteren Verlauf des Prozesses kann man bereits die verschiedenartigsten Veränderungen der Zellwände erkennen. Zuerst wird ein Ablösen der verschiedenen Wandschichten voneinander in den Libriformzellen beobachtet, danach die Entstehung runder Öffnungen in den Wänden, die von den Hyphen mit Hilfe ihrer Fermente gebohrt worden sind. Die im ersten Stadium sehr kleine Anzahl dieser Öffnungen steigt im weiteren Verlauf des Prozesses schnell an und erreicht viele Hundert, manchmal sogar tausend auf 1 mm^2.

Sehr häufig dienen die Tüpfel in den Wänden den Hyphen zum Übergang von einer Zelle in die nächste. Manchmal kann man in den Zellwänden außer

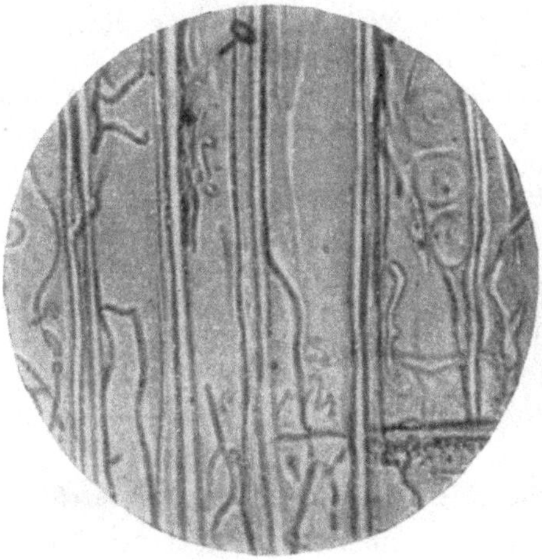

Abb. 76. Mit *Polyporus abietinus* befallenes Fichtenholz, Stadium II

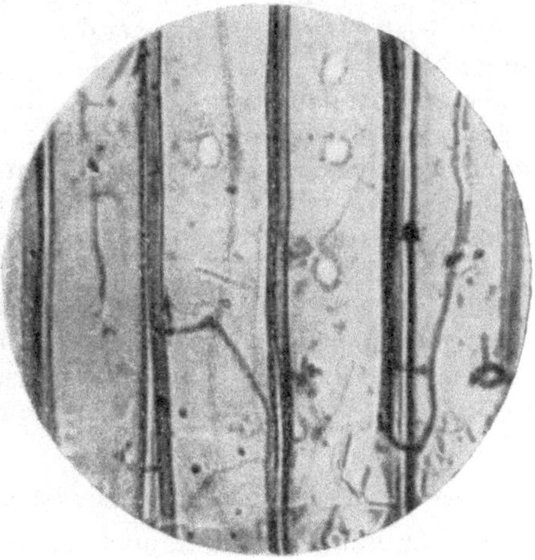

Abb. 77. Kiefernholz mit *Merulius lacrymans* befallen. Stadium III. Zu erkennen ist das Auftreten von Rissen in den Hoftüpfeln

den Löchern noch schräg, in bestimmter Richtung liegende Spalten, beobachten. Bei geeigneter Einstellung des Mikroskops erscheinen die Spalten benachbarter Zellen kreuzweise übereinander. Die Entstehung dieser Spalten läßt sich durch eine Schwächung der Bindungen zwischen den Fibrillen erklären, die durch die zerstörende Tätigkeit der Pilze auf das Wandmaterial hervorgerufen wird.

In der weiteren Entwicklung des Prozesses im Stadium II (Abb. 76) beobachtet man eine starke Ansammlung von Hyphen, die häufig dunkel gefärbt ist und eine bereits relativ starke Zerstörung der Zellwände. Die sich in Massen anhäufenden Hyphen bilden mit bloßem Auge sichtbare Häutchen von weißer und hellbrauner Farbe oder, im Falle dunkler Hyphen, tritt manchmal die Erscheinung gewundener, dunkler Linien auf, die als „schwarze" Linien bekannt sind. Durch die Wirkung der Fermente werden die Zellwände immer dünner, es entstehen viele unregelmäßige Öffnungen. Manchmal sieht man auch helle Gebiete von zerstörtem Holz.

Im Stadium III (Abb. 77) finden bereits sehr starke mikroskopisch, aber auch makroskopisch sichtbare Veränderungen statt. Je nach der beteiligten Pilzart zeigen die Veränderungen gewisse Unterschiede, im großen und ganzen kristallisieren sich aber einige Haupttypen heraus.

Ausgehend von der äußeren Form und dem mikroskopischen Bild hat Falk vorgeschlagen, zwei Arten der Fäulnis zu unterscheiden, die Korrosionsfäule und die destruktive Fäule.

Im ersten Falle findet die Zersetzung des Holzes sehr ungleichmäßig statt. Nach der Ausbildung der bereits erwähnten kleinen Öffnungen entstehen in den Zellwänden große, unregelmäßig geformte Löcher, die sich mit fortschreitender Auflösung des Wandmaterials ständig vergrößern. Dadurch werden im Holz linsen- bzw. grübchenförmige Hohlräume gebildet, die schon dem unbewaffneten Auge sichtbar sind. Zu bestimmten Zeitpunkten des Prozesses treten nur noch schwach gefärbte oder ganz farblose Celluloseflecken auf. Die Festigkeit des Holzes wird dabei gewöhnlich nicht verändert.

Als Beispiel für diese Art sei die von *Trametes pini* und *Fomes annosus* hervorgerufene Buntfäule von Kiefern- und Fichtenholz angeführt.

Bei dem destruktiven Typ der Fäulnis findet eine allmähliche und gleichmäßige Auflösung der Zellwände statt, ohne daß größere Öffnungen in ihnen entstehen. Infolge der Volumenverringerung der Zellsubstanz treten in den Wänden zahlreiche Risse auf, die das Holz in einzelne prismatische Stückchen teilen. Das Holz wird morsch und läßt sich zwischen den Fingern leicht zu Pulver zerreiben.

Ebenfalls charakteristisch für diesen Fäulnistyp ist auch die dunkelbraune Verfärbung des Holzes. Zu diesem Fäulnistyp gehört die Braunfäule, die von den nachstehenden Pilzen hervorgerufen wird: *Polyporus sulphureus*, *Polyporus Schweinitzii*, *Merulius lacrymans*, *Poria vaporaria*, *Coniophoria cerebella* u. a.

Änderungen der physikalisch-mechanischen Eigenschaften beim Fäulnisprozeß

Bei der Fäulnis werden auch die physikalischen und mechanischen Eigenschaften des Holzes verändert. Vor allem ist eine Veränderung der Farbe festzustellen. Im Anfangsstadium wird das Holz rötlichbraun oder seltener gelblich. Die Ursache für die Dunkelfärbung ist in der Ansammlung von dunklen Pigmenten, die den Huminstoffen ähnlich sind, zu suchen.

Im Stadium II treten helle Bereiche von zerstörtem Holz auf, in einigen Fällen auch die bereits erwähnten dunklen Linien. Das in diesem Stadium befindliche Holz erinnert in seinem Aussehen an Marmor, man spricht deshalb von der Marmorfäule.

Das Endstadium zeichnet sich dadurch aus, daß das befallene Holz entweder heller oder dunkler als das umgebende gesunde Holz wird. Danach unterscheidet man: 1. Die Weißfäule (helle Farben — weiß, gelb u. a.); 2. die Braunfäule (dunkle Farben — dunkelbraun, braun, rot usw.); 3. Buntfäule, bei der auf dem braunen Untergrund helle Celluloseflecken zu sehen sind.

Im Stadium III wird auch die physikalische Struktur des Holzes starken Veränderungen unterworfen. Man unterscheidet folgende Strukturen des faulenden Holzes: lamellenförmig, prismatisch, pulverförmig und grübchenartig. Die prismatische und die pulverförmige Struktur entstehen bei der destruktiven Fäulnis, die letztere dagegen bei der Korrosionsfäule.

Die mechanischen Eigenschaften sind erst unzulänglich erforscht, viele sind überhaupt noch nicht untersucht worden. Unvollständige Angaben existieren bisher lediglich über Änderungen des Raumgewichts, des Feuchtigkeitsgehaltes, der Hygroskopizität, der Flüssigkeitsaufnahme und einiger anderer Eigenschaften.

Chemische Veränderungen des Holzes beim Faulen

Von Fäulnis befallenes Holz ist im allgemeinen für eine chemische Verarbeitung nicht brauchbar. Die überall verbreitete Ansicht geht dahin, daß sich das faule Holz in seiner chemischen Zusammensetzung wesentlich von dem gesunden Holz unterscheidet. Tatsächlich finden bei der Fäulnis des Holzes bedeutende Veränderungen der chemischen Zusammensetzung statt, die sehr stark von der Tiefe der Zerstörung und der Pilzart abhängig sind.

In einigen Fällen dagegen sind die chemischen Änderungen, besonders im Anfangsstadium, nur geringfügig oder finden in einer Richtung statt, durch die eine Anreicherung der Cellulose bewirkt wird. Von Fäulnis befallenes Holz der letzteren Art läßt sich, wie sich an Hand von Untersuchungen ergeben hat, in bestimmten Fällen vollständig für technische Zwecke verwenden. Zum Beispiel kann Espenholz, das von *Fomes igniarius* befallen ist, oder Fichtenholz mit Rotfäule, zur Zellstoffherstellung verwandt werden[1]. Fehlerhaftes Lärchenholz mit Befall von *Stereum abietinum* ergibt einen guten Kraftzellstoff, der für Packpapier und andere technische Papiersorten geeignet ist[2]. Gerbstoffextrakte können auch aus befallenem Eichenholz gewonnen werden[3]. Von Korrosionsfäule befallenes Eichenholz kann noch zur Hydrolyse verwandt werden[4]. Holz, das sich noch im Anfangsstadium der Fäulnis befindet, läßt sich anscheinend ganz allgemein für eine chemische Verarbeitung verwerten, darunter auch zur Zellstofferzeugung[5].

Bei der industriellen Holzverkohlung durch trockene Destillation ist das faule Holz, wie angenommen wird, nicht verwendungsfähig[6].

Kohle, die aus befallenem Holz hergestellt wird, besitzt nur eine sehr geringe mechanische Festigkeit, andererseits eine große Neigung zur Selbstentzündung infolge der Fähigkeit, in erhöhtem Maße Sauerstoff aus der Luft aufzunehmen. Die Ausbeute an Säuren und Alkoholen ist bei befallenem Holz ebenfalls niedriger. Zum Beispiel sind aus Birkenholz, das nur Spuren von Befall gezeigt hat, 6,39% Säuren erhalten worden, im Falle von zu 60% befallenem Holz nur 5,74% und aus vollständig befallenem 5,22% gegen 7,1% aus völlig gesundem Holz[7].

In einigen Fällen läßt sich also Holz, das von Fäulnispilzen befallen ist, durchaus für eine chemische Weiterverarbeitung verwenden. Die Frage nach den bei der Fäulnis stattfindenden chemischen Veränderungen des Holzes ist deshalb nicht nur von theoretischem, sondern auch praktischem Interesse.

---

[1] Н. И. Никитин, Н. Я. Солечник и Ф. П. Комаров, Тр. по лесн. опытн. делу (N. I. NIKITIN, N. JA. SOLETSCHNIK u. F. P. KOMAROW, Arb. d. Holzvers. Abt.) Heft 2 (1930).

[2] Л. П. Жеребов и В. Комаровский, Тр. Центр. научно-иссл. лесохим. инст. (L. P. SHEREBOW u. W. KOMAROWSSKI, Arb. d. Zentr. Forsch. Inst. für Holzchemie) Heft 2, 39 (1933).

[3] С. С. Воюцкий, Тр. Центр. научно-иссл. инст. древес. (S. S. WOJUZKI, Arb. d. Zentr. Holzforsch. Inst.) Heft 1, 98 (1932).

[4] Ф. П. Комаров, Бум. пром. (F. P. KOMAROW, Papierind.) Nr. 2, 49 (1934).

[5] Н. Н. Непенин, Производство целлюлозы (N. N. NEPENIN, Zellstoffherstellung) 1940, S. 21.

[6] В. Н. Козлов, Реконструкция углежжения на Урале (W. N. KOSLOW, Ausbau der Kohlenbrennerei im Ural) Teil 1, 68 (1941).

[7] desgl.

Mit der Untersuchung der chemischen Zusammensetzung von Holz, das mit Fäulnis befallen ist, haben sich vor allem FALK[1], KOMAROW[2] und FILIMONOWA[3] und andere[4] beschäftigt.

Aus den von KOMAROW[5] erhaltenen Resultaten (Tab. 96) geht hervor, daß in Holz, welches der Einwirkung von holzzerstörenden Pilzen ausgesetzt ist, der Gehalt an Mineralstoffen, in heißem Wasser und in 1%igem Alkali löslichen Stoffen im Vergleich zum gesunden Holz stark erhöht ist. Mit Ausnahme von Espenholz ist in allen anderen Fällen der Pentosangehalt herabgesetzt.

TABELLE 96

Zusammensetzung verschiedener Hölzer nach Befall mit holzzerstörenden Pilzen

Material	Cellulose nach KÜRSCHNER u. HOFFER	Lignin (72%ig. H_2SO_4)	Pentosan	In heißem Wasser lösliche Anteile	In Äther lösliche Anteile	In 1%iger NaOH lösliche Anteile	Gesamtgehalt an Extraktstoffen	Asche
Kiefer:								
Gesundes Holz	52,1	27,2	11,2	2,1	3,6	1,0	6,7	0,23
Befallen mit *Polyporus destructor*, Stadium III	68,0	11,6	5,3	6,3	0,4	7,7	14,2	0,38
Befallen mit *Merulius lacrimans*, Stadium II	13,3	46,2	5,2	17,1	1,5	13,2	31,8	0,54
Fichte:								
Gesundes Holz	55,0	29,6	11,2	1,6	0,8	0,4	2,8	0,39
Befallen mit *Trametes abietes*, Stadium II	54,0	26,3	10,7	4,7	0,8	1,7	7,2	0,64
dito, Stadium III	53,5	23,8	9,0	7,9	0,6	3,4	11,9	1,11
Fomes pinicola	45,9	30,0	8,0	6,3	1,1	4,8	12,2	0,61
Birke:								
Gesundes Holz	53,4	17,3	25,0	1,0	0,9	5,0	6,8	0,22
Befallen mit *Fomes igniarius*, Stadium III	42,5	18,2	16,0	10,3	0,6	13,7	24,6	1,75
Espe:								
Gesundes Holz	57,1	21,9	21,1	2,3	1,0	8,0	11,3	0,3
Befallen mit *Fomes igniarius*	53,7	22,2	23,5	3,7	1,2	11,5	16,4	1,2

[1] R. FALK, Ber. Botan. Ges. **59**, 10 (1926); desgl. **60**, 225 (1927).

[2] Ф. П. Комаров, Бум. пром. (F. P. KOMAROW, Papierind.) Nr. 2, 49 (1934).

[3] Ф. П. Комаров и Г. Филимонова, ЖПХ (F. P. KOMAROW u. G. FILIMONOWA Z. Angew. Chemie [russ.]) **10**, 48 (1937).

[4] R. ROSE u. M. LISSE, Ind. Eng. Chem. **9**, 284 (1917). — M. BRAY u. T. ANDREWS Ind. Eng. Chem. **16**, 137 (1924). — Л. П. Жеребов и В. Комаровский, Тр. Центр. научно-иссл. лесохим. инст. (L. P. SHEREBOW u. W. KOMAROWSSKI, Arb. d. Zentr. Holzchem. Forsch. Inst.) Heft 1, 39 (1933). — М. И. Чудаков, ЖПХ (M. I. TSCHUDAKOW, Z. Angew. Chemie [russ.]) **22**, 392 (1949).

[5] Ф. П. Комаров, Бум. пром. (F. P. KOMAROW, Papierind.) Nr. 2, 49 (1934).

Aus anderen Untersuchungen[1] ergibt sich ebenfalls ein erhöhter Gehalt an Stoffen, die in heißem und kaltem Wasser löslich sind, sowie von Aschenbestandteilen.

Die Änderungen des Cellulose- und Ligningehaltes erfolgen nicht in gleichem Maße. Je nach der Art der Fäulnis nimmt entweder der Cellulosegehalt zu und der Ligningehalt ab, oder die Verschiebung findet in umgekehrter Richtung statt. Auch in diesem Zusammenhang lassen sich die beiden, bereits bekannten Arten der Fäulnis, die Korrosionsfäule und die destruktive Fäulnis, unterscheiden. Die charakteristischen Merkmale dieser beiden Fäulnistypen bestehen also nicht nur in äußerlich sichtbaren Veränderungen, sondern auch in bestimmten Änderungen der chemischen Zusammensetzung.

Die Korrosionsfäule, zu der die Weiß- und Buntfäule gehören, bewirkt eine relative Verringerung des Ligningehaltes. Der Cellulosegehalt nimmt in diesem Falle zu oder nur sehr wenig ab. Es findet jedoch eine Verschiebung zugunsten des Gehaltes an β- und γ-Cellulose und eine Erniedrigung des Polymerisationsgrades statt.

Ferner ist festgestellt worden[2], daß die Löslichkeit von Nitrocellulose, die mit Hilfe von Lignin abbauenden Pilzen aus Holz dargestellt worden ist, in Aceton mit fortschreitender Zersetzung abnimmt.

In einigen Fällen kann die Anreicherung mit Cellulose bei dieser Art der Fäulnis beträchtlich sein. So enthält z. B. das faule Holz des Baumes *Polo podrido* in den Wäldern Südchiles 84% Cellulose und 3% Pentosane.

Die Ansammlung von Cellulose bei der Korrosionsfäule bewirkt eine Aufhellung des Holzes oder das Auftreten fast farbloser Celluloseflecken. Dieser Fäulnistyp wird hauptsächlich von folgenden Pilzen hervorgerufen: *Polyporus destructor*, *Trametes pini*, *Fomes annosus*, *Trametes abietes* und *Polyporus dryophilus*.

Bei der destruktiven Fäulnis wird eine starke Herabsetzung des Cellulosegehaltes und eine relative Anreicherung des Holzes mit Lignin beobachtet. Als Beispiel für diesen Fäulnistyp sei der Befall von Eichenholz mit *Polyporus sulphureus*, von Kiefernholz mit *Polyporus Schweinitzii*, von Kiefern-, Fichten- und anderem Holz mit *Merulius lacrymans* und *Poria vaporaria* angeführt.

WANIN hat vorgeschlagen, einen Übergang zwischen den beiden Fäulnisarten anzunehmen, wobei das Verhältnis Cellulose-Lignin infolge der beinahe gleichmäßigen Zersetzung nur ganz unbedeutenden Schwankungen unterworfen ist. Einen derartigen Übergangstyp stellt z. B. die Fäulnis von Birken- und Espenholz durch *Fomes igniarius* dar.

Die Änderung der chemischen Zusammensetzung bei der Fäulnis äußert sich naturgemäß auch in der Zuckerausbeute bei der Hydrolyse des Holzes. Holz, das von der Weiß- oder Buntfäule befallen ist, ergibt bei der Hydrolyse fast stets mehr vergärbare Zucker als das entsprechende gesunde Holz. So hat man z. B. durch Hydrolyse von Kiefernholz, das mit *Polyporus destructor* befallen ist, vergärbare Zucker in einer Ausbeute von 70% gewinnen können[3].

[1] R. ROSE u. M. LISSE, Ind. Eng. Chem. **9**, 284 (1917). — M. BRAY u. T. ANDREWS, Ind. Eng. Chem. **16**, 137 (1924). — Ф. П. Комаров и Г. Филимонова, ЖПХ (F. P. KOMAROW u. G. FILIMONOWA, Z. Angew. Chem. [russ.]) **10**, 487 (1937).

[2] E. HEUSER u. Mitarb., Chem. Abstr. **43**, 8131 (1949).

[3] В. И. Шарков, Гидролизное производство (W. I. SCHARKOW, Hydrolysenindustrie) **1**, 74 (1945).

Eine ausführlichere Untersuchung über diese Frage haben SKRIGAN und WERNER[1] durchgeführt. Aus den von ihnen erhaltenen Ergebnissen (Tab. 97) ist ersichtlich, daß mit *Trametes pini* und *Fomes annosus* befallenes Holz bei der Hydrolyse mehr Zucker ergibt als gesundes Holz. Die entgegengesetzte Erscheinung tritt bei Befall mit *Polyporus dryophilus* und *Poria vaporaria* auf.

TABELLE 97

Gehalt an reduzierenden Zuckern in Hydrolysaten von krankem Holz

Holzart und Charakteristik	Stadium	Ausbeute an reduzierenden Stoffen in %	Ligninrückstand in %
Kiefer, befallen vom Kiefernschwamm, Korrosionsfäule	I	72,8	29,7
	II	77,0	22,8
	III	76,0	24,2
Fichte, befallen vom Rindenschwamm, Korrosionsfäule	I	69,3	30,8
	III	73,8	25,9
Espe, befallen vom unechten Baumschwamm, Mischtyp	III	44,5	43,0
Eiche, befallen vom Eichenschwamm	II	47,6	48,7
Eiche, befallen vom weißen Hausschwamm, destruktive Fäulnis		42—43	53—54

TABELLE 98

Änderung der Zusammensetzung von Sägemehl beim Verwesen

Stadium	Gehalt in % des abs. trocknen Stoffes				
	Cellulose	Lignin	Pentosan	Asche	Zucker nach BERTRAND
Frisch	55,6	32,8	10,0	0,45	67,0
Gelb	49—51	35,0	4,9	0,54	58—64
Kastanienbraun	40—50	35,7	5,5	0,51	41—56
Schwarz	10—40	53,1	2,6	0,65	13—40

Für die Hydrolysenindustrie ist die mögliche Verwertung von alten Holzabfällen der Sägewerke, die längere Zeit einer biologischen Zersetzung ausgesetzt gewesen sind, von großer Bedeutung. Nach den Untersuchungen von SKRIGAN[2] lassen sich die Sägespäne je nach dem Grad ihres Zerfalls in vier Gruppen einteilen: frische, gelbe, kastanienbraune und schwarze Späne. Durch Hydrolyse nach der Methode von KIESEL-SEMIGANOWSSKI sind folgende Zuckermengen erhalten worden: Aus frischen Spänen 60,9 bis 63,7%, aus gelben 59,0 bis 59,8%, aus kastanienbraunen 49 bis 51,9% und aus schwarzen 18,3 bis 27,5%. Vollständige Angaben über die Änderung der chemischen Zu-

[1] О. А. Скриган и В. Вернер, Тр. Акад. наук БССР (O. A. SKRIGAN u. W. WERNER, Arb. d. Akad. d. Wiss. d. Weißruss. SSR) Heft 5, 165 (1939).

[2] Zitiert in: В. И. Шарков, Гидролизное производство (W. I. SCHARKOW, Hydrolysenindustrie) 1, 75 (1945).

sammensetzung der Späne während des Fäulnisprozesses haben MJELNIKOW und Mitarbeiter[1] gemacht (Tab. 98). Aus den Daten läßt sich erkennen, daß beim Faulen der Späne diese allmählich eine Verarmung an Kohlenhydraten erleiden, während der Gehalt an Lignin und Huminstoffen ansteigt.

Bei dem von Fäulnis befallenen Holz finden aber auch Veränderungen des Methoxyl- und Acetylgehaltes, der Uronsäuren und der Reduktionsfähigkeit des Holzes selbst statt (Tab. 99).

Wie KOMAROW und FILIMONOWA[2] festgestellt haben, ist der Methoxylgehalt von der Menge des Lignins abhängig, die nach der Zersetzung noch verblieben ist und infolgedessen auch von der Pilzart. So beträgt z. B. der OCH_3-Gehalt

TABELLE 99

Veränderung verschiedener Kennziffern des Holzes nach Pilzbefall

Material	Methoxylgehalt in %	Acetylgehalt in %	Uronsäuregehalt in %	Kupferzahl nach BRADDY
Kiefer:				
Gesundes Holz	5,1	2,1	2,9	3,5
Befall von *Merulius lacrymans*	8,05	2,3	5,08	13,25
Befall von *Polyporus destructor*	1,8	2,41	2,92	11,34
Birke:				
Gesundes Holz	5,6	5,7	5,08	3,2
Befall von *Fomes igniarius*	5,92	5,93	5,24	7,13

in Kiefernholz, das von *Merulius lacrymans* befallen ist, 8,05% gegen 5,1% des gesunden Holzes, während das gleiche Holz, jedoch von *Polyporus destructor* befallen, insgesamt nur 1,8% zeigt. Der Acetylgehalt des kranken Holzes ist fast der gleiche wie beim gesunden Holz. Jedoch beweist die Abnahme des spezifischen Gewichtes des faulen Holzes zweifelsfrei, daß das Holz in Verbindung mit der Zersetzung der Pentosane einen beträchtlichen Teil seiner Acetylgruppen verliert.

Bei der Änderung des Uronsäuregehaltes ist ebenfalls eine gewisse Abhängigkeit von der Pilzart beobachtet worden. In krankem Holz des Korrosionstyps hat man keine wesentliche Änderung feststellen können, während im Falle der destruktiven Fäulnis die Menge erheblich zugenommen hat. Die spärlichen Angaben sind jedoch noch nicht ausreichend, um irgendwelche Schlußfolgerungen über die Zersetzung der Uronsäuren bei dem einen oder anderen Fäulnistyp zu machen.

Durch die Ansammlung von Zerfallsprodukten im faulen Holz erhöht sich die Reduktionsfähigkeit des Holzes ganz wesentlich. Bei krankem Holz findet man Kupferzahlen von 7 bis 13, im gesunden dagegen nur 3,2 bis 3,5.

Die mit heißem Wasser, Alkohol-Benzol oder 1%iger Natronlauge aus Holz

[1] Zitiert in: В. И. Шарков, Гидролизное производство (W. I. Scharkow, Hydrolysenindustrie) **1**, **75** (**1945**).

[2] Ф. П. Комаров и Г. Филимонова, ЖПХ (F. P. KOMAROW u. G. FILIMONOWA, Z. Angew. Chemie [russ.]) **10**, **487** (**1937**).

mit Pilzbefall extrahierbaren Stoffe unterscheiden sich von den mit den gleichen Lösungsmitteln aus gesundem Holz darstellbaren in ihrer chemischen Zusammensetzung. Die wäßrigen Extrakte enthalten nach KOMAROW und FILIMONOWA bedeutende Mengen an Gerbstoffen (22 bis 45%) und mineralische Bestandteile (4,8 bis 10% der Extraktstoffe). Außerdem kommen noch verschiedene organische Säuren, wie Essigsäure, Ameisensäure, Buttersäure, Bernsteinsäure und Milchsäure, vor, wie aus Literaturangaben[1] bekannt ist. In einigen Fällen ist bei der Einwirkung von holzzerstörenden Pilzen, wie *Merulius silvester* und *Trametes odorata*, auf Sägespäne auch die Entstehung von Zitronensäure, manchmal sogar in sehr wesentlichen Mengen[2], beobachtet worden. Auf Grund der Säurebildung durch die Tätigkeit der Pilze zeigt die Masse bekanntlich saure Reaktion.

Zu den mittels 1%iger Natronlauge extrahierbaren Stoffen gehören Furfuroide, deren Menge in Abhängigkeit von der Holz- und Pilzart gewissen Schwankungen unterworfen ist. Im allgemeinen betragen sie 7 bis 16% der in der Lauge löslichen Stoffe. Die höchsten Werte findet man bei Holz, das von *Fomes igniarius* befallen ist. Dieser Umstand gibt Veranlassung zu der Annahme, daß die Furfuroide Produkte eines partiellen Pentosanzerfalls sind. Es existieren ferner Hinweise auf die Anwesenheit von Vanillin[3] und einiger anderer aromatischer Verbindungen, die anscheinend Abbauprodukte des Lignins darstellen, im kranken Holz: Zimtsäuremethylester (I), Zimtsäure (II) und Anissäure (III). In diesem Zusammenhang ist auch die Ansicht ausgesprochen worden, daß das Vanillin ein Oxydationsprodukt des Coniferins ist.

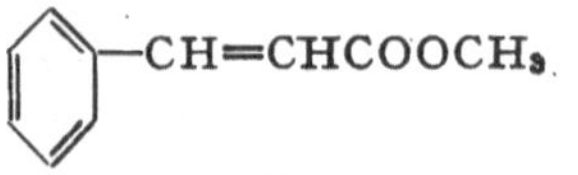

I

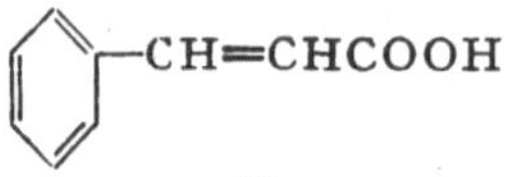

II

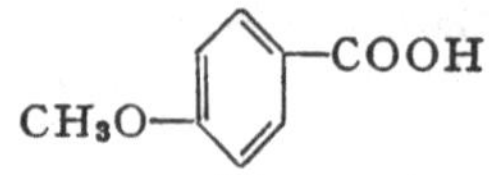

III

Der Gerbstoffgehalt wird ebenfalls durch die Fäulnis beeinflußt. Nach Untersuchungen von WOJUZKI[4] bleibt der relative Gehalt an Tanniden in Eichenholz, das von *Polyporus sulphureus*, *Polyporus dryophilus* und *Stereum frustulosum* befallen ist, unverändert oder ist nur geringfügig erhöht. Bei Befall mit *Fomes igniarius* ist er niedriger als im gesunden Holz. Durch Umrechnung des Gerbstoffgehaltes auf das Gewicht des gesunden Holzes hat man bei allen Pilzarten eine beachtliche Verminderung des Gerbstoffgehaltes gefunden.

Durch die Veränderungen in der chemischen Zusammensetzung des faulenden Holzes, hauptsächlich des Ligningehaltes, wird auch eine Änderung der Elementarzusammensetzung bewirkt. Man hat festgestellt[5], daß bei der destruktiven Fäulnis der Kohlenstoffgehalt, je nach dem Stadium, zunimmt (bis 61%), bei der Korrosion dagegen abnimmt (bis 41%). Dementsprechend ändert sich auch die Wärmeleitfähigkeit des Holzes.

---

[1] F. FREISE, Brennstoffchemie **14**, 427 (1933).

[2] А. С. Казанский, Химическая переработка древесины (A. S. KASANSSKI, Chemische Verarbeitung des Holzes) 1936, S. 65.

[3] Ю. А. Жемчужников, Общая геология ископаемых углей (JU. A SHEMTSCHUSHNIKOW, Allgemeine Geologie der fossilen Kohle) 1948.

[4] С. С. Воюцкий, Лесохим. сб. (S. S. WOJUZKI, Holzchem. Samml.) Heft 1, 98 (1932).

[5] С. И. Ванин, Древесиноведение (S. I. WANIN, Holzkunde) 1949, S. 269.

VIERZEHNTER ABSCHNITT

Terpene und Harze der Nadelhölzer

Bei der Verletzung von Kiefern durch Einschneiden der Rinde und jüngsten Holzschichten fließt aus den Einschnitten eine harzige, klare Flüssigkeit aus, die im wesentlichen aus Harzsäuren und Terpentinöl besteht.

Terpentin

Die Trennung des Terpentinöls von den Harzsäuren läßt sich leicht durch Wasserdampfdestillation bewerkstelligen. Es genügt zu diesem Zweck, das Öl mit Wasserdampf zu behandeln, wobei das Terpentinöl mit überdestilliert. Im Destillat erhält man dann zwei Schichten, von denen die obere das Terpentinöl vorstellt. Die Harzsäuren sind nicht mit Wasserdampf flüchtig und bleiben deshalb im Kolben zurück.

Terpentinöl

Unter den Bestandteilen des Terpentinöls findet man hauptsächlich mono- und bicyclische Terpene der Zusammensetzung $C_{10}H^{16}$, in geringen Mengen auch Terpenalkohole $C_{10}H_{16}O$ und Sesquiterpene $C_{15}H_{24}$. Die monocyclischen Terpene sind Verbindungen mit einem Ring und zwei Doppelbindungen, deren einfachster Vertreter das Menthan ist. Im wesentlichen gehört diese Gruppe von Terpenen der *p*-Menthanreihe an.

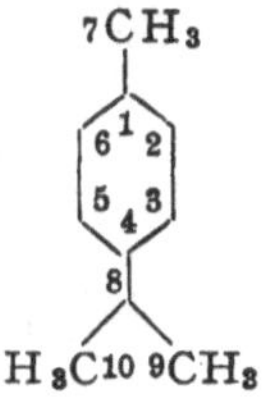

Menthan

Weitere monocyclische Terpene sind die sogenannten Sylvestrene, die sich von der *m*-Reihe ableiten lassen.

Die bicyclischen Terpene enthalten zwei Ringe und eine Doppelbindung. Stellt man sich die Isopropylgruppe des Menthans im Innern des Ringes mit den C-Atomen 1, 2 oder 3 verbunden vor, so können unter Abspaltung von 2 Atomen Wasserstoff drei verschiedene Verbindungen der gleichen Zusammensetzung $C_{10}H_{18}$ erhalten werden: Camphan, Pinan und Caran, die als Grundstoffe dieser Terpengruppe aufzufassen sind:

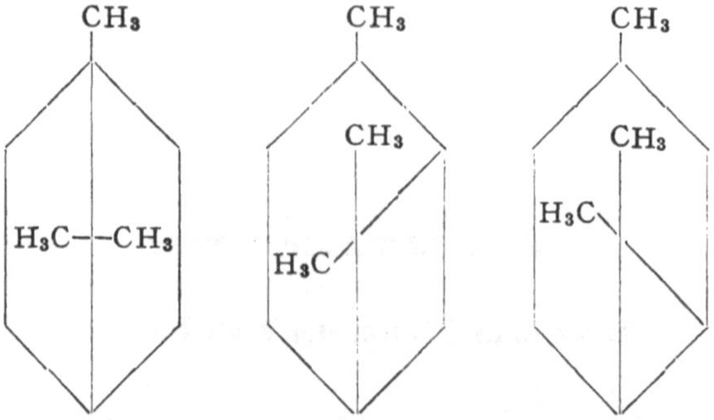

Camphan Pinan Caran

Die Terpene zeichnen sich durch eine besondere Fähigkeit zur Isomerisierung aus, die durch saures Medium, erhöhte Temperatur, Lichteinwirkung und Katalysatoren begünstigt wird. Durch den Sauerstoff der Luft können die Terpene leicht oxydiert werden, wobei komplizierte Gemische von Oxydationsprodukten erhalten werden. Die Untersuchung dieser Verbindungsklasse wird durch die genannten Umstände wesentlich erschwert.

Der wichtigste und am häufigsten vorkommende Kohlenwasserstoff des Kiefernterpentins ist das α-Pinen, eine ölige Flüssigkeit, die bei **155** bis **156°** siedet. Es kommt in zwei optisch aktiven Formen vor, rechts- und linksdrehend, mit $[\alpha]_D = \pm 48°$. Das spezifische Gewicht beträgt $d_4^{20} = 0{,}8598$ und der Brechungsexponent $n_D^{20} = 1{,}4649$. Im russischen Terpentinöl ist es zu etwa 60 bis 70% enthalten.

Infolge der Leichtigkeit seiner Isolierung ist dieser Kohlenwasserstoff auch früher bereits häufig dargestellt und unter den Bezeichnungen Terebinthen, Australen, Eukalypten u.a.m. bekannt geworden. Den Namen α-Pinen hat es durch WALLACH[1] erhalten, der die Anwesenheit einer Doppelbindung im Molekül festgestellt hat. Die Konstitutionsaufklärung hat WAGNER[2] durch Oxydation mit Kaliumpermanganat in alkalischem Medium durchgeführt. Unter den Oxydationsprodukten sind α-Pinensäure und ihre Spaltprodukte gefunden worden, woraus auf folgende Strukturformel für das α-Pinen geschlossen worden ist:

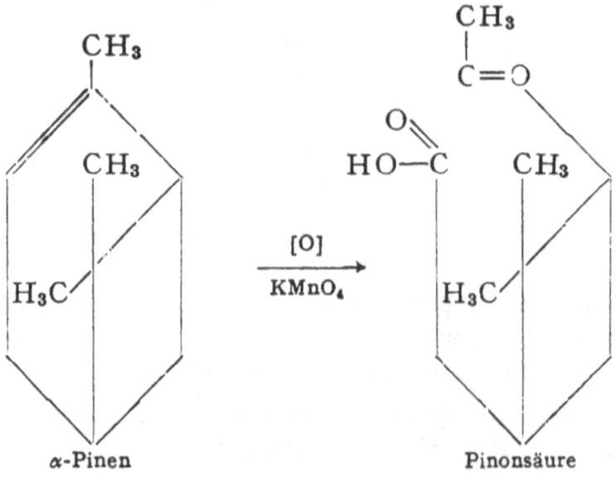

α-Pinen Pinonsäure

[1] O. WALLACH, Ann. **227**, 300 (1885).

[2] E. E. WAGNER, Zur Konstitution der Terpene und ähnlicher Verbindungen, **1894**.

Zum Nachweis des α-Pinens benutzt man seine Fähigkeit, mit Nitrosylchlorid oder einem Gemisch von Amylnitrit und Salzsäure das entsprechende Nitrosochlorid (F. 103°) zu bilden.

Diese Reaktion wird als die bequemste bis in die heutige Zeit angesehen.

Der innere Vierer-Ring des α-Pinens ist sehr labil und kann schon bei höherer Temperatur durch Hydratisierung oder Einwirkung von Mineralsäuren gesprengt werden, wobei eine Reihe von Derivaten entsteht.

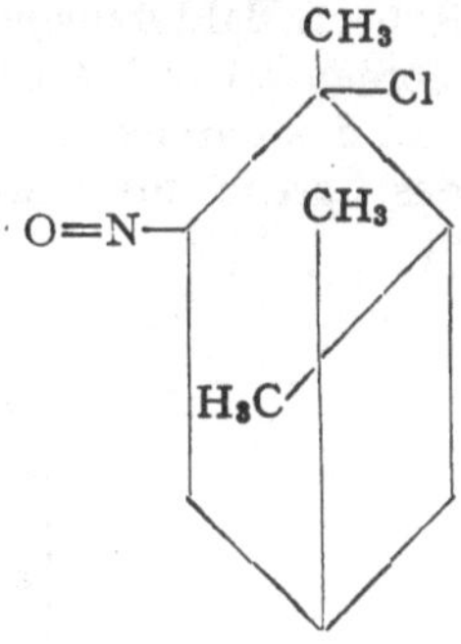

Nitrosochlorid des α-Pinens

Das α-Pinen ist der Hauptbestandteil des russischen, französischen und der Mehrzahl der europäischen und amerikanischen Terpentinöle und dient als Rohstoff zur Herstellung von synthetischem Campher.

Ein weiterer Bestandteil des russischen[1] aber auch anderer Terpentinöle ist das β-Pinen oder Nopinen, das in einer Menge von 6 bis 7 Gew.-% im Terpentinöl enthalten ist. Es ist eine linksdrehende Flüssigkeit ($[\alpha]_D = -18{,}2°$), die bei 163 bis 164° siedet. Das spezifische Gewicht beträgt $d_4^{20} = 0{,}8694$ und der Brechungsindex $n_D^{20} = 1{,}478$. Die Bezeichnung stammt ebenfalls von WALLACH[2]. Auch die Strukturaufklärung dieses Produktes ist in der bereits beschriebenen Weise durchgeführt worden[3]. Dabei ist das Natriumsalz der Nopinsäure isoliert worden, die infolge ihrer geringen Löslichkeit in Wasser auch zum qualitativen Nachweis des β-Pinens sehr geeignet ist. Dem β-Pinen hat man folgende Strukturformel zugeschrieben:

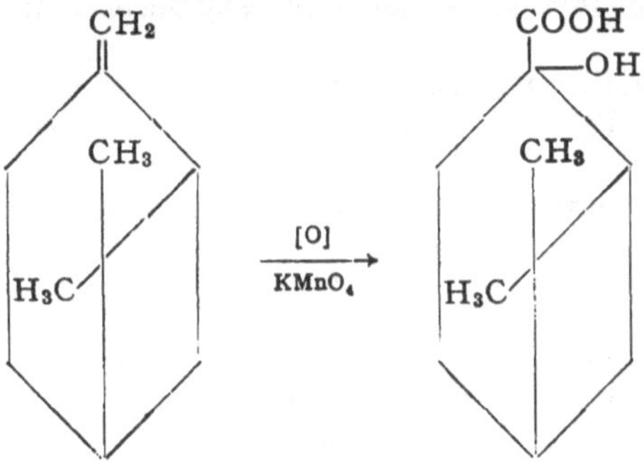

β-Pinen (Nopinen) Nopinsäure

Zur Camphersynthese kann β-Pinen ebenfalls verwendet werden. Es ist deshalb ein wertvoller Bestandteil des Terpentinöls.

---

[1] А. Л. Пирятинский и Соркин, Химическая переработка древесины (A. L. PIRJATINSSKI u. SORKIN, Chemische Verarbeitung des Holzes) 1936 S. 161. — Ю. С. Залкинд и А. Г. Булавский, ЖОХ (JU. S. SALKIND u. A. G. BULAWSSKI, Z. Allgem. Chemie) 9, 369 (1939). — И. И. Бардышев, А. Л. Пирятинский и К. В. Бардышева, ЖПХ (I. I. BARDYSCHEW, A. L. PIRJATINSSKI u. K. W. BARDYSCHEWA, Z. Angew. Chemie [russ.]) 20, 1308 (1947).

[2] O. WALLACH, Terpene und Campher, 1914, S. 233.

[3] E. E. WAGNER u. G. ERSHIKOWSKY, Ber. 29, 881 (1896). — A. BAYER Ber. 92, 25 (1896).

Das russische Terpentinöl enthält außerdem noch in größeren Mengen (12 bis 20 Gew.%) Δ^3-Caren. Es stellt eine Flüssigkeit mit einem Geruch wie frisches Kiefernholz dar, deren Siedepunkt bei 170 bis 172° liegt. Die weiteren Daten sind: $[\alpha]_D = \pm 14°$; $d_4^{20} = 0{,}8627$ und $n_D^{20} = 1{,}4729$. Als erster hat SIMONSEN[1] das Caren aus dem Terpentinöl von *Pinus longifolia* (Indien) isoliert. Bald danach ist es auch im russischen[2] und schwedischen Öl festgestellt worden. Charakteristisch für das Δ^3-Caren sind das Nitrosat (F. 140 bis 142°) und das Carenglykol (F. 70 bis 71°). Das letztere erhält man durch Oxydation des Carens mit Kaliumpermanganat.

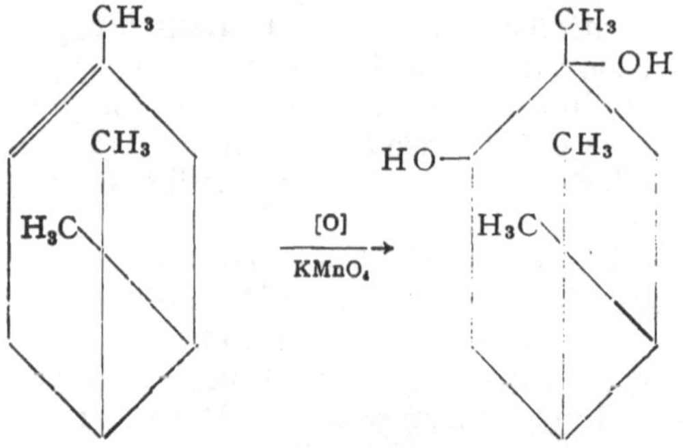

Δ^3-Caren Carenglykol

Besonders wertvolle Eigenschaften für die Lackherstellung besitzt das russische Terpentinöl infolge der leichten Oxydierbarkeit des Δ^3-Caren durch den Luftsauerstoff.

Limonen ist ebenfalls im russischen Terpentinöl[3] enthalten, es gehört zu den monocyclischen Terpenen. Limonen ist eine angenehm riechende Flüssigkeit vom Siedepunkt 175 bis 176° und starker Drehung $[\alpha]_D = \pm 123°$. Die racemische Form ist unter der Bezeichnung Dipenten bekannt.

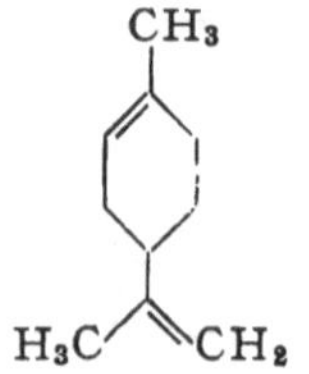

Limonen

Die Strukturformel ist gleichfalls von WAGNER[4] vorgeschlagen worden. Zum Nachweis eignet sich das Tetrabromid $C_{10}H_{16}Br_4$ (F. 104 bis 105°). Das ent-

[1] J. SIMONSEN, J. Chem. Soc. (1920), 571.

[2] В. Н. Крестинский, А. А. Ливеровский и В. В. Мальберг, ЖПХ (W. N. KRESSTINSSKI, A. A. LIWEROWSSKI u. W. W. MALBERG, Z. Angew. Chemie [russ.])8, 533 (1930).

[3] И. И. Бардышев и К. В. Бардышева, ЖОХ (I. I. BARDYSCHEW u. K. W. BARDYSCHEWA, Z. Allgem. Chemie) 18, 1475 (1948).

[4] E. E. WAGNER, Ber. 27, 1636, 2720 (1894).

sprechende Bromderivat des Dipentens schmilzt bei 125 bis 126°. Den höchsten Limonengehalt weist das Terpentinöl der italienischen Kiefer (*Pinus pinea*) auf, worin es etwa 75% ausmacht.

Von den übrigen Komponenten des Terpentinöls ist zunächst das Δ^4-Caren zu erwähnen, das im Öl russischer Provenienz bisher jedoch nicht gefunden worden ist. Das Vorkommen von Camphen im Terpentinöl darf noch nicht als völlig gesichert betrachtet werden[1]. Erstmalig hat es GOLUBJEW aus dem ätherischen Öl der sibirischen Tanne isoliert. Es ist aber bereits früher synthetisch dargestellt worden. Der Schmelzpunkt dieser Verbindung liegt bei 47 bis 48°, der Siedepunkt bei 158 bis 160°. Auch in diesem Falle hat WAGNER die Konstitution in bekannter Weise ermittelt[2].

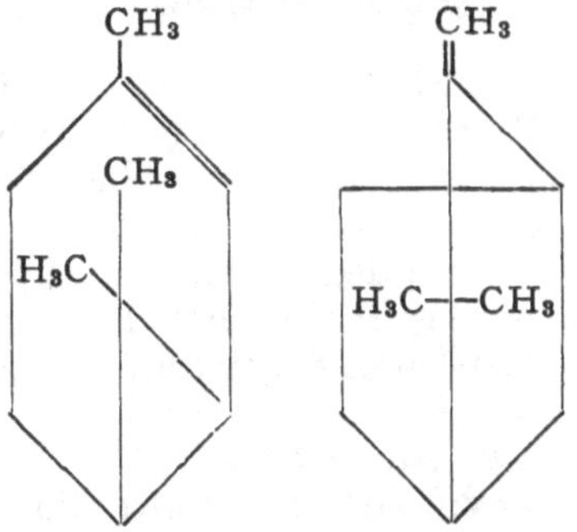

Δ_4-Caren Camphen

Seltenere Bestandteile des Terpentinöls sind das α- und β-Phellandren.

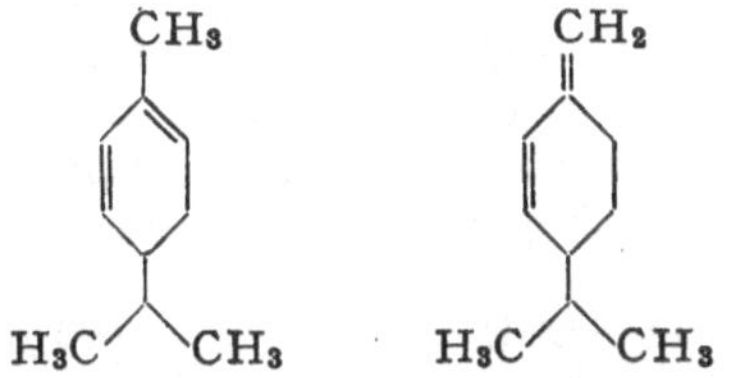

α-Phellandren Sdp. 173—175° β-Phellandren Sdp. 171—173°

Sie finden sich in geringen Mengen auch im russischen Terpentinöl aus *Pinus silvestris*[3]. Dagegen besteht das aus *Pinus contorta* gewonnene Terpentinöl fast ausschließlich aus diesen Verbindungen. In den höher siedenden Fraktionen

---

[1] В. Н. Крестинский и Л. И. Баженова-Козловская, ЖПХ (W. N. KRESSTINSSKI u. L. I. BASHENOWA-KOSLOWSSKAJA, Z. Angew. Chemie [russ.]) 3, 681 (1930). — В. Н. Крестинский и С. С. Малевская, ЖПХ (W. N. KRESSTINSSKI u. S. S. MALEWSSKAJA, Z. Angew. Chemie [russ.]) 6, 1063 (1933).

[2] E. E. WAGNER, Ber. 31, 680 (1899).

[3] В. Н. Крестинский и Л. И. Баженова-Козловская, ЖПХ (W. N. KRESSTINSSKI u. L. I. BASHENOWA-KOSLOWSSKAJA, Z. Angew. Chemie [russ.]) 3, 681 (1930). — И. И. Бардышев и К. В. Бардышева, ЖОХ (I. I. BARDYSCHEW u. K. W. BARDYSCHEWA, Z. allgem. Chemie) 18, 1477 (1948).

(230 bis 240°) des Terpentinöls hat man Sesquiterpene der Zusammensetzung $C_{15}H_{24}$ aufgefunden, von denen das Cadinen den größten Anteil stellt:

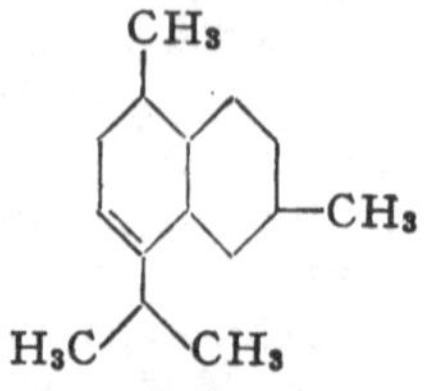

Cadinen

Gewinnung des Terpentins durch Extraktion und trockne Destillation

Terpentin kann auch unmittelbar aus zerkleinertem Kiefernholz durch Extraktion oder trockne Destillation erhalten werden.

Die Extraktion wird meist mit Hilfe organischer Lösungsmittel, wie Benzin, Gasolin u. a., durchgeführt, wobei das Terpentinöl und die Harzsäuren aus dem Holz entfernt werden. Nach der Abdestillation des Lösungsmittels wird das Terpentinöl durch Wasserdampfdestillation von den Harzsäuren abgetrennt, die als Kolophonium zurückbleiben.

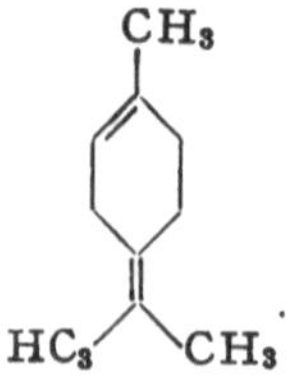

Terpinolen
Sdp. 183–185°

Aber auch Alkalien wie Soda- oder Kaliumcarbonatlösungen lassen sich zur Extraktion verwenden. In diesem Falle scheiden sich die Harze in Form der entsprechenden Salze ab, während das Terpentinöl in üblicher Form übergetrieben werden kann. Die auf diese Weise gewonnenen Terpentinöle unterscheiden sich nur wenig von den auf natürlichem Wege erhaltenen. Häufig werden jedoch Kiefernstubben bzw. Stockholz zur Herstellung herangezogen, man erhält dann Stockholzterpentin.

Im russischen Stockholzterpentinöl sind folgende Bestandteile gefunden worden: α-Pinen, Δ^3-Caren, Terpentinolen, Cadinen, Terpenalkohole[1], β-Pinen und Dipenten[2].

Neben den aufgeführten Verbindungen kommen in amerikanischen Stockholzterpentinölen noch α-, β- und γ-Terpinene vor:

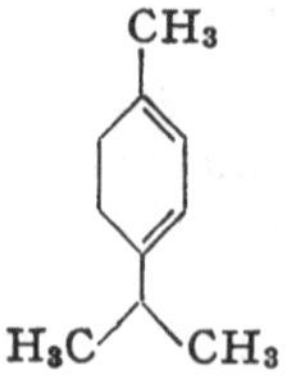

α-Terpinen
Sdp. 172—173°

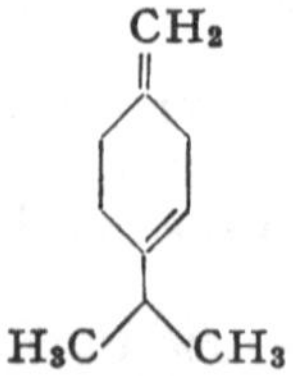

β-Terpinen
Sdp. 173—175°

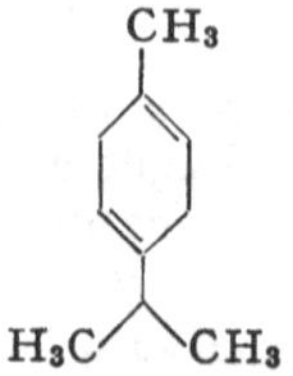

γ-Terpinen
Sdp. 173—175°

---

[1] В. Н. Крестинский и Ф. Т. Солодкий, ЖПХ (W. N. Kresstinsski u. F. F. Solodki, Z. Angew. Chemie [russ.]) **2**, 337 (1929).

[2] И. И. Бардышев, А. Л. Пирятинский, К. В. Бардышева и О. И. Черняева, ЖПХ (I. I. Bardyschew, A. L. Pirjatinsski, K. W. Bardyschewa u. O. I. Tschernjajewa, Z. Angew. Chemie [russ.]) **23**, 203 (1950).

Durch die trockne Destillation werden Terpentinöle gewonnen, die in der Qualität schlechter sind und infolge der hohen Temperaturen auch eine andere Zusammensetzung besitzen.

Beim langsamen Erhitzen des Holzes im geschlossenen Gefäß verliert es allmählich seinen Wassergehalt, wodurch auch gleichzeitig ein Mitreißen des größten Teiles des Terpentinöles bewirkt wird. Im russischen „Ofen"-Terpentin findet man β-Pinen, α-Pinen, Δ^3-Caren, Dipenten, Limonen, Terpentinolen, α-Terpinen, Terpenalkohole und Sesquiterpene[1]. Der Nachlauf enthält noch Phenole und verschiedene Produkte der thermischen Zersetzung.

Sulfatterpentin

Bei der Sulfatkochung des Holzes werden die Terpene beim Ablassen des Dampfes mit entfernt. Durch Kondensation der Dämpfe läßt sich das sogenannte Sulfatterpentin gewinnen. Es besitzt infolge der Verunreinigung durch Schwefelverbindungen einen üblen Geruch. Zur Reinigung wird das Rohprodukt einige Tage in saurem Medium reduziert, mit Alkali gewaschen und schließlich der Wasserdampfdestillation unterworfen. Auch eine Behandlung mit Aktivkohle kann angeschlossen werden. In dem gereinigten Produkt hat man α-Pinen und Δ^3-Caren nachgewiesen. Die Qualität dieses Produktes entspricht den besten Sorten natürlichen Terpentinöles[2]. Ein anderes Reinigungsverfahren[3] bedient sich der Vakuumdestillation in großen Dephlegmatoren. Der Vorlauf in einer Menge von 5 bis 10% enthält die gesamten übelriechenden Verbindungen und wird verworfen. Zur weiteren Reinigung wird die Hauptfraktion noch mit Aktivkohle behandelt.

Untersuchungsmethoden

Zur Untersuchung der Terpentinöle wird meist die Vakuumdestillation in großen Dephlegmatoren angewandt, wobei auf eine möglichst große Anzahl von Fraktionen Wert gelegt wird[4]. Man bestimmt nun die Drehung, den Brechungsindex, das spezifische Gewicht und den Siedepunkt jeder Fraktion und trägt die gefundenen Werte in einer graphischen Darstellung auf die Ordinate auf. In Richtung der Abszisse stellt man den prozentualen Anteil jeder Fraktion dar. Indem man die Punkte zu Kurven auszieht, lassen sich die den einzelnen Komponenten entsprechenden Zonen gut erkennen. Beim Übergang von einer Komponente zur nächsten ändern sich sämtliche Daten, und die Kurven steigen steil an oder fallen ab. Als Beispiel sei das in der Abb. 78 dargestellte Diagramm eines Stockholzterpentinöls angeführt[5].

---

[1] В. А. Арбузов, ЖПХ (B. A. ARBUSOW, Z. Angew. Chemie [russ.]) **3**, 867 (1930).

[2] В. Е. Тищенко и А. Г. Евдокимов, ЖПХ (W. JE. TISCHTSCHENKO u. A. G. JEWDOKIMOW, Z. Angew. Chemie [russ.] **4**, 640 (1931).

[3] З. И. Челпанова и Д. Г. Белоусов, Сб. лесохимических работ Лесотехнической академии им. С. М. Кирова (S. I. TSCHELPANOWA u. D. G. BJELOUSSOW, Sammlung holzchemischer Arbeiten der Kirow-Akademie für Holztechnik) 1938, S. 24.

[4] G. DUPONT, Terpentinöle, 1931.

[5] В. Н. Крестинский и Ф. Т. Солодкий, ЖПХ (W. N. KRESSTINSSKI u. F. T. SOLODKI, Z. Angew. Chemie [russ.]) **2**, 341 (1929).

Besonders ins Auge fallen zwei Bereiche mit horizontalem Kurvenverlauf, die dem α-Pinen (A) und dem Δ^3-Caren (B) entsprechen. Der Übergang wird genau in der Mitte geteilt. Aus dem angeführten Diagramm geht hervor, daß die untersuchte Probe 43% α-Pinen und 38,5% Δ^3-Caren enthält. Außer-

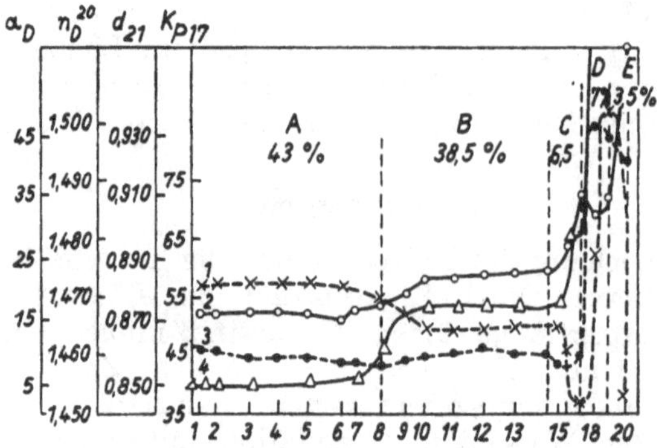

Abb. 78. Kombinierte Analysen von Terpentinöl

Zonen: *A* α-Pinen, *B* Δ-Caren, *C* Terpinolen, *D* Terpensäuren, *E* Sesquiterpen u. Cadinen. *1* spez. Drehung $[\alpha]_D$; *2* Brechungsexponent (n_D^{20}), *3* spez. Gew, (d_{21}), *4* Siedepunkt (Kp_{17})

dem sind noch in geringeren Mengen vorhanden: 6,5% Terpinolen (C), 7% Terpenalkohole $C_{10}H_{18}O$ (D), 3,5% Cadinen (E) und 1,5° Rückstand. Durch Darstellung entsprechender Derivate wird die Natur der isolierten Terpene bestätigt.

Verwendung des Terpentinöles

Die Terpentinöle finden eine ausgedehnte Anwendung als Lösungsmittel zur Herstellung von Farben und Lacken, da durch sie die Bildung guter, fester Filme gefördert wird. Da das Terpentinöl zur schnellen Oxydation befähigt ist, gelangt der Sauerstoff überall in den Film hin und bewirkt auf diese Weise eine raschere und gleichmäßigere Trocknung. Terpentinöl wird ferner zur Herstellung von Schuhcreme und Bohnerwachs, aber auch für medizinische Zwecke verwendet. Viel wichtiger ist jedoch seine chemische Verwendung als Ausgangsmaterial zur Camphersynthese und Gewinnung von Terpinhydrat sowie Terpineol.

Synthetische Camphergewinnung. Campher ist für verschiedene Zweige der chemischen Industrie, z. B. die Celluloidherstellung, von großer Bedeutung. Der natürlich vorkommende Japancampher, der heute hauptsächlich für medizinische Zwecke verwendet wird, hat den ständig steigenden Bedarf nicht decken können. Aus diesem Grunde hat man schließlich nach einem Verfahren zur synthetischen Gewinnung des Camphers gesucht. Die älteste Methode benutzt die Darstellung aus α-Pinen in folgenden Stufen (Schema S. 397).

Durch Sättigung von sorgfältig getrocknetem Pinen (I) mit trocknem Chlorwasserstoff entsteht Pinenchlorhydrat (II), das sich sofort in Bornylchlorid (III) umlagert. Dieses führt man durch eine Alkalibehandlung mit Hilfe von Alkalien,

Schwermetallsalzen oder fettsauren Alkalien in Camphen (IV) über. Nach Acetylierung des letzteren entsteht Isobornylacetat (V), aus dem durch Verseifung Isoborneol (VI) erhalten wird. Durch saure Oxydation oder Dehydrierung läßt sich schließlich Campher (VII) darstellen.

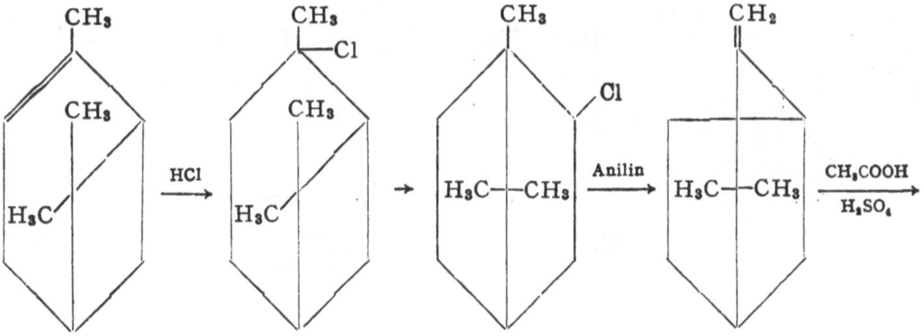

I α-Pinen — II Chlorhydrat — III Bornylchlorid — IV Camphen

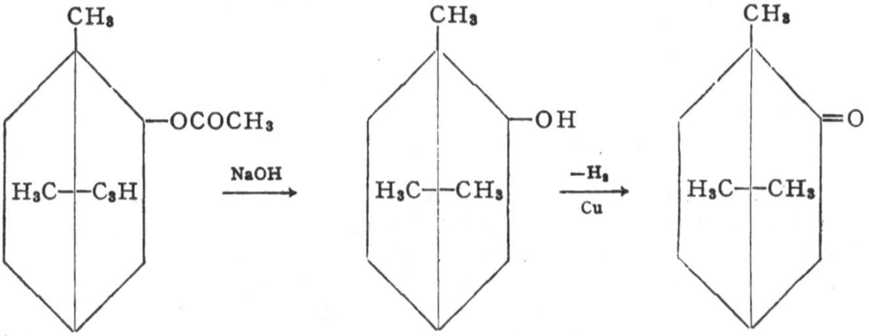

V Isoborneolacetat — VI Isoborneol — VII Campher

Das russische Terpentinöl aus *Pinus silvestris* ist infolge des relativ großen Gehaltes an Δ^3-Caren für die Camphersynthese nach dem geschilderten Verfahren weniger geeignet. Aus diesem Grunde haben TISCHTSCHENKO und RUDAKOW[1] eine neue Methode ausgearbeitet, die auf der direkten Umwandlung des α-Pinens mit Hilfe spezieller Tonkatalysatoren in Camphen beruht. Im industriellen Maßstab verfährt man dabei folgendermaßen. Durch Erhitzung des Terpentinöls im sogenannten Isomerisator mit dem Katalysator entsteht direkt Camphen, das dann mit Wasserdampf übergetrieben wird. Das Camphen verestert man nun mit Ameisensäure und verseift das entstandene Isobornylformiat mit wäßrigem Alkali. Die letzte Stufe wird durch Dehydrierung des Isoborneols bewerkstelligt.

[1] В. Е. Тищенко и Г. А. Рудаков, ЖПХ (W. JE. TISCHTSCHENKO u. G. A. RUDAKOW, Z. Angew. Chemie [russ.]) **6**, **691** (**1933**).

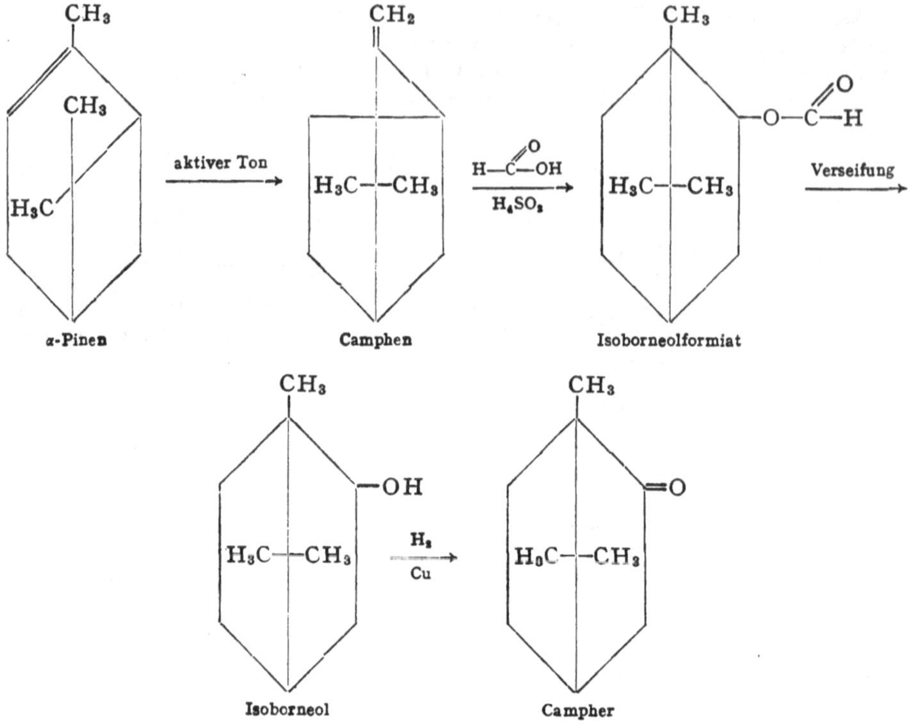

Ein außerordentlich wertvoller Rohstoff für die Synthese des Camphers ist auch das Tannenöl, das etwa 40% Bornylacetat und 10 bis 22% Camphen enthält[1].

Darstellung von Terpinhydrat und Terpineol. Bei der Hydratisierung des Pinens mittels Schwefelsäure wird der Viererring gesprengt, und es entsteht unter Anlagerung von zwei Molekülen Wasser, das Terpin. Dieses kristallisiert mit einem Mol Wasser und wird deshalb als Terpinhydrat bezeichnet (F. 116 bis 117°).

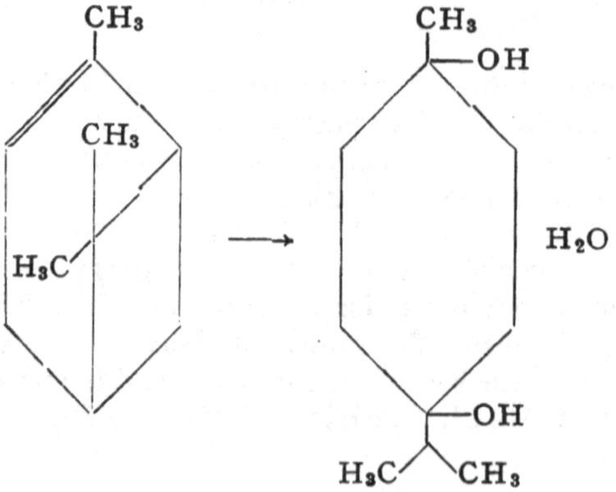

α-Pinen Terpinhydrat

---

[1] Golubeff, Ann. **429**, 175 (1922).

Verwendung findet das Terpinhydrat in der Medizin und zur Darstellung von Terpineol, das durch teilweise Dehydratisierung mittels verdünnter Säuren aus dem ersteren entsteht. Das durch Wasserdampfdestillation isolierte Terpineol stellt ein Gemisch von drei Isomeren dar:

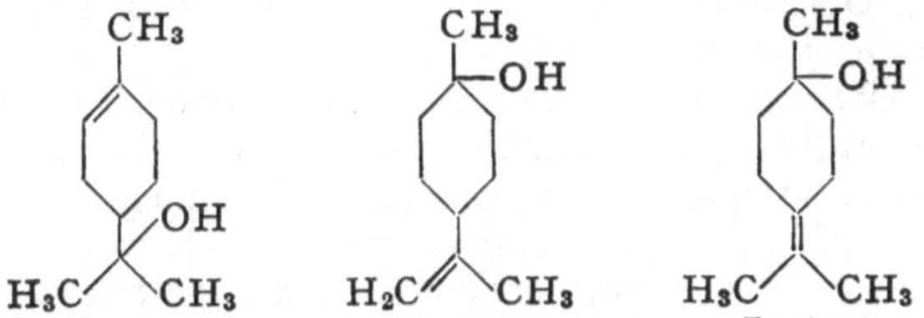

α-Terpineol β-Terpineol γ-Terpineol

Infolge seines angenehmen, fliederartigen Geruches hat das Terpineol in der Parfümerie Anwendung gefunden. Zusammen mit dem Terpineol erhält man stets noch ein anderes Dehydratisierungsprodukt des Terpins, Cineol, das ebenfalls einen angenehmen Geruch besitzt.

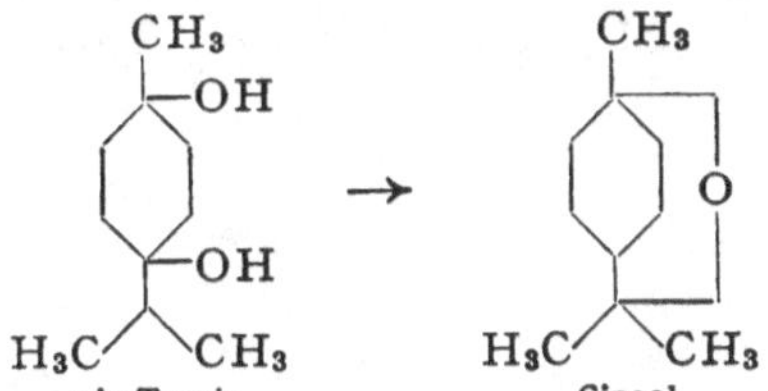

cis-Terpin Cineol

Autoxydation des Terpentinöles durch Luft-Sauerstoff

In der Industrie treten bei der Terpentinölverarbeitung große Verluste infolge Autoxydation des Terpentinöles auf. Aus diesem Grunde hat man sich bereits frühzeitig mit dieser Erscheinung beschäftigt.

Bei der Oxydation organischer Verbindungen unter diesen Bedingungen treten im ersten Stadium des Reaktionsablaufes organische Peroxyde auf[1]. Der Peroxydsauerstoff dient nun zur Oxydation eines weiteren Moleküls, wodurch der aktive Sauerstoff verbraucht wird und verschwindet:

$$A + O_2 \rightarrow AO_2$$
$$AO_2 + B \rightarrow AO + BO$$

Erhitzt man das organische Peroxyd mit Wasser, so zerfällt es und Wasserstoffsuperoxyd wird frei. Die Anwesenheit des letzteren ist von verschiedenen Autoren beim Schütteln von oxydiertem Terpentinöl mit Wasser beobachtet worden[2]. KOROTKOW[3] hat bei seinen Untersuchungen über die Fähigkeit des

[1] A. Н. Бах, ЖРФХО (A. N. BACH, Z. Russ. Phys. Chem. Ges.) **44**, 1 (1912). — C. ENGLER u. J. WEISSBERG, Ber. **31**, 3046 (1898).

[2] В. Радулович, ЖРФХО (W. RADULOWITSCH, Z. Russ. Phys. Chem. Ges.) **5**, 347 (1873); **14**, 176 (1882). — М. Бардский, ЖРФХО (M. BARDSSKI, Z. Russ. Phys. Chem. Ges.) **14**, 160 (1882). — C. F. KINGZETE, J. Chem. Soc. **28**, 210 (1875). — В. В. Шкателов, Зап. Бел. Гос. Инст. сельск. и лесн. хоз. (W. W. SCHKATELOW, Schriften des Weißruss. staatl. Inst. f. Landwirtschaft u. Forst) **1925**, S. 9.

[3] К. Н. Коротков, Зап. Бел. Акад. сельск. хоз. (K. N. KOROTKOW, Schriften d. Weißruss. landwirtschaftl. Akademie) **5**, 16 (1927); **7**, 142 (1928).

russischen Terpentinöls zur Autoxydation festgestellt, daß der wesentlichste Faktor in der Einwirkung des Sonnenlichtes zu suchen ist. Gleiche Mengen eines Terpentinöl-Wasser-Gemisches haben nach 10tägiger Sonnenbestrahlung 17,8 ml O_2 aufgenommen, im Dunkeln oder bei künstlicher Beleuchtung dagegen nur 3,5 ml O_2. Natürliches Terpentinöl aus *Pinus silvestris* nimmt pro Liter etwa 34 Liter Sauerstoff auf.

Vergleichende Untersuchungen über die Oxydation des russischen Terpentinöls und seiner Hauptbestandteile haben ergeben[1], daß der am leichtesten oxydierbare Bestandteil dieses Terpentins das Δ^3-Caren ist.

Das α-Pinen ist wesentlich beständiger, an der Luft nimmt es aber auch in Gegenwart von Feuchtigkeit und Sonnenlicht Sauerstoff auf und geht langsam in Sobrerol über. Den Ablauf dieses Prozesses kann man sich wie folgt vorstellen[2]:

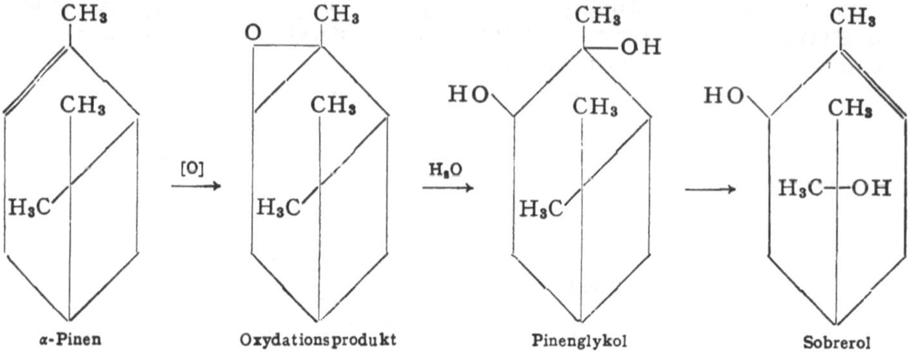

Neben dem Sobrerol oder Pinolhydrat entstehen bei der Autoxydation des α-Pinens noch Verbenol und Verbenon[3]. Ihre Konstitution zeigt, daß sie durch Oxydation der der Doppelbindung benachbarten Methylengruppe entstanden sind, wobei die Doppelbindung und der innere Ring erhalten bleiben:

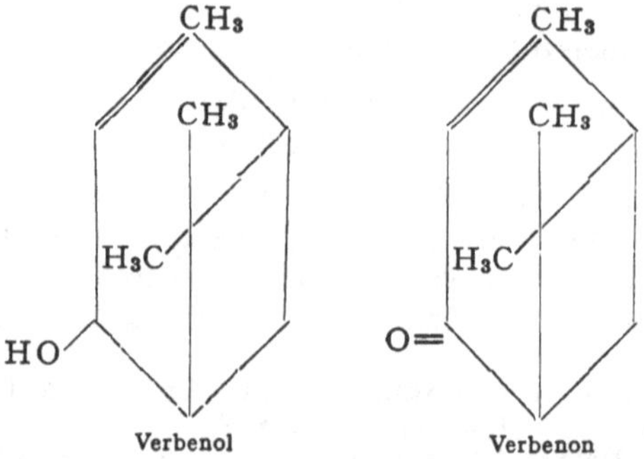

---

[1] В. Н. Крестинский и А. П. Ещенко, ЖПХ (W. N. Kresstinsski u. A. P. Jeschtschenko, Z. Angew. Chemie [russ.]) **7**, 535 (1933).

[2] N. A. Prileshajew, Ber. **42**, 1814 (1909). — Н. А. Прилежаев и В. Верщук, ЖРХО (N. A. Prileshajew u. W. Werschtschuk, J. Russ. Chem. Ges.) **61**, 445 (1929).

[3] A. Blumann u. O. Zeitschell, Ber. **46**, 1178 (1913); **54**, 387 (1921).

Bei der Autoxydation des β-Pinens erhält man Pinocarveol und Pinocarvon[1]:

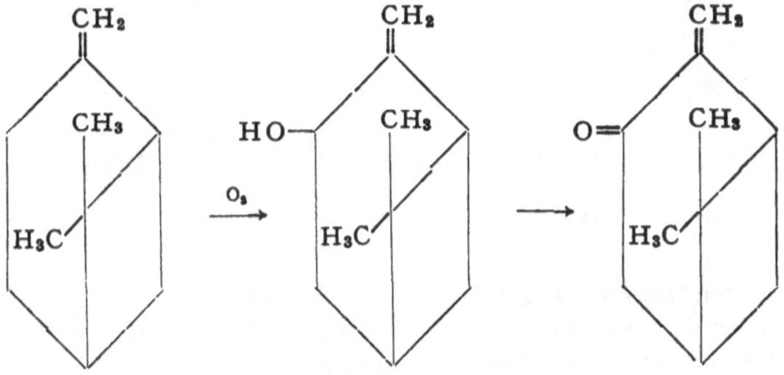

β-Pinen   Pinocarveol   Pinocarvon

Camphen wird bei 70° vorzugsweise zu Camphenilon oxydiert:

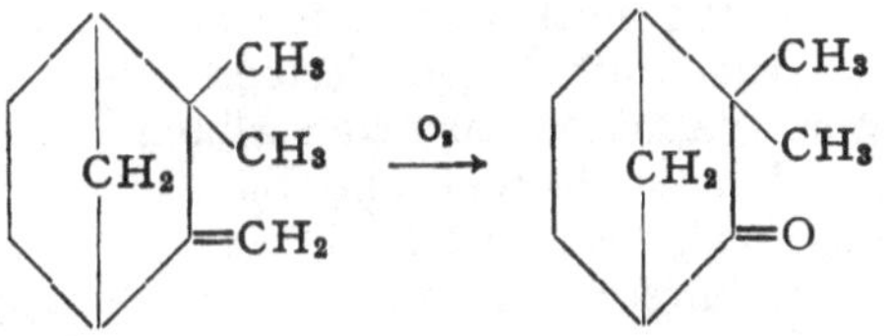

Camphen   Camphenilon

Aus Limonen entstehen bei 65° das inaktive Carveol und Limonenglykol:

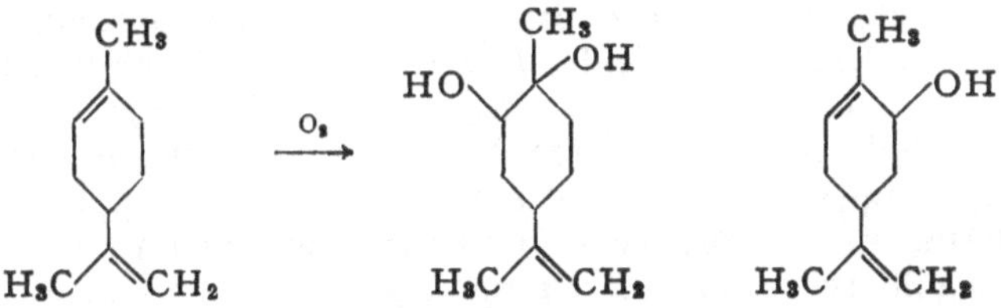

Limonen   Limonenglykol   Carveol

Oxydihydrocarvon entsteht durch Oxydation aus α-Terpineol[2]:

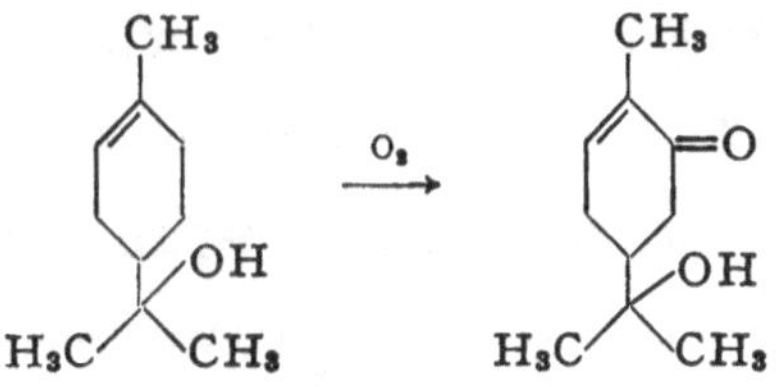

α-Terpineol

[1] H. SCHMIDT, Ber. **63**, 1130 (1930).
[2] G. DUPONT, Chem. Zbl. **1940**, I 1504.

Citronellol wird zu Citronelloloxyd oxydiert:

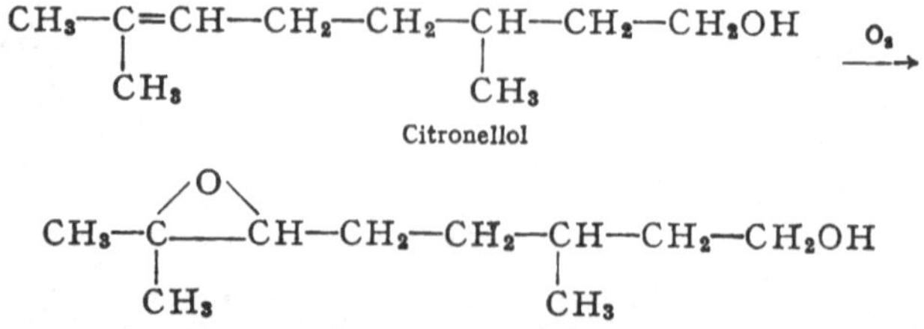

Citronellol

Oxydiertes Citronellol

Aus den oben angeführten Beispielen kann man die allgemeine Folgerung ziehen, daß bei der Autoxydation der Terpene eine Alkohol- oder Ketogruppe in α-Stellung zur Doppelbindung gebildet wird.

Neue Synthesen in der Reihe der Terpene

Terpenderivate mit dem gleichen Aufbau wie das einfache Terpen sind nur in geringer Zahl bekannt und noch wenig erforscht. Besonders schlecht stehen in dieser Hinsicht die sauerstoffhaltigen Verbindungen da. Es gibt bis heute noch keine allgemeinen Verfahren zur Darstellung derartiger Derivate wie der Terpenalkohole, Aldehyde, Ketone und Säuren.

Um diese Lücke zu schließen, hat TISCHTSCHENKO umfangreiche Untersuchungen unter Verwendung chlorierter Terpene durchgeführt. Als Grundlage zur Synthese der Chlorderivate haben ihm Arbeiten über die Einwirkung von Chlor auf Olefine mit verzweigter Doppelbindung gedient[1]. Danach wird das Halogenmolekül polarisiert, und es reagiert zunächst der positive Teil, der sich an das negativ polarisierende Ende der Doppelbindung anlagert. Das frei werdende Anion des Chlors reißt das am stärksten protonisierte Wasserstoffatom aus der Nachbarschaft der Doppelbindung an sich und bildet Chlorwasserstoff, während die Doppelbindung eine Verschiebung erleidet. Ein derartiger „anomaler" Reaktionsablauf findet jedoch vorzugsweise statt. Die klassische Reaktion der Addition von Chlor an eine Doppelbindung besitzt in diesem Falle infolge sterischer Hinderung nur eine untergeordnete Bedeutung. Fast alle Terpene zeigen ein analoges Verhalten zu den Olefinen mit einer Verzweigung an der Doppelbindung. Man darf daher auch in allen Fällen den anomalen Reaktionsablauf annehmen. Untersucht worden ist die Einwirkung von Chlor auf α-Pinen, β-Pinen[2], Dipenten[3], Terpinolen, Santen[4] und Δ^3-Caren[5].

Die Reaktion ist unter Kühlung und Rühren mit geringeren als theoretisch

---

[1] Д. В. Тищенко, ЖОХ (D. W. TISCHTSCHENKO, Z. allgem. Chemie) **20**, 563 (1950).

[2] Д. В. Тищенко и Б. В. Матвеев, ЖОХ (D. W. TISCHTSCHENKO u. B. W. MATWEJEW, Z. allgem. Chemie) **20**, 896 (1950).

[3] Д. В. Тищенко и В. Б. Фолиадов, ЖОХ (D. W. TISCHTSCHENKO u. W. B. FOLIADOW, Z. Allgemeine Chemie) **20**, 905 (1950).

[4] Д. В. Тищенко и Т. Ф. Данилова, ЖОХ (D. W. TISCHTSCHENKO u. T. F. DANILOWA, Z. Allgemeine Chemie) **20**, 998 (1950).

[5] Д. В. Тищенко и А. П. Хованская, ЖОХ (D. W. TISCHTSCHENKO u. A. P. CHOWANSSKAJA, Z. Allgem. Chemie) **20**, 1003 (1950).

erforderlichen Chlormengen durchgeführt worden. Die Neutralisation der frei werdenden Salzsäure erfolgte mit Natriumbikarbonat.

Bei der Einwirkung von Chlor auf α-Pinen entsteht als Hauptprodukt das Chlorid des Pinocarveols:

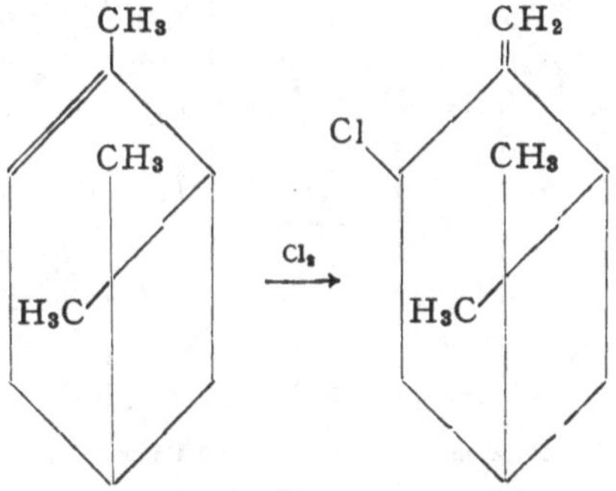

α-Pinen Pinocarveolchlorid

Aus β-Pinen erhält man hauptsächlich das Chlorderivat des Myrtenols:

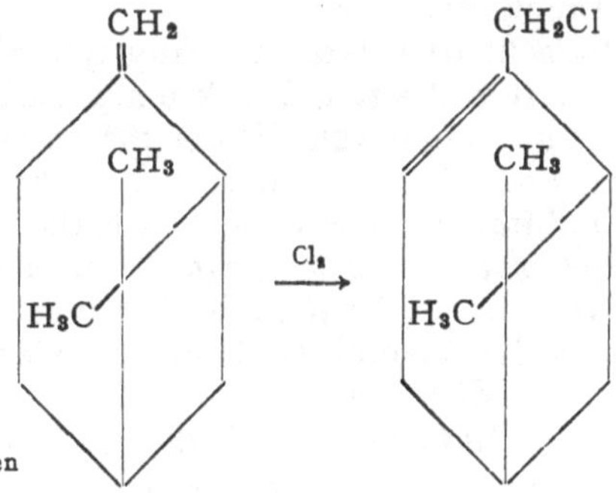

β-Pinen Myrthenolchlorid

Im Falle des Dipentens entsteht als Primärprodukt 6-Chlordipenten oder Chlorcarveol. Im letzteren kann das Chlor durch den Acetylrest ersetzt werden, durch Verseifung läßt sich dann Carveol darstellen:

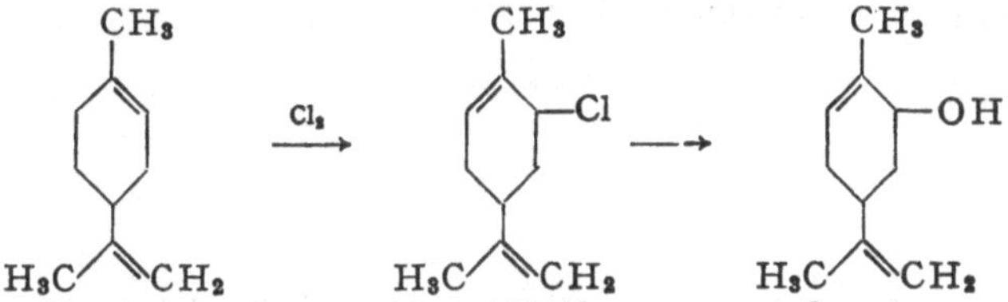

Dipenten Carveolchlorid Carveol

Aus Chlor und Terpinolen bzw. Santen sind folgende Monochlorterpene gewonnen worden:

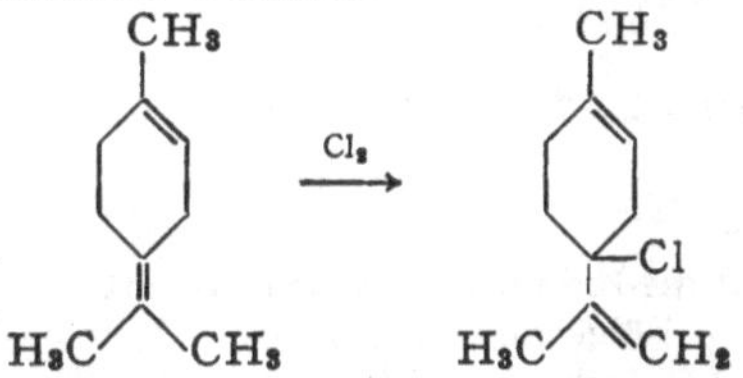

Terpinolen 4-Chlordipenten

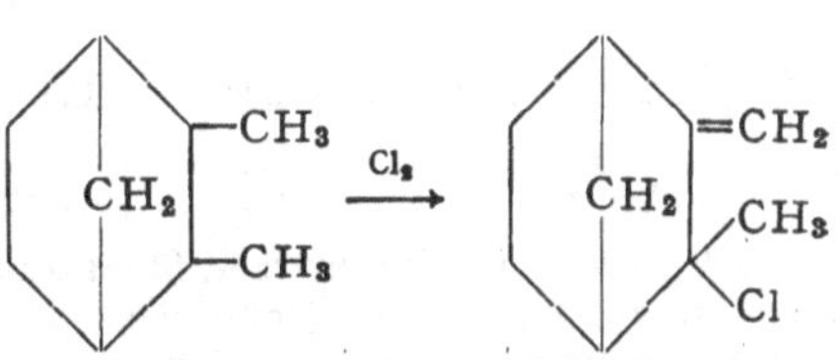

Santen 5-Chlorisosanten

Bei der Umsetzung von Δ^3-Caren mit Chlor entsteht bei gleichzeitiger Wanderung der Doppelbindung 3-Chlor-Δ^4-Caren:

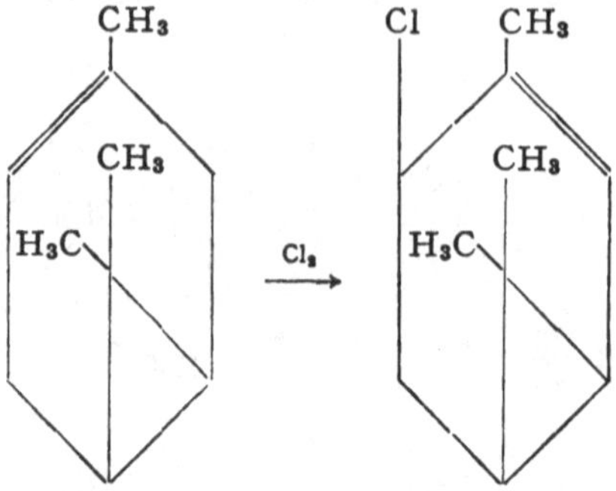

Δ^3-Caren 3-Chlor-Δ^4-Caren

Als Nebenprodukt entstehen bei der Chlorierung der beiden Pinene und des Carens außerdem Dichlorderivate.

Die beschriebenen Monochlorderivate vom Allyltyp mit beweglichem Chlor können in die verschiedensten Austauschreaktionen eintreten. Es lassen sich auf diese Weise durch Einwirkung von Wasser die entsprechenden Alkohole, mit Hilfe von Alkoholaten oder Carbonsäuresalzen die Äther und Ester, mittels Ammoniak die Amine und mit Blausäure die Nitrile darstellen. Dieses Verfahren stellt also einen Weg zur Darstellung von Terpenderivaten dar, die das gleiche Kohlenstoffgerüst wie die Muttersubstanz besitzen.

Zum Abschluß sei noch das Isopren erwähnt, das eine Art von Bindeglied zwischen dem Kautschuk und den Terpenen darstellt. Isopren erhält man bei der trocknen Destillation von Kautschuk und der pyrogenen Zersetzung des Pinens (Ausbeute 5 bis 6%). In wesentlich besserer Ausbeute (70%) läßt es sich in ähnlicher Weise aus dem Dipenten darstellen. Umgekehrt kann Isopren beim Erhitzen im zugeschmolzenen Rohr auf 280° in Dipenten umgewandelt werden. Durch katalytische Einwirkung von organischen Peroxyden erfolgt Polymerisation des Isoprens zu Kautschuk.

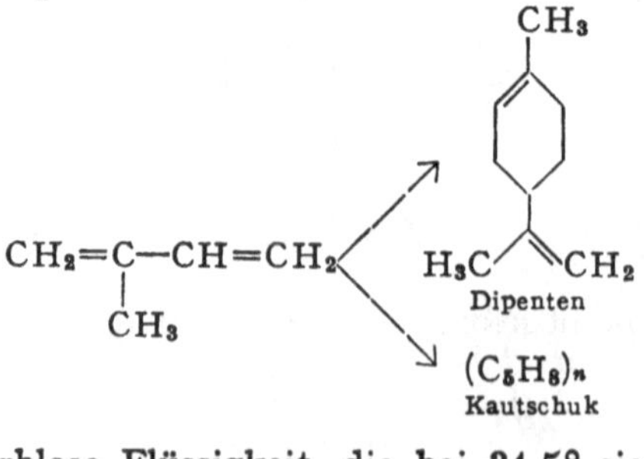

Isopren ist eine farblose Flüssigkeit, die bei 34,5° siedet.

Harzsäuren

Die Verwendung von Harzen für industrielle und medizinische Zwecke ist seit dem Mittelalter bekannt. Die Phönizier haben z. B. ihre hölzernen Schiffe mit Harz gedichtet. Die Abtrennung des Harzes aus dem Harzsaft durch Destillation mit Wasserdampf ist seit dem 8. Jahrhundert vor der Zeitrechnung bekannt. Eine eingehende Erforschung und Versuche zur Isolierung individueller Stoffe hat jedoch erst anfangs des 19. Jahrhunderts begonnen.

Der Harzanteil des Harzsaftes verschiedener Nadelhölzer ist ein schwer zu trennendes Gemisch von isomeren Harzsäuren der Zusammensetzung $C_{20}H_{30}O_2$, die durch Säuren oder erhöhte Temperatur leicht in Abietinsäure umgewandelt werden können. Die Harzsäuren können ebenfalls leicht durch den Luftsauerstoff oxydiert werden. Sie verlieren dabei ihre kristalline Struktur und gehen in amorphe Autoxydationsprodukte über. Eine Ausnahme bildet dabei die Dextropimarsäure. Beim Schmelzen entsteht aus den Harzsäuren das bekannte Kolophonium.

Primäre Harzsäuren des Harzsaftes. Entfernt man durch Abpressen das Terpentinöl und amorphe Produkte aus dem Harzsaft, so bleiben die Harzsäuren übrig und kristallisieren in Form feiner Gräupchen. Eine Auftrennung dieses Gemisches in individuelle Säuren durch fraktionierte Kristallisation aus einem Lösungsmittel ist nicht möglich. Am erfolgreichsten kann eine Trennung über die Natriumsalze bewirkt werden, die zuerst zur Fraktionierung des Harzsaftes von *Pinus maritima* angewandt worden ist[1]. KRESSTINSSKI[2] hat dieses Verfahren in abgeänderter Form zur Fraktionierung der Harzsäuren der russischen Kiefer (*Pinus silvestris*) angewandt. Das Gemisch wird zu diesem Zweck in 1%iger Natronlauge gelöst. Dabei erhält man zwei Arten von Salzen: 1. kristallisierte, die beim Stehen ausfallen, und 2. lösliche, die in der Mutterlauge verbleiben. Durch sorgfältige, fraktionierte Kristallisation aus heißem Wasser läßt sich die Fraktion 1. weiter aufteilen in a) schwerer lösliche Natriumsalze, aus denen beim Ansäuern Dextroprimarsäure entsteht, und b) leicht lösliche Salze, aus denen in entsprechender Weise Lävopimarsäure erhalten wird. Die in Lösung verbliebene Fraktion 2. ergibt nach Ansäuern und sorgfältiger Kristallisation α-Sapinsäure. Diese Säuren besitzen eine charak-

TABELLE 100

Zusammensetzung des Harzanteils verschiedener Nadelholzarten

Art und Jahr	Dextropimarsäure		Lävopimarsäure		α-Sapinsäure	
	F.	$[\alpha]_D$	F.	$[\alpha]_D$	F.	$[\alpha]_D$
Pinus maritima, 1885—1887	210—211°	+72,5°	140—150°	—272°	—	—
P. silvestris, 1908—1928	210	+69,7°	—	—	—	—
P. excelsa, 1911—1912	—	--	147—151	—280	—	—
P. maritima, 1921-1928	211—212	+63,5	150—152	—282	144°	—66°
P. excelsa, 1923—1924	211—212	+57,7	148—151	—279,1	—	—
P. palustris, 1933	218—219	+73,3	150—152	—274,5	—	—
P. palustris, 1935—1936	211	+52,9	143—148	—280,4	—	—
F. silvestris, 1939	211—212	+71,2	148—152	—278	144—148	—64

[1] A. VESTERBERG, Ber. 20, 3248 (1887).

[2] В. Н. Крестинский, С. С. Малевская, Н. Ф. Комшилов и Е. В. Казеева, ЖПХ (W. N. KRESSTINSSKI, S. S. MALEWSSKAJA, N. F. KOMSCHILOW u. JE. W. KASEJEWA, Z. Angew. Chemie [russ.]) 12, 1939 (1939).

teristische Kristallform, konstante Schmelzpunkte und spezifische Drehung[1]. Eine genauere Vorstellung über die im Harzsaft verschiedener Nadelhölzer vorkommenden Harzsäuren gibt die Tab. 100.

Feststellung des Bauprinzips

Durch Dehydrierung mit Schwefel hat man als Bauprinzip der Harzsäuren den Phenanthrenring gefunden. Unter den Bedingungen der genannten Reaktion entsteht aus Lävopimarsäure α-Sapinsäure und aus Abietinsäure Reten $C_{18}H_{18}$, während aus Dextropimarsäure Pimanthren $C_{16}H_{14}$ erhalten wird.

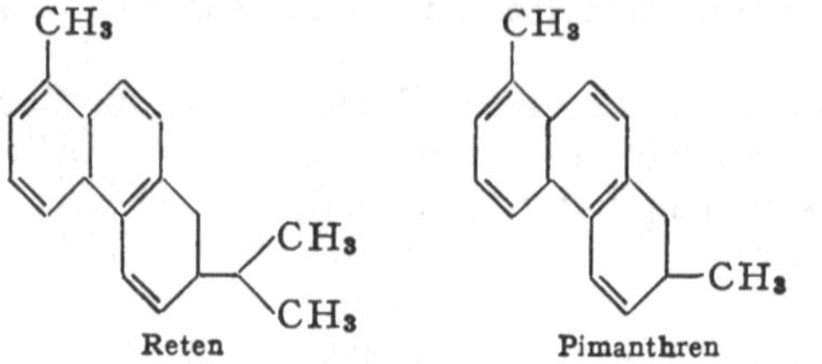

Die Reaktion verläuft nach folgender Gleichung:

$$C_{20}H_{30}O_2 + 5\,S \rightarrow C_{18}H_{18} + CH_3SH + 4\,H_2S + CO_2$$

Dextropimarsäure

Bei der Hydrierung von Dextropimarsäure mittels Platinoxyd als Katalysator werden von jedem Mol der Säure 4 Atome Wasserstoff angelagert, was auf die Anwesenheit von zwei Doppelbindungen im Molekül hindeutet.

Zur weiteren Konstitutionsaufklärung hat man die Säure mit Kaliumpermanganat oxydiert und zwei Tricarbonsäuren der Zusammensetzung $C_{12}H_{18}O_6$ (I) und $C_{11}H_{16}O_6$ (II) erhalten und damit die Struktur des Ringes I festgelegt[2].

Durch Einwirkung von Ozon auf Dextropimarsäure ist Formaldehyd und eine Säure $C_{19}H_{28}O_8$ erhalten worden. An Hand dieser und anderer Untersuchungen hat man der Dextropimarsäure nachstehende Formel zugeschrieben[3]

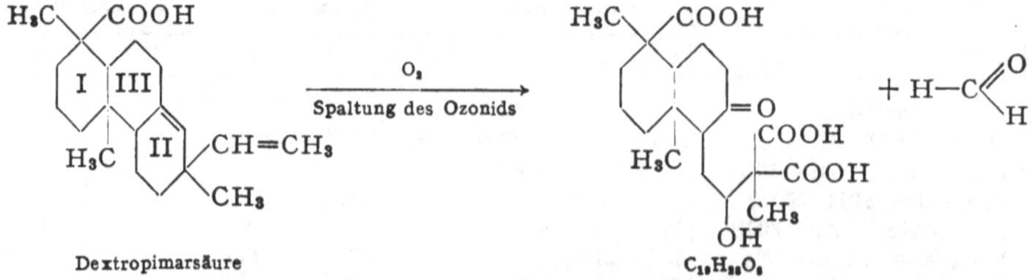

[1] Die Abweichungen in der Tabelle rühren von den unterschiedlichen Versuchsbedingungen her.

[2] L. Ruzicka, G. de Graaff, M. Goldberg u. B. Franc, Helv. Chim. Acta **15**, 915 (1932).

[3] Н. Ф. Комшилов, Состав и строение смоляных кислот живицы и канифоли (N. F. Komschilow, Zusammensetzung und Struktur der Harzsäuren des Harzes u. Kolophoniums von *Pinus silvestris*) 1948, S. 103. — Vgl. E. Fleck u. S. Palkin, J. Am. Chem. Soc. **62**, 2044 (1940).

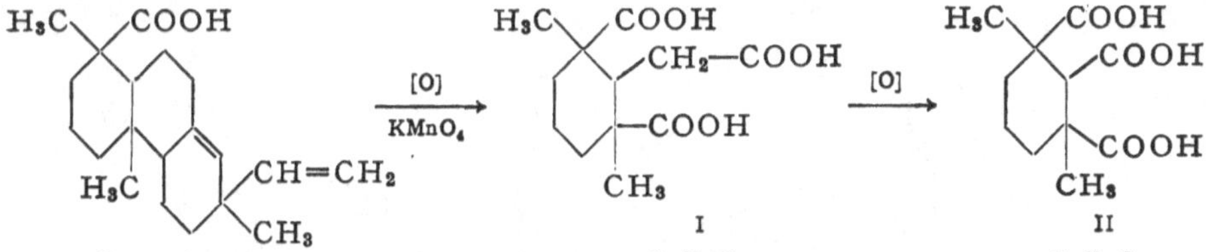

Dextropimarsäure — I $C_{12}H_{18}O_6$ — II $C_{11}H_{16}O_6$

Lävopimarsäure

Lävopimarsäure lagert leicht Maleinsäureanhydrid an. Durch Hydrierung bildet sich Tetrahydrolävopimarsäure, woraus man auf die Existenz von konjugierten Doppelbindungen geschlossen hat.

Bei Einwirkung von Ozon entstehen Isobuttersäure und eine Dioxyketodicarbonsäure $C_{15}H_{22}O_7$. Die beiden Oxygruppen sind durch eine parallel zur Ozonisierung verlaufende Oxydation gebildet worden. Für die Lävopimarsäure ist deshalb folgende Konstitution festgestellt worden[1].

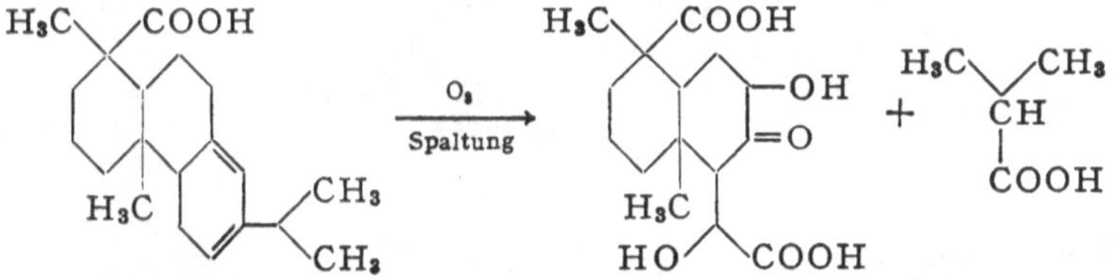

Lävopimarsäure — $C_{15}H_{22}O_7$ — Isobuttersäure

***α*-Sapinsäure**

Auch die α-Sapinsäure enthält zwei Doppelbindungen im Molekül, was durch die Hydrierung und Bromierung bestätigt worden ist. Bei der Spaltung des Ozonids der α-Sapinsäure ist eine Triketodicarbonsäure $C_{20}H_{30}O_7$ (II) erhalten worden. Durch Oxydation mit Kaliumpermanganat entstehen folgende Säuren: $C_{20}H_{32}O_6$ (III), $C_{20}H_{32}O_7$ (IV), $C_{18}H_{28}O_5$ (V), $C_{14}H_{20}O_6$ (VI) und Isobuttersäure (VII). Für die α-Sapinsäure hat man daher die Strukturformel (I) aufgestellt[2].

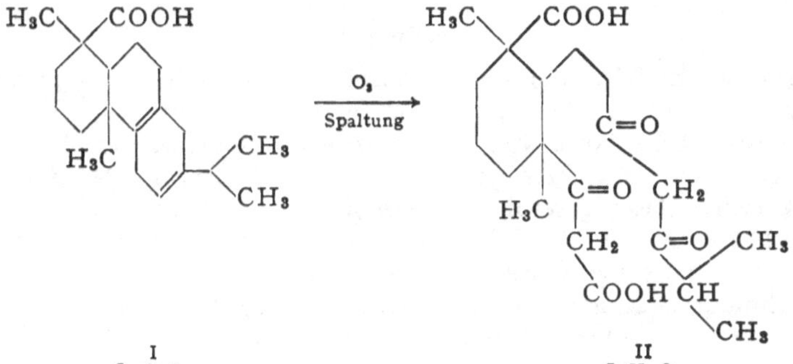

I α-Sapinsäure — II $C_{20}H_{30}O_7$

[1] С. С. Малевская, ЖПХ (S. S. Malewsskaja, Z. Angew. Chemie [russ.]) **18**, 1085 (1940).

[2] В. Н. Крестинский, Е. В. Казеева и Н. Ф. Комшилов, ЖПХ (W. N. Krestinsski, Je. W. Kasejewa u. N. F. Komschilow, Z. Angew. Chemie [russ.]) **14**, 229 (1941).

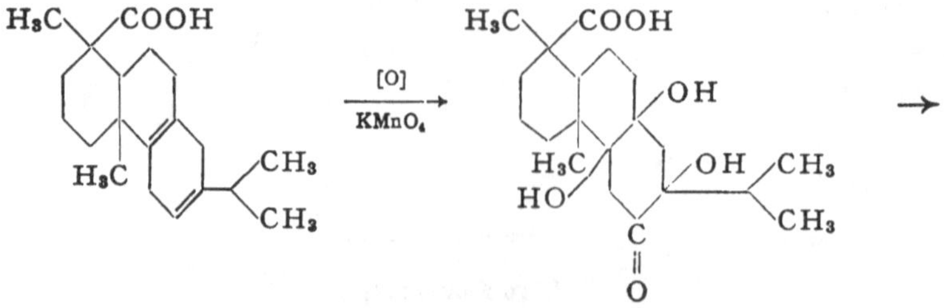

α-Sapinsäure

III

$C_{20}H_{32}O_6$ (III)

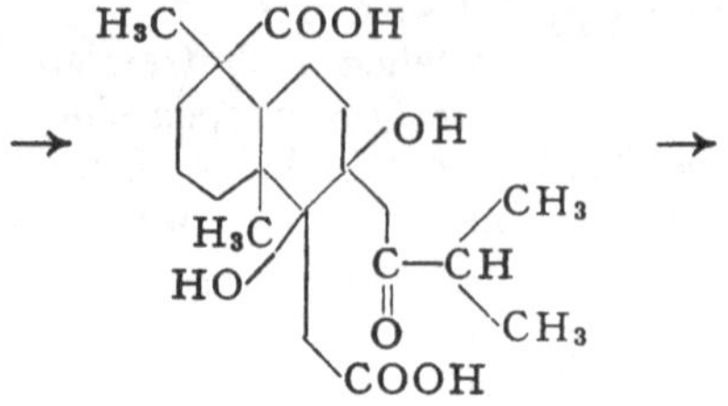

IV

$C_{20}H_{32}O_7$

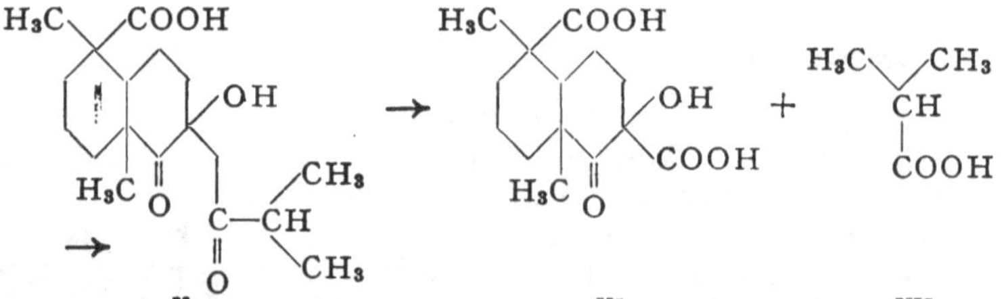

V

$C_{16}H_{26}O_5$

VI

$C_{14}H_{20}O_6$

VII

Isobuttersäure

Abietinsäure

Abietinsäure entsteht aus den primären Harzsäuren (α-Sapinsäure und Lävopimarsäure) durch Einwirkung von Säuren oder hoher Temperatur. Ihre Kristalle besitzen die Form von Dreiecken und schmelzen bei 171 bis 173°, die spezifische Drehung beträgt $[\alpha]_D = -86{,}9°$[1]. Bei Präparaten, die mit Hilfe organischer Basen gereinigt worden sind, findet man $[\alpha]_D = -115°$ und F. 174 bis 175°[2]. Infolge ihrer leichten Kristallisationsfähigkeit aus organischen Lösungsmitteln hat diese Säure als erste die Aufmerksamkeit auf sich gezogen. Die Bezeichnung „Abietinsäure" hat sie bereits im Jahre 1828 erhalten. Späterhin ist sie in den verschiedensten Laboratorien dargestellt worden, wobei jedoch infolge unterschiedlicher Arbeitsmethoden und nicht immer ausreichen-

[1] В. Н. Крестинский, Н. И. Персианцева и А. А. Новак, ЖПХ (W. N. Kresstinsski, N. I. Persianzewa u. A. A. Nowak, Z. Angew. Chemie [russ.]) **12**, 1407 (1939).

[2] В. Н. Крестинский и И. И. Бардышев, ЖОХ (W. N. Kresstinsski u. I. I. Bardyschew, Z. Allgem. Chemie) **10**, 1894 (1940).

der Sorgfalt auch abweichende Konstanten erhalten worden sind. Auch die Bezeichnungen (Abietinsäure, Silvinsäure, Pyroabietinsäure usw.) und die vorgeschlagenen Strukturformeln sind lange Zeit nicht einheitlich gewesen. Zur Entscheidung dieser Frage hat KRESSTINSSKI eine experimentelle Nachprüfung der Darstellungsmethoden unternommen. Alle Versuche haben jedoch nur zu zwei Modifikationen geführt, der gewöhnlichen Abietinsäure und der sogenannten „Pyroabietinsäure". Die erhaltenen Präparate sind mehrere Male sorgfältig bis zur Schmelzpunktskonstanz und Konstanz des Drehwertes umkristallisiert worden. Die Ergebnisse sind in der Tab. 101 angeführt.

Einige Autoren nehmen an, daß die in der Literatur beschriebene Pyroabietinsäure mit F. 180 bis 192° und $[\alpha]_D = \pm 15°$ ein Gemisch von Dihydro- und Dehydroabietinsäure vorstellt.

TABELLE 101

Versuche zur Darstellung von Abietinsäure

	Darstellungsart			
	Vakuumdestillation von Kolophonium Badtemperatur 270°	Einwirkung von HCl auf Kolophonium	Einwirkung von SO_2 auf Kolophonium	Erhitzen von Kolophonium mit Essigsäure
Schmelzpunkt........	171—173°	171—173°	171—173°	171—173°
$[\alpha]_D$ in Alkohol	—86,3	—85,3	—85,0	—87,3

Durch Entstehung von Reten bei der Dehydrierung der Abietinsäure mit Schwefel ist ebenfalls die Anwesenheit eines Phenanthrenringes festgestellt worden. Bei der Hydrierung entstehen Dihydro- und Tetrahydroabietinsäure. Eine milde Oxydation mit Kaliumpermanganat bewirkt die Bildung von Dioxy- und Tetraoxyabietinsäure. Auf Grund dieser Angaben ist an der Existenz von zwei Doppelbindungen nicht zu zweifeln. Durch Permanganatoxydation unter kräftigeren Bedingungen entstehen zwei Tricarbonsäuren $C_{12}H_{18}O_6$ und $C_{11}H_{18}O_6$. Auf diese Weise ist die Konstitution des Ringes I und die Lage der Carboxylgruppe festgelegt worden[1]. Bei der Ozonisierung der Abietinsäure entstehen keine flüchtigen Spaltprodukte, sondern eine Tricarbonsäure $C_{20}H_{30}O_8$. Die Abietinsäure besitzt deshalb die Formel I[2]:

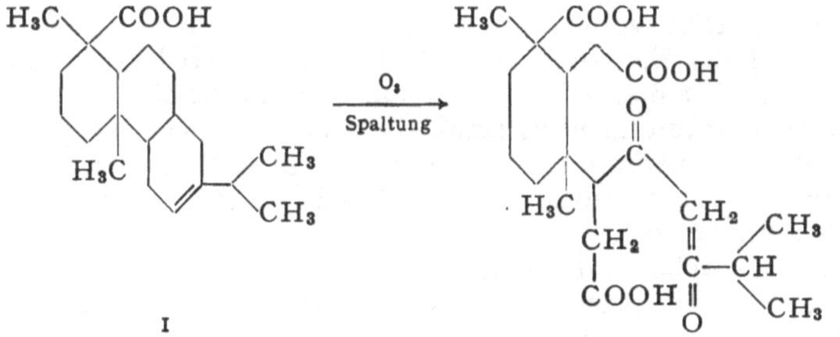

I
Abietinsäure

$C_{20}H_{30}O_8$

[1] L. RUZICKA, K. MEYER u. M PFEIFFER, Helv. Chim. Acta 8, 637 (1925).

[2] В. Н. Крестинский, А. А. Новак и Н. Ф. Комшилов, ЖПХ (W. N. KRESSTINSSKI, A. A. NOWAK u. N. F. KOMSCHILOW, Z. Angew. Chemie [russ.]) 12, 1513 (1939).

Es ist aber auch eine andere Strukturformel möglich (II)[1], die sich durch die Lage der einen Doppelbildung unterscheidet, bei der Ozonisierung entsteht ebenfalls die Tricarbonsäure $C_{20}H_{30}O_8$:

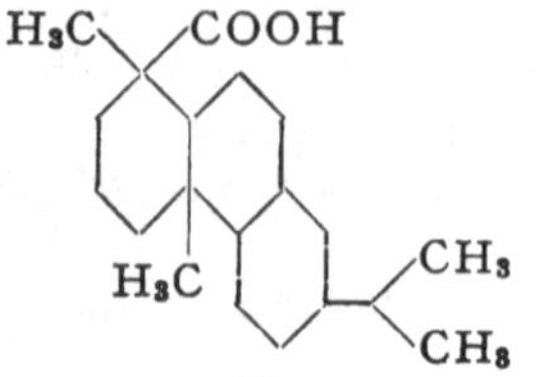

II

Abietinsäure

Zusammensetzung des Kolophoniums

Bis in die heutige Zeit ist die Ansicht verbreitet, daß das Kolophonium gleichbedeutend mit Abietinsäure ist. Von einigen Autoren ist ferner noch die Anwesenheit von Dextropimarsäure festgestellt worden. Die Zusammensetzung des Kolophoniums ist jedoch sehr starken Schwankungen unterworfen. Zum besseren Verständnis dieser Frage ist die Berücksichtigung der Veränderungen erforderlich, die die primären Harzsäuren durch die Hitze bei der Kolophoniumgewinnung erleiden[2].

Es ist festgestellt worden, daß bei 2- bis 3stündiger Erhitzung von α-Sapinsäure und Lävopimarsäure auf 150° der Drehwert von links nach rechts umschlägt und ein Zwischenprodukt entsteht, die sogenannte Proabietinsäure mit F. 155° und $[\alpha]_D = +40°$. Bei weiterem Erhitzen auf 160 bis 180° geht diese in die linksdrehende Abietinsäure mit F. 171 bis 173° und $[\alpha]_D = -87°$ über. Bei der Kolophoniumkochung steigt die Temperatur im Kessel normalerweise nicht über 150 bis 160°. Bei kontinuierlichem Betrieb der Kolonne kann die Temperatur auch mal bis auf 170° steigen. Das Kolophonium verbleibt jedoch nicht lange in der Kolonne, höchstens 5 Minuten. Es darf deshalb angenommen werden, daß das aus Harzsaft gewonnene Kolophonium hauptsächlich aus Proabietinsäure besteht und nur in geringeren Mengen Abietin- und Detropimarsäure enthält. Diese Ansicht ist auf experimentellem Wege weitgehend bestätigt worden. Durch fraktionierte Kristallisation von 7 Kolophoniumproben der Marken X, WW, N, K und G aus Äthanol und kombinierte Kristallisation über die Natriumsalze hat man Proabietinsäure, Abietinsäure und Dextropimarsäure isoliert. Dunklere Kolophoniumsorten sind gewöhnlich etwas reicher an Abietinsäure. Außerdem sind in wechselnden Mengen in jeder Sorte Autoxydationsprodukte der Harzsäuren und thermische Zerfallsprodukte usw. enthalten.

Extraktionskolophonium besitzt eine andere Zusammensetzung als natürliches. Es enthält Harzsäuren, Fettsäuren, Sterine, Resene, polymere Terpenkohlenwasserstoffe u. a. m.

---

[1] L. Fieser u. W. Campbell, J. Am. Chem. Soc. **60**, 159 (1938).

[2] С. С. Малевская, Лесохим. пром. (S. S. Malewsskaja, Holzchem. Ind.) Nr. 6, 44 (1939).

Verwendung des Kolophoniums

Kolophonium ist ein wichtiger Rohstoff für die Lackindustrie, es dient ferner als Papierleim, als elektrisches Isolationsmaterial und zur Herstellung von Seife.

Verwendung von Kolophonium in der Lack- und Farbenindustrie. Die Harze sind unbedingt erforderliche Bestandteile der meisten Lacke. Ihre Anwesenheit ist für die Härte und den Glanz des Lackfilmes verantwortlich. Die Erschöpfung der Kopalvorräte hat zu einer ständig wachsenden Herstellung von kopalfreien Öllacken geführt. Für diese Zwecke werden Kolophonium in Form seines Glycerinesters, Glyphthalharze und Resinate benutzt. Durch die Veresterung des Kolophoniums wird die Festigkeit und Elastizität der Lackfilme erhöht.

Glycerin bildet mit den Harzsäuren des Kolophoniums Ester nach folgendem Schema:

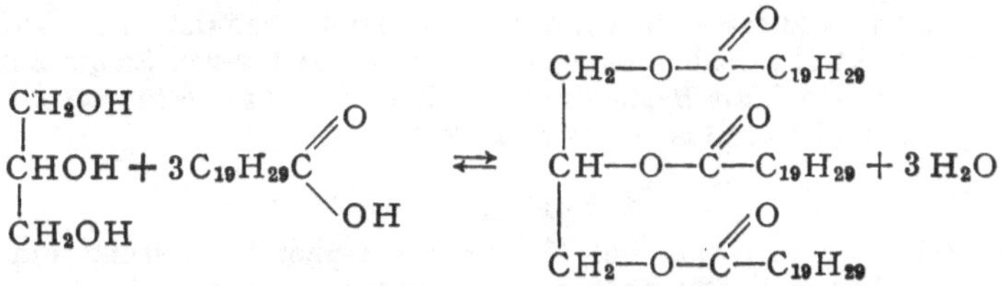

Unter der Bezeichnung Glyphthalharz versteht man einen Ester aus Glycerin, Phthalsäure und Abietinsäure (I) oder aus Glycerin, Phthalsäure, Abietinsäure und Linolsäure(II):

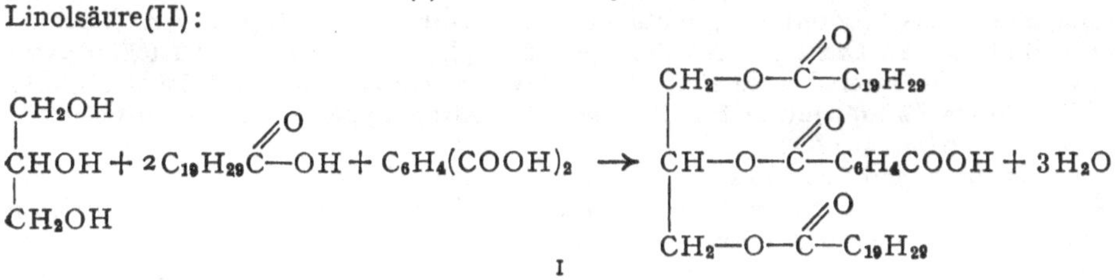

I

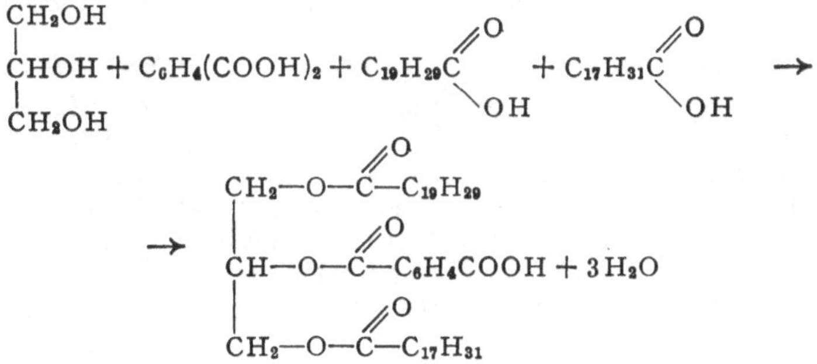

II

Resinate sind Salze der Harzsäuren. Am häufigsten wird das Calciumresinat verwendet, das durch Zusammenschmelzen von Kolophonium mit gelöschtem Kalk erhalten werden kann:

$$2\,C_{19}H_{29}COOH + Ca(OH)_2 \rightarrow (C_{19}H_{29}COO)_2Ca + 2\,H_2O$$

Das Calciumresinat ist jedoch gegen Feuchtigkeitseinflüsse nicht sehr widerstandsfähig, es wird deshalb nur zur Herstellung einfacher Lacke benutzt. Salze der Harzsäuren werden auch als Sikkative[1] verwendet. Man löst zu diesem Zweck Kolophonium in Alkali und fügt eine lösliche Mangan- oder Kobaltverbindung hinzu, wobei das Resinat ausfällt.

$$2\,C_{19}H_{29}COONa + MnCl_2 \longrightarrow (C_{19}H_{29}COO)_2Mn + 2NaCl$$

Im Falle von Nitrolacken gibt man den Glycerinester des Kolophoniums oder Glyphthalharze zu, um den Glanz des Filmes zu erhöhen. Außerdem lassen sich der Methyl- und Äthylester der Abietinsäure als Lösungsmittel verwenden, da sie sehr harte und feste Filme ergeben. Als Lacklösungsmittel benutzt man auch Kolophoniumöle, die durch Destillation des Kolophoniums erhalten werden können. Sie sind besonders deswegen wertvoll, weil sie sehr leicht oxydiert werden.

Verwendung des Kolophoniums in der Elektrotechnik. Zur Isolierung von Starkstromkabeln benutzt man Papier, das mit einem Dielektrikum getränkt ist. Als solches kann eine Lösung von Kolophonium in Mineralölen, die man „Compound" nennt, dienen. Aber auch oxydiertes Harz „Winsol" genannt, benutzt man häufig infolge seiner hohen Dielektrizitätskonstante und Beständigkeit gegen Strom hoher Spannung. Ebenso läßt es sich als Bestandteil von Isolationsmassen für Wicklungen und Induktionsspulen und viele andere Zwecke verwenden.

Neue Harzformen

In letzter Zeit unterwirft man das Kolophonium einer Hydrierung, um eine Veredelung und eine höhere Beständigkeit gegen die Einwirkung des Luftsauerstoffs zu erreichen. Das hydrierte Kolophonium (Stabilite) verändert infolge seines gesättigten Zustandes bei der Einwirkung von Luft und Licht seine Farbe nicht mehr. Verwendung findet das Produkt zu Qualitätsleimen für die Papierindustrie. Der Glycerinester läßt sich an Stelle des gewöhnlichen Kolophoniumesters in der Lackindustrie anwenden. Die damit hergestellten Lacke besitzen eine größere Lichtbeständigkeit.

Hydriertes Kolophonium behält seine Elastizität längere Zeit, es wird deshalb auch für bestimmte chirurgische Verbände benutzt.

Eine andere Modifikation stellt das „Winsol" oder „Okislen" dar. Winsol wird aus dem Stockharz erhalten, es besitzt eine dunkle Farbe, einen hohen Schmelzpunkt und eine gute Lichtbeständigkeit. Es zeichnet sich ferner durch eine große Härte und eine gute Sauerstoffbeständigkeit aus. Verwandt wird es hauptsächlich als Bestandteil von Nitrolacken und zur Herstellung von Druckfarben und Spirituslack.

Autoxydation der Harzsäuren durch molekularen Sauerstoff

Die leichte Oxydierbarkeit der Sapinsäuren durch den Luftsauerstoff ist bereits frühzeitig erkannt worden[2]. Durch ihre Anwesenheit im Harzbalsam wird die Abtrennung der Pimarsäuren wesentlich erschwert. Bei Luftzutritt, besonders im Sommer, wird der ganze Harzsaft gelb und zäh. Die Sapinsäuren bilden anscheinend Peroxyde, deren aktiver Sauerstoff entweder die Oxydation weiterer Sapinsäure oder aber von Lävopimarsäure bewirkt. Höhere Autoxydationsprodukte[3] der α-Sapinsäure unter natürlichen Bedingungen besitzen die

---

[1] Sikkative sind Stoffe, die beschleunigend auf die Trocknung des Öles wirken.

[2] В. В. Шкателов, О химическом составе смол. (W. W. Schkatelow, Über die chemische Zusammensetzung der Harze) 1899. — В. Н. Крестинский, С. С. Малевская, Н. Ф. Комшилов и Е. В. Казеева, ЖПХ (W. N. Kresstinsski, S. S. Malewsskaja, N. F. Komschilow u. Je. W. Kasejewa, Z. Angew. Chemie [russ.]) **12**, 1939. — J. Köhler, J. prakt. Chemie, **85**, 523 (1912).

[3] Д. В. Тищенко, К. М. Киссель, Н. Ф. Комшилов и С. С. Малевская, ЖОХ (D. W. Tischtschenko, K. M. Kissel, N. F. Komschilow u. S. S. Malewsskaja, Z. Allgem. Chemie) **19** (1949).

Zusammensetzung $C_{20}H_{26}O_6$. Es sind tiefdunkel gefärbte Produkte, die zwei alkoholische Hydroxylgruppen enthalten. Die Färbung entsteht durch die Oxydation von zwei anderen Hydroxylen zu Carbonylgruppen, wobei dem *p*-Chinon ähnliche Gruppierungen entstehen. Die Doppelbindungen bleiben in den Autoxydationsprodukten erhalten.

Bei der Oxydation der Abietinsäure unter Ausschluß von Feuchtigkeit und Terpenen treten Verbindungen der Zusammensetzung $C_{20}H_{30}O_5$ und $C_{20}H_{30}O_6$ auf. Das erstere Produkt enthält drei alkoholische Hydroxyle, das zweite vier. Die Autoxydation der Harzsäuren findet folglich mit dem Einschieben von Sauerstoffatomen zwischen die Kohlenstoff- und Wasserstoffatome, in α-Stellung zu den Doppelbindungen, unter Ausbildung von Hydroxylgruppen statt.

Beim Liegen von feingepulvertem Kolophonium an der Luft, noch besser beim Durchleiten von Luft durch eine Lösung in Laugen, wird eine intensive Oxydation beobachtet. Nach einer derartigen Behandlung ist der Gehalt an Stoffen, die in Petroläther unlöslich sind, stark erhöht, während der Gehalt an Kohlenstoff und Wasserstoff erheblich gesunken ist. Kolophonium in Stücken verändert unter den gleichen Bedingungen seine Zusammensetzung nicht.

Um Angaben über die relative Oxydierbarkeit der Harzsäuren zu erhalten, hat man Versuche zur Oxydation von Abietinsäure, Lävo- und Dextropimarsäure, α-Sapinsäure, Dihydroabietinsäure und Proabietinsäure in benzolischer Lösung mit reinem Sauerstoff im Eudiometer angestellt. Abietinsäure, Lävopimarsäure und α-Sapinsäure sind ferner unter analogen Bedingungen der Luftoxydation ausgesetzt worden. Am stärksten wird Abietinsäure durch reinen Sauerstoff oxydiert. Ein Mol der Säure nimmt etwa 2 Mole O_2 auf. Lävopimarsäure und Proabietinsäure, α-Sapinsäure nehmen lediglich 1 Mol O_2 auf. Dextropimarsäure und Dihydroabietinsäure zeigen eine große Beständigkeit gegen Sauerstoff, sie sind unter den Reaktionsbedingungen praktisch nicht oxydiert worden. Diese Stabilität beruht im wesentlichen auf der Existenz von nur einer Doppelbindung, während die leichter oxydierbaren Harzsäuren deren zwei aufweisen[1].

Physiologisches Harz der Nadelhölzer

Man unterscheidet zwischen pathologischem Harz, das durch eine Wunde in der Rinde des Baumes austritt, und physiologischem Harz, das aus dem Holz durch Extraktion mit organischen Lösungsmitteln, Alkalien und anderen Mitteln gewonnen werden kann. Zu den Bestandteilen des pathologischen Harzes gehören Terpene und Harzsäuren. Dagegen ist die Zusammensetzung des physiologischen Harzes etwas komplizierter. Große Mengen des letzteren treten in Form von Harzseife bei dem Sulfataufschluß des Holzes auf, man bezeichnet das Produkt als „Sulfatseife".

Sulfatseife

In der Seife sowjetischer Fabriken hat man neutrale Produkte, Harz- und Fettsäuren gefunden[2]. Die ersteren sind im wesentlichen ein Gemisch von Sterinen (38%), aliphatischen Alkoholen (30%, darunter Lignocerylalkohol)

---

[1] С. С. Малевская и Е. В. Казеева, ЖПХ (S. S. Malewsskaja u. Je. W. Kasejewa, Z. Angew. Chemie [russ.]) 21, 854 (1948).

[2] Ф. Т. Солодкий, Сборник лесохимических работ Лесотехнической академии им. С. М. Кирова (F. T. Solodki, Sammlung holzchem. Arb. d. holztechn. Kirow-Akad.) 1938, S. 100.

und Salzen höherer Fettsäuren (25%), hauptsächlich der Lignocerinsäure. Unter den Sterinen bildet das β-Phytosterin mit 70% den Hauptanteil. In geringeren Mengen kommen noch Dihydrositosterin und einige unbekannte Sterine vor[1].

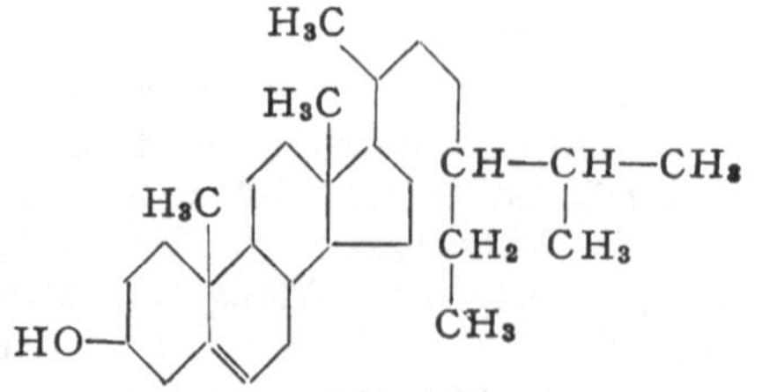

β-Sitosterin

Zur Trennung der Sterine eignet sich die Methode der Chromatographie ganz besonders gut. Man hat auf diese Weise in sowjetischer Sulfatseife folgende Sterine nachweisen können: β-Sitosterin (F. 136 bis 137°, mittlere Zone), Dihydrositosterin (F. 137 bis 138°, untere Zone) und Lignocerinalkohol (Filtrat).

Es sei noch bemerkt, daß die im physiologischen Harz vorkommenden Sterine in Form eines sehr schwierig zu trennenden Gemisches vorliegen. Die Hauptschwierigkeit liegt in dem geringen Unterschied zwischen den einzelnen Schmelzpunkten und der Fähigkeit der Sterine zur Mischkristallbildung. Harz- und Fettsäuren sind in der Seife in annähernd gleichen Mengen enthalten. Unter den Fettsäuren ist die Anwesenheit von Palmitinsäure, Ölsäure und Linolensäure festgestellt worden[2].

In dem Harzsäureanteil sind Pinabietinsäure und oxydierte Harzsäuren, Kolophonsäuren enthalten[3].

Durch Behandlung der Seife mit Schwefelsäure erhält man das sogenannte Tallöl, das ein Gemisch der oben angeführten Bestandteile vorstellt.

Schädliches Harz

Während der Sulfitkochung werden erhebliche Harzmengen von der Fasermasse zurückgehalten. Beim Vermahlen eines derartigen, ungebleichten Zellstoffes kann sich das Harz an den Wänden der Mahlwerkrollen absetzen, außerdem werden bei weiterer Verarbeitung die Siebe der Papiermaschinen verharzt. Es entstehen die sogenannten „Harzschwierigkeiten", die für die Fabrikation außerordentlich lästig sein können.

An Hand von Untersuchungen über die sich in der Papiermaschine bildenden harzigen Ablagerungen hat KONOPAZKI[4] festgestellt, daß ihre Eigenschaften sich mit der Zeit relativ rasch ändern. Im Augenblick der Ablagerung auf das Sieb ist die Masse noch dickflüssig und klebrig. Sie trocknet jedoch sehr schnell

---

[1] А. М. Халецкий и Н. Н. Соломоник, ЖОХ (A. M. CHALEZKI u. N. N. SOLOMONIK, Z. allgem. Chemie) **17**, 1171 (1947). — Ф. Т. Солодкий и А. А. Новак, ЖПХ (F. T. SOLODKI u. A. A. NOWAK, Z. Angew. Chemie [russ.]) **20**, 864 (1947).

[2] E. HÄGGLUND, Chemie des Holzes, 1. Aufl.

[3] O. ASCHAN, Ber. **54**, 867 (1921).

[4] Ю. Н. Конопацкий, Мат. Инст. бумаги (JU. N. KONOPAZKI, Mat. d. Papierinst.) Heft 1, 60 (1933).

aus und wird fest und nur sehr wenig elastisch. Aus Harz, das noch etwas elastischer ist, kann man durch Behandlung mit Wasserdampf Cymol gewinnen. Das feste Harz enthält nur Spuren von Stoffen, die mit Dampf flüchtig sind, ferner noch 31,8% Harz, 42,2% Fette und 26% ätherunlösliche Bestandteile.

Etwas ausführlicher sind die Harzabscheidungen in einer Papiermühle für Zeitungspapier untersucht worden[1]. Der Papierrohstoff bestand aus 66% Holzschliff und 34% ungebleichtem Sulfitzellstoff. In den Harzablagerungen sind nachgewiesen: 1. Abietinsäure und oxydierte Harzsäuren; 2. Fettsäuren, wie Stearinsäure, Ölsäure, Linolsäure, Linolensäure und Oxysäuren; 3. die mit Wasserdampf flüchtigen Kohlenwasserstoffe α-Pinen und p-Cymol; 4. β-Sitosterin und Dihydrositosterin und 5. Lignocerinsäure. Da der Holzschliff in dem Rohmaterial den größeren Anteil stellt, der vorher keiner chemischen Bearbeitung unterworfen worden ist, besteht die Harzabscheidung aus fast unverändertem, physiologischem Fichtenharz. Abietinsäure und p-Cymol dagegen sind Sekundärprodukte.

Aber auch unmittelbare Untersuchungen des physiologischen Harzes der kanadischen Kiefer *Pinus Banksiana*[2] und des Öles aus Kiefernrinde[3] sind durchgeführt worden. Zur Extraktion des Harzes hat man Sägespäne erst mit Äther und danach mit Alkohol-Benzol behandelt. Auch in diesen Fällen sind die gleichen Stoffgruppen gefunden worden wie in dem oben angeführten abgelagerten Harz.

---

[1] С. С. Малевская и С. Д. Харад, ЖПХ (S. S. MALEWSSKAJA u. S. D. CHARAD, Z. Angew. Chemie [russ.]) 22, (1949).

[2] H. HIBBERT u. J. PHILLIPS, Canad. J. Research 4, 1 (1931).

[3] PAJARI, Untersuchungen über die Kiefernrinde (1943).

FÜNFZEHNTER ABSCHNITT

Thermische Zersetzung des Holzes

Beim Erhitzen von Holz unter Luftabschluß wird dieses zersetzt, den Prozeß selbst bezeichnet man als trockne Destillation. Trotz der Tatsache, daß diese eines der ältesten Verfahren zur chemischen Verarbeitung des Holzes darstellt, ist der Chemismus des thermischen Zerfalls bis heute noch nicht völlig aufgeklärt.

Die Mehrzahl der Untersuchungen beschäftigt sich mit dem thermischen Abbau des Holzes bei hohen Temperaturen. Unter diesen, den industriellen Verhältnissen sehr ähnlichen Bedingungen, ist die Zersetzung nicht nur von der Temperatur, sondern auch der Erhitzungsdauer abhängig.

Der Einfluß der Zeit auf den thermischen Abbau äußert sich besonders im Anfangsstadium der Zersetzung, wo noch relativ niedrige Temperaturen vorherrschen. So sind z. B. nach 1stündiger Erhitzung auf 300° fast keine Veränderungen der physikalischen Eigenschaften, mit Ausnahme der Hygroskopizität, des Holzes festzustellen. Andererseits beginnt das Holz bei längerer Erhitzungsdauer (einige Tage bzw. Wochen), wie z. B. beim Austrocknen bei 100 bis 105°, nach Entfernung der hygroskopischen Feuchtigkeit an Gewicht zu verlieren. Der Grund dafür ist wahrscheinlich in der Abgabe von chemisch gebundenem Wasser zu suchen. Das Holz beginnt also sich zu zersetzen[1]. Eine derartige geringfügige Zersetzung findet z. B. beim längeren Halten des Holzes in Trockenkammern (70°) und im Trockenschrank (105°, 200 Stunden) statt[2]. Auch geringe Änderungen in der Zusammensetzung des Holzes lassen sich unter diesen Verhältnissen beobachten: einer Abnahme des Gehaltes an Gesamtpentosan steht eine Zunahme des Ligningehaltes gegenüber. Offenbar werden die Furfurol liefernden Bestandteile des Holzes durch die lange Trockenzeit verändert, indem aus ihnen Produkte entstehen, die sich gegenüber 72%iger Schwefelsäure wie Lignin verhalten. Es ist ebenso eine Zunahme des nicht hydrolysierbaren Anteils des Holzes zu verzeichnen.

Die thermische Zersetzung des Holzes stellt einen sehr unübersichtlich verlaufenden Prozeß dar, bei dem zweifellos gleichzeitig mit den Primärreaktionen auch solche sekundären Charakters stattfinden. Als Ergebnis des Abbaus werden die verschiedenartigsten Produkte erhalten, über deren Herkunft sich jedoch bis jetzt nur sehr wenig aussagen läßt.

Bisher ist der thermische Abbau des Holzes bei relativ niedrigen Temperaturen nur sehr unzulänglich erforscht worden. Streng genommen, beginnt die Zersetzung bei Temperaturen etwas über 100°. Bis 150° ist sie jedoch noch

---

[1] A. STAMM u. L. HANSEN, Ind. Eng. Chem. **29**, 831 (1937).

[2] W. CAMPBELL u. J. BOOTH, Biochemic J. **24**, 641 (1930).

immer so geringfügig, daß sie keine praktische Verwendung zur Darstellung wertvoller Produkte finden kann. Der Gewichtsverlust von Eschen- oder Fichtenholz, das bei einem Feuchtigkeitsgehalt von 6 bis 8% jeweils 2, 4 und 8 Tage im zugeschmolzenen Rohr auf 138° erhitzt worden ist, beträgt etwa 3 bis 4%[1]. Dabei hat man eine allmähliche Zersetzung der Hemicellulosen beobachtet, während gleichzeitig Produkte entstanden sind, die in Alkohol-Benzol und kaltem Wasser löslich sind, aber bald in ligninähnliche Stoffe übergehen. Fast unverändert ist bei diesen Versuchen der Cellulosegehalt geblieben. Ähnliche Resultate sind auch bei der Erhitzung von teilweise delignifiziertem Holz unter Luftabschluß erhalten worden[2].

Infolge des stets im Holz vorhandenen Wassergehaltes ist auch eine Hydrolyse, selbst bei niedrigen Temperaturen, möglich.

Gleichfalls wenig bekannt ist über den Abbau des Holzes im Temperaturbereich von 135 bis 275°. Erhitzen unter Luftabschluß auf Temperaturen über 150° bewirkt, wie aus den alten Arbeiten von VIOLETT[3] hervorgeht, eine ständige Gewichtsverminderung. Es findet also bereits eine merkliche Zersetzung der Holzsubstanz statt (Tab. 102).

TABELLE 102

Gewichtsabnahme von Holz beim Erhitzen in % des Gewichtes bei 150°

Temperatur	Rückstand	Gewichtsverlust (flüchtige Produkte)
150	98,0	2,0
170	94,6	5,4
180	88,6	11,4
190	82,0	18,0
200	77,1	22,9
210	73,1	26,9
220	67,5	32,5
230	55,3	44,7
250	49,6	50,4
270	37,1	62,9

Aus den Untersuchungen von OSSANOW[4] über die Zersetzung des Holzes mit überhitztem Dampf bei 200 bis 325° hat sich die Reihenfolge ergeben, in der die einzelnen Bestandteile des Holzes zersetzt werden. Zuerst erfolgt der Angriff auf die Pentosane, danach die Cellulose und schließlich das Lignin. In den Versuchen hat sich gezeigt, daß nach 3stündiger Einwirkung von überhitztem Dampf bei 275° von den ursprünglich vorhandenen Pentosanen 49,3% zersetzt worden sind. Die entsprechenden Werte für Cellulose und Lignin betragen 25,6% und 12,0%. Obwohl das Lignin quantitativ nur langsam angegriffen

[1] L. HAWLEY u. J. WIERTELAK, Ind. Eng. Chem. 23, 184 (1931).

[2] L. HAWLEY u. E. HARRIS, Ind. Eng. Chem. 24, 873 (1932).

[3] Zitiert in: К. И. Ногин, Сухая перегонка дерева (K. I. NOGIN, Die trockne Destillation des Holzes) 1936, S. 43.

[4] Б. П. Осанов, Лесохим. пром. (B. P. OSSANOW, Holzchem. Ind.), Nr. 6, 57 (1939).

wird, so erfolgen doch zweifellos erhebliche Veränderungen in qualitativer Hinsicht. Bestätigt wird dies durch die großen Verluste an Methoxylgruppen, die den Gewichtsverlust bei weitem übersteigen. Z. B. findet man nach Erhitzung auf 250° für das Lignin einen Gewichtsverlust von 11%, während die Abnahme des Methoxylgehaltes 24,5% der ursprünglichen Menge beträgt. Ein Teil der OCH_3-Gruppen entsteht jedoch durch Abspaltung aus den Polyuroniden.

Die gleiche Reihenfolge in der Zersetzung der Hauptbestandteile des Holzes ist auch in späteren Arbeiten[1] bei der Behandlung mit Dampf bei 260° festgestellt worden.

Wesentlich ausführlichere Angaben existieren über den thermischen Abbau des Holzes bei höheren Temperaturen. Eine der ältesten Untersuchungen über die trockne Destillation des Holzes der verschiedensten Arten stammt von KLASON, HEIDENSTAM und NORLIN[2]. Während der Versuche ist die Temperatur innerhalb und außerhalb der Retorte gemessen worden, ferner sind die Mengen an flüssigen und gasförmigen Reaktionsprodukten in verschiedenen Stadien bestimmt worden (Abb. 79).

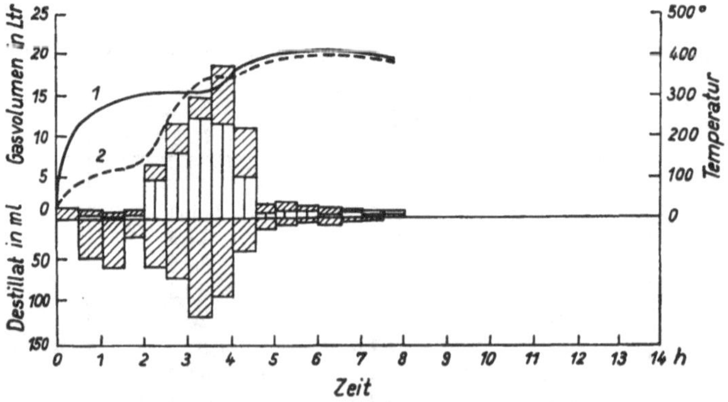

Abb. 79. Bildung von flüssigen und gasförmigen Produkten bei der trocknen Destillation von Birkenholz in Abhängigkeit von der Temperatur

1 äußere Temperatur, *2* innere. *Säulen* Gesamtgasvolumen, *freier Teil* Kohlensäure, *gestrichelt* übrige Gase

Bei der trocknen Destillation von Birkenholz steigt die Temperatur in den ersten zwei Stunden im Innern der Retorte auf 150 bis 160°, außen dagegen auf 290°. Während dieser Zeit ist die Zersetzung des Holzes verhältnismäßig unbedeutend. Das in dieser Periode auftretende Destillat, dessen Menge einem Maximum zustrebt, um danach wieder abzunehmen, besteht zur Hauptsache aus Wasser[3]. Das Wesentliche der dritten Stunde besteht darin, daß die Innentemperatur trotz gleichbleibender Außentemperatur rasch ansteigt und die

[1] R. MERRIT u. A. WHITE, Ind. Eng. Chem. 35, 297 (1943).

[2] P. KLASON, G. HEIDENSTAM u. E. NORLIN, Z. Angew. Chemie 22, 1205 (1909).

[3] Nach Beobachtungen von JUON besteht das im Temperaturbereich von 150 bis 200° entstehende Destillat ebenfalls fast nur aus Wasser: JOUN, Stahl u. Eisen (1907) S. 733, 771; (1910) S. 1252.

letztere einige Zeit sogar um 20 bis 30° übersteigt. Ein derartiges Temperaturverhalten im Innern der Retorte deutet auf den exothermen Charakter der Reaktion hin.

Bei Temperaturen um 270 bis 280° ist offenbar ein wichtiger Punkt im Ablauf der thermischen Zersetzung des Holzes erreicht. Hier beginnt die Hauptreaktion des Abbaues, die bis zu 380° durch das Auftreten großer Destillatmengen charakterisiert wird. Das Destillat enthält anfangs Essigsäure, ihre Homologen und Methanol, gegen Ende aber Teer, zunächst leichten, dann schweren. Ebenfalls sehr charakteristisch für dieses Zersetzungsstadium ist das Auftreten gasförmiger Abbauprodukte, hauptsächlich Kohlensäure und Kohlenoxyd.

Die genaue Festlegung des Beginns der exothermen Reaktion an Hand des Verlaufs der beiden Temperaturkurven ist deshalb schwierig, da die beiden Kurven vor dem Beginn der Reaktion zu weit voneinander entfernt verlaufen. Als feststehend darf wohl angenommen werden, daß die eigentliche Zersetzung des Holzes bereits unterhalb 290° beginnt. Die während der exothermen Reaktion frei werdende Wärmemenge ist so beträchtlich, daß sie ausreichend ist, um die Reaktion auch ohne weitere Wärmezufuhr zu Ende zu führen. Im Falle von Birkenholz beträgt die frei werdende Wärmemenge 267 kcal pro kg Holz oder 5,4% seines gesamten Wärmeinhaltes[1].

Im letzten Stadium, bei Temperaturen über 380 bis 400°, entstehen nur noch wenig flüssige Produkte, hauptsächlich schwerer Teer.

Die gleichzeitig entstehenden Gase bestehen aus Kohlenwasserstoffen Kohlenoxyd und Kohlensäure. Als Destillationsrückstand bleibt Kohle übrig

TABELLE 103

Ausbeute an Produkten der trocknen Destillation verschiedener Hölzer

Produkt	Kiefer	Fichte	Birke	Buche
Kohle	37,83	37,81	31,80	34,97
Gase:				
CO_2	10,13	10,30	9,96	10,90
C_2H_4	0,23	0,20	0,19	0,20
CO	3,74	3,76	3,32	4,22
CH_4	0,59	0,62	0,54	0,47
Methanol	0,88	0,96	1,60	2,07
Aceton	0,18	0,20	0,19	0,20
Methylacetat	0,01	0,02	0,02	0,03
Essigsäure	3,50	3,19	7,08	6,04
Löslicher Teer und andere organische Bestandteile des wäßrigen Destillats	8,03	7,75	8,15	5,89
Teer	11,79	8,08	7,93	8,11
Wasser	22,27	25,70	27,81	26,58
Verlust	0,82	1,41	1,41	0,32
Insgesamt	100,00	100,00	100,00	100,00

[1] В. Н. Козлов, Реконструкция углежжения на Урале (W. N. KOSLOW, Aufbau der Kohlenbrennerei im Ural) 1, 17 (1941).

Insgesamt erhält man bei der trocknen Destillation von Holz (Kiefer, Fichte, Birke, Buche) Kohle in Mengen von 32 bis 38%, flüssige Produkte mit 45 bis 50% und Gase mit 16,5 bis 18%, worin gewöhnlich noch die Verluste einbezogen worden sind (Tab. 103).

Beim Stehenlassen des Destillats findet eine Aufteilung in zwei Schichten statt: die wäßrige, die man auch Teerwasser nennt, und die Teerschicht.

Die wichtigsten Destillationsprodukte sind Essigsäure und Methanol, deren Ausbeute, wie sich in der Praxis ergeben hat, von der Holzart und den Destillationsbedingungen abhängig ist (Tab. 104).

TABELLE 104

Ausbeuten an Essigsäure und Methanol in % des lufttrocknen Ausgangsmaterials

Holzart	Essigsäure	Methanol
Hartholz (Birke, Buche, Eiche u. a.)	5—7	1,5—2
Weichholz (Espe, Linde, Erle)	4—5	1 —1,2
Nadelholz	2,5—3,5	0,7—0,9

Außer den genannten technisch sehr wichtigen Produkten sind im Destillat noch eine Reihe anderer Stoffe enthalten, deren Mengen jedoch relativ gering sind. Über diese Produkte wird später noch zu reden sein, vorerst mag der allgemeine Überblick über die trockne Destillation des Holzes genügen.

Wie bereits erwähnt, ist der Chemismus des thermischen Abbaues des Holzes bisher nur in sehr geringem Maße erforscht. Bei niedrigeren Temperaturen finden infolge der Anwesenheit von Wasser im Holz stets auch hydrolytische Prozesse statt. Mit steigender Temperatur werden auch die Reaktionen immer komplizierter.

Die pyrogenen Umwandlungen des Holzes umfassen eine ganze Reihe von thermischen Veränderungen, so Strukturänderungen durch Isomerisierung, Spaltung von Molekülen durch Zerfall (Cracking) und erneute Verknüpfung durch Kondensation und Polymerisation. Infolge der mangelnden Kenntnisse auf diesem Gebiete ist nur eine sehr unvollständige Beschreibung des Prozesses möglich.

Bei der Isomerisierung nehmen einzelne Gruppen und Radikale auf Grund der Wärmezufuhr von außen die Stellung ein, die dem unter den gegebenen Bedingungen stabilsten Zustand entspricht. Es ist ganz selbstverständlich, daß Moleküle verschiedener Struktur auch eine unterschiedliche Stabilität aufweisen und aus diesem Grunde auch der Energiebedarf nicht gleich ist.

Über die Isomerieerscheinungen, die bei den Komponenten des Holzes durch thermische Einwirkung auftreten, ist ebenfalls sehr wenig bekannt. Als Beispiel lassen sich die isomeren Umwandlungen der Harzsäuren bei höheren Temperaturen anführen. Offenbar entstehen aber bei dem thermischen Zerfall des Holzes Zwischenprodukte, die bei den darauffolgenden Temperaturbedingungen nicht beständig sind und auf diese Weise bei weiterer Temperaturerhöhung neue Umwandlungen erleiden.

Die Spaltung der Moleküle ist mit einer Verringerung ihrer Festigkeit bei erhöhter Temperatur verbunden. Die Kräfte, welche die Atome oder Atomgruppen zusammenhalten, werden unter der Einwirkung der Wärmeenergie geschwächt.

Für die am besten untersuchte Pyrolyse der Paraffinkohlenwasserstoffe sind verschiedene Theorien über den Mechanismus des thermischen Zerfalls (Cracking) vorgeschlagen worden[1]. Da aber diese Seite der Holzpyrolyse bisher so gut wie überhaupt noch nicht untersucht worden ist, ist es auf jeden Fall riskant, Analogieschlüsse zu ziehen und die an den Kohlenwasserstoffen des Erdöls gewonnenen Erkenntnisse ohne weiteres auf die thermische Zersetzung des Holzes zu übertragen.

Der primäre Abbau der Moleküle der Holzbestandteile erfolgt ohne jeden Zweifel an den Stellen mit den schwächsten Bindungsenergien. Außer dem eigentlichen thermischen Zerfall der Holzsubstanzen findet bei hohen Temperaturen offenbar auch eine Hydrolyse der Holzpolyosen durch Wasserdämpfe und die katalytische Wirkung organischer Säuren, wie Essigsäure, Ameisensäure und andere, statt.

Im Falle von einheitlichen Bindungen im Molekül, z. B. bei einer ununterbrochenen Kohlenstoffkette, kann die schwächste Stelle, an der die Spaltung einsetzen muß, angenähert bestimmt werden, indem einige mehr oder weniger zufriedenstellende Hypothesen über die Zerfallsrichtung herangezogen werden. Nach der Hypothese der Elektronenaffinität verläuft die Spaltung in Richtung der Entstehung von Radikalen mit der geringsten Elektronenaffinität, d. h. an den Stellen, wo zur Trennung der Elektronenpaare die geringste Energiemenge erforderlich ist.

Man hat verschiedene Methoden zur Bestimmung der Reihenfolge der Radikale nach ihrer Elektronenaffinität vorgeschlagen. Dabei ist festgestellt worden, daß bei isomeren Alkylradikalen, z. B. C_4H_9, die primäre Gruppe den am stärksten negativen Charakter (entsprechend der höchsten Elektronenaffinität) zeigt, während die tertiäre Gruppe am wenigsten negativ ist (LJUKAS).

Die von verschiedenen Autoren festgelegte Reihenfolge der Radikale nach ihrer Elektronenaffinität ist nicht in allen Fällen die gleiche. KARASCH hat z. B. eine Reihe aufgestellt, in der die Radikale mit zunehmender Masse angeordnet sind:

$$CH_3 > C_2H_5 > C_3H_7 > C_4H_9 > \text{iso-}C_5H_{11} > C_6H_5CH_2 > C_{16}H_{33}.$$

Die Theorie der Elektronenaffinität erklärt auch das weitere Verhalten der freien Radikale, so daß man bestimmen kann, aus welchem ein Äthylenkohlenwasserstoff und im anderen Falle ein Methankohlenwasserstoff entsteht. Der Kohlenwasserstoff $R{-}CH_2{-}CH_2{-}R_1$ zerfällt z. B. in zwei Radikale $R{-}CH_2{-}$ und $R_1{-}CH_2{-}$. Bei der Umwandlung der Radikale zu Molekülen reißt das Radikal mit der größeren Elektronenaffinität ein Wasserstoffatom an sich. Wenn das erste Radikal die größere Affinität besitzt, erhält man $R{-}CH_3$ und $R_1{=}CH_2$.

Wesentlich besser wird der thermische Zerfall der Paraffinkohlenwasserstoffe durch die Theorie der freien Radikale von REISS[2] erklärt. Danach stellt der Crackprozeß der Paraffine eine Kettenreaktion dar. Die zu Beginn der Reaktion entstehenden beständigen Radikale (z. B. $CH_3{-}$ oder $H{-}$) stoßen mit unveränderten Kohlenwasserstoffmolekülen zusammen. Dabei werden Wasserstoffatome abgerissen, es entstehen einfachere Moleküle und unbeständige Radikale, die schließlich in Äthylen-

---

[1] Näheres in: М. Д. Тиличеев, Химия крекинга (M. D. TILITSCHEJEW, Die Chemie des Crackprozesses) 1941, S. 19. — А. Ф. Добрянский, Научные основы крекинга нефти (A. F. DOBRJANSSKI, Wissenschaftliche Grundlagen des Crackprozesses von Erdöl) 1935, S. 11.

[2] F. REISS u. K. REISS, Freie aliphatische Radikale. — М. Д. Тиличеев, Химия крекинга (M. D. TILITSCHEJEW, Chemie des Crackprozesses) 1941, S. 21.

kohlenwasserstoff und freies Radikal zerfallen. Der thermische Abbau von Propan geht danach in folgenden Stufen vor sich:

$CH_3CH_2CH_3 \rightarrow CH_3{-} + CH_3CH_2{-}$	Bildung primärer Zentren
$CH_3CH_2CH_3 + R \rightarrow RH + CH_3CH_2CH_2{-}$	Kette
$CH_3CH_2CH_2{-} \rightarrow C_2H_4 + CH_3{-}$	
$CH_3CH_2CH_3 + R \rightarrow RH + CH_3 \cdot CH \cdot CH_3$	
$CH_3\underset{\mid}{C}HCH_3 \rightarrow CH_3CH{=}CH_2 + H{-}$	
$R + R \rightarrow RR$	Kettenabbruch

wobei R die Radikale H— und CH_3— bedeutet.

Die Vorstellungen von Reiss zeigen eine gute Übereinstimmung mit der Wahrscheinlichkeit von Zusammenstößen zwischen Radikalen und Molekülen. In dieser Hinsicht unterscheidet sie sich von der Theorie der Elektronenaffinität, die lediglich die Begegnung von zwei Radikalen als wahrscheinlich zuläßt. Da bei der Pyrolyse nur sehr wenig freie Radikale, aber sehr viel Moleküle vorhanden sind, ist die Wahrscheinlichkeit von Zusammenstößen zwischen Radikalen und Molekülen viel größer als zwischen den Radikalen untereinander.

Bei der thermischen Behandlung nicht flüchtiger fester Stoffe (z. B. Holz,) die selbst im besten Hochvakuum nicht unzersetzt destillierbar sind, ist die Möglichkeit zur Entstehung von Kettenreaktionen nur sehr gering. In diesem Falle ist zu erwarten, daß der Charakter der Zerfallsprodukte durch die primäre Reaktion bestimmt wird. Zunächst entstehen dabei große Radikale, die nach Absättigung neben offenen Ketten auch Ringe bilden. Das Auftreten von Lävoglucosan, einer Verbindung mit einem 7gliedrigen, heterocyclischen Ring, bei der Vakuumdestillation von Glukose, Cellulose und Holz, stimmt mit dieser Theorie ausgezeichnet überein.

Über die bei der Pyrolyse des Holzes entstehenden Bruchstücke — freie Radikale — ist nichts bekannt. Es läßt sich lediglich sagen, daß zunächst neue Stoffe aus einfacheren Molekülen entstehen, die durch die hohe Temperatur sofort kondensieren und polymerisieren, so daß Verbindungen entstehen, die bei den herrschenden Temperaturen bereits wesentlich stabiler sind (Primärreaktion). Diese Produkte werden, durch das weitere Ansteigen der Temperatur bedingt, wieder von neuem zersetzt (Sekundärreaktion). Dadurch wird der Prozeß der thermischen Zersetzung derart kompliziert, daß eine Aufklärung des Mechanismus an Hand der Endprodukte, wie bis jetzt der Fall gewesen, nicht möglich ist. Man kann auf diese Weise nur sehr allgemein gehaltene Vorstellungen gewinnen. Bei der thermischen Zersetzung des Holzes wird, allgemein ausgedrückt, die Umwandlung der sehr unbeständigen hochmolekularen Stoffe in stabilere Produkte bewirkt.

Bei Atmosphärendruck wird der bei der Zersetzung stattfindende Primärprozeß durch sekundäre überlagert. Zur Untersuchung der Primärreaktion und der dabei entstehenden Produkte führt man die trockne Destillation des Holzes im Vakuum durch, d. h. unter Bedingungen, in denen die Reaktionsprodukte rasch entfernt werden, so daß fast keine Sekundärreaktionen stattfinden können. Die Tab. 105 enthält Angaben[1] über die Ausbeuten der Hauptprodukte bei der Zersetzung von Birkenholz im Vakuum und zum Vergleich unter Atmosphärendruck und verschiedenen Reaktionsgeschwindigkeiten.

Bei der Destillation im Vakuum entsteht mehr primärer Teer und weniger Kohle als bei normalem Druck. Ferner sind die Ausbeuten an Ameisensäure

[1] P. Klason, J. prakt. Chemie **80**, 413 (1914).

TABELLE 105

Einfluß des Druckes auf die Ausbeute an Destillationsprodukten, in % des absolut trocknen Holzes

Druck	Dauer der Destillation	Kohle	Teer	Essigsäure	Ameisensäure	Methanol	Aceton	Formaldehyd
Kathodenstrahlvakuum	—	19,38	43,66	7,05	2,40	—	—	1,27
Vakuum, 5 mm........	—	19,54	37,18	7,05	2,30	1,20	0,03	1,20
Atmosphärendruck	3 Std.	25,51	18,00	6,50	0,71	1,49	0,16	1,00
	8 „	30,85	16,94	6,77	0,61	1,47	0,20	0,90
	16 „	33,18	10,1	6.58	0,55	1,50	0,22	—
	14 Tage	39,44	1,8	6,48	0,33	1,41	0,35	0,80

und Formaldehyd im ersten Falle bedeutend höher, während Essigsäure und Methanol in beiden Fällen in annähernd gleichen Mengen entstehen. Aceton wird bei der Vakuumdestillation entweder überhaupt nicht oder nur in Spuren gebildet. Es scheint also ein Sekundärprodukt zu sein, das aus der Essigsäure entsteht (vgl. S. 449).

Die Geschwindigkeit der Destillation besitzt ebenfalls einigen Einfluß auf die Ausbeute an Zersetzungsprodukten. Mit zunehmender Dauer fällt die Temperatur, während der Anteil der Kohle steigt. Der Ameisensäuregehalt nimmt ab, Aceton zu, wogegen die Essigsäuremenge fast unverändert bleibt.

Gleichfalls untersucht worden ist der Einfluß einer Druckerhöhung auf die Zersetzung. Die Versuche mit Birkenholz bei 5 und 10 at sind in der Tab. 106 wiedergegeben.[1]

TABELLE 106

Ausbeuten bei der Druckdestillation von Birkenholz

Druck in Atm.	Ausbeute in % des absolut trocknen Holzes				
	Essigsäure	Methanol	Kohle	Teer (gesamt)	Gase
5	5,61	1,50	39,5	11,7	20,13
10	5,44	1,53	40,5	9,08	21,21

Aus der Tabelle geht hervor, daß die Ausbeuten an Essigsäure, Methanol und Kohle im Bereich bis zu 10 Atm. gegenüber denen bei Atmosphärendruck nur wenig verändert sind.

Außer der trocknen Destillation des Holzes im Vakuum und bei erhöhtem Druck sind auch Versuche zur Zersetzung des Holzes mit überhitztem Dampf bei Gegenwart flüssiger Kohlenwasserstoffe und einiger anderer Stoffe durchgeführt worden, auf die jedoch erst später eingegangen werden kann.

Produkte der trocknen Destillation des Holzes

Die bei der trocknen Destillation des Holzes entstehenden Produkte lassen sich in vier Gruppen einteilen: Kohle, Teer, wäßriges Destillat und Gase.

[1] R. Palmer, Ind. Eng. Chem. 6, 890 (1914).

Kohle

In dem Kohlenrückstand sind die nicht flüchtigen Destillationsprodukte enthalten, aber auch einige adsorptiv festgehaltene flüchtige Stoffe. Die Elementarzusammensetzung ist nicht konstant und hängt hauptsächlich von der erreichten Endtemperatur der Verkohlung ab (Tab. 107)[1].

TABELLE 107

Elementarzusammensetzung der Kohle in Abhängigkeit von der Temperatur

Endtemperatur in °C	Elementarzusammensetzung in %			Ausbeute in % des absolut trocknen Holzes (nach KLASON)
	C	H_2	$O_2 + N$	
110	50,6	6,2	43,2	—
200	54,5	5,3	40,2	91,8
300	72,8	4,3	22,9	51,4
400	80,2	3,5	13,3	40,6
500	89,0	2,8	8,2	31,0
600	94,3	2,2	3,5	29,1
700	95,5	1,6	2,9	27,8
800	96,9	1,3	1,8	26,7
900	97,3	1,0	1,7	26,6
1000	97,6	0,6	1,8	26,8
1135	98,1	0,3	1,6	26,1
1500	99,7	0,1	0,2	—

Mit steigender Temperatur nimmt der Kohlenstoffgehalt zu, während der Gehalt an Wasserstoff und Sauerstoff zurückgeht. Diese Veränderungen der Zusammensetzung erfolgen bereits relativ früh, zwischen 200 und 500°, über 600° sind sie nicht mehr bedeutend. Die Kohlenausbeute geht mit steigender Temperatur ebenfalls rasch zurück, im Bereich über 500° ist sie nur noch geringfügigen Änderungen ausgesetzt.

Die Holzart besitzt fast gar keinen Einfluß auf die Zusammensetzung der gewonnenen Kohle. Wie KOSLOW und KOROBKIN[2] festgestellt haben, ergeben verschiedene Holzarten bei der Zersetzung unter vergleichbaren Bedingungen Kohle mit praktisch gleicher Zusammensetzung.

Auf Grund der Abhängigkeit der Zusammensetzung der Kohle von der Endtemperatur kann man bei bekannter Zusammensetzung die Temperatur bestimmen und umgekehrt.

Die flüchtigen Bestandteile der Holzkohle, die beim Erhitzen über die Brenntemperatur frei werden, sind von SOKOLOW und Mitarbeitern[3] ausführlich untersucht worden. Dabei beginnt die Abscheidung flüchtiger Stoffe bereits wesentlich unterhalb der Brenntemperatur, ihre Menge ist um so größer, je niedriger die Herstellungstemperatur der Kohle ist.

[1] В. А. Коробкин, Уральск. техник (W. A. KOROBKIN, Ural-Technik) Nr. 5 (1925).

[2] В. А. Коробкин, Углежжение (W. A. KOROBKIN, Kohlenbrennerei) 1948, S. 50.

[3] И. А. Соколов, В. Б. Ивашев и А. С. Матвеев, Исследовательские работы по металлургии чугуна, железа и стали (I. A. SOKOLOW, W. B. IWASCHEW u. A. S. MATWEJEW, Forschungsarbeiten über die Metallurgie des Roheisens, Schmiedeeisens und Stahls) 1923.

Den beim Glühen von Holzkohle in den flüchtigen Produkten auftretenden Kohlenstoff nennt man im Unterschied zu dem nach dem Glühen im Rückstand verbliebenen flüchtigen Kohlenstoff. Bis in die heutige Zeit schätzt man Holzkohle mit einem hohen Gehalt an nicht flüchtigem Kohlenstoff für metallurgische Zwecke um so höher ein, da angenommen wird, daß dann auch mehr Kohlenstoff bis zur Kehle des Hochofens gelangt. In der Praxis bestimmt man den Gehalt an nicht flüchtigem Kohlenstoff durch Glühen der Holzkohle im Porzellan- oder Platintiegel bei 900°.

Der Prozentgehalt an nicht flüchtigem Kohlenstoff ist um so höher, je höher die Brenntemperatur gewesen ist. Die Ausbeute bleibt jedoch bei langsamem Verlauf der Verkohlung fast unverändert[1]. Da sich die Eigenschaften dabei erheblich ändern können, nimmt man als optimale Brenntemperatur für metallurgische Kohle diejenige Temperatur an, bei der die Kohle die besten Eigenschaften für diesen Zweck zeigt. Nach KOSLOW[2] liegt die optimale Temperatur bei 360 bis 380°, nach KOROBKIN[3] noch etwas höher, bei 400°.

Die mineralischen Bestandteile von Holzkohle sind in bezug auf Menge und Zusammensetzung im Grunde von dem Aschegehalt des Holzrohstoffes abhängig. Von besonderer Bedeutung für die Metallurgie ist der Phosphorgehalt der Holzkohle, der einen schlechten Einfluß auf die mechanischen Eigenschaften des Roheisens und des Stahls ausübt[4].

Nach Angaben von KOROBKIN und KOSLOW[5] beträgt der Phosphorgehalt in Holzkohle aus Nadelhölzern (Kiefer, Fichte, Tanne) im Mittel 0,016 bis 0,019%, bei Laubhölzern (Birke, Espe) 0,037 bis 0,042%. In Verbindung mit dem besonders hohen P-Gehalt der Rinde zeigt Holzkohle, aus entrindeten Nadelhölzern hergestellt, einen wesentlich niedrigeren Phosphorgehalt, im Mittel etwa 0,008%.

Der Heizwert der Holzkohle wird ebenfalls durch die Brenntemperatur bedingt, da diese entscheidend für den Gehalt an reinem Kohlenstoff ist. Zur Bestimmung des Heizwertes kann die übliche Calorimeterbombe benutzt werden, außerdem läßt er sich auch mit Hilfe einer empirischen Formel aus der Elementaranalyse berechnen. Eine diesbezügliche Formel ist von N. NIKITIN[6] an Hand von zahlreichem, experimentellem Material aufgestellt worden:

$$Q = 80{,}51\,\mathrm{C} + 273{,}4\,\mathrm{H},$$

hierin bedeuten

Q den Heizwert,

C den Kohlenstoffgehalt in Prozent und

H den Wasserstoffgehalt in Prozent der absolut trocknen aschenfreien Kohle.

---

[1] И. А. Соколов и В. Н. Козлов, Тр. Центр. научно-иссл. инст. древесины (I. A. SOKOLOW u. W. N. KOSLOW, Arb. d. Zentr. Holzforsch. Inst.) **1**, 21 (1932). — В. Н. Козлов и А. Д. Мишин, Тр. Центр. научно-иссл. лесохим. инст. (W. N. KOSLOW u. A. D. MISCHIN, Arb. d. Zentr. Inst. f. Holzchemie) **5**, 42 (1934).

[2] В. Н. Козлов, Пиролиз древесины (W. N. KOSLOW, Die Pyrolyse des Holzes) 1951, S. 215.

[3] В. А. Коробкин, Сталь (W. A. KOROBKIN, Stahl) Nr. 6, 47/8 (1948).

[4] Beim Schmelzen im Hochofen geht der gesamte Phosphor, auch aus der Kohle, in das Roheisen über, wodurch es nach dem Abkühlen spröde wird.

[5] В. А. Коробкин и В. Н. Козлов, Уральск. техник (W. A. KOROBKIN u. W. N. KOSLOW, Uraltechnik) Nr. 10 (1929).

[6] Н. И. Никитин, ЖРХО (N. I. NIKITIN, J. Russ. Chem. Ges.) **48**, 54 (1916).

Nach dieser Formel werden Zahlen erhalten, die mit den experimentell bestimmten gut übereinstimmen, die Fehlergrenze beträgt $\pm$ 0,6%[1] (Tab. 108).

Bei der Verkohlung bleibt die mikroskopische Struktur des Holzes weitgehend erhalten. Auf Grund dieser Tatsache läßt sich ohne weiteres die Holzart bestimmen, aus der die betreffende Kohle hergestellt worden ist. Allerdings bewirkt die bei der Verkohlung eintretende Volumverminderung eine gewisse Zerstörung der ursprünglichen Struktur. Das fast vollständige Verschwinden der Mikrostruktur und die Entstehung einer relativ kompakten Kohle mit hornartigem Bruch, der in dünnen Schichten durchscheinend ist, kann bei vorsichtigem mechanischem Pressen des Holzes während der Verkohlung beobachtet werden[2]. Anscheinend tritt bei der thermischen Zersetzung des Holzes ein Stadium auf, in dem die Holzsubstanz gewissermaßen plastisch wird.

TABELLE 108

Zusammensetzung und Heizwert verschiedener Holzkohlen

Herkunft der Kohle	C in %	H in %	Asche in %	O + N in %	Q gefunden in cal.	Q berechnet in cal.	Fehler in %
Meilerkohle:							
Weißbuche	92,11	0,78	1,94	5,17	7637	7629	−0,10
Bergahorn	91,31	0,64	3,30	4,75	7479	7526	+0,63
Feldahorn	90,72	1,18	2,75	5,35	7655	7626	−0,38
Birke	90,53	1,89	2,55	5,03	7842	7805	−0,47
Rotbuche	89,95	1,46	3,21	5,38	7613	7641	+0,37
Haselnuß	88,42	1,62	2,17	7,79	7571	7562	−0,12
Erle	88,37	1,65	1,84	8,14	7532	7566	+0,45
Weißbuche	88,33	1,80	1,79	8,08	7622	7603	−0,25
Hagebuche	88,27	1,72	2,78	7,23	7566	7576	+0,13
Korkulme	87,57	1,67	3,02	7,74	7522	7507	−0,20
Kammerkohle							
Espe	85,92	3,43	2,09	8,56	7853	7855	+0,03
Fichte	80,85	3,85	1,03	14,27	7556	7562	+0,07
Fichte	80,59	3,75	1,24	14,42	7507	7514	+0,09
Kiefer	80,35	3,91	1,11	14,63	7519	7538	+0,25
Kiefer	79,67	3,36	1,11	15,86	7356	7333	−0,31
Birke	76,79	3,92	2,09	17,20	7278	7454	−0,33
Ceder	76,46	4,44	0,53	18,57	7344	7370	+0,35

Die Annahme von primären und sekundären Reaktionen und der Entstehung entsprechender Produkte bei dem thermischen Zerfall des Holzes unter normalem Druck hat zu der Vorstellung geführt, daß die gewöhnliche Kohle ein Primärprodukt ist, auf dessen Oberfläche oder im Innern sekundäre Kohle oder Harzkoks abgelagert ist, die von großer Bedeutung für eine Aktivierung der Kohle sind. Die normale Kohle ist ein schlechtes Adsorbens für

---

[1] Н. И. Никитин и Д. В. Прялухин, ЖПХ (N. I. Nikitin u. D. W. Prjaluchin, Z. Angew. Chemie [russ.]) **5**, 991 (1933).

[2] L. Hawley, Ind. Eng. Chem. **13**, 301 (1921).

Gase, weshalb sie zur Erhöhung ihrer Sorptionsfähigkeit aktiviert werden muß. Dieses Ziel kann durch Glühen der Kohle unter entsprechenden Bedingungen oder durch Oxydation von sorbierten Stoffen nach verschiedenen Verfahren erreicht werden[1]. Zur Aktivierung der Kohle durch gasförmige Stoffe verwendet man z. B. Kohlensäure, Wasserdampf, Schwefeldioxyd, Sauerstoff, Luft und Ammoniak, die bei erhöhter Temperatur mit den an der Oberfläche sorbierten oder in den Poren abgelagerten Stoffen reagieren. Dabei entstehen wieder gasförmige Produkte, die von der Kohle fast nicht festgehalten werden. Die Gase wirken aber auch direkt auf die Kohle ein, indem sie ihre Oberfläche zerstören und eine Vergrößerung des Porenvolumens herbeiführen. Auf diese Weise erhält man eine Aktivkohle mit beträchtlich vergrößerter spezifischer Oberfläche, die außer geringen, beim Brennen entstandenen oder in der Luft enthaltenen Gasmengen keine adsorbierten Stoffe enthält.

Aus dem Wesen des Aktivierungsprozesses geht hervor, daß für diese Zwecke eine Kohle am geeignetesten ist, die unter Bedingungen erhalten wird, bei denen eine möglichst vollständige Entfernung der übrigen Destillationsprodukte gewährleistet ist[2]. Erreicht werden kann das z. B. durch Zersetzung im Vakuum mit Wasserdampf oder einem inerten Gas.

Teer

Der Teer, der auch Bodensatz genannt wird, besteht aus flüchtigen und mechanisch mitgerissenen, nicht flüchtigen Stoffen, die sich auf Grund ihrer Unlöslichkeit in Wasser im Destillat in einer besonderen Schicht absetzen.

Der Holzteer ist ein kompliziertes Gemisch von zahlreichen organischen Verbindungen. Bei dem thermischen Abbau von Laubhölzern ist der Teer ein direktes Zersetzungsprodukt des Holzes. Im Falle der harzhaltigen Nadelhölzer enthält er außerdem noch Produkte der thermischen Isomerisierung des im Holz enthaltenen natürlichen Harzes. Die Zusammensetzung des Teers ist nicht nur von der Art des Holzes, sondern auch von den Zersetzungsbedingungen abhängig.

Holzteer ist außerordentlich unbeständig; beim Stehen, Destillieren oder anderen Versuchen einer Fraktionierung wird er sehr leicht verändert. Die geringe Beständigkeit, aber auch seine komplizierte Zusammensetzung, die eine große Anzahl von organischen Verbindungen einbezieht, von denen der größte Teil offenbar hochmolekularer Natur ist, wirkt außerordentlich erschwerend auf das Studium des Teers ein. Aus diesem Grunde sind seine Bestandteile trotz vieler Untersuchungen bis heute noch nicht völlig erforscht[3].

Die wichtigsten Komponenten des Holzteers sind Phenole und methylierte Phenole. Der Holzteer, insbesondere von Laubhölzern (Buche, Eiche, Birke), hat deshalb eine praktische Bedeutung als Ausgangsmaterial zur Darstellung von Phenolen wie z. B. Brenzcatechin, erlangt. Die von 200 bis 240° siedende Fraktion stellt das Leichtkreosot dar. Pyrogallol und Methylpyrogallol lassen

---

[1] М. М. Дубинин, Физико-химические основы сорбционной техники (M. M. Dubinin, Physikalisch-chemische Grundlagen der Sorptionstechnik) 1935, S. 349.

[2] Große Bedeutung besitzen selbstverständlich auch andere Faktoren wie Temperatur, Zersetzungsgeschwindigkeit, Gleichmäßigkeit der Temperatur im Retorteninnern.

[3] Über die ältere Literatur siehe Н. Н. Любавин, Техн. химия (N. N. Ljubawin, Techn. Chemie) **6** (1914).

sich aus dem Schwerkreosot (240 bis 290°) gewinnen[1]. Holzteer wird ferner zur Herstellung von Inhibitoren (Antioxydantien) und Flotationsmitteln benutzt.

Viele Teerbestandteile sind nur in sehr geringen Mengen vorhanden und häufig nicht nur im Teer, sondern auch im rohen Holzessig, in dem sie durch die Anwesenheit von Essigsäure und Methanol teilweise löslich werden. Nachstehend seien die hauptsächlichsten im Teer und im rohen Holzessig vorkommenden Chemikalien aufgeführt.

Flüssige Produkte der trocknen Destillation[2]

1. Stoffe, die vorzugsweise im wäßrigen Destillat enthalten sind:
   a) *Säuren und deren Derivate:* Ameisensäure, Essigsäure, Propionsäure, Buttersäure, Valeriansäure, Isocapronsäure, Crotonsäure, γ-Valerolacton.
   b) *Alkohole:* Methyl-, Äthyl-, Propyl- und Alkylalkohol.
   c) *Ketone:* Aceton, Methyläthylketon, Methylpropylketon.
   d) *Aldehyde:* Formaldehyd, Acetaldehyd, Furfurol, Methylfurfurol, ω-Oxymethylfurfurol, Sylvan.
   e) *Ester:* z. B. Methylacetat u. a.
   f) *Kohlenwasserstoffe:* Xylol, Cumol, Cymol.

2. Stoffe, die hauptsächlich im Teer enthalten sind:
   a) *Alkohole:* Isoamylalkohol, Isobutylalkohol.
   b) *Phenole:* Phenol, *o*-, *m*- und *p*-Kresol, 1,3,4-Xylenol, 1,3,5-Xylenol, *o*-Äthylphenol, Brenzcatechin, Guajacol, Methylguajacol, Äthylguajacol, Vinylguajacol, Propylguajacol, Monomethyläther des Pyrogallols, Dimethyläther des Pyrogallols, Methylpyrogallol, Propylpyrogallol.
   c) *Säuren:* Lignocerinsäure.
   d) *Kohlenwasserstoffe:* Benzol, Toluol, Naphthalin, Chrysen.
   e) *Furane:* Furan, Sylvan, Dimethylfuran, Trimethylfuran.

3. Stoffe, die nur im Nadelholzteer vorkommen:
   a) Abietinsäure, Pimarsäure, Ölsäure, Palmitinsäure.
   b) α-Pinen, β-Pinen, Dipenten, Sylvestren, Camphen, Cadinen, Limonen, Terpinolen, Borneol, Campher, Reten, Cineol, Fenchylalkohol.

---

[1] В. П. Сумароков и В. Д. Угрюмов, Лесохим. пром. (W. P. SUMAROKOW u. W. D. UGRJUMOW, Holzchem. Ind.) Nr. 4, 20 (1936). — В. П. Сумароков, ЖПХ (W. P. SUMAROKOW, Z. Angew. Chemie [russ.]) **16**, 219 (1943); **17**, 552 (1944). — Д. Тищенко, ЖПХ (D. TISCHTSCHENKO, Z. Angew. Chemie [russ.]) Nr. 5 (1948).

[2] Die Aufzählung ist hier in gekürzter Form wiedergegeben. Ausführlichere Angaben in: G. BUGGE, Neuere Verfahren der Kohlenbrennerei, 1928. — G. BANBERRY, Die trockne Destillation des Holzes, 1933. Die aufgezählten Produkte sind nicht immer gleichzeitig vorhanden, auch ihre Menge schwankt stark. Die meisten kommen nur in geringen Mengen vor, so machen z. B. die methylierten Phenole etwa nur 1 % des Teeres aus.

Wäßriges Destillat — Roher Holzessig

Das wäßrige Destillat, das in der Technik auch als Brühe oder Teerwasser bezeichnet wird, enthält die wasserlöslichen Destillationsprodukte, aber auch solche, die sich in der wäßrigen Schicht nur infolge der Anwesenheit von Essigsäure, Methanol und Aceton auflösen. Infolgedessen kann derselbe Stoff gleichzeitig in der wäßrigen und in der Teerschicht enthalten sein, wobei sich die Verteilung nach der jeweiligen Löslichkeit richtet.

Bei nochmaliger Destillation des rohen Holzessigs gehen Wasser, Essigsäure, Methanol und Aceton mit über, während eine teerige Masse zurückbleibt, die als „Kessel"- oder „löslicher" Teer bezeichnet wird. Dieser Rückstand enthält neben verschiedenen in Wasser löslichen Bestandteilen auch solche, die in Wasser unlöslich sind und auf Grund der Entfernung von Essigsäure, Methanol und Aceton zurückbleiben. Durch die nochmalige Destillation erleiden viele dieser Produkte weitere Veränderungen. Oxydierende Einflüsse und die erhöhte Temperatur bewirken eine teilweise Verharzung, so daß schließlich Kondensationsprodukte mit hohem Kohlenstoffgehalt entstehen[1].

Die Zusammensetzung des löslichen Teers von Laub- und Nadelhölzern ist selbstverständlich nicht die gleiche. In dem löslichen Birkenteer ist die Anwesenheit von Essigsäure, Ameisensäure und Angelikasäure nachgewiesen worden[2], ferner Methylpyrogallol, Dimethylpyrogallol, Methylcyclopentenolon u. a. Bei gewöhnlichem Druck läßt sich nur ein geringer Teil des löslichen Teers ohne Zersetzung destillieren, bei 9 bis 16 mm dagegen gelingt es bereits, 46% unzersetzt wiederzugewinnen.

Gase

Die gasförmigen Zersetzungsprodukte bestehen hauptsächlich aus den nichtkondensierbaren Gasen, die jedoch mit Dämpfen der leichter flüchtigen Bestandteile des Holzessigs gesättigt sind. Außerdem werden noch sehr geringe Mengen nicht flüchtiger Produkte gefunden, die mechanisch mitgerissen worden sind.

Die Zusammensetzung der Gase, die je nach den Verhältnissen 16 bis 18% ausmachen, ändert sich während der Zersetzung. Aus den Untersuchungen von Juon (Tab. 109) geht hervor, daß während des ersten Zersetzungsstadiums bei Temperaturen von 150 bis 280° fast nur sauerstoffhaltige Gase, wie Kohlensäure und Kohlenoxyd, entstehen. Die Menge der ersteren beträgt dabei mehr als das Doppelte der letzteren. Wasserstoff und Kohlenwasserstoffe entstehen im Anfangsstadium nur in äußerst geringen Mengen. Nach dem Einsetzen der

---

[1] Im Grunde stellt der lösliche Teer die Produkte des thermischen Zerfalls des Kohlenhydratkomplexes des Holzes dar, der unlösliche Teer dagegen die des Lignins. Diese Ansicht ist zuerst von Tischtschenko und Watschek ausgesprochen worden. In der Praxis stellt der Destillationsrückstand des alkoholfreien Holzessigs in Verbindung mit der unvollständigen Abtrennung des Holzessigs nach der Alkoholentfernung von dem dabei ausgeschiedenen Teer keinen reinen, löslichen Teer dar, sondern ein Gemisch mit mehr oder weniger großen Mengen unlöslichen Teers. Er sollte daher richtiger „Kesselteer" heißen. Vgl. М. Д. Тиличеев и И. А. Григоров, Лесн. пром. (M. D. Tilitschejew u. I. A. Grigorow, Holzindustrie) 8, 19 (1942).

[2] В. Е. Тищенко, М. И. Лишкевич и Л. А. Скульская, ЖПХ (W. Je. Tischtschenko, M. I. Lischkewitsch u. L. A. Skulsskaja, Z. Angew. Chemie [russ.]) 3, 375 (1930).

TABELLE 109

Ausbeute an nicht kondensierbaren Gasen in Abhängigkeit vom Zersetzungsstadium in Vol.-%

Stadium	Temperatur in °C	CO_2	CO	H_2	Kohlenwasserstoffe
Wasserbildung	150—200	68,0	30,5	0	2,0
Auftreten von CO_2 und CO	200—280	66,5	30,0	0,2	3,3
Beginn der Kohlenwasserstoffentstehung	280—380	35,5	20,5	5,5	36,3
Kohlenwasserstoffabgabe	380—500	31,5	12,3	7,5	48,7
Dissoziationsperiode	500—700	12,2	24,5	48,7	20,4
Wasserstoffbildung	700—900	0,4	9,6	80,7	8,7

exothermen Reaktion, über 280°, nimmt der Gehalt an CO_2 und CO allmählich ab, wogegen der Wasserstoffgehalt anfangs langsam, dann aber rasch ansteigt. Bei Temperaturen zwischen 700 und 900° bestehen die Gase zu $^4/_5$ ihres Volumens aus Wasserstoff. Einen sehr charakteristischen Verlauf zeigt die Entstehung von Kohlenwasserstoffen. Bis 280° ist die Bildung nur gering, bei 380° nimmt sie sehr schnell zu, erreicht zwischen 380 und 500° ihr Maximum und fällt dann wieder ebenso schnell ab.

Die in der Tabelle angeführten Werte geben nur die relativen Mengenverhältnisse der bei der trocknen Destillation auftretenden gasförmigen Reaktionsprodukte wieder.

Eine Vorstellung über die Menge und die Zusammensetzung der bei der trocknen Destillation in Abhängigkeit von der erreichten Endtemperatur erhaltenen, nicht kondensierbaren Gase, gibt die Tab. 110, die aus einer Arbeit von Koslow[1] entnommen ist.

TABELLE 110

Zusammensetzung der bei der trocknen Destillation entstehenden nicht kondensierbaren Gase

Gasvolumen in m³ auf 100 kg absolut trocknen Holzes	Endtemperatur in °C	Zusammensetzung in Vol.-%					Heizwert in cal	
		CO_2	CO	CH_4	H_2	C_2H_4	von 1 m³ Gas	von Gas aus 1 kg abs. trocknen Holzes
0,4	200	75,00	25,00	—	—	—	760	3
3,1	280	61,93	38,07	—	—	—	1155	36
7,8	350	51,92	36,02	10,89	0,28	0,89	2271	177
9,5	400	49,36	34,00	14,31	1,47	0,86	2611	254
11,0	450	46,18	32,82	16,91	1,91	2,18	2960	325
12,8	500	43,20	29,37	21,71	2,34	3,68	3394	434
14,3	600	40,98	27,20	23,42	2,66	5,74	3630	519
16,1	700	38,56	25,19	24,94	2,81	8,50	3820	611

Aus den Angaben der Tab. 110 geht hervor, daß bei den üblichen Brenntemperaturen von 450 bis 500° die Zusammensetzung der Gase folgende ist: 43 bis 46% Kohlensäure, 29 bis 33% Kohlenoxyd, 17 bis 22% Methankohlen-

[1] В. Н. Козлов, Реконструкция углежжения на Урале (W. N. Koslow, Aufbau der Kohlenbrennerei im Ural) 1941, Teil 1, S. 52.

wasserstoffe, 1,9 bis 2,3% Wasserstoff und 2,2 bis 3,7% ungesättigte Kohlenwasserstoffe.

Die vorangegangenen Ausführungen über die thermische Zersetzung des Holzes sind in der Hauptsache das Ergebnis von Laboratoriumsuntersuchungen, wobei die Bedingungen allerdings den in der Praxis bei der trocknen Destillation in Retorten und Öfen üblichen möglichst ähnlich gehalten worden sind. Für andere, in der Industrie der thermischen Holzverarbeitung ebenfalls benutzte Verfahren[1] trifft das jedoch nicht zu. Ganz andere Bedingungen herrschen bei der Thermolyse des Holzes im Gasgenerator.

Der Generator dient der Umwandlung des festen Brennstoffes in einen gasförmigen. Infolge der besseren Wärmeübertragung (gleichmäßige Erhitzung) und des Reaktionsablaufes in einem kontinuierlichen Gasstrom, der größere Mengen Wasserstoff enthält (15%), liegen die Verhältnisse gänzlich anders als bei der Zersetzung im geschlossenen Gefäß (Retorte). Die dabei auftretenden Bedingungen sind vergleichbar mit den bei der Zersetzung von Holz im Hochvakuum herrschenden bei Anwesenheit eines reduzierenden Mediums[2].

Im Gasgenerator werden durch den starken Gasstrom selbst schwerflüchtige Stoffe in das Gasreinigungssystem mitgerissen. Die Zersetzungsprodukte bleiben nur kurze Zeit in der Zone der hohen Temperaturen, so daß Sekundärreaktionen so gut wie nicht stattfinden. Auch das Mitreißen von Flüssigkeitströpfchen ist möglich. Die Zersetzungsprodukte werden im Augenblick ihrer Entstehung durch den ebenfalls anwesenden Wasserstoff reduziert, so daß schließlich stabilere Verbindungen entstehen, z. B. Alkohole aus Aldehyden, gesättigte Kohlenwasserstoffe aus ungesättigten.

Tischtschenko[3] hat in dem wäßrigen Destillat (saures Wasser des Generatorteers) eine Reihe von Stoffen aufgefunden, die zum Teil in dem bei der üblichen trocknen Destillation des Holzes entstehenden Holzessig nicht vorhanden sind: Methylglyoxal, Acetol, Lävoglucosan[4], Äthylenglykolmonoformiat und -acetat sowie Pentosane und Hexosane, aus denen durch Hydrolyse Mannose, Glukose und Uronsäuren entstehen. Der Charakter dieser Produkte deutet auf ihre Entstehung aus dem Kohlenhydratanteil des Holzes hin.

Auch der Generatorteer zeigt eine eigenartige Zusammensetzung. Der saure Anteil enthält etwa 2% Huminsäuren (Hymatomelansäuren), 2,5% Uronsäuren (*d*-Galakturonsäure) und 2% Harzsäuren (sehr wahrscheinlich Tetrahydroabietinsäure)[5].

[1] Über die verschiedenen benutzten Verfahren siehe: В. Н. Козлов, Реконструкция углежжения на Урале (W. N. Koslow, Aufbau der Kohlenbrennerei im Ural) 1941, Teil 1. — В. И. Корякин, Термическая переработка древесины (W. I. Korjakin, Thermische Verarbeitung des Holzes) 1948. In dem letzten Buch werden vor allem die Verfahren mit innerer Beheizung behandelt: Zirkulationsöfen, Gasgeneratoren und Kombinationen mit Außenfeuerung.

[2] Д. В. Тищенко, К. Бардышева и Н. Носова, ЖПХ (D. W. Tischtschenko, K. Bardyschewa u. N. Nossowa, Z. Angew. Chemie [russ.]) **21**, 976 (1948).

[3] Д. В. Тищенко и сотр., ЖПХ (D. W. Tischtschenko u. Mitarb., Z. Angew. Chemie [russ.]) **21**, 976 (1948).

[4] Kohlenhydratartige Stoffe haben früher schon A. A. Liwerowsski und Je. W. Roginsskaja unter den Zersetzungsprodukten bei der Holzgaserzeugung gefunden (Holzindustrie Nr. 5, 23 (1941).

[5] Е. В. Рогинская, ЖПХ (Je. W. Roginsskaja, Z. Angew. Chemie [russ.]) **20**, 564 (1947).

In den Zirkulationsöfen, besonders in den kontinuierlich arbeitenden, ähneln die Bedingungen ebenfalls bis zu einem gewissen Grade der trocknen Destillation im Vakuum. Der heiße Gasstrom, der auch die Erhitzung des Holzes bewerkstelligt, führt die in der Brennkammer gebildeten Produkte hinweg, wodurch ebenfalls Sekundärreaktionen verhindert werden. Durch den entstehenden geringen Partialdruck der gebildeten flüchtigen Stoffe wird das Gleichgewicht zugunsten der primären Zersetzungsprodukte verschoben[1].

Thermische Zersetzung der Cellulose

Das Problem der thermischen Zersetzung der Cellulose ist für die Praxis nicht ohne Bedeutung. Auf der einen Seite ist für viele Zwecke häufig eine Trocknung der Cellulose bei erhöhter Temperatur erforderlich. Dabei ist es von größter Wichtigkeit zu wissen, unter welchen Bedingungen dieser Prozeß durchgeführt werden kann, ohne daß irgendwelche Schädigungen zu befürchten sind. Aber auch den Analytiker interessieren die eventuell auftretenden Veränderungen. Auf der anderen Seite ist die Frage für die Aufklärung der Holzpyrolyse von großer Bedeutung. Es besteht kein Zweifel daran, daß das Studium des Verhaltens der Cellulose und der anderen Holzkomponenten beim thermischen Abbau zur Klärung der thermischen Holzzersetzung wesentliche Beiträge liefert.

Der thermische Abbau der Cellulose wird von mehreren Faktoren beeinflußt, von denen die wichtigsten Erhitzungsgrad und Dauer, der Polymerisationsgrad des Cellulosematerials, Anwesenheit von Verunreinigungen und die Zusammensetzung des umgebenden Mediums sind. Je nach den herrschenden Bedingungen schwankt die thermische Beständigkeit der Cellulose innerhalb weiter Grenzen.

Bei Anwesenheit von Wasser oder Luft bei der Zersetzung der Cellulose treten neben dem rein thermischen Abbau noch hydrolytische und oxydative Reaktionen auf.

Die Erhitzungsdauer übt zweifellos einen großen Einfluß auf die Zersetzung der Cellulose aus. Es ist bekannt, daß eine mäßige, aber lang anhaltende Erhitzung stärkere Veränderungen hervorrufen kann als eine kurze Einwirkung höherer Temperatur. Als Beispiel seien einige Daten angeführt, die die Veränderungen von Cellulose in Abhängigkeit von der Zeit der Erhitzung auf 100° zeigen[2].

	Dauer in h		
	0	58	852
Kupferoxydammoniakviskosität . . .	203	61,9	10,3
Kupferzahl	0,204	0,393	1,18
α-Cellulose (%)	97,04	96,0	93,0

Beim Erhitzen auf 150° nehmen die Veränderungen bereits einen größeren Umfang an. So ist z. B. nach 48stündiger Erhitzung ein Absinken der Viskosität von 203 auf 12,9, nach 98 Stunden sogar auf 5,8 beobachtet worden.

Sehr lange Einwirkung, z. B. einige Monate, von Temperaturen um 120 bis 130° kann zur Verkohlung der Cellulose führen, wie an Baumwolle festgestellt worden ist[3].

[1] В. Н. Козлов, Реконструкция углежжения на Урале (W. N. Koslow, Aufbau der Kohlenbrennerei im Ural) 1941, S. 96.

[2] H. Lewis, Paper Trade J. **95**, 29 (1932).

[3] K. Hess, Die Chemie der Cellulose und ihrer Begleiter, 1928.

Die Temperaturbeständigkeit der Cellulose ist ebenfalls stark vom Polymerisationsgrad abhängig. Die erstere nimmt bekanntlich bei hochmolekularen Verbindungen mit steigendem P ab[1]. Im Falle der Cellulose ist die gleiche Abhängigkeit beobachtet worden bei 2stündiger Erhitzung von Viskose und Baumwolle im Vakuum auf 242°[2]. Danach ist der DP der Viskosefasern von 364 auf 140 gefallen, der DP der Baumwolle jedoch von 2770 auf 406. Außerdem ist festgestellt worden, daß die Viskosität von Stapelfasern beim Erhitzen in größerem Maße abnimmt als bei Baumwolle[3]. Die geringere Wärmebeständigkeit der Stapelfaser in dem gegebenen Fall ist wahrscheinlich durch die unzureichende Entfernung von Verunreinigungen bedingt.

Verunreinigungen durch Begleitstoffe oder Zersetzungsprodukte der Cellulose selbst (z. B. bei der Bleiche) bewirken selbst in kleineren Mengen eine geringere Beständigkeit der Cellulose gegen Hitzeeinwirkung. Im Gegensatz zu reiner Baumwollcellulose beginnt die Zersetzung bereits bei niedrigeren Temperaturen[4]. Es sind ferner Untersuchungen über den Einfluß des Mediums, in dem die Zersetzung stattfindet, bekannt. Untersucht worden ist die Zersetzung in Petroleum, Alkoholen, Benzol, Benzin und anderen Stoffen[5], aber auch im Vakuum. Petroleum hat im Vergleich zu Luft keine anderen Ergebnisse erbracht. Andere Veränderungen in der Cellulose beim Erhitzen an der Luft verlaufen anscheinend mit großer Intensität.

Anwesende Feuchtigkeit kann die Auslösung hydrolytischer Reaktionen bewirken, die durch die bei der Zersetzung entstehenden organischen Säuren noch katalytisch beschleunigt werden können. Es ist deshalb unter diesen Verhältnissen schwierig zu beurteilen, welche Veränderungen durch die Hydrolyse und welche durch die thermische Wirkung bedingt sind.

Allgemein ausgedrückt, führt eine mäßige Erhitzung der Cellulose auf 120 bis 180° zu geringen Verfärbungen, einer Festigkeitsverminderung, einer erhöhten Löslichkeit und Kupferzahl, niedrigerer Viskosität und geringerem α-Cellulosegehalt. Eine stärkere Erhitzung auf 220 bis 240° ruft schon stärkere Veränderungen hervor. Der hierbei auftretende Gewichtsverlust wird von Änderungen der Elementarzusammensetzung, herabgesetzter Löslichkeit und Festigkeit begleitet. Derartige Eigenschaftsänderungen sind unzweifelhaft eine Folge von Depolymerisationsvorgängen und des mehr oder minder großen Gewichtsverlustes infolge Dehydratation. Nach Angaben von SAKOSCHTSCHIKOW[6] fällt die Viskosität bei einstündiger Erhitzung von Baumwollcellulose auf 100, 120, 140, 160 und 180° von 359 cP (100°) auf 16 cP (180°). Bei zweistündiger Erhitzung betragen die Werte 341 cP (100°) und 8,7 cP (180°). Andere Versuche

[1] Näheres in: В. В. Коршак, Химия высокомолекулярных соединений (W. W. KORSCHAK, Chemie der hochmolekularen Verbindungen) 1950, S. 96.

[2] Т. Финкельштейн, В. Каргин и З. Роговин, Текстильн. пром. (T. FINKELSCHTEIN, W. KARGIN u. S. ROGOWIN, Textilindustrie) Nr. 8, 9 (1950).

[3] H. LEWIS, Paper Trade J. 95, 29 (1932)

[4] K. HESS, Die Chemie der Cellulose und ihrer Begleiter, 1928.

[5] В. И. Шарков, А. Е. Норина и О. А. Добуш, Сб. Трудов Всесоюзн. Научн.-иссл. инст. гидролизн. и сульф.-спирт. пром. (W. I. SCHARKOW, A. JE. NORINA u. O. A. DOBUSCH, Gesamm. Arb. d. Allunions-Forsch. Inst. d. Hydrolys.- und Sulfitspritindustr.) 3, 41 (1950).

[6] А. П. Закощиков, Бум. пром. (A. P. SAKOSCHTSCHIKOW, Papierind.) Nr. 6, 8 (1949).

an ungebleichtem Sulfitzellstoff haben im Verlaufe einer 7stündigen Erhitzung auf 135° eine Viskositätsabnahme von 320 bis 480 auf 110 bis 124 cP ergeben.

KOSLIM hat Baumwollgewebe 5 Stunden bei 150° gehalten und dabei eine Gelbfärbung der Fasern beobachtet, ferner eine partielle Löslichkeit in 10%iger Natronlauge. Dieser lösliche Anteil der Cellulose reduziert FEHLINGsche Lösung und adsorbiert offenbar auch Methylenblau, d. h. besitzt Eigenschaften, die für Oxycellulosen charakteristisch sind. Ferner hat man beobachtet, daß die Löslichkeit von Celluloseäthern erhöht wird, wenn die Cellulose vor der Verätherung auf 180° erhitzt wird. Eine Abnahme des Polymerisationsgrades ist beim Erhitzen von Baumwollcellulose auf 140 bis 220° in Luft, Petroleum und anderen Medien festgestellt worden[1]. Der gleiche Effekt tritt auch beim Erhitzen von Viskosefasern, Triacetatfasern[2] und Baumwolle auf 242° im Hochvakuum auf.

Daß beim Erhitzen von Cellulose Gewichtsverluste entstehen, ist seit langem bekannt. Man nimmt an, daß diese Verluste durch Abspaltung von Konstitutionswasser entstehen[3], obwohl ein direkter Nachweis dieser Annahme bis jetzt noch nicht erfolgt ist. Die Abspaltung des chemisch gebundenen Wassers geschieht auf Kosten von Hydroxylgruppen, wobei Äther- oder Anhydridbindungen entstehen. Als indirekte Bestätigung für diesen Mechanismus dient bis zu einem gewissen Grade die Verringerung der Hygroskopizität und der Quellfähigkeit bei stark getrockneter Cellulose.

Im Zusammenhang mit der Abnahme des Polymerisationsgrades ändern sich auch die Viskosität und andere Eigenschaften der erhitzten Cellulose. Viskositäts- und Festigkeitsänderungen nach dem Erhitzen sind in vielen Fällen beobachtet worden[4]. Einige diesbezügliche Angaben sind bereits oben angeführt worden. Über den Einfluß der Erhitzung auf die Löslichkeit existieren ebenfalls Arbeiten, aus denen hervorgeht, daß die Löslichkeit erhöht wird. So wird z. B. Baumwollgewebe, das 5 Stunden unter Luftzutritt auf 150° erhitzt worden ist, teilweise in 10%iger Natronlauge löslich[5]. In einem anderen Falle sind Viskosefasern, die 2 Stunden im Vakuum auf 242 bis 247° erhitzt worden sind, in der gleichen Lauge vollständig löslich geworden. Ebenfalls festgestellt worden ist, daß eine Vorerhitzung von Cellulose nach der Veresterung besser lösliche Nitrocellulose ergibt. Durch stärkere Hitzeeinwirkung wird die Löslichkeit jedoch wieder herabgesetzt. 2 Stunden bei 270° oder 50 Stunden bei 230 bis 240° behandelte Cellulose löst sich nur noch unvollständig in Kupferoxydammoniak. Untersuchungen haben ergeben, daß die Löslichkeit von an der Luft erhitzter Cellulose stark erhöht wird, wenn die Auflösung bei niedrigeren Temperaturen durchgeführt wird[6]. In 8%iger Natronlauge löst sich auf 120° erhitzte Cellulose mit einem DP von 400 bis 500 bei 5° vollständig auf.

Strukturänderungen der Cellulose während des Erhitzens im Temperaturbereich von 185 bis 600° sind röntgenographisch verfolgt worden[7]. Danach behält Cellulose selbst nach 10stündiger Erhitzung auf 185 bis 284° trotz

[1] W. I. SCHARKOW u. Mitarb., loc. cit.
[2] T. FINKELSCHTEIN u. Mitarb., loc. cit.
[3] A. STAMM u. L. HANSEN, Ind. Eng. Chem. **29**, 831 (1937).
[4] H. LEWIS, loc. cit. — T. FINKELSCHTEIN u. Mitarb., loc. cit. — A. SAKOSCHTSCHIKOW, loc. cit. — Э. В. Липшиц, Бум. пром. (E. W. LIPSCHIZ, Papierind.) **8**, 17 (1939).
[5] Н. Кожин, Хлопчатобум. пром. (N. KOSHIN, Baumwollind.) Nr. 3, 29 (1936).
[6] O. EISENHUT, Cellulosechemie **19**, 45 (1941).
[7] H. BRUSSET, Chem. Abstr. **41**, 6044 (1947).

sichtbarer äußerer Veränderungen (Verkohlung) ihre orientierte Struktur bei. Erhitzung auf 300° bewirkt Umwandlung in den amorphen Zustand, der auch bei höheren Temperaturen noch erhalten bleibt.

Bei einem Versuch von BERL, in dem die Erhitzung der Cellulose bei Gegenwart von Wasser erfolgt ist, sind bis 225° fast keine röntgenographisch erfaßbaren Veränderungen beobachtet worden, lediglich eine geringfügige Störung der Micellorientierung.

In Analogie zur Stärke, die eine der Cellulose ähnliche Natur besitzt, darf angenommen werden, daß ebenfalls Dextrine als primäre Produkte des thermischen Zerfalls entstehen. Bis jetzt fehlt jedoch noch jede experimentelle Bestätigung für diese Ansicht. Einiges Licht auf das Anfangsstadium der Zersetzung werfen Versuche zur trocknen Destillation der Cellulose im Vakuum, von den weiter unten zu sprechen sein wird.

Mit der thermischen Zersetzung der Cellulose bei erhöhter Temperatur haben sich KLASON und andere Autoren[1] beschäftigt. KLASON und Mitarbeiter haben die trockne Destillation bei Atmosphärendruck mit Baumwollcellulose und Sulfitzellstoffen aus Kiefern-, Fichten-, Buchen- und Birkenholz durchgeführt (Tab. 111).

Bis zu 260° wird nur eine geringfügige Zersetzung beobachtet, bei 275° beginnt die exotherme Reaktion, wodurch die Temperatur im Innern der Retorte ansteigt. In diese Zeit fällt die Bildung der Hauptmasse der flüchtigen Produkte. Bei 400 bis 475° ist die Abscheidung flüchtiger Produkte nur noch gering.

TABELLE 111

Produkte der trocknen Destillation von Cellulose in %

	Cellulose				
	Baumwolle	Kiefer	Fichte	Birke	Buche
Zusammensetzung der Cellulose:					
Wasser	4,82	5,60	6,44	6,65	7,81
Asche	0,13	0,44	0,49	0,92	0,77
Organische Substanz	95,05	93,96	93,07	92,43	91,42
Destillationsprodukte:					
Kohle	38,82	36,93	34,86	33,39	32,91
CO_2	10,35	12,83	11,94	11,14	11,96
C_2H_4	0,17	0,21	0,19	0,41	0,25
CO	4,15	3,40	3,92	3,49	3,80
CH_4	0,27	0,27	0,22	0,47	0,39
Methanol	—	Spuren	0,77	—	0,19
Aceton	0,07	0,08	0,13	0,15	0,26
Essigsäure	1,39	2,18	2,79	3,89	3,50
Restliche organische Stoffe	5,14	4,22	8,50	7,72	8,67
Teer	4,18	4,85	6,28	9,58	5,23
Wasser	4,52	34,17	29,99	29,35	31,88
Verluste	0,94	0,86	1,11	0,40	0,93

[1] R. RAMSAY u. CHORLY, J. Soc. Chem. Ind. 11, 872 (1892). — P. KLASON, G. HEIDENSTAM u. NORLIN, Angew. Chemie 22, 1206 (1909); 23, 1252 (1910).

Die trockne Destillation der Cellulose liefert Kohle, ein wäßriges Destillat und gasförmige Stoffe. Das wäßrige Destillat besteht aus dem wäßrigen Anteil und Teer, die Menge des ersteren ist jedoch überwiegend. Der wäßrige Anteil enthält etwas Essigsäure und Aceton und viele andere organische Stoffe in sehr geringen Mengen. Von verschiedenen Autoren sind nachgewiesen: Methyläthylketon, Formaldehyd, Ameisensäure, γ-Valerolacton, Furfurol, ω-Oxymethylfurfurol, Furan, Methylfuran, Di-, Tri- und Tetramethylfuran, Maltol, Spuren von Toluol und eine Reihe anderer Stoffe. Die genannten Verbindungen finden sich sowohl in dem wäßrigen Teil als auch in der öligen Teerschicht. Die Verteilung richtet sich nach der jeweiligen Löslichkeit.

In quantitativer Hinsicht bestehen zwischen den Destillationsprodukten aus Sulfitzellstoff je nach der Herkunft kleine Unterschiede (Tab. 111). Der Grund dafür liegt sicher in der ungenügenden Reinheit der benutzten Zellstoffproben[1]. Bestätigt wird diese Vermutung durch die verschiedene Elementarzusammensetzung der Zellstoffe. Der Kiefernzellstoff enthält z. B. 44,19% C, der Birkenzellstoff dagegen 46,2%.

In diesem Zusammenhang können lediglich Angaben, die sich auf Baumwollcellulose aus dem reinsten Produkt beziehen, eine relativ sichere Charakteristik der Zersetzungsprodukte ermöglichen. Zieht man Vergleiche zu den Produkten der trocknen Destillation des Holzes, so ergibt sich, daß Essigsäure in geringerer Menge aus Cellulose entsteht. Die Ausbeute bei Nadelhölzern beträgt das 2,5fache, bei Laubhölzern sogar das 5fache der aus Cellulose erhaltenen Menge. Die Teerausbeute aus Cellulose ist ebenfalls nur halb so groß wie beim Holz.

Der wesentlichste Unterschied besteht in der völligen Abwesenheit von Methanol unter den Zersetzungsprodukten der Cellulose. Bei der trocknen Destillation des Holzes entsteht Methanol stets in Mengen von 0,7 bis 1,7% je nach der Holzart.

Das Fehlen von Methanol oder das Auftreten in Spuren bei der Zersetzung von Zellstoff ist häufig als Beweis dafür angesehen worden, daß ersterer aus den Methoxylgruppen des Lignins entsteht. Durch die Forschungen der letzten Jahre hat sich jedoch herausgestellt, daß 10 bis 15% der Methoxylgruppen auf den Kohlenhydratanteil des Holzes, die Holocellulose, entfallen. Aus diesem Grunde muß die Frage der Methanolentstehung nochmals aufgerollt werden. Es ist anzunehmen, daß als Quelle nicht nur das Lignin, sondern auch die Polyuronide und andere Hemicellulosen in Betracht kommen können.

Der Kohlerückstand behält die Faserform der Cellulose bei. Seine Elementarzusammensetzung ändert sich mit der Verkohlungstemperatur. Um 400° enthält sie 85,5% C und 4,5% H[2]. Bei noch höheren Temperaturen wird sie immer kohlenstoffhaltiger und nähert sich den hochprozentigen, sehr kalorienreichen Produkten.

Wie bereits erwähnt, existieren keine direkten Angaben über die Primärprodukte des thermischen Celluloseabbaues ohne Luftzutritt. Auf Grund des Verhaltens bei der trocknen Destillation im Vakuum liegt die Annahme nahe, daß der Abbau über Glukose erfolgt, die in der Folge weiter zersetzt wird.

---

[1] Sulfitzellstoff enthält gewöhnlich 3 bis 5% Pentosan, 1% Lignin und andere Verunreinigungen.

[2] R. Smith u. H. Howard, J. Am. Chem. Soc. 59, 234 (1937).

Thermische Zersetzung im Vakuum

Schon 1918 sind Versuche zur trocknen Destillation von Cellulose im Vakuum durchgeführt worden[1]. Bei der Destillation von Baumwollcellulose unter 12 bis 15 mm Druck sind Produkte erhalten worden, die sich in der Zusammensetzung und Menge stark von denen unterscheiden, die man bei gewöhnlichem Druck findet. Gefunden worden sind (in %):

Wäßriges Destillat	32	schmierige Masse	45
Gase und Verluste	13	fester Rückstand	10

Das hauptsächlich im Anfang bei 200° auftretende wäßrige Destillat enthält nur geringe Mengen organischer Stoffe, darunter Essigsäure und Furfurol.

Beachtenswert ist die erheblich geringere Ausbeute an Kohle (10%) im Vergleich zu den normalerweise erhaltenen Mengen (30 bis 39%).

Das Hauptprodukt der Reaktion ist ein schweres, braunes Öl, das zwischen 200 und 300° übergeht und beim Abkühlen schmierig fest wird und sogar teilweise kristallisiert. In dieser Masse ist β-Lävoglukosan mit einer Ausbeute von 30% der Cellulose gefunden worden. Später ist festgestellt worden, daß die Ausbeute an Lävoglukosan von der Vorbehandlung der Cellulose abhängig ist. Im Falle von Hydrocellulose aus Baumwolle lassen sich bis zu 40%[2] darstellen.

Die Entstehung von Lävoglukosan bei der Destillation im Vakuum ist anscheinend auch in anderen Fällen beobachtet worden. In dem „wasserlöslichen" trocknen Rückstand der Destillation von Buchen- und Kiefernzellstoff unter vermindertem Druck hat man ebenfalls die Anwesenheit von Lävoglukosan vermutet[3]. Eine Isolierung in reiner Form ist nicht erfolgt. Aus der optischen Drehung hat man jedoch errechnet, daß die Ausbeute aus Cellulose etwa 15,8%, aus Birkenholz 8,8% des absolut trocknen Ausgangsmaterials beträgt. In letzter Zeit haben TISCHTSCHENKO und Mitarbeiter[4] Lävoglukosan im sauren Wasser des Generatorteers aufgefunden. Die Bildung dieses Teers findet unter Bedingungen statt, die denen der Vakuumdestillation ähnlich sind. Lävoglukosan ist ein Glukoseanhydrid mit $[\alpha]_D = -62{,}2°$ (in Wasser)

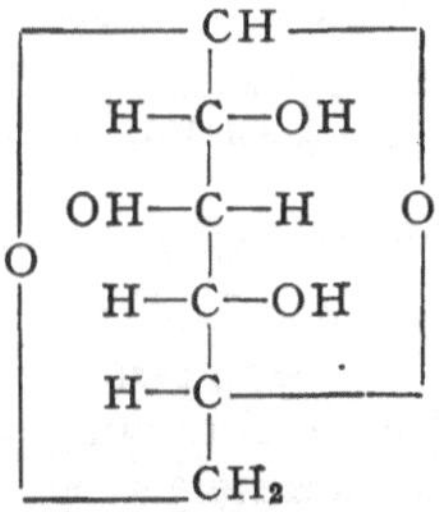

Seine Konstitution ist durch Methylierung und Hydrolyse ermittelt worden[5]. Durch Hydrolyse des Trimethyllävoglukosans erhält man 2,3,4-Trimethyl-

[1] A. PICTET u. J. SARASIN, Helv. Chim. Acta 1, 87 (1918).

[2] H. VENN, J. Text. Inst. 15, 414 (1924).

[3] F. FISCHER u. H. TROPSCH, Ber. 56, 2418 (1923).

[4] Д. В. Тищенко, К. Бардышева и Н. Носова, ЖПХ (D. W. TISCHTSCHENKO, K. BARDYSCHEWA u. N. NOSSOWA, Z. Angew. Chemie [russ.]) 21, 976 (1948).

[5] Die Konstitutionsermittlung ist auch nach anderen Methoden durchgeführt worden.

glukose, womit die Lage der Sauerstoffbrücke in 1,6-Stellung festgelegt ist[1]. Die β-Konfiguration geht daraus hervor, daß Lävoglukosan nur aus β-*d*-Glukose und β-*d*-Glukosiden erhalten wird, aber nicht aus den entsprechenden α-Verbindungen[2].

Durch die Bildung des Lävoglukosans aus β-*d*-Glukose bei der Erhitzung im Vakuum wird es sehr wahrscheinlich, daß aus der Cellulose bei analoger Behandlung zunächst durch Hydrolyse β-*d*-Glukose als Primärprodukt entsteht, die dann durch Wasserentziehung in Lävoglukosan umgewandelt wird. Die primäre Bildung von Glukose und die Betrachtung des Lävoglukosans als Sekundärprodukt erklärt auch die 1,6-Stellung des Anhydridringes und nicht 1,4 wie in der Cellulose. Auf einen derartigen Reaktionsverlauf weist auch die Gewinnung von Lävoglukosan bei der analogen Behandlung von Stärke im Vakuum hin. Wahrscheinlich entsteht auch hier zunächst β-*d*-Glukose, die anschließend in Lävoglukosan umgewandelt wird[3].

Durch Erhitzen von Methylcellulose im Vakuum ist Methyllävoglukosan erhalten worden[4]. Die Lage der Methylgruppen und damit die der zweiten Sauerstoffbrücke ist nicht festgestellt worden. Man nimmt aber an[5], daß aus Trimethylcellulose mit einem OCH_3-Gehalt von 43,7%, d. h. fast vollständiger Verätherung der Hydroxyle an den C-Atomen 2, 3 und 6, bei der Vakuumdestillation ein Anhydrid mit einem 1,4-Ring eher zu erwarten ist als die 1,6-Brücke.

Die gleiche Lage der Sauerstoffbrücken (1,5 und 1,4) wird auch für Dimethyllävoglukosan angenommen, das bei der Vakuumdestillation von Dimethylcellulose entsteht. Deshalb ist die Bezeichnung derartiger methylierter Anhydride als Lävoglukosane, streng genommen, nicht richtig, da sich die Sauerstoffbrücke in 1,4-Stellung und nicht 1,6-Stellung wie beim Lävoglukosan befindet.

Das Lävoglukosan besitzt, wie auch andere Glukosane, die Fähigkeit, beim Erhitzen im Vakuum auf 150° oder bei normalem Druck bei Gegenwart von $ZnCl_2$ zu polymerisieren, wobei Di-, Tetra-, Hexa- und Okta-Lävoglukosane entstehen.

Erhitzt man das Lävoglukosan bei gewöhnlichem Druck, so zersetzt es sich, wobei Produkte entstehen, die denen der gewöhnlichen Cellulosedestillation ähnlich sind[6]. Daraus ergibt sich die wichtige Schlußfolgerung, daß Lävoglukosan als Zwischenprodukt bei der thermischen Zersetzung der Cellulose bei Atmosphärendruck auftritt. Experimentelle Angaben über den weiteren Abbau des Lävoglukosans unter diesen Verhältnissen fehlen jedoch noch.

Thermische Zersetzung bei erhöhtem Druck und durch überhitzten Wasserdampf

In Verbindung mit der Frage der Entstehung der Steinkohle ist auch die Zersetzung von Cellulose bei hohen Temperaturen und Anwesenheit von Wasser untersucht worden. Durch Erhitzung von Cellulose mit Wasser auf 250 bis 340° unter einem 100 at übersteigenden Druck[7] ist die erstere in Kohle umgewandelt worden, die folgende Zusammensetzung zeigt: 82,9% C, 5,1% H

[1] J. C. IRVINE u. J. W. OLDHAM, J. Soc. Chem. Ind. **119**, 1744 (1941).
[2] Aus α-Glukose und α-Glukosiden entsteht β-Lävoglukosan nur in verschwindend geringen Mengen.
[3] Es entsteht ein Gemisch von α- und β-*d*-Glukose.
[4] REILLY, Helv. Chim. Acta **4**, 616 (1921).
[5] E. HEUSER, Chemistry of Cellulose.
[6] A. PICTET u. J. SARASIN, Helv. Chim. Acta **3**, 649 (1920).
[7] П. П. Шорыгин, Химия целлюлозы (P. P. SCHORYGIN, Chemie der Cellulose) 1939, S. 214.

und 1,7% O.[1] Bei Wiederholung der Versuche in ähnlicher Weise ist eine Zerstörung der Cellulose zu Kohle nicht gelungen. Das Wasser stellt anscheinend kein neutrales, lediglich temperaturausgleichendes Medium dar, sondern bewirkt bei derartigen Temperaturen eine Hydrolyse der Cellulose.

Später hat sich BOBROW[2] mit der thermischen Zersetzung von Cellulose in wäßrigem Medium beschäftigt. Die Ausbeute an Kohle hat bei Erhitzung im Autoklaven auf 240 bis 255° 18,3% der absolut trocknen Cellulose betragen. Die übrigen Zersetzungsprodukte sind in Lösung gegangen. In einigen Fällen ist überhaupt keine Entstehung von Kohle beobachtet worden. Das einzige Reaktionsprodukt ist eine wäßrige Lösung. Der Autor nimmt deshalb an, daß die Zersetzung der Cellulose beim Erhitzen im wäßrigen Medium unter Druck bei Temperaturen wesentlich unterhalb 275° stattfindet. Die Cellulose geht zunächst in Lösung, wobei Stoffe mit reduzierenden Eigenschaften entstehen, die schließlich dehydratisiert und verkohlt werden.

Ferner sind von BOBROW[3] Versuche zur Zersetzung von Baumwollcellulose, Salzsäurelignin, Torf und Sägespänen mit überhitztem Wasserdampf angestellt worden. Im Falle der Cellulose sind bis zu 24 und 30% Kohle erhalten worden und ein wäßriges Destillat, das meist keine Säuren enthält. Ebensowenig hat eine Teerbildung stattgefunden. Die anfangs nur unbedeutende Gasentwicklung wird über 270° sehr schnell stärker.

Das wäßrige Destillat ist mit Äther oder Äthylacetat extrahiert und anschließend bis zur Trockne im Vakuum eingedampft worden. Der feste Rückstand ist eine gelbe, spröde, karamelartige Masse, die die üblichen Reaktionen auf Kohlenhydrate, Aldehyde und Hydroxylgruppen gibt. Die Ausbeute beträgt etwa 40% der Cellulose.

Nach wiederholter Reinigung durch Umfällung haben die Autoren die Elementarzusammensetzung und das Molekulargewicht des Rückstandes bestimmt. Aus den Daten hat sich die Summenformel $C_6H_8O_4$ ergeben, woraus auf eine Wasserabspaltung bei dem thermischen Abbau der Cellulose unter den gegebenen Bedingungen geschlossen werden kann. Das nach RAST bestimmte Molekulargewicht beträgt M = 1890.

Die Zersetzung von Cellulose durch überhitzten Dampf bei Gegenwart von Katalysatoren ($Al(OH)_3$, ZnO, $Cr(OH)_3$, $Fe(OH)_2$) ist ebenfalls von LEONOW untersucht worden. Dabei hat bei 200 bis 240° der Abbau der Cellulose 90% erreicht. Beobachtet worden ist die Entstehung wesentlich geringerer Mengen an Essigsäure als bei der normalen, trocknen Destillation. Teer entsteht dabei überhaupt nicht. Im wäßrigen Destillat hat der Autor Acetol, Methylglyoxal, Maltol und ein noch nicht genau erforschtes Keton nachgewiesen. Erwähnenswert ist noch, daß von BOBROW[4] schon früher auf die Anwesenheit von Glyoxal in den Produkten der thermischen Zersetzung des Holzes mit überhitztem Dampf hingewiesen worden ist.

Unter den bereits erwähnten Produkten der trocknen Destillation der Cellulose sind die Phenole, die einen wesentlichen Anteil des Celluloseteers ausmachen, von besonderem Interesse. Obwohl die Tatsache ihrer Existenz im Celluloseteer schon längere Zeit bekannt ist, hat man bis jetzt nur einige

[1] Wasser ist zur gleichmäßigeren Erhitzung der Masse zugegeben worden.

[2] П. А. Бобров, Тр. Центр. научн.-иссл. лесохим. инст. (P. A. BOBROW, Arb. d. Zentr. Holzchem. Forsch. Inst.) Heft 5, 3 (1934).

[3] П. А. Бобров, ЖПХ (P. A. BOBROW, Z. Angew. Chemie [russ.]) **6**, 1105 (1933); Тр. Центр. научн.-иссл. лесохим. инст. (Arb. d. Zentr. wiss. Holzchem. Forsch. Inst.) Heft 5 (1934).

[4] П. А. Бобров, ЖПХ (P. A. BOBROW, Z. Angew. Chemie [russ.]) **6**, 1105 (1933).

Vertreter isolieren können. Aus dem wäßrigen Destillat hat man Phenol[1] erhalten, aus dem Teer geringe Mengen (1,3%) Kresol[2].

Die Bildung der Phenole bei der thermischen Zersetzung der Cellulose erfolgt durch die Umwandlung der aliphatischen in aromatische Stoffe unter dem Einfluß der hohen Temperatur. Wie SCHORYGIN[3] gezeigt hat, ist eine derartige Umwandlung prinzipiell möglich. Durch Einwirkung von metallischem Natrium auf Trimethyllävoglukosan hat er Phenol erhalten.

Die Umwandlung von aliphatischen Stoffen in aromatische findet auch bei der Pyrolyse des Erdöls statt und wird sogar häufig zur Aromatisierung benutzt. Zur Aufklärung des dabei vorhandenen Mechanismus sind die verschiedensten Hypothesen vorgeschlagen worden[4].

Die älteste Theorie über die Bildung aromatischer Verbindungen über Acetylen (BERTHELOT) nach $3\,CH{\equiv}CH \rightarrow C_6H_6$ besitzt heute nur noch wenige Anhänger, hauptsächlich deswegen, weil bei der für die Aromatisierung günstigen Temperatur von 700° die Entstehung von Acetylen thermodynamisch unmöglich ist[5].

Bis vor kurzem (1935 bis 1936) hat man die Äthylen-Butadien-Theorie der pyrolytischen Aromatisierung für die wahrscheinlichste gehalten. Danach entstehen die aromatischen Kohlenwasserstoffe entweder aus freien Radikalen oder aus kleineren Molekülen (z. B. Äthylen), die durch Abbau aus den größeren gebildet werden. Diese Theorie läßt sich durch das nachstehende Schema veranschaulichen:

$$2\,CH_2:CH_2 \rightarrow CH_3\cdot CH_2\cdot CH:CH_2 \rightarrow CH_2:CH\cdot CH:CH_2 + H_2$$

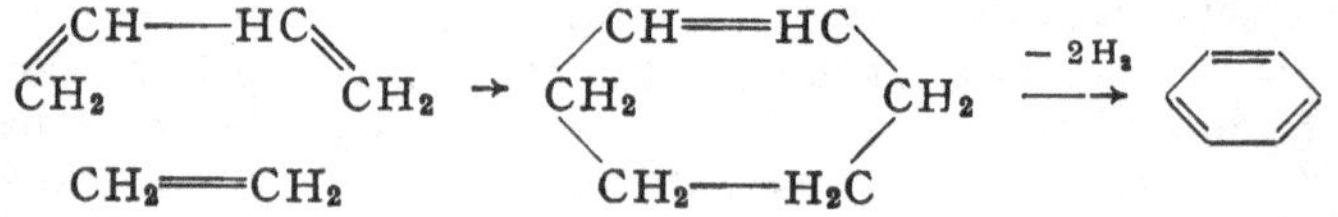

Durch die Arbeiten der letzten Jahre[6] ist ebenfalls die Möglichkeit einer Cyclisierung von Paraffinkohlenwasserstoffen mit Hilfe von verschiedenen Katalysatoren bei Temperaturen zwischen 300 und 500° festgestellt worden. Zunächst entstehen durch Ringschluß 6-gliedrige cyclische Kohlenwasserstoffe, die durch Dehydrierung in die entsprechenden aromatischen Stoffe übergehen. Als Beispiel sei die Umwandlung von Diisobutan in *p*-Xylol angeführt.

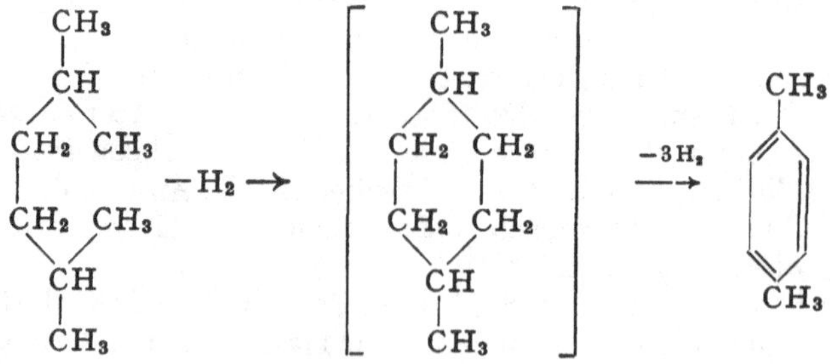

[1] WICHELHAUS, Ber. **43**, 2922 (1910).

[2] J. SARASIN, Chem. Zbl. **11**, 582 (1918).

[3] П. П. Шорыгин и Н. Н. Макарова-Землянская, ДАН СССР (P. P. SCHORYGIN u. N. N. MAKAROWA-SEMLJANSSKAJA, Ber. Akad. Wiss. UdSSR) **23**, 908 (1939).

[4] Ausführlicher in: А. Ф. Платэ, Каталитическая ароматизация парафиновых углеводородов (A. F. PLATE, Katalytische Aromatisierung von Paraffinkohlenwasserstoffen), 1948.

[5] Zur Acetylenbildung sind Temperaturen um 1100 bis 1200° erforderlich.

[6] A. F. PLATE, loc. cit., S. 24.

Diese Ausführungen sind besonders deswegen von Interesse, weil man in den Produkten der thermischen Zersetzung von Cellulose nach Oxydation mit Permanganat und Decarboxylierung aromatische Kohlenwasserstoffe wie Diphenyl und Benzol aufgefunden hat[1]. Es ist anzunehmen, daß die Bildung aromatischer Stoffe bei der Pyrolyse durch die katalytische Wirkung der glühenden Kohle, der Asche und der Retortenwände zustande kommt.

Bezüglich einiger anderer bei der trocknen Destillation der Cellulose auftretenden Stoffe ist zu erwähnen, daß man sich z. B. die Entstehung von Oxymethylfurfurol durch Wasserabspaltung aus der sekundär gebildeten Glukose vorstellen kann.

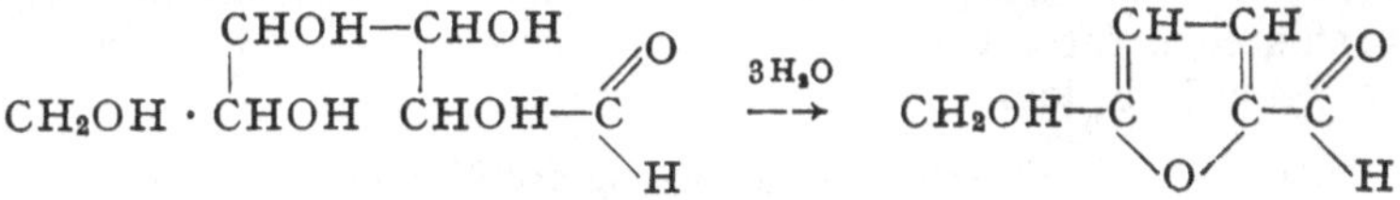

Glucose ω-Oxymethylfurfurol

Das Auftreten von Furfurol kann nicht auf einen eventuellen Pentosangehalt zurückgeführt werden, da die zu den fraglichen Versuchen benutzte Cellulose vollkommen pentosanfrei gewesen ist[2]. In diesem Zusammenhang ist die Vermutung ausgesprochen worden[3], daß die trockne Destillation von einer Oxydation begleitet wird, wobei Oxycellulose entsteht, die dann zerfällt und Furfurol liefert. Ebenso wahrscheinlich ist aber auch, daß mindestens ein Teil des Furfurols aus Oxymethylfurfurol unter Abspaltung von Formaldehyd entsteht.

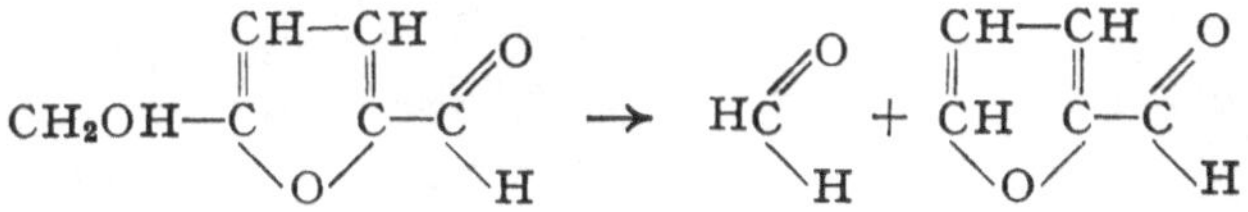

Furfurol

In Verbindungen, die gleichzeitig eine Aldehyd- und eine Alkoholgruppe tragen, ist die CH_2OH-Gruppe sehr locker gebunden, so daß eine Abspaltung von Formaldehyd, unter diesem Gesichtspunkt betrachtet, durchaus möglich ist. Tatsächlich läßt sich beim Erhitzen von Oxymethylfurfurol auf 160° Furfurol nachweisen[4], Formaldehyd jedoch nicht.

γ-Valerolakton, das Lakton der Oxyvaleriansäure, entsteht bei der trocknen Destillation von Cellulose in geringen Mengen. Es kann durch Reduktion von Lävulinsäure gebildet werden, die ihrerseits durch Zersetzung des Oxymethylfurfurols erhalten wird.

$$\underset{\text{Lävulinsäure}}{CH_3COCH_2CH_2COOH} \xrightarrow{+H_2} \underset{\text{Oxyvaleriansäure}}{CH_3CHOHCH_2CH_2COOH}$$

Besonders interessant ist das Problem der Entstehung von Essigsäure bei der trocknen Destillation der Cellulose. Für einen wohlbegründeten Reaktionsmechanismus fehlen jedoch noch experimentelle Unterlagen. Zu erwähnen ist in diesem Zusammenhang noch, daß den unter den thermischen Zersetzungs-

[1] Smith u. Howard, J. Am. Chem. Soc. **59**, 234 (1937).
[2] H. Erdmann u. W. Schäfer, Ber. **43**, 2398 (1910).
[3] E. Heuser, Die Chemie der Cellulose.
[4] H. Erdmann u. W. Schäfer, loc. cit.

produkten der Cellulose und des Holzes[1] aufgefundenen Verbindungen mit der CH_3CO-Gruppe, wie Methylglyoxal, Acetol und Maltol

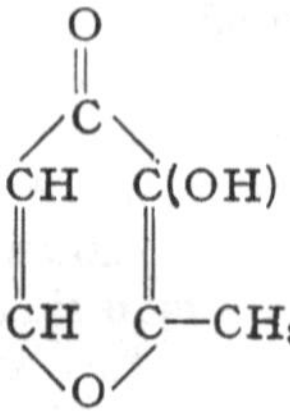

für das Problem der Essigsäureentstehung besondere Bedeutung zukommt, Vermutlich stellen diese Produkte Zwischensrufen in dem Bildungsmechanismus der Essigsäure dar.

Thermische Zersetzung des Lignins

Die trockne Destillation von Lignin ist bis jetzt noch verhältnismäßig wenig erforscht worden. Bekannt sind einige Arbeiten bei normalem Druck, in denen von verschiedenen Autoren[2] aus Kiefern- und Fichtenlignin folgende Produkte erhalten worden sind: 45 bis 57% eines kohligen Rückstandes, 13 bis 16% wäßriges Destillat, 10 bis 13% Teer und schließlich Gase. Die Ausbeute an Essigsäure hat 0,6 bis 1,1%, an Methanol 0,6 bis 0,9% betragen.

Am ausführlichsten ist eine Untersuchung an Kiefernlignin, das mit Hilfe von 42%iger Salzsäure in der Kälte aus zuvor mit Äther extrahiertem Holz-

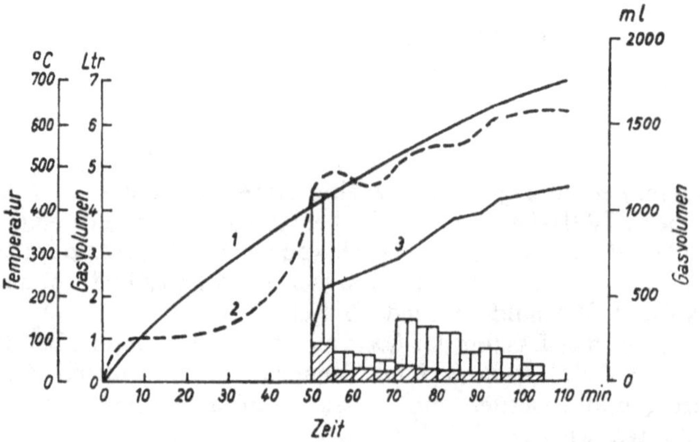

Abb. 80. Diagramm der trocknen Destillation von Kiefernlignin

1 Außentemperatur, *2* Innentemperatur, *3* Gasmenge, *Säulen* Gesamtgase, *schraffiert* Kohlensäure

mehl isoliert worden ist. Die Ausbeute hat dabei 33% des Holzgewichtes betragen, das Präparat hat 9,2% Feuchtigkeit, 0,48% Asche und 14% Methoxylgruppen enthalten. Durch Destillation mit 12%iger Salzsäure ist kein Furfurol gebildet worden.

[1] Д. Тищенко, К. Бардышева и Н. Носова, ЖПХ (D. Tischtschenko, K. Bardyschewa u. N. Nossowa, Z. Angew. Chemie [russ.]) **21**, 976 (1948).

[2] E. Hägglund, Ark. Kemi, Min., Geol. **7**, 1 (1918). — E. Heuser u. Skiöldebrand, Z. Angew. Chemie **32**, 141 (1919). — E. Fischer u. H. Schrader, Ges. Abhandl. Kenn. Kohle **5**, 106 (1922).

Der Verlauf der Zersetzung ist in der Abb. 80 dargestellt. Die entstandenen Produkte und ihre Ausbeuten sind in der Tab. 112 angeführt. Durch die Kurve 1 (Abb. 80) wird die Außentemperatur wiedergegeben, die Kurve 2 gibt die in der Retorte herrschende Temperatur an. Die Gesamtmenge der während der Reaktion entstehenden Gase wird durch die Kurve 3 ausgedrückt. Die Säulen stellen die von 5 zu 5 Minuten gemessenen Gasvolumina dar, wobei der untere, schraffierte Teil den Kohlensäureanteil wiedergibt.

TABELLE 112

Produkte der trocknen Destillation von Lignin in %

Produkt	Ausbeute
Kohle	50,64
Gesamtdestillat	28,81
Wäßriger Anteil	15,75
Teer	13,0
Säuren, berechnet als Essigsäure	1,29
Essigsäure	1,09
Aceton	0,19
Methanol	0,90
Gase, in ml	4354

Die Entstehung gasförmiger Produkte, besonders Kohlendioxyd und Kohlenoxyd, die bei etwa 270° deutlich wird und bei 400 bis 500° ihr Maximum erreicht, zeigt, daß zwischen 350 und 450° eine stürmische Zersetzung des Lignins stattfindet. Aus dem Verlauf der beiden Temperaturkurven geht hervor, daß dieser Prozeß exotherm ist, wobei das Maximum der Wärmeabgabe bei 400 bis 450° liegt. Ferner ergibt sich, daß die exotherme Zersetzung des Lignins in dem Temperaturbereich von 350 bis 450° verläuft. Das Lignin ist also gegen thermische Einwirkungen beständiger als die Cellulose. Hauptsächlich ist diese Tatsache durch den höheren Kohlenstoffgehalt und den aromatischen Aufbau des Lignins bedingt. Es ist experimentell nachgewiesen worden, daß mit zunehmendem Kohlenstoffgehalt eines Heizmaterials ein Anstieg der Anfangstemperatur der exothermen Zersetzung parallel geht. Von aromatischen Stoffen ist ebenfalls bekannt, daß sie eine größere Beständigkeit gegenüber einer thermischen Zersetzung aufweisen.

Auffällig sind in den Angaben der Tab. 112 die hohen Ausbeuten an Kohle und Teer im Vergleich zu den bei der thermischen Zersetzung der Cellulose entstehenden Mengen. Methanol bildet sich in viel geringerer Menge als aus dem Methoxylgehalt des Lignins und den bei der Holzdestillation auftretenden Mengen zu erwarten ist.

Die bei der Zersetzung des Lignins entstandenen Gase bestehen aus 9,6% CO_2, 50,9% CO, 37,5% CH_4 und ca. 2% Äthylen und anderen ungesättigten Kohlenwasserstoffen. Besonders charakteristisch ist der hohe Gehalt an Kohlenoxyd und Methankohlenwasserstoffen.

Sehr ähnliche Ergebnisse[1] sind bei der trocknen Destillation von Salzsäurelignin aus Espen- und Fichtenholz erhalten worden[2] (Tab. 113).

[1] Mit Ausnahme des wäßrigen Destillats.

[2] E. Heuser u. A. Bretz, Pap. Fabr. **23**, 69 (1925).

Bei der trocknen Destillation von Lignin wird wesentlich weniger Essigsäure gebildet als bei der entsprechenden Behandlung des Ausgangsholzes. Methylalkohol entsteht nur aus etwa 7% der im Lignin vorhandenen Methoxylgruppen. Ein derartig geringer Anteil der Methoxyle an der Bildung des Methanols bei der trocknen Destillation von isoliertem Lignin ist auch in anderen Fällen beobachtet worden. So sind z. B. bei der trocknen Destillation von Eichen- und Buchenlignin von den gesamten Methoxylgruppen nur 10 bzw. 7,9% im Destillat wiedergefunden worden[1].

TABELLE 113

Produkte der trocknen Destillation von Lignin in %

Lignin	Kohle	Teer	Wäßriges Destillat	Essigsäure	Methanol	Aceton
Aus Espenholz......	44,3	14,3	30,5	1,28	0,87	0,22
Aus Fichtenholz....	45,7	19,3	29,7	1,26	0,83	0,18

Annähernd gleiche Ausbeuten hat man auch bei der trocknen Destillation von Ligninpräparaten erhalten, die aus Getreideähren mit Hilfe von Alkalien, Salzsäure und Schwefelsäure isoliert worden sind[2]. Im Falle des Alkalilignins haben die Zersetzungsprodukte aus 52,5% Kohle, 17,7% Teer, 15,5% wäßrigem Destillat, 13,5% Gasen (aus der Differenz berechnet), 1,9% Methanol und 0,05% Säuren, berechnet als Essigsäure, bestanden. Auffallend ist der relativ hohe Methanolgehalt. Aber auch in diesem Falle beträgt diese Menge nur einen Bruchteil (etwa $^1/_8$) der auf Grund des Methoxylgehaltes (14,3%) theoretisch möglichen.

Auch Versuche zur trocknen Destillation des Lignins unter vermindertem Druck sind durchgeführt worden[3]. Dabei hat man in Abhängigkeit von den Destillationsbedingungen, wie Druck, Temperatur, Geschwindigkeit der Temperatursteigerung, Gasphase und Lignintyp, beträchtliche Schwankungen in den Ausbeuten der Zersetzungsprodukte beobachtet. In allen Fällen ist jedoch die Menge an Kohle und Teer relativ hoch gewesen, die Ausbeute an ersterer hat stets 50% überschritten, beim Teer hat sie 10 bis 28% betragen.

In dem bei der Destillation unter vermindertem Druck erhaltenen Ligninteer sind unter anderem nachgewiesen worden: Eugenol, Brenzcatechin, Phenol, o-Kresol, Guajacol, Kreosot, 2-Methoxy-4-vinylphenol, 2-Methoxy-4-propylphenol u. a. m. Aus dem mit Wasserdampf flüchtigen Anteil des Teeres ist nach Oxydation Anissäure nachgewiesen worden. Einige dieser Produkte sind auch bei der trocknen Destillation von Salzsäurelignin unter normalem Druck bei Gegenwart von Silberkatalysator identifiziert worden, so z. B. Eugenol und Brenzcatechin[4]. Die Bildung aromatischer Stoffe bei der thermischen Zersetzung des Lignins wird ebenfalls als Beweis für seine aromatische Natur betrachtet.

Thermische Zersetzung der Hemicellulosen

Die Zersetzung der Hemicellulosen bei der Erhitzung ist ebenfalls noch sehr ungenügend untersucht. Die vorhandenen Angaben beziehen sich lediglich auf die pyrogenetische Zersetzung von Holzgummi, d. h. des mit 5%iger Natron-

[1] G. Zelenj u. A. Gomeri, Brennstoffchemie **9**, 73 (1928).
[2] L. E. Wise, Wood Chemistry, 1944, S. 332.
[3] desgl.
[4] W. Fuchs, Ber. **60**, 957 (1927).

lauge extrahierbaren Anteils. Die ersten Versuche[1] sind mit einem Präparat durchgeführt worden, das aus Birkenholz durch 24stündige Extraktion mit 5%iger Natronlauge, Fällung mit Methanol und Ansäuern dargestellt worden ist. Dieses Präparat ist zweifellos nicht rein, sondern enthält neben Xylan auch geringere Mengen Araban. Bei der trocknen Destillation dieses Holzgummis sind erhalten worden: 37,2% Kohle, 11,1% Teer, 33,6% wäßriges Destillat und 18,1% gasförmige Produkte. In dem wäßrigen Destillat sind unter anderem enthalten: 0,29% Essigsäure, 0,17% Ameisensäure und ca. 9% Furfurol. Ähnliche Resultate sind auch bei der Destillation von Fichtenholzgummi gefunden worden.

In neuerer Zeit hat sich MISCHIN[2] mit der thermischen Zersetzung des Gummis aus Birkenholz beschäftigt. Zur Darstellung des Gummis hat der Autor das Holz zunächst mit Ammoniak extrahiert und danach mit 5%iger Natronlauge. Der alkalische Extrakt ist mit dem gleichen Volumen 95%igen Methanols versetzt worden. Schließlich ist die ausgefallene Alkaliverbindung des „Xylans" in Alkohol suspendiert und mittels Salzsäure zersetzt worden. Die Resultate der trocknen Destillation sind in der Tab. 114 angeführt.

TABELLE 114

Pyrogenetische Zersetzung des Xylans

Endtemperatur in °C	Ausbeute in %			Im Destillat				Bemerkungen
				Säuren %		Furfurol %		
	Kohle	Destillat	Gase	der Einwaage	des Destillats	der Einwaage	des Destillats	
250	62,7	16,9	20,4	0,80	4,7	—	—	Einwaage in allen Fällen ca. 5 g
282—287	55,1	28,7	16,2	0,83	2,9	5,90	19,85	Mittel aus 3 Versuchen
300	50,7	31,8	17,5	0,93	2,94	5,29	16,73	Mittel aus 2 Versuchen
305	42,7	34,9	22,4	1,13	3,24	4,11	11,8	

Auf Grund der Änderungen der Außen- und Innentemperatur während der Destillation kann angenommen werden, daß der exotherme Zerfall des „Xylans" bei etwa 220° beginnt[3].

Aus der Tabelle ist ersichtlich, daß bei der Destillation des Xylans 42 bis 62% Kohle, 17 bis 35% wäßriges Destillat und 16 bis 22% Gase entstehen, d. h., die Ausbeute an Kohle ist höher und an wäßrigem Destillat niedriger als bei den oben beschriebenen Versuchen. Erklärt werden kann diese Tatsache ohne Zweifel durch die niedrigere Endtemperatur der letzten Versuche. Obgleich die Säuremengen etwas größer sind, so liegen sie jedoch wesentlich unterhalb der zu erwartenden Mengen, wenn man annimmt, daß die Essigsäure bei der trocknen Destillation des Holzes hauptsächlich aus den Pentosanen gebildet wird. In Verbindung mit der bei der Isolierung des Xylans sicher erfolgen-

[1] G. BANBERRY, Trockne Destillation des Holzes.

[2] А. Д. Мишин, Пирогенетическое разложение ксилана из древесины березы (A. D. MISCHIN, Pyrogenetische Zersetzung von Xylan aus Birkenholz) 1940.

[3] Unterhalb von 200° ist eine Zersetzung des Xylans nicht beobachet worden.

den Veränderung des letzteren (Abspaltung der Acetylgruppen) erlauben diese Versuche keinerlei Schlüsse über den Ursprung der Essigsäure zu ziehen.

Was das Furfurol betrifft, so wird seine Ausbeute mit steigender Endtemperatur niedriger, anscheinend infolge beginnender Zersetzung desselben. Die Bildung des Furfurols erfolgt auf dem Wege einer Dehydratisierung der Pentosen gemäß: $C_5H_{10}O_5 \rightarrow 3H_2O + C_5H_4O_2$, d. h. zuvor findet eine Hydrolyse der Pentosane zu Pentosen statt.

Zusammenhang der Destillationsprodukte mit den Bestandteilen des Holzes

Die angeführten, wenig zahlreichen Angaben über die thermische Zersetzung der Cellulose, des Lignins und der Hemicellulosen erlauben nur eine sehr unvollständige Betrachtung über den Ursprung der Holzdestillationsprodukte und ihren Zusammenhang mit den Komponenten des Holzes.

Aus den vorangegangenen Ausführungen wird deutlich, daß die Hauptprodukte der Destillation, Kohle, wäßriges Destillat, Teer und Gase, ebenfalls aus allen Einzelbestandteilen des Holzes entstehen. Die größten Mengen an Kohle und Teer erhält man bei der Zersetzung des Lignins, die geringsten Mengen dagegen im Falle der Cellulose. Die aromatischen Teerbestandteile werden hauptsächlich aus dem Lignin gebildet.

Essigsäure wird ebenfalls aus allen Holzkomponenten bei ihrer thermischen Zersetzung gebildet. Ihre Ausbeute aus Holz ist aber wesentlich größer als wie sie sich arithmetisch aus den Ausbeuten aus den isolierten Holzbestandteilen ergibt. Zur Erklärung sei angeführt, daß die Hauptquelle, wie Untersuchungen von Jermolajewa[1] ergeben haben, die Acetylgruppen des Holzes sind, die jedoch bei der Isolierung der Einzelkomponenten leicht abgespalten werden können.

Jermolajewa hat bei ihren Versuchen Birkenholz zur Entfernung der Acetylgruppen 1 Stunde bei 60° mit 4%iger Sodalösung extrahiert. Auf diese Weise ist eine fast vollständige Abspaltung der Acetylgruppen bewirkt worden (von 6,08 auf 0,37%), gleichzeitig hat der Gewichtsverlust des Holzes 6,3% betragen. Im Lignin- und Pentosangehalt haben dabei nur sehr geringfügige Änderungen stattgefunden.

Bei der thermischen Zersetzung dieses desacetylierten Holzes findet man 2,47% flüchtige Säuren, darunter 1,39% Essigsäure, berechnet auf Holz. Nicht behandeltes Holz ergibt unter den gleichen Bedingungen 7,64% flüchtige Säuren, davon 6,38% Essigsäure. Bei der trocknen Destillation von Birkenholz werden also etwa 78% der gesamten Essigsäure aus den Acetylgruppen des Holzes gebildet.

Analoge Versuche von Jermolajewa mit Kiefernholz haben 3,66% flüchtige Säuren aus unbehandeltem Holz und 2,27% aus desacetyliertem Holz ergeben. Die Essigsäuremengen betragen 2,53 bzw. 1,27%. Folglich werden im Falle des Kiefernholzes ca. 50% der Essigsäure ebenfalls aus den Acetylgruppen gebildet.

Auffällig ist die Tatsache, daß die Essigsäureausbeuten aus desacetyliertem Birken- und Kiefernholz, die durch einen starken Zerfall der Substanz entstehen, ziemlich gleich sind (1,39 und 1,27%). Daraus folgt, daß die beobachteten Unterschiede

[1] С. С. Ермолаева, ЖПХ (S. S. Jermolajewa, Z. Angew. Chemie [russ.]) **21**, 543 (1948).

in der Essigsäureausbeute bei der Destillation verschiedener Holzarten im Grunde durch einen unterschiedlichen Gehalt an Acetylgruppen bedingt sind. Der Acetylbestimmung im Holz kommt in diesem Zusammenhang eine besondere Bedeutung zu.

An verschiedenen Holzarten ist festgestellt worden[1], daß im Durchschnitt 80% der Acetylgruppen, in einzelnen Fällen sogar 94 und 99%, an die Holocellulose gebunden sind. Man kann deshalb die Holocellulose als Hauptquelle für die Entstehung von Essigsäure bei der Pyrolyse betrachten, besonders bei der Destillation von Holz mit hohem Acetylgehalt.

Methanol entsteht lediglich bei der thermischen Zersetzung des Lignins. Wie bereits erwähnt, wird es aber nur in kleineren Mengen gebildet, Kiefern-, Fichten- und Espenlignin ergibt 0,8 bis 0,9%, nur Alkalilignin aus Getreideähren ergibt etwas mehr (1,9%).

Durch einen Vergleich der Methanolausbeute mit dem Methoxylgehalt des Lignins zeigt sich, daß nur ein kleiner Teil der Methoxyle an der Bildung des Alkohols beteiligt ist. Die gleiche Erscheinung wird auch bei der trocknen Destillation des Holzes beobachtet (Tab. 115).

So ist z. B. im Falle von Harthölzern $^1/_3$ bis $^1/_6$ der vorhandenen Methoxylgruppen an der Methanolbildung beteiligt, bei Nadelhölzern sogar nur $^1/_7$ bis $^1/_4$. Vergleicht man diese Verhältnisse für Lignin und Holz, so stellt man fest,

TABELLE 115[2]

Anteil der Methoxylgruppen des Lignins an der Methanolbildung in %

Holzart	OCH_3-Gehalt des Holzes	Ausbeute an Methanol
Ahorn	7,25	1,94
Spitzahorn	6,09	1,62
Birke	6,07	1,53
Weißeiche	5,12	1,16
Cedrela odorata	5,9	0,97
Lärche	5,03	0,65

daß das letztere eine größere Menge leicht abspaltbarer Methoxylgruppen enthält als isoliertes Lignin. Es ist sogar sehr wahrscheinlich, daß im Lignin des Holzes ebenfalls labile Methoxyle vorhanden sind, diese aber bei der Isolierung abgespalten werden. So ist z. B. bekannt, daß Lignin bei der Darstellung je nach der angewandten Methode bis zu 4% OCH_3 verliert.

Aber auch eine andere Erklärung ist möglich. Wie man festgestellt hat[3], gehören die Methoxylgruppen des Holzes nicht ausschließlich dem Lignin an, etwa 16% der Gesamtmenge oder 0,7 bis 1,3% des Holzes sind an Holocellulose gebunden. Nach neueren Arbeiten enthalten die zu den Hemicellulosen gehörenden Polyuronide ebenfalls Methoxylgruppen.

Da die an aliphatische Reste gebundenen Methoxyle schneller abgespalten werden als die an aromatische Kerne gebundenen, so werden also bei der

[1] R. Freeman u. F. Peterson, Ind. Eng. Chem. **13**, 803 (1941).

[2] Die Angaben für Ahorn, Birke und Lärche sind entnommen aus: A. Schorger, Ind. Eng. Chem. **9**, 556 (1917); die Angaben für Spitzahorn, Weißeiche und *Cedrela odorata* sind aus: L. Hawley u. S. Aiyar, Ind. Eng. Chem. **14**, 1055 (1922).

[3] R Freeman u. F. Peterson, Ind. Eng. Chem. **13**, 803 (1941).

trocknen Destillation des Holzes in erster Linie die mit den Polyuroniden verknüpften OCH_3-Gruppen abgespalten. Eine Berechnung zeigt, daß bei einer vollständigen Abspaltung der Holocellulosemethoxyle Methanol in einer Menge von 0,7 bis 1,3% des Holzes gebildet wird.

Aus diesem Grunde muß die bis in die heutige Zeit vertretene Ansicht, daß die Bildung von Methanol bei der trocknen Destillation ausschließlich aus dem Lignin erfolgt, aufgegeben werden. Zweifellos stellt das Lignin nicht die einzige Quelle für die Methanolbildung dar, und es ist sehr wahrscheinlich, daß ein großer Teil aus den Methoxylgruppen der Hemicellulosen entsteht. Die Methoxylgruppen des Lignins bilden in der Hauptsache Methan oder verbleiben im Kohlerückstand, aus dem sie durch Glühen als Methan oder Methanol nachgewiesen werden können, schließlich können sie als Methyläther von Phenolen in den Teer übergehen. Die Tab. **116** gibt die Verteilung der Methoxylgruppen zwischen den verschiedenen Produkten der trocknen Destillation an[1].

TABELLE 116[2]

Verteilung der Methoxylgruppen auf die Destillationsprodukte, in % des absolut trocknen Holzes

Destillationsprodukt	Ahorn (6,09% OCH_3)	Weißeiche (5,12% OCH_3)	Cedrela odorata (5,4% OCH_3)
Wäßriges Destillat, teerfrei	1,62	1,16	0,97
Löslicher Teer......................	0,34	0,22	0,10
Unlöslicher Teer....................	0,52	0,46	1,04
Kohle...............................	0,28	0,70	0,45
Gase (Methan).......................	1,31	1,34	1,60
Gesamtmenge der berücksichtigten OCH_3-Gruppen	4,07	3,88	4,16

Über die Entstehung von Furfurol, Oxymethylfurfurol und γ-Valerolakton ist bereits gesprochen worden (vgl. S. **446** und **441**), eine nochmalige Behandlung erübrigt sich deshalb.

Brenzschleimsäure entsteht durch Oxydation von Furfurol

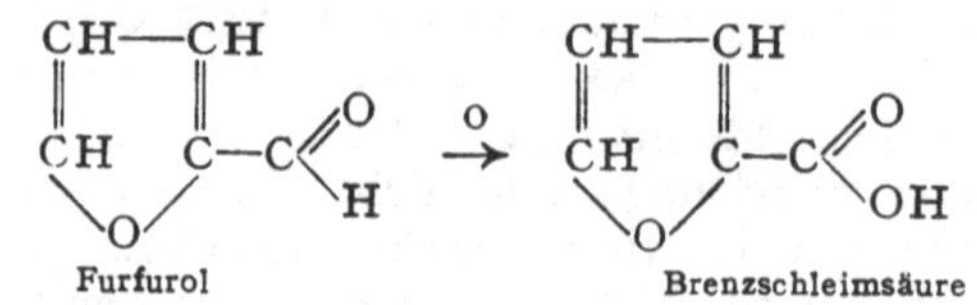

Furfurol Brenzschleimsäure

oder aus Galaktose über Schleimsäure.

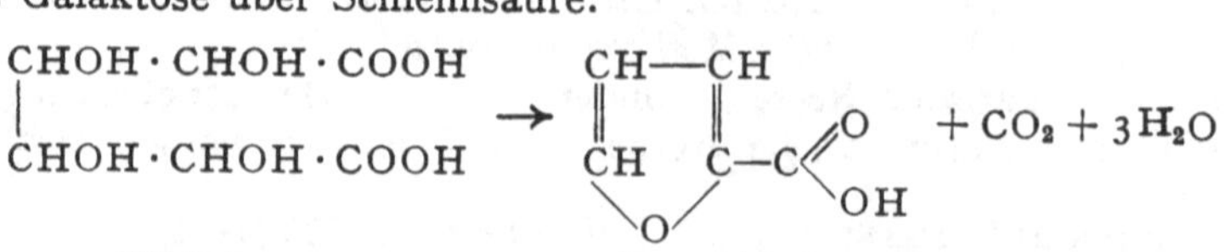

Schleimsäure Brenzschleimsäure

[1] L. HAWLEY u. S. AIYAR, Ind. Eng. Chem. **14**, 1055 (1922).

[2] Etwa ein Drittel der Methoxylgruppen ist unberücksichtigt geblieben.

Aus der Brenzschleimsäure bildet sich Furan durch Decarboxylierung.

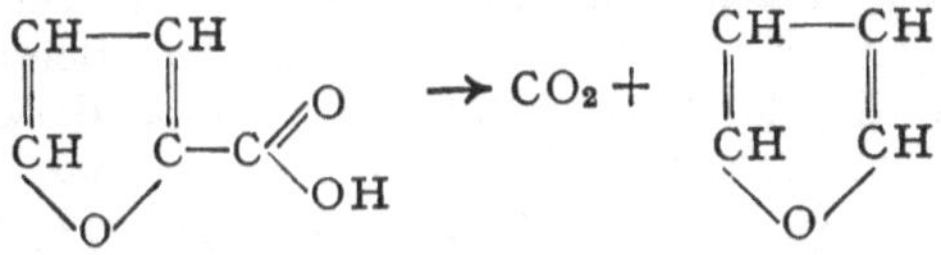

Brenzschleimsäure Furan

Ameisensäure und Aldehyde können bei der Zersetzung von α-Oxysäuren erhalten werden, z. B. R—CHOH · COOH ⟶ HCOOH + RCHO.

Die Bildung von Aceton und seinen Homologen kann durch Zersetzung der entsprechenden Säuren erfolgen:

$$2\,CH_3COOH \rightarrow CH_3COCH_3 + H_2O + CO_2.$$

Thermische Zersetzung des Holzes

Thermische Zersetzung mit überhitztem Dampf

Die ersten Versuche zur Zersetzung des Holzes mit überhitztem Wasserdampf sind vor rund 100 Jahren angestellt worden. Längere Zeit hindurch sind weitere Versuche dieser Art erfolglos verlaufen. Zwar ist es in einigen Fällen gelungen, eine höhere Ausbeute an Essigsäure zu erhalten (bis zu 11,5% aus Buchenholz), die erhaltenen Destillate sind jedoch stets sehr verdünnt gewesen[1].

Ausführlichere Untersuchungen dieses Problems sind von Bobrow[2] durchgeführt worden. Von ihm sind die Bedingungen zur Zersetzung von Sägemehl mit Dampf von 275 bis 280° sowohl unter Laboratoriumsverhältnissen als auch im halbtechnischen Maßstab erforscht worden. Die Ausbeute an Säuren, berechnet als Essigsäure, hat 12% bei Laubhölzern und 7 bis 8% bei Nadelhölzern erreicht. Phenole sind in Mengen von 2 bis 4%, Aldehyde bis zu 4%, nicht flüchtige Stoffe bis zu 20% des absolut trocknen Holzes erhalten worden. Eine verbesserte Durchdringung der Späne mit dem Dampf hat den Dampfverbrauch verringert und die Säurekonzentration im Destillat auf 8% erhöht. In späteren Großversuchen zur Zersetzung in vertikalen Retorten hat sich eine um 20 bis 30% höhere Ausbeute an Säuren ergeben als bei der gewöhnlichen trocknen Destillation.

Die Zersetzung des Holzes mit überhitztem Dampf kann im Prinzip zur Verarbeitung von Sägespänen und anderen Holzabfällen benutzt werden. Weniger geeignet ist sie für die Zwecke der üblichen trocknen Destillation wegen ihrer schlechten Wärmeausnutzung.

Die Wirkung des überhitzten Wasserdampfes bei der thermischen Zersetzung des Holzes ist noch nicht völlig aufgeklärt. Es wird angenommen, daß er eine Doppelrolle spielt, und zwar sowohl als chemisch als auch physikalisch wirksames Agens. Nach Ansicht von Bobrow besteht an der physikalischen Wirkung kein Zweifel. Er bewirkt eine gleichmäßige Erwärmung des Holzes,

---

[1] H. Wislicenus, J. prakt. Chemie 10, 177 (1918).

[2] П. А. Бобров, Тр. Центр. научн.-иссл. лесохим. инст. (P. A. Bobrow, Arb. d. Zentr. wissenschaftl. Holzchem. Forsch. Inst.) Heft 5; ЖПХ (Z. Angew. Chemie [russ.]) 6 (1933); Лесохим. пром. (Holzchem. Ind.) Nr. 3, 9 (1935).

verhindert ein zu hohes Ansteigen der Temperatur durch die bei der exothermen Reaktion frei werdende Wärme und bewirkt als wesentlichster Punkt die Entfernung der flüchtigen Reaktionsprodukte aus den Bereichen mit höherer Temperatur. Infolge der kontinuierlichen Entfernung dieser Produkte durch den Dampfstrom sofort nach ihrer Entstehung werden weitere, sekundäre Umsetzungen verhindert. Als Beweis für diese Wirkung des Dampfes läßt sich folgendes anführen. Wird der Dampf auf sehr hohe Temperaturen erhitzt, so findet dabei stets eine Verringerung der Ausbeute an Essigsäure und anderen wasserlöslichen, organischen Stoffen statt, während gleichzeitig die Bildung von Gasen und Teer erhöht wird. Die wichtigste für diese Rolle des Dampfes sprechende Tatsache besteht in der geringeren Wirksamkeit im Falle von größeren Holzstücken im Vergleich zu Sägespänen.

Wie aus neueren Versuchen[1] hervorgeht, beginnt z. B. die Zersetzung von Eichenholz mit überhitztem Dampf bei Atmosphärendruck bei etwa 180°. Bei 240° sind die Pentosane vollständig zerstört, während von der Cellulose zwei Drittel unangegriffen sind. Die Ligninmenge ist in der gleichen Zeit merklich vergrößert worden. Bis zu dieser Temperatur sind bereits $^3/_4$ der gesamten Essigsäure und die Hälfte des Furfurols gebildet worden, wogegen Methanol überhaupt noch nicht aufgetreten ist. Der Temperaturbereich von 240 bis 260° erweist sich als kritisch, die Verkohlung beginnt und infolgedessen wird die gesamte Cellulose zersetzt. Bis 260° wird nur ein Drittel des Methanols gebildet, größere Mengen bei 280°, während die üblichen industriellen Ausbeuten erst um 400° erreicht werden. Die Säureausbeute liegt bei dieser Art der Zersetzung um ca. 25% über der allgemein üblichen. Der Zuwachs findet hauptsächlich bei Ameisensäure und Propionsäure statt.

Thermische Zersetzung im Kohlenwasserstoffmedium

Auf Grund der mit Wasserdampf erhaltenen Ergebnisse hat man versucht, die thermische Zersetzung des Holzes mit Dämpfen organischer Stoffe und in flüssigen Kohlenwasserstoffen durchzuführen. Im letzteren Falle hat man, ebenso wie bei der Zersetzung mit überhitztem Dampf, infolge des Temperaturausgleiches im Inneren der Retorte mildere Pyrolysebedingungen erwartet und infolgedessen eine Steigerung der Ausbeute an wertvollen Produkten. Andererseits soll durch die Anwendung mit Wasser nicht mischbarer organischer Lösungsmittel die Gewinnung zu verdünnter, wäßriger Destillate vermieden werden. Durch den geringeren Wärmeinhalt dieser Lösungsmittel ist auch der Wärmebedarf zur Verdampfung geringer.

Die von Slawjansski[2] in dieser Richtung angestellten Versuche haben ergeben, daß bei der thermischen Zersetzung von Birkenholz in einer Retorte mit niedrigem Ableitungsrohr mit Benzol-, Petroleum- und Xyloldämpfen eine wesentliche Steigerung der Ausbeuten an Essigsäure, Phenolen und Aldehyden eintritt. Im Falle der Essigsäure beträgt die Ausbeute etwa das Doppelte, bei den übrigen Produkten das Vierfache der sonst üblichen. Die Menge an Alkoholen bleibt fast unverändert, Teer wird etwas mehr als sonst erhalten (Tab. **117**). Bei der Verwendung von Nadelhölzern wird ebenfalls eine Ausbeutesteigerung erzielt.

---

[1] R. Merrit u. A. White, Ind. Eng. Chem. **35**, 297 (1943).

[2] А. К. Славянский, Лесохим. пром. (A. K. Slawjansski, Holzchem. Ind.) Nr. 9, 42 (1939), desgl. Nr. 1/2 (1945).

Was den Zerfall in flüssigen Kohlenwasserstoffen anbelangt, hat SLAWJANSSKI festgestellt, daß das geeignetste Medium Petroleum ist. Zunächst geht Wasser zusammen mit Petroleum über. Der Säuregehalt des Destillates nimmt allmählich zu und erreicht bei 260 bis 270° ein Maximum. Bei 275° wird die Reaktion abgebrochen und das restliche Petroleum mit Wasserdampf übergetrieben. Der Autor hat auf diese Weise 78% Rückstand, 2% Gase und 20% wäßriges Destillat, berechnet auf das Gewicht des absolut trocknen Holzes,

TABELLE 117

Produkte der thermischen Zersetzung von Holz in Xyloldämpfen

Vers. Nr.	Verhältnis von Xylol zu Holz	Ausbeute in % des absolut trocknen Holzes					
		Teer	Säuren	Alkohol	Äther	Aldehyde	Phenole
20	Xylol 10:1	5,2	12,04	1,1	0,33	0,7	0,65
24	Xylol 1:1	8,3	7,8	1,67	0,44	1,28	—
26	Xylol 2:1	8,4	10,1	1,4	0,37	1,7	—
28	Xylol 2:1 (Nadelholz)	6,0	4,3	1,17	0,35	1,5	—
30	Xylol 4:1 (Nadelholz)	9,8	4,4	0,85	0,03	0,003	0,6
31	Wasser 2:1	14,7	10,47	1,1	0,006	0,004	1,84
34	Xylol 2:1 höhere Ableitung	4,6	8,07	0,73	0,008	0,004	0,86

erhalten. Das Destillat enthält im Mittel 25% Säuren, hauptsächlich Essigsäure und Propionsäure, 15% Teer und 10% Alkohole, Äther, Ketone, Aldehyde und andere Stoffe. Der halbverkohlte, braune Rückstand ist ein gutes Heizmaterial für Gasgeneratoren.

Bei der thermischen Zersetzung von Holz in organischen Flüssigkeiten, wie Petroleum, Benzol und Leichtöl, hat man auch eine merkliche Herabsetzung der Temperatur der exothermen Reaktion beobachtet.[1]

Bei der Zersetzung in flüssigen Kohlenwasserstoffen wird bei Temperaturen bis zu 275° vorzugsweise der Hemicelluloseanteil des Holzes angegriffen. Deshalb findet bei diesem „Vorpyrolyse" genannten Verfahren nur eine teilweise Zersetzung des Holzes statt. Essigsäure und andere Produkte werden jedoch mindestens in den gleichen Mengen gebildet wie bei der normalen, trocknen Destillation. Dies kann dadurch erklärt werden, daß die Essigsäure im wesentlichen aus den an die Hemicellulosen gebundenen Acetylgruppen entsteht. SLAWJANSSKI nimmt an, daß etwa 70% der Essigsäure bei der Vorpyrolyse auf diese Weise gebildet werden. Ebenso wesentlich für die erhöhten Ausbeuten sind die in diesem Falle herrschenden, milden Reaktionsbedingungen.

Thermische Zersetzung bei Anwesenheit chemischer Reagenzien

Um eine bessere Gewinnung von Essigsäure und Methanol zu erreichen, hat man Versuche zur trocknen Destillation von Holz bei Gegenwart chemischer Agenzien durchgeführt. Man hat dabei angenommen, daß diese Zuschläge eine vollständigere Abspaltung von Acetyl-, Formyl- und Methoxylgruppen bewirken. In der Hauptsache sind Phosphorsäure, Schwefelsäure, Soda u. a. angewandt worden.

[1] K. KOBE u. F. GOIN, Ind. Eng. Chem. **31**, 71 (1939).

PALMER[1] hat Ahorn- und Buchenholz bei normalem und erhöhtem Druck bei Gegenwart von Phosphorsäure der Destillation unterworfen. Im Falle des Ahornholzes, das mit 7,6% Phosphorsäure durchtränkt worden ist, hat der Autor bei gewöhnlichem Druck eine beträchtliche Erhöhung der Methanolausbeute bis zu 2,18% gegen 1,37% bei der üblichen Destillation erzielt. Die Ausbeute an Essigsäure ist unverändert geblieben. Bei der Destillation von Buchenholz, das mit 5 bis 9,7% Phosphorsäure behandelt worden ist, hat sich die Ausbeute an Essigsäure von 5,13 auf 6,45 bis 6,70% erhöht, bei Methanol von 0,99 auf 2,2 bis 2,6%. Ähnlich erhöhte Ausbeuten (um 60%) an Methanol sind auch in späteren Versuchen mit Weißeiche und 3% Phosphorsäure beobachtet worden[2]. Versuche mit Schwefelsäure haben keinerlei positive Resultate ergeben.

Ebenfalls untersucht worden auf ihre Eignung als Zuschläge sind Natriumkarbonat und -silikat, Calcium- und Magnesiumoxyd sowie Magnesiumchlorid und Ätznatron[3].

Die besten Ergebnisse hat man mit Soda erhalten. Ein Zuschlag von 0,5% zu Eichenholz und 1,5% zu Ahorn hat eine Steigerung der Methanolausbeute um 60 bzw. 100% bewirkt, während die Essigsäureausbeute unbeeinflußt geblieben ist. Auch die Tränkung von Birkenholz mit 1%iger Natronlauge ergibt 40% mehr Methanol, bei der Tränkung unter Druck sogar 70%. Andere Alkalien wirken in ähnlicher Weise. Die restlichen, oben angeführten, ebenfalls untersuchten Verbindungen haben im Gegenteil nur eine Verminderung der Ausbeute von Essigsäure und Methanol hervorgerufen.

Erwähnt sei schließlich noch, daß sich durch Behandlung von Tannenholz mit 5% KNO_3 oder $(NH_4)_2CO_3$ die Methanolausbeute um 50 bis 70% steigern läßt.

Feuchte Verkohlung von Holzabfällen

Die bei der trocknen Destillation von Sägespänen auftretenden Schwierigkeiten, die hauptsächlich auf der schlechten Wärmeleitfähigkeit[4] beruhen, haben die Anregung zu Versuchen zur Verkohlung des Holzes im wäßrigen Medium bei Gegenwart von Mineralstoffen bei hohem Druck und hohen Temperaturen gegeben. Die Zugabe von leicht hydrolysierbaren, sauren Salzen ermöglicht die Durchführung des Verkohlungsprozesses im sauren Medium bei niedrigeren Temperaturen als für die normale Destillation notwendig ist. Als Katalysator ist z. B. Magnesiumchlorid vorgeschlagen worden.

Beim Erhitzen von Holz mit konzentrierter Magnesiumchloridlösung findet zunächst eine Quellung des Holzes statt, danach jedoch infolge der hydrolytischen Abspaltung von Salzsäure eine Hydrolyse der Holzpolysaccharide. Die dabei entstehenden Zucker werden schnell unter dem Einfluß der hohen Temperatur und des sauren Mediums verkohlt. Die Cellulose z. B. nimmt unter gleichen Bedingungen bei 95 bis 100° eine braune Farbe an, bei 145 bis 180° treten bereits Huminsäuren auf, die als Verkohlungsprodukte der Glukose

[1] R. PALMER, Ind. Eng. Chem. **10**, 264 (1918).

[2] L. F. HAWLEY u. L. E. WISE, Chemistry of Wood.

[3] А. Н. Гартман, Ж. хим. пром. (A. N. GARTMAN, Z. Chem. Ind.) Nr. 3, 40 (1932).

[4] Infolge der schlechten Wärmeleitung wird die Hauptmasse der Späne nur oberflächlich verkohlt.

anzusprechen sind. Die Fähigkeit des Magnesiumchlorids, die Cellulose zu zerstören, benutzt man in der Praxis zur Karbonisierung der Wolle.

Die bei der Behandlung mit Magnesiumchlorid erhaltene Kohle enthält relativ wenig Kohlenstoff. Versuche von NIKITIN und NJEMZOWA[1] haben gezeigt, daß der Kohlenstoffgehalt durch Änderung der Magnesiumchloridkonzentration von 30 bis 43%, der Erhitzungsdauer von 6 bis 10 Stunden und der Temperatur von 180 bis 250°, praktisch nicht verändert wird (69 bis 71%). Bei nur dreistündiger Einwirkungsdauer ist er etwas niedriger, bis 62%. Aus den Untersuchungen hat sich ferner ergeben, daß eine 30%ige Magnesiumchloridlauge bis zu vier Malen wiederbenutzt werden kann, ohne daß der Kohlenstoffgehalt der Kohle irgendwelche Änderungen zeigt. Im Falle von Sägespänen aus Fichtenholz sind 58,5% Kohle, 3,42% Essigsäure mit ihren Homologen und 0,42% Methanol erhalten worden.

Die feuchte Verkohlung ist ferner zur Verkohlung des organischen Anteils von Sulfitablaugen vorgeschlagen worden. Durch Erhitzung von Ablauge mit Magnesiumchlorid auf 180° bei 5 bis 6 at hat man neben Kohle Essigsäure und Methanol erhalten, wobei die Mengen über den bei der trocknen Destillation von Holz auftretenden liegen[2].

Von NIKITIN und NJEMZOWA[3] sind Versuche zur Verkohlung des Eindampfrückstandes von Sulfitablauge mit 30%iger Magnesiumchloridlösung durchgeführt worden. Bei 6stündiger Erhitzung auf 180° ist eine Kohle mit folgender Zusammensetzung erhalten worden: 66,1% *C*, 3,98% *H* und 12,8% Asche mit 5,5% Schwefel. Der hohe Aschegehalt der Sulfitkohle ist durch den hohen Anteil von Mineralsalzen an dem Trockenrückstand bedingt. Die Ausbeute an Essigsäure und ihren Homologen beträgt 1,41%, an Methanol 0,86%. Die Sulfitkohle besitzt nur ein sehr geringes Adsorptionsvermögen, ihr Heizwert beträgt 5100 bis 5300 cal. Ein anderes Verfahren zur Naßverkohlung von Sulfitablaugen beruht auf der Oxydation des SO_2 zu Schwefelsäure, die dann katalytisch wirksam ist. Irgendeine praktische Bedeutung haben die genannten Verfahren jedoch nicht erlangt.

---

[1] Н. И. Никитин и Н. П. Немцова, ЖПХ (N. I. NIKITIN u. N. P. NJEMZOWA, Z. Angew. Chemie [russ.]) 5, 981 (1932).

[2] C. SCHWALBE, Jahresbericht Chem. Technolog. 1926, S. 389; Ber. 57, 319 (1924).

[3] N. I. NIKITIN u. N. P. NJEMZOWA, loc. cit.

SECHZEHNTER ABSCHNITT

Hydrolyse des Holzes

Im Jahre 1811 hat der Adjunkt der Petersburger Akademie der Wissenschaften, KONSTANTIN KIRCHHOF, gezeigt, daß das Polysaccharid Stärke durch heiße, verdünnte Mineralsäuren in Glukose umgewandelt wird, die in kristallisierter Form erhalten worden ist.

KIRCHHOF hat auf diese Weise die Grundlagen zur Darstellung von Glukose oder Stärkezucker aus Stärke erarbeitet. Auf der Arbeit des russischen Forschers hat sich die heute außerordentlich breit entwickelte Stärkesirupindustrie aufgebaut.

Die Hydrolyse eines anderen, wichtigen Polysaccharids, der Cellulose, ist fast gleichzeitig von dem Franzosen BRACONNOT[1] und dem Russen VOGEL[2] in den Jahren 1819 bis 1822 durchgeführt worden. Die genannten Autoren haben gezeigt, daß verschiedene Celluloseformen bei gewöhnlicher Temperatur durch konzentrierte Schwefelsäure unter Umwandlung in Dextrine aufgelöst werden. Diese haben sich wiederum durch Kochen mit verdünnten Mineralsäuren in Glukose verwandeln lassen. Der große Verbrauch an Schwefelsäure war eines der Haupthindernisse, die die Anwendung dieses Verfahrens bis heute verhindert haben.

Auf der Suche nach einer geeigneten Methode zur Verringerung des Säureverbrauches bei der Hydrolyse der Holzpolysaccharide hat der russische Forscher TSCHERWINSSKI[3] entdeckt, daß die Hemicellulosen durch Kochen mit verdünnten Säuren bis zu Monosacchariden hydrolysiert werden können. Die Cellulose hat sich unter den gleichen Bedingungen nur sehr langsam angreifen lassen.

Ein großer Fortschritt ist durch die Arbeiten eines anderen russischen Forschers, GILLER-BOMBIN[4], und des Schweden SIMONSEN[5] erreicht worden. Diese Autoren haben gefunden, daß die Cellulose und andere Polysaccharide des Holzes in die entsprechenden Monosaccharide umgewandelt werden können, wenn man sie mit verdünnten Mineralsäuren bei Temperaturen über 100°

---

[1] H. BRACONNOT, Ann. Phys. **63**, 348 (1819).

[2] Н. Фогель, Продолжение технологического журнала (N. VOGEL, Fortsetzung des Technischen Journals) **7**, Teil 3, 37 (1822).

[3] Н. Червинский, ЖРФХО (N. TSCHERWINSSKI, Journ. Russ. Phys. Chem. Ges.) **4**, 224 (1872).

[4] О. К. Гиллер-Бомбин, Лесопром. Вестн. (O. K. GILLER-BOMBIN, Holzwirtsch. Bote) Nr. 17, 217 (1899).

[5] Э. Симонсен, Технич. сб. и вестн. пром. (E. SIMONSEN, Techn. Samml. u. Wirtschaftsbote) **9**, Nr. 5, 183; Nr. 12, 436 (1898).

im Autoklaven behandelt. Unter diesen Bedingungen lassen sich die Cellulose und ihre Begleiter relativ leicht hydrolysieren. Auf diese Weise haben sich anfangs des 20. Jahrhunderts zwei Hauptrichtungen in der Technologie der Polysaccharidhydrolyse herausgebildet: 1. Behandlung mit konzentrierten Mineralsäuren bei normaler Temperatur und 2. Behandlung mit verdünnten Säuren im Autoklaven bei Temperaturen über 100°.

Diese beiden Richtungen sind völlig getrennt weiterentwickelt worden, wobei sie ständig miteinander konkurriert haben. In der heutigen Industrie werden sie beide angewandt.

Als Grundlage für beide Prozesse dient die Hydrolyse der in der Zellwand enthaltenen Polysaccharide.

Das Prinzip der Reaktion besteht darin, daß unter der katalytischen Wirkung der Säure eine Sprengung der die Monosereste verbindenden Sauerstoffbrücken stattfindet, während gleichzeitig an jeder Bruchstelle ein Mol Wasser eintritt.

So läßt sich z. B. der Vorgang schematisch in folgender Weise wiedergeben:

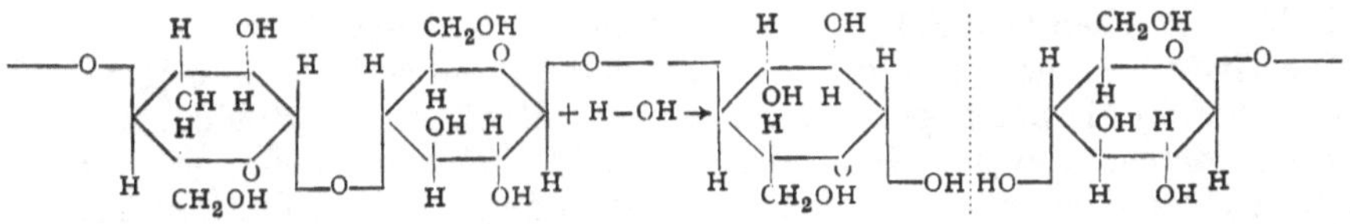

Das Makromolekül zerbricht dabei in zwei meistens nicht gleich große Bruchstücke. Unter gleichbleibenden Bedingungen werden diese Teile so lange weiter gespalten, bis keine Sauerstoffbrücken mehr vorhanden sind, d. h. bis das gesamte Material in monomerer Form vorliegt.

Enthält das Makromolekül *n* Monosereste, so ist die Zahl der abgesprengten Glieder bei vollständiger Hydrolyse *n* — 1. Ein allgemeines Schema für die Hydrolyse irgendeines Polysaccharids, z. B. der Cellulose, kann man sich deshalb folgendermaßen vorstellen:

$$C_6H_{11}O_5 - (C_6H_{10}O_5)_{n-2} - C_6H_{11}O_6 + (n-1) \cdot H_2O \rightarrow nC_6H_{12}O_6$$

Wie aus dem Schema hervorgeht, besteht die Polysaccharidkette aus drei verschiedenen Monoseresten, zwei endständigen und einem sich ständig wiederholenden Mittelglied.

Der Aufbau der Endgruppen und die Unterschiede zu den inneren Gliedern werden durch das nachstehende Schema veranschaulicht:

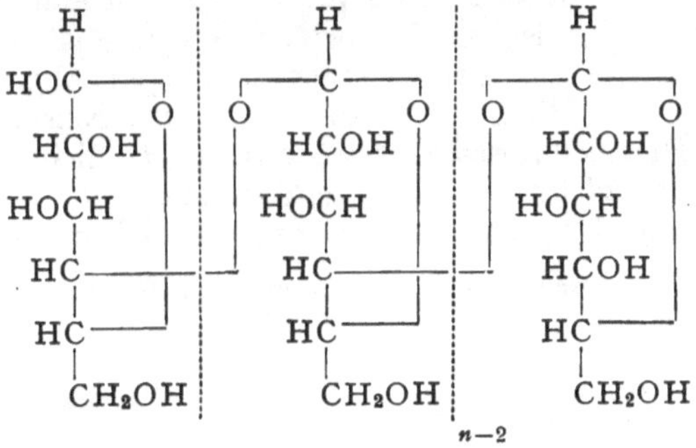

Bei einer großen Zahl von Kettengliedern, wie sie bei der Mehrzahl der Zellwandpolysaccharide vorliegt, ist die Menge der Endglieder so gering, daß sie praktisch vernachlässigt werden können. Die Grundgleichung für die Hydrolyse eines Polysaccharids nimmt dann folgende Form an:

$$\underset{162}{(C_6H_{10}O_5)_n} + \underset{18}{nH_2O} \rightarrow \underset{180}{nC_6H_{12}O_6}$$

Durch Einsetzen der entsprechenden Molekulargewichte findet man, daß aus 162 g Cellulose bei quantitativer Hydrolyse 180 g Glukose gebildet werden oder aus 100 g Cellulose 111 g Glukose.

Diese Mengenverhältnisse sind bei allen in der pflanzlichen Zellwand vorkommenden Hexosanen gleich.

In analoger Weise läßt sich die quantitative Hydrolyse der Pentosane ausdrücken:

$$\underset{132}{(C_5H_8O_4)_n} + \underset{18}{nH_2O} \rightarrow \underset{150}{nC_5H_{10}O_5}$$

Dabei entstehen aus 100 g Pentosanen ca. 113 g Pentosen.

Die Hydrolyse der Polysaccharide mit verdünnten Säuren kann je nach den Eigenschaften als heterogene oder homogene Reaktion stattfinden. Z. B. läßt sich ein kleiner Teil der Hemicellulosen durch kochendes Wasser in Lösung bringen[1], der dann rasch zu den entsprechenden Zuckern hydrolysiert wird. Die Reaktion verläuft dabei in zwei Stufen, in der ersten erfolgt die Auflösung des Polysaccharids, in der zweiten dagegen seine Hydrolyse in homogenem Medium. Der erste Vorgang verläuft gewöhnlich 5 bis 10 mal schneller als der zweite. Aus diesem Grunde lassen sich unter bestimmten Bedingungen in Hydrolysaten gelöste, aber nicht vollständig hydrolysierte Bruchstücke finden.

Im Falle der Cellulose[2] verläuft die Reaktion, gleiche Bedingungen vorausgesetzt, ohne merkliche vorangehende Auflösung. Dadurch, daß hierbei die Reaktion in heterogenem Medium an der Grenzfläche der festen und flüssigen Phase stattfindet, ist auch die Geschwindigkeit gering. Im Durchschnitt wird die Cellulose etwa 150 bis 200 mal langsamer hydrolysiert als die leicht löslichen Hemicelluloseanteile unter denselben Bedingungen.

Auf Grund des großen Unterschiedes in der Hydrolysengeschwindigkeit der Hemicellulosen und der Cellulosen kann man sie in zwei Gruppen einteilen, den leicht und den schwer hydrolysierbaren. Diese Begriffe werden in der Praxis bei der Auswahl der geeignetsten Bedingungen zur Überführung aller Zellwandpolysaccharide in die entsprechenden Zucker häufig angewandt. Erwähnt sei jedoch noch, daß diese Einteilung rein empirischer Natur ist, eine klare Abgrenzung zwischen den beiden Gruppen ist nicht vorhanden.

Erklärt werden kann das Fehlen einer derartigen Abgrenzung durch die Entstehung räumlicher Hindernisse, die durch das Einschließen von leicht hydrolysierbaren Hemicellulosen in der schwer zugänglichen Cellulose hervorgerufen werden[3]. Die gleiche Tatsache erklärt auch die Anwesenheit von geringen Mengen schwer hydrolysierbarem Xylan und Mannan im Zellstoff.

---

[1] В. И. Шарков, Гидролизное производство (W. I. Scharkow, Hydrolysenindustrie) 1945, Bd. 1, S. 179.

[2] desgl., Seite 124.

[3] В. И. Шарков, Гидролизн. пром. СССР (W. I. Scharkow, Hydrolysenind. d. UdSSR) Nr. 4 (16), 5 (1950).

Die unterschiedlichen Hydrolysengeschwindigkeiten der verschiedenen Polysaccharide mit gleichem linearen Bauprinzip haben immer wieder das Interesse der Forscher auf sich gezogen. Die größte Beachtung hat dabei die native Cellulose gefunden, die die geringste Geschwindigkeit aufweist.

Die Ansichten über die Ursachen dieser Erscheinung gehen etwas auseinander. So haben z. B. ROGOWIN[1], STREPICHEJEW[2], IWANOW[3], SCHULZ und HUSEMANN[4], PASCU[5] und andere die Ansicht ausgesprochen, daß die unterschiedliche Hydrolysengeschwindigkeit einzelner Kettenglieder eines linearen Polysaccharids durch Strukturunterschiede hervorgerufen wird. Die ungleiche Hydrolysierbarkeit einzelner Glieder in den Makromolekülen der Cellulose erklären die genannten Autoren mit der Anwesenheit von Uronsäureresten, Xyloseresten, offenen Glukoseresten, α-Glukoseresten neben hauptsächlich β-Glukoseresten in der Kette.

Eine andere Gruppe von Autoren, zu denen SCHARKOW[6], NISOWKIN[7], NICKERSON[8], SORKIN[9] u. a. gehören, ist der Ansicht, daß die schwere Hydrolysierbarkeit der nativen Cellulose durch die unterschiedliche lockere bzw. dichte Packungsweise der Cellulose in der Zellwand bedingt ist.

Die Autoren nehmen an, daß die Kettenmoleküle der Polysaccharide Bereiche mit unterschiedlicher Dichte bilden, wodurch in einigen Fällen Wasser und saure Katalysatoren bis zu jedem einzelnen Makromolekül gelangen können, in anderen Fällen jedoch nur an der äußeren Oberfläche dieser Bereiche wirksam werden können.

Diese Ansicht scheint heute am begründetsten zu sein[10]. Dafür sprechen auch die Arbeiten von KONKIN und ROGOWIN[11], FREUDENBERG[12] und HIBBERT[13], in denen nachgewiesen wird, daß die Cellulose in homogenem Medium durch Salz- und Schwefelsäure nur etwa 2 bis 3 mal langsamer hydrolysiert wird als Cellobiose. Unter heterogenen Bedingungen dagegen verläuft der Prozeß bei der Cellulose 150 bis 200 mal langsamer als bei der Cellobiose.

---

[1] З. А. Роговин, Новое в химии целлюлозы (S. A. ROGOWIN, Neues in der Chemie der Cellulose) 1945; Высокомолекул. соед. (Hochmol. Verb.) Heft 9, 1 (1949).

[2] А. А. Стрепихеев, ДАН СССР (A. A. STREPICHEJEW, Ber. Akad. Wiss. d. UdSSR) 67, 471 (1949).

[3] В. А. Иванов, Усп. хим. (W. A. IWANOW, Fortschr. d. Chemie [russ.]) 40, 360 (1946).

[4] F. SCHULZ u. E. HUSEMANN, Z. phys. Chemie (1942).

[5] E. PASCU, J. Polym. Sci. 2, 565 (1947).

[6] В. И. Шарков, В. С. Муромцева и Г. Д. Парамонова, ЖПХ (W. I. SCHARKOW, W. S. MUROMZEWA u. G. D. PARAMONOWA, Z. Angew.Chemie [russ.]) 21, 1037 (1948). — В. И. Шарков, Гидролизн. пром. (W. I. SCHARKOW, Hydrolysenind.) Nr. 4 (16) 5 (1950).

[7] В. К. Низовкин, Д. М. Хай и А. В. Крупнова, Гидролизн. пром. (W. K. NISOWKIN, D. M. CHAI u. A. W. KRUPNOWA, Hydrolysenind.) Nr. 5, 3 (1948).

[8] R. F. NICKERSON, Ind. Eng. Chem. 1023 (1941).

[9] M. SORKIN, Ber. 70, 1565 (1937).

[10] Vgl. Hydrolysenind. Nr. 1, 20 (1951).

[11] А. А. Конкин и З. А. Роговин, Гидролизн. пром. (A. A. KONKIN u. S. A. ROGOWIN, Hydrolysenind.) Nr. 6, 8 (1950).

[12] K. FREUDENBERG u. G. BLOMQUIST, Ber. 68, 2070 (1935).

[13] H. HIBBERT u. E. PERCIVAL, J. Am. Chem. Soc. 52, 3995 (1930).

Andererseits haben Untersuchungen von SCHARKOW und Mitarbeitern[1] ergeben, daß aus den Hemicellulosen isoliertes Mannan, Xylan und Glukan mit fast der gleichen Geschwindigkeit[2] hydrolysiert werden wie Cellobiose und Maltose, die sich nur in der Konfiguration unterscheiden.

Ferner hat sich herausgestellt, daß das schwer hydrolysierbare Mannan und Xylan aus Zellstoff mit 20%iger Natronlauge extrahiert werden kann und in isolierter Form leicht hydrolysierbar ist. In letzter Zeit hat sich eine Reihe von Autoren mit der unregelmäßigen Hydrolyse des Cellulosemoleküls in der Längsrichtung beschäftigt. Zuerst ist diese Erscheinung bei Untersuchungen über die Änderungen des *DP* von Baumwollcellulose durch eine milde saure Hydrolyse beobachtet worden[3]. Dabei ist festgestellt worden, daß der *DP* des ungelöst gebliebenen Rückstandes mit zunehmender Hydrolyse einen gewissen Grenzwert, der bei 150 bis 200 liegt, erreicht.

Andere Autoren[4], die diese Erscheinung ebenfalls untersucht haben, finden, daß der Grenzwert bereits bei sehr geringem Gewichtsverlust des Materials erreicht wird. Als Erklärung nehmen sie eine rasche Hydrolyse der die kristallinen Bereiche umgebenden amorphen Gebiete an.

Der Grenzwert des *DP* liegt bei Viskoseseide wesentlich niedriger als bei Baumwollcellulose, für die letztere liegt er bei 280, für die erstere bei 110.

SCHARKOW, DOBUSCH und PARAMONOWA[5] haben festgestellt, daß der Grenzwert bei Zellstoff im Gegensatz zu Baumwolle mit zunehmender Hydrolyse langsamer erreicht wird. Ferner hängt der Grenz-*DP* bei beiden Celluloseformen von der Art der Vorbehandlung ab. So bewirkt z. B. eine Mercerisierung ein rasches Abfallen des Grenzwertes. Die gleiche Erscheinung tritt auch nach dem Umfällen von Cellulose aus verschiedenen Lösungen auf.

In der gleichen Arbeit wird die Ansicht ausgesprochen, daß die veränderliche Natur des Grenzwertes eine Folge der unterschiedlichen Dispersität des schwer angreifbaren Celluloseanteils ist, der bei der Hydrolyse der amorphen Bereiche frei wird. Die Verteilung der letzteren hängt von der jeweiligen Vorbehandlung ab.

Ausgedehnte Untersuchungen in dieser Richtung haben NISOWKIN und Mitarbeiter[6] angestellt. Sie haben als erste das Verhalten von Zellstoff und Baumwollcellulose bei der Hydrolyse mit verdünnten Säuren bei 120 bis 170° untersucht. Auch dabei ist die Existenz eines *DP*-Grenzwertes festgestellt worden. Die Autoren haben die Vermutung ausgesprochen, daß die hydrolysierte Cellulose aus „Kristalliten" besteht, bei deren Hydrolyse eine allmähliche Auflösung der obersten Schichten stattfindet, ohne daß sich die Längsab-

[1] В. И. Шарков и др., Сб. тр. Всесоюзн. Научно-иссл. инст. гидролизн. и сульф.-спирт. пром. (W. I. SCHARKOW u. a., Ges. Arb. d. Allunions-Forsch. Inst. d. Hydrolysen- u. Sulfitsprit-Ind.) 3, (1950). — В. И. Шарков, Гидролизн. пром. (W. I. SCHARKOW, Hydrolysenind.) Nr. 4 (1950).

[2] Sie unterscheiden sich um etwa das 2- bis 3fache.

[3] H. STAUDINGER u. M. SORKIN, Ber. **70**, 1565 (1937).

[4] R. F. NICKERSON u. J. A. HABRLE, Ind. Eng. Chem. **39**, 1507 (1937). — Vgl. auch L. JRGENSEN, Acta Chem. Scand. **3**, 780 (1949).

[5] Сб. тр. Всесоюзн. Научно-иссл. инст. гидролизн. и сульф.-спирт. пром. (Ges. Arb. d. Allunions-Forsch. Inst. d. Hydrolyse- u. Sulfitsprit-Ind.) **3**, 31 (1950).

[6] В. К. Низовкин, Д. М. Хай и А. В. Крупнова, Гидролизн. пром. (W. K. NISOWKIN, D. M. CHAI u. A. W. KRUPNOWA, Hydrolysenind.) Nr. 5, 3 (1948).

messungen ändern. SVEDBERG[1] hat in einer 1949 veröffentlichten Übersicht Elektronendiagramme von hydrolysierter Cellulose angeführt, die zeigen, daß ein Zerfall in einzelne spindelförmige Teilchen stattfindet, deren Länge 1 μ nicht übersteigt.

Aus den unlängst veröffentlichten Untersuchungen von BATTISTA[2] geht hervor, daß der Grenz-*DP* auch von der Art der Hydrolyse abhängig ist. Je milder diese verlaufen ist, um so höher liegt der Grenz-*DP* des ungelösten Anteils. In entsprechender Weise liegt der Grenzwert bei sehr kräftigen Bedingungen niedriger trotz gleicher Auflösungstiefe der Cellulose.

Wie NISOWKIN und Mitarbeiter[3] 1948 gezeigt haben, besitzen Präparate von Viskosefasern ein unklares Röntgendiagramm, das jedoch nach partieller Hydrolyse klar wird. NISOWKIN erklärt diese Erscheinung mit einer Auflösung des amorphen Celluloseanteils, während INGERSOLL[4] und HERMANS und WEIDINGER[5] es als eine „Kristallisation" der Cellulose während der Hydrolyse auffassen. Die Autoren begründen ihre Ansicht mit einer Reihe von Beobachtungen, aus denen hervorgeht, daß die Entstehung eines klaren Diagramms nur mit verschwindend kleinen Gewichtsverlusten leicht hydrolysierbarer Hydratcellulosepräparate verbunden ist. Zur Klärung dieser Frage bedarf es jedenfalls noch weiterer Untersuchungen.

Die Hydrolyse der Polysaccharide in neutralem Wasser verläuft bei gewöhnlicher Temperatur nur sehr langsam. Mit steigender Temperatur nimmt auch die Geschwindigkeit zu, jedoch ist sie immer noch nicht sehr groß, so daß diese Reaktion keine praktische Bedeutung erlangt hat. Bei längerer Erhitzung der Polysaccharide in Wasser findet parallel zur Hydrolyse auch eine weitgehende Zersetzung statt, wobei neben Huminstoffen organische Säuren gebildet werden. Diese Sekundärreaktion wird anscheinend durch Dehydratisierung der Polysaccharide und Ringöffnung bewirkt.

Zur Beschleunigung der Hydrolyse und Vermeidung von Nebenreaktionen wendet man Katalysatoren an. Verwendbar sind sowohl anorganische als auch organische Verbindungen, die in wäßriger Lösung sauer reagieren, d. h., die freie Wasserstoffionen durch Dissoziation bilden. Zu diesen Stoffen gehören die Mineralsäuren und organischen Säuren, deren saure Salze und die leicht hydrolysierbaren Verbindungen wie $FeCl_3$ oder solche Salze wie $ZnCl_2$, die in Wasser saure Hydrate bilden. Je stärker die Dissoziation des Katalysators ist, d. h., je mehr Wasserstoffionen in der Lösung vorhanden sind, um so energischer wirkt er auf den hydrolytischen Abbau ein.

Nach heutigen Anschauungen hängt die Aktivität eines Katalysators außerdem auch vom Charakter des Anions und des undissoziierten Moleküls ab.

In der Hydrolysenindustrie, welche die Gewinnung und Verarbeitung der bei der Hydrolyse mit verdünnten Säuren entstehenden Zucker zum Ziel hat, wird als Katalysator gewöhnlich Schwefelsäure in Konzentrationen von 0,3 bis 1% benutzt. Viel seltener dient Salzsäure oder schweflige Säure den gleichen Zwecken.

---

[1] THE SVEDBERG, Svensk Papperstidn. **52**, 157 (1949).

[2] O. A BATTISTA, Ind. Eng. Chem. **42**, 502 (1950).

[3] В. К. Низовкин, Д. М. Хай и А. В. Крупнова, Гидролизн. пром. (W. K. NISOWKIN, D. M. CHAI u. A. W. KRUPNOWA, Hydrolysenind.) Nr. 5, 3 (1948).

[4] H. G. INGERSOLL, J. Appl. Phys. **17**, 924 (1946).

[5] P. H. HERMANS u. A. J. WEIDINGER, Polymer. Sci. **4**, 317 (1949).

Der Hydrolysenprozeß der Polysaccharide gehört seinem Charakter nach zu den bimolekularen Reaktionen, weil gleichzeitig eine Konzentrationsänderung der beiden Komponenten Polysaccharid und Wasser stattfindet. Da sich jedoch das Wasser im Reaktionsraum im großen Überschuß befindet und seine Konzentrationsänderung infolgedessen nur geringfügig ist, kann der Prozeß mit ausreichender Genauigkeit als Reaktion erster Ordnung betrachtet werden.

Zahlreiche Messungen der Hydrolysengeschwindigkeit verschiedener Polysaccharide haben ergeben, daß eine formale Anwendung der Gleichung für eine Reaktion erster Ordnung durchaus gerechtfertigt ist:

$$\frac{dx}{dt} = K(a - x),$$

dabei bedeuten

a die ursprüngliche Menge des Polysaccharids,
x die in der Zeit t hydrolysierte Menge des Polysaccharids und
K die Hydrolysengeschwindigkeitskonstante.

Durch Integrieren erhält man

$$x = a(1 - e^{-Kt}),$$

e bedeutet darin die Basis des natürlichen Logarithmus.

Mit Hilfe dieser Gleichung läßt sich bei bekanntem K die in der Zeit t entstandene Menge an Hydrolysenprodukten berechnen.

Zur Ermittlung von K geht man von der obigen Gleichung aus und erhält nach einigen Umwandlungen:

$$K = \frac{1}{t} \ln \frac{a}{a - x}.$$

Unter Benutzung dieser Formel kann die Konstante für verschiedene Reaktionsbedingungen auf experimentellem Wege bestimmt werden. Die absolute Größe von K hängt von den verschiedenen, die Hydrolysengeschwindigkeit beeinflussenden Faktoren ab. Der Wert für K nimmt mit steigender Geschwindigkeit ebenfalls zu.

Mit Hilfe dieser Beziehung lassen sich die Reaktionsgeschwindigkeiten bei der Hydrolyse verschiedener Polysaccharide messen und miteinander vergleichen. Ebenso kann der Einfluß unterschiedlicher Hydrolysebedingungen festgestellt werden.

Zur bequemeren Benutzung hat SCHARKOW[1] vorgeschlagen, die Konstante als Produkt mehrerer Teilkonstanten zu betrachten:

$$K = \alpha N \delta \lambda,$$

dabei ist

α der Aktivitätsfaktor der Säure,
N die Normalität der Lösung,
δ eine die Hydrolysierbarkeit des Polysaccharids charakterisierende Konstante und
λ eine temperaturabhängige Konstante.

---

[1] В. И. Шарков, Гидролизное производство (W. I. SCHARKOW, Hydrolysenind.) 1945, Bd. 1, S. 145.

Von SCHARKOW sind die Zahlenwerte der Teilkonstanten ermittelt worden, so daß die Gesamtkonstante für beliebige Reaktionsbedingungen bestimmt werden kann.

Im Verlaufe der Untersuchungen über die Hydrolyse von Polysacchariden mit verdünnten Säuren hat sich herausgestellt, daß die praktischen Zuckerausbeuten stets unter der Menge des ursprünglich vorhandenen Polysaccharids liegen. Der Grund dafür besteht darin, daß neben der eigentlichen Hydrolyse noch eine zweite Reaktion, die Zerstörung der entstandenen Zucker, stattfindet. Die gleichen Katalysatoren, die die Hydrolyse beschleunigen, wirken auch auf die Nebenreaktionen in der gleichen Weise.

Aus Messungen der Zersetzungsgeschwindigkeit von Monosacchariden in verdünnten Säuren ist bekannt, daß auch in diesem Falle die Gleichung für eine Reaktion erster Ordnung gilt. In analoger Weise kann man die in der Zeit t zersetzte Zuckermenge y mit Hilfe der nachstehenden Formel berechnen:

$$y = b(1 - e^{-K_1 t}),$$

dabei ist b die Anfangsmenge des Monosaccharids und
K_1 die Zerfallsgeschwindigkeitskonstante des Zuckers.

Auch in diesem Falle läßt sich die Konstante K_1 in mehrere Teilkonstanten aufgliedern:

$$K_1 = \alpha_1 N \delta_1 \lambda_1,$$

darin bedeuten
α_1 den Aktivitätsfaktor der Säure,
N die Normalität,
δ_1 eine die Stabilität des Monosaccharids charakterisierende Konstante und
λ_1 eine temperaturabhängige Konstante.

Bei der Zersetzung von Monosacchariden in verdünnten Säuren entstehen verschiedene Zwischen- und Endprodukte.

Beim Zerfall von Hexosen z. B. verläuft die Reaktion nach folgendem Schema:

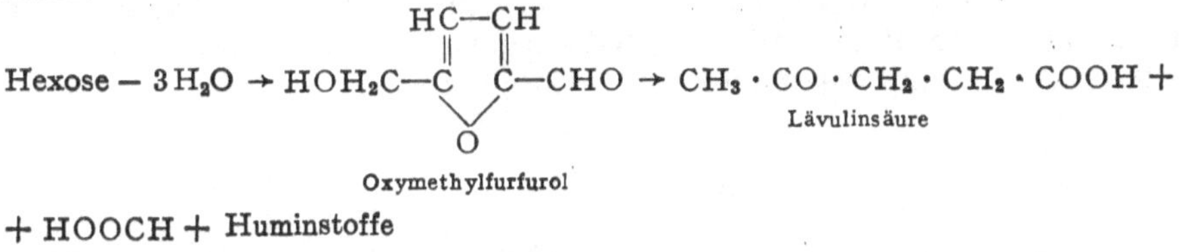

Zunächst bildet sich Oxymethylfurfurol als Zwischenprodukt, das jedoch sehr unbeständig ist und schnell weiter gespalten wird, wobei Lävulinsäure, Ameisensäure und Huminstoffe entstehen.

Zur Veranschaulichung sei nachstehendes Beispiel[1] herangezogen. Eine 3,85%ige wäßrige Lösung von Glukose mit 0,488% Schwefelsäure wird 1 Stunde im zugeschmolzenen Glasrohr auf 180° erhitzt. Nach der Beendigung des Versuchs sind in der Lösung folgende Produkte, berechnet in g auf 100 g ursprüngliche Glukose, gefunden worden:

[1] В. И. Шарков, (W. I. SCHARKOW) loc. cit.

Glukose	33,4
Huminstoffe	9,5
Lävulinsäure	31,5
Ameisensäure	12,8
Oxymethylfurfurol	5,6
Durch Abspaltung gebildetes Wasser	4,9
insgesamt	97,7

Die Pentosen werden unter den gleichen Bedingungen ebenfalls zersetzt:

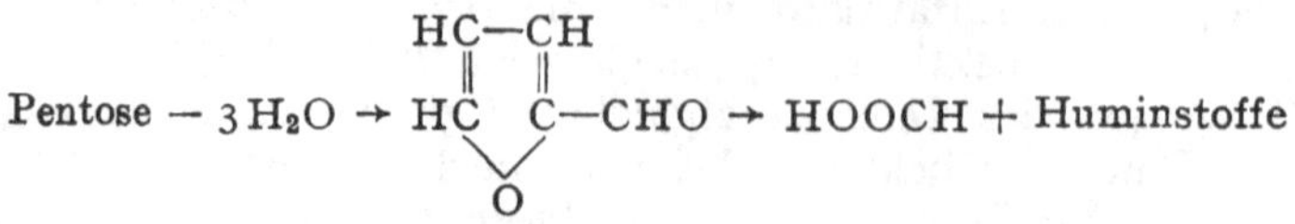

Furfurol

Als Zwischenprodukt entsteht dabei das relativ beständige Furfurol, aus dem dann bei weiterer Erhitzung Ameisensäure und Huminstoffe gebildet werden. Lävulinsäure tritt in diesem Falle nicht auf. Uronsäuren werden unter den genannten Bedingungen in CO_2 und Pentosen gespalten, die dann in der beschriebenen Weise weiter zersetzt werden.

Da bei der Hydrolyse von Polysacchariden stets auch ein Zerfall der gebildeten Monosaccharide stattfindet, läßt sich die tatsächliche Zuckerausbeute z zu irgendeinem Zeitpunkt folgendermaßen ausdrücken

$$z = x - y,$$

d. h. z ist gleich der Differenz aus der gebildeten und der im gleichen Zeitraum zersetzten Zuckermenge. Ausgehend von den Beziehungen für x und y und unter Berücksichtigung der Tatsache, daß die beiden Reaktionen nacheinander verlaufen, kann z mit Hilfe der nachstehenden Formel für einen beliebigen Zeitpunkt berechnet werden:

$$z = \frac{a\,K}{K_1 - K}\left[e^{-Kt} - e^{-K_1 t}\right].$$

Die Werte für z steigen anfangs an, um dann nach Erreichung eines Maximums wieder abzufallen. Die maximal erzielbare Menge an Zucker wird durch folgende Beziehung bestimmt:

$$z_{\max} = a\left[\frac{K_1}{K}\right]^{\frac{1}{1-\frac{K}{K_1}}}.$$

Aus der Formel ist ohne weiteres ersichtlich, daß die maximale Zuckerausbeute schließlich und endlich von der Menge des Polysaccharids und dem konstanten Verhältnis K/K_1 abhängig ist. Je größer die Geschwindigkeitskonstante der Hydrolyse (K) ist und je kleiner die Zerfallskonstante (K_1) ist, um so mehr Zucker läßt sich maximal gewinnen.

So ergibt z. B. das bei 160° mit 1%iger Schwefelsäure leicht hydrolysierbare Mannan im Maximum ca. 103 bis 105% Zucker, während die schwerer hydrolysierbare Cellulose unter den gleichen Bedingungen nur 30% Monosaccharide bildet.

Dadurch erklärt sich auch die bekannte Tatsache, daß Holz, das etwa 65% Kohlenhydrate enthält, bei der Hydrolyse mit verdünnten Mineralsäuren bei

160 bis 180° maximal nicht mehr als 30% Zucker ergibt. Der restliche, ebenfalls gebildete Teil wird gleich wieder zerstört.

Zur Erhöhung der Zuckerausbeute bei der Hydrolyse von Cellulose und Holz sind verschiedene Vorschläge gemacht worden. Am günstigsten sind Verfahren, bei denen die Bedingungen der Hydrolyse so gewählt werden, daß die entstehenden Zucker so rasch wie möglich aus der Reaktionsphase entfernt werden können. So hat z. B. bereits SIMONSEN die Stufenhydrolyse eingeführt. Das Prinzip dieses Verfahrens beruht darauf, daß das Polysaccharid mit der Säure nur so lange gekocht wird, bis die Zuckerbildung kurz vor dem Maximum steht. In diesem Augenblick wird die Kochung unterbrochen, der Inhalt des Reaktionsgefäßes rasch abgekühlt und die Zuckerlösung von dem ungelösten Anteil abgetrennt. Der Rückstand wird nun mit frischer, heißer Säure erneut in der gleichen Weise behandelt. Dieses Verfahren wird sooft wiederholt, solange noch Anteile des Polysaccharids in Lösung gehen. Zur Hydrolyse von Cellulose und Holz sind mindestens 5 bis 6 Stufen erforderlich.

Durch die Anwendung der Stufenhydrolyse ist die Zeit der Anwesenheit der Zucker in der Reaktionsphase um das 5- bis 6fache herabgesetzt und damit eine geringere Zersetzung bewirkt worden. Auf diese Weise läßt sich die Gesamtausbeute an Zucker auf 45 bis 50% des Holzes erhöhen[1].

Als Beispiel für eine derartige Stufenhydrolyse sind in der Tab. 118 einige Ergebnisse angeführt[2]. Charakteristisch für diesen Fall ist eine allmähliche Steigerung der Temperatur von Stufe zu Stufe.

Bei der Holzhydrolyse nach dem Stufenverfahren hängt die Zuckerausbeute in jeder Stufe von den angewandten Bedingungen ab, im allgemeinen nimmt sie von der ersten bis zur letzten Stufe ab[3]. Diese Erscheinung läßt sich hauptsächlich durch zwei Faktoren erklären: 1. durch den Gehalt des Holzes an

TABELLE 118

Stufenhydrolyse von Nadelholz

Stufe	Schwefelsäurekonzentration in %	Temperatur in °C	Flottenverhältnis	Zucker in %	Gesamtzucker in %	Dauer in min.	
						Aufheizen	Kochen
1	0,5	173	5	23,2	23,2	28—40	15
2	0,5	180	5	3,6	26,8		
3	0,5	187	5	6,0	32,8		
4	0,5	200	5	10,7	43,5		
1	1,0	166	10	23,5	23,5	15—30	15
2	1,0	180	5	10,5	34,0		
3	1,0	182	5	4,3	38,3		
4	1,0	187	5	2,0	40,3		
5	1,0	202	5	6,5	46,8		

[1] В. И. Шарков, Гидролизное производство (W. I. SCHARKOW, Hydrolysenindustrie) 1948, Bd. 2, S. 172.

[2] Вол-Рабинович, Лесохим. пром. (WOL-RABINOWITSCH, Holzchem. Ind.) 2, 30 (1933).

[3] In den einzelnen Stufen kann die Zuckermenge je nach den Bedingungen größer oder kleiner als in den vorhergehenden sein.

leicht und schwer hydrolysierbaren Kohlenhydraten, wobei die leicht zugänglichen bereits in den ersten Stufen abgebaut werden und so die Gesamtausbeute erhöhen und 2. durch die allmähliche Abnahme der Menge der noch nicht hydrolysierten Polysaccharide.

Unter dem Einfluß dieser Faktoren wird die Zuckerkonzentration von Stufe zu Stufe niedriger, wodurch sich ebenfalls die Kosten für die Weiterverarbeitung des Zuckers erhöhen.

Zur Erhöhung der Zuckerkonzentration der letzten Stufen hat man das Prinzip des abnehmenden Flottenverhältnisses angewandt, d. h., man hat von Stufe zu Stufe die Menge der Kochflüssigkeit herabgesetzt. Dieses Verfahren hat auf den verschiedensten Gebieten der Holzhydrolyse ausgedehnte Verwendung gefunden.

Ein anderes Verfahren zur Erhöhung der Zuckerkonzentration in Hydrolysaten ist 1899 von GILLER-BOMBIN[1] ausgearbeitet worden.

Durch die Anwendung der Stufenhydrolyse ist es gelungen, bis zu 50% Zucker, bezogen auf absolut trocknes Holz, in einer Konzentration von 3 bis 4% zu erhalten.

Ein ernster Nachteil dieser Methode ist ihre Umständlichkeit und lange Dauer. So benötigt z. B. das Verfahren von SCHOLLER[2], nach dem in den meisten Fabriken Westeuropas gearbeitet wird, 17 bis 20 Stufen mit einer Gesamtdauer von 14 bis 17 Stunden. In dieser Zeit ist ein ungefähr 240maliges Öffnen und Schließen der Ventile erforderlich.

Wesentlich moderner ist das in der Sowjetunion benutzte Hydrolysenverfahren, bei dem die heiße Säure kontinuierlich das im Hydrolysierapparat zerkleinerte Holz durchströmt. Auf diese Weise wird der gebildete Zucker ständig aus der Reaktionssphäre entfernt. Je höher die Durchströmungsgeschwindigkeit ist, um so kleiner ist die Zersetzungsmöglichkeit und um so größer die Ausbeute an Zucker.

Die Geschwindigkeit der Zuckerentfernung aus dem Reaktionsraum wird in der Hauptsache durch folgende Faktoren bestimmt:

1. Durch den Zerkleinerungsgrad des Holzes. Je geringer die Zerkleinerung ist, um so langsamer wird der Zucker von der strömenden Flüssigkeit entfernt. Bedingt ist dies durch die geringe Diffusion des Zuckers aus dem Inneren der großen Stücke.

2. Durch die Strömungsgeschwindigkeit der Säure durch die Holzschicht. Mit steigender Strömungsgeschwindigkeit wird auch die Entfernung des aus dem Holz in die Flüssigkeit übergehenden Zuckers beschleunigt.

3. Durch die Gleichmäßigkeit der Strömung über den gesamten Schichtquerschnitt. Auch hierbei erfolgt mit zunehmender Gleichmäßigkeit eine verbesserte Entfernung der Zucker.

Bei richtig gewählten Arbeitsbedingungen (Temperatur, Säurekonzentration, Dauer, Wiederverwendung des Hydrolysats) erreicht die Zuckerausbeute 50 bis 53% des Holzes bei einer Konzentration im Hydrolysat von 3 bis 4%. Die

[1] О. К. Гиллер-Бомбин, Лесопром. вестн. (O. K. GILLER-BOMBIN, Holzwirtsch. Bote) Nr. 17, 217 (1899).

[2] В. И. Шарков, Гидролизное производство (W. I. SCHARKOW, Hydrolysenindustrie) 1948, Bd. 2, S. 173 bis 200.

Dauer der Hydrolyse ist unter diesen Bedingungen wesentlich kürzer als bei dem oben beschriebenen Verfahren der Stufenhydrolyse.

Das Verfahren zur Hydrolyse des Holzes mit kontinuierlichem Durchströmen der Säure ist erstmalig von SCHARKOW[1] im Jahre 1934 angewandt worden. Seitdem ist die Methode systematisch mit Hilfe vieler Wissenschaftler und Ingenieure der Hydrolysenindustrie weiterentwickelt und verbessert worden.

Die Hydrolyse mit verdünnter Schwefelsäure ist heute die am häufigsten angewandte Methode zur industriellen Verzuckerung der Holzpolysaccharide und pflanzlichen Abfälle der Landwirtschaft.

Die Verzuckerung wird in großem Maßstabe hauptsächlich zur Darstellung von Äthylalkohol durchgeführt. Durch die Verwendung von Holzabfällen wie Sägemehl, Späne, Leisten und Schwarten, lassen sich erhebliche Mengen von Nahrungsmitteln, die sonst zur Gewinnung von Alkohol dienen, einsparen. In diesem Zusammenhang mag der Hinweis genügen, daß 1 t trockner Sägespäne bei der Verarbeitung auf Alkohol in der Lage ist, 2 t Kartoffeln zu ersetzen.

Die Gewinnung von Alkohol durch Hydrolyse von Holz beruht auf der Umwandlung der im Holz enthaltenen Hexosane in die entsprechenden Hexosen, Glukose, Mannose und Galaktose. Durch Vergären mit besonderen Hefekulturen lassen diese sich in Alkohol verwandeln. Nach beendeter Gärung wird der Alkohol abdestilliert, gereinigt und als technisches Rektifikat in den Handel gebracht, das sowohl für technische Zwecke als auch für Genußmittel Verwendung finden kann.

Die Alkoholgewinnung aus dem in der bereits beschriebenen Weise erhaltenen Holzzucker besteht in folgendem.

Das Hydrolysat enthält neben 3 bis 4 % Zucker (reduzierenden Stoffen) 0,6 bis 0,7 % Schwefelsäure, 0,3 bis 0,4 % Essigsäure und Ameisensäure und 0,2 bis 0,3 % Lävulinsäure. Außerdem finden sich noch in geringen Mengen Methanol, Furfurol, Aceton, Terpentin, Formaldehyd und Huminstoffe, von denen ein großer Teil kolloid gelöst ist.

Beim Austritt aus dem Hydrolysierapparat besitzt das Hydrolysat noch eine Temperatur von 160 bis 190°.

Für die Vergärung muß das Hydrolysat bis auf 30° abgekühlt werden und von dem Hauptteil der Kolloide und anderer für die Gärung schädlicher Stoffe befreit werden.

Die Abkühlung wird in der Technik in zwei Stufen durchgeführt, in der ersten bis auf 105° und in der zweiten auf 30°.

Die erste Stufe wird durch Verdampfung infolge rascher Druckverminderung bewirkt. Durch den dabei entstehenden Abdampf wird der größte Teil der schädlichen flüchtigen Bestandteile (Terpentin, Furfurol, Formaldehyd) entfernt. Gleichzeitig dient der Dampf zum Vorwärmen frischer Hydrolysierflüssigkeit. Schließlich wird der Dampf kondensiert und zusammen mit den schädlichen Produkten entfernt.

Das abgekühlte Hydrolysat wird nun mit Kalk neutralisiert und mit Hilfe von Gradierwerken, Vakuumverdampfern oder Wärmeaustauschern weiter bis auf 30° abgekühlt.

Die Neutralisation erfolgt mit Kalk, wobei die gesamte freie Schwefelsäure und ca. 70 % aller organischen Säuren in Form der entsprechenden Salze gebunden werden.

---

[1] В. И. Шарков, Лесохим. пром. (W. I. SCHARKOW, Holzchem. Ind.) 3, 23 (1934). — В. И. Шарков, Гидролиз древесины (W. I. SCHARKOW, Die Hydrolyse des Holzes) 1936, S. 300. — В. И. Шарков, Гидролизное производства (W. I. SCHARKOW, Hydrolysenindustrie) 1948, Bd. 2, 1950, Bd. 3.

Ein großer Teil des Gipses kristallisiert dabei als Dihydrat aus. Die Ameisensäure und ein Teil der Essigsäure bilden leicht lösliche Calciumsalze, die aber bei der Gärung nicht stören.

Zusammen mit dem ausfallenden Gips werden auch die Huminstoffe und kolloid gelöstes Lignin entfernt. Die Entfernung der Niederschläge erfolgt entweder durch Absitzenlassen oder durch Filtration, wonach dann, wie bereits erwähnt, auf 30° abgekühlt wird. Dabei fallen nochmals Kolloidanteile aus, die durch Filtration oder Zentrifugieren abgetrennt werden müssen. Der so vorbereitete Holzmost wird mit bestimmten Hefekulturen versetzt, die die Hexosen zu Alkohol und Kohlensäure vergären. Die Hefen setzen jedoch nur etwa 78 bis 80 % des Holzzuckers in Alkohol um. Aus 100 kg Zucker erhält man in diesem Falle ungefähr 50 bis 52 l 100 %igen Äthylalkohol. Die Alkoholkonzentration in der vergorenen Flüssigkeit ist 1,3 bis 1,4 %ig. Zur Darstellung technischen Alkohols wird eine Dampfdestillation durchgeführt und der Alkohol in Rektifikatoren bis auf 92 % aufkonzentriert und von Fuselölen, Äthern, Aldehyden und Methanol befreit. Der Methanolgehalt darf in technischen Produkten 0,1 % nicht übersteigen. Aus 1 t absolut trockenem Nadelholz können auf die beschriebene Weise 180 bis 200 l Alkohol, berechnet auf 100 %igen, gewonnen werden.

Bei der Alkoholherstellung aus Holzhydrolysaten werden nur die Hexosane benutzt, alle übrigen Bestandteile werden verworfen.

Zur besseren Ausnutzung des Rohstoffs wendet man neuerdings ein neues kombiniertes Verfahren an. Dabei wird Nadelholz zunächst in bekannter Weise mit verdünnter Schwefelsäure hydrolysiert und der Hexoseanteil auf Alkohol verarbeitet. Das in der ersten Abkühlungsstufe erhaltene Kondensat wird rektifiziert und so Furfurol, Terpentin und Methanol gewonnen. Die nach dem Abdestillieren des Alkohols verbleibende Flüssigkeit enthält noch die unvergärbaren Pentosen und Essigsäure. Durch entsprechende Aufarbeitung lassen sich daraus Nährhefen herstellen.

Das Wachstum der Hefeorganismen wird dabei durch eine intensive Luftzufuhr bewirkt. Aus 100 kg in der Schlempe enthaltenen reduzierenden Substanzen erhält man etwa 40 kg Trockenhefe mit ca. 50% leicht verdaulichem Eiweiß und Vitaminkomplexen. Die Hefe wird von der Flüssigkeit in Separatoren abgetrennt, mit Wasser gewaschen und bis zu einem Feuchtigkeitsgehalt von 8 bis 10% getrocknet. In dieser Form findet die Hefe ausgedehnte Verwendung in der Viehzucht als vitaminreiches Eiweißkraftfutter.

Die bei der alkoholischen Gärung entstehende Kohlensäure wird aufgefangen, gereinigt und in fester oder flüssiger Form für industrielle Zwecke verwendet.

Der unlösliche Rückstand bei der Hydrolyse des Holzes wird als technisches Lignin bezeichnet und entweder direkt oder nach Trocknung durch die Abgase als hochwertiges Heizmaterial benutzt.

Auf diese Weise lassen sich fast alle im ursprünglichen Holz vorhandenen Komponenten einer Verwertung zuführen.

Bei der Verarbeitung von Laubhölzern oder landwirtschaftlichen Abfällen (Stroh, Baumwollsamenschalen, Sonnenblumenschalen, Maisstrünke usw.), die reich an Pentosanen sind, wird folgendes Verarbeitungsschema angewandt:

Die Hydrolyse mit verdünnter Schwefelsäure wird in zwei Stufen durchgeführt. In der ersten wird unter sehr milden Bedingungen gearbeitet, wobei hauptsächlich das Xylan hydrolysiert wird. Das entstehende Hydrolysat enthält 15 bis 20% des Ausgangsmaterials in Form von Pentosen. Der Rückstand der ersten Stufe wird unter kräftigeren Bedingungen erneut hydrolysiert, wobei die Hexosen erhalten werden.

Beide Hydrolysate werden auf verschiedene Weise aufgearbeitet.

Das Pentosenhydrolysat, dessen reduzierende Bestandteile Xylose, Arabinose und Uronsäuren sind, wird für die Darstellung von kristallisierter Xylose, Gewinnung von Furfurol und Züchtung von Nährhefen verwandt.

Die Wahl der jeweiligen Verarbeitung richtet sich nach dem Bedarf und dem Charakter der Produktion.

Zur Darstellung von reiner Xylose wird das Hydrolysat zunächst zur Entfernung der überschüssigen Schwefelsäure mit Kalk neutralisiert und danach mit Hilfe von Ionenaustauschern von Kationen und Anionen befreit. Das ionenfreie, noch schwach saure Hydrolysat wird mit Aktivkohle entfärbt und im Vakuum bis zur Sirupkonsistenz eingeengt. Die Xylose kristallisiert mit zunehmender Abkühlung langsam aus, wird abgetrennt, gereinigt und getrocknet.

Xylose dient zur Herstellung von Trioxyglutarsäure, die in der Nahrungsmittelindustrie an der Stelle von Citronensäure verwendet wird. Ferner werden aus Xylose verschiedene chemische und pharmazeutische Präparate dargestellt.

Zur Furfurolgewinnung wird das Hydrolysat in Spezialapparaten, sogenannten Dehydratoren, bei Gegenwart von Wasserstoffionen erhitzt, wobei aus den Pentosen in bekannter Weise Furfurol entsteht. Das gebildete Furfurol wird mit Wasserdampf abdestilliert, vom Wasser abgetrennt und schließlich rektifiziert.

Gereinigtes Furfurol wird in der Erdölindustrie zur Reinigung des Öls, in der Kunststoffindustrie u. a. m. verwandt.

Die Herstellung von Nährhefe aus dem Pentosehydrolysat erfolgt in der gleichen bereits auf S. 466. beschriebenen Weise.

Das Hexosehydrolysat wird ebenfalls auf Alkohol verarbeitet.

Entsprechend dem gewählten Arbeitsschema lassen sich verschiedene Typen von Hydrolysenfabriken unterscheiden: Xylose-Alkohol, Furfurol-Alkohol und Hefe-Alkohol. Das in diesen Werken anfallende Lignin wird ebenfalls als Brennmaterial benutzt.

In Analogie zur Hydrolyse der Kohlenhydrate mit verdünnten Säuren kann auch der Sulfitaufschluß des Holzes als Hydrolyse der Hemicellulosen und eines Teiles des Lignins betrachtet werden. Als Katalysator dient in diesem Falle die schweflige Säure und ihr saures Calciumsalz. Die dabei in der Lösung entstehenden Wasserstoffionen wirken katalytisch auf die Hydrolyse der Hemicellulosen, aus denen die entsprechenden Monosaccharide entstehen, die in die Sulfitablauge übergehen.

Diese Ablauge kann in gleicher Weise wie die zuvor beschriebenen Hydrolysate auf Alkohol, Kraftfutter, Furfurol usw. verarbeitet werden. Sulfitablauge von Nadelholzkochungen enthält ca. 2 bis 3% reduzierende Stoffe, von denen 60% zu Alkohol vergoren werden können. Der Rest besteht aus Pentosen und Lignosulfonsäuren.

Sulfitablauge von Laubholzkochungen, z. B. aus Buche, enthält etwa 4% reduzierende Stoffe. Zur Alkoholgewinnung eignet sie sich jedoch nicht, da der Gehalt an vergärbaren Zuckern nur 10 bis 20% des Gesamtzuckers beträgt. Der letztere besteht hauptsächlich aus Pentosen.

Infolge des großen Unterschiedes in der Zusammensetzung des Kohlenhydratanteils der Sulfitablaugen von Laub- und Nadelhölzern ist auch die Weiterverarbeitung verschieden.

Die Verarbeitung von Sulfitablauge findet wie bei den Holzhydrolysaten nach einem kombinierten Schema statt, um möglichst alle vorhandenen Bestandteile auszunutzen.

In der Sulfitablauge von Nadelhölzern kann man drei für die Verarbeitung wesentliche Gruppen von Bestandteilen finden: vergärbare Zucker, nicht vergärbare Pentosen und Salze der Lignosulfonsäuren.

Nach dem Abdestillieren des Alkohols wird die Schlempe auf 30° abgekühlt, mit Stickstoff und Phosphor enthaltenden Salzen versetzt, mit Kalk neutralisiert, von suspendierten Stoffen befreit und in dieser Form zur Züchtung von Nährhefe verwandt. Die Weiterverarbeitung erfolgt in der bereits bei den Hydrolysaten beschriebenen Weise.

Die restliche Flüssigkeit enthält jetzt noch die lignosulfonsauren Salze. Zu deren Ausnutzung wird die Lauge bis auf einen Trockengehalt von 50 oder 80% eingedampft und als Schlempenkonzentrat gehandelt. Das Produkt wird entweder unmittelbar in der Metallurgie als Bindemittel für den Formsand oder für eine Weiterverarbeitung für die verschiedensten Zwecke benutzt. So lassen sich daraus eine Reihe wertvoller Produkte gewinnen: Gerbstoffe, Vanillin, Weichmacher für Beton, Stabilisatoren für Lehmsuspensionen in der Erdölindustrie usw.

Die Sulfitablauge von Laubhölzern wird lediglich zur Herstellung von Kraftfutter benutzt, der Rückstand kommt ebenfalls als Konzentrat in den Handel.

Wiederholt hat man Versuche zur Gewinnung von Furfurol aus der Sulfitablauge angestellt, irgendwelche praktisch brauchbaren Resultate sind jedoch nicht erzielt worden.

Die bis jetzt betrachteten Verfahren zur Hydrolyse beruhen auf der Einwirkung von verdünnten Mineralsäuren. Wendet man für den gleichen Zweck konzentrierte Säuren an, so ändert sich das Bild ganz erheblich. Die Wirkung einer konzentrierten Säure auf die Kohlenhydrate des Holzes hängt von der Natur der Säure, ihrer Konzentration und der Temperatur ab. So verläuft z. B. die Reaktion bei niedrigeren Säurekonzentrationen in heterogenem Medium und ist gleich der durch stark verdünnte Säuren hervorgerufenen Reaktion. Durch Erhöhung der Säurekonzentration wird bei gewöhnlicher Temperatur auch die hydrolysierende Wirkung allmählich stärker. Schließlich gelangt man in ein Konzentrationsgebiet, in dem eine unbegrenzte Quellung und Auflösung der Polysaccharide stattfindet[1]. Die Reaktion verläuft gleichmäßig und die Hydrolyse erfolgt wesentlich schneller.

Der wesentlichste Unterschied in der Wirkung konzentrierter Säuren auf die Holzpolysaccharide liegt neben der homogenen Auflösung in dem Verlauf der Hydrolyse bei Mangel an Wasser. Unter diesen Bedingungen verläuft die Hydrolyse nicht immer bis zu den Monosacchariden, sondern bleibt bei den Zwischenprodukten vom Dextrintyp stehen.

Es besteht Grund zu der Annahme[2], daß in diesem Falle die Reaktion nach folgendem Schema verläuft:

$$\underset{\text{Cellulose}}{(C_6H_{10}O_5)_n} + n\,H_2O \rightarrow \underset{\text{Glukose}}{(C_6H_{12}O_6)_n} - n\,H_2O \rightarrow \underset{\text{Reversionsprodukte}}{p\,(C_6H_{10}O_5)_m}$$

[1] П. Н. Одинцов и Л. Я. Рейзиня, Тр. Инст. лесохим. пробл. АН ЛССР (P. N. Odinzow u. L. Ja. Reisinja, Arb. d. Holzchem. Inst. d. Akad. d. Wiss. d. Lett. SSR) Heft 2, 83 (1950).

[2] В И. Шарков, Гидролизное производство (W. I. Scharkow, Hydrolysenindustrie) 1950, Bd. 3, S. 17 u. a. — В. И. Шарков, Теория осахаривания растительных отходов концентрированными кислотами (W. I. Scharkow, Theorie der Verzuckerung pflanzlicher Abfälle mit konzentrierten Säuren) 1940.

Die Cellulose wird zunächst bis zur Glukose hydrolysiert, die jedoch unter der wasserentziehenden Wirkung der Säure wieder in ein Polysaccharid, Glukan, umgewandelt wird, dessen Aufbau jedoch anders ist als der der Cellulose. Die dargestellte Reaktion verläuft infolge des großen Wassermangels in dem System nur allmählich.

Es darf deshalb angenommen werden, daß bei der Einwirkung konzentrierter Säuren auf die nativen Polysaccharide des Holzes in der Lösung gleichzeitig partiell hydrolysierte Polysaccharidbruchstücke und durch ihre Dimensionen unterschiedene resynthetisierte Makromoleküle vorhanden sind.

Der beschriebene Prozeß der Umwandlung von Polysacchariden wird zur Überführung von schwer hydrolysierbaren Holzpolyosen in leicht hydrolysierbare angewandt. Man kann annehmen, daß die Reversionsprodukte (künstliche Polysaccharide) in verdünnten Säuren etwa 100mal schneller hydrolysiert werden als die native Cellulose.

Da jedoch das Endziel jeder Hydrolyse der Holzpolysaccharide in dem Abbau bis zu den Monosacchariden liegt, so stellt die Bildung der Reversionsprodukte nur den ersten Schritt dar, auf den in vielen Fällen ein zweiter folgt. Dieser besteht in einer Verdünnung der Lösung mit viel Wasser und Erhitzen auf 100 bis 150° zur Erreichung einer vollständigen Hydrolyse. Unter diesen Verhältnissen ist die Zersetzung der Zucker infolge der milden Bedingungen nur sehr gering, wodurch Ausbeuten erhalten werden, die sich den theoretisch möglichen nähern. Zum Beispiel kann man nach diesem Verfahren aus 100 kg absolut trockner Baumwollcellulose bis zu 108 bis 110 kg Glukose gewinnen[1].

Durch die Anwendung der beschriebenen Methode auf Nadelholz gelingt es, bis zu 70% Monosaccharide zu erhalten. Diese Menge liegt wesentlich über der durch verdünnte Säuren erreichbaren von 50 bis 55%.

Diese Tatsache erklärt auch das große Interesse der Wissenschaftler und Techniker an der Hydrolyse von Cellulose und Holz mit konzentrierten Mineralsäuren. Wie bereits erwähnt, besitzt jedoch nur eine derartige Säurekonzentration praktische Bedeutung für die Hydrolyse schwer zugänglicher Polysaccharide, die bei gewöhnlicher Temperatur eine homogene Lösung entstehen läßt.

Es sind heute eine Reihe von Mineralsäuren bekannt, die in hohen Konzentrationen eine homogene Auflösung der Cellulose und anderer, schwer zugänglicher Kohlenhydrate bewirken. Zu diesen Säuren gehören:

Schwefelsäure	H_2SO_4	Bromwasserstoffsäure	HBr
Selensäure[2]	H_2SeO_4	Phosphorsäure	H_3PO_4
Arsensäure[3]	H_3AsO_4	Monomethylschwefelsäure	CH_3HSO_4
Flußsäure[4]	HF	Monoäthylschwefelsäure	$C_2H_5HSO_4$
Salzsäure[5]	HCl	Fluorsulfonsäure	$HFSO_3$
		und andere[6].	

[1] Wohl, Cellulosechemie, **2**, 1 (1921). — Ost, Wilkening, Z. Angew. Chemie **34**, 17 (1921). — R. Kisel u. Semiganovsky, Ber. **60**, 333 (1927).

[2] Holl, Cotton Cellulose 1924, S. 91.

[3] Dewing, J. Am. Chem. Soc. **33**, 1515 (1911).

[4] J. Gore, J. Chem. Soc. **22**, 396 (1869).

[5] Peluse, Dingler's Polyt. J. **150**, 394 (1859).

[6] Außer den üblichen Mineralsäuren haben die anderen in der Liste aufgeführten Säuren nur ein theoretisches Interesse.

Die Mindestkonzentration, bei der eine homogene Auflösung von Cellulose und anderen Holzpolyosen beginnt, ist bei den genannten Säuren sehr unterschiedlich, sie hängt von der Löslichkeit der Säuren in Wasser, ihrer Natur und den Eigenschaften des jeweiligen Kohlenhydrats ab. So sind z. B. für die Auflösung der Cellulose höhere Konzentrationen erforderlich als für die Hemicellulosen[1]. Einen großen Einfluß zeigt der Charakter der Säure. Das Konzentrationsminimum, bei der eine Auflösung der Cellulose beginnt, liegt bei Schwefelsäure um 62%, bei Salzsäure dagegen zwischen 39 und 40%. Ebenfalls sehr wesentlich ist die Reaktionstemperatur[2]. Bei höherer Temperatur zeigen konzentrierte Säuren eine sehr energische, wasserentziehende Wirkung, wodurch eine Verkohlung der Hydrolysenprodukte stattfindet. Aus diesem Grunde führt man die Hydrolyse mit konzentrierten Säuren gewöhnlich bei Temperaturen zwischen 15 und 50° durch.

Eine charakteristische Besonderheit der Umsetzung von Polysacchariden mit konzentrierten Mineralsäuren besteht in der Ausbildung von Molekülverbindungen[3].

$$C_6H_{10}O_5 \cdot 4\,H_2O \cdot H_2SO_4$$
$$C_6H_{10}O_5 \cdot 2\,H_2O \cdot H_3PO_4$$

und Estern, wie z. B. Disulfat der Cellulose:

$$C_6H_7O_3 \begin{cases} OH \\ OSO_3H \\ OSO_3H \end{cases}$$

Ähnliche Ester entstehen auch mit Phosphorsäure, Fluorsulfonsäure und anderen. Im Falle der Halogenwasserstoffsäuren ist eine derartige Esterbildung jedoch nicht nachgewiesen worden.

Kinetische Untersuchungen der Hydrolyse von Cellulose mit konzentrierten Säuren haben ergeben, daß die Reaktion außerordentlich kompliziert ist und nicht durch eine Gleichung erster Ordnung dargestellt werden kann.

Von allen bis heute bekannten Methoden, die konzentrierte Säuren anwenden, hat nur die Hydrolyse mit überkonzentrierter Salzsäure (41 bis 42%) industrielle Bedeutung gefunden. Dabei wird das vorher getrocknete Nadelholz bei gewöhnlicher Temperatur mit 42%iger Säure behandelt. Das Hydrolysat enthält ca 30% Kohlenhydrate und ca. 30% HCl. Zur Entfernung des größten Teiles der Säure wird es im Vakuum verdampft, mit Wasser verdünnt, so daß die Zuckerkonzentration 20% beträgt und mit 1%iger Salzsäure bei 135° nachhydrolysiert. Das Hydrolysat wird entweder zur Herstellung von kristallisierter Glukose, Äthylalkohol oder Kraftfutter verwendet. Die be-

[1] П. Н. Одинцов и М. Путнынь, Изв. АНЛССР (P. N. Odinzow u. M. E. Putnyn, Nachr. d. Akad. d. Wiss. d. Lett. SSR) Nr. 8, 87 (1948). — П. Н. Одинцов и И. Корицкая, также (P. Odinzow u. I. Korizkaja, desgl.) Nr. 6 (23), 91 (1949). — П. Н. Одинцов и Х. Л. Муравич, также (P. N. Odinzow u. Ch. L. Murawitsch, desgl.) Nr. 11, (28), 117 (1949).

[2] П. Н. Одинцов, К. В. Кудинов и А. Г. Игнатюк, Тр. Инст. лесохим. пробл. АН ЛССР (P. N. Odinzow, K. W. Kudinow u. A. G. Ignatjuk, Arb. d. Holzchem. Ind. d. Akad. d. Wiss. d. Lett. SSR) Heft 2, 68 (1950).

[3] В. И. Шарков, Гидролизное производство (W. I. Scharkow, Hydrolysenindustrie) 1950, Bd. 3.

nutzte Salzsäure kann regeneriert werden, indem sie von überschüssigem Wasser befreit und erneut aufkonzentriert wird. Die unvermeidlichen Chlorwasserstoffverluste werden durch neue Säuren wieder ausgeglichen.

In der Spezialliteratur sind eine Reihe von Arbeiten angeführt, die sich mit der Einwirkung von wasserfreien Säuren, wie flüssigem Chlorwasserstoff oder Fluorwasserstoff, befassen. Dabei werden schwer hydrolysierbare Polysaccharide ebenfalls in leichter zugängliche umgewandelt, die sich dann mit verdünnten, wäßrigen Säuren bis zu den Monosacchariden hydrolysieren lassen. Die meisten Arbeiten beziehen sich auf wasserfreien Fluorwasserstoff, der bei normalem Druck eine farblose, klare Flüssigkeit darstellt, die bei 19,4° siedet. Der flüssige Fluorwasserstoff ist in der Lage, rasch erhebliche Mengen der Kohlenhydrate des Holzes aufzulösen.

FREDENHAGEN und CADENBACH[1] haben im Verlaufe von Messungen des Siedepunktes und der Leitfähigkeit von Celluloselösungen in flüssigem Fluorwasserstoff die gleichen Werte gefunden wie für Lösungen von Glukose in demselben Medium. Da die Glukose in diesem Falle als Glukosylfluorid

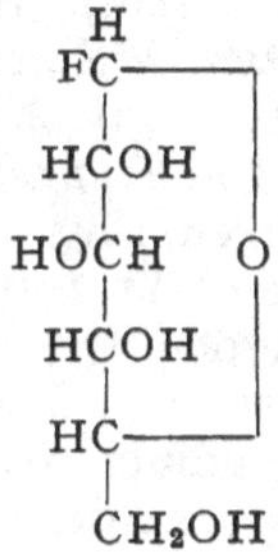

vorliegt, haben die Autoren die Vermutung geäußert, daß die Cellulose unter der Einwirkung des flüssigen Fluorwasserstoffs in einzelne Bruchstücke zerfällt, die Glukosylfluorid nach folgendem Schema bilden:

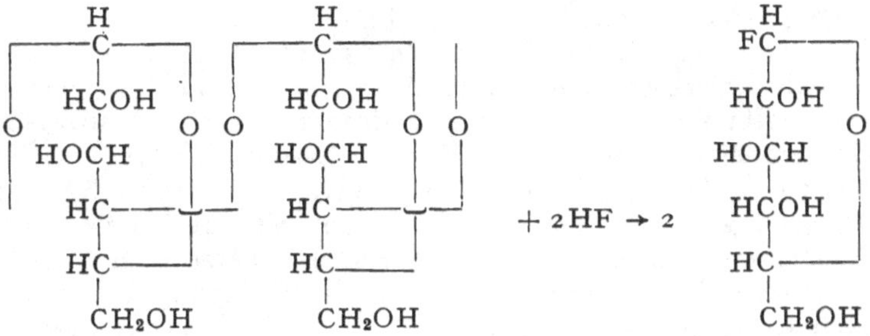

Cellulose Glukosylfluorid

Beim Verdampfen dieser Lösung, insbesondere bei der Anwesenheit von Spuren von Wasser, findet eine Abspaltung des Fluors unter Rückbildung von Fluorwasserstoff statt. Die gleichzeitig frei werdende Glukose wird unter dem Einfluß des wasserentziehenden Fluorwasserstoffs zu einem neuen Polysaccharid polymerisiert. Dieses ist in kaltem Wasser leicht löslich, besitzt keinen süßen Geschmack, wirkt auf alkalische Kupferlösungen fast nicht

[1] R. FREDENHAGEN u. CADENBACH, Z. Angew. Chemie **46**, 113 (1933).

reduzierend und wird von den gewöhnlichen Hefen nicht vergoren. HELFFERICH und BÖTTGER[1] haben dieses Produkt Cellan genannt. Es enthält auch kein gebundenes Fluor mehr. In gereinigter Form ist es ein weißes, amorphes Pulver mit sehr geringer Hygroskopizität. Aus der Elementaranalyse ergibt sich eine dem Glukoseanhydrid entsprechende Formel $C_6H_{10}O_5$. Das Molekulargewicht ist auf kryoskopischem Wege in wäßriger Lösung bestimmt worden, es schwankt zwischen 2000 und 2300 und entspricht der Formel $(C_6H_{10}O_5)_{14}$.

Beim Erhitzen von Acetylcellan in Methanol mit einer geringen Beimengung von Chlorwasserstoff als Katalysator entsteht fast quantitativ Methylglukosid. Diese Tatsache zeigt, daß das Cellan ein Polyanhydrid der Glukose ist. Durch Kochen mit verdünnten Säuren wird es zur Glukose hydrolysiert. Dampft man eine Lösung von Glukose in flüssigem Fluorwasserstoff bei Gegenwart von Feuchtigkeitsspuren ein, so wird ein dem Cellan entsprechendes Produkt erhalten. Versuche zur Darstellung von Cellobiose durch Acetolyse des Produktes sind jedoch erfolglos verlaufen. Ebensowenig ist es gelungen, durch trockne Destillation des Cellans im Vakuum Lävoglukosan darzustellen. Man hat deshalb auf das Fehlen von 1,4-β-glukosidischen Bindungen, die für die Cellulose typisch sind, im Cellan geschlossen. Vielmehr besteht die Ansicht, daß das Polysaccharid aus α-d-Glukoseresten aufgebaut ist.

Wie aus den Untersuchungen von HELFFERICH und BÖTTGER hervorgeht, verläuft die Spaltung der in flüssigem Fluorwasserstoff gelösten Cellulose zum Glukosylfluorid nur allmählich. So fällt z. B. aus einer Lösung von Cellulose in flüssigem Fluorwasserstoff in den ersten Minuten nach Verdünnen mit Wasser ein Amyloid aus, das erst nach 5 Minuten verschwindet. Da dieses Amyloid jedoch nicht das Endstadium der Cellulosespaltung vorstellt, ist anzunehmen, daß größere Bruchstücke der Cellulose noch geraume Zeit nach der Auflösung vorhanden sind.

Es ist bereits erwähnt worden, daß beim Eindampfen derartiger Lösungen stets das Polysaccharid Cellan erhalten wird. Dampft man jedoch unter völligem Ausschluß von Feuchtigkeit ein, so entsteht reines Glucosylfluorid. Aber bereits durch die geringsten Feuchtigkeitsspuren findet Abspaltung von Fluorwasserstoff und Bildung von Cellan statt. Im Gegensatz zur Cellulose stellt das Cellan ein leicht hydrolysierbares Polysaccharid dar. Die Behandlung von Cellulose mit flüssigem Fluorwasserstoff läßt sich deshalb als eine Umwandlung der ersteren in eine leichter zugängliche Form auffassen. Die Weiterverarbeitung des Cellans zu Glukose erfolgt durch Hydrolyse mit verdünnten Säuren.

Die Einwirkung von flüssigem Chlorwasserstoff auf Cellulose und Holz haben SCHLUBACH und Mitarbeiter[2] untersucht. Setzt man Cellulose gasförmigem wasserfreiem Chlorwasserstoff unter Bedingungen aus, bei denen beinahe Kondensation des Gases stattfindet, so wird die erstere rasch zu einem Gemisch niedermolekularer Produkte abgebaut, die in ihren Eigenschaften dem bereits erwähnten Cellan sehr ähnlich sind. Die Substanz ist gewöhnlich ein leicht bläulich gefärbtes Pulver, das in kaltem Wasser gut löslich ist. Durch sorgfältige Fällung der wäßrigen Lösung mit Alkohol sind einige Fraktionen mit unterschiedlicher optischer Aktivität erhalten worden. So zeigt z. B. eine leichter lösliche Fraktion $[\alpha]_D = +80°$, eine schwerer lösliche dagegen $+120°$.

[1] B. HELFFERICH u. S. BÖTTGER, Ann. **476**, 150 (1929).

[2] H. SCHLUBACH u. PROCHOWNICK, Z. Angew. Chemie **47**, 137 (1934).

Das Produkt reduziert ebenso wie Cellan Fehlingsche Lösung nicht, es besteht aus einem Gemisch von Oligosacchariden, wie Di-, Tri- und Tetrasacchariden. Beim Kochen mit verdünnten Säuren entsteht Glukose in quantitativer Ausbeute.

Das mit Chlorwasserstoff erhaltene Polysaccharid ist offenbar in geringerem Maße polymerisiert als das Cellan. Man nimmt an, daß der Reaktionsmechanismus der gleiche wie beim Fluorwasserstoff ist. Die kurz vor der Kondensation befindlichen Chlorwasserstoffdämpfe verdichten sich in den Kapillaren der Cellulosen und bewirken den Abbau zum Glukosylchlorid. Dieses wird dann durch die Feuchtigkeitsspuren verseift, und aus der Glukose entstehen unter dem Einfluß der hochkonzentrierten Säure die bekannten Reversionsprodukte. Der Prozeß verläuft ebenfalls allmählich, so daß in verschiedenen Stadien sowohl Cellulosebruchstücke als Reversionsprodukte gleichzeitig vorhanden sind.

Am schnellsten verläuft die Reaktion bei einem HCl-Druck, der dicht unterhalb des kritischen Druckes liegt. Mit abnehmendem HCl-Druck geht auch die Einwirkung auf die Cellulose rasch zurück (Tab. 119).

TABELLE 119

Einwirkung von flüssigem Chlorwasserstoff auf Cellulose

Druck des HCl in Atm.	Zeit in h	Temperatur in °C	Löslichkeit der Cellulose in kaltem Wasser in %
10	10	20	15,4
20	10	20	24,3
30	10	20	43,0
43,75	10	20	100,0

In der gleichen Weise wirkt eine Temperaturerniedrigung, eine Erhöhung beschleunigt die Reaktion, jedoch nur bis zu 40°. Oberhalb dieser Temperatur beginnen die Cellulose und ihre Zersetzungsprodukte rasch zu verkohlen. Nach den Angaben von SCHLUBACH sind die optimalen Bedingungen folgende: HCl-Druck 43,75 at, Reaktionsdauer 10 Stunden, Temperatur 20 bis 25°.

Im Gegensatz zu flüssigem Fluorwasserstoff ist flüssiger Chlorwasserstoff nicht in der Lage, Cellulose aufzulösen. Ebenso wie durch HF wird Cellulose und Holz durch Behandlung mit HCl unter den angegebenen Bedingungen in leicht hydrolysierbare Polysaccharide überführt. Die beschriebenen Verfahren haben bis jetzt jedoch noch keine technische Verwendung gefunden.

SIEBZEHNTER ABSCHNITT

Chemismus des Sulfitaufschlusses

Durch die Behandlung von zerkleinertem Holz mit wäßrigen Lösungen von schwefliger Säure und ihren sauren Salzen läßt sich fast das gesamte Lignin und ein großer Teil der die Cellulose begleitenden Kohlenhydrate in Lösung bringen. Dieser Prozeß wird als Sulfitaufschluß oder -kochung bezeichnet, man erhält dabei aus dem Holz den ungebleichten Sulfitzellstoff und die sogenannte Sulfitablauge[1].

Zusammensetzung und Eigenschaften von Sulfitzellstoff

Sulfitzellstoff dient als Hauptausgangsmaterial für die Papierindustrie, Kunstseide, plastische Massen und viele andere Produkte. Je nach dem Verwendungszweck werden dem Sulfitzellstoff bereits bei der Herstellung die entsprechenden chemischen und physikalischen Eigenschaften verliehen.

Die Zusammensetzung von Sulfitzellstoff wird durch den Gehalt an folgenden Bestandteilen charakterisiert: α-Cellulose[2], Lignin, Pentosane, Harze und Fette und Mineralsalze (Asche). In ungebleichtem Zellstoff schwanken diese Daten in den nachstehend aufgeführten Grenzen:

α-Cellulose	85 bis 92 %
Lignin	1 bis 10 %
Pentosane	3 bis 10 %
Harze und Fette	0,8 bis 2 %
Asche	0,5 bis 1 %

Zur Erzielung eines reineren Produktes wird der Zellstoff gewöhnlich noch einer chemischen Nachbehandlung durch Bleichmittel (Chlor, Hypochlorit u. a.) und Natronlauge unterworfen. Danach wird der Zellstoff als gebleicht (nach der Bleiche) oder veredelt (nach der Alkalibehandlung) bezeichnet.

Die Eigenschaften des Zellstoffes werden durch folgende Angaben charakterisiert: Cuoxam- oder Xanthogenatviskosität, Durchschnittspolymerisationsgrad (DP), Quellungsgrad in Alkalien, Mahlgrad, Festigkeit von daraus hergestelltem Papier und einige andere Faktoren.

Diese Daten können bei ungebleichtem Zellstoff beträchtlichen Schwankungen unterworfen sein. So kann z. B. der DP des Zellstoffes von 200 bis 2000 betragen, die Reißfestigkeit von Papier von 3000 bis 10000 m. Die angeführten

---

[1] Die verbrauchte Kochflüssigkeit, die man in der Praxis Sulfitablauge nennt, besitzt saure Reaktion. Die Bezeichnung „Lauge" ist infolgedessen unrichtig, sie wird hier aber trotzdem beibehalten, da sie sich allgemein eingebürgert hat.

[2] α-Cellulose ist der in 17,5 %iger Natronlauge unlösliche Anteil der Cellulose.

Werte für die Zusammensetzung und die Eigenschaften des Zellstoffes stellen lediglich Durchschnittswerte einzelner Sorten dar, da Sulfitzellstoff sowohl in physikalischer als auch chemischer Hinsicht sehr uneinheitlich ist. Zum Beispiel besitzen die Fasern eines harten, d. h. schlecht durchgekochten Fichtensulfitzellstoffes eine mittlere Länge von 1,2 mm, während die tatsächliche Länge von einigen Hundertstel Millimetern bis zu 5 mm schwankt. Die Tab. 120 vermittelt einen Überblick über die bei der Faserfraktionierung dieses Zellstoffes erhaltenen Ergebnisse.

TABELLE 120

Faserfraktionierung von Fichtensulfitzellstoff

Faserlänge in mm	Anteil an der Gesamtmenge in %	Anteil an der Gesamtlänge in %
0,0—0,5	42,3	8,1
0,5—1,0	12,2	7,4
1,0—1,5	10,3	10,7
1,5—2,0	10,8	15,4
2,0—2,5	9,6	18,2
2,5—3,0	6,5	15,0
3,0—3,5	3,9	10,6
3,5—4,0	3,2	10,1
4,0—4,5	1,0	3,7
4,5—5,0	0,2	0,8

In chemischer Hinsicht, aber auch in ihren Eigenschaften, zeigen diese Zellstoff-Fraktionen wesentliche Unterschiede. Zum Beispiel ist ein großer Teil der Harze, Fette und Pektinstoffe in den kleinsten Fasern konzentriert. Durch Änderungen der Kochbedingungen und des Kochungsgrades werden auch der Anteil der Faserfraktionen und die Durchschnittslänge der Fasern des Zellstoffes verändert.

Zusammensetzung und Eigenschaften der Sulfitablauge

Die Sulfitablauge, die lange Zeit als unvermeidliches Abfallprodukt der Sulfitzellstoffindustrie angesehen worden ist, findet heute ausgedehnte Verwendung zur Gewinnung von Alkohol, Kraftfutter, Vanillin, Gerbstoffextrakten, Konzentraten für die Metallgießerei und Baustoffindustrie und viele andere Zwecke.

Ebenso wie der Zellstoff ist auch die Ablauge je nach den Kochbedingungen ein sehr uneinheitliches Produkt mit häufig wechselnder Zusammensetzung und Eigenschaften.

Die Zusammensetzung der Sulfitablauge ist außerordentlich kompliziert. Sie enthält zahlreiche flüchtige und nichtflüchtige Bestandteile organischer und anorganischer Herkunft. Die wichtigsten Komponenten sind mit ihren prozentualen Schwankungen in der Tab. 121[1] angeführt.

Die größte Bedeutung für die industrielle Verwertung der Sulfitablauge besitzt der Gehalt an Monosacchariden, Lignosulfonsäuren und Tanniden.

[1] В. И. Шарков, Гидролизное производство (W. I. Scharkow, Hydrolyseindustrie) 1948, Bd. 2, S. 510.

TABELLE 121

Die wichtigsten Bestandteile der Sulfitablauge und ihr Anteil in %

Komponenten	%
Flüchtige Produkte	
Schwefeldioxyd	0,06—0,26
Aceton	0,01—0,02
Furfurol und seine Homologen	0,02—0,06
Terpene	< 0,01
Methanol	0,02—0,06
Vanillin	Spuren
Ameisensäure	0,04—0,09
Essigsäure	0,26—0,42
Gesamtmenge an flüchtigen anorganischen und organischen Produkten	0,4—0,9
Nichtflüchtige anorganische Stoffe	
CaO	0,35—1,00
MgO	0,01—0,40
SO_2 anorganisch gebunden	0,25—0,45
Cl	0,0024
H_2SO_4 (in Form ihrer Salze)	0,12—0,60
SiO_2	0,0002
$Fe_2O_3 + Al_2O_3$	0,001—0,012
Na, K	0,002
Gesamtmenge an anorganischen Stoffen	0,75—1,65
Nichtflüchtige organische Stoffe	
Polysaccharide	0,02—1,00
Monosaccharide	1,75—3,00
Davon:	
Pentosen	0,65—1,20
Hexosen	1,10—2,20
Lignosulfonsäuren	3,5 —5,50
Harze und Fette	0,05—0,15
Gerbstoffe	2,9 —3,90
Gesamtmenge an organischen Stoffen	8,0 —10,0
Gesamtgehalt an Trockensubstanz	9,0 —15,0

Durchführungsbedingungen für die Sulfitkochung

Wie bereits erwähnt, kann die Sulfitkochung mit wäßrigen Lösungen von schwefliger Säure oder den Bisulfiten der Alkali- oder Erdalkalimetalle durchgeführt werden[1].

Bei der Delignifizierung des Holzes mit freier schwefliger Säure darf die

[1] In der Praxis bezeichnet man die Lösung mit Kochsäure.

Kochtemperatur 80 bis 100° nicht überschreiten[1]. Höhere Temperaturen bewirken eine Kondensation des Lignins im Holz, wodurch ersteres unlöslich wird. Eine Erhöhung der Temperatur zur Beschleunigung des Holzaufschlusses ist nur möglich, wenn die Kochsäure neben der freien Säure noch saure Salze enthält. Die Menge des erforderlichen Bisulfits richtet sich nach der Temperatur, je höher diese ist, um so mehr Bisulfit muß in der Kochsäure vorhanden sein. Das Bisulfit wirkt als Puffer, es neutralisiert die während der Kochung entstehenden starken Säuren und verhindert so einen übermäßigen Anstieg der Acidität und die Kondensation des Lignins.

Durch Variation in der Zusammensetzung der Kochsäure und den Kochbedingungen lassen sich die Eigenschaften des Zellstoffes und der Ablauge in weiten Grenzen ändern. Die Kochsäure enthält gewöhnlich 2 bis 10% SO_2 in freier Form und 1,3 bis 2,5% SO_2 als Calciumbisulfit. Wird an Stelle von $Ca(HSO_3)_2$ Natriumbisulfit angewandt, so ist davon nur die Hälfte erforderlich[2]. In der Praxis wird die Kochsäure gewöhnlich durch den Gehalt an Gesamt-SO_2 [als H_2SO_3 und $Ca(HSO_3)_2$] und den Gehalt an CaO, berechnet auf SO_2[3], charakterisiert. Je größer der Gehalt der Kochsäure an freier schwefliger Säure ist, um so schneller verläuft die Kochung. In der gleichen Richtung wirkt auch eine Erhöhung der Temperatur.

Während aber eine Erhöhung der SO_2-Konzentration bei ausreichendem Bisulfitgehalt keine Verringerung der Zellstoffausbeute mit sich bringt, zeigt die Temperatursteigerung einen negativen Einfluß auf die Ausbeute. Verursacht wird die geringere Ausbeute durch eine verstärkte Hydrolyse der Begleitkohlenhydrate. Im Falle einer starken Kochung, d. h. Entfernung des größten Teiles des Lignins, findet auch ein Abbau der Cellulose selbst statt.

Aus diesen Gründen bemüht man sich, zwecks Herstellung eines hochviskosen[4] Qualitätszellstoffes den Kochprozeß bei möglichst niedriger Temperatur (125 bis 135°), aber mit einem hohen Gehalt der Kochsäure an freiem SO_2 durchzuführen. Soll Zellstoff mit einem minimalen Gehalt an Begleitkohlenhydraten hergestellt werden, so wird die Kochtemperatur auf 145 bis 150° erhöht und der Bisulfitgehalt herabgesetzt.

Die Kochdauer beträgt bei einem Säuregehalt von 8 bis 10% freiem SO_2 und einer Maximaltemperatur von 125° 8 bis 10 Stunden. Durch Erhöhung der Temperatur auf 150° läßt sich der Prozeß auf 5 bis 6 Stunden verkürzen, bei 170° ist schließlich nur noch 1 Stunde erforderlich[5]. Der dabei resultierende, ungebleichte Zellstoff enthält bis zu 92% α-Cellulose.

Während des Kochprozesses finden sowohl im Holz als auch in der Lauge zahlreiche mehr oder weniger komplizierte Veränderungen statt. Infolge der komplexen Natur des Prozesses ist es bis heute, trotz jahrzehntelanger Anwendung (85 Jahre) und einer großen Zahl von Arbeiten, nicht gelungen, eine befriedigende Theorie des Sulfitaufschlusses aufzustellen. Die Entwicklung dieses Verfahrens ist in der Hauptsache auf empirischem Wege erfolgt.

---

[1] C. Gross u. A. Engelstadt, Paper Trade J. 8, 81 (1925). — E. Hägglund, Wochenbl. f. Papierfabr., Sondernummer, Nr. 23A, 26 (1932).

[2] Н. Н. Непенин и М. Г. Элиашберг, Мат. Инст. бумаги (N. N. Nepenin u. M. G. Eliaschberg, Arb. d. Papierinst.) Heft 34/35, 63 (1947).

[3] 1% CaO entspricht 2,3% SO_2 als $Ca(HSO_3)_2$.

[4] Gemeint ist hier nur die Cuoxam- oder Xanthogenatviskosität.

[5] G. Jayme u. L. Grögaard, Papierfabr. Nr. 33, 593 (1939).

Veränderungen im Holz während des Aufschlusses

Allgemeines Bild

Im Holz und in der Lauge finden vom ersten Augenblick an gewisse Veränderungen statt. Bereits während der Durchtränkung des Holzes mit der kalten Kochsäure wird eine rapide Abnahme des Gehaltes an freier schwefliger Säure deutlich. Gleichzeitig erhöht sich das spezifische Gewicht des Holzes und seine chemische Zusammensetzung ändert sich.

Wie KONOPAZKI[1] festgestellt hat, ändert sich das spezifische Gewicht von gedämpftem Fichtenholz, das mit kalter Kochsäure getränkt und wieder getrocknet worden ist (abs. trocken), von 0,43 auf 0,55, d. h. um mehr als 25%. Eine derartige Änderung des spezifischen Gewichtes kann ihre Ursache nur in einer Änderung der chemischen Zusammensetzung des Holzes haben.

In den mit kalter Kochsäure getränkten Spänen ist außer adsorbiertem SO_2 auch bereits chemisch mit den Holzbestandteilen verbundener Schwefel vorhanden.

Bei sehr langem, mehrere Monate anhaltendem Liegen von Holz in kalter Kochsäure findet ebenfalls eine Delignifizierung und Zerfall in einzelne Fasern statt. Temperaturerhöhung auf 50° bewirkt eine wesentliche Beschleunigung des Prozesses[2].

Bei der Kochung mit bisulfithaltiger Kochsäure ist die Acidität im Innern des Holzes bedeutend niedriger als in der umgebenden Flüssigkeit[3]. Während der p_H-Wert der Kochsäure 2,3 betragen hat und die Ca-Konzentration 0,3 n gewesen ist, hat man im Holzinnern einen p_H von 5,5 und Ca-Konzentration gleich 0,03 n festgestellt. Die geringere Acidität und der niedrigere Ca-Gehalt im Holz ist eine Folge des H_2SO_3-Verbrauchs für die Umsetzung mit dem Lignin und des Ca-Bisulfits zur Neutralisation der entstehenden Lignosulfonsäuren. Die schweflige Säure dringt infolge ihrer größeren Beweglichkeit schneller in das Holz ein als ihre Salze. Dadurch kann, bei Verwendung großer Späne und unzulänglicher Bisulfitkonzentration, beim Fortschreiten des Prozesses in das Innere des Holzes das Bisulfit bereits in den äußersten Schichten verbraucht werden. Infolgedessen werden die in den inneren Schichten entstandenen Lignosulfonsäuren nicht neutralisiert. Bei höheren Kochtemperaturen bewirken diese eine Kondensation des Lignins, das dadurch unlöslich wird.

BUJEWSSKOI und PODGORNYCH[4] haben gefunden, daß selbst nach einer milden Vorhydrolyse von Fichtenholz, zunächst 3 Stunden bei 100° mit 1,5%iger Phosphorsäure und anschließend mit 2,5%iger Schwefelsäure unter den gleichen Bedingungen, das Lignin durch die Sulfitkochung nicht gelöst wird.

Da die Kochung in der Praxis bei 125 bis 148° durchgeführt wird, so besitzt das Eindringen des Bisulfits in das Holz vor der Erreichung der hohen Temperaturen eine besondere Bedeutung. Das Eindringen der Kochsäure wird durch die in den Hohlräumen des Holzes anwesende Luft behindert. Eine Verbesserung

[1] Г. Н. Конопацкий, Новые проблемы целлюлозного-бумажного производства (G. N. KONOPAZKI, Neue Probleme der Zellstoff- und Papierindustrie) 1933, S. 83.

[2] P. KLASON, Ber. 58, 1761 (1925). — D. COLHAUN, F. YORSTOUN u. D. MAAS, Canad. J. Research 178, 121 (1939).

[3] E. HÄGGLUND, Svensk Papperstidn. 39, 95 (1936).

[4] А. В. Буевской и А. Подгорных, Бум. пром. (A. E. BUJEWSSKOI u. A. PODGORNYCH, Papierind.) Nr. 11, 49 (1940).

läßt sich in dieser Richtung durch vorherige Entlüftung durch Evakuieren oder Dämpfen erzielen.

Die im Holz während der Sulfitkochung stattfindenden Veränderungen bei verschiedenen Temperaturen und verschiedener Zusammensetzung der Kochsäure sind in den Abb. 81 und 82[1] dargestellt. In der Abb. 81 ist die Änderung der Holzzusammensetzung während der Kochung mit einer Kochsäure, die 1% freies SO_2 und 2% SO_2 als Ca-Bisulfit enthält, bei allmählicher Temperatursteigerung bis auf 145° wiedergegeben. Bei der Abb. 82 beträgt die Temperatur 100° und der Gehalt an freiem SO_2 in der Kochsäure 13%, an gebundenem SO_2 2%.

Im Verlaufe der Kochung werden die Begleitstoffe der Cellulose, wie Lignin, aber auch Hexosane und Pentosane, allmählich aufgelöst. Eine Er-

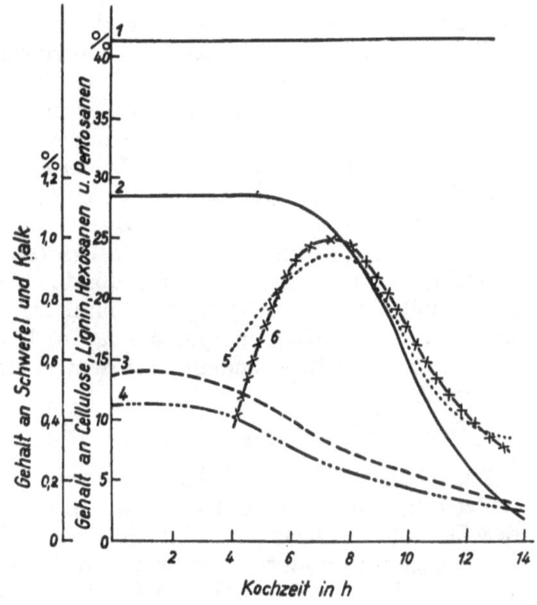

Abb. 81

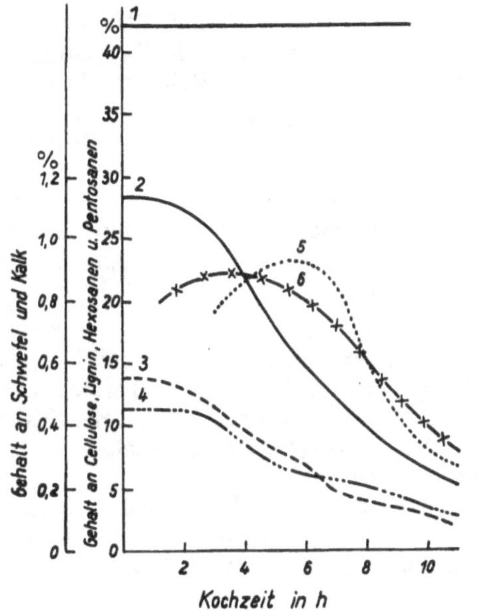

Abb. 82

Abb. 81 u. 82
Veränderungen des Holzes während des Sulfitaufschlusses

1 Cellulose, *2* Lignin, *3* Hexosane, *4* Pentosane, *5* Kalk, *6* Schwefel

[1] Die Diagramme der Abb. 82 sind aus folgenden Arbeiten entnommen: М. Г. Элиашберг и М. Ф. Мартынов, Мат. Инст. бумаги (M. G. Eliaschberg u. M. F. Martynow, Arb. d. Papierinst.) Heft 4, 3 (1931) und М. Г. Элиашберг и Н. А. Галеева, Бум. пром. (M. G. Eliaschberg u. N. A. Galejewa, Papierind.) Nr. 2 (1948). — Der Gehalt des Holzes an Cellulose, Lignin, Hexosanen, Pentosanen, Schwefel und Kalk ist in Prozenten des absolut trockenen Ausgangsmaterials angegeben. Schwefel und Kalk liegen als Calciumsalze der Lignosulfonsäuren vor. Zur besseren Übersicht ist der Maßstab für die Darstellung des Schwefel- und Kalkgehaltes größer gewählt worden. Die Abb. 81 ist aus: E. Hägglund, Holzchemie, 1933.

höhung der Säurekonzentration wirkt beschleunigend auf diesen Vorgang. Die Cellulose selbst erweist sich der Einwirkung der Kochsäure gegenüber als relativ beständig. Die Auflösung der Hexosane beginnt eher als die der Pentosane, die Lösung ist reicher an ersteren. Gegen Ende der Kochung wird die Auflösung der Hexosane und besonders der Pentosane stark verlangsamt. Die im Zellstoff verbleibenden Kohlenhydrate sind schwer hydrolysierbare, unter den Bedingungen der Sulfitkochung beständige Polysaccharide.

Besonders interessant ist der Verlauf der Kurven des Schwefel- und Kalkgehaltes, weil dadurch die Wechselwirkung der Kochsäure mit dem Holz charakterisiert wird. In beiden Abbildungen zeigen diese Kurven die gleiche Form und ein ausgeprägtes Maximum. Der dem höchsten Gehalt des Holzes an Schwefel und Kalk entsprechende Knickpunkt fällt in der Abb. 81 (Kochung mit schwacher Säure) beinahe mit dem Beginn der intensiven Ligninauflösung zusammen.

Bildung der Lignosulfonsäure im Holz

Zur Erklärung des für den Sulfitaufschluß verantwortlichen Mechanismus ist von HÄGGLUND eine Theorie aufgestellt worden. Danach findet während der Zunahme des Gehaltes im Holz an Kalk und Schwefel die Bildung der festen Lignosulfonsäure statt, während diese dann im Bereich des abnehmenden Kalk- und Schwefelgehaltes hydrolysiert und aufgelöst wird. Das flache Maximum in den Schwefel- und Kalkkurven wird von HÄGGLUND damit erklärt, daß bereits eine Überlagerung der beiden Vorgänge erfolgt. Je nachdem, ob der eine oder andere Prozeß überwiegt, ist ein Anstieg, Konstanz oder Absinken des Schwefel- und Kalkgehaltes zu beobachten.

Die Anwesenheit des Calciumsalzes der festen Lignosulfonsäure ist von HÄGGLUND experimentell nachgewiesen worden, indem er einen wesentlichen Anteil mit 1%iger Salzsäure aus sulfoniertem Holz extrahiert hat[1]. Späterhin ist festgestellt worden, daß die feste Lignosulfonsäure und ihre Salze die Fähigkeit zum Ionenaustausch besitzen[2]. Bei der Behandlung der Salze der festen Säure mit Salzsäure oder einer anderen Starksäure im Holz findet ein Austausch der Metallionen aus der Lignosulfonsäure nach folgendem Schema statt:

$$RNa + H^+ \rightleftarrows RH + Na^+$$

In isolierter Form ist die feste Lignosulfonsäure in heißem Wasser[3] und Methanol[4] löslich. Bei Anwesenheit geringer Mengen Kochsalz kann die Säure mit heißem Wasser nicht mehr aus dem Holz extrahiert werden. Im Falle höherer Kochsalzkonzentrationen ist auch eine Auflösung mit heißer Salzsäure nicht mehr möglich.

Auf Grund dieser Beobachtungen lehnt KULLGREN den hydrolytischen Charakter der Auflösung der festen Lignosulfonsäure ab. Er nimmt an, daß ihre Löslichkeit von dem Austausch des Kations durch Wasserstoff bedingt ist.

Das Zusammenfallen des maximalen Schwefel- und Kalkgehaltes im Holz mit der beginnenden Auflösung des Lignins (Abb. 81), das eine der Grund-

---

[1] E. HÄGGLUND, Holzchemie, 1933.
[2] K. KULLGREN, Svensk Kemisk Tidskr. Nr. 44, 15 (1932).
[3] K. KULLGREN, Svensk Papperstidn. **26**, 15 (1923).
[4] K. KULLGREN, Svensk Kemisk Tidskr. Nr. 2, 65 (1937).

lagen für die Theorie von HÄGGLUND ist, wird nur bei Kochungen mit relativ schwacher Kochsäure beobachtet. Bei höherem Gehalt an freiem SO_2 ist diese Erscheinung nicht festgestellt worden[1].

Leicht abspaltbares Schwefeldioxyd im Holz

Außer dem fest an organische Substanz gebundenen Schwefel tritt im Holz von Beginn der Kochung ab, locker gebundenes SO_2 auf, das durch eine Behandlung mit Alkali abgespalten werden kann. Die Existenz dieses leicht abspaltbaren SO_2 in ungebleichtem Zellstoff ist erstmalig von GILLER[2] beobachtet worden. Von ELIASCHBERG und KOSSILOWA[3] sind Untersuchungen über die Änderungen des Gehaltes an locker gebundenem Schwefel in Abhängigkeit von der Zeit der Kochung durchgeführt worden. Die Resultate sind in der Tab. 122 angeführt.

TABELLE 122

Gehalt des Holzes an locker gebundenem Schwefel während des Sulfitaufschlusses

Kochsäure mit 15% SO_2 ohne Bisulfit					Kochsäure mit 13% SO_2 als H_2SO_3 und 2% SO_2 als $Ca(HSO_3)_2$				
Zeit vom Beginn des Kochens		Lignin in % des absolut trocknen Holzes	Leicht abspaltbares SO_2		Zeit vom Beginn des Kochens		Lignin in % des absolut trocknen Holzes	Leicht abspaltbares SO_2	
h	min.		In mg auf 100 g absolut trocknen Zellstoff	In % des absolut trocknen Holzes	h	min.		In mg auf 100 g absolut trocknen Zellstoff	In % des absolut trocknen Holzes
3	30	28,3	139	0,055	3	30	28,3	432	0,200
4	30	28,5	96	0,035	5	30	25,4	348	0,136
5	30	22,4	47	0,015	7	30	20,0	232	0,074
6	30	18,8	52	0,015	9	30	12,4	160	0,047
7	30	12,7	23	0,006	11	30	8,3	115	0,032

Aus den Angaben ist ersichtlich, daß die größten Mengen an locker gebundenem SO_2 ganz am Anfang der Kochung im Holz auftreten. Dabei ist der Gehalt an ersterem etwa um das 3- bis 4fache höher, wenn statt mit wäßrigen SO_2-Lösungen mit bisulfithaltigen gekocht wird[4].

Bei einem Vergleich dieser Angaben mit denen des Gehaltes an fest gebundenem Schwefel drängt sich unwillkürlich der Gedanke an einen Zusammenhang auf. Es wird deshalb vermutet, daß eine Beteiligung des locker gebundenen Schwefels an der Entstehung des fester gebundenen durchaus möglich ist.

---

[1] М. Г. Элиашберг, Бум. пром. (M. G. ELIASCHBERG, Papierind) Nr. 2 (1948). — Ф. П. Комаров и Т. И. Калинина, Мат. Центр. научно-иссл. инст. бумаги (F. P. KOMAROW u. T. I. KALININA, Arb. d. Zentr. wiss. Papierforsch. Inst.) Heft 37 u. 38 (1948).

[2] О. К. Гиллер, Бум. пром. (O. K. GILLER, Papierind.) Nr. 1, 34 (1930).

[3] М. Г. Элиашберг, Бум. пром (M. G. ELIASCHBERG, Papierind.) Nr. 2 (1948).

[4] Interessant ist eine parallel zum Gehalt an leicht abspaltbarem SO_2 stattfindende Änderung der Fluoreszenz des Holzes bei UV-Bestrahlung. Bei dem höchsten Gehalt an ersterem ist die Fluoreszenz dunkelviolett. Mit abnehmendem SO_2-Gehalt wird auch die Fluoreszenz schwächer. Dies deutet ebenfalls auf eine chemische Bindung des SO_2 hin.

Mikroskopisches Bild der Veränderungen im Holz während der Kochung

Besonders charakteristisch für die bei der Sulfitkochung des Holzes auftretenden Veränderungen ist das mikroskopische Bild. Besonders intensiv haben sich mit dieser Frage ELIASCHBERG und ZIPKINA beschäftigt[1].

In bestimmten Zeitabständen entnommene Holzproben (Kochbedingungen: 7,3% Gesamt-SO_2 und 1% CaO, Temperatur 110°) sind sorgfältig mit Wasser ausgewaschen und aus ihnen dann mikroskopische Präparate hergestellt worden. Die Beobachtung fand bei 760facher Vergrößerung im polarisierten Licht statt. Die Ergebnisse sind in der Abb. 83 dargestellt.

A

Abb. 83

In dem Querschnitt des unveränderten Holzes (*A*) ist deutlich die aus zwei Primärwänden benachbarter Zellen bestehende Mittellamelle (helle Linie) und die sie verbindende interzellulare Kittsubstanz (dunkle Linie) zu erkennen. Die Mittellamelle enthält bekanntlich hauptsächlich (bis zu 70%) Lignin.

Das unterschiedliche optische Verhalten der Primärwände und der Kittsubstanz zeugt von Strukturunterschieden des darin enthaltenen Lignins. In den Primärwänden besitzt das Lignin eine orientierte („kristallisierte") Struktur, während es in der Kittsubstanz in amorpher Form vorliegt.

Die Sekundärwand enthält, wie aus der Abbildung hervorgeht und aus Untersuchungen bekannt ist, nur relativ wenig Lignin. Noch geringer ist der Anteil an der innersten Schicht der Zellwand, der Tertiärwand.

Nach 3 Stunden (110°) sind in dem Holz, im Vergleich zum Ausgangsmaterial, noch fast keine Veränderungen sichtbar (*B*). Lediglich eine geringe Volumenvergrößerung der Kittsubstanz infolge Quellung hat stattgefunden.

Nach 5 Stunden, davon 2 Stunden bei 110°, lassen sich bereits wesentliche Veränderungen der Holzstruktur nachweisen (*C*). Neben einer verstärkten Quellung der Kittsubstanz ist auch eine solche der Primärwand zu sehen. Die eigentliche Zellwand ist bis jetzt noch nicht angegriffen.

Nach 7 Stunden, davon 4 Stunden bei 110° (*D*), hat die Quellung der Mittellamelle ihr Maximum erreicht (*D*), es beginnt bereits eine merkliche Auflösung ihrer Bestandteile, des Lignins und der Kohlenhydrate. Gleichzeitig fängt auch die Entfernung des Lignins aus der Sekundärwand an.

Nach 9 Stunden, davon 6 bei 110°, ist die Auflösung des Lignins bereits sehr deutlich geworden (*E*).

In den Bildern *F* und *G* wird die weitere Entwicklung dieses Prozesses veranschaulicht. Das Holz beginnt sich in einzelne Fasern zu teilen.

Aus den angeführten Mikrophotos geht ganz klar hervor, daß der Delignifizierungsprozeß des Holzes beim Sulfitaufschluß in der Mittellamelle beginnt

[1] М. Г. Элиашберг и М. Н. Ципкина, Тр. Центр. научно-иссл. инст. бумаги (M. G. ELIASCHBERG u. M. N. ZIPKINA, Arb. d. Zentr. wiss. Papierforsch. Inst.) Nr. 38, 22 (1950).

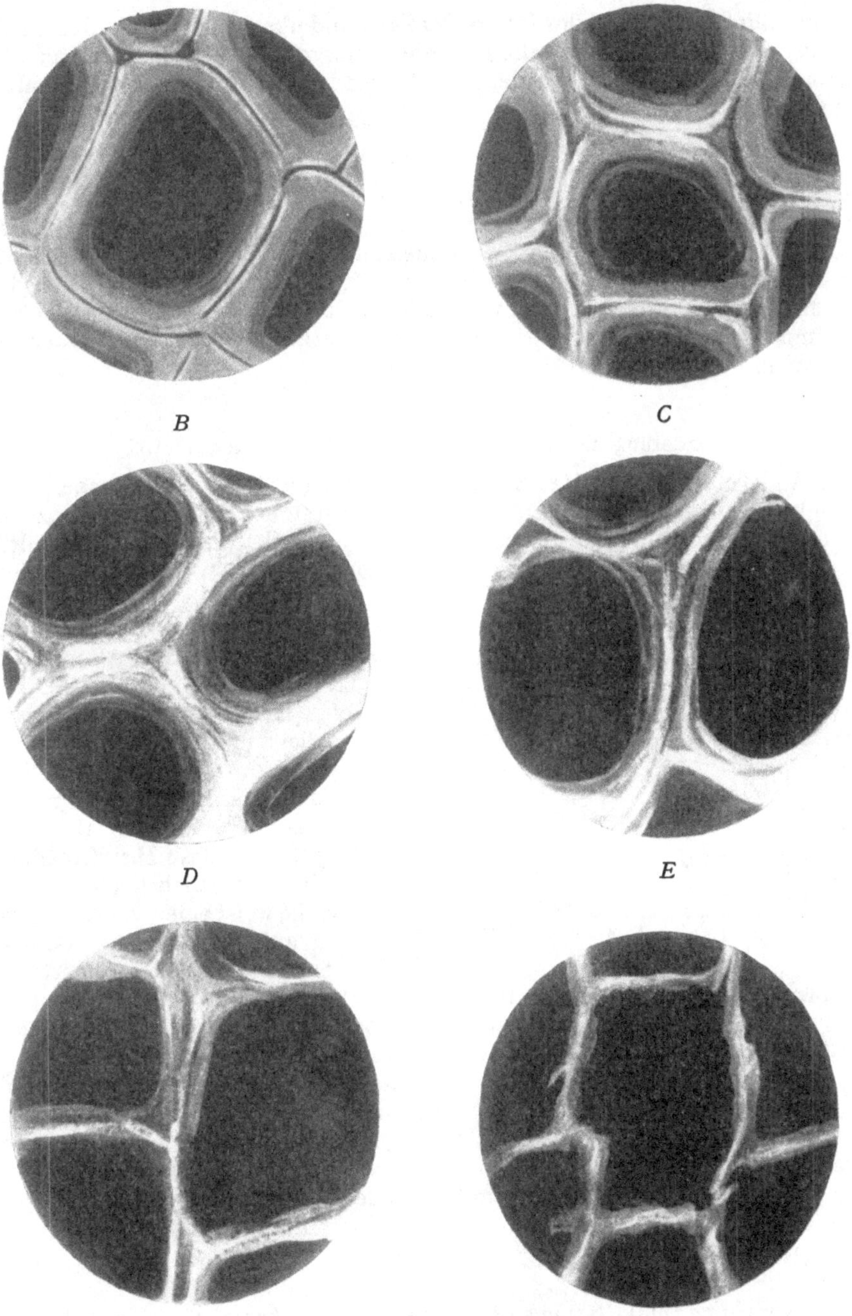

B C D E F G

Abb. 83
Mikroskopisches Bild der während des Aufschlusses im Holz stattfindenden Veränderungen

und anschließend erst auf das Innere der Zellwand übergreift. Der Auflösung des Lignins in der Mittellamelle geht stets eine entsprechende Quellung voraus. Die Ligninschutzhülle ist auch in dem resultierenden Zellstoff (*G*) noch erhalten.

Veränderungen in der Kochsäure während der Kochung

Die während der Kochung in der Lauge stattfindenden Veränderungen dienen als Kriterium für den Verlauf des Prozesses und zu seiner Regulierung. In der Praxis benutzt man für diesen Zweck meistens die Farbänderungen der Lauge und den Gehalt an H_2SO_3 und Calciumbisulfit. Die anfangs farblose Kochsäure wird mit fortschreitendem Prozeß grünlichgelb, gelb und nimmt schließlich eine immer dunklere Braunfärbung an. Bei starker Kochung zeigt auch der Zellstoff die gleiche Farbe dunkelbraun[1].

Änderung des Schwefeldioxydgehaltes der Kochsäure

Die Änderung des Gehaltes an H_2SO_3 und Ca $(HSO_3)_2$ in der Lauge in Abhängigkeit von der Zeit ist in der Abb. 84 dargestellt. Die Angaben beziehen sich auf eine normale Industriekochung (3% freies SO_2 und 2% als Bisulfit), wobei bei einem Dampfdruck über 5 at selbsttätig abgeblasen wird.

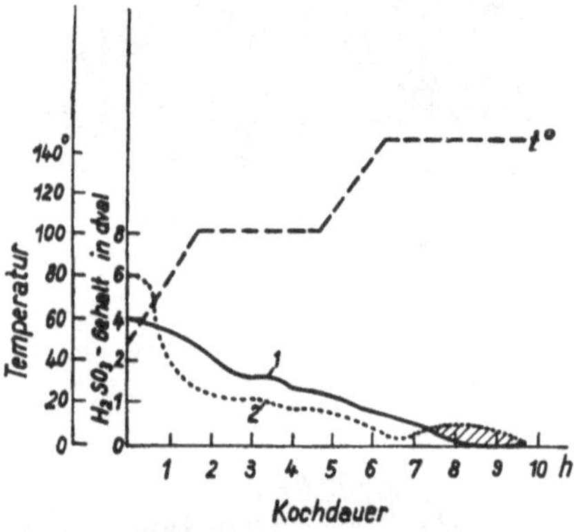

Abb. 84. Änderung des Gehaltes an H_2SO_3 (*2*) und $Ca(HSO_3)_2$ (*1*) in der Kochsäure während des Aufschlusses

Am Anfang der Kochung, während des Anheizens auf 100°, findet eine rasche Abnahme des H_2SO_3-Gehaltes (Kurve *2*) der Kochsäure statt, die hauptsächlich durch eine Aufnahme durch das Holz bedingt ist. Nach dieser Zeit nimmt der SO_2-Gehalt nur langsam ab.

Die Kurve des Bisulfitgehaltes zeigt einen gänzlich anderen Charakter. Sie weist einen gleichmäßigen Abstieg auf, woraus ein ständiger Verbrauch an Bisulfit gefolgert werden kann. Kurz vor Beendigung der Kochung findet eine Überschneidung der beiden Kurven statt. Konopazki[2], der den Schnittpunkt als „Isopunkt" bezeichnet hat, hat eine wichtige gesetzmäßige Abhängigkeit zwischen dem Aufschlußgrad des Zellstoffes und Kochzeit vom „Isopunkt" festgestellt. Bei der Erreichung dieses Punktes befindet sich der Aufschluß in einem Stadium, das kurz vor dem Zerfall des Holzes in einzelne Fasern liegt. N. G. und N. S. Soljuss haben diese Beziehung unter Fabrikationsbedingungen nachgeprüft und bestätigt.

[1] Die vorzeitige Dunkelfärbung der Lauge ist ein Zeichen von Verunreinigung der Kochsäure und einem anormalen Verlauf der Kochung.

[2] Г. Н. Конопацкий, Новые проблемы целлюлозного-бумажного производства (G. N. Konopazki, Neue Probleme der Zellstoff- und Papierindustrie) 1933, S. 89.

Gleichzeitig mit der Abnahme der H_2SO_3 und des $Ca(HSO_3)_2$ entstehen zahlreiche andere Schwefelverbindungen: Ligno- und Kohlenhydratsulfonsäuren, Aldehyd-Bisulfitverbindungen, Sulfate, Thiosulfate, Polythionate und einige andere, noch nicht untersuchte, organische Schwefelverbindungen.

Lignosulfonsäuren

Lignosulfonsäuren treten bereits relativ früh, gleichzeitig mit der beginnenden Extraktion des Lignins aus dem Holz, in der Lauge auf. Aller Wahrscheinlichkeit nach finden sie sich in Form der Calciumsalze kolloid gelöst und lassen sich leicht durch folgende Verbindungen aussalzen: Natriumchlorid, Calciumchlorid, salzsaure Lösungen vieler aromatischer Basen wie α- und β-Naphthylamin, Pyridin, Chinolin, Benzidin, Benzacridin, Trypaflavin u. a. und besonders Surphen. Letzteres ist das Carbamid des 2-Methyl-4-amidochinolins.

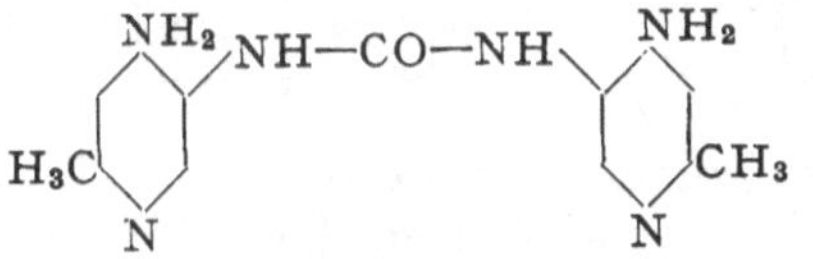

Surphen gibt mit den Lignosulfonsäuren einen merklichen Niederschlag bereits bei einer Verdünnung der letzteren von 1:322000, der Nachweis ist sogar bei noch stärkerer Verdünnung möglich, nämlich 1:1612000[1].

Je nach den Bedingungen des Kochprozesses ist die Menge der fällbaren Lignosulfonsäuren größer oder kleiner. Bei milden Kochungen (niedrige Temperatur, erhöhter CaO-Gehalt) liegen die Lignosulfonsäuren in der Lösung als größere Kolloidteilchen vor und können vollständiger ausgesalzen werden als im Falle sehr kräftiger Kochungen (hohe Temperatur, niedriger CaO-Gehalt).

Bei einer bei 70° durchgeführten Kochung lassen sich mit Benzacridinhydrochlorid fast die gesamten Lignosulfonsäuren ausfällen[2]. Aus einer unter Fabrikationsbedingungen bei guter Durchkochung des Zellstoffes erhaltenen Ablauge können nur 60% gefällt werden[3].

Durch Fällung der Säuren mit Benzacridinhydrochlorid aus zu verschiedenen Zeiten bei einer relativ milden Kochung (70°) entnommenen Proben hat man acht Fraktionen erhalten. Die Tab. 123 enthält die analytischen Daten dieser Fraktionen. Zur Kochung sind 1000 g absolut trocknes Fichtenholzmehl eingesetzt worden. Der unlösliche Rückstand nach achtmaliger Kochung hat 514 g betragen. An Lignosulfonsäuren sind insgesamt 293,3 g erhalten worden.

Aus den Angaben der Tabelle geht hervor, daß die zu verschiedenen Zeiten des Kochprozesses aus dem Holz in Lösung gehenden Lignosulfonsäuren beträchtliche Unterschiede im Gehalt an Schwefel, Kohlenstoff und Methoxyl aufweisen. Mit fortschreitendem Prozeß nimmt der Schwefelgehalt zu, während der Kohlenstoffgehalt abnimmt.

Wie bereits erwähnt, lassen sich aus Ablaugen, die unter Produktionsbedingungen erhalten worden sind, nur 60% der Lignosulfonsäuren ausfällen.

---

[1] A. NOLL, Papierfabr. **36**, 41 (1938); Wochenbl. f. Papierfabr. **39**, 39 (1944).
[2] K. FREUDENBERG, W. LAUTSCH u. G. PIAZOLO, Cellulosechemie Nr. 4, 97 (1944).
[3] W. LAUTSCH u. G. PIAZOLO, Cellulosechemie, Nr. 2, 48 (1944).

TABELLE 123

Zusammensetzung von Lignosulfonsäure (im Vakuum bei 55° über P_2O_5 und KOH getrocknet; die Angaben sind auf aschefreie Substanz umgerechnet)

Fraktion	Kochzeit in h	Ausbeute in g	Zusammensetzung C in %	H in %	OCH_3 in %	OCH_3 mg	S in %	S:C	OCH_3:C	OCH_3:S
I	12	51,33	56,48	5,46	12,58	6,46	6,53	1:23,0	1:11,6	1:0,50
II	12	44,62	54,90	5,43	12,93	5,77	6,37	1:23,0	1:11,0	1:0,48
III	24	55,64	54,62	5,16	13,29	7,40	6,55	1:22,0	1:10,6	1:0,48
IV	24	50,69	54,03	5,07	13,02	6,60	7,43	1:19,6	1:10,8	1:0,55
V	36	40,36	59,72	5,05	12,38	4,88	9,07	1:15,5	1: 9,8	1:0,71
VI	48	31,09	53,28	5,15	12,03	3,74	10,53	1:13,5	1:11,4	1:0,85
VII	72	14,60	48,97	4,71	11,50	1,68	11,45	1:11,4	1:11,0	1:1,02
VIII	75	4,98	45,47	4,52	9,60	0,48	15,28	1: 7,9	1:12,2	1:1,54

KLASON hat aus diesem Grunde vorgeschlagen, den fällbaren Anteil als α-Lignosulfonsäure zu bezeichnen und den in Lösung verbleibenden als β-Lignosulfonsäure.

Zur Abtrennung der gesamten Sulfonsäuren von der Lauge ist auch die folgende, fraktionierte Fällung benutzt worden: zuerst mit dem Reagens „Bis", danach mit Brucin und schließlich mit Äthanol[1]. Das Reagens „Bis" (4,4-bis-Dimethylaminodiphenylmethan) spricht auf die hochmolekularen Lignosulfonsäuren, die α-Säuren KLASONs, in sehr empfindlicher Weise an und bewirkt ihre Fällung, ohne daß die Kohlenhydrate mitgerissen werden.

Nach der Fällung der α-Säuren werden aus dem Filtrat die niedermolekularen Anteile mit Brucin entfernt, schließlich noch mit Alkohol die Säuren mit den niedrigsten Molekulargewichten.

Zur Untersuchung sind die Säuren in die Bariumsalze überführt worden. Es hat sich herausgestellt, daß der höchste Schwefelgehalt in den niedermolekularen Fraktionen vorkommt. In den mit Alkohol gefällten Anteilen hat man außer Sulfogruppen auch Carboxylgruppen aufgefunden. Bezüglich des Gehaltes an Kohlenstoff und Methoxyl ist eine Abnahme von den höhermolekularen zu den niedermolekularen Fraktionen festzustellen.

In letzter Zeit sind mehrere Untersuchungen über die Fraktionszusammensetzung der Lignosulfonsäuren durchgeführt worden, wobei man sich der Dialyse bedient hat. Zu diesem Zweck ist Sulfitablauge nach Vergärung der Zucker und Behandlung mit Ammoniumkarbonat der Dialyse unterworfen worden. Dabei sind drei Fraktionen mit Molekulargewichten von 300 bis 400, von 1500 bis 2000 und um 20000 erhalten worden[2]. Das Durchschnittsmolekulargewicht beträgt 6660. Die einzelnen Fraktionen unterscheiden sich durch ihren Gehalt an Schwefel und Methoxylgruppen (Tab. 124).

Den höchsten Schwefelgehalt findet man auch in diesem Falle in den niedermolekularen Anteilen, den höchsten Methoxylgehalt in den hochmolekularen.

Das Molekulargewicht und der prozentuale Anteil der Fraktionen hängt in

---

[1] G. AULIN-ERDTMAN, Svensk Papperstidn. **45**, 103, 374, 392 (1942).

[2] K. SCHWABE u. L. HASNER, Cellulosechemie **20**, 61 (1942).

TABELLE 124

Fraktionierung von Lignosulfonsäuren

M	Asche in %	OCH_3 in %	S in %
325	0,80	10,1	7,0
1745	0,86	12,42	5,14
20500	0,92	13,35	4,30

bedeutendem Maße von den Bedingungen der Kochung ab. Durch die Erhitzung der Lauge treten wesentliche Veränderungen ihrer physikalisch-chemischen Eigenschaften auf[1]. Mit zunehmender Dauer und Erhöhung der Temperatur werden die Lignosulfonsäuren immer höhermolekular, ferner wird die Farbe dunkler. Auf Grund dieser Umstände lassen sich auch die, von verschiedenen Autoren gefundenen, unterschiedlichen Molekulargewichte für die Lignosulfonsäuren erklären.

Nach anderen Angaben schwanken die Molekulargewichte der Lignosulfonsäuren, durch Dialyse vergorener, neutralisierter Ablauge erhalten, von 3000 bis 10000 und mehr.

Diese Säuren stellen die einzigen hochmolekularen Anteile der Ablauge dar[2]. Außer den hochmolekularen Lignosulfonsäuren hat man in der Ablauge noch die Existenz von methoxylfreien, schwefelhaltigen organischen Stoffen mit wesentlich niedrigeren Molekulargewichten als bei den Lignosulfonsäuren nachgewiesen. Erstere stellen anscheinend Kohlenhydratsulfonsäuren dar, die in der β-Säure gefunden worden sind. Eine Trennung der Kohlenhydratsulfonsäuren von den methoxylhaltigen niedermolekularen Verbindungen in der β-Säure ist außerordentlich schwierig[3]. Es ist auch die Ansicht ausgesprochen worden, daß die methoxylhaltigen niedermolekularen Stoffe nicht aus dem Lignin stammen, sondern polyuronidischen Charakter besitzen[4].

Kohlenhydratsulfonsäuren

Außer in den Lignosulfonsäuren findet sich organisch gebundener Schwefel in der Sulfitablauge auch in Form von Kohlenhydratsulfonsäuren[5] und von Schwefelsäureestern.

Die Bildung der Kohlenhydratsulfonsäuren findet während der Hydrolyse der Polysaccharide durch die Kochsäure statt.

Die Darstellung von Glukosesulfonsäure, die dann als Bariumsalz isoliert worden ist und eine fest gebundene Sulfogruppe besitzt, ist nur beim Kochen mit einer Lösung von Natriumsulfit und -bisulfit vom p_H 6 gelungen[6].

Die Untersuchung des Produktes hat ergeben[7], daß es aus zwei Säuren besteht, die mit A und B bezeichnet worden sind.

---

[1] K. SCHWABE, Papierfabr., Wochenbl. f. Papierfabr. **39**, 116 (1944).
[2] PENNINGTON u. D. RITTER, J. Am. Chem. Soc. **69**, 665 (1947).
[3] G. HEIWINKEL, Svensk Papperstidn. **47**, 265 (1944).
[4] W. LAUTSCH u. G. PIAZOLO, Cellulosechemie Nr. 2, 48 (1948).
[5] E. ADLER, Svensk Papperstidn. **50**, 26 (1947).
[6] E. HÄGGLUND u. Mitarb., Ber. **63**, 1387 (1930).
[7] E. ADLER, loc. cit.

Die Säure A hat die Zusammensetzung $C_4H_7O_2(CHO) \cdot (COOH) \cdot (SO_3H)$ und besitzt infolge der Aldehydgruppe reduzierende Eigenschaften.

Die Säure B entspricht der Formel $C_5H_{10}O_3 \cdot (COOH) \cdot (SO_3H)$ und reduziert nicht.

Man nimmt an, daß die Kohlenhydratsulfonsäuren der Sulfitablauge mit den erwähnten beiden Säuren A und B identisch sind. Ein experimenteller Beweis steht jedoch noch aus.

Bei der Sulfitkochung von isolierten Pentosanen hat SHEREBOW[1] beständige Schwefel-Kohlenhydratverbindungen erhalten, die anscheinend ebenfalls Kohlenhydratsulfonsäuren darstellen.

Die Menge der bei der Sulfitkochung gebildeten Kohlenhydratsulfonsäuren ist noch nicht ermittelt worden. In den diesbezüglichen Arbeiten werden sie zusammen mit den Lignosulfonsäuren als organische Verbindung mit fest gebundenem Schwefel bestimmt.

Die Schwefelmenge, die zur Bildung dieser organischen Verbindungen erforderlich ist, beträgt 30 bis 60% des Gesamtverbrauchs an Schwefel während der Kochung[2].

Organische Verbindungen der Lauge mit locker gebundener schwefliger Säure

Die Anwesenheit von esterartig gebundener Säure und Bisulfitverbindungen in der Ablauge ist bereits 1893 von SHEREBOW festgestellt worden[3]. Der Autor hat gezeigt, daß bei einer Behandlung mit Ammoniak ca. 11 bis 15% des Gesamtgehaltes an SO_2 abgespalten werden. Die Menge dieses locker gebundenen Schwefels nimmt im Verlauf der Kochung zu. Von SHEREBOW ist ebenfalls zuerst auf die verschiedene Beständigkeit der labilen Verbindungen der schwefligen Säure in der Lauge hingewiesen worden. Durch Einwirkung von Jod, Ammoniak, Salzsäure, Ätznatron und einigen anderen Stoffen auf die Lauge ist von ihm ebenfalls die Bildung unbeständiger, schwefelhaltiger Verbindungen erkannt worden. ELIASCHBERG und MARTYNOW[4] haben gezeigt, daß die SO_2-Abspaltung durch Natronlauge je nach ihrer Konzentration variieren kann.

Bei der Behandlung der Lauge mit konzentrierter Natronlauge in der Kälte werden größere Mengen an SO_2 abgespalten. Außerdem beginnt die Abspaltung bereits in einem viel früheren Kochstadium als bei der Einwirkung von 0,1 n-Natronlauge.

Die Menge des mit 0,1 n-Natronlauge abspaltbaren SO_2 und die Verteilung über die verschiedenen Stadien hängt im wesentlichen von der Zusammensetzung der Kochsäure ab.

---

[1] Л. П. Жеребов, Бум. пром (L. P. SHEREBOW, Papierind.). Nr. 7, 387 (1927).

[2] E. HÄGGLUND, Holzchemie, 1939, S. 277. — М. Г. Элиашберг, М. Н. Ципкина и Н. Л. Миркина, Тр. Центр. научно-иссл. инст. бумаги (M. G. ELIASCHBERG, M. N. ZIPKINA u. N. L. MIRKINA, Arb. d. Zentr. wiss. Papierforsch. Inst.) Heft 38, 39 (1950).

[3] Л. П. Жеребов, Химическая сторона сульфит-целлюлозного производства (L. P. SHEREBOW, Die chemische Seite der Sulfitzellstoffproduktion) 1894, S. 78.

[4] М. Г. Элиашберг и М. Ф. Мартынов, Тр. Центр. научно-иссл. инст. бумаги (M. G. ELIASCHBERG u. M. F. MARTYNOW, Arb. d. Zentr. wiss. Papierforsch. Inst.) Heft 4, 5 (1931)

In der Tab. 125 sind Angaben über den Gehalt an leicht abspaltbarem SO_2 in Abhängigkeit von der Zeit und der Zusammensetzung der Kochsäure zusammengestellt.

Erhöhte Konzentration an freiem SO_2 in der Kochsäure bewirkt auch eine Erhöhung der Menge an labilen, organischen SO_2-Verbindungen. Gegen Ende des Kochprozesses wird ein Teil dieser Stoffe durch die erhöhte Acidität der Lauge wieder zerstört. Diese Erscheinung tritt jedoch nur im Falle höherer

TABELLE 125

Gehalt der Ablauge an leicht abspaltbarem Schwefel unter verschiedenen Bedingungen

Kochsäure mit 3% SO_2 und 1% CaO				Kochsäure mit 15% SO_2 und 0,9% CaO				Kochsäure mit 15% SO_2			
Zeit seit Kochbeginn h	min.	Lignin in % des absolut trocknen Holzes	Leicht abspaltbares SO_2 in %	Zeit seit Kochbeginn h	min.	Lignin in % des absolut trocknen Holzes	Leicht abspaltbares SO_2 in %	Zeit seit Kochbeginn h	min.	Lignin in % des absolut trocknen Holzes	Leicht abspaltbares SO_2 in %
5	30	28	—	3	30	26,1	0,160	3	30	22,6	0,25
7	00	28	—	5	30	19,6	0,320	4	30	20,4	0,500
9	00	28	0,129	7	30	12,85	0,352	5	30	14,2	0,582
10	30	15,8	0,243	9	30	7,21	0,672	6	30	11,2	0,602
12	00	6,6	0,332	9		5,76	0,736	7	30	6,9	0,625

Kochtemperaturen (140 bis 145°) auf. Außerdem läßt sich dabei eine gewisse Beziehung zwischen dem Aufschlußgrad des Holzes und dem Gehalt an locker gebundenem SO_2 in der Lauge feststellen. Ebenso kommt eine Verringerung der Menge an labilen SO_2-Verbindungen bei stärkerem Dampfablassen gegen Ende der Kochung vor. Erklären läßt sich diese Tatsache durch das Vorhandensein eines Gleichgewichtes zwischen dem freien SO_2 und dem locker gebundenem[1]. Jedoch existiert diese Beziehung nur bei Konzentrationen bis zu 0,3% an freier Säure[2]. Bei höheren Konzentrationen ist das Gleichgewicht gestört.

Die Natur der organischen Verbindungen mit locker gebundenem Schwefel ist noch nicht genügend erforscht. Von vielen Autoren[3] wird die Ansicht vertreten, daß der größte Teil des leicht abspaltbaren SO_2 an Zucker gebunden ist. Spätere Untersuchungen[4] haben jedoch ergeben, daß das SO_2 nicht mit den Zuckern, sondern mit ihren Zersetzungsprodukten verbunden ist und zum Teil als Lignosulfonsäuren vorliegt.

Auf die Bildung der labilen organischen Schwefelverbindungen entfallen

---

[1] М. М. Копанцев, Бум. пром (M. M. KOPANZEW, Papierind.) Nr. 3 (1947). — В. И. Шарков, Гидролизное производство (W. I. SCHARKOW, Hydrolysenindustrie) 1948, Bd. 2, S. 287.

[2] М. Г. Элиашберь, М. Н. Ципкина и Н. Л. Миркина, Тр. Центр. научно-иссл. инст. бумаги (M. G. ELIASCHBERG, u. N. L. ZIPKINA, M. N. MIRKINA, Arb. d. Zentr. wiss. Papierforsch. Inst.) Nr. 38, 39 (1950).

[3] E. HÄGGLUND, Holzchemie, S. 277 (1939). — В. И. Шарков, Гидролизное производство (W. I. SCHARKOW, Hydrolysenindustrie) 1948, Bd. 2, S. 284.

[4] E. ADLER, Svensk Papperstidn. 50, 26 (1947).

etwa 20 bis 30% des Gesamtverbrauchs an Schwefel[1]. Jedoch beziehen sich diese Angaben nur auf Kochungen, bei denen kein Dampf abgeblasen worden ist. Unter Produktionsbedingungen wird gegen Ende der Kochung fast stets Dampf abgelassen, so daß in diesem Falle infolge der Herabsetzung des Gehaltes an freiem und gebundenem Schwefel, der Schwefelverbrauch zur Bildung labiler Verbindungen bedeutend niedriger ist.

Anorganische Verbindungen des Schwefels in der Lauge

Gleichzeitig mit dem Einbau des Schwefels in organische Verbindungen finden aber auch noch andere Umsetzungen der schwefligen Säure und des Bisulfits während des Sulfitaufschlusses statt. Unter anderem entstehen Calciumsulfat, Schwefelsäure, Thiosulfate und Polythionate sowie manchmal auch elementarer Schwefel.

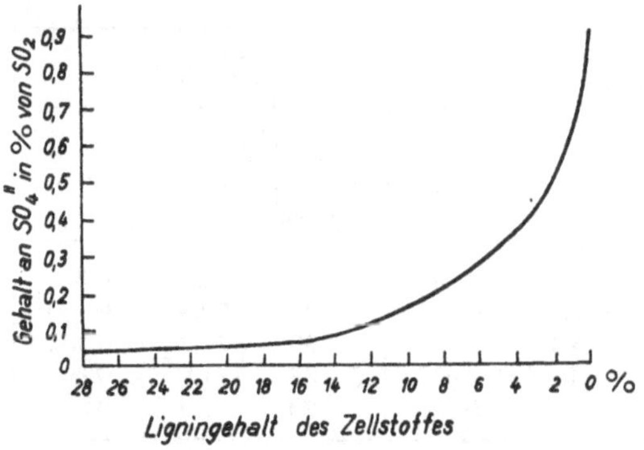

Abb. 85. Änderung des Sulfatgehaltes der Lauge während der Kochung

Der Gehalt der Sulfitlauge an SO_4-Ionen während des Kochprozesses ist in der Abb. 85 dargestellt[2].

Daraus ist ersichtlich, daß der Sulfatgehalt fast während der ganzen Reaktion nur langsam ansteigt, gegen Ende aber erfolgt eine außerordentlich rapide Zunahme. Besonders deutlich wird er bei einer Überkochung des Zellstoffes. Der gleiche Fall tritt auch bei irgendeinem anderen anormalen Kochverlauf ein. Bei normalem Aufschluß werden etwa 10% des Schwefels zur Sulfatbildung verbraucht[3].

Die Sulfatbildung erfolgt einmal durch Autoxydation des Bisulfits und der schwefligen Säure und zum anderen wahrscheinlich auch infolge Oxydation durch die Zersetzungsprodukte der Zucker. Für die in der Wärme stattfindende Autoxydation kann man folgendes Reaktionsschema annehmen[4]:

$$3\,H_2SO_3 \rightarrow 2\,H_2SO_4 + S + H_2O$$

Im Falle reiner Substanzen verläuft die Reaktion nur sehr allmählich, durch die Anwesenheit vieler Begleitstoffe wie Salze des Eisens, Kupfer und Mangan, Thiosulfate, Polythionate, Schwefel und besonders Selen wird sie erheblich

[1] E. Hägglund u. F. Carrick, Cellulosechemie Nr. 2, 20 (1934). — М. Г. Элиашберг, М. Н. Ципкина и Н. Л. Миркина, Тр. Центр. научно-иссл. инст. бумаги (M. G. Eliaschberg, M. N. Zipkina u. N. L. Mirkina, Arb. d. Zentr. wiss. Papierforsch. Inst.) Nr. 38, 49 (1950).

[2] E. Hägglund u. F. Carrick, Cellulosechemie Nr. 2, 20 (1934). — М. Г. Элиашберг, М. Н. Ципкина и Н. Л. Миркина, Тр. Центр. научно-иссл. инст. бумаги (M. G. Eliaschberg, M. N. Zipkina u. N. L. Mirkina, Arb. d. Zentr. wiss. Papierforsch. Inst.) Nr. 38, 49 (1950).

[3] E. Hägglund u. F. Carrick, loc. cit.

[4] P. Klason, Hauptversamml. d. Vereins d. Zellstoff- u. Papierchemiker 1910, S. 61. — Foerster u. Mitarb., Z. allgem. u. anorgan. Chemie **128**, 245 (1923).

beschleunigt[1]. Die während der Kochung entstehenden Zucker vermindern ebenfalls die Stabilität der Kochsäure und bewirken die Bildung von Sulfat und Schwefelsäure. Kocht man Zucker mit reiner Kochsäure, so wird das gesamte Bisulfat und ein großer Teil der schwefligen Säure zu Calciumsulfat und Schwefelsäure oxydiert. Gleichzeitig erfolgt selbstverständlich auch eine Zerstörung der Zucker[2].

Da im Laufe der Kochung ständig wachsende Mengen an Lignosulfonsäuren in Lösung gehen, die hemmend auf oxydative Prozesse, im besonderen die des Bisulfits und der H_2SO_3 einwirken, so kommt dieser Reaktion bis fast zum Ende keine große Rolle zu. Lediglich am Schluß der Kochung, besonders unter den bereits erwähnten Umständen, wenn die Lignosulfonsäuren infolge chemischer Bindung oder Kondensation ihre Schutzwirkung einbüßen, wird die Oxydation der schwefligen Säure rasch intensiver.

Während der gleichen Zeit werden auch andere Oxydationsvorgänge wie die Bildung von Aldonsäuren aus Zuckern, Cymol aus Pinen, Vanillin aus Lignin usw. deutlich feststellbar[3].

Die hemmende Wirkung der Lignosulfonsäuren auf die Oxydation des Bisulfits zu Sulfat geht aus folgendem Versuch hervor[4]. Werden Kochlaugen mit gleichem SO_2- und Bisulfitgehalt (2,7% freies SO_2 und 2,3% als Bisulfit), aber mit unterschiedlichem Gehalt an verbrauchter Kochflüssigkeit (Ablauge) mit elementarem Sauerstoff oxydiert, so nimmt der prozentuale Anteil von Calciumsulfat mit zunehmendem Gehalt an Ablauge ab. In der reinen Säure hat eine Erhöhung des Sulfatgehaltes auf 1100%, bei 5% Ablauge auf 140%, 25% Ablauge auf 19% und 50% Ablauge auf 11% stattgefunden.

Es zeigt sich also, daß eine Ablaugenzugabe zur Kochsäure für den Verlauf des Prozesses sehr günstig ist. Der Verbrauch an Schwefel und Dampf kann auf diese Weise erheblich herabgesetzt werden. Gibt man zu reiner, frischer Kochsäure bereits verbrauchte Kochlauge, die keine oxydationshemmenden Eigenschaften mehr besitzt, so wird die Kochung verdorben und eine rasche Oxydation der schwefligen Säure bewirkt[5].

Die bremsende Wirkung der Lignosulfonsäuren auf die während der Kochung stattfindenden Oxydationsprozesse findet ihre Analogie in den Phenolen. Man hat festgestellt, daß diese in vielen Fällen eine Autoxydation verhindern können[6]. Die Fähigkeit zur Bremswirkung hängt von der Bildung einer Verbindung zwischen dem Inhibitor und dem oxydierbaren Stoff ab. Im allgemei-

---

[1] Н. Н. Непенин, Производство целлюлозы (N. N. Nepenin, Die Zellstoffherstellung) 1940, S. 238.

[2] М. Г. Элиашберг и М. Н. Цыпкина, Тр. Центр. научно-иссл. инст. бумаги (M. G. Eliaschberg u. M. N. Zipkina, Arb. d. Zentr. wiss. Papierforsch. Inst.) Heft 38, 3 (1950). — В. И. Шарков, Гидролизное производство (W. I. Scharkow, Hydrolysenindustrie) 1948, Bd. 2, S. 283.

[3] М. Г. Элиашберг и М. Н. Цыпкина, Тр. Центр. научно-иссл. инст. бумаги (M. G. Eliaschberg, M. N. Zipkina, Arb. d. Zentr. wiss. Papierforsch. Inst.) Nr. 38, 3 (1950). — Н. Н. Непенин, Производство целлюлозы (N. N. Nepenin, Die Zellstoffherstellung) 1940, S. 224.

[4] E. Hägglund u. L. Wenerlund, Svensk Papperstidn. **49**, 199 (1946).

[5] E. Hägglund, Papierfabr. Nr. 43, 675 (1928).

[6] S. Berkman, D. Morrel u. G. Eggloff, Katalyse in der anorganischen u. organischen Chemie, 1949.

nen nimmt sie mit der Anzahl der Hydroxylgruppen in dem System zu. Bei der Anwesenheit von Selen oder anderen Katalysatoren in der Kochsäure verschwindet die Inhibitionswirkung der Lignosulfonsäuren.

Neben der Oxydation der schwefligen Säure können noch andere Reaktionen, bedingt durch die Anwesenheit von elementarem Schwefel, stattfinden, wobei Thiosulfat und Polythionate entstehen:

$$H_2SO_3 + S \rightarrow H_2S_2O_3$$

$$2\,H_2S_2O_3 + 3\,H_2SO_3 \rightarrow H_2S_3O_6 + H_2S_4O_6 + 3\,H_2O$$

Freier Schwefel, Thiosulfat und Polythionate wirken ihrerseits ebenfalls katalytisch auf die Zersetzung der schwefligen Säure. Bei Verunreinigungen der Kochsäure, besonders durch Selen, kann die Zersetzung so weitgehend sein, daß bereits vor der Beendigung des Holzaufschlusses kein Bisulfit und keine schweflige Säure mehr vorhanden ist. In diesem Falle findet im Holz als auch in der Lauge infolge der erhöhten Acidität der letzteren eine Kondensation der Lignosulfonsäuren statt. Das Holz und die Lauge nehmen eine schwarzbraune Farbe an, man spricht dann von „Schwarzkochungen". Manchmal erfolgt dabei auch eine Totalhydrolyse und Auflösung des Kohlenhydratanteils des Holzes, es verbleibt nur ein pulvriger, verkohlter Rückstand. Die Entstehung von Thiosulfat und Polythionat in geringen Mengen findet auch am Ende von normalen Kochungen statt, irgendwelche schädlichen Einflüsse werden dadurch nicht bewirkt.

Veränderungen der Kohlenhydrate in der Lauge

Wie schon erwähnt, findet die Auflösung von Kohlenhydraten vom Beginn der Kochung an statt. Je höher die Acidität und die Temperatur, um so intensiver verläuft dieser Prozeß.

Die Kohlenhydrate gehen zunächst in polymerer Form in Lösung, und man findet im ersten Stadium der Kochung trotz der Anwesenheit von Polysacchariden nur sehr geringe Mengen reduzierender Stoffe. Jedoch kann die Reduktionskraft der Lösung durch eine Nachhydrolyse beträchtlich erhöht werden. Durch Kochen mit verdünnten Säuren läßt sich z. B. der Gehalt an reduzierender Substanz von 18 auf 43% erhöhen[1].

Während der Kochung werden die in Lösung gegangenen Polysaccharide zu den Monosacchariden hydrolysiert. Etwa von der Mitte des Prozesses ab nimmt der Gehalt an Polysacchariden merklich ab und ist am Ende gleich Null[2].

Dies ist jedoch nur bei einer ausreichenden Säurekonzentration und genügend hoher Temperatur der Fall.

Bei der Kochung von Fichtenholz z. B. unter sehr milden Bedingungen (12%ige $NaHSO_3$-Lösung bei 130°) findet man in der Lösung nur sehr wenig monomere Zucker[3]. Durch Nachhydrolyse mit verdünnten Mineralsäuren ist der Gehalt an reduzierenden Substanzen auf 400% angestiegen (Tab. 126).

---

[1] H. KRAUSE, Chem. Ind. **29**, 217 (1909).
[2] H. LAUBER u. O. MERLAU, Papierfabr. Nr. 49, 18 (1935).
[3] E. HÄGGLUND, Papierfabr. Nr. 50, 775 (1926).

Durch die Menge an reduzierender Substanz wird jedoch der Zuckergehalt der Lösung nicht richtig angegeben. Während der Kochung findet gleichzeitig mit der Hydrolyse auch eine Zerstörung der Zucker statt, wobei ebenfalls reduzierende Stoffe entstehen. Zu diesen Verbindungen gehören Furfurol, Formaldehyd und einige andere flüchtige Aldehyde. Gleichfalls reduzierend wirken die Lignosulfonsäuren und die Kohlenhydratsulfonsäuren.

TABELLE 126

Änderung des Gehaltes der Ablauge an reduzierenden Stoffen unter milden Bedingungen

Dauer der Kochung in h	Zellstoffausbeute in % des absolut trocknen Holzes	Ligningehalt des Zellstoffs in %	Reduzierende Substanz in % des absolut trocknen Holzes	
			Vor der Nachhydrolyse	Nach der Nachhydrolyse
8	78	15,6	1,24	5,79
10	76	12,5	1,61	6,43
12	72	10,4	1,72	6,75
14	70	—	1,82	7,39
16	67	8,5	2,14	7,59

Zur Bestimmung des Gehaltes an eigentlichen Zuckern benutzt man die Vergärung der Hexosen zu Alkohol und die Züchtung von Hefe auf Pentosen. Danach beträgt die Menge der vergärbaren Zucker 55 bis 75% des Gesamtgehaltes an reduzierenden Stoffen[1].

Gleichzeitig mit der Hydrolyse findet auch ein Abbau der Zucker statt[2]. Am Ende der Kochung ist die Geschwindigkeit dieser Reaktion größer als die ihrer Bildung[3]. Die Zuckerbildung durchläuft also ein Maximum, um dann wieder abzunehmen. Diese Tatsache trifft in gleicher Weise für Hexosen und Pentosen zu.

Bei dem Abbau der Zucker entstehen neben den genannten flüchtigen Aldehyden, Aldonsäuren[4] und Kohlensäure. Die Entstehung von Kohlensäure bei der Sulfitbildung ist zuerst von GILLER[5] festgestellt worden. Später hat sich eine ganze Reihe von Autoren mit dieser Frage beschäftigt[6]. Dabei hat sich herausgestellt, daß der Beginn der Kohlensäurebildung mit dem Maximum des Zuckergehaltes zusammenfällt, d. h. mit dem Anfang der Zersetzung der Monosaccharide. Die Menge der gebildeten Kohlensäure beträgt 0,75 bis 1,0% des Holzes.

---

[1] В. И. Шарков, Гидролизное производство (W. I. SCHARKOW, Hydrolysenindustrie) 1948, Bd. 2, S. 277.

[2] В. И. Шарков, Гидролизное производство (W. I. SCHARKOW, Hydrolysenindustrie) 1948, Bd. 2, S. 277.

[3] E. HÄGGLUND, Holzchemie, 1933.

[4] E. HÄGGLUND, Holzchemie, 1933, S. 277.

[5] О. К. Гиллер, Бум. пром. (O. K. GILLER, Papierind.) Nr. 10, 615 (1925).

[6] Н. Н. Непенин и Н. Н. Запрыгина, Тр. Центр. научно-иссл. инст. бумаги (N. N. NEPENIN u. N. N. SAPRYGINA, Arb. d. Zentr. wiss. Papierforsch. Inst. Heft 4, 3 (1933). — O. ROUTALA, Pappers Trävarutidskr. 1936, S. 350. — К. В. Ходаков, Бум. пром (K. W. CHODAKOW, Papierind.) Nr. 9, 33 (1937).

Zum Teil entsteht die Kohlensäure auch durch Decarboxylierung von Polyuroniden[1] nach dem Schema:

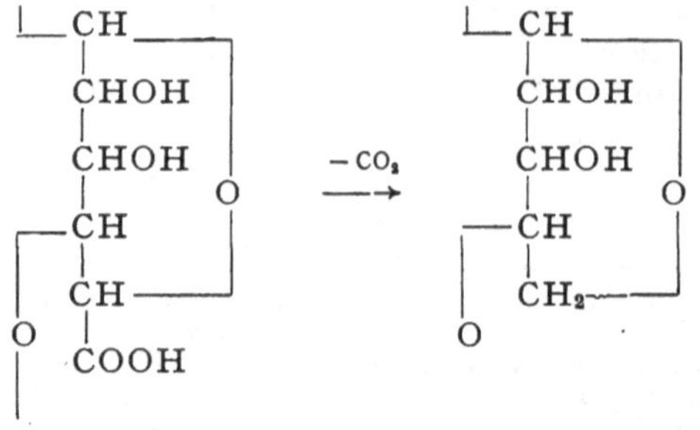

Ein Abbauprodukt der Zucker und Polyuronide ist offenbar auch Methylalkohol, der bei der Kochung in Mengen von 7 kg pro t Zellstoff oder 3% des Holzes entsteht. Über die Herkunft des Methylalkohols gehen die Ansichten jedoch auseinander. HÄGGLUND[2] nimmt an, daß der Alkohol durch Abspaltung von Methoxylgruppen aus dem Lignin gebildet wird. Diese Annahme ist jedoch nicht sehr wahrscheinlich. Bekanntlich erfolgt die Spaltung einfacher Äther nur mit Hilfe konzentrierter Starksäuren, während bei der Sulfitkochung nur eine relativ schwache hydrolytische Wirkung auf das Holz auftritt.

Ein wesentlicher Teil der während des Sulfitaufschlusses entstehenden flüchtigen Produkte wird mit dem Abdampf entfernt. NEPENIN und SAPRYGINA[3] haben darin auf 100 g absolut trocknes Holz folgende Produkte gefunden: 0,33 g Aceton, 0,48 g Methanol, 2,2 g Furfurol und Cymol, 0,21 g Essigsäure und 0,016 g Ameisensäure.

Mechanismus der Delignifizierung des Holzes beim Sulfitaufschluß

Während des Sulfitaufschlusses wird das Lignin in sulfonierter Form aus dem Holz herausgelöst. Schon 1889 ist es gelungen, das Lignin in Form des Calciumsalzes der Lignosulfonsäure aus der Ablauge zu isolieren[4]. Später ist auch die Bildung dieser Säure im Holz nachgewiesen worden. Es ist bereits erwähnt worden, daß die Säure im Holz im festen Zustand vorhanden ist.

Zahlreiche, in den vergangenen Jahren veröffentlichten Arbeiten haben ergeben, daß die aus dem Holz herausgelösten Lignosulfonsäuren in chemischer Hinsicht sehr uneinheitlich sind. Im Anfang der Kochung enthalten die gelösten Säuren wesentlich weniger Schwefel als in den späteren Stadien. Ferner besitzen die Säuren mit dem geringsten Schwefelgehalt das höchste Molekulargewicht[5]. Sie lassen sich fast quantitativ mit β-Naphthylamin und anderen Fällungsmitteln abtrennen. Bei milden Kochbedingungen geht das Lignin

---

[1] Н. И. Никитин, Химия древесины (N. I. NIKITIN, Chemie des Holzes) 1935, S. 90.

[2] E. HÄGGLUND, Holzchemie, 1939, S. 277.

[3] Н. Непенин, Производство целлюлозы (N. N. NEPENIN, Die Zellstoffherstellung) 1940, S. 240.

[4] B. TOLLENS u. J. LINDSEY, Ann. **267**, 341 (1889).

[5] G. AULIN-ERDTMANN Svensk Papperstidn. **45**, 103, 374, 392 (1942) — SCHWABE, Cellulosechemie **20**, 61 (1942).

in Form großer, kolloider Komplexe in Lösung, die sich bis zum Ende der Kochung mit den erwähnten Agenzien fällen lassen[1].

Die Sulfonierung des Lignins kann im alkalischen, neutralen und sauren Medium durchgeführt werden[2]. Im sauren Bereich verläuft sie wesentlich rascher und intensiver als im neutralen oder alkalischen Gebiet. Nach mehrtägiger Sulfonierung von Holz mit Natriumsulfitlösung bei p_H 6 und 135° erreicht das Verhältnis von Schwefel zu Kohlenstoff im Lignin den Wert von 1:40. Im Falle von gewöhnlicher Kochsäure beträgt das Verhältnis bei gleicher Temperatur, aber p_H 1,5, nach 5 bis 6 Stunden bereits 1:20. Im weiteren Verlauf der Kochung wird es bis auf 1:10 oder sogar 1:5 erniedrigt[3].

Bildungsschemata der Lignosulfonsäuren

Lange Zeit hindurch hat man versucht, den Sulfonierungsmechanismus des Lignins im Holz aufzuklären. Unter den zur Erklärung des Prozesses vorgeschlagenen Schemata lassen sich einige grundsätzlich verschiedene Richtungen erkennen.

1. KLASON[4] hat angenommen, daß eine feste Bindung der schwefligen Säure oder ihrer Salze an die Doppelbindung des Lignins stattfindet und eine lockere Anlagerung an die Aldehydgruppe:

$$R{-}CH{=}CH{-}CHO \rightarrow R{-}CH_2{-}\underset{\displaystyle SO_3Na}{\underset{|}{CH}}{-}\overset{\displaystyle OH}{\overset{|}{CH}}{-}SO_3Na$$

Nachdem durch chemische und spektroskopische Untersuchungen das Fehlen einer Doppelbindung im Lignin festgestellt worden ist, hat FREUDENBERG die Ansicht ausgesprochen, daß diese Bindung während der Kochung durch Wasserabspaltung aus zwei alkoholischen Hydroxylen —CHOH—CHOH— → —CH=C(OH) — oder aus einer — CH_2—CHOH-Gruppe gebildet wird.

KRATZL[5] nimmt für die Entstehung der Doppelbindung in der Seitenkette des Ligninmoleküls und die Anlagerung der schwefligen Säure folgendes Schema an:

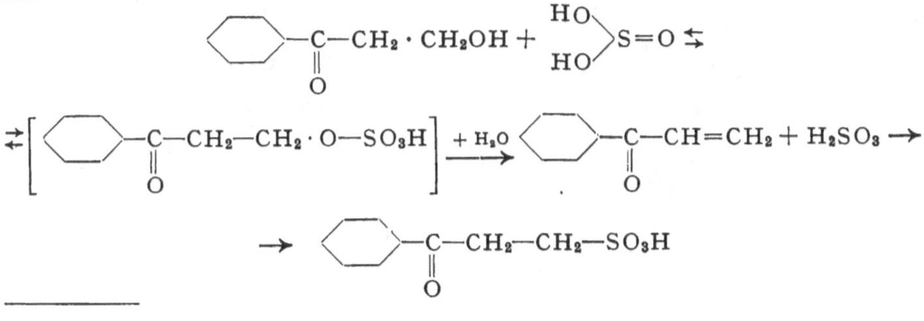

[1] K. FREUDENBERG, W. LAUTSCH u. G. PIAZOLO, Cellulosechemie 22, 98 (1944).
[2] E. HÄGGLUND, Svensk Kemisk Tidskr. 37, 120 (1925).
[3] Ф. П. Комаров и Т. И. Калинина, Мат. Центр. научно-иссл. инст. бумаги (F. P. KOMAROW u. T. I. KALININA, Arb. d. wiss. Papierforsch. Inst.) Nr. 37, 7 (1948).
[4] P. KLASON, Tekn. Tidskr. Avd. Kemi, 1893, S. 53.
[5] K. KRATZL, T. DAUBNER u. I. SIEGENS, Monatsh. d. Chemie 77, 146 (1947).

Danach geht der Ausbildung der Doppelbindung die Entstehung eines Esters der schwefligen Säure und dessen Spaltung voraus.

2. Angesichts der Tatsache, daß es nicht gelungen ist, eine Verringerung der Hydroxylgruppen im Lignin festzustellen, wie das für das letzte Schema erforderlich ist, hat man versucht, die Sulfonierung an die Sauerstoffbrücke zu verlegen[1].

Bei der Spaltung der Sauerstoffbindung durch Sulfonierung ergeben sich mehrere mögliche Reaktionsweisen[2].

In der ersten (A) findet eine Sprengung des Furanringes statt:

A

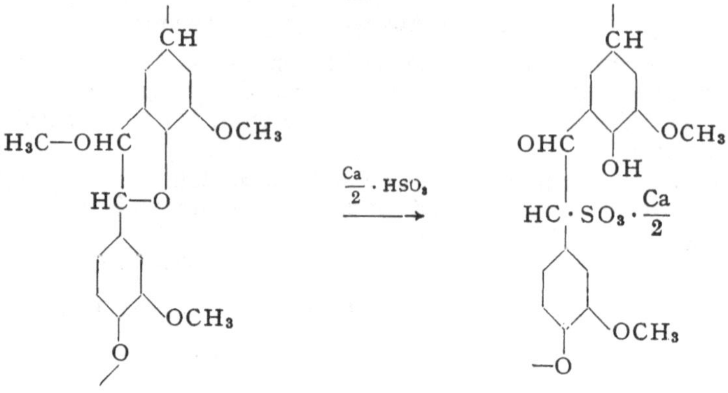

Im zweiten Fall (B) wird der Pyranring gesprengt:

B

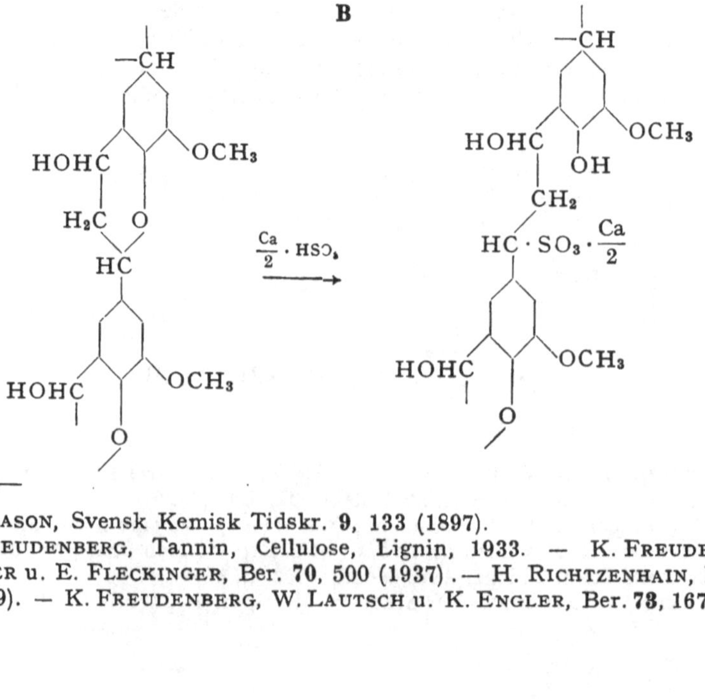

[1] P. Klason, Svensk Kemisk Tidskr. 9, 133 (1897).

[2] K. Freudenberg, Tannin, Cellulose, Lignin, 1933. — K. Freudenberg, M. Meister u. E. Fleckinger, Ber. 70, 500 (1937). — H. Richtzenhain, Ber. 72, 2152 (1939). — K. Freudenberg, W. Lautsch u. K. Engler, Ber. 73, 167 (1940).

Das dritte Schema (C) sieht eine Verkürzung des Moleküls durch Abbruch der Ätherbindung vor:

C

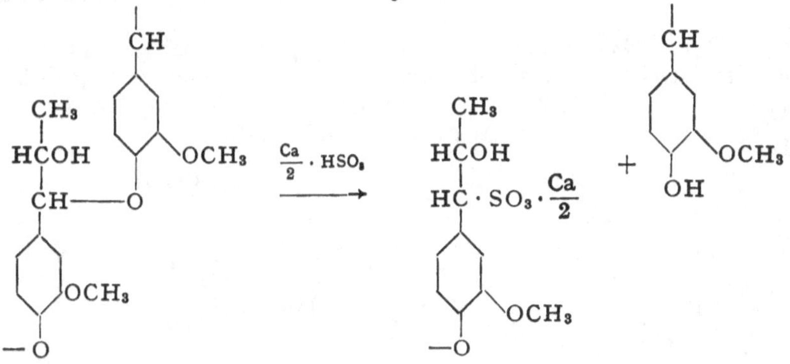

Schließlich hat HOLMBERG[1] noch ein Schema vorgeschlagen, in dem neben der Sulfonierung im Pyranring noch eine Sulfitierung einer der Hydroxylgruppen stattfindet:

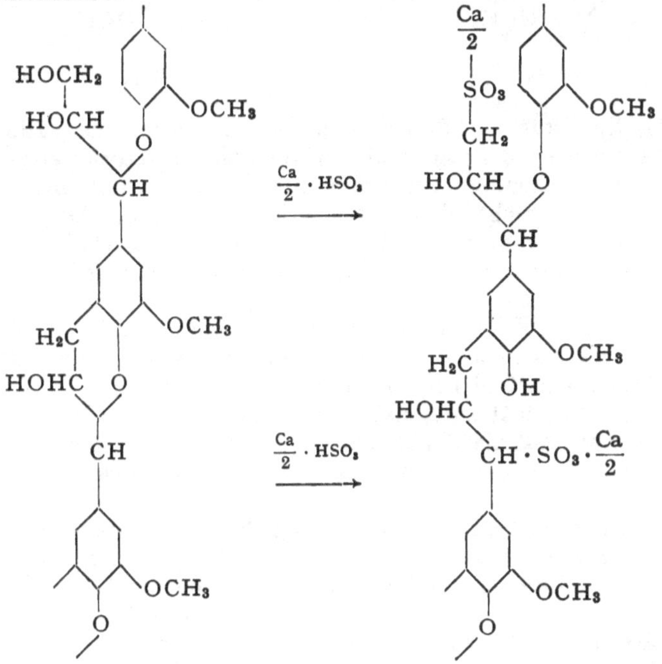

Zur Bestätigung ihrer Ansichten haben die Autoren[2] eine große Zahl von

[1] B. HOLMBERG, Svensk Kemisk Tidskr. **58**, 207 (1926); J. prakt. Chemie **2**, 93 141 (1934). — Österr. Chem. Z. **43**, 152 (1940).

[2] K. FREUDENBERG, M. MEISTER u. E. FLECKINGER, Ber. **70**, 500 (1937). — A. WACEK, K. KRATZL u. A. BÉZARD, Ber. **75**, 1348 (1942); **77**, 85 (1944). — K. KRATZL, Ber. **76**, 895 (1943); **77**, 516, 717 (1944).

Versuchen zur Sulfonierung einfacherer organischer Verbindungen bekannter Struktur mit Bisulfitlösungen durchgeführt. Diese Verbindungen sollen als Modellsubstanzen für den Bildungsmechanismus der Lignosulfonsäuren dienen.

So ist z. B. das Oxydationsprodukt des methylierten Dehydrodiisoeugenols, das fast das gleiche UV-Absorptionsspektrum wie das native Lignin besitzt, benutzt worden. Die Sulfonierung erfolgt nach dem oben angeführten Schema und ist von einer Sprengung des Furanringes begleitet:

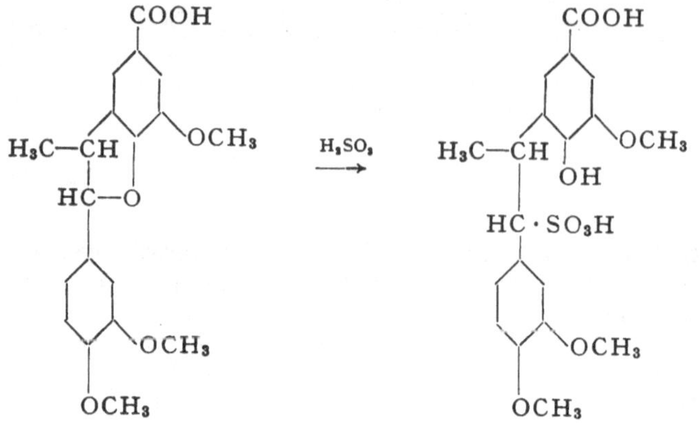

Die bei der Sulfitkochung dieser Modellsubstanz erhaltene Sulfonsäure ist in ihren Eigenschaften der Lignosulfonsäure ähnlich. Trotz der scheinbaren experimentellen Bestätigung ist das Sulfonierungsschema mit einer Sprengung von Sauerstoffringen nicht allgemein anerkannt worden. Als Grund dafür lassen sich das Fehlen einer Zunahme der phenolischen Hydroxyle bei der Sulfonierung des Lignins und die Ergebnisse spektroskopischer Untersuchungen anführen.

Der Vergleich der UV-Spektren von nativem Lignin und von Lignosulfonsäure hat keine Unterschiede erkennen lassen. Dies wird als Beweis dafür angesehen, daß bei der Sulfonierung des Lignins eine Sprengung des Furan- oder Pyranringes nicht erfolgt[1]. Aus späteren Arbeiten von WACEK und anderen geht jedoch hervor, daß die Spektralanalyse noch nicht in der Lage ist, Veränderungen im Aufbau der aromatischen Ligninstoffe sicher zu charakterisieren.

3. Im Zusammenhang mit der Ablehnung der Schemata, bei denen eine Sprengung von Sauerstoffbrücken stattfindet, ist die Ansicht vertreten worden, daß das Lignin im Holz mit den anderen Komponenten über die Carbonylgruppe verbunden ist. Diese Bindung stellt eine „maskierte" Acetalbindung dar und ist deshalb im üblichen UV-Bereich unsichtbar[2].

Als Modellsubstanz für diese Theorie dient das 2-Oxy-2,5-dimethylcumaronon, das bei der Sulfitkochung tatsächlich eine Sulfonsäure ergibt, ohne daß

---

[1] G. AULIN-ERDTMAN, Svensk Papperstidn. **50**, 81 (1947). — F. BRAUNS u. G. BROWN, Ind. Eng. Chem. **30**, 779 (1938).

[2] G. AULIN-ERDTMAN, C. BJÖRKMAN, H. ERDTMAN u. E. HÄGGLUND, Svensk Papperstidn. **50**, 81 (1947).

eine Sprengung des Furanringes erfolgt. Die sulfonierte Verbindung zeigt das gleiche UV-Spektrum wie die nicht sulfonierte.

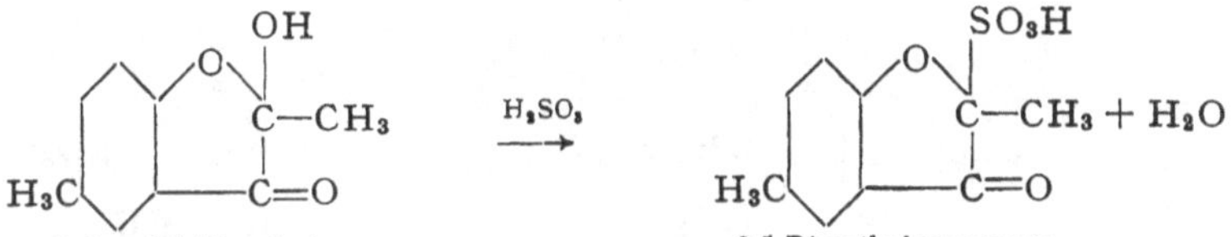

2-Oxy-2,5-Dimethylcumaronon — 2,5-Dimethylcumaronon-2-Sulfonsäure

Halbacetale des Typs I können im Holz vorhanden sein und eine Verbindung des Lignins mit den Kohlenhydraten oder der Ligninmoleküle untereinander vermitteln.

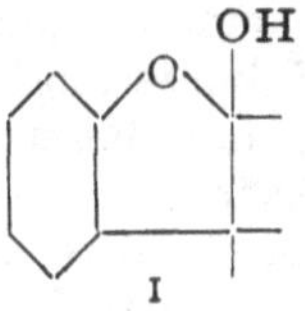

I

Die Existenz von halbacetalen Bindungen des Lignins mit anderen Holzkomponenten wird durch eine Reihe von Arbeiten der letzten Zeit bestätigt[1].

4. Eine weitere Richtung vertritt den Standpunkt, daß die Anlagerung der Sulfogruppen unmittelbar am aromatischen Kern des Lignins erfolgt. Schon vor längerer Zeit ist die Ansicht ausgesprochen worden, daß die Lignosulfonsäure das Anlagerungsprodukt von Bisulfit an das tautomerisierte Phenol darstellt[2]. Aus dem Verhalten einiger Phenole bei der Behandlung mit Bisulfiten, wobei ebenfalls Sulfonsäuren entstehen[3], hat man auf eine Analogie im Falle der Lignosulfonsäurebildung geschlossen[4].

Da die Sulfonierung der Phenole nun sehr langsam vor sich geht, ist angenommen worden, daß der Prozeß in zwei Phasen verläuft. Danach findet zunächst eine Tautomerisierung des Phenols unter Ausbildung von Carbonylgruppen statt, schließlich die Reaktion des Bisulfits mit diesen.

Für die Sulfonierung des Resorcins z. B. ist folgendes Schema vorgeschlagen worden:

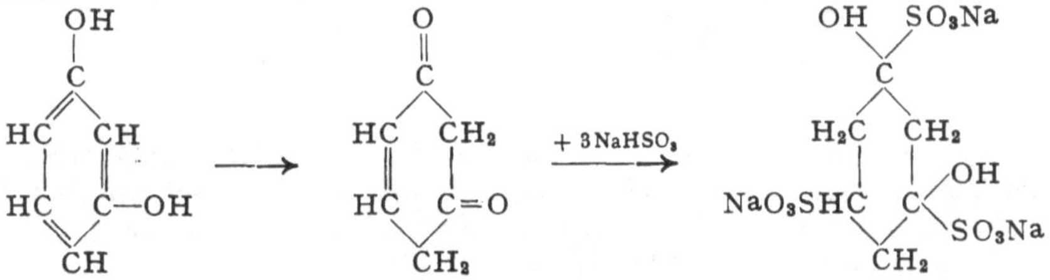

[1] Vgl. die im Abschnitt 11 zitierten Arbeiten von N. N. Schorygina, ferner А. А. Берлин, Высокомолек. соед (A. A. Berlin, Hochmol. Verb.) Nr. 7, 26 (1948). — H. Vogel, Sulfitzellstoffablaugen, 1948, S. 39. — F. Brauns u. G. Brown, Ind. Eng. Chem. **30**, 779 (1938). —A. Bailey, Paper Trade J. **110**, 29 (1940).

[2] P. Klason, Tekn. Tidskr. Avd. Kemi **23**, 49 (1893).

[3] H. Bucherer, Z. Angew. Chemie, **17**, 1068 (1904); **19**, 1649 (1906); **20**, 877 (1907) **33**, 1457 (1920).

[4] W. Fuchs, Ber. **52**, 2281 (1919); **53**, 866 (1920); **54**, 245 484 (1921); **55**, 558 (1922); **57**, 1225 (1924).

Auch die Möglichkeit einer direkten Kernsulfonierung des Lignins nach folgendem Schema ist in Betracht gezogen worden.

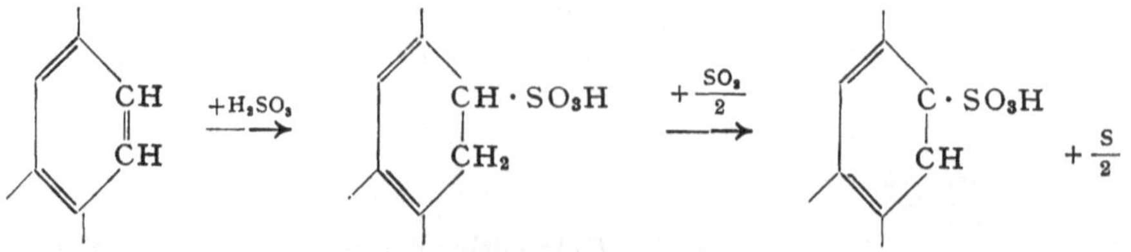

Unter den sich in dieser Richtung bewegenden Arbeiten verdienen die von BOGDANOW und Mitarbeitern[1] besondere Beachtung. Die Autoren haben einen Zusammenhang zwischen der Sulfonierung aromatischer Oxyverbindungen mit Sulfiten und der Inhibitorwirkung dieser Verbindungen auf die Oxydation des Sulfits festgestellt. Wie die Autoren ferner gezeigt haben, entsteht bei der Oxydation von Natriumsulfit mit Kupfersalzen oder Braunstein bei Gegenwart von β-Naphthol die 2-Naphthol-1-sulfonsäure:

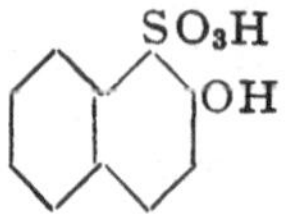

Der Mechanismus dieser Reaktion wird folgendermaßen erklärt. Unter der Einwirkung des Oxydationsmittels, z. B. Kupferoxyd, gibt das Bisulfition ein Elektron ab. Es wird dabei bis zum Radikal (· SO_3H) oxydiert, während gleichzeitig eine Reduktion des Oxydationsmittels erfolgt:

$$HSO_3^- + Cu^{++} \rightarrow (\cdot SO_3H) + Cu^+$$

Das Radikal substituiert ein Wasserstoffatom im Kern des β-Naphthols, es entsteht die entsprechende Sulfonsäure und atomarer Wasserstoff:

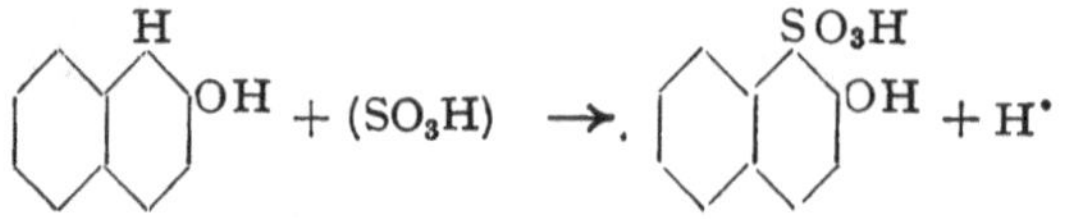

Infolge der Anlagerung des Radikals an die aromatische Oxyverbindung findet keine Oxydation des Sulfits statt, da das freie Radikal ein Zwischenprodukt dieser Reaktion ist. Insofern das Radikal keine freie Ladung mehr besitzt, kann es nicht mehr weiter oxydiert werden.

Das Lignin zeigt während der Sulfitkochung ebenfalls eine hemmende Wirkung auf die Oxydation der schwefligen Säure[2]. Da während des Aufschlusses zahlreiche Oxydationsprozesse ablaufen, ist die Annahme durchaus berechtigt, daß die Bildung der Lignosulfonsäuren in ähnlicher Weise wie im

[1] С. В. Богданов, ЖОХ (S. W. BOGDANOW, Z. allgem. Chemie) 7, 2284 (1937).

[2] М. Г. Элиашберг и М. Н. Цыпкина, Тр. Центр. научно-иссл. инст. бумаги (M. G. ELIASCHBERG u. M. N. ZYPKINA, Arb. d. Zentr. wiss. Papierforsch. Inst.) Heft 38, 3 (1950).

Falle der Naphtholsulfonsäure erfolgt. Die Sulfonierung braucht jedoch nicht unbedingt am Kern stattzufinden, es kann auch die Seitenkette des Lignins sulfoniert werden.

Zahlreiche neuere Arbeiten haben bestätigt[1], daß die Sulfonierung organischer Verbindungen mit Hilfe der schwefligen Säure oder ihrer Salze über das Radikal ($\cdot SO_3H$) oder ($\cdot SO_3^-$) erfolgt[2], d. h. durch Oxydation der Ionen HSO_3^- oder SO_3^{--}. Als Beweis dafür wird die Tatsache angeführt, daß die Sulfonierung organischer Verbindungen durch Sulfit bei Abwesenheit von Oxydationsmitteln entweder überhaupt nicht stattfindet oder aber durch Oxydation wesentlich beschleunigt wird. Das gleiche ist auch bei den Olefinen und ihren Derivaten der Fall. Die Sulfonierung dieser Verbindungen durch schweflige Säure hat man vordem als einfache Anlagerung der Säure an die Doppelbindung betrachtet. Die Beteiligung der Radikale ($\cdot SO_3H$) und ($\cdot SO_3^-$) an der Bildung von Sulfonsäuren wird auch dadurch bewiesen, daß bei der Anwesenheit von Stoffen, die die Oxydation des HSO_3^- hemmen, auch die Entstehung der Sulfosäuren gebremst wird.

Von Interesse ist in diesem Zusammenhang die Tatsache, daß auch die Sulfitkochung durch Oxydation beschleunigt wird[3]. Das Gegenteil ist der Fall, wenn Stoffe, wie z. B. Phenole, anwesend sind, die einen hemmenden Einfluß auf die Oxydation des Sulfits ausüben[4]. Offenbar ist das Radikal ($\cdot SO_3H$) an der Bildung der Lignosulfonsäuren beteiligt. Diese Annahme ist durchaus berechtigt, da die Lignosulfonsäuren, wie auch alle anderen Sulfonsäuren, Derivate der Schwefelsäure,

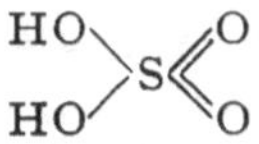

in der ein Hydroxyl durch das Radikal R substituiert ist,

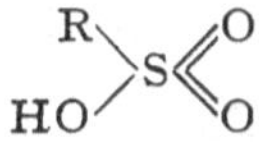

und nicht der schwefligen Säure

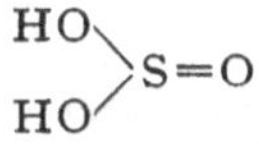

vorstellen.

Die Tatsache der unterschiedlichen Beständigkeit der Lignin-Schwefel-Bindungen deutet darauf hin, daß die Sulfonierung des Lignins bei dem Sulfitaufschluß nicht nur auf einem Wege, sondern auf mehreren stattfindet[5].

---

[1] G. Lisk, Ind. Eng. Chem. **40**, 1671 (1948); **41**, 1923 (1949).

[2] Freie Radikale sind elektrisch neutrale Moleküle mit einer ungeraden Anzahl von Elektronen. Freie Radikal-Ionen besitzen zwar eine Ladung, aber ebenso wie die Radikale selbst eine anormale Wertigkeit. Die Radikale sind sehr aktiv, sie sind an allen Kettenreaktionen beteiligt.

[3] Н. Н. Непенин, Новые проблемы целлюлозного-бумажного производства (N. N. Nepenin, Neue Probleme der Zellstoff- und Papierindustrie) 1933, S. 101.

[4] H. Erdtman, Svensk Papperstidn. **43**, 255 (1940).

[5] O. Samuelson, Svensk Papperstidn. **50**, 11 B, 149 (1947).

Auflösung der Lignosulfonsäure

Der Auflösungsmechanismus der während der Sulfitkochung entstehenden, festen Lignosulfonsäure ist ebenfalls noch sehr wenig erforscht.

Zur Erklärung ist bisher hauptsächlich eine von HÄGGLUND aufgestellte Theorie herangezogen worden. Der Autor hat ursprünglich angenommen, daß die Auflösung durch hydrolytische Spaltung der Lignin-Kohlenhydrat-Bindung bewirkt wird[1]. Zur Bestätigung haben dabei die zahlreichen Beweise für die Existenz derartiger Bindungen gedient. Nachdem es jedoch gelungen ist, eindeutige Anzeichen für das Vorhandensein von Verbindungen der Lignosulfonsäure mit den Kohlenhydraten festzustellen, hat sich HÄGGLUND von dieser Fassung abgewandt[2] und eine neue Theorie aufgestellt, nach der die Auflösung durch die Hydrolyse der Sulfonsäure selbst stattfindet.

Dabei können nur relativ niedermolekulare Lignosulfonsäuren in Lösung gehen, die sich dann wieder zu größeren Komplexen kondensieren. Die Hydrolyse der festen Säure wird sowohl durch die in der Kochsäure vorhandenen H-Ionen als auch durch die H-Ionen der Sulfonsäure selbst, die in dem festen Zustand stark ionisiert ist, bewirkt.

Die hydrolytische Wirksamkeit der festen Lignosulfonsäure bei Gegenwart des neutralisierenden Calciumbisulfits erklärt sich aus der Fähigkeit der Sulfonsäure oder ihrer Salze zum Ionenaustausch. Nach Ansicht von HÄGGLUND stellt sich bei dem Kochprozeß ein Gleichgewicht zwischen der Wasserstoffionenkonzentration der flüssigen und der festen Phase ein. Aus diesem Grunde ist im Holz neben dem Calciumsalz der Lignosulfonsäure stets auch eine kleine Menge freier Säure vorhanden.

Die Theorie von HÄGGLUND steht im Gegensatz zu vielen experimentellen Tatsachen und ist auch in ihrer heutigen Form durchaus nicht allgemein befriedigend. So erklärt sie z. B. nicht, warum in den ersten Stadien der Kochung hochmolekulare Lignosulfonsäuren mit relativ niedrigem Schwefelgehalt in Lösung gehen, während am Ende des Prozesses niedermolekulare, schwefelreiche auftreten. Ferner eine Reihe anderer Tatsachen, wie die Löslichkeit der festen Lignosulfonsäure in Methanol, die Unlöslichkeit in Wasser bei Anwesenheit geringer Mengen von Kochsalz, die rapide Erhöhung der Aufschlußgeschwindigkeit durch Austausch des Kations im Bisulfit usw.

Von einer Reihe von Autoren sind deshalb andere Erklärungen für den Auflösungsmechanismus der Lignosulfonsäure vorgeschlagen worden. Nach KULLGREN[3] ist die Lösung keine Folge der Hydrolyse, sondern wird durch den Ersatz des Kations durch Wasserstoff bewirkt. Nach seiner Ansicht ist nur die freie Säure in Wasser löslich, nicht dagegen ihre Salze.

Auf Grund von Versuchen über die Auflösung von isoliertem Salzsäurelignin beim Kochen mit Benzaldehyd hat N. I. NIKITIN die Ansicht ausgesprochen, daß die Auflösung des Lignins beim Sulfitaufschluß eine kolloid-chemische Natur besitzt[4].

---

[1] E. HÄGGLUND, Holzchemie, 1933.

[2] E. HÄGGLUND, Holzchemie, 1939, S. 160.

[3] K. KULLGREN, Svensk Papperstidn. **36**, 499, 532 (1933).

[4] Н. И. Никитин и И. М. Орлова, ЖПХ (N. I. NIKITIN u. I. M. ORLOWA, Z. Angew. Chemie [russ.]) **8**, 1402 (1935).

Den gleichen Standpunkt haben später MAAS und Mitarbeiter[1] eingenommen. Sie betrachten die Auflösung der festen Lignosulfonsäure als einen kolloidchemischen Vorgang vom Typ der Peptisierung. Durch die Einführung der Sulfogruppen erhält das Lignin hydrophile Eigenschaften, die für die leichte Peptisierung bei entsprechender Wasserstoffionenkonzentration verantwortlich sind.

Die große Wahrscheinlichkeit dieser Theorie wird durch das analoge Verhalten von Gerbstoffen beim Erhitzen mit Sulfit bei p_H 3 erhärtet[2]. Die peptisierende Wirkung des Sulfits ist in diesem Fall über jeden Zweifel erhaben. Bekanntlich wirken die Sulfonsäuren sehr energisch dispergierend, woraus sich eine leichtere Peptisierung des Lignins unter dem Einfluß der entstehenden Lignosulfonsäuren ergibt.

Beim Erwärmen von Holz mit einer 40%igen neutralen, wäßrigen Lösung des Natriumsalzes der Xylolsulfonsäure gehen das Lignin und ein Teil der Kohlenhydrate in Lösung[3]. Die Kohlenhydrate werden dabei in polymerer Form aufgelöst. Die Wirkung des Natriumsalzes der Sulfonsäure kann als hydrotrop betrachtet werden, ähnlich wie z. B. Kaliumjodid die Auflösung von Jod in Wasser ermöglicht.

BRAUNS und Mitarbeiter[4] haben Versuche zum Sulfitaufschluß von methyliertem Holz (Diazomethan) durchgeführt. Dabei ist gezeigt worden, daß methyliertes Holz auf diese Weise nicht delignifiziert werden kann. Die Autoren sind deshalb zu der Ansicht gekommen, daß die Auflösung der festen Lignosulfonsäure durch eine Wanderung der Sulfogruppe im Ligninkomplex bewirkt wird.

Nach kritischer Betrachtung der verschiedenen Theorien ist anzunehmen, daß die Auflösung der festen Lignosulfonsäure sowohl auf kolloidchemischem Wege, durch Peptisierung, als auch durch hydrolytische Spaltung der Lignin-Kohlenhydrat-Bindungen und schließlich Veränderungen im Lignin selbst, stattfinden kann.

Die Beobachtung, daß im Anfang der Kochung höhermolekulares Lignin mit weniger Sulfogruppen in Lösung geht als im späteren Verlauf, deutet auf eine unterschiedliche Bindung des Lignins im Holz hin. Durch den ständig steigenden Gehalt an Sulfogruppen wird auch die Hydrophilität des Lignins erhöht und dadurch seine Auflösung erleichtert. In der gleichen Richtung wirkt die Verringerung der Molekülgröße. Trotzdem wird aber zuerst höhermolekulares und niedriger sulfoniertes Lignin gelöst, was auf seine große physikalische Eignung für eine Auflösung und anscheinend auch auf die Natur seiner Verteilung im Holz hinweist. Die Auflösung dieses Lignins findet also offenbar auf kolloidchemischem Wege statt.

Die Tatsache, daß in späteren Kochstadien Lignosulfonsäuren mit ständig zunehmendem Gehalt an Sulfogruppen und abnehmendem Molekulargewicht in Lösung gehen, deutet auf die chemische Natur der Bindung mit dem Kohlenhydratkomplex des Holzes hin. Mit zunehmender Hydrolyse dieser Bindung

[1] D. COLHAUN, F. YORSTOUN u. O. MAAS, Canad. J. Research **17** B, 121 (1939).

[2] С. Б. Иванов, Физико-химические основы производства дубильных экстрактов (S. B. IWANOW, Physikochemische Grundlagen der Herstellung von Gerbstoffextrakten) 1938, S. 94.

[3] R. MCKEE, Ind. Eng. Chem. **38**, 382 (1946).

[4] F. BRAUNS u. G. BROWN, Ind. Eng. Chem. **30**, 779 (1938).

gehen auch immer mehr Anteile in Lösung. Bei hohen Kochtemperaturen findet jedoch wieder eine partielle Kondensation dieser niedermolekularen Lignosulfonsäuren zu größeren Komplexen statt.

* * *

In diesem Abschnitt sind die bei dem Sulfitaufschluß des Holzes beobachteten chemischen Prozesse und die wichtigsten, zur Erklärung vorgeschlagenen Hypothesen, behandelt worden. Trotzdem diese Hypothesen keineswegs eindeutig sind und die Haupterscheinungen in verschiedener Weise erklären, bedeuten sie doch einen Fortschritt für unsere Erkenntnisse über das Wesen der Sulfitkochung. Sie ermöglichen erst eine richtige Anwendung des Verfahrens, und nicht wie bisher, auf rein empirischer Basis.

In der Sowjetunion wird heute eine intensive Forschung auf dem Gebiete der Chemie des Sulfitaufschlusses betrieben. Die Arbeiten erstrecken sich auf alle wichtigen Probleme dieses Prozesses, dessen Erforschung in Rußland bereits in den neunziger Jahren des vorigen Jahrhunderts durch SHEREBOW begonnen worden ist. Die von den sowjetischen Autoren in letzten Jahren gewonnenen günstigen Ergebnisse lassen erwarten, daß die vollständige Aufklärung der chemischen Seite des Sulfitverfahrens in greifbare Nähe gerückt ist.

ACHTZEHNTER ABSCHNITT

Delignifizierung des Holzes mit Alkalien

Die Verwendung von Alkalien in Form von Pflanzenasche zur Delignifizierung von Holz oder anderen pflanzlichen Rohstoffen ist im alten China bereits vor etwa 2000 Jahren bekannt gewesen. Die erste Anwendung in Europa zur Herstellung von Papier aus Stroh ist jedoch erst zu Beginn des 18. Jahrhunderts erfolgt, und zwar in Rußland in den Jahren 1708 bis 1714[1], 50 Jahre später ist ein ähnliches Verfahren von SCHEFFER zur Bearbeitung von Gerstenstroh mit Kalkmilch in offenen Gefäßen bei relativ niedrigen Temperaturen benutzt worden. Erst in der Mitte des 19. Jahrhunderts, 1854, wurde ein Verfahren zur Kochung von Stroh in geschlossenen Kesseln bei erhöhter Temperatur und erhöhtem Druck patentiert. Fast zur gleichen Zeit (1853 bis 1856) hat man zum ersten Mal die alkalische Kochung zur Herstellung von Zellstoff aus Holz benutzt[2].

Das Wesen des alkalischen Verfahrens zur Zellstoffgewinnung besteht in der Behandlung von Holzschnitzeln mit 4- bis 6%iger Natronlauge in geschlossenen Kesseln bei 170 bis 175°. Der Durchsatz eines Kessels setzt sich dabei zusammen aus der Zeit, die für die Beschickung mit Holz und Lauge erforderlich ist, der Anheizzeit, der Kochzeit und der für das Abblasen und die Entleerung notwendigen Zeit. Das Anheizen des Kessels auf die gewünschte Endtemperatur wird möglichst rasch durchgeführt. Die dafür benötigte Zeit beträgt gewöhnlich $1^1/_2$ bis $3^1/_2$ Stunden[3]. Die eigentliche Kochzeit schwankt je nach der Art des gewünschten Zellstoffes von $^1/_2$ bis 3 Stunden. Zur Entleerung des Kessels werden 20 bis 40 Minuten benötigt. Auf diese Weise erfordert ein Kesseldurchsatz 4,5 bis 6 Stunden.

Der Druck im Kessel während der Kochung besitzt praktisch keinen Einfluß auf den Aufschlußprozeß, wesentlich ist nur die Temperatur[4]. Normaler-

[1] Е. И. Заозерская, Очерки по истории торговли и промышленности в России (J. I. SAOSERSKAJA, Abriß der Geschichte des Handels und der Industrie in Rußland) 1928.

[2] Н. Н. Непенин, Производство целлюлозы (N. N. NEPENIN, Die Zellstoffherstellung) 1940, S. 609.

[3] Der alkalische Aufschluß zeigt nicht die beim Sulfitverfahren auftretenden Schwierigkeiten, da die Lauge das Holz genügend rasch in allen Richtungen durchtränkt (J. LAROCQUE u. O. MAAS, Canad. J. Research **15**B, 89 [1937]). Dadurch ist eine schnellere Anheizung möglich, besonders bis 130°. Einige Autoren sind der Ansicht, daß die stärkste Durchdringung des Holzes mit der Lauge zwischen 130 und 150° stattfindet [Н. Н. Непенин, Производство целлюлозы (N. N. NEPENIN, Die Zellstoffherstellung) 1940, S. 621].

[4] Н. И. Никитин, Химия древесины (N. I. NIKITIN, Chemie des Holzes) 1935, S. 136/7.

weise entspricht der Druck bei rechtzeitiger Entfernung von Luft und einigen bei der Kochung entstehenden, flüchtigen, organischen Verbindungen, der Dampfspannung bei der Kochtemperatur, d. h. 9 bis 10 abs. at.

Bedingt durch die hohen Kosten des Ätznatrons ist eine Regenerierung der Kochlaugen aus wirtschaftlichen Gründen unbedingt erforderlich. Zu diesem Zweck wird meist ein relativ einfaches Verfahren angewandt, das in der Abtrennung der verbrauchten Lauge vom fertig gekochten Zellstoff, Eindampfen bis zur Trocknung und Veraschen des organischen Anteils besteht, was gewöhnlich in sogenannten „Revolveröfen" stattfindet. Hier wird das an organische Substanz gebundene Ätznatron bei sehr hoher Temperatur, etwa 800°, in Natriumkarbonat umgewandelt:

$$2NaOH + CO_2 \rightarrow Na_2CO_3 + H_2O$$

Das Karbonat verläßt den Ofen als Asche und wird in Wasser oder schwacher Weißlauge gelöst, wobei die sogenannte „Grünlauge" entsteht. Durch Behandlung der filtrierten Lösung mit Kalk bei 99 bis 104° wird das Karbonat kaustifiziert:

$$Na_2CO_3 + Ca(OH)_2 \rightleftarrows 2NaOH + CaCO_3$$

Nach Absitzen und Dekantieren von der ausgefallenen Kreide erhält man wieder eine gebrauchsfertige Weißlauge. Der Verlust an Ätznatron wird durch Zugabe entsprechender Mengen an kaustischer Soda zur Grünlauge ausgeglichen.

Versuche zur Verbilligung des alkalischen Aufschlusses, die bereits in den sechziger Jahren begonnen wurden, haben 1884 zur Einführung des Sulfat- oder richtiger, Sulfidverfahrens beigetragen. Dieses beruht auf der Verwendung von Natriumsulfat an Stelle von kalzinierter Soda zum Ausgleich der Alkaliverluste. In diesem Falle wird ein Schmelzofen benötigt, der mit der stark eingedickten Schwarzlauge und dem entsprechenden Zuschlag an Natriumsulfat beschickt wird. Bei Temperaturen von 1000 bis 1100° findet die Reduktion des Natriumsulfats zu Natriumsulfid mit Hilfe des aus der organischen Substanz stammenden Kohlenstoffs statt:

$$Na_2SO_4 + 2C \rightarrow Na_2S + 2CO_2$$

Das entstehende Natriumsulfid verbrennt zum Teil wie folgt:

$$Na_2S + 3O \rightarrow Na_2O + SO_2$$

Neben Natriumsulfit kann schließlich auch kalzinierte Soda entstehen:

$$Na_2O + SO_2 \rightarrow Na_2SO_3$$
$$Na_2O + CO_2 \rightarrow Na_2CO_3$$

Die Zusammensetzung der den Ofen verlassenden Schmelze ist relativ kompliziert, sie enthält als Hauptbestandteile ca. 65% Na_2CO_3, ca. 25% Na_2S, ca. 1 bis 2% Na_2SO_3 und schließlich 7 bis 8% nicht umgesetztes Na_2SO_4 und andere Stoffe.

Die Schmelze wird in Wasser oder schwacher Weißlauge gelöst und in der bereits beschriebenen Weise mit Kalk behandelt. Dabei erfolgt die Umsetzung des Karbonats zu Ätznatron. Außerdem sind aber noch folgende Nebenreaktionen möglich:

$$Na_2CO_3 + Ca(OH)_2 \rightleftarrows 2\,NaOH + CaCO_3$$

Außerdem sind nachstehende Seitenreaktionen möglich:

$$Na_2S + Ca(OH)_2 \rightleftarrows 2\,NaOH + CaS^1$$

$$Na_2SO_3 + Ca(OH)_2 \rightleftarrows 2\,NaOH + CaSO_3$$

$$Na_2SO_4 + Ca(OH)_2 \rightleftarrows 2\,NaOH + CaSO_4$$

Infolgedessen enthält die Weißlauge nach Entfernung der schwer löslichen Calciumsalze neben Ätznatron beträchtliche Mengen an Natriumsulfid, geringe Mengen Soda, Natriumsulfat und -sulfit. Irgendwelchen Einfluß auf den Kochprozeß besitzen diese Beimengungen jedoch nicht. Die wirksamen Bestandteile sind nur NaOH und Na_2S, die gewöhnlich zusammen bestimmt und als Na_2O oder NaOH berechnet werden.

Die Anfangskonzentration der Lauge kann je nach dem Kesselinhalt und seinem System variieren[2]. Der absolute Gehalt an aktivem Alkali ist in bezug auf die Holzmenge mehr oder weniger konstant und beträgt bei Kraftzellstoffen 20 bis 23% (als NaOH berechnet) und 25 bis 30% bei Bleichzellstoffen.

Bei dem Sulfatverfahren wird die Schwarzlauge zum Teil für neue Kochungen wieder verwendet. Damit wird einmal eine bessere Ausnutzung des Alkali erreicht und zum anderen die Stärke der zur Regenerierung gelangenden Lauge erhöht. Bei Kraftzellstoffen gibt man gewöhnlich bis zu 50% des Gesamtvolumens an Schwarzlauge zu. Bei weichen Bleichzellstoffen ist der Anteil der Schwarzlauge niedriger, da diese eine gewisse Dunkelfärbung des Zellstoffs verursacht[3].

Eine andere Abart des Alkaliaufschlusses beruht auf der Zugabe von kleinen Mengen elementaren Schwefels zu der Kochlauge, um Natriumsulfid zu erhalten. Die erste Mitteilung darüber stammt aus dem Jahre 1917[4]. Dieses Verfahren kann als eine Vereinfachung des Sulfatprozesses betrachtet werden. Jedoch ist die Zusammensetzung der Weißlauge dabei gewissen Schwankungen unterworfen, da gleichzeitig auch andere Verbindungen entstehen können wie z. B. Thiosulfat:

$$6\,NaOH + 4\,S = 2\,Na_2S + Na_2S_2O_3 + 3\,H_2O$$

Bei größeren Schwefelzuschlägen können auch Polysulfide erhalten werden. Diese Abart wird bisher nur in beschränktem Umfang angewandt, da die Grundlagen noch nicht genügend erforscht sind. Einige Autoren[5] haben jedoch gefunden, daß bei Kochungen nach diesem Verfahren, sowohl mit reiner Weißlauge als auch mit 50% Schwarzlaugezuschlag, stets höhere Ausbeuten mit verbesserten mechanischen Eigenschaften des Zellstoffs erhalten werden.

---

[1] Na_2S ist in der Lösung enthalten, da eine Reaktion mit $Ca(OH)_2$ wegen der guten Löslichkeit des CaS praktisch nicht stattfindet.

[2] Unter Berücksichtigung des Feuchtigkeitsgehaltes des Holzes.

[3] Über den Einfluß von Schwarzlaugezusätzen auf die Ausbeute und die Qualität des Zellstoffs vgl. S. 536.

[4] L. E. Wise, Wood Chemistry, 1944, S. 716.

[5] E. Hägglund u. T. Johnson, Svensk Papperstidn. Nr. 9, 204 (1946).

Nach Ansicht der Autoren läßt sich das auf einen Einfluß des Thiosulfats zurückführen.

Vergleicht man die beiden Verfahren, das Natron- und das Sulfatverfahren, in bezug auf die auflösende Wirkung des aktiven Bestandteils der Kochlauge auf das Holz, so lassen sich keine prinzipiellen Unterschiede feststellen. Das in der Sulfatlauge vorhandene Natriumsulfid erleidet in wäßriger Lösung Hydrolyse nach:

$$\text{I)}\quad Na_2S + H_2O \rightleftarrows NaOH + NaSH$$

$$\text{II)}\quad NaSH + H_2O \rightleftarrows NaOH + H_2S$$

Die beiden Reaktionen sind umkehrbar, jedoch in verschiedenem Maße. Bereits 1905 ist festgestellt und später wiederholt bestätigt worden[1], daß die Hydrolyse nach I in 0,1 n Lösungen bei Zimmertemperatur zu 80 bis 90% verläuft, während sie nach II nur unbedeutend ist.

Nach der Hypothese von KLASON über den Zustand des Na_2S in der Kochlauge nimmt mit steigendem Alkaliverbrauch während der Kochung auch die NaOH-Konzentration ab. Gleichzeitig wird der Hydrolysengrad des gewissermaßen als Puffer wirkenden Na_2S erhöht, so daß ständig neues Ätznatron gebildet wird. Dabei ist die aktive Konzentration des NaOH—Na_2S-Gemisches stets niedriger als dic äquivalente, molekulare Konzentration des NaOH allein. Dieser Umstand ist auch nach Ansicht KLASONs für die geringere zerstörende Wirkung des Alkali auf die Cellulose beim Sulfatprozeß als beim Natronprozeß verantwortlich und folglich auch für die bei dem ersteren erreichbaren höheren Zellstoffausbeuten.

Diese Hypothese hat jedoch wenig Wahrscheinlichkeit für sich, da bei dem ständig, selbst bis zum Ende der Kochung vorhandenen Überschuß an NaOH kaum eine wesentliche Verschiebung des hydrolytischen Gleichgewichtes nach rechts zu erwarten ist[2]. Deshalb muß man annehmen, daß vom Beginn des Prozesses ab das nach I entstehende Natriumhydrosulfid zusammen mit dem Ätznatron an der Reaktion beteiligt ist.

Durch einen Vergleich der auflösenden Wirkung von Ätznatron und Natriumsulfid auf Holz haben N. NIKITIN und I. SCHNEJER[3] gefunden, daß unter gleichen Bedingungen die Wirkung des Ätznatrons erheblich stärker ist. Beim Erhitzen von Kiefernholzmehl in zugeschmolzenen Rohren während 6 Stunden auf 170° sind die in der Tab. 127 angeführten Resultate erhalten worden.

Aus den Angaben geht hervor, daß Ätznatron, gleiche Bedingungen vorausgesetzt, bei der Auflösung des Lignins wesentlich wirksamer ist als Natriumsulfid. Die Einwirkung einer selbst 12%igen Sulfidlösung wird von einer 6%igen Natronlauge noch um ein geringes übertroffen.

An Hand von Beobachtungen über die Änderungen der Hydroxylionenkonzentration bei der Natron- und der Sulfatkochung ist KULLGREN[4] schon 1926 zu nachstehenden Folgerungen gekommen:

---

[1] C. KULLGREN, Papierfabr. Nr. 2, 20 (1926).

[2] Н. Н. Непенин, Производство целлюлозы (N. N. NEPENIN, Die Zellstoffherstellung) 1940, S. 625.

[3] Н. И. Никитин и И. М. Шнеер, Изв. Ленингр. лесн. инст. (N. I. NIKITIN u. I. M. SCHNEJER, Nachr. d. Leningr. Holzinst.) 36, 98 (1928).

[4] C. KULLGREN, Papierfabr. Nr. 2, 20 (1926).

1. Die Anfangsalkalität der Lauge ist bei der Sulfatmethode niedriger als bei der Natronmethode, der Gehalt an Schwefelnatrium ist nur halb so groß.

2. Während der Anheizperiode nimmt die Alkalität in beiden Fällen rasch ab.

3. Bei Temperaturen um 150° fällt die Alkalität der Sulfatlauge schneller als die der Natronlauge. Bei der Endtemperatur von 170° ist deshalb die Sulfatlauge wesentlich schwächer als die Natronlauge, deren Alkalität am Schluß der Kochung etwa $^1/_7$ der ursprünglichen beträgt.

4. Durch die rasche Abnahme der Alkalität der Sulfatlauge, besonders bei höherer Temperatur, wird auf der einen Seite ihre stärkere Delignifizierungswirkung infolge irgendwelcher spezifischer Eigenschaften des Natriumhydrosulfids erklärt und auf der anderen Seite die geringere Zerstörung der Cellulose und die dadurch bedingten höheren Zellstoffausbeuten.

TABELLE 127

Kochung von Kiefernholz, 6 Stunden bei 170°

Konzentration der Lösung (% Lösung auf absolut trocknes Holz)	Zellstoffausbeute %	Ligningehalt des Zellstoffes %
3%ige Na_2S-Lösung (30%)..	62,5	19,0
6%ige Na_2S-Lösung (60%)..	55,3	11,5
12%ige Na_2S-Lösung (90%)..	46,5	5,3
6%ige NaOH-Lösung (60%)	43,2	4,4

Von dem gleichen Autor sind ferner Versuchskochungen mit reinem Natriumhydrosulfid durchgeführt worden, wobei sich ergeben hat, daß das letztere eine wesentlich schlechtere Lösefähigkeit für das Holz zeigt als Ätznatron, dagegen in der festen Phase leichter angelagert wird. Dabei entstehen Produkte, die selbst in sehr verdünnter Natronlauge (0,15 n) sehr leicht löslich sind. Darin hat KULLGREN auch die Ursache für die spezifische Wirkung des Hydrosulfids und die rasche Abnahme der Alkalität bei der Sulfatkochung erblickt[1].

In den letzten Jahren sind die beschriebenen Gesichtspunkte mehrfach von verschiedenen Autoren bestätigt worden[2].

Wenn auch in bezug auf die Lösefähigkeit für das Holz keine wesentlichen Unterschiede zwischen dem Sulfat- und dem Natronverfahren bestehen, so gilt das nicht für die Nebenreaktionen, die unter der Mitwirkung des Natriumhydrosulfids stattfinden. Bedingt durch die Anwesenheit von Schwefel entsteht bei der Sulfatkochung eine ganze Reihe von flüchtigen, übelriechenden Schwefelverbindungen. Die Unmöglichkeit, diesen schlechten Geruch völlig zu beseitigen, stellt einen Nachteil des Sulfatverfahrens dar, dem allerdings eine Reihe von Vorzügen gegenüberstehen.

Zusammensetzung der Schwarzlaugen beim alkalischen Aufschluß

Trotzdem die alkalische Kochung die älteste chemische Methode zur Herstellung von Zellstoff aus pflanzlichen Rohstoffen darstellt, sind die dabei ablaufenden Reaktionen bis jetzt nur in geringem Umfang erforscht. Erklären

[1] C. KULLGREN, Ind. vet. Akad. Hande, Nr. 45 (1927).

[2] Ausführlicher über die Rolle des Schwefels vgl. S. 514—520

läßt sich das dadurch, daß infolge der heterogenen Natur der Reaktionen, durch die bei hoher Temperatur alle Bestandteile des Holzes in Mitleidenschaft gezogen werden, die Untersuchung der Alkaliwirkung auf experimentellem Wege außerordentlich erschwert wird.

KLASON[1] hat schon 1893 die Natur und Ausbeute der bei der Natronkochung in die Schwarzlauge in Lösung gehenden Stoffe bestimmt. Die von ihm erhaltenen Daten sind in der Tab. 128 zusammengestellt.

TABELLE 128

Die organischen Stoffe der Schwarzlauge

Stoff	Menge	
	in g/Ltr.	in %
Lignin	53,0	35,7
Phenole, Harz- und Fettsäuren	35,0	23,6
Oxysäuren und Laktone	49,0	33,0
Ameisensäure	10,5	7,0
Essigsäure	1,0	0,7
Insgesamt	148,5	100,0

HÄGGLUND[2] hat ebenfalls eine Bestimmung des organischen Anteils der Schwarzlauge einer Fichtenholzkochung bestimmt (Tab. 129).

TABELLE 129

Durchschnittliche Ausbeute an organischer Substanz bei der alkalischen Kochung

Stoff	Ausbeute in % des absolut trocknen Holzes
Cellulose	42,8
Alkalilignin	21,6
Beim Ansäuern nicht fällbares Lignin, etwa	6,9
Laktone und Oxysäuren	18,2
Essigsäure	3,2
Ameisensäure	1,7
Methylalkohol	0,4
Harze, Fette u. a.	2,2
Nicht bestimmt	3,0
Insgesamt	100,0

Aus den angeführten Daten ist ersichtlich, daß in der Schwarzlauge neben dem Alkalilignin eine ganze Reihe von organischen Stoffen enthalten sind, die durch partielle Zerstörung der Kohlenhydrate bei den hohen Kochtemperaturen gebildet werden.

Um eine genauere Kenntnis der äußerst verwickelten Grundprozesse bei der Wirkung der Alkalilauge auf das Holz zu erhalten, ist es erforderlich, die Ein-

[1] E. HÄGGLUND, Natronzellstoff, 1926, S. 68.
[2] E. HÄGGLUND, Holzchemie, 1933.

wirkung des Ätznatrons und anderer Laugenbestandteile auf die einzelnen Komponenten des Holzes zu betrachten. Auf diese Weise ist von einer Reihe von Autoren der Grundstein zur Erforschung des Chemismus des Alkaliaufschlusses gelegt worden.

Alkalische Kochung und Lignin

Bereits bei kürzerer Behandlung von pflanzlichem Material mit heißen Alkalilaugen findet eine teilweise Auflösung des Lignins und anderer Holzbestandteile statt. Die Lauge wird dabei zunächst gelblichbraun und schließlich immer dunkler. Bei weiterer Einwirkung der Lauge erfolgt, besonders bei höherer Temperatur, je nach der Dauer eine mehr oder weniger vollständige Delignifizierung des Materials.

Wird die erhaltene Schwarzlauge durch Zugabe von Mineralsäuren neutralisiert, so fällt ein voluminöser, flockiger Niederschlag von brauner Farbe aus. Diese Erscheinung ist erstmalig in den neunziger Jahren des vorigen Jahrhunderts beschrieben worden, gleichzeitig sind auch die ersten Untersuchungen mit diesem Niederschlag durchgeführt worden. Die ersten Autoren haben zunächst ganz natürlich angenommen, daß das Produkt sauren Charakter besitzt, und es infolgedessen mit „Ligninsäure" bezeichnet. Dabei hat man sich vorgestellt, daß die Natriumsalze dieser Säuren in Wasser oder überschüssigem Alkali leicht löslich sind. Beim Ansäuern sollen sie jedoch zerstört werden und die freien Säuren ausfallen.

Später (1910) ist beobachtet worden[1], daß eine partielle Ausfällung des Lignins auch mit Hilfe einer derartig schwachen Säure wie der Kohlensäure möglich ist. Der in Lösung verbliebene Anteil des Lignins erfordert zur Fällung die Anwendung der stärkeren Mineralsäuren.

Da die Kohlensäure nicht zur Verdrängung, selbst der schwächsten organischen Säuren aus ihren Salzen fähig ist, andererseits aber eine teilweise Fällung des Lignins bewirkt, ist man zu der Ansicht gekommen, daß hier Alkaliverbindungen des Lignins vom Typ der Phenolate vorliegen.

Auf keinen Fall darf jedoch der mit Säuren ausfällbare Stoff als unverändertes Lignin betrachtet werden, dagegen spricht schon allein die hohe Kochtemperatur (bis 170°). Neben der Beteiligung an der einen oder anderen chemischen Verbindung mit dem Lignin kann das Alkali auch eine energische, peptisierende Wirkung entfalten[2]. Durch die Bildung der Alkaliverbindung und die Peptisation wird wahrscheinlich die Auflösung des Lignins bewirkt, das dabei in Form kolloider polydisperser Teilchen in Lösung geht.

Insofern als das Lignin kein streng individueller Stoff ist, sondern ein Gemisch von Produkten ganz eigenartiger Struktur, die gewisse Veränderungen bei der Erhitzung im alkalischen Medium erleiden, nimmt es keineswegs wunder, daß das aus der Schwarzlauge isolierte Lignin in mehrere Fraktionen zerlegt werden kann. Zum Teil läßt das unterschiedliche Verhalten des Lignins gegen Alkohol und andere organische Lösungsmittel sich auch aus der Polydispersität der Kolloidteilchen erklären. Bezüglich des Kohlen- und Wasser-

---

[1] Н. И. Никитин, Химия древесины (N. I. Nikitin, Chemie des Holzes) 1935, S. 342.

[2] Vgl. z. B. die Peptisierung von kolloiden SnO_2-Gelen durch kleine Mengen von Ätznatron, wodurch die Kolloidteilchen eine gleichnamige Ladung erhalten.

stoffgehalts unterscheiden sich die aus der Lauge isolierten α- und λ-Alkalilignine nur sehr wenig voneinander[1]. Jedoch können auch diese geringen Unterschiede bereits einen Einfluß auf die Löslichkeit der Ligninfraktionen besitzen. Die Arbeiten, die sich mit der Elementaranalyse von auf verschiedene Weise aus Holz und Stroh gewonnenen Alkaliligninpräparaten befassen, sind bereits in dem Abschnitt 11 besprochen worden.

In einer der frühesten Arbeiten[2] ist gezeigt worden, daß nur ein Teil des bei einer Alkalikochung von Kiefernholz erhaltenen Lignins aus der Schwarzlauge mit Säuren fällbar ist. Der andere Teil, etwa 7% des Holzes, bleibt beim Ansäuern in Lösung. HÄGGLUND hat es deshalb als „wasserlösliches" Lignin bezeichnet. Bei der quantitativen Ligninbestimmung im Holz durch Extraktion mit heißem Alkali und Ausfällen mit Salzsäure[3] werden stets niedrigere Werte erhalten als mit rauchender Salzsäure und 72%iger Schwefelsäure. Dieser Teil des wasserlöslichen Alkalilignins ist anfangs nicht eingehender untersucht worden, sondern lediglich als sogenannte „Humussäuren" charakterisiert worden[4].

Später haben andere Autoren[5] gefunden, daß durch Mineralsäuren aus der Schwarzlauge einer Fichtenholzkochung zwei verschiedene Ligninfraktionen gefällt werden: das Alkalilignin A, ein leichtes, hellbraunes Pulver, unlöslich in Dioxan-Äther, und das Alkalilignin B, ein schokoladenbraunes Pulver, das sich in dem genannten Gemisch gut löst. Das Mengenverhältnis von A zu B hat annähernd 4:1 betragen.

Durch eine Reihe von aufeinanderfolgenden Reaktionen wie Methylierung mit Diazomethan, Acetylierung mit Essigsäureanhydrid in Pyridin und vollständige Methylierung mit Dimethylsulfat in Alkali haben die Autoren das Verhältnis von Methoxyl- zu phenolischen Hydroxylgruppen in den beiden Fraktionen ermittelt[6].

Alkalilignin A	6 : 3
Alkalilignin B	9 : 8

Im Lignin B entfallen also im Durchschnitt auf eine phenolische OH-Gruppe zwei OCH_3-Gruppen, im Falle des Lignin B ist das Verhältnis annähernd 1:1. Bei anderen Ligninpräparaten ist letzteres etwa 5:1, so z. B. bei dem sogenannten „Methanollignin" von Fichtenholz, bei Cuoxamlignin und sorgfältig isoliertem Willstätter-Lignin.

Aus dem Angeführten geht ganz klar hervor, daß bei der Alkalikochung im Lignin neue phenolische Hydroxyle gebildet werden. Ihre Entstehung ist möglich entweder durch Abspaltung phenolischer Methoxyle, wobei gleichzeitig Methanol frei wird, oder durch Sprengung der Furan- oder Pyranringe

---

[1] Н. И. Никитин, Химия древесины (N. I. NIKITIN, Chemie des Holzes) 1935, S. 140.

[2] W. FUCHS, Die Chemie des Lignins, 1926.

[3] T. ENKVIST, M. MOILANEN u. B. ALFREDSSON, Svensk Papperstidn. **52**, 3, 53 (1949).

[4] E. HÄGGLUND, Holzchemie, 1933. Ausführlicher über die Zusammensetzung des wasserlöslichen Alkalilignins S. 519.

[5] H. MARSHALL, F. BRAUNS u. H. HIBBERT, Canad. J. Research **13**, 103 (1935).

[6] F. BRAUNS u. W. GRIMES, Paper Trade J. **108**, 40 (1939).

der Sauerstoffbrücken des Lignins, oder schließlich durch Kombination beider Reaktionen[1].

Die letztere Möglichkeit ist von FREUDENBERG durch Vergleich der Einwirkung von Alkali, schwefliger Säure und Thioglykolsäure auf Lignin nachgewiesen worden. In den genannten Fällen findet im Lignin und der als Modell benutzten „ERDTMANschen Säure" eine Spaltung von Sauerstoffbrücken und Neubildung von phenolischen Hydroxylen statt. Die Sprengung von Sauerstoffbrücken soll danach nicht nur beim Schmelzen von Lignin mit 70%igem Alkali, wobei phenolartige Verbindungen des Lignins mit dem Alkali entstehen, eine wesentliche Rolle spielen, sondern auch bei dem normalen alkalischen Aufschluß des Holzes. Es erscheint durchaus glaubhaft, daß der Ligninkomplex durch die Spaltung eines Teiles der Sauerstoffbrücken unter Beibehaltung des Kohlenstoffskeletts und Entstehung der die Löslichkeit erhöhenden, salzartigen Phenolatgruppen gemäß folgendem Schema aufgelöst wird[2].

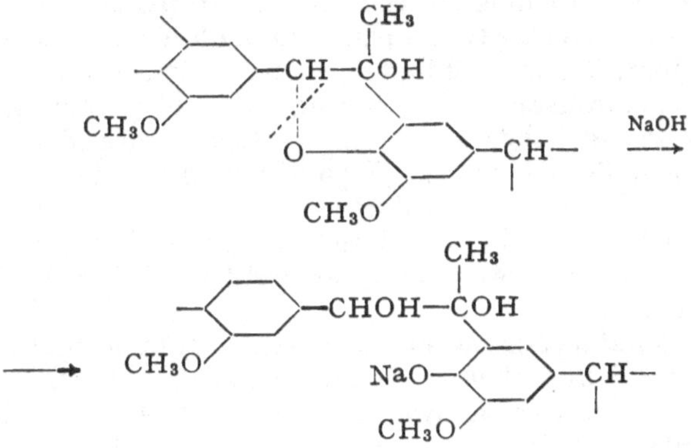

Die Spaltung der Furanringe findet während des Kochprozesses wahrscheinlich nur allmählich statt. Möglich ist auch, daß die Phenolgruppen zunächst an der Oberfläche der ultramikroskopischen Teilchen entstehen, dort ihre peptisierende Wirkung entfalten und so eine allmähliche Auflösung des Lignins bewirken.

Es ist bereits erwähnt worden, daß die Bildung der phenolischen Hydroxyle ebenfalls durch teilweise Abspaltung von Methoxylgruppen durch alkalische Hydrolyse möglich ist, wobei dann gleichzeitig Methylalkohol entsteht:

$$ROCH_3 + H_2O \rightleftarrows R \cdot OH + CH_3OH$$

Da das native Lignin von Nadelhölzern im Mittel etwa 16 bis 17% Methoxylgruppen enthält, im Alkalilignin dagegen nur ca. 13,5% gefunden werden, ist offenbar der bei dem Alkaliaufschluß entstehende Methylalkohol durch Abspaltung von Methoxylgruppen des Lignins gebildet worden. Auf Grund der im Abdampf vorhandenen Methanolmengen, etwa 0,7% des Holzes, muß angenommen werden, daß bei der Kochung nur ein kleiner Teil der Methoxylgruppen abgespalten wird. Die Differenz des Methoxylgehaltes des nativen und des Alkalilignin beträgt 2,5 bis 3,0%. Durch Umrechnung auf Holz erhält

[1] Н. И. Никитин, Новые исследования по химии лигнина (N. I. NIKITIN, Neue Untersuchungen in der Chemie des Lignins) 1941, S. 5 u. 9.
[2] desgl. S. 12.

man 0,77% Methanol, d. h. einen Wert, der der tatsächlichen Ausbeute sehr nahe kommt.

Die teilweise Abspaltung von Methoxylgruppen des Lignins bei der Alkalikochung führt zur Neubildung von salzartigen Phenolatgruppen, die die Auflösung des Lignins ermöglichen. Die genauere Erforschung dieses Prozesses wird jedoch durch die beträchtlichen Veränderungen des Lignins bei technischen Kochungen und Verunreinigungen durch Humifizierungsprodukte der Kohlenhydrate erschwert. Man kann sagen, daß die Abnahme des Methoxylgehaltes bei der alkalischen Kochung annähernd einer OCH_3-Gruppe auf eine Struktureinheit mit $M = 850$ entspricht[1].

Salzsäurelignin ist in kalter, verdünnter Lauge praktisch unlöslich, obwohl es den gleichen Gehalt an Methoxylgruppen besitzt wie das Alkalilignin A. Offenbar ist die Abspaltung von Methoxylgruppen allein für die Auflösung in Alkalien nicht ausreichend. Ein weiterer, wesentlicher Faktor scheint der Kondensationsgrad des Lignins zu sein. Durch Abspaltung eines Teiles der Methoxylgruppen von WILLSTÄTTER-Lignin durch 5%ige Salzsäure erhält man ebenfalls ein Produkt, das in verdünnten, kalten Alkalien unlöslich ist[2].

Unlängst ist eine interessante Beobachtung[3] gemacht worden, wonach völlig methyliertes, mit 42%iger Salzsäure isoliertes Lignin unter den Bedingungen der Alkalikochung unlöslich ist, das Lignin von methyliertem Fichtenholz unter den gleichen Verhältnissen jedoch aufgelöst wird. Eine mögliche Erklärung für diesen Umstand besteht darin, daß das native Lignin durch die erschöpfende Methylierung besser vor einer Kondensation und Humifizierung geschützt ist als das isolierte.

Bezüglich des Sulfatverfahrens hat man schon 1911 festgestellt, daß das durch Ansäuern der Schwarzlauge fällbare Lignin etwa 2,5% organisch gebundenes Schwefel enthält. Nach Angaben von KLASON werden 36,7% des in Form von Natriumsulfid angewandten Schwefels von Lignin gebunden und lassen sich bei seiner Elementaranalyse nachweisen. Andere Autoren[4] haben den Schwefelgehalt von zwei Ligninfraktionen, die sich durch ihre Löslichkeit in Alkohol unterscheiden, bestimmt. In dem löslichen Anteil sind 2,5%, im unlöslichen 1,95% Schwefel gefunden worden.

Späterhin hat man zeigen können[5], daß der Schwefelgehalt des Sulfatlignins von dem Sulfidgehalt der Kochlauge abhängig ist. Infolgedessen kann der Gehalt an Schwefel bei dem Lignin von Schwarzlaugen aus der Sulfatkochung durchaus unterschiedlich sein. Durch Kochen von Kiefernholz mit reiner Natron-, Sulfat- und Hydrosulfidlauge hat HÄGGLUND aus den Schwarzlaugen Ligninpräparate mit Schwefelgehalten von 0 bis 10% isoliert. Nach Berechnung der durchschnittlichen Äquivalentgewichte der Präparate findet der Autor, daß die ersteren mit zunehmendem Schwefelgehalt kleiner werden, oberhalb 5% jedoch konstant bleiben.

In jüngster Zeit[6] hat man festgestellt, daß sich die Äquivalenz- und Molekulargewichte von Ligninpräparaten aus dem Sulfat- und Natronaufschluß fast gar nicht voneinander unterscheiden. Durch zweistufige Versuchskochungen

[1] L. E. WISE, Wood Chemistry, 1944, S. 718.
[2] F. BRAUNS u. W. GRIMES, Paper Trade J. **108**, 40 (1939).
[3] F. BRAUNS, Paper Trade J. **111**, 33 (1940).
[4] E. HÄGGLUND, Holzchemie, 1933.
[5] E. HÄGGLUND, Svensk Papperstidn. **44**, 183 (1941).
[6] T. ENKVIST, Svensk Papperstidn. **51**, Heft 10 (1948).

mit NaSH und H_2S in der ersten und NaOH oder Pyridin in der zweiten Stufe ist es gelungen, aus diesen Kochungen als auch aus gewöhnlichen Sulfatkochungen mit hohem Sulfidgehalt Ligninpräparate mit höherem Schwefelgehalt zu erhalten. Die größte Menge an Schwefel, bis zu 17,5%, ist bei sehr langen Kochungen mit H_2S und Pyridin gefunden worden.

Bei der Fraktionierung von schwefelhaltigem Lignin mit Hilfe von Alkohol, Dioxan und Äther hat man gleichzeitig nachgewiesen, daß der Schwefelgehalt der verschiedenen Fraktionen, selbst innerhalb der gleichen Kochung, schwankt. Im allgemeinen ist er in der alkohollöslichen Fraktion am niedrigsten und in der ätherlöslichen am höchsten.

Aus Molekulargewichtsbestimmungen von schwefelhaltigen Ligninpräparaten, die zum Teil nach RAST, zum Teil nach HOLSTRÖM durchgeführt worden sind, sind relativ niedrige Werte, die um 1000 liegen, ermittelt worden. Die ätherlöslichen Fraktionen mit hohem Schwefelgehalt zeigen noch niedrigere Werte und lassen sich in Wasser auflösen. In bezug auf die Löslichkeit in Alkalien (NaOH, Na_2CO_3 und NH_4OH) verhalten sich die schwefelhaltigen Lignine wie gewöhnliches Alkalilignin und phenolartige Stoffe.

Aus allen diesen Resultaten wird die Schlußfolgerung gezogen, daß das Lignin im Holz bereits bei 100° und fast neutraler Reaktion befähigt ist, Schwefel aufzunehmen, und zwar in Mengen, die etwa dem Verhältnis von 1 Atom S auf 10 Atome C entsprechen. Das Lignin wird dabei in eine Form übergeführt, die nicht nur in Alkali löslich ist, sondern auch in indifferenten Lösungsmitteln wie Alkohol, Dioxan und anderen.

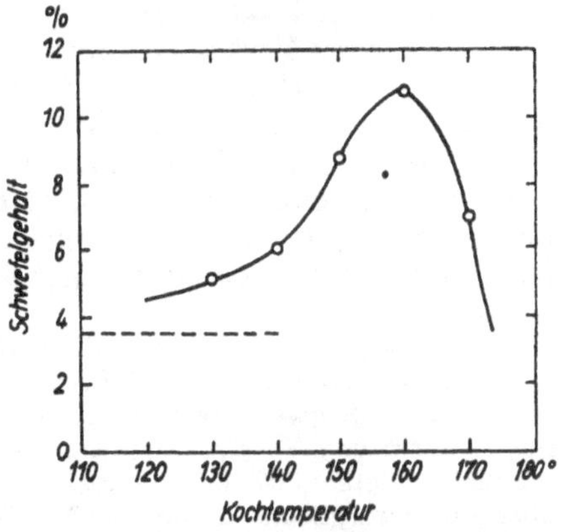

Abb. 86. Abhängigkeit des Schwefelgehaltes im Lignin von der Temperatur der Sulfatkochung

Es ist jedoch schon lange bekannt, daß der Schwefelgehalt von Ligninen, die bei gewöhnlichen Sulfatkochungen mit unterschiedlicher Sulfidität der Kochlaugen erhalten werden, bedeutend niedriger ist, nämlich 2,5 bis 4%. In diesem Zusammenhang ist es interessant, darauf hinzuweisen, daß bereits 1941 eine Abhängigkeit des Schwefelgehaltes im Alkalilignin von der Kochtemperatur gefunden worden ist (Abb. 86)[1]. Der Autor kommt zu der Ansicht, daß der Schwefelgehalt des gelösten Lignins sich bei niedrigeren Temperaturen asymptotisch einem Wert zwischen 3 und 4% nähert (in der Abbildung durch die gestrichelte Linie dargestellt). Dieser Wert soll einem Atom S auf ein Molekül des Lignins, d. h. 3,6% entsprechen. Die Verringerung des Schwefelgehaltes bei Temperaturen über 160° ist nach den Vorstellungen des Autors möglicherweise durch eine Zersetzung infolge der langen Einwirkung der Lauge und der hohen Temperatur bedingt, wobei eine Abspaltung des Schwefels erfolgt.

[1] F. HANSON, Paper Trade J. 112, 32 (1941).

Diese Annahme ist durch spätere Untersuchungen bestätigt worden[1]. Kocht man z. B. schwefelhaltiges Lignin, dargestellt mit H_2S und Pyridin, 3 Stunden mit 4%iger Natronlauge bei 160°, so fällt der Schwefelgehalt von 8,4 auf 4,1%, während gleichzeitig beträchtliche Mengen an Natriumhydrosulfid in der Lösung auftreten[2]. Offenbar läßt sich auf diese Weise auch der niedrige Schwefelgehalt des Lignins bei gewöhnlichen Sulfatkochungen selbst bei hoher Sulfidität erklären.

Über den Chemismus der Schwefelanlagerung durch das Lignin beim Sulfataufschluß ist bis heute noch relativ wenig bekannt. In der Literatur finden sich in der Hauptsache zwei verschiedene Standpunkte vertreten. Im ersten Fall nimmt man an, daß die Carbonylgruppe des nativen Lignins mit Schwefelwasserstoff reagiert, wobei eine Oxymerkaptangruppierung entsteht[3]. Diese erklärt auch infolge ihres sauren Charakters die bessere Löslichkeit der Schwefel-Lignin-Verbindung in der Kochlauge als die des nativen Lignins. Diese Hypothese gründet sich darauf, daß in ähnlicher Weise wie bei den gewöhnlichen Merkaptanen das Schwefellignin mit Quecksilberacetat in Eisessig das entsprechende Quecksilbersalz gibt. Bekanntermaßen geben aber nicht nur Merkaptane diese Reaktion, sondern auch Sulfide. Ferner ändert sich der Schwefelgehalt des Lignins bei Behandlung mit kalter, konzentrierter oder heißer, verdünnter Salzsäure[4] nicht, wogegen unter den gleichen Bedingungen aus der Oxymerkaptangruppe Schwefelwasserstoff abgespalten wird. Eine ausführliche Kritik dieses Standpunktes hat ENKVIST 1948 veröffentlicht[5]. Durch Titration mit Jod hat er zeigen können, daß Lignin aus Zweistufenkochungen mit NaSH weder Merkaptan- noch Disulfidgruppen enthält[6]. Ferner ist die Anzahl der freien Carbonylgruppen im Lignin bekanntlich sehr gering. Aus diesem Grunde muß man an der Existenz von Merkaptangruppen zweifeln, auch erklärt die Theorie nicht die Entstehung von Lignin mit hohem Schwefelgehalt.

Nach der zweiten Theorie[7] wird das SH-Ion des Natriumhydrosulfids im Lignin an der gleichen Stelle angelagert, an der auch die Reaktion des SO_3H-Ions bei der Sulfitkochung erfolgt[8]. Die Reaktion findet dann entweder an der

---

[1] T. ENKVIST, Svensk Papperstidn. **51**, Heft 10 (1948).

[2] Wahrscheinlich besitzt das Lignin anfangs einen höheren Schwefelgehalt. Später findet jedoch Schwefelabspaltung, bedingt durch das Alkali und die hohe Temperatur, in Form von Natriumhydrosulfid statt. Dieses kann erneut mit Lignin reagieren und schließlich wieder abgespalten werden. Auf diese Weise findet die Hypothese über die katalytische Rolle des Natriumhydrosulfids bei der Sulfatkochung teilweise eine Bestätigung.

[3] C. E. AHLEN, Paper Trade J. **113**, 115 (1941).

[4] E. HÄGGLUND, Svensk Papperstidn. **44**, 183 (1941).

[5] T. ENKVIST, Svensk Papperstidn. **51**, Heft 10 (1948).

[6] Merkaptane reagieren bekanntlich mit Jod, sie lassen sich ebenfalls durch Dehydrierung, z. B. mit Hilfe des Luftsauerstoffs, leicht in Disulfide überführen.

[7] E. HÄGGLUND, Svensk Papperstidn. **44**, 183 (1941).

[8] HÄGGLUND untersucht die Bedeutung des schwefelhaltigen Lignins bei der Sulfatkochung und vergleicht mit dem Sulfitaufschluß. Er findet, daß beide Prozesse in bezug auf die allmähliche Schwefelaufnahme des Lignins in gewisser Beziehung sehr ähnlich verlaufen. Wenn bei der Sulfitkochung die Lignosulfonsäure mit dem höheren Schwefelgehalt leichter hydrolysiert und aufgelöst wird als eine niedriger sulfonierte, so erleichtert auch im Falle der Sulfatkochung der erhöhte Schwefelgehalt des Lignins die Auflösung.

Doppelbindung der Seitenketten des Lignins statt oder wahrscheinlicher an den Sauerstoffbrücken, die eine wesentliche Rolle bei der alkalischen Delignifizierung des Holzes spielen[1].

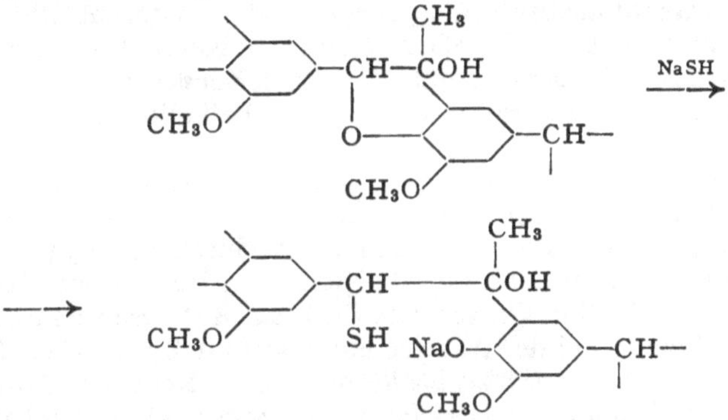

Zur Bestätigung ist Holz 7 Stunden mit Phosphatpuffer (p_H 7), der 3,5 g H_2S im Liter enthalten hat, auf 140° erhitzt und anschließend einer normalen Sulfitkochung unterworfen worden. Das dabei bereits im Holz erhaltene schwefelhaltige Lignin hat sich in der Kochsäure so gut wie nicht aufgelöst[2]. In Lösung sind nur unbedeutende Mengen von Lignin gegangen, offenbar die infolge des topochemischen Charakters der Reaktion nicht sulfonierten Anteile. Daraus läßt sich schließen, daß in dem einen und anderen Falle die gleichen Gruppen des Lignins beteiligt sind.

1951 ist auf Grund von Modellversuchen mit Vanillylalkohol die Vermutung ausgesprochen worden[3], daß bei der Sulfidierung des Lignins mit H_2S unter milden Bedingungen nur vereinzelte Sauerstoffbrücken gesprengt werden. Der Schwefel reagiert dabei mit den gleichen Hydroxylgruppen der Seitenketten, die bei der Äthanolyse des Lignins äthoxyliert werden (vgl. S. 290). Bei der Sulfidierung entstehen zunächst als Zwischenprodukte Merkaptan- und Disulfidgruppen, die jedoch beim Erhitzen mit Alkali nicht beständig sind.

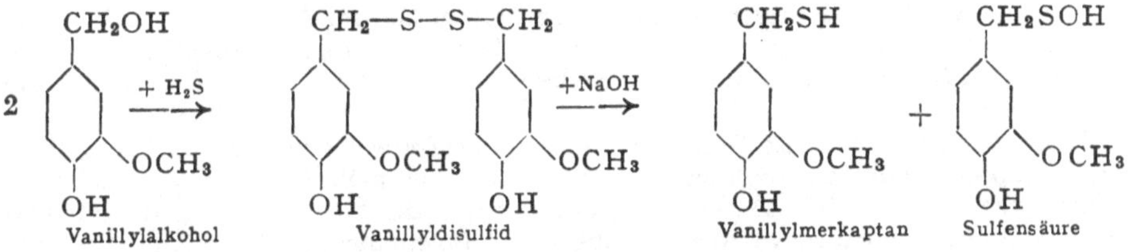

Die letztere spaltet in alkalischer Lösung Schwefelwasserstoff ab, der erneut mit Hydroxylgruppen reagieren kann.

Ganz offensichtlich wird das Lignin immer besser löslich, je stärker die topochemische Sulfidierungsreaktion stattfindet. Andererseits bewirkt ein hoher Gehalt an freiem NaOH, wie das bei der Natronkochung der Fall ist, eine teilweise Kondensation des Lignins noch in der festen Phase, wobei hochmolekulare Ligninkomplexe entstehen, die in der Lauge schlecht löslich sind.

---

[1] Н. И. Никитин, Новые исследования по химии лигнина (N. I. NIKITIN, Neue Untersuchungen in der Chemie des Lignins) 1941, S. 12.

[2] Bereits die Erwärmung des Holzes mit der neutralen Pufferlösung bewirkt allein schon eine Verzögerung der Sulfitkochung.

[3] E. HÄGGLUND, Das Papier, Nr. 3/4, 37 (1951).

Auf diese Weise läßt sich offenbar auch die stark verminderte Auflösung des Lignins erklären, die am Ende von reinen Natronkochungen beobachtet wird[1], wenn das Lignin aufhört, sich schneller zu lösen als die Cellulose. Als Endeffekt erhält man eine geringere Zellstoffausbeute infolge beginnender Zerstörung der Cellulose.

Im Falle der Sulfatkochung mit relativ geringerer Konzentration an freiem NaOH findet anscheinend ebenfalls eine derartige Kondensation des Lignins statt, da die Sulfidionenkonzentration der im Holz befindlichen Lauge gleichfalls niedriger ist.[2]

Die Tatsache der Ligninkondensation bei der reinen Natronkochung ist auf experimentellem Wege durch Hydrierung von Natronlignin bestätigt worden[3]. Die Hydrierung des sogenannten Modell-Lignins, das durch Fällung mit Kohlensäure aus den Schwarzlaugen der Natronkochung von Harthölzern dargestellt wurde, hat bei 250 bis 300° in Dioxan mit CuCr als Katalysator farblose Reaktionsprodukte geliefert. Bei der Analyse ergab sich, daß der größte Teil aus polycyclischen Verbindungen mit 20 bis 70 oder mehr Kohlenstoffatomen im Molekül besteht. Durch Reduktion der Hydrierungsprodukte des Alkalilignins mit Zinkamalgam und Salzsäure, aber auch partielle Dehydratisierung durch Erhitzen mit Oxalsäure ist festgestellt worden, daß die polycyclischen Verbindungen im Durchschnitt aus 4 bis 12 Ringen bestehen, die durch C—C-Bindungen miteinander verbunden sind.

In der letzten Zeit haben sich mehrere Autoren mit dem Chemismus des Sulfataufschlusses beschäftigt. Mit wenigen Ausnahmen[4] wird von allen die aktive Rolle des Natriumhydrosulfids bestätigt. So hat HOSSFELD[5] z. B. die Ansicht ausgesprochen, daß das native Lignin, das im Holz in Form eines labilen Komplexes von Phenylpropanresten vorhanden ist, unter der Einwirkung des Hydrosulfids zu einfachen Verbindungen abgebaut wird. Aus diesen entstehen schwefelhaltige, ätherlösliche Stoffe, die sofort durch die Lauge aufgelöst werden. Danach findet offenbar, bewirkt durch den Alkaliüberschuß und die hohe Temperatur, eine Polymerisation statt, wobei das alkalilösliche, schwefelhaltige Lignin entsteht, das gewöhnlich aus der Schwarzlauge isoliert wird.

Um eine Bestätigung dieser Annahme zu erhalten, hat der Autor zuvor mit Benzol extrahiertes Espenholz mit einer reinen, wäßrigen Natriumhydrosulfidlösung gekocht. Nach Neutralisation und einer Reihe von Wasserdampfdestillationen mit an-

---

[1] Durch Einwirkung des Sulfids auf das in der Zellwand befindliche Lignin entsteht wahrscheinlich eine Schicht einer Schwefel-Lignin-Verbindung, die durch die Kochlauge verseift wird. Zwischen der Schicht und der Lösung bildet sich offenbar eine Art Membrangleichgewicht aus, wobei die Diffusion der Sulfidionen in die Schicht von der Konzentration in dieser und in der Lösung abhängig ist. Infolge der Abnahme der Sulfidionenkonzentration in der Lauge am Ende der Kochung kann sich ihr Eindringen in das Innere der Zellwände derartig verzögern, daß die Alkalikonzentration rasch ansteigt und dadurch die Sulfidierung des Lignins praktisch aufhört [E. HÄGGLUND, Svensk Papperstidn. **44**, 183 (1941)].

[2] H. ADKINS, R. FRANK u. E. BLOOM, J. Am. Chem. Soc. **63**, 549 (1941).

[3] Im Falle von Methanollignin erhält man Produkte mit 9 C-Atomen, die dem Propylbenzol entsprechen. Entstehen können diese durch Sprengung der Bindungen zwischen den einzelnen C-9-Einheiten [H. D. JOHN u. N. ADKINS, J. Am. Chem. Soc. **60**, 1467 (1938)]. Bei Alkalilignin ist diese Wirkung des Wasserstoffs stark begrenzt, da hierbei Anlagerung an die während der Kochung entstehenden ungesättigten Ringe stattfindet.

[4] M. BUCHANAN u. C. KOON, Paper Trade J. **115**, 116 (1942).

[5] R. HOSSFELD, R. CORTNER u. F. KAUFERT, Ind. Eng. Chem. **35**, 717 (1943).

schließender Extraktion mit Akohol und Äther sind sieben Fraktionen erhalten worden, wovon 28,7 %, bezogen auf Holz, aus ätherlöslichen, schwefelhaltigen Produkten bestehen. Durch Erhöhung der NaSH-Konzentration von 2 auf 10 % und der Temperatur von 160 auf 180° hat sich die Ausbeute an ätherlöslichen Stoffen erhöht, während der Ligningehalt im Holzrückstand abgenommen hat.

Eine ausführlichere Untersuchung der ätherlöslichen Produkte, die bei der reinen Sulfidkochung von Espenholz, aber auch Fichtenholz, erhalten werden, ist in der allerletzten Zeit durchgeführt worden[1]. Zu diesem Zweck hat man das beim Ansäuern der Schwarzlauge in Lösung verbleibende, sogenannte „wasserlösliche Lignin" herangezogen[2]. Der Ätherextrakt ist zunächst mit Dimethylsulfat bei Anwendung von konzentrierter Kalilauge und neutralisierter Schwarzlauge methyliert worden. Durch fraktionierte Destillation im Vakuum hat man neben schwefelhaltigen Verbindungen Acetovanillon[3] und sein Methylierungsprodukt Acetoveratron in Mengen von 0,9 %, bezogen auf Holz, nachweisen können.

Aus dem Ätherextrakt einer zum Vergleich durchgeführten reinen Natronkochung ist durch fraktionierte Destillation im Vakuum Vanillin mit 0,05 % des Holzes festgestellt worden. Die Anwesenheit von Acetonvanillon hat in diesem Falle nicht nachgewiesen werden können.

Die mögliche Bildung von Acetovanillon wird zum Teil auch dadurch bestätigt, daß bei der Kochung von gereinigter Lignosulfonsäure mit Alkali neben erheblichen Mengen von Vanillin auch geringere Mengen von Acetovanillon entstehen[4]. Nach Ansicht der Autoren kann dieses bei Gegenwart des an der Reaktion beteiligten Natriumhydrosulfids aus den schwefelhaltigen Ligninabbauprodukten, wie der Verbindung I, gebildet werden. Aus der genannten Verbindung hat man durch Einwirkung von Alkali Acetovanillon und als Nebenprodukt Veratrumaldehyd erhalten:

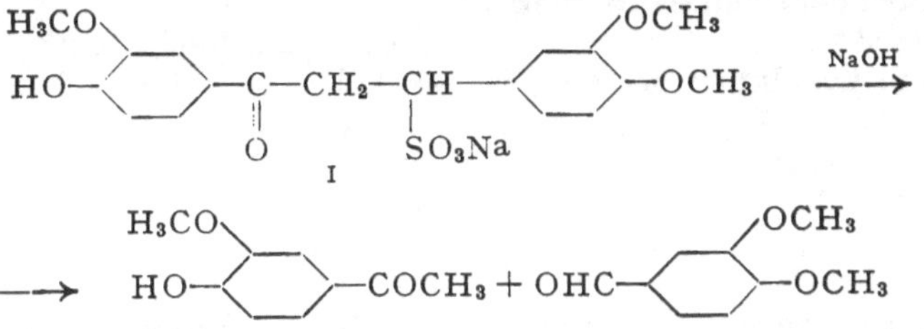

Die Bildung von Vanillin bei der Natronkochung kann wahrscheinlich durch eine partielle, milde Oxydation des Lignins in dem stark alkalischen Medium erfolgen. Vor nicht allzu langer Zeit hat man mit Erfolg versucht, Vanillin aus Sulfatschwarzlaugen darzustellen[5]. Die Vorstellung, daß das Vanillin bei der Natronkochung aus dem zunächst entstehenden Acetovanillon gebildet wird, hat nicht bestätigt werden

[1] T. Enkvist, M. Moilanen u. F. Alfredsson, Svensk Papperstidn. **52**, 55 (1949).

[2] Das beim Ansäuern der Schwarzlauge mit Salzsäure in Lösung bleibende „wasserlösliche Lignin" enthält nach Ansicht der Autoren niedermolekulare Stoffe, die in Äther löslich und im Vakuum destillierbar sind.

[3] Die Anwesenheit von Acetovanillon im ätherlöslichen Anteil von methylierter Schwarzlauge erklärt sich anscheinend dadurch, daß das erstere nur schwer methyliert wird.

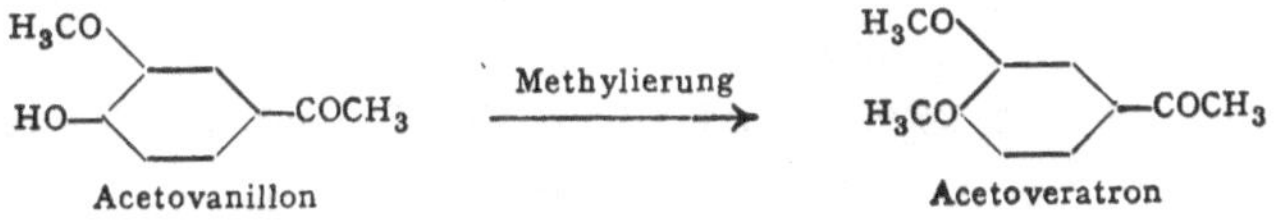

[4] F. Leger u. H. Hibbert, J. Am. Chem. Soc. **60**, 565 (1938).

[5] H. Brenek, Ber. **75**, 561 (1942).

können. Bei der Behandlung des letzeren mit Alkali, während 3 Stunden bei 160°, sind 83,8 % des eingesetzten Acetovanillons unverändert geblieben. Im Ätherextrakt sind die Reaktionen auf Vanillin und andere Aldehyde negativ ausgefallen. Zur vollständigen Klärung dieser Frage sind jedoch noch weitere Untersuchungen erforderlich.

Als Nebenprodukt entstehen bei der Sulfatkochung außer Methanol noch gewisse Mengen eines flüchtigen Thioalkohols und Methylmerkaptans, anscheinend durch Umsetzung des Natriumhydrosulfids mit den Methoxylgruppen des Lignins:

$$R - OCH_3 + NaSH \rightleftarrows CH_3SH + RONa$$

R bedeutet hierin den Ligninkomplex.

Die Anwesenheit von Methylmerkaptan bewirkt, in der Hauptsache jedenfalls, den schlechten Geruch bei der Sulfatkochung. Die entstehende Menge hängt einmal von dem Gehalt der Lauge an Natriumsulfid und zum anderen vom Ätznatronüberschuß ab. Bei einem Überschuß des letzteren reagiert das gebildete Methylmerkaptan mit dem Alkali, wobei eine nichtflüchtige Verbindung, das Natriummerkaptid, entsteht[1].

$$CH_3SH + NaOH \rightleftarrows CH_3SNa + H_2O$$

Die Menge des in den Abgasen auftretenden Methylmerkaptans beträgt bei der Kochung von Bleichzellstoff etwa 220 g pro Tonne Zellstoff. Berücksichtigt man, daß bereits $\frac{1}{46000000}$ mg Methylmerkaptan in 1 m³ Luft durch den Geruch wahrnehmbar ist, so wird die Wichtigkeit des Problems der Geruchsbeseitigung bei dem Sulfataufschluß völlig verständlich.

Außer den flüchtigen Verbindungen, in der Hauptsache Methylmerkaptan, können durch Oxydation des letzteren auch Disulfide $CH_3—S—S—CH_3$ und Thioäther $CH_3—S—CH_3$ gebildet werden. Die Disulfide sind unter normalen Bedingungen Flüssigkeiten, die einen höheren Siedepunkt als die Merkaptane besitzen und nicht deren schlechten Geruch aufweisen. Die Thioäther sieden niedriger als die Disulfide, ihr Geruch ist wesentlich schwächer als der der Merkaptane.

Die Gesamtmenge an Nebenprodukten, die bei der Sulfatkochung durch teilweise Abspaltung der Methoxyle erhalten werden, beträgt pro Tonne Zellstoff in Kilogramm:

Methanol	13
Methylmerkaptan	1
Dimethylsulfid	3
Methyldisulfid	0,1

Die Gesamtsumme, auf Methoxyl umgerechnet, entspricht 6,9 kg auf eine Tonne absolut trocknen Holzes[2].

---

[1] Das Natriummerkaptid kann in diesem Falle auch durch Reaktion des Natriumhydrosulfids mit dem vorzugsweise bei einem Überschuß von Ätznatron beim Sulfatprozeß entstehenden Methylalkohol gebildet werden.

$$CH_3OH + NaSH \rightarrow CH_3SNa + H_2O$$

Aus zwei Molekülen des letzteren kann der Thioäther Dimethylsulfid entstehen.

$$2CH_3SNa \rightarrow Na_2S + CH_3—S—CH_3$$

[2] Н. Н. Непенин, Производство целлюлозы (N. N. Nepenin, Zellstoffherstellung) 1940, S. 627.

Einwirkung der Kochlaugen auf die Cellulose

Obwohl die Cellulose zu den relativ beständigen Verbindungen gerechnet werden kann, wird sie doch bei genügend hoher Kochtemperatur, selbst bei niedrigen Alkalikonzentrationen, merklich angegriffen. Die Einwirkung des Alkali auf die Cellulose wird bei der Verarbeitung des Holzes beträchtlich durch die Schutzwirkung des Lignins abgeschwächt.

Eine derartige Schutzwirkung läßt sich besonders im Anfangsstadium der Kochung feststellen, wenn das Lignin erheblich schneller aufgelöst wird als die Cellulose (vgl. S. 532). Am Ende des Prozesses dagegen beginnt sich diese Wirkung des Lignins abzuschwächen, da seine Auflösung infolge der bei den hohen Temperaturen stattfindenden Kondensationsvorgänge verzögert wird (vgl. S. 517).

Es ist völlig selbstverständlich, daß der Abbau der Cellulose je nach der Art des herzustellenden Zellstoffs und infolgedessen auch je nach dem Aufschlußgrad in sehr verschiedener Weise erfolgt. Trotzdem macht der Anteil der abgebauten Cellulose, selbst bei harten Zellstoffen, etwa 10% der ursprünglich im Holz vorhandenen aus.

Die ersten systematischen Versuche über den Abbau der Cellulose bei der alkalischen Kochung sind bereits 1890 durchgeführt worden[1]. Beim Kochen von reinem Filterpapier mit Alkali bei normalem Druck hat die Menge der aufgelösten Cellulose je nach der Alkalikonzentration (4 bis 8%) und der Reaktionsdauer (3 bis 9 Stunden) 12 bis 23% betragen. Die Reaktionsprodukte reduzieren Fehlingsche Lösung nicht. Man hat deshalb angenommen, daß in der erhaltenen alkalischen Lösung keine Zucker vorhanden sind. Im Gegensatz zu allen anderen Aldehyden sind die Aldehydgruppen der Zucker im alkalischen Medium sehr unbeständig. Die Lösung hat während der Kochung eine gelbe Farbe angenommen, ein saurer Ätherextrakt hat mit Phloroglucin keinerlei Reaktion gegeben. Alle Tatsachen sprechen für eine weitgehende Veränderung der alkalischen Hydrolysenprodukte der Cellulose und für die Abwesenheit von Furfurol. Beim Kochen unter Druck (5 und 10 at) mit 8%iger Natronlauge beträgt der lösliche Anteil der Cellulose 58 bis 59%. Fehlingsche Lösung wird auch in diesem Falle nicht reduziert.

Interessanterweise wirkt konzentrierte, z. B. 20- oder 30%ige Natronlauge weniger destruktiv auf die Cellulose als 4- bis 8%ige. Die einer Arbeit von Nikitin und Njemzowa[2] entnommene Tab. 130 gibt die Ergebnisse von 6stündigen Kochungen von Baumwollcellulose unter Druck bei verschiedenen NaOH-Konzentrationen und verschiedener Temperatur wieder. Außer der Ausbeute ist auch die Xanthogenatviskosität der unlöslichen Rückstände bestimmt worden[3], wobei die Viskosität der Ausgangscellulose 482,7 sec betragen hat. Aus den Angaben ist zu ersehen, daß mit steigender Temperatur auch eine Zunahme des Abbaues zu verzeichnen ist.

Einige Autoren[4] haben unter den Produkten der alkalischen Hydrolyse von

---

[1] Н. И. Никитин, Химия древесины (N. I. Nikitin, Chemie des Holzes) 1935, S. 348.

[2] Н. И. Никитин и Н. П. Немцова, ЖПХ (N. I. Nikitin u. N. P. Njemzowa, Z. Angew. Chemie [russ.]) **6**, 845 (1933).

[3] Die Messungen sind im Troschinsski-Viskosimeter durchgeführt worden.

[4] Н. И. Никитин, Химия древесины (N. I. Nikitin, Chemie des Holzes) 1935, S. 349.

Cellulose Oxalsäure, Essigsäure und Ameisensäure festgestellt, die durch eine alkalische Oxydation entstanden sind. Die Oxydation wird im wesentlichen durch die Anwesenheit von Luftsauerstoff im Kessel hervorgerufen. Es entstehen dadurch Oxycellulosen und andere Produkte des oxydativen Abbaues.

TABELLE 130

Resultate einer 6stündigen Behandlung von Baumwollcellulose (Linters) mit 20-, 34-, und 49%iger Natronlauge

Kochtemperatur in °C	Konzentration der Lauge in %	Auslaufzeit in sec	Ausbeute in %
80	20,0	156,6	84,6(?)
100	20,4	100,3	86,9
120	20,4	57,2	85,8
140	20,4	43,0	82,7
80	35,0	158,8	97,2
100	34,3	89,0	90,4
120	34,3	57,7	85,6
140	34,3	30,5	82,0
80	50,0	153,5	97,6
100	49,1	95,6	97,2
120	49,1	71,0	95,7
140	49,1	32,2	83,2

Daraus ergibt sich, daß die Entfernung der Luft aus dem Kessel, die vor Beginn der Kochung durch Dämpfung stattfindet, eine außerordentliche praktische Bedeutung für die Qualität des Zellstoffes, seine physikalischen und chemischen Eigenschaften, aber auch für die Ausbeute, besitzt. Die Zellstoffausbeute ist beim Sulfataufschluß etwas höher als beim Natronverfahren. Diese Tatsache hat ihren Grund in der relativ niedrigen Alkalität der Sulfatlauge und in der geringen Zerstörung der Cellulose. Versuche von N. NIKITIN und I. SCHNEJER[1] über die 6stündige Kochung von Baumwollcellulose bei 170° mit 6%igen NaOH- und Na_2S-Lösungen haben ergeben, daß im ersten Falle 31% in Lösung gehen, im zweiten jedoch nur 23%.

Infolge des beträchtlichen Abbaues der Cellulose durch Alkali bei höherer Temperatur liegt die Zellstoffausbeute bei den alkalischen Aufschlußverfahren stets um 6 bis 8% niedriger als bei dem Sulfitaufschluß.

Durch Variation der Kochbedingungen kann man Sulfit- und Natronzellstoffe mit verschiedenen Eigenschaften herstellen, vom gut bleichbaren, weichen Zellstoff bis zum sehr harten Kraftzellstoff, der sich durch eine hohe mechanische Festigkeit auszeichnet.

Charakteristisch für einen ungebleichten Sulfatzellstoff ist die braune Farbe, die durch die Anwesenheit von gefärbten, die Bleiche erschwerenden Stoffen bedingt wird. Über die Natur dieser Verbindungen, ihre chemische Zusammen-

[1] Н. И. Никитин и И. М. Шнеер, Изв. Ленингр. лесн. инст. (N. I. NIKITIN u. I. M. SCHNEJER, Nachr. d. Leningrader Holzinst.) **36**, 89 (1928)

setzung und Eigenschaften, aber auch die zur Zerstörung führenden Prozesse bei der Bleiche, kann bis jetzt noch nicht sehr viel ausgesagt werden.

Autoren[1], die sich mit diesem Fragenkomplex beschäftigt haben, nehmen an, daß diese Stoffe zu der Klasse der Tannide, besonders der Gruppe der Phlobotannide, gehören.

Da Sulfatzellstoff organisch gebundenen Schwefel enthält, dessen Menge durch die Bleiche verringert wird, hat man angenommen, daß die Farbstoffe dieses Zellstoffes Schwefelverbindungen der Phlobotannide sind.

Spätere Untersuchungen haben diese Vorstellungen über die Natur der Farbstoffe nicht bestätigen können. Heute glaubt man an einen ligninartigen Charakter der genannten Stoffe. Auf experimentellem Wege ist nachgewiesen worden[2], daß die Schwierigkeiten bei der Bleiche von Sulfatzellstoff sehr wahrscheinlich durch die Anwesenheit von schwefelhaltigem Lignin und seinen Zerfallsprodukten, die etwa 90% der färbenden Substanz ausmachen, hervorgerufen werden.

Vor kurzem ist Makssimow[3] die Isolierung der gefärbten Stoffe aus Sulfatzellstoff durch Extraktion mit angesäuertem Amylalkohol oder 2%iger Natronlauge gelungen. Zum Vergleich hat der Autor auch die aus den Schwarzlaugen der gleichen Kochungen isolierten Alkalilignine zur Untersuchung herangezogen. Dabei hat sich herausgestellt, daß die aus dem Zellstoff isolierten Farbstoffe in bezug auf den Gehalt an Schwefel, Methoxylgruppen und die Elementarzusammensetzung fast den aus den Schwarzlaugen gefällten Alkaliligninen entsprechen. Der extrahierte Zellstoff zeigt, im Gegensatz zu dem nichtextrahierten, einen niedrigeren Ligningehalt und eine geringere Härte. Es ist deshalb anzunehmen, daß der größte Teil der färbenden Stoffe des Sulfatzellstoffes aus dem Restlignin besteht.

Diese Vorstellung wird auch durch die bekannte Tatsache erhärtet, daß das Lignin im Alkalizellstoff offenbar in einer höher polymeren oder kondensierten Form[4] vorliegt als im Sulfitzellstoff. Auf diese Weise lassen sich auch die großen Schwierigkeiten erklären, die bei seiner Zerstörung durch die Bleiche auftreten. Zwischen dem Weißgehalt eines ungebleichten Sulfatzellstoffes und seinem Ligningehalt besteht anscheinend eine direkte Beziehung. Auf der Suche nach dem Ursprung des färbenden Bestandteiles von Sulfatzellstoff haben einige Autoren[5] Kochungen mit Baumwollcellulose durchgeführt, wobei sie vorher sowohl Lignin als auch andere Bestandteile von Fichtenholz zugegeben haben. Bei diesen Versuchen sind gefärbte Zellstoffe erhalten worden, die annähernd den gleichen Weißgehalt aufweisen. Durch die „Karamelisierung" der Kohlenhydrate kann der Zellstoff ebenfalls verfärbt werden, jedoch stellen diese Produkte offenbar nicht den Hauptanteil. Wird Baumwollcellulose mit einem Glukosezuschlag der alkalischen Kochung unterworfen,

---

[1] Н. Н. Непенин, Производство целлюлозы (N. N. Nepenin, Die Zellstoffherstellung) 1940, S. 895.

[2] H. Schwarz, McCarthy u. H. Hibbert, Paper Trade J. **111**, 30 (1940). — G. Kimble, Paper Trade J. **115**, 37 (1942).

[3] В. Ф. Максимов, Тр. Ленингр. технолог. нист. В. М. Молотова (W. F. Makssimow, Arb. d. Leningr. technol. W. M. Molotow-Inst.) Heft 1, 49 (1949).

[4] Die Möglichkeit einer derartigen Kondensation des Lignins beim Alkaliaufschluß ist bereits auf S. 518 erwähnt worden.

[5] W. Pigman u. Csellak, Techn. Assoc. Papers, **31**, 393 (1948).

so entsteht zwar ein dunkel gefärbter, aber leicht bleichbarer Zellstoff. Die Zugabe von Lignin, z. B. zu teilweise chloriertem Fichtenholz, hat einen gefärbten Sulfatzellstoff ergeben, der bei der Bleiche größere Schwierigkeiten bereitet als ein durch normale Kochung dargestellter.

Einwirkung der Lauge auf die Hemicellulosen

Die Hemicellulosen des Holzes und anderer pflanzlicher Rohstoffe erleiden durch die Einwirkung der heißen Lauge mehr oder weniger bedeutende Veränderungen. Die dabei stattfindenden Reaktionen gleichen denen, die bei den einfacheren Zuckern unter den gleichen Bedingungen ablaufen. Es hat deshalb eine gewisse Berechtigung, wenn angenommen wird, daß die Hemicellulosen, besonders Hexosane, bei der Kochung zuerst zum Teil hydrolysiert werden. Die entstandenen Zucker werden dann durch das Alkali und die hohe Temperatur weiter zersetzt.

Die Pentosane werden auch bei sehr energischer Kochung wesentlich schwerer hydrolysiert und verbleiben zum Teil in dem resultierenden Zellstoff. Der wahrscheinliche Grund hierfür liegt darin, daß das Xylan zum größten Teil zusammen mit der Cellulose in orientierten Bereichen vorkommt.

Da nach NEEF Glukose, Mannose, Fruktose und andere Aldo- und Ketohexosen in alkalischer Lösung Gleichgewichtssysteme bilden, in denen die Komponenten zu gegenseitigen Umwandlungen befähigt sind und außerdem sehr leicht oxydiert werden können[1], erhält man bei der alkalischen Kochung ein kompliziertes Gemisch von Oxysäuren und anderen Produkten.

Es ist auch nicht ausgeschlossen, daß die Zucker durch die Anwesenheit des Alkali eine besondere Art von Dissoziation erleiden, wobei Formaldehyd und Zucker mit weniger C-Atomen entstehen.

$$C_6H_{12}O_6 \rightarrow C_5H_{10}O_5 + CH_2O$$

Bei längerer Einwirkung der Lauge und hoher Temperatur, die in der Praxis 174° und mehr beträgt, wird das Gemisch von Hexosen und Pentosen einer weiteren Spaltung unterworfen. Die entstehenden Oxysäuren, aber auch Ameisensäure, werden durch das Alkali neutralisiert, wozu etwa ein Drittel des Gesamtverbrauches erforderlich ist. Außerdem können innere Umlagerungen in den Zuckermolekülen stattfinden, wodurch ebenfalls alkaliverbrauchende organische Säuren gebildet werden.

Die Reaktion zwischen Zuckern und Alkali ist in den Jahren von 1907 bis 1910 von zahlreichen Autoren[2] näher untersucht worden. Dabei ist festgestellt worden, daß beim Erwärmen von Glukose und Fruktose in alkalischer Lösung Milchsäure (ca. 50%), mehratomige Oxysäuren (40 bis 50%) und geringe Mengen Ameisensäure (0,5 bis 2%) entstehen.

Galaktose ergibt unter den gleichen Bedingungen nur bis zu 20% Milchsäure. Aber auch aus Pentosen wird bei der Alkalibehandlung Milchsäure erhalten. Man nimmt an, daß als Zwischenprodukt Methylglyoxal entsteht, das durch Wasseraufnahme in Milchsäure übergeht:

$$CH_3—CO—CHO + H_2O = CH_3—CHOH—COOH$$

[1] Н. Я. Демьянов и В. В. Феофилактов, Химия растительных веществ (N. JA. DEMJANOW u. W. W. FEOFILAKTOW, Chemie der Pflanzenstoffe) 1934, S. 15.

[2] Н. И. Никитин, Химия древесины (N. I. NIKITIN, Chemie des Holzes) 1935, S. 345.

In älteren Arbeiten[1] hat man gefunden, daß bei der Einwirkung von Ätzkalk auf Glukose und Fruktose leicht kristallisierende Verbindungen entstehen, die man damals mit dem Sammelbegriff „Saccharine" bezeichnet hat[2].

Später haben eingehendere Untersuchungen der bei der Reaktion von Glukose mit Alkalien entstehenden sauren Produkte gezeigt, daß das „Saccharin" einen ausgesprochenen Laktoncharakter besitzt. Man hat deshalb die nachstehende Formel in Analogie zur Saccharinsäure vorgeschlagen:

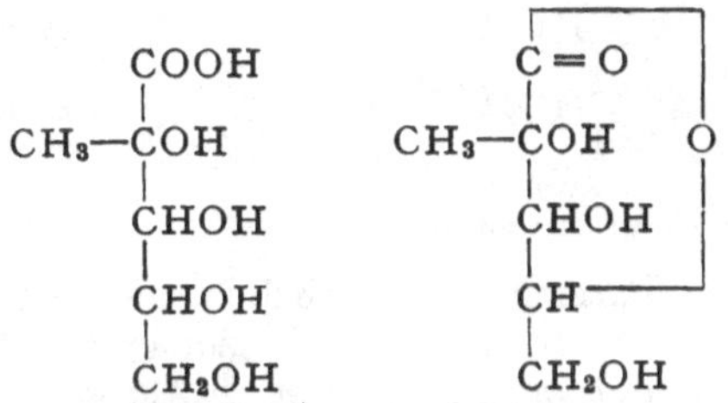

Saccharinsäure Saccharin

Die verzweigte Struktur der Saccharinsäure ist durch Reduktion mit Jodwasserstoff und Phosphor zur 2-Methylpentansäure bewiesen worden.

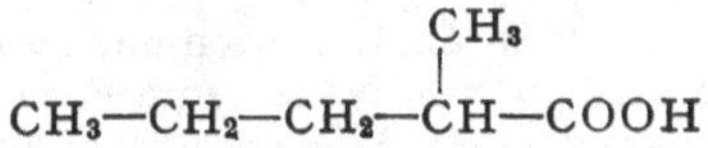

Ein anderer Strukturbeweis besteht in der Oxydation der Saccharinsäure zu einer zweibasischen Säure, aus der durch Reduktion mit Jodwasserstoff und Phosphor die 2-Methylglutarsäure erhalten wird:

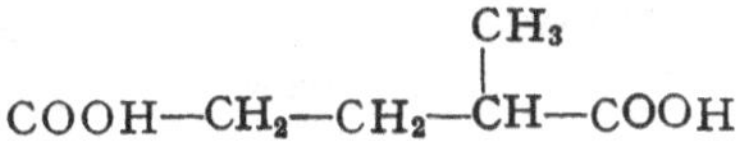

Später hat man bei der Einwirkung von Kalk auf Maltose, Laktose und Galaktose unter anderem eine mit Isosaccharinsäure bezeichnete Oxysäure gefunden, deren Lakton entsprechend Isosaccharin heißt[3].

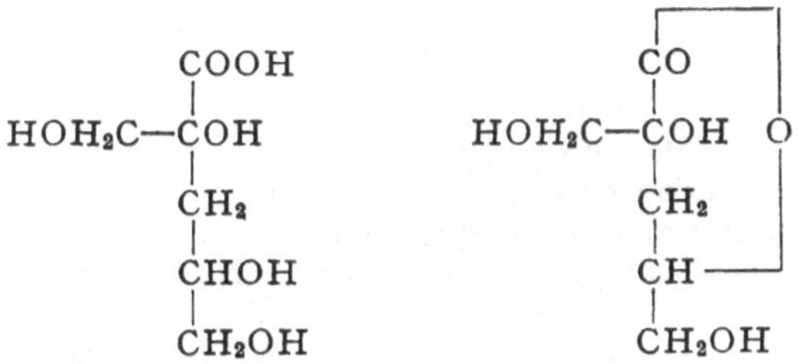

Isosaccharinsäure Isosaccharin

Schließlich sind im Falle von Laktose und Galaktose noch *m*- und *p*-Saccharinsäure isoliert worden. Besonders große Mengen der letzteren entstehen aus

[1] E. HÄGGLUND, Natronzellstoff, 1926, S. 100.

[2] Diese Bezeichnung hat nichts mit dem gleichnamigen synthetischen Süßstoff, dem Benzoesäuresulfimid, zu tun.

[3] H. KILIANI, Ber. 18, 631, 2517 (1885).

Galaktose[1]. Von den entsprechenden Laktonen hat man in kristallisierter Form nur das *m*-Saccharin erhalten:

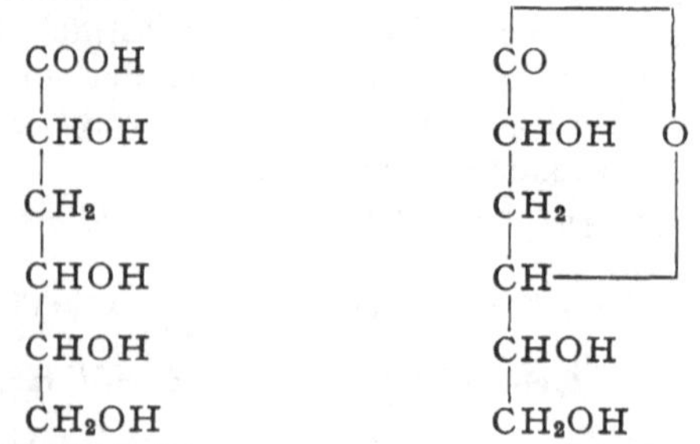

m-Saccharinsäure *m*-Sacharin

Aus den angeführten Formeln ist ersichtlich, daß die Saccharinsäuren einbasische, mehratomige Oxysäuren sind, die isomer mit den Monosacchariden sind, aus denen sie gebildet werden. Aus einer Aldohexose entsteht z. B. eine Säure mit 6 C-Atomen, aus einer Pentose eine mit 5 C-Atomen. Eine m-Saccharinsäure mit 5 C-Atomen besitzt folgende Formel:

$$CH_2OH{-}CHOH{-}CH_2{-}CHOH{-}COOH$$

Der Bildungsmechanismus der Saccharinsäuren und ihrer Laktone ist noch nicht ganz geklärt. Nach der Vorstellung von NEEF[2] entstehen zunächst Dicarbonylverbindungen, aus denen dann durch innere Umlagerungen, ähnlich wie bei der Benzylsäure, die entsprechenden Saccharinsäuren gebildet werden:

$$CH_2OH{-}CHOH{-}CHOH{-}CHOH{-}CHOH{-}CHO \rightarrow$$
$$\rightarrow CH_2OH{-}CHOH{-}CHOH{-}CH_2{-}CO{-}CHO \rightarrow$$
$$\rightarrow CH_2OH{-}CHOH{-}CHOH{-}CH_2{-}CHOH{-}COOH$$

m-Saccharinsäure

$$CH_2OH{-}CHOH{-}CHOH{-}CHOH{-}CO{-}CH_2OH \rightarrow$$
$$\rightarrow CH_2OH{-}CHOH{-}CH_2{-}CO{-}CO{-}CH_2OH \rightarrow$$
$$\rightarrow CH_2OH{-}CHOH{-}CH_2{-}C(OH)(CH_2OH){-}COOH$$

Isosaccharinsäure

1944 ist die Vermutung ausgesprochen worden, daß die Bildung der Saccharinsäuren aus Hexosen und Pentosen über die Endiolgruppierung erfolgen kann. Zum Beispiel entsteht die *m*-Saccharinsäure II aus der 1,2-Endiolgruppe der Hexose I durch Wasserabspaltung aus den Hydroxylgruppen der C-Atome 1 und 3, innermolekulare CANNIZZARO-Umlagerung und Wasseraufnahme am ersten und zweiten C-Atom[3]:

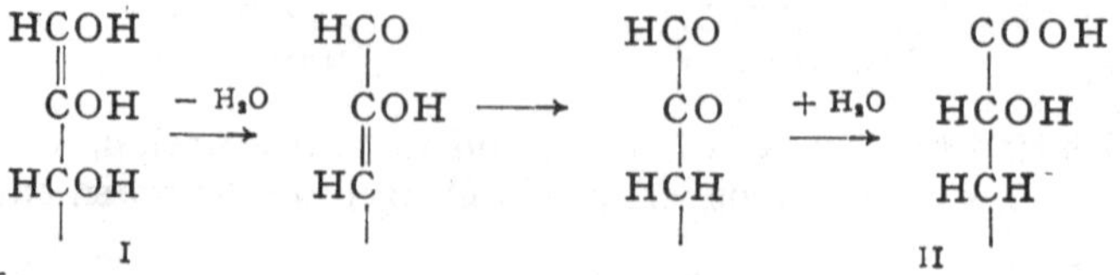

I II

[1] H. KILIANI u. H. NAEGELI, Ber. **35**, 3530 (1902).
[2] E. HÄGGLUND, Natronzellstoff, 1926, S. 101.
[3] W. PIGMAN u. R. GOEPP, Chemistry of the Carbohydrates, 1948, S. 77.

Andere Autoren[1] stellen sich die Bildung der Saccharinsäuren durch Polymerisation von Zuckerzerfallsprodukten wie Dioxybuttersäure, Glycerinaldehyd, Dioxyaceton, ,Methylglyoxal, Formaldehyd u. a. vor. Die Reaktion kann dann z. B. wie eine Aldolkondensation erfolgen:

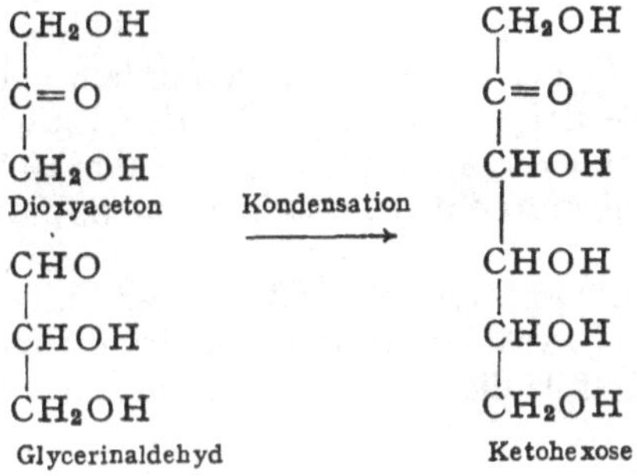

Die entstandene Ketohexose kann sich im alkalischen Medium mit Aldosen im Gleichgewicht befinden, indem die Endiolform die Rolle des Zwischenproduktes spielt:

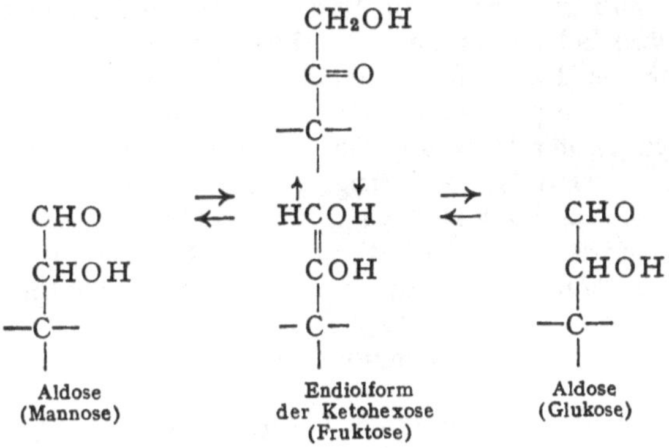

Die Existenz einer derartigen Endiolform einer Ketohexose in alkalischen Zuckerlösungen wird durch die große Jodaufnahme dieser Lösungen bewiesen, die bis zu einer Spaltung des Zuckermoleküls zwischen den C-Atomen 1 und 2 geht. Die Endiolgruppe kann bei den Ketosen auch zwischen den C-Atomen 2 und 3 entstehen. Sie kann sich also längs der Kohlenstoffkette verschieben. Auf diese Weise wird die Isomeriemöglichkeit vergrößert einschließlich der Entstehung von Ketosen mit einer Carbonylgruppe am C_3.

Schwarzlaugen von Natronkochungen enthalten nach KLASON wechselnde Mengen der erwähnten Umlagerungs- und Zerfallsprodukte der Zucker in Form eines Gemisches von Oxysäuren mit zwei bis sechs C-Atomen. Bei der Sulfatkochung, besonders wenn die Lauge Natriumhydrosulfid enthält, ist die Möglichkeit nicht von der Hand zu weisen, daß diese Oxysäuren und ihre Laktone gewisse Schwefelmengen binden. Jedoch ist diese Frage bis heute so gut wie noch nicht untersucht worden.

In letzter Zeit sind Untersuchungen über die Umsetzung von β-Propiolakton mit wäßrigen Lösungen von Natriumhydrosulfid und Natriumsulfid bei niedri-

[1] desgl. S. 71.

gen Temperaturen durchgeführt worden[1]. Im Falle von NaSH erhält man 80 bis 84% des β-Merkaptopropionats nach

$$\begin{array}{l} CH_2—CH_2—CO \\ \lfloor\_\_\_\_\_\, O \,\_\_\_\_\_\rfloor \end{array} + NaSH \rightarrow HS—CH_2—CH_2—COONa.$$

In geringerer Menge (7 bis 9%) entsteht außerdem noch ein Sulfid der Zusammensetzung $S(CH_2—CH_2—COONa)_2$. Bei der Einwirkung von Na_2S ist die Ausbeute an dem β-Merkaptopropionat etwa um 10% niedriger, während die Menge des als Nebenprodukt entstehenden Sulfids bis auf 18% ansteigt.

Es kann also angenommen werden, daß bei der Sulfatkochung neben dem zur Neutralisation der Oxysäuren benötigten Alkali auch noch Schwefel in beträchtlichen Mengen für die Nebenreaktionen mit den Laktonen dieser Säuren verbraucht wird.

Einwirkung der Lauge auf die Fette, Harze und Terpene

Die im Holz vorhandenen Harz- und höheren Fettsäuren werden bei dem alkalischen Aufschluß in Form ihrer Natriumsalze in Lösung gebracht. Beim längeren Stehen von Schwarzlauge, besonders beim Abdampfen, scheidet sich an der Oberfläche der Lauge die sogenannte „Sulfatseife" ab.

Die Ausbeute an Seife pro Tonne Zellstoff ist von dem Gehalt an Harz und Fetten im ursprünglichen Holz und der mehr oder weniger wirksamen Abscheidung aus der Schwarzlauge abhängig. Bei dem Sulfataufschluß von sehr harzreichem Kiefernpapierholz lassen sich über 50 kg Sulfatseife gewinnen, bei Kiefernabfällen, hauptsächlich Splintholz, wesentlich weniger und im Falle von Fichtenholz entsteht überhaupt keine[2]. Zur Erhöhung der Ausbeute an Sulfatseife ist als Ergebnis sowjetischer Arbeiten der letzten Zeit ein neues Flotationsverfahren zur Gewinnung aus Schwarzlaugen vorgeschlagen worden[3].

Die Zusammensetzung der Sulfatseife schwankt je nach der Art des Rohstoffes (Holzart, Gegend) und von der Art ihrer Isolierung. SOLODKI[4] hat für eine der von ihm untersuchten Proben folgende Zusammensetzung in % angegeben:

Harz und Fettsäuren	47,1	Wasser	35,42
Neutrale Stoffe	7,7	Freie Soda	0,25
Phenole	1,0	Schwefel	0,3
In Wasser u. Äther unlösliche Stoffe	1,97	Gebundenes Alkali, berechnet als Na_2O	5,4

[1] T. GRESHAM, J JANSEN u. Mitarb., J. Am. Chem. Soc. **70**, 999 (1948).

[2] Ф. Т. Солодкий, Бум. пром. (F. T. SOLODKI, Papierind.) Nr. 1/2, **33** (1946).

[3] Dieses Verfahren beruht darauf, daß die durch ein Rohr fließende Lösung der Seife in der Schwarzlauge von einem Luftstrahl durchblasen wird. Durch die kleinen Luftbläschen werden die Seifenteilchen mitgerissen und setzen sich dann in besonderen Gefäßen an der Oberfläche ab. Vgl. В. Д. Худовеков, Бум. пром. (W. D. CHUDOWJEKOW, Papierind.) Nr. 2, 22 (1949). — В. Д. Худовеков и М. В. Карцева, Бум. пром. (W. D. CHUDOWJEKOW u. M. W. KARZJEWA, Papierind.) Nr. 2, 30 (1950).

[4] Ф. Т. Солодкий, Бум. пром. (F. T. SOLODKI, Papierind.) Nr. 2, 18 (1941).

Bei der üblichen Zersetzung der Seife mit Säure entsteht ein dunkler Teer, der selbst bei sehr niedrigen Temperaturen (—20°) flüssig bleibt. Die technischen Bezeichnungen dieses Produktes sind recht verschieden, so z. B. Kiefernöl, Harzöl, Tallöl und Tallol, flüssiges Harz u. a. m. Die Ausbeute beträgt bei der Sulfatkochung von Kiefernholz im Durchschnitt etwa 30 kg pro Tonne Zellstoff. Das Produkt kann durch Vakuumdestillation gereinigt werden, man erhält dann 70 bis 75%, berechnet auf die Gesamtmenge an Harz- und Fettsäuren in der Seife oder 36 bis 37% der rohen Seife mit einem Feuchtigkeitsgehalt von 35%[1]. Die Produktion von Tallöl in der Sowjetunion kann bei derartigen Ausbeuten viele Tausend Tonnen im Jahr betragen.

Mit der eingehenderen Untersuchung des Tallöls haben sich mehrere Autoren beschäftigt. Dabei hat sich ergeben, daß es, wie nicht anders zu erwarten, wechselnde Mengen von Harz- und Fettsäuren enthält[2]. Als Beispiel sei die Zusammensetzung eines schwedischen Kiefernöls angeführt[3].

In Petroläther lösliche Stoffe	2,2 %
Unverseifbare Anteile	12,4 %
Harzsäuren	30,4 %
Fettsäuren	54,9 %

Nach SOLODKI besteht sowjetisches Rohtallöl aus annähernd gleichen Teilen Harz- und Fettsäuren und geringeren Mengen unverseifbaren, neutralen Stoffen[4]. Die Zusammensetzung der einzelnen Tallölfraktionen unterscheidet sich nicht von der von früheren Autoren angegebenen. Der Fettsäureanteil enthält z. B. nach einigen Autoren im wesentlichen Oleinsäure zusammen mit geringen Mengen Palmitinsäure und Linolensäure, aber auch Spuren von Linolsäure[5].

Die in reiner Form isolierten Harzsäuren zeigen die Formel $C_{19}H_{29}COOH$ und stellen ein Gemisch von Abietinsäuren dar. Etwas früher hat man aus Sulfatseife Pinabietinsäure in reiner Form erhalten, ihre Konstitution hat sich als identisch mit derjenigen von natürlicher Harzsäure von Kiefernholz herausgestellt.

In der Sulfatseife, besonders im neutralen, unverseifbaren Anteil, findet sich stets in geringen Mengen, bis zu 3%, ein indifferenter, kristalliner Stoff, das

[1] Д. Н. Смирнов и З. И. Челпанова, Сб. лесохим. работ Лесотехн. акад. им. С. М. Кирова (D. N. SMIRNOW u. S. I. TSCHELPANOWA, Samml. holzchem. Arb. d. Holztechn. S. M. Kirow-Akad.) 1938, S. 5.

[2] Н. И. Никитин, Химия древесины (N. I. NIKITIN, Chemie des Holzes) 1935, S. 347.

[3] E. HÄGGLUND, Holzchemie, 1933.

[4] Harzsäuren 44,7 %, Fettsäuren 41,3 % und neutrale Stoffe 14,0 %. (Vgl. Samml. holzchem. Arb. d. Holztechn. S. M. Kirow-Akad. 1938, S. 22.) Die Schwankungen in der Zusammensetzung der sowjetischen Tallöle sind nur gering. Nach SOLODKI schwankt das Verhältnis von Harz- zu Fettsäuren von $\frac{42}{58}$ bis zu $\frac{46,3}{53,7}$, vgl. Papierind. Nr. 2, 18 (1941).

[5] L. E. WISE, Wood Chemistry, 1944, S. 733.

Phytosterin. Dieses stellt ein Gemisch von mehreren Sterinen, die Derivate des Phenanthrens sind, dar[1].

Durch Arbeiten von SOLODKI und NOWAK, CHALEZKI und SOLOMONIK, SOLODKI und AGRANAT[2] ist nachgewiesen worden, daß das Phytosterin der sowjetischen Sulfatseife ca. 70% β-Sitosterin $C_{29}H_{50}O$, geringe Mengen Dihydrositosterin $C_{29}H_{52}O$ und etwa 30% andere Sterine, darunter solche mit zwei und drei Doppelbindungen ($C_{29}H_{48}O$, $C_{28}H_{44}O$) enthält. Die Zusammensetzung des Phytosterins schwankt jedoch auch in gewissen Grenzen. Das technische Produkt, das durch direkte Kristallisation aus alkoholischer Lösung erhalten wird, ist durch höhere aliphatische Alkohole und Salze höherer Fettsäuren beträchtlich verunreinigt. Durch fraktionierte Kristallisation hat man dabei primären Lignocerinalkohol $C_{24}H_{50}O$ isolieren können.

Das Tallöl ist ein wertvoller Rohstoff für die gleichen Anwendungsgebiete wie des Kolophoniums, d. h. für die Seifenherstellung und die Lack- und Farbenindustrie. Das bis jetzt hauptsächlich angewandte finnische Verfahren zur Verarbeitung der Sulfatseife ist für die vollständige Zerlegung des Tallöls in seine Bestandteile nicht zufriedenstellend.

Sowjetische Autoren[3] haben deshalb in letzter Zeit ein neues, kontinuierliches Verfahren zur Verarbeitung von Sulfatseife ausgearbeitet, das eine Reihe von Vorteilen aufweist.

---

[1] „Phytosterin" oder „Pflanzensterin" ist in diesem Falle eine etwas ungenaue Bezeichnung, da es sich hier um ein Gemisch mehrerer Sterine mit abweichender Zusammensetzung handelt. Die bekanntesten unter den Phytosterinen sind Ergosterin, Stigmasterin und Sitosterin:

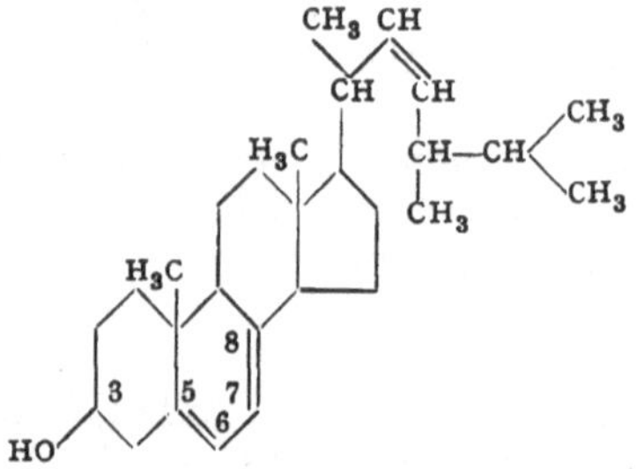

Ergosterin
(F. 163°; $[\alpha]_D = -133°$, Absorpt. Maxim. 2800 Å)

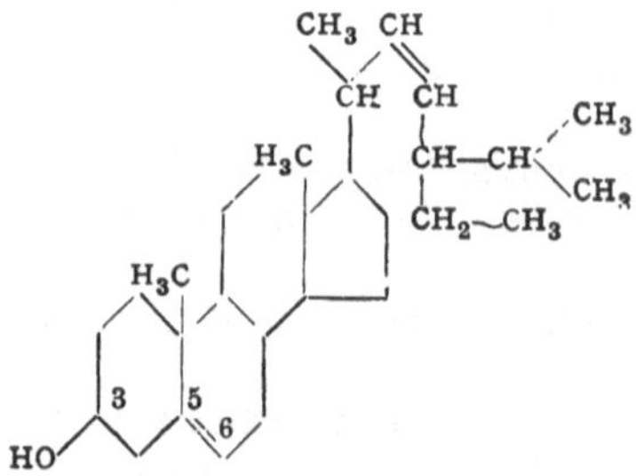

Stigmasterin
(F. 170°; $[\alpha]_D = -45°$)

Ausführlicher in L. FIESER und M. FIESER, Organic Chemistry. — Das Phytosterin aus der Sulfatseife wird als Emulgator in der Parfümerie und in der Medizin zur Synthese von Vitamin C verwendet.

[2] Ф. Т. Солодкий и А. А. Новак, ЖПХ (F. T. SOLODKI u. A. A. NOWAK, Z. Angew. Chemie [russ.]) **20**, 864 (1947). — А. М. Халецкий и Н. Н. Соломоник, ЖОХ (A. M. CHALEZKI u. N. N. SOLOMONIK, Z. allgem. Chemie) **17**, 1171 (1947). — Ф. Т. Солодкий и А. Л. Агранат, Тр. Лесотехн. акад. им. С. М. Кирова (F. T. SOLODKI u. A. L. AGRANAT, Arb. d. Holztechn. S. M. KIROW-Akad.) Nr. **69**, 35 (1950).

[3] В. Д. Худовеков, Бум. пром. (W. D. CHUDOWJEKOW, Papierind.) Nr. **2**, 22 (1949).

Gewöhnlich rektifiziert man das Tallöl zur Abtrennung der Fettsäuren, extrahiert die Harzsäuren mit Alkohol und verseift die in Alkohol schlecht löslichen Verbindungen, die zur Darstellung des Phytosterins aus dem neutralen Teil dienen. Creolin, Lacke und Teer gewinnt man aus dem Rückstand der oxydierten Stoffe.

Die Terpene, die in den natürlichen Harzen die Rolle eines Lösungsmittels spielen, werden bei der Alkalibehandlung nicht verändert und entweichen beim Ablassen des Überdruckes mit dem Dampf. Das Terpentinöl läßt sich durch Kondensation der Dämpfe leicht abtrennen und anschließend reinigen. Terpentinöl aus Sulfatkochungen, aber auch der ebenfalls im Kondensat vorhandene Methylalkohol sind stets durch die bereits erwähnten übelriechenden Schwefelverbindungen verunreinigt. Die vollständige Entfernung dieser Verbindungen aus dem Terpentinöl ist eine ziemlich schwierige Aufgabe. Es sind mehrere Verfahren bekannt, die alle auf der leichten Oxydierbarkeit der Merkaptane durch $KMnO_4$ oder $K_2Cr_2O_7$ beruhen. Das meiste Sulfatterpentinöl wird jedoch als Rohprodukt zur Weiterverarbeitung in Spezialfabriken weitergeleitet.

Die Abdämpfe von alkalischen Kochungen enthalten ferner stets etwas Ammoniak, besonders große Mengen entstehen bei dem Aufschluß von Stroh. Beim Sulfatprozeß werden infolge Reaktion des Ammoniaks mit dem organisch gebundenen Schwefel weitere übelriechende Schwefelverbindungen gebildet.

Die physikochemische Seite des Kochprozesses

An Hand von Versuchskochungen sind 1924 von ARRHENIUS Versuche durchgeführt worden, um das Gesetz über den Ablauf chemischer Reaktionen auf die Delignifizierung des Holzes mit Alkali anzuwenden.

Für eine Reaktion erster Ordnung besteht bekanntlich folgende Beziehung der Reaktionsgeschwindigkeit:

$$K = \frac{1}{t} \ln \frac{a}{a - x},$$

Darin ist

K die Geschwindigkeitskonstante,
t die Zeit,
a die Menge des Stoffes zu Beginn der Reaktion,
x die in der Zeit t umgesetzte Menge des Stoffes.

In dem speziellen Falle der Alkalikochung sind die Bedeutungen wie nachstehend formuliert worden:

a Menge der in 100 g Holz enthaltenen inkrustierenden Substanz in g,
t Dauer der Kochung,
x Menge der in der Zeit t aus dem Holz herausgelösten Inkrusten in g.

Die Geschwindigkeitskonstante ist sehr stark temperaturbedingt, was sich ebenfalls mathematisch ausdrücken läßt.

ARRHENIUS hat die Geschwindigkeitskonstanten für die Auflösung der Inkrusten und für die Hydrolyse der Cellulose bei verschiedenen Temperaturen berechnet. Dabei hat sich ergeben, daß die Geschwindigkeit der ersten Reaktion bei 160° etwa den 28fachen Wert derjenigen der zweiten Reaktion beträgt. Bei 170° verläuft die erstere 8,7mal schneller, bei 270° ist die Geschwindigkeit in beiden Fällen dagegen gleich groß[1]. Daraus folgt, daß die Kochung zur Erzielung möglichst hoher Zellstoffausbeuten bei niedrigeren Temperaturen durchgeführt werden muß. In der Praxis hat es jedoch keinen Zweck unter 160° zu gehen, da dann die Kochdauer zu lange wird.

Späterhin ist festgestellt worden, daß die Geschwindigkeit der Ligninauflösung anscheinend während der Kochung nicht gleichbleibt[2]. Nach 14stündigem Aufschluß z. B. beträgt sie nur noch $^1/_3$ bis $^1/_5$ des ursprünglichen Wertes.

Untersuchungen anderer Autoren[3] haben erkennen lassen, daß, obwohl die Geschwindigkeit der Umsetzung des Holzes mit dem Alkali anfangs der einer monomolekularen Reaktion sehr ähnlich ist, tatsächlich aber eine heterogene Reaktion vorliegt. Aus diesem Grunde sind die Abweichungen von der idealen Formel gerade am Ende der Kochung ziemlich beträchtlich (vgl. S. 518).

Eine ausführliche Untersuchung der Kinetik des alkalischen Holzaufschlusses haben LAROCQUE und MAASS 1941 durchgeführt. Diese Autoren haben den möglichen Einfluß einer Reihe von Faktoren auf die Geschwindigkeit des Kochprozesses untersucht. Dabei hat sich ergeben, daß der Einfluß der Temperatur mit der allgemeinen Theorie von ARRHENIUS über die chemische Aktivierung übereinstimmt. Diese Theorie sieht bekanntlich die Existenz eines Gleichgewichtes zwischen den „passiven" Molekülen des Reaktionsmediums und den aus den passiven durch Energieaufnahme gebildeten „aktiven" Molekülen vor.

Von der Gesamtzahl der Moleküle reagiert nur ein kleiner Teil, die in dem gegebenen Moment „aktiven" Moleküle. Auf Grund dieser Tatsache läßt sich die Geschwindigkeitskonstante der Reaktion durch folgende Formel ausdrücken:

$$\ln K = \ln Z - \frac{E}{RT},$$

dabei bedeuten:

K die Geschwindigkeitskonstante,
T die absolute Temperatur,
R die molare Gaskonstante,
Z eine Konstante, die die Häufigkeit der Zusammenstöße der reagierenden Moleküle ausdrückt,
E die für die gegebene Reaktion konstante Aktivierungsenergie.

Die Autoren haben die Aktivierungsenergie für die alkalische Kochung berechnet, sie beträgt 32000 cal/g-mol oder 5,3 bis 10^{-20} cal/Molekül. Für die Sulfitkochung findet man dagegen 20200 cal/g-mol[4]. Es hat sich herausgestellt, daß die Aktivierungsenergie praktisch nicht von der Alkalikonzentration abhängig ist. So hat man z. B. bei Kochungen mit 2,9 und 14,3 mol. Natronlauge,

---

[1] SHEREBOW hat darauf hingewiesen, daß der Zeitfaktor in den Berechnungen von ARRHENIUS ungenügend berücksichtigt worden ist, da bei schnellen Kochungen vollkommen andere Verhältnisse für die Geschwindigkeit der Delignifizierung und für die Hydrolyse der Cellulose beobachtet werden.

[2] E. HÄGGLUND, Holzchemie, 1933.

[3] M. W. BRAY, Paper Trade J. **87**, 64 (1928). — H. F. LEWIS, E. P. LAUGHLIN, Paper Trade J. **91**, 57 (1930). — W. J. NOLAN, D. W. MCCREADY, Paper Trade J. **102**, 36 (1936). — Y. L. LAROCQUE, O. MAAS, Canad. J. Research, **19B**, 1 (1941).

[4] Aus diesem Grunde verläuft die Delignifizierung beim Sulfitaufschluß bei niedrigerer Temperatur leichter als beim Alkaliverfahren.

aber auch 14,3 mol. Kalilauge die gleichen Werte erhalten. Andererseits ändert sich der Wert für Z mit der Konzentration und der Art der Lauge in den erwähnten Fällen von $1{,}5 \cdot 10^{16}$ auf $8{,}8 \cdot 19^{16}$ in der Stunde. Diese Werte sind wesentlich höher als beim Sulfitverfahren.

Ein für die Geschwindigkeit der Delignifizierung wesentlicher Faktor ist, wie die Autoren ebenfalls gefunden haben, die Alkalisorption an der Grenzfläche Lauge-Lignin.

Auf Grund ihrer Ausführungen haben die Autoren nachstehenden angenäherten Mechanismus für den alkalischen Aufschluß vorgeschlagen, der aus drei Stadien besteht:

1. Es findet eine Sorption von Alkali an der Berührungsfläche zwischen der Lösung und dem Lignin, bewirkt durch die sauren Phenolgruppen, statt. Die Oberfläche des Lignins befindet sich während der ganzen Zeit im Gleichgewicht mit dem Alkali.
2. Nach der Sorption oder nach irgendeinem bestimmten Zeitraum entsteht eine chemische Bindung zwischen dem Lignin und dem Alkali.
3. Im letzten Stadium erfolgt Hydrolyse und Abtrennung des gebildeten Komplexes, des Alkalilignins, von der Oberfläche und seine Überführung in Lösung.

Nach der Aktivierungstheorie von Arrhenius bilden sich zwischen dem sorbierten Alkali und einem Teil des Lignins einige unbeständige Molekülverbindungen, wobei der Übergang zum nächsten Stadium ein gewisses Minimum an Aktivierungsenergie erfordert. Diese Energie beträgt nach den Berechnungen der Autoren $5{,}3 \cdot 10^{-20}$ cal. Dieser Wert stellt das Minimum dar, das zur Auflösung lediglich des Alkaliligninkomplexes erforderlich ist. Die Energie muß an irgendeinem Punkt der Ligninoberfläche zusammengeballt sein.

Wird die Alkalikonzentration erhöht, so muß durch die ebenfalls gesteigerte Sorption des Alkali an der Ligninoberfläche die Geschwindigkeit der Reaktion zunehmen, d. h. der Wert für K größer werden. Gleichzeitig muß infolgedessen auch der Wert für Z zunehmen.

Zur Bestätigung ihrer Theorie haben Larocque und Maas Kochungen mit Lösungen von NaOH in Methanol und Äthanol durchgeführt. Dabei hat sich herausgestellt, daß die alkoholischen Alkalilösungen, im Vergleich zu wäßrigen Lösungen gleicher Konzentration, wesentlich wirksamer sind. Die erhöhte Reaktionsgeschwindigkeit wird von den Autoren durch die Verteilung des Alkali zwischen der Lösung und der Ligninoberfläche, infolge der unterschiedlichen Löslichkeit des NaOH in Wasser und Alkohol, erklärt. Es sollen gewisse Parallelen zwischen der Alkalisorption und der Größe der sogenannten „Schwundtendenz" des NaOH aus der Lösung bestehen, die ihrerseits von der Löslichkeit des Alkali in den verschiedenen Lösungsmitteln abhängig ist.

Die verstärkte delignifizierende Wirkung der alkoholischen Lösungen wird dadurch erklärt, daß auf Grund der höheren „Schwundtendenz" das Alkali in diesen Lösungen eine größere Affinität zur festen Phase besitzt. Dadurch wird eine stärkere Sorption von Alkali an der aktiven Oberfläche und eine entsprechende Geschwindigkeitssteigerung der Delignifizierung bewirkt.

Die angeführten Beweise sind jedoch nicht sehr überzeugend. Die erhöhte Geschwindigkeit der Delignifizierung in alkoholischen Alkalilösungen beruht offenbar auf der besseren Löslichkeit des Lignins in Alkohol, besonders bei hohen Temperaturen. Die sogenannte „Schwundtendenz", die die Autoren heranziehen, wird jedoch in keiner Weise erklärt. Dagegen sollte die Löslichkeit des Alkalilignins in Alkohol und in Wasser, die offenbar bei diesen Versuchen eine sehr wesentliche Rolle spielt, stärker berücksichtigt werden.

Einfluß verschiedener Faktoren auf die Ausbeute und Qualität des Zellstoffs

Die hauptsächlichsten Faktoren, die einen Einfluß auf die Ausbeute und die Qualität des Zellstoffs ausüben, sind die nachstehend aufgeführten:

1. die während der Kochung verbrauchte Menge Alkali, bezogen auf Holz;
2. die Konzentration oder Stärke der Kochung;
3. der Sulfidgehalt im Falle des Sulfatverfahrens;
4. die Endtemperatur und
5. die Kochdauer.

Eine systematische Untersuchung des Einflusses dieser verschiedenen Faktoren ist von SUTERMEISTER[1] durchgeführt worden. Untersucht worden ist von ihm im einzelnen der Einfluß der Temperatur, des Druckes, der Kochdauer, der Alkalikonzentration und des Alkaliverbrauches auf die Ausbeute und die Bleichbarkeit des gewonnenen Zellstoffs.

Leider macht der Autor keine näheren Angaben über die Kochbedingungen. Man kann lediglich vermuten, daß es sich um die in der Praxis des Natronaufschlusses von Laubholz üblichen Bedingungen gehandelt hat.

Die von dem Autor gezogenen Schlußfolgerungen zeigen, daß eine Verringerung der Zellstoffausbeute um 1 % in folgenden Fällen eintritt:

1. Erhöhung der zur Kochung angewandten Alkalimenge um 1,3 %, bezogen auf Holz
2. Erhöhung der Alkalikonzentration um 10 g/Ltr.
3. Erhöhung des Druckes um 0,3 Atm. (oder entsprechend der Temperatur)[2].
4. Verlängerung der Kochdauer um $1^1/_5$ Stunden.

Die vom Medissonowsski-Laboratorium für Holzprodukte durchgeführten Versuche haben etwas andere Resultate ergeben. Danach erhält man eine um 1 % niedrigere Ausbeute durch:

1. Erhöhung des Alkaliverbrauches um 2 %,
2. Erhöhung der Alkalikonzentration um 13 g/Ltr.
3. Erhöhung des Druckes um 0,3 Atm. und
4. Verlängerung der Kochdauer um 1 Stunde.

Einer der wichtigsten Faktoren bei der Kochung ist der auf das Holz bezogene Alkaliverbrauch. KLASON[3] hat die theoretische Menge bestimmt. An Hand der in der Schwarzlauge gelösten organischen Stoffe hat er gezeigt, daß der Verbrauch annähernd 200 g pro kg gelöster Substanz beträgt. Auf Holz umgerechnet ergibt das bei einer Zellstoffausbeute von 40 % etwa 12 % NaOH. Jedoch läßt sich die Kochung mit der theoretisch erforderlichen Alkalimenge nicht zu Ende führen, da ein bedeutender Teil des Alkali von den Zuckerzersetzungsprodukten gebunden wird. KLASON gibt deshalb die Mindestmenge 25 % höher an.

Wie spätere Arbeiten ergeben haben, liegen die KLASONschen Werte beträchtlich zu niedrig. HÄGGLUND hat z. B. an Hand von Angaben von CHRISTIANSEN den theoretischen Durchschnittswert zu 300 g NaOH je 1 kg gelöster Holzsubstanz bestimmt.

---

[1] E. SUTERMEISTER, Chemie der Papierherstellung und seiner Halbfabrikate, 1933.

[2] Der am Manometer ablesbare Druck entspricht ungefähr dem Wasserdampfdruck über der Kochflüssigkeit bei einer bestimmten Temperatur, da die Menge der entstehenden gasförmigen Stoffe gering ist. Vgl. Н. Н. Непенин, Производство целлюлозы (N. N. NEPENIN, Zellstoffherstellung) 1940, S. 621.

[3] Н. И. Никитин, Химия древесины (N. I. NIKITIN, Chemie des Holzes) 1935, S. 351.

Auf Grund anderer Arbeiten[1] darf angenommen werden, daß zur Herstellung eines harten Zellstoffes mit 7 bis 9 % Lignin ein Alkaliüberschuß von 10 bis 12 % über die theoretisch erforderliche Menge ausreichend ist. Je weicher jedoch der Zellstoff sein soll, um so mehr Alkali ist erforderlich. Wird z. B. ein Zellstoff mit einem Ligningehalt von höchstens 1 % gewünscht, so sind bereits 56 % Alkali über die theoretische Menge erforderlich.

Diese Tatsache erklärt sich dadurch, daß das Holz bei der alkalischen Kochung mit allmählich kleiner werdender Geschwindigkeit aufgelöst und die Entfernung der letzten Ligninreste sehr schwierig ist. Aus diesem Grunde wendet man zur Herstellung von weichen Zellstoffen einen großen Überschuß von Alkali an[2].

Der Alkaliüberschuß spielt also die Rolle eines die Delignifizierung beschleunigenden Faktors. Andere Faktoren, wie die Erhöhung der Temperatur und der Laugenkonzentration sind gewöhnlich begrenzt, einmal durch den Druck, für den der jeweilige Kessel berechnet ist, und zum anderen durch die Zirkulationsbedingungen der Kochlauge.

Der Einfluß der Anfangskonzentration der Kochlauge auf den Aufschluß ist von mehreren Autoren untersucht worden. Dabei hat sich z. B. herausgestellt[3], daß eine jedesmalige Konzentrationserhöhung der Lauge von 30 auf 60 g oder 60 auf 90 g pro Liter die Kochdauer bei gleicher Ausbeute um die Hälfte verkürzt. Durch die Erhöhung der Laugenstärke wird aber die Qualität des Zellstoffes durch eine stärkere Zerstörung der Cellulose verschlechtert.

Bekanntlich verwendet man in der Praxis der Zellstoffherstellung Laugen mit einer Anfangskonzentration von 4 bis 6 Gew.-% an aktivem Alkali. Wie SUTERMEISTER schon 1929 gezeigt hat[4], führt eine Erhöhung der Laugenstärke stets zu Zellstoffverlusten. Später hat man jedoch festgestellt[5], daß auch wesentlich höhere Alkalikonzentrationen bis zu 40 % und mehr noch zufriedenstellende Ausbeuten an Zellstoff ergeben. Diese Art der Kochung unterscheidet sich anscheinend aber sehr beträchtlich von der üblichen, da das Lignin kontinuierlich während des ganzen Prozesses in Lösung übergeführt wird. Dabei lassen sich zwei Stadien bei der Auflösung erkennen. In dem ersten geht das Lignin in eine „kolloidlösliche Form" über, wobei die Geschwindigkeit dieser Reaktion mit zunehmender Alkalikonzentration ebenfalls größer wird. Die Auflösung dieser Ligninform im zweiten Stadium wird dagegen mit zunehmender Alkalikonzentration immer langsamer, wahrscheinlich infolge einer Fällwirkung der konzentrierten Lauge.

Charakteristisch ist es, daß das Lignin durch die konzentrierte Lauge offenbar derart verändert wird, daß es nicht nur in schwacher Lauge, sondern sogar in reinem Wasser peptisiert werden kann. Aus derartigen Lösungen läßt sich das Lignin nicht mehr ausfällen. Dies deutet auf eine weitgehende Zerstörung seines Moleküls hin, wie sie ähnlich auch bei der Alkalischmelze stattfindet.

Mit der Erforschung der optimalen Menge an Natriumsulfid für die Herstellung von Sulfatzellstoff haben sich ebenfalls einige Autoren beschäftigt. In einer der frühesten Arbeiten[6] hat man als optimal einen Sulfidgehalt der Lauge von 16 bis 17 % gefunden. Im Vergleich zum reinen Natronverfahren bewirkt die Zugabe dieser Natriumsulfidmenge eine beträchtliche Herabsetzung der Kochdauer, der Härte und eine etwa gleichwertige Temperaturerhöhung um 7 bis 8 %.

---

[1] J. MARTIN u. M. BRAY, Paper Trade J. **117**, 29 (1943).

[2] Ю. Н. Непенин, Бум. пром. (JU. N. NEPENIN, Papierind.) Nr. 3, 25 (1948).

[3] M. BRAY u. C. CARRAN, Paper Trade J. **97**, 30 (1933)

[4] E. SUTERMEISTER, Chemie der Papierherstellung und seiner Halbfabrikate 1933.

[5] L. MACKLIN u. O. MAAS, Canad. J. Research **7**, 451 (1932). — Y. LUSBY u. O. MAAS, desgl. **15**, 536 (1937).

[6] Н. И. Никитин, Химия древесины (N. I. NIKITIN, Chemie des Holzes) 1935, S. 354.

Auf Grund späterer Arbeiten ist jedoch die Mehrzahl der Autoren[1] zu der Ansicht gekommen, daß zur Verbesserung der Ausbeute und der mechanischen E genschaften des Zellstoffes eine Sulfidität von 25 bis 34 % erforderlich ist. Eine Erhöhung der Sulfidität über 30 % zeigt keinen großen Einfluß mehr. Ein Sulfidgehalt über 33 bis 34 % bewirkt offenbar bereits eine Verlangsamung des Kochprozesses. In der Praxis der Sulfatzellstoffindustrie wird meistens mit einem Sulfidgehalt von 25 bis 30 % gearbeitet[2].

Durch die Erhöhung der Kochtemperatur wird die Aufschlußgeschwindigkeit erheblich gesteigert, je 10° Temperatursteigerung bewirken eine Beschleunigung um etwa das 2-fache[3]. Es wird also die Kochdauer herabgesetzt. Eine Veränderung der mechanischen Eigenschaften des Zellstoffes im Temperaturbereich von 140 bis 180° findet nicht statt.

Faßt man die Ausführungen über den Einfluß der wesentlichsten Faktoren auf den Kochprozeß zusammen, läßt sich zum Ausdruck bringen, daß der Aufschlußgrad des Holzes hauptsächlich von der Alkalimenge abhängt, die Kochdauer dagegen von der Temperatur.

In den letzten Jahren sind eine Reihe von Verfahren vorgeschlagen worden, die Verkürzungen der Kochdauer und Einsparungen an Alkali zum Ziel haben. Zu nennen sind die Injektionskochung[4], Kochungen mit vorangehender Drucktränkung der Schnitzel mit Schwarz- oder Weißlauge[5] Nach Angabe der Autoren sollen sich auf diese Weise wesentliche Einsparungen an Alkali und eine Verbesserung der mechanischen Eigenschaften des Zellstoffs erreichen lassen. In einer weiteren Variante werden die Schnitzel vor der Kochung unter Vakuum getränkt[6]. Als Nachteil aller dieser Vorschläge tritt die Notwendigkeit einer Vergrößerung des Kesselumlaufs auf.

In der Praxis der Sulfatzellstofferzeugung setzt man gewöhnlich zur frischen Weißlauge im Kessel noch Schwarzlauge zu. Dieser Zusatz verfolgt vor allem das Ziel einer vollständigeren Ausnutzung des Alkali, aber auch die Möglichkeit, stärkere Laugen zur Regenerierung zu erhalten.

Es existieren noch einige Ansichten[7] über den Einfluß der Schwarzlaugezugabe auf die Ausbeute und die Festigkeit des Zellstoffes, die Geschwindigkeit des Kochprozesses usw. Eine ausreichende wissenschaftliche Begründung steht bis heute jedoch noch aus.

Vor einiger Zeit ist gezeigt worden[8], daß das aktive Alkali der Schwarzlauge nicht nur eine äquivalente Menge von Weißlauge ersetzen kann, sondern auch die Wirksamkeit der Kochung erhöht. Beim Ersatz von 60 % der Weißlauge durch Schwarzlauge ist die Ausbeute maximal und die mechanischen Eigenschaften ebenfalls verbessert. Da durch die Schwarzlaugezugabe aber ein etwas dunkleres Material erhalten wird, gibt man zur Herstellung bleichbarer Zellstoffsorten gewöhnlich nur 30 Vol.-% Schwarzlauge zu.

---

[1] O. Kress u. D. McGregor, Paper Trade J. **96**, Heft 24 (1933). — M. Bray, J. Martin u. S. Schwartz, Paper Trade J. **109**, 40 (1939). — J. Martin, Paper Trade J. **122**, 22, 37 (1946). — J. Hart u. R. Stropp, Pulp. Pap. Mag. Canad. **49**, 151 (1948).

[2] Н. Н. Непенин, Производство целлюлозы (N. N. Nepenin, Zellstoffherstellung) 1940, S. 629.

[3] N. N. Nepenin, loc. cit., S. 623.

[4] S. Wells, G. Martin u. D. Moltzau, Paper Trade J. **119**, Heft 19 (1944).

[5] Р. Вудхед, Бум. пром. (R. Wudched, Papierind.) Nr. 3 (1932). — S. Wells, T. Staidl u. R. Grabow, Paper Trade J. **80**, Heft 11 (1925).

[6] Ю. Н. Непенин, Бум. пром. (Ju. N. Nepenin, Papierind.) Nr. **3**, 25 (1948).

[7] Н. И. Никитин, Химия древесины (N. I. Nikitin, Chemie des Holzes) 1935, S. 354.

[8] H. Crandall u. G. Enderlein, Paper Trade J. **123**, 240 (1946).

NEUNZEHNTER ABSCHNITT

Delignifizierung des Holzes mit Chlor

Die verschiedenen, zum Aufschluß von pflanzlichem Rohmaterial mittels Chlor vorgeschlagenen Verfahren[1] lassen sich in drei Gruppen einteilen. 1. Verfahren mit gasförmigem Chlor, 2. Anwendung von Chlorwasser und 3. Aufschluß mit Hypochlorit. Am bekanntesten aus der ersten Gruppe ist das Verfahren von CATALDI[2], dessen wesentlichste Punkte in einer Vorbehandlung des Materials mit schwachem Alkali unter Druck, Entfernung des Alkali, Evakuieren des Autoklaven (50 bis 60 mm) und Behandlung mit Chlorgas bestehen. Nach beendeter Chlorierung schließt sich eine Wäsche mit Wasser an, danach eine nochmalige kürzere alkalische Extraktion. Das Cataldiverfahren ist in Italien in den Jahren 1920 bis 1923 technisch angewandt worden.

Für die Delignifizierung mit wäßrigen Chlorlösungen hat DE VAINS 1923 bis 1925 ein Patent zur Zellstoffherstellung aus Holz, Stroh[3] und Espartogras erhalten. Danach wird das zerkleinerte Rohmaterial zunächst einer mäßigen Kochung mit schwachem Alkali unterworfen, danach der Einwirkung von Chlorwasser. Anschließend wird nochmals mit Alkali extrahiert und schließlich mit Hypochlorit gebleicht. Ausführlichere Angaben über die technische Anwendung dieses Verfahrens finden sich in dem zitierten Buch von WENZL.

Das Hypochloritverfahren ist in mehreren deutschen Patenten niedergelegt. In einem Patent der Zellstoffabrik Waldhof wird das Material zunächst einer milden Hypochloritbehandlung bei gewöhnlicher oder erhöhter Temperatur unterzogen. Gleichzeitig oder anschließend erfolgt Behandlung mit Alkali, Alkalisulfid oder -sulfit. Aus dieser kurzen Beschreibung ist ersichtlich, daß die Anwendung des Chlors in irgendeiner Form häufig mit einer alkalischen Vor- und Nachbehandlung kombiniert wird. Auf diese Weise läßt sich der Chlorverbrauch reduzieren, und das Chlor besitzt eine größere Wirksamkeit. Im folgenden wird auf den Chemismus des Chloraufschlusses näher eingegangen, die Technik kann nicht erörtert werden.

---

[1] H. WENZL, Zellstofferzeugung mit Hilfe von Chlor, 1927. — E. HEUSER u. R. SIEBER, Z. Angew. Chemie **26**, 801 (1913). — G. RITTER u. L. FLECK, Ind. Eng. Chem. **16**, 47 (1924). — P. WAENTIG, Z. Angew. Chem. **41**, 493, 977, 1001 (1928). — O. MÜLLER, Papierfabr., **32**, 330, 338, 347, 354 (1934). — BERGQVIST, Papierfabr. Nr. **39**, 1928 — Я. Г. Хинчин и Н. А. Розенбергер, Вестн. Инст. древесины) Ja. G. CHINTSCHIN u. N. A. ROSENBERGER Bote des Holzinst.) Nr. 4 (1929). — Грабовский и Трухов, Бум. пром. (GRABOWSSKI u. TRUCHOW, Papierind.) Nr. 11 (1930). — Ф. П. Комаров, Бум. пром. (F. P. KOMAROW, Papierind.) Nr. 5 (1933). — Н. А. Розенбергер, Мат. инст. бумаги (N. A. ROSENBERGER, Arb. d. Papierinst.) Heft 2 und 3 (1933), Heft 1 (1934).

[2] B. CATALDI, Frz. P. 49222 (1916).

[3] A. R. DE VAINS, Papierfabr. Nr. 12 (1926).

Wie CROSS und BEVAN[1] festgestellt haben, entsteht bei der Chlorierung von Jute ein individuelles Produkt der Zusammensetzung $C_{19}H_{18}Cl_4O_9$, das von ihnen durch Behandlung der chlorierten Jute, die Cellulose, Lignin und furfurolbildende Kohlenhydrate enthält, mit Alkohol isoliert worden ist. Nach Einengen der alkoholischen Lösung ist das Produkt mit Wasser in Form von gelben Fasern ausgefällt worden. Nach Trocknen bei 100° zeigt das Präparat 42,82% C, 3,40% H und 26,83% Cl, was der obigen Formel entspricht. Die Autoren haben angenommen, daß das Chlorierungsprodukt des Lignins einen ketonartigen Charakter besitzt und es deshalb als „Lignonchlorid" bezeichnet. Neben Jute sind auch noch andere pflanzliche Materialien chloriert und analysiert worden. Das „Lignonchlorid" zeigt in jedem Falle die gleiche Zusammensetzung. Die Autoren sind deshalb zu der Ansicht gekommen, daß stets der gleiche Ligninkomplex auftritt.

Nach Entfernung des leicht hydrolysierbaren Kohlenhydratanteils, durch Behandlung mit 5%iger Schwefelsäure, und anschließender Chlorierung des Rückstandes haben die Autoren das gleiche „Lignonchlorid" wie vorher erhalten. Ihre Meinung, daß ein definierter Lignonkomplex vorliegt, der gegen eine Hydrolyse relativ beständig ist, wird dadurch noch weiter verstärkt. Es hat sich herausgestellt, daß die Anwesenheit von Wasser für den Ablauf der Chlorierungsreaktion sehr wesentlich ist. Die Chlorierung ligninhaltiger Fasern im trocknen Zustand findet nur in sehr geringem Umfang statt, selbst bei Temperaturen von 60 bis 80°.

CROSS und BEVAN haben den später nicht bestätigten Standpunkt vertreten, daß die während der Chlorierung in Form von HCl abgespaltene Menge an Chlor gleich derjenigen ist, die mit dem Lignin nach folgendem Schema reagiert

$$RH_2 + Cl_2 = RHCl + HCl.$$

Sie sind deshalb der Meinung gewesen, daß bei der Chlorierung des Lignins keine Oxydationsprozesse stattfinden. Auch diese Annahme hat sich in späteren Untersuchungen als unrichtig herausgestellt.

CROSS und BEVAN haben durch vorsichtiges Erhitzen von chloriertem Lignin ein Sublimat erhalten, das irgendwelche chlorierten Chinone enthält[2]. Durch Reduktion der letzteren ist ein dem Trichlorpyrogallol ähnliches Produkt erhalten worden. Bei der Umsetzung mit Natriumsulfit entstehen die gleichen Produkte, wie sie auch im Falle von chlorierten Pyrogallolderivaten gebildet werden.

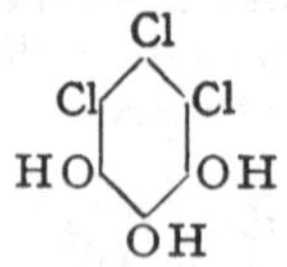

Trichlorpyrogallol

[1] G. F. CROSS u. E. J. BEVAN, Cellulose, 1930, S. 134.

[2] Es seien das *p*-Benzochinon (I) und *o*-Benzochinon (II) angeführt

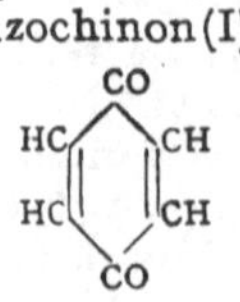

I

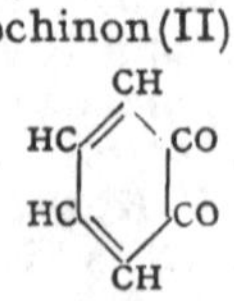

II

Synthetisch können sie durch Oxydation entsprechender Phenole oder anderer Benzolderivate dargestellt werden.

Von HESS[1] ist jedoch eingewandt worden, daß die Einheitlichkeit der chlorierten Ligninpräparate in keiner Weise bewiesen worden ist. Wie aus späteren Arbeiten hervorgeht, ist tatsächlich eine Fraktionierung des chlorierten Lignins möglich. Die Fraktionen bestehen danach aus verschiedenen chlorierten Substanzen.

Neben der Anlagerung und Substitution des Chlors spielen Oxydationsreaktionen ebenfalls eine Rolle. Obwohl tatsächlich während der Chlorierung bei Gegenwart von Wasser unterchlorige Säure entsteht, bewirkt ihre Anwesenheit kaum eine Oxydation des Lignins. Dagegen werden bekanntlich bei sehr milder Behandlung von Holz mit Chlordioxyd Produkte eines weitgehenden oxydativen Ligninabbaues erhalten[2].

Auf die Entstehung der unterchlorigen Säure nach der Gleichung

$$Cl_2 + H_2O \rightleftharpoons HCl + HOCl$$

deutet die große Menge des während der Chlorierung gebildeten Chlorwasserstoffs hin. Es werden erheblich größere Mengen frei, als CROSS und BEVAN auf Grund ihrer Versuche angenommen haben. HEUSER und SIEBER fanden 1913 bei der Chlorierung von Fichtenholz[3], daß von 40,5% angewandten Chlors lediglich 9,4% an organische Substanz gebunden sind, die restlichen 31,1% werden in Form von Salzsäure abgespalten. Ähnliche Werte finden sich auch in anderen Arbeiten[4].

WAENTIG[5] kommt ebenfalls zu dem Ergebnis, daß etwa drei Viertel des Chlors in Form von Salzsäure frei werden. STRONG[6], der gleichfalls Versuche zur Chlorierung von Jute angestellt hat, findet im Gegensatz zu CROSS und BEVAN, daß nur ein Drittel des Chlors mit dem Lignin reagiert, die restlichen zwei Drittel als Salzsäure abgespalten werden. Durch die Auflösung des Chlorwasserstoffs in dem bei der Chlorierung vorhandenen Wasser wird Wärme frei. Der Gesamtwärmeeffekt beträgt nach WAENTIG 175 cal pro g Fichtenholz, berechnet auf trocknes Material. Um eine allzu starke Erwärmung und die dadurch bedingte schädliche hydrolytische Spaltung der Cellulose durch die entstehende Salzsäure zu vermeiden, muß das Material sehr stark durchfeuchtet werden. Der Feuchtigkeitsgehalt soll nicht weniger als 100% betragen[7].

Aus den Untersuchungen von HEUSER und SIEBER über die Chlorierung von Fichtenholz hat sich ergeben, daß die Reaktion anfangs sehr energisch verläuft. Bereits in der ersten halben Stunde ist der größte Teil der Salzsäure gebildet und der Hauptanteil des Lignins umgesetzt. Im weiteren Verlauf wird die Geschwindigkeit stark vermindert, da das entstehende Chlorlignin

[1] K. HESS, Chemie der Cellulose und ihrer Begleiter, 1928.

[2] E. SCHMIDT, W. HAAGEL u. L. SPERLING, Ber. **58**, 1394 (1925).

[3] Über den Einfluß der Acidität und der Temperatur auf die Bildung der unterchlorigen Säure. Vgl. Н. А. Розенбергер, Мат. инст. бумаги (N. A. ROSENBERGER, Arb. d. Papierinst.) Heft 2 und 3 (1933). — H. WENZL, Zellstofferzeugung mit Hilfe von Chlor, 1927.

[4] E. HEUSER u. A. HAUG, Z. Angew. Chemie, **31**, 99 (1918).

[5] P. WAENTIG, Papierfabr. **21**, 52 (1923).

[6] STRONG, Papierfabr. **29**, 91 (1931).

[7] Ein zu großer Wasserüberschuß stört jedoch. Vgl. Л. П. Жеребов, Г. А. Кан и В. Н. Комаровский, Бум. пром. (L. P. SHEREBOW, G. A. KAN u. W. N. KOMAROWSKI, Papierind.) Nr. 7, 8 (1937). — O. MÜLLER, Papierfabr. **32**, 330 (1934).

eine Schutzwirkung ausübt. Aus diesem Grunde muß das letztere durch Extraktion mit Natronlauge, Sodalösung oder Natriumsulfitlösung entfernt werden. POMILIO[1] nimmt an, daß die Reaktion mit der Natronlauge in folgender Weise stattfindet:

$$RCl + 2NaOH = RONa + NaCl + H_2O.$$

Versuche von WAENTIG und ROSENBERGER haben aber gezeigt, daß zur Auflösung des Chlorlignins bei gewöhnlicher Temperatur viel weniger Alkali erforderlich ist, als nach der obigen Gleichung angenommen werden muß.

ROSENBERGER hat Stroh mit 13,1% Lignin bei 38 und 54° chloriert und dabei bezüglich des Temperatureinflusses die in der Tab. 131 wiedergegebenen Resultate erhalten.

TABELLE 131

Einfluß der Temperatur auf die Chlorierung

Temperatur in °C	HCl-Konzentration in der Masse in %	Gesamtverbrauch an Alkali und Chlor in %	Zellstoffcharakteristik		
			Abfall in %	Permanganat	Verunreinigungen
38	4,0	20,8	2,8	22	190
54	4,2	22,5	5,6	44	420

Nach seinen Angaben schwankt die während der Chlorierung frei werdende Wärmemenge von 600 bis 800 cal je 1 g Lignin. Das benutzte Stroh ist vorher einer alkalischen Kochung bei 90 bis 100° unterworfen worden. Diese Vorbehandlung erhöht nicht nur die Wirksamkeit der nachfolgenden Chlorierung, sondern verringert auch die Erwärmung der Masse und den hydrolytischen Abbau der Cellulose bei der Chlorbehandlung. Besitzt die Masse eine höhere Temperatur, z. B. durch eine schwächere alkalische Vorbehandlung oder erhöhten Trockengehalt, so steigt die freiwerdende Wärmemenge auf 800 cal/g an.

WAENTIG gibt für Chlorlignin nach Extraktion mit organischen Lösungsmitteln einen durchschnittlichen Chlorgehalt von 30% an. Wird das Chlorlignin durch wäßrige Extraktion erhalten, so beträgt der Chlorgehalt nur 18 bis 19%. Bei weiterer Extraktion mit organischen Lösungsmitteln wird dieser Wert jedoch erhöht. HÄGGLUND hat durch Behandeln von WILLSTÄTTER-Lignin mit feuchtem Chlor bei 0° Produkte mit etwa 46% Chlor erhalten[2]. Es ist ihm nicht gelungen, aus diesen Produkten durch Sublimation chlorierte Chinone und durch Reduktion Trichlorpyrogallol nachzuweisen. Die zur vollständigen Chlorierung von Fichtenholz erforderliche Chlormenge beträgt nach MÜLLER ca. 41%.

In Wirklichkeit stellt die Chlorierung von Holz oder anderem Pflanzenmaterial einen verwickelten Prozeß dar, wobei das Chlor nicht nur mit dem Lignin reagiert. Auf Grund von eingehenden experimentellen Untersuchungen über den Verlauf der Chlorierung von Buchen- und Fichtenholz, Stroh und Flachs sind einige Autoren[3] zu der Auffassung gelangt, daß, entgegen der herrschenden

[1] U. POMILIO, Le papier, Nr. 6, 677 (1924).
[2] W. FUCHS, Chemie des Lignins, 1926.
[3] O. A. MÜLLER u. E. STADLER, Papierfabr. **35**, 8 (1937), **36**, 81, 89 (1938).

Ansicht, ein großer Teil des Chlors nicht mit dem Lignin, sondern mit den Kohlenhydraten und anderen Holzbestandteilen reagiert. Bei Fichtenholz läßt sich die Verteilung des Chlors auf Kohlenhydrate und Lignin wie 1:1 ausdrücken, bei Buchenholz 3:2 und Stroh 2:1. Einfache Kohlenhydrate wie Glukose und Fruktose werden durch Chlor unter Salzsäureabspaltung oxydiert.

Bei der Einwirkung von Chlor auf Abbau- und Humifizierungsprodukte von Kohlenhydraten findet nicht nur Oxydation, sondern auch Substitution statt[1].

Im allgemeinen verläuft die Chlorierung von Holz schwieriger als die von Stroh. Nach Angaben von KOMAROW[2] ist die völlige Entfernung des Lignins durch eine einmalige Chlorierung des Holzes auch bei Anwendung eines großen Chlorüberschusses nicht möglich. Will man das Lignin restlos beseitigen, so muß man für die Entfernung der Chlorierungsprodukte sorgen und die Chlorbehandlung mehrere Male wiederholen, was aber vom wirtschaftlichen Standpunkt aus nicht brauchbar ist. Die zweite Möglichkeit besteht in der Vorbehandlung des Materials mit heißer, schwacher Alkalilauge ohne Druck (vgl. S. 542). Dadurch wird eine Schwächung der Bindungen zwischen den Fasern, eine teilweise Entfernung des Lignins erreicht und das Eindringen des Chlors in das Holz erleichtert.

TABELLE 132

Chlorierung von Fichtenholzspänen

Versuch Nr.	Anzahl der Chlorierungen	Einwaage in g (absolut trockenes Holz)	Chlormenge in g	Dauer der Behandlung in min.	Ausbeute in %	Ligningehalt des Rückstandes in %	Kohlenhydratverlust in %
1	1	0,818	0,942	30	82,9	14,1	0,2
	2	0,818	0,624	20	73,5	3,2	0,7
2	1	0,818	0,414	15	86,8	17,2	1,9
	2	0,818	0,465	10	77,5	8,4	2,0
	3	0,818	0,359	10	72,9	4,7	2,8
3	1	0,818	0,302	10	92,2	21,7	—
	2	0,818	0,302	10	82,3	12,7	—
	3	0,818	0,302	10	74,8	6,0	6,4

Die von KOMAROW bei der Chlorierung von groben Fichtenholzsägespänen in wiederholten Ansätzen erhaltenen Ergebnisse sind in der Tab. 132 angeführt. Als veränderliche Faktoren hat der Autor die Chlormenge und die Zeit gewählt. Nach jeder Chlorierung sind die Umsetzungsprodukte durch Extraktion mit 3%iger Natriumsulfitlösung und heißem Wasser entfernt worden. In allen Versuchen ist stets ein großer Chlorüberschuß angewandt worden.

Aus den Versuchen geht hervor, daß die Entfernung des Lignins nach der ersten Chlorierung nur sehr unvollständig ist. Erst nach der zweiten und dritten Behandlung werden bessere Ergebnisse erhalten. Die Menge des an-

[1] Vgl. Abschn. 11 (S. 316) besonders über das Verhalten von Huminen, die durch konzentrierte Mineralsäuren aus Zuckern erhalten worden sind, gegen eine Chlorierung.

[2] Ф. П. Комаров, Бум. пром. (F. P. KOMAROW, Papierind.) Nr. 5 (1933).

gewandten Chlors zeigt ebenfalls einen großen Einfluß auf die Resultate. Trotz der guten Zerkleinerung des Materials ist auch durch dreimalige Chlorierung und Waschen mit Natriumsulfitlösung noch keine völlige Entfernung des Lignins gelungen.

Parallelversuche von Komarow an Espenholz haben gezeigt, daß in diesem Falle die Delignifizierung in kürzerer Zeit und unter milderen Bedingungen als bei Fichtenholz erfolgt. Zu den gleichen Ergebnissen ist auch Rosenberger[1] gekommen.

Die aus der Arbeit von Rosenberger entnommene Tab. 133 zeigt die Bedeutung einer Vorbehandlung des Materials mit 1%iger Natronlauge bei 95°. Für die Kochungen ist die Lauge in einer Menge von 15% des Ausgangsmaterials angewandt worden.

TABELLE 133

Ergebnisse einer alkalischen Vorbehandlung von Holz und Stroh

Material	Ausbeute nach heißer Laugenbehandlung in %	Ligningehalt im Ausgangsmaterial in %	Ligningehalt nach der Behandlung in % des Ausgangsmaterials
Roggenstroh	62,8	23,8	4,9
Holz:			
Espe	78,6	21,5	14,6
Fichte	8[illegible],8	29,1	23,0

Aus den Angaben ist ersichtlich, daß das Lignin aus dem Stroh leichter entfernt wird als aus dem Holz. Die geringere Ausbeute im Falle des Espenholzes im Vergleich zu Fichte erklärt sich dadurch, daß gleichzeitig eine Extraktion eines Teiles der Pentosane, an denen die Laubholzarten reicher sind, stattgefunden hat.

Da das Chlor nur eine sehr geringe Durchdringungsfähigkeit besitzt, erfolgt das Eindringen beim Holz langsamer als bei Stroh und ähnlichen Materialien. Die Chlorierung in Faserlängsrichtung findet etwa 9mal schneller statt als quer zur Faserachse. Um den Wirkungsgrad bei der Chlorierung von Holzspänen zu erhöhen, hat man vorgeschlagen, das Material zunächst zu entlüften (Vakuum) und dann das Chlorgas mit Überdruck anzuwenden. Damit das Chlor leichter in das Holz eindringen kann, hat man versucht, das Material oberhalb von 100° zu dämpfen und anschließend im Kollergang aufzulockern[2]. Welte und Libby[3] haben an Hand umfangreichen Versuchsmaterials gezeigt, daß es möglich ist, aus Fichtenholz, das gut zerkleinert und mit Alkali vorbehandelt ist, einen ausreichend weißen Zellstoff zu erhalten, wenn die Chlorierung in 2 bis 3 Stufen durchgeführt wird. Eine einzige Stufe reicht nach Ansicht der Autoren nicht zur Erzielung einer zufriedenstellenden Zellstoffqualität aus. Nach ihren Angaben kann der Chloraufschluß von Fichtenholz sowohl mit gasförmigem Chlor

[1] Н. А. Розенбергер, Мат. инст. бумаги (N. A. Rosenberger, Arb. d. Papierinst.) Heft 1 (1934).

[2] Ausführliche Angaben über die Chlorierung von Espenholz finden sich in der zuletzt zitierten Arbeit von Rosenberger, in der auch die wesentliche Literatur bis 1934 einschl. enthalten ist.

[3] C. Welte u. C. Libby, Pap. Ind. and Paper World 21, 1075 (1940).

als auch mit Chlorwasser bewerkstelligt werden. Der optimale Feuchtigkeitsgehalt des Materials im Falle von Chlorgas beträgt 75%.

Im Laufe von Untersuchungen über den Herstellungsprozeß von Chlorzellstoff aus Nadelholzarten sind SHEREBOW und Mitarbeiter[1] zu der Überzeugung gekommen, daß der optimale Feuchtigkeitsgehalt 30 bis 40% beträgt, worin ihrer Ansicht nach der prinzipielle Unterschied zwischen der Behandlung mit Chlorwasser und Chlorgas besteht. Der optimale Feuchtigkeitsgehalt soll 25 bis 30% entsprechend dem Sättigungspunkt der Fasern (vgl. S. 24) nicht übersteigen. Bei einem höheren Feuchtigkeitsgehalt füllen sich die Kapillaren des Holzes mit Wasser, wodurch die Diffusion des Chlorgases in das Holz wesentlich erschwert wird. Ist der Feuchtigkeitsgehalt niedriger, so ist die Quellung des Zellwandmaterials für eine erfolgreiche Chlorbehandlung nicht ausreichend. Ausgehend von der optimalen Feuchtigkeit von 30 bis 40% und unter Berücksichtigung der geringeren Löslichkeit des Nadelholzlignins gegenüber Laubholzlignin und besonders Strohlignin in Alkalien, halten SHEREBOW und Mitarbeiter es für möglich, durch einmalige Chlorierung aus Kiefernholz Zellstoff zu gewinnen. Das Holz wird dabei in Form der üblichen Späne ohne vorherige heiße Alkalibehandlung angewandt.

ARNOLD[2] hat die Löslichkeit von Chlorlignin, erhalten durch Chlorierung von Kiefernholz, in verdünnten (0,01 n) Alkalien bei 25 bis 60° bestimmt. Die beste Löslichkeit zeigt es in Natronlauge (5 bis 9%), die schlechteste in Kalkwasser (bis zu 3%), bei 25° löst sich mehr auf als bei 60°.

MÜLLER hat die Extraktion der Chlorierungsprodukte aus zerkleinertem Holz durch Kochen mit Alkohol bewirkt. Zu diesem Zweck ist das feuchte chlorierte Material mit so viel 80- bis 90%igem Alkohol übergossen worden, daß der Alkoholgehalt 70 bis 80% betrug. Das Gemisch ist dann 6 bis 12 Stunden am Rückflußkühler gekocht worden. Der Holzrückstand ist abfiltriert und noch zweimal mit Alkohol extrahiert worden. Die hydrolytische Spaltung des Lignins hat bereits während der ersten Extraktion stattgefunden, die weiteren Behandlungen mit frischem Alkohol haben nur eine vollständigere Entfernung des chlorierten Lignins bewirkt. Die Ausbeute an Rohzellstoff hat 47% des trocknen Holzes betragen. Nach der Bleiche hat sich die Ausbeute auf 41% verringert. Das gebleichte Produkt enthält 80 bis 88% α-Cellulose und 1 bis 3% Pentosan, die Kupferzahl ist sehr niedrig. Für die Extraktion des chlorierten Lignins mit Alkohol hat sich die Anwesenheit der Salzsäure als unbedingt notwendig ergeben. Im neutralen Medium ist eine Alkoholextraktion der Chlorierungsprodukte nicht möglich. Eine niedrigere Chlorierungstemperatur, z. B. durch entsprechende Einstellung des Feuchtigkeitsgehaltes, führt zur Verbesserung der Zellstoffqualität.

Der Alkoholextrakt, der etwa 53%, bezogen auf trocknes Holz, enthält, wird zur Fällung der Ligninchlorierungsprodukte mit dem mehrfachen Volumen an Wasser versetzt. Der erhaltene hellbraune Niederschlag ist in Wasser zum Teil löslich. Der alkoholische Extrakt kann aber auch durch Abdestillieren vom Lösungsmittel befreit werden. Aus dem wäßrigen Rückstand fällt das Chlorlignin aus und kann durch Filtration abgetrennt werden. Auf diese Weise sind

[1] Л. П. Жеребов, Г. А. Кан и В. Н. Комаровский, Бум. пром. (L. P. SHEREBOW, G. A. KAN u. W. N. KOMAROWSSKI, Papierind.) Nr. 7, 8 (1937).
[2] G. ARNOLD, F. SIMMONDS u. C. CURRAN, Paper Trade J. **107**, 32 (1938).

22,5 bis 27% „rohes Chlorlignin", berechnet als chlorfreie Substanz, erhalten worden. Der Chlorgehalt des Produktes schwankt je nach den Chlorierungsbedingungen zwischen 20 und 30%. Mit Hilfe von Äther lassen sich aus dem Filtrat noch Mengen von 2 bis 8,4% erhalten. Anschließend sei eine Bilanz von einem der MÜLLERschen Versuche angeführt. Die Mengen sind in % trocknen Fichtenholzes angegeben.

Rohzellstoff	47,0
darin gebleichter Zellstoff	41,0
Rohes Chlorlignin (berechnet auf chlorfreie Substanz)	22,5
Flüchtige Produkte (Furfurol usw.)	3,0
Mit Kalk- oder Barytwasser fällbare Stoffe	4,5
darin Gerbstoffe	4,0
Zucker, als Glukose berechnet	12,0
Zuckersäuren	1,5
Verluste	9,5
	100,0

Das rohe Chlorlignin ist von dem Autor durch Extraktion mit Äther in zwei Fraktionen zerlegt worden. Die erste enthält 48% ätherunlösliches „Chlorlignin", die zweite 52% ätherlösliches, dem ersteren sehr ähnliches, chloriertes Harz. Der Gehalt an Chlor und Methoxyl ist im ersten Falle 23,1% Cl und 4,5% OCH_3, im zweiten 28,6% Cl und 4,8% OCH_3. Durch Oxydation des Chlorlignins mit Permanganat und Alkali sind 28% Oxalsäure erhalten worden. Die Alkalischmelze von rohem Chlorlignin bei 200 bis 220° hat folgende Produkte, berechnet auf das chlorfreie Ausgangsmaterial in %, ergeben:

Ligninsäuren	37,3
Oxalsäure	23,0
Phenole	23,4
Gerbstoffe	6,3
	90,0

Außerdem finden sich noch einige Prozente Essigsäure, Kohlendioxyd, etwas Methanol und Wasserstoff. Die von MÜLLER durchgeführte Untersuchung der Phenole hat ergeben, daß sie kein Chlor enthalten. Wahrscheinlich ist dieses bei der Alkalischmelze vom Chlorlignin abgespalten worden. Protocatechusäure ist nicht nachgewiesen worden, dagegen kommen andere Phenolcarbonsäuren in größerer Menge vor. Brenzcatechin fehlt ebenfalls.

Zur Fraktionierung der Phenole ist ihre unterschiedliche Löslichkeit in Äther, Benzol, Alkohol-Benzol- und Äther-Benzol-Gemischen ausgenutzt worden. Die verschiedenen Substanzen sind durch Darstellung von Methyläther, Estern, Aniliden und andereren Derivaten identifiziert worden. Die Phenolcarbonsäuren, die den Hauptanteil der Phenole ausmachen, enthalten außer dem Benzolkern noch einen der zwei heterocyclischen Ringe.

Die Isolierung der „Ligninsäuren" ist durch Lösen der Alkalischmelze in Wasser und Ansäuern erfolgt. Dabei sind 30 bis 40% eines dunkelbraunen amorphen Niederschlags, berechnet auf Lignin, erhalten worden. Nach erneuter Alkalischmelze hat der Autor wieder Phenole und Oxalsäure erhalten. Insgesamt werden durch die vollständige Aufarbeitung des rohen Chlorlignins 31% Oxalsäure, 38% Phenole, 10% Gerbstoffe und einige Prozente Methanol und Essigsäure gewonnen.

Müller führt in seinen Arbeiten ferner an, daß er noch gute Resultate bei der Alkalischmelze des Chlorlignins erhalten hat, wenn das Verhältnis von Chlorlignin zu Alkali 1:1 beträgt.

Die in letzter Zeit durchgeführte Erforschung der bei der Bleiche von Zellstoff mit Hypochlorit stattfindenden Prozesse haben zu einer besseren Kenntnis der Reaktion des Chlors mit dem Lignin geführt. Verschiedene Autoren haben den Anteil der Substitution des Ligninwasserstoffs durch Chlor und den Anteil der Oxydationswirkung der Hypochloritlösungen bei dem Bleichprozeß untersucht. Im Falle der Oxydation muß das gesamte Chlor in Chloridionen umgewandelt werden. Durch Analyse der Bleichlösungen kann also der relative Anteil der Oxydationsvorgänge an der Gesamtreaktion bestimmt werden. In dieser Richtung angestellte Versuche von Fotiev und anderen[1] haben ergeben, daß am Anfang der Bleiche hauptsächlich eine Chlorierung des Lignins stattfindet, während die Oxydation erst in späteren Stadien auftritt. Eine sehr wesentliche Rolle spielt dabei eines der leicht methylierbaren Hydroxyle des Lignins, das entweder Phenol- oder Enolcharakter besitzt. Ist dieses nämlich methyliert, so wird die Geschwindigkeit der Ligninchlorierung stark verlangsamt[2].

Arbeiten von Hibbert und Mitarbeitern[3] über die Einwirkung von wäßrigen Chlorlösungen auf isoliertes Alkalilignin, Lignosulfonsäure und Restlignin von Natron- und Sulfatzellstoff haben folgendes ergeben. Alle Präparate spalten gleichzeitig Methoxylgruppen ab und werden durch wäßrige Chlorlösungen chloriert. In neutralen und sauren Lösungen wird der Verlust von einer Methoxylgruppe je Grundeinheit des Lignins von der Aufnahme von einem Atom Chlor begleitet, bis zu 25 bis 30 Äquivalenten pro kg Lignin:

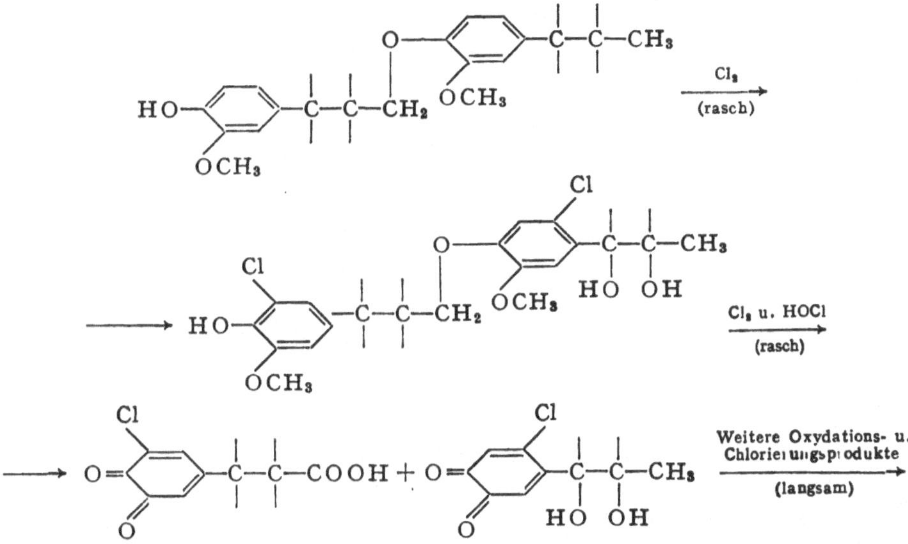

[1] S. A. Fotiev, Pulp and Paper, 39, 749 (1938). — Heiwinkel u. E. Hägglund, Svensk Papperstidn. 43, 391 (1940).

[2] L. E. Wise, Wood Chemistry, 1944, S. 738.

[3] desgl.

In alkalischer Lösung ist die Menge des organisch gebundenen Chlors jedoch niedriger als der Verlust durch OCH_3-Abspaltung. Lignin, das in saurer Lösung chloriert worden ist, löst sich in Wasser nur sehr geringfügig auf. In Alkalien ist es jedoch löslich, möglicherweise infolge der Bildung von sauren Gruppen an den Stellen der abgespaltenen Methoxylgruppen.

Aus dieser kurzen Zusammenstellung ist ersichtlich, daß die bei der Chlorierung des Lignins stattfindenden chemischen Reaktionen außerordentlich kompliziert sind. Ihre Erforschung wird durch den gleichzeitigen Ablauf der verschiedenartigsten Oxydationsprozesse, Substitution, Hydrolyse und Addition sehr erschwert. Der Gewinn, den die Ligninforschung bisher daraus gezogen hat, ist ebenfalls nur gering.

Die technische Verwendung von Chlor zur Zellstofferzeugung besitzt jedoch ein beträchtliches Interesse. Nach dem ersten Weltkrieg ist eine Reihe von Zellstoffwerken neu entstanden, die in der einen oder anderen Weise das Chlorverfahren angewandt haben. Eine ausgedehntere Anwendung dieser Methode ist jedoch im Falle von Holz einstweilen durch erhebliche wirtschaftliche und technische Schwierigkeiten beschränkt. Dagegen hat das Verfahren bei dem Aufschluß von Stroh, das einen beträchtlichen Teil seines Lignins bei einer alkalischen Vorbehandlung abgibt, bereits eine technische Verwendung gefunden.

Sachverzeichnis

Namenverzeichnis

FSC
www.fsc.org
MIX
Papier | Fördert
gute Waldnutzung
FSC® C083411

Kolibri 360 GmbH
Ferdinand-Jühlke-Straße 7
99095 Erfurt, Deutschland
produktsicherheit@kolibri360.de